# 전기기능사 필기

검정연구회 저

머리말

전기는 우리 일상생활에서 없어서는 안 되는 필수적인 에너지원이며 현대문명의 급속한 발전으로 인하여 전기기술은 전 산업분야에 걸쳐 필수적인 분야입니다. 이를 운영하고 유지하는데 필요한 전기분야 기술인력의 수요는 계속될 전망입니다. 이러한 전기분야에 필수인력으로 기본이 되는 자격이 전기기능사라 할 수 있으며 전기에 필요한 장비 및 공구를 사용하여 회전기, 정지기, 제어장치 또는 빌딩, 공장, 주택 및 전력시설의 전선, 케이블, 전기기계 및 기구를 설치, 보수, 검사, 시험 및 관리하는 일을 수행하게 됩니다.

풍부한 산업현장경험과 우수한 능력을 바탕으로 기술자가 우대받는 사회에서 개인이 노력한 대가에 상응한 대우를 받는 것은 당연한 일이므로 국가기술자격을 미처 갖추지 못한 우수한 기술자들이 소외되는 일이 없도록 하기 위하여, 전기분야 국가기술자격의 첫 단계인 전기기능사 수험서 내용을 기초지식부터 응용단계까지 구성하여 수험생의 입장에서 쉽게 이해할 수 있도록 핵심포인트 설명과 문제풀이에 주안점을 두어 본 수험서를 발간하게 되었습니다.

또한, 본 교재의 모든 내용은 전기분야 전문 교육기관의 전문성을 바탕으로 다년간 전기기능사 필기 전문 수험서로 채택되어 교육에 활용해 오면서 편찬된 최적의 수험교재로

1. 2024년부터 변경된 새로운 출제기준을 반영, 최근 신경향 기출문제를 분석하여
2. 광범위한 내용을 기본이론과 핵심공식으로 쉽게 정리하였고
3. 각 단원, 과목별 예상문제를 수험생의 입장에서 쉽게 이해할 수 있도록 풀이하여 수험자입장에서 문제 접근성을 높였으며
4. 다년간의 기출문제에 최근 출제된 CBT 유형의 신경향을 더하여 완성한 예상 모의고사를 자세한 해설과 함께 수록하여 문제유형의 변화와 출제수준을 파악할 수 있도록 하였습니다.

본 수험서가 전기기능사를 준비하는 모든 수험자들에게 실력향상의 밑거름이 되고 필수 지침서가 되어 많은 수험생들이 자격을 취득하는데 도움이 되기를 기원하는 마음으로 책을 발간하였습니다.

이 수험서가 출간될 수 있도록 도와주신 집필진과 엔트미디어에 깊은 감사를 드립니다.

저자 드림

필기 출제기준

직무 분야	전기·전자	중직무 분야	전기	자격 종목	전기기능사	적용 기간	2024.1.1.~2026.12.31.

○ **직무내용**: 전기에 필요한 장비 및 공구를 사용하여 회전기, 정지기, 제어장치 또는 빌딩, 공장, 주택 및 전력시설물의 전선, 케이블, 전기기계 및 기구를 설치, 보수, 검사, 시험 및 관리하는 직무이다.

필기검정방법	객관식	문제수	60	시험시간	1시간

필기과목명	문제수	주요항목	세부항목	세세항목
전기이론, 전기기기, 전기설비	60	1. 전기의 성질과 전하에 의한 전기장	1. 전기의 본질	1. 원자와 분자 2. 도체와 부도체 3. 단위계 등
			2. 정전기의 성질 및 특수현상	1. 정전기 현상 2. 정전기의 특성 3. 정전기의 특수현상 등
			3. 콘덴서(커패시터)	1. 콘덴서(커패시터)의 구조와 원리 2. 콘덴서(커패시터)의 종류 3. 콘덴서(커패시터)의 연결방법과 용량 계산법 4. 정전에너지 등
			4. 전기장과 전위	1. 전기장 2. 전기장의 방향과 세기 3. 전위와 등전위면 4. 평행극판 사이의 전기장 등
		2. 자기의 성질과 전류에 의한 자기장	1. 자석에 의한 자기현상	1. 영구자석과 전자석 2. 자석의 성질 3. 자석의 용도와 기능 4. 자기에 관한 쿨롱의 법칙 5. 자기장의 성질 등
			2. 전류에 의한 자기현상	1. 전류에 의한 자기장 2. 자기력선의 방향 3. 도체가 자기장에서 받는 힘 등
			3. 자기회로	1. 자기저항 2. 자속밀도 등
		3. 전자력과 전자유도	1. 전자력	1. 전자력의 방향과 크기 등
			2. 전자유도	1. 전자유도작용 2. 자기유도 3. 상호유도작용 4. 코일의 접속 5. 전자에너지 등
		4. 직류회로	1. 전압과 전류	1. 전기회로의 전류 2. 전기회로의 전압 등
			2. 전기저항	1. 고유저항 2. 옴의 법칙과 전압강하 3. 저항의 접속 4. 전위의 평형 등

필기과목명	문제수	주요항목	세부항목	세세항목
		5. 교류회로	1. 정현파 교류회로	1. 교류 발생원의 특성 2. RLC직병렬접속 3. 교류전력 등
			2. 3상 교류회로	1. 3상 교류의 발생과 표시법 2. 3상 교류의 결선법 3. 평형 3상 회로 4. 3상 전력 등
			3. 비정현파 교류회로	1. 비정현파의 의미 2. 비정현파의 구성 3. 비선형 회로 4. 비정현파 교류의 성분 등
		6. 전류의 열작용과 화학작용	1. 전류의 열작용	1. 전류의 발열작용 2. 전력량과 전력 등
			2. 전류의 화학작용	1. 전류의 화학작용 2. 전지 등
		7. 변압기	1. 변압기의 구조와 원리	1. 변압기의 원리 2. 변압기의 전압과 전류와의 관계 3. 변압기의 등가회로 4. 변압기의 종류, 극성, 구조 등
			2. 변압기 이론 및 특성	1. 변압기의 정격, 손실, 효율 등
			3. 변압기 결선	1. 3상 결선 등
			4. 변압기 병렬운전	1. 병렬운전 조건 및 특성 등
			5. 변압기 시험 및 보수	1. 변압기의 시험 2. 변압기의 점검 및 보수 등
		8. 직류기	1. 직류기의 원리와 구조	1. 직류기의 개요 2. 직류기의 동작 원리 등
			2. 직류발전기의 종류 및 특성	1. 직류발전기의 종류 및 특성 등
			3. 직류전동기의 종류 및 특성	1. 직류전동기의 종류 및 특성 등
			4. 직류전동기의 이론 및 용도	1. 직류전동기의 유도기전력 2. 속도 및 토크 특성 3. 속도변동률 등
			5. 직류기의 시험법	1. 접지시험 2. 단선 여부에 대한 시험 3. 권선저항과 절연 저항값 등
		9. 유도전동기	1. 유도전동기의 원리와 구조	1. 회전원리 2. 회전자기장 3. 단상유도전동기의 원리 및 구조 등
			2. 유도전동기의 속도제어 및 용도	1. 3상 유도전동기 속도제어 원리와 특성 2. 유도전동기의 출력과 토크 특성 등
		10. 동기기	1. 동기기의 원리와 구조	1. 동기발전기의 원리 및 구조 2. 동기전동기의 원리 등
			2. 동기발전기의 이론 및 특성	1. 동기발전기 이론 및 특성에 관한 사항 등
			3. 동기발전기의 병렬운전	1. 병렬운전에 필요한 조건 2. 동기발전기의 병렬운전법 등
			4. 동기전동기의 운전	1. 동기전동기의 운전에 관한 사항 2. 특수전동기에 관한 사항 등

필기과목명	문제수	주요항목	세부항목	세세항목
		11. 정류기 및 제어기기	1. 정류용 반도체 소자	1. 정류용 반도체 소자의 종류
			2. 정류회로의 특성	1. 다이오드를 이용한 정류회로의 특성 등
			3. 제어 정류기	1. 제어 정류기에 대한 원리 및 특성 등
			4. 사이리스터의 응용회로	1. 사이리스터의 원리 및 특성 등
			5. 제어기 및 제어장치	1. 제어기 및 제어장치의 종류와 특성 등
		12. 보호계전기	1. 보호계전기의 종류 및 특성	1. 보호계전기의 종류 2. 보호계전기의 구조 및 원리 3. 보호계전기 특성 등
		13. 배선재료 및 공구	1. 전선 및 케이블	1. 나전선 2. 절연전선 3. 기타 절연전선 4. 코드 5. 케이블 등
			2. 배선재료	1. 개폐기 2. 점멸스위치 3. 콘센트 및 플러그 4. 소켓류 5. 과전류차단기 6. 누전차단기 등
			3. 전기설비에 관련된 공구	1. 게이지의 종류 2. 공구 및 기구 등
		14. 전선접속	1. 전선의 피복 벗기기	1. 전선 피복 벗기는 방법 등
			2. 전선의 각종 접속방법	1. 단선접속 2. 연선접속 3. 와이어 커넥터를 이용한 접속 4. 슬리브를 이용한 접속 등
			3. 전선과 기구단자와의 접속	1. 직선단자와 기구접속 2. 고리형 단자와 기구접속 등
		15. 배선설비공사 및 전선 허용전류 계산	1. 전선관시스템	1. 합성수지관공사 방법 등 2. 금속관공사 방법 등 3. 금속제 가요전선관공사 방법 등
			2. 케이블트렁킹시스템	1. 합성수지몰드공사 방법 등 2. 금속몰드공사 방법 등 3. 금속트렁킹공사 방법 등 4. 케이블트렌치공사 방법 등
			3. 케이블덕팅시스템	1. 금속덕트공사 방법 등 2. 플로어덕트공사 방법 등 3. 셀룰러덕트공사 방법 등
			4. 케이블트레이시스템	1. 케이블트레이공사 방법 등
			5. 케이블공사	1. 케이블공사 방법 등
			6. 저압 옥내배선 공사	1. 전등배선 및 배선기구 2. 접지 및 누전차단기 시설 등
			7. 특고압 옥내배선 공사	1. 고압 및 특고압 옥내배선 등
			8. 전선 허용전류	1. 전선 허용전류 및 단면적 산정 2. 복수 회로 등 전선 허용전류 및 단면적 산정

필기과목명	문제수	주요항목	세부항목	세세항목
		16. 전선 및 기계기구의 보안공사	1. 전선 및 전선로의 보안	1. 전선 및 전선로의 보안공사 등
			2. 과전류 차단기 설치공사	1. 과전류 차단기 설치공사 등
			3. 각종 전기기기 설치 및 보안공사	1. 각종 전기기기 설치 및 보안공사 등
			4. 접지공사	1. 접지공사의 규정 등
			5. 피뢰설비 설치공사	1. 피뢰설비 설치공사 등
		17. 가공인입선 및 배전선 공사	1. 가공인입선 공사	1. 가공인입선의 굵기 및 높이 등
			2. 배전선로용 재료와 기구	1. 지지물, 완금, 완목, 애자 및 배선용 기구 등
			3. 장주, 건주(전주세움) 및 가선(전선설치)	1. 배전선로의 시설 2. 장주 및 건주(전주세움) 3. 가선(전선설치)공사 등
			4. 주상기기의 설치	1. 주상기기 설치공사 등
		18. 고압 및 저압 배전반 공사	1. 배전반 공사	1. 배전반의 종류 2. 배전반설치 및 접지공사 3. 수·변전설비 등
			2. 분전반 공사	1. 분전반의 종류와 공사 등
		19. 특수장소 공사	1. 먼지가 많은 장소의 공사	1. 폭연성 분진 또는 화약류 분말이 존재하는 곳의 공사 2. 가연성 분진이 존재하는 곳의 공사 3. 기타공사 등
			2. 위험물이 있는 곳의 공사	1. 위험물이 있는 곳의 공사 등
			3. 가연성 가스가 있는 곳의 공사	1. 가연성 가스가 있는 곳의 공사 등
			4. 부식성 가스가 있는 곳의 공사	1. 부식성 가스가 있는 곳의 공사 등
			5. 흥행장, 광산, 기타 위험 장소의 공사	1. 흥행장, 광산, 기타 위험 장소의 공사 등
		20. 전기응용시설 공사	1. 조명배선	1. 조명공사 등
			2. 동력배선	1. 동력배선공사 등
			3. 제어배선	1. 제어배선공사 등
			4. 신호배선	1. 신호배선공사 등
			5. 전기응용기기 설치공사	1. 전기응용기기 설치공사 등

실기 출제기준

직무분야	전기·전자	중직무분야	전기	자격종목	전기기능사	적용기간	2024.1.1.~2026.12.31

○ **직무내용**: 전기설비에 필요한 장비 및 공구를 사용하여 회전기, 정지기, 제어장치 또는 빌딩, 공장, 주택 및 전력시설물의 전선, 케이블, 전기기계 및 기구를 설치, 보수, 검사, 시험 및 관리하는 직무이다.
○ **수행준거**: 1. 전기설비공사에 필요한 장비 및 공구를 사용할 수 있다.
2. 전기설비와 관련한 배관배선공사 및 자동제어 배선공사를 수행할 수 있다.
3. 전기공사 완료 후의 시험 검사 업무 및 유지관리에 필요한 측정 및 점검업무를 수행할 수 있다.

실기검정방법	작업형	시험시간	5시간 정도

실기과목명	주요항목	세부항목	세세항목
전기설비 작업	1. 전기설비공사	1. 전기공사 준비하기	1. 전기공사를 수행하기 위하여 전기공사 도면을 이해할 수 있다. 2. 전기공사 수행을 위한 필요 자재물량을 산출할 수 있다. 3. 전기공사를 수행하기 위해 공구를 용도에 맞게 준비할 수 있다.
		2. 전기배관 배선하기	1. 배관, 배선 공사를 위해 전선관 및 전선을 원하는 사이즈로 재단할 수 있다. 2. 배관, 배선 공사를 위해 도면을 이해하고 금속관, PVC관 배관을 할 수 있다. 3. 전기배선을 위해 전선 접속을 정확하게 수행할 수 있다.
		3. 전기기계기구 설치하기	1. 각종 장비의 매뉴얼에 따라 해당장비가 정상적으로 동작되는 지를 판단할 수 있다. 2. 설계도면에 따라, 선로의 시공의 적합성에 대하여 판단할 수 있다. 3. 기기의 설치 위치 및 관로의 구성을 파악하여, 문제점을 판단할 수 있다.
		4. 전동기제어 및 운용하기	1. 시퀀스 원리를 활용하여 작업지침서에 따라 시퀀스 회로를 완성하고 제어용 기기(전자접촉기 등)를 설치할 수 있다. 2. 전동기 정회전, 역회전 원리를 기초로 작업지침서에 따라 전동기 단자에 전원선을 연결할 수 있다. 3. 전동기 기동원리를 기초로 작업지침서에 따라 전동기 기동장치를 설치 및 기동 운전할 수 있다. 4. 전동기 운전조건을 활용하여 운전지침에 따라 전동기를 기동하고 정지할 수 있다. 5. 전동기 정격운전 조건을 기초로 하여 전동기 운전지침에 따라 전동기 운전 값을 계측, 기록, PC에 모니터링 할 수 있다.
		5. 전기시설물의 검사 및 점검하기	1. 계측기를 활용하여 지정된 운전정격 값에 따라 운전 값(전압, 전류, 역율, 전력 등)을 측정할 수 있다. 2. 계측된 값을 활용하여 운전 지침에 따라 운전 값을 기록, 저장, 컴퓨터 모니터링을 할 수 있다. 3. 계측된 값을 활용하여 정상 운전 값에 따라 계측된 값을 비교하여 기록할 수 있다. 4. 운전지식을 활용하여 운전 지침에 따라 전력시설물을 정지 또는 가동시킬 수 있다.

전기 　　사용 단위 및 기호

1. 단위의 배수

기호	읽는법	양	기호	읽는법	양
T	Tera	10^{12}	c	centi	10^{-2}
G	Giga	10^{9}	m	milli	10^{-3}
M	Mega	10^{6}	μ	micro	10^{-6}
K	Killo	10^{3}	n	nano	10^{-9}
h	hecto	10^{2}	p	pico	10^{-12}
D	Deca	10	f	femto	10^{-15}
d	deci	10^{-1}	a	atto	10^{-18}

2. 그리스 문자

대문자	소문자	읽는법		대문자	소문자	읽는법	
A	α	Alpha	알파	N	ν	Nu	뉴어
B	β	Beta	베타	Ξ	ξ	Xi	크사이
Γ	γ	Gamma	감마	O	o	Omicron	모미크론
Δ	δ	Delta	델타	Π	π	Pi	파이
E	ϵ	Epsilon	입실론	P	ρ	Rho	로우
Z	ζ	Zeta	제에타	Σ	σ	Sigma	시그마
H	η	Eta	이이타	T	τ	Tau	타우
Θ	θ	Theta	시이타	Y	υ	Upsilon	웁실론
I	ι	Iota	이오타	Φ	ϕ	Phi	화이
K	κ	Kappa	카파	X	χ	Chi	카이
Λ	λ	Lambda	람다	Ψ	ψ	Psi	프사이
M	μ	Mu	뮤우	Ω	ω	Omega	오메가

3. 전기 · 자기의 단위

양	양기호	단위의 명칭	단위기호
전 압 (전위, 전위차)	V	volt	[V]
기　전　력	E	volt	[V]
전　　　류	I	ampere	[A]
전　력 (유효전력)	P	watt	[W]
피　상　전　력	P_a	voltampere	[VA]
무　효　전　력	P_r	var	[Var]
전　력　량	W	joule	[J]
고 유 저 항 (저항률)	ρ	ohmmeter	[Ω·m]

양	양기호	단위의 명칭	단위기호
전 기 저 항	R	ohm	[Ω]
도 전 율	σ	mho/meter	[℧/m], [Ω^{-1}/m]
자 장 의 세 기	H	ampere/meter	[AT/m]
자 속	ϕ	weber	[Wb]
자 속 밀 도	B	weber/meter^2	[Wb/m^2]
투 자 율	μ	henry/meter	[H/m]
전 장 의 세 기	E	volt/meter	[V/m]
전 속	Ψ	coulomb	[C]
전 속 밀 도	D	coulomb/meter^2	[C/m^2]
유 전 율	ϵ	farad/meter	[F/m]
전 기 량 (전하)	Q	coulomb	[C]
정 전 용 량	C	farad	[F]
자 체 인 덕 턴 스	L	henry	[H]
상 호 인 덕 턴 스	M	henry	[H]
주 기	T	sec	[sec]
주 파 수	f	hertz	[Hz]
각 속 도	ω	radian/sec	[rad/sec]
임 피 던 스	Z	ohm	[Ω]
어 드 미 턴 스	Y	mho	[℧], [Ω^{-1}]
리 액 턴 스	X	ohm	[Ω]
컨 덕 턴 스	G	mho	[℧], [Ω^{-1}]
서 셉 턴 스	B	mho	[℧], [Ω^{-1}]
열 량	Q	joule	[J]
힘	F	newton	[N]
토 크	T	newton meter	[N·m]

실기 출제기준

CBT 국가기술자격 기능사 CBT 필기검정 방법 안내

1. CBT(Computer Based Test)란?

- CBT검정은 Computer Based Test의 약자로 기존의 지면을 이용한 필기시험을 대체하여 수험자가 응시하는 해당 시험문제를 컴퓨터 화면을 통해 보고 마우스의 입력기기를 통해 답을 입력하는 형태로 진행하는 시험을 의미합니다.
- 전기기능사 자격검정 필기시험이 2016년도 5회차부터 CBT(Computer Based Test, 컴퓨터 기반 시험)로 응시방법이 변경되었고 2017년부터 전면시행되었습니다.
- 기존 문제지를 이용한 필기 시험이 전기이론/ 전기기기/ 전기설비 각 20문항씩 과목별로 분리되어 출제되었던 것과는 달리 과목 구분 없이 무작위 순서로 출제됩니다.
- 요청 시 계산문제를 위한 연습장이 제공되며 이후 반납을 필요로 합니다.
- 컴퓨터를 이용하여 마킹된 답안이 최종 제출되면 합격여부를 바로 알 수 있습니다.
- 수험원서 접수
  - 수험원서 접수방법(인터넷 접수만 가능)
    - 원서접수홈페이지 : www.Q-net.or.kr
  - 수험원서 접수시간
    - 원서접수 첫날 09:00부터 원서접수 마지막 날 18:00까지
  - 차수 구분없이 종목별 1회만 응시가능
  - 정기 기능사 전회(CBT) 필기시험 기간 동안 요일 제한없이 연속시행하고, 상시 기능사(CBT) 필기시험은 동기간 미시행
  - 정기 기능사 전회 필기시험은 CBT문제은행에서 개인별로 상이하게 문제가 출제되므로 시험문제는 비공개

2. 자격검정 CBT 웹체험 서비스

- **큐넷(Q-net) 자격검정 CBT 웹체험 프로그램 이용**
  실제 컴퓨터 필기 자격시험 환경과 동일하게 구성된 자격검정 CBT(컴퓨터 기반 시험) 웹체험 서비스를 이용하여 검정 방식을 숙지한 후 시험에 응시하도록 합니다.
- **'CBT 체험하기' 접속경로(www.q-net.or.kr)**

- **응시요령**
  ❶ 수험자 정보 확인 및 신분확인
  - 감독위원이 수험자 정보와 신분증의 일치여부를 확인합니다.

  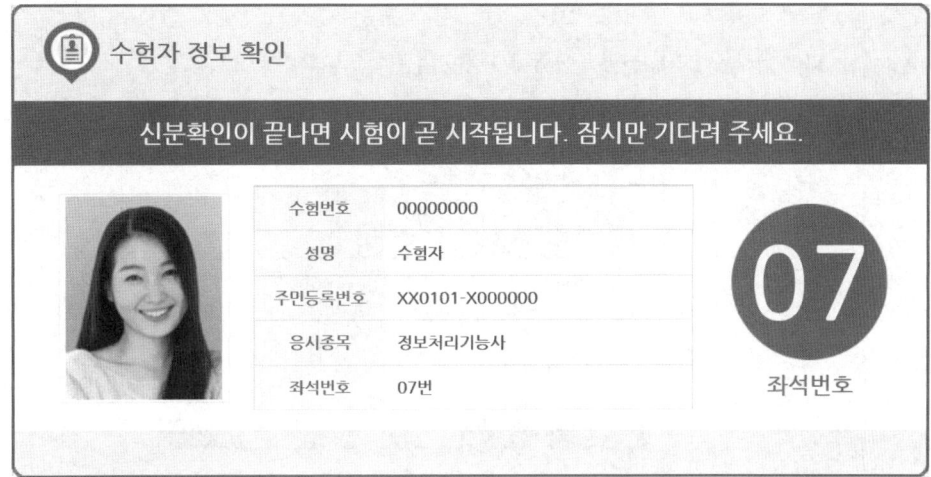

  ❷ 안내사항
  - 시험 안내사항을 확인합니다.

  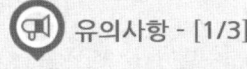

  ❸ 유의사항

문제풀이 메뉴설명
 • 문제풀이 메뉴의 기능을 파악합니다.

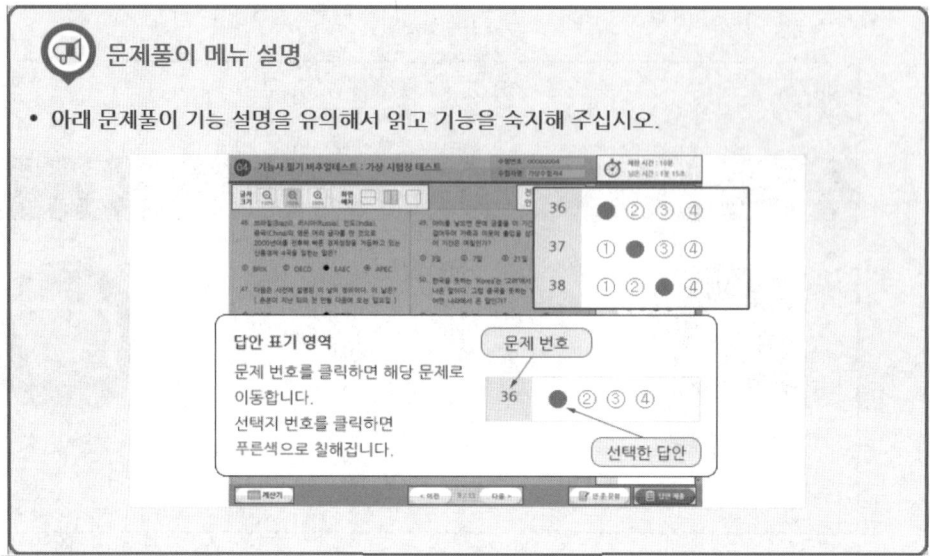

 문제풀이 연습
 • 연습문제를 풀어보면 기능을 숙지할 수 있습니다.

자격검정 CBT 문제풀이 연습

✓ 실제 시험과 동일한 방식의 문제풀이 연습을 통해 CBT 시험을 준비합니다.
✓ 하단의 버튼을 클릭하시면 문제풀이 연습 화면으로 넘어갑니다.

❻ 시험 준비 완료
 • 시험준비가 완료되면 '시험준비 완료' 버튼을 클릭하고 대기합니다.

시험 준비 완료

✓ 아래의 시험 준비 완료 버튼을 클릭해주세요.
✓ 잠시 후 시험감독관의 지시에 따라 시험이 자동으로 시작됩니다.

❼ 시험 진행
 • 본격적으로 문제풀이를 진행하여 답안을 입력해 나갑니다. 같은 고사장 일지라도 각자 응시하는 종목이 상이하니 자신의 시험에만 집중하여 실시합니다. 필요 시 연습지를 요청하고 컴퓨터에 이상이 발생하면 지체 없이 감독관에게 문제점을 통보합니다.

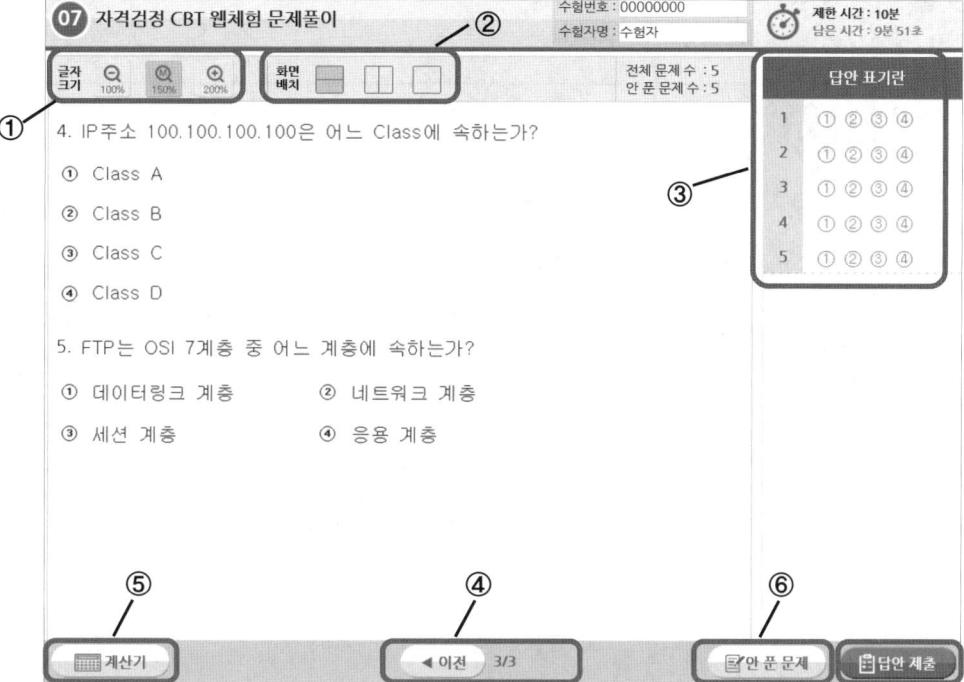

1. 시험문제화면의 기본 글자 크기는 150%입니다. 글자크기는 100% 나 200%로 변경이 가능합니다.
2. 화면배치는 기본 1단으로 배치되며 많은 문항을 한 번에 보기위해 2단으로 변경가능합니다.
3. 답안 표기란에 번호를 클릭하여 답안을 입력하거나 문제의 보기항목을 직접 클릭하여 답안을 작성합니다.
4. 페이지 이동용 버튼입니다.
5. 계산문제를 위한 계산기 기능입니다.
6. '안 푼 문제' 버튼을 누르면 답안 표기가 되지 않은 문제를 확인하고 번호 클릭 시 해당 문제로 이동합니다.

❽ 답안 제출
- 시험 유의사항을 확인합니다. '답안제출' 버튼을 클릭하면 답안제출 승인 알림창이 나옵니다. 시험을 마치려면 '예'를 누릅니다. 실수방지를 위해 2회 확인합니다.

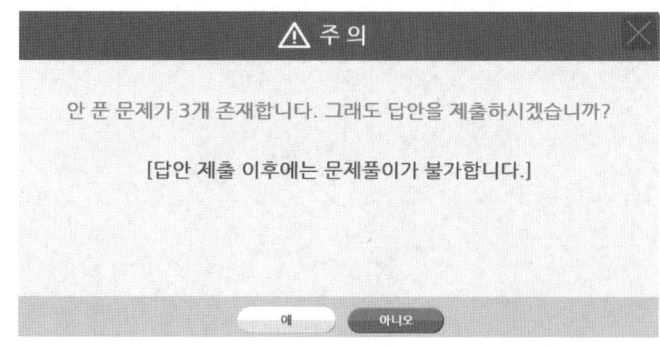

❾ 합격 확인
  • 합격여부를 확인합니다.

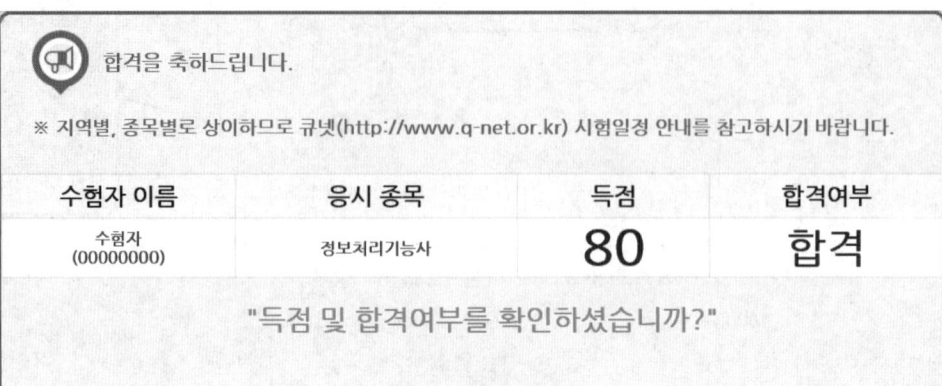

차례

1과목 전기이론

1장 직류회로 ·· 24
  1.1 전기의 본질 ·· 24
  1.2 전류와 전압 및 저항 ·································· 25
    ▶ 기출 & 예상문제(1) ································· 27
  1.3 전기 회로의 법칙 ····································· 31
    ▶ 기출 & 예상문제(2) ································· 34
  1.4 전력과 전류, 전압, 저항의 측정 ···················· 39
    ▶ 기출 & 예상문제(3) ································· 41
  1.5 전류의 열작용과 화학작용 ·························· 45
    ▶ 기출 & 예상문제(4) ································· 47

2장 정전기와 콘덴서 ·· 50
  2.1 정전기의 성질 ··· 50
  2.2 전기장과 전위 ··· 51
    ▶ 기출 & 예상문제(1) ································· 53
  2.3 콘덴서 ··· 57
    ▶ 기출 & 예상문제(2) ································· 59

3장 자기의 성질과 전류에 의한 자기장 ················ 65
  3.1 자석의 자기작용 ······································ 65
    ▶ 기출 & 예상문제(1) ································· 68
  3.2 전류의 자기작용 ······································ 72
    ▶ 기출 & 예상문제(2) ································· 75

4장 전자력과 전자유도 ····································· 79
  4.1 전자력 ··· 79
  4.2 전자유도 ·· 80
    ▶ 기출 & 예상문제(1) ································· 82
  4.3 인덕턴스와 전자에너지 ······························ 86
    ▶ 기출 & 예상문제(2) ································· 88

5장 교류회로 ·· 92
  5.1 교류의 발생 ·· 92
    ▶ 기출 & 예상문제(1) ································· 96
  5.2 교류전류에 대한 RLC의 작용 ······················ 100

▶ 기출 & 예상문제(2) ·········· 102
5.3 RLC 직병렬회로 ·········· 104
▶ 기출 & 예상문제(3) ·········· 108
5.4 교류전력 ·········· 114
▶ 기출 & 예상문제(4) ·········· 115

6장 3상 교류회로 ·········· 118
6.1 3상 교류 ·········· 118
▶ 기출 & 예상문제 ·········· 121

7장 비정현파(과도현상, 회로망정리) ·········· 125
7.1 비정현파 교류 ·········· 125
7.2 과도현상 ·········· 126
7.3 회로망 정리 ·········· 128
▶ 기출 & 예상문제 ·········· 129

2과목 전기기기

1장 직류기 ·········· 134
1.1 직류발전기의 원리 ·········· 134
1.2 직류발전기의 구조 ·········· 135
▶ 기출 & 예상문제(1) ·········· 138
1.3 직류발전기의 이론 ·········· 141
▶ 기출 & 예상문제(2) ·········· 143
1.4 직류발전기의 종류 ·········· 146
1.5 직류발전기의 특성 ·········· 148
1.6 직류발전기의 병렬운전 ·········· 150
▶ 기출 & 예상문제(3) ·········· 151
1.7 직류발전기의 구조 및 원리 ·········· 156
1.8 직류전동기의 이론 ·········· 156
1.9 직류전동기의 종류 ·········· 157
1.10 직류전동기의 속도토크 특성 ·········· 158
▶ 기출 & 예상문제(4) ·········· 160
1.11 직류전동기의 운전 ·········· 164
1.12 직류기의 손실 ·········· 165
1.13 직류기의 효율 ·········· 166
1.14 특수 직류기 ·········· 166
▶ 기출 & 예상문제(5) ·········· 168

2장 동기기 ·········· 174
2.1 동기발전기의 원리 ·········· 174
2.2 동기발전기의 구조 ·········· 175

▶ 기출 & 예상문제(1) ·· 178
2.3 동기발전기의 이론 ·· 181
2.4 동기발전기의 특성 ·· 182
2.5 동기발전기의 운전 ·· 184
▶ 기출 & 예상문제(2) ·· 186
2.6 동기전동기의 원리 ·· 194
2.7 동기전동기의 특성 ·· 194
2.8 동기전동기의 운전 ·· 195
2.9 동기전동기의 특징 및 용도 ·· 196
▶ 기출 & 예상문제(3) ·· 198

3장 변압기 ·· 204
3.1 변압기의 원리 ·· 204
3.2 변압기의 구조 ·· 204
3.3 변압기유 ·· 205
▶ 기출 & 예상문제(1) ·· 207
3.4 변압기의 이론 ·· 212
▶ 기출 & 예상문제(2) ·· 214
3.5 변압기의 특성 ·· 218
▶ 기출 & 예상문제(3) ·· 221
3.6 변압기의 결선 ·· 227
3.7 변압기 병렬운전 ·· 229
3.8 특수 변압기 ·· 230
▶ 기출 & 예상문제(4) ·· 232

4장 유도전동기 ·· 238
4.1 유도전동기의 원리 ·· 238
4.2 유도전동기의 구조 ·· 239
▶ 기출 & 예상문제(1) ·· 241
4.3 유도전동기의 이론 ·· 244
▶ 기출 & 예상문제(2) ·· 247
4.4 유도전동기의 특성 ·· 252
4.5 유도전동기의 운전 ·· 253
▶ 기출 & 예상문제(3) ·· 256
4.6 단상유도전동기 ·· 263
4.7 유도전압조정기 ·· 264
4.8 특수유도기 ·· 265
4.9 정류자 전동기 ·· 266
▶ 기출 & 예상문제(4) ·· 268

5장 정류기 및 제어기기 ·· 275
5.1 반도체와 정류소자 ·· 275
5.2 정류회로 ·· 276

5.3 사이리스터(thyristor) ········· 278
5.4 제어기 및 제어장치 ········· 281
▶ 기출 & 예상문제 ········· 282

3과목 전기설비

1장 배선재료 및 공구 ········· 290
1.1 전선 및 케이블 ········· 290
▶ 기출 & 예상문제(1) ········· 297
1.2 배선재료 ········· 303
▶ 기출 & 예상문제(2) ········· 310
1.3 전기설비관련 공구 ········· 315
▶ 기출 & 예상문제(3) ········· 317
1.4 전선의 접속 ········· 320
▶ 기출 & 예상문제(4) ········· 322

2장 배관·배선공사 ········· 327
2.1 전선관시스템(합성수지관 공사) ········· 327
2.2 전선관시스템(금속관 공사) ········· 331
▶ 기출 & 예상문제(1) ········· 335
2.3 전선관시스템(가요전선관공사) ········· 341
2.4 애자사용공사 ········· 343
2.5 케이블 배선 및 케이블트레이 시스템 배선공사 ········· 343
2.6 케이블덕트 시스템 배선공사 ········· 347
2.7 케이블트렁킹시스템 배선공사 ········· 352
▶ 기출 & 예상문제(2) ········· 354
2.8 특수 장소의 배선 ········· 359
2.9 전기응용 시설공사 ········· 365
▶ 기출 & 예상문제(3) ········· 380

3장 배선방식과 수변전 및 조명설비 ········· 385
3.1 전압 ········· 385
▶ 기출 & 예상문제(1) ········· 388
3.2 간선 ········· 390
3.3 분기회로 ········· 392
▶ 기출 & 예상문제(2) ········· 395
3.4 조명의 개요 ········· 399
3.5 조명설계 ········· 402
▶ 기출 & 예상문제(3) ········· 404
3.6 수·변전설비 분류 ········· 407
3.7 수·변전설비 용량의 결정 ········· 407

  3.8 수·변전설비 결선과 기기구성 ·· 409
   ▶ 기출 & 예상문제(4) ·· 418

4장 전선 및 기계기구의 보안 ·· 428
  4.1 전로의 절연 및 절연내력 ·· 428
  4.2 접지공사 ·· 430
  4.3 전선 및 기계기구의 보안 ·· 442
   ▶ 기출 & 예상문제 ·· 457

5장 배전설비 및 배전반공사 ·· 469
  5.1 건주, 장주 및 가선 ·· 469
  5.2 인입선 공사 ·· 473
  5.3 지중 전선로 ·· 474
  5.4 배전반 공사 ·· 477
  5.5 분전반 공사 ·· 478
   ▶ 기출 & 예상문제 ·· 480

4과목　실전 모의고사

- 전기기능사 필기 실전 모의고사 제 **1** 회 ·· 490
- 전기기능사 필기 실전 모의고사 제 **2** 회 ·· 499
- 전기기능사 필기 실전 모의고사 제 **3** 회 ·· 509
- 전기기능사 필기 실전 모의고사 제 **4** 회 ·· 519
- 전기기능사 필기 실전 모의고사 제 **5** 회 ·· 529
- 전기기능사 필기 실전 모의고사 제 **6** 회 ·· 538
- 전기기능사 필기 실전 모의고사 제 **7** 회 ·· 547
- 전기기능사 필기 실전 모의고사 제 **8** 회 ·· 557
- 전기기능사 필기 실전 모의고사 제 **9** 회 ·· 567
- 전기기능사 필기 실전 모의고사 제 **10** 회 ·· 577
- 전기기능사 필기 실전 모의고사 제 **11** 회 ·· 587
- 전기기능사 필기 실전 모의고사 제 **12** 회 ·· 596
- 전기기능사 필기 실전 모의고사 제 **13** 회 ·· 605
- 전기기능사 필기 실전 모의고사 제 **14** 회 ·· 614
- 전기기능사 필기 실전 모의고사 제 **15** 회 ·· 623
- 전기기능사 필기 실전 모의고사 제 **16** 회 ·· 633
- 전기기능사 필기 실전 모의고사 제 **17** 회 ·· 642
- 전기기능사 필기 실전 모의고사 제 **18** 회 ·· 652
- 전기기능사 필기 실전 모의고사 제 **19** 회 ·· 662
- 전기기능사 필기 실전 모의고사 제 **20** 회 ·· 672
- 전기기능사 필기 실전 모의고사 제 **21** 회 ·· 681

- 전기기능사 필기 실전 모의고사 제 22 회 ·· 691
- 전기기능사 필기 실전 모의고사 제 23 회 ·· 700
- 전기기능사 필기 실전 모의고사 제 24 회 ·· 710
- 전기기능사 필기 실전 모의고사 제 25 회 ·· 719
- 전기기능사 필기 실전 모의고사 제 26 회 ·· 729
- 전기기능사 필기 실전 모의고사 제 27 회 ·· 738
- 전기기능사 필기 실전 모의고사 제 28 회 ·· 747

전기이론

제 1 장

직류회로

1.1 전기의 본질

1. 물질의 구성
모든 물질은 분자 또는 원자의 집합으로 구성되며, 원자는 양(+)전기를 가진 원자핵(양성자 + 중성자)과 그 주위를 일정한 궤도를 따라 맴도는 음(-)전기를 가진 몇 개의 전자(electron)로 구성

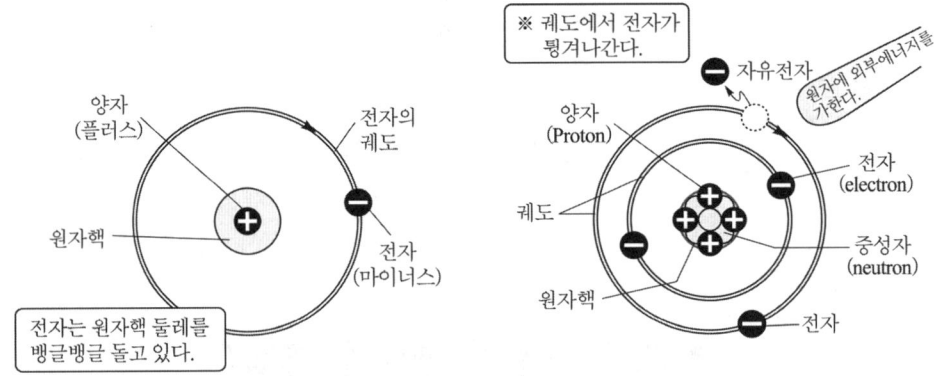

[원자의 모형]

2. 자유 전자(Free Electron)
(1) 가전자는 원자핵과의 결합력이 약해 외부의 자극에 의하여 쉽게 원자핵의 구속력을 이탈할 수 있는데 이러한 전자를 자유전자라 한다.
(2) 많은 전기적 현상들은 자유전자의 이동이나 증감에 의한 것이다.

3. 전기의 발생과 소멸
(1) 대전 (Electrification) : 물질이 전자가 부족하는 상태에서 양전기를 띠게 되는 것을 양(+)으로 대전되었다고 한다. 또는 남게 된 상태에서 음전기를 띠게 되는 것으로 음(-)으로 대전

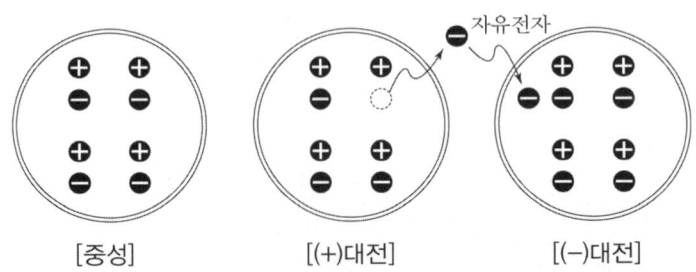

4. 전하와 전기량
(1) 전하 (Electric Charge) : 어떤 물체가 대전되었을 때 이 물체가 가지고 있는 전기
(2) 전기량 (전하량) : $Q[C] = I[A] \cdot t[\sec]$
   쿨롱(Coulomb, 기호[C])을 사용한다.
   ① 전자 1개의 전기량 : $e = -1.602 \times 10^{-19}[C]$
   ② 전자 1[C]이 갖는 전자 수 : 6.242×10^{18}[개]
   ③ 전자의 질량 : $m = 9.109 \times 10^{-31}[kg]$

1.2 전류와 전압 및 저항

1. 전류 I[A]
어떠한 도체에 단위시간(t초) 동안에 이동한 전하(Q)의 흐름

$$Q[C] = I[A] \cdot t[\sec]$$
$$I = \frac{Q}{t} [C/\sec] \, ; \, [A]$$

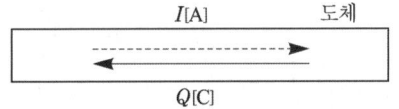

[전하 및 전류의 이동]

2. 전압 V[V]
물질의 전기적인 높이를 전위라 하고 그 차이를 전위차 또는 전압이라 한다.

(1) Q[C]을 이동시키는 데 W[J]의 에너지를 소모하였을 때 전위차(전압)

$$V = \frac{W}{Q} [J/C] \, ; \, [V]$$

[전하의 이동]

(2) 기전력 E[V] : 전지와 같이 전위차를 만들어 주는 힘

3. 저항 R[Ω]
전류의 흐름을 방해하는 소자

$$R = \rho \frac{l}{A} = \rho \frac{l}{\pi r^2} = \rho \frac{4l}{\pi D^2} [\Omega]$$

여기서, ρ : 도선의 고유저항[$\Omega \cdot mm^2/m$], [$\Omega \cdot m$]
   A : 도체의 단면적[mm^2]
   l : 도체의 길이[m]
   r : 전선반경[m]($r = \frac{D}{2}$)
   D : 전선직경[m]

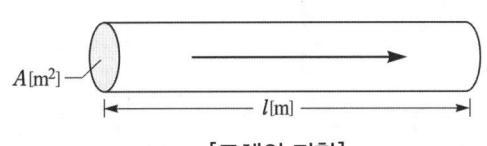

[도체의 저항]

(1) 고유저항(저항률) $\rho = R\dfrac{A}{l}\,[\Omega \cdot \text{m}]$

(2) 전도율 $\sigma = \dfrac{1}{\rho}\,[\mho/\text{m}]$

(3) 컨덕턴스 $G\,[\mho = 1/\Omega]$

저항의 역수로서 저항이 가지고 있는 반대, 전류가 잘 흐르는 정도

단위 : 지멘스(siemens[S]) 또는 모(mho[$\mho$])

(4) 저항의 온도계수

저항의 온도가 1[℃] 올라갈 때 원래의 저항값에 대한 저항의 증가 비율을 저항의 온도 계수라 한다.

① 0[℃]에서 표준연동의 저항온도 계수 $\alpha_0 = \dfrac{1}{234.5}$

t[℃]일 때 저항온도 계수 $\alpha_t = \dfrac{1}{234.5 + t}$

② 온도변화에 의한 전기저항의 변화

$$R_T = R_0\{1 + \alpha_t(T-t)\}\,[\Omega]$$

여기서, T : 상승 후의 온도[℃]

t : 상승 전의 온도[℃]

α_t : t[℃]에서의 온도 계수

R_0 : t[℃]에서의 도체의 저항

R_T : T[℃]에서의 도체의 저항

(5) 저항의 종류

① 절연저항(insulation resistance) : 절연을 목적으로 하는 절연체에 고전압 인가 시 흐르는 누설전류(leakage currant)와 전압과의 비

② 접지저항(earthing resistance) : 매설한 접지 전극과 대지 사이의 전기 저항

③ 접촉저항(contact resistance) : 전극이나 연결부와 같은 외부의 다른 물질과 접촉하여 발생하는 저항

기출 & 예상문제

제1장 직류회로(1)

01 전자의 전기량[C]은 얼마인가?
① 9.1×10^{-31}
② 1.67×10^{-27}
③ 1.6×10^{-19}
④ 6.24×10^{25}

풀이
- 전자 1개의 전기량 : $e = 1.602 \times 10^{-19}$[C]   [답] ③

02 1개의 전자 질량은 약 몇 [kg]인가?
① 6.24×10^{18}
② 1.602×10^{-19}
③ 1.67×10^{-31}
④ 9.109×10^{-31}

풀이
- 전자 1개의 질량 : $m = 9.109 \times 10^{-31}$[kg]   [답] ④

03 원자핵의 구속력을 벗어나서 물질 내에서 자유로이 이동할 수 있는 것은?
① 중성자
② 양자
③ 분자
④ 자유전자

풀이
자유전자 원자핵과의 결합력이 약해 외부의 자극에 의하여 쉽게 원자핵의 구속력을 이탈할 수 있는 전자이다.   [답] ④

04 어떤 물질이 정상 상태보다 전자수가 많아져 전기를 띠게 되는 현상을 무엇이라 하는가?
① 충전
② 방전
③ 대전
④ 분극

풀이
- 대전(Electrification) : 물질이 전자가 부족하거나 남게 된 상태에서 양전기나 음전기를 띠게 되는 것을 양 또는 음으로 대전되었다고 한다.   [답] ③

05 "물질 중의 자유전자가 과잉된 상태"란?
① (−)대전상태
② 발열상태
③ 중성상태
④ (+)대전상태

풀이
- (+)대전 : 양전기, 물질이 전자를 잃어 자유전자가 양성자보다 적은 상태(전자의 부족)
- (−)대전 : 음전기, 물질이 전자를 얻어 자유전자가 양성자보다 많은 상태(전자의 과잉)   [답] ①

06 1[C]의 전기량은 약 몇 개의 전자 과부족으로 생기는 전하의 전기량이라고 할 수 있는가?
① 0.624×10^{19}
② 1.602×10^{-19}
③ 1
④ 9.10955×10^{-31}

풀이
전자 1개의 전하량 $e = 1.602 \times 10^{-19}$[C]이므로
1[C]당 전하의 개수는
$$\frac{1}{1.602 \times 10^{-19}} = 0.624 \times 10^{19} [개]$$ [답] ①

07 액체류가 파이프 등 내부에서 유동할 때 액체와 관벽 사이에 정전기가 발생하는 현상을 무엇이라 하는가?
① 마찰에 의한 대전
② 박리에 의한 대전
③ 유동에 의한 대전
④ 기타 대전

풀이
- '마찰에 의한 대전'은 두 물체 사이의 마찰이나 접촉 위치의 이동으로 전하의 분리 및 재배열이 일어나서 정전기가 발하는 현상
- '박리에 의한 대전'은 서로 밀착되어 있는 물체가 떨어질 때 전하의 분리가 일어나 정전기가 발하는 현상
- '유동에 의한 대전'은 액체류가 파이프 등 내부에서 유동할 때 액체와 관벽 사이에 정전기가 발하는 현상
- 기타의 대전으로는 액체류, 기체류, 고체류 등이 작은 분출구를 통해 공기 중으로 분출될 때 발생하는 분출대전, 이들의 충돌에 의한 충돌대전, 액체류가 이송이나 교반될 때 발생하는 진동(교반)대전, 유도대전 등   [답] ③

08 어떤 도체의 단면을 30분 동안에 5400[C]의 전기량이 이동했다고 하면 전류의 크기는 몇 [A]인가?

① 1 ② 2
③ 3 ④ 4

풀이
$I = \dfrac{Q}{t} = \dfrac{5400}{30 \times 60} = 3[A]$ [답] ③

09 어떤 도체를 t초 동안에 $Q[C]$의 전기량이 이동하면 이때 흐르는 전류 I는?

① $I = Qt[A]$ ② $I = \dfrac{1}{Qt}[A]$
③ $I = \dfrac{t}{Q}[A]$ ④ $I = \dfrac{Q}{t}[A]$

풀이
전류 $I[A]$: 어떠한 도체에 단위시간(t초) 동안에 이동한 전하(Q)의 흐름
$I = \dfrac{Q}{t}[C/\text{sec}] \, ; \, [A]$ [답] ④

10 어느 도체의 단면을 1시간에 18000[C]의 전기량이 지났다면 전류의 크기는?

① 10[A] ② 5[A]
③ 3[A] ④ 1[A]

풀이
$I = \dfrac{Q}{t} = \dfrac{18000}{3600} = 5[A]$ [답] ②

11 전자볼트[eV]는 약 몇 [J]인가?

① 1.60×10^{-19} ② 1.67×10^{-21}
③ 1.72×10^{-24} ④ 1.76×10^{9}

풀이
1개의 전자가 1볼트의 전위차(電位差)에 의해 받는 에너지이다.
$1[eV] = 1.602 \times 10^{-19}[C] \times 1[V] = 1.602 \times 10^{-19}[J]$ [답] ①

12 고유저항 $[\mu\Omega \cdot cm]$이 가장 큰 것은?

① 니켈 ② 은
③ 구리 ④ 알루미늄

풀이
물질에 따른 고유저항
① 니켈 : 6.9
② 은 : 1.62
③ 구리 : 1.69
④ 알루미늄 : 2.62 [답] ①

13 전도율의 단위는?

① $[\Omega \cdot m]$ ② $[\mho \cdot m]$
③ $[\Omega / m]$ ④ $[\mho / m]$

풀이
저항 $R = \rho \dfrac{l}{A}[\Omega]$, 고유저항의 단위는 $[\Omega \cdot m]$가 된다.
$\left(\because \rho = R[\Omega] \times \dfrac{A[m^2]}{l[m]} \right)$
따라서 고유저항의 역수인 전도율(도전율)의 단위는
$\dfrac{1}{[\Omega \cdot m]} = [\mho / m]$ [답] ④

14 전기 전도도가 좋은 순서대로 도체를 나열한 것은?

① 은 → 구리 → 금 → 알루미늄
② 구리 → 금 → 은 → 알루미늄
③ 금 → 구리 → 알루미늄 → 은
④ 알루미늄 → 금 → 은 → 구리

풀이
전기저항의 크기
은 < 구리 < 금 < 알루미늄 < 철 < 납 < 주석 [답] ①

15 도선의 길이를 A_0배, 단면적을 B_0배로 하면 전기저항은 몇 배가 되는가?

① $A_0 B_0$ ② $\dfrac{A_0}{B_0}$
③ $\dfrac{B_0}{A_0}$ ④ $\dfrac{1}{A_0 B_0}$

풀이
$R = \rho \dfrac{l}{A}[\Omega]$
즉, 전기저항은 도선의 길이에 비례($\times A_0$)하고 단면적에 반비례($\times \dfrac{1}{B_0}$)한다. [답] ②

16 고유저항 ρ, 길이 l, 지름 D인 전선의 저항은?

① $\rho \cdot \dfrac{4l}{\pi D^2}$ ② $\rho \cdot \dfrac{2l}{\pi D^2}$
③ $\rho \cdot \dfrac{l}{2\pi D^2}$ ④ $\rho \cdot \dfrac{l}{\pi D^2}$

풀이
$R = \rho \dfrac{l}{A} = \rho \dfrac{l}{\pi r^2} = \rho \dfrac{l}{\pi \left(\dfrac{D}{2}\right)^2} = \rho \dfrac{4l}{\pi D^2} [\Omega]$ [답] ①

17 길이를 일정하게 하고 도선의 반지름을 2배로 늘리면 저항은 몇 배로 되는가?

① 4   ② 2
③ $\dfrac{1}{4}$ ④ $\dfrac{1}{2}$

풀이
$R = \rho \dfrac{l}{A} = \rho \dfrac{l}{\pi r^2} [\Omega]$ 즉, $R \propto \dfrac{1}{r^2}$ [답] ③

18 전선의 체적을 일정하게 하고 길이를 2배로 늘리면 저항은 몇 배가 되는가?

① 1/2   ② 2
③ 4   ④ 1/4

풀이
체적 일정시 단면적과 길이는 반비례

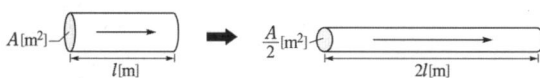

$\therefore R' = \rho \dfrac{2l}{\dfrac{A}{2}} = 4 \cdot \rho \dfrac{l}{A} = R_0 [\Omega]$ [답] ③

19 1 [Ω·m]와 같은 것은?

① 1 [μΩ·cm]
② 10^2 [Ω·mm²]
③ 10^4 [Ω·m]
④ 10^6 [Ω·mm²/m]

풀이
고유저항의 단위[Ω·m]중 길이의 실용단위 10^6 [mm²/m]=[m²/m]=[m]   [답] ④

20 다음 중 저항 값이 클수록 좋은 것은?

① 접지저항   ② 절연저항
③ 도체저항   ④ 접촉저항

풀이
절연저항 [絕緣抵抗, insulation resistance]
가압전압과 누설전류의 비로써 절연 저항이 저하하면 감전이나 과열에 의한 화재 및 쇼크 등의 사고가 뒤따르므로 그 크기가 클수록 좋다.   [답] ②

21 전기저항의 역수는?

① 컨덕턴스   ② 저항률
③ 서셉턴스   ④ 고유저항

풀이
• 컨덕턴스 $G[℧=1/\Omega]$: 저항의 역수로서 저항이 가지고 있는 특성의 반대, 전류가 잘 흐르는 정도 지멘스(siemens[S]) 또는 모(mho[℧])   [답] ①

22 다음 중 저 저항 측정에 사용되는 브리지는?

① 휘트스톤 브리지
② 빈 브리지
③ 맥스웰 브리지
④ 캘빈 더블 브리지

풀이
저항의 측정
• 저 저항측정 : 캘빈더블 브리지
• 중 저항측정 : 휘스톤 브리지
• 고 저항측정 : 메거   [답] ④

23 다음 중에서 일반적으로 온도가 높아지게 되면 전도율이 커져서 온도계수가 부(-)의 값을 가지는 것이 아닌 것은?

① 구리   ② 반도체
③ 탄소   ④ 전해액

풀이
온도에 따른 저항 특성
• 정특성(온도가 상승하면 저항도 증가) : 금속
• 부특성(온도가 상승하면 저항이 감소) : 반도체, 전해질, 탄소, 방전관 → 부성(-)저항류   [답] ①

24 주위온도 0[℃]에서의 저항이 20[Ω]인 연동선이 있다. 주위 온도가 50[℃]로 되는 경우 저항은? (단, 0[℃]에서 연동선의 온도계수 $\alpha_0 = 4.3 \times 10^{-3}$ 이다.)
① 약 22.3[Ω] ② 약 23.3[Ω]
③ 약 24.3[Ω] ④ 약 25.3[Ω]

풀이
$R_T = R_0\{1 + \alpha_t(T-t)\}$
$= 20\{1 + 4.3 \times 10^{-3}(50-0)\}$
$= 24.3[\Omega]$ [답] ③

25 전류를 계속 흐르게 하려면 전압을 연속적으로 만들어 주는 어떤 힘이 필요하게 되는데, 이 힘을 무엇이라 하는가?
① 자기력 ② 전자력
③ 기전력 ④ 전기장

풀이
기전력 $E[V]$: 전위차를 만들어 주는 힘으로 전류를 흐르게 하는 원동력이다.   [답] ③

26 2[C]의 전기량이 이동을 하여 10[J]의 일을 하였다면 두 점 사이의 전위차는 몇 [V]인가?
① 0.2 ② 0.5
③ 5   ④ 20

풀이
$W = QV$
$\therefore V = \dfrac{W}{Q} = \dfrac{10}{2} = 5[V]$ [답] ③

1.3 전기 회로의 법칙

1. 옴의 법칙(Ohm's law) : 전압, 전류 및 저항과의 관계

"저항에 흐르는 전류의 크기는 저항에 인가한 전압에 비례하고, 전기저항에 반비례한다."

$$I = \frac{V}{R}[\text{A}], \quad V = I \cdot R[\text{V}], \quad R = \frac{V}{I}[\Omega]$$

2. 저항의 접속

(1) 직렬 접속(전압분배, 전류불변 $I = I_1 = I_2$)

① 저항의 합성저항

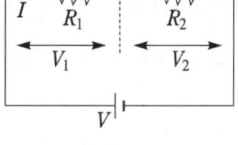

[저항의 직렬접속]

$V_1 = I \cdot R_1$, $V_2 = I \cdot R_2$ 이고

$V = V_1 + V_2 = I(R_1 + R_2)[\text{V}]$ 이므로

$\therefore R_0 = R_1 + R_2 [\Omega]$

만약 $R_1, R_2, R_3, \cdots, R_n$의 저항 n개를 직렬 접속 시

$\therefore R_0 = R_1 + R_2 + \cdots + R_n [\Omega]$

② 전압의 분배

$$V_1 = \frac{R_1}{R_1 + R_2} \cdot V [\text{V}]$$

$$V_2 = \frac{R_2}{R_1 + R_2} \cdot V [\text{V}]$$

(2) 병렬접속(전류분배, 전압불변 $V = V_1 = V_2$)

① 저항의 합성저항

[저항의 병렬접속]

$I_1 = \dfrac{V}{R_1}$, $I_2 = \dfrac{V}{R_2}$ 이고

$I = I_1 + I_2 = \left(\dfrac{1}{R_1} + \dfrac{1}{R_2}\right)V [\text{A}]$ 이므로

$\therefore R_0 = \dfrac{1}{\dfrac{1}{R_1} + \dfrac{1}{R_2}} = \dfrac{R_1 \cdot R_2}{R_1 + R_2} [\Omega]$

만약 $R_1, R_2, R_3, \cdots, R_n$의 저항 n개를 병렬 접속 시

$\therefore R_0 = \dfrac{1}{\dfrac{1}{R_1} + \dfrac{1}{R_2} + \cdots + \dfrac{1}{R_n}} [\Omega]$

② 전류의 분배

$$I_1 = \frac{R_2}{R_1 + R_2} \cdot I [\text{A}]$$

$$I_2 = \frac{R_1}{R_1 + R_2} \cdot I [\text{A}]$$

(3) 직·병렬접속

① 저항의 합성저항

$$R_0 = R_1 + \frac{R_2 \cdot R_3}{R_2 + R_3}[\Omega]$$

$$I_1 = I_2 + I_3 = \frac{R_3}{R_2 + R_3} \cdot I + \frac{R_2}{R_2 + R_3} \cdot I \,[\text{A}]$$

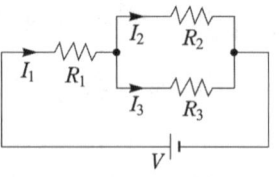

[저항의 직·병렬접속]

3. 키르히호프의 법칙(Kirchhoff's law)

(1) 제 1법칙(전류 법칙)

회로망 내 임의의 한 접속점을 기준으로 유입되는 전류와 유출되는 전류의 대수합은 0이다.

유입전류의 합 = 유출전류의 합 ($I_1 + I_2 + I_3 = I_4$)

$$I_1 + I_2 + I_3 - I_4 = 0 \quad \therefore \sum I = 0$$

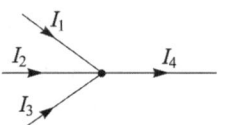

[전류법칙]

(2) 제 2법칙(전압 법칙)

회로망 내의 임의의 폐회로에 인가해주는 기전력의 대수합은 그 회로의 전압강하의 대수합과 같다.

기전력의 합 = 전압강하의 합

$$V_1 + V_2 + V_3 + \cdots + V_n$$
$$= R_1 I + R_2 I + \cdots + R_n I$$
$$\therefore \sum V = \sum RI$$

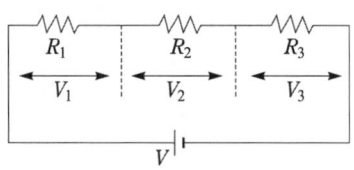

[전압법칙]

4. 전지의 접속

(1) 전지의 직렬접속

① 회로의 기전력 : 전지 1개의 n배
② 합성 내부저항 : nr

$$nE = (nr + R)I \quad \therefore I = \frac{nE}{nr + R}[\text{A}]$$

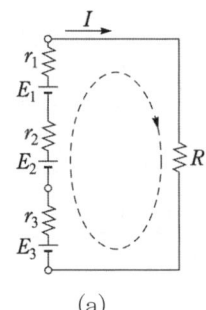 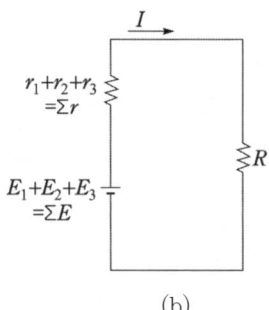

(a)   (b)

[전지의 직렬접속]

(2) 전지의 병렬접속
  ① 회로의 기전력 : 전지 1개와 동일
  ② 합성 내부저항 : $\dfrac{r}{N}$

$$E = \dfrac{r}{N}I + RI \qquad \therefore I = \dfrac{E}{\dfrac{r}{N} + R}\,[\text{A}]$$

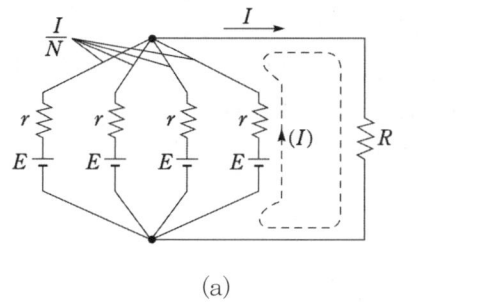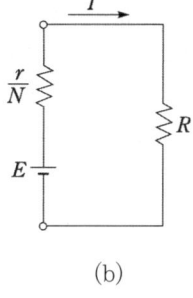

(a)   (b)

[전지의 병렬접속]

1 기출 & 예상문제
제1장 직류회로(2)

01 옴의 법칙에서 전류는 다음 중 어느 것인가?
① 전류는 저항에 비례하고 전압에 반비례한다.
② 전류는 저항에 비례하고 전압에도 비례한다.
③ 전류는 저항에 반비례하고 전압에 비례한다.
④ 전류는 저항에 반비례하고 전압에도 반비례한다.

풀이
- 옴의 법칙(Ohm's law) : "저항에 흐르는 전류의 크기는 저항에 인가한 전압에 비례하고 전기저항에 반비례한다."

$I = \dfrac{V}{R}[A], \quad V = I \cdot R [V], \quad R = \dfrac{V}{I}[\Omega]$

[답] ③

02 다음 그림에서 2[Ω]의 저항을 나타내고 있는 것은?
① 1
② 2
③ 3
④ 4

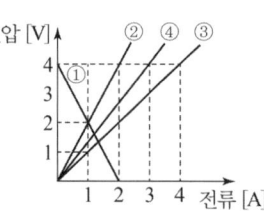

풀이
- 옴의 법칙 $R = \dfrac{V}{I}[\Omega]$에 의해 저항은 직선의 기울기가 된다.

[답] ②

03 일정 전압의 직류전원에 저항을 접속하고 전류를 흘릴 때, 이 전류 값을 20[%] 증가시키기 위한 저항 값은 몇 배로 하여야 하는가?
① 약 0.80
② 약 0.83
③ 약 1.20
④ 약 1.25

풀이
$R = \dfrac{V}{I}$

$R' = \dfrac{V}{1.2I} = \dfrac{1}{1.2} \times R \fallingdotseq 0.83R$

[답] ②

04 24[V] 전원전압에 의하여 6[A]의 전류가 흐르는 전기회로의 컨덕턴스[℧]는?
① 0.25
② 0.4
③ 2.5
④ 4

풀이
$R = \dfrac{V}{I} = \dfrac{24}{6} = 4[\Omega]$

$\therefore G = \dfrac{1}{R} = \dfrac{1}{4} = 0.25[℧]$

[답] ①

05 0.2[℧]의 저항체에 5[A]의 전류를 흘리려면 전압은 몇 [V]를 가해야 하는가?
① 1
② 2
③ 10
④ 25

풀이
$V = IR = I \times \dfrac{1}{G} = 5 \times \dfrac{1}{0.2} = 25[V]$

[답] ④

06 6[Ω]과 3[Ω]의 저항을 직렬로 접속할 경우는 병렬로 접속할 경우의 몇 배의 저항이 되는가?
① 2
② 4.5
③ 6.5
④ 9

풀이
직렬접속시 저항 $R_{직렬} = R_1 + R_2 = 6+3 = 9[\Omega]$

병렬접속시 저항 $R_{병렬} = \dfrac{R_1 \times R_2}{R_1 + R_2} = \dfrac{6 \times 3}{6+3} = 2[\Omega]$

$\therefore \dfrac{R_{직렬}}{R_{병렬}} = \dfrac{9}{2} = 4.5[배]$

[답] ②

07 100[Ω]의 저항을 10개 직렬로 접속하는 경우 합성저항[kΩ]은?
① 2
② 1
③ 3
④ 4

풀이
n개의 동일 저항을 직렬 접속시 합성저항
$R_0 = nR = 10 \times 100 = 1000 = 1[\text{k}\Omega]$ 【답】②

08 120[Ω]의 저항 4개의 조합으로 얻어지는 가장 작은 합성 저항[Ω]은?
① 30 ② 60
③ 12 ④ 480

풀이
동일 저항으로 최소의 합성 저항이 얻어지는 조합은 모두 병렬 접속된 경우이다.
이때의 합성 저항값은
$R_0 = \dfrac{R}{n} = \dfrac{120}{4} = 30[\Omega]$ 【답】①

09 4[Ω], 6[Ω], 8[Ω]의 3개 저항을 병렬 접속할 때 합성저항은 약 몇 [Ω]인가?
① 1.8 ② 2.5
③ 3.6 ④ 4.5

풀이
$R_0 = \dfrac{1}{\dfrac{1}{R_1}+\dfrac{1}{R_2}+\dfrac{1}{R_3}} = \dfrac{1}{\dfrac{1}{4}+\dfrac{1}{6}+\dfrac{1}{8}} = 1.846[\Omega]$ 【답】①

10 다음과 같은 회로에서 합성 저항은?
① 30[Ω]
② 40[Ω]
③ 50[Ω]
④ 60[Ω]

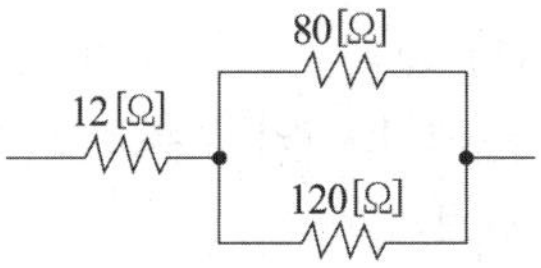

풀이
$R_0 = 12 + \dfrac{80 \times 120}{80 + 120} = 60[\Omega]$ 【답】④

11 3[S]과 4[S]의 콘덕턴스를 병렬로 접속할 때의 합성 값은?
① 2[S] ② 5[S]
③ 7[S] ④ 9[S]

풀이
병렬 접속시 합성 컨덕턴스
$G = G_1 + G_2 = 3 + 4 = 7[\mho], [S]$ 【답】③

12 저항 R_1, R_2을 직렬로 접속했을 때의 합성 콘덕턴스는?
① $R_1 + R_2$ ② $\dfrac{1}{R_1 + R_2}$
③ $\dfrac{R_1 \times R_2}{R_1 + R_2}$ ④ $\dfrac{R_1 + R_2}{R_1 \times R_2}$

풀이
$R = R_1 + R_2$
$\therefore G = \dfrac{1}{R} = \dfrac{1}{R_1 + R_2}[\mho]$ 【답】②

13 그림과 같은 저항회로에서 전 전류 I는 몇 [A]인가?
① 2.3
② 5
③ 6
④ 15

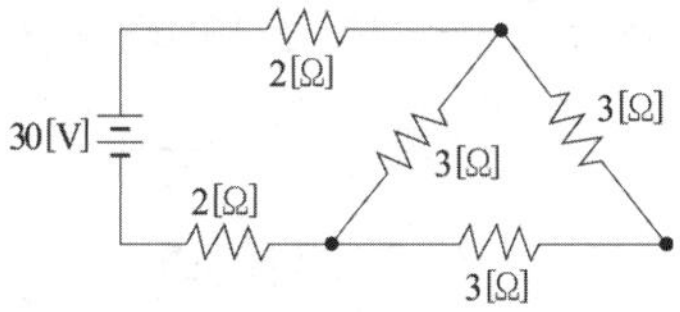

풀이
$R_0 = 2 + \dfrac{3 \times (3+3)}{3 + (3+3)} + 2 = 6[\Omega]$ 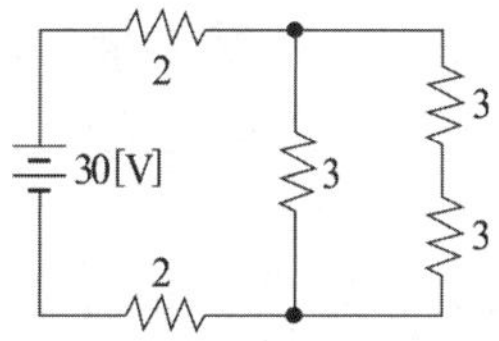
$\therefore I = \dfrac{V}{R} = \dfrac{30}{6} = 5[A]$ 【답】②

14 그림과 같은 회로에서 2[Ω]에 흐르는 전류 [A]는?
① 0.8
② 1
③ 1.2
④ 2

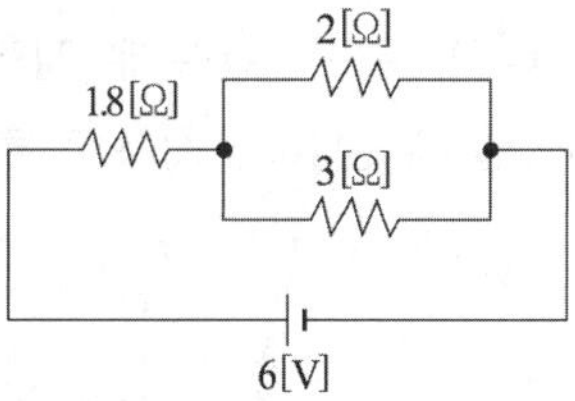

풀이
전체 저항 $R_0 = 1.8 + \dfrac{2 \times 3}{2 + 3} = 3[\Omega]$
전전류 $I_0 = \dfrac{V}{R_0} = \dfrac{6}{3} = 2[A]$
∴ 2[Ω]의 저항에 흐르는 전류
$I_{2\Omega} = \dfrac{3}{2+3} \times 2 = 1.2[A]$ 【답】③

15 다음 그림에서 2[Ω]의 저항이 흐르는 전류는?

① 6[A]
② 5[A]
③ 4[A]
④ 3[A]

풀이
2[Ω]의 저항에 흐르는 전류
$I_{2\Omega} = \dfrac{3}{2+3} \times 10 = 6[A]$ [답] ①

16 그림에서 전압 100[V]를 가할 때 10[Ω]의 저항에 흐르는 전류는 얼마인가?

① 4[A]   ② 6[A]
③ 10[A]   ④ 15[A]

풀이
전체 저항 $R_0 = 4 + \dfrac{10 \times 15}{10 + 15} = 10[\Omega]$

전전류 $I_0 = \dfrac{V}{R_0} = \dfrac{100}{10} = 10[A]$

∴ 10[Ω]의 저항에 흐르는 전류
$I_{10\Omega} = \dfrac{15}{10+15} \times 10 = 6[A]$ [답] ②

17 그림과 같은 회로에 저항이 $R_1 > R_2 > R_3 > R_4$일 때 전류가 최소로 흐르는 저항은?

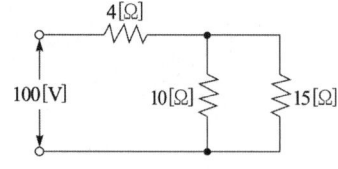

① R_1
② R_2
③ R_3
④ R_4

풀이
각 저항 R_1, R_2, R_3, R_4에 흐르는 전류를 I_1, I_2, I_3, I_4라 하면, $I_1 = I_2 + I_3 + I_4$이므로 I_1이 가장 크며, 전류 I는 저항 R에 반비례하므로 R_2에 흐르는 전류가 최소이다.
[답] ②

18 $R_1 = 3[\Omega]$, $R_2 = 5[\Omega]$, $R_3 = 6[\Omega]$의 저항 3개를 그림과 같이 병렬로 접속한 회로에 30[V]의 전압을 가하였다면 이때 R_2 저항에 흐르는 전류[A]는 얼마인가?

① 6
② 10
③ 15
④ 20

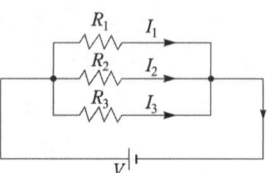

풀이
세 저항이 병렬 접속되어 있으므로 각 저항에 인가되는 전압은 일정하다.
즉 $V_1 = V_2 = V_3 = V = 30[V]$
∴ $I_2 = \dfrac{V_2}{R_2} = \dfrac{30}{5} = 6[A]$ [답] ①

19 저항 10[Ω]과 20[Ω]의 병렬 회로에서 10[Ω]의 저항에 3[A]의 전류가 흐른다면 전전류 I[A]는?

① 1   ② 4.5
③ 30   ④ 1.5

풀이
병렬 접속되어 전압이 일정하므로 $V = 3 \times 10 = 30[V]$
∴ $I = \dfrac{V}{R_0} = \dfrac{30}{\dfrac{10 \times 20}{10 + 20}} = 4.5[A]$ [답] ②

20 8[Ω], 6[Ω], 11[Ω]의 저항 3개가 직렬 접속된 회로에 4[A]의 전류가 흐르면 가해준 전압은 몇 [V]인가?

① 60   ② 80
③ 100   ④ 120

풀이
$V = IR_0 = 4 \times (8 + 6 + 11) = 100[V]$ [답] ③

21 서로 같은 저항 n개를 직렬로 연결한 회로에 V[V]의 전압을 가할 때 한 개의 저항에 나타나는 전압은?

① nV ② $\dfrac{V}{n}$
③ $\dfrac{1}{nV}$ ④ $n + V$

풀이
동일 저항이 n개 직렬 접속되어 있으므로 하나의 저항에는 전 전압의 $1/n$만큼의 전압이 걸리게 된다. [답] ②

22 그림에서 a-b간의 합성저항은 c-d간의 합성저항 보다 몇 배인가?
① 1배
② 2배
③ 3배
④ 4배

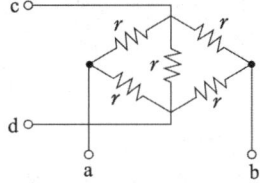

풀이

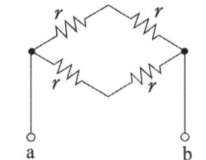
a-b의 합성저항(브리지평형)

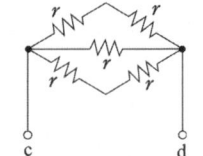
c-d의 합성저항

$R_{ab} = \dfrac{2r \times 2r}{2r + 2r} = \dfrac{4r^2}{4r} = r$, $R_{cd} = \dfrac{1}{\dfrac{1}{2r} + \dfrac{1}{r} + \dfrac{1}{2r}} = \dfrac{r}{2}$

$\therefore \dfrac{R_{ab}}{R_{cd}} = \dfrac{r}{\dfrac{r}{2}} = 2 [배]$ [답] ②

23 그림과 같은 회로에서 a-b간에 E[V]의 전압을 가하여 일정하게 하고, 스위치 S를 닫았을 때의 전전류 I[A]가 닫기 전 전류의 3배가 되었다면 저항 R_X의 값은 약 몇 [Ω]인가?

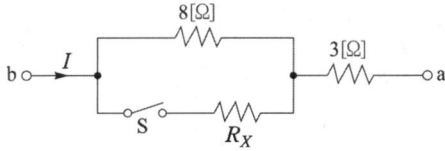

① 0.73
② 1.44
③ 2.16
④ 2.88

풀이
• 닫기 전 전류 : $I_1 = \dfrac{V}{R} = \dfrac{V}{8+3} = \dfrac{V}{11}$

• 닫은 후 전류 : $I_2 = \dfrac{V}{R} = \dfrac{V}{\dfrac{8 \times R_x}{8+R_x} + 3}$

$I_2 = 3 \times I_1$에서 $\dfrac{V}{\dfrac{8 \times R_x}{8+R_x} + 3} = \dfrac{3V}{11}$

$\therefore R_X = 0.73$ [답] ①

24 회로망의 임의의 접속점에 유입되는 전류는 $\sum I = 0$라는 법칙은?
① 쿨롱의 법칙
② 패러데이의 법칙
③ 키르히호프의 제1법칙
④ 키르히호프의 제2법칙

풀이
키르히호프의 법칙(Kirchhoff's law)
제1법칙(전류 법칙) : 회로망 내 임의의 한 접속점을 기준으로 유입되는 전류와 유출되는 전류의 대수합은 0이다.
유입전류의 합 = 유출전류의 합
$I_1 + I_2 + I_3 - I_4 = 0$ ∴ $\sum I = 0$ [답] ③

25 "회로망에서 임의의 한 폐회로의 접속점에 흐르는 전류와 저항과의 곱의 대수 합은 그 폐회로 중에 있는 모든 기전력의 대수합과 같다."는 다음의 무슨 법칙에 해당하는가?
① 키르히호프의 제 1법칙
② 키르히호프의 제 2법칙
③ 줄의 법칙
④ 앙페르의 오른나사의 법칙

풀이
키르히호프의 법칙(Kirchhoff's law)
① 제 1법칙(전류 법칙) : 회로망 내 임의의 한 접속점을 기준으로 유입되는 전류와 유출되는 전류의 대수합은 0이다.
② 제 2법칙(전압 법칙) : 회로망 내의 임의의 폐회로에 인가해주는 기전력의 대수합은 그 회로의 전압강하의 대수합과 같다. [답] ②

26 다음 폐회로에 흐르는 전류(I)는?

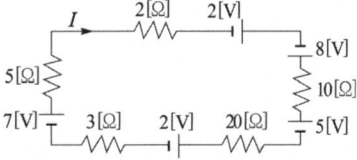

① 0.45[A]
② 0.35[A]
③ 0.25[A]
④ 0.15[A]

풀이
$V_0 = 2 + 8 - 5 - 2 + 7 = 10$[V]
$R_0 = 2 + 10 + 20 + 3 + 5 = 40$[Ω]
$\therefore I = \dfrac{V_0}{R_0} = \dfrac{10}{40} = 0.25$[A] [답] ③

27 키르히호프의 법칙이 바른 것은?

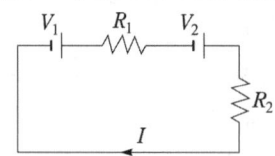

① $V_1 + V_2 + R_1 I - R_2 I = 0$
② $V_1 + V_2 - R_1 I + R_2 I = 0$
③ $V_1 - V_2 + R_1 I + R_2 I = 0$
④ $V_1 + V_2 - R_1 I - R_2 I = 0$

풀이
키르히호프의 제 2법칙(전압 법칙) : 기전력의 대수합은 그 회로의 전압강하의 대수합과 같다.
∴ $V_1 + V_2 = R_1 I + R_2 I$ [답] ④

28 그림의 회로에서 I[A]는?

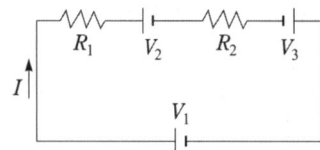

① $I = \dfrac{V_1 + V_2 + V_3}{R_1 - R_2}$
② $I = \dfrac{V_1 - V_2 - V_3}{R_1 - R_2}$
③ $I = \dfrac{V_1 - V_2 + V_3}{R_1 + R_2}$
④ $I = \dfrac{V_1 + V_2 - V_3}{R_1 + R_2}$

풀이
$V_1 - V_2 + V_3 = (R_1 + R_2) I$
∴ $I = \dfrac{V_1 - V_2 + V_3}{(R_1 + R_2)}$ [답] ③

29 전압 1.5[V], 내부저항 0.2[Ω]의 전지 5개를 직렬로 접속하면 전전압은 몇 [V]인가?

① 5.7   ② 0.2
③ 1.0   ④ 7.5

풀이
직렬 접속된 n개의 전지의 기전력
$E_0 = nE = 5 \times 1.5 = 7.5$[V] [답] ④

30 전지를 직렬로 연결하면?
① 출력전압의 증가
② 전류용량의 증가
③ 내부저항의 감소
④ 소요되는 충전전압의 감소

풀이
직렬 접속된 n개의 전지의 기전력은 $E_0 = nE$[V]로 증가하게 된다. [답] ①

31 기전력 E, 내부저항 r인 전지 n개를 직렬로 연결하여 이것에 외부저항 R을 직렬연결 하였을 때 흐르는 전류는?

① $I = \dfrac{E}{nr + R}$ ② $I = \dfrac{nE}{r + R}$
③ $I = \dfrac{nE}{r + Rn}$ ④ $I = \dfrac{nE}{nr + R}$

풀이
$I = \dfrac{nE}{nr + R}$[A] [답] ④

32 기전력 4[V], 내부 저항 0.2[Ω]의 전지 10개를 직렬로 접속하고 두 극 사이에 부하저항을 접속하였더니 4[A]의 전류가 흘렀다. 이 때 외부 저항은 몇 [Ω]이 되겠는가?

① 6   ② 7
③ 8   ④ 9

풀이
$I = \dfrac{nE}{nr + R}$[A]
$R = \dfrac{nE}{I} - nr = 8$[Ω] [답] ③

33 어떤 전지의 부하로 6[Ω]을 사용하니 3[A]의 전류가 흘렀다. 부하에 직렬로 4[Ω]을 연결하였더니 2[A]가 흘렀다. 이 전지의 기전력은?

① 8[V]   ② 16[V]
③ 24[V]   ④ 32[V]

풀이
$E = I(R + r) = 3(6 + r) = 2(10 + r)$
$18 + 3r = 20 + 2r$
∴ $r = 2$[Ω], $E = 24$[V] [답] ③

1.4 전력과 전류, 전압, 저항의 측정

1. 전력과 전력량

(1) 전력 $P[W]$: 단위 시간당 소비되는 에너지 비율

$$P = \frac{W}{t}[J/sec] = VI = I^2R = \frac{V^2}{R}[W] (\because V=IR)$$

※ 1[HP] (마력) : 말 한 마리의 힘 (1[HP]=746[W])

(2) 전력량 $W[J]$: 전기적인 힘($P[W]$)으로 $t[s]$ 동안 한 일

$$W = P \cdot t[W \cdot sec] = VIt = I^2Rt = \frac{V^2}{R}t[J]$$

※ 실용단위[Wh] : $1[kWh] = 10^3[Wh] = 3.6 \times 10^6[J] = 860[kcal]$

(3) 줄의 법칙(Joule's Law, 줄열)

저항체를 가진 도선에 전류를 흘릴 경우 도선에는 열이 발생

(예) 전기히터 $H = I^2Rt[J] = 0.24I^2Rt[cal]$

> 열량의 단위환산
> • 1[J]=0.24[cal]   • 1[cal]=4.186[J]

2. 전류와 전압 및 저항의 측정

(1) 저항의 측정

휘스톤 브리지는 저항 측정 시 이용되며 브리지의 평형 조건 $PR = QX$가 성립하면 검류계 G는 전류가 흐르지 않는다. 즉 c점의 전위와 d점의 전위가 같음을 의미한다.

$$\therefore \text{미지저항 } X = \frac{P}{Q}R[\Omega]$$

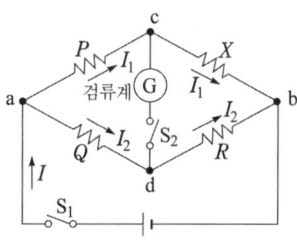

(2) 전압의 측정

배율기(Multiplier) $R_m[\Omega]$: 전압의 측정 범위를 넓히기 위하여 전압계에 직렬로 접속하는 저항

$$V = V_0\left(1 + \frac{R_m}{r_v}\right)[V]$$

여기서, V : 측정하고자 하는 전압
　　　　V_0 : 전압계의 눈금
　　　　r_v : 전압계 내부 저항
　　　　R_m : 배율기 저항

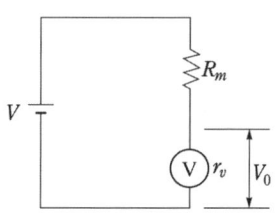

① 배율 : $m = \left(1 + \frac{R_m}{r_v}\right)$

② 배율기 저항 : $R_m = (m-1)r_v[\Omega]$

(3) 전류의 측정

분류기(Shunt) $R_s[\Omega]$: 전류의 측정 범위를 넓히기 위하여 전류계에 병렬로 접속하는 저항

$$I = I_0\left(1 + \frac{r_a}{R_s}\right)[A]$$

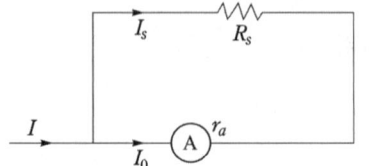

여기서, R_s : 분류기 저항

r_a : 전류계 내부저항

I_0 : 전류계의 눈금

I : 측정하고자 하는 전류

① 배율 : $n = \left(1 + \dfrac{r_a}{R_s}\right)$

② 분류기 저항 : $R_s = \dfrac{r_a}{n-1}[\Omega]$

1 기출 & 예상문제
제1장 직류회로(3)

01 전력에 대한 설명 중 가장 옳은 것은?
① 전기장치가 행한 일이다.
② 전기적인 일이다.
③ 전기적인 힘의 속도이다.
④ 전기적인 일의 속도이다.

풀이
전력(電力) : 단위 시간당 소비되는 에너지 비율
$P = \dfrac{W}{t}$[J/sec] [답] ④

02 설명 중 옳지 못한 것은 어느 것인가?
① 1[V]의 전압을 가하여 1[C]의 전하가 이동할 때 1[J]의 일을 한다.
② 1[W]는 1[sec] 동안에 1[J]의 비율로 일을 하는 속도이다.
③ 전력량은 전력을 시간으로 나눈 것을 단위로 나타낸 것이다.
④ 1[W]는 1[J/sec]와 같다.

풀이
전력량 $W = Pt$[W·sec]은 전력을 시간으로 곱한 것을 단위로 나타낸 것이다. [답] ③

03 20[A]의 전류를 흘렸을 때의 전력이 60[W]인 저항에 30[A]를 흘렸을 때의 전력[W]은 얼마인가?
① 80   ② 90
③ 120 ④ 135

풀이
$P = I^2 R$
$R = \dfrac{P}{I^2} = \dfrac{60}{20^2} = 0.15[\Omega]$
$\therefore P' = I'^2 R = 30^2 \times 0.15 = 135[W]$ [답] ④

04 다음 설명 중 틀린 것은?
① 전력은 칼로리 단위로 환산할 수 없다.
② 전력량은 마력으로 환산된다.
③ 전력은 전력량과 다르다.
④ 전력량은 칼로리 단위로 환산된다.

풀이
• 전력 ⇌ 마력(1[HP]=746[W])
• 전력량 ⇌ 열량(1[J]=0.24[cal]) [답] ②

05 1[kWh]는 몇 [kcal]인가?
① 2400   ② 4200
③ 8600   ④ 860

풀이
$1[kWh] = 10^3[Wh] = 3.6 \times 10^6[J] = 860[kcal]$ [답] ④

06 4[Wh]는 몇 [J]인가?
① 14400[J]   ② 5200[J]
③ 7200[J]   ④ 3600[J]

풀이
$W = Pt = 4 \times 3600 = 14400[J]$ [답] ①

07 1.5[V]의 전위차로 3[A]의 전류가 2분 동안 흐를 때 한 일[J]은?
① 100   ② 250
③ 540   ④ 500

풀이
$W = Pt = 1.5 \times 3 \times 2 \times 60 = 540[J]$ [답] ③

08 저항 값이 일정한 저항에 전압을 3배로 가하면 소비전력은 몇 배가되는가?
① 1/3배   ② 9배
③ 8배   ④ 3배

풀이

$P = VI = I^2R = \dfrac{V^2}{R}$ 중 일정한 저항값에 따른 소비전력은 전압의 제곱에 비례한다. 　　　　　　[답] ②

09 4[Ω]의 저항에 100[V]의 전압을 가할 때 소비되는 전력은 얼마인가?

① 250[W]　　② 400[W]
③ 2.5[kW]　　④ 40[kW]

풀이

$P = \dfrac{V^2}{R} = \dfrac{100^2}{4} = 2500[W] = 2.5[kW]$ 　[답] ③

10 50[V]를 가하여 30[C]을 3초 걸려서 이동시켰다. 이때의 전력은?

① 1.5[kW]
② 1[kW]
③ 0.5[kW]
④ 0.498[kW]

풀이

$P = VI = V \times \dfrac{Q}{t} = 50 \times \dfrac{30}{3} = 500[W]$ 　[답] ③

11 200[V]의 전원에 접속하여 1[kW]의 전력을 소비하는 저항을 100[V]의 전원에 접속하면 소비되는 전력[W]은?

① 2000　　② 1000
③ 500　　④ 250

풀이

$R = \dfrac{V^2}{P} = \dfrac{200^2}{1000} = 40[\Omega]$

$\therefore P' = \dfrac{V'^2}{R} = \dfrac{100^2}{40} = 250[W]$ 　[답] ④

12 1[cal]는 약 몇 [J]인가?

① 0.24　　② 0.4186
③ 2.4　　④ 4.186

풀이

• 전력량 ⇌ 열량(1[J]=0.24[cal]) 　[답] ④

13 100[V], 100[W] 전구와 100[V], 200[W]의 전구를 직렬로 접속하고 여기에 100[V]의 전압을 가하면 어떻게 되는가?

① 100[W] 전구가 더 밝다.
② 200[W] 전구가 더 밝다.
③ 두 전구 모두 안 켜진다.
④ 두 전구의 밝기가 같다.

풀이

• 100[V], 100[W]의 전구 : $R_1 = \dfrac{V^2}{P_1} = \dfrac{100^2}{100} = 100[\Omega]$

• 100[V], 200[W]의 전구 : $R_2 = \dfrac{V^2}{P_2} = \dfrac{100^2}{200} = 50[\Omega]$

전구가 직렬 접속되어 있으므로 전류가 일정.
따라서, $P_1 = I^2R_1 = 100I^2$, $P_2 = I^2R_2 = 50I^2$로 100[W]의 전구가 200[W]의 전구보다 2배 밝다. 　[답] ①

14 전류의 발열작용과 관계가 있는 것은?

① 옴의 법칙
② 키르히호프의 법칙
③ 줄의 법칙
④ 플레밍의 법칙

풀이

• 줄의 법칙(Joule's Law, 줄열) : 저항체를 가진 도선에 전류를 흘릴 경우 도선에는 열이 발생
$H = I^2Rt[J] = 0.24I^2Rt[cal]$ 　[답] ③

15 10[Ω]의 저항에 1[A]의 전류를 20분 동안 흘렸다. 이 경우 발생한 열량은 몇 [J]인가?

① 2,000　　② 12,000
③ 20,000　　④ 120,000

풀이

$H = I^2Rt = 1 \times 10 \times 20 \times 60 = 12000[J]$ 　[답] ②

16 줄의 법칙에 있어서 발생하는 열량의 계산에 맞는 식은?

① $H = 0.24I^2Rt$　　② $H = 0.024I^2Rt$
③ $H = 0.24I^2R$　　④ $H = 0.024I^2R$

풀이

줄의 법칙 $H = I^2Rt[J] = 0.24I^2Rt[cal]$
(∵ 1[J]=0.24[cal]) 　[답] ①

17 500[Ω]의 저항에 1[A]의 전류가 1분 동안 흐를 때에 발생하는 열량은 몇 [cal]인가?

① 3,600　　② 5,000
③ 6,200　　④ 7,200

풀이
$H = 0.24I^2Rt = 0.24 \times 1 \times 500 \times 60 = 7200[\text{cal}]$　　[답] ④

18 전기회로에 2[A] 전류를 2초 동안 흘렸을 때 4[Ω]의 저항에서 발생하는 열에너지는 몇 [J]인가?

① 16　　② 24
③ 32　　④ 48

풀이
$W = Pt = I^2Rt = 2^2 \times 4 \times 2 = 32[\text{J}]$　　[답] ③

19 100[V], 5[A]의 전열기를 사용하여 2[l]의 물을 20[℃]에서 100[℃]로 올리는데 필요한 시간 [sec]은 약 얼마인가? (단, 열량은 전부 유효하게 사용됨)

① 1.33×10^3　　② 1.34×10^4
③ 1.35×10^5　　④ 1.36×10^6

풀이
$Q = mc\Delta T = 2 \times 10^3 \times 1 \times (100-20) = 1.6 \times 10^5[\text{cal}]$
여기서, m : 질량(1[l] = 1000[g])
　　　　c : 물의 비열(1[kcal/kg·℃])
　　　　ΔT : 온도 변화량
$\therefore t = \dfrac{H}{0.24VI} = \dfrac{1.6 \times 10^5}{0.24 \times 100 \times 5} = \dfrac{1.6 \times 10^5}{1.2 \times 10^2}$
$= 1.33 \times 10^3[\text{sec}]$　　[답] ①

20 그림의 휘스톤 브리지의 평형 조건은?

① $X = \dfrac{Q}{P}R$
② $X = \dfrac{P}{Q}R$
③ $X = \dfrac{Q}{R}P$
④ $X = \dfrac{P^2}{R}Q$

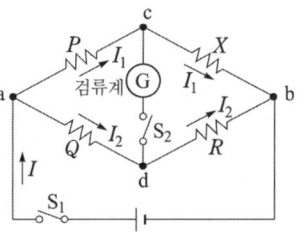

풀이
휘스톤 브리지는 저항 측정 시 이용되며 브리지의 평형 조건 $PR = QX$가 성립하면 검류계 G는 전류가 흐르지 않는다.
$\therefore X = \dfrac{P}{Q}R[\Omega]$　　[답] ②

21 회로에서 검류계의 지시가 0일 때 저항 X는 몇 [Ω]인가?

① 10[Ω]
② 40[Ω]
③ 100[Ω]
④ 400[Ω]

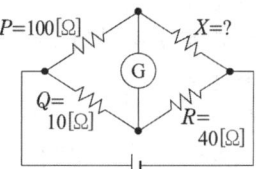

풀이
브리지의 평형 조건 $PR = QX$
$\therefore X = \dfrac{P}{Q}R = \dfrac{100}{10} \times 40 = 400[\Omega]$　　[답] ④

22 동등한 전지 n개를 직렬로 연결했을 때 끌어낼 수 있는 전력이 가장 클 경우에, 부하저항은 전지 1개의 내부저항의 몇 배인가?

① n^2　　② n
③ 1　　④ $\dfrac{1}{n}$

풀이
최대 전력 전달 조건 : 내부저항 = 외부저항 ($nr = R$)
　　[답] ②

23 그림의 브리지 회로에서 평형이 되었을 때의 C_X는?

① 0.1[μF]
② 0.2[μF]
③ 0.3[μF]
④ 0.4[μF]

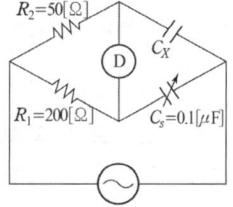

풀이
브리지의 평형 조건에 의해
$R_1 \cdot \dfrac{1}{j\omega C_s} = R_2 \cdot \dfrac{1}{j\omega C_x}$ 이 성립하므로
$C_x = \dfrac{R_1}{R_2} \times C_s = \dfrac{200}{50} \times 0.1 = 0.4[\mu\text{F}]$　　[답] ④

24 어떤 부하에 흐르는 전류와 부하의 전압강하를 측정하려고 한다. 전압계와 전류계의 접속방식은?
① 전류계와 전압계를 부하에 모두 직렬로 접속한다.
② 전류계와 전압계를 부하에 병렬로 접속한다.
③ 전류계는 부하에 직렬, 전압계는 부하에 병렬로 접속한다.
④ 전류계는 부하에 병렬, 전압계는 부하에 직렬로 접속한다.

풀이
전기회로에서 전압은 병렬연결했을 때 일정하다. 그러므로 전압을 측정하려면 전압계를 회로에 병렬로 접속하여야 하며, 전류는 직렬일 때 일정하므로 전류계는 회로에 직렬로 접속하여야 한다. **[답] ③**

25 다음 (㉮)과 (㉯)에 들어갈 내용으로 알맞은 것은?

"배율기는 (㉮)의 측정범위를 넓히기 위한 목적으로 사용하는 것으로서, 회로에 (㉯)로 접속하는 저항기를 말한다."

① ㉮ 전압계, ㉯ 병렬
② ㉮ 전류계, ㉯ 병렬
③ ㉮ 전압계, ㉯ 직렬
④ ㉮ 전류계, ㉯ 직렬

풀이
• 배율기(Multiplier) $R_m[\Omega]$: 전압의 측정 범위를 넓히기 위하여 전압계에 직렬로 접속하는 저항
• 분류기(Shunt) $R_s[\Omega]$: 전류의 측정 범위를 넓히기 위하여 전류계에 병렬로 접속하는 저항 **[답] ③**

26 어떤 전압계의 측정 범위를 10배로 하자면 배율기의 저항은 전압계 내부저항의 몇 배로 하면 되는가?
① 9.9   ② 9
③ $\frac{1}{9}$ ④ 99

풀이
배율기 저항 $R_m = (m-1)r_0 = (10-1)r_0 = 9r_0[\Omega]$
[답] ②

27 어떤 전류계의 측정범위를 100배로 하려면 분류기의 저항을 전류계 내부 저항의 몇 배로 하여야 하는가?
① 99   ② $\frac{1}{99}$
③ 100 ④ $\frac{1}{100}$

풀이
분류기 저항
$R_S = \frac{r_0}{n-1} = \frac{r_0}{100-1} = \frac{r_0}{99}[\Omega]$ **[답] ②**

28 분류기를 사용하여 전류를 측정하는 경우 전류계의 내부저항이 $0.12[\Omega]$, 분류기의 저항이 $0.04[\Omega]$이면 그 배율은?
① 4   ② 5
③ 6   ④ 7

풀이
$R_s = \frac{r_0}{n-1}$
$\therefore n = \frac{r}{R_s} + 1 = \frac{0.12}{0.4} + 1 = 4$ **[답] ①**

1.5 전류의 열작용과 화학작용

1. 전류의 화학작용

(1) 전기분해

황산구리($CuSO_4$)전해액에 2개의 구리(Cu)판을 넣고 전원을 연결하면 전류에 의해 분해되어 구리가 석출되는 것을 전기분해(electrolysis)라 한다. 이 때 양(+)극에서는 산화반응이 일어나 얇아지고 (−)극에서는 환원반응이 일어나 두꺼워진다.

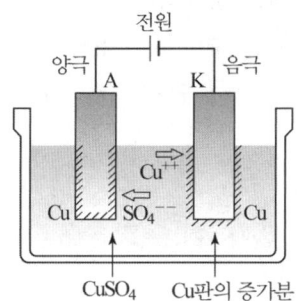

(2) 페러데이의 법칙

전극에서 석출되는 물질의 양은 물질의 전기 화학 당량에 비례한다.

$$W = kIt = kQ \, [\text{g}]$$

(k : 물질의 전기 화학 당량, I : 전류, t : 시간)

$$\text{화학당량} = \frac{\text{원자량}}{\text{원자가}} \, [\text{g/c}]$$

(3) 전지

- 1차 전지 : 1회용으로 휴대와 사용에 편리한 전지 (르클랑셰 전지)
- 2차 전지 : 축전지와 같이 외부 전원으로 충전하여 여러 번 사용이 가능한 전지

① 볼타 전지(Volta Cell)
- 화학 전지의 가장 기본이 되는 것으로 아연판과 구리판을 두 극으로 사용한 전지

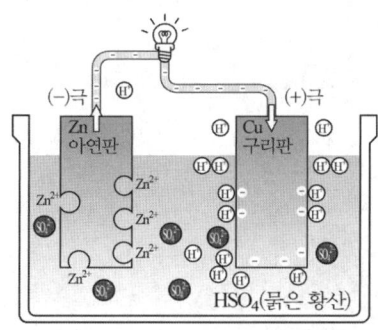

- $\begin{cases} (-)\text{극} : \text{아연판} \ Zn \rightarrow Zn^{2+} + 2e^- \ \cdots\cdots \ \text{산화} \\ (+)\text{극} : \text{구리판} \ 2H^+ + 2e^- \rightarrow H_2(\text{수소기체 발생}) \ \cdots\cdots \ \text{환원} \end{cases}$

② • 분극(성극) 작용 : 전지에 전류가 흐르면(부하를 걸면) 양극에 수소가스가 생겨 전류의 흐름을 방해(기전력이 감소)하는 현상 → 감극제로 수소가스 제거
　• 국부 작용 : 전지의 전극에 사용하고 있는 아연판이 불순물에 의한 전지의 작용으로 자기 방전을 하는 현상

③ 납 축전지
　• 양극 : 이산화납(PbO_2)
　• 음극 : 납(Pb)
　• 전해액 : 묽은 황산(H_2SO_4), 비중 1.23~1.26
　• 화학식 : $PbO_2 + 2H_2SO_4 + Pb \Leftrightarrow PbSO_4 + 2H_2O + PbSO_4$
　• 용량 : $Q = I \cdot t [A \cdot h]$ (I : 방전전류, t : 방전시간)
　• 기전력 : 약 2[V]
　• 방전 종지 전압 : 1.8[V]

2. 열전기 현상

(1) 제어벡 효과(Seebeck effect)

서로 다른 두 금속체를 접합하고 두 접합점을 다른 온도로 유지하면 열기전력이 발생하는 현상

(2) 펠티에 효과(Peltier effect)

제어벡 효과의 역현상으로 서로 다른 두 종류의 금속을 접합하여 전류를 흘리면 접합부에서 열의 발생 또는 흡수가 일어나는 현상

(예 : 전자 냉동기)

(3) 톰슨 효과(Thomson effect)

같은 종류의 금속에 있어서 전류를 흘리면 펠티에 효과와 같이 열의 흡수 또는 발생이 일어나는 현상

(4) 중간 금속의 법칙(Law of intermediate metals)

열전대를 구성하는 두 금속의 한쪽 접점은 서로 접해있고, 반대편 접점은 제3의 금속과 연결되어 있을 때, 두 접점이 같은 온도라면 기전력이 발생하지 않는다는 법칙이다. 제 3금속의 법칙이라고도 한다.

1 기출 & 예상문제
제1장 직류회로(4)

01 전기분해에 관한 패러데이의 법칙에서 전기분해시 전기량이 일정하면 전극에서 석출되는 물질의 양은?
① 원자가에 비례한다.
② 전류에 반비례한다.
③ 시간에 반비례한다.
④ 화학당량에 비례한다.

풀이
페러데이의 법칙 : 전극에서 석출되는 물질의 양은 물질의 전기 화학 당량에 비례한다.
$W = kIt = kQ$
여기서, k : 물질의 전기화학당량, I : 전류, t : 시간
화학당량 = $\dfrac{원자량}{원자가}$ [g/c]   [답] ④

02 페러데이 법칙과 관계가 없는 것은?
① 전극에서 석출되는 물질의 양은 통과한 전기량에 비례한다.
② 전해질이나 전극이 어떤 것이라도 같은 전기량이면 항상 같은 화학당량의 물질을 석출한다.
③ 화학당량이란 $\dfrac{원자량}{원자가}$ 을 말한다.
④ 석출되는 물질의 양은 전류의 세기와 전기량의 곱으로 나타낸다.

[답] ④

03 은 전량계에 1시간 동안 전류를 통과시켜 8.054[g]의 은이 석출되면 이때 흐른 전류의 세기는 약 얼마인가? 단, 은의 전기 화학 당량 $k = 0.001118$[g/c] 이다.
① 2[A] ② 4[A]
③ 6[A] ④ 8[A]

풀이
$W = kIt$[g] 에서
$I = \dfrac{W}{kt} = \dfrac{8.054}{0.001118 \times 3600} = 2$[A]   [답] ①

04 황산구리 용액에 5[A]의 전류로 30[g]의 구리를 석출시키려면 몇 시간 전기분해를 하여야 하는가? (단, 구리의 전기화학당량은 0.0003293 [g/C] 이다.)
① 2 ② 3
③ 4 ④ 5

풀이
$W = kIt$[g] 에서
$t = \dfrac{W}{kI} = \dfrac{30}{0.0003293 \times 5} = 18220$[sec] = $\dfrac{18220}{3600}$
≒ 5[hour]   [답] ④

05 화학당량이란 어떤 값인가?
① $\dfrac{원자량}{원자가}$ ② $\dfrac{원자가}{원자량}$
③ $\dfrac{분자량}{분자가}$ ④ $\dfrac{분자가}{분자량}$

풀이
화학당량 = $\dfrac{원자량}{원자가}$ [g/c]   [답] ①

06 전지를 쓰지 않고 오래 두면 못쓰게 되는 까닭은?
① 성극작용 ② 분극작용
③ 국부작용 ④ 전해작용

풀이
• 국부 작용 : 전지의 전극에 사용하고 있는 아연판이 불순물에 의한 전지의 작용으로 자기 방전을 하는 현상
[답] ③

07 황산구리(CuSO₄) 전해액에 2개의 구리판을 넣고 전원을 연결하였을 때 음극에서 나타나는 현상으로 옳은 것은?

① 변화가 없다.
② 구리판이 두터워진다.
③ 구리판이 얇아진다.
④ 수소 가스가 발생한다.

풀이
(+)극에서는 산화반응이 일어나 얇아지고 (−)극에서는 환원반응이 일어나 두꺼워진다.　　　　　[답] ②

08 볼타전지로부터 전류를 얻게 되면 양극의 표면이 수소기체에 의해 둘러싸이게 되는데 이를 무엇이라 하는가?

① 전해작용　　② 화학작용
③ 전기분해　　④ 분극작용

풀이
분극(성극) 작용
- 전지에 전류가 흐르면(부하를 걸면)양극에 수소가스가 생겨 전류의 흐름을 방해(기전력이 감소)하는 현상
- 감극제로 수소가스 제거　　　　　　　　　　[답] ④

09 묽은 황산(H_2SO_4) 용액에 구리(Cu)와 아연(Zn)판을 넣으면 전지가 된다. 이때 양극(+)에 대한 설명으로 옳은 것은?

① 구리판이며 수소 기체가 발생한다.
② 구리판이며 산소 기체가 발생한다.
③ 아연판이며 산소 기체가 발생한다.
④ 아연판이며 수소 기체가 발생한다.

풀이
볼타 전지(Volta Cell)
- 화학 전지의 가장 기본이 되는 전지
- 아연판과 구리판을 두 극으로 사용한 간단한 전지
- $\begin{cases}(-)극 : 아연판\ Zn \rightarrow Zn^{2+}+2e^- \cdots\cdots 산화\\(+)극 : 구리판\ 2H^++2e^- \rightarrow H_2 \cdots\cdots 환원\end{cases}$　[답] ①

10 알칼리 축전지의 대표적인 축전지로 널리 사용되고 있는 2차 전지는?

① 망간전지　　② 산화은 전지
③ 페이퍼 전지　④ 니켈 카드뮴 전지

풀이
2차 전지는 축전지와 같이 외부 전원으로 충전하여 여러 번 사용이 가능한 전지를 말하며 양극에 니켈의 수산화물을, 음극에 카드뮴을 사용한 알칼리 축전지로 **니켈 카드뮴 전지**가 있다.　　　　　　　　　　　[답] ④

11 전지(battery)에 관한 사항이다. 감극제(depolarizer)는 어떤 작용을 막기 위해 사용되는가?

① 분극작용　　② 방전
③ 순환전류　　④ 전기분해

　　　　　　　　　　　　　　　　　　　[답] ①

12 다음은 연축전지에 대한 설명이다. 옳지 않은 것은?

① 전해액은 황산을 물에 섞어서 비중을 1.2~1.3 정도로 하여 사용한다.
② 충전시 양극은 PbO로 되고, 음극은 $PbSO_4$로 된다.
③ 방전전압의 한계는 1.8[V]로 하고 있다.
④ 용량은 방전전류 × 방전시간으로 표시하고 있다.

풀이
납 축전지
- 양극 : 이산화납(PbO_2), 음극 : 납(Pb)
- 전해액 : 묽은 황산(H_2SO_4), 비중 1.23~1.26
- 화학식 : $PbO_2 + 2H_2SO_4 + Pb$
　　　　　$\Leftrightarrow PbSO_4 + 2H_2O + PbSO_4$
- 용량 : $Q = I \cdot t$[A·h] (I : 방전전류, t : 방전시간)
　　　　　　　　　　　　　　　　　　　[답] ②

13 납축전지의 전해액은?

① 이산화납　　② 묽은 황산
③ 수산화칼륨　④ 염화나트륨

　　　　　　　　　　　　　　　　　　　[답] ②

14 망간 건전지의 양극으로 무엇을 사용하는가?

① 아연판　　　② 구리판
③ 탄소막대　　④ 묽은 황산

　　　　　　　　　　　　　　　　　　　[답] ③

15 1 [Ah]는 몇 [C]인가?
① 7,000   ② 3,600
③ 120   ④ 60

풀이
$Q = I[A] \times t[sec] = 1 \times 3600 = 3600[C]$ [답] ②

16 10[A]의 방전 전류로 6시간 방전하였다면 축전지의 방전 용량은 몇 [Ah]인가?
① 30   ② 40
③ 50   ④ 60

풀이
축전지의 방전용량 Q = 방전전류 × 방전시간
$= I[A] \times t[hour] = 10 \times 6 = 60[Ah]$ [답] ④

17 서로 다른 종류의 안티몬과 비스무트의 두 금속을 접속하여 여기에 전류를 통하면, 그 접점에서 열의 발생 또는 흡수가 일어난다. 줄열과 달리 전류의 방향에 따라 열의 흡수와 발생이 다르게 나타나는 이 현상은?
① 펠티에 효과   ② 지벡 효과
③ 제 3금속의 법칙 ④ 열전효과

풀이
• 펠티에 효과 (Peltier effect) : 제어벡 효과의 역현상으로 서로 다른 두 종류의 금속을 접합하여 전류를 흘리면 접합부에서 열의 발생 또는 흡수가 일어나는 현상 (예 : 전자 냉동기)   [답] ①

18 전자 냉동기는 다음 어떤 효과를 응용한 것인가?
① 제베크 효과   ② 톰슨 효과
③ 펠티에 효과   ④ 줄 효과
  [답] ③

19 두 종류의 금속을 접속하여 두 접점을 다른 온도로 유지하면 전류가 흐르는 현상은?
① 제벡 효과   ② 제3금속의 법칙
③ 펠티에 효과   ④ 패러데이법칙

풀이
• 제어벡 효과 (Seebeck effect) : 서로 다른 두 금속체를 접합하고 두 접합점을 다른 온도로 유지하면 열기전력이 발생하는 현상   [답] ①

20 다음이 설명하는 것은?

"금속 A와 B로 만든 열전쌍과 접점 사이에 임의의 금속 C를 연결해도 C의 양 끝의 접점의 온도를 똑같이 유지하면 회로의 열기전력은 변화하지 않는다."

① 제벡 효과   ② 톰슨 효과
③ 제3금속의 법칙   ④ 펠티에 법칙

풀이
열전대에 구성하는 두 금속의 한쪽 접점은 서로 접해 있고, 반대편 접점은 제 3의 금속과 연결되어 있을 때, 두 접점이 같은 온도라면 기전력이 발생하지 않는다는 법칙
  [답] ③

제 2 장
정전기와 콘덴서

2.1 정전기의 성질

1. 정전기의 발생

(1) 정전기(static electricity)

두 종류의 물체를 마찰시키면 전기가 발생하게 되고, 이 전기는 물체에 정지하고 있는 상태에 있으므로 정전기라 한다.

(2) 대전

한 물질 중의 전자가 다른 물질로 이동시 양(+)으로 대전, 그 전자를 받은 물질은 음(-)으로 대전

(3) 정전유도

① 대전체와 가까운 쪽 : 다른 종류의 전하
② 대전체와 먼 쪽 : 같은 종류의 전하

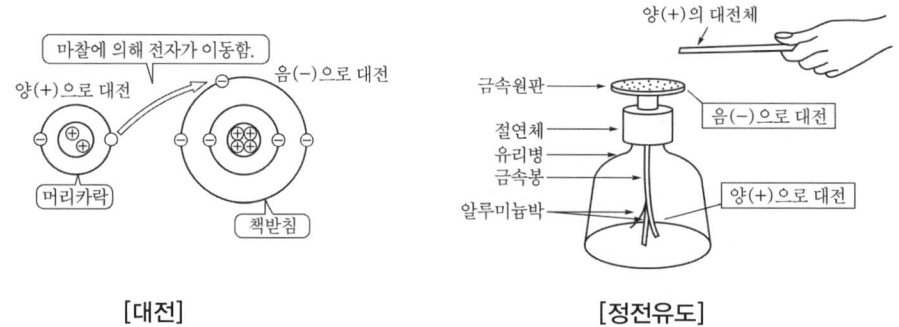

[대전]　　　　　　　　　　　[정전유도]

2. 정전기력

(1) 정전기력

① 같은 종류의 전하 : 반발력
② 다른 종류의 전하 : 흡인력

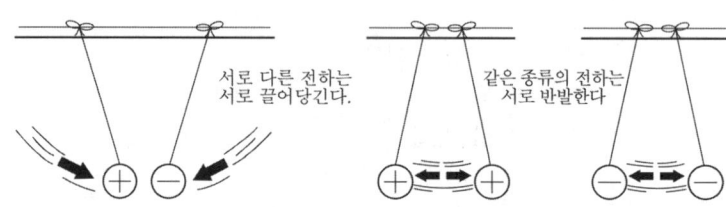

[정전력]

(2) 쿨롱의 법칙

임의의 공간내에서 두 점전하 Q_1, Q_2 사이에 작용하는 정전기력의 크기는 두 전하량의 곱에 비례하고, 전하사이의 거리의 제곱에 반비례한다.

$$F \propto Q_1 \cdot Q_2, \quad F \propto \frac{1}{r^2}$$

$$F = \frac{1}{4\pi\epsilon} \times \frac{Q_1 \cdot Q_2}{r^2} [\text{N}] = \frac{1}{4\pi\epsilon_0 \epsilon_s} \times \frac{Q_1 \cdot Q_2}{r^2} = 9 \times 10^9 \times \frac{Q_1 \cdot Q_2}{\epsilon_s r^2} [\text{N}]$$

여기서, ϵ : 유전율, $\epsilon = \epsilon_0 \cdot \epsilon_s$
　　　　ϵ_s : 비유전율(진공=1, 공기≒1)
　　　　ϵ_0 : 진공시 유전율 = 8.855×10^{-12} [F/m]

2.2 전기장과 전위

1. 전기장

(1) 전기장의 세기 : E [V/m](전장의 세기, 전계)

Q[C] 전하에서 임의의 거리 r[m]만큼 떨어진 점에 작용하는 힘

$$E = \frac{F}{Q} = \frac{1}{4\pi\epsilon} \times \frac{Q}{r^2} = 9 \times 10^9 \times \frac{Q}{\epsilon_s r^2} [\text{V/m}] \quad (F = QE [\text{N}])$$

(2) 전기력선의 성질

① 전기력선은 양전하의 표면에서 나와 음전하의 표면에서 끝난다.
② 전기력선은 언제나 수축하려하며, 같은 성질은 서로 반발한다.
③ 전기력선의 접선 방향은 그 접점에서 전장의 방향을 의미한다.
④ 전기력선의 밀도는 전장의 세기를 의미한다.
⑤ 전기력선은 도체의 표면에 수직으로 출입하며 도체 내부에는 전기력선이 없다.
⑥ 전기력선은 서로 교차하지 않는다.
⑦ 전기력선은 등전위면과 직교한다.

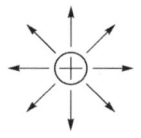 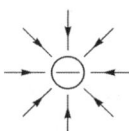 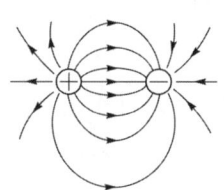

　　　　(a) 단독 정전하　　　(b) 단독 부전하　　　(c) 정부전하

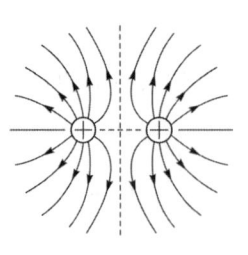 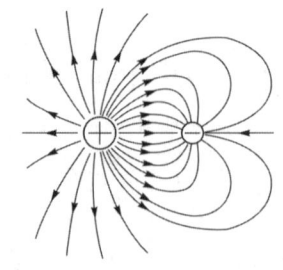 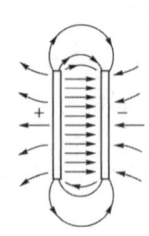

    (d) 2개의 정전하   (e) 크기가 다른 정부전하   (f) 평행한 정부전하

[전기력선의 모양]

(3) 가우스 정리

임의의 폐곡면 내 전하량 $Q[C]$이 있을 때, 이 폐곡면을 통해서 나오는 전기력선의 총수

$$N = \frac{Q}{\epsilon} = \frac{Q}{\epsilon_s \cdot \epsilon_0} [개]$$

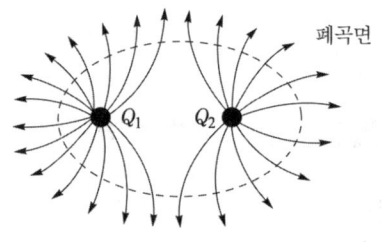

[가우스 정리]

2. 전속과 전속밀도

(1) 전속선의 성질
 ① 전속은 양전하에서 나와 음전하에서 끝난다.
 ② 전속이 나오는 곳 또는 끝나는 곳에는 전속과 같은 전하가 있다.
 ③ $+Q[C]$의 전하로부터 Q개의 전속이 나온다.
 ④ 전속이 금속판에 출입하는 경우 그 표면에 수직이 된다.

(2) 전속밀도 $D[C/m^2]$

$1[m^2]$의 단위면적에서 몇 [C]의 전속선이 나오는가의 양

$$D = \frac{Q}{A} = \frac{Q}{4\pi r^2} [C/m^2] \text{ (구 표면을 통과하는 전속밀도)}$$

$$E = \frac{Q}{4\pi \epsilon r^2} [V/m]$$

$$D = \epsilon E = \epsilon_0 \cdot \epsilon_s E [C/m^2]$$

3. 전위

(1) 전위 $V[V]$: 전기장 속 한 점에서 단위전하가 가지는 전기적 위치에너지

$$W = QV[V]$$

$$V = \frac{1}{4\pi\epsilon} \times \frac{Q}{r} = 9 \times 10^9 \times \frac{Q}{\epsilon_s r} = Er[V]$$

(2) 전위차 : 단위전하를 이동시키는데 필요한 일(에너지)

$$V = V_1 - V_2 = \frac{Q}{4\pi\epsilon}\left(\frac{1}{r_1} - \frac{1}{r_2}\right)[V]$$

기출 & 예상문제

제 2 장 정전기와 콘덴서(1)

01 어떤 물질이 정상 상태보다 전자의 수가 많거나 적어졌을 때를 무엇이라 하는가?
① 방전 ② 전기량
③ 대전 ④ 하전

풀이
- 대전(帶電, electrification) : 물질은 보통의 경우 전기적으로 중성상태 즉, (+)전하량과 (-)전하량이 같은 상태에 있다. 여기에 외부 힘에 의해 전하량의 평형이 깨지면 물체는 (-)전기 혹은 (+)전기를 띠게 되는데 이렇게 전기를 띠게 되는 현상을 대전이라 하고 대전된 물체를 대전체라 한다. **[답]** ③

02 그림과 같이 대전 된 에보나이트 막대를 박검전기의 금속판에 닿지 않도록 가깝게 가져갔을 때 금박이 열렸다면 다음 중 옳은 것은? (단, A는 원판, B는 박, C는 에보나이트 막대이다.)

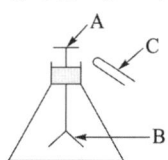

① A : 양전기, B : 양전기, C : 음전기
② A : 음전기, B : 음전기, C : 음전기
③ A : 양전기, B : 음전기, C : 음전기
④ A : 양전기, B : 양전기, C : 양전기

풀이
- 정전기유도(靜電氣誘導, electrostatic induction) : 대전체와 가까운 쪽에는 대전체와 다른 종류의 전하가, 반대쪽에는 같은 종류의 전하가 나타나는 현상 **[답]** ③

03 전하의 성질을 잘못 설명한 것은?
① 같은 종류의 전하는 흡인하고 다른 종류의 전하끼리는 반발한다.
② 대전체에 들어 있는 전하를 없애려면 접지시킨다.
③ 대전체의 영향으로 비대전체에 전기가 유도된다.
④ 전하는 가장 안정한 상태를 유지하려는 성질이 있다.

풀이
전하는 같은 종류의 전하끼리는 서로 반발하고 다른 종류의 전하끼리는 서로 흡인하는 성질이 있다. **[답]** ①

04 전하 및 전기력에 대한 설명으로 틀린 것은?
① 전하에는 양(+)전하와 음(-)전하가 있다.
② 비유전율이 큰 물질일수록 전기력은 커진다.
③ 대전체의 전하를 없애려면 대전체와 대지를 도선으로 연결하면 된다.
④ 두 전하 사이에 작용하는 전기력은 전하의 크기에 비례하고 두 전하 사이의 거리의 제곱에 반비례한다.

풀이
쿨롱의 법칙
$$F = \frac{1}{4\pi\epsilon} \times \frac{Q_1 \cdot Q_2}{r^2}[N] = \frac{1}{4\pi\epsilon_0 \epsilon_s} \times \frac{Q_1 \cdot Q_2}{r^2}[N]$$
$$\therefore F \propto \frac{1}{\epsilon_s}$$
비유전율이 큰 물질일수록 전하간 작용하는 힘의 세기가 작아진다. **[답]** ②

05 유전체 내에서 크기가 같고 극성이 반대인 한 쌍의 전하를 가지는 원자는?
① 전자 ② 분극자
③ 원자 ④ 쌍극자

풀이
전기쌍극자(electric dipole) : 크기는 같으나 반대의 전하를 갖는 한 쌍의 전하 **[답]** ④

06 공기 중에서 3×10^{-5}[C]과 8×10^{-5}[C]의 두 전하를 2[m]의 거리에 놓을 때 그 사이에 작용하는 힘은?

① 2.7[N] ② 5.4[N]
③ 10.8[N] ④ 24[N]

풀이
$F = \dfrac{1}{4\pi\epsilon} \times \dfrac{Q_1 \cdot Q_2}{r^2} = 9\times 10^9 \times \dfrac{3\times 10^{-5} \times 8\times 10^{-5}}{2^2}$
$= 5.4[N]$ [답] ②

07 유전율의 단위는?

① F/m ② V/m
③ C/m ④ H/m

풀이
$C = \dfrac{\epsilon \cdot S}{d}$
$\therefore \epsilon = C[F] \times \dfrac{d[m]}{S[m^2]} = [F/m]$ [답] ①

08 진공 중에서 비유전율 ϵ_r의 값은?

① 1   ② 6.33×10^4
③ 8.855×10^{-12} ④ 9×10^9

[답] ①

09 유전체 중 유전율이 가장 큰 것은?

① 공기 ② 수정
③ 운모 ④ 고무

풀이
각종 유전체의 유전율

유전체	진공	공기	고무	종이	수정	유리	운모	산화티탄
유전율	1	1.00059	2~3	2~2.5	3.6	3.8~10	5~9	88~183

[답] ③

10 진공 중의 두 대전체 사이에 작용하는 힘이 1.2×10^{-8}[N]이고, 대전체 사이에 유전체를 넣으니 작용하는 힘이 0.03×10^{-6}[N]이 되었다면 여기에서 유전체의 비유전율은?

① 0.036 ② 0.4
③ 3.6   ④ 4,000

풀이
진공 중일 때 작용력
$F_1 = \dfrac{1}{4\pi\epsilon_0} \times \dfrac{Q_1 \cdot Q_2}{r^2}[N]$
유전체를 채웠을 때 작용력
$F_2 = \dfrac{1}{4\pi\epsilon_0\epsilon_s} \times \dfrac{Q_1 \cdot Q_2}{r^2}[N]$
$\epsilon_s = \dfrac{F_1}{F_2} = \dfrac{1.2\times 10^{-8}}{0.03\times 10^{-6}} = 0.4$ [답] ②

11 공기 중에서 어느 일정한 거리를 두고 있는 두 점전하 사이에 작용하는 힘이 0.5[N]이었고 두 전하 사이에 종이를 채웠더니 작용하는 힘이 0.2[N]으로 감소하였다. 이 종이의 비유전율은 얼마인가?

① 0.1 ② 0.4
③ 2.5 ④ 5.0

풀이
진공 중일 때 작용력
$F_1 = \dfrac{1}{4\pi\epsilon_0} \times \dfrac{Q_1 \cdot Q_2}{r^2}[N]$
유전체를 채웠을 때 작용력
$F_2 = \dfrac{1}{4\pi\epsilon_0\epsilon_s} \times \dfrac{Q_1 \cdot Q_2}{r^2}[N]$
$\epsilon_s = \dfrac{F_1}{F_2} = \dfrac{0.5}{0.2} = 2.5$ [답] ③

12 전기장(電氣場)에 대한 설명으로 옳지 않은 것은?

① 대전(帶電)된 무한장 원통의 내부 전기장은 0이다.
② 대전된 구(球)의 내부 전기장은 0이다.
③ 대전된 도체내부의 전하(電荷) 및 전기장은 모두 0이다.
④ 도체표면의 전기장은 그 표면에 평행이다.

풀이
전기력선은 도체 표면에 수직(등전위면에 직교)으로 출입한다. [답] ④

13 전장 중에 단위 정전하를 놓을 때 여기에 작용하는 힘과 같은 것은?
① 전하　　　　② 전기장의 세기
③ 전위　　　　④ 전속

풀이
전기장의 세기는 전기장 내의 한 점에 단위양전하(+1[C])를 놓았을 때 그 전하가 받는 전기력의 크기로 정한다.
[답] ②

14 10[V/m]의 전장에 어떤 전하를 놓으면 0.1[N]의 힘이 작용한다. 전하의 양[C]은?
① 10^2　　　　② 10^{-4}
③ 10^{-2}　　　④ 10^4

풀이
$F = QE$ 이므로
$$Q = \frac{F}{E} = \frac{0.1}{10} = 0.01 [C]$$
[답] ③

15 5×10^{-8}[C]의 전하에 1.5×10^{-3}[N]의 힘을 작용시키기 위해서 필요한 전장의 세기[V/m]는?
① 5×10^3　　　② 4×10^4
③ 3×10^4　　　④ 2×10^3

풀이
$$E = \frac{F}{Q} = \frac{1.5 \times 10^{-3}}{5 \times 10^{-8}} = 3 \times 10^4 [V/m]$$
[답] ③

16 일직선상에 서로 1[m] 떨어진 두 점 A, B에 각각 동등한 점전하 Q[C]이 있다. 지금 2배의 점전하 $2Q$[C]을 어떤 위치에 놓으면 B에 작용하는 힘이 평형이 되는가?
① A로부터 내측으로 $\sqrt{2}$[m] 되는 위치
② A로부터 외측으로 $\sqrt{2}$[m] 되는 위치
③ B로부터 내측으로 $\sqrt{2}$[m] 되는 위치
④ B로부터 외측으로 $\sqrt{2}$[m] 되는 위치

풀이
B점에서의 Q[C]과 A점의 Q[C]의 전하간의 작용력(같은 부호의 전하는 반발)과 평형($F=0$)이 되는 힘을 만들어 내기 위해서는 $2Q$[C]의 전하는 A, B의 일직선상에서 B의 외측에 위치하여야 한다.

$$F_1 = \frac{1}{4\pi\epsilon} \times \frac{Q \times Q}{1^2} [N]$$
$$F_2 = \frac{1}{4\pi\epsilon} \times \frac{Q \times 2Q}{x^2} [N]$$
$F_1 = F_2$ 이므로 $Q^2 = \frac{2Q^2}{x^2}$
$$\therefore x = \sqrt{\frac{2Q^2}{Q^2}} = \sqrt{2} [m]$$
[답] ④

17 전장의 세기의 단위[V/m]와 같은 것은 어느 것인가? (단, C는 쿨롱, N은 뉴턴, m은 미터를 표시한다.)
① C/N　　　　② N/C
③ N^2/m　　　④ C^2/m

풀이
$$E = \frac{F}{Q} [N/C] = \left[\frac{N \cdot m}{C \cdot m}\right] = \left[\frac{J}{C} \cdot \frac{1}{m}\right] = [V/m]$$
[답] ②

18 전기력선의 성질 중 옳지 않은 것은?
① 음전하에서 출발하여 양전하에서 끝나는 선을 전기력선이라 한다.
② 전기력선의 접선 방향은 그 접점에서의 전기장의 방향이다.
③ 전기력선의 밀도는 전기장의 크기를 나타낸다.
④ 전기력선은 서로 교차하지 않는다.

풀이
전기력선은 양전하에서 출발하여 음전하에서 끝난다.
[답] ①

19 전계의 세기를 구하는 법칙은?
① 비오-사바르의 법칙
② 가우스의 정리
③ 플레밍의 왼손 법칙
④ 암페어의 법칙

풀이
• 가우스 정리[Gauss's law] : 임의의 폐곡면 내 전하량 Q[C]이 있을 때 이 폐곡면을 통해서 나오는 전기력선의 수
$$N = \frac{Q}{\epsilon} = \frac{Q}{\epsilon_s \cdot \epsilon_0} [개]$$
[답] ②

20 유전율 ϵ의 유전체 내에 있는 전하 $Q[C]$에서 나오는 전기력선 수는 얼마인가?

① Q ② $\dfrac{Q}{\epsilon_0}$

③ $\dfrac{Q}{\epsilon_s}$ ④ $\dfrac{Q}{\epsilon}$

[답] ④

21 전속과 전기력선 사이에는 어떤 관계가 있는가? 단, ϵ은 유전율이다.
① 전속수는 전기력선 수의 ϵ배와 같다.
② 전기력선 수는 전속 수의 ϵ배와 같다.
③ 전속수는 전기력선 수의 $\pi\epsilon$배와 같다.
④ 전기력선 수는 전속 수의 $4\pi\epsilon$배와 같다.

풀이
- 전기력선 수 : $n = \dfrac{Q}{\epsilon}$ [개]
- 전속선 수 : $n = Q$ [개]

[답] ①

22 전장을 E, 유전율을 ϵ, 전속밀도를 D라 할 때 이들의 관계식은?

① $\dfrac{E\epsilon}{D}$

② $D = \epsilon E$

③ $D = \epsilon E^2$

④ $D = \dfrac{E^2}{\epsilon}$

풀이
전속 밀도 $D = \epsilon E = \epsilon_0 \cdot \epsilon_s E$ [C/m²]

($\because D = \dfrac{Q}{A} = \dfrac{Q}{4\pi r^2}$ [C/m²] (구표면을 통과하는 전속밀도))

$E = \dfrac{Q}{4\pi\epsilon r^2}$ [V/m])

[답] ②

23 표면 전하밀도 $\sigma[C/m^2]$로 대전된 도체 내부의 전속밀도는 몇 $\sigma[C/m^2]$인가?

① $\epsilon_0 E$ ② 0

③ σ ④ $\dfrac{E}{\epsilon_0}$

[답] ②

24 비유전율 2.5의 유전체 내부의 전속밀도가 2×10^{-6} [C/m²]되는 점의 전기장의 세기[V/m]는?

① 18×10^4 ② 9×10^4

③ 6×10^4 ④ 3.6×10^4

풀이
$D = \epsilon_0 \epsilon_s E$ 이므로

$E = \dfrac{D}{\epsilon_0 \epsilon_s} = \dfrac{2 \times 10^{-6}}{8.855 \times 10^{-12} \times 2.5} = 90344$ [V/m]

[답] ②

25 2[C]의 전기량이 두 점 사이를 이동하여 48[J]의 일을 하였다면 이 두 점 사이의 전위차는 몇 [V]인가?

① 12[V]   ② 24[V]

③ 48[V]   ④ 64[V]

풀이
$V = \dfrac{W}{Q} = \dfrac{48}{2} = 24$ [V]

[답] ②

26 도면과 같이 공기 중에 놓은 2×10^{-8}[C]의 전하에서 2[m] 떨어진 점 P와 1[m] 떨어진 점 Q와의 전위차는 몇 [V]인가?

① 80[V]   ② 90[V]

③ 100[V]   ④ 110[V]

풀이
전위차 $V = V_Q - V_P = \dfrac{Q}{4\pi\varepsilon_0}\left(\dfrac{1}{r_1} - \dfrac{1}{r_2}\right)$

$= 9 \times 10^9 \times 2 \times 10^{-8} \left(\dfrac{1}{1} - \dfrac{1}{2}\right) = 90$ [V]

[답] ②

2.3 콘덴서

1. 콘덴서 : 전기를 축적하는 소자(C[F] : 정전용량)

(1) 정전용량 C[F] : 커패시턴스(Capacitance)

콘덴서가 전하를 축적할 수 있는 능력

콘덴서에 축적되는 전하 Q[C]는 전압 V[V]에 비례

$$Q = C \cdot V[\text{C}], \quad C = \frac{Q}{V}[\text{F}]$$

(2) 정전용량의 계산

① 구도체의 정전용량

$C = 4\pi\epsilon r$[F] (반지름 r[m]의 구도체)

② 평행판 콘덴서의 정전용량

두 전극의 면적에 비례하고, 유전율에 비례하며, 전극의 간격에 반비례한다.

$$C = \epsilon \frac{S}{d}[\text{F}] \quad (C \propto \frac{1}{d}, \ C \propto S)$$

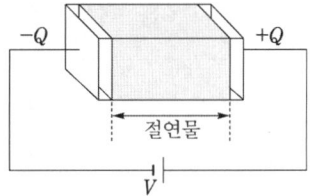

[평행판 콘덴서]

(3) 정전에너지

① 콘덴서에 전압을 인가하고, 전하가 축적되는 경우에 정전에너지[J]

$$W = \frac{1}{2}QV = \frac{1}{2}CV^2 = \frac{Q^2}{2C}[\text{J}]$$

여기서, Q : 축적된 전하[C], V : 가해진 전압[V], C : 정전용량[F]

② 단위체적 1[m³]당 축적되는 정전에너지[J/m³]

$$W_0 = \frac{1}{2}ED = \frac{1}{2}\epsilon E^2 = \frac{D^2}{2\epsilon}[\text{J/m}^3]$$

여기서, W_0 : 에너지 밀도[J/m³], E : 전계의 세기[V/m]

D : 전속밀도[C/m²], ϵ : 유전율[F/m]

③ 정전흡인력 $W_0 = \frac{1}{2}\epsilon\left(\frac{V}{l}\right)^2$[N/m²]

(4) 콘덴서의 종류

① 고정 콘덴서

- 전해 콘덴서 : 전기 분해로 금속의 표면에 얇은 산화피막을 만들어 유전체로 사용하고 극성을 가지고 있어 교류 회로에는 사용할 수 없다.
- 세라믹 콘덴서 : 전극 사이의 유전체로 티탄산바륨과 같은 비유전율이 큰 재료가 사용되며 가격에 비해 성능이 우수하여 가장 많이 사용된다.
- 마일러 콘덴서 : 얇은 폴리에스테르 필름을 유전체로 하여 양 면에 금속박을 대고 원통형으로 감은 것으로 극성이 없으며 내열성, 절연저항이 우수하다.

- 마이카 콘덴서 : 온도 변화에 따른 용량 변화가 작고 절연 저항이 높은 특성을 갖고 있으므로 표준 콘덴서로도 사용된다.

② 가변 용량 콘덴서
- 바리콘(varicon) : 전극 사이의 면적을 조정하여 용량을 변화한다.

2. 콘덴서의 접속 (저항의 접속과 반대)

(1) 직렬접속(= 저항의 병렬접속)

① 합성 정전용량

$$C_0 = \cfrac{1}{\cfrac{1}{C_1}+\cfrac{1}{C_2}+\cfrac{1}{C_3}}[\text{F}]$$

$$Q = Q_1 = Q_2 = Q_3 [\text{C}]$$

$$V_1 = \frac{Q}{C_1},\ V_2 = \frac{Q}{C_2},\ V_3 = \frac{Q}{C_3}[\text{V}]$$

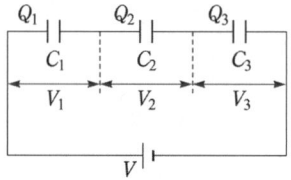

[콘덴서의 직렬접속]

(2) 병렬접속(=저항의 직렬접속)

① 합성 정전용량

$$C_0 = C_1 + C_2 + C_3 [\text{F}]$$

$$Q_1 = C_1 V [\text{C}]$$

$$Q_2 = C_2 V [\text{C}]$$

$$Q_3 = C_3 V [\text{C}]$$

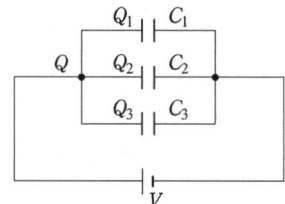

[콘덴서의 병렬접속]

(3) 직·병렬 접속

① 합성 정전용량

$$C_0 = \frac{C_1 \cdot (C_2 + C_3)}{C_1 + (C_2 + C_3)}[\text{F}]$$

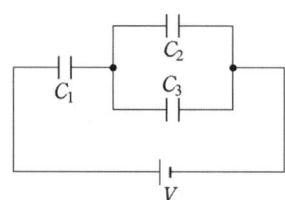

[콘덴서의 직·병렬 접속]

3. 특수현상

(1) 압전기 효과

수정, 로셀염, 티탄산바륨 등의 유전체를 기계적인 장력내지 압력을 가하여 기계적 변형을 주면 유전체 표면에는 양·음의 전하가 나타나는 현상

1 기출 & 예상문제
제 2 장 정전기와 콘덴서(2)

01 전하를 축적하는 작용을 하기 위해 만들어진 전기소자는?
① free electron   ② resistance
③ condenser   ④ magnet

[답] ③

02 다음 중 콘덴서가 가지는 특성 및 기능으로 옳지 않은 것은?
① 전기를 저장하는 특성이 있다.
② 상호 유도 작용의 특성이 있다.
③ 직류 전류를 차단하고 교류 전류를 통과시키려는 목적으로 사용된다.
④ 공진 회로를 이루는 어느 특정한 주파수만을 취급하거나 통과시키는 곳 등에 사용된다.

풀이
인접한 다른 코일에 기전력이 발생되는 현상을 상호유도 작용(Mutual Induction)이라 한다. [답] ②

03 다음 중 정전 용량에 가장 적합한 것은?
① $C = \dfrac{V}{Q}$ ② $V = CQ$
③ $C = QV$ ④ $Q = CV$

[답] ④

04 어떤 콘덴서에 1000[V]의 전압을 가하였더니 5×10^{-3}[C]의 전하가 축적되었다. 이 콘덴서의 용량은?
① 2.5[μF]   ② 5[μF]
③ 250[μF]   ④ 5000[μF]

풀이
$Q = CV$에서
$C = \dfrac{Q}{V} = \dfrac{5 \times 10^{-3}}{1000} = 5 \times 10^{-6}$[F] [답] ②

05 공기 중에 있는 반지름 a[m]의 독립 도체구의 정전용량은 몇 [F]인가?
① $\pi\epsilon_0 a$ ② $2\pi\epsilon_0 a$
③ $4\pi\epsilon_0 a$ ④ $16\pi\epsilon_0 a$

풀이
구도체의 정전용량 $C = 4\pi\epsilon r$[F] (반지름 r[m]의 구도체)
$\therefore C = \dfrac{Q}{V} = \dfrac{Q}{\dfrac{Q}{4\pi\epsilon_0 a}} = 4\pi\epsilon_0 a$[F] [답] ③

06 평행 평판의 정전 용량은 간격을 d, 평행판의 면적을 S라 하면 콘덴서의 정전용량 식은? (단, ϵ는 유전율이다.)
① $C = \epsilon S d$ ② $C = \dfrac{d}{\epsilon S}$
③ $C = \dfrac{S}{\epsilon d}$ ④ $C = \dfrac{\epsilon S}{d}$

풀이
평행판 콘덴서의 정전용량 : 두 전극의 면적에 비례하고, 유전율에 비례하며 전극의 간격에 반비례한다.
$C = \epsilon \dfrac{S}{d}$[F] $\left(C \propto \dfrac{1}{d},\ C \propto S \right)$ [답] ④

07 콘덴서에 비유전률 ϵ_r인 유전체가 채워져 있을 때의 정전용량 C와 공기로 채워져 있을 때의 정전용량 C_0와의 비(C/C_0)는?
① ϵ_r ② $\dfrac{1}{\epsilon_r}$
③ $\sqrt{\epsilon_r}$ ④ $\dfrac{1}{\sqrt{\epsilon_r}}$

풀이
$C = \epsilon_0 \epsilon_r \cdot \dfrac{S}{d},\ C_0 = \epsilon_0 \cdot \dfrac{S}{d}$
$\dfrac{C}{C_0} = \dfrac{\epsilon_0 \cdot \epsilon_r \cdot \dfrac{S}{d}}{\epsilon_0 \cdot \dfrac{S}{d}} = \epsilon_r$ [답] ①

08 평행판 콘덴서의 전기장의 세기가 2000 [V/m]이고 극판 간격이 30[cm]이면 극판간에 가한 전압[V]은?

① 6000[V] ② 600[V]
③ 60[V]   ④ 6[V]

풀이
$V = E \cdot r = 2000 \times 0.3 = 600[V]$ [답] ②

09 평행판 전극에 일정 전압을 가하면서 극판의 간격을 2배로 하면 내부 전기장의 세기는 어떻게 되는가?

① 4배로 커진다.
② $\frac{1}{2}$배로 작아진다.
③ 2배로 커진다.
④ $\frac{1}{4}$배로 작아진다.

풀이
$E = \frac{V}{l}$ [V/m]에서 거리를 두 배로 하였을 때 전장의 세기는
$E' = \frac{V}{2l} = \frac{1}{2}E$ [답] ②

10 5[μF]의 콘덴서를 1000[V]로 충전하면 축적되는 에너지는 몇 [J]인가?

① 2.5   ② 4
③ 5   ④ 10

풀이
$W = \frac{1}{2}CV^2 = \frac{1}{2} \times 5 \times 10^{-6} \times 1000^2 = 2.5[J]$ [답] ①

11 어떤 콘덴서에 V[V]의 전압을 가해서 Q[C]의 전하를 충전할 때 저장되는 에너지[J]는?

① $2QV$ ② $\frac{1}{2}QV^2$
③ $2QV^2$ ④ $\frac{1}{2}QV$

풀이
$W = \frac{1}{2}QV = \frac{1}{2}CV^2 = \frac{Q^2}{2C}[J]$ [답] ④

12 어떤 콘덴서에 전압 $V = 20$[V]를 가할 때 전하 $Q = 800[\mu C]$이 축적되었다면 이때 축적되는 에너지를 구하면?

① 0.8[J]   ② 0.16[J]
③ 160[J]   ④ 0.008[J]

풀이
$W = \frac{1}{2}QV = \frac{1}{2} \times 800 \times 10^{-6} \times 20 = 8 \times 10^{-3}[J]$ [답] ④

13 정전용량 C[F]의 콘덴서에 W[J]의 에너지를 축적하려면 이 콘덴서에 가해 줄 전압[V]은?

① $\frac{2W}{C}$ ② $\sqrt{\frac{2W}{C}}$
③ $\frac{2C}{W}$ ④ $\sqrt{\frac{2C}{W}}$

풀이
$W = \frac{1}{2}CV^2$[J] 에서 $V^2 = \frac{2W}{C}$
$\therefore V = \sqrt{\frac{2W}{C}}$ [답] ②

14 200[μF]의 콘덴서를 충전하는데 9[J]의 일이 필요하였다. 충전 전압은 몇 [V]인가?

① 200   ② 300
③ 450   ④ 900

풀이
$V = \sqrt{\frac{2W}{C}} = \sqrt{\frac{2 \times 9}{200 \times 10^{-6}}} = 300[V]$ [답] ②

15 전계의 세기 50[V/m], 전속밀도 100[C/m²]인 유전체의 단위 체적에 축적되는 에너지는?

① 2[J/m³]
② 250[J/m³]
③ 2500[J/m³]
④ 5000[J/m³]

풀이
$W_0 = \frac{1}{2}ED = \frac{1}{2}\epsilon E^2 = \frac{D^2}{2\epsilon}$ [J/m³]
$\therefore W = \frac{1}{2}DE = \frac{1}{2} \times 100 \times 50 = 2500$[J/m³]   [답] ③

16 평행한 콘덴서에 100[V]의 전압이 걸려 있다. 이 전원을 가한 상태로 평행판 간격을 처음의 2배로 증가시키면?

① 용량은 반으로 줄고, 저장되는 에너지는 2배가 된다.
② 용량은 2배가 되고, 저장되는 에너지는 반으로 줄어든다.
③ 용량과 저장되는 에너지는 각각 반으로 줄어든다.
④ 용량과 저장되는 에너지는 각각 2배가 된다.

풀이
$C = \dfrac{\epsilon S}{d}[F]$
$W = \dfrac{1}{2}CV^2[J]$ 에서
- 용량과 간격은 반비례 관계이므로, 간격이 2배 증가하면 용량은 반으로 줄어든다.
- 저장 에너지와 용량은 비례 관계이므로, 용량이 반으로 줄면 같이 반으로 줄어든다. **[답] ③**

17 정전콘덴서에서 축적된 에너지와 전위차와의 관계식을 그림으로 나타내면?

① 쌍곡선　　② 타원
③ 포물선　　④ 원

풀이
$W = \dfrac{1}{2}CV^2[J]$ 에서 $W \propto V^2$
따라서 W와 V의 관계는 포물선으로 나타난다. **[답] ③**

18 다음은 정전 흡인력에 대한 설명인데 옳은 것은?

① 정전 흡인력은 전압의 제곱에 비례한다.
② 정전 흡인력은 극판 간격에 비례한다.
③ 정전 흡인력은 극판 면적의 제곱에 비례한다.
④ 정전 흡인력은 옴의 법칙으로 직접 계산된다.

풀이
정전응력 $f = \dfrac{1}{2}\epsilon E^2 = \dfrac{1}{2}\epsilon\left(\dfrac{V}{l}\right)^2 [N/m^2]$
따라서 단위 면적당 정전 흡인력은 전압에 제곱에 비례한다. **[답] ①**

19 100[μF]의 콘덴서에 1000[V]의 전압을 가하여 충전한 뒤 저항을 통하여 방전시키면 저항에 발생하는 열량은 몇 [cal]인가?

① 3　　② 5
③ 12　　④ 43

풀이
$W = \dfrac{1}{2}CV^2[J]$ 에서
$W = \dfrac{1}{2} \times 100 \times 10^{-6} \times 1000^2 = 50[J]$
∴ $50[J] \times 0.24 = 12[cal]$ **[답] ③**

20 비유전율이 큰 산화티탄 등을 유전체로 사용한 것으로 극성이 없으며 가격에 비해 성능이 우수하여 널리 사용되고 있는 콘덴서의 종류는?

① 마일러 콘덴서　　② 마이카 콘덴서
③ 전해 콘덴서　　④ 세라믹 콘덴서

풀이
콘덴서의 종류
- 전해 콘덴서 : 전기 분해로 금속의 표면에 얇은 산화피막을 만들어 유전체로 사용하고 극성을 가지고 있어 교류 회로에는 사용할 수 없다.
- 세라믹 콘덴서 : 전극 사이의 유전체로 티탄산바륨과 같은 비유전율이 큰 재료가 사용되며 가격에 비해 성능이 우수하여 가장 많이 사용된다.
- 마이카 콘덴서 : 온도 변화에 따른 용량 변화가 작고 절연 저항이 높은 특성을 갖고 있으므로 표준 콘덴서로도 사용된다. **[답] ④**

21 콘덴서 중 극성을 가지고 있는 콘덴서로서 교류 회로에 사용 할 수 없는 것은?

① 마일러 콘덴서　　② 마이카 콘덴서
③ 세라믹 콘덴서　　④ 전해 콘덴서
[답] ④

22 다음 중 콘덴서 접속법에 대한 설명으로 알맞은 것은?

① 직렬로 접속하면 용량이 커진다.
② 병렬로 접속하면 용량이 작아진다.
③ 콘덴서는 직렬접속만 가능하다.
④ 직렬로 접속하면 용량이 적어진다.

풀이

콘덴서는 직렬로 접속시 용량이 $\dfrac{C_1 \times C_2}{C_1 + C_2}$로 각각의 용량보다 작아지며, 병렬 접속시 $C_1 + C_2$로 용량이 증가한다.

[답] ④

23 두 콘덴서 C_1, C_2를 직렬접속하고 양단에 $V[\text{V}]$의 전압을 가할 때 C_1에 걸리는 전압은?

① $\dfrac{C_1}{C_1 + C_2} V[\text{V}]$ ② $\dfrac{C_2}{C_1 + C_2} V[\text{V}]$

③ $\dfrac{C_1 + C_2}{C_1} V[\text{V}]$ ④ $\dfrac{C_1 + C_2}{C_2} V[\text{V}]$

풀이

$Q = CV[\text{C}]$ ∴ $V \propto \dfrac{1}{C}$ 이므로

C_1에 걸리는 전압은 $V_1 = \dfrac{C_2}{C_1 + C_2} V[\text{V}]$

[답] ②

24 $6[\mu\text{F}]$, $4[\mu\text{F}]$의 두 콘덴서를 직렬 접속할 때 합성 정전용량은 몇 $[\mu\text{F}]$인가?

① 7.2   ② 2.4
③ 10   ④ 24

풀이

$C_0 = \dfrac{6 \times 4}{6 + 4} = 2.4[\mu\text{F}]$

[답] ②

25 그림에서 $C_1 = C_2 = C_3 = 2[\mu\text{F}]$, $V = 90[\text{V}]$일 때 합성 정전 용량$[\mu\text{F}]$은?

① $\dfrac{3}{2}$ ② $\dfrac{2}{3}$

③ $\dfrac{3}{5}$ ④ $\dfrac{1}{60}$

풀이

$C_0 = \dfrac{1}{\dfrac{1}{C_1} + \dfrac{1}{C_2} + \dfrac{1}{C_3}} = \dfrac{2}{3}[\mu\text{F}]$

[답] ②

26 그림과 같이 2개의 콘덴서 C_1, C_2를 병렬로 연결한 회로의 합성용량 C를 표시하는 것은?

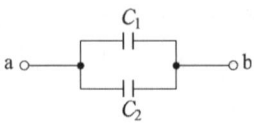

① $C_1 + C_2$ ② $C_1 C_2$

③ $\dfrac{C_1 C_2}{C_1 + C_2}$ ④ $\dfrac{C_1 + C_2}{C_1 C_2}$

풀이

병렬 접속 시 합성정전용량 $C_0 = C_1 + C_2[\text{F}]$

[답] ①

27 $0.02[\mu\text{F}]$, $0.03[\mu\text{F}]$ 2개의 콘덴서를 병렬로 접속할 때의 합성용량은 몇 $[\mu\text{F}]$인가?

① 0.05   ② 0.012
③ 0.06   ④ 0.016

풀이

$C_0 = C_1 + C_2 = 0.02 + 0.03 = 0.05[\mu\text{F}]$

[답] ①

28 $2[\text{F}]$, $4[\text{F}]$, $6[\text{F}]$의 콘덴서 3개를 병렬로 접속했을 때 합성 정전용량은 몇 $[\text{F}]$인가?

① 1.5   ② 4
③ 8   ④ 12

풀이

$C_0 = C_1 + C_2 + C_3 = 2 + 4 + 6 = 12[\text{F}]$

[답] ④

29 정전용량이 $10[\mu\text{F}]$인 콘덴서 2개를 병렬로 했을 때의 합성 용량은 직렬로 했을 때의 합성용량의 몇 배인가?

① $\dfrac{1}{4}$ ② $\dfrac{1}{2}$

③ 2   ④ 4

풀이

병렬 접속 시 합성정전용량
$C_{병렬} = C_1 + C_2 = 2C = 20[\mu\text{F}]$

직렬 접속 시 합성정전용량
$C_{직렬} = \dfrac{C_1 \times C_2}{C_1 + C_2} = \dfrac{C}{2} = 5[\mu\text{F}]$

∴ $\dfrac{C_{병렬}}{C_{직렬}} = \dfrac{20}{5} = 4[\text{배}]$

[답] ④

30 그림에서 콘덴서의 합성 정전 용량은 얼마인가?

① C
② $2C$
③ $3C$
④ $4C$

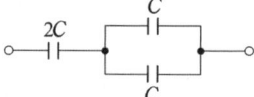

풀이
$C_0 = \dfrac{2C \times (C+C)}{2C+(C+C)} = \dfrac{4C^2}{4C} = C \text{ [F]}$ [답] ①

31 그림과 같은 4개의 콘덴서를 직·병렬로 접속한 회로가 있다. 이 회로의 합성 정전용량은? (단, $C_1 = 2[\mu F]$, $C_2 = 4[\mu F]$, $C_3 = 3[\mu F]$, $C_4 = 1[\mu F]$)

① $1[\mu F]$
② $2[\mu F]$
③ $3[\mu F]$
④ $4[\mu F]$

풀이
$C_0 = \dfrac{1}{\dfrac{1}{2}+\dfrac{1}{4}+\dfrac{1}{3+1}} = 1[\mu F]$ [답] ①

32 A-B 사이의 콘덴서의 합성정전 용량은 얼마인가?

① $1C$
② $1.2C$
③ $2C$
④ $2.4C$

풀이
$C_0 = \dfrac{2C \times (C+C+C)}{2C+(C+C+C)} = \dfrac{6C^2}{5C} = 1.2C[F]$ [답] ②

33 다음 회로에서 C_{ac} 사이의 합성 정전 용량 [F]은?

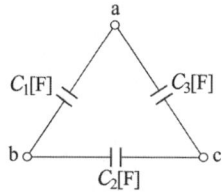

① $C_3 + \dfrac{1}{\dfrac{1}{C_1}+\dfrac{1}{C_2}}$
② $C_1 + \dfrac{1}{\dfrac{1}{C_2}+\dfrac{1}{C_3}}$
③ $C_2 + \dfrac{1}{\dfrac{1}{C_1}+\dfrac{1}{C_3}}$
④ $C_1+C_2+C_3$

풀이
$C_0 = C_3 + \dfrac{1}{\dfrac{1}{C_1}+\dfrac{1}{C_2}}$
$= C_3 + \dfrac{C_1 \times C_2}{C_1 + C_2} [F]$ [답] ①

34 $30[\mu F]$과 $40[\mu F]$의 콘덴서를 병렬로 접속한 다음 100[V]전압을 가했을 때 전 전하량은 몇 [C]인가?

① $17 \times 10^{-4}[C]$
② $34 \times 10^{-4}[C]$
③ $56 \times 10^{-4}[C]$
④ $70 \times 10^{-4}[C]$

풀이
$C_0 = C_1 + C_2 = 30+40 = 70[\mu F]$
$\therefore Q = C_0 V = 70 \times 10^{-6} \times 100 = 70 \times 10^{-4}[C]$ [답] ④

35 $20[\mu F]$ 및 $50[\mu F]$의 콘덴서를 병렬로 접속하여 200[V] 전압을 가하였을 때 전 전하량은 얼마인가?

① $4 \times 10^{-4}[C]$
② $10^{-9}[C]$
③ $7 \times 10^{-4}[C]$
④ $14 \times 10^{-3}[C]$

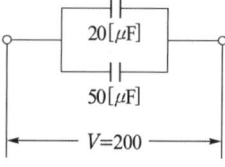

풀이
$C_0 = C_1 + C_2 = 20+50 = 70[\mu F]$
$\therefore Q = C_0 V = 70 \times 10^{-6} \times 200 = 14 \times 10^{-3}[C]$ [답] ④

36 $V=200[V]$, $C_1 = 10[\mu F]$, $C_2 = 5[\mu F]$인 2개의 콘덴서가 병렬로 접속되어 있다. 콘덴서 C_1에 축적되는 전하$[\mu C]$는 얼마인가?

① 2
② 20
③ 200
④ 2000

[풀이]

$Q_1 = C_1 V = 10 \times 10^{-6} \times 200$
$= 2000 \times 10^{-6} [C] = 2000 [\mu F]$

[답] ④

37 Q_1으로 대전된 용량 C_1의 콘덴서에 용량 C_2를 병렬 연결할 경우 C_2가 분배받는 전기량은 얼마인가?

① $\dfrac{C_1 + C_2}{C_2} Q_1$ ② $\dfrac{C_1}{C_1 + C_2} Q_1$

③ $\dfrac{C_1 + C_2}{C_1} Q_1$ ④ $\dfrac{C_2}{C_1 + C_2} Q_1$

[풀이]

병렬 접속 시 합성 정전용량 $C_0 = C_1 + C_2$ 이므로

$V = \dfrac{Q_1}{C_1 + C_2} [V]$

$\therefore Q_2 = C_2 V = C_2 \times \dfrac{Q_1}{C_1 + C_2} [C]$

[답] ④

제3장

자기의 성질과 전류에 의한 자기장

3.1 자석의 자기작용

1. 자기와 자석

자철광은 쇠를 끌어당기는 성질을 가지고 있으며 이와 같은 성질의 근원을 자기(magnetism)라 하고, 자기를 가지고 있는 물체를 자석(magnet), 그 양끝을 자극(magnetic pole)이라 한다. 또한 자석이 가지는 자기량을 자하(자극의 세기)라 하며 m[Wb]라 한다.

(1) 자석의 성질

① • 흡인력 : 서로 다른 자석 사이의 작용력(N-S / S-N)
  • 반발력 : 서로 같은 자석 사이의 작용력(S-S / N-N)
② 자력이 미치는 공간을 자기장(magnetic field), 자장 또는 자계라 한다.
③ 자석의 N극 : 북쪽, S극 : 남쪽

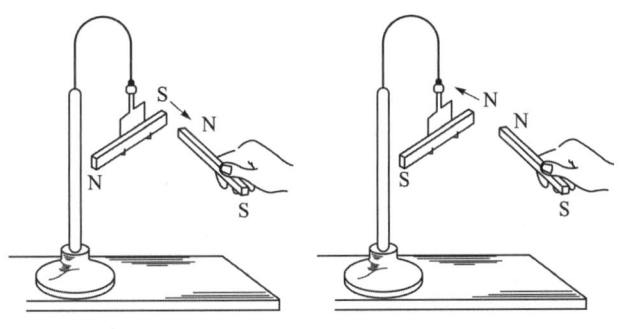

[자기력]

(2) 자기유도(magnetic induction)

쇳조각이 자석에 의하여 자화되는 현상을 자기유도라 하며, 자화되는 물질을 자성체라 한다.
① 강자성체 : 자기유도에 의해 강하게 자화되어 쉽게 자석이 되는 물질, $\mu_s \gg 1$
  예) 철(Fe), 니켈(Ni), 코발트(Co), 망간(Mn)
② 약자성체 : 강자성체에 비해 극히 미약하게 자화되는 물질
  • 상자성체 : 강자성체와 같은 방향으로 자화되는 물질, $\mu_s > 1$
    예) 알루미늄(Al), 산소(O_2), 백금(Pt)
  • 반자성체 : 약자성체 중에서 강자성체와는 반대의 극성으로 자화되는 물질, $\mu_s < 1$
    예) 구리(Cu), 아연(Zn), 비스무트(Bi), 납(Pb)

2. 쿨롱의 법칙

임의의 공간 내에서 두 자극 m_1, m_2[Wb] 사이에 작용하는 힘의 크기는 두 자극 세기의 곱에 비례하고, 두 자극 사이 거리의 제곱에 반비례한다.

$$F = \frac{1}{4\pi\mu} \times \frac{m_1 m_2}{r^2} = 6.33 \times 10^4 \times \frac{m_1 m_2}{\mu_s r^2} [\text{N}]$$

- 투자율 $\mu = \mu_0 \cdot \mu_s [\text{H/m}]$
- 비투자율 : μ_s(진공 $\mu_s = 1$, 공기중 $\mu_s \fallingdotseq 1$)
- 진공시 투자율 : $\mu_0 = 4\pi \times 10^{-7} [\text{H/m}]$

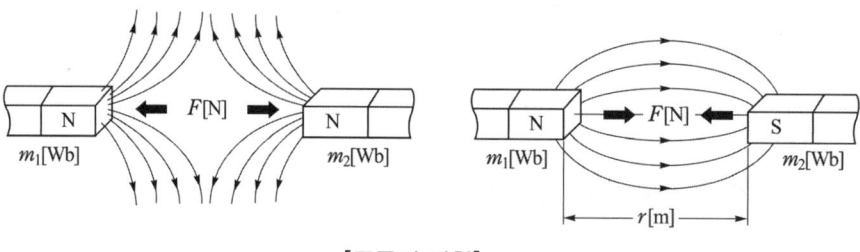

[쿨롱의 법칙]

3. 자기장

(1) 자계의 세기 H[AT/m](자장의 세기, 자계)

자극 m[Wb]에서 임의의 거리 r[m] 떨어진 점에서 1[Wb]에 작용하는 힘

$$H = \frac{1}{4\pi\mu} \times \frac{m}{r^2}$$

$$= 6.33 \times 10^4 \times \frac{m}{\mu_s r^2} [\text{AT/m}]$$

$$F = mH[\text{N}]$$

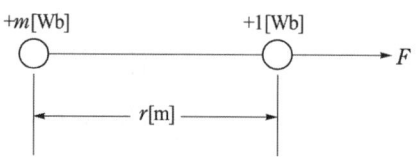

(2) 자기력선 : 자력이 미치는 작용을 가상의 선으로 표시한 것

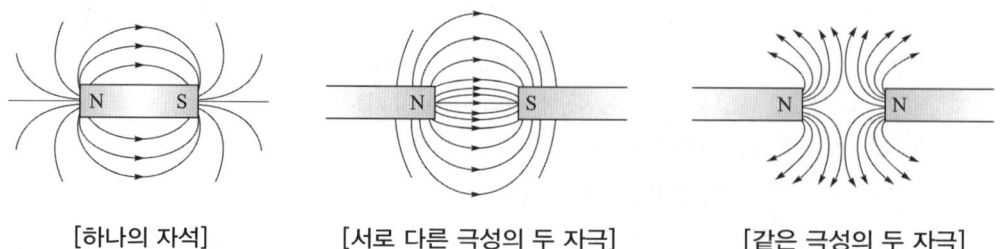

[하나의 자석]   [서로 다른 극성의 두 자극]   [같은 극성의 두 자극]

① 자력선은 N극에서 나와 S극에서 끝난다.
② 자력선 자체는 수축하려하고 같은 방향의 자력선은 서로 반발한다.

③ 한 점을 지나는 자력선의 접선 방향이 그 점에서의 자장의 방향이다.
④ 자기장내 임의의 한 점에서의 자력선의 밀도는 자장의 세기와 같다.
⑤ 자력선은 서로 교차하지 않는다.

(3) 가우스 정리

임의의 폐곡면 내 자하량 $m[\text{Wb}]$가 있을 때, 이 폐곡면을 통해서 나오는 자기력선의 총수

$$N = \frac{m}{\mu} = \frac{m}{\mu_s \cdot \mu_0} [\text{개}]$$

(4) 자속 밀도 : 단위면적 $1[\text{m}^2]$에 통과하는 자속($\phi[\text{Wb}]$)의 양

$$B = \frac{\phi}{A} = \frac{m}{4\pi r^2} [\text{Wb/m}^2]$$

$$B = \mu \cdot H [\text{Wb/m}^2]$$

(5) 자기 모멘트

평등자장내에 자극의 세기 $m[\text{Wb}]$를 놓아두면 N, S극에 각각 힘이 작용하게 된다. 자극의 세기가 $m[\text{Wb}]$이고 길이가 $l[\text{m}]$인 자석에서의 자기모멘트

$$M = m \cdot l [\text{Wb} \cdot \text{m}]$$

(6) 전계와 자계의 유사성

정 전 계	정 자 계
• 전 하 $Q[\text{C}]$	• 자 하(자극의 세기) $m[\text{Wb}]$
• 쿨롱의 법칙(전기력) $F = \frac{Q_1 Q_2}{4\pi\epsilon_0 r^2}[\text{N}]$	• 쿨롱의 법칙(자기력) $F = \frac{m_1 m_2}{4\pi\mu_0 r^2}[\text{N}]$
• 진공의 유전율 $\epsilon_0 = 8.85 \times 10^{-12}[\text{F/m}]$	• 진공의 투자율 $\mu_0 = 4\pi \times 10^{-7}[\text{H/m}]$
• 전계의 세기 $E = \frac{Q}{4\pi\epsilon_0 r^2}[\text{V/m}]$	• 자계의 세기 $H = \frac{m}{4\pi\mu_0 r^2}[\text{AT/m}]$
• 힘과 전계 $F = QE[\text{N}]$	• 힘과 자계 $F = mH[\text{N}]$
• 전기력선 $N = \frac{Q}{\epsilon_0}[\text{lines}]$	• 자기력선 $N = \frac{\phi}{\mu_0} = \frac{m}{\mu_0}[\text{lines}]$
• 전 속 $\Psi = Q[\text{C}]$	• 자 속 $\phi = m[\text{Wb}]$
• 전속밀도 $D = \frac{\Psi}{S} = \frac{Q}{S}[\text{C/m}^2]$ $\therefore D = \epsilon_0 E$	• 자속밀도 $B = \frac{\phi}{S} = \frac{m}{S}[\text{Wb/m}^2]$ $\therefore B = \mu_0 H$
• 전 위 $V = \frac{Q}{4\pi\epsilon_0 r}[\text{V}]$	• 자 위 $U = \frac{m}{4\pi\mu_0 r}[\text{AT}]$

1 기출 & 예상문제
제 3 장 자기의 성질과 전류에 의한 자기장(1)

01 반자성체 물질의 특색을 나타낸 것은?
① $\mu_s > 1$ ② $\mu_s \gg 1$
③ $\mu_s = 1$ ④ $\mu_s < 1$

풀이
- 강자성체 : $\mu_s \gg 1$
- 반자성체 : $\mu_s < 1$
- 상자성체 : $\mu_s > 1$ [답] ④

02 물질에 따라 자석에 반발하는 물체를 무엇이라 하는가?
① 비자성체 ② 상자성체
③ 반자성제 ④ 가역성체

풀이
반자성체 : 약자성체 중에서 강자성체와는 반대의 극성으로 자화되는 물질
예) 구리(Cu), 아연(Zn), 비스무트(Bi), 납(Pb) [답] ③

03 다음 중 강자성체가 아닌 것은?
① 니켈 ② 철
③ 백금 ④ 망간

풀이
강자성체 : 자기유도에 의해 강하게 자화되어 쉽게 자석이 되는 물질
예) 철(Fe), 니켈(Ni), 코발트(Co), 망간(Mn) [답] ③

04 강자성체의 투자율에 대한 설명이다. 옳은 것은?
① 투자율은 매질의 두께에 비례한다.
② 투자율은 자화력에 따라서 크기가 달라진다.
③ 투자율은 큰 것은 자속이 통하기 어렵다.
④ 투자율은 자속 밀도에 반비례 한다.

풀이
투자율은 매질의 두께에 반비례, 자속밀도에 비례하며 투자율이 큰 것은 자속이 통하기가 쉽다. [답] ②

05 강자성체의 히스테리시스 루프의 면적은?
① 강자성체의 단위 체적당 필요한 에너지이다.
② 강자성체의 단위 면적당 필요한 에너지이다.
③ 강자성체의 단위 길이당 필요한 에너지이다.
④ 강자성체의 단위 체적의 필요한 에너지이다.
[답] ①

06 다음 중 자기 차폐와 가장 관계가 깊은 것은?
① 상 자성체
② 강 자성체
③ 반 자성체
④ 비투자율이 1인 자성체

풀이
자기 차폐 [magnetic shielding] : 특정한 곳에 자계의 영향이 없도록 하는 것. 물체를 강판(강 자성체)으로 싸면 물체는 외부 자계의 영향을 줄일 수 있다. [답] ②

07 두 자극 사이에 작용하는 힘은?
(단, m_1, m_2 : 자극의 세기, μ : 투자율, r : 자극 간의 거리)

① $F = \dfrac{m_1}{4\pi\mu r^2}$ [N]

② $F = \dfrac{m_2}{4\pi\mu r}$ [N]

③ $F = \dfrac{m_1 m_2}{4\pi\mu r^2}$ [N]

④ $F = \dfrac{m_1 m_2}{4\pi\mu r}$ [N]

풀이
쿨롱의 법칙
$$F = \dfrac{1}{4\pi\mu} \times \dfrac{m_1 m_2}{r^2} = 6.33 \times 10^4 \times \dfrac{m_1 m_2}{\mu_s r^2} \text{ [N]}$$
[답] ③

08 두 자극 사이에 작용하는 힘의 세기는 무엇에 비례하는가?
① 유전율   ② 투자율
③ 자극간의 거리   ④ 자극의 세기
[답] ④

09 투자율 μ의 단위는?
① [AT/m]   ② [Wb/m^2]
③ [AT/Wb]   ④ [H/m]
풀이
① 자장의 세기 H ② 자속밀도 B
③ 자기저항 R_m ④ 투자율 μ [답] ④

10 진공 중의 투자율 μ_0[H/m]는 얼마인가?
① 8.855×10^{-12} ② 9×10^9
③ 6.33×10^4 ④ $4\pi \times 10^{-7}$
풀이
① 진공 중의 유전율 $\epsilon_0 = 8.855 \times 10^{-12}$[F/m]
② $\dfrac{1}{4\pi\epsilon_0} = 9 \times 10^9$
③ $\dfrac{1}{4\pi\mu_0} = 6.33 \times 10^4$
④ 진공 중의 투자율 $\mu_0 = 4\pi \times 10^{-7}$[H/m]   [답] ④

11 $m_1 = 4 \times 10^{-5}$[Wb], $m_2 = 6 \times 10^{-3}$[Wb], $r = 10$[cm]이면 두 자극 m_1, m_2 사이에 작용하는 힘은 얼마인가?
① 1.52[N]   ② 152[N]
③ 24[N]   ④ 2.4[N]
풀이
쿨롱의 법칙
$F = \dfrac{1}{4\pi\mu} \times \dfrac{m_1 m_2}{r^2} = 6.33 \times 10^4 \times \dfrac{4 \times 10^{-5} \times 6 \times 10^{-3}}{(0.1)^2}$
$= 1.52$[N]   [답] ①

12 공기 중에서 1.6×10^{-4}[Wb]와 2×10^{-3}[Wb]의 두 자극 사이에 작용하는 힘이 12.66[N]이었다면, 두 자극 사이의 거리[cm]는?
① 1   ② 2
③ 3   ④ 4

풀이
$F = \dfrac{1}{4\pi\mu_0} \times \dfrac{m_1 m_2}{r^2} = 6.33 \times 10^4 \times \dfrac{m_1 m_2}{r^2}$[N]
$\therefore r = \sqrt{6.33 \times 10^4 \times \dfrac{m_1 m_2}{F}} = 0.04$[m]   [답] ④

13 진공 중에서 같은 크기의 두 자극을 1[m]의 거리에 놓았을 때 작용하는 힘이 6.33×10^4[N]이 되는 자극의 단위는?
① 1[N]   ② 1[Wb]
③ 1[C]   ④ 1[J]
풀이
$F = 6.33 \times 10^4 \times \dfrac{m_1 m_2}{r^2}$[N] $\therefore m^2 = 1$ [답] ②

14 점자극 사이의 거리를 2배로 하면 작용력은 몇 배가 되는가?
① 0.25   ② 0.5
③ 2   ④ 4
풀이
$F \propto \dfrac{1}{r^2} = \dfrac{1}{4} = 0.25$ [답] ①

15 자장의 세기의 단위는?
① N/m   ② g/m
③ AT/m   ④ Wb/m
풀이
$H = \dfrac{F}{l} = \dfrac{NI}{l}$[AT/m]   [답] ③

16 자장의 세기의 설명이 잘못된 것은?
① 자속밀도에 투자율을 곱한 것과 같다.
② 단위 자극에 작용하는 힘과 같다.
③ 단위 길이 당 기자력과 같다.
④ 수직 단면의 자력선 밀도와 같다.
풀이
$H = \dfrac{B}{\mu}$[AT/m] : 자장의 세기는 자속밀도에 투자율을 나눈 것과 같다.   [답] ①

17 m[Wb]의 점자극에서 r[m] 떨어진 점의 자기장의 세기는 공기 중에서 몇 [AT/m]인가?

① $\dfrac{m}{r^2}$ ② $\dfrac{m}{4\pi r^2}$

③ $6.33 \times 10^4 \dfrac{m}{r^2}$ ④ $\dfrac{m}{4\pi r}$

풀이
자기장의 세기
$H = \dfrac{1}{4\pi\mu_0} \times \dfrac{m}{r^2} = 6.33 \times 10^4 \times \dfrac{m}{r^2}$[AT/m]   [답] ③

18 어느 자기장에 의하여 생기는 자기장의 세기를 1/2로 하려면 자극으로부터의 거리를 몇 배로 하여야 하는가?

① $\sqrt{2}$ 배 ② $\sqrt{3}$ 배
③ 2배 ④ 3배

풀이
$H = \dfrac{1}{4\pi\mu} \times \dfrac{m}{r^2}$[AT/m] $\propto \dfrac{1}{r^2}$ [답] ①

19 자기장의 세기 H[AT/m]속에서 자극 m[Wb]가 받는 힘 F[N]은?

① $F = \dfrac{H}{m}$ ② $F = \dfrac{m}{H}$
③ $F = mH$ ④ $F = \mu H$

풀이
$F = mH$ [답] ③

20 공기 중 자장의 세기 20[AT/m]인 곳에 8×10^{-3}[Wb]의 자극을 놓으면 작용하는 힘[N]은?

① 0.16 ② 0.32
③ 0.43 ④ 0.56

풀이
$F = mH = 8 \times 10^{-3} \times 20 = 0.16$[N]   [답] ①

21 자장의 세기 10[AT/m]인 점에 자극을 놓았을 때 50[N]의 힘이 작용하였다. 이 자극의 세기는 몇 [Wb]인가?

① 5 ② 10
③ 15 ④ 25

풀이
$m = \dfrac{F}{H} = \dfrac{50}{10} = 5$[Wb]   [답] ①

22 공기 중에서 m[Wb]의 자극으로부터 나오는 자력선의 총수는 얼마인가?

① m ② $\dfrac{\mu_0}{m}$
③ $\mu_0 m$ ④ $\dfrac{m}{\mu_0}$

풀이
가우스 정리 : 임의의 폐곡면 내 자하량 m[Wb]가 있을 때 이 폐곡면을 통해서 나오는 자기력선의 총수
$N = \dfrac{m}{\mu} = \dfrac{m}{\mu_s \cdot \mu_0}$[개]   [답] ④

23 자기력선의 설명 중 맞는 것은?
① 자기력선은 자극의 N극에서 시작하여 S극에서 끝난다.
② 자기력선은 상호간에 교차 한다
③ 자기력선은 자극의 S극에서 시작하여 N극에서 끝난다.
④ 자기력선은 가시적으로 보인다.

풀이
자기력선의 성질
① 자력선은 N극에서 나와 S극에서 끝난다.
② 자력선 자체는 수축하려고 같은 방향의 자력선은 서로 반발한다.
③ 한 점을 지나는 자력선의 접선 방향이 그 점에서의 자장의 방향이다.
④ 자기장내 임의의 한 점에서의 자력선의 밀도는 자장의 세기와 같다.
⑤ 자력선은 서로 교차하지 않는다.   [답] ①

24 다음 중 자기력선에 대한 설명으로 옳지 않은 것은?
① 자석의 N극에서 시작하여 S극에서 끝난다.
② 자기력의 방향은 그 점을 통과하는 자기력선의 방향으로 표시한다.
③ 자기력선은 상호간에 교차한다.
④ 자기장의 크기는 그 점에 있어서의 자기력선의 밀도를 나타낸다.

[답] ③

25 자속 밀도 단위는?

① [Wb] ② [Wb/m^2]
③ [AT/Wb] ④ [Wb$^2 \cdot$m]

풀이
$B = \dfrac{\phi}{A} = \dfrac{m}{4\pi r^2}$ [Wb/m^2] [답] ②

26 면적 3[cm^2]의 면을 진공 중에서 수직으로 0.0036[Wb]의 자속이 지날 때 자속밀도는 얼마인가?

① 0.83 [Wb/m^2]
② 12 [Wb/m^2]
③ 6.6×10^{-4} [Wb/m^2]
④ 10.8 [Wb/m^2]

풀이
$B = \dfrac{\phi}{A} = \dfrac{0.0036}{3 \times 10^{-4}} = 12$ [Wb/m^2] [답] ②

27 단면적이 10[cm^2]이고 투자율이 100인 철심에 5×10^{-5}[Wb]의 자속이 지날 때 자속밀도는 몇 [gauss]인가?

① 500 ② 50
③ 5 ④ 0.5

풀이
$B = \dfrac{\phi}{A} = \dfrac{5 \times 10^{-5}}{10 \times 10^{-4}} = 5 \times 10^{-2}$ [Wb/m^2] × 10^4
= 500[gauss]   (∵ 1[Wb/m^2] = 10^4[gauss]) [답] ①

28 비투자율이 1인 환상 철심 중의 자장의 세기가 H[AT/m]이었다. 이 때 비투자율이 10인 물질로 바꾸면 철심의 자속밀도[Wb/m^2]는?

① $\dfrac{1}{10}$로 줄어든다.
② 10배 커진다.
③ 50배 커진다.
④ 100배 커진다.

풀이
$B = \mu H = \mu_0 \mu_s H$ [Wb/m^2] $\propto \mu_s$ [답] ②

29 자극의 세기가 10^{-5}[Wb], 길이가 10[cm]인 막대자석의 자기 모멘트는 몇 [wb·m]인가?

① 10^{-3} ② 10^{-4}
③ 10^{-5} ④ 10^{-6}

풀이
$M = ml = 10^{-5} \times 10 \times 10^{-2} = 10^{-6}$ [Wb·m] [답] ④

30 자극의 세기가 ±10^{-6}[Wb]의 막대자석의 자기 모멘트가 10^{-5}[Wb·m]일 때 막대 자석의 길이는 몇 [m]인가?

① 1 ② 10
③ 100 ④ 1,000

풀이
$l = \dfrac{M}{m} = \dfrac{10^{-5}}{10^{-6}} = \dfrac{1}{10^{-1}} = 10$[m] [답] ②

3.2 전류의 자기작용

1. 전류에 의한 자기현상

(1) 앙페르의 오른나사 법칙

전류가 흐르는 도체의 주위에는 원형의 자력선이 생기고, 자기력선의 방향을 알 수 있는 법칙

① 직선전류에 의한 자력선의 방향
- 엄지손가락 : 전류의 방향
- 나머지손가락 : 자기력선의 방향

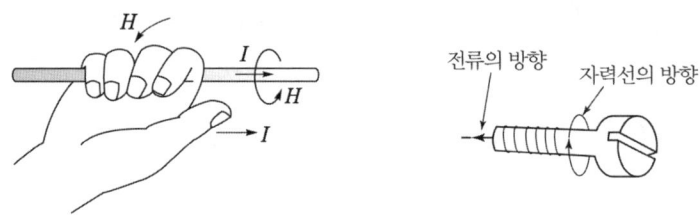

[직선 전류에 의한 자기력선의 방향]

② 환상전류에 의한 자력선의 방향
- 엄지손가락 : 자력선의 방향
- 나머지손가락 : 전류의 방향

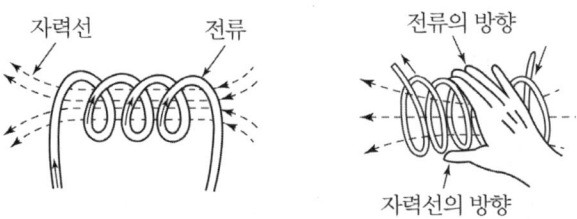

[환상 전류에 의한 자력선의 방향]

(2) 비오-사바르의 법칙

도선에 흘린 전류에 의해서 발생되는 자장의 세기를 구할 수 있는 공식
(전류에 의한 자장의 세기)

$$\Delta H = \frac{I \cdot \Delta l}{4\pi r^2} \cdot \sin\theta [\text{AT/m}]$$

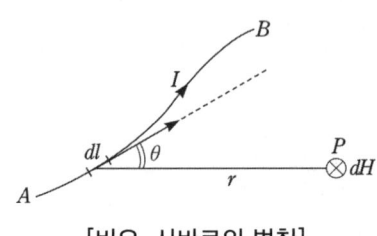

[비오-사바르의 법칙]

(3) 자기장의 계산
　① 원형코일의 중심에서 자장의 세기

$$H = \frac{NI}{2r} [\text{AT/m}] \quad (H \propto \frac{1}{r})$$

　　여기서, N : 권수, I : 전류, r : 반경

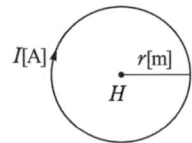

[원형코일 중심에서의 자장의 세기]

　② 무한장 직선전류에 의한 자장의 세기

$$H = \frac{I}{2\pi r} [\text{AT/m}] \quad (H \propto \frac{1}{r})$$

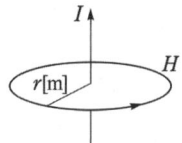

[무한장 직선전류의 자장의 세기]

　③ 직선 솔레노이드 내부 자장의 세기

$$H = n_0 \cdot I [\text{AT/m}] \quad (n_0 : 1[\text{m}]\text{당 코일의 권수})$$

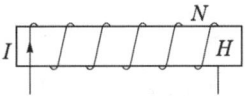

[솔레노이드 내부 자장의 세기]

　④ 환상 솔레노이드에 의한 자장의 세기

$$H = \frac{NI}{l} = \frac{NI}{2\pi r} [\text{AT/m}] \quad (H \propto \frac{1}{r})$$

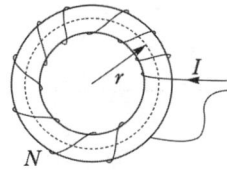

[환상솔레노이드 내부 자장의 세기]

2. 자기회로와 자기저항

(1) 자기회로

자속이 통과하는 폐회로(전류가 통과하는 폐회로 : 전기회로)

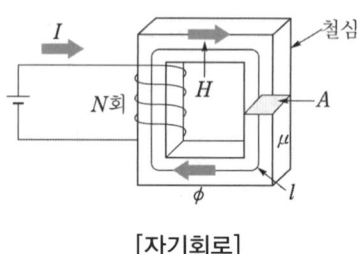

[자기회로]

① 기자력 : 자속을 만드는 원동력

$$F = NI \, [\text{AT}] \, (N : 권수, \ I : 전류)$$

코일에 전류가 흐름으로 인해 자속이 발생되며, 발생자속 ϕ는 N, I에 비례

② 누설자속(leakage flux) : 자속의 일부가 누설

$$누설계수 = \frac{전자속}{유효자속} = \frac{유효자속 + 누설자속}{유효자속}$$

(2) 자기저항 $R_m [\text{AT/Wb}]$: 기자력과 자속의 비

$$R_m = \frac{F}{\phi} = \frac{NI}{\phi} \, [\text{AT/Wb}]$$

$$R_m = \frac{l}{\mu A} = \frac{l}{\mu_0 \mu_s A} \, [\text{AT/Wb}]$$

투자율과 단면적 $A[\text{m}^2]$에 반비례하고, 자로의 길이 $l[\text{m}]$에 비례한다.

$$\therefore \frac{NI}{\mu HA} \, (\psi = BA = \mu HA) = \frac{NI}{\mu A \, (NI/l)} = \frac{l}{\mu A} \, [\text{AT/Wb}]$$

(3) 전기회로와 자기회로의 대응

전기회로	자기회로
• 전류 $I[\text{A}]$	• 자속 $\phi[\text{Wb}]$
• 전압, 기전력 $V = IR[\text{V}]$	• 기자력 $F = NI[\text{AT}] = R_m \phi = Hl$
• 저항 $R = \rho \dfrac{l}{S} = \dfrac{l}{\sigma S} [\Omega]$	• 자기저항 $R_m = \dfrac{l}{\mu S} [\text{AT/Wb}]$
• 도전율 $\sigma[\mho/\text{m}]$	• 투자율 $\mu[\text{H/m}]$

1 기출 & 예상문제
제 3 장 자기의 성질과 전류에 의한 자기장(2)

01 전류로 만들어지는 자장의 자력선의 방향을 간단하게 알아내는 법칙은?
① 오른나사법칙   ② 왼손법칙
③ 적분의 법칙   ④ 줄의 법칙

풀이
• 앙페르의 오른나사 법칙 : 전류가 흐르는 도체의 주위에는 원형의 자력선이 생기고, 자기력선의 방향을 알 수 있는 법칙 [답] ①

02 그림과 같은 철심에 코일을 감고 스위치를 여는 순간 자속의 방향은?
① a
② b
③ c
④ d

풀이
앙페르의 오른나사 법칙에 따른 환상전류에 의한 자장의 방향
• 엄지손가락 : 자력선의 방향
• 나머지손가락 : 전류의 방향 [답] ①

03 다음 중 비오-사바르의 법칙을 나타낸 것은?
① $\Delta H = \dfrac{I\Delta l \sin\theta}{4\pi r}$ [AT/m]
② $\Delta H = \dfrac{I\Delta l \sin\theta}{4\pi r^2}$ [AT/m]
③ $\Delta H = \dfrac{I\Delta l \cos\theta}{4\pi r}$ [AT/m]
④ $\Delta H = \dfrac{I\Delta l \cos\theta}{4\pi r^2}$ [AT/m]

풀이
• 비오-사바르의 법칙 : 도선에 흘린 전류에 의해서 발생되는 자장의 세기를 구할 수 있는 공식 (전류에 의한 자장의 세기)
$\Delta H = \dfrac{I\cdot \Delta l}{4\pi r^2}\cdot \sin\theta$ [AT/m] [답] ②

04 전류에 의해 발생되는 자장의 크기는 전류의 크기와 전류가 흐르고 있는 도체와 고찰하려는 점까지의 거리에 의해 결정된다. 이러한 관계를 무슨 법칙이라 하는가?
① 비오-사바르의 법칙
② 플레밍의 왼손 법칙
③ 쿨롱의 법칙
④ 페러데이의 법칙 [답] ①

05 비오-사바르의 법칙(Biot-Savart's law)은 어떤 관계를 나타내는가?
① 전류와 자장의 세기
② 기자력과 자속밀도
③ 전위와 자장의 세기
④ 기자력과 자장 [답] ①

06 평균 반지름이 10[cm], 코일 감은 회수 10회의 원형 코일에 20[A]의 전류를 흘리게 하려면 코일 중심 자장의 세기는?
① 1800[AT/m]
② 1600[AT/m]
③ 1000[AT/m]
④ 1200[AT/m]

풀이
원형코일의 중심에서 자장의 세기
$H = \dfrac{NI}{2r} = \dfrac{10\times 20}{2\times 0.1} = 1000$ [AT/m] [답] ③

07 평균 반지름이 5[cm], 감은 회수 10회의 원형 코일 중심의 자기장의 세기가 200[AT/m]일 때 코일에 흐르는 전류는?

① 1[A]　　② 2[A]
③ 4[A]　　④ 8[A]

풀이

$H = \dfrac{NI}{2r}$ [AT/m]

$\therefore I = \dfrac{H \times 2r}{N} = \dfrac{2 \times 0.05 \times 200}{10} = 2$ [A]　　[답] ②

08 지름 25[cm], 권수 5회의 원형 코일에 5[A]의 전류를 흘리면 중심 자계의 세기[AT/m]는 얼마인가?

① 31.7　　② 63.8
③ 100　　④ 200

풀이

지름이 0.25[m]이면 반지름은 0.125[m]이므로

$H = \dfrac{NI}{2r} = \dfrac{5 \times 5}{2 \times 0.125} = 100$ [AT/m]　　[답] ③

09 금속 긴 직선 도선에 I의 전류가 흐를 때 이 도선으로부터 r만큼 떨어진 곳의 자장의 세기는?

① 전류 I에 반비례하고 r에 비례한다.
② 전류 I에 비례하고 r에 반비례한다.
③ 전류 I의 제곱에 반비례하고 r에 반비례한다.
④ 전류 I에 반비례하고 r에 반비례한다.

풀이

직선도체에 의한 자장의 세기(H)

$H = \dfrac{I}{2\pi r}$ [AT/m]에서 자장의 세기는 전류에 비례하고 거리에 반비례한다.　　[답] ②

10 무한장 직선도체에 5[A]의 전류가 흐르고 있을 때 생기는 자장의 세기가 10[AT/m]인 점은 도체로부터 약 몇 [cm] 떨어졌는가?

① 4　　② 6
③ 8　　④ 12

풀이

무한장 직선전류에 의한 자장의 세기

$H = \dfrac{I}{2\pi r}$ [AT/m]

$\therefore r = \dfrac{I}{2\pi H} = \dfrac{5}{2\pi \times 10} = 0.08$ [m]　　[답] ③

11 1[cm]당 권수 50인 솔레노이드에 10[mA]의 전류를 흘릴 때 내부의 자기장의 세기[AT/m]는?

① 10　　② 20
③ 30　　④ 50

풀이

솔레노이드 내부 자장의 세기 $H = n_0 \cdot I$ [AT/m]
(n_0 : 1[m]당 코일의 권수)

$\therefore H = 50 \times 100 \times 10 \times 10^{-3} = 50$ [AT/m]　　[답] ④

12 무한장 솔레노이드에 전류가 흐를 때 발생하는 자장에 관한 설명 중 옳은 것은?

① 내부 자장은 평등 자장이다.
② 외부와 내부 자장의 세기는 같다.
③ 외부 자장은 평등 자장이다.
④ 내부 자장의 세기는 0이다.

풀이

솔레노이드 내부 자장의 세기는 평등자장으로 그 크기는 $H = n_0 \cdot I$ [AT/m] 이고, 외부 자계의 세기는 누설 자속이 있을 수 없으므로 0이 된다.　　[답] ①

13 길이 1[cm]당 5회 감은 무한장 솔레노이드가 있다. 이것에 전류를 흘렸을 때 솔레노이드 내부자장의 세기가 100[AT/m]이었다. 이때 솔레노이드에 흐르는 전류는?

① 0.25[A]
② 0.5[A]
③ 0.2[A]
④ 0.3[A]

풀이

$H = n_0 \cdot I$ [AT/m] (n_0 : 1[m]당 코일의 권수)

$\therefore I = \dfrac{H}{n_0} = \dfrac{100}{500} = 0.2$ [A]　　[답] ③

14 평균 길이 40[cm]의 환상 철심에 200회의 코일을 감고, 여기에 5[A]의 전류를 흘렸을 때 철심 내의 자기장의 세기는 몇 [AT/m]인가?
① 25×10^2[AT/m] ② 2.5×10^2[AT/m]
③ 200[AT/m] ④ 8000[AT/m]

풀이
환상 솔레노이드에 의한 자장의 세기
$F = NI = Hl$
$\therefore H = \dfrac{NI}{l} = \dfrac{200 \times 5}{40 \times 10^{-2}} = 25 \times 10^2$[AT/m] [답] ①

15 MKS 단위계에서 기자력의 단위는?
① Wb ② AT/m
③ AT ④ Wb/m^2

풀이
기자력 $F = NI$[AT] [답] ③

16 평균 자로의 길이가 80[cm]인 환상철심에 500회의 코일을 감고 여기에 4[A]의 전류를 흘렸을 때 기자력은 몇 [AT]이며, 자계의 세기는 몇 [AT/m]인가?
① 기자력 : 2000, 자계의 세기 : 2500
② 기자력 : 3000, 자계의 세기 : 2500
③ 기자력 : 2000, 자계의 세기 : 3500
④ 기자력 : 3000, 자계의 세기 : 3500

풀이
$F = NI = 500 \times 4 = 2000$[AT]
$\therefore H = \dfrac{F}{l} = \dfrac{NI}{l} = \dfrac{500 \times 4}{80 \times 10^{-2}} = 2500$[AT/m] [답] ①

17 단면적 S[m^2], 길이 l[m], 투자율 μ[H/m]의 자기회로에 N회의 코일을 감고 I[A]의 전류를 흘릴때 발생하는 자속[Wb]를 구하는 식은?
① $\mu l NIS$ ② $\dfrac{\mu l S}{NI}$
③ $\dfrac{\mu SNI}{l}$ ④ $\dfrac{\mu l SN}{I}$

풀이
$B = \mu H$ 이고 $H = \dfrac{NI}{l}$ 이므로
$\therefore \phi = BS = \mu H \times S = \mu \dfrac{NI}{l} \times S = \dfrac{\mu SNI}{l}$[Wb] [답] ③

18 단면적이 50[cm^2]인 환상철심에 500[AT/m]의 자장을 가할 때 전자속은 몇 [Wb]인가? (단, 진공 중의 투자율은 $4\pi \times 10^{-7}$[H/m]이고, 철심의 비투자율은 800 이다.)
① $16\pi \times 10^{-2}$ ② $8\pi \times 10^{-4}$
③ $4\pi \times 10^{-4}$ ④ $2\pi \times 10^{-2}$

풀이
$\phi = BS = \mu H \times S = \mu_0 \mu_s H \times S$
$= 4\pi \times 10^{-7} \times 800 \times 500 \times 50 \times 10^{-4}$
$= 8\pi \times 10^{-4}$[Wb] [답] ②

19 다음 중 자기저항의 단위는?
① A/Wb ② AT/m
③ AT/Wb ④ AT/H

풀이
자기저항 $R_m = \dfrac{F}{\phi}$[AT/Wb] [답] ③

20 1000[AT]의 기자력에서 5[Wb]의 자속에 생기는 자기회로의 저항[AT/Wb]은 얼마인가?
① 50 ② 100
③ 150 ④ 200

풀이
$R_m = \dfrac{F}{\phi} = \dfrac{1000}{5} = 200$[AT/Wb] [답] ④

21 자기회로의 길이 l, 단면적 A, 투자율 μ일 때 자기 저항 R를 나타낸 것은?
① $R = \dfrac{\mu l}{A}$[AT/Wb]
② $R = \dfrac{A}{\mu l}$[AT/Wb]
③ $R = \dfrac{l}{\mu A}$[AT/Wb]
④ $R = \dfrac{\mu A}{l}$[AT/Wb]

풀이
자기저항 $R_m = \dfrac{l}{\mu A} = \dfrac{F}{\phi}$[AT/Wb]
전기저항 $R_e = \rho \dfrac{l}{A} = \dfrac{V}{I}$[Ω] [답] ③

22 철심의 투자율 μ, 회로 길이 l인 자기 회로에 미소 공극 l_0를 만들었을 때 회로의 자기 저항은 대략 몇 배로 증가하는가?

① $1+\dfrac{\mu l_0}{\mu_0 l}$ ② $1+\dfrac{\mu l}{\mu_0 l_0}$

③ $1+\dfrac{\mu_0 l_0}{\mu l}$ ④ $1+\dfrac{\mu_0 l}{\mu l_0}$

풀이

공극이 없는 경우 자기저항 $R_0 = \dfrac{l}{\mu A}$ [AT/Wb]

공극이 있는 경우

$$R = R_{공극} + R_{철심} = \dfrac{l_0}{\mu_0 A} + \dfrac{l-l_0}{\mu A} = \dfrac{\mu_s l_0 + l}{\mu A} \text{[AT/Wb]}$$

∴ 자기저항의 증가율

$$= \dfrac{R}{R_0} = \dfrac{\dfrac{\mu_s l_0 + l}{\mu A}}{\dfrac{l}{\mu A}} = \dfrac{\mu_s l_0 + l}{l} = 1 + \dfrac{\mu l_0}{\mu_0 l} \text{[배]}$$

[답] ①

23 다음 중 자기회로의 누설계수를 나타낸 식은?

① $\dfrac{누설자속 \times 유효자속}{전자속}$

② $\dfrac{누설자속}{전자속}$

③ $\dfrac{누설자속}{유효자속}$

④ $\dfrac{누설자속 + 유효자속}{유효자속}$

풀이

누설계수 $= \dfrac{전자속}{유효자속} = \dfrac{유효자속 + 누설자속}{유효자속}$ **[답] ④**

제4장

전자력과 전자유도

4.1 전자력

1. 전자력(전동기의 원리)

(1) 플레밍의 왼손 법칙

자장내에 놓인 도선에 전류가 흐를 때 도체가 힘을 받는 방향을 알 수 있는 법칙

- 엄지 : 힘의 방향(F)
- 검지 : 자기장의 방향(B)
- 중지 : 전류의 방향(I)

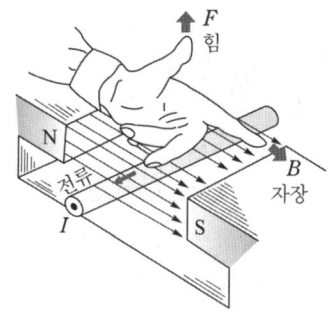

[플레밍의 왼손법칙]

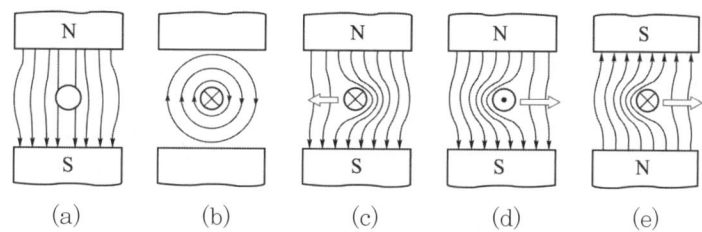

[전자력에 의한 힘의 방향]

(2) 전자력의 크기

$$F = BlI\sin\theta = \mu_0 HlI\sin\theta \,[\text{N}]$$

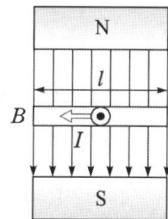 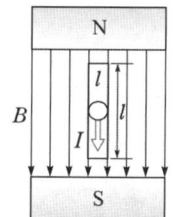 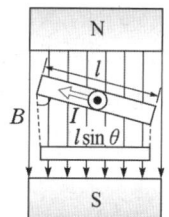

[도체와 자장 사이의 각과 전자력]

(3) 평형 도체 사이에 작용하는 힘

두 전류의 방향이 같으면 흡인력, 방향이 다른 경우 반발력이 작용한다.
도선 1[m]마다 받는 힘은 다음과 같다.

$$F = \frac{2I_1 \cdot I_2}{r} \times 10^{-7} \,[\text{N/m}]$$

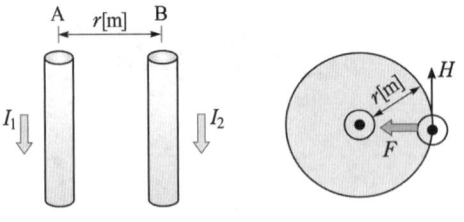

[평행 도체 사이의 작용력]

4.2 전자유도

1. 전자유도 (발전기의 원리)
도체 주변의 자장을 변화시키거나 도체가 자기장 내에서 운동하는 경우, 즉 자속이 도체를 관통하는 양이 변화하면 도체에 전압이 발생되는 현상
- 유도기전력 : 전자유도에 의해 발생한 전압
- 유도전류 : 유도기전력에 의해 흐르는 전류

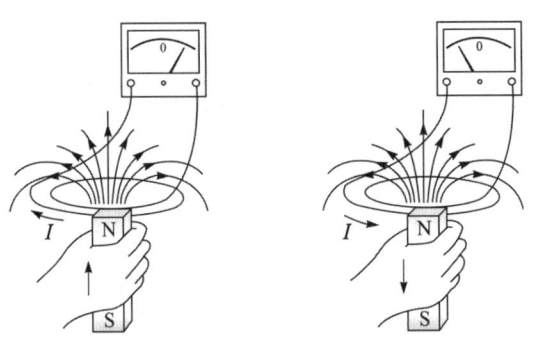

[전자유도]

(1) 렌츠의 법칙(유도기전력의 방향)

전자유도에 의해 발생되는 유도 기전력의 방향은 (유도 기전력에 의해서 발생한 유도전류) 유도 전류가 만들 자속이 항상 원래 자속의 증가 또는 감소를 방해하는 방향

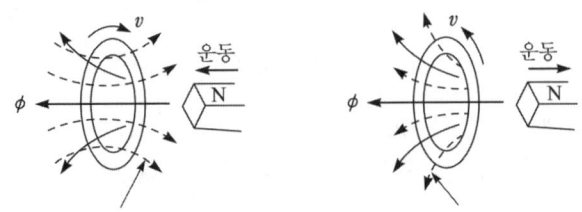

[렌츠의 법칙]

(2) 페러데이의 전자 유도법칙(유도기전력의 크기)

전자유도에 의해 발생되는 유도 기전력의 크기는 코일에 쇄교하는 자속의 변화율과 코일의 권수곱에 비례한다.

$$e = -N\frac{d\phi}{dt}[\text{V}]$$

(3) 플레밍의 오른손 법칙(운동에 의한 유도기전력의 방향)

자장내의 도체를 운동시켜 자속을 끊는 경우 도체에 발생하는 기전력의 방향을 알 수 있는 법칙

- 운동방향(v) : 엄지
- 자기장의 방향(B) : 검지
- 유도기전력의 방향(e) : 중지

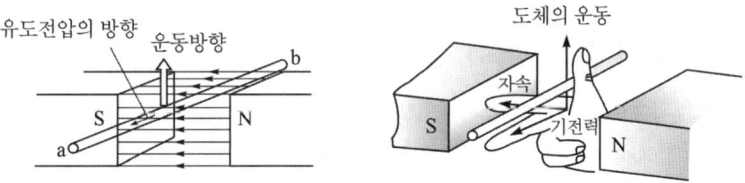

[플레밍의 오른손 법칙]

- 도체가 자기장과 θ의 각도, $v[\text{m/s}]$로 운동 시 유도기전력의 크기 : $e = Blv\sin\theta[\text{V}]$

1 기출 & 예상문제
제4장 전자력과 전자유도(1)

01 자장 내에 있는 도체에 전류를 흘리면 힘(전자력)이 작용하는데, 이 힘의 방향은 어떤 법칙으로 정하는가?
① 플레밍의 오른손 법칙
② 플레밍의 왼손 법칙
③ 렌츠의 법칙
④ 앙페르의 오른나사 법칙

풀이
플레밍의 왼손 법칙 : 자장내에 놓인 도선에 전류가 흐를 때 도체가 힘을 받는 방향을 알 수 있는 법칙
(전자력의 방향, 전동기의 원리)　　　　　　[답] ②

02 다음 중 전자력 작용을 응용한 대표적인 것은?
① 전동기
② 전열기
③ 축전기
④ 전등

풀이
플레밍의 왼손법칙(전자력)은 전동기의 원리, 플레밍의 오른손의 법칙(전자유도)은 발전기의 원리　　[답] ①

03 플레밍의 왼손법칙에서 엄지손가락이 뜻하는 것은?
① 자기력선속의 방향
② 힘의 방향
③ 기전력의 방향
④ 전류의 방향

풀이
- 힘의 방향(F) : 엄지
- 자기장의 방향(B) : 검지
- 전류의 방향(I) : 중지　　　　　　　　　[답] ②

04 그림과 같이 자극 사이에 있는 도체에 전류 I가 흐를 때 힘은 어느 방향으로 작용하는가?
① (1)
② (2)
③ (3)
④ (4)

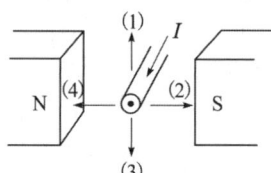

풀이
플레밍의 왼손 법칙에 적용하면 작용하는 힘의 방향은 그림과 같다.

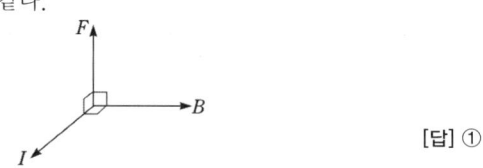
　　　　　　　　　　　　　　　　　　　　[답] ①

05 그림에서 도체 A가 받는 힘의 방향은?
① ①
② ②
③ ③
④ ④

풀이
플레밍의 왼손 법칙에 적용하면 작용하는 힘의 방향은 그림과 같다.

　　　　　　　　　　　　　　　　　　　　[답] ①

06 자속밀도 0.5[Wb/m²]의 자계내에 자계에 직각으로 놓인 도선이 있다. 여기에 20[A]의 전류를 흘리면 단위 길이에 작용하는 힘[N]은?
① 5
② 10
③ 15
④ 20

풀이
$F = BIl\sin\theta = 0.5 \times 1 \times 20 \times \sin 90° = 10[N]$　　[답] ②

07 자속 밀도 1.5[Wb/m²]의 자장에 수직으로 10개의 도선을 놓고 각 도선에 같은 방향으로 2[A]의 전류를 흘릴 때 전 도선에 가해지는 힘 [N]은? 단, 도선이 자장 내에 있는 길이는 40[cm] 이다.
① 0.8 ② 1.2
③ 12   ④ 8

풀이
$F = BlI\sin\theta = 1.5 \times 0.4 \times 10 \times 2 \times \sin 90° = 12[N]$ [답] ③

08 공기 중 자속밀도가 40[Wb/m²]인 평등 자장 내에 길이 30[cm]의 도체를 자장의 방향과 30° 각도로 놓고 이 도체에 10[A]의 전류를 흘리면 이때 도체에 작용하는 힘[N]은?
① 60   ② 103.8
③ 600   ④ 1038

풀이
$F = BlI\sin\theta = 40 \times 0.3 \times 10 \times \sin 30° = 60[N]$ [답] ①

09 자속밀도 0.5[Wb/m²]의 자장 안에 자장과 직각으로 20[cm]의 도체를 놓고 이것에 10[A]의 전류를 흘릴 때 도체가 50[cm] 운동한 경우의 한 일은 몇 [J]인가?
① 0.5   ② 1
③ 1.5   ④ 5

풀이
$F = BlI\sin\theta = 0.5 \times 10 \times 0.2 \times \sin 90° = 1[N]$
$\therefore W = F \times l = 1 \times 50 \times 10^{-2} = 0.5[J]$ [답] ①

10 평행한 두 도체에 같은 방향의 전류가 흘렀을 때 두 도체 사이에 작용하는 힘은 어떻게 되는가?
① 반발력   ② 힘이 작용하지 않는다.
③ 흡인력   ④ $\frac{I}{2\pi r}$의 힘

풀이
평형 도체 사이에 작용하는 힘
두 전류의 방향이 같으면 흡인력, 방향이 다른 경우 반발력이 작용한다.   [답] ③

11 그림과 같이 A, B 도체에 같은 방향의 전류가 동일하게 흐를 때 두 도체간의 작용하는 힘은?

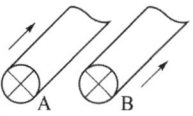

① 반발력이 작용한다.
② A가 B쪽으로 흡인된다.
③ B가 A쪽으로 흡인된다.
④ 흡인력이 작용한다.
    [답] ④

12 서로 가까이 나란히 있는 두 도체에 전류가 반대 방향으로 흐를 때 각 도체 간에 작용하는 힘은?
① 흡인한다.
② 반발한다.
③ 흡인과 반발을 되풀이한다.
④ 처음에는 흡인하다가 나중에는 반발한다.
    [답] ②

13 무한히 긴 평행 2직선이 있다. 이들 도선에 같은 방향으로 일정한 전류가 흐를 때 상호간에 작용하는 힘은? (단, r은 두 도선간의 거리이다)
① 흡인력이며 r이 클수록 작아진다.
② 반발력이며 r이 클수록 작아진다.
③ 흡인력이며 r이 클수록 커진다.
④ 반발력이며 r이 클수록 커진다.

풀이
$F = \frac{2I_1 I_2}{r} \times 10^{-7}[N] \propto \frac{1}{r}$ [답] ①

14 공기 중에서 간격 1[m]의 평행 왕복 도체에 길이 1[m]당 10^{-7}[N]의 반발력이 작용한다면 이 도체에 흐르는 전류는 몇 [A]인가?
① $\sqrt{2}$ ② $\frac{1}{\sqrt{2}}$
③ 2   ④ $\frac{1}{2}$

풀이
평행도선간 작용력
$F = \dfrac{2I_1 I_2}{r} \times 10^{-7} = \dfrac{2I^2}{1} \times 10^{-7} = 10^{-7}[N]$ 에서
$I = \dfrac{1}{\sqrt{2}}[A]$ [답] ②

15 발전기의 유도전압의 방향을 나타내는 것은?
① 렌쯔의 법칙
② 플레밍의 오른손 법칙
③ 오른나사의 법칙
④ 패러데이의 법칙

풀이
• 플레밍의 오른손 법칙(발전기의 원리) : 자장내의 도체를 운동시켜 자속을 끊는 경우 도체에 발생하는 기전력의 방향을 알 수 있는 법칙   [답] ②

16 플레밍의 오른손 법칙에서 세번째 손가락의 방향은?
① 운동방향
② 자속밀도의 방향
③ 유도 기전력의 방향
④ 자력선의 방향

풀이
• 운동방향(v) : 엄지
• 자기장의 방향(B) : 검지
• 유도기전력의 방향(e) : 중지   [답] ③

17 전류의 방향과 기전력의 방향을 결정하는 법칙은?
① 렌쯔의 법칙
② 플레밍의 오른손 법칙
③ 페러데이의 전자유도법칙
④ 앙페에르의 오른나사의 법칙

풀이
렌츠의 법칙(유도기전력의 방향) : 전자유도에 의해 되는 유도 기전력의 방향은 (유도 기전력에 의해서 발생한 유도전류) 유도 전류가 만들 자속이 항상 원래 자속의 증가 또는 감소를 방해하는 방향   [답] ①

18 유도기전력은 자신의 발생 원인이 되는 자속의 변화를 방해하려는 방향으로 발생 한다. 이것을 유도 기전력에 관한 무슨 법칙이라 하는가?
① 옴(ohm)의 법칙
② 렌츠(Lenz)의 법칙
③ 쿨롱(Coulomb)의 법칙
④ 앙페르(Ampere)의 법칙   [답] ②

19 전자 유도 현상에 의하여 생기는 유도 기전력의 크기를 정의하는 법칙은?
① 렌쯔의 법칙
② 패러데이의 법칙
③ 앙페르의 법칙
④ 플레밍의 오른손 법칙

풀이
• 패러데이의 전자 유도법칙(유도기전력의 크기) : 전자유도에 의해 발생되는 유도 기전력의 크기는 코일에 쇄교하는 자속의 변화율과 코일의 권수곱에 비례한다.
$e = -N\dfrac{d\phi}{dt}[V]$ [답] ②

20 전자유도에 의하여 회로에 발생하는 기전력은 자속쇄교수의 시간에 대한 변화율에 비례하며 기전력의 방향은 자속의 변화를 방해하는 방향임을 표시하는 두 법칙은?
① 앙페르의 법칙과 비오사바르의 법칙
② 페러데이의 법칙과 렌즈의 법칙
③ 플레밍의 법칙과 노이만의 법칙
④ 가우스의 법칙과 옴의 법칙   [답] ②

21 길이 10[cm]의 도선이 자속밀도 1 [Wb/m^2]의 평등 자장 안에서 자속과 수직방향으로 3[sec] 동안에 12[m] 이동하였다. 이때 유도되는 기전력은 몇 [V]인가?
① 0.1[V]   ② 0.2[V]
③ 0.3[V]   ④ 0.4[V]

풀이

속도 $v = \dfrac{\text{이동거리}}{\text{이동시간}} = \dfrac{12}{3} = 4[\text{m/s}]$

$e = Blv\sin\theta = 1 \times 0.1 \times 4 \times \sin 90° = 0.4[\text{V}]$

[답] ④

22 자속밀도 1 [Wb/m²]인 평등 자계의 방향과 수직으로 놓인 50[cm]의 도선을 자계와 30° 방향으로 40[m/s]의 속도로 움직일 때 도선에 유기되는 기전력은 몇 [V]인가?

① 5   ② 10
③ 20   ④ 40

풀이

$e = Blv\sin\theta = 1 \times 0.5 \times 40 \times \sin 30° = 10[\text{V}]$

[답] ②

23 유기 기전력은 다음의 어느 것에 관계되는가?

① 시간에 비례한다.
② 쇄교 자속수의 변화에 비례한다.
③ 쇄교 자속수에 반비례한다.
④ 쇄교 자속수에 비례한다.

풀이

$e = -N\dfrac{d\phi}{dt}[\text{V}]$: 쇄교 자속의 시간적 변화율에 비례

[답] ②

24 1회 감은 코일에 지나가는 자속이 1/100 [sec] 동안에 0.3[Wb]에서 0.5[Wb]로 증가하였다면 유도 기전력[V]는?

① 5   ② 10
③ 20   ④ 40

풀이

$e = -N\dfrac{d\phi}{dt} = -1 \times \dfrac{(0.5-0.3)}{0.01} = -20[\text{V}]$

[답] ③

25 권 회수 2회의 코일에 5[Wb]의 자속이 쇄교하고 있을 때, 0.1초 사이에 자속이 0[Wb]로 변화하였다면, 이 때 코일에 유도되는 기전력은 몇 [V]인가?

① 10   ② 50
③ 100   ④ 500

풀이

$e = -N\dfrac{d\phi}{dt} = -2 \times \dfrac{(0-5)}{0.1} = 100[\text{V}]$

[답] ③

26 패러데이의 전자 유도 법칙에서 유도 기전력의 크기는 코일을 지나는 (㉮)의 매초 변화량과 코일의 (㉯)에 비례한다.

① ㉮ 자속, ㉯ 굵기
② ㉮ 자속, ㉯ 권수
③ ㉮ 전류, ㉯ 권수
④ ㉮ 전류, ㉯ 굵기

풀이

페러데이법칙 $e = -N\dfrac{d\phi}{dt}[\text{V}]$

[답] ②

27 코일에 그림과 같은 방향으로 유도 전류가 흘렀을 때 자석의 이동 방향은?

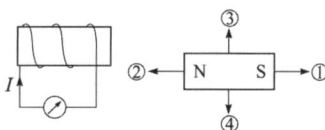

① ①의 방향   ② ②의 방향
③ ③의 방향   ④ ④의 방향

풀이

렌츠의 법칙에 따라 유도기전력은 자속의 증감을 방해하는 방향으로 발생하게 되므로 그림과 같은 방향으로 유도 전류가 흐르기 위해서는 코일에서 발생한 자속과는 반대 방향으로 자석의 자속방향을 설정해 주면 된다. 따라서 자석은 ②의 방향으로 이동하여야 한다.

[답] ②

4.3 인덕턴스와 전자에너지

1. 인덕턴스(inductance)

(1) 자체 인덕턴스 L[H]

SW를 달아 코일에 전류를 흘리면 코일에서 자속의 발생/변화로 인해
→ 코일에 전압을 유도 ⇒ 자체유도

① $V = -N\dfrac{d\Phi}{dt} = -L\dfrac{di}{dt}$ [V]

∴ $LI = N\Phi \Rightarrow L = \dfrac{N\Phi}{I}$ [N]

② 환상 코일의 자체 인덕턴스

$L = \dfrac{\mu A N^2}{l}$ [H]

∴ $L = \dfrac{N\phi}{I}$ ($\phi = BA = \mu HA = \mu A \cdot \dfrac{NI}{l}$) $= \dfrac{\mu A N^2}{l}$ [H]

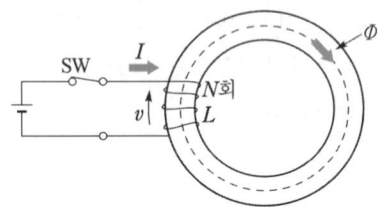

[자체유도]

(2) 상호 인덕턴스 M[H]

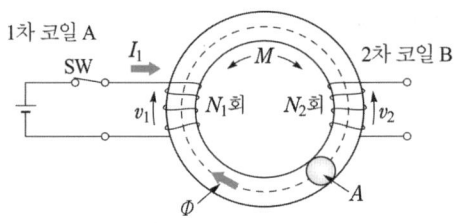

[상호유도]

A코일과 B코일을 감고 A코일의 전류를 변화시키면 B코일에도 전압이 발생 ⇒ 상호유도
- A코일 : 자체유도전압 V_1
- B코일 : 상호유도전압 V_2

① B코일이 A코일 전류의 변화에 의해 유도되는 상호유도전압

$V_2 = -M\dfrac{di_1}{dt} = -N_2\dfrac{d\Phi}{dt}$ [V] ∴ $MI_1 = N_2\Phi$

$M = \dfrac{\mu A N_1 N_2}{l}$ [H]

② 결합계수(coupling coefficient)

$K = \dfrac{M}{\sqrt{L_1 L_2}}$ [H], $M = K\sqrt{L_1 L_2}$ [H]

여기서, M : 상호 인덕턴스
L_1, L_2 : 1, 2차 코일의 자기 인덕턴스

(3) 코일의 접속

① 가동접속(가극성)

$$L_0 = L_1 + L_2 + 2M [\text{H}]$$

② 차동접속(감극성)

$$L_0 = L_1 + L_2 - 2M [\text{H}]$$

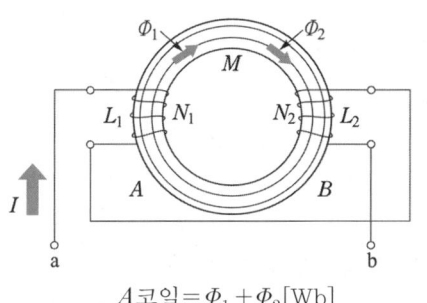

A코일 = $\Phi_1 + \Phi_2$ [Wb]
B코일 = $\Phi_1 + \Phi_2$ [Wb]

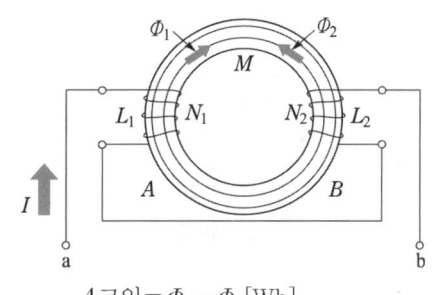

A코일 = $\Phi_1 - \Phi_2$ [Wb]
B코일 = $\Phi_2 - \Phi_1$ [Wb]

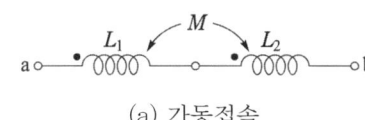

(a) 가동접속

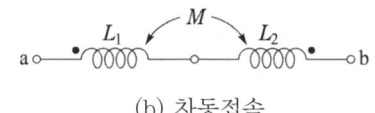

(b) 차동접속

[코일의 접속]

2. 전자에너지

(1) 코일에 축적되는 에너지 $W_L = \dfrac{1}{2} L I^2 [\text{J}]$

(2) 단위 부피에 축적되는 에너지 $W = \dfrac{1}{2}\mu H^2 = \dfrac{1}{2} BH = \dfrac{1}{2} \cdot \dfrac{B^2}{\mu} [\text{J/m}^3]$

(3) 자기 흡인력 : 단위 면적($1[\text{m}^2]$) 마다의 흡인력 $f = \dfrac{1}{2} \cdot \dfrac{B^2}{\mu} [\text{N/m}^2]$

기출 & 예상문제

제4장 전자력과 전자유도(2)

01 코일의 자체 인덕턴스는 다음 어느 것에 따라 변하는가?
① 투자율 ② 유전율
③ 도전율 ④ 저항률

풀이
$L = \dfrac{\mu A N^2}{l}[H] \propto \mu$ [답] ①

02 자체 인덕턴스의 단위[H]와 같은 단위를 나타낸 것은?
① [H]=[Ω/S] ② [H]=[Wb/V]
③ [H]=[A/Wb] ④ $[H] = \dfrac{[V][S]}{[A]}$

풀이
$e = -L\dfrac{di}{dt}[V]$
$\therefore L = e[V] \times \dfrac{dt[S]}{di[A]}$ [답] ④

03 어떤 코일의 자체 인덕턴스가 50[mH]일 때 흐르는 전류가 0.4[초] 동안에 12[A]가 변화하였다. 이때 코일에 유기 되는 기전력[V]은?
① 3.5 ② 4
③ 1.5 ④ 2

풀이
$e = L\dfrac{di}{dt} = 50 \times 10^{-3} \times \dfrac{12}{0.4} = 1.5[V]$ [답] ③

04 권수 N[T]인 코일에 I[A]의 전류가 흘러 자속 Φ[Wb]가 발생할 때의 인덕턴스는 몇 [H]인가?
① $\dfrac{N\Phi}{I}$ ② $\dfrac{I\Phi}{N}$
③ $\dfrac{NI}{\Phi}$ ④ $\dfrac{\Phi}{NI}$

풀이
$LI = N\Phi, \therefore L = \dfrac{N\Phi}{I}[H]$ [답] ①

05 환상 솔레노이드에 10회를 감았을 때의 자체 인덕턴스는 100회 감았을 때의 몇 배인가?
① 10 ② 100
③ $\dfrac{1}{10}$ ④ $\dfrac{1}{100}$

풀이
$L = \dfrac{\mu A N^2}{l}[H] \propto N^2$
$\therefore \dfrac{10^2}{100^2} = \dfrac{1}{100}$ [답] ④

06 권선수 50인 코일에 5[A]의 전류가 흘렀을 때 10^{-3}[Wb]의 자속이 코일 전체를 쇄교하였다면 이 코일의 자체 인덕턴스는 몇 [mH]인가?
① 10 ② 20
③ 30 ④ 40

풀이
$LI = N\Phi$
$\therefore L = \dfrac{N\Phi}{I} = \dfrac{50 \times 10^{-3}}{5} = 10[mH]$ [답] ①

07 2개의 코일을 서로 근접시켰을 때 한 쪽 코일의 전류가 변화하면 다른 쪽 코일에 유도 기전력이 발생하는 현상을 무엇이라고 하는가?
① 상호 결합
② 자체 유도
③ 상호 유도
④ 자체 결합

풀이
A코일과 B코일을 감고 A코일의 전류를 변화시키면 B코일에도 전압이 발생하는 현상을 상호유도라 한다. [답] ③

08 감은 횟수 200회의 코일 P와 300회의 코일 S를 가까이 놓고 P에 1[A]의 전류를 흘릴 때 S와 쇄교하는 자속이 4×10^{-4} [Wb]이었다면 이들 코일 사이의 상호 인덕턴스는?

① 0.12[H] ② 0.12[mH]
③ 1.2×10^{-4}[H] ④ 1.2×10^{-4}[mH]

풀이
코일 P에 흐르는 전류 I_1에 의해 발생하는 자속의 일부가 코일 S에 쇄교하여 전압을 발생시킨다. 이때의 상호인덕턴스는

$$M=\frac{N_2\phi}{I_1}=\frac{300\times 4\times 10^{-4}}{1}=0.12[\text{H}] \text{ 이다.}$$ **[답] ①**

09 환상철심의 자로 l, 단면적 A, 비투자율 μ_s, 권수 N_1, N_2인 두 코일의 상호 인덕턴스는 몇 [H]인가?

① $\dfrac{2\pi\mu_s l N_1 N_2}{A}\times 10^{-7}$

② $\dfrac{AN_1N_2}{2\pi\mu_s l}\times 10^{-7}$

③ $\dfrac{4\pi\mu_s A N_1 N_2}{l}\times 10^{-7}$

④ $\dfrac{4\pi^2\mu_s N_1 N_2}{Al}\times 10^{-7}$

풀이
$$M=\frac{\mu AN_1N_2}{l}=\frac{\mu_0\mu_s\times AN_1N_2}{l}$$
$$=\frac{4\pi\times 10^{-7}\times \mu_s AN_1N_2}{l}[\text{H}]$$ **[답] ③**

10 자체인덕턴스 L_1, L_2, 상호인덕턴스 M의 코일을 같은 방향으로 직렬 연결한 경우 합성인덕턴스는?

① L_1+L_2+M ② L_1+L_2-M
③ L_1+L_2-2M ④ L_1+L_2+2M

풀이
① 가동접속(가극성) $L_0 = L_1 + L_2 + 2M[\text{H}]$
② 차동접속(감극성) $L_0 = L_1 + L_2 - 2M[\text{H}]$
∴ 같은 방향으로 감고 직렬 접속시 두 자속이 합쳐지는 방향이므로 가동 접속이다. **[답] ④**

11 자기 인덕턴스가 각각 50[mH], 80[mH]이고 상호 인덕턴스가 60[mH]이며 누설 자속이 없는 두 코일을 화동으로 접속하면 합성 인덕턴스는 몇 [mH]인가?

① 10 ② 30
③ 200 ④ 250

풀이
화동(가동)접속
$L_0 = L_1 + L_2 + 2M = 50+80+2\times 60 = 250[\text{mH}]$ **[답] ④**

12 자체 인덕턴스 L_1, L_2, 상호 인덕턴스 M인 두 코일의 결합 계수가 1이면 어떤 관계가 되는가?

① $M = L_1\times L_2$ ② $M = \sqrt{L_1\times L_2}$
③ $M = L_1\sqrt{L_2}$ ④ $M > \sqrt{L_1\times L_2}$

풀이
• 상호 인덕턴스(M)
$M = k\sqrt{L_1L_2}$ [H]식에서 결합계수 $k=1$ 이므로
∴ $M = \sqrt{L_1L_2}$ [H] **[답] ②**

13 자체 인덕턴스가 40[mH]와 90[mH]인 두 개의 코일이 있다. 두 코일 사이에 누설자속이 없다고 하면 상호 인덕턴스는?

① 50[mH] ② 60[mH]
③ 65[mH] ④ 130[mH]

풀이
$M = k\sqrt{L_1\times L_2} = 1\times \sqrt{40\times 90} = \sqrt{3600} = 60[\text{mH}]$ **[답] ②**

14 0.25[H]와 0.23[H]의 자체 인덕턴스를 직렬로 접속할 때 합성 인덕턴스의 최대값은?

① 0.24 ② 0.48
③ 0.96 ④ 1.2

풀이
합성인덕턴스($L_0 = L_1 + L_2 \pm 2k\sqrt{L_1L_2}$ [H])가 최대값을 가지기 위해서는 가동접속을 하고 결합계수 $k=1$이어야 한다.
∴ $L_0 = L_1 + L_2 \pm 2k\sqrt{L_1L_2}$
$= 0.25 + 0.23 + 2\sqrt{0.25\times 0.23} = 0.96[\text{H}]$ **[답] ③**

15 3.5[H] 및 4.5[H]의 두 코일이 있다. 두 코일을 직렬로 접속하였을 때 합성 인덕턴스가 18[H] 및 8[H]였다면 두 코일의 결합계수가 약 얼마인가?

① 2 ② 0.63
③ 1 ④ 1.25

풀이
- 가동접속(가극성) $L_0 = L_1 + L_2 + 2M = 18[H]$ ··· (1)
- 차동접속(감극성) $L_0 = L_1 + L_2 - 2M = 8[H]$ ··· (2)

식 (1)에서 식 (2)를 빼주면
$4M = 10[H]$, $M = k\sqrt{L_1 L_2} = 2.5[H]$
$\therefore k = \dfrac{M}{\sqrt{L_1 L_2}} = \dfrac{2.5}{\sqrt{3.5 \times 4.5}} = 0.629$ [답] ②

16 자기 인덕턴스가 같은 L_1, L_2[H]인 두 원통 코일이 서로 직교하고 있다. 두 코일간의 상호 인덕턴스는 어떻게 되는가?

① $L_1 + L_2$ ② $\sqrt{L_1 L_2}$
③ $L_1 \times L_2$ ④ 0

풀이
코일이 서로 직교하면 무유도 상태로 쇄교 자속이 0이되어 상호인덕턴스 또한 0이 된다. [답] ④

17 그림과 같은 회로를 고주파 브리지로 인덕턴스를 측정하였더니 그림 (a)는 40[mH], 그림 (b)는 24[mH]이었다. 이 회로의 상호 인덕턴스 M은?

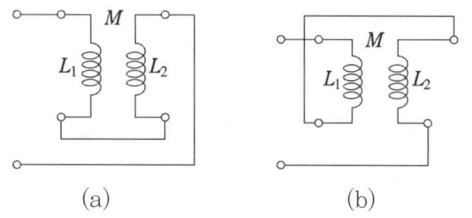

(a)   (b)

① 2[mH] ② 4[mH]
③ 6[mH] ④ 8[mH]

풀이
- 가동접속(가극성) $L_0 = L_1 + L_2 + 2M = 40[mH]$ ··· (1)
- 차동접속(감극성) $L_0 = L_1 + L_2 - 2M = 24[mH]$ ··· (2)

식 (1)에서 식 (2)를 빼주면
$4M = 16[mH]$
$\therefore M = 4[mH]$ [답] ②

18 L[H]의 코일에 I[A]의 전류가 흐를 때 저축되는 에너지는 몇 [J]인가?

① LI ② $\dfrac{1}{2}LI$
③ LI^2 ④ $\dfrac{1}{2}LI^2$

풀이
코일에 축적되는 에너지
$W_L = \dfrac{1}{2}LI^2[J]$ [답] ④

19 0.1[H]인 자체인덕턴스 L에 5[A]의 전류가 흐를 때 L에 축적되는 에너지는 몇 [J]인가?

① 4.5 ② 2.56
③ 1.25 ④ 3.52

풀이
$W_L = \dfrac{1}{2}LI^2 = \dfrac{1}{2} \times 0.1 \times 5^2 = 1.25[J]$ [답] ③

20 0.5[A]의 전류가 흐르는 코일에 저축된 전자 에너지를 0.2[J] 이하로 하기 위한 인덕턴스[H]는 얼마인가?

① 0.8 ② 1.2
③ 1.6 ④ 2.2

풀이
$W_L = \dfrac{1}{2}LI^2[J]$
$\therefore L = \dfrac{2W}{I^2} = \dfrac{2 \times 0.2}{0.5^2} = 1.6[H]$ [답] ③

21 자체 인덕턴스 2[H]의 코일에 25[J]의 에너지가 저장되어있다면 코일에 흐르는 전류는?

① 2[A] ② 3[A]
③ 4[A] ④ 5[A]

풀이
$W = \dfrac{1}{2}LI^2[J]$
$\therefore I = \sqrt{\dfrac{2W}{L}} = \sqrt{\dfrac{2 \times 25}{2}} = 5[A]$ [답] ④

22 자속밀도 B, 자장의 세기 H, 투자율 μ일 때 단위체적당 저장에너지[J/m³] 식이 옳지 않은 것은?

① $\dfrac{1}{2}BH$ ② $\dfrac{1}{2}\mu H^2$
③ $\dfrac{B^2}{2\mu}$ ④ $\dfrac{BH}{2\mu}$

풀이
단위 부피에 축척되는 에너지
$$W = \dfrac{1}{2}\mu H^2 = \dfrac{1}{2}BH = \dfrac{1}{2}\cdot\dfrac{B^2}{\mu}\,[\text{J/m}^3]$$
[답] ④

23 비투자율 1500인 자로의 평균길이 50[cm], 단면적 30[cm²]인 철심에 감긴 권수 425회의 코일에 0.5[A]의 전류가 흐를 때 저축된 전자(電磁)에너지는 몇 [J]인가?

① 0.25   ② 2.73
③ 4.96   ④ 15.3

풀이
$$L = \dfrac{\mu A N^2}{l} = \dfrac{4\pi \times 10^{-7} \times 1500 \times 30 \times 10^{-4} \times 425^2}{50 \times 10^{-2}} \fallingdotseq 2\,[\text{H}]$$
$$\therefore W = \dfrac{1}{2}LI^2 = \dfrac{1}{2}\times 2 \times 0.5^2 = 0.25\,[\text{J}]$$
[답] ①

24 비투자율이 1,000인 철심의 자속밀도가 1[Wb/m²]일 경우 이 철심에 축적된 에너지는 대략 얼마인가?

① 300[J/m³]   ② 400[J/m³]
③ 500[J/m³]   ④ 600[J/m³]

풀이
$$W = \dfrac{B^2}{2\mu} = \dfrac{1^2}{2 \times 1000 \times 4\pi \times 10^{-7}} = 400\,[\text{J/m}^3]$$
[답] ②

25 히스테리시스 곡선의 ㉠ 가로축(횡축)과 ㉡ 세로축(종축)은 무엇을 나타내는가?

① ㉠ 자속 밀도 ㉡ 투자율
② ㉠ 자기장의 세기 ㉡ 자속밀도
③ ㉠ 자화의 세기 ㉡ 자기장의 세기
④ ㉠ 자기장의 세기 ㉡ 투자율

풀이

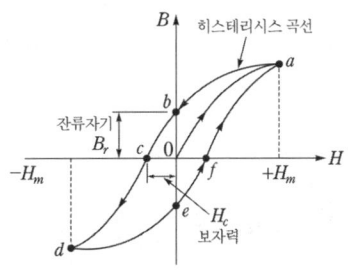

[히스테리시스 곡선]

- BH곡선 – 가로축 : H(자기장의 세기)
  　　　　　세로축 : B(자속밀도)
- 자성체를 $+H_m$으로 자화 시킨 후 자계의 세기 H를 0으로 하여도 자성체에 자속밀도가 0이 되지 않고 B_r 값만큼 자기가 남는다 ⇒ 잔류자기
- 잔류자기 B_r 값을 0으로 만드는데 소요되는 자계의 크기 H_c ⇒ 보자력

[답] ②

26 히스테리시스 곡선이 가로축(횡축)과 만나는 점의 값은 무엇을 나타내는가?

① 보자력   ② 잔류자기
③ 자속밀도   ④ 자장의 세기

풀이
히스테리시스곡선과 종축(자속밀도 B)과의 교점은 잔류자기 B_r이라 하며, 횡축(자장의 세기 H)과의 교점은 보자력 H_c라 한다.
[답] ①

27 히스테리시스손은 최대 자속 밀도의 몇 제곱에 비례하는가?

① 1.2   ② 1.4
③ 1.6   ④ 1.8

풀이
히스테리시스 손 $P_h = \eta f B_m^{1.6}\,[\text{W/m}^3]$
여기서, η : 히스테리시스 상수
　　　f : 주파수
　　　B_m : 최대자속밀도
[답] ③

제 5 장

교류회로

5.1 교류의 발생

1. 정현파교류

(1) 정현파 교류의 발생 원리

플레밍의 오른손 법칙에 의해 평등자장 내의 도체가 운동을 하는 경우 기전력이 발생하는 원리를 이용

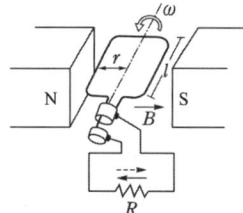 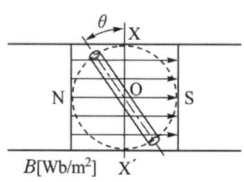

[교류발전기의 원리]

$$e = 2Blv\sin\theta [\text{V}]$$
$$e = V_m \sin\theta [\text{V}]$$

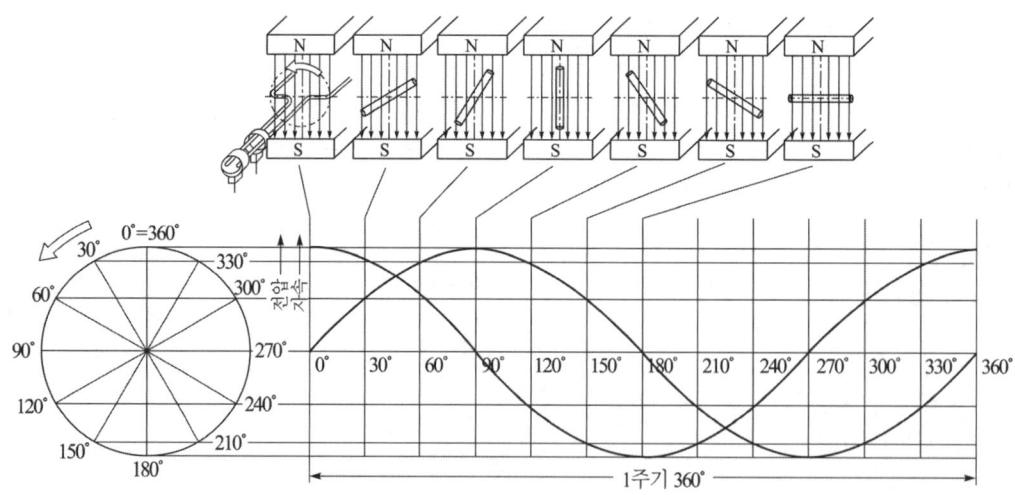

[정현파 교류의 발생]

(2) 각도의 표시

호도법에서의 각도의 단위는 [rad]으로 도수법(60분법)과의 관계는 다음과 같다.

$$2\pi [\text{rad}] = 360°$$

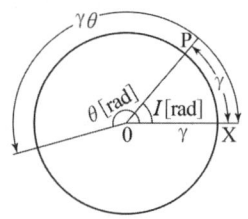

도수법	호도법[rad]	도수법	호도법[rad]
0°	0	90°	$\pi/2$
30°	$\pi/6$	180°	π
45°	$\pi/4$	270°	$3\pi/2$
60°	$\pi/3$	360°	2π

(3) 각속도 ω[rad/sec]

1초 동안의 각의 변화율로 각주파수, 각속도라 한다.

$$\omega = \frac{\theta}{t} \, [\text{rad/sec}]$$

2. 주기와 주파수

(1) 주기 T[sec] : 주기적으로 반복되는 동일한 파형이 한번 반복 되는데 걸리는 시간
(2) 주파수 f[Hz] : 동일한 파형이 1초 동안 반복한 횟수

$$f = \frac{1}{T}[\text{Hz}], \quad T = \frac{1}{f}[\text{sec}]$$

(3) 각속도 ω[rad/sec]

$$\omega = \frac{\theta}{t} = \frac{2\pi}{T} = 2\pi f [\text{rad/sec}]$$

3. 위상과 위상차

(1) 주파수가 같은 2개 이상의 교류 파형 간의 차이를 나타내는 데 위상(phase)을 사용하고 두 파형의 벗어난 각도를 위상차(phase difference)라 한다.
(2) $v_1 = V_m \sin(\omega t + \theta_1)$[V] ; v_1은 v_2보다 θ_1만큼 앞선다.(진상/leading)
$v_2 = V_m \sin \omega t$[V]
$v_3 = V_m \sin(\omega t - \theta_2)$[V] ; v_3은 v_2보다 θ_2만큼 뒤진다.(지상/lagging)

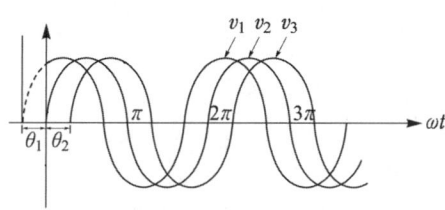

[교류전압의 위상차]

4. 정현파 교류의 표시

(1) 순시값

시간에 따라 변하는 전류, 전압 파형에서 어떤 임의의 순간에서의 전류, 전압의 크기

$$v = V_m \sin\omega t [\text{V}]$$

(2) 최대값, 실효값, 평균값

① 최대값 : 순시값중 가장 큰 값 V_m

② 실효값 : 동일한 일을 하는 직류의 크기로 환산한 값

$$V = \sqrt{\frac{1}{T}\int_0^T v^2 dt}, \quad V = \frac{1}{\sqrt{2}} \cdot V_m = 0.707 V_m [\text{V}]$$

③ 평균값 : 한 주기 동안의 면적을 주기로 나누어 구한 산술적인 평균값

$$V_{av} = \frac{1}{T}\int_0^T v\,dt, \quad V_{av} = \frac{2}{\pi} \cdot V_m = 0.637 V_m [\text{V}]$$

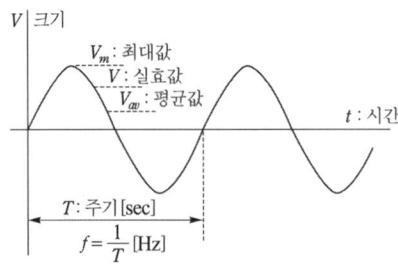

[교류의 표시]

(3) 파고율과 파형률

① 파고율 $= \dfrac{최대값}{실효값}$

② 파형률 $= \dfrac{실효값}{평균값}$

(4) 각 파형의 크기 표시 및 파형율, 파고율

파 형		최대값	실효값	평균값	파고율	파형률
정 현 파		A	$\dfrac{A}{\sqrt{2}}$	$\dfrac{2}{\pi}A$	1.414	1.11
전파정류파						
반파정류파		A	$\dfrac{A}{2}$	$\dfrac{A}{\pi}$	2	1.57

	파 형	최대값	실효값	평균값	파고율	파형율
삼각파 (톱니파)		A	$\dfrac{A}{\sqrt{3}}$	$\dfrac{A}{2}$	1.732	1.15
반파구형파		A	$\dfrac{A}{\sqrt{2}}$	$\dfrac{A}{2}$	1.414	1.414
구 형 파		A	A	A	1	1

5. 벡터의 표시

(1) 직각좌표법 : $\dot{Z} = a + jb$

① 절대값(크기) $|Z| = \sqrt{a^2 + b^2}$

② 편각 $\theta = \tan^{-1} \dfrac{b}{a}$

③ $\dot{A}_1 = a + jb$, $\dot{A}_2 = c + jd$ 일 때

$\dot{A}_1 + \dot{A}_2 = (a+c) + j(b+d)$

$\dot{A}_1 - \dot{A}_2 = (a-c) + j(b-d)$

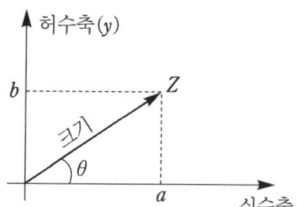

(2) 삼각함수법 : $|Z|(\cos\theta + j\sin\theta)$

(3) 극좌표법 : $|Z| \angle \theta$

① $\dot{A}_1 = |A_1| \angle \theta_1$, $\dot{A}_2 = |A_2| \angle \theta_2$ 일 때

$\dot{A}_1 \times \dot{A}_2 = |A_1||A_2| \angle \theta_1 + \theta_2$

② $\dfrac{\dot{A}_1}{\dot{A}_2} = \dfrac{|A_1|}{|A_2|} \angle \theta_1 - \theta_2$

(4) 지수 함수법 : $|Z|e^{j\theta}$

기출 & 예상문제
제5장 교류회로(1)

01 주파수 100[Hz]의 주기는?
① 0.01[sec] ② 0.6[sec]
③ 1.7[sec] ④ 6000[sec]

풀이
주기 $T = \dfrac{1}{f} = \dfrac{1}{100} = 0.01[\text{sec}]$ [답] ①

02 회전자가 1초에 30회전을 하면 각속도는?
① 30π[rad/s] ② 60π[rad/s]
③ 90π[rad/s] ④ 120π[rad/s]

풀이
1초 동안 반복되는 싸이클 수가 주파수이므로
$f = 30[\text{Hz}]$
$\therefore \omega = 2\pi f = 2\pi \times 30 = 60\pi[\text{rad/sec}]$ [답] ②

03 $e = 100\sin\left(377t - \dfrac{\pi}{6}\right)$[V]의 파형의 주파수[Hz]는?
① 50 ② 60
③ 80 ④ 100

풀이
각속도 $\omega = 2\pi f = 377[\text{rad/sec}]$
$\therefore f = \dfrac{377}{2\pi} = 60[\text{Hz}]$ [답] ②

04 저항 50[Ω]인 전구에 $e = 100\sqrt{2}\sin\omega t$[V]의 전압을 가할 때 순시 전류 [A] 값은?
① $\sqrt{2}\sin\omega t$ ② $2\sqrt{2}\sin\omega t$
③ $5\sqrt{2}\sin\omega t$ ④ $10\sqrt{2}\sin\omega t$

풀이
순시전류(i)
$i = \dfrac{e}{R}[\text{A}]$
$\therefore i = \dfrac{e}{R} = \dfrac{100\sqrt{2}\sin\omega t}{50} = 2\sqrt{2}\sin\omega t$ [답] ②

05 $e = 141\sin\left(120\pi t - \dfrac{\pi}{3}\right)$인 파형의 주파수는 몇 [Hz]인가?
① 120 ② 60
③ 30 ④ 15

풀이
$\omega = 2\pi f = 120\pi[\text{rad/sec}]$
$\therefore f = \dfrac{\omega}{2\pi} = \dfrac{120\pi}{2\pi} = 60[\text{Hz}]$ [답] ②

06 $I = 50\cos 314t$[A]의 주기[sec]는 얼마인가?
① 0.02[sec] ② 0.002[sec]
③ 0.04[sec] ④ 0.05[sec]

풀이
$\omega = 2\pi f = 314[\text{rad/sec}]$
$f = \dfrac{\omega}{2\pi} = \dfrac{314}{2\pi} = 50[\text{Hz}]$
$\therefore T = \dfrac{1}{f} = \dfrac{1}{50} = 0.02[\text{sec}]$ [답] ①

07 $v = V_m\sin(\omega t + 30°)$[V], $i = I_m\sin(\omega t - 30°)$[A]일 때 전압을 기준으로 하면 전류의 위상차는?
① 60도 뒤짐
② 60도 앞섬
③ 30도 뒤짐
④ 30도 앞섬

풀이
$\theta = 30 - (-30) = 60°$ 이므로 V가 I보다 60° 앞선다.

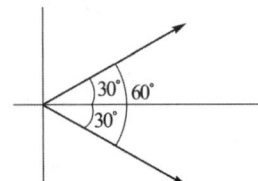

[답] ①

08 $v = 100\sqrt{2}\sin\left(120\pi t + \dfrac{\pi}{4}\right)$[V], $i = 100\sin\left(120\pi t + \dfrac{\pi}{2}\right)$[A]인 경우 전류는 전압보다 위상이 어떻게 되는가?

① $\dfrac{\pi}{2}$[rad] 만큼 앞선다.
② $\dfrac{\pi}{2}$[rad] 만큼 뒤진다.
③ $\dfrac{\pi}{4}$[rad] 만큼 앞선다.
④ $\dfrac{\pi}{4}$[rad] 만큼 뒤진다.

풀이
$\theta = \dfrac{\pi}{2} - \dfrac{\pi}{4} = \dfrac{\pi}{4}$[rad]이므로 I가 V보다 $\dfrac{\pi}{4}$[rad] 앞선다.

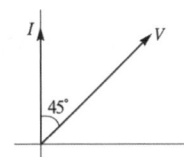

[답] ③

09 정현파 교류의 실효값을 계산하는 식은? (단, T는 주기이다.)

① $I = \dfrac{1}{T}\displaystyle\int_0^T i\,dt$
② $I = \sqrt{\dfrac{2}{T}\displaystyle\int_0^T i\,dt}$
③ $I = \sqrt{\dfrac{1}{T}\displaystyle\int_0^T i^2\,dt}$
④ $I = \sqrt{\dfrac{2}{T}\displaystyle\int_0^T i^2\,dt}$

풀이
실효값(I_{rms}) : 교류와 동일한 양의 일을 하는 직류로 환산했을 때의 크기값
$I_{rms} = \sqrt{\dfrac{1}{T}\displaystyle\int_0^T i^2\,dt}$: Root Mean Square value, 순시값의 제곱 평균의 제곱근 [답] ③

10 $e = 141.4\sin(100\pi t)$[V]의 교류전압이 있다. 이 교류의 실효값은?
① 40[V]   ② 70[V]
③ 100[V]   ④ 141.4[V]

풀이
$V = \dfrac{V_m}{\sqrt{2}} = \dfrac{141.4}{\sqrt{2}} = 100$[V]   [답] ③

11 교류 전류의 평균값과 실효값 I의 관계로 옳은 것은? (단, I_m은 최대값이다.)
① $I_{av} = \dfrac{\pi}{2}I_m$, $I = \dfrac{1}{\sqrt{2}}I_m$
② $I_{av} = \dfrac{2}{\pi}I_m$, $I = \sqrt{2}I_m$
③ $I_{av} = \dfrac{2}{\pi}I_m$, $I = \dfrac{1}{\sqrt{2}}I_m$
④ $I_{av} = \dfrac{\pi}{2}I_m$, $I = \sqrt{3}I_m$

풀이
실효값 $I = \dfrac{1}{\sqrt{2}} \cdot I_m = 0.707 I_m$[A]
평균값 $I_{av} = \dfrac{2}{\pi} \cdot I_m = 0.637 I_m$[A]   [답] ③

12 다음 중 틀린 것은?
① 실효값 = 최대값 ÷ $\sqrt{2}$
② 최대값 = 실효값 ÷ 2
③ 평균값 = 최대값 × $\dfrac{2}{\pi}$
④ 최대값 = 실효값 × $\sqrt{2}$

풀이
최대값 = 실효값 × $\sqrt{2}$ [답] ②

13 교류 100[V]의 최대값[V]은?
① 90   ② 100
③ 111   ④ 141

풀이
$V_m = \sqrt{2}\,V = \sqrt{2} \times 100 = 141.42$[A]   [답] ④

14 최대값이 V_m[V]인 사인파 교류에서 평균값 V_a[V]값은?
① $0.577\,V_m$ ② $0.637\,V_m$
③ $0.707\,V_m$ ④ $0.866\,V_m$

풀이

$V_{av} = \dfrac{2}{\pi} V_m = 0.637 V_m [V]$ 　　　　[답] ②

15 어떤 정현파 전압의 평균값이 191[V]이면 최대값은 약 몇 [V]인가?

① 240　　　　② 270
③ 300　　　　④ 330

풀이

$V_{av} = \dfrac{2}{\pi} V_m$

$\therefore V_m = \dfrac{\pi}{2} V_{av} = \dfrac{\pi}{2} \times 191 \fallingdotseq 300 [V]$ 　　[답] ③

16 어떤 교류 전압의 실효값이 314[V]일 때 평균값은 약 몇 [V]인가?

① 122　　　　② 141
③ 253　　　　④ 283

풀이

$V_m = \sqrt{2} V$

$\therefore V_a = \dfrac{2 V_m}{\pi} = \dfrac{2 \times \sqrt{2} \times 314}{\pi} = 283 [V]$ 　　[답] ④

17 정현파 전압이 $v = V_m \sin(\omega t + \dfrac{\pi}{6})$[V]일 때, 전압의 순시값이 전압의 최대값과 같아지는 순간의 ωt는 몇 [rad] 인가?

① $\dfrac{\pi}{2}$　　　　② $\dfrac{\pi}{3}$
③ $\dfrac{\pi}{4}$　　　　④ $\dfrac{\pi}{6}$

풀이

순시값의 특성

$v = V_m \sin(\omega t + \dfrac{\pi}{6})$[V] 식에서

순시값 v, 최대값 V_m일 때 $v = V_m$이기 위해서는 $\sin(\omega t + \dfrac{\pi}{6}) = 1$이 되어야 하므로 $\omega t + \dfrac{\pi}{6} = \dfrac{\pi}{2}$[rad]임을 알 수 있다.

$\therefore \omega t = \dfrac{\pi}{2} - \dfrac{\pi}{6} = \dfrac{\pi}{3}$ [rad] 　　　[답] ②

18 교류의 파형률이란?

① $\dfrac{최대값}{실효값}$　　　　② $\dfrac{평균값}{실효값}$
③ $\dfrac{실효값}{평균값}$　　　　④ $\dfrac{실효값}{최대값}$

풀이

• 파고율 = $\dfrac{최대값}{실효값}$ 　　• 파형율 = $\dfrac{실효값}{평균값}$ 　　[답] ③

19 사인파의 파형률은 약 얼마인가?

① 1　　　　② 1.11
③ 1.414　　　　④ 1.732

풀이

파형율 = $\dfrac{실효값}{평균값} = \dfrac{\dfrac{1}{\sqrt{2}} V_m}{\dfrac{2}{\pi} V_m} = \dfrac{\pi}{2\sqrt{2}} = 1.11$ 　　[답] ②

20 파형률과 파고율이 같고 그 값이 1인 파형은?

① 사인파　　　　② 구형파
③ 삼각파　　　　④ 고조파

풀이

구형파는 실효값과 평균값이 모두 최대값과 같으므로 파형률과 파고율 모두 1이다. 　　[답] ②

21 $\dot{I} = 8 + j6$[A]로 표시되는 전류의 크기 I는 몇 [A]인가?

① 6　　　　② 8
③ 10　　　　④ 14

풀이

$I = |\dot{I}| = \sqrt{8^2 + 6^2} = 10$[A] 　　[답] ③

22 $\dot{A}_1 = A_1 \angle \theta_1$, $\dot{A}_2 = A_2 \angle \theta_2$일 때 두 벡터의 곱 $\dot{A}$를 구하는 식은?

① $A_1 A_2 \angle \theta_1 \theta_2$
② $A_1 A_2 \angle \theta_1 + \theta_2$
③ $A_1 + A_2 \angle \theta_1 \theta_2$
④ $A_1 + A_2 \angle \theta_1 + \theta_2$

[풀이]

$\dot{A}_1 \times \dot{A}_2 = |A_1||A_2| \angle \theta_1 + \theta_2$

$\dfrac{\dot{A}_1}{\dot{A}_2} = \dfrac{|A_1|}{|A_2|} \angle \theta_1 - \theta_2$

∴ 벡터의 곱에서 각 벡터의 크기는 곱하고 각 편각은 더해준다.

[답] ②

23 $V = 50\left(\cos\dfrac{\pi}{6} + j\sin\dfrac{\pi}{6}\right)$[V], $I = 25\left(\cos\dfrac{\pi}{3} - j\sin\dfrac{\pi}{3}\right)$[A]일 때 $\dot{Z}$ [Ω]은 얼마인가?

① $2\angle 30°$ ② $2\angle -30°$
③ $2\angle 60°$ ④ $2\angle 90°$

[풀이]

$\dot{Z} = \dfrac{\dot{V}}{\dot{I}} = \dfrac{50\angle 30°}{25\angle -60°} = \dfrac{50}{25}\angle 30° - (-60°) = 2\angle 90°$

[답] ④

5.2 교류전류에 대한 RLC의 작용

1. 저항(R)만의 회로

(1) $v_R = V_m \sin \omega t [V]$

(2) $i = \dfrac{v_R}{R} = \dfrac{V_m}{R} \sin \omega t = I_m \sin \omega t [A]$

(3) 전압과 전류가 동위상 $\theta = 0°$

(4) 역률 $\cos\theta = 1$

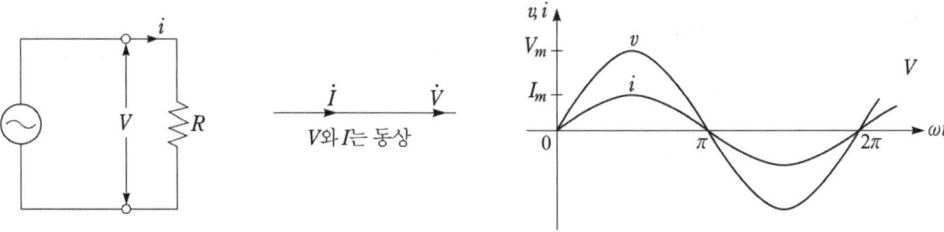

[저항만의 회로]

2. 인덕턴스(L)만의 회로

(1) $i = I_m \sin\omega t [V]$

(2) $v_L = L\dfrac{di}{dt} = L\dfrac{d}{dt}(I_m \sin\omega t) = \omega L I_m \cos\omega t = \omega L I_m \sin(\omega t + 90°)[V]$

∴ $V = j\omega L I = jX_L I [V]$ ($j : \dfrac{\pi}{2}$ 앞선다.)

$I = -j\dfrac{V}{\omega L} = -j\dfrac{V}{X_L}[A]$ ($-j : \dfrac{\pi}{2}$ 뒤진다.)

(3) 유도성 리액턴스 $X_L[\Omega] = \omega L = 2\pi f L [\Omega]$

(4) 전압과 전류의 위상차 : 전류가 전압보다 90° 뒤진다. → 지상전류, 유도성 회로

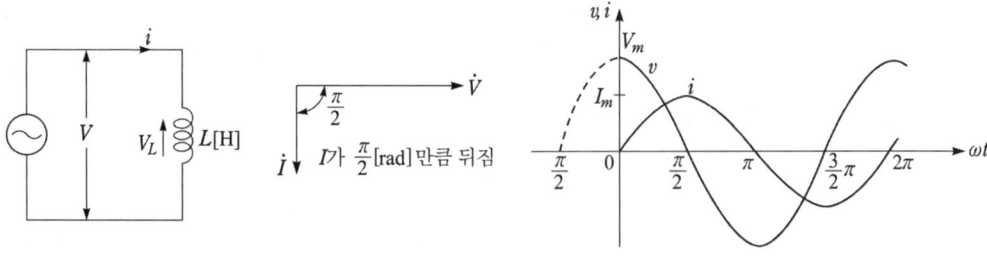

[인덕턴스만의 회로]

3. 정전용량(C)만의 회로

(1) $i = I_m \sin\omega t [V]$

(2) $v_c = \dfrac{1}{C}\int i\, dt = \dfrac{1}{C}\int (I_m \sin\omega t)\, dt = \dfrac{1}{\omega C}I_m(-\cos\omega t)$

$$= -\frac{1}{\omega C} I_m \sin(\omega t + 90°) = -j\frac{1}{\omega C} I_m \sin \omega t$$

$$\therefore V = -j\frac{1}{\omega C} I = -jX_C I \text{[V]} \; (-j : \frac{\pi}{2} \text{ 뒤진다.})$$

$$I = j\omega CV = j\frac{V}{X_C} \text{[A]} \; (j : \frac{\pi}{2} \text{ 앞선다.})$$

(3) 용량성 리액턴스 $X_C[\Omega] = \dfrac{1}{\omega C} = \dfrac{1}{2\pi f C}[\Omega]$

(4) 전압과 전류의 위상차 : 전류가 전압보다 90° 앞선다. → 진상전류, 용량성회로

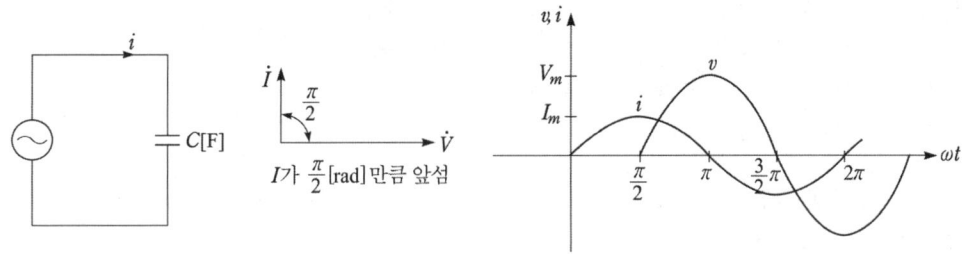

[정전용량만의 회로]

4. 교류에 대한 R, L, C 작용 기본정리

회로	저항 또는 리액턴스	전 류[A] 순시값	전 류[A] 실효값	전압과 전류의 벡터(전압기준)
R만의 회로	R	$i = \sqrt{2}\dfrac{V}{R}\sin\omega t$	$I = \dfrac{V}{R}$	V와 I는 동상
L만의 회로	$X_L = \omega L$	$i = \sqrt{2}\dfrac{V}{\omega L}\sin\left(\omega t - \dfrac{\pi}{2}\right)$	$I = \dfrac{V}{\omega L}$	I가 $\dfrac{\pi}{2}$[rad]만큼 뒤짐
C만의 회로	$X_C = \dfrac{1}{\omega C}$	$i = \sqrt{2}\,V\omega C\sin\left(\omega t + \dfrac{\pi}{2}\right)$	$I = \dfrac{V}{\dfrac{1}{\omega C}}$	I가 $\dfrac{\pi}{2}$[rad]만큼 앞섬

1 기출 & 예상문제

제 5 장 교류회로(2)

01 일반적인 경우 교류를 사용하는 전기난로의 전압과 전류의 위상에 대한 설명으로 옳은 것은?
① 전압과 전류는 동상이다.
② 전압이 전류보다 90도 앞선다.
③ 전류가 전압보다 90도 앞선다.
④ 전류가 전압보다 60도 앞선다.

풀이
전기난로(백열전구, 전기다리미등)는 순저항성 부하이므로 전압과 전류는 동상이다.
L만의 회로(유도성부하)에서 전압이 전류보다 90° 앞서고, C만의 회로(용량성부하)에서 전류가 전압보다 90° 앞선다. **[답] ①**

02 어떤 소자 회로에
$e = 100\sin(377t + 60°)$[V]의 전압을 가했더니 $i = 10\sin(377t + 60°)$[A]의 전류가 흘렀다. 이 소자는 어떤 것인가?
① 순저항
② 유도 리액턴스
③ 용량 리액턴스
④ 다이오드

풀이
인가한 전압과 전류의 위상이 동일한 것은 순저항 부하이다. **[답] ①**

03 10[Ω]의 저항회로에
$e = 100\sin\left(377t + \dfrac{\pi}{3}\right)$[V]의 전압을 가했을 때 $t = 0$에서의 순시전류는 몇 [A]인가?
① $5\sqrt{3}$
② 5
③ $5\sqrt{2}$
④ 10

풀이
$e_{(t=0)} = 100\sin\dfrac{\pi}{3} = 100 \times \dfrac{\sqrt{3}}{2} = 50\sqrt{3}$
$\therefore i = \dfrac{e}{R} = \dfrac{50\sqrt{3}}{10} = 5\sqrt{3}$ [A] **[답] ①**

04 어떤 회로에 전압을 가하니 90° 위상이 뒤진 전류가 흘렀다. 이 회로는?
① 무유도성
② 유도성
③ 용량성
④ 저항성분

풀이
• L만의 회로(유도성 부하)
 : 전압이 전류보다 90°$\left(= \dfrac{\pi}{2}[\text{rad}]\right)$ 앞선다.
• C만의 회로(용량성 부하)
 : 전류가 전압보다 90°$\left(= \dfrac{\pi}{2}[\text{rad}]\right)$ 앞선다. **[답] ②**

05 자기 인덕턴스 10[mH]의 코일에 50[Hz], 314[V]의 교류전압을 가했을 때 몇 [A]의 전류가 흐르는가? (단, 코일의 저항은 없는 것으로 하며, $\pi = 3.14$로 계산한다.)
① 10
② 31.4
③ 62.8
④ 100

풀이
$I = \dfrac{V}{X_L} = \dfrac{V}{\omega L} = \dfrac{V}{2\pi f L} = \dfrac{314}{2\pi \times 50 \times 10 \times 10^{-3}} = 100$[A] **[답] ④**

06 0.1[H]인 코일의 리액턴스가 377[Ω]일 때 주파수는 몇 [Hz]인가?
① 약 60
② 약 120
③ 약 360
④ 약 600

풀이
$X_L = 2\pi f L$, $f = \dfrac{X_L}{2\pi L} = \dfrac{377}{2\pi \times 0.1} = 600$[Hz] **[답] ④**

07 314[mH]의 자기 인덕턴스에 120[V], 60[Hz]의 교류 전압을 가하였을 때 흐르는 전류는 몇 [A]인가?
① 10
② 8
③ 4
④ 1

풀이
$$I = \frac{V}{X_L} = \frac{V}{\omega L} = \frac{V}{2\pi f L} = \frac{120}{2\pi \times 60 \times 0.314} = 1[A]$$
[답] ④

08 다음 설명 중 옳은 것은?
① 인덕턴스를 직렬연결하면 리액턴스가 커진다.
② 저항을 병렬연결하면 합성저항은 커진다.
③ 콘덴서를 직렬연결하면 용량이 커진다.
④ 유도 리액턴스는 주파수에 반비례한다.

풀이
② 저항을 병렬 접속시 합성저항은 작아진다.
③ 콘덴서를 직렬 접속시 용량은 변화 없다.
④ $X_L = 2\pi f L$, 유도 리액턴스는 주파수에 비례한다.
[답] ①

09 어떤 회로에 $v = 200 \sin \omega t [V]$의 전압을 가했더니 $i = 50 \sin\left(\omega t + \frac{\pi}{2}\right)[A]$의 전류가 흘렀다. 이 회로는?
① 저항회로
② 유도성회로
③ 용량성회로
④ 임피던스회로

풀이
I가 V보다 90° 앞서므로 C만의 회로(용량성회로)이다.
[답] ③

10 용량성의 회로에 정현파형의 교류전압을 인가하면 전류는 전압보다 위상이?
① 90° 앞선다.
② 90° 늦다.
③ 180° 앞선다.
④ 180° 늦다.

풀이
• L만의 회로(유도성부하)
 : 전압이 전류보다 $90°(=\frac{\pi}{2}[rad])$ 앞선다.
• C만의 회로(용량성부하)
 : 전류가 전압보다 $90°(=\frac{\pi}{2}[rad])$ 앞선다.
[답] ①

11 커패시터에 전압 $V=100[V]$를 가하여 $I=2[A]$ 전류가 흘렀다. 이때의 용량 리액턴스[Ω]는?
① 10
② 20
③ 40
④ 50

풀이
$$X_C = \frac{V}{I} = \frac{100}{2} = 50[\Omega]$$
[답] ④

12 10[μF]의 콘덴서에 60[Hz], 100[V]의 교류 전압을 가하면 흐르는 전류[A]는?
① 약 0.16
② 약 0.38
③ 약 2.1
④ 약 4.8

풀이
$$I = \frac{V}{X_C} = \omega CV = 2\pi f CV$$
$$= 2\pi \times 60 \times 10 \times 10^{-6} \times 100 = 0.377[A]$$
[답] ②

13 다음 중 용량 리액턴스 X_C와 반비례 하는 것은?
① 전류
② 전압
③ 저항
④ 주파수

풀이
$$X_C = \frac{1}{\omega C} = \frac{1}{2\pi f C} \quad \therefore X_C \propto \frac{1}{f}$$
[답] ④

14 커패시턴스에서 전압과 전류의 변화에 대한 설명으로 옳은 것은?
① 전압은 급격히 변하지 않는다.
② 전류는 급격히 변하지 않는다.
③ 전압과 전류 모두가 급격히 변화한다.
④ 전압과 전류 모두가 급격히 변화하지 않는다.
[답] ①

15 회로에 접속된 콘덴서(C)와 코일(L)에서 실제적으로 급격하게 변할 수 없는 것은?
① 코일(L) : 전압, 콘덴서(C) : 전류
② 코일(L) : 전류, 콘덴서(C) : 전압
③ 코일(L), 콘덴서(C) : 전류
④ 코일(L), 콘덴서(C) : 전압

풀이
$v_L = L\frac{di}{dt}$에서 i(전류)가 급격히 변화하면 v_L이 ∞가 되고, $i_c = C\frac{dv}{dt}$에서 v(전압)가 급격히 변화하면 i_c가 ∞가 된다.
[답] ②

5.3 RLC 직병렬회로

1. R-L 직렬회로(유도성회로)

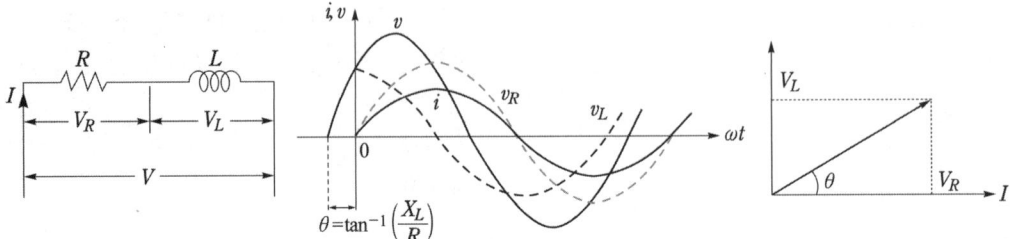

[R-L 직렬회로]

(1) $\dot{V}_R = R \cdot \dot{I}$ [V], $\dot{V}_L = j\omega L \cdot \dot{I}$ [V]

∴ $V = \dot{V}_R + \dot{V}_L = R\dot{I} + j\omega L\dot{I} = (R + j\omega L)\dot{I}$ [V]

(2) Z(임피던스)$= R + j\omega L = R + jX_L$ [Ω]

- $|Z| = \sqrt{R^2 + X_L^2}$ (크기)
- $\theta = \tan^{-1}\dfrac{\omega L}{R}$ (위상)

(3) 전류와 전압의 위상차 : 전류가 전압보다 θ 만큼 뒤진다. (지상전류)

(4) 역률 : $\cos\theta = \dfrac{R}{Z} = \dfrac{R}{\sqrt{R^2 + (\omega L)^2}}$

2. R-C 직렬회로 (용량성회로)

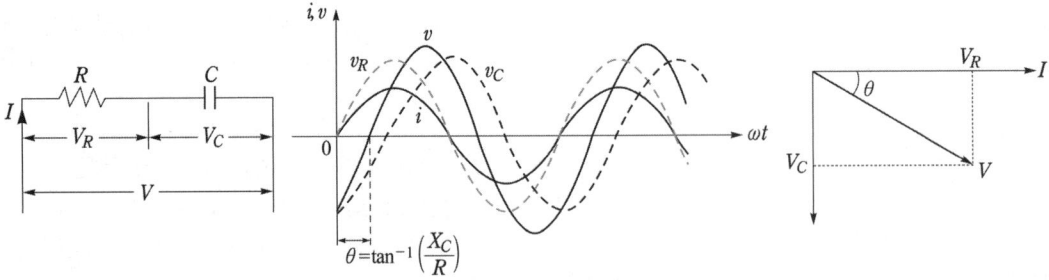

[R-C 직렬회로]

(1) $\dot{V}_R = R \cdot \dot{I}$ [V], $\dot{V}_C = -j\dfrac{1}{\omega C}\dot{I}$ [V]

∴ $V = \dot{V}_R + \dot{V}_C = R\dot{I} - j\dfrac{1}{\omega C}\dot{I} = \left(R - j\dfrac{1}{\omega C}\right)\dot{I}$ [V]

(2) $Z(\text{임피던스}) = R - j\dfrac{1}{\omega C} = R - jX_C\,[\Omega]$

- $|Z| = \sqrt{R^2 + X_C^2}$ (크기)

- $\theta = \tan^{-1}\dfrac{\dfrac{1}{\omega C}}{R}$ (위상)

(3) 전류와 전압의 위상차 : 전류가 전압보다 θ 만큼 앞선다. (진상전류)

(4) 역률 : $\cos\theta = \dfrac{R}{Z} = \dfrac{R}{\sqrt{R^2 + \left(\dfrac{1}{\omega C}\right)^2}}$

3. R-L-C 직렬회로

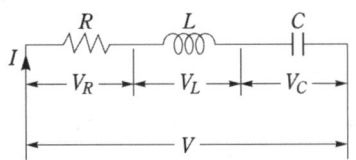

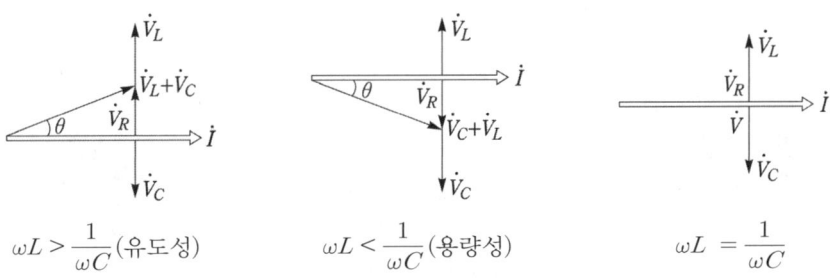

[R-L-C 직렬회로]

(1) $V = V_R + V_L + V_C$
$= I \cdot R + I \cdot jX_L + I \cdot (-jX_C)$
$= I \cdot [R + j(X_L - X_C)]\,[\text{V}]$

(2) $Z = R + j(X_L - X_C) = R + j\left(\omega L - \dfrac{1}{\omega C}\right)[\Omega]$

- $|Z| = \sqrt{(R^2) + (X_L - X_C)^2} = \sqrt{R^2 + \left(\omega L - \dfrac{1}{\omega C}\right)^2}\,[\Omega]$

- $\theta = \tan^{-1}\dfrac{\omega L - \dfrac{1}{\omega C}}{R}$

(3) 역률 : $\cos\theta = \dfrac{R}{Z} = \dfrac{R}{\sqrt{R^2 + \left(\omega L - \dfrac{1}{\omega C}\right)^2}}$

(4) 전압과 전류의 위상차

① $X_L > X_C \left(\omega L > \dfrac{1}{\omega C}\right)$ 인 경우 : 유도성

② $X_L < X_C \left(\omega L < \dfrac{1}{\omega C}\right)$ 인 경우 : 용량성

③ $X_L = X_C \left(\omega L = \dfrac{1}{\omega C}\right)$ 인 경우 : 공진회로

(5) RLC 직렬회로의 공진

임피던스 $Z = R + j(X_L - X_C)[\Omega]$ 에서 합성 리액턴스 $X = X_L - X_C = 0$ 인 경우 저항만의 회로로 임피던스는 최소가 되며, 이를 직렬 공진(series resonance)라 한다.

- 공진조건 : $X_L = X_C \left(\omega L = \dfrac{1}{\omega C}\right)$, $\omega^2 LC = 1$, $\omega L - \dfrac{1}{\omega C} = 0$
- $Z = R$(최소)
- $I_0 = \dfrac{V}{R}$(최대)
- 전압과 전류의 위상차 : 동상(역률 : $\cos\theta = 1$)
- 공진주파수 : $f_r = \dfrac{1}{2\pi\sqrt{LC}}$ [Hz]
- 선택도(양호도, 전압확대비) $Q = \dfrac{V_L}{V} = \dfrac{V_C}{V} = \dfrac{\omega L}{R} = \dfrac{\dfrac{1}{\omega C}}{R} = \dfrac{1}{R}\sqrt{\dfrac{L}{C}}$

(6) RLC 직렬회로 요약정리

회로	순시전류	위상차(θ)	전류의 크기 $I = \dfrac{V}{Z} = Y \cdot V$ [A]	역률 $\cos\theta$	비고
$R-L$ 직렬	$i = I_m \sin(\omega t - \theta)$	$\tan^{-1}\dfrac{X_L}{R}$	$I = \dfrac{V}{\sqrt{R^2 + X_L^2}}$	$\dfrac{R}{\sqrt{R^2 + X_L^2}}$	
$R-C$ 직렬	$i = I_m \sin(\omega t + \theta)$	$\tan^{-1}\dfrac{X_C}{R}$	$I = \dfrac{V}{\sqrt{R^2 + X_C^2}}$	$\dfrac{R}{\sqrt{R^2 + X_C^2}}$	
$R-L-C$ 직렬	$i = I_m \sin(\omega t \pm \theta)$	$\tan^{-1}\dfrac{\|X_L - X_C\|}{R}$	$I = \dfrac{V}{\sqrt{R^2 + (X_L - X_C)^2}}$	$\dfrac{R}{\sqrt{R^2 + (X_L - X_C)^2}}$	$X_L > X_C$: 유도성 $X_L < X_C$: 용량성 $X_L = X_C$: 공진

4. $R-L-C$ 병렬회로

(1) 어드미턴스 $Y[\mho]$: 임피던스 $Z[\Omega]$의 역수

① $Z = R \pm jX[\Omega]$ $\begin{cases} R : \text{저항} \\ X : \text{리액턴스} \end{cases}$

② $Y = G \mp jB[\mho]$ $\begin{cases} G : \text{컨덕턴스} \\ B : \text{서셉턴스} \end{cases}$

(2) RLC 병렬회로 요약정리

회 로	순시전류	위상차(θ)	전류의 크기 $I=\dfrac{V}{Z}=Y\cdot V[\text{A}]$	역 률 $\cos\theta$	비 고
$R-L$ 병렬	$i=I_m\sin(\omega t-\theta)$	$\tan^{-1}\dfrac{R}{X_L}$	$I=\sqrt{\left(\dfrac{1}{R}\right)^2+\left(\dfrac{1}{X_L}\right)^2}\times V$	$\dfrac{X_L}{\sqrt{R^2+X_L^2}}$	
$R-C$ 병렬	$i=I_m\sin(\omega t+\theta)$	$\tan^{-1}\dfrac{R}{X_C}$	$I=\sqrt{\left(\dfrac{1}{R}\right)^2+\left(\dfrac{1}{X_C}\right)^2}\times V$	$\dfrac{X_C}{\sqrt{R^2+X_C^2}}$	
$R-L-C$ 병렬	$i=I_m\sin(\omega t\mp\theta)$	$\tan^{-1}\dfrac{R}{\lvert X_L-X_C\rvert}$	$\sqrt{\left(\dfrac{1}{R}\right)^2+\left(\dfrac{1}{X_L}-\dfrac{1}{X_C}\right)^2}\times V$	$\dfrac{G}{Y}$	$X_L>X_C$: 용량성 $X_L<X_C$: 유도성 $X_L=X_C$: 공진

5. 공진회로 요약정리

	직렬 공진	병렬 공진
회로의 Z, Y	$Z=R+j\left(\omega L-\dfrac{1}{\omega C}\right)$	$Y=\dfrac{1}{R}+j\left(\omega C-\dfrac{1}{\omega L}\right)$
공진 조건	$\omega L=\dfrac{1}{\omega C}$	$\omega C=\dfrac{1}{\omega L}$
공진 각주파수	$f_r=\dfrac{1}{2\pi\sqrt{LC}}$	$f_r=\dfrac{1}{2\pi\sqrt{LC}}$
공진시 Z, Y	$Z=R$	$Y=\dfrac{1}{R}$
공진 전류	$I=\dfrac{E}{R}$ (최대)	$I=Y\cdot E$ (최소)
선 택 도 (양호도, 첨예도)	$Q=\dfrac{V_L}{V}=\dfrac{V_C}{V}=\dfrac{\omega L}{R}=\dfrac{\dfrac{1}{\omega C}}{R}=\dfrac{1}{R}\sqrt{\dfrac{L}{C}}$ (전압확대비)	$Q=\dfrac{I_L}{I}=\dfrac{I_C}{I}=\dfrac{R}{X_L}=\dfrac{R}{X_C}=R\sqrt{\dfrac{C}{L}}$ (전류확대비)

1 기출 & 예상문제
제5장 교류회로(3)

01 RL 직렬회로에서 임피던스 Z의 크기를 나타내는 식은?

① $R^2 + X_L^2$
② $R^2 - X_L^2$
③ $\sqrt{R^2 + X_L^2}$
④ $\sqrt{R^2 - X_L^2}$

풀이
RL 직렬회로
$Z = R + jX_L = R + j\omega L [\Omega]$
$\therefore |Z| = \sqrt{R^2 + X_L^2}$ [답] ③

02 $R = 7[\Omega]$, $\omega L = 24[\Omega]$인 직렬 회로의 임피던스$[\Omega]$는?

① 30   ② 25
③ 15   ④ 5

풀이
$|Z| = \sqrt{R^2 + X_L^2} = \sqrt{7^2 + 24^2} = 25[\Omega]$ [답] ②

03 저항 $4[\Omega]$과 유도 리액턴스 $3[\Omega]$이 직렬 접속된 회로에 $100[V]$의 교류전압을 가하면 몇 $[A]$의 전류가 흐르는가?

① 10   ② 20
③ 50   ④ 100

풀이
$I = \dfrac{V}{Z} = \dfrac{100}{\sqrt{4^2 + 3^2}} = 20[A]$ [답] ②

04 $4[\Omega]$의 저항과 $8[mH]$의 인덕턴스가 직렬로 접속된 회로에 $60[Hz]$, $100[V]$의 교류전압을 가하면 전류는?

① 약 $20[A]$ ② 약 $28[A]$
③ 약 $24[A]$ ④ 약 $12[A]$

풀이
$I = \dfrac{V}{Z} = \dfrac{V}{\sqrt{R^2 + X_L^2}} = \dfrac{100}{\sqrt{4^2 + (2\pi \times 60 \times 8 \times 10^{-3})^2}}$
$\fallingdotseq 20[A]$ [답] ①

05 그림과 같은 RL 직렬회로에서 전류 i의 실효값은 몇 $[A]$인가?

① 10.82
② 10
③ 7.07
④ 5

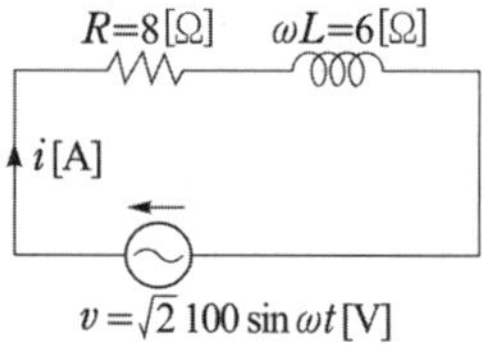

$R = 8[\Omega]$ $\omega L = 6[\Omega]$
$i[A]$
$v = \sqrt{2}\,100 \sin \omega t [V]$

풀이
$v = \sqrt{2}\,100 \sin \omega t [V]$에서 실효값 $V_{rms} = 100[V]$이므로
$\therefore I_{rms} = \dfrac{V_{rms}}{Z} = \dfrac{100}{\sqrt{8^2 + 6^2}} = 10[A]$ [답] ②

06 저항 $8[\Omega]$과 유도 리액턴스 $6[\Omega]$이 직렬로 접속된 회로에 $200[V]$의 교류 전압을 인가하는 경우 흐르는 전류$[A]$와 역률$[\%]$은 각각 얼마인가?

① $20[A]$, $80[\%]$ ② $10[A]$, $60[\%]$
③ $20[A]$, $60[\%]$ ④ $10[A]$, $80[\%]$

풀이
$I = \dfrac{V}{Z} = \dfrac{V}{\sqrt{R^2 + X_L^2}} = \dfrac{200}{\sqrt{8^2 + 6^2}} = 20[A]$
$\cos\theta = \dfrac{R}{Z} = \dfrac{8}{10} = 0.8$ [답] ①

07 저항 $5[\Omega]$, 리액턴스 $5[\Omega]$인 직렬회로의 임피던스 각은 얼마인가?

① $0°$ ② $45°$
③ $60°$ ④ $90°$

풀이

$\theta = \tan^{-1}\dfrac{X}{R} = \tan^{-1}1 = 45°$ [답] ②

08 RL 직렬회로에서 임피던스각 $\theta = \tan^{-1}\dfrac{1}{\sqrt{3}}$ 이면 역률은 얼마인가?

① 1   ② $\dfrac{\sqrt{3}}{2}$

③ $\dfrac{1}{2}$ ④ $\dfrac{1}{\sqrt{3}}$

풀이

$\theta = \tan^{-1}\dfrac{1}{\sqrt{3}} = 30°$ $\therefore \cos 30° = \dfrac{\sqrt{3}}{2}$ [답] ②

09 저항 30[Ω], 유도 리액턴스 40[Ω]을 병렬로 접속하고 그 양단에 120[V] 교류전압을 가할 때 전전류[A]는?

① 2.4   ② 3.6
③ 5   ④ 10

풀이

$I = \sqrt{I_R^2 + I_L^2} = \sqrt{\left(\dfrac{120}{30}\right)^2 + \left(\dfrac{120}{40}\right)^2} = 5[A]$ [답] ③

10 R과 L의 병렬회로에서 합성 임피던스는?

① $\dfrac{R}{\sqrt{R^2+X_L^2}}$ ② $\dfrac{X_L}{\sqrt{R^2+X_L^2}}$

③ $\dfrac{R+X_L}{\sqrt{R^2+X_L^2}}$ ④ $\dfrac{R \cdot X_L}{\sqrt{R^2+X_L^2}}$

풀이

$Y = \dfrac{1}{R} - j\dfrac{1}{X_L}[\mho]$

$\therefore Z = \dfrac{1}{Y} = \dfrac{1}{\sqrt{\left(\dfrac{1}{R}\right)^2 + \left(\dfrac{1}{X_L}\right)^2}} = \dfrac{R \cdot X_L}{\sqrt{R^2+X_L^2}}[\Omega]$ [답] ④

11 $R = 15[\Omega]$인 RC 직렬회로에 60[Hz] 100[V]의 전압을 가하니 4[A]의 전류가 흘렀다면 용량 리액턴스[Ω]는?

① 10   ② 15
③ 20   ④ 25

풀이

RC 직렬회로에서 $Z = R - jX_C[\Omega]$이므로

$I = \dfrac{V}{Z} = \dfrac{V}{\sqrt{R^2+X_C^2}} = 4$

$25 = \sqrt{15^2 + X_C^2}$

$\therefore X_C = 20[\Omega]$ [답] ③

12 저항 $\dfrac{1}{3}[\Omega]$, 유도 리액턴스 $\dfrac{1}{4}[\Omega]$인 $R-L$ 병렬 회로에서 합성 어드미턴스를 구하면 얼마인가?

① $\dot{Y} = \dfrac{1}{3} + j\dfrac{1}{4}$ ② $\dot{Y} = \dfrac{1}{3} - j\dfrac{1}{4}$

③ $\dot{Y} = 3 - j4$ ④ $\dot{Y} = 3 + j4$

풀이

$R = \dfrac{1}{3}[\Omega]$, $X_L = \dfrac{1}{4}[\Omega]$이므로

$Y_1 = \dfrac{1}{R} = 3[\mho]$, $Y_2 = -j\dfrac{1}{X_L} = -j4[\mho]$라 하면

$\therefore \dot{Y_0} = \dot{Y_1} + \dot{Y_2} = 3 - j4[\mho]$ [답] ③

13 $Z = 6 - j8[\Omega]$의 임피던스는 일반적으로 어떤 회로이며 역률은 얼마인가?

① RL 직렬회로, 0.6
② RC 직렬회로, 0.6
③ RL 병렬회로, 0.8
④ RC 병렬회로, 0.8

풀이

• RL 직렬회로의 임피던스 : $Z = R + jX_L[\Omega]$
• RC 직렬회로의 임피던스 : $Z = R - jX_C[\Omega]$

$\cos\theta = \dfrac{R}{Z} = \dfrac{6}{\sqrt{6^2+8^2}} = 0.6$ [답] ②

14 $R = 10[\Omega]$, $C = 220[\mu F]$의 병렬 회로에 $f = 60[Hz]$, $V = 100[V]$의 사인파 전압을 가할 때 저항 R에 흐르는 전류[A]는?

① 0.45[A]   ② 6[A]
③ 10[A]   ④ 22[A]

풀이

$I_R = \dfrac{V}{R} = \dfrac{100}{10} = 10[A]$ [답] ③

15 $R = 100[\Omega]$, $C = 318[\mu F]$의 병렬 회로에 주파수 $f = 60[Hz]$, 크기 $V = 200[V]$의 사인파 전압을 가할 때 콘덴서에 흐르는 전류 I_c값은 약 얼마인가?

① 24 ② 31
③ 41 ④ 55

풀이
$R-C$ 병렬회로
병렬회로에서 전압은 일정하며 콘덴서의 리액턴스 X_c는
$X_c = \dfrac{1}{\omega C}[\Omega]$이므로
$I_c = \dfrac{V}{X_c} = \omega CV = 2\pi f CV [A]$ 임을 알 수 있다.
$\therefore I_c = \omega CV = 2\pi \times 60 \times 318 \times 10^{-6} \times 200 = 24[A]$ [답] ①

16 RC 병렬회로에서 위상을 나타내는 식은?

① $\tan^{-1}\dfrac{1}{\omega CR}$

② $\tan^{-1}\dfrac{R}{\omega C}$

③ $\tan^{-1}\omega CR$

④ $\tan^{-1}\dfrac{\omega C}{R}$

풀이
$Y = \dfrac{1}{R} + j\dfrac{1}{X}[\mho]$
$\therefore \theta = \tan^{-1}\dfrac{\omega C}{\dfrac{1}{R}} = \tan^{-1}\omega CR$ [답] ③

17 $\omega L = 5[\Omega]$, $\dfrac{1}{\omega C} = 25[\Omega]$의 LC 직렬회로에 100[V]의 교류를 가할 때 전류[A]는?

① 3.3[A], 유도성
② 5[A], 유도성
③ 3.3[A], 용량성
④ 5[A], 용량성

풀이
LC 직렬회로
• $I = \dfrac{V}{Z} = \dfrac{V}{|X_L - X_C|} = \dfrac{100}{25-5} = 5[A]$
• $X_L < X_C$이므로 용량성이다. [답] ④

18 그림과 같은 회로에서 $R-C$ 임피던스는?

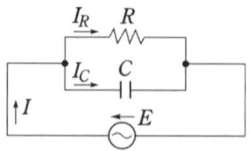

① $\dfrac{1}{\sqrt{\dfrac{1}{R^2} + \dfrac{1}{(\omega C)^2}}}$

② $\dfrac{1}{\sqrt{\dfrac{1}{R^2} + (\omega C)^2}}$

③ $\sqrt{\dfrac{1}{R^2} + (\omega C)^2}$

④ $\sqrt{R^2 + \left(\dfrac{1}{\omega C}\right)^2}$

풀이
RC 병렬회로에서 합성어드미턴스
$Y = \sqrt{\left(\dfrac{1}{R}\right)^2 + (\omega C)^2}$ 이므로
$Z = \dfrac{1}{Y} = \dfrac{1}{\sqrt{\dfrac{1}{R^2} + (\omega C)^2}}$ [답] ②

19 그림과 같은 RC 병렬 회로의 역률은?

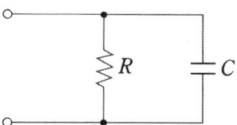

① $\dfrac{1}{\sqrt{1 + (\omega RC)^2}}$

② $\sqrt{1 + (\omega RC)^2}$

③ $\dfrac{1}{\sqrt{1 - (\omega RC)^2}}$

④ $1 + (\omega RC)^2$

풀이
$\cos\theta = \dfrac{X_C}{|Z|} = \dfrac{X_C}{\sqrt{R^2 + \left(\dfrac{1}{\omega C}\right)^2}} = \dfrac{1}{\sqrt{(R\omega C)^2 + 1}}$ [답] ①

20 $R = 3[\Omega]$, $\omega L = 8[\Omega]$, $\dfrac{1}{\omega C} = 4[\Omega]$인 RLC 직렬회로의 임피던스는 몇 [Ω]인가?

① 5 ② 8.5
③ 12.4 ④ 15

풀이
$Z = R + j(X_L - X_C)[\Omega]$에서
임피던스의 크기
$|Z| = \sqrt{R^2 + (X_L - X_C)^2} = \sqrt{3^2 + 4^2} = 5[\Omega]$ [답] ①

21 저항 16[Ω], 유도 리액턴스 20[Ω], 용량 리액턴스 8[Ω]인 직렬회로에 10[A]의 전류가 흘렀다면 인가전압은 몇 볼트인가?

① 100 ② 140
③ 200 ④ 240

풀이
$Z = R + j(X_L - X_C)[\Omega]$에서
임피던스의 크기 $|Z| = \sqrt{R^2 + (X_L - X_C)^2}$ 이므로,
$V = I \cdot Z = 10 \times \sqrt{16^2 + (20-8)^2} = 200[V]$ [답] ③

22 저항 4[Ω], 유도 리액턴스 8[Ω], 용량 리액턴스 5[Ω]이 직렬로 된 회로에서의 역률은 얼마인가?

① 0.8 ② 0.7
③ 0.6 ④ 0.5

풀이
$Z = R + j(X_L - X_C) = 4 + j3[\Omega]$
$\therefore \cos\theta = \dfrac{R}{Z} = \dfrac{4}{\sqrt{4^2+3^2}} = \dfrac{4}{5} = 0.8$ [답] ①

23 $R = 4[\Omega]$, $X_L = 8[\Omega]$, $X_C = 5[\Omega]$의 직렬회로에 20[V]의 교류를 가할 때 X_L에 걸리는 전압은 몇 [V]인가?

① 16 ② 20
③ 26 ④ 32

풀이
$V_L = I \cdot X_L = \dfrac{V}{\sqrt{R^2 + (X_L - X_C)^2}} \cdot X_L$
$= \dfrac{20}{\sqrt{4^2 + (8-5)^2}} \times 8 = 32[V]$ [답] ④

24 $R = 4[\Omega]$, $X_L = 8[\Omega]$, $X_C = 5[\Omega]$가 직렬로 연결된 회로에 100[V]의 교류를 가했을 때 흐르는 ㉠전류와 ㉡임피던스는?

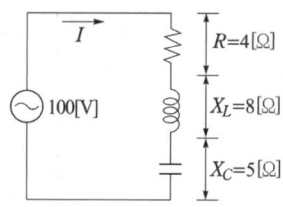

① ㉠ 5.9[A], ㉡ 용량성
② ㉠ 5.9[A], ㉡ 유도성
③ ㉠ 20[A], ㉡ 용량성
④ ㉠ 20[A], ㉡ 유도성

풀이
$X_L > X_C$ 이므로 유도성 회로이고
$Z = 4 + j(8-5) = 4 + j3[\Omega]$ 이므로
$|Z| = \sqrt{4^2 + 3^2} = 5[\Omega]$
$\therefore I = \dfrac{V}{Z} = \dfrac{100}{\sqrt{4^2+3^2}} = 20[A]$ [답] ④

25 8[Ω]의 용량리액턴스에 어떤 교류전압을 가하면 10[A]의 전류가 흐른다. 여기에 어떤 저항을 직렬로 접속하여, 같은 전압을 가하면 8[A]로 감소되었다. 저항은 몇 [Ω]인가?

① 6 ② 8
③ 10 ④ 12

풀이
$V = I \cdot X_C = 10 \times 8 = 80[V]$ 이고 저항 직렬 접속 후
임피던스 $Z = \dfrac{V}{I'} = \dfrac{80}{8} = 10[\Omega]$이다.
따라서 $|Z| = \sqrt{R^2 + X_C^2}$ 이므로
$R = \sqrt{Z^2 - X_C^2} = \sqrt{10^2 - 8^2} = 6[\Omega]$ [답] ①

26 그림과 같은 브리지 회로에서 미지의 인덕턴스 L_x를 구하면?

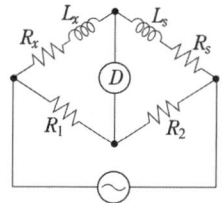

① $L_x = \dfrac{R_2}{R_1} \cdot L_s$ ② $L_x = \dfrac{R_1}{R_2} \cdot L_s$

③ $L_x = \dfrac{R_s}{R_1} \cdot L_s$ ④ $L_x = \dfrac{R_1}{R_s} \cdot L_s$

풀이
브리지 평형조건을 만족시키기 위해서
$R_2(R_x + j\omega L_x) = R_1(R_s + j\omega L_s)$
의 조건을 만족하여야 한다. 허수부를 정리하면
$L_x = \dfrac{R_1}{R_2} \cdot L_s$ [답] ②

27 직렬공진 시 최대가 되는 것은?
① 전류   ② 임피던스
③ 리액턴스   ④ 저항

풀이
직렬공진 시 : 임피던스가 최소(허수부=0),
전류 최대 $\left(I = \dfrac{V}{Z}\right)$ [답] ①

28 직렬 공진시 그 값이 영이 되어야 하는 것은?
① 전류   ② 전압
③ 저항   ④ 리액턴스
[답] ④

29 $R-L-C$ 직렬회로에서 전압과 전류가 동위상이 되기 위한 조건은?
① $\omega L^2 C^2 = 1$
② $\omega^2 LC = 1$
③ $\omega LC = 1$
④ $\omega = LC$

풀이
RLC 직렬회로에서 전압과 전류가 동위상이 되기 위해서는 임피던스가 순저항성분(직렬공진시 $X_L - X_C = 0$)이 되어야 하므로 $\omega L = \dfrac{1}{\omega C}$이다. 즉, $\omega^2 LC = 1$ [답] ②

30 RLC 직렬회로에서 $\omega L = \dfrac{1}{\omega C}$일 때 다음 설명 중 옳지 않은 것은?
① 리액턴스 성분이 0이 된다.
② 합성 임피던스는 최대가 된다.
③ 회로의 전류는 최대가 된다.
④ 공진현상이 일어난다.

풀이
공진조건 $\omega L = \dfrac{1}{\omega C}(X=0)$이 성립하면
㉠ 임피던스 최소
㉡ 전류 최대
㉢ 동상전류
㉣ 공진주파수 $f = \dfrac{1}{2\pi \sqrt{LC}}$[Hz]   [답] ②

31 RLC 직렬 공진시의 주파수 f_r[Hz]는?
① $\dfrac{1}{2\pi\sqrt{LC}}$ ② $\dfrac{1}{2\pi\sqrt{VLC}}$
③ $2\pi\sqrt{fLC}$ ④ $2\pi\sqrt{VLC}$

풀이
$\omega^2 LC = 1$에서 $\omega = 2\pi f$이므로
$f = \dfrac{1}{2\pi\sqrt{LC}}$[Hz]   [답] ①

32 L[H], C[F]를 병렬로 결선하고 전압[V]를 가할 때 전류가 0이 되려면 주파수 f는 몇 [Hz]이어야 하는가?
① $f = 2\pi\sqrt{LC}$ ② $f = \dfrac{2\pi}{\sqrt{LC}}$
③ $f = \dfrac{\sqrt{LC}}{2\pi}$ ④ $f = \dfrac{1}{2\pi\sqrt{LC}}$

풀이
병렬공진 시 어드미턴스의 허수부가 0이 되는 $\omega C = \dfrac{1}{\omega L}$의 공진 조건에 따라 공진주파수는 $f = \dfrac{1}{2\pi\sqrt{LC}}$[Hz]이다.   [답] ④

33 $L-C$ 회로에서 L 또는 C를 증가시킬 때 공진주파수의 변동은 어떠한가?
① 공진주파수는 증가한다.
② 공진주파수는 감소한다.
③ 변하지 않는다.
④ $\dfrac{L}{C}$에 반비례한다.
[답] ②

34 $R=5[\Omega]$, $L=20$[mH] 및 가변 콘덴서 C로 구성된 $R-L-C$ 직렬회로에 주파수 1000 [Hz]인 교류를 가한 다음 C를 가변시켜 직렬 공진시킬 때 C의 값은 약 몇 [μF]인가?
① 1.27   ② 2.54
③ 3.52   ④ 4.99

풀이
$f = \dfrac{1}{2\pi\sqrt{LC}}$
$1000 = \dfrac{1}{2\pi\sqrt{20\times 10^{-3}\times C}}$, $C = 1.27[\mu F]$ [답] ①

35 어떤 $R-L-C$ 병렬회로가 병렬공진 되었을 때 합성전류에 대한 설명으로 옳은 것은?
① 전류는 무한대가 된다.
② 전류는 최대가 된다.
③ 전류는 흐르지 않는다.
④ 전류는 최소가 된다.

풀이
병렬공진 시 : 어드미턴스가 최소(허수부=0),
　　　　　　 전류 최소($I = YV$)　　　　　　[답] ④

36 $R=10[\Omega]$, $L=10[mH]$, $C=1[\mu F]$인 직렬회로에 100[V] 전압을 가했을 때 공진의 첨예도 Q는 얼마인가?
① 1　　　　　② 10
③ 100　　　　④ 1000

풀이
직렬공진회로의 선택도(첨예도, 양호도)
$$Q = \frac{1}{R}\sqrt{\frac{L}{C}} = \frac{1}{10}\sqrt{\frac{10\times 10^{-3}}{1\times 10^{-6}}} = 10$$
　　　　　　　　　　　　　　　　　　　[답] ②

37 그림과 같은 $R-L-C$ 병렬 공진회로에 관한 설명 중 옳지 않은 것은?

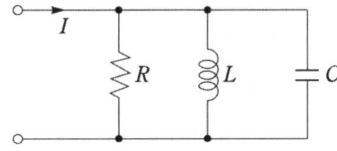

① R이 작을수록 Q가 높다.
② 공진시 L 또는 C를 흐르는 전류는 입력 전류 크기의 Q배가 된다.
③ 공진 주파수 이하에서의 입력 전류는 전압보다 위상이 뒤진다.
④ 공진시 입력 어드미턴스는 매우 작아진다.

풀이
병렬공진에서 선택도
$$Q = \frac{R}{\omega L} = \omega CR = R\sqrt{\frac{C}{L}}$$
　　　　　　　　　　　　　　　　　　　[답] ①

5.4 교류전력

1. 유효 전류와 무효전류
(1) 유효 전류 $I = I_a \cos\theta$ [A]
(2) 무효 전류 $I_r = I_a \sin\theta$ [A]

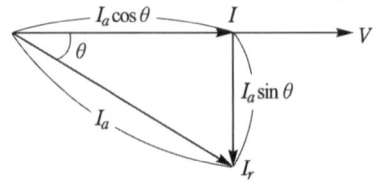
[전류의 벡터도]

2. 교류 전력
(1) 유효 전력 P[W] : 저항에서 소모되는 전력
= 소비전력, 평균전력
$$P = VI \cdot \cos\theta = P_a\cos\theta [\text{W}] = \frac{V^2}{R} = I^2 R [\text{W}]$$

(2) 무효 전력 P_r[Var] : 리액턴스에서 소모되는 전력
실제 일을 할 수 없는 전력
$$P_r = VI \cdot \sin\theta = P_a\sin\theta [\text{Var}] = \frac{V^2}{X} = I^2 X [\text{Var}]$$

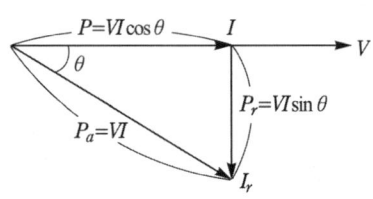
[전력의 벡터도]

(3) 피상 전력 P_a[VA] : 겉보기 전력, 유효전력과 무효전력의 벡터 합
$$P_a = V \cdot I = \frac{V^2}{Z} = I^2 Z = P \pm jP_r = \sqrt{P^2 + P_r^2} \, [\text{VA}]$$

3. 역률(power factor)
(1) $\cos\theta = \dfrac{\text{유효전력}(P)}{\text{피상전력}(P_a)} = \dfrac{P}{VI} \times 100[\%]$ 또는 $\cos\theta = \dfrac{R}{Z}$

(2) 역률 개선(무효전력의 감소)

전력용 콘덴서 용량 $Q = P(\tan\theta_1 - \tan\theta_2) = P\left(\dfrac{\sin\theta_1}{\cos\theta_1} - \dfrac{\sin\theta_2}{\cos\theta_2}\right)$[kVA]

4. 최대전력 전달
그림에서 최대 전력 전달 조건 및 최대 공급 전력은
- Z_g : 내부 임피던스[Ω], Z_L : 부하 임피던스[Ω]
- 최대 전력 전달 조건 : 내부 임피던스[Ω] = 부하 임피던스[Ω]

(1) $Z_g = R_g$, $Z_L = R_L$인 경우
- 최대 전력 전달 조건 : $R_L = R_g$
- 최대 공급 전력 : $P_{\max} = \left(\dfrac{E}{R_g + R_L}\right)^2 \times R_L = \dfrac{E^2}{4R_g}$[W]

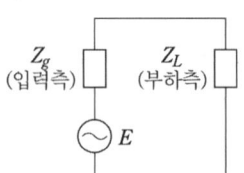

(2) $Z_g = R_g + jX_g$, $Z_L = R_L$인 경우
- 최대 전력 전달 조건 : $R_L = |Z_g| = \sqrt{R_g^2 + X_g^2}$

(3) $Z_g = R_g + jX_g$, $Z_L = R_L + jX_L$인 경우
- 최대 전력 전달 조건 : $Z_L = \overline{Z_g}$ ($R_L = R_g$, $X_L = -X_g$)

1 기출 & 예상문제
제5장 교류회로(4)

01 그림과 같은 회로에 흐르는 유효분 전류[A]는?

① 4
② 6
③ 8
④ 10

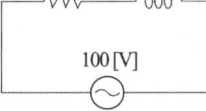

풀이
$Z = 8 + j6\,[\Omega]$ 이므로
유효 전류
$I = I_a \cos\theta = \dfrac{V}{Z} \times \dfrac{R}{Z} = \dfrac{100}{\sqrt{8^2+6^2}} \times \dfrac{8}{\sqrt{8^2+6^2}}$
$= 10 \times 0.8 = 8\,[A]$ [답] ③

02 어느 회로에 200[V]의 교류 전압을 가할 때 $\dfrac{\pi}{6}$[rad] 위상이 늦은 10[A]의 전류가 흐른다. 이 회로의 전력은[W]은?

① 3452
② 2361
③ 1732
④ 1215

풀이
$P = VI\cos\theta = 200 \times 10 \times \cos 30° = 1732\,[W]$ [답] ③

03 단상 100[V], 800[W], 역률 80[%]인 회로의 리액턴스는 몇 [Ω]인가?

① 10
② 8
③ 6
④ 4

풀이
$I = \dfrac{P}{V\cos\theta} = \dfrac{800}{100 \times 0.8} = 10\,[A]$
$Z = \dfrac{V}{I} = \dfrac{100}{10} = 10\,[\Omega]$
여기서 $\cos\theta = 0.8$이므로 $\sin\theta = \sqrt{1-\cos^2\theta} = 0.6$
$\therefore X = Z\sin\theta = 10 \times 0.6 = 6\,[\Omega]$ [답] ③

04 전압 $v = 100\sin\omega t$[V]에 $i = 20\sin(\omega t - 30°)$[A]이라면 소비전력[W]은?

① 500
② 866
③ 1000
④ 2000

풀이
$P = VI\cos\theta = \dfrac{100}{\sqrt{2}} \times \dfrac{20}{\sqrt{2}} \times \cos 30° = 866\,[W]$ [답] ②

05 100[V], 40[W]의 형광등에 전류가 0.8[A]가 흐르고 소비 전력은 50[W]였다. 이 형광등의 역률은?

① 0.50
② 0.63
③ 0.88
④ 0.90

풀이
$P = VI\cos\theta$ 이므로
$\cos\theta = \dfrac{P}{VI} = \dfrac{50}{100 \times 0.8} = \dfrac{5}{8} = 0.625$ [답] ②

06 $v = V_m\sin(\omega t + \theta)$[V], $i = I_m\sin\omega t$[A]일 때 평균전력[W]은?

① $\dfrac{V_m I_m}{2}\sin\theta$
② $\dfrac{V_m I_m}{2}\cos\theta$
③ $V_m I_m \sin\theta$
④ $V_m I_m \cos\theta$

풀이
평균전력(소비전력, 유효전력)
$P = \dfrac{V_m}{\sqrt{2}} \times \dfrac{I_m}{\sqrt{2}} \times \cos\theta = \dfrac{V_m I_m}{2}\cos\theta\,[W]$ [답] ②

07 저항 R[Ω], 리액턴스 X[Ω]의 직렬회로에 전압 V[V]를 가했을 때의 전력[W]은?

① $\dfrac{RV^2}{R^2+X^2}$
② $\dfrac{XV^2}{R^2+X^2}$
③ $\dfrac{RV^2}{R+X}$
④ $\dfrac{XV^2}{R+X}$

풀이)

$$P = I^2 R = \left(\frac{V}{\sqrt{R^2+X^2}}\right)^2 \cdot R = \frac{R \cdot V^2}{R^2+X^2} [\text{W}]$$ [답] ①

08 무효전력의 단위는?
① var ② watt
③ volt amp ④ kWatt

풀이)
무효전력 $P_r = VI\sin\theta [\text{Var}]$ [답] ①

09 교류에서 무효전력 $P_r [\text{VAR}]$은?
① VI ② $VI\cos\phi$
③ $VI\sin\phi$ ④ $VI\tan\phi$

[답] ③

10 60[μF]의 콘덴서에 100[V], 60[Hz]의 교류를 가할 때 무효전력[Var]은?
① 113 ② 165
③ 226 ④ 274

풀이)
$$P_r = I^2 X_C = \frac{V^2}{X_C} = \omega C V^2$$
$$= 2\pi \times 60 \times 60 \times 10^{-6} \times 100^2 = 226.2 [\text{Var}]$$ [답] ③

11 다음 중 [VA]는 무엇의 단위인가?
① 유효전력 ② 무효전력
③ 피상전력 ④ 역률

[답] ③

12 정현파 교류의 전압과 전류가 최대값으로 E [V] 및 I [A]일 때 피상전력은?
① $\frac{EI}{2}$ [VA] ② $\frac{EI}{\sqrt{2}}$ [VA]
③ $2\sqrt{2} EI$ [VA] ④ $2EI$ [VA]

풀이)
피상전력 $P_a = VI = \frac{E_m}{\sqrt{2}} \times \frac{I_m}{\sqrt{2}} = \frac{EI}{2} [\text{VA}]$ [답] ①

13 피상 전력이 10[kVA], 유효 전력이 7.07 [kW]이면 역률은 얼마인가?
① 0.4 ② 0.707
③ 1 ④ 1.414

풀이)
$P = P_a \cos\theta$
$\therefore \cos\theta = \frac{P}{P_a} = \frac{7.07}{10} = 0.707$ [답] ②

14 100[V]의 전원에 1[kW]의 선풍기를 접속하니 12[A]의 전류가 흘렀다. 선풍기의 무효율은?
① 약 17 ② 약 83
③ 약 45 ④ 약 55

풀이)
$\cos\theta = \frac{P}{P_a} = \frac{P}{VI} = \frac{1 \times 10^3}{100 \times 12} = 0.83$
$\therefore \sin\theta = \sqrt{1-\cos^2\theta} ≒ 0.55$ [답] ④

15 교류 기기나 교류 전원의 용량을 나타낼 때 사용되는 것과 그 단위가 바르게 나열된 것은?
① 유효전력 – [VAh]
② 무효전력 – [W]
③ 피상전력 – [VA]
④ 최대전력 – [Wh]

풀이)
피상전력은 전기기기에 있어서 전압이 몇 볼트 기준으로 몇 암페어의 전류가 흐르는가를 아는 데에 편리하며, 전기기기의 용량을 나타내는 의미로 이용된다. [답] ③

16 교류회로에서 유효전력을(P), 무효전력을 (P_r), 피상전력을(P_a)이라 하면 역률($\cos\theta$)을 구하는 식은?
① $\frac{P}{P_a}$ ② $\frac{P_a}{P}$
③ $\frac{P}{P_r}$ ④ $\frac{P_r}{P}$

풀이)
$\frac{P}{P_a} = \frac{VI\cos\theta}{VI} = \cos\theta$ [답] ①

17 역률 90[%]의 부하에 유효전력이 900[kW]일 때 무효전력은 몇 [kVar]인가?

① 392 ② 436
③ 484 ④ 900

풀이
$P_a = \dfrac{P}{\cos\theta} = \dfrac{900}{0.9} = 1000[\text{kVA}]$

$\therefore P_r = \sqrt{P_a^2 - P^2} = \sqrt{1000^2 - 900^2} = 436[\text{kVar}]$ **[답]** ②

18 $\dot{E} = 100 + j20[\text{V}]$와 $\dot{I} = 20 - j30[\text{A}]$일 때 유효전력 P는 몇 [W]인가?

① 1,400 ② 1,600
③ 2,000 ④ 2,600

풀이
복소전력 $P = \dot{E} \cdot \overline{\dot{I}} = (100 + j20) \times (20 + j30)$
$= 1400 + j3400[\text{VA}]$ **[답]** ①

19 기전력이 50[V], 내부저항 $r = 5[\Omega]$인 전원이 있다. 이 전원에 부하를 연결하여 얻을 수 있는 최대 전력은 몇 [W]인가?

① 50 ② 75
③ 100 ④ 125

풀이
$P_{\max} = \dfrac{E^2}{4R_g} = \dfrac{50^2}{4 \times 5} = 125[\text{W}]$ **[답]** ④

제6장

3상 교류회로

6.1 3상 교류

1. 3상 교류의 발생

서로 간격이 $\frac{2}{3}\pi$ 만큼씩의 간격을 두고 평등자장내에서 도체를 회전시키면 주파수는 같으나 각각 위상($120° = \frac{2}{3}\pi$)을 달리하는 기전력이 동시에 존재하는 교류방식

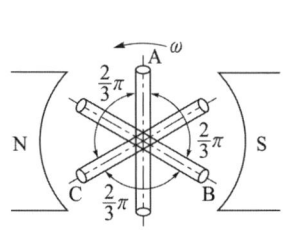

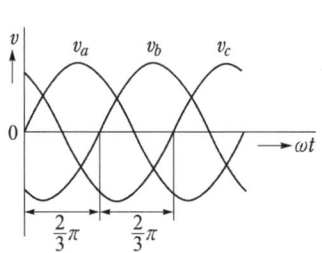

[3상 교류의 발생]

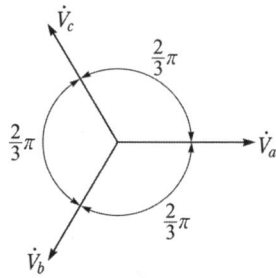

[3상전력의 벡터도]

2. 3상 회로의 결선

결선도	(1) 성형 결선 (Y-결선)	(2) 삼각 결선 (△-결선)
	상전압 $\dot{V}_a$, $\dot{V}_c$, $\dot{V}_b$ / 선간전압 $\dot{V}_{ab}$, $\dot{V}_{ca}$, $\dot{V}_{bc}$ / 중성점	$\dot{V}_c$, $\dot{V}_a$, $\dot{V}_b$ / $\dot{V}_{ab}$, $\dot{V}_{ca}$, $\dot{V}_{bc}$ / 선간전압=상전압
V_P (상전압)	$V_P = \dfrac{V_l}{\sqrt{3}}$	$V_P = V_l$
V_l (선간전압)	$V_l = \sqrt{3}\, V_P \angle \dfrac{\pi}{6}$	$V_l = V_P$
I_l (선전류)	$I_l = I_P$	$I_l = \sqrt{3}\, I_P \angle -\dfrac{\pi}{6}$
I_P (상전류)	$I_P = I_l$	$I_P = \dfrac{I_l}{\sqrt{3}}$

(3) V 결선

△-△ 결선 방식으로 운전 중 변압기의 고장발생시 두 대의 변압기로 3상 전압을 공급하는 방식

① 출력 : $P = \sqrt{3}\,VI\cos\theta = \sqrt{3}\,P_1$ [W]

② 이용률 : 86.6[%]
- 이용률 $= \dfrac{\text{V결선시 용량}}{\text{변압기 2대 용량}} = \dfrac{\sqrt{3}\,VI}{2VI} = 0.866$

③ 출력비 : 57.7[%]
- 출력비 $= \dfrac{\text{V결선시 출력(고장 후)}}{\text{△결선시 출력(고장 전)}} = \dfrac{\sqrt{3}\,VI}{3VI} = 0.577$

3. 평형 3상회로의 계산

(1) Y-Y 결선

① $V_l = \sqrt{3}\,V_P,\ I_l = I_p$

② 선전류 : $I_l = I_p = \dfrac{V_l}{\sqrt{3}\,Z}$ [A]

(2) △-△ 결선

① $V_l = V_P,\ I_l = \sqrt{3}\,I_P$

② 선간전압 : $V_l = V_p = I_p \cdot Z$ [V]

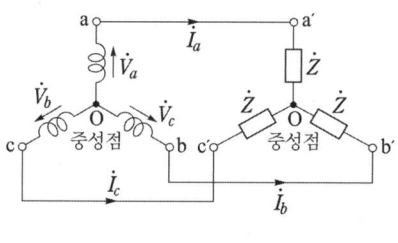

[Y-Y결선]

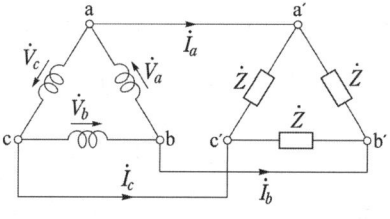

[△-△ 결선]

4. 평형 임피던스의 Y-△ 변환

(1) Y → △ 변환 : $Z_\triangle = 3Z_Y$

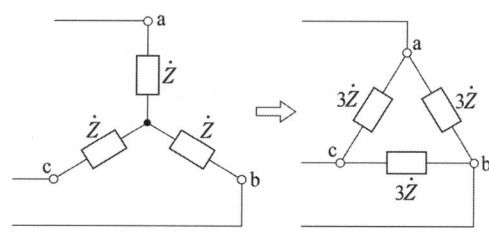

[Y-△ 변환]

(2) △ → Y 변환 : $Z_Y = \dfrac{1}{3} Z_\triangle$

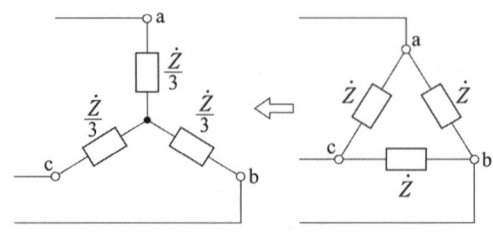

[△-Y 변환]

5. 평형 3상 전력

$$P = \sqrt{3} \times 선간전압 \times 선전류 \times 역률[W]$$
$$= 3 \times 상전압 \times 상전류 \times 역률[W]$$

(1) 피상전력 : $P_a = \sqrt{3}\, VI\,[VA]$

(2) 유효전력 : $P = \sqrt{3}\, VI\cos\theta\,[W]$

(3) 무효전력 : $P_r = \sqrt{3}\, VI\sin\theta\,[Var]$

(4) 역률 : $\cos\theta = \dfrac{P}{P_a} = \dfrac{R}{Z}$

6. 3상 교류 전력의 측정

(1) 2전력계법

- 유효전력 : $P = P_1 + P_2\,[W]$
- 무효전력 : $P_r = \sqrt{3}\,(P_1 - P_2)\,[Var]$
- 피상전력 : $P_a = \sqrt{P^2 + P_r^2}$
  $\qquad\qquad\; = 2\sqrt{P_1^2 + P_2^2 - P_1 \cdot P_2}\,[VA]$
- 역률 : $\cos\theta = \dfrac{P}{P_a} = \dfrac{P_1 + P_2}{2\sqrt{P_1^2 + P_2^2 - P_1 \cdot P_2}}$

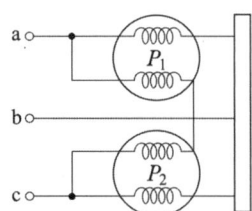

※ **2전력계법에서 각 전력계의 지시값에 따른 역률값**

- 두 전력계의 지시값이 같은 경우($P_1 = P_2$) : $\cos\theta = 1$
- 둘 중 하나가 0인 경우($P_1 = 0$ 또는 $P_2 = 0$) : $\cos\theta = 0.5$
- 어느 하나의 2배인 경우($P_1 = 2P_2$ 또는 $P_2 = 2P_1$) : $\cos\theta = \dfrac{\sqrt{3}}{2} = 0.866$
- 어느 하나의 3배인 경우($P_1 = 3P_2$ 또는 $P_2 = 3P_1$) : $\cos\theta = 0.75$

1 기출 & 예상문제
제6장 3상 교류회로

01 대칭 3상 교류전압에 있어서 각 상간의 위상차[rad]는?

① $\frac{\pi}{6}$ ② $\frac{\pi}{3}$
③ $\frac{\pi}{2}$ ④ $\frac{2\pi}{3}$

풀이
각 기전력의 크기가 같고 서로 $\frac{2}{3}\pi$[rad]만큼씩의 위상차가 있는 교류를 대칭 3상교류라 한다.

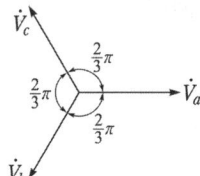

[답] ④

02 대칭 3상 교류의 조건에 해당되지 않는 것은?
① 기전력의 크기가 같을 것
② 주파수가 같을 것
③ 위상차가 각각 $\frac{4\pi}{3}$[rad]일 것
④ 파형이 같을 것

풀이
대칭 3상 교류 : 위상차가 2π/3[rad]이고 기전력의 크기, 주파수, 파형이 같아야 한다. [답] ③

03 대칭 3상 교류를 올바르게 설명한 것은?
① 3상의 크기 및 주파수가 같고 상차가 60°의 간격을 가진 교류
② 3상의 크기 및 주파수가 각각 다르고 상차가 60°의 간격을 가진 교류
③ 동시에 존재하는 3상의 크기 및 주파수가 같고 상차각 120°의 간격을 가진 교류
④ 동시에 존재하는 3상의 크기 및 주파수가 같고 상차각 90°의 간격을 가진 교류

[답] ③

04 평형 3상 Y결선의 상전압 V_P와 선간전압 V_l과의 관계식은?
① $V_P = V_l$
② $V_l = 3 V_P$
③ $V_l = \sqrt{3}\, V_P$
④ $V_P = \sqrt{3}\, V_l$

풀이
Y결선 시 $V_l = \sqrt{3}\, V_P$, $I_l = I_P$의 관계가 성립한다. [답] ③

05 성형 결선에서 상전압이 115[V]인 대칭 3상 교류의 선간 전압은?
① 약 100[V] ② 약 150[V]
③ 약 200[V] ④ 약 250[V]

풀이
Y결선 시 $V_l = \sqrt{3}\, V_p = \sqrt{3} \times 115 ≒ 200$[V] [답] ③

06 각 상의 임피던스가 $\dot{Z} = 6 + j8$[Ω]인 평형 Y결선 부하에 선간전압 220[V]의 대칭 3상 전압을 인가하였을 때 흐르는 선전류는 약 몇 [A]인가?
① 8.7 ② 10.5
③ 12.7 ④ 17.5

풀이
Y결선 시
$I_l = I_p = \frac{V_p}{Z} = \frac{\frac{220}{\sqrt{3}}}{\sqrt{6^2+8^2}} = 12.7$[A] [답] ③

07 선간전압 210[V], 선전류 10[A]의 Y-Y 회로가 있다. 상전압과 상전류는 각각 얼마인가?
① 약 121[V], 5.77[A]
② 약 121[V], 10[A]
③ 약 210[V], 5.77[A]
④ 약 210[V], 10[A]

풀이
Y결선 시
$V_p = \dfrac{V_l}{\sqrt{3}} = \dfrac{210}{\sqrt{3}} = 121.2[V]$
$I_p = I_l = 10[A]$ [답] ②

08 △결선시 V_l(선간 전압), V_p(상전압), I_l(선전류), I_p(상전류)의 관계식이 맞는 것은?
① $V_l = \sqrt{3}\,V_p,\ I_l = I_p$
② $V_l = V_p,\ I_l = \sqrt{3}\,I_p$
③ $V_l = V_p,\ I_l = I_p$
④ $V_l = \sqrt{3}\,V_p,\ I_l = \sqrt{3}\,I_p$

풀이
△결선 시 $V_l = V_p,\ I_l = \sqrt{3}\,I_p$의 관계가 성립한다. [답] ②

09 3상 회로의 △결선에서 선전류와 상전류와의 위상 관계는?
① 상전류가 60° 앞선다.
② 상전류가 30° 앞선다.
③ 상전류가 60° 뒤진다.
④ 상전류가 30° 뒤진다.

풀이
$V_l = V_p,\ I_l = \sqrt{3}\,I_p \angle -\dfrac{\pi}{6}$
상전류가 선전류보다 $\dfrac{\pi}{6}(30°)$만큼 앞선다. [답] ②

10 그림과 같은 회로에 대칭 3상 교류전압을 가했을 때 이 회로에 흐르는 전류[A]는?

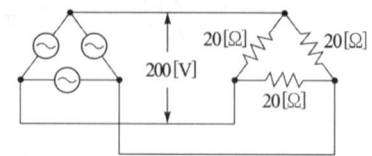

① $\dfrac{10}{\sqrt{3}}$
② 10
③ $10\sqrt{3}$
④ $20\sqrt{3}$

풀이
△결선 시 $I_l = \sqrt{3}\,I_p = \sqrt{3} \times \dfrac{200}{20} = 10\sqrt{3}[A]$ [답] ③

11 △결선의 각상 부하가 $R = 3[\Omega],\ X_L = 4[\Omega]$이다. 여기에 200[V]의 대칭 3상 전원을 접속 할 때 상전류[A]는?
① 10
② 20
③ 30
④ 40

풀이
$I_p = \dfrac{V_p}{Z} = \dfrac{200}{\sqrt{3^2 + 4^2}} = 40[A]$ [답] ④

12 정격 전류 5000[A] 3상 교류 발전기가 △결선일 때의 그 1상의 전류[A]는?
① 2200
② 2886
③ 5000
④ 8669

풀이
$I_p = \dfrac{I_l}{\sqrt{3}} = \dfrac{5000}{\sqrt{3}} = 2886.8[A]$ [답] ②

13 전압 220[V] 1상 부하 $Z = 8 + j6[\Omega]$인 △회로의 선전류는 몇 [A]인가?
① 22
② $22\sqrt{3}$
③ 11
④ $\dfrac{22}{\sqrt{3}}$

풀이
$|Z| = \sqrt{8^2 + 6^2} = 10[\Omega]$
$\therefore I_l = \sqrt{3}\,I_p = \sqrt{3} \times \dfrac{V}{Z} = \sqrt{3} \times \dfrac{220}{10} = 22\sqrt{3}[A]$ [답] ②

14 $R[\Omega]$인 3개의 저항을 같은 전원에 △결선으로 접속시킬 때와 Y결선으로 접속시킬 때 선전류의 크기 비 $\left(\dfrac{I_\Delta}{I_Y}\right)$는?

① $\dfrac{1}{3}$
② $\sqrt{6}$
③ $\sqrt{3}$
④ 3

풀이

$$\dfrac{I_\Delta}{I_Y} = \dfrac{\sqrt{3}\dfrac{V_l}{R}}{\dfrac{V_l}{\sqrt{3}R}} = 3$$

[답] ④

15 3상 전원에서 한 상에 고장이 발생하였다. 이 때 3상 부하에 3상 전력을 공급할 수 있는 결선 방법은?

① Y결선
② △결선
③ 단상결선
④ V결선

풀이
- V결선 : △-△ 결선 방식으로 운전 중 변압기의 고장 발생시 두 대의 변압기로 3상 전압을 공급하는 방식

[답] ④

16 출력 P[kVA]의 단상변압기 전원 2대를 V결선한 때의 3상 출력[kVA]은?

① P
② $\sqrt{3}P$
③ $2P$
④ $3P$

풀이
V결선 출력 $P_V = \sqrt{3}P_1 = \sqrt{3}VI$ [VA]

[답] ②

17 20[kVA] 변압기 3대를 △결선하여 3상 전력을 보내던 중 한대가 고장나서 V결선으로 하였다. 이 경우 3상 최대 출력은 약 몇 [kVA]인가?

① 5
② 35
③ 40
④ 60

풀이

$P_V = \sqrt{3}P_1 = \sqrt{3} \times 20 = 34.6$ [kVA]

[답] ②

18 V결선의 이용률[%]은?

① 57.7
② 70.7
③ 100
④ 86.6

풀이
V결선 이용률
: $\dfrac{\text{V 결선시 용량}}{\text{변압기 2대 용량}} = \dfrac{\sqrt{3}VI}{2VI} = 0.867(86.7[\%])$

[답] ④

19 △결선 변압기 1대가 고장으로 V결선으로 바꾸었을 때 출력은 고장 전의 출력의 몇 배인가?

① $\dfrac{1}{2}$
② $\dfrac{\sqrt{3}}{3}$
③ $\dfrac{2}{3}$
④ $\dfrac{\sqrt{3}}{2}$

풀이
V결선 출력비 :
$\dfrac{\text{V 결선시 출력(고장 후)}}{\triangle\text{결선시 출력(고장 전)}} = \dfrac{\sqrt{3}VI}{3VI} = 0.577(57.7[\%])$

[답] ②

20 평형 3상 교류 회로의 Y회로로부터 △회로로 등가 변환하기 위해서는 어떻게 하여야 하는가?

① 각 상의 임피던스를 3배로 한다.
② 각 상의 임피던스를 $\sqrt{3}$ 배로 한다.
③ 각 상의 임피던스를 $\dfrac{1}{\sqrt{3}}$ 배로 한다.
④ 각 상의 임피던스를 $\dfrac{1}{3}$ 배로 한다.

풀이
Y-△ 등가변환 : $Z_\Delta = 3Z_Y$

[답] ①

21 세변의 저항 $R_a = R_b = R_c = 15[\Omega]$인 Y결선 회로가 있다. 이것과 등가인 △결선회로의 각 변의 저항은 몇 [Ω]인가?

① 5
② 10
③ 25
④ 45

풀이
$R_\Delta = 3R_Y = 3 \times 15 = 45[\Omega]$

[답] ④

22 전압 220[V], 전류 10[A], 역률 0.8인 3상 전동기 사용 시 소비전력은?
① 약 1.5[kW]
② 약 3.0[kW]
③ 약 5.2[kW]
④ 약 7.1[kW]

풀이
$P = \sqrt{3}\,VI\cos\theta = \sqrt{3} \times 220 \times 10 \times 0.8 = 3048[W]$
$\fallingdotseq 3[kW]$ [답] ②

23 3상 부하에 선간전압 200[V]를 가할 때 선전류는 50[A]로 소비전력은 14[kW]이었다. 이 부하의 역률은?
① 0.567   ② 0.672
③ 0.752   ④ 0.808

풀이
$\cos\theta = \dfrac{P}{\sqrt{3}\,VI} = \dfrac{14 \times 10^3}{\sqrt{3} \times 200 \times 50} = 0.808$ [답] ④

24 어느 공장의 평형 3상 부하 전압을 측정하였을 때 선간전압이 200[V], 소비전력이 35[kW], 역률이 95[%]라고 한다. 이때 전류는 대략 몇 [A]인가?
① 76   ② 98
③ 106   ④ 122

풀이
$I = \dfrac{P}{\sqrt{3}\,V\cos\theta} = \dfrac{35 \times 10^3}{\sqrt{3} \times 200 \times 0.95} = 106.35[A]$ [답] ③

25 단상전력계 2대를 사용하여 3상 전력을 측정하고자 한다. 두 전력계의 지시값이 각각 P_1, P_2[W]이었다. 3상 전력 P[W]를 구하는 옳은 식은?
① $P = 3 \times P_1 \times P_2$
② $P = P_1 - P_2$
③ $P = P_1 \times P_2$
④ $P = P_1 + P_2$

풀이
2전력계법

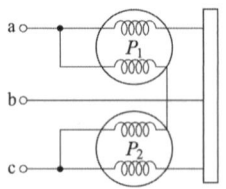

- 유효전력 $P = P_1 + P_2$ [W]
- 무효전력 $P_r = \sqrt{3}(P_1 - P_2)$ [Var]
- 피상전력 $P_a = \sqrt{P^2 + P_r^2} = 2\sqrt{P_1^2 + P_2^2 - P_1 \cdot P_2}$ [VA]
- 역률 $\cos\theta = \dfrac{P}{P_a} = \dfrac{P_1 + P_2}{2\sqrt{P_1^2 + P_2^2 - P_1 \cdot P_2}}$ [답] ④

26 3상 전력은 2대의 전력계 W_1과 W_2로 측정할 때 W_1의 지시 값이 P_1, W_2의 지시값이 P_2라 하면 3상 무효전력[Var]은?
① $\dfrac{\sqrt{3}}{2}(P_1 - P_2)$ ② $\dfrac{\sqrt{3}}{2}(P_1 + P_2)$
③ $\sqrt{3}(P_1 + P_2)$ ④ $\sqrt{3}(P_1 - P_2)$

풀이
무효전력 $P_r = \sqrt{3}(P_1 - P_2)$ [Var] [답] ④

27 3상 전력을 측정하는 2전력계법에서 하나의 지시가 0이었다면 이 회로의 역률은 얼마인가?
① 0.25   ② 0.5
③ 0.707   ④ 0.866

풀이
역률 $\cos\theta = \dfrac{P}{P_a} = \dfrac{P_1 + P_2}{2\sqrt{P_1^2 + P_2^2 - P_1 \cdot P_2}} = \dfrac{P}{2P} = \dfrac{1}{2}$ [답] ②

28 2개의 전력계를 사용하여 평형부하의 3상 회로의 역률을 측정하고자 한다. 전력계의 지시가 각각 1[kW] 및 2[kW]라 할 때 이회로의 역률은 약 몇 [%]인가?
① 58.8   ② 63.3
③ 74.4   ④ 86.6

풀이
$\cos\theta = \dfrac{P_1 + P_2}{2\sqrt{P_1^2 + P_2^2 - P_1 P_2}} = \dfrac{1 + 2}{2\sqrt{1^2 + 2^2 - 1 \times 2}} = 0.866$ [답] ④

제 7 장

비정현파(과도현상, 회로망정리)

7.1 비정현파 교류

1. 비정현파 교류
정현파로부터 일그러진 파형을 비정현파(non-sinuisoidal wave)라 하며 발생 원인은 다음과 같다.
① 교류 발전기에서의 전기자 반작용에 의한 일그러짐
② 변압기에서의 철심의 자기포화
③ 변압기에서의 히스테리시스 현상에 의한 여자 전류의 일그러짐
④ 다이오드의 비직선성에 의한 전류의 일그러짐

(1) 푸리에급수

주파수와 진폭을 달리하는 무수히 많은 성분을 갖는 비정현파를 무수히 많은 정현항과 여현항의 합으로 표현

$$f(t) = \sum_{n=0}^{\infty} a_n \cos n\omega t + \sum_{n=0}^{\infty} b_n \sin n\omega t$$
$$= a_0 + \sum_{n=1}^{\infty} a_n \cos n\omega t + \sum_{n=1}^{\infty} b_n \sin n\omega t$$
$$= a_0 + a_1 \cos \omega t + a_2 \cos 2\omega t + a_3 \cos 3\omega t + \cdots$$
$$+ b_1 \sin \omega t + b_2 \sin 2\omega t + b_3 \sin 3\omega t + \cdots$$

① 푸리에 급수의 전개

$$v = V_0 + V_{m1} \sin(\omega t + \theta_1) + V_{m2} \sin(2\omega t + \theta_2) + \cdots + V_{mn} \sin(n\omega t + \theta_n)$$
$$= V_0 + \sum_{n=1}^{\infty} V_{mn} \sin(n\omega t + \theta_n) [\text{V}]$$

∴ 비사인파 = 직류분 + 기본파 + 고조파

(2) 비정현파 교류의 실효값 : 각파의 실효값의 제곱의 합을 제곱근

① 전압의 실효값

$$V = \sqrt{V_0^2 + \left(\frac{V_{m1}}{\sqrt{2}}\right)^2 + \left(\frac{V_{m2}}{\sqrt{2}}\right)^2 + \cdots + \left(\frac{V_{mn}}{\sqrt{2}}\right)^2}$$
$$= \sqrt{V_0^2 + (V_1)^2 + (V_2)^2 + \cdots + (V_n)^2} \, [\text{V}]$$

② 전류의 실효값

$$I = \sqrt{I_0^2 + \left(\frac{I_{m1}}{\sqrt{2}}\right)^2 + \left(\frac{I_{m2}}{\sqrt{2}}\right)^2 + \cdots + \left(\frac{I_{mn}}{\sqrt{2}}\right)^2}$$

$$= \sqrt{I_0^2 + (I_1)^2 + (I_2)^2 + \cdots + (I_n)^2} \, [A]$$

(3) 일그러짐율 (=왜형율, 의율) : 고조파분의 실효값 V_K와 기본파인 V_1의 비

$$\epsilon = \frac{전\ 고조파의\ 실효값}{기본파\ 실효값} = \frac{\sqrt{V_2^2 + V_3^2 + \cdots + V_n^2}}{V_1} \times 100 [\%]$$

(4) 비정현파의 임피던스 계산

 n차 고조파의 임피던스 변화

 ① 저항 : 변화없음

 ② 유도 리액턴스 $X_{Ln} = 2\pi n f L = n \cdot X_L \rightarrow n$배로 증가

 ③ 용량 리액턴스 $X_{cn} = \dfrac{1}{2\pi n f C} = \dfrac{1}{n} \cdot \dfrac{1}{2\pi f C} = \dfrac{1}{n} \cdot X_c \rightarrow \dfrac{1}{n}$배 감소

7.2 과도현상

1. 과도현상

$t = 0$인 시간을 기준으로 하여 $t = 0$에서 어떠한 상태의 변화가 발생한 후 정상적인 현상이 발생하기 이전에 나타내는 전압이나 전류의 여러 가지 과도기적인 현상

→ • 시간적 변화를 가질 수 있는 소자인 L과 C소자에서 과도현상이 발생하며

 • R만의 회로에서는 과도전류는 없다.

 • 과도현상은 시정수가 클수록 오래 지속된다.

 • 시정수는 특성근의 절대값의 역수이다. (e^{-1}이 되는 t의 값)

(1) $R-L$ 직렬회로

전류 : $i(t) = \dfrac{E}{R}(1 - e^{-\frac{R}{L}t})[A]$

시정수(시상수) : 정상상태의 63.2[%]에 도달하기까지의 시간

$$\tau = \frac{L}{R} [\sec]$$

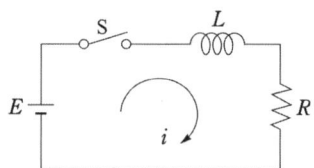

$R-L$ 직렬회로	직류 기전력 인가시 (S/W on 시)	직류 기전력 제거시 (S/W off 시)
전류 $i(t)$	$i(t) = \dfrac{E}{R}\left(1 - e^{-\frac{R}{L}t}\right)$	$i(t) = \dfrac{E}{R} e^{-\frac{R}{L}t}$
시정수	$\tau = \dfrac{L}{R} [\sec]$	$\tau = \dfrac{L}{R} [\sec]$
v_R	$v_R = E\left(1 - e^{-\frac{R}{L}t}\right) [V]$	
v_L	$v_L = Ee^{-\frac{R}{L}t} [V]$	

(2) $R-C$ 직렬회로

전하 및 전류 : $i(t) = \dfrac{E}{R}e^{-\frac{1}{RC}t}$ [A]

$q(t) = CE(1-e^{-\frac{1}{RC}t})$ [C]

시정수 : $\tau = RC$ [sec]

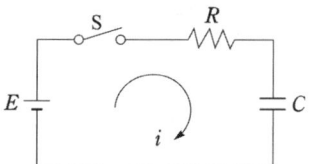

$R-C$ 직렬회로	직류 기전력 인가시 (S/W on 시)	직류 기전력 제거시 (S/W off 시)
전하 $q(t)$	$q(t) = CE\left(1-e^{-\frac{1}{RC}t}\right)$	$q(t) = CEe^{-\frac{1}{RC}t}$
전류 $i(t)$	$i(t) = \dfrac{E}{R}e^{-\frac{1}{RC}t}$ [A]	$i(t) = -\dfrac{E}{R}e^{-\frac{1}{RC}t}$ [A]
시정수	$\tau = RC$ [sec]	$\tau = RC$ [sec]
v_R	$v_R = Ee^{-\frac{1}{RC}t}$ [V]	
v_C	$v_C = E\left(1-e^{-\frac{1}{RC}t}\right)$ [V]	

7.3 회로망 정리

1. 선형회로망

(1) 중첩의 원리(Superposition theorem)

둘 이상의 전압원나 전류원이 혼합된 회로망에 있을 때, 회로 내 어느 한 지로(다른 전압원은 단락, 다른 전류원은 개방)에 흐르는 전류는 각 전원이 단독으로 존재할 때의 전류를 각각 대수적으로 합하여 구하는 정리

(2) 테브낭의 정리(Thevenin's theorem)

전원이 포함된 능동회로망은 그 임의의 두 단자 a, b 외측에 기준으로 좌측의 왼쪽을 보면 등가적으로 하나의 전압원 V_{ab}와 하나의 저항 R_{ab}로 변환하여 직렬로 연결된 회로에 대치

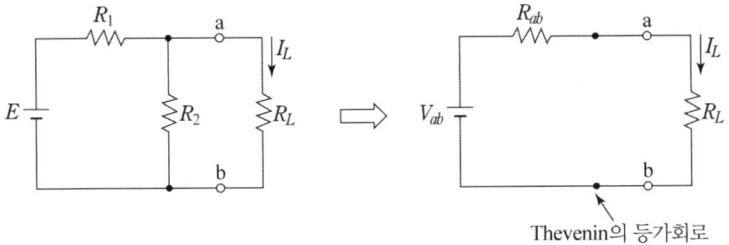

Thevenin의 등가회로

(3) 노튼의 정리(Norton's theorem)

전원이 포함된 능동회로망은 그 임의의 두 단자 a, b 외측에 기준으로 좌측의 왼쪽을 보면 등가적으로 하나의 전류원 I_S와 하나의 저항 R_{ab}로 변환하여 병렬로 연결된 회로에 대치

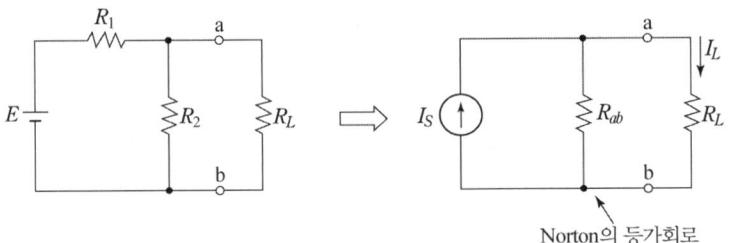

Norton의 등가회로

기출 & 예상문제
제7장 비정현파(과도현상, 회로망정리)

01 비사인파의 일반적인 구성이 아닌 것은?
① 삼각파 ② 고조파
③ 기본파 ④ 직류분

풀이
비사인파 = 직류분 + 기본파 + 고조파 [답] ①

02 비정현파를 여러 개의 정현파의 합으로 표시하는 방법은?
① 중첩의 원리 ② 노튼의 정리
③ 푸리에 분석 ④ 테일러의 분석

풀이
• 푸리에 급수 : 주파수와 진폭을 달리하는 무수히 많은 성분을 갖는 비정현파를 무수히 많은 정현항과 여현항의 합으로 표현

$v = V_0 + \sum_{n=1}^{\infty} V_{mn} \sin(n\omega t + \theta_n)[V]$ [답] ③

03 주기적인 구형파 신호의 성분은 어떻게 되는가?
① 성분 분석이 불가능하다.
② 직류분만으로 합성된다.
③ 무수히 많은 주파수의 합성이다.
④ 교류 합성을 갖지 않는다.

풀이
구형파는 무수히 많은 홀수 고조파의 합성이다. [답] ③

04 $v = 100\sin\omega t + 100\cos\omega t [V]$의 실효값은?
① 100 ② 141
③ 172 ④ 200

풀이
위상차가 90°이므로
$V = \sqrt{\left(\dfrac{100}{\sqrt{2}}\right)^2 + \left(\dfrac{100}{\sqrt{2}}\right)^2} = 100[V]$ [답] ①

05 어느 회로의 전류가 다음과 같을 때 이 회로에 대한 전류의 실효값은?

$i = 3 + 10\sqrt{2}\sin\left(\omega t - \dfrac{\pi}{6}\right)$
$\quad + 5\sqrt{2}\sin\left(3\omega t - \dfrac{\pi}{3}\right)[A]$

① 11.6[A]
② 23.2[A]
③ 32.2[A]
④ 48.3[A]

풀이
비정현파의 실효값은 각 고조파의 실효값의 제곱의 합의 제곱근이므로

$I = \sqrt{I_0^2 + \left(\dfrac{I_{m1}}{\sqrt{2}}\right)^2 + \left(\dfrac{I_{m3}}{\sqrt{2}}\right)^2}$
$\quad = \sqrt{3^2 + (10)^2 + (5)^2} = 11.6[A]$ [답] ①

06 $R = 4[\Omega]$, $\dfrac{1}{\omega C} = 36[\Omega]$을 직렬로 접속한 회로에 $v = 120\sqrt{2}\sin\omega t + 60\sqrt{2}\sin(3\omega t + \phi_3) + 30\sqrt{2}\sin(5\omega t + \phi_5)[V]$를 인가했을 때 흐르는 전류의 실효값은 약 몇 [A]인가?
① 3.3[A] ② 4.8[A]
③ 3.6[A] ④ 6.8[A]

풀이
$I_1 = \dfrac{V_1}{Z_1} = \dfrac{120}{\sqrt{4^2 + 36^2}} = 3.31[A]$

$I_3 = \dfrac{V_3}{Z_3} = \dfrac{V_3}{\sqrt{R^2 + \left(\dfrac{1}{3\omega C}\right)^2}} = 4.74[A]$

$I_5 = \dfrac{V_5}{Z_5} = \dfrac{V_3}{\sqrt{R^2 + \left(\dfrac{1}{5\omega C}\right)^2}} = 3.64[A]$

$\therefore I = \sqrt{I_1^2 + I_3^2 + I_5^2} = 6.83[A]$ [답] ④

07 $R=4[\Omega]$, $\omega L=3[\Omega]$의 직렬 회로에 $V=100\sqrt{2}\sin\omega t+30\sqrt{2}\sin3\omega t[V]$의 전압을 가할 때 전력은 약 몇 [W]인가?

① 1,170 ② 1,563
③ 1,637 ④ 2,116

풀이
비정현파의 소비전력
기본파 전압의 실효값 V_1, 3고조파 전압의 실효값 V_3라 하면
$$P=\frac{V_1^2 R}{R^2+(\omega L)^2}+\frac{V_3^2 R}{R^2+(3\omega L)^2}[W]$$ 이므로
$V_1=\frac{V_{m1}}{\sqrt{2}}=100\frac{\sqrt{2}}{\sqrt{2}}=100[V]$
$V_3=\frac{V_{m3}}{\sqrt{2}}=30\frac{\sqrt{2}}{\sqrt{2}}=30[V]$일 때
$\therefore P=\frac{100^2 \times 4}{4^2+3^2}+\frac{30^2 \times 4}{4^2+(3\times3)^2}=1,637[W]$ [답] ③

08 다음 중 비사인파 교류의 일그러짐율은?

① $\frac{\text{기본파의 실효값}}{\text{고조파의 실효값}}$
② $\frac{\text{고조파의 실효값}}{\text{기본파의 실효값}}$
③ $\frac{\text{기본파의 실효값}}{\text{고조파의 최대값}}$
④ $\frac{\text{고조파의 최대값}}{\text{기본파의 실효값}}$

풀이
일그러짐율(왜형율)
$\epsilon=\frac{\text{전 고조파의 실효값}}{\text{기본파 실효값}}$
$=\frac{\sqrt{V_2^2+V_3^2+\cdots+V_n^2}}{V_1}\times100[\%]$ [답] ②

09 정현파 교류의 왜형율은?

① 0
② 0.1212
③ 0.2273
④ 0.4834

[답] ①

10 기본파의 3[%]인 제3고조파와 4[%]인 제5고조파, 1[%]인 제7고조파를 포함하는 전압파의 왜율은?

① 약 2.7[%] ② 약 5.1[%]
③ 약 7.7[%] ④ 약 14.1[%]

풀이
$\epsilon=\frac{\sqrt{V_2^2+V_3^2+\cdots+V_n^2}}{V_1}\times100$
$=\frac{\sqrt{(0.03V)^2+(0.04V)^2+(0.01V)^2}}{V}\times100$
$\fallingdotseq 5.1[\%]$ [답] ②

11 전기회로의 과도현상과 시정수와의 관계가 바른 것은?

① 시정수가 클수록 과도현상은 오래 계속된다.
② 시정수는 전압의 크기에 비례한다.
③ 시정수와 과도지속 시간은 관계가 없다.
④ 시정수가 클수록 과도현상은 빨라진다.

풀이
시정수가 크면 정상상태에 도달하는데 걸리는 시간이 길어지므로 과도현상은 시정수가 클수록 오래 지속된다.
[답] ①

12 $R-L$ 직렬회로의 시정수 $\tau[s]$는?

① $\frac{R}{L}[s]$ ② $\frac{L}{R}[s]$
③ $RL[s]$ ④ $\frac{1}{RL}[s]$

풀이
RL 직렬회로 $\tau=\frac{L}{R}[\sec]$ [답] ②

13 $R-L$ 직렬회로에서 $R=20[\Omega]$, $L=10[H]$인 경우 시정수 τ는?

① 0.005[s] ② 0.5[s]
③ 2[s] ④ 200[s]

풀이
$\tau=\frac{L}{R}=\frac{10}{20}=0.5[\sec]$ [답] ②

14 $R=10[\text{k}\Omega]$, $C=5[\mu\text{F}]$의 직렬 회로에 110[V]의 직류전압을 인가했을 때 시상수(τ)는?

① 5[ms]　　② 50[ms]
③ 1[sec]　　④ 2[sec]

풀이
RC 직렬회로
$\tau = RC = 10\times 10^3 \times 5\times 10^{-6} = 5\times 10^{-2} = 50[\text{msec}]$
[답] ②

15 $R=2000[\text{k}\Omega]$, $C=2[\mu\text{F}]$인 $R-C$ 직렬 회로의 양단에 20[V]의 전압을 가한 뒤 C 양단의 전압이 12.64[V]가 되기까지의 시간은?

① 1[sec]　　② 2[sec]
③ 3[sec]　　④ 4[sec]

풀이
$\tau = RC = 2000\times 10^3 \times 2\times 10^{-6} = 4[\text{sec}]$
[답] ④

16 둘 이상의 기전력을 포함하는 선형 회로망 내의 전류 분포는 각 기전력이 단독으로 그 위치에 있을 때 흐르는 각 전류 분류의 합을 의미하는 것은?

① 노튼의 정리(Norton's theorem)
② 중첩의 원리(Superposition theorem)
③ 키르히호프 법칙(Kirchhoff's law)
④ 테브낭의 정리(Thevenin's theorem)

풀이
중첩의 원리(Superposition theorem)
둘 이상의 전압원나 전류원이 혼합된 회로망에 있을 때, 회로 내 어느 한 지로(**다른 전압원은 단락, 다른 전류원은 개방**)에 흐르는 전류는 각 전원이 단독으로 존재할 때의 전류를 각각 대수적으로 합하여 구하는 정리이다. [답] ②

17 그림과 테브낭 등가회로에 관한 개방전압 V[V]와 저항 $R[\Omega]$은?

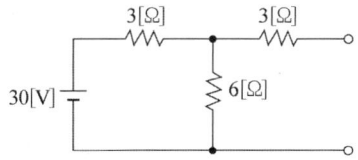

① 20[V], 5[Ω]
② 30[V], 8[Ω]
③ 15[V], 12[Ω]
④ 10[V], 1.2[Ω]

풀이
• 개방전압 V는 6[Ω]에 걸리는 전압과 같으므로 3[Ω]의 저항에는 전류가 흐르지 않는다.)
$$V = \frac{6}{3+6}\times 30 = 20[\text{V}]$$
• 등가저항 R은
$$R = \frac{3\times 6}{3+6} + 3 = 5[\Omega]$$
[답] ①

18 그림과 단자 1, 2에서 노튼 등가회로의 개방단 컨덕턴스는 몇 [℧]은?

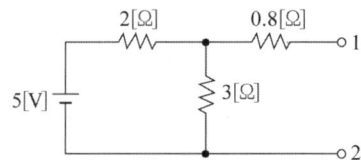

① 0.5[℧]　　② 1[℧]
③ 2[℧]　　④ 5.8[℧]

풀이
• 등가저항을 구하기 위해서는 전압원을 단락해야 하므로 $R = \frac{2\times 3}{2+3} + 0.8 = 2[\Omega]$이 된다.
$$\therefore G = \frac{1}{R} = \frac{1}{2} = 0.5[\text{℧}]$$
[답] ①

전기기기

제 1 장

직류기

직류기(DC machine)에는 직류발전기와 직류전동기가 있으며, 발전기는 기계에너지를 전기에너지로, 전동기는 전기에너지를 기계에너지로 변환하는 것이다.

직류를 생산하는 직류발전기는 반도체 정류기 등에 의해 쉽게 교류를 직류로 변환가능하기에 별로 사용하지 않고 화학공업용, 통신용, 전기 용접 등의 직류발전기 특성이 요구되는 곳에 사용된다. 직류전동기는 속도제어 및 토크 특성이 우수하여 전기철도용, 제철용, 제지공업용, 엘리베이터, 시멘트 공업 등에 사용된다.

1.1 직류발전기의 원리

자극 N, S 사이의 자기장 내에서 도체가 자속을 끊으면 기전력이 유도되는데 이때 검지의 방향을 자속의 방향, 엄지를 운동 방향으로 하면 기전력은 중지를 가리킨다. 이를 플레밍의 오른손 법칙이라 하며 발전기의 기전력의 방향을 구할 때 쓰인다.

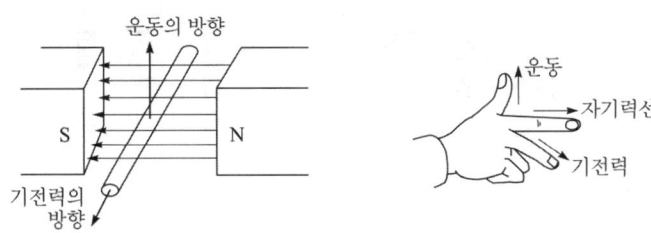

1. 교류발전기의 원리

(1) 자장 중에서 도체를 회전시키면 도체는 자속을 쇄교하고 이 도체에는 플레밍의 오른손 법칙에 의해 기전력이 유기된다. 도체 a, b가 180° 회전하면 발생하는 기전력의 극성은 반대가 되므로 360° 회전 시에는 다음 그림과 같은 교류 기전력이 발생한다.

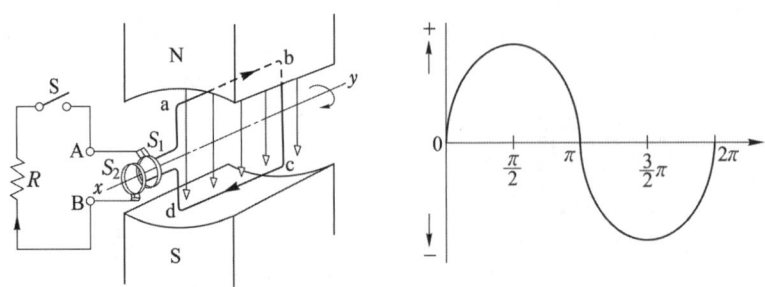

[교류발전기의 원리]

정현파 교류 전압을 슬립링 S_1, S_2와 브러시를 통해 외부 회로와 접속하면 교류발전기가 된다.

플레밍의 오른손법칙에 의한 유기기전력 $e = vBl$ [V]

여기서, v : 도체의 회전속도 [m/sec]
B : 자속밀도 [Wb/m^2]
l : 도체의 길이 [m]

2. 직류발전기의 원리

(1) 교류전압을 정류과정을 거쳐 직류전압으로 발생시키면 직류발전기가 된다. 코일의 위쪽과 아래쪽 도체에 브러시 B_1, B_2를 접속시키면, 항상 위쪽은 양(+)극성, 아래쪽은 음(-)극성으로 일정 방향의 직류전압이 발생한다. 이 2개의 금속편 C_1, C_2을 정류자편이라 하고, 그 원통 모양을 정류자라고 한다.

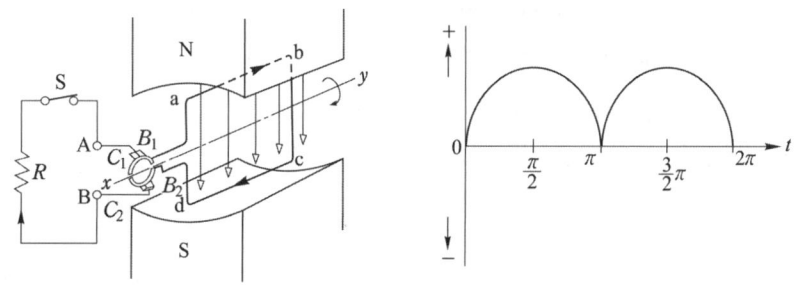

[직류발전기의 원리]

(2) 실제 직류 발전기에서는 코일의 도체수와 정류자 편수를 늘려 거의 맥동이 없는 일정한 직류 전압이 되도록 하여 평균 전압값을 증가시키고 맥동률이 작게 해 좋은 품질의 직류전압을 얻을 수 있게 된다.

1.2 직류발전기의 구조

직류발전기의 주요 3요소는 계자, 전기자, 정류자로 구성된다.

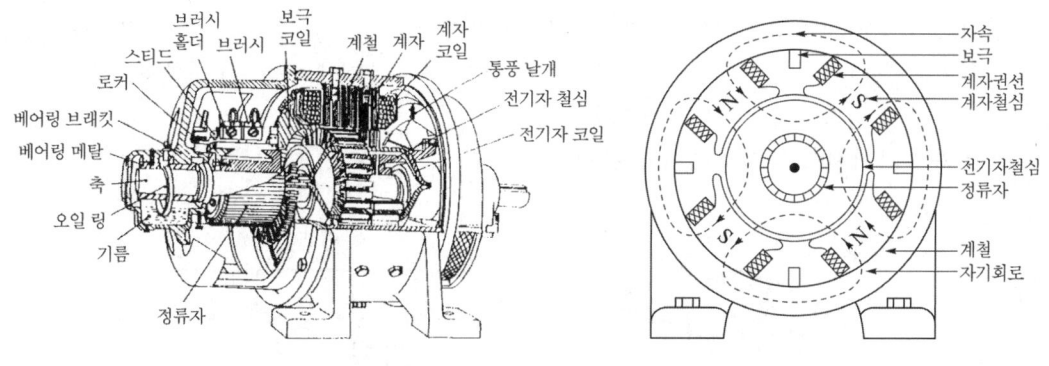

1. **계자(Field Magnet) : 자속(ϕ)을 만드는 부분**
   (1) 구조 : 계자철심(두께 0.8~1.6mm 연강판 성층) + 계자권선(전류통로)
      ① 분권계자권선: 코일이 가늘고 저항값이 매우 크다.
      ② 직권계자권선: 코일이 굵고 저항이 매우 적다.

2. **전기자(Armature) : 계자에서 만든 자속을 끊어 기전력을 유도**
   (1) 전기자철심 : 규소강판 성층하여 만든다.
      ① 저규소강판(규소 함유율 1~1.4[%] 정도) : 히스테리시스손 감소
      ② 0.35~0.5[mm] 두께의 규소강판 성층 : 와류손 감소
   (2) 전기자와 계자사이의 공극
      ① 소형기 : 3[mm]
      ② 대형기 : 6~8[mm]

3. **정류자(Commutator) : AC를 DC로 변환**
   (1) 전기자 권선에서 유도된 교류를 직류로 바꾸어 주는 부분
      ① 정류자편수(片數) : $K = \dfrac{u}{2}S$ (u : 슬롯(slot) 내부 코일변수, S : 슬롯 수)
      ② 정류자편간(片間) 전압 : $e_{sa} = \dfrac{PE}{K}$[V] (P : 극수, E : 기전력, K : 정류자 편수)
      ③ 정류자 편간 위상차 : $\theta = \dfrac{2\pi}{K}$[rad]

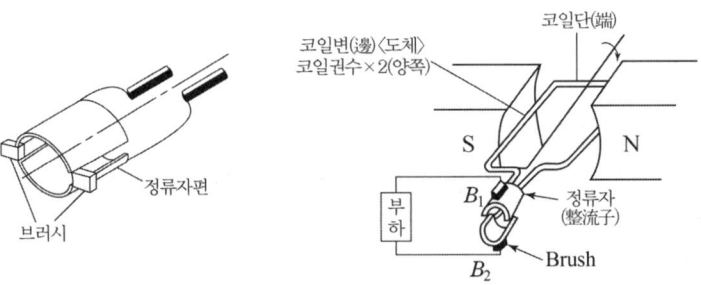

4. **브러시 : 정류자면에 접촉하여 전기자 권선과 외부회로를 연결**
   (1) 접촉저항이 적당하고, 마모성이 적으며, 기계적으로 튼튼할 것
   (2) 일반적으로 양호한 정류를 위해 접촉저항이 큰 탄소 브러시 사용
      ① 탄소질 브러시 : 접촉저항률, 마찰계수가 크고 허용전류가 작다 (소형기, 저속기 사용)
      ② 흑연질 브러시 : 접촉저항률, 마찰계수가 작고 허용전류가 크다 (대전류형, 고속기 사용)
      ③ 정류자면 접촉압력 : 0.15~0.25[kg/cm^2]
      ④ 로커 : 브러시를 중성축에서 이동시 사용

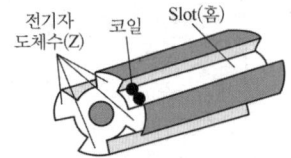
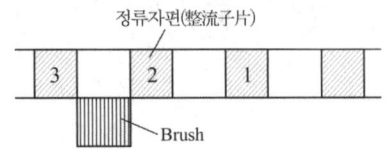

5. 전기자 권선법

기전력이 유도되는 전기자 도체를 결선하는 방식에 따라서 출력전압, 전류의 크기가 변화
(고상권, 폐로권, 이층권(중권, 파권) 채용)

```
            ┌ 환상권
            └ 고상권 ┌ 개로권
                    └ 폐로권 ┌ 단층권
                            └ 이층권 ┌ 중권(병렬권)
                                    └ 파권(직렬권)
```

(1) 중권

극수와 같은 병렬회로수로 하면($a = P$), 전지의 병렬접속과 같이 되므로 저전압, 대전류가 얻어진다.

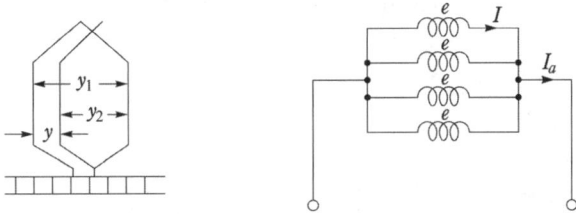

(2) 파권

극수와 관계없이 병렬회로수를 항상 2개($a = 2$)로 하면, 전지의 직렬접속과 같이 되므로 대전압, 소전류가 얻어진다.

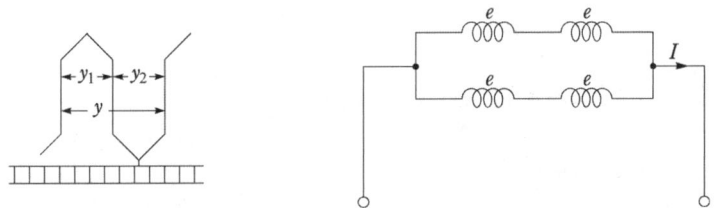

(3) 중권과 파권의 비교

비교 항목	단중 중권(병렬권)	단중 파권(직렬권)
병렬회로 수(a)	P(극수)	2
브러시 수(B)	P(극수)	2
전압과 전류	저전압, 대전류	고전압, 소전류
균압 접속	4극 이상 시 필요	필요 없음

2 기출 & 예상문제
제1장 직류기(1)

01 플레밍의 오른손 법칙에 따르는 기전력이 발생하는 기기는?
① 교류발전기   ② 교류전동기
③ 교류정류기   ④ 교류용접기

풀이
- 플레밍의 오른손법칙 : 발전기의 원리(전자유도)
- 플레밍의 왼손법칙 : 전동기의 원리(전자력)   [답] ①

02 직류기의 3대 구성요소는?
① 전기자, 계자, 정류자
② 전기자, 브러시, 계자
③ 계자, 정류자, 브러시
④ 전기자권선, 계자권선, 보상권선

풀이
직류기의 주요 3요소 : 전기자, 계자, 정류자   [답] ①

03 직류기의 주요 구성요소라 할 수 있는 것은?
① 정류자, 계자, 브러시, 보상권선
② 계자, 브러시, 전기자, 보극
③ 계자, 전기자, 정류자, 브러시
④ 보극, 보상권선, 전기자, 계자

[답] ③

04 철심에 권선을 감고 전류를 흘려서 공극(Air Gap)에 필요한 자속을 만드는 것은?
① 정류자   ② 계자
③ 회전자   ④ 전기자

풀이
- 계자(Field Magnet) : 자속(ϕ)을 만드는 부분
- 전기자(Armature) : 계자에서 만든 자속을 끊어 기전력을 유도
- 정류자(Commutator) : AC를 DC로 변환   [답] ②

05 발전기 전기자의 주된 역할은?
① 자속을 만든다.
② 기전력을 유도한다.
③ 정류작용을 한다.
④ 회전체와 외부회로를 접속시킨다.

풀이
- 계자(Field Magnet) : 자속(ϕ)을 만드는 부분
- 전기자(Armature) : 계자에서 만든 자속을 끊어 기전력을 유도
- 정류자(Commutator) : AC를 DC로 변환   [답] ②

06 직류기의 전기자 철심을 규소 강판으로 성층하는 가장 큰 이유는?
① 기계손을 줄이기 위해서
② 철손을 줄이기 위해서
③ 제작이 간편하기 때문에
④ 가격이 싸기 때문에

풀이
철손(히스테리시스손+와류손)을 줄이기 위해 규소 강판을 겹쳐 쌓아서 만든 성층 철심을 사용한다. 성층 철심을 사용하여, 와전류 손실을 줄이며, 규소강판을 사용하여 히스테리시스손실을 줄인다.   [답] ②

07 그림은 4극 직류 발전기의 자기 회로를 보인 것이다. 자기 저항이 가장 큰 부분은?
① 계철
② 계자 철심
③ 자극편
④ 공극

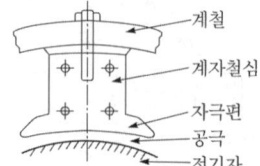

풀이
자기저항 $R = \dfrac{l}{\mu A}$ 에서, 공기 $\mu_s \fallingdotseq 1$이 철에 비해 상당히 작은 비투자율값을 가지므로 자기저항은 커지게 된다.   [답] ④

08 직류기에서 브러시의 역할은?
① 기전력 유도
② 자속 생성
③ 정류작용
④ 전기자 권선과 외부회로 접속

풀이
브러시 : 정류자면에 접촉하여 전기자 권선과 외부회로를 연결 [답] ④

09 브러시의 이상 마모와 관계가 적은 것은?
① 브러시의 접촉압력이 높을 때
② 대기 중의 습도 과소
③ 주위 온도가 낮을 때
④ 전류밀도 과소

풀이
전류밀도가 높게 되면 브러시가 과열되어 마모되게 된다. [답] ④

10 직류기에 주로 사용하는 권선법으로 다음 중 옳은 것은?
① 개로권, 환상권, 이층권
② 개로권, 고상권, 이층권
③ 폐로권, 고상권, 이층권
④ 폐로권, 환상권, 이층권

풀이
직류기의 전기자 권선법으로는 폐로권, 고상권, 이층권(중권, 파권)을 주로 사용한다. [답] ③

11 직류기의 전기자 권선법 중 파권 권선에 대한 설명으로 옳은 것은?
① 브러시 수가 극수과 같다.
② 균압환이 필요하다.
③ 저전압 대전류용이다.
④ 전기자 병렬회로수는 항상 2이다.

풀이

비교 항목	단중 중권(병렬권)	단중 파권(직렬권)
병렬회로 수(a)	P(극수)	2
브러시 수(B)	P(극수)	2
전압과 전류	저전압, 대전류	고전압, 소전류
균압 접속	4극이상 시 필요	필요없음

[답] ④

12 단중 중권의 극수 P인 직류기에서 전기자 병렬회로수 a는 어떻게 되는가?
① $a = P$ ② $a = 2$
③ $a = 2P$ ④ $a = 3P$

풀이
중권일 경우 병렬회로수는 극수와 같게 된다. [답] ①

13 8극 파권 직류발전기의 전기자권선의 병렬회로수의 a는 얼마로 되어있는가?
① 1   ② 2
③ 4   ④ 8

풀이
파권일 경우 극수와 관계없이 병렬회로수는 항상 2개이다. [답] ②

14 다극 중권 직류 발전기의 전기자 권선에 균압 고리를 설치하는 이유는?
① 브러시에서 불꽃을 방지하기 위하여
② 전기자 반작용을 방지하기 위하여
③ 정류 기전력을 높이기 위하여
④ 전압 강하를 방지하기 위하여

풀이
균압 고리는 중권으로 전기자 권선으로 감을시 병렬회로수의 증가로 인한 각 병렬 회로에 기전력의 불균일로 인해 브러시에 국부적인 전류가 불꽃이 발생하게 되어 정류가 나빠지는 것을 방지하기 위한 목적으로 사용된다. [답] ①

15 복권 발전기의 병렬 운전을 안전하게 하기 위해서 두 발전기의 전기자와 직권 권선의 접촉점에 연결하여야 하는 것은?
① 집전환   ② 균압선
③ 안정저항   ④ 브러시

[답] ②

16 직류기에서 파권 권선의 이점은?
① 효율이 좋다.
② 출력이 크다.
③ 전압이 높게 된다.
④ 역률이 안정된다.

풀이

[중권과 파권의 비교]

	중권(병렬권)	파권(직렬권)
병렬회로수	P(극수)	2
브러시수	P(극수)	2
용도	대전류, 저전압	소전류, 고전압
균압결선	4극 이상 필요	불필요

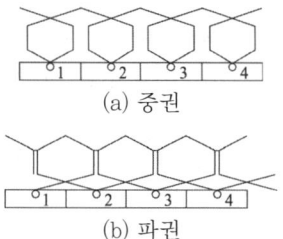

[전기자 권선법]   [답] ③

17 2극의 직류발전기에서 코일변의 유효길이 l[m], 공극의 평균자속밀도 B[Wb/m²], 주변속도 v[m/s]일 때 전기자 도체 1개에 유도되는 기전력의 평균값 e[V]은?
① $e = Blv$[V]
② $e = \sin \omega t$[V]
③ $e = 2B\sin \omega t$[V]
④ $e = v^2 Bl$[V]

[답] ①

18 자속밀도 0.8[Wb/m²]인 자계에서 길이 50cm인 도체가 30[m/s]로 회전할 때 유기되는 기전력[V]은?
① 8   ② 12
③ 15   ④ 24

풀이
$e = B \cdot l \cdot v$[V] $= 0.8 \times 0.5 \times 30 = 12$[V]   [답] ②

19 전기 기기의 철심 재료로 규소 강판을 많이 사용하는 이유로 가장 적당한 것은?
① 와류손을 줄이기 위해
② 맴돌이 전류를 없애기 위해
③ 히스테리시스손을 줄이기 위해
④ 구리손을 줄이기 위해

풀이
철손(히스테리시스손+와류손)을 줄이기 위해 규소 강판을 겹쳐 쌓아서 만든 성층 철심을 사용한다. 성층 철심을 사용하여, 와전류 손실을 줄이며, 규소강판을 사용하여 히스테리시스손실을 줄인다.   [답] ③

1.3 직류발전기의 이론

1. 유도기전력

전기자 도체수가 Z, 병렬 회로수가 a(중권은 $a = P$, 파권은 $a = 2$), 극수가 P[극], 회전수와 계자자속이 각각 N[rpm], ϕ[Wb]인 직류 발전기의 유기기전력은 다음 식과 같다.

$$E = \frac{PZ\phi N}{60a}\,[\text{V}]$$

여기서, 자속 ϕ가 0인 경우에는 기전력이 발생할 수 없으며, 반드시 자속이 있어야만 발전이 가능함을 알 수 있다.

2. 전기자 반작용

(1) 전기자 전류에 의하여 발생한 자속이 주자속에 영향을 미치는 현상

(2) 전기자 반작용의 영향

① 전기적 중성축 이동(편자작용) ┌ 발전기 : 회전방향
　　　　　　　　　　　　　　　　└ 전동기 : 회전반대방향

② 주자속 감소 ┌ 발전기 : 유기기전력 감소($E \propto \phi$)
　　　　　　　└ 전동기 : 토크감소($T \propto \phi$), 회전속도 증가($N \propto \frac{1}{\phi}$)

③ 브러시에 불꽃섬락 발생

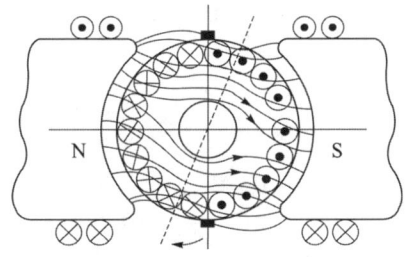

[전기자 반작용]

(3) 방지대책

① 브러시 위치를 전기적 중성점인 회전방향으로 이동
② 보극설치 : 별도의 자극을 설치하여 전기자반작용 경감
③ 보상권선 : 가장 유효한 방법으로 계자극에 홈을 파고 권선을 감아 전기자와 직렬로 연결하여 반대방향의 전류를 흘려줌으로서 대부분의 전기자반작용 상쇄

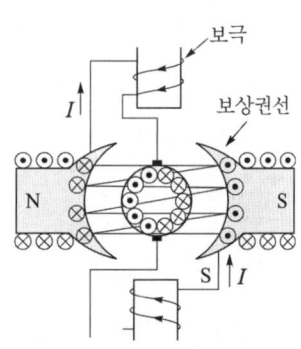

[보상권선 및 보극]

3. 정류

(1) 직류발전기의 전기자 권선 안에 유기되는 기전력 교류를 정류자와 브러시의 작용으로 직류로 변환하는 작용

(2) 리액턴스 전압 : 전기자 코일에 자기 인덕턴스에 의한 역기전력을 말하며, 코일 안의 전류의 변화를 방해

(3) 양호한 정류를 얻는 방법(리액턴스 전압에 의한 영향을 적게 하는 방법)
  ① 저항정류 : 접촉저항이 큰 브러시 사용
  ② 전압정류 : 보극 설치
  ③ 리액턴스 전압감소 : 보극설치

※ 양호한 정류를 얻는 조건 : 브러시접촉면 전압강하 > 평균리액턴스 전압

$$e_L = L \frac{2 \cdot I_c}{T_c} \downarrow \text{(리액턴스 전압이 작아야 한다.)}$$

㉮ 인덕턴스 $L \downarrow$ (작게) : 단절권 채택
㉯ 정류주기 $T_c \uparrow$ (길게) : 회전속도를 낮춘다.
㉰ 저항 $R_c \uparrow$ (크게) ($\because I_c \downarrow$) : 브러시의 접촉저항 클 것
　　　　　　　　　　　　　　(탄소 브러시 사용 : 저항정류)
㉱ 리액턴스전압 $e_L \downarrow$ (작게) : 보극사용(리액턴스전압과 반대방향) → 전압정류

기출 & 예상문제
제1장 직류기(2)

01 극수 P, 전기자 전도체수 Z, 각 자극의 자속 ϕ[Wb]인 단중 중권 발전기가 있다. 회전수 N[rpm]일 때의 유기 전압을 표시하는 식은?

① $E = \dfrac{Z}{a} \phi \dfrac{N}{60}$ [V]

② $E = Z\phi \dfrac{N}{60}$ [V]

③ $E = Z\phi N 60$ [V]

④ $E = Z\phi P \dfrac{N}{60}$ [V]

풀이
유도기전력 $E = \dfrac{P}{a} Z\phi \dfrac{N}{60}$ [V]에서 중권일시 병렬회로수와 극수가 같다. ($P = a$)　　　　　　　　【답】②

02 10극의 직류 파권 발전기의 전기자 도체수 400, 매극의 자속수 0.02[Wb], 회전수 600[rpm]일 때 기전력은 몇 [V]인가?

① 200　　　　② 220
③ 380　　　　④ 400

풀이
유도기전력
$E = \dfrac{PZ}{60a}\phi N = \dfrac{10 \times 400}{60 \times 2} \times 0.02 \times 600 = 400$ [V]　【답】④

03 전기자 도체의 총수 500, 10극, 단중 파권으로 매극의 자속수가 0.2[Wb]인 직류발전기가 600 [rpm]으로 회전할 때의 유도 기전력은 몇 [V]인가?

① 2500　　　　② 5000
③ 10000　　　　④ 15000

풀이
파권일 때는 $a = 2$이므로
$E = \dfrac{P}{a} Z\phi \dfrac{N}{60} = \dfrac{10}{2} \times 500 \times 0.2 \times \dfrac{600}{60} = 5000$ [V]　【답】②

04 자극수 6, 전기자 총 도체수 400, 단중파권을 한 직류발전기가 있다. 각 자극의 자속이 0.01[Wb]이고 회전속도가 600[rpm]이면 무부하로 운전하고 있을 때의 기전력은 몇 [V]인가?

① 110　　　　② 115
③ 120　　　　④ 150

풀이
파권일 때는 $a = 2$이므로
$E = \dfrac{P}{a} Z\phi \dfrac{N}{60} = \dfrac{6}{2} \times 400 \times 0.01 \times \dfrac{600}{60} = 120$ [V]　【답】③

05 직류발전기의 기전력을 E, 자속을 ϕ, 회전속도를 N이라 할 때 이들 사이의 관계로 옳은 것은?

① $E \propto \phi N$

② $E \propto \dfrac{\phi}{N}$

③ $E \propto \phi N^2$

④ $E \propto \dfrac{\phi}{N^2}$

풀이
유도기전력 $E = \dfrac{P}{a} Z\phi \dfrac{N}{60}$ [V]에서 $E \propto \phi N$ 임을 알 수 있다.　　　　　　　　【답】①

06 포화하고 있지 않은 직류발전기의 회전수가 1/2로 감소되었을 때 기전력을 전과 같은 값으로 하자면 여자를 속도 변화 전에 비하여 몇 배로 하여야 하는가?

① 0.5배　　　　② 1배
③ 2배　　　　④ 4배

풀이
$E = \dfrac{P}{a} Z\phi \dfrac{N}{60}$ [V]에서 $E \propto \phi N$　　　【답】③

07 직류발전기에 있어서 전기자 반작용이 생기는 요인이 되는 전류는?
① 동손에 의한 전류
② 전기자 권선에 의한 전류
③ 계자 권선의 전류
④ 규소 강판에 의한 전류

풀이
전기자반작용 : 전기자 전류에 의하여 발생한 자속이 주자속에 영향을 미치는 현상　　　　　　　　[답] ②

08 직류발전기의 전기자 반작용에 있어서 전기자 자속의 많은 부분을 상쇄시키는 데 가장 중요한 것은?
① 균압 환 설치　　② 탄소 브러시
③ 보상 권선 설치　④ 보극

풀이
전기자 반작용 방지책
• 브러시 위치를 전기적 중성점, 즉 회전방향으로 이동시킨다.
• 보극설치로 전기적인 중성점의 이동을 방지
• 보상권선을 주자극 표면에 설치해준다.(주대책) [답] ③

09 직류기에서 전기자 반작용을 방지하기 위한 보상권선의 전류 방향은 어떻게 되는가?
① 전기자 권선의 전류 방향과 같다.
② 전기자 권선의 전류 방향과 반대이다.
③ 계자권선의 전류 방향과 같다.
④ 계자권선의 전류 방향과 반대이다.

풀이
보상권선의 전류 방향은 전기자 권선과 직렬로 연결하고, 전기자 전류 방향과 반대 방향이 되도록 하여 전기자 전류에 의한 자속을 상쇄시킨다.　　[답] ②

10 보극이 없는 직류기의 운전 중 중성점의 위치가 변하지 않는 경우는?
① 무부하일 때　　② 전부하일 때
③ 중부하일 때　　④ 과부하일 때

풀이
전기자 반작용은 부하 연결시 전기자 전류에 의한 기자력이 주자속에 영향을 주는 것으로 무부하시에는 전기자 전류가 없으므로 중성점의 위치가 변하지 않는다.　[답] ①

11 보극이 없는 직류발전기의 부하 증가에 따라서 브러시의 위치는?
① 그대로 둔다.
② 회전 방향과 반대로 이동시킨다.
③ 회전 방향으로 이동시킨다.
④ 극의 중간에 놓는다.

풀이
전기자 반작용으로 중성축이 이동, 불꽃이 발생하므로 브러시의 중성축을 이동시켜 불꽃을 방지한다. 이 경우 발전기에서는 회전 방향으로 이동시키고, 전동기에서는 회전방향과 반대방향으로 이동시키게 된다.　[답] ③

12 직류기에서 보극을 두는 가장 주된 목적은?
① 기동 특성을 좋게 한다.
② 전기자 반작용을 크게 한다.
③ 정류작용을 돕고 전기자 반작용을 약화시킨다.
④ 전기자 자속을 증가시킨다.

풀이
보극은 전기자반작용(브러시에 불꽃 발생, 중성축 이동, 유도기전력 감소)을 경감시키고, 정류작용을 좋게 하기 위해 사용된다.　　　　　　　　　　[답] ③

13 전기자 권선에 의해 생기는 전기자 기자력을 없애기 위하여 주 자극의 중간에 작은 자극으로 전기자 반작용을 상쇄하고 또한 정류에 의한 리액턴스 전압을 상쇄하여 불꽃을 없애는 역할을 하는 것은?
① 보상권선　　　　② 공극
③ 전기자권선　　　④ 보극
　　　　　　　　　　　　　　　　　　[답] ④

14 직류기에서 양호한 정류(Commutation)를 얻기 위한 조건이 아닌 것은?
① 정류 주기를 크게 한다.
② 전기자 코일의 인덕턴스를 작게 한다.
③ 리액턴스 전압을 크게 한다.
④ 브러시의 접촉저항을 크게 한다.

풀이
정류 개선 대책
• 저항정류 : 접촉저항이 큰 브러시를 사용

- 전압정류 : 보극 설치
- 정류주기를 길게 조정하여 리액턴스 전압을 줄인다.

($e_L = L \dfrac{2 \cdot I_c}{T_c}$) [답] ③

15 저항정류의 역할을 하는 것은?
① 보상권선
② 보극
③ 리액턴스 코일
④ 탄소브러시

풀이
정류 개선 대책
- 저항정류 : 접촉저항이 큰 브러시를 사용(탄소브러시)
- 전압정류 : 보극 설치
- 정류주기를 길게 조정하여 리액턴스 전압을 줄인다.

($e_L = L \dfrac{2 \cdot I_c}{T_c}$) [답] ④

16 직류발전기의 정류를 개선하는 방법 중 틀린 것은?
① 코일의 자기 인덕턴스가 원인이므로 접촉저항이 작은 브러시를 사용한다.
② 보극을 설치하여 리액턴스 전압을 감소시킨다.
③ 보상권선은 전기자 권선과 직렬로 접속한다.
④ 브러시를 전기적 중성축을 지나서 회전방향으로 약간 이동시킨다.

풀이
전기자 반작용에 의한 자기적 중성축 이동방향
- 직류발전기 → 회전방향과 동일
- 직류전동기 → 회전방향과 반대 [답] ①

17 다음의 정류곡선 중 브러시의 후단에서 불꽃이 발생하기 쉬운 것은?
① 직선정류 ② 정현파 정류
③ 과정류   ④ 부족정류

풀이
- 과정류 : 브러시 전단에 불꽃 발생
- 부족정류 : 브러시 후단에 불꽃 발생 [답] ④

18 직류 발전기 전기자 반작용의 영향에 대한 설명으로 틀린 것은?
① 브러시 사이에 불꽃을 발생 시킨다.
② 주 자속이 찌그러지거나 감소된다.
③ 전기자 전류에 의한 자속이 주 자속에 영향을 준다.
④ 회전방향과 반대방향으로 자기적 중성축이 이동된다.

[답] ④

19 직류 발전기의 전기자 반작용을 줄이고 정류를 잘되게 하기 위해서는?
① 브러시 접촉 저항을 적게 할 것
② 보극과 보상권선을 설치할 것
③ 브러시를 이동시키고 주기를 크게 할 것
④ 보상권선을 설치하여 리액턴스 전압을 크게 할 것

풀이
전기자 반작용 방지책
- 브러시 위치를 전기적 중성점으로 한다. 즉 회전방향으로 이동시킨다.
- 보극설치로 전기적인 중성점의 이동을 방지
- 보상권선을 주자극 표면에 설치해 준다.(주대책)

[답] ②

1.4 직류발전기의 종류

(1) 타여자발전기 : 계자회로와 전기자 회로 분리
(2) 자여자발전기 : 계자회로와 전기자 회로 접속
   ① 분권발전기 : 계자회로와 전기자 회로가 병렬
   ② 직권발전기 : 계자회로와 전기자 회로가 직렬
   ③ 복권발전기 : 계자회로와 전기자 회로가 직·병렬

1. 타여자발전기
외부의 독립된 직류 전원에 의해 계자권선에 여자전류를 공급하는 발전기로 잔류자기가 없어도 발전이 가능하며, 원동기의 회전방향을 반대로 하면 +, -극성이 반대가 된다.

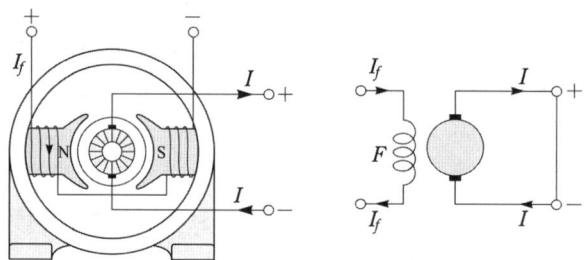

[타여자발전기]

2. 자여자발전기
계자권선의 여자전류를 발전기자체에서 발생한 기전력에 의해 공급하는 발전기로 전기자 권선과 계자권선의 연결방식에 따라 분권, 직권, 복권발전기가 있다.

(1) 분권발전기 : 계자권선과 전기자를 병렬로 연결한 것

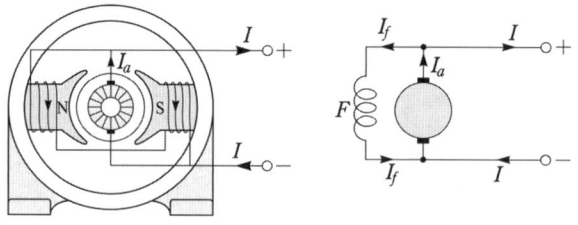

[분권발전기]

(2) 직권발전기 : 계자권선과 전기자를 직렬로 연결한 것

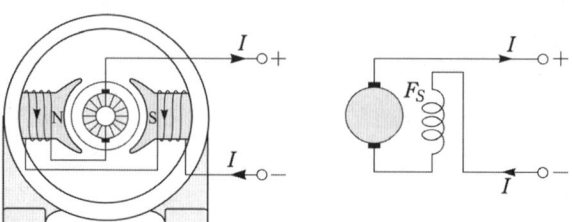

[직권발전기]

(3) **복권발전기** : 전기자권선과 직렬 접속인 직권 계좌권선과 병렬 접속인 분권 계자권선이 설치
   ① 위치상 분류 : 내분권, 외분권
   ② 자속방향의 분류 : 가동복권(두 자속이 쇄교), 차동복권(주 자속이 상쇄)

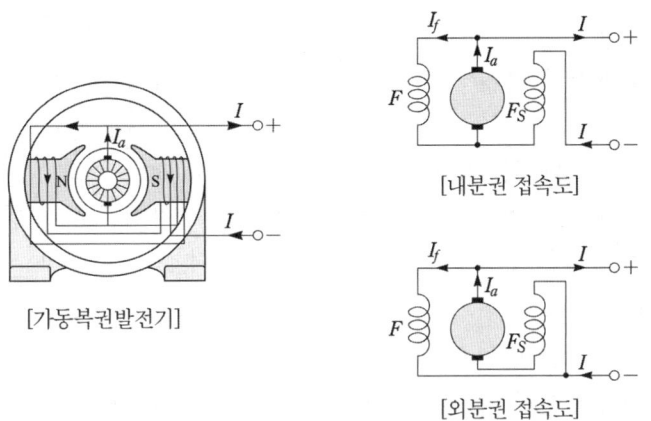

[가동복권발전기]　　[내분권 접속도]

[외분권 접속도]

[복권발전기]

구 분		발 전 기	
타 여 자			$I_a = I$ $E = V + I_a R_a + e_b + e_a$ e_b : 브러시 전압강하 e_a : 전기자 반작용 전압강하 　잔류 자기가 없어도 발전 가능
자 여 자	분 권		$I_a = I + I_f = I + \dfrac{V}{R_f}$ $E = V + I_a R_a$
	직 권		$I_a = I_s = I$ $E = V + I_a (R_a + R_s)$
	복 권 (외분권)		$I_a = I + I_f = I + \dfrac{V}{R_f}$ $E = V + I_a (R_s + R_a)$
	복 권 (내분권)		$I_a = I + I_f,\ I = I_s$ $E = V + I_s R_s + I_a R_a$

1.5 직류발전기의 특성

1. 특성곡선
발전기 특성을 보기 쉽도록 곡선으로 나타낸 것

(1) 무부하 특성곡선

① 무부하 시에 계자전류(I_f)와 유도기전력(E)과의 관계곡선

② 전압이 낮은 부분에서는 유도기전력이 계자전류에 정비례하여 증가하지만, 전압이 높아짐에 따라 철심의 자기포화 때문에 전압의 상승 비율은 매우 완만해진다.

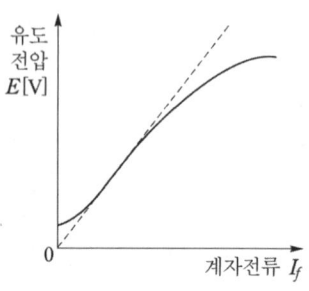

(2) 부하특성곡선

① 정격부하 시에 계자전류(I_f)와 단자전압(V)과의 관계곡선

② 부하가 증가함에 따라 곡선은 점차 아래쪽으로 이동한다.

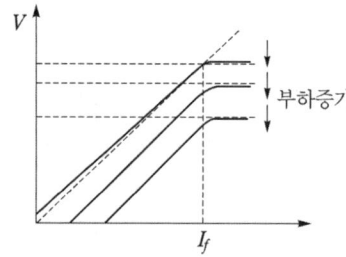

(3) 외부특성곡선

정격부하 시에 부하전류(I)와 단자전압(V)과의 관계곡선으로 발전기의 특성을 이해하는 데 가장 좋다.

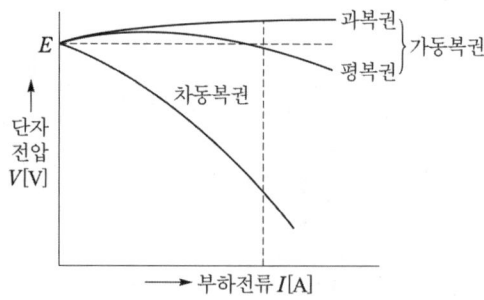

2. 발전기별 특성

(1) 타여자발전기

부하전류의 증감에도 별도의 여자전원을 사용하므로, 자속의 변화가 없어서 전압강하가 적고, 전압을 광범위하게 조정하는 용도에 적합하다.

(2) 분권발전기

① 전압의 확립 : 자기여자에 의한 발전으로 약간의 잔류자기로 단자전압이 점차 상승하는 현상으로 잔류자기가 없으면 발전이 불가능하다.

② 역회전 운전금지 : 잔류자기가 소멸되어 발전이 불가능해진다.
③ 운전 중 무부하상태가 되면($I=0$), 계자권선에 큰 전류가 흘러서($I_a = I_f$) 계자권선에 고전압 유기되어 권선소손의 우려가 있다.($I_a = I_f + I$)
④ 타여자발전기와 같이 전압의 변화가 적으므로 정전압 발전기라고 한다.

(3) 직권발전기

① 무부하 상태에서는($I=0$) 전압의 확립이 일어나지 않으므로 발전 불가능하다.
($I = I_a = I_f = 0$)

② 부하전류 증가에 따라 계자전류도 같이 상승하고, 부하증가에 따라 단자전압이 비례하여 상승하므로 일반적인 용도로는 사용할 수 없다.

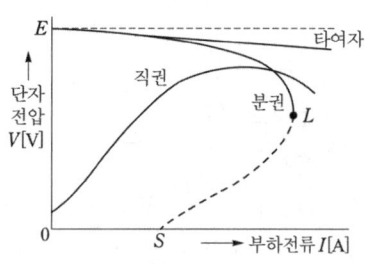

[외부특성곡선]

(4) 복권발전기

① 가동복권 : 직권과 분권계자권선의 기자력이 서로 합쳐지도록 한 것으로, 부하증가에 따른 전압감소를 보충하는 특성이다. 평복권과 과복권, 부족복권 발전기가 있으며, 과복권은 평복권발전기보다 직권계자 기자력을 크게 만든 것이고 부족복권은 직권계자 기자력을 작게 만든 것으로 분권발전기의 특성과 거의 같다.

㉮ 평복권 : 직권계자권선을 적당히 하여 무부하시와 전부하시 단자전압을 같게 한 것
($V_o = V_n$)

㉯ 과복권 : 직권계자권선을 더 크게 하여 전부하시 단자전압을 무부하시 보다 더 크게 한 것 ($V_o < V_n$)

㉰ 부족복권: 부하시 단자전압을 무부하전압보다 낮게 한 것($V_o > V_n$)

② 차동복권 : 직권과 분권계자권선의 기자력이 서로 상쇄되게 한 것으로, 부하증가에 따라 전압이 현저하게 감소하는 수하특성을 가진다. 이러한 특성은 용접기용 전원으로 적합하다.

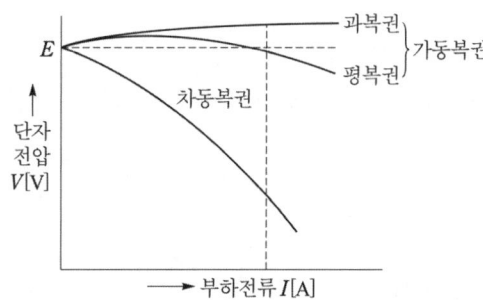

[외부특성곡선]

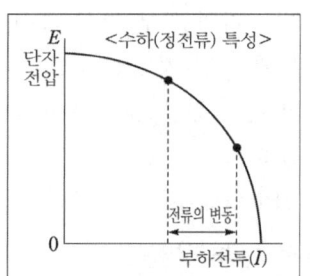

② 직류발전기 특성곡선

구 분	횡축	종축	조 건	비고
무부하특성곡선	I_f	$V(=E)$	$n=$일정 $I=0$	E : 유기기전력[V]
외부특성곡선	I	V	$n=$일정 $R_f=$일정	V : 단자전압[V]
내부특성곡선	I	E	$n=$일정 $R_f=$일정	I_f : 계자전류[A]
부하특성곡선	I_f	V	$n=$일정 $I=$일정	I : 부하전류[A] n : 회전속도[rps]

3. 직류 발전기의 용도

발전기 종류	용 도
타여자	시험용직류전원, 직류전동기 속도조정용 발전기, 대형직류기 또는 교류발전기의 주여자기
분 권	축전지 충전용, 동기기의 여자용, 일반 직류 전원용
직 권	선로승압기(booster)로 사용가능하나 일반적이지 않다.
복 권	평복권-직류 전원 및 여자기 과복권-광산, 전차용(장거리급전선 전압강하 보상) 차동복권-아크용접기용

1.6 직류발전기의 병렬운전

1대의 발전기로 용량이 부족하거나 경부하에 대한 효율을 개선하기 위해서 2대 이상의 발전기를 병렬로 연결해서 사용

1. 병렬운전 조건

(1) 전압 및 극성이 같을 것
(2) 외부 특성 곡선이 어느 정도 수하 특성일 것
　① 분권, 부족(차동)복권 발전기 : 수하특성을 스스로 가진다.
　② 직권, 평복권,과복권 발전기 : 수하특성이 존재하지 않는다.
　　　　　　　　　　　안정운전을 위하여 균압선 연결
　※ 직권발전기 병렬운전(균압모선 사용, 직권계자권선을 서로 교환하여 접속)
(3) 각 발전기의 외부 특성 곡선이 같을 것
　① 분권, 타여자발전기 : 수하특성을 스스로 가진다.
　② 직권, 복권발전기 : 수하특성을 가지지 않으므로, 직권계자에 균압모선을 연결하여 병렬운전을 할 수 있다.
(4) 용량이 다를 경우 [%] 부하 전류로 나타낸 외부 특성 곡성이 거의 일치할 것

2. 병렬운전 시 부하분담

계자권선(F)과 직렬로 계자저항기(R_f)를 접속시켜 저항을 가감하여 자속(Φ)을 조정하여 단자전압(V)을 조정한다. 부하분담을 증가시키려면 계자 ϕ를 강하게 하여 전압을 상승시키면 된다.

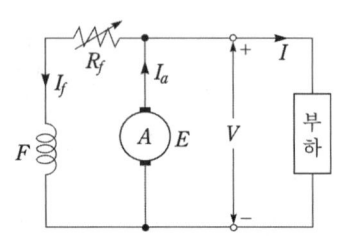

2 기출 & 예상문제
제1장 직류기(3)

01 직류발전기에서 계자철심에 잔류자기가 없어도 발전을 할 수 있는 발전기는?
① 분권 발전기
② 직권 발전기
③ 복권 발전기
④ 타여자 발전기

풀이
- 타여자 발전기 : 외부 전원으로부터 계자 권선에 전류를 공급받으므로 잔류자기가 없어도 기전력이 확립
- 자여자 발전기 : 철심에 잔류자기가 있어야 하며, 회전방향이 잔류자기를 강화해야 기전력이 확립   [답] ④

02 무부하에서 자기여자로 전압을 확립하지 못하는 직류발전기는?
① 직권발전기
② 분권발전기
③ 복권발전기
④ 타여자발전기

풀이
$I_a = I_f = 0$가 되어 무부하시 자속이 0이 되어 자기여자로 전압을 유기하지 못하게 된다.   [답] ①

03 분권 발전기는 잔류 자속에 의해서 잔류전압을 만들고 이때 여자 전류가 잔류 자속을 증가시키는 방향으로 흐르면, 여자 전류가 점차 증가하면서 단자 전압이 상승하게 된다. 이 현상을 무엇이라 하는가?
① 자기 포화   ② 여자 조절
③ 보상 전압   ④ 전압 확립

풀이
전압 확립 : 자기여자에 의한 발전으로 약간의 잔류자기로 단자전압이 점차 상승하는 현상으로 잔류자기가 있어야 발전가능   [답] ④

04 다음은 직권발전기의 특징에 대한 설명이다. 틀린 것은?
① 계자 권선과 전기자 권선이 직렬로 접속되어 있다.
② 승압기로 사용되며 수전 전압을 일정하게 유지하고자 할 때 사용된다.
③ 단자 전압을 V, 유기 기전력을 E, 부하전류를 I, 전기자 저항 및 직권 계자저항을 각각 R_a, R_s라 할 때 $V = E + I(R_a + R_s)[V]$ 이다.
④ 부하 전류에 의해 여자되므로 무부하 시 자기 여자에 의한 전압 확립은 일어나지 않는다.

풀이
직권발전기 유도 기전력 $E = V + I_a(R_a + R_f)$
∴ $V = E - I_a(R_a + R_f)$이 된다.   [답] ③

05 유도기전력 110[V], 전기자 저항 및 계자 저항이 각각 0.05[Ω]인 직권발전기가 있다. 부하전류가 100[A]이면, 단자전압[V]은?
① 95   ② 100
③ 105   ④ 110

풀이
직권발전기 유도 기전력 $E = V + I_a(R_a + R_f)$
∴ $V = E - I_a(R_a + R_f) = 110 - 100 \times (0.05 + 0.05)$
$= 100[V]$ [답] ②

06 직류 분권발전기를 역회전하면 어떻게 되는가?
① 섬락이 일어난다.
② 과전압이 일어난다.
③ 정회전 때와 마찬가지이다.
④ 발전되지 않는다.

풀이
자여자발전기인 분권발전기의 회전방향을 반대로 하는 경우나 계자의 접속을 반대로 하는 경우에는 잔류자기가 소멸되어 전압확립이 되지 않아 발전이 이루어지지 않는다. **[답] ④**

07 직류 분권 발전기를 정격 속도로 회전시켜도 전압이 확립되지 않는 경우는?
① 계자 회로의 저항이 적다.
② 잔류 자속이 많다.
③ 전기자 저항이 적다.
④ 계자 권선의 접속을 반대로 하였다.

풀이
자여자 발전기의 전압을 확립하기 위해서는 잔류자기가 있어야 하고, 회전방향이 잔류자기를 강화하는 방향이며, 부하특성이 자기 포화를 가져야 한다. 또한 계자 저항이 임계저항보다 작아야 한다. **[답] ④**

08 정격 속도로 회전하고 있는 무부하 분권 발전기의 유기 기전력은 몇 [V]인가? (단, 계자 저항 50[Ω], 계자 전류가 2[A], 전기자저항이 1.5[Ω] 이다.)
① 100   ② 103
③ 105   ④ 110

풀이
분권발전기의 유도기전력 $E = V + (I_f + I)R_a$에서 무부하 시 전기자 전류 I_a가 I_f로 전부 흐르게 되므로, 단자 전압 $V = I_f R_f = 50 \times 2 = 100[V]$가

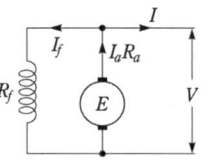

되고, 따라서 $E = 100 + 2 \times 1.5 = 103[V]$가 된다. **[답] ②**

09 전기자 저항 0.1[Ω], 전기자 전류 104[A], 유도 기전력 110.4[V]인 직류 분권 발전기의 단자전압은 몇 [V]인가?
① 98   ② 100
③ 102   ④ 105

풀이
분권발전기의 유도기전력 $E = V + I_a R_a$
∴ $V = E - I_a R_a = 110.4 - 0.1 \times 104 = 100[V]$
가 된다. **[답] ②**

10 정격속도로 회전하고 있는 분권 발전기가 있다. 단자전압 100[V], 권선의 저항은 50[Ω], 계자전류 2[A], 부하전류 50[A], 전기자 저항 0.1[Ω]이다. 이때 발전기의 유기기전력은 약 몇 [V]인가?(단, 전기자 반작용은 무시한다.)
① 100   ② 105
③ 128   ④ 141

풀이
분권발전기의 유도기전력
$E = V + (I_f + I)R_a = 100 + (50+2) \times 0.1 = 105.2[V]$
가 된다. **[답] ②**

11 부하의 변화가 있어도 그 단자 전압의 변화가 작은 직류 발전기는?
① 가동복권발전기
② 차동복권발전기
③ 직권발전기
④ 분권발전기

풀이
가동복권 발전기 : 부하증가에 따른 전압감소를 보충하는 특성을 가진 발전기 **[답] ①**

12 가동 복권 발전기의 내부 결선을 바꾸어 분권 발전기로 하려면?
① 분권 계자를 단락시킨다.
② 내분권 복권형으로 한다.
③ 외분권 복권형으로 한다.
④ 직권 계자를 단락시킨다.

풀이
복권 발전기를 분권 발전기로 사용하려면 직권계자를 단락시키고, 복권 발전기를 직권 발전기로 사용하려면 분권계자를 개방시킨다. **[답] ④**

13 직류발전기의 부하 포화곡선은 다음 어느 것의 관계인가?
① 부하전류와 여자전류
② 단자전압과 부하전류
③ 단자전압과 계자전류
④ 부하전류와 유기기전력

풀이

직류발전기의 각종 특성 곡선
- 무부하 특성곡선 : 무부하시 계자전류 I_f와 유도기전력 E의 관계를 나타낸 곡선
- 부하 포화곡선 : 정격부하시 계자전류 I_f와 단자전압 V의 관계를 나타낸 곡선
- 외부 특성곡선 : 정격부하시 부하전류 I와 단자전압 V의 관계를 나타낸 곡선 [답] ③

14 직류 발전기의 외부특성 곡선은 다음 어느 것의 관계인가?
① 부하 전류와 여자 전류
② 단자 전압과 부하 전류
③ 단자 전압과 계자 전류
④ 부하 전류와 유기기전력

풀이

직류발전기의 각종 특성 곡선
- 무부하 특성곡선 : 무부하시 계자전류 I_f와 유도기전력 E의 관계를 나타낸 곡선
- 부하 포화곡선 : 정격부하시 계자전류 I_f와 단자전압 V의 관계를 나타낸 곡선
- 외부 특성곡선 : 정격부하시 부하전류 I와 단자전압 V의 관계를 나타낸 곡선 [답] ②

15 정격 전압 250[V], 정격 출력 50[kW]의 외분권 복권 발전기가 있다. 분권 계자 저항이 25[Ω]일 때 전기자 전류는 몇 [A]인가?
① 210 ② 110
③ 120 ④ 140

풀이

외분권 복권 발전기 유도기전력
$E = V + (I_f + I)(R_s + R_a)$ 에서 전기자 전류
$I_a = I + I_f = \dfrac{P}{V} + \dfrac{V}{R_f} = \dfrac{50 \times 10^3}{250} + \dfrac{250}{25} = 210$[A]가 된다.
[답] ①

16 직류발전기의 종류 중 선로의 전압강하를 보상하는 목적으로 장거리 급전선에 사용되는 것은?
① 과복권발전기 ② 타여자발전기
③ 분권발전기   ④ 차동복권발전기

풀이

과복권발전기는 광산, 전차 등의 전원으로 사용하는데 장거리급전선의 전압강하를 보상하는 기능이 있기 때문이다. [답] ①

17 타여자 발전기와 같이 전압 변동률이 적고 자여자이므로 다른 여자 전원이 필요 없으며, 계자저항기를 사용하여 전압 조정이 가능하므로 전기화학용 전원, 전지의 충전용, 동기기의 여자용으로 쓰이는 발전기는?
① 분권 발전기   ② 직권 발전기
③ 과복권 발전기 ④ 차동복권 발전기

풀이

타여자 발전기와 같은 특성을 가진 발전기로써 부하에 따른 전압의 변화가 적은 정전압형 발전기라고 한다.
[답] ①

18 수하 특성을 가지므로 용접기용 전원으로 이용되는 것은?
① 분권 발전기
② 직권 발전기
③ 가동복권 발전기
④ 차동복권 발전기

풀이

- 수하 특성 : 부하증가에 따라 전압이 현저하게 감소하는 특성
- 차동 복권 발전기 : 직권과 분권계자권선의 기자력이 서로 상쇄되게 설계된 것으로 스스로 수하특성을 가지고 있는 발전기 [답] ④

19 용접기에 사용되는 직류발전기에 필요한 조건 중 가장 중요한 것은?
① 전압변동률이 적을 것
② 과부하에 견딜 것
③ 전류 대 전압특성이 수하특성일 것
④ 경부하 시 효율이 좋을 것

풀이

차동 복권 발전기 : 직권과 분권계자권선의 기자력이 서로 상쇄되게 설계된 것으로 스스로 수하특성을 가지고 있는 발전기로써 용접기용 전원으로 접합하다. [답] ③

20 직류발전기의 단자 전압을 조정하려면 다음 어느 저항을 가변시키는가?
① 계자저항
② 방전저항
③ 전기자저항
④ 기동저항

풀이
계자저항기의 저항을 가감시켜 자속을 조정, 단자전압을 조정하게 된다.　　　　　　　　　　　　　　[답] ①

21 2대의 직류 분권발전기 G_1, G_2를 병렬운전 시킬 때, G_1의 부하 분담을 증가시키려면 어떻게 하여야 하는가?
① G_1의 계자를 강하게 한다.
② G_2의 계자를 강하게 한다.
③ G_1, G_2의 계자를 똑같이 강하게 한다.
④ 균압선을 설치한다.

풀이
계자를 강하게 하여 전압의 상승을 이루어 부하 분담을 키우게 된다.　　　　　　　　　　　　　　[답] ①

22 각각 계자저항기가 있는 직류분권 전동기와 직류분권 발전기가 있다. 이것을 직렬하여 전동발전기로 사용하고자 한다. 이것을 기동할 때 계자저항기의 저항은 각각 어떻게 조정하는 것이 가장 적합한가?
① 전동기 : 최대, 발전기 : 최소
② 전동기 : 중간, 발전기 : 최소
③ 전동기 : 최소, 발전기 : 최대
④ 전동기 : 최소, 발전기 : 중간

풀이
① 발전기 기동 순서
　• 계자저항기의 저항을 최대로 하여 적정 회전수로 운전
　• 계자저항기를 조정 적정 전압을 유도
② 전동기 기동 순서
　• 기동 토크를 키우기 위해 계자저항을 최소값으로
　• 기동 전류를 줄이기 위하여 기동저항기를 최대값으로　　　　　　　　　　　　　　　　　　　[답] ③

23 직류발전기의 병렬운전 중 한쪽 발전기의 여자를 늘리면 그 발전기는?
① 부하 전류는 불변, 전압은 증가
② 부하 전류는 줄고, 전압은 증가
③ 부하 전류는 늘고, 전압도 오른다.
④ 부하 전류는 늘고, 전압은 불변

풀이
직류발전기의 병렬 운전 중 한쪽의 여자를 늘리면 자속이 증가하여 유도 기전력이 증가하면서 부하분담이 늘어난다.　　　　　　　　　　　　　　　　　　　　　[답] ③

24 복권발전기의 병렬운전을 안전하게 하기 위해서 두 발전기의 전기자와 직권권선의 접촉점에 연결해야 하는 것은?
① 균압선　　　　　② 집전환
③ 안정저항　　　　④ 브러시

풀이
직권과 복권 발전기의 경우 수하특성을 가지지 않아 직권 계자에 균압선을 연결, 전압상승을 같게 하여 병렬 운전을 할 수 있다.　　　　　　　　　　　　　[답] ①

25 다음 중 병렬운전시 균압선을 설치해야 하는 직류 발전기는?
① 분권　　　　　② 차동복권
③ 평복권　　　　④ 부족복권

풀이
• 병렬운전시 균압모선이 필요하지 않은 발전기 : 분권, 부족복권, 차동복권
• 균압모선이 필요한 발전기(수하특성 無) : 직권, 평복권, 과복권　　　　　　　　　　　　　　　[답] ③

26 유기기전력 110[V], 단자전압 100[V]인 5[kW] 분권 발전기의 계자저항이 50[Ω]이라면 전기자저항은 약 몇 [Ω]인가?
① 0.12　　　　　② 0.19
③ 0.96　　　　　④ 1.92

풀이
$E = V + I_a R_a \quad (I_a = I + I_f)$
$V = I_f R_f \qquad P = VI$
$I = \dfrac{P}{V} = \dfrac{5 \times 10^3}{100} = 50[A]$

$$I_f = \frac{V}{R_f} = \frac{100}{50} = 2[A]$$
$$R_a = \frac{E-V}{I_a} = \frac{110-100}{50+2} = 0.19[\Omega]$$ [답] ②

27 4극 직류발전기가 전기자 도체수 600, 매극당 유효자속 0.035[Wb], 회전수 1800[rpm]일 때 유기되는 기전력은 몇 [V]인가? (단, 권선은 단중 중권이다)
① 220 ② 320
③ 430 ④ 630

풀이
중권일 때는 $a = p = 4$이므로
$$E = \frac{P}{a}Z\phi\frac{N}{60} = \frac{4}{4} \times 600 \times 0.035 \times \frac{1800}{60} = 630[V]$$ [답] ④

28 직류 복권 발전기의 직권 계자권선은 어디에 설치되어 있는가?
① 주자극 사이에 설치
② 분권 계자권선과 같은 철심에 설치
③ 주자극 표면에 홈을 파고 설치
④ 보극 표면에 홈을 파고 설치   [답] ②

29 직류 분권 발전기의 병렬운전의 조건에 해당되지 않은 것은?
① 극성이 같을 것
② 단자전압이 같을 것
③ 외부특성곡선이 수하특성일 것
④ 균압모선을 접속할 것   [답] ④

30 직류 발전기 중 무부하 전압과 전부하 전압이 같도록 설계된 직류 발전기는?
① 분권 발전기
② 직권 발전기
③ 평복권 발전기
④ 차동복권 발전기

풀이
외부 특성 곡선에서 무부하 전압과 전부하 전압의 값이 거의 같은 것을 평복권 발전기라고 한다.
• 평복권 발전기 : 전부하 전압 ≒ 무부하 전압
• 과복권 발전기 : 전부하 전압 > 무부하 전압   [답] ③

31 부하의 변동에 대하여 단자전압의 변화가 가장 적은 직류 발전기는?
① 직권 ② 분권
③ 평복권 ④ 과복권

풀이
외부특성곡선

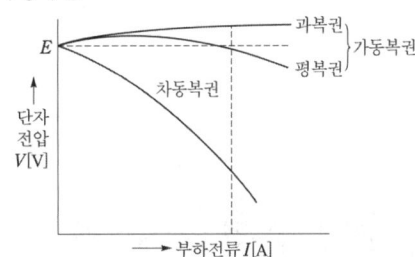

부하의 변동에 따른 단자전압의 변화는 평복권이 가장 작다는 것을 알 수 있다.   [답] ③

32 다음 그림은 직류발전기의 분류 중 어느 것에 해당되는가?
① 분권발전기
② 직권발전기
③ 자석발전기
④ 복권발전기

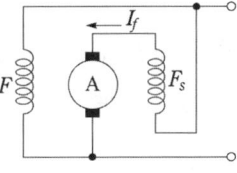

풀이
전기자권선과 직렬 접속인 직권 계좌권선과 병렬 접속인 분권 계자권선이 설치되어 있는 복권발전기 중에서 외분권에 해당한다.   [답] ④

1.7 직류발전기의 구조 및 원리

직류 전동기는 직류 전력을 이용해 기계적 동력을 발생하는 회전기계이며 구조는 직류 발전기와 같은 구조를 하고 있어 발전기를 전동기로 혹은 전동기를 발전기로도 사용가능하다.

자기장 중에 있는 코일에 정류자를 접속시키고, 브러시를 통해 직류 전압을 가해주면 코일은 플레밍의 왼손 법칙에 따라 시계 방향으로 회전하게 된다.

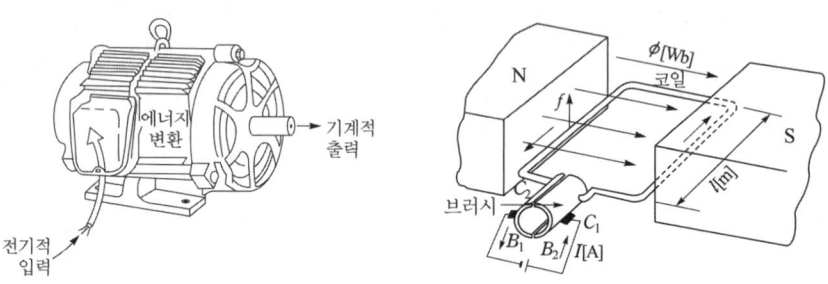

1.8 직류전동기의 이론

1. 직류 전동기의 단자전압

$$V = E_c + I_a R_a [\text{V}], \quad I_a = \frac{(V - E_c)}{R_a} [\text{A}]$$

여기서, V : 단자 전압[V], E_c : 역기전력[V], I_a : 전기자 전류[A], R_a : 전기자 저항[Ω]

2. 직류 전동기의 회전 속도(회전수 N)

직류전동기 역기전력은 $E_c = V - I_a R_a = p\phi \cdot \dfrac{N}{60} \cdot \dfrac{Z}{a}$ 이므로,

$$N = K_1 \frac{V - I_a R_a}{\phi} [\text{rpm}]$$

여기서, K_1 : 전동기의 변하지 않는 상수 $\left(K_1 = \dfrac{60a}{pZ}\right)$

3. 토크(T)

$$\tau = \frac{pZ}{2\pi a} \phi I_a [\text{N} \cdot \text{m}] = \frac{1}{9.8} K_2 \phi I_a [\text{kg} \cdot \text{m}] = 0.975 \frac{P}{N} [\text{kg} \cdot \text{m}]$$

토크는 전기자 전류(I_a)와 자속(ϕ)의 곱에 비례한다.

4. 기계적 출력과 토크와의 관계

$$P_o = E_c I_a = \omega \tau = 2\pi n \tau = 2\pi \frac{N}{60} \tau [\text{W}]$$

출력(P_o)은 토크와 회전수의 곱에 비례한다.

1.9 직류전동기의 종류

1. 종류

직류 전동기는 발전기와 동일하게 여자방식에 따라 타여자와 자여자전동기로 분류되며, 계자권선과 전기자권선의 접속방법에 따라 분권, 직권, 복권전동기로 분류된다.

직권(直捲)전동기 (series-wound motor)	〈비교〉	분권(分捲)전동기 (shunt-wound motor)
① 계자-전기자 권선 직렬. ② **토크가 크다. 변속도 특성** (무부하때 위험속도). $T \propto I_a^2 \propto \dfrac{1}{N^2}$, $E_b = V - I_a(R_a + R_s)$ ③ 제어용은 부적합, 시동전동기, 크레인, 전동차 등에 사용된다.	〈토크〉 직권 > 분권 〈시동전류〉 직권 > 분권 〈효율〉 직권 < 분권 〈속도변동〉 직권 > 분권	① 계자-전기자 권선 병렬. ② 부하변동에 따른 속도변화가 적다. **(정속도 특성)** $T \propto I_a \propto \dfrac{1}{N}$, $E_b = V - I_a R_a$ ③ 컨베이어 벨트, blower(송풍기), 공작 기계 등에 사용된다.
△차동복권 전동기(差動複捲) (Differential Compound Motor)		△가동복권 전동기(加動複捲) (Cumulative Compound Motor)
전기자 전류가 변화(부하변화)했을 때 **거의 속도가 불변. 토크가 적어** 잘 사용되지 않는다. (부하변화에 대한 정속도특성)		권양기(捲揚機)·전단기(剪斷機)·왕복펌프 등 **부하 토크의 변화가 심할 경우**에 널리 사용된다.

구 분		전 동 기
타여자		$I_a = I$ $E_b = V - I_a R_a - e_b - e_a$ E_b(전기자 역기전력) $= K\Phi N$ • 특성 : 정속도 ⇒ 공급전원의 방향을 반대 → 회전방향 반대로 됨
자여자	분권	• 정속도 운전 부하시 $I_a = I - I_f$, $I_f = \dfrac{V}{R_f}$ $E_b = V - I_a R_a$ ⇒ 공급전원의 방향을 반대 → 계자 전류와 전기자 전류의 방향이 동시에 반대로 되어 회전방향이 바뀌지 않는다. ⇒ 계자회로가 단선이 되면 자속이 0이 되어 과속도에 도달할 수 있으니 주의
	직권	$I_a = I_s = I$ $E_b = V - I_s R_s - I_a \cdot R_a = V - I_a(R_a + R_s)$ • 무부하 $I_a = I_s = I = 0$ 즉 $\Phi = 0$ $E = K\Phi N \rightarrow N \propto \dfrac{1}{\Phi}$ 위험속도 ⇒ 무부하시 위험속도 도달, 벨트 운전도 금지(벨트가 벗겨질 경우 무부하로 운전되므로)

구분	전동기	
자여자 / 복권	[가동 복권 전동기]	[차동 복권 전동기]
복권 외분권 (직렬)	• 전류식 : 분권형태 • 전압식 : 직권형태	$I_a = I_s = I - I_f$, $I_f = \dfrac{V}{R_f}$ $E_b = V - I_s R_s - I_a R_a = V - I_a(R_a + R_s)$
복권 내분권 (병렬)	• 전류식 : 분권형태 • 전압식 : 직권형태	$I_a = I - I_f \, (I = I_s)$ $E_b = V - I_s R_s - I_a R_a = V - I_a(R_a + R_s)$

1.10 직류전동기의 속도토크 특성

1. 타여자전동기

(1) 속도특성

$$N = K \dfrac{V - I_a R_a}{\Phi} \, [\text{rpm}]$$

① 자속이 일정하고, 전기자저항 R_a가 매우 작으므로 부하 변화에 전기자 전류 I_a가 변해도 정속도 특성을 가진다.
② 주의할 점은 계자전류가 0이 되면, 속도가 급격히 상승하여 위험하기 때문에 계자회로에 퓨즈를 넣어서는 안된다.

(2) 토크의 특성

$$T = K_2 \Phi I_a [\text{N} \cdot \text{m}]$$

타여자이므로 부하 변동에 의한 자속의 변화가 없으며, 부하 증가에 따라 전기자 전류가 증가하므로 토크는 부하전류에 비례하게 된다. ($T \propto I_a$)

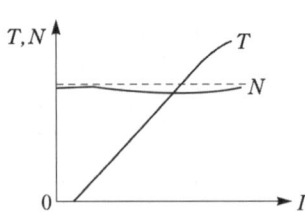

2. 분권전동기

(1) 속도 및 토크특성

전기자와 계자권선이 병렬로 접속되어 있어서 단자전압이 일정하면, 부하전류에 관계없이 자속이 일정하므로 타여자 전동기와 거의 동일한 특성을 가진다. ($T \propto I_a$)

(2) 타여자와 분권전동기는 속도조정이 쉽고, 정속도의 특성이 좋으나, 거의 동일한 특성의 3상 유도 전동기가 있으므로 별로 사용하지 않는다.

3. 직권전동기

(1) 속도특성

$$N = K_1 \frac{V - I_a R_a}{\Phi} [\text{rpm}]$$

① 부하에 따라 자속이 비례하므로, 부하의 변화에 따라 속도가 반비례하게 된다.
② 부하가 감소하여 무부하가 되면, 회전속도가 급격히 상승하여 위험하게 되므로 벨트운전이나 무부하 운전을 금지하고 있다.

(2) 토크특성

일반적 토크식 $T = K_2 \Phi I_a [\text{N} \cdot \text{m}]$ 으로부터 전기자와 계자권선이 직렬로 접속되어 있어서 자속이 전기자 전류에 비례하므로 $T \propto I_a^2$

(3) 부하 변동이 심하고, 큰 기동 토크가 요구되는 전동차, 크레인, 전기 철도에 적합하다.

> ※ 직류직권전동기에 교류를 인가하는 경우
> 계자권선과 전기자권선이 직렬로 접속되어 있으므로 두 단자에 가하는 직류전압의 극성을 바꾸면 전기자전류와 계자전류의 방향이 동시에 바뀌어 토크와 회전방향은 변하지 않는다. 그러므로 교류를 인가하여 사용할 수 있으나 다음과 같은 단점이 있다.
> - 철손이 크다.
> - 효율이 나쁘다.
> - 역률이 나쁘다.
> - 정류가 불량하다.

4. 복권전동기

(1) 가동복권전동기

분권전동기와 직권전동기의 중간 특성을 가지고 있어, 크레인, 공작기계, 공기압축기에 사용된다.

(2) 차동복권전동기

직권계자 자속과 분권계자 자속이 서로 상쇄되는 구조로 과부하의 경우에는 위험속도가 되고, 토크 특성도 좋지 않으므로 거의 사용하지 않는다.

5. 전동기의 토크 측정 및 안정운전 조건

(1) 토크측정 : 전기 동력계법(대형), 프로니 브레이크법, 와전류제동기
(2) 정속도 전동기 안정운전 조건 :

$$\frac{dT_L}{dn} > \frac{dT_M}{dn}$$

T_L : Torque of Load
T_M : Torque of Motor

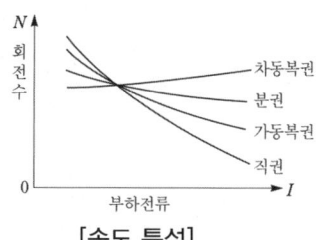
[속도 특성]

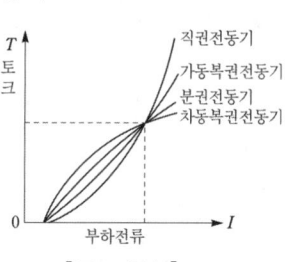
[토크 특성]

2 기출 & 예상문제
제1장 직류기(4)

01 직류 전동기는 무슨 법칙에 의해서 토크가 발생하는가?
① 플레밍의 왼손 법칙
② 플레밍의 오른손 법칙
③ 오른 나사 법칙
④ 렌츠의 법칙

풀이
플레밍의 오른손 법칙은 발전기의 원리에 해당하며, 플레밍의 왼손 법칙은 전동기의 원리에 해당한다. [답] ①

02 직류 전동기의 역기전력은?(단, K는 상수)
① $K\dfrac{V}{p}$
② $K\phi N$
③ $\dfrac{2\pi NT}{60}$
④ $K\phi I$

풀이
역기전력 $E_c = V - I_a R_a = p\phi \cdot \dfrac{N}{60} \cdot \dfrac{Z}{a} = K\phi N$ [V] [답] ②

03 직류 전동기의 속도식은? (단, V는 단자전압, E는 역기전력, I_a는 전기자 전류, ϕ는 계자자속, R_a는 전기자 저항, $K_1 = \dfrac{60a}{PZ}$ 이다.)
① $N = K_1\dfrac{E-V}{\phi}$
② $N = \dfrac{V+I_a R_a}{\phi}$
③ $N = K_1\dfrac{V-E}{IR_a}$
④ $N = K_1\dfrac{V-I_a R_a}{\phi}$

풀이
$E = K\phi N = \dfrac{PZ}{60a}\phi N$
$\therefore N = \dfrac{60aE}{PZ\phi} = \dfrac{60a}{PZ} \cdot \dfrac{E}{\phi} = K_1\dfrac{V-I_a R_a}{\phi}$ [답] ④

04 다음 중 토크(회전력)의 단위는?
① rpm
② W
③ N·m
④ N

풀이
회전력 토크 $\tau = 1[\text{kg}\cdot\text{m}] = 9.8[\text{N}\cdot\text{m}]$ [답] ③

05 전동기의 출력 토크와 회전속도와의 관계는?(단, P : 출력[W], τ : 토크[N·m], n : 회전속도[rps], ω : 각속도 $2\pi n$[rad/sec])
① $P = \omega^2 \tau$
② $P = \dfrac{\tau}{\omega}$
③ $P = \omega\tau$
④ $P = \dfrac{\omega}{\tau}$

풀이
출력과 토크와의 관계는 $P = \omega\tau = 2\pi n\tau$ [W] [답] ③

06 직류전동기의 출력이 50[kW], 회전수가 1,800[rpm]일 때 토크는 약 몇 [kg·m]인가?
① 12
② 23
③ 27
④ 31

풀이
출력 $P = \omega\tau$ 이므로
회전력 $\tau = \dfrac{P}{\omega} = \dfrac{P}{2\pi n} = \dfrac{60P}{2\pi N}$ [N·m]
$= \dfrac{1}{9.8} \cdot \dfrac{60P}{2\pi N}$ [kg·m]
$\therefore \tau = 0.975\dfrac{P}{N} = 0.975 \times \dfrac{50\times 10^3}{1800} ≒ 27$ [kg·m] [답] ③

07 직류 분권 전동기의 단자전압이 215[V], 전기자 전류 50[A], 전기자 전저항 0.1[Ω], 회전속도 1,500[rpm]일 때 발생하는 회전력은 약 몇 [N·m]인가?
① 66.9
② 76.9
③ 86.9
④ 96.9

풀이

회전력 $\tau = \dfrac{60P}{2\pi N}[\text{N}\cdot\text{m}]$이 되고, 출력 $P = E \cdot I_a$이며,

여기서 $E = V - I_a \cdot R_a = 215 - 50 \times 0.1 = 210[\text{V}]$

$\therefore \tau = \dfrac{60P}{2\pi N} = \dfrac{60E \cdot I_a}{2\pi N} = \dfrac{60 \times 210 \times 50}{2\pi \times 1500} = 66.7[\text{N}\cdot\text{m}]$

[답] ①

08 정격 전압 250[V]이고, 전기자 저항 0.04[Ω]인 분권전동기의 전기자 전류가 50[A]일 때 속도가 1,200[rpm]이라면 토크는 약 몇 [kg·m]인가?

① 10 ② 15
③ 20 ④ 25

풀이

출력 $P = \omega\tau$ 이며

회전력 $\tau = \dfrac{P}{\omega} = \dfrac{P}{2\pi n} = \dfrac{60P}{2\pi N}[\text{N}\cdot\text{m}]$

$= \dfrac{60P}{2\pi N} \cdot \dfrac{1}{9.8}[\text{kg}\cdot\text{m}]$

출력 $P = E \cdot I_a$이며,

여기서 $E = V - I_a \cdot R_a = 250 - 50 \times 0.04 = 248[\text{V}]$가 된다.

$\therefore \tau = \dfrac{1}{9.8}\dfrac{60}{2\pi}\dfrac{P}{N} = \dfrac{1}{9.8}\dfrac{60}{2\pi}\dfrac{E \cdot I_a}{N}$

$= \dfrac{1}{9.8} \times \dfrac{60}{2\pi} \times \dfrac{248 \times 50}{1200} = 10[\text{kg}\cdot\text{m}]$

가 된다.

[답] ①

09 다음 그림의 전동기는 어떤 전동기인가?
① 직권전동기
② 타여자전동기
③ 분권전동기
④ 복권전동기

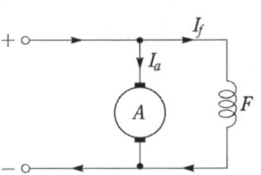

풀이

전기자와 계자가 병렬로 접속되어 있으므로 분권에 해당한다.

[답] ③

10 직류 복권전동기를 분권전동기로 사용하려면 어떻게 하여야 하는가?
① 분권계자를 단락시킨다.
② 부하단자를 단락시킨다.
③ 직권계자를 단락시킨다.
④ 전기자를 단락시킨다.

풀이

직권 계좌 권선에 해당하는 F를 단락시키게 되면 분권전동기와 같아진다.

[답] ③

11 타여자 또는 분권 전동기에서 어떠한 회로에 퓨즈를 넣으면 위험한가?
① 전원단자 ② 계자회로
③ 전기자회로 ④ 정류회로

풀이

회전속도 $N = K_1\dfrac{V - I_a R_a}{\phi}$ 이므로 $\phi = 0$이면 속도가 ∞가 되어 위험하게 된다. 따라서 계자회로에 퓨즈를 넣게 되면 퓨즈가 단선될 경우 자속이 0이 되어 위험하게 된다.

[답] ②

12 직류분권전동기의 부하로 가장 적당한 것은?
① 크레인 ② 권상기
③ 전동차 ④ 공작기계

풀이

분권전동기는 정속도 특성을 가지므로 일정 속도를 요하는 공작기계나 압연기에 적합하다.

[답] ④

13 분권전동기에 대한 설명으로 틀린 것은?
① 토크는 전기자 전류의 제곱에 비례한다.
② 부하 전류에 따른 속도 변화가 거의 없다.
③ 계자 회로에 퓨즈를 넣어서는 안 된다.
④ 계자 권선과 전기자 권선이 전원에 병렬로 접속되어 있다.

풀이

분권전동기는 단자전압이 일정하면 부하전류에 관계없이 일정한 속도를 가지므로 정속도 특성을 가지게 된다. 따라서 토크와의 관계는 $\tau \propto I_a$가 된다.

[답] ①

14 직류전동기 중에서 무부하 운전이나 벨트를 연결한 운전을 하면 절대로 안 되는 것은 어느 것인가?
① 직권전동기 ② 분권전동기
③ 가동 복권전동기 ④ 차동 복권전동기

풀이
속도 $N=K\dfrac{V-I_aR_a}{\phi}$[rpm]에서 벨트가 벗겨져 무부하 상태가 되면 여자전류가 최소값이 되면서 발생 자속도 최소값이 된다. 따라서 속도는 위험 속도가 된다. [답] ①

15 직류 직권전동기에서 벨트를 걸고 운전하면 안 되는 가장 큰 이유는?
① 벨트가 벗어지면 위험 속도로 도달하므로
② 손실이 많아지므로
③ 직결하지 않으면 속도 제어가 곤란하므로
④ 벨트의 마멸 보수가 곤란하므로

풀이
속도 $N=K\dfrac{V-I_aR_a}{\phi}$[rpm]에서 벨트가 벗겨져 무부하 상태가 되면 여자전류가 최소값이 되면서 발생 자속도 최소값이 된다. 따라서 속도는 위험 속도가 된다. [답] ①

16 직류 직권전동기에서 토크 T와 회전수 N과의 관계는 어떻게 되는가?
① $T \propto N$ ② $T \propto N^2$
③ $T \propto \dfrac{1}{N}$ ④ $T \propto \dfrac{1}{N^2}$

풀이
직권전동기의 속도 $N \propto \dfrac{1}{I_a}$이며, $\tau \propto I_a^2$이므로 $\tau \propto \dfrac{1}{N^2}$이 된다. [답] ④

17 직류 직권전동기의 회전수를 1/3로 줄이면 토크는 어떻게 되는가?
① 변화가 없다.   ② 1/3배 작아진다.
③ 3배 커진다.   ④ 9배 커진다.

풀이
직권전동기의 속도 $N \propto \dfrac{1}{I_a}$이며, $\tau \propto I_a^2$이므로 $\tau \propto \dfrac{1}{N^2}$이 된다. [답] ④

18 다음은 직권전동기의 특징에 대한 설명이다. 틀린 것은?
① 부하 전류가 증가할 때 속도가 크게 감소된다.
② 전동기 기동 시 기동 토크가 작다.
③ 무부하 운전이나 벨트를 연결한 운전은 위험하다.
④ 계자 권선과 전기자 권선이 직렬로 접속되어 있다.

풀이
직권전동기의 회전력 $\tau \propto I_a^2$이므로 기동 토크가 크다. [답] ②

19 기중기, 전기 자동차, 전기 철도와 같은 곳에는 어느 전동기가 사용되는가?
① 분권전동기   ② 차동복권전동기
③ 가동복권전동기   ④ 직권전동기

풀이
토크 변동이 심하고 큰 기동토크가 요구되는 기중기, 전동차, 크레인, 전기철도 등에 직권전동기가 사용된다. [답] ④

20 부하 전류에 따라 속도변동이 가장 심한 전동기는?
① 타여자전동기   ② 분권전동기
③ 직권전동기   ④ 차동복권전동기

풀이
직권전동기의 회전력 $\tau \propto I_a^2$이므로 속도변동이 심하게 된다. [답] ③

21 200[V]의 직류 직권전동기가 있다. 전기자 저항이 0.1[Ω], 계자 저항은 0.05[Ω]이다. 부하 전류 40[A]일 때의 역기전력[V]은?
① 194   ② 196
③ 198   ④ 200

풀이
직권전동기의 역기전력
$E_b = V - I(R_a + R_f) = 200 - 40(0.1 + 0.05) = 194$[V]
[답] ①

22 다음 그림에서 직류 분권전동기의 속도특성 곡선은?
① A
② B
③ C
④ D

풀이
- A : 차동복권전동기
- B : 분권전동기
- C : 가동복권전동기
- D : 직권전동기   [답] ②

23 직류전동기의 출력을 나타내는 것은? (단, V는 단자전압, E는 역기전력, I는 전기자 전류이다.)

① VI ② EI
③ V^2I ④ E^2I

풀이
- 직류전동기의 입력 $P_1 = VI$ [W]
- 직류전동기의 출력 $P_0 = EI$ [W]   [답] ②

24 4극 직류 분권전동기의 전기자에 단중 파권권선으로 된 420개의 도체가 있다. 1극당 0.025 [Wb]의 자속을 가지고 1400[rpm]으로 회전시킬 때 발생되는 역기전력과 단자전압은? (단, 전기자 저항 0.2[Ω], 전기자 전류는 50[A]이다.)

① 역기전력 : 490[V], 단자전압 : 500[V]
② 역기전력 : 490[V], 단자전압 : 480[V]
③ 역기전력 : 245[V], 단자전압 : 500[V]
④ 역기전력 : 245[V], 단자전압 : 480[V]

풀이

역기전력 $E_c = V - I_a R_a = p\phi \cdot \dfrac{N}{60} \cdot \dfrac{Z}{a}$

$= \dfrac{4 \times 0.025 \times 1400 \times 420}{60 \times 2} = 490[V]$

단자전압 $V = E_c + I_a R_a = 490 + (50 \times 0.2) = 500[V]$ [답] ①

25 전기자 저항이 0.2[Ω], 전류 100[A], 전압 120[V]일 때 분권 전동기의 발생 동력[kW]은?

① 5   ② 10
③ 14   ④ 20

풀이

$E = V - I_a R_a = 120 - (0.2 \times 100) = 100[V]$
$P = EI_a = 100 \times 100 \times 10^{-3} = 10[kW]$
직권은 $E = V - I_a(R_a + R_s)$ [답] ②

26 100[V], 10[A], 전기자저항 1[Ω], 회전수 1800[rpm]인 전동기의 역기전력은 몇 [V]인가?

① 90   ② 100
③ 110   ④ 186

풀이
역기전력 = 리액턴스 전압
전기자코일의 전류변화를 방해
$V = E_c + I_a R_a [V]$
$\therefore E_c = V - I_a R_a = 100 - (10 \times 1) = 90[V]$
여기서, V : 직류전동기 단자전압[V]
E_c : 역기전력[V]
I_a : 전기자 전류[A]
R_a : 전기자 저항[Ω]   [답] ①

27 직류용 직권전동기를 교류에 사용할 때 여러 가지 어려움이 발생되는데 다음 중 교류용 단상 직권전동기에서 강구 할 대책으로 옳은 것은?

① 원통형 고정자를 사용한다.
② 계자권선의 권수를 크게 한다.
③ 전기자 반작용을 적게 하기 위해 전기자 권수를 증가시킨다.
④ 브러시는 접촉저항이 적은 것을 사용한다.

풀이
직류 직권 전동기는 교류 전원을 사용할 수 있으나 자극은 철 덩어리로 되어 있기 때문에 철손이 크고, 계자 권선 및 전기자 권선의 인덕턴스 때문에 역률이 나쁘다. 또한 브러시에 의한 단락된 전기자 코일 내에 큰 기전력이 유기되어 정류가 불량하다는 단점이 있다.   [답] ①

1.11 직류전동기의 운전

1. 기동

기동 시에 $N=0$이므로 $N=K\dfrac{V-I_aR_a}{\phi}$에서 기동전류 $I_a=\dfrac{V}{R_a}$가 되어 대단히 크므로 전기자 회로에 직렬로 저항기를 넣어 기동 시 직렬저항(시동저항)을 최대로 하여 정격전류의 2배 이내로 기동을 하며, 토크를 유지하기 위해 계자저항을 최소로 하여 기동한다.

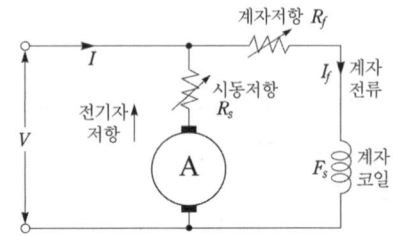

2. 회전 방향의 변경(역회전)

회전방향을 바꾸려면, 계자권선이나 전기자권선 중 어느 한쪽의 접속을 반대로 하면 되는데, 일반적으로 전기자권선의 접속을 바꾸어 역회전시킨다. 직류전동기는 전원의 극성을 바꾸게 되면, 계자권선과 전기자권선의 전류방향이 동시에 바뀌게 되므로 회전방향이 바뀌지 않는다.

3. 속도제어

$N=K_1\dfrac{V-I_aR_a}{\phi}$[rpm]의 식에서 속도 N을 제어하기 위해 ϕ, R_a, V중 하나를 변화시키는 다음의 세 가지 방법이 있다.

(1) 계자제어(ϕ)
  ① 계자권선에 직렬로 저항을 삽입하여 계자전류를 변화시켜 조정한다.
  ② 광범위하게 속도를 조정할 수 있고, 정출력 가변속도에 적합하다.

(2) 저항제어(R_a)
  ① 전기자권선에 직렬로 저항을 삽입하여 속도를 조정한다.
  ② 전력손실이 생기고 속도 조정의 폭이 좁아서 별로 사용하지 않는다.

(3) 전압제어(V)
  ① 직류전압 V를 조정하여 속도를 조정한다.
  ② 워드 레오나드 방식(M-G-M법), 일그너 방식이 있으나, 설치비용이 많이 든다.

구 분	제어 특성	특 징
계자 제어법	• 정출력 제어 • 효율 양호 • 정류 불량	직권에서는 ϕ가 대단히 작으면 과속이 되어 위험하므로 주의
저항 제어법	• 효율 불량 • 제어범위가 좁다	분권 및 타여자는 정속도 특성을 잃는다.
전압 제어법	• 정토크 제어 • 고가이나 광범위한 속도 제어	타여자 전동기에 적용, 워드-레오나드 방식과 일그너 방식이 있다.

※ 직권전동기의 속도제어 방식
① 계자제어법 ② 직렬저항제어법 ③ 직·병렬제어법

4. 직류전동기의 제동
(1) 발전제동 : 제동 시에 전원을 개방하여 발전기로 이용하여 발전된 전력을 제동용 저항에 열로 소비시키는 방법이다.
(2) 회생제동 : 제동 시에 전원을 개방하지 않고 발전기로 이용하여 발전된 전력을 다시 제동용 전원으로 사용하는 방식이다.
(3) 플러깅(역전)제동 : 급제동시 사용하는 방법으로 역전제동이라 하며, 전기자의 접속을 반대로 바꾸어 회전방향과 반대의 토크를 발생시켜 제동

1.12 직류기의 손실

전부하 손실 = 전부하 동손 + 무부하손 + 표유 부하손 + 기계손(풍손 + 마찰손)
무부하손 = 철손(히스테리시스손 + 맴돌이 전류손) + 기계손(풍손 + 마찰손)

1. 동손(P_c)
저항 중에 전류가 흘러 줄열로 발생하는 손실을 말하며, 저항손이라고도 한다.

2. 철손(P_i)
철심에서 생기는 히스테리시스손과 와류손을 말한다.
(1) 히스테리시스손(P_h) : $P_h \propto fB_m^{1.6 \to 2}$
(2) 와류손(P_e) : $P_e \propto (tfB_m)^2$

3. 기타 손실
(1) 기계손 : 회전 시에 생기는 손실로 마찰손, 풍손
(2) 표유 부하손 : 철손, 기계손, 동손을 제외한 손실

4. 온도상승 시험
(1) 실부하법 : 부하를 연결하여 실운전 후 저항측정
전기동력계, 프로니브레이크, 직류발전기
(2) 반환부하법 : 브론델법, 홉킨스법, 카푸법
동일정격의 발전기와 전동기로 운전하여 상호간의 전력과 동력을 주고 받도록 하여 손실만을 공급하여 온도상승 측정

5. 토크측정법
대형기기-전기동력계
소형기기- 프로니브레이크법, 와전류제동기

1.13 직류기의 효율

1. 효율

(1) 전기 기기의 입력과 출력의 비(출력 = 입력 - 손실)

$$실측\ 효율(\eta) = \frac{출력}{입력} \times 100[\%]$$

(2) 규약 효율

규정된 방법에 의하여 각 손실을 측정 또는 산출하고 입력 또는 출력을 구하여 효율을 계산하는 방법

$$발전기\ 효율 = \frac{출력}{출력 + 손실} \times 100[\%]$$

$$전동기\ 효율 = \frac{입력 - 손실}{입력} \times 100[\%]$$

(3) 최대 효율 조건

고정손(무부하손 ~ 철손) = 부하손(동손)

계산 시 : 철손(P_i) = 동손(P_c)

2. 전압변동률

발전기 정격부하일 때의 전압(V_n)과 무부하일 때의 전압(V_o)이 변동하는 비율

$$\epsilon = \frac{V_o - V_n}{V_n} \times 100[\%]$$

3. 속도변동률

전동기의 정격회전수(N_n)에서 무부하일 때의 회전속도(N_o)가 변동하는 비율

$$\epsilon = \frac{N_o - N_n}{N_n} \times 100[\%]$$

1.14 특수 직류기

1. 회전 증폭기

전기자 반작용을 이용하거나, 여자회로의 작은 전력증가로 출력측에 큰폭의 전력증가를 얻는 기계

① 앰플리다인 : 2단 증폭으로 10,000정도의 계자전력과 부하전력의 비를 가진다.

② 로토트롤

③ HT 다이나모

2. 정전압형 발전기

회전수에 관계없이 일정전압유지

① 로젠베르그

② 3브러시

③ 베르그만 발전기: 분권식(정전압형으로 열차), 직권식(정전류형으로 용접용)

3. 단극발전기

일정방향의 기전력 발생하여 정류자가 필요없는 구조

3~15[V] 전압과 수 천[A] 이상 대전류 발생용으로 화학공업이나 저항용접에 사용

4. 3선식 발전기

두 종류의 전압(220/110[V])을 하나의 발전기로 겸용

5. 전기동력계

회전기, 내연기관 등의 출력이나 동력측정을 하기위한 특수직류기

6. 절연물허용온도

절연의 종류	Y	A	E	B	F	H	C
허용최고온도[℃]	90	105	120	130	155	180	180초과

기출 & 예상문제
제 1 장 직류기(5)

01 직류전동기를 기동할 때 전기자전류를 제한하는 가감저항기를 무엇이라 하는가?
① 단속기 ② 제어기
③ 가속기 ④ 기동기

풀이
전동기를 기동할 때 전기자 저항에 직렬로 넣어 기동전류를 제한하여 속도가 증가함에 따라 저항을 천천히 감소시키게 된다. 이와 같은 가감저항기를 기동기(starter)라 한다. [답] ④

02 직류분권 전동기의 기동시 여자 전류는?
① 큰 것이 좋다.
② 작은 것이 좋다.
③ 정격 출력 때와 같은 것이 좋다.
④ 0에 가까운 것이 좋다.

풀이
전기자에 직렬 연결된 기동 저항을 크게 하여 기동 전류를 낮추고, 계자저항기의 저항값을 '0'으로 낮추어 여자 전류를 증가시켜 기동토크를 가급적 크게 하여 기동한다. [답] ①

03 직류분권 전동기의 기동방법 중 가장 적당한 것은?
① 기동기저항기를 전기자와 병렬 접속한다.
② 기동 토크를 작게 한다.
③ 계자저항기의 저항값을 크게 한다.
④ 계자저항기의 저항값을 0으로 한다. [답] ④

04 기동저항기 R_s, 계자저항기 R_f일 때 직류분권전동기의 기동상태는?
① R_s 최대, R_f 최소
② R_s 최대, R_f 최대
③ R_s 최소, R_f 최대
④ R_s 최소, R_f 최소 [답] ①

05 직류전동기의 속도 제어에서 자속을 2배로 하면 회전수는 몇 배가 되는가?
① 0.5 ② 1
③ 2   ④ 4

풀이
속도 $N = K\dfrac{V - I_a R_a}{\phi}$[rpm]에서 자속을 2배로 하면 속도는 $\dfrac{1}{2}$배로 감소한다. [답] ①

06 직류 전동기의 운전 중 계자 저항을 증가하면?
① 전기자 전류 증가 ② 역기전력 감소
③ 회전 속도 증가   ④ 여자 전류 증가

풀이
계자 저항이 증가하면 계자 전류는 감소하게 되어 자속이 감소한다. 따라서 속도는 $N = K\dfrac{V - I_a R_a}{\phi}$[rpm]에서 자속에 반비례하므로 속도는 증가한다. [답] ③

07 직류전동기의 속도제어 중 계자권선에 직렬 또는 병렬로 저항을 접속하여 속도를 제어하는 방법은?
① 저항제어 ② 전류제어
③ 계자제어 ④ 전압제어

풀이
직류전동기 속도제어
$N = K_1 \dfrac{V - I_a R_a}{\phi}$[rpm]의 식에서 속도 N을 제어하기 위해 ϕ, R_a, V 중 하나를 변화시키는 다음의 세 가지 방법이 있다.

① 계자제어(ϕ)
  ㉠ 계자권선에 직렬로 저항을 삽입하여 계자전류를 변화시켜 조정한다.
  ㉡ 광범위하게 속도를 조정할 수 있고, 정출력 가변속도에 적합하다.
② 저항제어(R_a)
  ㉠ 전기자권선에 직렬로 저항을 삽입하여 속도를 조정한다.
  ㉡ 전력손실이 생기고 속도 조정의 폭이 좁아서 별로 사용하지 않는다.
③ 전압제어(V)
  ㉠ 직류전압 V를 조정하여 속도를 조정한다.
  ㉡ 워드 레오너드 방식(M-G-M법), 일그너 방식이 있으나, 설치비용이 많이 든다. [답] ③

08 전기자전압을 전원전압으로 일정하게 유지하고, 계자전류를 조정하여 자속 ϕ[Wb]를 변화시킴으로써 속도를 제어하는 제어법은?
① 계자제어법   ② 전기자 전압제어법
③ 저항제어법   ④ 전압제어법

풀이
• 계자제어 : 단자전압 V를 일정하게 하고 전동기의 계자전류 I_f를 제어, 극당 자속 ϕ를 바꿔서 속도 제어하는 방법 정출력 가변속도 제어에 적합하다.
• 전압제어 : 계자 전류 일정 유지, 전기자 인가전압 V를 변화시켜 속도 제어하는 방법, 정토크 가변속도 제어에 적합하다.
• 저항제어 : 계자 전류를 일정하게 하고 전기자에 직렬로 가변저항 R_s를 접속하여 부하전류에 의한 전압강하를 증가시켜 속도를 제어하는 방법 [답] ①

09 직류 전동기의 속도 제어법 중 정출력 제어에 속하는 것은?
① 계자 제어법
② 워드 레오나드 방식
③ 저항 제어법
④ 전압 제어법

풀이
계자제어법에서 출력은 $P \propto \tau N$ 이므로 자속 ϕ가 변화할 경우 토크 τ는 자속 ϕ비례하나 회전수 N은 자속 ϕ에 반비례하므로 정출력 제어가 된다. [답] ①

10 직류전동기의 속도제어 방법 중 속도제어가 원활하고 정토크 제어가 되며 운전 효율이 좋은 것은?
① 계자제어   ② 병렬 저항제어
③ 직렬 저항제어   ④ 전압제어

풀이
전압제어법에서는 계자 자속이 거의 일정하고 전기자 공급 전압만을 변화시키므로 정토크 제어법이 된다. [답] ④

11 워드 레오너드(Ward Leonard)방식은 직류기의 무엇을 목적으로 하는 것인가?
① 정류개선   ② 속도제어
③ 계자자속 조정   ④ 병렬운전

풀이
• 전압제어의 종류 : 워드 레오나드(M-G-M 법), 일그너, 정지레오나드, 초퍼 제어, 직·병렬 제어 등이 있다. [답] ②

12 워드 레오너드 방식에 의한 분권 전동기의 속도 제어는?
① 전기자에 가하는 전압을 조정한다.
② 계자를 가감한다.
③ 전기자 회로에 저항을 접속한다.
④ 전기자 유효 도체수를 변화시킨다.

풀이
워드 레오나드 방식은 전압제어의 일종으로 전동기의 속도제어용 발전기를 설치하여 여자를 조정, 출력전압을 조정하여 전기자에 인가되는 전압이 조정되어 속도를 제어하는 방식이다. [답] ①

13 전압제어에 의한 속도제어가 아닌 것은?
① 정지형 레너드식
② 일그너식
③ 직병렬 제어
④ 회생제어

풀이
• 전압제어의 종류 : 워드 레오나드 (M-G-M 법), 일그너, 정지레오나드, 초퍼 제어, 직·병렬 제어 등이 있다. [답] ④

14 정속도 및 가변속도 제어가 되는 전동기는?
① 직권기 ② 가동 복권기
③ 분권기 ④ 차동 복권기

풀이
분권전동기와 타여자 전동기는 정속도 특성을 가짐으로써 정속도 및 가변속도에 용이하다. [답] ③

15 직류전동기의 전기자에 가해지는 단자전압을 변화하여 속도를 조정하는 제어법이 아닌 것은?
① 워드 레오나드 방식
② 일그너 방식
③ 직·병렬 제어
④ 계자 제어

풀이
①, ②, ③은 전압제어
직병렬제어(直並列制御/Series Parallel Control) : 전기차량에서 여러 개의 주 전동기를 직렬 또는 병렬로 접속하여 주 회로를 구성하는 것으로, 주전동기의 단자전압을 변화시켜 차량의 속도 제어를 하는 방법. [답] ④

16 발전제동의 설명으로 잘못된 것은?
① 직류전동기는 전기자 회로를 전원에서 끊고 저항을 접속한다.
② 유도전동기는 1차 권선에 직류를 통하고 2차 쪽(회전자)은 단락한다.
③ 전동기를 발전기로 운전하여 회전부분의 운동 에너지를 전기회로 중의 저항에서 열로 소비시키면서 제동하는 방법이다.
④ 전동기의 유도기전력을 전원 전압보다 높게 한다.

풀이
• 발전제동 : 제동 시에 전원을 개방하여 발전기로 이용하여 발전된 전력을 제동용 저항에 열로 소비시키는 방법이다.
• 회생제동 : 제동 시에 전원을 개방하지 않고 발전기로 이용하여 발전된 전력을 다시 제동용 전원으로 사용하는 방식으로 전동기의 유도기전력을 전동기가 갖는 운동에너지를 전기에너지로 변화 전원으로 반환
• 플러깅제동 : 급제동시 사용하는 방법으로 역전제동이라 하며, 전기자의 접속을 반대로 바꾸어 회전방향과 반대의 토크를 발생시켜 제동 [답] ④

17 전동기의 제동에서 역기전력이 높아서 전원 쪽으로 전기를 되돌려 주면서 제동하는 방법은?
① 발전제동 ② 역전제동
③ 마찰제동 ④ 회생제동

풀이
회생제동 : 유도 기전력을 전원 전압보다 높게 하여 전동기가 갖는 운동에너지를 전기에너지로 변화 전원으로 반환하는 방식 [답] ④

18 직류전동기에서 전기자에 가해 주는 전원전압을 낮추어서 전동기의 유도 기전력을 전원전압보다 높게 하여 제동하는 방법은?
① 맴돌이전류제동 ② 발전제동
③ 역전제동 ④ 회생제동

풀이
• 발전제동 : 제동 시에 전원을 개방하여 발전기로 이용하여 발전된 전력을 제동용 저항에 열로 소비시키는 방법이다.
• 회생제동 : 제동 시에 전원을 개방하지 않고 발전기로 이용하여 발전된 전력을 다시 제동용 전원으로 사용하는 방식으로 전동기의 유도기전력을 전동기가 갖는 운동에너지를 전기에너지로 변화 전원으로 반환
• 플러깅제동 : 급제동시 사용하는 방법으로 역전제동이라 하며, 전기자의 접속을 반대로 바꾸어 회전방향과 반대의 토크를 발생시켜 제동 [답] ④

19 다음 제동방법 중 급정지하는 데 가장 좋은 제동방법은?
① 발전제동 ② 회생제동
③ 역전제동 ④ 단상제동

풀이
역전제동 : 전기자의 전류방향을 반대로 공급 → 강한 역토크 발생 [답] ③

20 직류전동기의 회전 방향을 바꾸기 위해서는 어떻게 하면 되는가?
① 전원의 극성을 바꾼다.
② 전류의 방향이나 계자의 극성을 바꾸면 된다.
③ 차동복권을 가동복권으로 한다.
④ 발전기로 운전한다.

풀이
계좌권선이나 전기자 권선 중 어느 한쪽의 접속을 반대로 하면 회전 방향이 바뀌게 된다. **[답] ②**

21 직류 직권전동기의 전원 극성을 반대로 하면 어떻게 되는가?
① 회전 방향이 변하지 않는다.
② 회전 방향이 변한다.
③ 회전하지 않는다.
④ 발전기로 된다.

풀이
전원의 극성을 바꾸게 되면, 계자권선과 전기자권선의 전류 방향이 동시에 바뀌게 되어 회전 방향은 바뀌지 않는다. **[답] ①**

22 직류 분권전동기의 회전방향을 바꾸기 위해 일반적으로 무엇의 방향을 바꾸어야 하는가?
① 전원   ② 주파수
③ 계자저항   ④ 전기자전류

풀이
직류기의 회전방향을 바꾸기 위해서는 2선 중 한선의 방향을 바꿔주는데 일반적으로 전기자권선의 방향을 바꿔준다. **[답] ④**

23 직류 전동기의 특성에 대한 설명으로 틀린 것은?
① 직권전동기는 가변속도 전동기이다.
② 분권전동기에서는 계자회로에 퓨즈를 사용하지 않는다.
③ 분권전동기는 정속도 전동기이다.
④ 가동 복권전동기는 기동시 역회전할 염려가 있다.

[답] ④

24 출력 10[kW], 효율 90[%]인 기기의 손실은 약 몇 [kW]인가?
① 0.6   ② 1.1
③ 2   ④ 2.5

풀이
효율 $\eta = \dfrac{출력}{입력} \times 100[\%]$

∴ 입력 $= \dfrac{출력}{\eta} \times 100 = \dfrac{10}{90} \times 100 = 11.1[kW]$

따라서 손실 = 입력 − 출력 = 11.1 − 10 = 1.1[kW] **[답] ②**

25 효율 80[%], 출력 10[kW]인 직류발전기의 전 손실은 몇 [kW]인가?
① 1.25   ② 2.5
③ 2.0   ④ 3.0

풀이
발전기 규약효율 $\eta_G = \dfrac{출력}{출력 + 손실} \times 100[\%]$

∴ 손실 $= \dfrac{출력}{\eta_G} - 출력 = \dfrac{10}{0.8} - 10 = 2.5[kW]$ **[답] ②**

26 직류전동기의 규약효율을 표시하는 식은?
① $\dfrac{출력}{출력 + 손실} \times 100[\%]$
② $\dfrac{출력}{입력} \times 100[\%]$
③ $\dfrac{입력 - 손실}{입력} \times 100[\%]$
④ $\dfrac{입력}{출력 + 손실} \times 100[\%]$

풀이
• 발전기 규약효율 $= \dfrac{출력}{출력 + 손실} \times 100[\%]$
• 전동기 규약효율 $= \dfrac{입력 - 손실}{입력} \times 100[\%]$ **[답] ③**

27 직류발전기를 정격 속도, 정격 부하 전류에서 정격 전압 V_n를 발생하도록 한 다음, 계자저항 및 회전 속도를 바꾸지 않고 무부하로 하였을 때의 단자 전압을 V_o라 하면, 이 발전기의 전압변동률 $\epsilon[\%]$는?
① $\dfrac{V_o - V_n}{V_o} \times 100[\%]$
② $\dfrac{V_n - V_o}{V_o} \times 100[\%]$

③ $\dfrac{V_o - V_n}{V_n} \times 100[\%]$

④ $\dfrac{V_n - V_o}{Vn} \times 100[\%]$

풀이
발전기를 정격으로 운전하고 여자회로를 조정하지 않고 일정하게 유지하면서 정격 부하에서 무부하로 했을 때, 전압이 변동하는 비율을 전압 변동률이라고 하며, 이를 식으로 나타내면 $\epsilon = \dfrac{V_o - V_n}{V_n} \times 100[\%]$ 이다.

[답] ③

28 무부하전압 137[V], 정격전압 100[V]인 발전기의 전압 변동률은 얼마인가?
① 21 ② 37
③ 54 ④ 63

풀이
전압변동률
$\epsilon = \dfrac{V_0 - V_n}{V_n} \times 100 = \dfrac{137 - 100}{100} \times 100 = 37[\%]$

[답] ②

29 무부하에서 119[V]되는 분권발전기의 전압 변동률이 6[%] 이다. 정격 전부하 전압[V]은 얼마인가?
① 108.4 ② 112.3
③ 121.9 ④ 131.0

풀이
전압변동률 $\epsilon = \dfrac{V_0 - V_n}{V_n} \times 100$

$\therefore V_n = \dfrac{V_0}{1+\epsilon} = \dfrac{119}{1+0.06} = 112.3[V]$

[답] ②

30 직류전동기의 속도 변동률은 몇 [%]인가? (단, n은 전부하속도이고, n_0는 무부하속도이다.)
① $\dfrac{n_0 - n}{n} \times 100$ ② $\dfrac{n_0 - n}{n_0} \times 100$
③ $\dfrac{n - n_0}{n} \times 100$ ④ $\dfrac{n - n_0}{n_0} \times 100$

풀이
전동기를 정격으로 운전하고 정격 회전수가 되도록 계자 저항기를 조정한 상태에서 무부하로 하였을 때 회전수가 변동하는 비율을 속도변동률이라 하며, 이를 식으로 나타내면 $\epsilon = \dfrac{N_0 - N_n}{N_n} \times 100[\%]$ 이다.

[답] ①

31 정격 전압 230[V], 정격 전류 28[A]에서 직류전동기의 속도가 1,680[rpm]이다. 무부하에서의 속도가 1,733[rpm]이라고 할 때 속도 변동률[%]은 약 얼마인가?
① 6.1 ② 5.0
③ 4.6 ④ 3.2

풀이
속도변동률
$\epsilon = \dfrac{N_0 - N_n}{N_n} \times 100 = \dfrac{1733 - 1680}{1680} \times 100 = 3.2[\%]$

[답] ④

32 직류기의 효율이 최대가 되는 조건은?
① 와류손 = 히스테리시스손
② 동손 = 철손
③ 기계손 = 동손
④ 부하손 = 고정손

풀이
직류기에서 최대 효율이 되는 조건은 고정손과 부하손이 같을 경우이다.

[답] ④

33 직류 복권전동기 중에서 무부하 속도와 전부하 속도가 같도록 만들어진 것은?
① 과복권 ② 부족복권
③ 평복권 ④ 차동복권

풀이

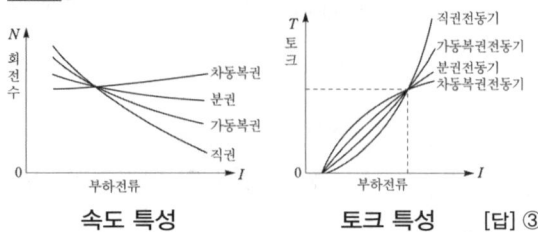

속도 특성   토크 특성

[답] ③

34 일정 전압으로 운전하는 직류발전기의 손실이 $y+xI^2$ 으로 표시될 때 효율이 최대가 되는 전류는? (단, x, y는 정수이다.)

① $\dfrac{y}{x}$ ② $\dfrac{x}{y}$

③ $\sqrt{\dfrac{y}{x}}$ ④ $\sqrt{\dfrac{x}{y}}$

풀이
주어진 손실에서 y : 철손, x : 동손
$y=xI^2$ ($I^2=\dfrac{y}{x} \to I=\sqrt{\dfrac{y}{x}}$)일 때 최대효율을 낸다.
[답] ③

35 직류기에서 전압 변동률이 (−)값으로 표시되는 발전기는?
① 분권 발전기   ② 과복권 발전기
③ 타여자 발전기   ④ 평복권 발전기

풀이
직류발전기 전압변동률
[+] : 타여자, 분권, 부족(차동)복권
[0] : 평복권
[−] : 과(가동)복권   [답] ②

36 직류 발전기의 정격전압 100[V], 무부하 전압 109[V]이다. 이 발전기의 전압변동률 ϵ[%] 은?
① 1   ② 3
③ 6   ④ 9

풀이
전압변동률
$\epsilon[\%]=\dfrac{V_o-V_n}{V_n}\times 100=\dfrac{109-100}{100}\times 100=9[\%]$ [답] ④

제 2 장

동기기

동기기는 정상 운전 상태에서 일정한 주파수와 자극 수에 따라 결정되는 동기속도로 회전하는 발전기와 전동기를 말한다. 동기발전기는 전력계통의 발전소에서 운전되는 교류발전기로 사용되며, 전력설비 가운데 가장 중요한 부분이다. 동기전동기는 정속도 전동기로서 사용되며, 전력계통에서 동기조상기로도 사용된다.

2.1 동기발전기의 원리

1. 교류기전력의 발생

교류 발전기는 계자에 직류 전류를 흘려 자극 N, S을 만들고 이 자극을 회전시키면 코일에 플레밍의 오른손 법칙에 따라 교류기전력이 발생한다. 전기자를 고정자로 하고 계자극을 회전시키는 이와 같은 방법을 회전 계자형이라 하며 동기 발전기에서는 대부분 회전 계자형을 사용한다.

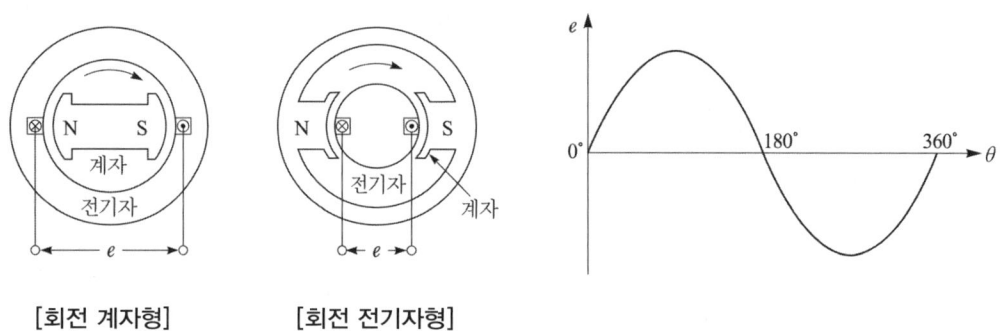

[회전 계자형]   [회전 전기자형]

계자를 고정하고 전기자가 회전하는 것을 회전 전기자형이라 한다. 이는 특수용도 및 소형기기에 적용된다.

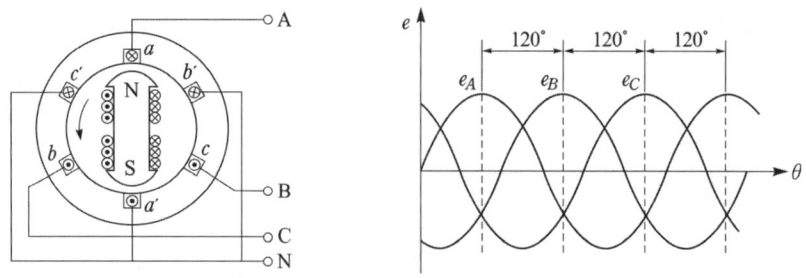

[3상 교류 동기발전기의 원리]

※ 회전계자형을 쓰는 이유
- 기계적으로 유리
- 고전압에 유리하다(Y 결선)
- 절연이 용이

2. 동기속도

N_s를 동기 속도, f는 주파수, p를 발전기 극수라 할 때 동기발전기는 동기속도로 회전한다.

$$N_s = \frac{120f}{p} [\text{rpm}]$$

2.2 동기발전기의 구조

1. 동기기의 분류

(1) 회전자형에 의한 분류
   ① 회전 계자형 : 고전압, 대전류용, 구조가 간단
   ② 회전 전기자형 : 저전압, 소용량의 특수 발전기용
   ③ 유도자형 : 수백~수천[Hz]의 고주파 전기로용 발전기

(2) 원동기에 의한 분류
   ① 수차 발전기 : 100~150[rpm], 1,000~1,200[rpm]
   ② 터빈 발전기 : 1,500~1,600[rpm](비돌극형)
   ③ 기관 발전기 : 100~1,000[rpm]

2. 수소냉각발전기

(1) 수소의 비중이 공기의 약 7[%]이므로 풍손이 공기냉각의 1/10로 감소한다.
(2) 비열은 공기의 약 14배로 냉각 효과가 크고 동일 발전기에서의 온도 상승은 2/3배 이며, 온도 상승이 같고 같은 치수이면 공기 냉각보다 출력은 약 25[%] 증가한다.
(3) 코일의 절연이 파괴되어 아크가 발생하여도 연소하지 않는다.
(4) 코로나 발생전압이 높고 절연물의 수명이 길어진다.
(5) 수소는 공기가 30~90[%] 혼입하면 폭발할 염려가 있으므로 방폭 구조로 해야 하기 때문에 설비비가 많이 들며 이 방식은 터빈 발전기, 대용량의 동기 조상기에 많이 사용한다.

3. 전기자 권선법

중권, 단절권, 분포권이 동시에 채용

(1) 집중권과 분포권(채용)
   ① 집중권 : 1극 1상당 코일이 차지하는 슬롯 수가 1개인 권선법(사용하지 않음)
   ② 분포권 : 1극 1상당 코일이 차지하는 슬롯 수가 2개 이상인 권선법

[특징] • 기전력의 파형이 좋아진다.(고조파제거)
• 전기자 동손에 의한 열을 골고루 분포시켜 과열을 방지
• 집중권에 비해 유기기전력 감소

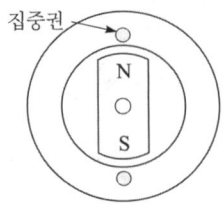
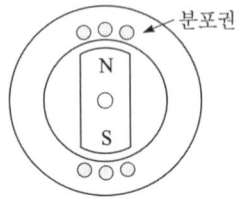

(2) 전절권과 단절권(채용)
   ① 전절권 : 코일의 간격과 극의 간격이 같은 것(사용하지 않음)
   ② 단절권 : 코일의 간격이 자극의 간격보다 작은 것
   [특징] • 고조파 제거로 파형이 좋아진다.
         • 코일 단부가 짧게 되어 동량이 적게 드는 장점이 있다.
         • 전절권에 비해 유기기전력 감소

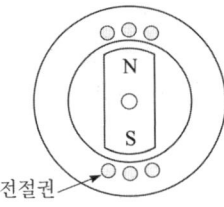
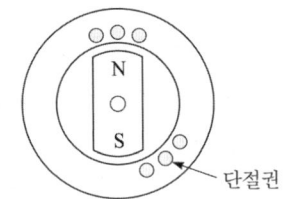

(3) 유도기전력을 정현파에 근접하게 하기 위하여 실제로는 분포권과 단절권을 혼합하여 쓴다.
(4) 권선계수 : 분포권계수와 단절권계수의 곱($K_w = K_d \cdot K_p$)
   ① 분포권계수 : 분포권을 채용하면, 집중권에 비해 기전력이 감소하게 되는데, 감소하는 비율로서 보통 0.955 이상이 된다.

$$\text{분포권 계수 } K_d = \frac{\sin\frac{\pi}{2m}}{q\sin\frac{\pi}{2mq}}$$

여기서, q(매극매상당 슬롯수)$= \dfrac{\text{총 슬롯수}}{\text{상수}\times \text{극수}}$

   ② 단절권계수 : 단절권을 채용하면, 전절권에 비해 기전력이 감소하게 되는데, 감소하는 비율로서 보통 0.914 이상이 된다.

$$\text{단절권 계수 } K_p = \sin\frac{\beta\pi}{2}$$

여기서, 단절계수 $\beta = \dfrac{\text{코일피치}}{\text{극피치}}$ (제5고조파 제거하기위해 $\beta=0.8$)

※ 고조파 기전력을 제거하여 정현파로 하기 위한 방법
- 매극매상의 슬롯수 q를 크게 한다.
- 단절권 및 분포권을 채용한다.
- 반폐슬롯을 사용한다.
- 전기자철심을 사구(skewed slot)슬롯으로 한다.
- 공극의 길이를 크게 한다.
- 성형(Y)결선 한다.

4. 결선방식

동기발전기는 대부분 3상인데, 상간의 결선 방식은 주로 Y결선법이 쓰인다.
(1) 권선의 불평형 및 제3고조파에 의한 순환전류가 흐르지 않는다.
(2) △결선에 비해 상전압이 $1/\sqrt{3}$ 배이므로 권선의 절연이 쉬워진다.
(3) 중성점을 접지하여 지락사고 시 보호계전방식이 간단해진다.
(4) 코로나 발생률이 적다.

2 기출 & 예상문제
제 2 장 동기기(1)

01 대부분의 동기 발전기는 회전 계자형인데 그 이유로 옳지 않은 것은?
① 계자 회로는 저전압 소용량의 직류이다.
② 고전압 대전류용으로 적당하다.
③ 회전 자계를 얻는 것이 쉽다.
④ 절연 및 집전이 쉽다.

풀이
회전자 도체에 슬립링과 브러시를 통하여 직류 전류(직류 저압 계자회로로 소요동력이 작다.)를 흐르게 하고 회전자 도체를 일정 속도로 회전시키면 고정자 권선에는 교류기전력이 유도되는 발전기가 회전계자형이다. 회전계자형은 고전압 대전류용으로 구조가 간단하다. **[답]** ③

02 동기발전기 중 회전계자형 발전기의 설명으로 타당성이 적은 것은?
① 고전압 대전류용으로 적당하다.
② 계자회로는 구조가 간단하다.
③ 계자회로는 고전압 대용량의 직류 회로이다.
④ 동기발전기는 대부분 회전계자형이다.

풀이
회전계자형을 쓰는 이유
- 기계적으로 유리
- 고전압에 유리하다.(Y결선)
- 절연이 용이 **[답]** ③

03 동기발전기는 무엇에 의해 회수가 결정되는가?
① 역률과 전류   ② 주파수와 역률
③ 주파수와 자극수   ④ 정격전압과 주파수

풀이
동기속도는 $N_s = \dfrac{120f}{p}$[rpm]이므로 회전 속도는 주파수 f와 자극수 p로 결정된다. **[답]** ③

04 극수가 10, 주파수가 50[Hz]인 동기기의 매분 회전수는 몇 [rpm]인가?
① 300   ② 400
③ 500   ④ 600

풀이
$N_s = \dfrac{120f}{p} = \dfrac{120 \times 50}{10} = 600$[rpm] **[답]** ④

05 6극에서 60[Hz]의 주파수를 얻으려면 동기발전기의 회전수[rpm]은?
① 600   ② 900
③ 1200 ④ 1500

풀이
$N_s = \dfrac{120f}{p} = \dfrac{120 \times 60}{6} = 1200$[rpm] **[답]** ③

06 1,200[rpm]의 회전수를 만족하는 동기기의 극수 P와 주파수 f[Hz]에 해당하는 것은?
① $P=6,\ f=50$ ② $P=8,\ f=50$
③ $P=6,\ f=60$ ④ $P=8,\ f=60$

풀이
동기속도 $N_s = \dfrac{120f}{p}$[rpm]에서
- 극수 $p=6$일 때, $f = \dfrac{N_s p}{120} = \dfrac{1200 \times 6}{120} = 60$[Hz]
- 극수 $p=8$일 때, $f = \dfrac{N_s p}{120} = \dfrac{1200 \times 8}{120} = 80$[Hz] **[답]** ③

07 60[Hz], 12극 회전자 바깥지름 2[m]의 동기기의 회전자 주변 속도[m/s]는?
① 10   ② 30
③ 50   ④ 60

풀이
주변속도 $v = \pi D \dfrac{N}{60}$[m/s]에서

동기속도 $N_s = \dfrac{120f}{p} = \dfrac{120 \times 60}{12} = 600$ [rpm]

$\therefore v = \pi \times 2 \times \dfrac{600}{60} = 62.8$ [m/s] [답] ④

08 수차 발전기에서 우산형을 사용하는 이유는?
① 저속 소형기   ② 저속 대형기
③ 고속 대형기   ④ 고속 소형기

풀이
우산형 발전기는 저속 대용량 수차발전기라고 부르기도 한다. [답] ②

09 터빈 발전기의 구조가 아닌 것은?
① 고속 운전을 한다.
② 회전 계자형의 철극형으로 되어 있다.
③ 축방향으로 긴 회전자로 되어 있다.
④ 일반적으로 극수는 2극 또는 4극으로 사용한다.

풀이
- 수차발전기 : 철극형의 회전자를 채용함으로써 저속도 운전에 적합하다.
- 터빈발전기 : 2극기의 원통형 회전자를 채용함으로써 고속도 운전에 적합하다. [답] ②

10 수소냉각 발전기의 특징으로 옳지 않은 것은?
① 풍손이 대폭으로 감소한다.
② 절연물의 수명이 길다.
③ 비열이 공기보다 작다.
④ 코로나 발생 전압이 높다.

풀이
- 수소의 비중이 공기의 약 7[%]이므로 풍손이 공기냉각의 1/10로 감소한다.
- 비열은 공기의 약 14배로 냉각 효과가 크고 동일 발전기에서의 온도 상승은 2/3배 이며, 온도 상승이 같고 같은 치수이면 공기 냉각보다 출력은 약 25[%] 증가한다.
- 코일의 절연이 파괴되어 아크가 발생하여도 연소하지 않는다.
- 수소는 공기가 30~90[%] 혼입하면 폭발할 염려가 있으므로 방폭 구조로 해야 하기 때문에 설비비가 많이 들며 이 방식은 터빈 발전기, 대용량의 동기 조상기에 많이 사용한다. [답] ③

11 수소냉각 방식의 동기 발전기의 풍손은 공기냉각 방식에 비하여 어떠한가?
① 90[%] 감소   ② 10[%] 감소
③ 20[%] 증가   ④ 20[%] 감소 [답] ①

12 여자기(Exciter)에 대한 설명으로 옳은 것은?
① 발전기의 속도를 일정하게 하는 것이다.
② 부하변동을 방지하는 것이다.
③ 직류전류를 공급하는 것이다.
④ 주파수를 조정하는 것이다.

풀이
동기발전기의 계자 권선에 여자 전류를 공급하는 직류 전원 공급장치를 여자기(Exciter)라 한다. [답] ③

13 동기발전기의 권선을 분포권으로 하면 어떻게 되는가?
① 권선의 리액턴스가 커진다.
② 파형이 좋아진다.
③ 난조를 방지한다.
④ 집중권에 비하여 합성유도 기전력이 높아진다.

풀이
분포권의 권선 특징
- 기전력의 파형이 좋아진다.
- 권선의 누설 리액턴스가 감소한다.
- 분포계수 만큼 합성 유도 기전력이 감소한다. [답] ②

14 동기 발전기의 전기자 권선을 단절권으로 하면?
① 역률이 좋아진다.
② 절연이 잘 된다.
③ 고조파를 제거한다.
④ 기전력을 높인다.

풀이
단절권의 특징
- 파형개선(고조파 제거)
- 동량(코일의 양)이 감소 → 기계적인 길이 감소
- 가격이 싸다. [답] ③

15 교류 발전기에서 권선을 절약할 뿐 아니라 특정 고주파분이 없는 권선은?
① 전절권　　② 집중권
③ 단절권　　④ 분포권

풀이
단절권의 특징
- 파형개선(고조파 제거)
- 동량(코일의 양)이 감소 → 기계적인 길이 감소
- 가격이 싸다.　　　　　　　　　　　　　[답] ③

16 동기기의 전기자 권선법이 아닌 것은?
① 2층 분포권　　② 단절권
③ 중권　　　　　④ 전절권

풀이
동기기는 중권(2층권), 단절권, 분포권이 동시에 채용된다.　　　　　　　　　　　　　[답] ④

17 단절권 계수를 나타내는 식은?
① $\dfrac{\beta\pi}{2}$　　② $\sin\beta\pi$
③ $\sin\dfrac{\beta\pi}{2}$　　④ $\cos\dfrac{\beta\pi}{2}$

풀이
단절권 계수 $K_p = \sin\dfrac{\beta\pi}{2}$

여기서, $\beta = \dfrac{\text{코일피치}}{\text{극피치}}$　　　　　　[답] ③

18 3상 동기발전기의 전기자 권선은 보통 어떤 결선인가?
① Y결선　　　　　　② △결선
③ 지그재그 삼각형　④ 지그재그 결선

풀이
동기발전기는 주로 Y형이나 2중 Y형 결선을 사용한다.　　　　　　　　　　　　　　　[답] ①

19 3상 발전기의 전기자 권선에서 Y결선을 채택하는 이유로 볼 수 없는 것은?
① 중성점을 이용할 수 있다.
② 같은 상전압이면 △결선보다 높은 선간전압을 얻을 수 있다.
③ 같은 상전압이면 △결선보다 상절연이 쉽다.
④ 발전기 단자에서 높은 출력을 얻을 수 있다.

풀이
Y결선을 쓰는 이유
- 중성점 접지를 함으로써 이상전압으로부터 기기 보호 및 보호계전기 동작이 확실
- 상전압이 낮아 코로나에 의한 열화를 방지
- 권선의 불평형 및 제3고조파 제거　　　[답] ④

20 3상 동기 발전기의 상간 접속을 Y결선으로 하는 이유 중 잘못된 것은?
① 중성점을 이용할 수 있다.
② 같은 선간 전압의 결선에 비하여 절연이 어렵다.
③ 선간 전압이 상전압의 $\sqrt{3}$ 배가 된다.
④ 선간 전압에 제3고조파가 나타나지 않는다.

풀이
Y결선을 쓰는 이유
- 중성점 접지를 함으로써 이상전압으로부터 기기 보호 및 보호계전기 동작이 확실
- 상전압이 낮아 코로나에 의한 열화를 방지
- 권선의 불평형 및 제3고조파 제거　　　[답] ②

21 3상 동기 발전기의 각 상의 유기 기전력 중에서 제5고조파를 제거하려면 단절계수(코일간격/극 피치)는 얼마가 가장 적당한가?
① 0.4　　② 0.8
③ 1.2　　④ 1.6

풀이
$k_{p5} = \sin\dfrac{\beta\pi n}{2} = 0$ 에서 $k_{ps} = \sin\dfrac{\beta\pi \times 5}{2} = 0$ 이면
5고조파 제거. (n : 고조파)
$\beta = 0, 0.8, \cdots$ 가 되지만 1보다 작고 1에 가장 가까운 0.8이 적당.　　　　　　　　　　　　　[답] ②

22 6극 36슬롯 3상 동기 발전기의 매극 매상당 슬롯수는?
① 2　　② 3
③ 4　　④ 5

풀이
매극 매상당 슬롯수 $= \dfrac{\text{총 슬롯수}}{\text{상수} \times \text{극수}} = \dfrac{36}{3 \times 6} = 2$　　[답] ①

2.3 동기발전기의 이론

1. 유도기전력
1상당 유기기전력 다음과 같다.

$$E = 4.44 K_w f W \phi [\text{V}]$$

여기서, K_w : 권선계수($= K_p \cdot K_d$), W : 1상당 권수, f : 주파수, ϕ : 자속

2. 전기자 반작용
발전기에 부하전류에 의한 자속이 주 자속에 영향을 주는 작용

(1) 횡축반작용(교차자화작용)
동기 발전기에 저항 부하를 연결하면, 기전력과 전류가 동위상이 된다. 이때 전기자전류에 의한 기자력과 주자속이 직각이 되는 현상

(2) 직축반작용(감자작용)
동기발전기에 리액터 부하를 연결하면, 전류가 기전력보다 90° 늦은 위상이 된다. 전기자 전류에 의한 자속이 주자속을 감소시키는 방향으로 작용하여 유도기전력이 작아지는 현상

(3) 자화작용(증자작용)
동기발전기에 콘덴서 부하를 연결하면, 전류가 기전력보다 90° 앞선 위상이 된다. 전기자 전류에 의한 자속이 주자속을 증가시키는 방향으로 작용한다. 유도 기전력이 증가하게 되는데, 이런 현상을 동기발전의 자기여자작용이라고 한다.

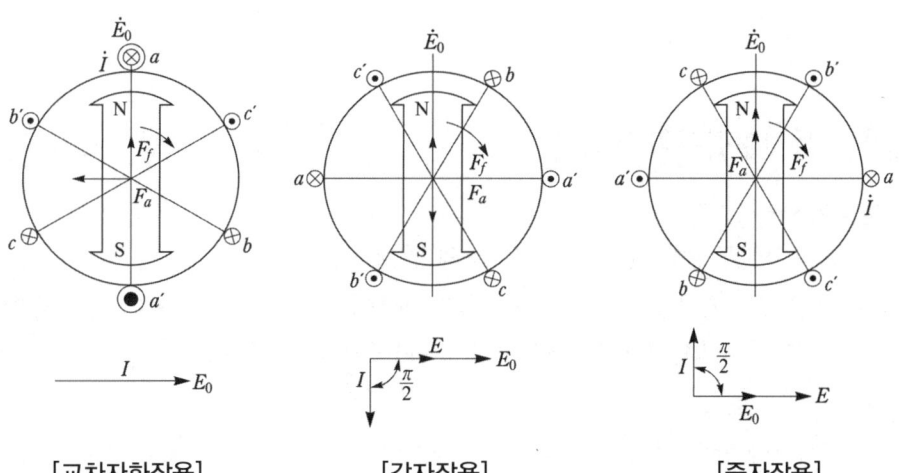

[교차자화작용] [감자작용] [증자작용]

구 분	발전기		전동기
R(저항, 역률 1)	교차자화작용	횡축반작용($I\cos\theta$)	교차자화작용
L(유도성, 지상전류)	감자작용	직축반작용($I\sin\theta$)	증자작용
C(용량성, 진상전류)	증자작용	자화작용	감자작용

3. 동기 리액턴스

(1) 전기자 반작용 리액턴스 : X_a → 부하 존재시에만 발생

　　r_a : 전기자 저항　　　　　　X_s : 동기 리액턴스

　　X_a : 전기자 반작용 리액턴스　X_l : 누설 리액턴스

(2) 전기자 누설 리액턴스 : X_l → 누설 자속에 의해 발생하는 리액턴스

(3) 동기 리액턴스 : $X_s = X_a + X_l$ → 돌발단락전류제한

(4) 동기 임피던스 : $Z_s = r_a + jX_s \fallingdotseq X_s(r_a \ll X_s)$ → 지속단락전류제한

　　(운전 중 X_a 증가 → X_s 증가) = jX_s (전기자 권선의 임피던스)

4. 출력(P_s)과 부하각

(1) 동기발전기 1상의 출력

$$P = \frac{EV}{X_s} \sin\delta [\text{W}]$$

　　여기서, X_s : 동기리액턴스($Z_s \fallingdotseq X_s$)

(2) 동기발전기 3상의 출력 $P = 3\frac{EV}{X_s}\sin\delta[\text{W}]$

(3) 동기발전기는 내부임피던스에 의해 유도기전력(E)과 단자전압(V)의 위상차가 생기게 되는데, 이 위상각 δ를 부하각(load angle)이라 한다.

(4) 최대출력 부하각

　① 원통형(비돌극형) : $\delta = 90°$

　② 돌극형(철극형) : $\delta = 60°$

2.4 동기발전기의 특성

1. 무부하 포화곡선

(1) 계자전류(I_f)와 무부하 단자 전압(V)과의 관계곡선

(2) 전압이 낮은 부분에서는 유도기전력이 계자전류에 정비례하여 증가하지만, 전압이 높아짐에 따라 철심의 자기포화 때문에 전압의 상승비율은 매우 완만해진다.

2. 3상 단락곡선

(1) 계자전류(I_f)와 단락 전류(I_s)와의 관계곡선

(2) 전기자 반작용이 감자 작용이 되므로 3상 단락곡선은 직선이 된다.

　① 돌발 단락전류 $= \dfrac{E}{X_l}$: 돌발 단락전류 제한 → 누설 리액턴스

　② 지속 단락전류 $= \dfrac{E}{X_l + X_a} \fallingdotseq \dfrac{E}{X_s}$: 지속 단락전류 제한 → 동기리액턴스

　　　　　　　　　　　　　　　(누설리액턴스+전기자 반작용 리액턴스)

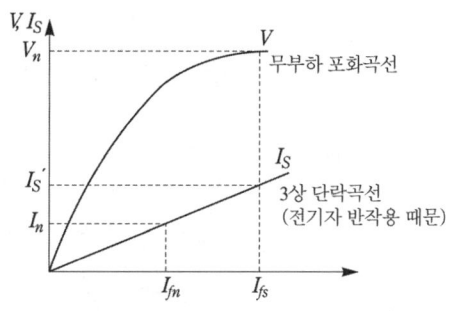

3. 단락비(short circuit ratio)
단락비의 크기는 기계의 특성을 나타내는 표준

(1) 무부하 포화곡선과 3상 단락곡선에서 단락비 K_s는 다음과 같이 표시된다.

여기서, $\%Z_s$: %동기임피던스

$$K_s = \frac{\text{무부하에서 정격전압을 유기하는데 필요한 계자전류}(I_{fs})}{\text{정격전류와 같은 단락전류를 흘리는데 필요한 계자전류}(I_{fn})} = \frac{100}{\%Z_s} = \frac{I_s}{I_n}$$

(2) 단락비에 따른 발전기의 특징

단락비가 큰 동기기(철기계)	단락비가 작은 동기기(동기계)
전기자 반작용이 작고, 전압변동률이 작다.	전기자 반작용이 크고, 전압변동률이 크다.
공극이 크고 과부하 내량이 크다.	공극이 좁고 안정도가 낮다.
기계의 중량이 무겁고 가격이 비싸다.	기계의 중량이 가볍고 가격이 싸다.

K_s의 값은 터빈발전기에서는 0.6~1.0, 수차발전기에서는 0.9~1.2 정도이다.

(3) 단락비의 대소관계
- $K_S(大) \rightarrow \%Z(小) \rightarrow Z_S(小) \rightarrow X_S(小)$
- $K_S(大)$ - ① 과부하 내량 증대 ② 선로의 충전용량 증대
  ③ 안정도 증대 ④ 자기 여자현상 방지
  ⑤ 철기계는 동기계보다 공극이 크다.
- $Z_S(小)$ - ① 임피던스 전압강하 작다.
  ② 전압 변동률 적다.
  ③ 계자기자력 크다.

(4) 단락비와 다른 발전기별 특성

철기계(돌극형)	동기계(원통형, 비돌극형)
단락비가 크다(안정도 높다) 동기임피던스가 작아진다 반작용리액턴스(x_a)가 작다 계자기자력이크다(전압변동율 양호) 기계의 중량이 크다 과부하내량 증대(기계가격 상승) 극수가 적은 저속기	단락비가 작다 동기임피던스가 크다 전기자반작용이 크다 공극이 작다 중량이 가볍고 재료가 적게들어 가격이 싸다

4. 전압변동률

발전기 정격부하일 때의 전압(V_n)과 무부하일 때의 전압(V_o)이 변동하는 비율

$$\epsilon = \frac{V_o - V_n}{V_n} \times 100[\%]$$

C부하 : $V_o < V_n \rightarrow \epsilon(-)$: 용량성
R부하 : $V_o > V_n \rightarrow \epsilon(+)$
L부하 : $V_o > V_n \rightarrow \epsilon(+)$: 유도성

5. 자기여자 현상

무부하 장거리 송전선에 동기 발전기를 접속한 경우, 송전선로의 충전전류에 의한 전기자 반작용(증자작용)과 무여자 동기 발전기의 잔류자기로 인하여 발전기가 스스로 여자되어 수전단전압이 위험 전압까지 상승하는 현상

(1) 자기여자 방지법
  ① 동기 조상기 설치
  ② 발전기 병렬운전
  ③ 분로 리액터 설치
  ④ 변압기 병렬운전
  ⑤ 단락비 증대

2.5 동기발전기의 운전

1. 병렬운전 조건

(1) 기전력의 크기가 같을 것 : 같지 않을 경우 무효 순환 전류(무효 횡류)가 흐른다.
  (방지대책 : 여자 전류로 조정)
(2) 기전력의 위상이 같을 것 : 같지 않을 경우 동기화 전류(유효 횡류)가 흐른다.
  • 동기화전류 $I_s = \dfrac{E}{X_s} \sin\dfrac{\delta}{2}$
  • 동기화력(수수전력) : $P_s = \dfrac{E^2}{2Z_s} \sin\delta [W]$ ($\delta = 90°$일 때 최대)
(3) 기전력의 주파수가 같을 것 : 같지 않을 경우 난조의 원인
(4) 기전력의 파형이 같을 것 : 같지 않을 경우 고조파 무효 순환 전류가 흐른다.
  (방지대책 : 분포권, 단절권, Y 권선)
(5) 기전력의 상회전이 같을 것

  ※ 동기 발전기 병렬 운전 시 서로 같지 않아도 되는 사항
    : 발전기 용량, 부하 전류, 임피던스, 회전수

2. 난조의 발생과 대책

(1) 난조

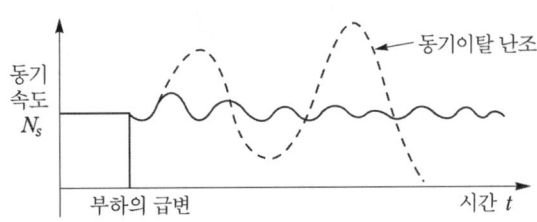

부하가 갑자기 변하면 속도 재조정을 위한 진동이 발생하게 된다. 일반적으로는 그 진폭이 점점 적어지나, 진동주기가 동기기의 고유진동에 가까워지면 공진작용으로 진동이 계속 증대하는 현상, 이런 현상의 정도가 심해지면 동기 운전을 이탈하게 되는데, 이것을 동기이탈 또는 탈조라 한다.

(2) 발생하는 원인
  ① 조속기의 감도가 지나치게 예민한 경우
  ② 원동기에 고조파 토크가 포함된 경우
  ③ 전기자 저항이 큰 경우

(3) 난조방지법
  ① 발전기에 제동권선을 설치한다.
  ② 원동기의 조속기가 너무 예민하지 않도록 한다.
  ③ 송전계통을 연계하여 부하의 급변을 피한다.
  ④ 회전자에 플라이 휠 효과를 준다.

(4) 동기발전기 안정도
  ① 정태안정도 : 여자를 일정하게 유지하고 부하를 서서히 증가시 안정운전 할 수 있는 정도
  $$P_s = \frac{EV}{X_s}\sin\delta[\text{W}]\ (극한에서의\ 전력) : 정태안정극한전력$$

  ② 동태안정도 : 발전기를 송전선에 접속하고 AVR로 여자전류 제어하여 안정운전 할 수 있는 정도

  ③ 과도안정도 : 부하급변, 선로개폐, 접지, 단락 등의 고장에 의한 운전으로 상태급변시 안정 유지정도

2 기출 & 예상문제
제 2 장 동기기(2)

01 동기기의 전기자 도체에 유기되는 기전력의 크기는 그 주파수를 2배로 했을 경우 어떻게 되는가?
① 2배로 증가 ② 2배로 감소
③ 4배로 증가 ④ 4배로 감소

풀이
유기기전력 $E=4.44fN\phi$[V]에서 $E \propto f$이므로 주파수 2배 증가시 기전력도 2배 증가하게 된다. [답] ①

02 동기 발전기의 전기자 반작용의 원인은?
① 전기자 전류
② 동기 리액턴스
③ 강한 여자전류
④ 철심의 히스테리시스

풀이
전기자 전류로 인한 자속이 계자극에 영향을 미치는 것을 전기자 반작용이라 한다. [답] ①

03 3상 교류 발전기의 기전력에 대하여 π/2[rad] 뒤진 전기자 전류가 흐르면 전기자 반작용은 어떻게 되는가?
① 횡축 반작용으로 기전력을 증가시킨다.
② 교차자화작용으로 기전력을 감소시킨다.
③ 감자작용을 하여 기전력을 감소시킨다.
④ 증자작용을 하여 기전력을 증가시킨다.

풀이
전기자 반작용
- 저항 부하에 의한 교차자화작용 : 기전력과 전류는 동위상으로써 횡축반작용이라고도 한다.
- 유도성 부하에 의한 감자작용 : 전류가 기전력보다 π/2만큼 뒤지는 경우이며 직축 반작용이라고도 한다.
- 용량성 부하에 의한 증자작용 : 전류가 기전력보다 π/2만큼 앞서는 경우이며 자화 작용이라고도 한다. [답] ③

04 3상 동기발전기에 무부하 전압보다 90° 앞선 전기자전류가 흐를 때 전기자 반작용은?
① 감자작용을 한다.
② 증자작용을 한다.
③ 교차자화작용을 한다.
④ 자기여자작용을 한다.

풀이
동기발전기의 경우 전류가 기전력보다 $\frac{\pi}{2}(90°)$ 뒤지면 감자작용, $\frac{\pi}{2}(90°)$ 앞서면 자화작용을 한다. [답] ②

05 동기발전기의 출력 $P=\frac{VE}{X_s}\sin\delta$[W]에서 각 항의 설명 중 잘못된 것은?
① V : 단자전압
② E : 유도기전력
③ δ : 역률각
④ X_s : 동기 리액턴스

풀이
δ : 단자전압 V와 유기기전력 E이 이루는 위상차로써 상차각 또는 부하각(load angle) 이라고 한다. [답] ③

06 동기기의 자기 여자 현상의 방지법이 아닌 것은?
① 단락비 증대
② 리액턴스 접속
③ 발전기 직렬 연결
④ 변압기 접속

풀이
자기여자 방지법
① 동기 조상기 설치
② 발전기 병렬운전
③ 분로 리액터 설치
④ 변압기 병렬운전
⑤ 단락비 증대 [답] ③

07 동기발전기의 무부하 포화곡선에 대한 설명으로 옳은 것은?
① 정격전류와 단자전압의 관계이다.
② 정격전류와 정격전압의 관계이다.
③ 계자전류와 정격전압의 관계이다.
④ 계자전류와 단자전압의 관계이다.

풀이
각종 특성 곡선
- 3상단락곡선 : 계자전류와 단락전류
- 무부하 포화곡선 : 계자전류와 단자전압
- 부하 포화곡선 : 계자전류와 단자전압
- 외부특성곡선 : 부하전류와 단자전압 [답] ④

08 교류발전기의 동기 임피던스는 철심이 포화하면 어떻게 되는가?
① 증가한다.
② 증가·감소가 불분명하다.
③ 관계없다.
④ 감소한다.

풀이
철심 포화시 무부하 포화 곡선에서 단자 전압이 감소하므로 동기 임피던스가 감소한다. [답] ④

09 동기발전기의 3상 단락곡선은 무엇과 무엇의 관계 곡선인가?
① 계자전류와 단락전류
② 정격전류와 계자전류
③ 여자전류와 계자전류
④ 정격전류와 단락전류

풀이
각종 특성 곡선
- 3상단락곡선 : 계자전류와 단락전류
- 무부하 포화곡선 : 계자전류와 단자전압
- 부하 포화곡선 : 계자전류와 단자전압
- 외부특성곡선 : 부하전류와 단자전압 [답] ①

10 다음 중 동기기의 3상 단락 곡선이 직선이 되는 이유는?
① 무부하 상태이므로
② 자기 포화가 있으므로
③ 전기자 반작용으로
④ 누설 리액턴스가 크므로

풀이
전기자 반작용으로 일어나는 감자작용으로 인해서 철심의 포화가 일어나지 않게 된다. [답] ③

11 동기발전기의 역률 및 계자 전류가 일정할 때 단자 전압과 부하 전류와의 관계를 나타낸 곡선은?
① 단락 특성 곡선
② 외부 특성 곡선
③ 토크 특성 곡선
④ 전압 특성 곡선

[답] ②

12 발전기의 단락비나 동기임피던스를 산출하는 데 필요한 시험은?
① 무부하 포화시험과 3상 단락시험
② 정상, 영상 리액턴스의 측정시험
③ 돌발 단락시험과 부하시험
④ 단상 단락시험과 3상 단락시험

풀이
무부하 포화시험으로 무부하에서 정격전압을 유기하는 데 필요한 계자 전류의 값을 3상 단락시험으로 정격전류와 같은 단락전류를 흘리는 데 필요한 계자 전류를 구하여 단락비나 동기 임피던스를 산출하게 된다. [답] ①

13 3상 동기발전기를 정격속도로 운전하며, 무부하 정격전압을 유기하는 데 필요한 계자전류를 I_1, 3상 단락 시 정격전류 I와 같은 크기의 지속단락전류를 흘리는 데 필요한 계자전류를 I_2라 하면 단락비는?

① $\dfrac{I}{I_1}$ ② $\dfrac{I_2}{I_1}$
③ $\dfrac{I}{I_2}$ ④ $\dfrac{I_1}{I_2}$

풀이
단락비
$K_s = \dfrac{\text{무부하에서 정격전압을 유기하는 데 필요한 계자전류}}{\text{정격전류와 같은 단락전류를 흘려주는 데 필요한 계자전류}}$
$= \dfrac{100}{\%Z_s}$ [답] ④

14 동기발전기의 단락비가 크다는 것은?
① 기계가 작아진다.
② 효율이 좋아진다.
③ 전압 변동률이 나빠진다.
④ 전기자 반작용이 작아진다.

풀이
단락비가 큰 동기기(철기계)의 특징
- 동기 임피던스가 작다 : 단락비 $K_s = \dfrac{1}{Z_s}$ 에서 동기 임피던스가 적어지게 된다.
- 반작용 리액턴스가 작다 :
  동기 임피던스 $Z_s = r_a + j(x_a + x_l)$이므로 동기 임피던스가 작아진다는 것은 반작용 리액턴스가 작다는 것을 의미하게 된다.
- 계자 기자력이 크다. : 전기자 반작용의 의한 영향이 적게 되고, 전압변동률이 양호해진다.
- 기계의 중량이 크다. : 계자 권수가 많고 계자철심의 직경이 크게 되므로 기계의 중량이 커지게 된다.
- 과부하 내량이 증대되고 송전선의 충전 용량이 큰 반면 기계의 가격이 상승하게 된다.
- 공극이 크고 효율이 낮아진다. [답] ④

15 다음 중 단락비가 큰 동기 발전기를 설명하는 것으로 옳은 것은?
① 동기 임피던스가 작다.
② 단락전류가 작다.
③ 전기자 반작용이 크다.
④ 전압 변동률이 크다. [답] ①

16 단락비가 큰 동기기는?
① 안정도가 높다.
② 기계가 소형이다.
③ 전압 변동률이 크다.
④ 전기자 반작용이 크다. [답] ①

17 다음 중 동기 발전기에서 단락비가 작은 기계는?
① 동기 임피던스가 크므로 전압 변동률이 작다.
② 동기 임피던스가 크므로 전기자 반작용이 크다.
③ 공극이 넓다.
④ 계자 기자력이 크다. [답] ②

18 동기 임피던스가 작은 동기발전기는?
① 단락비가 작다.
② 전기자 반작용이 작다.
③ 전압 변동률이 크다.
④ 과부하 내량이 작다. [답] ②

19 단락비가 1.2인 동기발전기의 %동기 임피던스는 약 몇 [%]인가?
① 68   ② 83
③ 100 ④ 120

풀이
단락비 $K_s = \dfrac{100}{\%Z_s}$

$\therefore \%Z_s = \dfrac{100}{K_s} = \dfrac{100}{1.2} = 83.33[\%]$가 된다. [답] ②

20 정격이 10,000[V], 500[A], 역률 90[%]의 3상 동기발전기의 단락전류 I_s[A]는? (단, 단락비는 1.3으로 하고, 전기자저항은 무시한다.)
① 450   ② 550
③ 650   ④ 750

풀이
$k_s = \dfrac{I_s}{I_n} = \dfrac{100}{\%Z} = \dfrac{1}{\%Z[\text{p.u}]}$ 식에서

$\therefore I_s = k_s I_n = 1.3 \times 500 = 650[A]$ [답] ③

21 발전기의 전압변동률을 표시하는 식은?
(단, V_o : 무부하전압, V_n : 정격전압)
① $\epsilon = \left(\dfrac{V_o}{V_n} - 1\right) \times 100[\%]$
② $\epsilon = \left(1 - \dfrac{V_o}{V_n}\right) \times 100[\%]$

③ $\epsilon = \left(\dfrac{V_n}{V_o} - 1\right) \times 100[\%]$

④ $\epsilon = \left(1 - \dfrac{V_n}{V_o}\right) \times 100[\%]$

풀이
전압변동률
$\epsilon = \dfrac{V_o - V_n}{V_n} \times 100 = \left(\dfrac{V_o}{V_n} - \dfrac{V_n}{V_n}\right) \times 100$
$= \left(\dfrac{V_o}{V_n} - 1\right) \times 100[\%]$ 가 된다. **[답]** ①

22 3상 동기발전기를 병렬 운전시키는 경우 고려하지 않아도 되는 조건은?
① 주파수가 같은 것
② 회전수가 같은 것
③ 위상이 같은 것
④ 전압 파형이 같을 것

풀이
동기발전기 병렬 운전 조건
• 기전력의 크기가 같을 것
• 기전력의 위상이 같을 것
• 기전력의 주파수가 같을 것
• 기전력의 파형이 같을 것
• 상회전 방향이 같을 것(3상) **[답]** ②

23 동기발전기의 병렬운전에 필요한 조건이 아닌 것은?
① 기전력의 주파수가 같을 것
② 기전력의 크기가 같을 것
③ 기전력의 용량이 같을 것
④ 기전력의 위상이 같을 것 **[답]** ③

24 동기발전기를 계통에 병렬로 접속시킬 때 관계없는 것은?
① 주파수   ② 위상
③ 전압   ④ 전류 **[답]** ④

25 8극 900[rpm]의 교류발전기와 병렬 운전하는 극수 6의 동기발전기의 회전수[rpm]는?
① 750   ② 900
③ 1,000   ④ 1,200

풀이
병렬운전 조건 중 주파수가 같아야 하므로
• 동기 속도 $N_s = \dfrac{120f}{p}$
$\therefore f = \dfrac{N_s p}{120} = \dfrac{8 \times 900}{120} = 60[\text{Hz}]$ 이어야 하므로
• 6극 발전기의 회전수
$N_s = \dfrac{120f}{p} = \dfrac{120 \times 60}{6} = 1200[\text{rpm}]$ 이 된다. **[답]** ④

26 6극, 1,200[rpm] 동기발전기로 병렬운전하는 극수 4의 교류발전기의 회전수는 몇 [rpm]인가?
① 3,600   ② 2,400
③ 1,800   ④ 1,200

풀이
병렬운전 조건 중 주파수가 같아야 하므로
• 동기 속도 $N_s = \dfrac{120f}{p}$
$\therefore f = \dfrac{N_s p}{120} = \dfrac{6 \times 1200}{120} = 60[\text{Hz}]$ 이어야 하므로
• 4극 발전기의 회전수
$N_s = \dfrac{120f}{p} = \dfrac{120 \times 60}{4} = 1800[\text{rpm}]$ 이 된다. **[답]** ③

27 동기발전기를 병렬운전할 때 동기검정기(Synchroscope)를 사용하여 측정이 가능한 것은?
① 기전력의 크기   ② 기전력의 파형
③ 기전력의 진폭   ④ 기전력의 위상 **[답]** ④

28 동기발전기의 병렬 운전에서 한 쪽의 계자 전류를 증대시켜 유기기전력을 크게 하면 어떤 현상이 발생하는가?
① 주파수가 변화되어 위상각이 달라진다.
② 두 발전기의 역률이 모두 낮아진다.

③ 속도 조정률이 변한다.
④ 무효순환 전류가 흐른다.
[답] ④

29 병렬운전 중 A,B 두 동기발전기에서 A 발전기의 여자를 B 발전기보다 강하게 하면 A 발전기는 어떻게 변화되는가?
① 90° 진상 전류가 흐른다.
② 90° 지상 전류가 흐른다.
③ 동기화 전류가 흐른다.
④ 부하 전류가 증가한다.

풀이
여자를 강하게 한 쪽에는 지상분 무효 순환 전류가 흐르게 된다.
[답] ②

30 병렬운전 중인 동기발전기의 유효 전력의 분담을 변화시키려면, 다음 중 어느 방식을 채택해야 하는가?
① 무효 순환 전류의 크기를 조절한다.
② 균압선을 접속한다.
③ 원동기의 입력을 조절한다.
④ 동기 조상기를 동작시킨다.

풀이
원동기의 입력을 조절하여 출력을 변화시키게 된다.
[답] ③

31 동기발전기에서 난조 현상에 대한 설명으로 옳지 않은 것은?
① 부하가 급격히 변화하는 경우 발생할 수 있다.
② 제동 권선을 설치하여 난조 현상을 방지한다.
③ 난조 정도가 커지면 동기 이탈 또는 탈조라고 한다.
④ 난조가 생기면 바로 멈춰야 한다.

풀이
난조 발생의 원인과 대책
- 관성모멘트가 작은 경우 : 제동권선 설치(가장 효과적), 플라이휠(fly wheel) 부착(관성모멘트 크게)
- 부하 급변으로 인한 조속기(속도 검출기)가 너무 예민할 경우 : 조속기의 성능을 너무 예민하지 않도록 할 것
- 고조파가 포함된 경우 : 고조파 제거(분포권, 단절권,

Y 결선)
- 동기화력이 줄어든 경우
- 난조로 인한 진동은 일반적으로 그 진폭이 점점 작아져서 정상 상태로 되돌아갈 수 있다.
[답] ④

32 수차발전기가 난조를 일으키는 가장 큰 원인은?
① 발전기의 관성 모멘트가 크다.
② 발전기의 자극에 제동권선이 감겨 있다.
③ 수차의 속도변동률이 작다.
④ 수차의 조속기가 예민하다.
[답] ④

33 발전기 탈조보호에 해당되지 않는 것은?
① 지나친 과부하방지
② 급격한 부하변동방지
③ 고장발생 시 과도 안정도의 한계초과방지
④ 동기화력의 증가방지
[답] ④

34 동기기에서 난조(Hunting)를 방지하기 위한 것은?
① 계자권선   ② 제동권선
③ 전기자권선   ④ 난조권선

풀이
제동권선의 효능
- 동기 전동기 기동장치로 이용 : 기동 토크 발생
- 동기 전동기 난조 방지
- 송전선 불평형 부하시 전압, 전류의 파형 개선
- 송전선 불평형 단락시 역상서지 흡수 및 이상전압 방지
[답] ②

35 난조 방지와 관계가 없는 것은?
① 제동 권선을 설치한다.
② 전기자 권선의 저항을 작게 한다.
③ 축세륜을 붙인다.
④ 조속기의 감도를 예민하게 한다.
[답] ④

36 3상 동기기에 제동권선을 설치하는 목적 중 가장 적합한 것은?
① 출력 증가 및 효율 증가
② 출력 증가 및 난조 방지
③ 기동 작용 및 난조 방지
④ 기동 작용 및 효율 증가
[답] ③

37 동기발전기의 돌발 단락 전류를 주로 제한하는 것은?
① 권선 저항 ② 동기 리액턴스
③ 누설 리액턴스 ④ 역상 리액턴스

풀이
동기 발전기의 각 단락 전류의 제한
• 지속 단락 전류 : 동기 리액턴스가 제한
• 돌발 단락 전류 : 누설 리액턴스가 제한
[답] ③

38 극수 16, 회전수 450[rpm], 1상의 코일수 83, 1극의 유효자속 0.3[Wb]의 3상 동기발전기가 있다. 권선계수가 0.96이고, 전기자 권선을 성형결선으로 하면 무부하 단자전압은 약 몇 [V] 인가?
① 8000[V] ② 9000[V]
③ 10000[V] ④ 11000[V]

풀이
$E = 4.44 K_w f W \phi$ [V]에서
단자전압 $V = \sqrt{3} E = \sqrt{3} \times 4.44 K_w f W \phi$ [V]
$= \sqrt{3} \times 4.44 \times 0.96 \times 60 \times 83 \times 0.3 = 11029$[V]
($N_s = \frac{120f}{P}$ [rpm]에서 $f = 60$[Hz])
[답] ④

39 그림은 3상 동기발전기의 무부하 포화곡선이다. 이 발전기의 포화율은 얼마인가?
① 0.5
② 0.67
③ 0.8
④ 1.5

풀이
포화율 $\frac{\overline{bc}}{\overline{ab}} = \frac{4}{8} = 0.5$
[답] ①

40 정격전압 6000[V], 용량 5000[kVA]의 Y결선 3상 동기 발전기가 있다. 여자전류 200[A]에서 무부하 단자전압 6000[V], 단락전류 600[A]일 때, 이 발전기의 단락비는?
① 1.15 ② 1.25
③ 1.55 ④ 1.75

풀이
정격전류 $I_n = \frac{P}{\sqrt{3} V} = \frac{5000 \times 10^3}{\sqrt{3} \times 6000} = 481.13$[A]
정격전류(481.13[A])와 같은 단락전류를 통하는데 요하는 여자전류를 I_f'' 라 하면
$I_f'' = I_f' \times \frac{I_n}{I_s} = 200 \times \frac{481.13}{600} = 160.38$[A]
$K_s = \frac{I_f'}{I_f''} = \frac{200}{160.38} = 1.25$
or $I_n = \frac{P}{\sqrt{3} V} = \frac{5000}{\sqrt{3} \times 6} = 481$[A]
$K_s = \frac{I_s}{I_n} = \frac{600}{481} = 1.247$[A]
[답] ②

41 동기 발전기에서 부하가 갑자기 변화할 때 발전기의 회전 속도가 동기속도 부근에서 진동하는 현상을 무엇이라 하는가?
① 탈조 ② 공조
③ 난조 ④ 복조

풀이
난조 발생의 원인과 대책
• 관성모멘트가 작은 경우 : 제동권선 설치(가장 효과적), 플라이휠(fly wheel) 부착(관성모멘트 크게)
• 부하 급변으로 인한 조속기(속도 검출기)가 너무 예민할 경우 : 조속기의 성능을 너무 예민하지 않도록 할 것
• 고조파가 포함된 경우 : 고조파 제거(분포권, 단절권, Y 결선)
• 동기화력이 줄어든 경우
• 난조로 인한 진동은 일반적으로 그 진폭이 점점 작아져서 정상 상태로 되돌아갈 수 있다.
[답] ③

42 동기 발전기의 무부하 포화곡선에서 횡축은 무엇을 나타내는가?
① 계자 전류 ② 전기자 전류
③ 전기자 전압 ④ 자계의 세기

풀이
동기발전기 특성 곡선

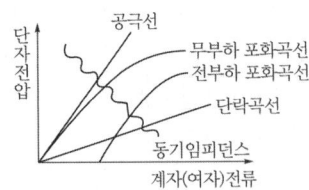

단락곡선이 직선인 이유는 전기자 반작용 때문인데, 단락시 단자전압은 [0]이므로 단락전류는 거의 90도 뒤진 전류이고 전기자 반작용에 의한 감자작용(L부하에 따른 직축반작용으로 I_a가 E보다 90° 늦다)으로서 자기기력의 대부분은 상쇄되고 실제 남아 있는 자속은 극히 적어 자기회로는 비포화 상태이고 자계전류와 단락전류 관계는 거의 직선 상태가 된다. [답] ①

43 20극, 360[rpm]의 3상 동기발전기가 있다. 전 슬롯수 180, 2층권 각 코일의 권수 4, 전기자 권선은 성형이며, 단자전압이 6600[V]인 경우 1극의 자속[Wb]은 얼마인가? (단, 권선계수는 0.9 이다.)

① 0.0375 ② 0.0662
③ 0.3751 ④ 0.6621

풀이

$E = 4.44 K_w f W \phi [V]$

K_w : 권선계수($= K_p \cdot K_d$), W : 1상당 권수
f : 주파수, ϕ : 자속

$\phi = \dfrac{E}{4.44 K_w f W} = \dfrac{\frac{6600}{\sqrt{3}}}{4.44 \times 0.9 \times 60 \times 240} = 0.0662 [Wb]$

$W = \dfrac{180 \times 4 \times 2층}{3상 \times 2} = 240$ [답] ②

44 34극, 60[MVA], 역률 0.8, 60[Hz], 22.9[kV] 수차 발전기의 전부하 손실이 1600[kW]이면 전부하 효율은 약 몇 [%]인가?

① 92.4[%] ② 94.6[%]
③ 96.8[%] ④ 98.2[%]

풀이

• 발전기 규약효율 $= \dfrac{출력}{출력+손실} \times 100 [\%]$

$= \dfrac{60 \times 10^3 \times 0.8}{(60 \times 10^3 \times 0.8) + 1600} = 0.967$

• 전동기 규약효율 $= \dfrac{입력-손실}{입력} \times 100 [\%]$ [답] ③

45 동기 임피던스 5[Ω]인 2대의 3상 동기 발전기의 유도 기전력에 100[V]의 전압 차이가 있다면 무효순환전류[A]는?

① 10 ② 15
③ 20 ④ 25

풀이

• 무효순환전류 $I_e = \dfrac{E_A - E_B}{2Z_s} = \dfrac{100}{2 \times 5} = 10 [A]$ [답] ①

46 동기 발전기의 병렬운전 시 원동기에 필요한 조건으로 구성된 것은?

① 균일한 각속도와 기전력의 파형이 같을 것
② 균일한 각속도와 적당한 속도 조정률을 가질 것
③ 균일한 주파수와 적당한 속도 조정률을 가질 것
④ 균일한 각속도와 적당한 파형이 같을 것

[답] ②

47 동기발전기의 병렬운전 중에 기전력의 위상차가 생기면?

① 위상이 일치하는 경우보다 출력이 감소한다.
② 부하 분담이 변한다.
③ 무효순환전류가 흘러 전기자 권선이 과열한다.
④ 동기화력이 생겨 두 기전력의 위상이 동상이 되도록 작용한다.

풀이

동기화력(同期化力) : 동기기가 병행운전 중에 1대가 어떤 원인으로 동기를 벗어나려고 할 때 그것을 동기(타이밍이 같아지도록)로 되돌리려는 힘을 말한다. [답] ④

48 병렬운전 중인 동기 임피던스 5[Ω]인 2대의 3상 동기발전기의 유도기전력에 200[V]의 전압차이가 있다면 무효순환전류[A]는?

① 5 ② 10
③ 20 ④ 40

풀이

• 동기발전기 병렬운전 : 유도기전력의 크기가 같지 않을 때 무효순환전류 I_c가 흐름

$$I_c = \frac{|E_1 - E_2|}{2Z_s} = \frac{200}{2 \times 5} = 20[A]$$

[답] ③

49 동기기를 병렬운전할 때 순환전류가 흐르는 원인은?
① 기전력의 저항이 다른 경우
② 기전력의 위상이 다른 경우
③ 기전력의 전류가 다른 경우
④ 기전력의 역률이 다른 경우

풀이
동기기 병렬운전시 기전력의 크기, 위상, 파형이 다를시 순환전류 발생   [답] ②

50 동기 발전기의 병렬 운전 중 주파수가 다르면 어떤 현상이 나타나는가?
① 무효 전력이 생긴다.
② 무효 순환전류가 흐른다.
③ 유효 순환전류가 흐른다.
④ 출력이 요동치고 권선이 가열된다.

풀이
기전력의 크기가 달라지는 순간이 반복되고, 그에 따른 무효횡류가 양 발전기 상호간에 주기적으로 흘러 난조가 발생   [답] ④

51 동기 발전기에서 비돌극기의 출력이 최대가 되는 부하각(power angle)은?
① 0°   ② 45°
③ 90°   ④ 180°

[답] ③

52 동기발전기의 공극이 넓을 때의 설명으로 잘못된 것은?
① 안정도 증대   ② 단락비가 크다
③ 여자전류가 크다   ④ 전압변동이 크다

풀이
공극은 발전기의 고정자와 회전자 사이의 간격. 공극이 크다는 것은 그만큼 기계가 크고 따라서 단락비도 크다는 의미. 단락비가 크게되면 여자전류가 커지고 안정도가 높아지지만 전압변동률은 반비례로 작아진다.   [답] ④

2.6 동기전동기의 원리

1. 회전 원리
고정자의 3상 권선에 3상 교류 전압을 가하여 전기적으로 회전하는 회전자기장을 만들고 이 회전자기장의 자극과 계자의 자극이 자력으로 결합되어 동기속도($N = N_s = \frac{120f}{P}$)로 회전

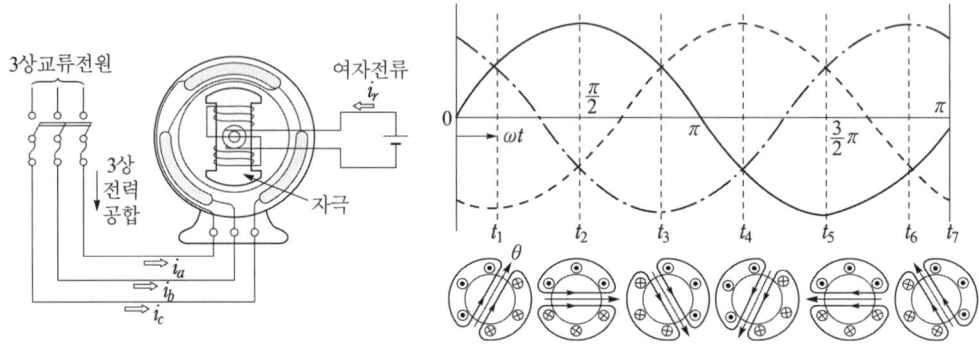

2.7 동기전동기의 특성

1. 동기전동기의 토크

$$\tau = \frac{V_l E_l}{\omega x_s} \sin\delta [\text{N} \cdot \text{m}]$$

$$P = \omega\tau = \frac{E_l V_l}{x_s} [\text{W}]$$

$$\tau' = \frac{\tau}{9.8} [\text{kg} \cdot \text{m}] \quad (1 [\text{kg} \cdot \text{m}] = 9.8 [\text{N} \cdot \text{m}])$$

여기서, V_l : 단자전압 E_l : 역기전력
  ω : 각속도($2\pi\frac{N}{60}$[rad/sec]) δ_m : 부하각

2. 위상특성곡선(V곡선)
단자전압과 부하를 일정하게 했을 때 계자전류의 변화에 대한 전기자 전류의 크기와 위상변화를 나타낸 곡선
(1) 여자가 약할 때(부족 여자) : 뒤진 전류 → 전압조정
 리액터작용, 지상역률, 전기자 전류증가
(2) 여자가 강할 때(과여자) : 앞선 전류 → 역률개선
 콘덴서작용, 진상역률, 전기자 전류증가
(3) 여자가 적합할 때 : I와 V가 동위상이 되어 역률이 100[%]
 역률이 1이면 전기자전류 최소, 여자전류(계자전류) 변화하면 전기자 전류, 역률 변화

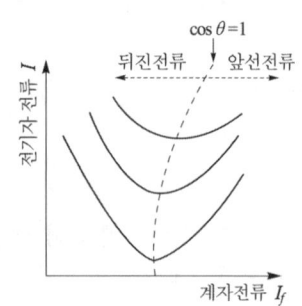

3. 동기조상기

전력계통의 전압조정과 역률 개선을 위해 계통에 접속한 무부하의 동기전동기를 말한다.

(1) 부족여자로 운전 : 지상 무효 전류가 증가하여 리액터의 역할로 자기여자에 의한 전압 상승을 방지
(2) 과여자로 운전 : 진상 무효 전류가 증가하여 콘덴서 역할로 역률을 개선하고 전압강하를 감소

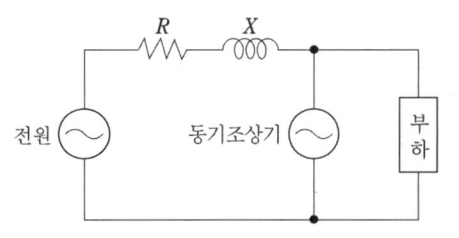

전기자반작용(구분)	발전기		전동기
R(저항, 역률 1)	교차자화작용	횡축반작용($I\cos\theta$)	교차자화작용
L(유도성, 지상전류)	감자작용	직축반작용($I\sin\theta$)	증자작용
C(용량성, 진상전류)	증자작용	자화작용	감자작용

2.8 동기전동기의 운전

1. 기동특성

(1) 기동 시 고정자 권선의 회전자기장은 동기속도 N_s로 빠르게 회전하고, 정지되어 있는 회전자는 관성이 커서 바로 반응하지 못하기 때문에 기동토크가 발생되지 않아 회전하지 못하고 계속 정지하게 된다. 회전자를 동기속도로 회전시키면 일정 방향의 토크가 발생하여 회전하게 된다.

(2) 기동법
① 자기 시동법 : 회전자 자극표면에 권선을 감아 만든 기동용 권선(제동권선)을 이용하여 기동하는 것
② 타 시동법 : 유도 전동기나 직류전동기로 동기 속도까지 회전시켜 주전원에 투입하는 방식으로 유도 전동기를 사용할 경우 극수가 2극 적은 것을 사용한다.

$$\text{동기기 극수} - 2\text{극} = \text{유도기 극수}$$

③ 저주파 시동법 : 낮은 주파수에서 시동하여 서서히 높여가면서 동기 속도가 되면 주전원에 동기 투입하는 방식

2. 운전특성

(1) 전동기에 부하가 있는 경우, 회전자가 뒤쪽으로 밀리면서 회전자기장과 각도를 유지하면서 회전을 계속하는데, 이 각도를 부하각 $\delta[°]$라 한다.

(2) 부하가 증가하면, 부하각 δ도 커지게 되며, $\frac{\pi}{2}$[rad]에서 최대토크 T_m이 발생하게 되고, π[rad]보다 커지게 되면 역방향의 토크가 발생되어 회전자가 정지하게 되는데, 이를 동기이탈이라고 한다.

(3) 토크특성 : 동기속도 이외의 속도에서는 운전불가능
① • 비돌극형 : $\delta = 90°$: 최대토크 (실제 $80°$)
   • 돌극형 : $\delta = 60°$
② $90° < \delta < 180°$: 동기이탈 현상
③ $\delta = 180°$: $\tau = 0$(정지)
④ $\delta > 180°$: 역토크 발생

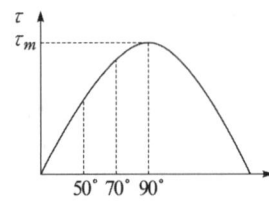

δ : 부하각
• 무부하시 $\delta = 0$
• 부하시 $\delta \to$ 증가

3. 동기전동기의 난조
(1) 전동기의 부하가 급격하게 변동하면, 동기속도로 주변에서 회전자가 진동하는 현상이다. 난조가 심하면 전원과의 동기를 벗어나 정지하기도 한다.
(2) 원인과 대책 (제동권선 설치가 가장 안정적)
① 관성모멘트가 작은 경우(대책 : 회전부의 플라이휠 효과)
② 조속기(속도 검출기)가 너무 예민할 경우(대책 : 조속기를 적당히 조정)
③ 고조파 토크가 포함된 경우, 부하가 맥동하는 경우(대책 : 회전부의 플라이휠 효과)
④ 전기자회로의 저항이 상당히 큰 경우(대책 : 회로의 저항을 작게하거나 리액턴스 삽입)

※ 제동권선의 역할 : 자극면 슬롯에 저항이 적은 단락권선 설치한 것을 의미
• 난조방지
• 기동 토크 발생
• 불평형부하시의 전류, 전압 파형 개선
• 송전선의 불평형단락시의 이상전압 방지

※ 안정도 증진법
• 정상리액턴스를 작게 하고 단락비를 크게 한다.
• 영상 및 역상 임피던스를 크게 한다.
• 동기 임피던스를 작게 한다.
• 회전자의 관성을 크게 한다. (플라이휠 설치)
• 속응 여자방식 채택한다.

2.9 동기전동기의 특징 및 용도

1. 동기전동기의 장점
(1) 부하의 변화에 속도가 일정 불변이다.
(2) 역률을 항상 1로 운전 가능하다.
(3) 공극이 넓으므로 기계적으로 견고하다.
(4) 공급전압의 변화에 대한 토크 변화가 작다.
(5) 유도 전동기에 비하여 효율이 좋다.

2. 동기전동기의 단점
　(1) 보통 구조의 것은 기동 토크가 적고 속도 조정을 할 수 없다.
　(2) 난조를 일으킬 염려가 있다.
　(3) 여자용의 직류 전원을 필요로 하며 설비비가 많이 든다.

3. 용도
　(1) 저속도 대용량 : 시멘트공장의 분쇄기, 각종 압축기, 송풍기, 제지용 쇄목기, 동기조상기
　(2) 소용량 : 전기시계, 오실로그래프, 전송 사진

기출 & 예상문제

제 2 장 동기기(3)

01 60[Hz]의 동기전동기의 최고 속도는 몇 [rpm]인가?
① 3,600 ② 2,800
③ 2,000 ④ 1,800

풀이
동기전동기는 동기 속도로 회전하게 되며 동기속도 $N_s = \dfrac{120f}{p}$ 에서 극수의 최소값인 2극일 때의 속도는
$N_s = \dfrac{120 \times 60}{2} = 3600$[rpm]이 된다.   [답] ①

02 동기전동기를 무부하로 하였을 때, 계자전류를 조정하면 동기기는 마치 L, C 소자로 동작하고, 계자전류를 어떤 일정 값 이하의 범위에서 가감하면 가변 리액턴스가 되고 어떤 일정값 이상에서 가감하면 가변 캐패시턴스로 동작한다. 이와 같은 목적으로 사용되는 것을 무엇이라고 하는가?
① 변압기   ② 동기조상기
③ 균압환   ④ 제동권선

풀이
동기전동기의 V곡선을 이용하여 송전계통의 전압조정 및 역률개선에 사용되는 무부하 동기 전동기를 말한다.
[답] ②

03 동기전동기의 V곡선(위상 특성 곡선)에서 종축이 표시하는 것은?
① 계자 전류
② 전기자 전류
③ 단자 전압
④ 유기기전력

풀이
위상특성곡선(V곡선)은 종축이 전기자 전류, 횡축은 계자전류를 나타낸다.

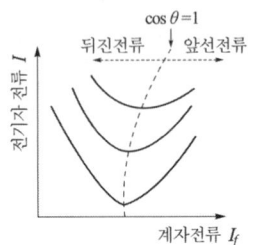
[답] ②

04 동기 전동기의 전기자 전류가 최소일 때 역률 [%]는?
① 0   ② 50
③ 86.6   ④ 100

풀이
V곡선에서 전기자 전류가 최소일 때 $\cos\theta = 1$, 즉 역률 100[%] 이다.   [답] ④

05 동기전동기를 송전선의 전압 조정 및 역률 개선에 사용한 것을 무엇이라 하는가?
① 동기 이탈   ② 동기조상기
③ 댐퍼   ④ 제동권선

풀이
동기조상기는 전력계통의 전압조정과 역률 개선을 위해 계통에 접속한 무부하의 동기전동기를 말한다.   [답] ②

06 동기조상기를 과여자로 해서 운전하였을 때 나타나는 현상이 아닌 것은?
① 리액터로 작용한다.
② 전압강하를 감소시킨다.
③ 진상전류를 취한다.
④ 콘덴서로 작용한다.

풀이
• 과여자 상태(콘덴서 작용) : 진상역률, 전기자 전류 증가
• 부족여자 상태(리액터 작용) : 지상역률, 전기자 전류 증가
[답] ①

07 동기조상기를 부족여자로 운전하면 어떻게 되는가?
① 콘덴서로 작용한다.
② 리액터로 작용한다.
③ 여자 전압의 이상 상승이 발생한다.
④ 일부 부하에 대하여 뒤진 역률을 보상한다.

풀이
- 과여자 상태(콘덴서 작용) : 진상역률, 전기자 전류 증가
- 부족여자 상태(리액터 작용) : 지상역률, 전기자 전류 증가
[답] ②

08 3상 10,000[kW], 역률 80[%]를 역률 91.5[%]로 개선하려면 수전단에 몇 [kVA]의 동기조상기를 접속하여야 하겠는가?
① 3,091 ② 3,466
③ 3,426 ④ 3,560

풀이
$$Q = P(\tan\theta_1 - \tan\theta_2) = P\left(\frac{\sin\theta_1}{\cos\theta_1} - \frac{\sin\theta_2}{\cos\theta_2}\right)$$
$$= 10000 \times \left(\frac{\sqrt{1-0.8^2}}{0.8} - \frac{\sqrt{1-0.915^2}}{0.915}\right) = 3091[kVA]$$
[답] ①

09 동기전동기의 기동 토크는 몇 [N·m]인가?
① 0   ② 100
③ 150 ④ 200

풀이
동기 전동기는 회전자가 동기 속도로 회전할 때에만 전동기로서 토크를 내게 되므로, 동기 전동기의 기동 토크는 0 이다. 그러므로 기동할 때에는 대개 제동 권선을 기동 권선으로 하고, 이것에서 기동 토크를 얻도록 한다.
[답] ①

10 동기전동기를 자체 기동법으로 기동시킬 때 계자 회로는 어떻게 하여야 하는가?
① 단락시킨다.
② 개방시킨다.
③ 직류를 공급하다.
④ 단상교류를 공급한다.

풀이
동기전동기의 기동법

- 자기기동법 : 계자극 표면에 단락권선을 감고 회전자계와 이 권선에 유도되는 전류와의 전자력으로 기동토크를 얻어 기동하는 방식 → 기동권선(제동권선) → 기동토크 발생 → 난조방지
- 유도전동기법 : 기동시 유도전동기를 이용하는 방식(기동할 동기기보다 2극 적은 것을 사용)
[답] ①

11 동기 전동기의 자기 기동에서 계자권선을 단락하는 이유는?
① 기동이 쉽다.
② 기동권선으로 이용
③ 고전압 유도에 의한 절연파괴 위험 방지
④ 전기자 반작용을 방지한다.
[답] ③

12 8극 동기전동기의 기동방법에서 유도전동기로 기동하는 기동법을 사용하려면 유도전동기의 필요한 극수는 몇 극인가?
① 6   ② 8
③ 10 ④ 12

풀이
유도전동기로 기동하는 경우에는 동기전동기의 극수보다 2극 적게 하여야 한다.
[답] ①

13 동기전동기의 난조 방지 및 기동 작용을 목적으로 설치하는 것은?
① 제동 권선   ② 계자 권선
③ 전기자 권선 ④ 단락 권선

풀이
제동권선은 난조방지와 기동용으로 사용한다.
[답] ①

14 동기전동기에 대한 특성으로 옳지 않은 것은?
① 기동토크가 작다.
② 여자기가 필요하다.
③ 난조가 일어나기 쉽다.
④ 역률을 조정할 수 없다.

풀이
동기 전동기의 특징
① 효율이 좋다.
② 정속도 전동기이다.

③ 역률을 1, 또는 앞선 역률, 뒤진 역률로 운전할 수 있다.
④ 공극이 넓으므로 기계적으로 튼튼하고 보수가 용이하다.
⑤ 기동 토크를 얻기가 곤란하다.
⑥ 직류 여자 장치가 필요하다.
⑦ 난조가 일어나기 쉽다. [답] ④

15 다음 중 동기전동기의 공급 전압과 부하가 일정할 때 여자 전류를 변화시켜도 변하지 않는 것은?
① 전기자 전류
② 역률
③ 전동기 속도
④ 역기전력

풀이
동기전동기는 동기속도로 일정하게 회전하는 전동기이다. [답] ③

16 다음 중 역률이 가장 좋은 전동기는?
① 반발 기동 전동기
② 동기 전동기
③ 농형 유도 전동기
④ 교류 정류자 전동기

풀이
동기전동기는 동기조상기로 사용 시 계자전류를 조정하여 역률을 항상 1로 할 수 있다. [답] ②

17 동기전동기의 장점이 아닌 것은?
① 전부하 효율이 양호하다.
② 역률 1로 운전할 수 있다.
③ 직류 여자가 필요하다.
④ 동기 속도를 얻을 수 있다.

풀이
동기전동기의 단점
① 보통 구조의 것은 기동 토크가 적고 속도 조정을 할 수 없다.
② 난조를 일으킬 염려가 있다.
③ 여자용의 직류 전원을 필요로 하며 설비비가 많이 든다. [답] ③

18 동기전동기의 용도가 아닌 것은?
① 분쇄기
② 압축기
③ 송풍기
④ 크레인

풀이
동기전동기는 일반적으로 저속도, 대용량기에 많이 사용이 된다. 시멘트공장 분쇄기나 각종 압연기, 압축기, 송풍기, 제지용 쇄목기 등, 소형기로는 전기 시계, 오실로그래프, 전송 사진에 많이 사용이 된다. 크레인과 같이 부하 변화가 심하거나 잦은 기동을 하는 부하는 직권특성을 가진 전동기가 적합하다. [답] ④

19 부하를 일정하게 유지하고 역률 1로 운전 중인 동기전동기의 계자전류를 증가시키면?
① 아무 변동이 없다.
② 리액터로 작용한다.
③ 뒤진 역률의 전기자 전류가 증가한다.
④ 앞선 역률의 전기가 전류가 증가한다.

풀이
전력 계통에 있어서 역률(力率)을 개선하기 위하여 쓰는 동기 전동기로서 계자 전류를 조정하여 역률의 진상(進相) 또는 지상(遲相) 으로 운전
• 부족여자 : 늦은 역률, 리액터 역할
• 과여자 : 빠른 역률, 콘덴서 역활 [답] ④

20 동기조상기에 대한 설명으로 옳은 것은?
① 유도부하와 병렬로 접속한다.
② 부하전류의 가감으로 위상을 변화시켜 준다.
③ 동기전동기에 부하를 걸고 운전하는 것이다.
④ 부족여자로 운전하여 진상전류를 흐르게 한다.

풀이

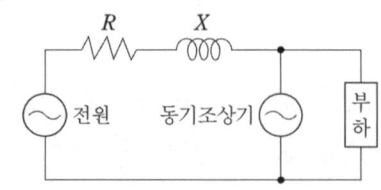

동기조상기 : 전력계통의 전압조정과 역률 개선을 위해 계통에 병렬접속한 무부하의 동기전동기를 말한다.
① 부족여자로 운전 : 지상 무효 전류가 증가하여 리액터의 역할로 자기여자에 의한 전압 상승을 방지
② 과여자로 운전 : 진상 무효 전류가 증가하여 콘덴서 역할로 역률을 개선하고 전압강하를 감소 [답] ①

21 동기 전동기에서 제동권선의 사용 목적으로 가장 옳은 것은?
① 난조 방지
② 정지시간의 단축
③ 운전토크의 증가
④ 과부하 내량의 증가

풀이
난조 발생의 원인과 대책
- 관성모멘트가 작은 경우 : 제동권선 설치(가장 효과적), 플라이휠(fly wheel) 부착(관성모멘트 크게)
- 부하 급변으로 인한 조속기(속도 검출기)가 너무 예민할 경우 : 조속기의 성능을 너무 예민하지 않도록 할 것
- 고조파가 포함된 경우 : 고조파 제거(분포권, 단절권, Y 결선)
- 동기화력이 줄어든 경우
- 난조로 인한 진동은 일반적으로 그 진폭이 점점 작아져서 정상 상태로 되돌아갈 수 있다. [답] ①

22 동기전동기의 특징에 관한 설명으로 옳은 것은?
① 저속도에서 유도전동기에 비해 효율이 나쁘다.
② 기동 토크가 크다.
③ 필요에 따라 진상전류를 흘릴 수 있다.
④ 직류전원이 필요 없다.

풀이
동기 전동기의 특징
① 효율이 좋다.
② 정속도 전동기이다.
③ 역률을 1, 또는 앞선 역률, 뒤진 역률로 운전할 수 있다.
④ 공극이 넓으므로 기계적으로 튼튼하고 보수가 용이하다.
⑤ 기동 토크를 얻기가 곤란하다.
⑥ 직류 여자 장치가 필요하다.
⑦ 난조가 일어나기 쉽다. [답] ③

23 동기전동기는 유도전동기에 비하여 어떤 장점이 있는가?
① 기동특성이 양호하다.
② 속도를 자유롭게 제어할 수 있다.
③ 구조가 간단하다.
④ 역률을 1로 운전할 수 있다.

풀이
무부하 동기전동기는 동기조상기로 사용하기 때문에 계자전류를 조정하여 역률을 항상 100[%]로 운전할 수 있다. [답] ④

24 전압이 일정한 도선에 접속되어 역률 1로 운전하고 있는 동기전동기의 여자전류를 증가시키면 이 전동기의 역률과 전기자 전류는?
① 역률은 앞서고 전기자 전류는 증가한다.
② 역률은 앞서고 전기자 전류는 감소한다.
③ 역률은 뒤지고 전기자 전류는 증가한다.
④ 역률은 뒤지고 전기자 전류는 감소한다.

풀이
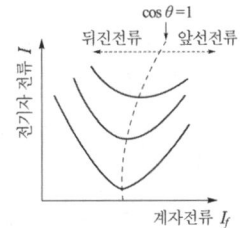

- 과여자 상태(콘덴서 작용) : 진상역률, 전기자전류 증가
- 부족여자 상태(리액터 작용) : 지상역률, 전기자전류 증가 [답] ①

25 동기 전동기의 위상특성 곡선에 대하여 옳게 표현한 것은? (단, P : 출력, I_f : 계자전류, E : 유도전력, I_a : 전기자 전류, $\cos\theta$: 역률 이다.)
① $P - I_f$ 곡선, I_a 일정
② $P - I_a$ 곡선, I_f 일정
③ $I_f - E$ 곡선, $\cos\theta$ 일정
④ $I_f - I_a$ 곡선, P 일정

풀이
위상특선곡선(V곡선)은 종축이 전기자 전류, 횡축은 계자전류를 나타낸다.

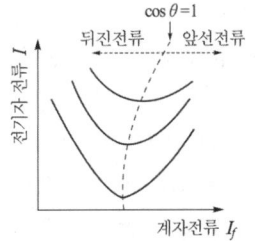

[답] ④

26 동기기에서 사용되는 절연재료로 B종 절연물의 온도상승 한도는 약 몇 [℃]인가?
① 65
② 75
③ 90
④ 120

풀이
절연물 허용온도

Y종	A종	E종	B종	F종	H종	C종
90[℃]	105[℃]	120[℃]	130[℃]	155[℃]	180[℃]	180[℃] 초과

• 온도상승한도 = 최고허용온도 − 기준온도
  = 130 − 40 = 90[℃]
• B종 절연물 : 운모, 석면, 유리섬유 등의 재료에 실리콘 알킬 수지 등의 접착재료를 사용한 것 [답] ③

27 동기전동기의 기동을 다른 전동기로 할 경우에 대한 설명으로 옳은 것은?
① 유도전동기를 사용할 경우 동기전동기의 극수보다 2극 정도 적은 것을 택한다.
② 유도전동기의 극수를 동기전동기의 극수와 같게 한다.
③ 다른 동기전동기로 기동시킬 경우 2극 정도 많은 전동기를 택한다.
④ 유도전동기로 기동시킬 경우 동기전동기보다 2극 정도 많은 것을 택한다.

풀이
유도전동기 기동법
① 자기 시동법 : 회전자 자극표면에 권선을 감아 만든 기동용 권선(제동권선)을 이용하여 기동하는 것
② 타 시동법 : 유도 전동기나 직류전동기로 동기 속도까지 회전시켜 주전원에 투입하는 방식으로 유도 전동기를 사용할 경우 극수가 2극 적은 것을 사용한다.
  동기기 극수 − 2극 = 유도기 극수
③ 저주파 시동법 : 낮은 주파수에서 시동하여 서서히 높여가면서 동기 속도가 되면 주전원에 동기 투입하는 방식 [답] ①

28 동기전동기의 부하각(Load Angle)은?
① 공급전압 V와 역기전력 E와의 위상각
② 역기전력 E와 부하전류 I와의 위상각
③ 공급전압 V와 부하전류 I와의 위상각
④ 3상 전압의 상전압과 선간 전압과의 위상각
[답] ①

29 3상 동기 전동기의 토크에 대한 설명으로 옳은 것은?
① 공급전압 크기에 비례한다.
② 공급전압 크기의 제곱에 비례한다.
③ 부하각 크기에 반비례한다.
④ 부하각 크기의 제곱에 비례한다.

풀이
동기전동기는 일반적으로 직류기의 정속도 특성인 분권 특성에 매우 가까운 특성을 가지며 토크 $\tau \propto V$의 특성을 가지게 된다.
$$\tau = \frac{V_l E_l}{\omega x_s}\sin\delta \text{ [N·m]}$$
(V_l : 선간전압, E_l : 선간기전력) [답] ①

30 동기 검정기로 알 수 있는 것은?
① 전압의 크기   ② 전압의 위상
③ 전류의 크기   ④ 주파수

풀이
동기검정기(synchroscope, 同期檢定器) … 교류전원의 주파수와 위상이 일치하는가를 검출하기 위해서 사용하는 기기 [답] ②

31 3상 동기전동기의 출력(P)을 부하각으로 나타낸 것은? (단, V는 1상의 단자전압, E는 역기전력, X_s는 동기 리액턴스, δ는 부하각이다.)
① $P = 3VE\sin\delta$ [W]
② $P = \dfrac{3VE\sin\delta}{X_s}$ [W]
③ $P = \dfrac{3VE\cos\delta}{X_s}$ [W]
④ $P = 3VE\cos\delta$ [W]

풀이
$P = \dfrac{VE}{X_s}\sin\delta$ [W] : 동기발전기 1상당 출력
3상 출력은 1상당 출력에 3을 곱해주면 된다. [답] ②

32 동기기 운전 시 안정도 증진법이 아닌 것은?
① 단락비를 크게 한다.
② 회전부의 관성을 크게 한다.
③ 속응여자방식을 채용한다.
④ 역상 및 영상임피던스를 작게 한다.

풀이
동기기 안정도 증진법
- 리액턴스를 작게 한다.
- 단락비를 크게 한다.
- 속응여자방식을 채택한다.
- 회전자의 관성을 크게 한다.(플라이휠 설치)
- 동기임피던스를 작게 한다. [답] ④

33 동기전동기 중 안정도 증진법으로 틀린 것은?
① 전기자 저항 감소
② 관성 효과 증대
③ 동기 임피던스 증대
④ 속응 여자 채용

풀이
동기전동기 안정도 증진법
- 정상리액턴스 작게, 단락비 크게 한다.
- 영상 및 역상 임피던스를 크게 한다.
- 동기임피던스 작게 한다.
- 회전자의 관성을 크게 한다.
- 속응 여자방식 채택한다. [답] ③

34 동기기의 손실에서 고정손에 해당되는 것은?
① 계자철심의 철손
② 브러시의 전기손
③ 계자 권선의 저항손
④ 전자가 권선의 저항손

풀이
동기기의 손실 = 무부하손(고정손) + 부하손
대표 무부하손 – 철손, 대표 부하손 – 동손 [답] ①

35 발전기 권선의 층간단락보호에 가장 적합한 계전기는?
① 차동 계전기   ② 방향 계전기
③ 온도 계전기   ④ 접지 계전기

풀이
- 차동계전기 : 전기자 권선의 상간단락, 층간단락이 발생한 경우에 동작하는 계전기
- 방향계전기 : 전압, 전류, 전력 따위의 방향이 정상적인 방향과 반대 방향이 되고 미리 정한 값 이상 또는 이하가 될 때에 작동하는 계전기
- 온도계전기 : 온도가 설정 온도 이상이나 이하가 되면 작동하는 계전기
- 접지계전기 : 1선 지락, 2선 지락 등의 지락 고장이 발생했을 때 동작하는 계전기 [답] ①

제 3 장

변압기

변압기(transformer)는 발전소에서 발전된 전력을 공장이나 가정에서 필요로 하는 전압으로 변환하는 정지기기이다. 대전력을 송전하면 전압을 높이고 전류를 적게 해서 송전선의 전압강하를 적게 하는 것이 경제적이다.

발전된 전력을 높은 전압으로 승압하여 송전하고, 송전된 전력은 변전소에서 다시 전압을 낮추어 각 수용가에 배전되며, 주상변압기에서 다시 전압을 낮추어 가정에 공급된다.

3.1 변압기의 원리

1. 전자유도작용(Electro-magnetic Induction)

그림과 같이 철심 양쪽에 코일을 감고, 1차 측에 교류 전압 V_1을 공급하면 무부하 전류 I_0가 흐르면서 자속이 발생하여, 철심 속을 지나 2차 코일과 쇄교하면서 2차 측에 전압 E_2를 유기한다. 이러한 현상을 전자유도라 하는데, 변압기는 이 현상을 이용한 것이다.

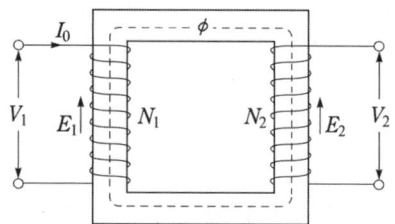

3.2 변압기의 구조

1. 변압기의 종류

(1) 용도에 따른 분류

① 전력용 : 송·배전선로 계통에 사용
② 전자용 : 300[VA] 이하에서 사용
③ 계기용
  - PT(Potential Transformer) : 전압측정(계기용 변압기)
  - CT(Current Transformer) : 전류측정(계기용 변류기)

(2) 구조에 따른 분류

① 내철형 : 철심이 안쪽에 있고 권선이 양쪽의 철심각에 감겨져 있는 구조
② 외철형 : 권선이 안쪽에 있고 권선은 철심이 권선을 둘러싸고 있는 구조
③ 권철심형 : 냉각 압연 강대를 감아서 만든 것으로 철손이 작고 여자 전류가 작게 흐르므로 철심의 단면적이 작고 가볍다. (주상변압기에 사용)

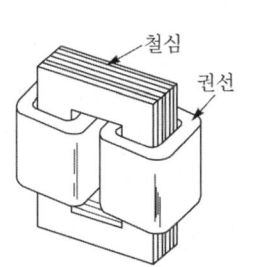
[내철형]

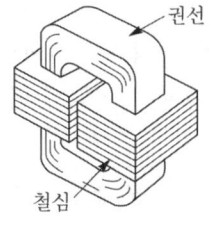
[외철형]

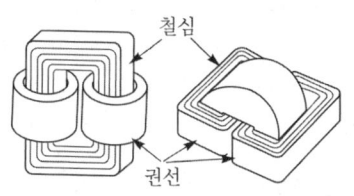
[권철심형]

2. 변압기의 재료

(1) 철심 : 철손을 적게 하기 위해 규소강판(규소함량 3~4[%], 0.35[mm]~0.5[mm]의 두께)을 성층하여 사용(철손 P_i 감소)

① 저항손 : 1(%) → 무부하시 무시
② 고정손 : 철손 P_i 가 대표적
③ $P_i = P_h + P_e$ (P_h : 75~80[%], P_e : 20~24[%])
   - 히스테리시스손(P_h) : $P_h \propto f \cdot B_m^2 \propto \dfrac{E^2}{f}$
   - 와류손 (P_e) : $P_e \propto (K_f \cdot f \cdot t \cdot B_m)^2$

(2) 도체 : 권선의 도체는 동선에 면사, 종이 테이프, 유리섬유 등으로 피복한 것을 사용

(3) 절연
① 변압기의 절연은 철심과 권선 사이의 절연, 권선 상호간의 절연, 권선의 층간 절연으로 구분된다.
② 절연체는 절연물의 최고사용온도로 분류된다.

종 류	Y종	A종	E종	B종	F종	H종	C종
최고허용온도[℃]	90	105	120	130	155	180	180 초과

3.3 변압기유

1. 변압기유의 구비조건

변압기유는 변압기권선의 절연과 냉각작용을 목적으로 사용되는 것으로 다음과 같은 구비조건을 만족하여야 한다.

(1) 절연 내력이 클 것
(2) 점도가 낮아 유동성이 풍부하고, 비열이 커서 냉각효과가 클 것
(3) 인화점이 높고, 응고점이 낮을 것
(4) 고온에서도 석출물이 생기거나 산화하지 않을 것
(5) 절연재료와 화학작용을 일으키지 않을 것

2. 변압기유의 열화방지대책

변압기의 호흡작용에 의해 고온의 절연유가 외부 공기와의 접촉에 의해 열화가 발생하여 절연내력이 저하되고 냉각효과가 감소, 침식작용이 일어나게 되는데, 이를 방지하기 위한 설비로는 브리더, 질소봉입, 콘서베이터가 있다.

(1) 브리더 : 변압기의 호흡작용이 브리더를 통해서 이루어지도록 하여 공기 중의 습기를 흡수

(2) 콘서베이터 : 공기가 변압기 외함 속으로 들어갈 수 없게 하여 기름의 열화를 방지
 (콘서베이터 유면 위에 공기와의 접촉을 막기 위해 질소로 봉입)

(3) 부흐홀쯔계전기(기계적 고장)
 변압기 내부 고장으로 인한 절연유의 온도 상승 시 발생하는 유증기를 검출하여 경보 및 차단하기 위한 계전기로 변압기 탱크와 컨서베이터 사이에 설치한다.

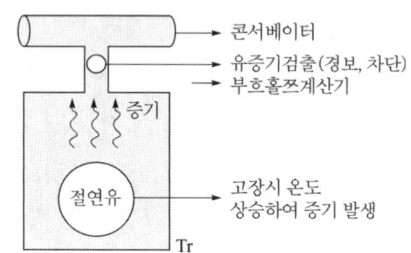

3. 변압기 보호계전기

(1) 차동계전기(전기적고장)
 변압기 내부 고장 발생 시 1·2차 측에 설치한 CT 2차 전류의 차에 의하여 계전기를 동작시키는 방식

(2) 비율차동계전기(전기적고장)
 ① 변압기 내부 고장발생 시 1·2차 측에 설치한 CT 2차 측의 억제 코일에 흐르는 전류차가 일정 비율 이상이 되었을 때 계전기가 동작하는 방식
 ② 주로 변압기 단락보호용으로 사용된다.

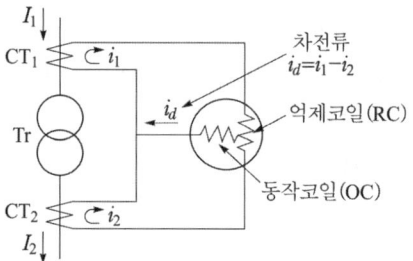

 • 내부고장 검출용: 차동계전기(비율차동계전기), 압력계전기, 부흐홀쯔 계전기, 가스검출계전기
 • 변압기권선온도 측정 : 열동계전기
 • 변압기온도시험 : 실부하법, 반환부하법

4. 변압기의 냉각방식

(1) 건식자냉식 : 공기의 대류작용에 의해 냉각시키는 방식
(2) 건식풍냉식 : 송풍기에 의해 강제 통풍을 시켜 냉각시키는 장식
(3) 유입자냉식 : 변압기의 본체를 절연유로 채워진 외함 내에 넣어 대류 작용에 의해 발생된 열을 외기중으로 방산시키는 방식
(4) 유입풍냉식 : 유입자냉식 변압기의 방열기를 설치함으로써 냉각효과를 더욱 증가시키는 방식
(5) 송유풍냉식 : 외함 내에 있는 가열된 기름을 순환펌프에 의해 외부의 수냉식 냉각기 및 풍냉식 냉각기에 의해 냉각시켜 다시 외함 내에 유입시키는 방식

2 기출 & 예상문제

제 3 장 변압기(1)

01 변압기는 다음의 어떤 원리를 이용한 전기 기계인가?
① 정전 유도 작용
② 전자 유도 작용
③ 전류의 화학 작용
④ 전류의 발열 작용

풀이
변압기의 원리
1차 측에 교류 전압 V_1을 공급하면 무부하 전류 I_0가 흐르면서 자속이 발생하여, 철심 속을 지나 2차 코일과 쇄교하면서 2차 측에 전압 E_2를 유기한다. 이러한 현상을 전자유도라 하는데, 변압기는 이 현상을 이용한 것이다.
[답] ②

02 변압기의 1차측이란?
① 고압측
② 저압측
③ 전원측
④ 부하측

풀이
변압기의 1차측은 전원전압을 인가시켜 주는 전원측이 되고, 2차측은 출력이 나오는 출력측 또는 부하측이 된다.
[답] ③

03 다음 괄호 안에 들어갈 알맞은 말은?
"(㉠)는 고압 회로의 전압을 이에 비례하는 낮은 전압으로 변성해주는 기기로서, 회로에 (㉡) 접속하여 사용된다."
① ㉠ CT ㉡ 직렬
② ㉠ PT ㉡ 직렬
③ ㉠ CT ㉡ 병렬
④ ㉠ PT ㉡ 병렬

풀이
• 계기용 변압기(PT): 고전압을 저전압으로 변성, 병렬 연결
• 계기용 변류기(CT): 대전류를 소전류로 변성, 직렬연결
[답] ④

04 주상변압기 철심용 규소강판의 두께는 몇 [mm] 정도를 사용하는가?
① 0.01
② 0.05
③ 0.35
④ 0.85

풀이
변압기의 손실 중 철손을 줄이기 위하여 3~4[%] 정도의 규소를 함유한 0.35~0.5[mm] 두께의 규소 강판을 사용하게 된다.
[답] ③

05 E종 절연물의 최고 허용온도는 몇 [℃]인가?
① 40
② 60
③ 120
④ 155

풀이
절연물의 최고사용 온도

종 류	Y종	A종	E종	B종	F종	H종	C종
최고허용온도[℃]	90	105	120	130	155	180	180 초과

[답] ③

06 코일 주위에 전기적 특성이 큰 에폭시 수지를 고진공으로 침투시키고, 다시 그 주위를 기계적 강도가 큰 에폭시 수지로 몰딩한 변압기는?
① 건식 변압기
② 유입 변압기
③ 몰드 변압기
④ 타이 변압기

풀이
몰드 변압기: 종래의 유입식 및 건식 변압기의 문제점을 해결하기 위해 코일을 에폭시 수지로 몰드한 고체절연방식의 변압기
[답] ③

07 절연 내력이 낮은 주상 변압기, 계기용 변압기 등에 주로 설치하며, 중심 도체에 절연물을 감고 자기 애관으로 절연한 후 절연 물질로 채워 절연 내력을 향상시킨 변압기 부싱은?

① 컴파운드 부싱　② 콘덴서 부싱
③ 단일형 부싱　④ 유입 부싱

풀이
컴파운드 부싱 : 도체에 절연물을 감고 이것과 자기 애관 사이에 콤파운드를 넣어 절연내력을 향상시킨 것이며, 주상 변압기, 계기용 변압기 등에 주로 쓰이며 80[kV]이하에 많이 변압기에 많이 사용이 된다.　[답] ①

08 변압기의 권선법 중 형권은 주로 어디에 사용되는가?
① 소형변압기　② 중형변압기
③ 특수변압기　④ 가정용변압기

풀이
형권 : 나무, 플라스틱 등의 절연통 위에 미리 지정된 크기로 감아놓은 형태　[답] ②

09 유입 변압기에 기름을 사용하는 목적이 아닌 것은?
① 열방산을 좋게 하기 위하여
② 냉각을 좋게 하기 위하여
③ 절연을 좋게 하기 위하여
④ 효율을 좋게 하기 위하여

풀이
변압기유의 사용목적으로는 변압기 권선의 절연과 냉각을 위해 사용하게 된다.　[답] ④

10 변압기유의 비중은?
① 1.2　② 1.0
③ 0.9　④ 0.6

풀이
변압기유의 비중은 약 0.8~0.9 정도가 된다.　[답] ③

11 변압기유가 구비해야 할 조건은?
① 절연 내력이 클 것
② 인화점이 낮을 것
③ 응고점이 높을 것
④ 비열이 작을 것

풀이
변압기유 구비 조건
① 절연내력 및 냉각효과가 클 것

② 점도가 낮을 것
③ 인화점이 높고 응고점이 낮을 것
④ 화학작용 및 석출물 없을 것　[답] ①

12 변압기유로 쓰이는 절연유에 요구되는 성질이 아닌 것은?
① 점도가 클 것
② 비열이 커 냉각효과가 클 것
③ 절연재료 및 금속재료에 화학작용을 일으키지 않을 것
④ 인화점이 높고 응고점이 낮을 것　[답] ①

13 변압기유의 열화방지와 관계가 가장 먼 것은?
① 브리더
② 콘서베이터
③ 불활성 질소
④ 부싱

풀이
변압기유의 열화 방지 대책 : 밀봉방식, 질소봉입, 흡착제, 브리더, 개방형 콘서베이터 설치　[답] ④

14 변압기의 콘서베이터의 사용 목적은?
① 일정한 유압의 유지
② 과부하로부터의 변압기 보호
③ 냉각 장치의 효과를 높임
④ 변압 기름의 열화 방지
　[답] ④

15 콘서베이터의 유면상 공기와 기름의 접촉을 막기 위하여 무슨 가스를 봉입하는가?
① 수소
② 질소
③ 아르곤
④ 오존

풀이
콘서베이터는 절연유의 열화를 방지하는 장치로 방식에 따라 질소 가스를 봉입한다.　[답] ②

16 변압기유의 열화방지를 위해 쓰이는 방법이 아닌 것은?
① 방열기　　　② 브리더
③ 콘서베이터　④ 질소봉입
[답] ①

17 부흐홀츠 계전기로 보호되는 기기는?
① 변압기　　　② 유도전동기
③ 직류발전기　④ 교류발전기
풀이
변압기의 내부 고장 보호용으로는 부흐홀쯔 계전기와 비율차동 계전기가 사용된다. [답] ①

18 부흐홀츠 계전기의 설치 위치로 가장 적당한 곳은?
① 변압기 주탱크 내부
② 콘서베이터 내부
③ 변압기 고압 측 부싱
④ 변압기 주탱크와 콘서베이터 사이
[답] ④

19 변압기 내부 고장 보호에 쓰이는 계전기로서 가장 적당한 것은?
① 차동계전기　　② 접지계전기
③ 과전류계전기　④ 역상계전기
풀이
변압기 내부고장 보호용 계전기로서 브흐홀쯔 계전기와 비율차동 계전기, 차동계전기등이 사용된다. [답] ①

20 다음 중 변압기의 단락 보호용 계전기는 어느 것인가?
① 비율차동 계전기
② 평형 계전기
③ 역전류 계전기
④ 온도 계전기
풀이
변압기 내부고장 보호용 계전기로서 브흐홀쯔 계전기와 비율차동 계전기가 사용된다. 여기서 비율차동 계전기는 주로 변압기의 단락 보호용으로 사용된다. [답] ①

21 다음 변압기의 냉각방식 종류가 아닌 것은?
① 건식 자냉식　　② 유입 자냉식
③ 유입 예열식　　④ 송유 풍냉식
풀이
변압기의 냉각 방식
① 건식자냉식 : 공기의 대류작용에 의해 냉각시키는 방식
② 건식풍냉식 : 송풍기에 의해 강제 통풍을 시켜 냉각시키는 장식
③ 유입자냉식 : 변압기의 본체를 절연유로 채워진 외함 내에 넣어 대류 작용에 의해 발생된 열을 외기중으로 방산시키는 방식
④ 유입풍냉식 : 유입자냉식 변압기의 방열기를 설치함으로써 냉각효과를 더욱 증가시키는 방식
⑤ 송유풍냉식 : 외함 내에 있는 가열된 기름을 순환펌프에 의해 외부의 수냉식냉각기 및 풍냉식냉각기에 의해 냉각시켜 다시 외함 내에 유입시키는 방식 [답] ③

22 절연유를 충만 시킨 외함 내에 변압기를 수용하고, 오일의 대류작용 때문에 철심 및 권선에 발생한 열을 외함에 전달하며, 외함의 방산이나 대류에 의하여 열을 대기로 방산시키는 변압기의 냉각방식은?
① 유입 송유식
② 유입 수냉식
③ 유입 풍냉식
④ 유입 자냉식
풀이
변압기의 본체를 절연유로 채워진 외함 내에 넣어 대류 작용에 의해 발생된 열을 외기중으로 방산시키는 방식을 유입자냉식이라 한다. [답] ④

23 송유풍냉식 특별고압용 변압기의 송풍기가 고장이 생길 경우에 어느 보호장치가 필요한가?
① 경보장치
② 자동차단장치
③ 전압계전기
④ 속도조정장치
풀이
송풍기 고장을 알려주는 장치가 필요하다. [답] ①

24 변압기의 누설 리액턴스를 줄이는 가장 효과적인 방법은?
① 코일의 단면적을 크게 한다.
② 권선을 동심 배치한다.
③ 권선을 분할하여 조립한다.
④ 철심의 단면적을 크게 한다.

풀이
권선을 분할조립(서로 어긋나게 배치)하면 누설리액턴스를 절반 이상 감소시킬 수 있다. [답] ③

25 변압기 여자전류의 파형은?
① 파형이 나타나지 않는다.
② 사인파
③ 왜형파
④ 구형파

풀이
변압기의 철심에는 자기 포화 현상과 히스테리시스 현상으로 인해 자속 ϕ를 만드는 여자 전류 i_0는 정현파가 될 수 없으며 제 3고조파를 포함하는 비정현파(첨두파,왜형파)가 된다. [답] ③

26 변압기의 권선 배치에서 저압 권선을 철심에 가까운 쪽에 배치하는 이유는?
① 전류 용량   ② 절연 문제
③ 냉각 문제   ④ 구조상 편의
[답] ②

27 변압기 명판에 표시된 정격에 대한 설명으로 틀린 것은?
① 변압기의 정격출력 단위는 [kW]이다.
② 변압기 정격은 2차측을 기준으로 한다.
③ 변압기의 정격은 용량, 전류, 전압, 주파수 등으로 결정된다.
④ 정격이란 정해진 규정에 적합한 범위 내에서 사용할 수 있는 한도이다.

풀이
변압기의 정격출력 단위는 [kVA]이다 [답] ①

28 변압기 내부고장 시 급격한 유류 또는 gas의 이동이 생기면 동작하는 브흐홀쯔 계전기의 설치 위치는?
① 변압기 본체
② 변압기의 고압측 부싱
③ 컨서베이터 내부
④ 변압기 본체와 컨서베이터를 연결하는 파이프

풀이
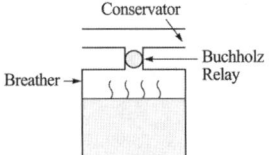
[답] ④

29 주상변압기의 고압측에 탭을 여러 개 만든 이유는?
① 역률 개선   ② 단자 고장 대비
③ 선로 전류 조정 ④ 선로 전압 조정

풀이
탭 조정을 통해 부하전압을 조정 [답] ④

30 변압기의 정격출력으로 맞는것은?
① 정격 1차 전압 × 정격 1차 전류
② 정격 1차 전압 × 정격 2차 전류
③ 정격 2차 전압 × 정격 1차 전류
④ 정격 2차 전압 × 정격 2차 전류

풀이
정격은 정해진 규정에 적합한 범위 내에서 사용할 수 있는 한도의 의미이고 변압기의 정격출력은 2차측 기준으로 단위는 [kVA]이다. [답] ④

31 변압기의 용도가 아닌 것은?
① 교류 전압의 변환
② 주파수의 변환
③ 임피던스의 변환
④ 교류 전류의 변환

풀이
주파수의 변환은 인버터에 해당한다. [답] ②

32 다음 중 ( )속에 들어갈 내용은?

> 유입변압기에 사용되는 목면, 명주, 종이 등의 절연재료는 내열등급 ( )으로 분류되고, 장시간 지속하여 최고 허용온도 ( )[℃]를 넘어서는 안 된다.

① Y종 - 90　　② A종 - 105
③ E종 - 120　　④ B종 - 130

■ 풀이 ▶

절연의 종류	최고허용온도 [℃]	절연재료
Y	90	물, 면, 비단, 종이 등의 재료에 유중에 담그지 않은 절연
A	105	목면, 비단, 종이 등의 재료에 유중에 담근 절연
E	120	에나멜선용 폴리우레탄 수지, 에폭시 수지, 면적층 품, 종이 적층품
B	130	마이카, 석면, 유리섬유 등의 재료와 접착재료 같이 사용한 절연
F	155	B종과 같은 재료를 실리콘 알키드 수지 등의 접착재료를 이용하여 절연
H	180	B종, F종과 같은 재료를 규소수지 또는 동등의 접착재료를 이용하여 절연
C	180초과	생마이카, 석면, 자기등의 단독적으로 구성된 것 또는 접착재료와 함께 사용한 것

[답] ②

33 가스 절연 개폐기나 가스차단기에 사용되는 가스인 SF_6의 성질이 아닌 것은?

① 같은 압력에서 공기의 2.5~3.5배의 절연내력이 있다.
② 무색, 무취, 무해 가스이다.
③ 가스압력 3~4[kgf/cm^2]에서는 절연내력은 절연유 이상이다.
④ 소호능력은 공기보다 2.5배 정도 낮다.

■ 풀이 ▶
소호능력은 공기보다 우수하다.　　[답] ④

3.4 변압기의 이론

1. 권수비

유도기전력 $E_1 = 4.44\,K\phi N_1\,f[\text{V}]$

$E_2 = 4.44\,K\phi N_2\,f[\text{V}]$

1차 측의 전압(V_1)과 전류(I_1), 2차 측의 전압(V_2)과 전류(I_2)는 1차 권선수(N_1)와 2차 권선수(N_2)의 비(권수비 a)에 의해 다음과 같이 구해진다.

$$a = \frac{N_1}{N_2} = \frac{V_1}{V_2} = \frac{I_2}{I_1} = \sqrt{\frac{R_1}{R_2}} = \sqrt{\frac{L_1}{L_2}} = \sqrt{\frac{Z_1}{Z_2}}$$

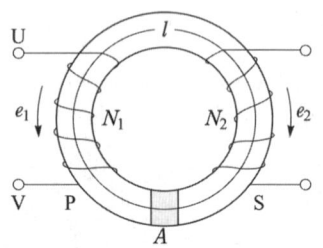

2. 여자 전류와 철손

(1) 여자전류

$\vec{I_0} = \vec{I_w} + \vec{I_u}$

$I_0 = \sqrt{{I_w}^2 + {I_u}^2}$

철손전류 $I_w = I_0\cos\theta$ (유효전류분)

자화전류 $I_u = I_0\sin\theta$ (무효전류분)

(2) 철손 $P_i = P_h + P_e = g_0 \cdot V_1^2[\text{W}]$

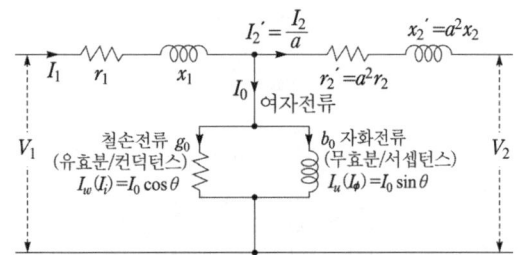

3. 등가회로

(1) 1차 측에서 본 등가회로

2차 측의 전압, 전류 및 임피던스를 1차 측으로 환산하여 등가회로를 만들 수 있다.

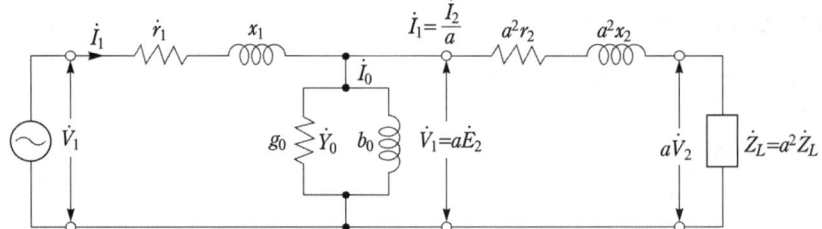

(2) 2차 측에서 본 등가회로

1차 측을 2차 측으로 환산하여 등가회로를 만들 수 있다.

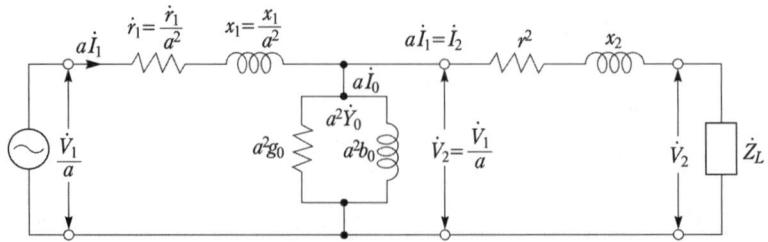

(3) 간이 등가회로

실제 변압기에서 1차 임피던스에 의한 전압강하가 매우 작고, 여자전류도 작으므로, 여자 어드미턴스를 전원 쪽으로 옮겨서 계산하여도 오차가 거의 없으므로, 변압기 특성을 계산하는 데 많이 사용한다.

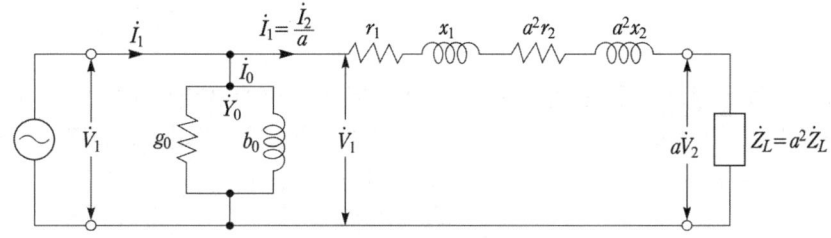

(4) 1, 2차 전압, 전류, 임피던스 환산

구 분	2차를 1차로 환산	1차를 2차로 환산
전 압	$V_1 = a V_2$	$V_2 = \dfrac{V_1}{a}$
전 류	$I_1 = \dfrac{I_2}{a}$	$I_2 = a I_1$
저 항	$r_2' = a^2 r_2$	$r_1' = \dfrac{r_1}{a^2}$
리액턴스	$x_2' = a^2 x_2$	$x_1' = \dfrac{x_1}{a^2}$
임피던스	$Z_2' = a^2 Z_2$	$Z_1' = \dfrac{Z_1}{a^2}$

2 기출 & 예상문제
제3장 변압기(2)

01 1차 권수 3,000, 2차 권수 100인 변압기에서 이 변압기의 전압비는 얼마인가?
① 20　　　② 30
③ 40　　　④ 50

풀이
권수비 $a = \dfrac{N_1}{N_2} = \dfrac{3000}{100} = 30$　　[답] ②

02 변압기의 1차 및 2차의 전압, 권선수, 전류를 각각 V_1, N_1, I_1 및 V_2, N_2, I_2라 할 때 다음 중 어느 식이 성립되는가?

① $\dfrac{V_1}{V_2} = \dfrac{N_1}{N_2} = \dfrac{I_2}{I_1}$

② $\dfrac{V_1}{V_2} \fallingdotseq \dfrac{N_2}{N_1} \fallingdotseq \dfrac{I_2}{I_1}$

③ $\dfrac{V_1}{V_2} \fallingdotseq \dfrac{N_2}{N_1} \fallingdotseq \dfrac{I_1}{I_2}$

④ $\dfrac{V_1}{V_2} \fallingdotseq \dfrac{N_1}{N_2} \fallingdotseq \dfrac{I_1}{I_2}$

풀이
변압기 권수비
$a = \dfrac{V_1}{V_2} = \dfrac{E_1}{E_2} = \dfrac{N_1}{N_2} = \dfrac{I_2}{I_1} = \sqrt{\dfrac{R_1}{R_2}} = \sqrt{\dfrac{L_1}{L_2}} = \sqrt{\dfrac{Z_1}{Z_2}}$　　[답] ①

03 권수비 30의 변압기의 1차에 6,600[V]를 가할 때 2차 전압은 몇 [V]인가?
① 220　　　② 380
③ 420　　　④ 660

풀이
권수비 $a = \dfrac{V_1}{V_2}$
$\therefore V_2 = \dfrac{V_1}{a} = \dfrac{6600}{30} = 220[V]$　　[답] ①

04 권수비 100의 변압기에 있어 2차 쪽의 전류가 10^3[A]일 때, 이것을 1차 쪽으로 환산하면 얼마인가?
① 16[A]　　　② 10[A]
③ 9[A]　　　④ 6[A]

풀이
권수비 $a = \dfrac{I_2}{I_1}$
$\therefore I_1 = \dfrac{I_2}{a} = \dfrac{10^3}{100} = 10[A]$　　[답] ②

05 3,300/110[V] 변압기의 1차에 30[A]의 전류를 흘리면 2차 전류[A]는?
① 1/3　　　② 1
③ 900　　　④ 1800

풀이
권수비 $a = \dfrac{V_1}{V_2} = \dfrac{3300}{110} = 30$　따라서 $a = \dfrac{I_2}{I_1}$
$\therefore I_2 = aI_1 = 30 \times 30 = 900[A]$　　[답] ③

06 1차 전압이 210[V], 2차 전압이 105[V]인 단상변압기에서 2차 권회수가 42회일 때 1차 권회수는 몇 회인가?
① 80회　　　② 82회
③ 84회　　　④ 86회

풀이
권수비 $a = \dfrac{V_1}{V_2} = \dfrac{210}{105} = 2$　따라서 $a = \dfrac{N_1}{N_2}$
$\therefore N_1 = aN_2 = 2 \times 42 = 84[회]$　　[답] ③

07 전압이 13,200/220[V]인 단상변압기의 1차에 6,000[V]의 전압을 가하면 2차 전압은 몇 [V]인가?

① 100 ② 200
③ 1,000 ④ 2,000

풀이

권수비 $a = \dfrac{V_1}{V_2} = \dfrac{13200}{220} = 60$ 따라서 $a = \dfrac{V_1}{V_2}$

$\therefore V_2 = \dfrac{V_1}{a} = \dfrac{6000}{60} = 100[\text{V}]$ [답] ①

08 그림과 같이 표시된 변압기 회로에 전원전압 200[V]를 인가할 때 전류계에 흐르는 전류는 몇 [A]인가?(단, 변압기의 무부하 전류 손실은 무시한다.)

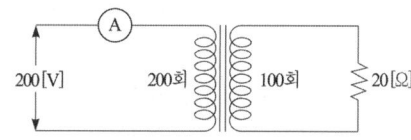

① 2 ② 2.5
③ 3 ④ 3.5

풀이

권수비 $a = \dfrac{N_1}{N_2} = \dfrac{200}{100} = 2$ $a = \sqrt{\dfrac{R_1}{R_2}}$

$\therefore R_1 = a^2 R_2 = 2^2 \times 20 = 80[\Omega]$

따라서 $I_1 = \dfrac{V}{R_1} = \dfrac{200}{80} = 2.5[\text{A}]$ [답] ②

09 변압기의 권수비가 60일 때 2차측 저항이 0.1[Ω]이다. 이것을 1차로 환산하면 몇 [Ω]이 되는가?

① 310 ② 390
③ 410 ④ 360

풀이

권수비 $a = \sqrt{\dfrac{R_1}{R_2}}$

$\therefore R_1 = a^2 R_2 = 60^2 \times 0.1 = 360[\Omega]$ [답] ④

10 어떤 변압기의 1차 환산 임피던스 $Z_1 = 225[\Omega]$이고, 이것을 2차로 환산하면 $Z_2 = 1[\Omega]$ 이다. 2차 전압이 400[V]이면 1차 전압[V]은 얼마인가?

① 1,500 ② 3,000
③ 4,500 ④ 6,000

풀이

권수비 $a = \sqrt{\dfrac{Z_1}{Z_2}} = \sqrt{\dfrac{225}{1}} = 15$ 따라서 $a = \dfrac{V_1}{V_2}$

$\therefore V_1 = a V_2 = 15 \times 400 = 6000[\text{V}]$ [답] ④

11 50[Hz]의 변압기에 60[Hz]의 같은 전압을 가했을 때 자속밀도는 50[Hz]일 때의 몇 배인가?

① $\dfrac{6}{5}$ ② $\dfrac{5}{6}$
③ $\left(\dfrac{6}{5}\right)^2$ ④ $\left(\dfrac{6}{5}\right)^{1.6}$

풀이

전압이 일정하면 최대자속밀도 B_m은 주파수 f에 반비례하므로, 주파수가 $\dfrac{6}{5}$로 증가했다면 자속밀도는 $\dfrac{5}{6}$으로 감소하게 된다.   [답] ②

12 변압기는 권수비 $a = \dfrac{N_1}{N_2} = \dfrac{1}{2}$에 따라 여러 전압을 얻을 수 있다. N_2를 N_1보다 크게 취한 것을 어떤 변압기라 하는가?

① 누설 변압기 ② 소형 변압기
③ 승압 변압기 ④ 강압 변압기

풀이

권수비 $a = \dfrac{V_1}{V_2} = \dfrac{N_1}{N_2}$ 에서 2차 권수 N_2가 커지게 되면 V_2도 커짐을 의미하므로 승압 변압기에 해당하게 된다.   [답] ③

13 변압기의 자속은 무엇에 비례하는가?
① 전류 ② 권수
③ 주파수 ④ 전압

풀이

변압기의 유도 기전력 $E = 4.44 f N \phi_m [\text{V}]$에서
$\phi = \dfrac{E}{4.44 f N}$의 관계가 성립한다.   [답] ④

14 1차 전압이 3,300[V], 권수가 1,650회인 단상 변압기가 있다. 60[Hz]에 사용할 때의 철심의 최대 자속 [Wb]은?

① 7.5×10^{-2} ② 7.5×10^{-3}
③ 8.2×10^{-2} ④ 8.2×10^{-3}

풀이

$E = 4.44 fN\phi_m [\text{V}]$에서

$\phi_m = \dfrac{E}{4.44fN} = \dfrac{3300}{4.44 \times 60 \times 1650} = 0.0075[\text{Wb}]$ 　　[답] ②

15 변압기의 권선 저항을 무시할 수 있다면 1차 유도기전력과 1차 공급 전압과의 위상차는 몇 [rad]만큼 뒤지는가?

① $\dfrac{\pi}{2}$ 　　② $\dfrac{3}{2}\pi$

③ 2π 　　④ π

풀이
전자유도 작용에 의한 유도기전력과 공급전압은 크기가 같은 방향만 반대인 전압이 걸리므로 180°만큼 뒤지게 된다. 　　[답] ④

16 변압기 2차를 개방할 때 1차에 흐르는 전류는?

① 자화 전류　　② 부하 전류
③ 철손 전류　　④ 여자 전류
　　[답] ④

17 변압기에서 여자전류를 감소시키려면?
① 접지를 한다.
② 코일의 권회수를 증가시킨다.
③ 코일의 권회수를 감소시킨다.
④ 우수한 절연물을 사용한다.

풀이
권수비 $a = \dfrac{N_1}{N_2} = \dfrac{I_2}{I_1}$에 의해서 코일의 횟수와 전류는 반비례 관계이므로 코일의 수를 늘리게 되면 변압기의 여자 전류는 감소하게 된다. 　　[답] ②

18 변압기 여자전류의 파형은?
① 첨두파　　② 사인파
③ 구형파　　④ 비대칭파

풀이
변압기의 철심에는 자기 포화 현상과 히스테리시스 현상으로 인해 자속 ϕ를 만드는 여자 전류 i_0는 정현파가 될 수 없으며 제3고조파를 포함하는 비정현파(첨두파)가 된다. 　　[답] ①

19 변압기의 여자전류가 일그러지는 이유는 무엇 때문인가?
① 와류(맴돌이 전류) 때문에
② 자기포화와 히스테리시스 현상 때문에
③ 누설 리액턴스 때문에
④ 선간의 정전용량 때문에
　　[답] ②

20 변압기에서 1차에는 전류가 흐르고 2차에는 전류가 흐르지 않는다고 하면 1차 전류를 나타내는 식은?(단, $\varPhi$는 자속, R은 자기 저항, N_1은 1차 권수이다.)

① $\dfrac{\varPhi N}{R}$ 　　② $\dfrac{\varPhi}{RN_1}$

③ $\dfrac{\varPhi R}{N_1}$ 　　④ $\dfrac{RN_1}{\varPhi}$

풀이
자속 $\phi = \dfrac{\text{기자력}}{\text{자기저항}} = \dfrac{Ni}{R}$

따라서 $i_1 = \dfrac{\phi R}{N_1}$가 된다. 　　[답] ③

21 정격 30[kVA], 1차측 전압 6600[V], 권수비 30인 단상변압기의 2차측 정격전류는 약 몇 [A]인가?

① 93.2[A]　　② 136.4[A]
③ 220.7[A]　　④ 455.5[A]

풀이
$P = V_1 I_1 = V_2 I_2$, 권수비 $a = \dfrac{V_1}{V_2} = \dfrac{I_2}{I_1}$

$I_2 = a \times I_1 = a \times \dfrac{P}{V_1} = 30 \times \dfrac{30000}{6600} = 136.36[\text{A}]$ 　　[답] ②

22 다음 ( ) 안의 알맞은 내용으로 옳은 것은?

> 변압기의 등가회로에서 2차 회로를 1차 회로로 환산하는 경우 전류는 (㉠)배, 저항과 리액턴스는 (㉡)배가 된다.

① ㉠ $\dfrac{1}{a}$, ㉡ a^2 　　② ㉠ $\dfrac{1}{a}$, ㉡ a

③ ㉠ a^2, ㉡ $\dfrac{1}{a}$ 　　④ ㉠ a^2, ㉡ a

풀이
변압기 1·2차 전압, 전류, 임피던스 환산

구 분	2차를 1차로 환산	1차를 2차로 환산
전압	$V_1 = aV_2$	$V_2 = \dfrac{V_1}{a}$
전류	$I_1 = \dfrac{I_2}{a}$	$I_2 = aI_1$
저항	$r_2' = a^2 r_2$	$r_1' = \dfrac{r_1}{a^2}$
리액턴스	$x_2' = a^2 x_2$	$x_1' = \dfrac{x_1}{a^2}$
임피던스	$Z_2' = a^2 Z_2$	$Z_1' = \dfrac{Z_1}{a^2}$

[답] ①

23 변압기의 자속에 관한 설명으로 옳은 것은?
① 전압과 주파수에 반비례한다.
② 전압과 주파수에 비례한다.
③ 전압에 반비례하고 주파수에 비례한다.
④ 전압에 비례하고 주파수에 반비례한다.

풀이
$E = 4.44 K \phi N f$ 에서
$\phi = \dfrac{E}{4.44 KNf} \quad \therefore \ \phi \propto E \propto \dfrac{1}{f}$

[답] ④

24 3상 100[kVA], 13200/200[V] 변압기의 저압측 선전류의 유효분은 약 몇 [A]인가? (단, 역률은 80[%]이다)
① 100   ② 173
③ 230   ④ 260

풀이
권수비 $a = \dfrac{13200}{200} = 66$
$I_1 = \dfrac{P}{\sqrt{3} \times V_1} = \dfrac{100 \times 10^3}{\sqrt{3} \times 13200} = 4.37[A]$
$I_2 = aI_1 \times \cos\theta = 66 \times 4.37 \times 0.8 = 230.736[A]$

[답] ③

25 복잡한 전기회로를 등가 임피던스를 사용하여 간단히 변화시킨 회로는?
① 유도회로   ② 전개회로
③ 등가회로   ④ 단순회로

풀이
등가회로(等價回路) : 변압기, 유도 전동기 등의 전기회로에서 회로 계산을 쉽게 하기 위해 그 값과 성질을 바꾸지 않고 간이화한 회로.

[답] ③

26 변압기 등가회로 작성에 필요하지 않은 시험은?
① 무부하 시험   ② 단락시험
③ 반환부하 시험   ④ 저항 측정시험

풀이
변압기 등가회로 작성시 필요한 시험 : 저항측정, 단락시험, 무부하시험

[답] ③

27 변압기의 2차측을 개방하였을 경우 1차측에 흐르는 전류는 무엇에 의하여 결정되는가?
① 저항   ② 임피던스
③ 누설 리액턴스   ④ 여자 어드미턴스

풀이
변압기의 2차측을 개방하였을 경우 1차측에 흐르는 전류를 무부하전류 즉, 여자전류라 하며 이 여자전류는 여자 어드미턴스에 따라서 결정된다. ($I = YV$)

[답] ④

3.5 변압기의 특성

1. 전압 변동률

변압기의 전압 변동률은 2차측의 전압의 변화를 기준으로 산출한다.

$$\epsilon = \frac{V_{20} - V_{2n}}{V_{2n}} \times 100 [\%]$$

여기서, V_{20} : 무부하 2차 전압 $(= V_1/a)$
V_{2n} : 정격 2차 전압

백분율 저항강하를 p, 백분율 리액턴스강하를 q라고 하면,

$$\epsilon = p\cos\theta + q\sin\theta [\%]$$

(1) %저항강하(p) : 정격전류가 흐를 때 권선저항에 의한 전압강하의 비율을 퍼센트로 나타낸 것
(2) %리액턴스강하(q) : 정격전류가 흐를 때 리액턴스에 의한 전압강하의 비율을 퍼센트로 나타낸 것
(3) %임피던스 강하 %Z(=전압변동률의 최대값 ϵ_{max})

$$\%Z = \epsilon_{max} = \sqrt{p^2 + q^2}$$

(4) 전압변동률이 최대일 때 역률 $\cos\theta_{max}$

$$\cos\theta_{max} = \frac{p}{\sqrt{p^2 + q^2}}$$

(5) 전압변동률이 최소일 때 역률 $\cos\theta_{min}$

$$\cos\theta_{min} = \frac{q}{\sqrt{p^2 + q^2}}$$

(6) 단락전류

$$I_s = \frac{100}{\%Z} I_n$$

여기서, I_n : 정격전류

2. 임피던스 전압, 임피던스 와트

(1) 임피던스 전압(V_s) : 2차측을 단락했을 때 1차측에 정격전류(I_{1n})가 흐르게 하기 위한 1차측 인가전압(변압기 내의 임피던스 전압강하)
(2) 임피던스 와트(P_s) : 2차측을 단락했을 때 1차측에 정격전류(I_{1n})가 흐르게 하기 위한 1차측 유효전력(부하손 = 동손, 정격시 동손)

3. 변압기의 손실

(1) 무부하손 : $P_i = P_h + P_e [W]$

거의 철손으로 되어 있으며 변압기 철손에는 히스테리시스손과 와류손이 있다. 무부하시험으로 측정

① 히스테리시스손(철손의 약 80[%]) : $P_h = k_h f B_m^{(1.6 \sim 2)} [W]$

② 맴돌이전류손(와류손) : $P_e = k_e(tfB_m)^2$ [W]

여기서, B_m : 최대자속밀도, t : 강판두께, f : 주파수, k_h, k_e : 상수

(2) 부하손 : 거의 대부분이 동손(P_c)으로 되어 있다. — 단락시험으로 측정

$$P_c = (r_1 + a^2 r_2) \cdot I_1^2 = I^2 R [\text{W}]$$

4. 효율

(1) 규약효율

$$\eta = \frac{\text{출력}[\text{kW}]}{\text{출력}[\text{kW}] + \text{손실}[\text{kW}]} \times 100 [\%]$$

(2) 전부하 효율

$$\eta = \frac{V_{2n} I_{2n} \cos\theta}{V_{2n} I_{2n} \cos\theta + P_i + P_c} \times 100 [\%]$$

(3) 임의의 부하의 효율 : 정격 출력의 $\frac{1}{m}$ 부하의 효율

$$\eta_{\frac{1}{m}} = \frac{\frac{1}{m} V_{2n} I_{2n} \cos\theta}{\frac{1}{m} V_{2n} I_{2n} \cos\theta + P_i + \left(\frac{1}{m}\right)^2 P_c} \times 100 [\%]$$

(4) 최대효율 조건

① 전부하 시(고정손=부하손) : 철손(P_i)=동손(P_c)

② $\frac{1}{m}$ 부하 시 : $\frac{1}{m} = \sqrt{\frac{P_i}{P_c}}$

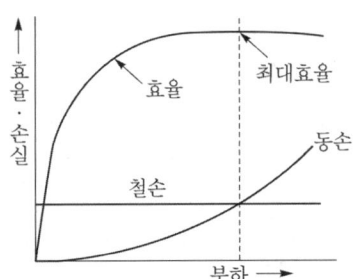

(5) 전일효율(η_d) : 하루의 출력 전력량과 입력 전력량의 백분율

$$\eta_d = \frac{V_2 I_2 \cos\theta \times T}{V_2 I_2 \cos\theta \times T + 24 P_i + T \times P_c} \times 100 [\%]$$

(6) 무부하손 측정(무부하 시험) : 2차측 개방

① 전력계 : 입력 P_i (철손 ← 무부하손) 측정

② 전류계 : 여자전류 I_0 측정

(7) 부하손 측정(단락시험, 부하시험) : 2차측 단락
   ① 전압계 : 임피던스 전압 (V_s) → 임피던스 강하 측정
   ② 전력계 : 임피던스 와트 (P_s) → 변압기의 부하손 측정

(8) 변압기의 시험 및 보수
   ① 절연내력 시험 : 유도, 가압, 충격전압 시험
   ② 정수측정 시험 : 권선저항, 무부하 시험, 단락 시험
   ③ 온도상승 시험 : 실부하법, 반환부하법

※ 50[Hz]용 변압기를 60[Hz]에 사용 시 관계

여자전류	자속	자속밀도	철손	리액턴스
$\frac{5}{6}$ 감소	$\frac{5}{6}$ 감소	$\frac{5}{6}$ 감소	$\frac{5}{6}$ 감소	$\frac{6}{5}$ 증가

※ 변압기 부하 증가 시 현상
   (동손증가, 온도상승, 여자전류 변화 없음, 철손(무부하손) 일정)

2 기출 & 예상문제
제3장 변압기(3)

01 무부하 2차 단자 전압 V_{20}, 정격 2차 단자 전압 V_{2n}일 때 변압기의 전압 변동률은?

① $\dfrac{V_{20}}{V_{2n}} \times 100[\%]$

② $\dfrac{V_{2n}}{V_{20}} \times 100[\%]$

③ $\dfrac{V_{20} - V_{2n}}{V_{20}} \times 100[\%]$

④ $\dfrac{V_{20} - V_{2n}}{V_{2n}} \times 100[\%]$

풀이
변압기의 전압 변동률은 2차측의 전압의 변화를 기준으로 $\epsilon = \dfrac{V_{20} - V_{2n}}{V_{2n}} \times 100[\%]$으로 나타낸다.
변압기 전압 변동률은 부하 역률에 따라 달라지므로 지정 역률 부하라 한다. **[답]** ④

02 권수비 30인 단상변압기가 전 부하에서 2차 전압이 115[V], 전압변동률이 2[%]라 한다. 1차 단자전압은 약 몇 [V]인가?

① 3,300   ② 3,419
③ 3,519   ④ 3,700

풀이
전압변동률 $\epsilon = \dfrac{V_{20} - V_{2n}}{V_{2n}} \times 100 = \left(\dfrac{V_{20}}{V_{2n}} - 1\right) \times 100$

∴ $V_{20} = \left(\dfrac{\epsilon}{100} + 1\right) \times V_{2n} = 1.02 \times 115 = 117.3[V]$

따라서 권수비 $a = \dfrac{V_1}{V_2}$

∴ $V_1 = aV_2 = 30 \times 117.3 = 3519[V]$ **[답]** ③

03 p를 퍼센트 저항 강하, q를 리액턴스 강하라 하면 역률이 1인 경우의 전압 변동률은?

① $p\cos\theta + q\sin\theta$ ② $p + q\sin\theta$
③ $p + q$ ④ p

풀이
전압변동률 $\epsilon = p\cos\theta + q\sin\theta = p + 0 = p[\%]$
($\because \cos\theta = 1,\ \sin\theta = 0$) **[답]** ④

04 변압기의 퍼센트 저항강하 2[%], 리액턴스 강하 3[%], 부하역률 80[%], 늦음일 때 전압변동률은 몇 [%]인가?

① 1.6   ② 2.0
③ 3.4   ④ 4.6

풀이
전압변동률 $\epsilon = p\cos\theta + q\sin\theta = 2 \times 0.8 + 3 \times 0.6 = 3.4[\%]$ **[답]** ③

05 퍼센트 저항 강하 3[%], 리액턴스 강하 4[%]인 변압기의 최대 전압변동률은 몇 [%]인가?

① 1   ② 2
③ 3   ④ 5

풀이
최대전압변동률 $\varepsilon_m = \sqrt{p^2 + q^2} = \sqrt{3^2 + 4^2} = 5[\%]$ **[답]** ④

06 변압기에서 전압변동률이 최대가 되는 부하의 역률은? (단, p : 퍼센트 저항강하, q : 퍼센트 리액턴스 강하, $\cos\theta_m$: 역률)

① $\cos\theta_m = \dfrac{p}{\sqrt{p+q}}$

② $\cos\theta_m = \dfrac{p}{\sqrt{p^2+q^2}}$

③ $\cos\theta_m = \dfrac{p}{p^2+q^2}$

④ $\cos\theta_m = \dfrac{p}{p+q}$

풀이

최대전압변동률 $\epsilon_m = \sqrt{p^2+q^2}$
전압변동률 최대가 되는 부하의 역률

$$\cos\theta = \frac{p}{\%Z} = \frac{p}{\sqrt{p^2+q^2}}$$

[답] ②

07 변압기의 전압변동률을 작게 하려면 어떻게 해야 하는가?
① 권선의 리액턴스를 작게 한다.
② 권선의 임피던스를 크게 한다.
③ 권수비를 작게 한다.
④ 권수비를 크게 한다.

풀이
전압변동률 $\epsilon = p\cos\theta + q\sin\theta$에서 %저항강하와 %리액턴스강하를 작게 해야 한다. [답] ①

08 변압기의 임피던스 전압에 대한 설명으로 옳은 것은?
① 여자 전류가 흐를 때의 2차측 단자전압이다.
② 정격 전류가 흐를 때의 2차측 단자전압이다.
③ 정격 전류에 의한 변압기 내부 전압 강하이다.
④ 2차 단락 전류가 흐를 때의 변압기 내의 전압 강하이다.

풀이
임피던스 전압 : 변압기 2차를 단락하고 1차에 저전압을 가하여 1차 단락 전류가 1차 정격전류와 같이 될 때 전압을 말한다. 이때 입력을 임피던스 와트라 하며, 전부하 동손에 해당한다. [답] ③

09 변압기에서 임피던스 전압을 구하는 시험은?
① 단락시험   ② 부하시험
③ 극성시험   ④ 변압비시험

[답] ①

10 어떤 변압기를 운전하던 중에 단락이 되었을 때 그 단락전류가 정격전류의 25배가 되었다면 이 변압기의 임피던스 강하는 몇 [%]인가?
① 2   ② 3
③ 4   ④ 5

풀이

단락비 $K_s = \dfrac{I_s}{I_n} = \dfrac{100}{\%Z}$에서

$I_s = \dfrac{100}{\%Z}I_n = 25I_n$ ∴ $\%Z = \dfrac{100}{25} = 4[\%]$

[답] ③

11 변압기의 손실 중 옳지 못한 것은?
① 히스테리시스손   ② 기계손
③ 맴돌이 전류손   ④ 동손

풀이
정지기인 변압기에서는 기계손(회전기기)은 발생하지 않는다. [답] ②

12 다음 중 변압기의 무부하손으로 대부분을 차지하는 것은?
① 유전체손   ② 동손
③ 철손   ④ 표유 부하손

풀이
• 무부하손 : 2차 권선을 개방하고 1차 단자에 정격 전압을 가할 때 생기는 손실로, 여자전류에 의한 권선의 저항손은 작은 전력이고, 절연물 중의 유전체 손은 매우 높은 전압에 사용하는 것 외에는 대단히 작으므로 이것을 무시하면 무부하손은 히스테리시스손과 맴돌이전류의 합인 철손이라 해도 무방하다. [답] ③

13 일정 전압 및 일정 파형에서 주파수가 상승하면 변압기 철손은 어떻게 변하는가?
① 증가한다.
② 감소한다.
③ 불변이다.
④ 어떤 기간 동안 증가한다.

풀이
철손 = 히스테리시스손 + 와류손

• 히스테리시스손 $P_h = k_h f B_m^{1.6 \sim 2.0}$, $B_m = \dfrac{E}{f}$,

  ∴ $P_h \propto \dfrac{E^2}{f}$

• 와류손 $P_e = k_e (tk_f f B_m)^2$

  ∴ $P_e \propto t^2 \propto E^2$ 의 관계를 가지게 된다.

• 주파수의 변화에 의해서 와류손은 영향이 없지만 히스테리시스손은 주파수와 반비례로 감소하게 되어 철손도 감소하게 된다. [답] ②

14 변압기에 철심의 두께를 2배로 하면 와류손은 약 몇 배가 되는가?
① 2배로 증가한다.
② 1/2배로 증가한다.
③ 1/4배로 증가한다.
④ 4배로 증가한다.

풀이
와류손 $P_e = k_e(t k_f f B_m)^2$ ∴ $P_e \propto t^2$ [답] ④

15 변압기의 개방회로시험으로 구할 수 없는 것은?
① 무부하 전류
② 동손
③ 히스테리시스 손실
④ 와류손

풀이
개방회로시험 또는 무부하시험으로 철손(히스테리시스손+와류손)을 구할 수 있으며, 단락시험(부하시험)으로 동손을 구할 수 있다. [답] ②

16 변압기의 무부하시험, 단락시험에서 구할 수 없는 것은?
① 동손   ② 철손
③ 전압 변동률 ④ 절연 내력

[답] ④

17 변압기의 권선과 철심 사이의 습기를 제거하기 위하여 건조하는 방법이 아닌 것은?
① 열풍법   ② 단락법
③ 진공법   ④ 가압법

풀이
• 변압기의 절연내력시험 : 절연파괴 전압시험, 가압시험, 유도시험, 충격 전압 시험
• 변압기의 건조법 : 열풍법, 단락법, 진공법 [답] ④

18 정격 2차 전압 및 정격주파수에 대한 출력 [kW]과 전체 손실[kW]이 주어졌을 때 변압기의 규약효율을 나타내는 식은?

① $\dfrac{입력[kW]}{입력[kW]-전체손실[kW]} \times 100[\%]$

② $\dfrac{출력[kW]}{출력[kW]+전체손실[kW]} \times 100[\%]$

③ $\dfrac{출력[kW]}{입력[kW]-철손[kW]-동손[kW]} \times 100[\%]$

④ $\dfrac{입력[kW]-철손[kW]-동손[kW]}{입력[kW]} \times 100[\%]$

[답] ②

19 200[kVA] 단상변압기가 있다. 철손은 1.6[kW], 전부하 동손은 2.4[kW] 이다. 역률이 0.8일 때 전 부하에서의 효율은 약 몇 [%]인가?
① 91.9   ② 94.7
③ 97.6   ④ 99.1

풀이
효율 $\eta = \dfrac{P\cos\theta}{P\cos\theta + P_i + P_c} \times 100$
$= \dfrac{200 \times 0.8}{200 \times 0.8 + 1.6 + 2.4} \times 100 = 97.6[\%]$ [답] ③

20 변압기의 철손이 P_i[kW], 전부하동손이 P_c[kW]일 때 정격 출력이 $\dfrac{1}{m}$인 부하를 걸었다면 전 손실은 몇 [kW]가 되는가?

① $(P_i + P_c)\left(\dfrac{1}{m}\right)^2$ ② $P_i\left(\dfrac{1}{m}\right)^2 + P_c$

③ $P_i + P_c\left(\dfrac{1}{m}\right)^2$ ④ $P_i + P_c\left(\dfrac{1}{m}\right)$

풀이
효율 $\eta_{\frac{1}{m}} = \dfrac{\frac{1}{m}P\cos\theta}{\frac{1}{m}P\cos\theta + P_i + \left(\frac{1}{m}\right)^2 P_c} \times 100$

에서 전체 손실은 $P_i + \left(\dfrac{1}{m}\right)^2 P_c$가 된다. [답] ③

21 철손 P_i, 동손 P_c, 히스테리시스손 P_h, 맴돌이 전류손 P_e일 때 변압기의 최대효율은?
① $P_i = P_c$ ② $P_i = P_h$
③ $P_h > P_e$ ④ $P_h = P_e$

풀이
최대효율은 철손과 동손이 같을 때($P_i = P_c$) 일어난다.
[답] ①

22 어떤 주상 변압기가 4/5 부하일 때 최대효율이 된다고 한다. 전부하에 있어서의 철손과 동손의 비 P_c/P_i는?
① 약 1.25 ② 약 1.56
③ 약 1.64 ④ 약 0.64

풀이
최대 효율이 나타나는 부하
$\frac{1}{m} = \sqrt{\frac{P_i}{P_c}}$ 에서 $\frac{P_i}{P_c} = \left(\frac{1}{m}\right)^2$ 이므로
$\therefore \frac{P_c}{P_i} = \left(\frac{5}{4}\right)^2 = \frac{25}{16} = 1.563$
[답] ②

23 변압기에서 임피던스의 전압을 걸 때 입력은?
① 정격용량
② 철손
③ 전부하시의 전손실
④ 임피던스 와트

풀이
- 임피던스 전압(V_s) : 2차측을 단락했을 때 1차측에 정격전류(I_{1n})가 흐르게 하기 위한 1차측 인가전압(변압기 내의 임피던스 전압강하)
- 임피던스 와트(P_s) : 2차측을 단락했을 때 1차측에 정격전류(I_{1n})가 흐르게 하기 위한 1차측 유효전력(부하손 = 동손, 정격시 동손)
[답] ④

24 15[kVA], 3000/100[V]인 변압기의 1차 환산 등가 임피던스가 $5+j8[\Omega]$일 때 %리액턴스 강하는 약 몇 [%]인가?
① 0.83 ② 1.33
③ 2.31 ④ 75

풀이
%리액턴스 강하(q) : 정격 전류가 흐를 때 리액턴스에 의한 전압강하의 비율을 퍼센트로 나타낸 것
① 1차 정격전류 $I_1 = \frac{P}{V_1} = \frac{15 \times 10^3}{3,000} = 5[A]$
② 백분율 리액턴스 강하

$q = \frac{I_1 X_{12}}{E_1} \times 100 = \frac{5 \times 8}{3,000} \times 100 = 1.33[\%]$
[답] ②

25 10[kVA], 2000/100[V] 변압기에서 1차로 환산한 등가 임피던스가 $6.2+j7[\Omega]$ 이다. 이 변압기의 %리액턴스 강하는?
① 0.18 ② 0.35
③ 1.75 ④ 3.5

풀이
$q = \%X = \frac{I_{1n} X_{21}}{V_{1n}} \times 100 = \frac{5 \times 7}{2000} \times 100 = 1.75$
$I_1 = \frac{P}{V} = \frac{10 \times 10^3}{2000} = 5[A]$
[답] ③

26 3권선 변압기에 대한 설명으로 옳은 것은?
① 한 개의 전기회로에 3개의 자기회로로 구성되어 있다.
② 3차 권선에 조상기를 접속하여 송전선의 전압조정과 역률개선에 사용된다.
③ 3차 권선에 단권변압기를 접속하여 송전선의 전압조정에 사용된다.
④ 고압배전선의 전압을 10[%] 정도 올리는 승압용이다.

풀이
3권선 변압기
- 1대의 변압기 철심에 3개의 권선이 감긴 변압기
- 1차권선은 전원 측(1차측), 2차권선은 부하 측, 3차권선은 역률개선용(선로조상기로 사용) 내지 부하용이다.
[답] ②

27 어떤 변압기에서 임피던스 강하가 5[%]인 변압기가 운전 중 단락되었을때 그 단락전류는 정격전류의 몇 배인가?
① 5 ② 20
③ 50 ④ 200

풀이
단락비 $K_s = \frac{I_s}{I_n} = \frac{100}{\%Z} \Rightarrow I_s = \frac{100}{5} I_n = 20 I_n$
I_s : 단락전류, I_n : 정격전류, $\%Z$: %임피던스강하
[답] ②

28 변압기의 전일효율을 최대로 하기 위한 조건은?
① 전부하시간이 길수록 철손을 작게 한다.
② 전부하시간이 짧을수록 무부하손을 작게 한다.
③ 전부하시간이 짧을수록 철손을 크게 한다.
④ 부하시간에 관계없이 전부하 동손과 철손을 같게 한다.

풀이
전일효율 $\eta_d = \dfrac{V_2 I_2 \cos\theta \times T}{V_2 I_2 \cos\theta \times T + 24P_i + T \times P_c} \times 100[\%]$
$24P_i$를 작게

[답] ②

29 정격 150[kVA], 철손 1[kW], 전부하 동손이 4[kW]인 단상 변압기의 최대효율[%]은?
① 약 96.8[%] ② 약 97.4[%]
③ 약 98.0[%] ④ 약 98.6[%]

풀이
최대 효율이 나타나는 부하 $\dfrac{1}{m} = \sqrt{\dfrac{P_i}{P_c}}$ 에서

부하율 $\sqrt{\dfrac{1}{4}} = \dfrac{1}{2}$

효율 $\eta_{\frac{1}{m}} = \dfrac{\frac{1}{m}P\cos\theta}{\frac{1}{m}P\cos\theta + P_i + \left(\frac{1}{m}\right)^2 P_c} \times 100$

$= \dfrac{\frac{1}{2} \times 150}{\frac{1}{2} \times 150 + 1 + \left(\frac{1}{2}\right)^2 \times 4} \times 100 = 97.4[\%]$

[답] ②

30 변압기에서 철손은 부하전류와 어떤 관계인가?
① 부하전류에 비례한다.
② 부하전류의 자승에 비례한다.
③ 부하전류와 반비례한다.
④ 부하전류와 관계 없다.

풀이
철손($P_i = P_h + P_e$)은 무부하손으로 부하전류와 관계 없다. 그러나 동손은 부하손으로 부하전류의 제곱에 비례한다. ($P_\ell = I^2 R$) 그러므로 역률 개선으로 부하전류를 감소시키면 동손은 부하전류의 제곱에 비례하여 감소하게 된다.

[답] ④

31 3300[V], 60[Hz]용 변압기의 와류손이 620[W]이다. 이 변압기를 2650[V], 50[Hz]의 주파수에 사용할 때 와류손은 약 몇 [W]인가?
① 500 ② 400
③ 312 ④ 210

풀이
와류손은 전압의 제곱에 비례하고 주파수와는 무관하다.
$P_e \propto E^2 \quad 620 : P_e = 3300^2 : 2650^2$
$P_e = \left(\dfrac{2650}{3300}\right)^2 \times 620 = 400[W]$

[답] ②

32 변압기의 여자전류와 철손을 구할 수 있는 시험은?
① 부하시험 ② 무부하시험
③ 유도시험 ④ 단락시험

풀이
변압기의 손실
(1) 무부하손 : $P_i = P_h + P_e$ [W]
  거의 철손으로 되어 있으며 변압기 철손에는 히스테리시스손과 와류손이 있다.
  무부하시험으로 측정
  ① 히스테리시스손(철손의 약 80[%])
    : $P_h = k_h f B_m^{1.6}$ [W/kg]
  ② 맴돌이전류손(와류손) : $P_e = k_e (tfB_m)^2$ [W/kg]
  여기서, B_m : 최대자속밀도, t : 강판두께,
       f : 주파수, k_h, k_e : 상수
(2) 부하손 : 거의 대부분이 동손(P_c)으로 되어 있다.
  단락시험으로 측정
  $P_c = (r_1 + a^2 r_2) \cdot I_1^2 [W] = I^2 R$

※ 절연내력 시험법의 종류
- 변압기유의 절연파괴 전압시험 : 변압기유의 절연내력을 시험
- 가압시험 : 온도시험 직후 변압기의 절연저항과 절연내력을 시험
- 유도 시험 : 변압기나 그 외의 기기는 층간절연을 시험
- 충격 전압 시험 : 변압기에 번개와 같은 충격전압이 가해 견딜 수 있는 정도를 확인하는 시험

※ 온도 시험법의 종류
① 실부하법 : 변압기의 전부하를 연속적으로 가해서, 권선이나 오일 등의 온도상승을 시험하는 방법
② 반환 부하법 : 전력을 낭비하지 않고 철손과 동손만을 공급해서 온도상승을 시험하는 방법
③ 등가 부하법(단락시험법) : 변압기의 권선 하나를 단락하고 부하 손실에 해당하는 동손을 공급, 온도상승을 시험하는 방법

[답] ②

33 변압기 권선의 층간 절연 시험은?

① 가압시험 ② 충격시험
③ 단락시험 ④ 유도시험

풀이
절연내력 시험법의 종류
- 변압기유의 절연파괴 전압시험 : 변압기유의 절연내력을 시험
- 가압시험 : 온도시험 직후 변압기의 절연저항과 절연내력을 시험
- 유도 시험 : 변압기나 그 외의 기기는 층간절연을 시험
- 충격 전압 시험 : 변압기에 번개와 같은 충격전압이 가해 견딜수 있는 정도를 확인하는 시험 [답] ④

34 다음 중 변압기의 온도상승 시험법으로 가장 널리 사용되는 것은?

① 단락 시험법 ② 유도 시험법
③ 절연전압 시험법 ④ 고조파 억제법

풀이
온도 시험법의 종류
① 실부하법 : 변압기의 전부하를 연속적으로 가해서, 권선이나 오일등의 온도상승을 시험하는 방법
② 반환 부하법 : 전력을 낭비하지 않고 철손과 동손만을 공급해서 온도상승을 시험하는 방법
③ 등가 부하법(단락시험법) : 변압기의 권선 하나를 단락하고 부하 손실에 해당하는 동손을 공급, 온도상승을 시험하는 방법 [답] ①

35 변압기를 운전하는 경우 특성의 악화, 온도상승에 수반되는 수명의 저하, 기기의 소손 등의 이유 때문에 지켜야 할 정격이 아닌 것은?

① 정격전류 ② 정격전압
③ 정격저항 ④ 정격용량

[답] ③

36 변압기 절연물의 열화 정도를 파악하는 방법으로서 적절하지 않은 것은?

① 유전정접
② 유중가스분석
③ 접지저항측정
④ 흡수전류나 잔류전류측정

풀이
- 유전정접(誘電正接/ Dielectric Loss Tangent) … 유전손 각 δ의 정접, 즉 tanδ를 뜻한다. 일반적으로 온도나 습도가 상승하면 이 값은 상승하고, 주파수가 높아지면 감소한다.
- 흡수전류(吸收電流/ Absorption Current) … 유전체(誘電體)를 전극 사이에 끼우고 직류 전압을 가할 경우 순시에 흐르는 충전 전류 이외에 시간과 함께 점차 감소하는 전류 [답] ③

37 변압기의 온도상승시험을 하는데 가장 좋은 방법은?

① 내전압법 ② 실부하법
③ 충격전압시험법 ④ 반환부하법

풀이
변압기의 온도시험
① 실부하시험 : 변압기에 전부하를 걸어서 온도가 올라가는 상태를 시험하는 것으로 전력이 많이 소비되므로, 소형기에서만 적용할 수 있다.
② 반환부하법 : 전력을 소비하지 않고, 온도가 올라가는 원인이 되는 철손과 구리손만 공급하여 시험하는 방법
③ 등가부하법 : 변압기의 권선 하나를 단락하고 전손실에 해당하는 부하 손실을 공급해서 온도상승을 측정한다. (단락시험법) [답] ④

3.6 변압기의 결선

1. 극성시험(직류전압계법, 교류전압계법, 표준전압계법)
변압기의 극성에는 감극성과 가극성의 두 가지가 있으며, 우리나라에서는 감극성을 표준으로 하고 있다.
(1) 감극성인 경우 : $V = V_1 - V_2 [\text{V}]$
(2) 가극성인 경우 : $V = V_1 + V_2 [\text{V}]$

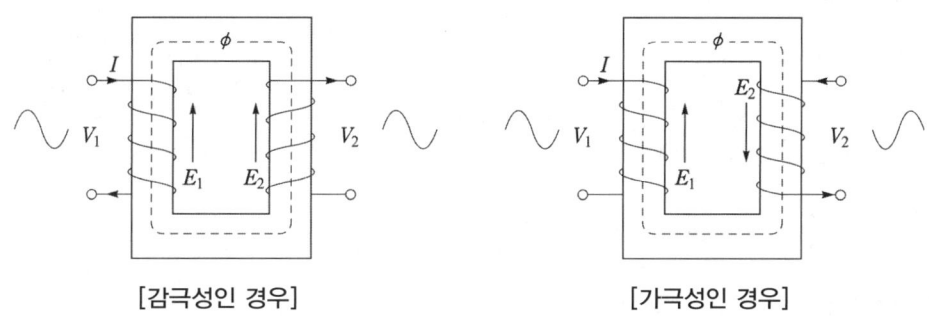

[감극성인 경우]   [가극성인 경우]

2. 단상변압기 3상 결선방식

(1) △-△ 결선
① 변압기 외부에 제3고조파가 발생하지 않아 통신장애가 없다.
② 변압기 3대 중 1대가 고장이 나도 나머지 2대로 V결선이 가능하다.
③ 중성점을 접지할 수 없어 지락사고 시 보호가 곤란하다.
④ 선로전압과 권선전압이 같으므로 60[kV] 이하의 배전용 변압기에 사용된다.

(2) Y-Y결선
① 중성점을 접지할 수 있어서 보호계전방식의 채용이 가능하다.
② 권선전압이 선간전압의 $\frac{1}{\sqrt{3}}$ 이므로 절연이 용이하다.
③ 선로에 제3고조파를 포함한 전류가 흘러 통신장애를 일으킨다.
④ 이 결선법은 3권선 변압기에서 Y-Y-△의 송전 전용으로 주로 사용한다.

(3) △-Y 결선
① 2차측 선간전압이 변압기 권선의 전압에 $\sqrt{3}$ 배가 된다.
② 발전소용 변압기와 같이 승압용 변압기에 주로 사용한다.

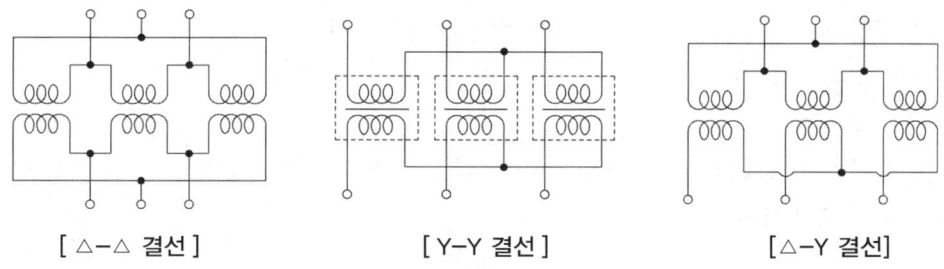

[△-△ 결선]   [Y-Y 결선]   [△-Y 결선]

(4) Y-△ 결선
① 변압기 1차 권선에 선간전압의 $\frac{1}{\sqrt{3}}$배의 전압이 유도되고, 2차 권선에는 1차 전압에 $\frac{1}{a}$배의 전압이 유도된다.
② 수전단 변전소의 변압기와 같이 강압용 변압기에 주로 사용한다.

(5) V-V결선
① △-△ 결선으로 3상 변압을 하는 경우, 1대의 변압기가 고장이 나면 제거하고 남은 2대의 변압기를 이용하여 3상 변압을 계속하는 방식
② V결선의 3상 출력

$$P_v = \sqrt{3}\,P$$

여기서, P : 단상 변압기 1대의 출력[kVA]

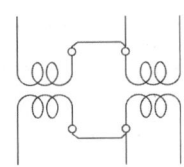

③ △결선과 V결선의 출력비

$$\frac{P_v}{P_\triangle} = \frac{\sqrt{3}\,P}{3P} = 0.577 = 57.7[\%]$$

④ V결선한 변압기의 이용률

$$이용률 = \frac{\sqrt{3}\,P}{2P} = 0.866 = 86.6[\%]$$

3. 3상 변압기
(1) 단상 변압기 3대를 철심으로 조합시켜서 하나의 철심에 1차 권선과 2차 권선을 감은 변압기

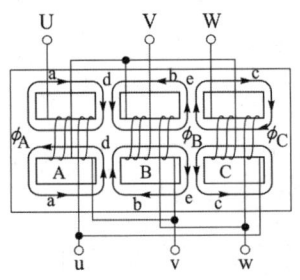

[외철형 3상 변압기]

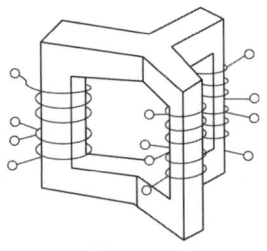

[내철형 3상 변압기]

(2) 3상 변압기의 장점
① 철심재료가 적게 들고, 변압기 유량도 적게 들어 경제적이고 효율이 높다.
② 발전기와 변압기를 조합하는 단위방식에서 결선이 쉽다.
③ 전압 조정을 위한 탭 변환장치를 채용에 유리하다.

(3) 3상 변압기의 단점
① V 결선으로 운전할 수 없다.
② 예비기가 필요할 때 단상변압기는 1대만 있으면 되지만, 3상변압기도 1세트가 있어야 하므로 비경제적이다.

4. 상수의 변환

(1) 3상 – 2상간 상수 변환
  ① 스코트(Scott) 결선(T결선)   ② 메이어(Meyer) 결선
  ③ 우드브리지(Wood bridge) 결선

(2) 3상 – 6상간 상수 변환
  ① 환상결선   ② 2차 2중 삼각결선(회전변류기)
  ③ 2차 2중 성형결선   ④ 대각 결선
  ⑤ 포크(Fork) 결선(수은정류기 부하)

3.7 변압기 병렬운전

1. 병렬운전조건

(1) 각 변압기의 극성이 같을 것
  → 불일치 시 2차 권선에 큰 순환 전류가 흘러서 변압기 권선 소손
$$I_c = \frac{E_{a2} - E_{b2}}{Z_a + Z_b} = \frac{|Z_a I_a - Z_b I_b|}{Z_a + Z_b} = \frac{I_a(Z_b - Z_a)}{Z_a + Z_b}$$

(2) 각 변압기의 권수비가 같고, 1차 및 2차의 정격전압이 같을 것
  → 불일치 시 2차 권선에 큰 순환전류가 흘러서 권선이 과열

(3) 각 변압기의 %임피던스 강하가 같을 것, 각 변압기의 임피던스가 정격용량에 반비례할 것
  → 불일치 시 부하부담이 부적당

(4) 3상일 경우 상회전 방향 및 위상 변위가 같을 것

※ 합성(환산)용량 구하는 식(%Z = 임피던스전압(%) 작은 것 기준)
  ① $\dfrac{P_a}{P_b} = \dfrac{P_A}{P_B} \times \dfrac{\%Z_b}{\%Z_a} = m \times \dfrac{\%Z_b}{\%Z_a}$ $\left(\dfrac{P_A}{P_B} = m\right)$
  ② $P_a = \dfrac{\%Z_b}{\%Z_a + \%Z_b} \times P[\text{kVA}]$, $P_b = \dfrac{\%Z_a}{\%Z_a + \%Z_b} \times P[\text{kVA}]$

2. 3상 변압기군의 병렬운전

(1) 3상 변압기군을 병렬로 결선하여 송전하는 경우에는 각 군의 3상 결선 방식에 따라서 같은 1차 전압이라도 2차 전압의 위상이 달라지는 경우가 있기에 병렬운전이 가능한 것과 불가능한 것이 있게 된다.

(2) 3상 변압기군의 병렬운전의 결선조합

병렬운전 가능		병렬운전 불가능
△-△ 와 △-△	△-Y 와 △-Y	△-△ 와 △-Y
Y-Y 와 Y-Y	△-△ 와 Y-Y	Y-Y 와 △-Y
Y-△ 와 Y-△	△-Y 와 Y-△	

3.8 특수 변압기

1. 3권선 변압기
(1) 1대의 변압기의 철심에 3개의 권선이 감겨진 변압기
(2) 용도

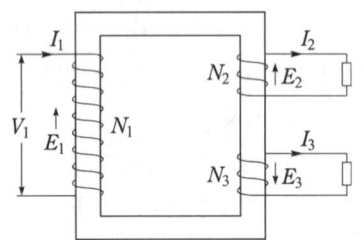

① 3차 권선에 콘덴서를 접속하여 1차측 역률을 개선하는 선로조상기로 사용
② 3차 권선으로부터 발전소나 변전소의 구내전력을 공급
③ 두 개의 권선을 1차로 하여 서로 다른 계통의 전력을 받아 나머지 권선을 2차로 하여 전력을 공급

2. 단권 변압기
(1) 권선 하나의 도중에 탭(Tab)를 만들어 사용한 것으로, 경제적이고 특성도 좋다.
(2) 보통변압기와 단권변압기의 비교
① 권선이 가늘어도 되며, 자로가 단축되어 재료를 절약
② 동손이 감소되어 효율이 좋다.
③ 공통선로를 사용하므로 누설자속이 없어 전압변동률이 작다.
④ 고압 측 전압이 높아지면 저압 측에서도 고전압을 받게 되므로 위험
(3) 자기용량과 부하용량의 비
① 단권변압기 용량 (자기용량) $= (V_2 - V_1)I_2$
② 부하용량 (2차 출력) $= V_2 I_2$

$$\therefore \frac{\text{자기용량}}{\text{부하용량}} = \frac{(V_2 - V_1)I_2}{V_2 I_2} = \frac{V_2 - V_1}{V_2}$$

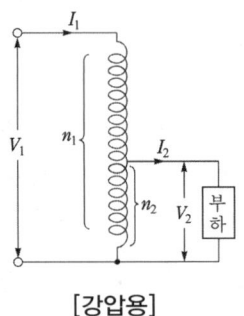
[강압용]

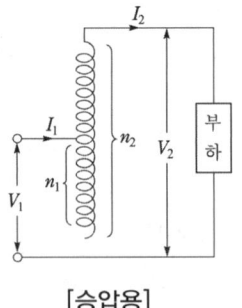
[승압용]

3. 계기용 변성기
교류고전압회로의 전압과 전류를 측정하려고 하는 경우에 전압계나 전류계를 직접 회로에 접속하지 않고 계기용 변성기를 통해서 연결한다. 이렇게 하면 계기회로를 선로전압으로부터 절연하므로 위험이 적고 비용이 절약된다.

(1) 계기용 변압기(PT)
① 전압을 측정하기 위한 변압기로 2차 측 정격전압은 110[V]가 표준이다.

② 변성기 용량은 2차 회로의 부하를 말하며 2차 부담이라고 하며 2차측 반드시 접지한다.

(2) 계기용 변류기(CT)

① 전류를 측정하기 위한 변압기로 2차 전류는 5[A]가 표준이다.

② 계기용 변류기는 2차 전류를 낮게 하게 위하여 권수비가 매우 작으므로 2차 측을 개방되면, 2차 측에 매우 높은 기전력이 유기되어 위험하므로 2차 측을 절대로 개방해서는 안된다.

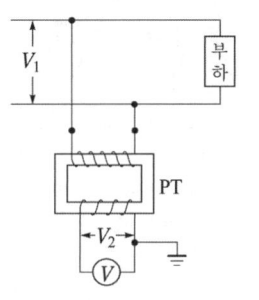

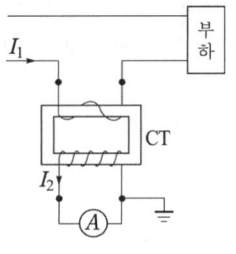

[계기용 변압기(PT)]　　　　　　[계기용 변류기(CT)]

4. 누설변압기

네온관 점등용 변압기나 아크 용접용 변압기에 이용되는 변압기로 누설자속을 크게 한 변압기로 정전류 변압기라고도 한다.

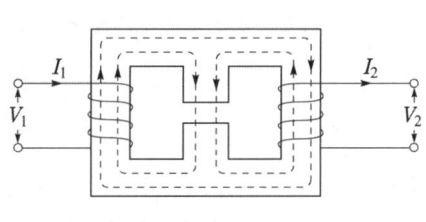
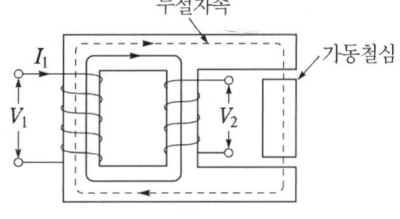

[누설 변압기]　　　　　　　　[용접용 변압기]

5. 몰드변압기

코일을 직접 에폭시 수지로 몰드하는 고체 절연 방식의 변압기로 절연 방식에 따라 금형 방식과 무금형 방식이 있다.

(1) 금형 방식

① 주형법　　② 함침법　　③ 함침 주형법

④ FRP 주형법(FRP: fiber reinforced plastic (합성수지에 섬유기재 혼입 강도향상))

(2) 무금형 방식

① 프리프레그 절연법(Prepreg : 수지침투 가공재)

② 디핑법(Dipping : 유제속에 담그어~)

③ 필라멘트 와인딩법(Filament Winding Method)

④ 부유 경화법

2 기출 & 예상문제
제 3 장 변압기(4)

01 권수비 30인 변압기의 저압측 전압이 8V인 경우 극성 시험에서 합성 전압의 읽음의 차이는 감극성의 경우 가극성의 경우보다 몇 [V] 적은가?
① 4   ② 8
③ 16 ④ 20

풀이
가극성의 경우 $V_+ = V_1 + V_2$
가극성의 경우 $V_- = V_1 - V_2$ 이며
감극성의 경우가 더 작으므로
$\therefore V_0 = V_+ - V_- = V_1 + V_2 - (V_1 - V_2)$
$\quad = V_1 + V_2 - V_1 + V_2 = 2V_2 = 2 \times 8 = 16[V]$
가 된다. [답] ③

02 변압기 결선 방식에서 △-△ 결선 방식에 대한 설명으로 틀린 것은?
① 단상 변압기 3대 중 1대의 고장이 생겼을 때 2대로 V결선하여 사용할 수 있다.
② 외부에 고조파 전압이 나오지 않으므로 통신 장해의 염려가 없다.
③ 중성점 접지를 할 수 없다.
④ 100[kW] 이상 되는 계통에서 사용되고 있다.

풀이
△-△ 결선의 특징
① 변압기 외부에 제 3고조파가 발생하지 않아 통신 장해가 없다.
② 변압기 3대 중 1대가 고장이 나도 나머지 2대를 V결선 송전을 계속할 수 있다.
③ 중성점을 접지할 수 없어 지락 사고시 보호가 곤란하다.
④ 선간 전압과 권선 전압이 서로 같기 때문에 고압시 절연에 문제점이 있다.
⑤ 60[kV] 이하의 배전용 변압기에만 주로 사용된다. [답] ④

03 제3고조파 전류가 나타나고 송배전계통에서 거의 사용하지 않는 결선법은?
① Y-△ 결선   ② Y-Y 결선
③ △-Y 결선   ④ △-△ 결선

풀이
Y-Y결선의 특징
① 중성점을 접지할 수 있다.
② 권선 전압은 선간 전압의 $1/\sqrt{3}$ 배이므로 절연이 용이하다.
③ 중성점 접지시 선로에는 제 3고조파를 포함한 전류가 흘러 통신 장애를 일으킨다.
④ 거의 사용하지 않으나, 2차 권선을 설치하여 Y-Y-△의 3권선 변압기로 한 것은 송전용으로 많이 사용된다. [답] ②

04 승압용 변압기에 주로 사용되는 결선법은?
① Y-△   ② △-Y
③ Y-Y   ④ △-△

풀이
△-Y 결선법은 2차 측의 선간 전압이 권선 전압 $\sqrt{3}$ 배가 되므로 발전소용 변압기와 같이 승압용 변압기에 주로 사용된다.
• △-Y : 승압용   • Y-△ : 강압용 [답] ②

05 3상 전원에서 한 상에 고장이 발생하였다. 이때 3상 부하에 3상 전력을 공급할 수 있는 결선방법은?
① Y결선   ② △결선
③ 단상결선   ④ V결선

풀이
V-V 결선은 △-△ 결선으로 3상 변압을 하는 경우, 1대의 변압기가 고장이 나면 제거하고 남은 2대의 변압기를 이용하여 3상 변압을 계속하는 3상 결선 방식으로 많이 사용된다. [답] ④

06 변압기를 △-Y로 연결할 때 1, 2차간의 위상차는?
① 30°   ② 45°
③ 60°   ④ 90°

풀이
변압기 △-Y, Y-△ 결선은 위상차 30° 발생 [답] ①

07 다음 그림은 단상변압기 결선도이다. 1, 2차는 각각 어떤 결선인가?

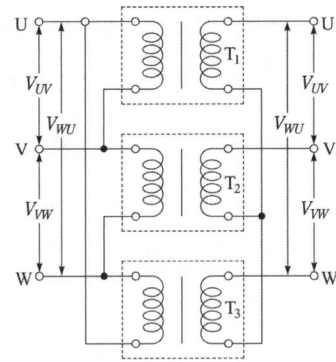

① Y-Y 결선　　② △-Y 결선
③ △-△ 결선　　④ Y-△ 결선

[답] ②

08 변압기에서 V결선의 이용률은?
① 0.577　　② 0.707
③ 0.866　　④ 0.977

풀이
V결선시 이용률 $= \dfrac{\sqrt{3}P}{2P} = 0.866 = 86.6$

[답] ③

09 100[kVA]의 단상 변압기 3대를 △-△ 결선하여 300[kVA] 3상 평형 부하에 전력을 공급하던 중 1대가 고장이 나서 이것을 떼어 버리고 2대로 송전을 계속하려면 몇 [kVA]까지 송전할 수 있겠는가?
① 173.2　　② 86.6
③ 57.5　　　④ 200

풀이
V결선시 출력 $P_V = \sqrt{3}P = 100 \times \sqrt{3} = 173.2\,[\text{kVA}]$

[답] ①

10 용량 P[kVA]인 동일 정격의 단상 변압기 4대로 낼 수 있는 3상 최대 출력 용량은?
① $3P$　　② $\sqrt{3}P$
③ $4P$　　④ $2\sqrt{3}P$

풀이
단상 변압기 4대로 3상 전력을 보내기 위해 Y결선이나 델타 결선 시 전력 $P=3P$가 되어 3대를 사용하지만, V결선 시에는 2군으로 사용할 때 $P=2$군 $\times \sqrt{3}P = 2\sqrt{3}P$이 되어 최대가 된다.

[답] ④

11 3상에서 2상으로 상수 변환하는 데 사용되는 결선법은?
① 환상결선
② 2중 Y결선
③ 스코트 결선(T결선)
④ 2중 △결선

풀이
3상-2상간의 상수 변환
• 스콧(Scott) 결선 : T 결선
• 메이어(Meyer) 결선
• 우드브리지(Wood Bridge) 결선

[답] ③

12 3상에서 2상으로 변환할 수 없는 변압기 결선방식은?
① 포크 결선
② 스코트 결선
③ 메이어 결선
④ 우드브리지 결선

풀이
3상-6상간의 상수 변환
• 2차 2중 Y 결선(Double star connection)
• 2차 2중 △ 결선(Double delta connection)
• 대각 결선(Diagonal connection)
• 포크 결선(Fork connection)

[답] ①

13 단상변압기 2대를 병렬운전하기 위한 조건으로 잘못된 것은?
① 2차유도 기전력의 크기가 같아야 한다.
② 각 변압기의 저항과 리액턴스비가 같아야 한다.
③ 2차권선의 폐회로에 순환전류가 흐르지 않아야 한다.
④ 각 변압기에 흐르는 부하전류가 임피던스에 비례해야 한다.

풀이

변압기 병렬 운전 조건
- 각 변압기의 극성이 같을 것
- 각 변압기의 권수비(변압비)가 같고 1차 및 2차의 정격 전압이 같을 것
- 각 변압기의 백분율 임피던스 강하가 같을 것, 즉 각 변압기의 임피던스가 정격용량에 반비례할 것
- 각 변압기의 r/x 비가 같을 것 　　　　　　[답] ④

14 변압기를 병렬운전하고자 할 때 갖추어져야 할 조건이 아닌 것은?
① 극성이 같을 것
② 변압비가 같을 것
③ %임피던스 강하가 같을 것
④ 효율이 같을 것
　　　　　　　　　　　　　　　　　[답] ④

15 3상 변압기의 병렬운전시 병렬운전이 불가능한 결선 조합은?
① △-△와 Y-Y　　② △-△와 △-Y
③ △-Y와 △-Y　　④ △-△와 △-△

풀이

변압기의 병렬 운전 불가능 조합 : 홀수 조합은 불가능
- △-△와 △-Y
- △-Y와 △-△
- Y-Y와 Y-△ 등　　　　　　　　　[답] ②

16 변압기 병렬운전 조건으로 옳지 않은 것은?
① 극성이 같아야 한다.
② 권수비, 1차 및 2차의 정격전압이 같아야 한다.
③ 각 변압기의 저항과 누설리액턴스의 비가 같아야 한다.
④ 각 변압기의 임피던스가 정격용량에 비례하여야 한다.

풀이

단상 변압기의 병렬운전 조건
① 극성이 일치할 것 → 불일치 : 순환전류 → 2차 권선의 손실, 파손 (극성 : 유도기전력의 방향 : 위상관계)
② 권수비 및 1, 2차 정격전압이 같을 것 : 불일치 → 순환 전류 → 2차 권선의 손실, 파손

$$I_c = \frac{E_{a2} - E_{b2}}{Z_a + Z_b} = \frac{|Z_a I_a - Z_b I_b|}{Z_a + Z_b} = \frac{I_a(Z_b - Z_a)}{Z_a + Z_b}$$

** I_c : cycling current

③ 각 변압기의 %임피던스 강하가 같으며 저항과 리액턴스비가 같을 것.
　∴ 부하분담은 내부 임피던스(%Z)에 반비례하여 분담된다.

※ 합성(환산)용량 구하는 식(%Z=임피던스전압(%) 작은 것 기준)

㉠ $\dfrac{P_a}{P_b} = \dfrac{P_A}{P_B} \times \dfrac{\%Z_b}{\%Z_a} = m \times \dfrac{\%Z_b}{\%Z_a}$ 　$\left(\dfrac{P_A}{P_B} = m\right)$

㉡ $P_a = \dfrac{\%Z_b}{\%Z_a + \%Z_b} \times P[\text{kVA}]$

　$P_b = \dfrac{\%Z_a}{\%Z_a + \%Z_b} \times P[\text{kVA}]$

④ 상회전 방향 및 각 변위 일치 (3상)
　각변위(위상변위):1차 유기전압을 기준으로 이에 대한 2차유기전압의 뒤진 각
　※ 병렬운전 불가능 조합 △-△와 △-Y 조합 - Y-Y와 Y-△ 조합　　　　　　[답] ④

17 3권선 변압기의 3차 권선의 용도가 아닌 것은?
① 소내용 전원 공급
② 조상 설비 접속
③ 제3고조파 제거 역할
④ 승압용에 이용

풀이

3권선 변압기의 용도
① 3차에 콘덴서를 접속하여 1차측 역률을 개선하는 선로 조상기(Phase modifier)
② 3차 권선으로부터 발전소나 변전소의 구내전력 공급용
③ 2권선을 1차로 하여 서로 다른 계통의 전력을 받아 나머지 1권선을 2차로 하여 전력을 공급　　[답] ④

18 1차 전압 200[V], 2차 전압 220[V], 50[kVA]인 단상 단권변압기의 부하용량[kVA]는?
① 25[kVA]　　　② 50[kVA]
③ 250[kVA]　　④ 550[kVA]

풀이

$\dfrac{\text{자기용량}(P_s)}{\text{부하용량}(P_n)} = \dfrac{V_2 - V_1}{V_2}$

$\dfrac{50}{P_n} = \dfrac{220 - 200}{220}$

∴ $P_n = 50 \times 11 = 550$　　　　　　　　[답] ④

19 단권 변압기에 대한 설명으로 옳지 않은 것은?
① 1차 권선과 2차 권선의 일부가 공통으로 되어 있다.
② 3상에는 사용할 수 없는 단점이 있다.
③ 동일 출력에 대하여 사용 재료 및 손실이 적고 효율이 높다.
④ 단권 변압기는 권선비가 1에 가까울수록 보통 변압기에 비하여 유리하다.

풀이
권선 하나의 도중에 탭(Tab)를 만들어 사용한 것으로, 경제적이고 특성도 좋다. (단상, 3상 모두 사용가능)
보통변압기와 단권변압기의 비교
① 권선이 가늘어도 되며, 자로가 단축되어 재료를 절약
② 동손이 감소되어 효율이 좋다.
③ 공통선로를 사용하므로 누설자속이 없어 전압변동률이 작다.
④ 고압 측 전압이 높아지면 저압 측에서도 고전압을 받게 되므로 위험 [답] ②

20 용량 10[kVA]의 단권변압기에서 전압 3000[V]를 3300[V]로 승압시켜 부하에 공급할 때 부하용량 [kVA]는?
① 1.1[kVA]   ② 11[kVA]
③ 110[kVA]   ④ 990[kVA]

풀이
$$\frac{P_s}{P_n} = \frac{V_h - V_l}{V_h}$$
$$\frac{10}{P_n} = \frac{3300-3000}{3300}, \quad P_n = \frac{3300}{300} \times 10 = 110[kVA]$$
[답] ③

21 용량 10[kVA], 임피던스 전압 5[%]인 변압기 A와 용량 30[kVA], 임피던스 전압 3[%]인 변압기 B를 병렬 운전시켜 36[kVA] 부하를 연결할 때 변압기 A의 부하 분담은 몇 [kVA]인가?
① 4.5[kVA]   ② 6[kVA]
③ 13.5[kVA] ④ 18[kVA]

풀이
%Z 작은 것을 기준으로 한 식 : $\frac{P_a}{P_b} = \frac{P_A}{P_B} \times \frac{\%Z_b}{\%Z_a}$
%Z 작은 것을 기준 $P_b = 30[kVA]$이며

$$P_a = \frac{10}{30} \times \frac{3}{5} \times 30 = 6[kVA]$$
$$\therefore P = P_a + P_b = 6 + 30 = 36[kVA]$$
[답] ②

22 동기전동기나 유도 전동기의 기동시 기동보상기로 많이 사용하는 변압기로서 1차, 2차 전압을 같은 권선으로부터 얻는 변압기의 명칭은 무엇인가?
① 단권 변압기   ② 계기용 변압기
③ 누설 변압기   ④ 계기용 변류기

풀이
단권 변압기의 용도
• 동기 전동기 및 유도 전동기의 기동 보상기용
• 고압 배전선의 전압을 10[%] 정도 올리는 승압기
• 형광등용 승압기 등 [답] ①

23 다음은 단권 변압기의 용도에 대한 설명이다. 이 중 잘못된 것은?
① 권수비가 10에 가까운 강압용에 사용
② 승압 변압기로 사용
③ 전압 조정기로 사용
④ 기동 보상기로 사용
[답] ①

24 3,000/3,300[V]인 단권변압기의 자기용량은 약 몇 [kVA]인가?(단 부하는 1,000[kVA]이다.)
① 90   ② 70
③ 50   ④ 30

풀이
단권 변압기 자기 용량= 부하용량 $\times \frac{V_2 - V_1}{V_2}$
$$= 1000 \times \frac{3300-3000}{3300} = 91[kVA]$$
[답] ①

25 계기용 변압기의 2차측 단자에 접속하여야 할 것은?
① O.C.R   ② 전압계
③ 전류계   ④ 전열부하

풀이
- 계기용 변압기(PT) : 2차측에 연결된 전압계의 눈금으로 1차측 전압을 알 수 있게 전압의 크기를 변경
- 계기용 변류기(CT) : 2차측에 연결된 전류계의 눈금으로 1차측 전류를 알 수 있게 전류의 크기를 변경

[답] ②

26 1차 권선에 전압이 주어졌을 때 2차 권선을 개방하면 안되는 것은?
① 계기용 변류기(CT)
② 계기용 변압기(PT)
③ 주상 변압기
④ 단권 변압기

풀이
- 계기용 변류기 2차측 개방해서는 안되는 이유
변류기는 2차 회로의 임피던스가 작고 2차 전압이 낮으므로 여자 전류가 매우 작게 되어 1차 전류의 대부분은 부하 전류가 된다. 그러므로 2차가 개방되면 2차 전류는 0이 되고 1차 부하 전류도 0이 된다. 그러나 1차측은 선로에 연결되어 있어서 2차측의 전류에 관계없이 선로 전류가 흐르고 있고, 이 전류는 전부 여자 전류로 되어 철심중의 자속 밀도는 대단히 높아진다. 따라서 철손이 증가하며 많은 온도 상승을 일으킨다. 이때 자속의 증가는 기전력을 증가시켜 2차 회로의 절연을 파괴할 염려가 있으므로 사용중에 2차측을 절대로 개방하여서는 안된다.

[답] ①

27 계기용 변류기(CT)의 정격 2차 전류는 몇 [A]인가?
① 5
② 15
③ 25
④ 50

풀이
- 계기용 변류기(CT)
변류기의 2차 전류는 5[A]가 표준이고, 보통 전류비는 1000 : 5에서 20 : 1 정도이며, 용량은 12.5[VA]에서 200[VA] 정도의 소용량이다.

[답] ①

28 변류기의 오차를 경감시키는 방법은?
① 암페어 턴을 감소시킨다.
② 철심의 단면적을 크게 한다.
③ 도자율이 작은 철심을 사용한다.
④ 평균자로의 길이를 길게 한다.

풀이
변류기의 특성을 좋게 하려면 암페어턴을 증가시키든가 철심의 단면적을 크게 하고, 투자율이 크고, 철손이 적은 것을 사용하고 누설 자속을 감소시켜 권선의 임피던스값을 줄여야 한다.

[답] ②

29 주상 변압기 고압측에 여러 개의 탭(tap)을 설치하는 이유는?
① 역률 개선용
② 주파수 조정용
③ 위상 조정용
④ 전압 조정용

풀이
부하 변동에 따른 선로의 전압 강하를 보상하기 위해서, 또는 1차 전압 변화에 대해 2차 전압을 항상 일정하게 유지하기 위하여 전원을 차단하지 않고 부하를 연결한 상태에서 1차측 탭을 바꾸어 전압을 조정하는 변압기를 부하시 전압 조정 변압기라 한다.

[답] ④

30 다음 중 누설 변압기의 특징이 아닌 것은 어느 것인가?
① 전압 변동률이 작고 역률이 높다.
② 아크등, 방전등, 아크 용접기의 전원용 변압기로 쓰인다.
③ 부하에 일정한 전류를 공급하는 정전류 전원용으로 쓰인다.
④ 기동 시에는 고전압, 운전 중에는 낮은 전압이 요구되는 곳에 쓰인다.

풀이
- 누설 변압기 : 네온관 점등용 변압기나 아크 용접용 변압기는 이정 전류를 유지시키기 위해 부하 전류 증가에 따른 전압 강하를 크게 하려고 리액턴스를 되도록 증가시킨다. 이런 일정전류 특성을 가지도록 설계한 변압기

[답] ①

31 전력용 일반 변압기에 비교할 때 아크 용접용 변압기의 차이점에 해당되는 것은?
① 역률이 좋다.
② 효율이 좋다.
③ 철심을 사용한다.
④ 누설리액턴스가 크다.

[답] ④

32 다음 중 자기누설 변압기의 가장 큰 특징은 어느 것인가?
① 전압변동률이 크다.
② 단락전류가 크다.
③ 역률이 좋다.
④ 무부하손이 적다.
[답] ①

33 2개의 단상 변압기(200/6000V)를 그림과 같이 연결하여 최대 사용전압 6600[V]의 고압 전동기의 권선과 대지사이의 절연내력시험을 하는 경우 입력전압(V)와 시험전압(E)은 각각 얼마로 하면 되는가?

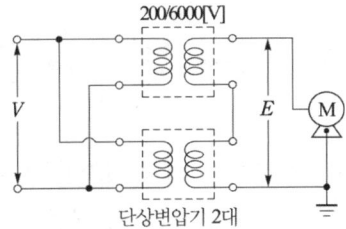

① $V = 137.5[V]$, $E = 8250[V]$
② $V = 165[V]$, $E = 9900[V]$
③ $V = 200[V]$, $E = 12000[V]$
④ $V = 220[V]$, $E = 13200[V]$

풀이
- 7[kV] 이하 시험전압 1.5배
- 시험전압 $E = 6600 \times 1.5 = 9900[V]$
  입력 전압 $V = V_1 = aV_2$
  $= \frac{200}{6000}$(권수비)$\times 9900$(시험전압)$\times \frac{1}{2}$ (변압기 2대중 1대)
  $= 165[V]$
[답] ②

34 다음 중 권선저항 측정 방법은?
① 메거
② 전압 전류계법
③ 켈빈 더블 브리지법
④ 휘이스톤 브리지법

풀이
- 메거 : 절연저항 측정
- 전압 전류계법 : 간접 전력 측정
- 켈빈 더블 브리지법 : 권선의 저저항 측정
[답] ③

35 수전단 발전소용 변압기 결선에 주로 사용하고 있으며 한 쪽은 중성점을 접지할 수 있고 다른 한 쪽은 제3 고조파에 의한 영향을 없애주는 장점을 가지고 있는 3상 결선방식은?
① Y-Y   ② △-△
③ Y-△   ④ V

풀이
중성점을 접지할 수 있는 것은 Y결선이고, 제3고조파를 제거하는 것은 △결선이다.
[답] ③

36 송배전계통에 거의 사용되지 않는 변압기 3상 결선방식은?
① Y-△   ② Y-Y
③ △-Y   ④ △-△

풀이
Y-Y결선을 하지 않는 이유
- 중성점 접지로 제3고조파가 포함, 파형 일그러짐
- 제3고조파에 의한 인근 통신선에 유도장애 발생
- 1상 고장시 V결선이 될 수 없음
[답] ②

37 계전기가 설치된 위치에서 고장점까지의 임피던스에 비례하여 동작하는 보호계전기는?
① 방향단락 계전기
② 거리 계전기
③ 단락회로 선택 계전기
④ 과전압 계전기

풀이
각종 보호 계전기
- 방향단락계전기(DS) : 일정방향으로 일정치 이상의 전류가 흐를 경우 동작하는 것으로 전류의 방향을 검사할 때 전압을 기준으로 한다.
- 선택단락계전기(SS) : 병행 2회선의 단락고장 회선의 선택에 사용되는 것으로 전류의 흐름방향에 따라 동작하는 것과 2개의 전류차에 의해 작동하는 것이 있다.
[답] ②

제4장

유도전동기

유도전동기(induction motor)는 각종 전동기 중에서 가장 많이 쓰이고 있는 전동기이며, 3상 유도전동기는 공작기계, 양수펌프 등과 같이 큰 기계장치를 움직이는 동력으로 사용되고 있다. 단상 유도전동기는 선풍기, 냉장고, 펌프 등과 같이 작은 동력을 필요로 하는 곳에 주로 사용된다. 이와 같이 유도 전동기가 산업 및 가정용으로 널리 이용되고 있는 것은 교류전원을 생활 주변에서 쉽게 얻을 수 있고, 구조가 튼튼하고, 가격이 싸며, 취급과 운전이 쉬우므로 다른 전동기에 비해 편리하게 사용할 수 있기 때문이다.

4.1 유도전동기의 원리

1. 유도전동기의 기본원리
(1) 알루미늄 원판의 중심축으로 회전할 수 있도록 만든 원판에 주변을 따라 자석을 회전시키면 원판은 전자유도작용에 의하여 같은 방향으로 회전하는 원리 → 아라고의 원판실험
(2) 플레밍의 오른손법칙에 따라 원판의 기전력의 방향을 구하면 원판의 중심으로 향하는 맴돌이 전류가 흐른다. 다음에 이 맴돌이 전류의 방향과 자속과의 방향에서 플레밍의 왼손법칙을 적용하여 원판의 회전방향을 구하면 자속의 회전방향과 같은 것을 알 수 있다. 이와 같이 원판은 자석의 회전방향과 같은 방향으로 약간 늦게 추종하여 회전하게 된다.

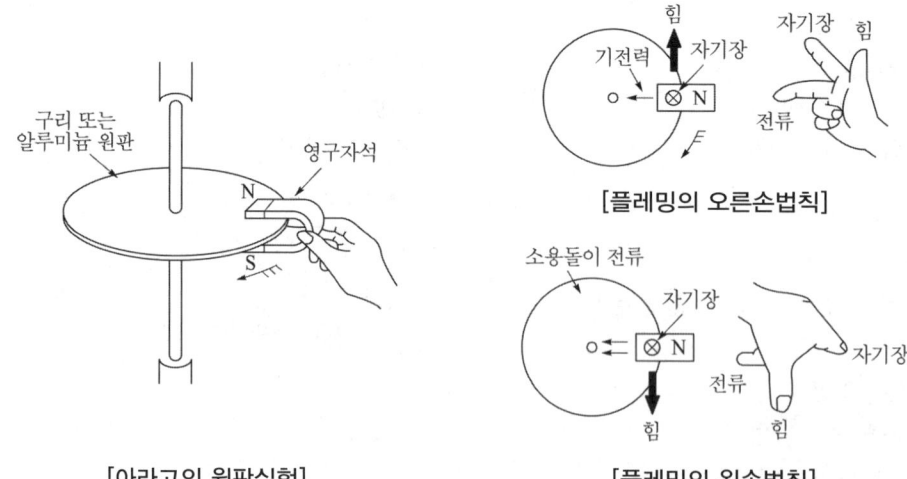

[아라고의 원판실험]   [플레밍의 오른손법칙]

[플레밍의 왼손법칙]

2. 회전 자계
3상 유도전동기에서는 고정자의 자극을 회전시키기 위해 고정자 권선에 3상 교류 전압을 가하여 전기적으로 회전하는 자계를 만들 수 있다.

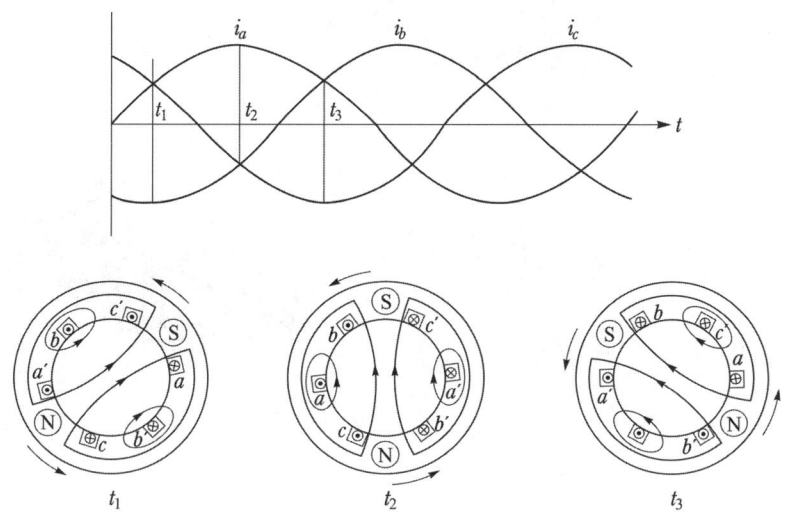

[회전 자기장의 발생]

3. 동기속도(synchronous speed)

회전 자기장이 회전하는 속도는 극수 P와 전원의 주파수 f에 의해 정해지고 이를 동기속도 N_s라 한다.

$$N_s = \frac{120f}{P} [\text{rpm}]$$

4.2 유도전동기의 구조

1. 고정자

자속이 통과하는 자기회로로 유도 전동기의 회전하지 않는 부분을 말한다. 규소 강판을 성층하여 3상 코일을 감은 것이며 회전자가 고정자 내부에 위치하게 된다.

(1) 고정자 프레임 : 전동기 전체를 지탱하는 것으로, 내부에 고정자 철심을 부착한다.
(2) 고정자 철심 : 두께 0.35~0.5[mm]의 규소강판을 성층하여 만든다.
(3) 고정자 권선 : 대부분이 2층 권선으로 되어 있고, 1극 1상 슬롯 수는 거의 2~3개이다.

2. 회전자

유도 전동기의 회전하는 부분을 말하며, 규소 강판을 성층하여 둘레에 홈을 파고 코일을 넣어서 만든다. 홈 안에 끼워진 코일의 종류에 따라 농형 회전자와 권선형 회전자로 구분된다.

(1) 농형 회전자
① 회전자 둘레의 홈에 원형이나, 다른 모양의 구리 막대를 넣어서 양 끝을 구리로 단락고리 (End ring)에 붙여 전기적으로 접속하여 만든 것이다.
② 회전자 구조가 간단하고 튼튼하여 운전 성능은 좋으나, 기동 시에 큰 기동 전류가 흐를 수 있다.

③ 회전자 둘레의 홈을 축방향에 평행하지 않고 비뚤어져 있는데, 이것은 소음발생 억제, 기동 특성과 파형 개선 등의 효과가 있다.

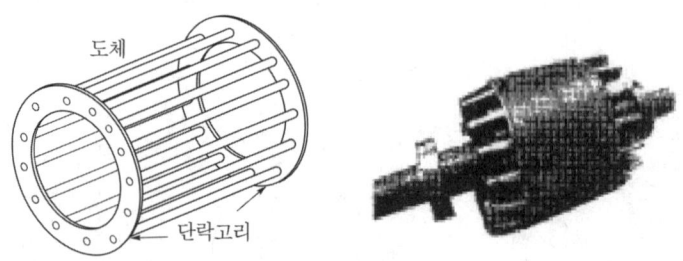

[농형 회전자 구조]

(2) 권선형 회전자
① 회전자 둘레의 홈에 3상 권선을 넣어서 결선한 것이다.
② 회전자 내부 권선의 결선은 슬립 링(Slip Ring)에 접속하고, 브러시를 통해 바깥에 있는 기동저항기와 연결한다.
③ 회전자의 구조가 복잡하고 농형에 비해 운전이 어려우나 기동저항기를 이용하여 기동전류를 감소시킬 수 있고, 속도 조정도 자유로이 할 수 있다.

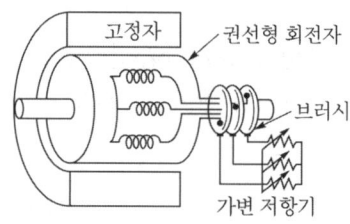

3. 공극
(1) 공극이 넓으면 : 기계적으로 안전하지만, 전기적으로는 자기저항이 커지므로 여자전류가 커지고 전동기의 역률이 떨어진다.
(2) 공극이 적으면 : 기계적으로 약간의 불평형이 생겨도 진동과 소음의 원인이 되고, 전기적으로는 누설 리액턴스가 증가하여 전동기의 순간 최대 출력이 감소하고 철손이 증가한다.
(3) 공극은 일반적으로 0.3~2.5[mm] 정도로 한다.

2 기출 & 예상문제
제4장 유도전동기(1)

01 다음 중 유도 전동기의 원리와 직접 관계가 되는 것은?
① 옴의 법칙
② 키르히호프의 법칙
③ 정전 유도 작용
④ 회전 자기장

풀이
• 유도전동기의 원리 : 동 또는 알루미늄으로 만든 원판의 중심을 축으로 지지하여 회전할 수 있게 하고 이 원판을 강한 자석의 중앙에 놓고 자석을 급속히 회전하면 자석보다 느린 속도로 같은 방향으로 회전한다. 이와 같은 원리로 3상 교류를 가해줌으로써 전기적으로 회전하는 회전자기장을 만들어 원판을 회전시키는 원리이다. [답] ④

02 3상 유도전동기의 동기속도는?
① $\dfrac{2f}{P}$
② $\dfrac{60f}{P}$
③ $\dfrac{120f}{P}$
④ $2\pi f$

풀이 동기속도 $N_s = \dfrac{120f}{p}$ [rpm] 이다. [답] ③

03 6극이 60[Hz] 3상 유도전동기의 동기속도는 몇 [rpm]인가?
① 200
② 750
③ 1,200
④ 1,800

풀이 동기속도 $N_s = \dfrac{120f}{p} = \dfrac{120 \times 60}{6} = 1200$[rpm] [답] ③

04 60[Hz]의 교류 전원에서 사용 가능한 3상 유도전동기의 최대동기속도[rpm]는?
(단, 자극수는 2극이 최소이다.)
① 1,200
② 1,800
③ 3,600
④ 7,200

풀이 동기속도 $N_s = \dfrac{120f}{p} = \dfrac{120 \times 60}{2} = 3600$[rpm] [답] ③

05 동기 속도가 1,800[rpm]으로 회전하는 유도 전동기의 극수는?(단, 유도 전동기의 주파수는 60[Hz] 이다.)
① 2극
② 4극
③ 6극
④ 8극

풀이
동기속도 $N_s = \dfrac{120f}{p}$
$\therefore p = \dfrac{120f}{N_s} = \dfrac{120 \times 60}{1800} = 4$[극] [답] ②

06 다음 전동기 중에서 브러시를 사용하지 않는 것은?
① 직류전동기
② 권선형 유도전동기
③ 정류자전동기
④ 농형 유도전동기

풀이 농형 유도전동기의 회전자는 원통형의 단락고리로 구성된 회전자로써 브러시가 없다. [답] ④

07 220/380[V] 겸용 3상 유도전동기의 리드선은 몇 가닥 인출하는가?
① 3
② 6
③ 9
④ 12

풀이 회전 자기장을 발생시키기 위해 $a_1 a_1{'}$, $b_1 b_1{'}$, $c_1 c_1{'}$을 3개조의 코일로 리드선을 인출해야 한다. [답] ②

08 4극 24홈 표준 농형 3상 유도전동기의 매극 매상당의 홈수는?

① 6 ② 3
③ 2 ④ 1

풀이
매극 매상당의 홈수 = $\dfrac{홈수}{극수 \times 상수} = \dfrac{24}{3 \times 4} = 2$ [답] ③

09 농형 회전자에 비뚤어진 홈을 쓰는 이유로 잘못된 것은?
① 기동 특성 개선 ② 파형 개선
③ 소음 경감 ④ 미관상 좋다.

풀이
비뚤어진 홈(사구 슬롯 : Skew slot)
• 소음을 경감시키고 기동 특성과 파형을 개선하기 위해 행해주게 된다. [답] ④

10 슬립 링이 있는 유도전동기는?
① 농형 ② 권선형
③ 심홈형 ④ 2중농형

풀이
권선형 회전자 : 회전자 내부 권선 결선은 대개 Y 결선으로 하고, 3상 권선의 세 단자는 각각 3개의 슬립링에 접속하고 접촉되어 있는 브러시를 통해 바깥에 있는 기동 저항기와 연결한다. [답] ②

11 3상 권선형 유도전동기를 사용하는 주된 이유는?
① 효율향상 ② 역률개선
③ 기동특성의 향상 ④ 소용량 기기에 적용

풀이
권선형 유도 전동기는 2차 회로의 저항을 가감시킬 수 있는 경우에는 2차 저항을 조절함으로써, 비례 추이에 따라 기동 토크를 크게 할수 있게 되고 속도 조정을 자유로이 할 수 있는 이점이 있다. [답] ③

12 다음 중 유도 전동기의 공극을 작게 하는 이유는?
① 효율 증대 ② 기동 전류 감소
③ 역률 증대 ④ 토크 증대

풀이
공극이 넓으면 기계적으로는 안전하지만 전기적으로는 공기의 자기 저항이 철심에 비해 매우 크므로 여자 전류가 커지고 전동기의 역률이 현저하게 떨어진다. 그러나 지나치게 공극이 좁으면 기계적으로 약간의 불평형이 생겨도 진동과 소음의 원인이 되고, 전기적으로는 누설 리액턴스가 증가하여 전동기의 순간 최대 출력이 감소하고 철손이 증가한다. 그러므로 공극은 일반적으로 0.3~2.5[mm] 정도로 하고 있다. [답] ③

13 유도 전동기의 보호 방식에 따른 분류가 아닌 것은?
① 방진형 ② 방폭형
③ 밀폐형 ④ 방수형
[답] ③

14 다음 중 승강기용으로 주로 사용되는 전동기는?
① 동기전동기 ② 단상 유도 전동기
③ 3상 유도 전동기 ④ 셀신 전동기
[답] ③

15 소형 유도전동기의 슬롯을 사구(skew slot)로 하는 이유는?
① 기동 토크를 증가시키기 위하여
② 게르게스 현상을 방지하기 위하여
③ 제동 토크를 증가시키기 위하여
④ 크로우링을 방지하기 위하여

풀이
유도전동기 이상기동현상
① 게르게스(Grges) 현상
  1차는 3상, 2차는 단상일 때 동기속도의 1/2(0.5) 되는 점에서 차동기 토크가 발생하여 정격속도의 $\dfrac{1}{h}$ 의 속도로 회전하는 현상
② 크로우링(Crawling) 현상(차동기 운전)
  낮은 속도에서 운전할 때 자속분포가 고조파에 의한 (−)가 겹쳐 회전자가 가속되지 않아 과대 전류가 흘러 전기자 코일이 소손되는 현상 → 소형 농형 유도기
  • 방지책 : 전동기 슬롯을 사구(skew slot~경사슬롯) 설치 [답] ④

16 다음은 3상 유도전동기 고정자 권선의 결선도를 나타낸 것이다. 맞는 사항을 고르시오.

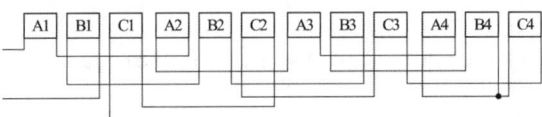

① 3상2극, Y결선
② 3상4극, Y결선
③ 3상2극, △결선
④ 3상4극, △결선

풀이

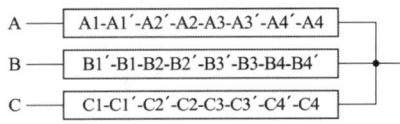

A ── A1-A1′-A2′-A2-A3-A3′-A4′-A4
B ── B1′-B1-B2-B2′-B3′-B3-B4-B4′
C ── C1-C1′-C2′-C2-C3-C3′-C4′-C4

A, B, C 3상의 각상 반대편을 한데 묶어 중성점을 만들었다. 따라서 Y결선이며 A, B, C, N의 4극이다. **[답]** ②

17 유도전동기가 많이 사용되는 이유가 아닌 것은?
① 값이 저렴
② 취급이 어려움
③ 전원을 쉽게 얻음
④ 구조가 간단하고 튼튼함

풀이
유도 전동기가 산업 및 가정용으로 널리 이용되고 있는 것은 교류전원을 생활 주변에서 쉽게 얻을 수 있고, 구조가 튼튼하고, 가격이 싸며, 취급과 운전이 쉬우므로 다른 전동기에 비해 편리하게 사용할 수 있기 때문이다. **[답]** ②

18 고압전동기 철심의 강판 홈(slot)의 모양은?
① 반폐형
② 개방형
③ 반구형
④ 밀폐형

풀이
• 저압전동기 : 반폐홈
• 고압전동기 : 개방홈 **[답]** ②

19 전동기에 접지공사를 하는 주된 이유는?
① 보안상
② 미관상
③ 역률 증가
④ 감전사고 방지

[답] ④

4.3 유도전동기의 이론

1. 회전수와 슬립

(1) 슬립(Slip) : 동기속도(N_s)와 회전자의 속도(N) 사이에 차이가 발생하며, 이 차이 ($N_s - N$)와 동기속도(N_s)와의 비를 슬립이라 한다.

$$슬립\ S = \frac{동기속도 - 회전자속도}{동기속도} = \frac{N_s - N}{N_s} = 1 - \frac{N}{N_s}$$

$$N = (1-S)N_s = \frac{120f}{P}(1-S)$$

(2) 회전자가 정지상태(기동시) : $S = 1$
동기속도로 회전(무부하시) : $S = 0$
유도 전동기 : $0 < S < 1$, 유도 발전기 : $S < 0$

(3) 일반적인 슬립은 소형인 경우에는 5~10[%], 중·대형인 경우에는 2.5~5[%] 이다.
슬립측정법 : 스트로보스코프법, 수화기법, 직류밀리볼트계법

2. 유도기전력 및 전류

(1) 유도 기전력
① 1차 유도기전력 $E_1 = 4.44 K_{w1} f w_1 \phi$[V]
② 2차 유도기전력 $E_2 = 4.44 K_{w2} f w_2 \phi$[V] (** $E = 4.44 f N \phi$[V])
③ 전압비 (유도기 권수비) : $\alpha = \dfrac{E_1}{E_2} = \dfrac{K_{w1} w_1}{K_{w2} w_2}$

(2) 정지시 2차 전류

$$I_2 = \frac{E_2}{Z_2} = \frac{E_2}{\sqrt{r_2^2 + x_2^2}} [A]$$

※ 슬립 s로 회전할 때 (유도기는 s가 중요) $\left(s = \dfrac{N_s - N}{N_s} \right)$

① 2차 주파수 $f_2 = s f_1$[Hz] → 정지($s=1$)시 $f_2 = f_1$
② 2차 리액턴스 $x_2' = s x_2$[Ω]   *x : 정지 때, x' : 슬립[s]로 운전 때
③ 2차 유도전압 $E_2' = s E_2$[V]

유도 기전력 크기 $s \uparrow \rightarrow E \uparrow$, $s \downarrow \rightarrow E \downarrow$
** 2차 주파수, 2차 리액턴스, 2차 유도전압(유도기전력) : [s]에 비례

④ 2차 전류 $I_2 = \dfrac{E_2'}{Z_2'} = \dfrac{s E_2}{\sqrt{r_2^2 + s x_2^2}} = \dfrac{E_2}{\sqrt{\left(\dfrac{r_2}{s}\right)^2 + x_2^2}}$[A]

⑤ 2차 역률 $\cos\theta_2 = \dfrac{r_2}{Z_2'} = \dfrac{r_2}{\sqrt{r_2^2 + (s x_2)^2}}$

⑥ 슬립 s로 회전시 1, 2차 전압비(권수비)

$$\alpha' = \frac{E_1}{E_2'} = \frac{E_1}{sE_2} = \frac{\alpha}{s} \quad (\alpha : 정지시\ 전압비)$$

** 2차 역률, 1-2차 전압비(권수비) : $[s]$에 반비례

3. 등가회로

(1) 여자전류 $\overline{I_0} = \overline{I_w} + \overline{I_u}$ [A]

$(I_i) I_w = I_0 \cos\theta$: 철손전류(유효분)

$(I_\phi) I_u = I_0 \sin\theta$: 자화전류(무효분)

$\therefore I_0 = \sqrt{I_w^2 + I_u^2}$

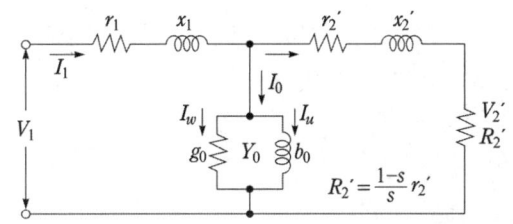

(2) 철손 $P_i = V_1 I_w = V_1 I_0 \cos\theta = g_0 V_1^2$ [W]

$(g_0 = \frac{I_0 \cos\theta}{V_1} = \frac{V_w}{I_1})$

여자 콘덕턴스 $g_0 = \frac{P_i}{V_1^2}$ [℧] (단상) → ($3\phi \quad g_0 = \frac{P_i}{3V_1^2}$)

(3) 전류비 $\frac{I_1}{I_2} = \frac{m_2 K_{w2} W_2}{m_1 K_{w1} W_1} = \frac{1}{\beta \alpha}$ $(\beta = \frac{m_1}{m_2})$ ** β=상수비 α : 유도기 권수비

(4) 기계적 출력저항 $R_2' = \frac{1-s}{s} r_2'$ [Ω] = $\frac{1-s}{s}(\alpha^2 \beta\ r_2)$

(전부하 토크와 같은 토크로 기동하기 위한 저항값)

4. 전력의 변환

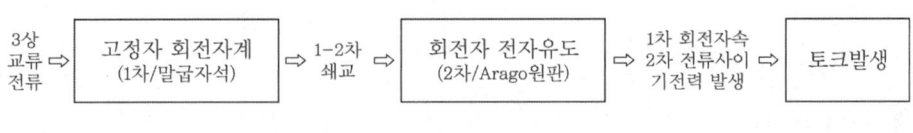

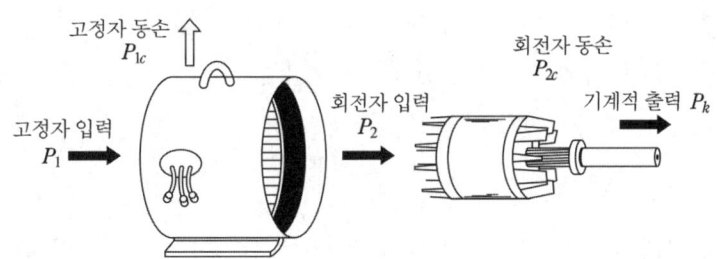

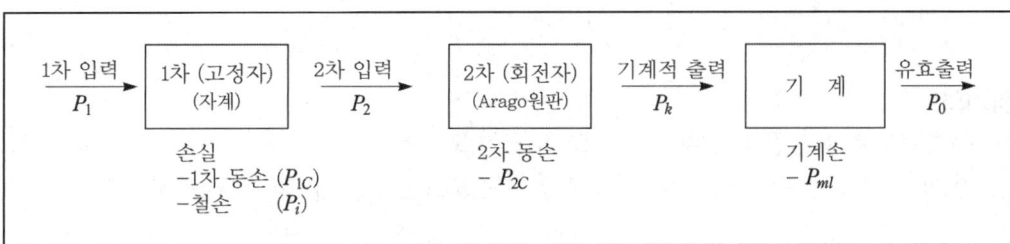

(1) 유도전동기에서 공급되는 1차입력(P_1)의 대부분은 2차입력(P_2)이 되고, 2차 입력(P_2)에서 주로 회전자동손(P_{2c})을 뺀 나머지는 기계적 출력($P_k = P_o$)으로 된다.

(2) 2차 저항손 : $P_{2C} = SP_2$

(3) 기계적 출력(P_k) = 2차입력(P_2) − 2차동손(P_{2c}) 이므로
$$P_0 = P_2 - P_{2C} = P_2 - SP_2 = P_2(1-S)$$

(4) 전체 효율 및 2차 효율
$$\eta = \frac{P_o}{P_1}$$
$$\eta_2 = \frac{P_o}{P_2} = (1-S) = \frac{N}{N_s} = \frac{\omega}{\omega_s}$$

(5) 유도 전동기 비례식
$$P_2 : P_{2c} : P_k = 1 : S : (1-S)$$

5. 토크

$P_o = 2\pi \cdot \dfrac{N}{60} T [\text{W}]$ 이므로

$T = \dfrac{60}{2\pi} \cdot \dfrac{P_o}{N} [\text{N} \cdot \text{m}] = \dfrac{1}{9.8} \cdot \dfrac{60}{2\pi} \cdot \dfrac{P_o}{N} [\text{kg} \cdot \text{m}] = 0.975 \dfrac{P_2}{N_s} [\text{kg} \cdot \text{m}]$

즉, $T = \dfrac{P_2}{\omega_s} = \dfrac{P_k}{\omega}$ 로 표시된다.

※ 토크에 관계되는 식

① 최대토크 $\tau_m \propto \left(\dfrac{V_1}{f}\right)^2$

② 최대 토크를 발생시키는 슬립 $s_t = \dfrac{r_2}{x_2}$ $\Big]$ $s_t > s_P \rightarrow N_t < N_p$

③ 최대 출력을 발생시키는 슬립 s_P $s \propto \dfrac{1}{N}$

④ 기동토크 및 전류와 인가전압관계 : $\tau_s \propto V_1^2$

  $I_s \propto V_1$ (단, 보상기권선 기동전류는 $I_s \propto V_1^2$)

⑤ 슬립과 인가전압 관계 : $s \propto \dfrac{1}{V_1^2}$

⑥ 기동시 최대 토크로 기동하기 위하여 2차에 삽입하는 2차 삽입저항(권선형)
  $R_s = \sqrt{r_1^2 + (x_1 + x_2')^2} - r_2' [\Omega] \fallingdotseq x_2 - r_2$

6. 동기와트

(1) 동기속도로 회전할 때 2차 입력으로 토크를 표시하는 것

(2) 위의 토크식에 $P_o = (1-S)P_s$와 $N = (1-S)N_s$ 식을 대입하여 정리하면
$$T = \frac{60}{2\pi \cdot N_s} \cdot P_2 [\text{N} \cdot \text{m}]$$

2 기출 & 예상문제

제 4 장 유도전동기(2)

01 유도전동기의 동기속도 N_s, 회전속도 N일 때 슬립은?

① $s = \dfrac{N_s - N}{N}$ ② $s = \dfrac{N - N_s}{N}$

③ $s = \dfrac{N_s - N}{N_s}$ ④ $s = \dfrac{N_s + N}{N}$

[답] ③

02 3상 유도 전동기의 회전속도[rpm]는?

① $N_s(1-S)$ ② $\dfrac{N_s}{1-S}$

③ $N_s(S-1)$ ④ $\dfrac{N_s}{S-1}$

풀이

슬립 $S = \dfrac{N_s - N}{N_s} = \dfrac{N_s}{N_s} - \dfrac{N}{N_s} = 1 - \dfrac{N}{N_s}$

∴ $N = N_s(1-S)$[rpm]

[답] ①

03 3상 유도전동기의 회전원리를 설명한 것 중 틀린 것은?

① 회전자의 회전속도가 증가할수록 도체를 관통하는 자속수가 감소한다.
② 회전자의 회전속도가 증가할수록 슬립은 증가한다.
③ 부하를 회전시키기 위해서는 회전자의 속도는 동기속도 이하로 운전되어야 한다.
④ 3상 교류전압을 고정자에 공급하면 고정자 내부에서 회전 자기장이 발생된다.

풀이

- 슬립 : 3상 유도 전동기에서는 동기 속도 N_s[rpm]과 회전자의 속도 N[rpm] 사이에 차이가 생긴다. 이 차 $(N_s - N)$와 동기 속도 N_s와의 비를 슬립(Slip)이라고 한다. 따라서 슬립 S가 커지면 회전자의 속도는 감소하고, 슬립 S가 작아지면 회전자의 속도는 증가한다.

[답] ②

04 유도전동기의 동기속도가 1,200[rpm]이고, 회전수가 1,176[rpm]일 때 슬립은?

① 0.06 ② 0.04
③ 0.02 ④ 0.01

풀이

슬립 $s = \dfrac{N_s - N}{N_s} = \dfrac{1200 - 1176}{1200} = 0.02$

[답] ③

05 3상 60[Hz] 6극인 유도 전동기가 전부하시에 1,140[rpm] 이다. 이때의 슬립은?

① 2.5[%] ② 3.5[%]
③ 5.0[%] ④ 7.0[%]

풀이

동기속도 $N_s = \dfrac{120f}{p} = \dfrac{120 \times 60}{6} = 1200$[rpm]

슬립 $s = \dfrac{N_s - N}{N_s} = \dfrac{1200 - 1140}{1200} = 0.05 \times 100 = 5$[%]

[답] ③

06 유도 전동기의 슬립을 측정하기 위하여 스트로보스코프법으로 원판의 겉보기 회전수를 측정하니 1분 동안 90회였다. 4극 60[Hz]용 전동기라면 슬립은 얼마인가?

① 3[%] ② 4[%]
③ 5[%] ④ 6[%]

풀이

- 스트로보스코프법

전동기의 축 끝에 전동기의 극수와 같은 흑색 부채꼴 같은 간격으로 그림 판을 설치해서 운전하고, 이 원판을 전동기와 동일한 전원에 접속시킨 네온램프와 같은 방전등으로 비친다. 즉 동기속도와 회전자속도의 차를 표시하게 된다. 이런 방법을 스트로보스코프법이라 한다.

스트로보스코프법에 의해 표시된 속도

90[rpm] $= N_s - N$ 이고

동기속도 $N_s = \dfrac{120f}{p} = \dfrac{120 \times 60}{4} = 1800$[rpm] 이므로

슬립 $s = \dfrac{N_s - N}{N_s} = \dfrac{90}{1800} = 0.05 \times 100 = 5[\%]$가 된다.

[답] ③

07 4극의 3상 유도전동기가 60[Hz]의 전원에 연결되어 4[%]의 슬립으로 회전할 때 회전수는 몇 [rpm]인가?

① 1,656 ② 1,700
③ 1,728 ④ 1,880

풀이

동기속도 $N_s = \dfrac{120f}{p} = \dfrac{120 \times 60}{4} = 1800[\text{rpm}]$

∴ 회전속도 $N = (1-s)N_s = (1-0.04) \times 1800 = 1728[\text{rpm}]$

[답] ③

08 4극 60[Hz], 200[kW]의 유도전동기의 전부하 슬립이 2.5[%]일 때 회전수는 몇 [rpm]인가?

① 1,600 ② 1,755
③ 1,800 ④ 1,965

풀이

동기속도 $N_s = \dfrac{120f}{p} = \dfrac{120 \times 60}{4} = 1800[\text{rpm}]$

∴ 회전속도 $N = (1-s)N_s = (1-0.025) \times 1800 = 1755[\text{rpm}]$

[답] ②

09 4극 60[Hz], 슬립 5[%]인 유도 전동기의 회전수[rpm]는?

① 1,836 ② 1,710
③ 1,540 ④ 1,200

풀이

동기속도 $N_s = \dfrac{120f}{p} = \dfrac{120 \times 60}{4} = 1800[\text{rpm}]$

∴ 회전속도 $N = (1-s)N_s = (1-0.05) \times 1800 = 1710[\text{rpm}]$

[답] ②

10 50[Hz], 슬립 0.2인 경우의 회전자 속도가 600[rpm]이 되는 유도 전동기의 극수는?

① 16극 ② 12극
③ 8극   ④ 4극

풀이

회전속도 $N = (1-s)N_s$

∴ $N_s = \dfrac{N}{(1-s)} = \dfrac{600}{1-0.2} = 750[\text{rpm}]$

따라서 동기속도 $N_s = \dfrac{120f}{p}$

∴ $p = \dfrac{120f}{N_s} = \dfrac{120 \times 50}{750} = 8[\text{극}]$

[답] ③

11 유도 전동기에서 슬립이 1이면 전동기의 속도 N은?

① 동기 속도보다 빠르다.
② 정지한다.
③ 불변이다.
④ 동기 속도와 같다.

풀이

회전자속도 $N = (1-s)N_s$에서 슬립이 1이라면 회전자속도도 0 이므로 정지 상태를 나타내고 있다.

[답] ②

12 유도전동기의 무부하시 슬립은 얼마인가?

① 4 ② 3
③ 1 ④ 0

풀이

무부하시 회전자속도와 동기속도는 거의 같아지므로 슬립 $s ≒ 0$이 되게 된다.

[답] ④

13 유도전동기에서 슬립이 0이라는 것은 어느 것과 같은가?

① 유도전동기가 동기속도로 회전한다.
② 유도전동기가 정지상태이다.
③ 유도전동기가 전부하 운전상태이다.
④ 유도 제동기의 역할을 한다.

[답] ①

14 3상 유도 전동기가 회전하고 있는 상태를 나타내는 것은? (단, 슬립은 S라 한다.)

① $S = 0$ ② $0 < S < 1$
③ $2 > S > 1$ ④ $S = 1$

풀이

전동기 상태에 따른 슬립의 크기
• 무부하시 $N = N_s$: $s = 0$

- 정지시(기동시) $N=0 : s=1$
- 부하로 운전시 : $0<s<1$
- 제동시 : $1<s<2$ [답] ②

15 유도 전동기에서 슬립이 가장 큰 상태는?
① 무부하 운전시
② 경부하 운전시
③ 정격 부하 운전시
④ 기동시 [답] ④

16 60[Hz]의 전원에 접속되어 5[%]의 슬립으로 운전되고 있는 유도 전동기의 2차 권선에 유기되는 전압의 주파수[Hz]는?
① 2 ② 3
③ 4 ④ 5

풀이
2차주파수란 전동기가 회전하고 있을 때 회전자권선에 유도되는 기전력의 주파수 이며,
$f_2 = sf_1 = 0.05 \times 60 = 3[\text{Hz}]$가 된다. [답] ②

17 60[Hz]의 4극 유도 전동기의 2차 주파수가 15[Hz]가 되었다고 하면 회전자 속도[rpm]는?
① 1050 ② 1100
③ 1150 ④ 1350

풀이
2차 주파수 $f_2 = sf_1$이므로 $s = \frac{f_2}{f_1} = \frac{15}{60} = 0.25$
$\therefore N = (1-s)N_s = (1-0.25)\frac{120 \times 60}{4} = 1350[\text{rpm}]$ [답] ④

18 3상 유도전동기의 2차 동손 P_{2c}, 슬립 S와 2차 입력 P_2 사이의 관계는?
① $P_{2c} > SP_2$ ② $P_{2c} < SP_2$
③ $P_{2c} = SP_2$ ④ $P_{2c} \gg SP_2$

풀이
$P_2 : P_{2c} = 1 : s$를 정리하면 $P_{2c} = SP_2$가 된다. [답] ③

19 회전자 입력을 P_2, 슬립을 S라 할 때 3상 유도 전동기의 기계적 출력 관계식은?
① SP_2 ② $(1-S)P_2$
③ S^2P_2 ④ P_2/S

풀이
관계식 $P_2 : P_{2c} : P_0 = 1 : s : 1-s$에서 $P_2 : P_0 = 1 : 1-s$를 출력 P_0로 정리하면 $P_0 = (1-s)P_2$가 된다. [답] ②

20 3상 유도 전동기의 1차 입력 60[kW], 1차 손실 1[kW], 슬립 3[%]일 때 기계적 출력[kW]은?
① 57 ② 58
③ 59 ④ 60

풀이
관계식 $P_2 : P_{2c} : P_0 = 1 : s : 1-s$에서
$P_2 : P_0 = 1 : 1-s$를 출력 P_k으로 정리하면
출력 $P_0 = (1-s)P_2$가 되며,
여기서, 2차 입력 = 1차 입력 − 1차 손실
$= 60 - 1 = 59[\text{kW}]$이므로
$\therefore$ 출력 $P_0 = (1-0.03) \times 59 = 57[\text{kW}]$가 된다. [답] ①

21 전부하 슬립 5[%], 2차 저항손 5.26[kW]인 3상 유도전동기의 2차 입력은 몇 [kW]인가?
① 2.63 ② 5.26
③ 105.2 ④ 226.5

풀이
관계식 $P_2 : P_{2c} : P_0 = 1 : s : 1-s$에서
$P_2 : P_{2c} = 1 : s$를 출력 P_2로 정리하면
$P_2 = \frac{P_{2c}}{s} = \frac{5.26}{0.05} = 105.2[\text{kW}]$가 된다. [답] ③

22 회전자 입력 10[kW], 슬립 4[%]인 3상 유도전동기의 2차 동손은 몇 [kW]인가?
① 9.6 ② 4
③ 0.4 ④ 0.2

풀이
관계식 $P_2 : P_{2c} : P_0 = 1 : s : 1-s$에서 $P_2 : P_{2c} = 1 : s$를 출력 P_{2c}로 정리하면 $P_{2c} = sP_2 = 0.04 \times 10 = 0.4[\text{kW}]$가 된다. [답] ③

23 출력 10[kW], 슬립 4[%]로 운전되고 있는 3상유도 전동기의 2차 동손[W]은?

① 약 250 ② 약 315
③ 약 417 ④ 약 620

풀이
관계식 $P_2 : P_{2c} : P_0 = 1 : s : 1-s$ 에서
$P_{2c} : P_0 = s : 1-s$ 를 출력 P_{2c} 로 정리하면
$P_{2c} = \frac{s}{1-s}P_0 = \frac{0.04}{(1-0.04)} \times 10 \times 10^3 ≒ 417[W]$
가 된다. [답] ③

24 슬립 5[%]인 유도 전동기의 2차 효율은 얼마인가?

① 90[%] ② 95[%]
③ 97.5[%] ④ 99.5[%]

풀이
2차 효율 $\eta_2 = \frac{출력}{2차입력} = \frac{P_0}{P_2}$ 가 된다.
관계식 $P_2 : P_{2c} : P_0 = 1 : s : 1-s$ 에서 $P_2 : P_0 = 1 : 1-s$ 를 정리하면 $\frac{P_0}{P_2} = 1-s$ 와 같이지게 된다.
∴ 효율 $\eta = 1-s = 1-0.05 = 0.95 \times 100 = 95[\%]$
가 된다. [답] ②

25 200[V], 50[Hz], 8극 15[kW]의 3상 유도전동기에서 전부하 회전수가 720[rpm]이면 이 전동기의 2차 효율은 약 몇 [%]인가?

① 86 ② 96
③ 98 ④ 100

풀이
효율 $\eta = 1-s$ 와 같다.
회전자속도 $N = (1-s)N_s$ 에서 $1-s = \frac{N}{N_s}$ 가 되므로
동기속도 $N_s = \frac{120f}{p} = \frac{120 \times 50}{8} = 750[rpm]$
∴ 효율 $\eta = 1-s = \frac{N}{N_s} = \frac{720}{750} = 0.96 \times 100 = 96[\%]$
[답] ②

26 역률 80[%], 출력 10[kW] 기기의 입력[kW]은 얼마인가?

① 8 ② 10
③ 12.5 ④ 15

풀이
출력 $P_0 = VI\cos\theta\eta$
∴ $VI = \frac{P_0}{\cos\theta\eta} = \frac{10}{0.8} = 12.5[kW]$ [답] ③

27 3상 유도전동기의 효율이 90[%], 출력 120[kW]의 전 손실[kW]은?

① 8 ② 11
③ 13 ④ 16

풀이
효율 = $\frac{출력}{입력} = \frac{P_2}{P_1}$
∴ $\frac{120}{0.9} = 133[kW]$, $133 - 120 = 13[kW]$ [답] ③

28 3상 유도 전동기의 정격 전압을 V_n[V], 출력을 P[kW], 1차 전류를 I_1[A], 역률을 $\cos\theta$ 라 하면 효율을 나타내는 식은?

① $\frac{P \times 10^3}{\sqrt{3} \, V_n I_1 \cos\theta} \times 100[\%]$

② $\frac{\sqrt{3} \, V_n I_1 \cos\theta}{P \times 10^3} \times 100[\%]$

③ $\frac{P \times 10^3}{3 V_n I_1 \cos\theta} \times 100[\%]$

④ $\frac{3 V_n I_1 \cos\theta}{P \times 10^3} \times 100[\%]$

풀이
효율 $\eta = \frac{P}{\sqrt{3} \, VI\cos\theta} \times 100[\%]$ [답] ①

29 정격출력 5[kW], 회전수 1,800[rpm]인 3상 유도전동기의 토크는 약 몇 [N·m]인가?

① 2.7 ② 26.5
③ 79.5 ④ 259.7

풀이
유도전동기의 토크
$\tau = \frac{60}{2\pi} \frac{P_0}{N} = 9.55 \frac{P_0}{N}[N \cdot m]$
$= 9.55 \times \frac{5 \times 10^3}{1800} = 26.5[N \cdot m]$ [답] ②

30 9.8[kW], 1,200[rpm]인 유도전동기의 토크는 약 몇 [kg·m]인가?

① 8.4 ② 8.2
③ 7.9 ④ 7.5

풀이
유도전동기의 토크
$$\tau = \frac{60}{2\pi}\frac{P_0}{N} = 9.55\frac{P_0}{N} \times \frac{1}{9.8} = 0.975 \times \frac{P_0}{N}[\text{kg}\cdot\text{m}]$$
$$= 0.975 \times \frac{9.8 \times 10^3}{1200} = 7.9[\text{kg}\cdot\text{m}]$$

[답] ③

31 동기 와트란 무엇인가?
① 임의의 속도에 있어서 전동기의 토크
② 유도 전동기의 전부하 속도와 동기 속도의 비
③ 동기기의 출력
④ 유도 전동기의 토크를 2차 입력으로 표시한 것

[답] ④

32 유도 전동기의 1차 접속을 △에서 Y 결선으로 바꾸면 기동시의 1차 전류는?

① $\frac{1}{3}$로 감소한다.

② $\frac{1}{\sqrt{3}}$로 감소한다.

③ 3배로 증가한다.

④ $\sqrt{3}$배로 증가한다.

풀이
기동토크와 기동전류가 $\frac{1}{3}$이 된다.

[답] ①

33 3상 유도전동기의 회전력은 단자전압과 어떤 관계인가?
① 단자전압에 무관하다.
② 단자전압에 비례한다.
③ 단자전압의 2승에 비례한다.
④ 단자전압의 1/2승에 비례한다.

풀이
유도전동기의 토크 $\tau \propto V^2$

[답] ③

4.4 유도전동기의 특성

1. 슬립과 토크
(1) 운전 중에 있는 유도 전동기의 토크는 슬립 S가 일정하면, 토크는 공급전압 V_1의 제곱에 비례하고 2차 임피던스의 제곱에 반비례한다.

$$T = k \frac{m_2 V_1^2 \frac{r_2'}{S}}{\left(r_1 + \frac{r_2'}{S}\right)^2 + (x_1 + X_2')^2} \, [\text{N} \cdot \text{m}]$$

(2) 최대 토크는 전부하 토크의 약 175~250[%] 정도 이다.

2. 비례추이
(1) 비례추이

토크는 위의 식에서 $\frac{r_2'}{S}$의 함수가 되어 r_2'를 m배 하면 슬립 S도 m배로 변화하여 토크는 일정하게 유지된다. 따라서 비례추이란 2차 회로 저항의 크기를 조정함으로써 그 크기를 제어할 수 있는 요소이다. 2차 회로의 저항을 변화시킬 수 있는 권선형 유도전동기의 경우에는 이러한 성질을 속도 제어에 이용할 수 있다. 2차 삽입저항의 크기는 다음과 같다.

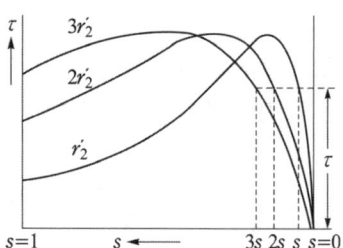

$$\frac{r_2}{S} = \frac{r_2 + R}{S'}$$

(2) 2차 저항 r_2'를 변화해도 최대 토크는 변하지 않는다.

(3) 비례추이를 이용하여 기동토크 T를 크게 할 수 있으며 이 외에 1차 전류 I_1, 2차 전류 I_2, 역률 $\cos\theta$, 1차 입력 P_1도 비례추이 성질을 가진다. 비례추이를 할 수 없는 것에는 2차 동손 P_{2c}, 전체 출력 P, 전체효율 η, 2차 효율 η_2가 있다.

3. 원선도

유도 전동기의 1차 부하 전류의 벡터 자취가 항상 반 원주 위에 있는 것을 이용하여, 간이 등가 회로의 해석에 이용한 것을 헤일랜드 원선도라 한다.

원선도 지름($= \frac{E}{X}$)은 전압에 비례, 리액턴스 반비례

(1) 원선도 작성에 필요한 실험
  ① 무부하 시험(철손, 여자전류 구함)
  ② 구속 시험(동손을 구함(변압기 단락상태와 동일))
  ③ 1,2차 저항 측정
    ㉮ 역률 $\cos\theta = \frac{O'P'}{O'P}$

㉯ 슬립 $s = \dfrac{QR}{PR} = \dfrac{P_{2c}}{P_2}$

㉰ 효율 $\eta = \dfrac{PQ}{PT} = \dfrac{P_0}{P_1}$

㉱ 2차 효율 $\eta_2 = \dfrac{PQ}{PR} = \dfrac{P_0}{P_2}$

㉲ 철손 $P_i = ST$

㉳ 1차 동손 $P_{1c} = RS$

㉴ 2차 동손 $P_{2c} = QR$

㉵ 1차 입력 $P_1 = PT$

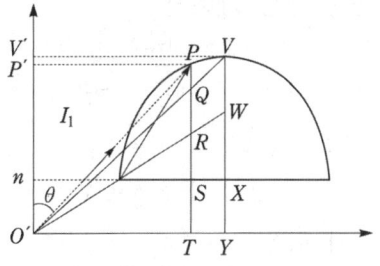

종축 : 전류의 유효분
횡축 : 전류의 무효분

4.5 유도전동기의 운전

1. 기동법

(1) 농형 유도전동기의 기동법

① 전전압 기동 : 별도의 기동장치를 사용하지 않고 직접 정격전압을 인가하여 기동하는 방법으로 5[kW] 이하의 소용량에 쓰이며, 기동전류는 정격전류의 600[%] 정도이다.

② Y-△ 기동법 : 10~15[kW] 이하의 중용량 전동기에 쓰이며, 기동시 고정자권선을 Y로 하여 기동함으로써 기동전류를 감소시키고 운전속도에 가까워지면 △로 하여 운전하는 방식이다. 기동전류는 정격전류의 1/3로 줄어들지만, 기동토크도 1/3로 감소한다.

③ 리액터 기동 : 전동기의 전원 측에 직렬 리액터(일종의 교류 저항)를 연결하여 기동하는 방법이다. 중·대용량의 전동기에 채용할 수 있으며, 다른 기동법이 곤란한 경우나 기동 시 충격을 방지할 필요가 있을 때 적합하다.

④ 기동보상기법 : 15[kW] 이상의 전동기나 고압 전동기에 사용되며, 단권변압기를 써서 공급전압을 낮추어 기동시키는 방법으로 기동전류를 1배 이하로 낮출 수가 있다.

⑤ 콘도로퍼법(Kondorfer)-기동보상기법과 리액터기동 방식의 혼합

(2) 권선형 유도 전동기의 기동법

① 2차 저항법 : 2차 회로에 가변 저항기를 접속하고 비례추이의 원리에 의하여 큰 기동 토크를 얻고 기동전류도 억제한다.

2. 속도제어

(1) 주파수 제어법 : 농형 유도 전동기에 적용되는 방법으로 높은 속도를 원하는 곳에 적합하다. 포트 모터, 선박의 추진기 등에 이용된다.

① 인버터 시스템을 이용하여 $N_s = \dfrac{120f}{p}$ 에서 주파수 f를 변환시켜 속도를 제어하는 방법이다.

② VVVF 제어 : 주파수를 가변하면 $\Phi \propto \dfrac{V}{f}$ 와 같이 자속이 변화기 때문에 자속을 일정하게 유지하기 위해 전압과 주파수를 비례하게 가변시키는 제어법을 말한다.

(2) 전원 전압 제어법

전압의 2승에 비례하여 토크는 변화하므로 이것을 이용해서 속도를 바꾸는 제어법으로 전력 전자소자를 이용하는 방법이 최근에 널리 이용되고 있다.

(3) 극수 변환법

고정자권선의 접속을 바꾸어 극수를 바꾸면 단계적이지만 속도를 바꿀 수 있다.

(4) 2차 저항법(권선형)

권선형 유도전동기의 2차에 저항을 삽입하여 비례추이를 이용한 속도제어를 말한다.

(5) 2차 여자법(권선형)

권선형 유도 전동기 2차 회전자에 2차 유기기전력과 같은 주파수를 갖는 슬립주파수 전압을 가하여 속도를 제어한다.
- 셀비우스방식 : 보조기와 전기적연결(유도발전기 혹은 사이리스터 이용)
- 크래머방식 : 보조기와 기계적연결(분권정류자전동기 이용)

(6) 종속법(농형, 권선형) : 직렬접속, 병렬접속, 차동접속

권선형 2대 이용 - 2단 불연속제어, 효율·역률 나쁘다.

- 직렬접속 : $N_s = \dfrac{120f}{P_1 + P_2}$ [rpm]
- 차동접속 : $N_s = \dfrac{120f}{P_1 - P_2}$ [rpm] : 고정자계와 회전자계의 방향반대
- 병렬접속 : $N_s = \dfrac{2 \times 120f}{P_1 + P_2}$ [rpm]

3. 제동법

(1) 회생제동 : 유도 전동기를 유도 발전기로 동작시켜 그 발생 전력을 전원에 반환하면서 제동하는 방법

(2) 발전제동 : 제동시 전원으로 분리한 후 직류전원을 연결하면 계자에 고정자속이 생기고 회전자에 교류기전력이 발생하여 제동력이 생긴다.

(3) 역상제동(플러깅) : 운전 중인 유도전동기에 회전방향과 반대방향의 토크를 발생시켜서 급속하게 정지시키는 방법이다.

(4) 단상제동 : 권선형 유도전동기에서 2차 저항이 클 때 전원에 단상전원을 연결하면 제동 토크가 발생한다.

4. 유도전동기 이상기동현상

(1) 게르게스(Görges) 현상

1차는 3상, 2차는 단상일 때 동기속도의 1/2(0.5) 되는 점에서 차동기 토크가 발생하여 정격속도의 $\dfrac{1}{h}$의 속도로 회전하는 현상

(2) 크로우링(Crawling) 현상 (차동기운전)

낮은 속도에서 운전할 때 자속분포가 고조파에 의한 (−)가 겹쳐 회전자가 가속되지 않아 과대 전류가 흘러 전기자 코일이 소손되는 현상 → 소형 농형 유도기

• 방지책 : 전동기 슬롯을 사구(skew slot~경사슬롯) 설치

5. 3상유도전동기 고조파분에 의한 토크
  (1) 차동기 토크 (고조파 발생) $h = 2mn + 1 \rightarrow$
   기본파와 같은 방향으로 회전(7, 13, …)   속도크기 : $\dfrac{1}{h(고조파차수)}$
  (2) 비동기 토크 $h = 2mn - 1 \rightarrow$
   기본파와 반대방향으로 회전 (5, 11, …)   속도크기 : $\dfrac{1}{h(고조파차수)}$
  (3) 제 3고조파와 배수 고조파 (3, 6, 9, …) → 회전자계를 발생치 않음

6. 유도기 슬립의 영역
  • 유도전동기 : $0 < s < 1$
  • 유도제동기 : $s = 1 \sim 2$
  • 유도발전기 : $s < 0$

7. 유도기 슬립의 측정
  (1) 직류 밀리볼트계법   (2) 수화기법
  (3) 스트로보스코프법   (4) 회전계법

8. 주파수변화에 따른 유도전동기특성 변화
  ※ 주파수가 60[Hz]에서 50[Hz]로 감소한 경우
  (1) 속도감소 $N_s = \dfrac{120f}{P}$ 에서 $N_s \propto f$
  (2) 자속 ϕ 증가 $\phi = \dfrac{V}{4.44K_w fN} \propto \dfrac{1}{f}$
  (3) 역률 $\cos\theta$ 저하 : 주파수가 떨어지면 속도가 하강($N_s \propto f$)하고 출력이 감소하여 유효 전류는 감소하고 역률이 낮아진다.
  (4) 온도 상승 : 히스테리시스 손실 $P_h \propto \dfrac{1}{f}$로 손실 증가, 반면에 전동기 속도 감소에 따른 냉각 Fan 속도가 감소하여 전체적으로 온도 상승
  (5) 최대 토크 증가
   $\tau_m = K_0 \dfrac{E_2^2}{2x_2}$ 에서 $x_2 \propto f$ 이므로 f가 감소하면 x_2가 감소하고 최대 토크 τ_m는 증가
  (6) 기동 전류 약간 증가 : f가 감소하면 리액턴스가 감소하고 기동 전류는 약간 증가

9. 유도전동기의 역률
  (1) 유도전동기의 여자전류 I_0는 전부하 전류의 20~25[%]에 해당되므로 역률이 낮다.
  (2) 극수가 증가할수록 역률이 낮아진다.(극수가 증가하면 매극매상의 도체수가 작아져서 여자전류의 비율이 커지기 때문)
  (3) 권선형이 농형보다 역률이 낮다.(권선형이 농형보다 슬롯이 깊고 누설자속이 크기 때문)

2 기출 & 예상문제
제4장 유도전동기(3)

01 유도전동기의 토크는?
① 단자전압의 2승에 비례한다.
② 단자전압에 비례한다.
③ 단자전압의 1/2승에 비례한다.
④ 단자전압과는 무관하다.

풀이
유도전동기의 토크 $\tau \propto V^2$ 　　　　　[답] ①

02 3상 유도전동기의 전전압 기동토크는 전부하시의 1.8배이다. 전전압의 2/3로 기동할 때 기동토크는 전부하시의 몇 배인가?
① 0.6　　　　② 0.8
③ 1.0　　　　④ 1.2

풀이
유도전동기의 토크 $\tau \propto V^2$ 에서
$1.8\tau : \tau' = V^2 : \left(\dfrac{2}{3}V\right)^2$
$\therefore \tau' = 1.8 \times \left(\dfrac{2}{3}\right)^2 \tau = 0.8\tau$ 　　[답] ②

03 3상 유도 전동기의 전압이 10[%] 저하하면 기동 토크는 몇 [%] 감소하는가?
① 5　　　　② 10
③ 15　　　　④ 20

풀이
유도전동기의 토크는 전압의 제곱에 반비례하므로
$\tau \propto (0.9V)^2 = 0.81V^2$
즉, 토크는 약 20[%]가 감소하게 된다. 　　[답] ④

04 일반적으로 10[kW] 이하 소용량인 전동기는 동기속도의 몇 [%]에서 최대 토크를 발생시키는가?
① 2[%]　　　　② 5[%]
③ 80[%]　　　　④ 98[%]

풀이
소용량의 전동기(10[kW])는 동기속도의 80[%] 정도에서 최대 토크가 발생한다. 　　[답] ③

05 다음 중 비례추이의 성질을 이용할 수 있는 전동기는 어느 것인가?
① 직권 전동기
② 단상 동기전동기
③ 권선형 유도 전동기
④ 농형 유도 전동기

풀이
토크의 비례 추이는 농형 유도 전동기와 같이 2차회로의 저항을 바꿀 수 없는 것에는 응용할 수 없으나, 권선형 유도 전동기와 같이 2차 회로의 저항을 가감시킬 수 있는 경우에는 2차 저항을 조절함으로써, 비례 추이에 따라 기동 토크를 크게 할 수 있다. 　　[답] ③

06 권선형 유도 전동기의 2차측 외부 저항 R을 접속하였을 때의 토크 속도 곡선에서 R의 값이 가장 큰 것은?
① a
② b
③ c
④ d

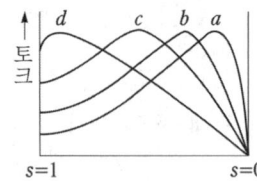

풀이
토크는 비례추이를 하므로 저항이 클수록 최대 토크를 발생하는 슬립점이 점점 왼쪽으로 이동한다. 　　[답] ④

07 슬립 5[%]인 유도 전동기를 전부하 토크로 기동시키려면 2차에 2차 저항의 몇 배를 넣으면 되는가?
① 5　　　　② 15
③ 9　　　　④ 19

풀이

2차 삽입저항 $R_2 = \left(\dfrac{1-s}{s}\right)r_2 = \left(\dfrac{1-0.05}{0.05}\right)r_2 = 19r_2$ 이 된다. 따라서 2차 저항의 19배에 해당하는 저항을 삽입해주게 된다. 　　　　　　　　　　　　　　　[답] ④

08 유도 전동기의 2차측 저항을 2배로 하면 그 최대 회전력은?

① $\dfrac{1}{2}$ 배　　　　② $\sqrt{2}$ 배
③ 2배　　　　　　④ 불변

풀이

2차 저항을 변화시켜도 최대토크는 변화하지 않는다.
　　　　　　　　　　　　　　　[답] ④

09 3상 유도전동기의 원선도를 그리는 데 필요하지 않은 것은?

① 저항 측정　　　② 무부하 시험
③ 구속 시험　　　④ 슬립 측정

풀이

원선도 작성에 필요한 시험 : 저항 측정, 무부하 시험, 구속(단락) 시험　　　　　　　　　[답] ④

10 농형 유도전동기의 기동법이 아닌 것은?

① 기동보상기에 의한 기동법
② 2차 저항기법
③ 리액터 기동법
④ Y-△ 기동법

풀이

농형 유도 전동기 기동법 : 전전압 기동법, Y-△ 기동법, 기동보상기법, 리액터기동법　　　[답] ②

11 50[kW]의 농형 유도전동기를 기동하려고 할 때, 다음 중 가장 적당한 기동 방법은?

① 분상기동법　　　② 기동 보상기법
③ 권선형 기동법　　④ 슬립 부하기동법

풀이

농형 유도 전동기 기동법
• 전전압 기동법 : 5[kW] 이하에서 많이 사용
• Y-△ 기동법 : 10~15[kW]에서 많이 사용
• 기동보상기법 : 15[kW] 이상에서 많이 사용 [답] ②

12 농형 유도 전동기의 기동법 중 가장 기동 토크가 큰 것은?

① 가변 저항기 기동법
② Y-△ 기동법
③ 전전압 기동법
④ 기동 보상기법

풀이

유도전동기의 토크는 공급전압의 2승에 비례하므로 기동법중 전전압 기동방식이 토크가 가장 크다.　　[답] ③

13 1차 쪽에 철심형 리액터를 접속하여 전압강하를 이용해서 저전압 기동하고 기동 후 단락한다. 구조가 간단하여 15[kW] 이하에서 자동 운전, 원격 제어용에 사용되는 것은?

① 리액터 기동　　　② 기동 보상기법
③ Y-△기동　　　　④ 전전압 기동
　　　　　　　　　　　　　　　[답] ①

14 유도 전동기의 Y-△ 기동시 기동 토크와 기동 전류는 전전압 기동시의 몇 배가 되는가?

① $1/\sqrt{3}$　　　　② $\sqrt{3}$
③ 1/3　　　　　　④ 3

풀이

Y-△ 기동법
• 기동 전류가 전부하 전류의 1/3으로 줄어든다.
• 기동 토크가 전부하 토크의 1/3으로 줄어든다. [답] ③

15 10~15[kW]의 농형 유도전동기를 Y-△ 기동법에 의해 기동시키는 경우 기동 전류는 전부하 전류의 대략 몇 [%]인가?

① 200~250
② 250~400
③ 400~600
④ 300~1,000

풀이

직접 정격 전압을 인가시에 발생하는 기동 전류는 500~700[%] 정도가 흐르게 되는데 Y-△ 기동 시에는 기동 전류가 전부하 전류의 1/3이므로 약 200~250[%]로 제한하게 된다.　　　　　　　　　　　　[답] ①

16 권선형에서 비례추이를 이용한 기동법은?
① 리액터 기동법   ② 기동 보상기법
③ 2차 저항법   ④ Y-△ 기동법

풀이
권선형은 회전자에 저항을 삽입하면 기동 전류는 제한되고, 기동 토크는 증가되고, 역률은 개선되는 좋은 점이 있어서 대형 다상 유도 전동기는 권선형으로 만들어지고 있다. [답] ③

17 권선형 유도 전동기가 농형에 비하여 우수한 점은?
① 구조가 간단하다.   ② 효율이 좋다.
③ 기동토크가 크다.   ④ 운전이 쉽다.

풀이
권선형 유도 전동기는 기동 토크가 크므로 대형이 적합하다. 농형 유도 전동기는 기계적으로 튼튼하나 기동 토크가 작아 대형이 되면 기동이 어렵게 된다. [답] ③

18 3상 유도전동기 중에서 권상기, 펌프 등 중관성 부하용에 많이 사용되는 유도전동기는?
① 농형 유도전동기
② 권선형 유도전동기
③ 콘덴서기동형 전동기
④ 반발기동형 전동기

풀이
기동 저항기를 사용하여 기동토크를 크게 하여 기동하는 권선형 유도 전동기이다. [답] ②

19 그림은 권선형 유도전동기 2차에 전자 접촉기를 사용하여 자동적으로 기동하기 위한 주회로이다. 여기서 접촉기의 동작 순서가 바르게 된 것은?

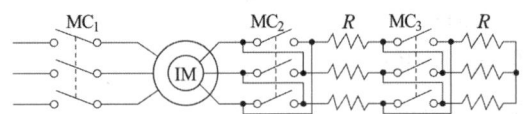

① $MC_1 - MC_2 - MC_3$
② $MC_2 - MC_3 - MC_1$
③ $MC_3 - MC_1 - MC_2$
④ $MC_1 - MC_3 - MC_2$

풀이
권선형 유도 전동기는 비례추이의 성질을 이용하여 기동 토크를 크게 할 수 있으므로, 기동시의 저항을 크게 키워 기동하고 기동 후 저항을 조금씩 줄이게 된다. [답] ④

20 다음 중 유도 전동기의 속도제어에 사용되는 인버터 장치의 약호는?
① CVCF   ② VVVF
③ CVVF   ④ VVCF

풀이
• CVCF(Constant Voltage Constant Frequency) : 일정 전압, 일정 주파수가 발생하는 교류전원 장치
• VVVF(Variable Voltage Variable Frequency) : 가변 전압, 가변 주파수가 발생하는 교류전원 장치 [답] ②

21 3상 유도전동기의 속도 제어와 관계없는 것은?
① 극수의 변환
② 전원 주파수의 변환
③ 2차 회로의 저항의 변화
④ 여자 전류의 변화

풀이
유도전동기의 속도 변화 요소 : 극수, 주파수, 전압 등이 있으며 권선형에 사용되는 2차 저항이나, 2차 여자법등이 있다. [답] ④

22 3상 유도전동기의 공급전압이 일정하고 주파수가 정격값보다 수 % 감소할 때 다음 현상 중 옳지 않은 것은?
① 동기속도가 감소한다.
② 철손이 증가한다.
③ 누설 리액턴스가 증가한다.
④ 역률이 나빠진다.

풀이
① 동기속도 $N_s = \dfrac{120f}{p}$ 의 관계식에서 주파수는 비례관계이므로 감소하게 된다.
② 철손 중 히스테리시스손 $P_h \propto \dfrac{E^2}{f}$ 의 관계로 주파수 감소시 철손은 증가하게 된다.
③ 누설 리액턴스 는 주파수에 비례하므로 감소하게 되고 자기 포화 현상으로 인해 여자 전류가 증가, 역률이 나빠지게 된다. [답] ③

23 3상 농형 유도전동기의 속도 제어는 주로 어떤 제어를 사용하는가?
① 사이리스터 제어   ② 2차 저항 제어
③ 주파수 제어   ④ 계자 제어

[풀이]
인버터 시스템을 사용하여 주파수를 변환시켜 속도를 제어하는 방법으로써 선박추진기, 포트모터(방사용 전동기) 등에 사용된다. **[답] ③**

24 60[Hz]로 제작된 3상 유도전동기를 동일한 전압의 50[Hz] 전원으로 사용할 때 나타나는 현상은?
① 자속이 감소한다.
② 속도가 증가한다.
③ 철손이 감소한다
④ 무부하 전류가 증가한다.

[풀이]
① 철손 중 히스테리시스손 $P_h \propto \dfrac{E^2}{f}$의 관계로 주파수 감소시 철손의 증가로 인한 온도가 상승하게 된다.
② 동기속도 $N_s = \dfrac{120f}{p}$의 관계식에서 주파수는 비례관계이므로 감소하게 된다.
③ 철손의 증가로 인하여 철손전류와 자화전류의 합인 무부하 전류는 증가하게 된다. **[답] ④**

25 유도전동기의 토크가 전압의 제곱에 비례하여 변화하는 성질을 이용하여 유도전동기의 속도를 제어하는 것은?
① 극수변환 방식   ② 전원전압 제어법
③ 크래머 방식   ④ 전원주파수 변환법

[풀이]
유도 전동기의 토크는 1차 전압의 제곱에 비례하고 슬립에 반비례하게 되는데 1차 전압을 변화시켜 속도를 제어하는 방법을 1차 전압 제어 또는 전압 제어라 한다. **[답] ②**

26 유도전동기의 회전자에 2차 주파수와 같은 주파수의 전압을 가하여 속도 제어를 하는 방법으로 옳은 것은?
① 2차 여자법   ② 주파수 변환법
③ 2차 저항법   ④ 극수 변환법

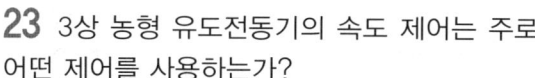

[풀이]
• 2차 여자법 : 유도 전동기의 회전자 권선에 2차 기전력 sE_2와 동일 주파수의 전압 E_c를 가해 그 크기를 조절하므로써 속도를 제어하는 방법 **[답] ①**

27 전동기가 회전하고 있을 때 회전 방향과 반대 방향으로 토크를 발생시켜 갑자기 정지시키는 제동법은?
① 역상제동   ② 회생제동
③ 발전제동   ④ 단상제동
[답] ①

28 3상 유도전동기의 회전방향을 바꾸기 위한 방법으로 가장 옳은 것은?
① △-Y 결선
② 전원의 주파수를 바꾼다.
③ 전동기에 가해지는 3개의 단자 중 어느 2개의 단자를 서로 바꾸어 준다.
④ 기동보상기를 사용한다.

[풀이]
①, ④ 은 기동법에 속하며, ② 은 속도제어법에 속한다. **[답] ③**

29 유도전동기의 제어방법 중 슬립의 범위를 1~2 사이로 하여 제동하는 방법은?
① 역상제동   ② 직류제동
③ 단상제동   ④ 회생제동
[답] ①

30 유도전동기를 이용한 권상기 등에서 일정한 속도 이상으로 되는 것을 방지하는 동시에 전력도 회수할 수 있는 제동법은?
① 단상 제동   ② 발전 제동
③ 플러깅   ④ 회생 제동

[풀이]
① 발전제동 : 제동시 전원으로 분리한 후 직류전원을 연결하면 계자에 고정자속이 생기고 회전자에 교류기전력이 발생하여 제동력이 생긴다. 직류제동이라고도 한다.
② 역상제동(플러깅) : 운전 중인 유도전동기에 회전방향과 반대방향의 토크를 발생시켜서 급속하게 정지시키

는 방법이다.
③ 회생제동 : 제동시 전원에 연결시킨 상태로 외력에 의해서 동기속도 이상으로 회전시키면 유도발전기가 되어 발생된 전력을 전원으로 반환하면서 제동하는 방법이다.
④ 단상제동 : 권선형 유도 전동기에서 2차 저항이 클 때 전원에 단상전원을 연결하면 제동 토크가 발생한다.

[답] ④

31
2극과 8극의 2대의 3상 유도전동기를 차동접속법으로 속도제어를 할 때 전원 주파수가 60[Hz]인 경우 무부하속도 N_0는 몇 [rpm]인가?

① 1800[rpm] ② 1200[rpm]
③ 900[rpm]   ④ 720[rpm]

풀이
유도전동기 속도제어법으로 종속법(농형, 권선형)에는 직렬접속, 병렬접속, 차동접속이 있다.

- 직렬접속 $N_s = \dfrac{120f}{P_1 + P_2}$
- 병렬접속 $N_s = \dfrac{2 \times 120f}{P_1 + P_2}$
- 차동접속 $N_s = \dfrac{120f}{P_1 - P_2}$

$N_s = \dfrac{120f}{P_1 - P_2} = \dfrac{120 \times 60}{8-2} = 1200[rpm]$

[답] ②

32
유도전동기의 속도제어방법에서 특별한 보조 장치가 필요없고 효율이 좋으며, 속도제어가 간단한 장점이 있으나, 결점으로는 속도의 변화가 단계적인 제어방식은?

① 극수 변환법   ② 주파수 변화제어법
③ 전원전압 제어법 ④ 2차 저항 제어법

풀이
유도전동기 속도제어
① 주파수 제어법 : 농형 유도 전동기에 적용되는 방법으로 높은 속도를 원하는 곳에 적합하다. 포트 모터, 선박의 추진기 등에 이용된다.
  ㉠ 인버터 시스템을 이용하여 $N_s = \dfrac{120f}{p}$ 에서 주파수 f를 변환시켜 속도를 제어하는 방법.
  ㉡ VVVF 제어 : 주파수를 가변하면 $\Phi \propto \dfrac{V}{f}$ 와 같이 자속이 변화기 때문에 자속을 일정하게 유지하기 위해 전압과 주파수를 비례하게 가변시키는 제어법을 말한다.

② 전원 전압 제어법 : 전압의 2승에 비례하여 토크는 변화하므로 이것을 이용해서 속도를 바꾸는 제어법으로 전력 전자소자를 이용하는 방법이 최근에 널리 이용되고 있다.
③ 극수 변환법 : 고정자권선의 접속을 바꾸어 극수를 바꾸면 단계적이지만 속도를 바꿀 수 있다.
④ 2차 저항법 : 권선형 유도전동기의 2차에 저항을 삽입하여 비례추이를 이용한 속도제어를 말한다.
⑤ 2차 여자법 : 권선형 유도 전동기 2차 회전자에 2차 유기기전력과 같은 주파수를 갖는 슬립주파수 전압을 가하여 속도를 제어한다.
⑥ 종속법(농형,권선형) : 직렬접속, 병렬접속, 차동접속

[답] ①

33
게르게스현상은 다음 중 어느 기기에서 일어나는가?

① 직류 직권전동기
② 단상 유도전동기
③ 3상 농형 유도전동기
④ 3상 권선형 유도전동기

풀이
유도전동기 이상기동현상
① 게르게스(Grges) 현상(3상권선형 유도기)
  1차는 3상, 2차는 단상일 때 동기속도의 1/2(0.5) 되는 점에서 차동기 토크가 발생하여 정격속도의 $\dfrac{1}{h}$ 의 속도로 회전하는 현상
② 크로우링(Crawling) 현상(차동기 운전)
  낮은 속도에서 운전할 때 자속분포가 고조파에 의한 (-)가 겹쳐 회전자가 가속되지 않아 과대 전류가 흘러 전기자 코일이 소손되는 현상 → 소형 농형 유도기
  • 방지책 : 전동기 슬롯을 사구(skew slot~경사슬롯) 설치

[답] ④

34
3상 권선형 유도전동기의 2차 회로에 저항을 삽입하는 목적이 아닌 것은?

① 속도 제어를 하기 위하여
② 기동 토크를 크게 하기 위하여
③ 기동 전류를 줄이기 위하여
④ 속도는 줄어지지만 최대 토크를 크게 하기위하여

풀이
권선형 유도 전동기의 기동법(2차 저항법) : 2차 회로에 가변 저항기를 접속하고 비례추이의 원리에 의하여 큰 기동 토크를 얻고 기동전류도 억제한다.

[답] ④

35 3상 유도전동기의 설명으로 틀린 것은?
① 전부하 전류에 대한 무부하 전류의 비는 용량이 작을수록 극수가 많을수록 크다.
② 회전자 속도가 증가할수록 회전자측에 유기되는 기전력은 감소한다.
③ 회전자 속도가 증가할수록 회전자 권선의 임피던스는 증가한다.
④ 전동기의 부하가 증가하면 슬립은 증가한다.
풀이
회전자 속도가 증가할수록 슬립 s 가 작아지므로 회전자 권선의 임피던스는 작아진다.
$Z_{2s} = r_a + jsx_2$ [답] ③

36 2차 전압 200[V], 2차 권선저항 0.03[Ω], 2차 리액턴스 0.04[Ω]인 유도전동기가 3[%]의 슬립으로 운전 중이라면 2차 전류[A]는?
① 20   ② 100
③ 200   ④ 254
풀이
$I_2 = \dfrac{sE_2}{\sqrt{r_2^2 + (sX_2)^2}} = \dfrac{0.03 \times 200}{\sqrt{0.03^2 + (0.03 \times 0.04)^2}} = 199.84$
   [답] ③

37 유도 전동기에 기계적 부하를 걸었을 때 출력에 따라 속도, 토크, 효율, 슬립 등이 변화를 나타낸 출력특성곡선에서 슬립을 나타내는 곡선은?
① 1
② 2
③ 3
④ 4

풀이
• 1 : 속도, 2 : 효율, 3 : 토크, 4 : 슬립   [답] ④

38 다음 중 유도전동기에서 비례추이를 할 수 있는 것은?
① 출력   ② 2차동손
③ 효율   ④ 역률

풀이
• 비례추이 가능 : 1,2차 전류, 동기와트, 역률
• 비례추이 불가능 : 효율, 2차 동손, 출력   [답] ④

39 슬립이 일정한 경우 유도전동기의 공급 전압이 1/2로 감소되면 토크는 처음에 비해 어떻게 되는가?
① 2배가 된다.   ② 1배가 된다.
③ 1/2로 줄어든다.   ④ 1/4로 줄어든다.
풀이
유도기 인가전압(V_1) 및 토크(T) 특성 $T \propto V_1^2$ [답] ④

40 유도전동기가 회전하고 있을 때 생기는 손실 중에서 구리손이란?
① 브러시의 마찰손
② 베어링의 마찰손
③ 표유 부하손
④ 1차, 2차 권선의 저항손
풀이
① ②는 기계손중 마찰손이며 ③은 기타손이다. 구리손(동손)은 저항손이라고도 한다.   [답] ④

41 용량이 작은 유도 전동기의 경우 전부하에서의 슬립[%]은?
① 1~2.5   ② 2.5~4
③ 5~10   ④ 10~20
풀이
용량이 작은 소형 유도전동기의 경우 전부하에서 슬립이 5~10[%], 중대형의 경우 2.5~5[%]가 된다.   [답] ③

42 3상 유도 전동기의 2차 저항을 2배로 하면 그 값이 2배로 되는 것은?
① 슬립   ② 토크
③ 전류   ④ 역률
풀이
3상 권선형 유도 전동기의 경우 비례추이의 원리에 의하여 2차 저항이 2배가 되면 슬립도 2배가 된다.
즉, 저항과 슬립비는 불변 $\dfrac{r_2}{s} = \dfrac{r_2 + R}{s'}$ [답] ①

43 슬립 $S=5[\%]$, 2차 저항 $r_2=0.1[\Omega]$인 유도 전동기의 등가 저항 $R[\Omega]$은 얼마인가?

① 0.4 ② 0.5
③ 1.9 ④ 2.0

풀이

$R = \dfrac{1-s}{s} \cdot r_2 = \dfrac{1-0.05}{0.05} \cdot 0.1 = 1.9[\Omega]$ [답] ③

44 3상 유도전동기의 속도제어 방법 중 인버터(inverter)를 이용한 속도 제어법은?

① 극수 변환법 ② 전압 제어법
③ 초퍼 제어법 ④ 주파수 제어법

풀이

주파수 제어법
- 인버터 시스템을 이용하여 $N_s = \dfrac{120f}{p}$ 에서 주파수 f를 변환시켜 속도를 제어하는 방법이다.
- VVVF 제어 : 주파수를 가변하면 $\Phi \propto \dfrac{V}{f}$ 와 같이 자속이 변화기 때문에 자속을 일정하게 유지하기 위해 전압과 주파수를 비례하게 가변시키는 제어법을 말한다.

[답] ④

45 포트 모터의 속도 제어법은?

① 2차 여자법
② 1차 권선의 극수 변환
③ 2차 회로의 저항 가감
④ 전원 주파수 변환

풀이

인견공업에 많이 사용되는 포트 전동기는 연속적 제어와 높은 속도를 얻기 위해 주파수 제어법을 사용하고 있다.

[답] ④

4.6 단상유도전동기

단상유도전동기는 기동토크가 발생하지 않아 기동할 수 없으므로 별도의 기동용 장치를 설치하여 기동한다. 동일한 정격의 3상 유도전동기에 비해 역률과 효율이 매우 나쁘고, 중량이 무거워서 0.75[kW]이하의 가정용과 소동력용으로 많이 사용되고 있다.

1. 단상유도전동기의 기동방법에 의한 분류

(1) 분상기동형

단상전동기에 보조권선(기동권선)을 설치하여 단상전원에 주권선과 기동권선에 위상이 다른 전류를 흘려서 불평형 2상 전동기로서 기동하는 방법

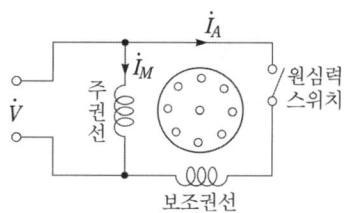

(2) 콘덴서기동형

기동권선에 직렬로 콘덴서를 넣고, 권선에 흐르는 기동전류를 앞선 전류로 하고 운전권선에 흐르는 전류와 위상차를 갖도록 한 것이다. 기동 시 위상차가 2상식에 가까우므로 기동특성을 좋게 할 수 있고, 시동전류가 적고, 시동토크가 큰 특징을 갖고 있다.

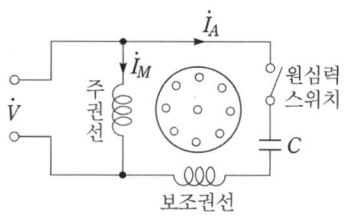

(3) 영구콘덴서용

영구 콘덴서 전동기는 기동 후에도 계속 콘덴서를 사용하기 때문에 역률이 개선되고 효율도 좋아지지만 콘덴서의 값은 최적의 기동 토크와 운전토크를 고려한 값이 되어야 하기에 기동토크가 비교적 작다.

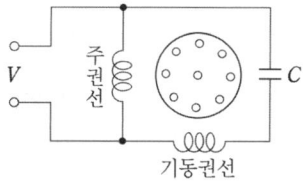

(4) 반발기동형

회전자에 직류전동기 같이 전기자 권선과 정류자를 갖고 있고 브러시를 단락하면 기동시에 큰 기동 토크를 얻을 수 있는 전동기이다.

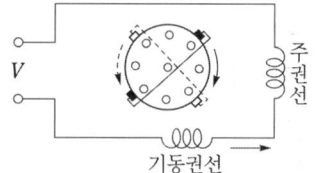

(5) 셰이딩코일형

돌극형 자극의 고정자와 농형 회전자로 구성된 전동기로 자극에 슬롯을 만들어서 단락된 셰이딩 코일을 끼워 넣은 것이다. 구조가 간단하나 기동 토크가 매우 작고 효율과 역률이 떨어지며, 회전 방향을 바꿀 수 없는 큰 결점이 있다.

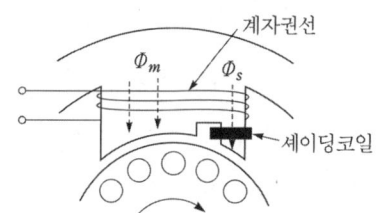

2. 기동 토크가 큰 순서

반발기동형 → 반발유도형 → 콘덴서기동형 → 분상기동형 → 셰이딩코일형

4.7 유도전압조정기

1. 단상유도전압조정기(단권변압기 원리 – 교번자계)
   (1) 분로권선의 위치를 연속적으로 조정하여 θ를 변화시키면 출력측 전압을 연속적으로 조정할 수 있다. $E = E_1 + E_2\cos\theta$이므로 θ에 따른 조정 범위는 $V_2 = V_1 + E_2 \sim V_1 - E_2$가 된다.
   (2) 단락권선 : 직렬권선의 누설리액턴스를 감소시켜 전압강하를 감소시킨다.
   (3) 출력 [kVA]
      ① 정격(자기)용량 : $P_s = E_2 \cdot I_2 \times 10^{-3}$[kVA]
      ② 부하용량 $P_n = V_2 \cdot I_2 \times 10^{-3}$[kVA]
      ③ 자기용량 (조정기 용량) $P_s = P_n \times \dfrac{E_2}{V_1 + E_2}$[VA]
   (4) 입력과 출력 전압 사이에는 위상차가 발생하지 않는다.

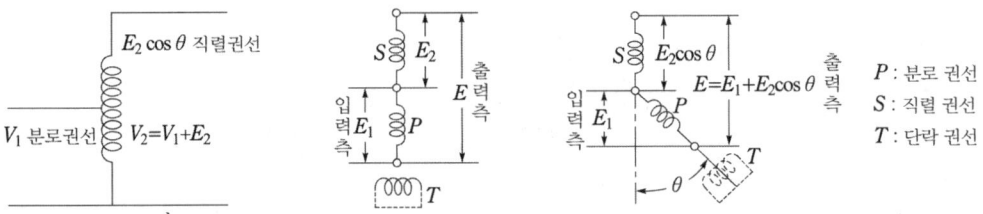

2. 삼상유도전압조정기(회전자계 원리)
   (1) 3상 유도 전압 조정기의 2차측을 구속하고 1차측에 전압을 공급하면, 2차 권선에 기전력이 유기되는데 2차 권선의 각상 단자를 각각 1차측의 각상 단자에 적당하게 접속하면 전압을 조정할 수 있다.
   (2) 출력의 상전압 $E = \sqrt{(E_1 + E_2\cos\theta)^2 + (E_1\sin\theta)^2}$ [V]
   (3) 출력 [kVA]
      ① 조정기 정격출력 $P_s = \sqrt{3}\, E_2 I_2$[VA] (I_2 : 정격전류, E_2 : 조정전압)
      ② 부하용량 $P_n = \sqrt{3}\, V_2 \cdot I_2$[VA]
      ③ 자기용량 (조정기 용량) $P_s = P_n \times \dfrac{E_2}{V_1 + E_2}$[VA]
   (4) 1, 2차 전압에 위상차가 존재한다.
   (5) 단락권선 불필요
   (6) 단상과 3상의 공통점
      ① 1차권선(분로권선), 2차권선(직렬권선)이 분리되어 있다.
      ② 회전자의 위상각으로 전압조정
      ③ 원활한 전압 조정이 이루어진다.

4.8 특수유도기

1. 이중 농형전동기
회전자의 농형권선을 내외 2중으로 설치하여 기동시에는 저항이 높은 외측도체를 이용하여 큰 기동토크를 얻고 완료 후 저항이 적은 내측도체로 흘러 우수한 운전특성을 얻는 전동기
- 외측도체 : 저항이 높은 황동 또는 동니켈 합금
- 내측도체 : 저항이 낮은 전기동 사용

보통 농형은 기동용량이 크고 기동토크는 작은데 이를 보완하기 위해 2중 농형을 사용(기동전류 감소, 기동 토크 증가)함. 기동정지가 빈번한 곳 사용
(외측권선의 저항은 내측보다 크고 리액턴스는 작다.)

2. 디이프슬롯(심구)형 농형전동기
2차 도체로서 회전자의 반경 방향길이가 두께에 비하여 대단히 큰 단면으로 된 것을 사용하는 전동기로서 기동시 표피효과로 일반 농형에 비해 기동특성이 향상되고 기동완료 후 전류분포는 전도체에 균일하게 분포

※ 2중 농형과 심구(深溝, deep)농형 비교
- 심구형 : 이중농형에 비하여 냉각효과가 크고 기동특성은 떨어지나 운전특성(효율, 역률) 우수
- 이중농형 : 기동특성 개선(기동전류감소, 기동 토크 증가, 기동정지가 빈번한 곳 사용)

3. 유도발전기
3상유도전동기의 고정자를 전원에 접속한 대로 다른 원동기에 의해 회전자를 고정자가 만드는 회전자계의 회전방향과 같은 방향으로 동기속도 이상으로 회전시키면 회전자권선은 전동기의 경우와 반대방향으로 회전자속을 자르고 유기기전력 및 전류의 방향은 전동기의 경우와 반대로 되는 발전기
① 회전자계를 발생할 여자전류는 반드시 동기발전기에서 공급받을 것
② 단자 전압은 전원전압과 같고 속도와 무관
③ 주파수는 전원 주파수와 같고 속도와 무관
④ 원동기 속도조정으로 부하전류 가감 (원동기 동력이 없어지면 유도전동기로 공전)
⑤ 진상 부하에만 전력공급
⑥ 3상 선로에 연결하면 자동여자

4. 유도 주파수변환기
권선형 전동기를 주파수 f_1의 전원에 연결하고 동기속도 n_s의 회전자속을 만들고 2차측을 개로한 상태에서 회전자에 외력을 가하여 임의의 속도 n으로 회전시키면 슬립링에 나타나는 2차 주파수 f_2

$$f_2 = sf_1 = \frac{n_s - n}{n_s} f_1$$

- 회전자계와 같은 방향($s<1$)　　$f_2<f_1$
- 회전자계와 반대 방향($s>1$)　　$f_2>f_1$

5. 셀신장치(지시용 싱크로)
기계적인 각도의 변화를 전기적인 방법으로 먼 거리에 있는 장소에 전달해서 원격지시 원격측정에 이용(원격신호, 원격제어 등에 널리 사용되며 수위계, 발전용수차입구 개구도의 원격지시, 자동급탄장치)

6. 리니어모터(회전기의 회전전자력을 직선적인 기계에너지로 변환하는 장치)
(1) 모터자체의 구조가 간단하여 신뢰성이 높고 보수용이
(2) 기어, 벨트 등의 동력변환기구가 불필요하고 직접직선운동이 얻어진다.
(3) 마찰을 거치지 않고 추진력이 얻어진다.
(4) 원심력에 의한 가속제한이 없고 고속을 쉽게 얻을 수 있다.
(5) 회전형에 비하여 역률, 효율이 낮고 저속도를 얻기 힘들고 부하관성의 영향이 크다.

7. 스테핑모터
디지털신호에 비례하여 일정각도만큼 회전하는 모터로서 회전수는 입력펄스 수로 회전속도는 입력펄스의 빠르기로 제어함
(1) 디지털신호로 직접제어하므로 D/A, A/D컨버터가 불필요하고 손쉽게 속도 및 위치제어 가능
(2) 가감변속, 정역전 및 변속이 용이하고 속도제어범위가 넓고 저속에서 큰 토오크를 얻을 수 있다.
(3) 위치제어시 각도오차가 적고 누적되지 않으며 유지보수가 용이하다.
(4) 분해조립 또는 정지위치가 한정되고 서보모터에 비해서 효율이 나쁘다.
(5) 큰 관성부하에 적용이 부적합하고 대용량기기 제작이 어렵다.
(6) 오버슈트 및 진동에 문제가 있고 공진시 전체시스템이 불안정하게 될 수 있다.

8. 서보모터
(1) 기동토크가 크다
(2) 회전자관성모멘트가 작다
(3) 제어권선전압이 0에서는 기동해서는 안되며 정지해야한다.
(4) 직류서보모터의 기동토크는 교류서보모터보다 크다.
(5) 속응성이 좋다, 시정수가 짧다. 기계적 응답이 좋다.
(6) 회전자 팬에 의한 냉각효과를 기대할 수 없다. (열의 발생)

4.9 정류자 전동기

1. 직권특성
(1) 단상 직권 정류자 전동기
　　전기자 및 계자권선의 리액턴스강하 때문에 역률에 따라서 출력이 저하된다. 그러므로 계자권

선 수를 작게하여 인덕턴스를 작게 한다.(약계자 강전기자형)
① 교류·직류 양용으로서 만능 전동기라고 불린다.
② 용도 : 전동공구용
③ 리액턴스 전압(e_r) 일정, 변압기 전압(e_t)는 전류(I)와 비례 $e_t \propto I$
보상권선을 사용하여 변압기기전력을 작게하여 정류작용 개선과 역률저하를 방지한다.

> ※ 역률개선 목적
> - 보상권선 이용
> - 회전속도를 증가(동기속도로 운전)
> - 약계자 강전기자형 사용

(2) 단상 반발 전동기
① 동기속도 부근에서 정류양호 ($s = 0$, $N_s = N$)
② 브러시 이동으로 속도제어
③ 종류
- 애트킨손 전동기
- 톰슨 전동기
- 테리 전동기
- 원드베르그 전동기

(3) 3상 직권 정류자 전동기
① 브러시 이동으로 속도제어
② 중간 변압기 권수비로 전동기 특성 조정
③ 브러시 이동각($\rho = 0$, $\rho = \pi$)일 때 $\tau = 0$, $\rho = 90°$일 때 $\tau =$ 최대
④ 직렬(중간) 변압기 – 권수비조정으로 전동기특성 조정, 직권특성이므로 경부하시 속도상승을 제한, 전원전압의 크기에 관계없이 전류에 맞는 회전자 전압 선택할 수 있다.

2. 분권특성
3상 분권 정류자 전동기(시라게전동기)-브러시이동으로 속도제어 가능
교류분권정류자전동기 특성 – 토크변화에 대한 속도의 변화가 매우 작아 분권특성의 정속도전동기인 동시에 교류가변속도 전동기로서 널리 이용된다.

3. 속도기전력 (강전기자)
$$E_s = \frac{1}{\sqrt{2}} \frac{PZ\psi_m N}{60a}[V] \rightarrow \frac{1}{\sqrt{2}} \frac{PZ\psi_m N}{60a} \sin\delta [V] \quad (\delta : 축과 브러시의 각)$$

4. 정류개선 목적
(1) 저항도선 이용
(2) 저속, 저주파, 저전압일수록 정류양호

2 기출 & 예상문제
제4장 유도전동기(4)

01 단상유도전동기의 특성이라 할 수 없는 것은?
① 보통 기동 장치가 있다.
② 보통 1[HP] 이하가 많다.
③ 동용량의 3상용에 비하여 기동 전류가 작다.
④ 비교적 효율이 좋다.

풀이
단상 유도전동기는 전부하 전류에 대한 무부하 전류의 비율이 대단히 크고, 역률과 효율 및 그 밖의 성능은 동일한 정격의 3상 유도전동기에 비하면 대단히 나쁘고, 중량이 무거우며 가격도 비싸다. [답] ④

02 선풍기, 드릴, 믹서, 재봉틀 등에 주로 사용되는 전동기는?
① 단상 유도전동기
② 권선형 유도전동기
③ 동기전동기
④ 직류 직권전동기

풀이
단상 유도전동기는 전원으로부터 간단하게 사용될 수 있는 편리한 점이 있어 가정용, 소공업용, 농사용 등 주로 0.75[kW] 이하의 소출력용으로 많이 사용된다. [답] ①

03 다음 중 단상 유도전동기의 기동방법에 따른 분류에 속하지 않는 것은?
① 분상 기동형   ② 저항 기동형
③ 콘덴서 기동형   ④ 셰이딩 코일형

풀이
기동방법에 따른 분류
• 분상 기동형   • 콘덴서 기동형
• 콘덴서 운전형   • 반발 기동형
• 반발 유도형   • 셰이딩 코일형
• 모노사이클릭 기동형   [답] ②

04 분상기동형 단상유도전동기의 회전방향을 바꾸려면?
① 주권선 및 기동권선 단자의 접속을 모두 바꾼다.
② 기동권선이나 주권선 중 어느 한 권선의 단자의 접속을 바꾼다.
③ 전원의 두 선을 바꾸어 접속한다.
④ 정지 후 손으로 회전방향을 바꾼 다음에 기동시킨다.

풀이
회전방향을 반대로 할 때는 주권선과 보조권선 중 어느 한쪽의 접속을 반대로 하면 상순서가 바뀌어 회전방향이 바뀐다. [답] ②

05 역률과 효율이 좋아서 가정용 선풍기, 전기세탁기, 냉장고 등에 주로 사용되는 것은?
① 분상 기동형 전동기
② 콘덴서 기동형 전동기
③ 반발 기동형 전동기
④ 셰이딩 코일형 전동기

풀이
기동토크는 반발기동 − 콘덴서 기동 − 분상 기동 − 셰이딩 코일형의 순서로 크기를 가지지만, 특히 이 중 콘덴서 기동형 단상 유도전동기가 역률과 효율이 가장 좋다. [답] ②

06 단상 유도전동기 중에서 콘덴서 기동전동기의 특징은?
① 기동토크가 크다.
② 기동전류가 크다.
③ 소출력의 것에 사용된다.
④ 정류자, 브러시 등을 이용한다.

풀이
콘덴서 전동기의 종류

- 콘덴서 기동형 : 기동특성이 크게 개선되어서 200~300[%]의 기동토크를 얻을 수 있다.
- 콘덴서 기동-콘덴서 운전형 전동기 : 기동시에 가장 적합한 콘덴서의 용량은 운전시 콘덴서 용량의 5~6배 정도가 되며, 기동토크가 크고 운전시 역률이 좋다.
- 영구 콘덴서 전동기 : 기동토크는 적고 운전시의 특성도 양호하지 않지만, 원심력스위치가 필요 없고 가격도 싸므로 큰 기동토크를 요구하지 않는 선풍기, 전기냉장고, 전기세탁기 등에 널리 사용되며 기동토크는 20~100[%]이다.   [답] ①

07 유도전동기에서 회전방향을 바꿀 수 없고, 구조가 극히 단순하며, 기동 토크가 대단히 작아서 운전 중에도 코일에 전류가 계속 흐르므로 소형 선풍기 등 출력이 매우 작은 0.05마력 이하의 소형 전동기에 사용되고 있는 것은?
① 셰이딩 코일형 유도전동기
② 영구 콘덴서형 단상 유도전동기
③ 콘덴서 기동형 단상 유도전동기
④ 분상 기동형 단상 유도전동기

풀이
셰이딩 코일형 전동기
기동토크가 대단히 작고, 운전 중에도 셰이딩 코일에 전류가 흐르기 때문에 역률과 효율이 낮고 속도변동율이 크다. 그러나, 구조가 간단하고 견고하기 때문에 전축, 선풍기, 수10[W] 이하의 소형 전동기에 널리 사용된다.   [답] ①

08 단상 유도전동기의 반발 기동형(A), 콘덴서 기동형(B), 분상 기동형(C), 셰이딩 코일형(D)일 때 기동토크가 큰 순서는?
① A - B - C - D ② A - D - B - C
③ A - C - D - B ④ A - B - D - C

풀이
기동 토크가 큰 순서
반발기동형 → 반발유도형 → 콘덴서기동형 → 분상기동형 → 셰이딩코일형   [답] ①

09 교류정류자 전동기가 아닌 것은?
① 만능 전동기   ② 콘덴서 전동기
③ 시라게 전동기   ④ 반발 전동기
[답] ②

10 단상 유도전압조정기에서 단락 권선의 직접적인 역할은?
① 누설 리액턴스로 인한 전압 강하 방지
② 절연 보호
③ 전압 조정 용이
④ 전압 강하 경감

풀이
- 단락권선 : 2차 권선에 부하 전류가 흐를 때 누설리액턴스 때문에 발생하는 전압강하를 방지하기 위해 설치
[답] ①

11 다음 중 3상 유도 전압 조정기의 정격 출력 [kVA]은? (단, I_2는 정격 2차 전류[A], E_2는 정격 2차 상전압 [V]이다.)
① $\sqrt{3}\,E_2 I_2 \times 10^3$ ② $\sqrt{3}\,E_2 I_2 \times 10^{-3}$
③ $3E_2 I_2 \times 10^3$ ④ $3E_2 I_2 \times 10^{-3}$

풀이
3상 유도 전압 조정기의 용량 $P = \sqrt{3}\,E_2 \cdot I_2 \times 10^{-3}$ [kVA]에서 E_2는 2차 조정 전압을 나타내므로 선간전압이 된다.
∴ $P = \sqrt{3}\,(\sqrt{3}\,E_2) \cdot I_2 \times 10^{-3} = 3E_2 \cdot I_2 \times 10^{-3}$ [kVA]
가 된다.   [답] ④

12 단상 유도전동기의 기동방법 중 기동 토크가 가장 큰 것은?
① 분상 기동형   ② 콘덴서 기동형
③ 반발 기동형   ④ 셰이딩 코일형

풀이
단상 유도전동기 기동 토크가 큰 순서
반발 기동형 → 반발 유도형 → 콘덴서 기동형 → 분상 기동형 → 셰이딩 코일형   [답] ③

13 단상 직권 정류자 전동기의 속도를 고속으로 하는 이유는?
① 전기자에 유도되는 역기전력을 적게 한다.
② 전기자 리액턴스 강하를 크게 한다.
③ 토크를 증가시킨다.
④ 역률을 개선시킨다.

[풀이]
정류자전동기에서 역률을 개선하기위하여 보상권선 이용, 회전속도를 증가하고 약계자 강전기자형을 사용한다.
[답] ④

14 교류 서보전동기(Servo Motor)로 많이 사용되는 것은?
① 콘덴서형 전동기
② 권선형 유도전동기
③ 타여자 전동기
④ 영구자석형 동기전동기

[풀이]
서보모터
① 기동토크가 크다.
② 회전자관성모멘트가 작다.
③ 제어권선전압이 0에서는 기동해서는 안되며 정지해야 한다.
④ 직류서보모터의 기동토크는 교류서보모터보다 크다.
⑤ 속응성이 좋다. 시정수가 짧다. 기계적 응답[답] 좋다.
⑥ 회전자 팬에 의한 냉각효과를 기대할 수 없다(열의 발생).
[답] ④

15 서보(servo) 전동기에 대한 설명으로 틀린 것은?
① 회전자의 직경이 크다.
② 교류용과 직류용이 있다.
③ 속응성이 높다.
④ 기동·정지 및 정회전·역회전을 자주 반복할 수 있다.

[풀이]
서보(servo) 모터의 특징
① 기동토크가 크다.
② 회전자관성모멘트가 작다(회전자의 직경이 작다).
③ 제어권선전압이 0에서는 기동해서는 안되며 정지해야한다.
④ 직류서보모터의 기동토크는 교류서보모터보다 크다.
⑤ 속응성이 좋다. 시정수가 짧다. 기계적 응답[답] 좋다.
⑥ 회전자 팬에 의한 냉각효과를 기대할 수 없다(열의 발생).
[답] ①

16 다음은 콘덴서형 전동기 회로로서 보조 권선에 콘덴서를 접속하여 보조 권선에 흐르는 전류와 주권선에 흐르는 전류의 위상차를 더욱 크게 한 것으로 회로에 사용한 콘덴서의 목적으로 옳지 않는 것은?

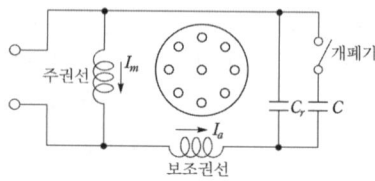

① 정·역 운전에 도움을 준다.
② 운전시에 효율을 개선한다.
③ 운전시에 역률을 개선한다.
④ 기동 회전력을 크게 한다.
[답] ①

17 콘덴서 기동형 단상 유도전동기의 설명으로 옳은 것은?
① 콘덴서를 주 권선에 직렬 연결한다.
② 콘덴서를 기동권선에 직렬 연결한다.
③ 콘덴서를 기동권선에 병렬 연결한다.
④ 콘덴서는 운전권선과 기동권선을 구별하지 않고 연결한다.

[풀이]
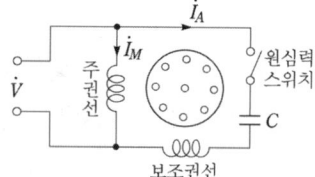

콘덴서 기동형 : 기동권선에 직렬로 콘덴서를 넣고, 권선에 흐르는 기동전류를 앞선 전류로 하고 운전권선에 흐르는 전류와 위상차를 갖도록 한 것이다. 기동 시 위상차가 2상식에 가까우므로 기동특성을 좋게 할 수 있고, 시동전류가 적고, 시동토크가 큰 특징을 갖고 있다.
[답] ②

18 단상 유도전동기에서 주권선과 보조권선을 전기각 2π[rad]로 배치하고 보조권선의 권수를 주권선의 1/2로 하여 인덕턴스를 적게 하여 기동하는 방법은?
① 분상기동형
② 콘덴서기동형
③ 셰이딩코일형
④ 권선기동형

풀이
(1) 분상기동형

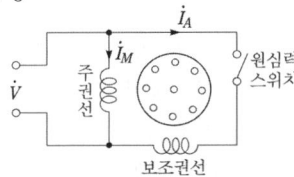

단상전동기에 보조권선(기동권선)을 설치하여 단상전원에 주권선과 기동권선에 위상이 다른 전류를 흘려서 불평형 2상 전동기로서 기동하는 방법

(2) 콘덴서 기동형

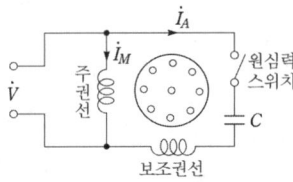

기동권선에 직렬로 콘덴서를 넣고, 권선에 흐르는 기동전류를 앞선 전류로 하고 운전권선에 흐르는 전류와 위상차를 갖도록 한 것이다. 기동 시 위상차가 2상식에 가까우므로 기동특성을 좋게 할 수 있고, 시동전류가 적고, 시동토크가 큰 특징을 갖고 있다.

(3) 셰이딩 코일형

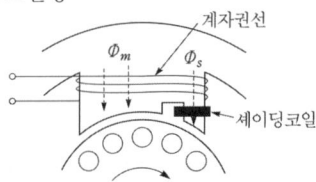

돌극형 자극의 고정자와 농형 회전자로 구성된 전동기로 자극에 슬롯을 만들어서 단락된 셰이딩 코일을 끼워 넣은 것이다. 구조가 간단하나 기동 토크가 매우 작고 효율과 역률이 떨어지며, 회전 방향을 바꿀 수 없는 큰 결점이 있다. **[답] ①**

19 단상 유도전압조정기의 동작 원리 중 가장 적당한 것은?
① 교번자계의 전자유도 작용을 이용한다.
② 두 전류 사이에 작용하는 힘을 이용한다.
③ 충전된 두 물체 사이에 작용하는 힘을 이용한다.
④ 회전자계에 의한 유도작용을 이용하여 2차 전압의 위상 전압 조정에 따라 변화한다.

풀이
단상유도전압조정기(단권변압기 원리-교번자계)
(1) 분로권선의 위치를 연속적으로 조정하여 θ를 변화시키면 출력측 전압을 연속적으로 조정할 수 있다.
$E = E_1 + E_2\cos\theta$ 이므로 θ에 따른 조정 범위는
$V_2 = V_1 + E_2 \sim V_1 - E_2$ 가 된다.

(2) 단락권선 : 직렬권선의 누설리액턴스를 감소시켜 전압강하를 감소시킨다.
(3) 출력 $P_a = E_2 I_2 \times 10^{-3}$ [kVA]
(4) 입력과 출력 전압 사이에는 위상차가 발생하지 않는다. **[답] ①**

20 그림은 교류전동기 속도제어 회로이다. 전동기 M의 종류로 알맞은 것은?

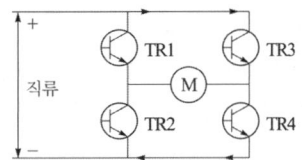

① 단상 유도전동기   ② 3상 유도전동기
③ 3상 동기전동기   ④ 4상 스텝전동기

풀이

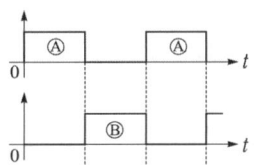

그림은 단상유도전동기의 트랜지스터 이용한 속도제어 회로이다.
트랜지스터의 컬렉터(그림의 TR,) 전류 그래프는 다음과 같다.
Ⓐ 부분은 TR1과 TR4
Ⓑ 부분은 TR2, TR3 **[답] ①**

21 단상 유도전동기 기동장치에 의한 분류가 아닌 것은?
① 분상 기동형
② 콘덴서 기동형
③ 셰이딩 코일형
④ 회전계자형

풀이
회전계자형은 3상 유도전동기에 해당. **[답] ④**

22 그림과 같은 전동기 제어회로에서 전동기 M의 전류방향으로 올바른 것은? (단, 전동기의 역률은 100%이고, 사이리스터의 점호각은 0°)라고 본다.

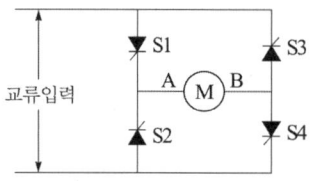

① 항상 "A"에서 "B"의 방향
② 항상 "B"에서 "A"의 방향
③ 입력의 반주기마다 "A"에서 "B"의 방향, "B"에서 "A"의 방향
④ S1과 S4, S2와 S3의 동작 상태에 따라 "A"에서 "B"의 방향, "B"에서 "A"의 방향

[답] ①

23 단상 유도전동기에 보조권선을 사용하는 주된 이유는?
① 역률개선을 한다.
② 회전자장을 얻는다.
③ 속도제어를 한다.
④ 기동전류를 줄인다.

[답] ②

24 용량이 작은 전동기로 직류와 교류를 겸용할 수 있는 전동기는?
① 셰이딩 전동기
② 단상반발 전동기
③ 단상 직권 정류자 전동기
④ 리니어 전동기

풀이
- 단상 직권 정류자 전동기는 : DC(직류) 직권전동기 구조로 되어있다. 단상정류자 전동기는 계자권선과 전기자권선이 직렬 연결되어 있음으로 교류전원이 인가되어도 계자와 전기자 권선이 함께 자극이 변화므로 회전방향은 변화지않고 계속 같은 방향으로 회전하는 전동기이다.
- Linear Motor(선형전동기) : 직선 모양으로 면하는 이동자(移動子)와 고정자 사이에서 추력(推力:미는 힘)을 발생하는 구조의 전동기. 직선 위를 움직이고, 직접 동력을 주며, 높은 가·감속을 가지게 할 수 있기 때문에 고속철도 등에 사용된다.

[답] ③

25 셰이딩코일형 유도전동기의 특징을 나타낸 것으로 틀린 것은?
① 역률과 효율이 좋고 구조가 간단하여 세탁기 등 가정용 기기에 많이 쓰인다.
② 회전자는 농형이고 고정자의 성층철심은 몇 개의 돌극으로 되어 있다.
③ 기동토크가 작고 출력이 수 10[W]이하의 소형 전동기에 주로 사용된다.
④ 운전 중에도 셰이딩코일에 전류가 흐르고 속도변동률이 크다.

풀이
셰이딩코일형 유도전동기의 특징 : 각각의 고정자 자극의 한쪽 끝에 홈을 파서 돌출(salient)극을 만들고 이 돌출극에 셰이딩코일(shading coil)이라는 구리 단락 고리를 끼운 것이다. 이 shading coil에 의해서 회전 자계장이 형성되어 토크가 발생하여 회전하게 된다.
- shading coil형의 특징은 운전 중에도 shading coil에 전류가 흐르므로 효율과 역률이 아주 작으며, 기동 토르크도 작다.
- 구조가 간단하고 견고하지만 회전방향을 변경할 수 없다.
- FCU(fan coil unit)의 fan, 소형 condensing unit의 fan, 소형 선풍기, record player 등에 쓰인다.

[답] ①

26 그림과 같은 분상기동형 단상 유도전동기를 역회전시키기 위한 방법이 아닌 것은?

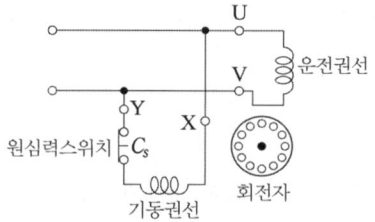

① 원심력 스위치를 개로 또는 폐로한다.
② 기동권선이나 운전권선의 어느 한 권선의 단자접속을 반대로 한다.
③ 기동권선의 단자접속을 반대로 한다.
④ 운전권선의 단자접속을 반대로 한다.

풀이
주권선과 보조권선 중 어느 한쪽의 접속을 전원에 대해서 반대로 함.
※ 원심력 스위치는 기동 때 on 되었다가 정상 회전되면 원심력에 의하여 자동으로 off 되는 스위치이다.

[답] ①

27 그림의 전동기 제어회로에 대한 설명으로 잘못된 것은?

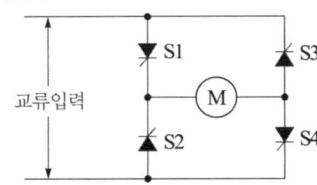

① 교류를 직류로 변환한다.
② 사이리스터 위상제어 회로이다.
③ 전파 정류회로이다.
④ 주파수를 변환하는 회로이다.

풀이

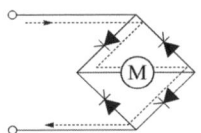

주파수변환 회로는 인버터나 트랜지스터가 필요한데 위의 회로는 SCR 4개로 구성된 전파 정류회로이다. [답] ④

28 다음 설명 중 틀린 것은?
① 3상 유도 전압조정기의 회전자 권선은 분로 권선이고, Y결선으로 되어 있다.
② 디프 슬롯형 전동기는 냉각효과가 좋아 기동 정지가 빈번한 중·대형 저속기에 적합하다.
③ 누설 변압기가 네온사인이나 용접기의 전원으로 알맞은 이유는 수하특성 때문이다.
④ 계기용 변압기의 2차 표준은 110/220[V]로 되어 있다.

풀이
계기용 변압기의 2차 표준전압은 110[V]이다. [답] ④

29 보호계전기 시험을 하기 위한 유의사항이 아닌 것은?
① 시험회로 결선시 교류와 직류 확인
② 시험회로 결선시 교류의 극성 확인
③ 계전기 시험 장비의 오차 확인
④ 영점의 정확성 확인

풀이
교류에서는 극성이 항상 바뀌므로 극성을 확인할 필요가 없다. [답] ②

30 입력으로 펄스신호를 가해주고 속도를 입력펄스의 주파수에 의해 조절하는 전동기는?
① 전기동력계   ② 서보전동기
③ 스테핑전동기   ④ 권선형유도전동기

풀이
스테핑(Stepping) 전동기 : 입력 펄스 수에 대응하여 일정 각도씩 움직이는 전동기. 펄스 수와 전동기 회전각도가 비례하므로 회전각도를 정확하게 제어할 수 있다.
 [답] ③

31 직류 스테핑 모터(DC Stepping Motor)의 특징이다. 다음 중 가장 옳은 것은?
① 교류 동기 서보 모터에 비하여 효율이 나쁘고 토크 발생도 작다.
② 입력되는 전기신호에 따라 계속하여 회전한다.
③ 일반적인 공작 기계에 많이 사용된다.
④ 출력을 이용하여 특수기계의 속도, 거리, 방향 등을 정확하게 제어할 수 있다.

풀이
스테핑(Stepping) 전동기 : 입력 펄스 수에 대응하여 일정 각도씩 움직이는 전동기. 펄스 수와 전동기 회전각도가 비례하므로 회전각도를 정확하게 제어할 수 있다.
 [답] ④

32 교류 동기 서보 모터에 비하여 효율이 훨씬 좋고, 큰 토크를 발생하여 입력되는 각 전기신호에 따라 규정된 각도만큼씩 회전하며, 회전자는 축방향으로 자화된 영구자속으로서 보통 50개 정도의 톱니로 만들어져 있는 것은?
① 전기동력계   ② 유도전동기
③ 직류 스테핑 모터   ④ 동기전동기
 [답] ③

33 자동제어장치의 특수 전기기기로 사용되는 전동기는?
① 전기 동력계
② 3상 유도전동기
③ 직류 스테핑 모터
④ 초동기 전동기

풀이

스테핑 모터
- 입력 단자에 펄스 신호가 들어올 때마다 권선의 여자 전류는 전환되고, 자기 인력 자기 반발력에 의 회전자가 일정한 각도 만큼씩 회전하는 전동기이다.
- 기동 및 정지 특성이 우수하다.
- 종류로는 영구 자석형, 스테핑 전동기, 가변 자기 저항형 스테핑 전동기, 하이브리드형 스테핑 전동기가 있다.

[답] ③

34 교류분권 정류자전동기는 어느 때에 가장 적당한 특성을 가지고 있는가?
① 속도의 연속 가감과 정속도 운전을 아울러 요하는 경우
② 속도를 여러 단으로 변화시킬 수 있고 각 단에서 정속도 운전을 요하는 경우
③ 부하 토크에 관계없이 안전하게 일정 속도를 요하는 경우
④ 무부하와 전부하의 속도변화가 적고 거의 일정 속도를 요하는 경우

풀이

분권전동기와 타여자 전동기가 정속도 특성을 가지고 있다.

[답] ④

35 2중 농형 유도전동기가 보통 농형 전동기에 비하여 다른 점은?
① 기동 전류가 크고, 기동 토크도 크다.
② 기동 전류는 크고, 기동 토크는 적다.
③ 기동 전류가 적고, 기동 토크도 적다.
④ 기동 전류는 적고, 기동 토크는 크다.

풀이

이중 농형전동기(Double Squirrel-Cage Motor : 농형 권선을 안팎 2중으로 설치)
- 회전자의 농형권선을 내외 2중으로 설치하여 기동시에는 저항이 높은 외측도체를 이용하여 큰 기동토크를 얻고 완료 후 저항이 적은 내측도체로 흘러 우수한 운전특성을 얻는 전동기
※ 외측도체 : 저항이 높은 황동 또는 동니켈 합금
※ 내측도체 : 저항이 낮은 전기동 사용
보통 농형은 기동용량이 크고 기동토크는 작은데 이를 보완하기 위해 2중 농형을 사용(기동전류감소, 기동 토오크 증가)함. ~ 기동정지가 빈번한 곳 사용
(외측권선의 저항은 내측보다 크고 리액턴스는 작다)

[답] ④

제 5 장

정류기 및 제어기기

5.1 반도체와 정류소자

1. 진성 반도체
4가(최외각 전자의 수가 4개)의 원자를 말하며, 실리콘(Si)이나 게르마늄(Ge) 등과 같이 불순물이 섞이지 않은 순수한 반도체

2. 불순물 반도체
진성 반도체에다 3가의 원자나 5가의 원자를 섞어 만든 반도체로 하면 진성 반도체와 다른 전기적 성질이 나타낸다. P형과 N형 반도체가 있다.

구 분	첨가 불순물		반송자
P형 반도체	3가 원자 인듐(In), 알루미늄(Al), 갈륨(Ga), 붕소(B)	억셉터 (Acceptor)	정공
N형 반도체	5가 원자 (인P, 비소As, 안티몬Sb)	도너 (Donor)	과잉전자

3. PN 접합 반도체의 정류작용

(1) 정류작용

전압의 방향에 따라 전류를 흐르게 하거나 흐르지 못하게 하는 정류특성을 가진다.

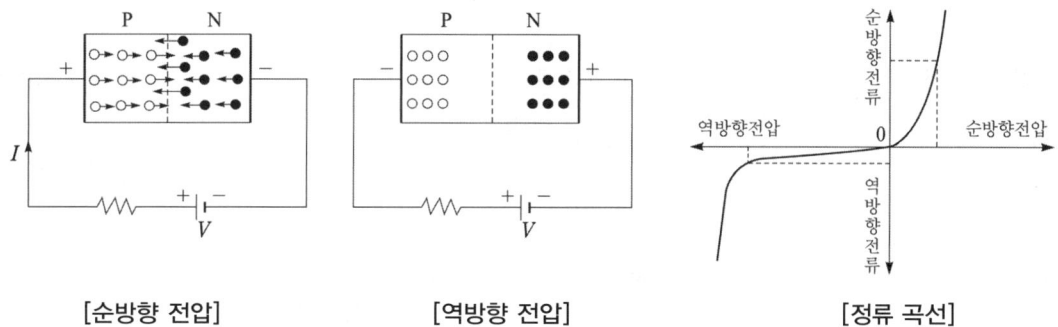

[순방향 전압]　　　　　[역방향 전압]　　　　　[정류 곡선]

4. 다이오드
실리콘 다이오드는 교류를 직류로 변환하는 대표적인 정류소자로 PN접합 반도체에 전극을 붙인 구조

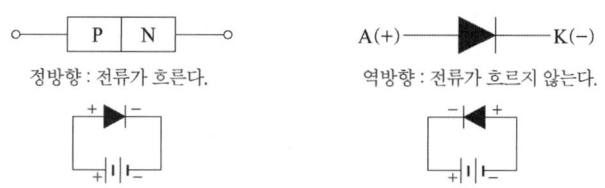

5.2 정류회로

1. 단상 정류회로

(1) 단상반파 정류회로

① 입력 전압의 (+) 반주기만 통전하여(순방향 전압) 반파만 출력된다.

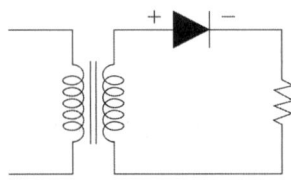 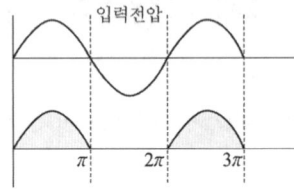

② 출력전압은 사인파 교류 평균값의 반이 된다.

$$E_d = \frac{1}{2\pi}\int_0^\pi \sqrt{2}\,E\sin\theta\,d\theta = \frac{\sqrt{2}}{\pi}E = 0.45E\,[\text{V}]$$

(2) 단상전파 정류회로

① 단상 브리지 전파 정류 회로 : 입력 전압의 (+) 반주기 동안에는 D_1, D_4 통전하고, (−) 반주기 동안에는 D_2, D_3 통전하여 전파 출력한다.

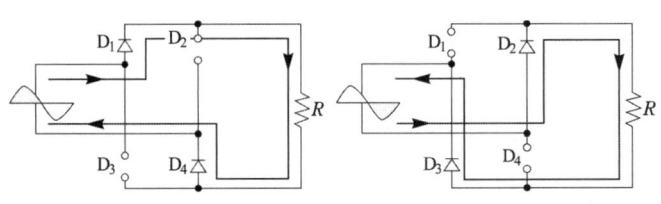 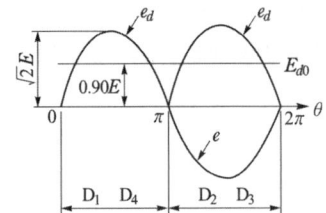

② 출력전압은 사인파 교류 평균값이 된다.

$$E_d = 2\times\frac{1}{2\pi}\int_0^\pi \sqrt{2}\,E\sin\theta\,d\theta = \frac{2\sqrt{2}}{\pi}E = 0.9E$$

③ 변압기 중성점을 이용한 전파 정류 회로

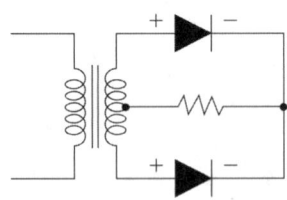 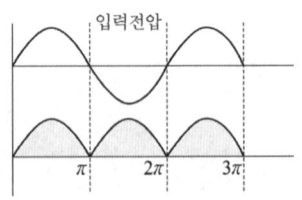

2. 3상 정류회로

(1) 3상 반파 정류회로

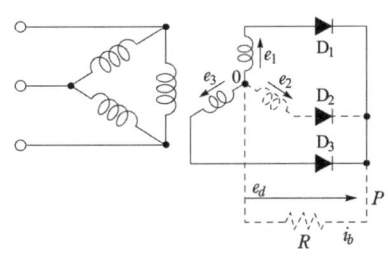
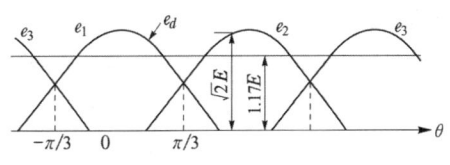

① 직류 전압의 평균값 $E_d = 1.17E$

② 직류 전류의 평균값 $I_d = 1.17\dfrac{E}{R}$

(2) 3상 전파 정류회로

① 직류 전압의 평균값 $E_d = 1.35E$

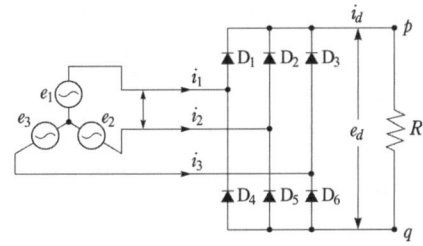

② 직류 전류의 평균값 $I_d = 1.35\dfrac{E}{R}$

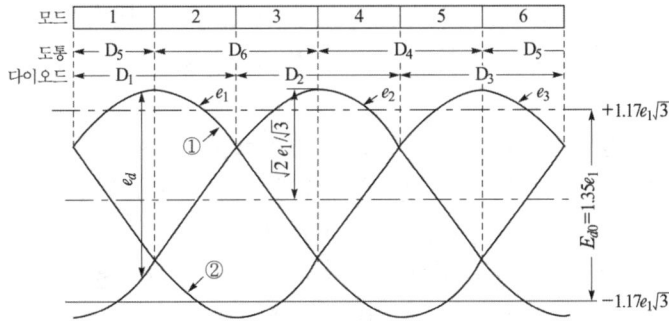

3. 맥동률

(1) 정류된 직류에 포함되는 교류성분의 정도로서, 맥동률이 작을수록 직류의 품질이 좋아진다.
(2) 맥동률[%]: 단상반파(121[%]), 단상전파(48[%]), 3상반파(17[%]), 3상전파(4[%])
(3) 맥동주파수(f): 단상반파(f), 단상전파($2f$), 3상반파($3f$), 3상전파($6f$)

	단상 반파	단상 전파	3상 반파	3상 전파
평균(직류)값	$0.45E$	$0.9E$	$1.17E$	$1.35E$
맥동률	121%	48%	17%	4%
맥동주파수	f	$2f$	$3f$	$6f$
정류효율	40.6%	81.2%	96.7%	99.8%

5.3 사이리스터(thyristor)

1. SCR
(1) PNPN의 4층 구조로 된 사이리스터의 대표적인 소자로서 A(anode), K(cathode) 및 G(gate)의 3개의 단자를 가지고 있다. 게이트에 흐르는 작은 전류로 큰 전력을 제어할 수 있다.

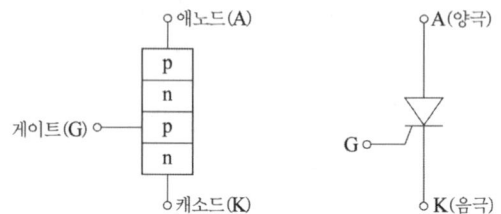

(2) 동작원리
① 위상각 $\theta = \alpha$ 되는 점에서 SCR의 게이트에 트리거 펄스를 가해 주면 그때부터 SCR은 통전 상태가 되고, 직류 전류 i_d가 흐르기 시작한다. $\theta = \pi$에서 전압이 음(-)으로 되면, SCR에는 역으로 전류가 흐를 수 없어서 이때부터 SCR은 소호된다. 다음 주기의 전압이 양(+)으로 되고, 게이트에 신호가 가해지기 전까지 직류측 전압은 나타나지 않는다.

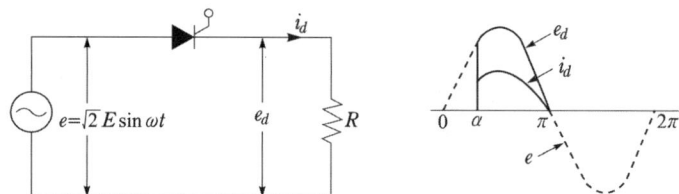

② 제어 정류 작용 : 게이트에 의하여 점호 시간을 조정할 수 있으므로 단순히 교류를 직류로 변환할 뿐만 아니라, 점호 시간을 변화함으로써 출력전압을 제어할 수 있다.

※ SCR의 특징
 (1) SCR ON 조건 : 래칭전류 이상의 전류가 흐르고 게이트에 입력이 주어질 때 ON 된다. 일단 도통된 후 게이트 전류를 차단하여도 계속 도통상태를 유지하며 소자에 역전압이 걸려 흐르던 전류가 멈추면 소호된다.
  ㉮ 래칭전류 : SCR이 ON이 되기 위하여 흘려야 할 애노드전류(순전류)(80[mA] 이상)
  ㉯ 유지전류 : SCR이 ON 상태를 유지하기 위한 애노드의 최소전류
 (2) SCR OFF 조건 : 애노드의 극성을 부(-)로 하거나 유지전류 이하가 되면 OFF가 된다.
 (3) SCR은 직류, 교류 다 제어할 수 있으나, 단일방향으로만 위상 제어된다.
 (4) 게이트에 전류가 증가하면 브레이크 오버 전압은 감소한다.
 (5) 아크가 생기지 않으므로 열의 발생이 적다.
 (6) 과전압에 약하고 열용량이 적어 고온도 약하다.
 (7) 게이트신호를 인가할 때부터 도통할 때까지의 시간이 짧다.
 (8) 전류가 흐르고 있을 때 양극전압강하가 작다.
 (9) 정류기능을 갖는 단일방향성 3단자 소자이다.
 (10) SCR은 항상 역률각보다 큰 범위에서만 제어가 가능하다.

2. 사이리스터의 응용회로

(1) 단상 반파 정류 회로

$$E_d = \frac{\sqrt{2}}{\pi} E\left(\frac{1+\cos\alpha}{2}\right) = 0.45 E\left(\frac{1+\cos\alpha}{2}\right) [\text{V}]$$

(2) 단상 전파 정류 회로

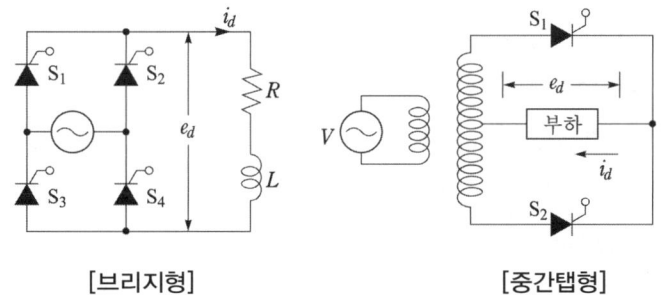

[브리지형]　　　　　[중간탭형]

① 저항만의 부하　$E_d = \dfrac{\sqrt{2}}{\pi} E(1+\cos\alpha) = 0.45E(1+\cos\alpha)[\text{V}]$

② 유도성 부하　$E_d = \dfrac{2\sqrt{2}}{\pi} E\cos\alpha = 0.9E\cos\alpha$

(3) 3상 반파 정류 회로

$$E_d = \frac{3\sqrt{6}}{2\pi} E\cos\alpha = 1.17 E\cos\alpha \text{ (유도성 부하)}$$

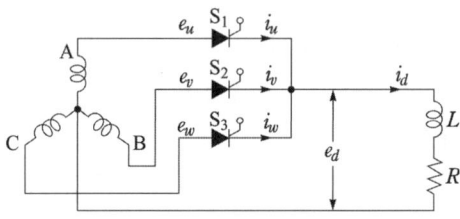

(4) 3상 전파 정류 회로

$$E_d = \frac{3\sqrt{2}}{2\pi} E\cos\alpha = 1.35 E\cos\alpha$$
(유도성 부하)

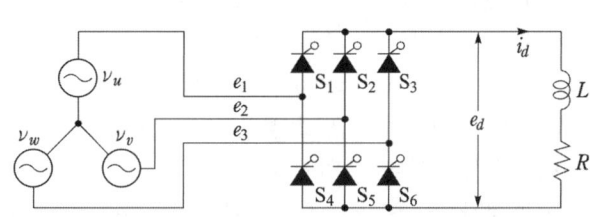

3. 특수 반도체

(1) 서미스터 : 열 민감성 이용 – 온도검출, 조절보상, RC 발진기, 화재탐지
(2) 바리스터 : 전압의 민감성 이용 – 통신선로의 피뢰침, 전자기기 충격전압흡수, 소자의 과전압보호
(3) SCR(Silicon Controlled Rectifier)
    ① PNPN 구조, 역저지 3단자 사이리스터
    ② 위상제어
    ③ 용도 : 대전력 제어, 모터속도제어, 온도조절용,
          정류기, 점화장치

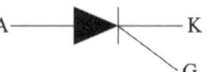

(4) SCS(Silicon Controlled Switch)
    역저지 4단자(P게이트 SCR, N게이트 SCR) 겸용

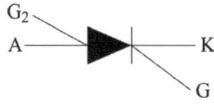

(5) SSS(Silicon Symmetrical Switch)
    ① 순방향, 역방향 대칭적 부특성
    ② 2단자 쌍방성 사이리스터광 장치, 온도제어

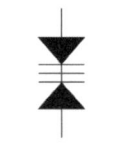

(6) TRIAC(Triode Switch For Ac)
    : 3극 교류제어소자 3단자 쌍방성 사이리스터

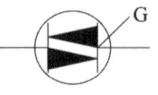

(7) DIAC(Diode Ac Switch)
    ① 쌍방향 부성저항, 2단자
    ② 트리거 펄스 발생소자

(8) GTO(Gate Turn Off Thyristor) : 자기소호 소자
    : 게이트에 흐르는 전류를 점호할 때의 전류와 반대로 흐르게 함으로서 GTO 소호
(9) SUS(Silicon Unilateral Switch)
    ① SCR, 다이오드 조합 3단자 IC 소자, 빠른 턴-온 시간
    ② SUS 2개 역병렬 조합, 쌍방향성
(10) UJT(Unijunction Tr) : 스위칭 회로, 펄스회로, 발진기
(11) 전력용 트랜지스터(Power TR) : 트랜지스터는 npn형과 pnp형 두 가지가 있으며 도통시 컬렉터와 이미터쪽으로만 흐를 수 있고 도통 상태를 유지하기 위해서는 계속 베이스에 전류를 흐르게 해야 한다.(SCR 과 GTO와의 다른점)
(12) MOSFET(metal oxide silicon field effect transistor)
    트랜지스터는 베이스에 주입되는 전류로 제어되는 반면 MOSFET는 게이트와 소스사이의 전압으로 제어하고 트랜지스터에 비하여 스위칭속도가 매우 빠른 이점이 있으나 용량이 적어서 비교적 작은 전력범위에 적용
(13) IGBT(insulated gate bipolar transister)
    MOSFET 와 트랜지스터의 장점을 취한 것으로서
    ① 게이트 구동전력이 매우 낮다.
    ② 소스에 대한 게이트전압으로 도통과 차단을 제어한다.

③ 게이트 구동전력이 매우 낮고 스위칭속도는 FET와 트랜지스터의 중간정도로 빠른 편에 속한다.
④ 용량은 일반 트랜지스터와 동등한 수준이다.

5.4 제어기 및 제어장치

1. 컨버터 회로

교류를 직류로 변환시키는 장치를 정류기 또는 순변환 장치라 하고 컨버터(AC-DC 변환)라 통칭하나 교류-교류(AC-AC변환) 전력 제어 장치에는 주파수의 변화는 없고, 전압의 크기만을 바꾸어 주는 교류 전력제어 장치와 주파수 및 전압의 크기까지 바꾸는 사이클로컨버터(cyclo converter)가 있다.

(1) 교류 전력 제어

전력 제어 회로는 전동기의 속도 제어, 전등의 조광용으로 쓰이는 디머(dimmer), 전기담요, 전기밥솥등의 온도 조절 장치로 많이 이용되고 있다.

(2) 사이클로 컨버터(AC-AC ; 교류변환-주파수변환기)

사이클로 컨버터는 전원 전압의 파형을 조합시켜, 전원보다도 낮은 주파수의 교류를 직접 구하는 방식이므로, 효율은 좋지만 출력 파형의 일그러짐이 크고, 다상방식에서 사이리스터 소자의 이용률이 나쁜 결점이 있고 제어 회로가 복잡하다.

2. 초퍼 회로(DC-DC ; 직류변환)

ON, OFF를 고속도로 반복할 수 있는 스위치를 초퍼(chopper)라고 한다. 이것은 직류 변압기로 쓸 수가 있고, 직류 전력의 제어가 행하여지는 것으로 직류 전동기의 제어 등에 널리 응용된다. 종류에는 승압용 초퍼와 강압용 초퍼가 있다.

3. 인버터 회로(DC-AC ; 역변환)

교류를 직류로 변환시키는 장치를 정류기 또는 순변환 장치라 하는데 비하여, 직류를 교류로 변환하는 장치를 인버터(inverter)또는 역변환 장치라고 한다. 종류에는 단상 인버터와 3상 인버터가 있다.

2 기출 & 예상문제
제5장 정류기 및 제어기기(1)

01 다음 중 반도체로 만든 PN 접합은 주로 무슨 작용을 하는가?
① 증폭작용 ② 발진작용
③ 정류작용 ④ 변조작용

풀이
PN접합에서는 한쪽 방향으로는 전류가 잘 통과하는 반면 그와 반대 방향으로는 전류가 거의 흐르지 않게 된다. 이러한 현상을 정류하고 실리콘 정류 소자에 원리에 해당한다.
[답] ③

02 PN 접합 정류소자의 설명 중 틀린 것은? (단, 실리콘 정류소자인 경우이다.)
① 온도가 높아지면 순방향 및 역방향 전류가 모두 감소한다.
② 순방향 전압은 P형에 (+), N형에 (-) 전압을 가함을 말한다.
③ 정류비가 클수록 정류특성은 좋다.
④ 역방향 전압에서는 극히 작은 전류만이 흐른다.

풀이
• PN접합 정류소자 (다이오드)의 특성
한 쪽 방향(순방향)으로만 전류가 흐를 수 있도록 만들어진 소자 〈P(+) → N(-)〉, 온도에 의한 영향이 적다.
[답] ①

03 다이오드를 사용한 정류회로에서 다이오드를 여러개 직렬로 연결하여 사용하는 경우의 설명으로 가장 옳은 것은?
① 다이오드를 과전류로부터 보호할 수 있다.
② 다이오드를 과전압으로부터 보호할 수 있다.
③ 부하출력의 맥동률을 감소시킬 수 있다.
④ 낮은 전압 전류에 적합하다.

풀이
다이오드를 직렬로 여러개 연결하면 전압이 분배되므로 과전압으로부터 보호할 수 있으며, 병렬로 여러개 연결하면 전류를 분배하므로 과전류로부터 보호할 수 있다.
[답] ②

04 단상반파 정류회로의 전원전압 200[V], 부하저항이 10[Ω]이면 부하전류는 약 몇 [A]인가?
① 4   ② 9
③ 13 ④ 18

풀이
단상반파정류 출력전압
$E_d = \dfrac{\sqrt{2}}{\pi} E = 0.45E = 0.45 \times 200 = 90[V]$
$\therefore I_d = \dfrac{E_d}{R} = \dfrac{90}{10} = 9[A]$
[답] ②

05 단상 브리지 전파 정류 회로의 저항 부하의 전압이 100[V]이면 전원 전압[V]은?
① 111 ② 141
③ 100 ④ 20

풀이
단상전파정류 출력전압
$E_d = \dfrac{2\sqrt{2}}{\pi} E = 0.90 E [V]$ 이므로
$E = \dfrac{E_d}{0.9} = \dfrac{100}{0.9} = 111[V]$
[답] ①

06 전파정류회로의 브리지 다이오드 회로를 나타낸 것은?(단, 보기 항의 브리지 회로에서 왼쪽은 입력, 오른쪽은 출력이다.)

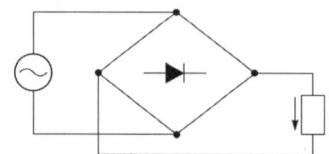

① 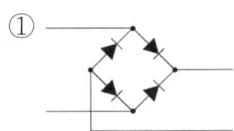 ②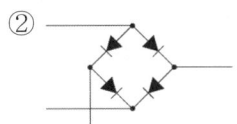

③ 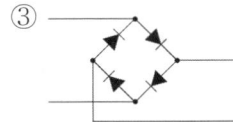 ④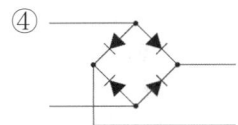

풀이

D_1, D_2, D_3, D_4 4개의 다이오드를 브리지 형태로 연결하고 교류 전압을 인가하면 (+)의 반사이클은 D_1, D_4를 통하고 (−)의 반사이클은 D_2, D_3를 통하여 (+), (−) 전파가 출력에 나타난다. 이때 다이오드의 접속방향은 모두 출력을 향하는 것을 찾으면 된다.

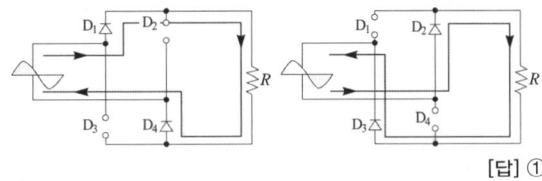

[답] ①

07 3상 교류 100[V]를 전파 정류시킬 때의 평균값[V]은?

① 45 ② 90
③ 135 ④ 300

풀이
$E_d = 1.35E = 1.35 \times 100 = 135[\text{V}]$ [답] ③

08 상전압 300[V]의 3상 반파 정류 회로의 직류 전압[V]은?

① 350 ② 283
③ 200 ④ 171

풀이
$E_d = 1.17E = 1.17 \times 300 ≒ 350[\text{V}]$ [답] ①

09 사이리스터를 이용한 정류 회로에서 직류 전압의 맥동률이 가장 작은 회로는?

① 단상 반파 정류 회로
② 단상 전파 정류 회로
③ 3상 반파 정류 회로
④ 3상 전파 정류 회로

풀이

정류 종류	단상 반파	단상 전파	3상 반파	3상 전파
평균(직류)값	$0.45E$	$0.9E$	$1.17E$	$1.35E$
맥동률	121[%]	48[%]	17[%]	4[%]
맥동주파수	f	$2f$	$3f$	$6f$
정류효율	40.6[%]	81.2[%]	96.7[%]	99.8[%]

[답] ④

10 60[Hz] 3상 반파정류 회로의 맥동 주파수 [Hz]는?

① 360 ② 180
③ 120 ④ 60

풀이
3상 반파 정류 방식의 맥동주파수 $= 3f = 3 \times 60 = 180[\text{Hz}]$ [답] ②

11 다음 중 SCR 기호는?

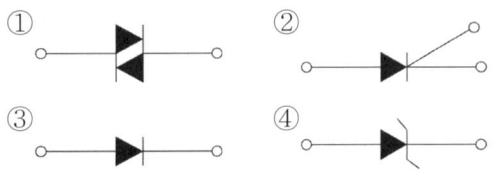

풀이
① DIAC ② SCR
③ 다이오드 ④ 제너다이오드   [답] ②

12 SCR의 설명 중 옳지 않은 것은?

① 스위칭 소자이다.
② P-N-P-N 소자이다.
③ 쌍방향성 사이리스터이다.
④ 직류, 교류, 전력 제어용으로 사용한다.

풀이
SCR은 순방향 시 Gate신호에 의해 스위칭하고 역방향 시에는 전류가 흐르지 않는 단일 방향성 역저지 3단자 소자이다.   [답] ③

13 게이트(Gate)에 신호를 가해야만 동작되는 소자는?

① SCR ② SSS
③ UJT ④ DIAC

[답] ①

14 트라이액(Triac) 기호는?

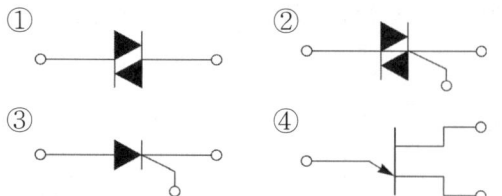

풀이
① DIAC   ② TRIAC
③ SCR   ④ UJT   [답] ②

15 2방향성 3단자 사이리스터는 어느 것인가?
① SCR   ② SSS
③ SCS   ④ TRIAC

풀이
① 1방향성 3단자
② 2방향성 2단자
③ 1방향성 4단자
④ 2방향성 3단자   [답] ④

16 그림의 기호는?
① SCR
② TRIAC
③ IGBT
④ GTO

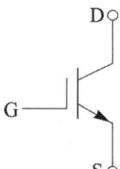

[답] ③

17 다음 중 자기소호 제어용 소자는?
① SCR   ② TRIAC
③ DIAC   ④ GTO

풀이
• GTO(Gate Turn Off) : 게이트 신호가 (+)이면 도통하고 (−)이면 자기소호하는 반도체 소자로 직류 및 교류 제어용소자로 이용된다.   [답] ④

18 단상 전파정류 회로에서 $\alpha = 60°$일 때 정류전압은 약 몇 [V]인가?(단, 전원 측 실효값 전압은 100[V]이며 유도성부하를 가지고 있다.)
① 15   ② 22
③ 35   ④ 45

풀이
유도성부하 $E_d = \frac{2\sqrt{2}}{\pi} E \cos\alpha = 0.9 E \cos\alpha = 45[V]$
            [답] ④

19 직류전압을 직접 제어하는 것은?
① 단상 인버터   ② 3상 인버터
③ 초퍼형 인버터 ④ 브리지형 인버터

풀이
초퍼(Chopper)는 직류를 다른 크기의 직류로 변환하는 장치이다.   [답] ③

20 다음 중 초퍼에 사용되는 소자로 가장 좋은 것은?
① GTO   ② TRIAC
③ SCR   ④ LASCR

풀이
강압형 및 승압형 초퍼를 구성하기 위해서는 스위칭 소자의 ON, OFF가 가능하여야 하며 이에 SCR, GTO, 파워 트랜지스터 등이 이용되나, SCR은 정류 회로가 부착되어야 하고 신뢰성이 떨어지는 문제가 있어 잘 사용하지 않는다.   [답] ①

21 반도체 사이리스터에 의한 전동기의 속도 제어 중 주파수 제어는?
① 초퍼 제어
② 인버터 제어
③ 컨버터 제어
④ 브리지 정류 제어

풀이
• 인버터 : 직류를 교류로 변환하는 장치로서 주파수를 변환시켜 전동기 속도제어와 형광등의 고주파 점등이 가능하다.   [답] ②

22 직류를 교류로 변환하는 장치는?
① 정류기   ② 충전기
③ 순변환 장치   ④ 역변환 장치

풀이
교류를 직류로 변환시키는 장치를 정류기 또는 순변환장치라 하는데 비하여, 직류를 교류로 변환하는 장치를 인버터(Inverter) 또는 역변환장치라 한다.   [답] ④

23 사이클로 컨버터(cyclo converter)란?
① 실리콘 양방향성 소자이다.
② 제어 정류기를 사용한 주파수 변환기이다.
③ 직류 제어 소자이다.
④ 전류 제어 소자이다.

풀이
사이클로 컨버터란 정지 사이리스터 회로에 의해 전원 주파수와 다른 주파수의 전력으로 변환시키는 직접 회로 장치이다.　　　　　　　　　　　　　　　　　　[답] ②

24 직류를 교류로 변환하는 장치이며, 다시 정의하면 상용 전원으로부터 공급된 전력을 입력받아 자체 내에서 전압과 주파수를 가변시켜 전동기에 공급함으로써 전동기 속도를 고효율로 용이하게 제어하는 일련의 장치를 무엇이라 하는가?
① 진자집촉기　　② EOCR
③ 인버터　　　　④ SCR

풀이
직류를 교류로 변환하는 장치를 인버터(Inverter) 또는 역변환 장치라고 한다.　　　　　　　　[답] ③

25 220[V]의 교류전압을 배전압 정류할 때 최대 정류전압은?
① 약 440[V]　　② 약 566[V]
③ 약 622[V]　　④ 약 880[V]

풀이
최대 정류전압 $= 2V_m = 2 \times \sqrt{2} \times 220 = 622[V]$

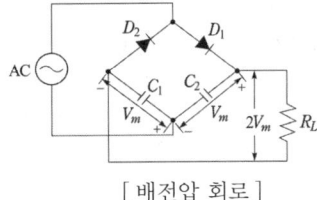
[배전압 회로]

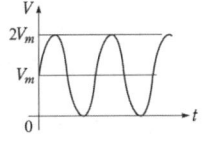

　　　　　　　　　　　　　　　　　　[답] ③

26 SCR에 대한 설명으로 옳지 않은 것은?
① 대전류 제어 정류용으로 이용된다.
② 게이트전류로 통전전압을 가변시킨다.
③ 주전류를 차단하려면 게이트전압을 영 또는 부(-)로 해야 한다.
④ 게이트전류의 위상각으로 통전전류의 평균값을 제어시킬 수 있다.

풀이
SCR은 단방향성 3단자 소자로 $V_{AK} > 0$일 때 게이트 양의 펄스에 의해 턴온 되며, 턴 오프는 V_{AK}에 역방향 전압을 인가하거나, 애노드 전류를 유지전류 이하로 떨어뜨리면 된다.　　　　　　　　　　　　　　[답] ③

27 트라이액에 대한 설명 중 틀린 것은?
① 3단자 소자이다.
② 항상 정(+)의 게이트 펄스를 이용한다.
③ 두 개의 SCR을 역병렬로 연결한 것이다.
④ 게이트를 갖는 대칭형 스위치이다.

풀이
TRIAC는 양방향 도통이 가능하며, 일반적으로 AC 위상제어에 사용된다. 두 개의 SCR을 게이트 공통으로 하여 역병렬 연결한 것이다. 게이트 트리거 단자가 하나로 되어 있기 때문에 트리거 회로가 간단해진다.
• 2개의 병렬 연결된 SCR로서 작용
• 트라이액은 양방향 사이리스터 소자이며 래치소자이다.
• MT_1, MT_2 : 주단자,　G : 제어단자
• 게이트 펄스는 게이트(G)와 주단자(MT_1) 사이로 입력한다.
• 양의 전류 방향에는 양의 펄스가 음의 전류 방향에는 음의 펄스가 사용된다.　　　　　　　　[답] ②

28 사이리스터의 유지전류(holding current)에 관한 설명으로 옳은 것은?
① 사이리스터가 턴온(turn on) 하기 시작하는 순전류
② 게이트를 개방한 상태에서 사이리스터가 도통 상태를 유지하기 위한 최소의 순전류
③ 사이리스터의 게이트를 개방한 상태에서 전압을 상승하면 급히 증가하게 되는 순전류
④ 게이트 전압을 인가한 후에 급히 제거한 상태에서 도통 상태가 유지되는 최소의 순전류

풀이
• 유지전류 : 게이트를 개방한 상태에서 사이리스터가 도통 상태를 유지하기 위한 최소의 순전류
• 래칭전류 : 사이리스터가 턴온(turn on) 하기 시작하는 순전류　　　　　　　　　　　　　　[답] ②

29 애벌런치 항복 전압은 온도 증가에 따라 어떻게 변화하는가?
① 감소한다.
② 증가한다.
③ 증가했다 감소한다.
④ 무관하다.

풀이
애벌런치(Avalanche) 항복전압(Breakdown Voltage) : 전자에서 항복이란 말은 역전압을 가했을 때 처음에는 전류가 거의 흐르지 않다가, 어느 정도의 고전압에서 갑자기 전류가 흐르기 시작하는 것을 말하며 이때의 전압을 항복전압이라고 한다. 애벌런치는 '눈사태'란 의미로 눈사태처럼 급격하게 다이오드 접합의 항복을 일으키게 하는 현상. **[답] ②**

30 단상 220[V], 60[Hz]의 정현파 교류전압을 점호각 60°로 반파 위상제어 정류하여 직류로 변환하고자 한다. 순저항 부하시 평균 출력전압은 약 몇 [V]인가?
① 74[V]   ② 84[V]
③ 92[V]   ④ 110[V]

풀이
• 단상 반파 정류 회로
$$E_d = \frac{\sqrt{2}}{\pi}E\left(\frac{1+\cos\alpha}{2}\right) = 0.45E\left(\frac{1+\cos\alpha}{2}\right)$$
$$= 0.45 \times 220\left(\frac{1+\cos 60}{2}\right) = 74.25[V]$$
• 단상전파 정류회로
① 저항만의 부하
$$E_d = \frac{\sqrt{2}}{\pi}E(1+\cos\alpha) = 0.45E(1+\cos\alpha)[V]$$
② 유도성 부하
$$E_d = \frac{2\sqrt{2}}{\pi}E\cos\alpha = 0.9E\cos\alpha$$ **[답] ①**

31 사이리스터에 관한 설명이다. 옳지 않은 것은?
① 사이리스터를 턴 온 시키기 위해 필요한 최소한의 순방향 전류를 래칭전류라 한다.
② 도통 중인 사이리스터에 유지전류 이하가 흐르면 사이리스트는 턴 오프 된다.
③ 유지전류의 값은 항상 일정하다.
④ 래칭전류는 유지전류보다 크다.

풀이
• 브레이크 오버(Break Over) 전압에서 소자는 도통(on)상태가 된다.
• 유지(Holding) 전류 이상이 되면 순방향도통 상태를 계속 유지하고 있다.
• 래칭(Latching) 전류는 유지(Holding) 전류보다 크다. **[답] ③**

32 전파제어 정류회로에 사용하는 쌍방향성 반도체 소자는?
① SCR   ② SSS
③ UJT   ④ PUT

풀이
• 단방향성 : SCR, GTO, SCS, LASCR
• 쌍방향성 : SSS, TRIAC, DIAC, SBS
SSS는 브레이크 오버 전압 이상의 펄스를 줌으로써 온 시킬 수 있어 SCR과 같이 과전압이 걸려도 파괴되는 일 없이 온(on)이 된다(쌍방향 2단자 사이리스터) **[답] ②**

33 그림과 같은 회로에서 위상각 θ = 60°의 유도부하에 대하여 점호각 α를 0°에서 180°까지 가감하는 경우 전류가 연속되는 α의 각도는 몇 °까지인가?
① 90
② 60
③ 45
④ 30

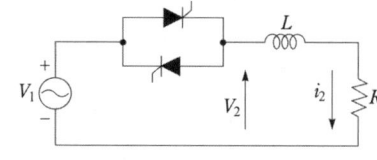

풀이
단상전파정류회로 유도성부하
$$E_d = 0.9E\cos\alpha, \quad I_d = \frac{E_d}{R} = \frac{0.9E\cos\alpha}{R}$$
이며 전류가 연속되는 각도가 출력이 존재하는 각도이므로 θ = α에서 출력이 시작되어 π(180)까지 출력이 된다. **[답] ②**

34 래칭전류(Latching Current)를 올바르게 설명한 것은?
① 사이리스터를 온 상태로 스위칭 시킨 후의 애노드 순저지 전류
② 사이리스터를 턴-온 시키는데 필요한 최소의 양극 전류

③ 사이리스터를 온 상태로 유지시키는데 필요한 게이트 전류
④ 유지전류보다 조금 낮은 전류값

풀이
- 유지전류 : 게이트를 개방한 상태에서 사이리스터가 도통 상태를 유지하기 위한 최소의 순전류
- 래칭전류 : 사이리스터가 턴온(turn on) 하기 시작하는 순전류

[답] ②

35 직류를 교류로 변환하는 장치이며, 상용 전원으로부터 공급된 전력을 입력받아 자체 내에서 전압과 주파수를 가변시켜 전동기에 공급함으로서 전동기 속도를 고효율로 용이하게 제어하는 장치를 무엇이라 하는가?
① 컨버터 ② 인버터
③ 초퍼   ④ 변압기

풀이
전력변환방식
① AC-DC Converter(순변환) : 제어정류기(Controlled Rectifier)
② AC-AC Converter(교류변환) : 교류전압제어기, 사이클로컨버터
③ DC-DC Converter(직류변환) : Chopper, 스위칭 레귤레이터
④ DC-AC Converter(역변환) : Inverter

[답] ②

36 사이리스터의 턴오프에 관한 설명이다. 가장 적합한 것은?
① 사이리스터가 순방향 도전상태에서 역방향 저지상태로 되는 것
② 사이리스터가 순방향 도전상태에서 순방향 저지상태로 되는 것
③ 사이리스터가 순방향 저지상태에서 역방향 도전상태로 되는 것
④ 사이리스터가 순방향 저지상태에서 순방향 도전상태로 되는 것

풀이
턴온(turn on): 사이리스터가 역방향 저지상태에서 순방향 도전상태로 되는 것

[답] ①

37 ON, OFF를 고속도로 변환할 수 있는 스위치이고 직류변압 등에 사용되는 회로는 무엇인가?
① 초퍼 회로   ② 인버터 회로
③ 컨버터 회로 ④ 정류기 회로

[답] ①

38 전압을 일정하게 유지하기 위해서 이용되는 다이오드는?
① 발광 다이오드   ② 포토 다이오드
③ 제너 다이오드   ④ 바리스터 다이오드

[답] ③

39 다음 중 전력 제어용 반도체 소자가 아닌 것은?
① LED   ② TRIAC
③ GTO   ④ IGBT

[답] ①

40 다음 사이리스터 중 3단자 형식이 아닌 것은?
① SCR   ② GTO
③ DIAC ④ TRIAC

풀이
- SCR   • GTO   • DIAC   • TRIAC

[답] ③

41 통전 중인 사이리스터를 턴 오프(turn off) 하려면?
① 순방향 Anode 전류를 유지전류 이하로 한다.
② 순방향 Anode 전류를 증가시킨다.
③ 게이트 전압을 0 또는 -로 한다.
④ 역방향 Anode 전류를 통전한다.

풀이
- 유지전류란 사이리스터가 통전을 유지하도록 하는 최소한의 전류이다.

[답] ①

42 다음 그림에 대한 설명으로 틀린 것은?

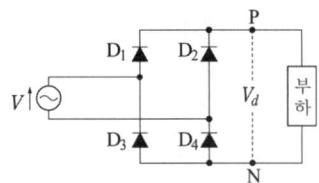

① 브리지(bridge) 회로라고도 한다.
② 실제의 정류기로 널리 사용된다.
③ 반파 정류회로라고도 한다.
④ 전파 정류회로라고도 한다.

풀이
위 회로는 브리지 형태의 전파정류 회로이다.

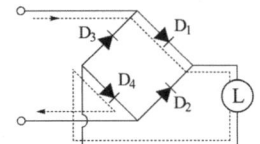

[답] ③

43 그림의 정류회로에서 다이오드의 전압강하를 무시할 때 콘덴서 양단의 최대전압은 약 몇 [V]까지 충전 되는가?

① 70
② 141
③ 280
④ 352

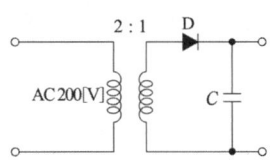

풀이
단상반파 정류 최대값(맥동률 121[%]) : $\sqrt{2} \cdot E$
– 변압비 2:1에 의해 2차측 $E = 100[V]$
$\sqrt{2} \times 100 = 141[V]$

[답] ②

44 3상 전파 정류회로에서 전원 250[V]일 때 부하에 나타나는 전압[V]의 최대값은?

① 약 177
② 약 292
③ 약 354
④ 약 433

풀이
• 3상전파정류에 의해 나타나는 부하의 최대값
$E_m = \sqrt{2} E_0 = \sqrt{2} \times 250 = 354$

[답] ③

45 역저지 3단자에 속하는 것은?
① SCR
② SSS
③ SCS
④ TRIAC

풀이
사이리스터의 분류

단자수	저지	스위칭
2	역저지 2단자 사이리스터 (pnpn스위치)	쌍방향 2단자 사이리스터 (SSS, DIAC)
3	역저지 3단자 사이리스터 (SCR, GTO, LASCR)	쌍방향 3단자 사이리스터 (TRIAC)
4	역저지 4단자 사이리스트(SCS)	–

[답] ①

46 3단자 사이리스터가 아닌 것은?
① SCS
② SCR
③ TRIAC
④ GTO

풀이
• SCS는 단방향 4단자

[답] ①

47 그림은 전력제어 소자를 이용한 위상제어 회로이다. 전동기의 속도를 제어하기 위해서 '가'부분에 사용되는 소자는?

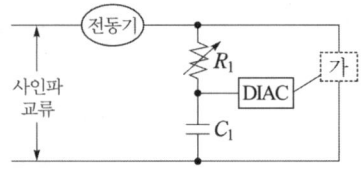

① 전력용 트랜지스터
② 제너 다이오드
③ 트라이액
④ 레귤레이터 78XX 시리즈

풀이
C_1 콘덴서 충전전압이 다이액의 임계전압을 넘어서면 다이액을 통해 트라이액의 게이트를 통과하여 충전전압이 인가되고 트라이액이 도통됨.

[답] ③

전기설비

제 1 장

배선재료 및 공구

1.1 전선 및 케이블

1. 전선

(1) 전선의 구비조건

① 도전율이 높을 것
② 기계적 강도 및 가요성이 풍부할 것
③ 내구성이 클 것
④ 비중이 작을 것
⑤ 가격이 저렴할 것
⑥ 시공 및 보수의 취급이 용이할 것

전선 약호	
연동선	A
경동선	H
강심알루미늄연선	ACSR

(2) 단선과 연선

① 단선 : 전선의 도체가 한 가닥으로 이루어진 전선
② 연선 : 여러 가닥의 소선을 꼬아 합쳐서 된 전선

㉮ 총 소선수 : $N = 3n(n+1) + 1$[개]

층수(n)	1	2	3	4	5
총 소선수(N)	7	19	37	61	91

37/3.2 (총 소선수 37개에 소선 1개가 3.2[mm]인 전선)

㉯ 연선의 바깥지름 : $D = (2n+1)d$[mm]

㉰ 연선의 총 단면적 $A = aN$[mm^2]

여기서, n : 중심 소선을 뺀 층수
d : 소선의 지름
a : 전선 한 가닥의 단면적[mm^2]

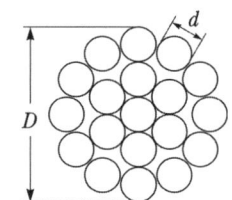

[연선의 단면]

	구 성		굵기의 명칭	종 류
단선	전선의 단면이 소선 1개로 구성		지름(경동선)[mm]	1.2, 1.6, 2.0, 2.6, 3.2, 4[mm]등
			단면적(연동선)[mm^2]	1.5, 2.5, 4, 6, 10, 16[mm^2]등
연선	여러 단선을 꼬아서 만든 것		공칭단면적[mm^2]	0.9[mm^2]~1000[mm^2] 26종

2. 전선의 종류와 용도

(1) 전선분류

전선에는 절연전선, 코드, 케이블로 나눌 수가 있고, 사용되는 도체로는 구리(동), 알루미늄, 철(강)등이 있으며, 절연체로는 합성수지, 고무, 섬유 등이 사용된다.
- 450/750[V] 비닐절연전선
- 450/750[V] 저독난연 폴리올레핀 절연전선
- 450/750[V] 고무절연전선

(2) 절연전선의 종류와 약호

명 칭	약 호
450/750[V] 일반용 단심 비닐 절연전선	NR
450/750[V] 일반용 유연성 비닐절연전선	NF
300/500[V] 기기 배선용 단심 비닐절연전선(70[℃])	NRI(70)
300/500[V] 기기 배선용 유연성 단심 비닐절연전선(70[℃])	NFI(70)
300/500[V] 기기 배선용 단심 비닐절연전선(90[℃])	NRI(90)
300/500[V] 기기 배선용 유연성 단심 비닐절연전선(90[℃])	NFI(90)
750[V] 내열성 고무 절연전선(110[℃])	HR(0.75)
300/500[V] 내열 실리콘 고무 절연전선(180[℃])	HRS
옥외용 비닐 절연전선	OW
인입용 비닐 절연전선	DV
형광방전등용 비닐전선	FL
비닐절연 네온전선	NV
6/10[kV] 고압 인하용 가교 폴리에틸렌 절연전선	PDC
6/10[kV] 고압 인하용 가교 EP 고무절연전선	PDP

① 450/750[V] 일반용 단심 비닐절연전선 (NR/종전 IV전선)
- 사용전압 600[V] 이하의 전기회로에 사용된다.
- 허용온도는 60[℃] 이하이다.
- 내수성, 내유성, 내약품성이 좋다.
- 색깔은 검정, 흰색, 빨강, 파랑, 초록, 노랑, 보라, 황적 및 회색의 9종류

② 450/750[V] 내열성 에틸렌 아세테이트 고무절연전선(HR/ 종전 RB전선)
- 주로 옥내용이므로 600[V] 이하의 전기회로에 사용된다.

③ 옥외용 비닐 절연전선(outdoor poly-chloride insulated wire : OW선)
- 경동선에 염화비닐 수지를 피복한 것으로 가공선로에 사용한다.

④ 인입용 비닐 절연 전선(poly-vinyl chloride insulated drop wire : DV선)
- 저압가공 인입선, 옥외 조명용 가공선 등에 사용한다.(흑색, 녹색, 청색)

⑤ 플루오르 수지 절연 전선(fluorine insulated wire)
- 테플론(teflon)으로 피복한 것이다.
- 내열성이 우수하고 기계적 강도가 크다.

⑥ 폴리에틸렌 절연 전선(polyethylene insulated wire : IC선)
- 내식성이 우수하다.
- 600[V] 이하에 사용된다.

⑦ 형광등 전선
- 주석 도금한 0.75[mm^2](30/0.18)〈총소선수/소선1개 규격〉의 연동 연선에 염화비닐 수지를 1.6[mm] 두께로 피복한 것이다.
- 형광 방전등의 관등로 전압 1000[V] 이하에 사용한다.
- 비닐코드 또는 비닐 절연 전선과 구별하기 위하여 전선표면에 1000[V] 형광 방전등 전선(약호 1000VFL)의 기호가 표시되어 있다.

⑧ 네온 전선(neon cord)
- 네온 관등회로의 고압측 배선에 쓰인다.
- 7500[V]용과 15000[V]용이 있다.
- 네온 전선의 규격

명 칭	기 호
15[kV] 고무, 비닐, 네온 전선	15[kV] N-RV
15[kV] 고무, 클로로프렌, 네온 전선	15[kV] N-RC
15[kV] 폴리에틸렌, 비닐, 네온 전선	15[kV] N-EV
7.5[kV] 고무, 비닐 네온 전선	7.5[kV] N-RV
7.5[kV] 고무, 클로로프렌, 네온 전선	7.5[kV] N-RC
7.5[kV] 폴리에틸렌, 비닐, 네온 전선	7.5[kV] N-EV
7.5[kV] 비닐, 네온 전선	7.5[kV] N-V

[비고] N : 네온 전선, R : 고무, V : 비닐, C : 클로로프렌, E : 폴리에틸렌

(3) 코드
① 소형 전기기계·기구에 접속하는 이동전선에 사용되는 것으로 소선의 굵기가 아주 얇아서 전선 자체가 부드러우나, 기계적 강도가 약하다.
② 재질 : 취급이 편리하도록 충분한 가요성을 가져야 하므로, 심선에 주석 도금한 연동선을 여러 가닥으로 꼬아서 만든다.
③ 코드 및 형광등 전선의 허용전류

도체	공칭단면적 [mm^2]	0.75	1.25	2.0	3.5	5.5	금사코드
	소선수/지름 [본/mm]	30/0.18	50/0.18	37/0.26	45/0.32	70/0.32	
	허용전류 [A]	7	12	17	23	35	0.5

④ 종류 : 고무코드, 비닐코드, 내열비닐코드, 고무캡타이어코드, 비닐절연 비닐캡타이어코드, 금사코드 등이 있다
  ㉮ 고무코드 : 공칭단면적 0.75~5.5[mm^2]의 심선에 고무 절연을 하고 실로 겉을 편조한 코드
  ㉯ 전열기용코드 : 고무코드는 높은 열에 물러지는 결점이 있으므로 전열기용에는 석면 사용

㉰ 비닐코드 : 공칭단면적 0.75~2.0[mm^2]의 주석 도금한 연동 연선에 염화비닐수지를 주 절연체로 만든 코드
㉱ 금사코드 : 전기이발기, 전기면도기, 헤어드라이기 등에 사용

(4) 케이블
① 케이블 : 전선을 1차 절연물로 절연하고, 2차로 외장한 전선
② 특징 : 절연전선보다 절연성 및 안정성이 좋아서, 높은 전압이나 전류가 많이 흐르는 배선에 사용한다.
③ 특고압 케이블 종류
  ㉮ 특고압 전로의 전선일 경우
    - 절연체가 에틸렌 프로필렌고무혼합물, 가교폴리에틸렌 혼합물, 폴리프로필렌 혼합물인 케이블로서 선심 위에 금속제의 전기적 차폐층을 설치한 것
    - 파이프형 압력 케이블 · 연피케이블 · 알루미늄피케이블
    - 그 밖의 금속피복을 한 케이블 또는 동등 이상의 성능을 만족하는 것
    - 물밑전선로의 시설에서 특고압 물밑전선로의 전선에 사용하는 케이블에는 절연체가 에틸렌 프로필렌고무혼합물 또는 가교폴리에틸렌 혼합물인 케이블로서 금속제의 전기적 차폐층을 설치하지 아니한 것
  ㉯ 특고압 전로의 전선으로 절연체가 폴리프로필렌 혼합물인 케이블을 사용하는 경우
    - 도체의 상시 최고 허용온도는 90 ℃ 이상일 것.
    - 절연체의 인장 강도는 12.5 N/mm^2 이상일 것.
    - 절연체의 신장률은 350 % 이상일 것.
    - 절연체의 수분 흡습은 1mg/cm^2 이하일 것. (단, 정격전압 30 kV 초과 특고압 케이블은 제외)
④ 케이블의 종류와 약호

명 칭	약호
0.6/1[kV] 비닐절연 비닐시스 케이블	VV
0.6/1[kV] 비닐절연 비닐 캡타이어 케이블	VCT
0.6/1[kV] 가교 폴리에틸렌 절연 비닐시스 케이블	CV1
0.6/1[kV] 가교 폴리에틸렌 절연 저독성 난연 폴리올레핀시스 전력케이블	HFCO
6/10[kV] 가교 폴리에틸렌 절연 비닐시스 케이블	CV10
동심중성선 차수형 전력케이블	CN-CV
폴리에틸렌절연 비닐 시스케이블	EV
콘크리트 직매용 폴리에틸렌절연 비닐시스케이블(환형)	CB-EV
미네랄 인슈레이션 케이블	MI
고무 시스 용접용 케이블	AWR

⑤ 캡타이어 케이블 (Captire Cable)
  ㉮ 고무 캡타이어 케이블 : 주석 도금한 연동연선을 종이 테이프로 감거나 무명실로 감은 위에 순고무 30[%] 이상을 함유한 고무 혼합물로 피복하고 내수성, 내산성, 내알칼리성, 내유성을 가진 질긴 고무 혼합물로 위를 다시 피복한 것

분류	특 징
제1종	표면 피복에 캡타이어(천연고무 혼합물) 고무로 피복한 것. 전기공사에는 사용 않음.
제2종	제1종보다 질 좋은 고무를 사용한 것
제3종	캡타이어 고무 피복 중간에 면포를 넣어서 강도를 보강한 것
제4종	제3종과 같고, 각 심선사이를 고무로 채워서 튼튼하게 만든 것

  • 사용장소 : 전기적 성질보다 기계적 성질이 우수해 광산, 공장, 농사, 의료, 수중, 무대 등에 사용된다.

 ㉯ 비닐 시스 케이블(Vinyl Sheathed Cable)
  • 2심 또는 3심의 비닐 절연선 위에 염화비닐수지 혼합물로 포장한 것
  • 저압 가공 케이블, 인입구 배선, 옥외조명 가공케이블 등에 사용된다.

 ㉰ 플렉시블 시스 케이블 (Flexible Sheathed Cable)
  • 이 케이블은 고무 절연전선 또는 비닐 절연전선 위에 크래프트지를 감고 외장 내면과 전기적 접속을 하는 접지용 나동대를 전반에 걸쳐 삽입하고, 그 위에 아연 도금 연강제의 편조를 나선모양으로 감은 케이블이다.
  • 플렉시블 케이블의 형식과 용도

분류	형 식	용 도
AC	고무 절연 전선이 내장	노출 또는 은폐 배선으로 건조한 장소
ACT	비닐 절연 전선이 내장	
ACV	쥬트를 감고 절연 콤파운드를 입힌 것	공장 또는 은폐 배선으로 건조한 장소
ACL	외장 밑에 연피가 있는 것	물기, 습기 있는 노출 배선과 지중 콘크리트 내 또는 기름 가솔린 등에 노출된 장소

  ※ 주트(jute) : 황마껍질로 가공한 방수포용 섬유원료
  ※ 콤파운드(compound) : 열경화 수지, 열가소성 수지, 에폭시 수지 및 탄성물질등과 같이 첨가물 또는 충전재로 사용되어 응고될 수 있는 물질을 말한다.

 ㉱ 용접용 케이블

종 류	기 호
리드용 제1종 케이블	WCT
리드용 제2종 케이블	WNCT
홀더용 제1종 케이블	WRCT
홀더용 제2종 케이블	WRNCT

  ※ leader cable : 용접용 모재에 연결선, holder cable : 용접봉 잡는 선

(5) 전선의 선정 조건 : 허용전류, 기계적강도, 전압강하
  ① 전선의 허용전류
    ㉮ 절연전선의 허용전류

단선(구리도체 공칭단면적)	1.5[mm²]	2.5[mm²]	4[mm²]	6[mm²]	10[mm²]	16[mm²]
허용전류	20[A]	28[A]	37[A]	48[A]	66[A]	88[A]

코드 및 형광등 전선	0.75[mm²]	1.25[mm²]	2.0[mm²]	3.5[mm²]	5.5[mm²]	금사코드
허용전류	7[A]	12[A]	17[A]	23[A]	35[A]	0.5[A]

  ㉯ 전선의 전류 감소계수

동일관 내의 전선 수	금속, PVC관
3 이하	0.70
4	0.63
5~6	0.56
7~15	0.49
16~40	0.43

절연전선을 전선관 속에 넣어 사용할 경우 전선의 허용전류는 전류감소계수를 곱한 값

(6) 전선의 식별
  ① 전선의 색상

교류(AC)		직류(DC)	
상(문자)	색상	극	색상
L1	갈색	L+	빨간색
L2	검은색	L-	백색
L3	회색	중간도체	파란색
N	파란색	중성선	
보호도체	녹색-노란색	보호도체	녹색-노란색

  ② 색상 식별이 종단 및 연결 지점에서만 이루어지는 나도체 등은 전선 종단부에 색상이 반영구적으로 유지될 수 있는 도색, 밴드, 색 테이프 등의 방법으로 표시해야 한다.

> **참고**

구분	사용전선	사용장소 및 공사방법
내열배선공사	HFIX, FR-3, 난연성 CV 등	방재설비의 표시, 경보 등의 제어용 배선 케이블트레이, 금속관, 금속제가요관에 포설
내화배선공사	FR-8, MI케이블	비상전원의 전원부, 자탐설비 중계기 간선, 비상콘센트 배선 내화케이블 직접포설 혹은 내화전선을 구조체 매입 시공

구분	용도	명칭	사용장소
절연전선	일반배선용	450/750V 비닐절연전선(NR)	주택 등 내부의 전등·전열용과 일반동력용
	기기배선용	300/300V, 300/500V 비닐절연전선(NRI)	조명등기구, 쇼케이스 등 기기배선
	내열배선용	450/750V 저독성 난연폴리올피렌 절연전선(HFIX)	내열성 및 난연성으로 일반용, 비상용 모든 전기배선사용 가능(방재설비용)
저압 케이블	난연성 (XLPE)	가교폴리에틸렌절연 비닐외장케이블(CV)	F-CV, FR-CV, TFR-CV 등은 난연성 CV 케이블의 제조사 상품명
	저독성 난연 (XLPE)	저독성 난연폴리올피렌 외장케이블(FR-CO)	XLPE의 난연과 저독성난연특성 유독가스 피해 우려있는 대형지하상가용
	내화용 (XLPE)	내화케이블(FR-8)-전원용 내화케이블(FR-3)-제어용	XLPE 위에 유리섬유(무길물)을 감아 내화특성을 가지는 소방법상 내화케이블 엘리베이터 등 비상전원공급용 인명대피, 소화활동용
	내화용	무기물절연케이블(MI)	인명대피, 소화활동용

케이블의 약호

구 분	기 호	내 용	품 명 (예)
용 도	C	Control (제어용)	CVV, CEE
	S	Signal (신호용)	SVV
	K	계장용 또는 기기용	KPEV 또는 KIV
	I	Indoor (옥내용)	IV
	O	Outdoor (옥외용)	OW
도 체	AL	Aluminium conductor	AL-OC 또는 AL-CV
절연체	C	Cross-liked PE (XLPE)	CV
	E	Polyethylene (PE)	EV, EE
	V	Vinyl (PVC)	VV
	P	EPR (고무)	FR-PN, FR-PH
시 즈	V	Vinyl (PVC)	CV, VV
	E	Polyethylene(PE)	EE, CEE
	N	Neoprene 고무(CR)	FR-PN
	H	Hypalon 고무(CSP)	FR-CH
외 장	TA	Galvanized steel tape	VCTAV
	WA	Galvaned steel wire	CVWAV
	ATA	Aluminium tape	CVTAV
	AWA	Aluminium wire	CVWAV
차 폐	SB	Shield braid	CVV-SB
	S	Tape shield	SVV-S
	AMS	Aluminum mylar Shield Tape	CVV-AMS
	CMS	Copper mylar tape Shield	CVV-AMS
	I/C	Individual/Common Shield	SVV-I/CAMS
난 연	FR	Frame Retardant	FR-CV, FR-CVV
	FRT	Fire resistance of Fire Resi sting	FRT-CVVWAV
	FRLS	Flame Retardant Low Smoke	FRT-CV
		Low Smoke Flame Retardant H-alogen	FRLS-CVV
	HF	Free	HF-CO, HF-CCO

3 기출 & 예상문제
제1장 배선재료 및 공구(1)

01 다음 중 전선의 구비조건이 아닌 것은?
① 도전율이 크고, 기계적인 강도가 클 것
② 신장률이 크고, 내구성이 있을 것
③ 비중(밀도)이 크고, 가선이 용이할 것
④ 가격이 저렴하고, 구입이 쉬울 것

풀이
전선의 구비조건
① 도전율이 높을 것
② 기계적 강도 및 가요성이 풍부할 것
③ 내구성이 클 것
④ 비중이 작을 것
⑤ 가격이 저렴할 것
⑥ 시공 및 보수의 취급이 용이할 것 [답] ③

02 표준 연동의 고유 저항 값[Ω · mm²/m]은?
① $\frac{1}{55}$ ② $\frac{1}{56}$
③ $\frac{1}{57}$ ④ $\frac{1}{58}$

풀이
- 경동선의 고유저항 $\frac{1}{55}$[Ω · mm²/m]
- 연동선의 고유저항 $\frac{1}{58}$[Ω · mm²/m]
- 알루미늄선의 고유저항 $\frac{1}{35}$[Ω · mm²/m] [답] ④

03 직경 1.6[mm] 19가닥의 경동 연선의 바깥지름[mm]은?
① 11 ② 10
③ 9   ④ 8

풀이
연선의 바깥지름
$D = (2n+1)d = (2 \times 2 + 1) \times 1.6 = 8$[mm] [답] ④

04 공칭단면적 8[mm²] 되는 연선의 구성은 소선의 지름이 1.2[mm]일 때 소선수는 몇 가닥으로 되어있는가?
① 3 ② 4
③ 6 ④ 7

풀이
총 단면적은 $A = aN$[mm²]의 식으로 나타낼 수 있다.
따라서, 소선수 $= \frac{A}{a} = \frac{\text{연선 전체 단면적}}{\text{소선 한가닥의 단면적}}$
$= \frac{8}{\pi \times \left(\frac{1.2}{2}\right)^2} = 7$[가닥] [답] ④

05 직경 2.6[mm] 단선 19가닥을 사용한 연선의 규격은?
① 60[mm²]
② 80[mm²]
③ 100[mm²]
④ 120[mm²]

풀이
소선 한 가닥의 단면적 : $\pi \times \left(\frac{2.6}{2}\right)^2 = 5.3$[mm²]
연선 전체 단면적 : $5.3 \times 19 ≒ 100$[mm²] [답] ③

06 옥내배선에 사용하는 600[V] 비닐절연전선에서 공칭단면적 38[mm²]인 연선의 소선구성(소선수/소선의 지름)은?(단 절연물의 최고 허용온도가 60[℃] 이다.)
① 7/1.6 ② 7/2.0
③ 7/2.3 ④ 7/2.6

풀이
연선 단면적 : 소선수 $\times \pi \left(\frac{\text{소선지름}}{2}\right)^2$
에 각각을 대입하여 계산한다. [답] ④

07 동심 연선에서 심선을 뺀 층수를 n, 소선의 지름을 d, 소선 단면적을 S라 할 때 소선의 총수(N)를 구하는 식은?

① $N = n(n+1)$
② $N = 3n(n+1)+1$
③ $N = (1+2n)d+1$
④ $N = (1+2n)d$

풀이
연선의 소선의 총수 $N = 3n(n+1)+1$ 로 표시한다.
[답] ②

08 37/3.2[mm]인 경동선이 있다. 이 전선의 바깥지름[mm]은 얼마인가?

① 22.4[mm]   ② 20.4[mm]
③ 14.4[mm]   ④ 12.4[mm]

풀이
$D = (2n+1)d$ 에서
$D = (2 \times 3 + 1) \times 3.2 = 22.4$[mm]
[답] ①

09 인입용 비닐 절연 전선의 기호는?

① FF   ② NV
③ DV   ④ OW

풀이
- OW : 옥외용 비닐 절연 전선
- NV : 비닐 절연 네온 전선
- DV : 인입용 비닐 절연 전선
- FF : 플렉시블 코드
- OW(Outdoor Polyvinyl Chloride Insulated Wire)
[답] ③

10 주석 도금한 0.75[mm²](30/0.18)의 연동연선에 비닐을 피복한 것으로 형광등용 안정기의 2차 배선에 주로 사용되는 전선은?

① IAL 전선
② RB 전선
③ FL 전선
④ ACRS 전선

풀이
FL(Fluorescent Lamp) : 형광방전등용 비닐 전선
[답] ③

11 ACSR은 다음 중 어떤 것을 말하는가?

① 경동 연선   ② 중공 연선
③ 알루미늄선   ④ 강심 알루미늄 연선

풀이
- ACSR(aluminium cable steel reinforced, 강심 알루미늄 연선) : 중심에 강철선을 두고 둘레에 알루미늄선을 꼬아서 만든 전선. 강도가 있고 전기를 이끄는 힘이 좋아서 고압용 송전선으로 쓰인다.
[답] ④

12 절연전선의 피복에 "15[kV] NRV"라고 표기되어 있다. 여기서 "NRV"는 무엇을 나타내는 약호인가?

① 형광등 전선
② 고무절연 폴리에틸렌 시스 네온 전선
③ 고무절연 비닐 시스 네온 전선
④ 폴리에틸렌 절연 비닐 시스 네온 전선

풀이
- N(Neon) : 네온
- R(Rubber) : 고무
- V(Vinyl) : 비닐
[답] ③

13 고무 절연 전선 및 비닐 절연 전선에서 몇 [℃]를 넘으면 절연물이 변질되고, 전선을 손상할 뿐만 아니라 화재의 원인도 되는가?

① 100[℃]   ② 90[℃]
③ 75[℃]   ④ 60[℃]

풀이
고무나 비닐은 열에 취약하기 때문에 허용 전류값에 대해 최고 허용 온도가 60[℃] 이하로 되어 있다.
[답] ④

14 내열성이 우수하며, 기계적 강도가 크고 흡수성이 없으며, 화학적으로 안정되어 있으며 사용 전압 600[V] 이하이고 테플론으로 절연 피복된 전선은?

① 폴리에틸렌 절연 전선
② 플루오르수지 절연 전선
③ 비닐 절연 전선
④ 형광등 전선

풀이
플루오르수지(테프론) 절연 전선은 내열성이 우수하고 기계적강도가 크며, 화학적으로 안정한 절연 전선이다.
[답] ②

15 3상 4선식 Y접속 시 전등과 동력을 공급하는 옥내배선의 경우는 상별 부하 전류가 평형으로 유지되도록 상별로 결선하기 위하여 전압 측 전선에 색별 배선을 하거나 색 테이프를 감는 등의 방법으로 표시 하여야 한다. 이때 전압 측 전선의 색별 표시가 아닌 것은?
① 갈색　　② 검은색
③ 파란색　④ 회색

풀이

교류(AC)	
상(문자)	색상
L1	갈색
L2	검은색
L3	회색
N	파란색
보호도체	녹색-노란색

[답] ③

16 전선의 색상 구분에서 보호도체(접지도체)에 해당하는 색은?
① 갈색　　② 검은색
③ 파란색　④ 녹색-노란색
[답] ④

17 전선의 색 구별에 있어서 중성선은 어떤 색을 쓰고 있는가?
① 파란색　② 검은색
③ 회색　　④ 갈색

풀이
보호도체, 접지선(녹색-황색), 중성선(파란색), L1(갈색), L2(검은색), L3(회색)
[답] ①

18 공칭 단면적을 설명한 것 중 관계가 없는 것은?
① 단위를 [mm²]로 나타낸다.
② 전선의 굵기를 표시하는 호칭이다.
③ 전선의 실제 단면적과 반드시 같다.
④ 계산상의 단면적은 따로 있다.

풀이
전선의 단면적은 계산적 단면적과 공칭 단면적은 근사적으로 같다.
[답] ③

19 옥내배선설비에 사용되는 코드 및 형광등 전선의 경우 주위온도가 30[℃] 이하에서 공칭 단면적이 0.75[mm²]라면 허용전류는 몇 [A]인가?
① 7　　② 12
③ 17　④ 23

풀이

코드 및 형광등 전선	0.75 [mm²]	1.25 [mm²]	2.0 [mm²]	3.5 [mm²]	5.5 [mm²]	금사 코드
허용전류	7[A]	12[A]	17[A]	23[A]	35[A]	0.5[A]

[답] ①

20 다음 중 1.25[mm²] 코드선의 허용 전류로 옳은 것은?(단, 전선관에 넣지 않은 경우)
① 7　　② 9
③ 12　④ 17

풀이

코드 및 형광등 전선	0.75 [mm²]	1.25 [mm²]	2.0 [mm²]	3.5 [mm²]	5.5 [mm²]	금사 코드
허용전류	7[A]	12[A]	17[A]	23[A]	35[A]	0.5[A]

[답] ③

21 두께가 약 0.02[mm], 너비가 약 0.35[mm]의 도금하지 않은 연동박을 2줄의 질긴 무명실에 감은 것을 18가닥 모아 다시 그 위에 순고무 테이프를 감고 밑 편조를 한 2조를 꼬아 종이테이프를 감고 무명실로 대편형의 표면 편조한 선은?
① 극장용 코드　② 비닐 코드
③ 금실 코드　　④ 캡타이어 코드

풀이
금사코드 : 도금하지 않은 연동박을 2줄의 질긴 무명실에 감은 것을 18가닥 모아, 다시 그 위에 순고무 테이프를 감고 밑 편조를 한 2조를 꼬아 종이 테이프를 감은 후 무명실로 대 편형의 표면 편조를 한 구조를 가지고 있다.
[답] ③

22 전기이발기, 전기면도기, 헤어드라이어 등에 사용되는 코드는?
① 캡타이어 코드　② 전열기용 코드
③ 금실 코드　　　④ 극장용 코드

풀이
금사(金絲)코드는 고도의 굴곡성을 가지는 코드로 가요성이 커 이동이 잦아 굴곡을 필요로 하는 전기기구(전기다리미 등) 전원코드로 많이 사용된다.
[답] ③

23 비닐 코드선을 절대 사용해서는 안되는 것은?
① 전열기　　　② 오디오세트
③ 전기냉장고　④ 텔레비전

풀이
기구용 비닐 코드는 방전등, 라디오, 선풍기, 전기스텐드 등과 같이 전열을 이용하지 않는 소형 전기기구에 사용
[답] ①

24 전기특성이 우수하고 저압에서 특별 고압에 이르기까지 널리 사용되고 내약품성이 우수한 폴리에틸렌 절연 비닐 시스 케이블의 약호는?
① EV 케이블　② BL 케이블
③ RN 케이블　④ VV 케이블

0.6/1 kV 비닐절연 비닐시스 케이블	VV
0.6/1 kV 비닐절연 비닐 캡타이어 케이블	VCT
0.6/1 kV 가교 폴리에틸렌 절연 비닐시스 케이블	CV1
0.6/1 kV 가교 폴리에틸렌 절연 저녹성 난연 폴리올레핀시스 전력케이블	HFCO
6/10 kV 가교 폴리에틸렌 절연 비닐시스 케이블	CV10
동심중성선 차수형 전력케이블	CN-CV
폴리에틸렌절연 비닐 시스케이블	EV
콘크리트 직매용 폴리에틸렌절연 비닐시스케이블(환형)	CB-EV
미네랄 인슈레이션 케이블	MI
고무 시스 용접용 케이블	AWR

[답] ①

25 600[V] 이하의 저압 회로에 사용하는 비닐 절연 비닐외장 케이블의 약칭으로 맞는 것은?
① VV　② EV
③ FP　④ CV
[답] ①

26 플라스틱 전력 케이블의 대표격이고, 저압에서 고압에 이르기까지 널리 사용하고, 가교 폴리에틸렌 케이블이라고 한다. 약칭은?
① EV 케이블
② VV 케이블
③ CV 케이블
④ RN 케이블
[답] ③

27 노출하면 외부로부터 손상을 받을 우려가 있으므로 관에 넣어 시공하는 케이블은?
① 연피 케이블
② 비닐시스 케이블
③ 고무시스 케이블
④ 주트권 연피 케이블

풀이
연피케이블 : 연피가 외부로부터 손상을 받을 우려가 없는 곳, 부식의 우려가 없는 관로식 지중전선로 등에 사용한다.
[답] ①

28 순 고무 30[%] 이상을 함유한 고무 혼합물로 피복하고 내유, 내산, 내알칼리, 내수성을 갖게 만든 케이블은 어느 것인가?
① 연피 케이블
② 캡타이어 케이블
③ 비닐시스 케이블
④ 플렉시블시스 케이블

풀이
캡타이어케이블 : 연동선 위에 테이프 또는 실을 감고 고무 절연 또는 절연한 심선을 2~4가닥 꼬아 모으고 그 위에 캡타이어 고무 클로로프렌 또는 비닐로 심선 사이의 틈을 메워 피복한 코드를 말한다.
[답] ②

제 1 장 배선재료 및 공구

29 캡타이어 케이블에서 캡타이어의 고무 피복 중간에 면포를 넣어서 강도를 보강한 것은?
① 제1종 ② 제2종
③ 제3종 ④ 제4종

[풀이]

분류	특 징
제1종	표면 피복에 캡타이어(천연고무 혼합물) 고무로 피복한 것. 전기공사에는 사용 않음.
제2종	제1종보다 질 좋은 고무를 사용한 것
제3종	캡타이어 고무 피복 중간에 면포를 넣어서 강도를 보강한 것
제4종	제3종과 같고, 각 심선 사이를 고무로 채워서 튼튼하게 만든 것

[답] ③

30 플렉시블 외장 케이블에서 습기, 물기 또는 기름이 있는 곳에는 어떤 형식을 쓰는가?
① AC ② ACT
③ ACV ④ ACL

[풀이]
플렉시블 케이블의 형식과 용도

분류	형 식	용 도
AC	고무 절연 전선이 내장	노출 또는 은폐 배선으로 건조한 장소
ACT	비닐 절연 전선이 내장	
ACV	쥬트를 감고 절연 콤파운드를 입힌 것	공장 또는 은폐 배선으로 건조한 장소
ACL	외장 밑에 연피가 있는 것	물기, 습기, 있는 노출 배선과 지중콘크리트내 또는 기름 가솔린 등에 노출된 장소

[답] ④

31 옥내 저압 이동전선으로 사용하는 캡타이어 케이블에는 단심, 2심, 3심, 4~5심이 있다. 이 때 도체 공칭단면적의 최소값은 몇 [mm²]인가?
① 0.75 ② 2
③ 5.5 ④ 8

[풀이]
캡타이어 코드의 공칭 단면적 : 0.75 / 1.25 / 2.0[mm²]

[답] ①

32 리드용 2종 케이블의 약호로 옳은 것은?
① WRNCT ② WNCT
③ WCT ④ WRCT

[풀이]
용접용 케이블

종 류	기 호
리드용 제1종 케이블	WCT
리드용 제2종 케이블	WNCT
홀더용 제1종 케이블	WRCT
홀더용 제2종 케이블	WRNCT

[답] ②

33 홀더용 제1종 용접용 케이블의 기호는?
① WCT ② WNCT
③ WRCT ④ TRNCT

[답] ③

34 옥내배선 공사에 사용할 수 없는 케이블은?
① OF 케이블 ② VV 케이블
③ VCT 케이블 ④ MI 케이블

[풀이]
OF케이블은 66~154[kV] 특고압에 사용된다. [답] ①

35 전선의 굵기를 결정하여야 할 이유 중 꼭 필요하지 않은 사항은?
① 허용 전류 ② 기계적 세기
③ 전압 강하 ④ 외부 온도

[풀이]
전선의 선정 조건 : 허용전류, 기계적강도, 전압강하

[답] ④

36 옥내배선에서 600[V] 절연전선 4가닥을 넣는 금속관 공사에서 그 절연전선의 허용전류의 감소계수는 대략 얼마를 적용하는가?
① 0.49 ② 0.56
③ 0.63 ④ 0.70

[풀이]
전선의 전류 감소계수

동일관 내의 전선 수	금속관
3 이하	0.70
4	0.63
5~6	0.56
7~15	0.49
16~40	0.43

[답] ③

37 동일한 전선관 속에 7가닥 이상 15가닥 이하의 전선을 넣을 경우 전류 감소계수는?
① 0.70　　　　② 0.63
③ 0.56　　　　④ 0.49

[답] ④

38 전기적 특성이 우수하고 내식성도 좋으며 내열전선으로 300[℃]의 고온에도 사용되는 전선은?
① 폴리우레탄 전선
② 폴리에틸렌 전선
③ 폴리에스테르 전선
④ 테플론전선

풀이
고온 300[℃]에 견디며 저온 -70[℃]에서 탄력, 절연 내력을 잃지 않으며 내식성 전기적 특성이 커 내열전선에 사용된다.

[답] ④

39 다음 중 전력용 케이블의 손실과 거리가 먼 것은?
① 철손　　　　② 저항손
③ 유전체손　　④ 차폐손

풀이
철손 : 전기기기의 철심에서 생기는 손실로 히스테리시스손과 와류손이다.

[답] ①

40 전기설비기술기준 및 내선규정에 규정된 허용전류에 의한 절연전선의 굵기 선정 시 주위온도가 몇 [℃]를 넘는 경우 전류 보정계수를 계산하여 이를 적용한 허용전류 값을 갖는 전선의 굵기를 선정하는가?
① 20　　　　② 25
③ 30　　　　④ 35

풀이
전선의 허용전류 선정 시 주위온도는 30[℃] 이하이다.

[답] ③

1.2 배선재료

1. 개폐기의 종류
※ 개폐기 설치 장소
① 부하 전류를 개폐할 필요가 있는 장소
② 인입구
③ 퓨즈의 전원측

구분	그림	특징				용도
나이프 스위치	2P 30A	대리석이나 크라이트판 위에 고정된 칼과 칼받이의 접촉에 의해 전류의 흐름을 제어				일반용에는 사용할 수 없고, 전기실과 같이 취급자만 출입하는 장소의 배전반이나 분전반에 사용
		단극단투형	SPST	단극쌍투형	SPDT	
		2극단투형	DPST	2극쌍투형	DPDT	
		3극단투형	TPST	3극쌍투형	TPDT	
커버 나이프 스위치		나이프 스위치에 절연체 커버를 설치 한 것				옥내배선의 인입 또는 분기 개폐기로 사용되며, 전기회로의 이상이 생겨 퓨즈의 용량 이상 전류가 흐르게 되면, 퓨즈가 용단되어 전기의 흐름을 차단
안전 (세이프티) 스위치	나이프 스위치 방식 (메타부) 3P 30A / 슬라이드 방식 (메타부) 3P 30A	나이프 스위치를 금속제의 함 내부에 장치하고, 외부에서 핸들을 조작하며, 개폐할 수 있도록 만든 것				전류계나 표시등을 부착한 것도 있으며, 전등과 전열기구 및 저압 전동기의 주개폐기로 사용
전자 개폐기		전자석의 힘으로 개폐조작을 하는 전자 접촉기와 과전류를 감지하기 위한 열동계전기를 조합한 것				전동기의 자동조작, 원격조작에 이용

2. 점멸 스위치
전등이나 소형 전기기구 등의 전류의 흐름을 개폐하는 옥내배선기구

명칭	그림	용도
텀블러 스위치		노브(knob)를 상하로 움직이거나 좌우로 움직여 점멸한다. 노출형과 매입형, 단극형과 3로, 4로 등이 있다.

명 칭	그 림	용 도
버튼 스위치		버튼을 눌러서 점멸하는 것으로 매입형과 노출형이 있다.
코드 스위치		중간 스위치라고 하며, 전기담요, 전기방석 등의 코드 중간에 사용
펜던트 스위치		형광등 또는 소형 전기기구의 코드 끝에 매달아 사용하는 스위치이다.
일광 스위치		정원등, 방범등 및 가로등을 주위의 밝기에 의하여 자동적으로 점멸하는 스위치
타임 스위치		시계기구를 내장한 스위치로 지정한 시간에 점멸을 할 수 있게된 것과 일정시간 동안 동작하게 된 것 (일반가정 : 3분, 숙박업소(호텔) : 1분)
풀 스위치		끈을 당기면 한번은 개로 다음은 폐로되는 것
캐노피 스위치		풀 스위치의 한 종류로서 조명기구의 캐노피(플랜지)안에 스위치가 시설되어 있는 것
로터리스위치		회전 스위치라고도 하며 노출형으로 노브를 돌려가며 개로나 폐로 또는 강약으로 점멸
3로 스위치 및 4로 스위치	A지점 B지점 C지점 3로 스위치 4로 스위치 3로 스위치	전환스위치의 한 종류로 둘 이상의 장소에서 전등을 자유롭게 점멸

3. 콘센트와 플러그 및 소켓

(1) 콘센트

① 전기기구의 플러그를 꽂아 사용하는 배선기구를 말한다.

② 형태에 따라 노출형과 매입형이 있으며, 용도에 따라 방수용, 방폭형 등이 있다.

[원형 노출 콘센트]

[매입형 콘센트]

[방수용 콘센트]

(2) 플러그

① 전기기구의 코드 끝에 접속하여 콘센트에 꽂아 사용하는 배선기구를 말한다.
② 감전예방을 위한 접지극이 있는 접지 플러그와 접지극이 없는 플러그로 크게 나눈다.

명 칭	그 림	용 도
멀티 탭		하나의 콘센트에 둘 또는 세 가지의 기구를 사용할 때 끼우는 것
테이블 탭		코드의 길이가 짧을 때 연장하여 사용하는 것으로 익스텐션 코드(extention cord)라 한다.
아이언 플러그		전기다리미, 온탕기 등에 사용한다. 코드의 한 쪽은 꽂임 플러그로 전원 콘센트에 연결하고 다른 한 쪽은 아이언 플러그가 달려서 전기기구용 콘센트에 끼운다.

(3) 소켓

① 전선의 끝에 접속하여 백열전구나 형광등 전구를 끼워 사용하는 기구를 말한다.
② 키소켓, 키리스 소켓(분진이 존재하여 폭발의 위험이 있는 장소), 리셉터클, 방수 소켓, 분기소켓 등이 있다.

　　키 소켓　　　　키리스 소켓　　　　방수 소켓　　　　리셉터클

[소켓의 종류]

4. 과전류 보호장치

(1) 퓨즈

① 저압전로

〈퓨즈(gG)의 용단특성〉

정격전류의 구분	시 간	정격전류의 배수	
		불용단전류	용단전류
4[A] 이하	60분	1.5배	2.1배
4[A] 초과 16[A] 미만	60분	1.5배	1.9배
16[A] 이상 63[A] 이하	60분	1.25배	1.6배
63[A] 초과 160[A] 이하	120분	1.25배	1.6배
160[A] 초과 400[A] 이하	180분	1.25배	1.6배
400[A] 초과	240분	1.25배	1.6배

② 고압전로
- 비포장 퓨즈는 정격전류 1.25배에 견디고, 2배의 전류로는 2분 안에 용단되어야 한다.
- 포장퓨즈는 정격전류 1.3배에 견디고, 2배의 전류로는 120분 안에 용단되어야 한다.

구분	명칭		용도
비포장 퓨즈	실 퓨즈		납과 주석의 합금으로 만든 것으로 정격전류 5[A] 이하의 것이 많으며, 안전기, 단극 스위치 등에 사용
	훅 퓨즈 (판퓨즈)		실퓨즈와 같은 재료의 판 모양 퓨즈 양단에 단자 고리가 있어 나사 조임을 쉽게 할 수 있는 것으로 정격전류 10~600[A]까지 있으며 나이프 스위치에 사용
포장 퓨즈	통형 퓨즈 (칼날단자)		통형 퓨즈와 같은 재료로 원통 내부에 판퓨즈를 넣고 칼날형의 단자를 양단에 접속한 것으로 정격전류 75~600[A]의 것에 사용
	플러그 퓨즈		자기 또는 특수유리제의 나사식 통 안에 아연재료로 된 퓨즈를 넣어 나사식으로 돌리어 고정하는 것으로 충전 중에도 바꿀 수 있다.
	텅스텐 퓨즈		유리관 안에 텅스텐선을 넣고 연동선이 리드를 뺀 구조로, 정격전류는 0.2[A]의 미소전류로 계기의 내부 배선 보호용으로 사용
	유리관 퓨즈		유리관 안에 실퓨즈를 넣고 양단에 캡을 씌운 것으로 정격전류는 0.1~10[A]까지 있으며 TV 등 가정용 전기기구의 전원 보호용으로 사용
	온도 퓨즈 (서모퓨즈)	100℃	주위온도에 의하여 용단되는 퓨즈로 100, 110, 120[℃]에서 동작하며 주로 난방기구(담요, 장판)의 보호용으로 사용

참고

■ 보호장치의 종류-퓨즈

- 첫번째 문자 차단영역, 두번째 문자는 사용 범주를 의미(KS C IEC 60269-1)

구분	용도
gG	일반적으로 사용하는 차단용량이 전 범위인 퓨즈
gM	전동기 보호용으로 차단용량이 전 범위인 퓨즈
aM	전동기회로 단락보호용으로 차단용량이 일부인 퓨즈
gD	차단용량이 전 범위인 한시형 퓨즈
gN	차단용량이 전 범위인 순시형 퓨즈

정격전류	시간	정격전류의 배수		적용
		불용단 전류	용단전류	
4A 이하	60분	1.5배	2.1배	gG
4A 초과~16A 이하	60분	1.5배	1.9배	gG
16A 초과~63A 이하	60분	1.5배	1.6배	gG, gM
63A 초과~160A 이하	120분	1.25배	1.6배	gG, gM
160A 초과~400A 이하	120분	1.25배	1.6배	gG, gM
400A 초과	120분	1.25배	1.6배	gG, gM

gG, gM 퓨즈의 용단특성

정격전류의 배수	용단시간	동작시간
4배	60초 이내	–
6.3배	–	60초 이내
8배	0.5초 이내	–
10배	0.2초 이내	–
12.5배	–	0.5초 이내
19배	–	0.1초 이내

aM(단락보호 전용) 퓨즈의 용단특성

정격전류	시간	정격전류의 배수	
		불용단 전류	용단전류
60A 이하	60분	1.5배	2.1배
60A 초과~600A 이하	120분	1.5배	1.9배
600A 초과~6000A 이하	2400분	1.5배	1.6배

gD, gN 퓨즈의 용단특성

(2) 배선용 차단기(MCCB/Molded Case Circuit Breaker)
① 역할 : 전류가 비정상적으로 흐를 때 자동적으로 회로를 끊어서 전선 및 기계 기구를 보호하는 장치. 노퓨즈 브레이커(NFB)라고도 하며, 개폐기 및 자동차단기 2가지 역할을 한다.
② 과전류 차단기의 시설 금지 장소
  • 접지공사의 접지선
  • 접지공사를 한 저압 가공선로의 접지측 전선
  • 다선식 선로의 중성선
③ 과전류차단기로 저압전로에 사용하는 산업용 배선용차단기(「전기용품 및 생활용품 안전관리법」에서 규정하는 것을 제외)는 아래표에 적합한 것이어야 한다. 다만, 일반인이 접촉할 우려가 있는 장소(세대내 분전반 및 이와 유사한 장소)에는 주택용 배선차단기를 시설하여야 하고, 주택용 배선차단기를 정방향(세로)으로 부착할 경우에는 차단기의 위쪽이 켜짐(on)으로, 차단기의 아래쪽은 꺼짐(off)으로 시설하여야 한다.

〈과전류트립 동작시간 및 특성(산업용 배선용 차단기)〉

정격전류의 구분	시 간	정격전류의 배수 (모든 극에 통전)	
		부동작 전류	동작 전류
63[A] 이하	60분	1.05배	1.3배
63[A] 초과	120분	1.05배	1.3배

〈과전류트립 동작시간 및 특성(주택용 배선용 차단기)〉

정격전류의 구분	시 간	정격전류의 배수(모든 극에 통전)	
		부동작 전류	동작 전류
63[A] 이하	60분	1.13배	1.45배
63[A] 초과	120분	1.13배	1.45배

〈순시트립에 따른 구분(주택용 배선용 차단기)〉

형	순시트립범위
B	$3I_n$ 초과 ~ $5I_n$ 이하
C	$5I_n$ 초과 ~ $10I_n$ 이하
D	$10I_n$ 초과 ~ $20I_n$ 이하

[비고] 1. B, C, D: 순시트립전류에 따른 차단기 분류, 2. I_n : 차단기 정격전류

(3) 저압전로 중의 전동기 보호용 과전류보호장치의 시설
① 과전류차단기로 저압전로에 시설하는 과부하보호장치(전동기가 손상될 우려가 있는 과전류가 발생했을 경우에 자동적으로 이것을 차단하는 것에 한한다)와 단락보호 전용차단기 또는 과부하보호장치와 단락보호전용퓨즈를 조합한 장치는 전동기에만 연결하는 저압전로에 사용하고 다음 각각에 적합한 것이어야 한다.
㉮ 과부하 보호장치, 단락보호전용 차단기 및 단락보호전용 퓨즈는 「전기용품 및 생활용품 안전관리법」에 적용을 받는 것 이외에는 한국산업표준(이하 "KS"라 한다)에 적합하여야 하며, 다음에 따라 시설할 것.
㉠ 과부하 보호장치로 전자접촉기를 사용할 경우에는 반드시 과부하계전기가 부착되어 있을 것.
㉡ 단락보호전용 차단기의 단락동작설정 전류 값은 전동기의 기동방식에 따른 기동돌입 전류를 고려할 것.
㉢ 단락보호전용 퓨즈는 다음표의 용단 특성에 적합한 것일 것.

〈단락보호전용 퓨즈(aM)의 용단특성〉

정격전류의 배수	불용단시간	용단시간
4배	60초 이내	–
6.3배	–	60초 이내
8배	0.5초 이내	–
10배	0.2초 이내	–
12.5배	–	0.5초 이내
19배	–	0.1초 이내

② 옥내에 시설하는 전동기(정격 출력이 0.2[kW] 이하인 것을 제외)에는 전동기가 손상될 우려가 있는 과전류가 생겼을 때에 자동적으로 이를 저지하거나 이를 경보하는 장치를 하여야 한다. 다만, 다음의 어느 하나에 해당하는 경우에는 그러하지 아니하다.
㉮ 전동기를 운전 중 상시 취급자가 감시할 수 있는 위치에 시설하는 경우
㉯ 전동기의 구조나 부하의 성질로 보아 전동기가 손상될 수 있는 과전류가 생길 우려가 없는 경우
㉰ 단상전동기로서 그 전원측 전로에 시설하는 과전류 차단기의 정격전류가 16[A] (배선용 차단기는 20[A]) 이하인 경우

(4) 누전 차단기(RCD: Residual Current Protective Device)
cf. 예전 표기방법:(ELB/Earth Leakage Circuit Breaker)
① 역할 : 옥내배선회로에 누전이 발생 했을 때 이를 감지하고, 자동적으로 회로를 차단하는 장치로서 감전사고 및 화재를 방지할 수 있는 장치이다.
② 설치장소
㉮ 금속제 외함을 가지는 사용전압이 50[V]를 초과하는 저압의 기계 기구로서 사람이 쉽게 접촉할 우려가 있는 곳에 시설하는 것에 전기를 공급하는 전로에는 누전차단기를 설치해야 한다. 다만, 다음의 어느 하나에 해당하는 경우에는 적용하지 않는다.

㉠ 기계기구를 발전소·변전소·개폐소 또는 이에 준하는 곳에 시설하는 경우
㉡ 기계기구를 건조한 곳에 시설하는 경우
㉢ 대지전압이 150[V] 이하인 기계기구를 물기가 있는 곳 이외의 곳에 시설하는 경우
㉣ 「전기용품 및 생활용품 안전관리법」의 적용을 받는 이중 절연구조의 기계기구를 시설하는 경우
㉤ 그 전로의 전원측에 절연변압기(2차 전압이 300[V] 이하인 경우에 한한다)를 시설하고 또한 그 절연 변압기의 부하측의 전로에 접지하지 아니하는 경우
㉥ 기계기구가 고무·합성수지 기타 절연물로 피복된 경우
㉦ 기계기구가 유도전동기의 2차측 전로에 접속되는 것일 경우
㉧ 기계기구내에 「전기용품 및 생활용품 안전관리법」의 적용을 받는 누전차단기를 설치하고 또한 기계기구의 전원 연결선이 손상을 받을 우려가 없도록 시설하는 경우

㉯ 주택의 인입구 등 누전차단기 설치를 요구하는 전로
㉰ 특고압전로, 고압전로 또는 저압전로와 변압기에 의하여 결합되는 사용전압 400[V] 초과의 저압전로 또는 발전기에서 공급하는 사용전압 400[V] 초과의 저압전로(발전소 및 변전소와 이에 준하는 곳에 있는 부분의 전로를 제외한다).
㉱ 다음의 전로에는 자동복구 기능을 갖는 누전차단기를 시설할 수 있다.
　㉠ 독립된 무인 통신중계소·기지국
　㉡ 관련법령에 의해 일반인의 출입을 금지 또는 제한하는 곳
　㉢ 옥외의 장소에 무인으로 운전하는 통신중계기 또는 단위기기 전용회로. 단, 일반인이 특정한 목적을 위해 지체하는(머물러 있는) 장소로서 버스정류장, 횡단보도 등에는 시설할 수 없다.

③ 저압용 비상용 조명장치·비상용승강기·유도등·철도용 신호장치, 비접지 저압전로, 기타 그 정지가 공공의 안전 확보에 지장을 줄 우려가 있는 기계기구에 전기를 공급하는 전로의 경우, 그 전로에서 지락이 생겼을 때에 이를 기술원 감시소에 경보하는 장치를 설치한 때에는 누전차단기를 시설하지 않을 수 있다.

④ 누전차단기를 저압전로에 사용하는 경우 일반인이 접촉할 우려가 있는 장소(세대 내 분전반 및 이와 유사한 장소)에는 주택용 누전차단기를 시설하여야 한다. 주택용 누전차단기를 정방향(세로)으로 부착할 경우에는 차단기의 위쪽이 켜짐(on)으로, 차단기의 아래쪽은 꺼짐(off)으로 시설하여야 한다.

기출 & 예상문제
제1장 배선재료 및 공구(2)

01 금속제 외함을 가지는 사용전압이 50[V]를 초과하는 저압의 기계 기구로서 사람이 쉽게 접촉할 우려가 있는 곳에 시설하는 것에 전기를 공급하는 전로에는 누전차단기를 설치하여야 한다. 다음 중 누전차단기를 설치하여야하는 경우는?
① 기계기구를 건조한 곳에 시설하는 경우
② 대지전압이 150[V] 이하인 기계기구를 물기가 있는 곳 이외의 곳에 시설하는 경우
③ 주택의 인입구 등 저압전로
④ 이중 절연구조의 기계기구를 시설하는 경우

풀이
누전차단기 생략가능 장소
① 기계기구를 발전소·변전소·개폐소 또는 이에 준하는 곳에 시설하는 경우
② 기계기구를 건조한 곳에 시설하는 경우
③ 대지전압이 150[V] 이하인 기계기구를 물기가 있는 곳 이외의 곳에 시설하는 경우
④ 「전기용품 및 생활용품 안전관리법」의 적용을 받는 이중 절연구조의 기계기구를 시설하는 경우
⑤ 그 전로의 전원측에 절연변압기(2차 전압이 300[V] 이하인 경우에 한한다)를 시설하고 또한 그 절연 변압기의 부하측의 전로에 접지하지 아니하는 경우
⑥ 기계기구가 고무·합성수지 기타 절연물로 피복된 경우
⑦ 기계기구가 유도전동기의 2차측 전로에 접속되는 것일 경우   [답] ③

02 옥내배선 공사에서 대지전압 150[V]를 초과하고 300[V] 이하 저압 전로의 주택인입구 등에 반드시 시설해야 하는 지락차단 장치는?
① 퓨즈(F)
② 누전차단기(ELB)
③ 배선용 차단기(MCB)
④ 커버나이프스위치(KS)

풀이
• 주택의 옥내에 시설하는 것으로 대지전압 150[V] 초과 300[V] 이하의 저압 전로 인입구에는 누전차단기를 설치하여야 한다.
• 사람이 쉽게 접촉할 우려가 있는 장소에 시설하는 사용전압이 50[V]를 초과하는 저압의 금속제 외함을 가지는 기계 기구에 전기를 공급하는 전로   [답] ②

03 다음 중 지락 차단장치를 시설해야 하는 곳은?
① 금속제 외함을 가지는 사용전압이 60[V]를 넘는 저압의 기계기구로서 사람이 쉽게 접촉할 우려가 있는 장소
② 기계기구를 건조한 장소에 시설하는 경우
③ 기계기구가 고무, 합성수지 등의 절연물로 피복되어 있는 경우
④ 기계기구가 유도전동기의 2차 측 전로에 접속되는 저항기일 경우   [답] ①

04 조명용 전등에 일반적으로 타임스위치를 시설하는 곳은?
① 병원   ② 은행
③ 아파트 현관 ④ 공장

풀이
조명용 백열 전등을 호텔, 여관 객실 입구에 타임 스위치를 설치 1분 이내에 소등하며, 일반주택, 아파트 각 호실의 현관은 3분 이내에 소등되도록 한다.   [답] ③

05 열효과에 의해 동작하는 계전기로 모터 과부하 보호용으로 가장 많이 사용되고 있는 것은?
① 비율차동계전기   ② 정전계전기
③ 열동계전기   ④ 정류형 계전기

풀이
열동계전기(thermal relay/THR)는 전동기의 과부하 등으로 정격전류 이상의 과전류가 흐르면 열에 의해 바이메탈이 휘어지는 원리를 이용해 접점을 동작시킨다.   [답] ③

06 조명용 백열전등을 일반주택 및 아파트 각 호실에 설치할 때 현관등은 최대 몇 분 이내에 소등되는 타임스위치를 시설하여야 하는가?
① 1 ② 2
③ 3 ④ 4

풀이
호텔, 여관 객실 입구에 타임스위치를 시설하여 1분이내 소등하도록 하며, 일반주택, 아파트 각 호실의 현관은 3분 이내 소등되도록 한다.
[답] ③

07 저항선 또는 전구를 직렬이나 병렬로 접속 변경하여 발열량 또는 광도를 조절할 수 있는 스위치는?
① 로터리 스위치 ② 텀블러 스위치
③ 나이프 스위치 ④ 풀 스위치

풀이
로터리스위치 : 회전스위치라고도 하며 노출형으로 노브를 돌려가며 개로나 폐로 또는 강약으로 점멸
[답] ①

08 배선기구로서 플랜지 내부에 사용되는 스위치는?
① 텀블러 스위치 ② 캐너피 스위치
③ 팬던트 스위치 ④ 프로트 스위치

풀이
캐노피스위치(canopy switch): 풀 스위치의 한 종류로서, 조명기구의 캐노피(플랜지) 안에 스위치가 매설되어 있는 것을 말한다.
[답] ②

09 퓨즈의 용도별분류에서 전동기의 단락보호 전용으로 차단범위가 정해져서 사용되는 퓨즈의 약호는?
① gG ② aM
③ gM ④ gD

풀이
퓨즈의 용도별 구분
· gG : 일반적으로사용하는 차단용량 전범위 퓨즈
· gM : 전동기보호용으로 차단용량 전범위 퓨즈
· aM : 전동기단락보호용으로 차단용량이 일부범위인 퓨즈
· gD : 차단용량이 전 범위인 한시형퓨즈
· gN : 차단용량이 전 범위인 순시형퓨즈
[답] ②

10 계단의 전등을 계단의 아래와 위의 두 곳에서 자유로이 점멸하도록 하기 위해 사용하는 스위치는?
① 단극 스위치 ② 코드 스위치
③ 3로 스위치 ④ 절환 스위치

풀이
2개소 이상에서 한등을 점등 점멸 할 수 있도록 하기 위해 사용되는 스위치는 3로 스위치와 4로 스위치가 있다.
[답] ③

11 4개소에서 한 등을 자유롭게 점등 점멸할 수 있도록 하기 위해 배선하고자 할 때 필요한 스위치의 수는? 단, SW$_3$는 3로 스위치, SW$_4$는 4로 스위치이다.
① SW$_3$ 4개
② SW$_3$ 1개, SW$_4$ 3개
③ SW$_3$ 2개, SW$_4$ 2개
④ SW$_4$ 4개

풀이
4개소에서 점멸할 경우 사용되는 스위치는 3로 2개와 4로 2개가 사용된다.

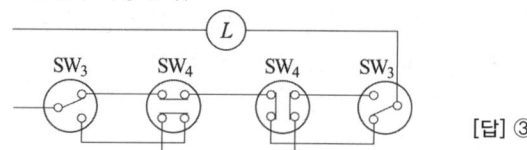

[답] ③

12 다음은 전등 ⓛ을 3로 스위치 2개를 사용하여 2개소 점멸하도록 하였다. 선의 가닥수가 맞는 것은 어느 것인가?(단, 전원은 단상 2선식이다.)

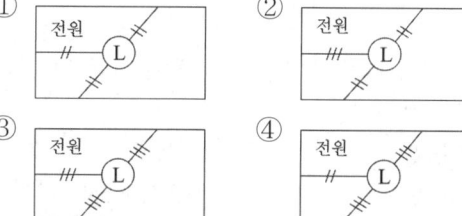

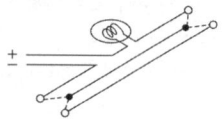

[답] ④

13 다음 중 방수형 콘센트의 심벌은?

① 　　② ●

③ 　　④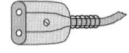

풀이
① 벽붙이 콘센트　② 비상등
③ 방수형　④ 접지극붙이　[답] ③

14 하나의 콘센트에 둘 또는 세 가지의 기계기구를 끼워서 사용할 때 사용되는 것은?
① 노출형 콘센트　② 키리스 소켓
③ 멀티 탭　④ 아이언 플러그

풀이
- 노출형 콘센트
- 키리스 소켓
- 멀티 탭(multi-tap)
- 아이언 플러그

[답] ③

15 코드 길이가 짧을 때 연장하여 사용하는 것으로 익스텐션 코드라고도 부른 것은?
① 아이언 플러그(iron plug)
② 작업등(extension light)
③ 테이블 탭(table tap)
④ 멀티 탭(multi tap)

풀이
테이블 탭(table tap) : 코드의 길이가 짧을 때 연장하여 사용하는 것으로 익스텐션 코드(extetion cord)라 한다.
[답] ③

16 먼지가 많은 장소에 사용하는 소켓은 다음 중 어느 것인가?
① 키소켓　② 물 소켓
③ 부기소켓　④ 키리스 소켓

풀이
먼지가 많은 곳에서는 점멸 시 일어나는 아크로 인해 발화의 위험성이 있으므로 키리스(keyless) 소켓을 사용한다.
[답] ④

17 콘센트에 끼운 플러그가 빠지는 것을 방지하기 위하여 플러그를 끼우고 약 몇 도 쯤 돌려주면 빠지지 않도록 되어 있는 콘센트는?
① 턴 로크 콘센트
② 프로어 콘센트
③ 시계용 콘센트
④ 선풍기용 콘센트

풀이
턴 로크 콘센트(Turn lock consent) : 플러그가 빠지는 것을 방지하기 위해 플러그를 끼우고 약 90° 정도 돌려준다.
[답] ①

18 저압전로에서 사용하는 과전류 차단기용 20 [A] 퓨즈를 수평으로 붙인 경우 견디어야 할 전류는 정격전류의 몇 배로 정하고 있는가?
① 1.1배　② 1.2배
③ 1.25배　④ 1.5배

풀이
〈퓨즈(gG)의 용단특성〉

정격전류의 구분	시 간	정격전류의 배수	
		불용단전류	용단전류
4[A]이하	60분	1.5배	2.1배
4[A]초과 16[A]미만	60분	1.5배	1.9배
16[A]이상 63[A]이하	60분	1.25배	1.6배
63[A]초과 160[A]이하	120분	1.25배	1.6배
160[A]초과 400[A]이하	180분	1.25배	1.6배
400[A]초과	240분	1.25배	1.6배

[답] ③

19 과전류차단기로 시설하는 퓨즈 중 고압전로에 사용하는 비포장퓨즈는 정격전류의 몇 배의 전류에 견디어야 하는가?
① 1배　② 1.25배
③ 1.3배　④ 3배

풀이
고압전로의 퓨즈는 비포장 퓨즈의 경우 정격전류 1.25배에 견디고, 2배의 전류로는 2분 안에 용단되어야 하며, 포장퓨즈는 정격전류 1.3배에 견디고, 2배의 전류로는 120분 안에 용단되어야 한다.
[답] ②

20 과전류 차단기로 시설하는 퓨즈 중 고압 전로에 사용하는 포장 퓨즈는 정격전류의 1.3배에 견디고 또한 2배의 전류로 몇 분 이내에 용단되는 것이어야 하는가?

① 10분 ② 30분
③ 60분 ④ 120분

[답] ④

21 과전류 차단기로 저압 전로에 사용하는 30[A] 이하의 배선용 차단기는 정격 전류 1.3배의 전류가 흐를 때 몇 분 내에 자동적으로 동작하여야 하는가?

① 10분 ② 30분
③ 60분 ④ 120분

[풀이]

〈과전류트립 동작시간 및 특성(산업용 배선용 차단기)〉

정격전류의 구분	시 간	정격전류의 배수(모든 극에 통전)	
		부동작 전류	동작 전류
63[A] 이하	60분	1.05배	1.3배
63[A] 초과	120분	1.05배	1.3배

〈과전류트립 동작시간 및 특성(주택용 배선용 차단기)〉

정격전류의 구분	시 간	정격전류의 배수(모든 극에 통전)	
		부동작 전류	동작 전류
63[A] 이하	60분	1.13배	1.45배
63[A] 초과	120분	1.13배	1.45배

[답] ③

22 옥내에 시설하는 전동기에는 전동기가 손상될 우려가 있는 과전류가 생겼을 때에 자동적으로 이를 저지하거나 이를 경보하는 장치를 하여야 한다. 그러나 그 예외조항이 아닌 경우는?

① 단상전동기로서 그 전원측 전로에 시설하는 과전류 차단기의 정격전류가 16[A] (배선용 차단기는 20[A]) 이하인 경우
② 전동기를 운전 중 상시 취급자가 감시할 수 있는 위치에 시설하는 경우
③ 전동기의 구조나 부하의 성질로 보아 전동기가 손상될 수 있는 과전류가 생길 우려가 없는 경우
④ 정격 출력이 0.75[kW] 이하인 전동기

[풀이]
- 정격 출력이 0.2[kW] 이하 전동기
- F : 전동기를 운전 중 상시 취급자가 감시할 수 있는 위치에 시설하는 경우
- 전동기의 구조나 부하의 성질로 보아 전동기가 손상될 수 있는 과전류가 생길 우려가 없는 경우
- 단상전동기로서 그 전원측 전로에 시설하는 과전류 차단기의 정격전류가 16[A] (배선용 차단기는 20[A]) 이하인 경우

[답] ④

23 가용체가 용단된 것을 외부에서 알 수 있도록 앞면에 운모를 이용한 창을 만들어 내부가 들여다보이는 퓨즈는?

① 관형 퓨즈 ② 통형 퓨즈
③ 판형 퓨즈 ④ 플러그 퓨즈

[풀이]
플러그 퓨즈(plug fuse)는 에디슨 베이스의 내부에 가용체를 넣고 퓨즈 홀더에 끼워 사용하는 구조로 가용체가 용단된 것을 외부에서 알 수 있도록 앞면에 운모를 이용한 창을 만들어 내부가 보이게 되어 있다. [답] ④

24 전압계, 전류계 등의 소손방지용으로 계기 내에 장치하고 봉입하는 퓨즈는?

① 텅스텐 퓨즈 ② 방출형 퓨즈
③ 플러그 퓨즈 ④ 통형 퓨즈

[풀이]
0.2~2[A]의 작은 전류에 민감하게 용단되므로 전압계, 전류계 등의 소손 방지용으로 계기 내에 장치하고 봉입하는 것 [답] ①

25 다음 중 과전류 차단기를 시설하여야 할 곳은 어디인가?

① 발전기, 변압기, 전동기 등의 기계 기구를 보호하는 곳
② 접지공사의 접지선
③ 다선식 전로의 중성선
④ 저압 가공 전로의 접지측 전선

[풀이]
과전류 차단기의 시설 금지 장소
- 접지공사의 접지선
- 중성점 접지공사를 한 저압 가공선로의 접지측 전선
- 다선식 선로의 중성선 [답] ①

26 다음 중 과전류 차단기를 꼭 설치해야 되는 것은?
① 접지공사의 접지선
② 저압 옥내 간선의 전원측 전선
③ 다선식 선로의 중성선
④ 전로의 일부에 접지공사를 한 저압 가공 전로의 접지측 전선

[답] ②

27 63[A]이하 주택용 배선용 차단기(MCCB)의 동작 시간은?
① 정격전류 105[%]에서 60분 이내
② 정격전류 113[%]에서 60분 이내
③ 정격전류 130[%]에서 60분 이내
④ 정격전류 145[%]에서 60분 이내

풀이
〈과전류트립 동작시간 및 특성(주택용 배선용 차단기)〉

정격전류의 구분	시간	정격전류의 배수	
		부동작 전류	동작 전류
63[A] 이하	60분	1.13배	1.45배
63[A] 초과	120분	1.13배	1.45배

[답] ④

28 차단기에서 ELB의 용어는?
① 유입 차단기 ② 진공 차단기
③ 배선용 차단기 ④ 누전 차단기

풀이
누전 차단기(RCD: Residual Current Protective Device)

[답] ④

29 배선용 차단기의 심벌은?
① B ② E
③ BE ④ S

풀이
① 배선용 차단기
② 누전 차단기
③ 과전류 겸용 누전차단기
④ 개폐기

[답] ①

30 전기세탁기에 사용하는 콘센트로서 적당한 것은?
① 2극 15[A]
② 2극 20[A]
③ 접지극부 2극 15[A]
④ 2극 20[A] 걸이형

풀이
세탁기와 같은 기계 기구에 접지를 하여야 하므로 접지극이 있는 콘센트로 사용한다.

[답] ③

31 섬유 등 먼지가 많은 장소에서 사용하는 배선 기구에 대하여 틀린 것은?
① 전기소켓은 키리스 소켓을 쓴다.
② 로젯은 절연성 불가연성 물질로 만들어진 것일 것
③ 로젯 안에는 반드시 퓨즈를 장치할 것
④ 로젯은 진동으로 뚜껑이 풀리지 않는 구조로 할 것

풀이
먼지가 많은 장소이므로 배선 기구 내부에서 스파이크가 발생되어도 위험을 초래하므로 소켓도 키가 없는 것이 좋고, 로젯은 절연성 불가연성으로 만들며 파손이나 뚜껑이 풀리지 않도록 하는 것이 좋다. 그리고 로젯 내에도 퓨즈를 사용하지 않는 것이 좋다.

[답] ③

32 접속기 또는 접속함을 사용하지 않고 접속해도 좋은 것은?
① 코드 상호
② 비닐 외장 케이블과 코드
③ 캡타이어 케이블과 비닐 외장 케이블
④ 절연전선과 코드

풀이
코드 상호, 캡타이어 케이블 상호, 케이블 상호 또는 이들을 상호 또는 접속할 때에는 원칙적으로 접속기, 접속함 기타의 기구를 사용하게 되어 있으므로 ①, ②, ③은 해당 없고 ④의 절연 전선과 코드를 접속한다는 것은 절연전선 상호를 접속하는 것과 같다는 것으로서 접속기를 사용하여도 지장은 없으므로, 접속기를 사용하지 않아도 좋다.

[답] ④

1.3 전기설비관련 공구

1. 측정 게이지

공구명	그림	용도
마이크로미터 (Micro Meter)		전선의 굵기, 철판, 구리판 등의 두께 측정
와이어 게이지 (Wire Guage)		전선의 굵기를 측정
버니어캘리퍼스 (VernierCalipers)		어미자와 아들자의 눈금을 이용하여 두께, 깊이, 안지름 및 바깥지름 측정

2. 전기 공사용 공구

공구명	그림	용도
펜치 (cutting plier)		전선의 절단 및 접속 150[mm](소기구용), 175[mm](옥내용), 200[mm](옥외용)
와이어스트리퍼 (wire striper)		절연전선 피복의 절연물을 벗기는 공구
토치램프 (torch lamp)		전선의 납땜 접속 합성수지관(PVC)의 가공시 사용.
프레셔툴 (pressure tool)		커넥터 또는 터미널 접속시 사용
파이프바이스 (pipe vise)		금속관 절단시 파이프 고정시킴

공구명	그림	용도
오스터 (oster)		금속관에 나사를 낼 때 사용
파이프 커터 (pipe cutter)		금속관 절단에 사용
파이프 렌치 (pipe wrench)		금속관과 커플링을 물고 죄어 서로 접속할 때 사용
녹아웃 펀치 (knockout punch)		배전반, 분전반등의 배관을 변경하거나 이미 설치된 캐비넷에 구멍을 뚫을 때 필요한 공구
리머 (reamer)		금속관을 쇠톱이나 커터로 절단 후 관구의 가공
클리퍼 (cliper)		굵은 전선을 절단할 때 사용
홀 소 (hole saw)		캐비닛 등과 같은 강철판에 구멍을 원형으로 뚫을 때 사용된다.
피시테이프 (fish tape)		전선관에 전선을 넣을 때 사용하는 평각 강철선
철망 그립 (pulling grip)		여러 가닥의 전선을 전선관에 넣을 때 사용하는 공구

3. 측정계기

(1) 저압 옥내 배선의 공사순서 : 점검 – 절연저항 측정 – 접지저항 측정 – 충전시험
(2) 메거(Megger) : 절연저항 측정
(3) 어스 테스터, 콜라우시 브리지 : 접지저항 측정
(4) 네온 검전기 : 충전유무 조사(전압유무)
(5) 멀티테스터(Multi Tester) : 회로시험기, 전압, 저항, 전류 측정, 도통 시험
(6) 훅온미터(Hook on Meter) 혹은 클램프메터 : 통전중인 전선의 전류, 전압 등 측정

3 기출 & 예상문제
제1장 배선재료 및 공구(3)

01 전선의 굵기를 측정하는 측정공구는?
① 와이어 게이지
② 파이어 포트
③ 스패너
④ 프레셔 툴

풀이
① 와이어 게이지(Wire Guage): 전선의 굵기를 측정
② 파이어 포트(Fire pot): 납물을 만드는 데 사용되는 일종의 화로
③ 스패너(Spanner): 너트를 죌 때 사용
④ 프레셔 툴(pressure tool): 커넥터 또는 터미널 접속 시 사용 [답] ①

02 두께, 깊이, 안지름 및 바깥지름 측정에 사용하는 공사용 공구는?
① 캘리퍼스 및 버니어 캘리퍼스
② 마이크로미터
③ 와이어 게이지
④ 잉그리시 스패너

풀이
버니어캘리퍼스(VernierCalipers): 어미자와 아들자의 눈금을 이용하여 두께, 깊이, 안지름 및 바깥지름 측정 [답] ①

03 와이어 스트리퍼는 무엇인가?
① 송전선 가선공사용 공구
② 배전선로 시험 장비
③ 변전소 배전반 시험 장치
④ 비닐절연 전선 작업공구

풀이
와이어 스트리퍼(wire striper): 절연전선 피복의 절연물을 벗기는 공구로 도체의 손상없이 정확한 길이의 피복 절연물을 쉽게 처리할 수 있다. [답] ④

04 합성수지전선관(PVC전선관)을 구부릴 때 사용하는 공구는?
① 토치 램프   ② 플라이어
③ 파이프 렌치 ④ 녹아웃 펀치

풀이
토치램프(torch lamp): 전선의 납땜 접속이나 합성수지관(PVC)의 가공에 열을 가할 때 사용 [답] ①

05 펜치로 절단하기 힘든 굵은 전선을 절단할 때 사용하는 공구는?
① 스패너   ② 프레셔 툴
③ 파이프 바이스 ④ 클리퍼

풀이
클리퍼(cliper): 굵은 전선을 절단할 때 사용하는 가위로 굵은 전선은 펜치로 절단하기 힘들어 클리퍼를 사용하거나 쇠톱으로 절단한다. [답] ④

06 절연 전선으로 가선된 배전 선로에서 활선 상태인 경우 전선의 피복을 벗기는 것은 매우 곤란한 작업이다. 이런 경우 활선 상태에서 전선의 피복을 벗기는 공구는?
① 전선피박기   ② 애자 커버
③ 와이어 통   ④ 데드엔드 커버

풀이
활선피박기: 활선 상태에서 전선의 피복 제거

[답] ①

07 전선에 압착단자를 접속시키는 공구는?
① 와이어 스트리퍼 ② 프레셔 툴
③ 볼트 클리퍼   ④ 드라이브이트

[풀이]
① 와이어 스트리퍼(Wire striper) : 절연전선 피복의 절연물을 벗기는 공구
② 프레셔 툴(Pressure tool) : 커넥터 또는 터미널 접속 시 사용
③ 볼트 클리퍼(Bolt clipper) : 2개의 날을 맞대어 절단하는 구조로 되어 있으며, 굵은 철선도 쉽게 절단
④ 드라이브 이트(Drive-it) : 새들 등을 고정시키기 위해 콘크리트 벽에 화약의 폭발력을 이용하여 구멍을 뚫는 공구 [답] ②

08 금속관의 나사를 내기 위하여 사용하는 공구는?
① 토치램프   ② 파이프 커터
③ 리머   ④ 오스터

[풀이]
오스터(Oster): 금속관 끝에 나사를 내는 공구로 래칫과 [답] ④

09 콘크리트 벽이나 기구에 구멍을 뚫어 전선관이나 기타 배선기구를 고정하기 위한 배선 재료가 아닌 것은?
① 스크루우 앵커   ② 익스팬션 볼트
③ 토글 볼트   ④ 비트 익스팬션

[풀이]
비트 익스팬션(Bit expansion)은 아주 깊은 구멍을 뚫을 때 사용하는 것으로 벽이나 기구에 전선관이나 배선기구를 설치하기 위한 공구와는 거리가 멀다.

Screw anchor

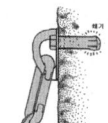
Expansion bolt

Toggle Bolt

Bit Expansion [답] ④

10 콘크리트 조영재에 볼트류를 박고자 할 때에 사용하는 공구의 명칭은?
① 홀소   ② 와이어스트리퍼
③ 드라이브이트   ④ 히키

[풀이]
드라이브 이트(Drive-it) : 새들 등을 고정시키기 위해 콘크리트 벽에 화약의 폭발력을 이용하여 구멍을 뚫는 공구 [답] ③

11 전기공사에 사용하는 공구와 작업내용이 잘못된 것은?
① 토치 램프 – 합성 수지관 가공하기
② 홀소 – 분전반 구멍 뚫기
③ 와이어 스트리퍼 – 전선 피복 벗기기
④ 피시 테이프 – 전선관 보호

[풀이]
피시 테이프(Fish tape) : 전선관에 전선을 넣을 때 사용되는 평각 강철선이다. [답] ④

12 다음 공구 중 금속관 가공 공사에 쓰이지 않는 것은?
① 오스터   ② 프레셔툴
③ 파이프커터 ④ 벤더

[풀이]
① 오스터(Oster) : 금속관 끝에 나사를 내는 공구
② 프레셔 툴(Pressure tool) : 커넥터 또는 터미널 접속 시 사용
③ 파이프커터(Pipe cutter) : 금속관을 절단할 때 사용
④ 벤더(Bender) : 금속관을 구부리는 공구 [답] ②

13 금속관을 가공할 때 절단된 내부를 매끈하게 하기 위하여 사용하는 공구의 명칭은?
① 리머   ② 프레셔 툴
③ 오스터   ④ 녹아웃 펀치

[풀이]
리머(Reamer) : 금속관을 쇠톱이나 커터로 끊은 다음 관 안에 날카로운 부분을 다듬는 것 [답] ①

14 금속관에 여러 가닥의 전선을 넣을 때 매우 편리하게 넣을 수 있는 방법으로 쓰이는 것은?
① 비닐전선   ② 철망그리프
③ 접지선   ④ 호밍사

[풀이]
철망 그립(Pulling grip): 여러 가닥의 전선을 전선관에 넣을 때 사용되는 공구이다. [답] ②

15 피시 테이프(fish tape)의 용도는?
① 전선을 테이핑하기 위해서 사용
② 전선관의 끝마무리를 위해서 사용
③ 전선관에 전선을 넣을 때 사용
④ 합성수지관을 구부릴 때 사용

풀이
피시 테이프(fish tape) : 전선관에 전선을 넣을 때 사용되는 평각 강철선이다. [답] ③

16 녹아웃 펀치와 같은 용도로 배전반이나 분전반 등에 구멍을 뚫을 때 사용하는 것은?
① 클리퍼(Cliper)
② 홀 소(hole saw)
③ 프레스 툴(pressure tool)
④ 드라이브이트 툴(driveit tool)

풀이
녹아웃용 펀치는 캐비넷의 철판 등에 전선을 넣기 위한 녹아웃구멍을 뚫는 공구로 홀소와 같은 용도이다.
[답] ②

17 다음 중 옥내에 시설하는 저압 전로와 대지 사이의 절연저항 측정에 사용되는 계기는?
① 멀티 테스터
② 메거
③ 어스 테스터
④ 훅 온 미터

풀이
메거(Megger) : 절연저항 측정 [답] ②

18 주택배선에 금속관 또는 합성수지관 공사를 할때 전선을 2.5[mm²] 또는 4.0[mm²]의 단선으로 배선하려고 한다. 전선관의 접속함(정크션 박스)내에서 비닐테이프를 사용치 않고 직접 전선 상호 간을 접속하는 데 가장 편리한 재료는?
① 터미널 캡
② 서비스 캡
③ 와이어 커넥터
④ 엔트런스 캡

풀이
터미널 캡, 서비스 캡, 엔트런스 캡은 금속관용 접속 부품이다. [답] ③

19 절연전선의 피복을 벗기는 데 사용하는 공구는?
① 벤더
② 플라이어
③ 와이어 스트리퍼
④ 리머

풀이
① 벤더 : 금속관을 구부리는 공구
② 플라이어 : 팬치와 같은 작업공구
③ 리머 : 절단된 금속관 안의 날카로운 것을 다듬는 공구
[답] ③

20 충전중의 저압 옥내배선의 접지측과 비접지측을 간단히 알아볼 수 있는 기구는?
① 메거
② 전압계
③ 네온 검전기
④ 어스 테스터

풀이
(1) 메거(Megger) : 절연저항 측정
(2) 어스 테스터, 콜라우시 브리지 : 접지저항 측정
(3) 네온 검전기 : 충전유무 조사(전압유무)
(4) 멀티테스터(Multi Tester) : 회로시험기, 전압, 저항, 전류 측정, 도통 시험 [답] ③

21 저압 옥내선의 회로 점검을 하는 경우 필요로 하지 않는 것은?
① 어스 테스터
② 슬라이 덕스
③ 서키트 테스터
④ 메거

풀이
(1) 어스 테스터, 콜라우시 브리지 : 접지저항 측정
(2) 슬라이 덕스 : 유도전압조정기의 일종으로 전압조정 시 사용
(3) 서키트 테스터 : 회로시험기
(4) 메거(Megger) : 절연저항 측정 [답] ②

22 다음의 검사방법 중 옳은 것은?
① 어스 테스터로서 절연저항을 측정한다.
② 검전기로서 전압을 측정한다.
③ 메가로서 회로의 저항을 측정한다.
④ 코올라우시 브리지로 접지저항을 측정한다.
[답] ④

1.4 전선의 접속

1. 전선의 접속 요건
(1) 전선상호간 접속시 전기저항을 증가시키지 아니하도록 접속하여야 한다.
  ① 전선의 세기(인장하중)를 20[%] 이상 감소시키지 아니할 것.
  ② 접속부분을 그 부분의 절연전선의 절연물과 동등 이상의 절연효력이 있는 것으로 충분히 피복할 것.
  ③ 전기 화학적 성질이 다른 도체를 접속하는 경우에는 접속부분에 전기적 부식이 생기지 않도록 할 것.
(2) 코드 상호, 캡타이어 케이블 상호 또는 이들 상호를 접속하는 경우에는 코드 접속기·접속함 기타의 기구를 사용할 것.
(3) 두 개 이상의 전선을 병렬로 사용하는 경우에는 다음에 의하여 시설할 것.
  ① 병렬로 사용하는 각 전선의 굵기는 동선 50[mm^2] 이상 또는 알루미늄 70[mm2] 이상으로 하고, 전선은 같은 도체, 같은 재료, 같은 길이 및 같은 굵기의 것을 사용할 것.
  ② 같은 극의 각 전선은 동일한 터미널러그에 완전히 접속할 것.
  ③ 같은 극인 각 전선의 터미널러그는 동일한 도체에 2개 이상의 리벳 또는 2개 이상의 나사로 접속할 것.
  ④ 병렬로 사용하는 전선에는 각각에 퓨즈를 설치하지 말 것.
  ⑤ 교류회로에서 병렬로 사용하는 전선은 금속관 안에 전자적 불평형이 생기지 않도록 시설할 것.

2. 전선의 접속 방법
납땜 접속, 슬리브 접속, 커넥터 접속, 쥐꼬리 접속

단선의 직선 접속	연선의 직선 접속
① 트위스트 접속 : 6[mm^2] 이하 단선 ② 브리타니어 접속 : 10[mm^2] 이상의 전선	① 단권 접속: 소선을 하나씩 차례로 감아서 접속하는 방법이다. ② 복권 접속 : 소선을 한꺼번에 돌리면서 감아 접속하는 방법이다.

③ 쥐꼬리 접속 : 조인트박스내 가는 전선간의 접속
　　　　　　　(와이어 커넥터 사용)
　㉮ 전선 꼬임횟수 : 2~3회
　㉯ 배선과 기구심선의 접속시 : 5회 이상

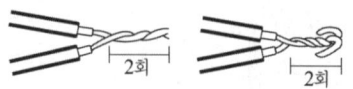

[쥐꼬리 접속]

3. 슬리브 접속 및 전선과 기구단자의 접속

(1) 슬리브 접속
S형 등 이 있으며 옥내배선에서 납땜하지 않고 접속시 사용
(P형: 직선겹침, E형: 종단, B형: 직선맞대기, S형, C형 등)

(2) 전선과 기구 단자의 접속
① 단선 10[mm^2], 연선 5.5[mm^2] 이하의 것은 단자에 직접 접속
　　직접접속 굵기 이상시 동관단자, 압착단자 접속 실시 (프레셔 툴)
② 진동이 있는 기계기구의 접속 시 : 2중 너트 또는 스피링 와셔 사용

  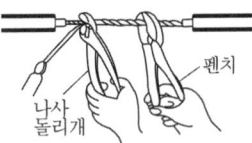

　　(a) S형 슬리브　　　　(b) 직선 접속　　　　(c) 분기 접속

[슬리브 접속]

(3) 납땜 및 테이프
① 납땜 : 주석과 납의 함유량 각각 50[%]
② 테이프
　㉮ 면 테이프
　㉯ 고무테이프
　㉰ 비닐 테이프
　㉱ 리노 테이프 : 점착성이 없으며, 절연성, 내온성, 내유성으로 연피케이블 접속 시 사용
　　※ Lino tape : 절연용의 테이프로 면의 양측에 바니시(varnishi 니스)를 수회 발라서 말린 것.
　㉲ 자기 융착 테이프 : 내오존성·내수성·내약품성·내온성·내열화성 우수
　　(비닐외장 케이블 / 클로로프렌 외장케이블 접속시 사용) 2배 늘려서 감는다.
　※ **자기융착 테이프(Self Bonding Insulating Tape) :**
　　(EPR : Ethylene Propylene Rubber)로 만든 절연 테이프

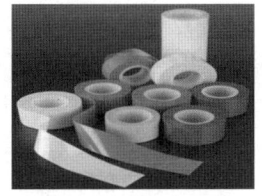

3 기출 & 예상문제
제1장 배선재료 및 공구(4)

01 다음 중 전선 및 케이블 접속 방법이 잘못된 것은?
① 전선의 세기를 30[%]이상 감소시키지 않을 것
② 접속 부분은 접속관 기타의 기구를 사용하거나 납땜을 할 것
③ 코드 상호, 캡타이어 케이블 상호, 케이블 상호, 또는 이들 상호를 접속하는 경우에는 코드 접속기, 접속함 기타의 기구를 사용할 것
④ 도체에 알루미늄을 사용하는 전선과 동을 사용하는 전선을 접속하는 경우에는 접속 부분에 전기적 부식이 생기지 않도록 할 것

풀이
- 전선의 세기(기계적 강도)를 20[%] 이상 감소시키지 말 것.(80[%] 이상 유지할 것)
- 접속 부분은 접속관 기타의 기구를 사용하거나 납땜을 할 것.
- 접속부의 절연은 전선 자체의 절연레벨과 동일하게 하며 접속점 부위의 전기저항을 증가시키지 말 것
- 코드 상호, 캡타이어 케이블 상호, 케이블 상호, 또는 이들 상호를 접속하는 경우에는 코드 접속기, 접속함 기타의 기구를 사용할 것
- 도체에 알루미늄을 사용하는 전선과 동을 사용하는 전선과 동을 사용하는 전선을 접속하는 경우에는 접속 부분에 전기적 부식이 생기지 않도록 할 것 [답] ①

02 코드 상호간 또는 캡타이어 케이블 상호간을 접속하는 경우 가장 많이 사용되는 기구는?
① T형 접속기
② 코드 접속기
③ 와이어 커넥터
④ 박스용 커넥터

풀이
- 코드 상호, 캡타이어 케이블 상호, 케이블 상호, 또는 이들 상호를 접속하는 경우에는 코드 접속기, 접속함 기타의 기구를 사용할 것 [답] ②

03 다음은 전선 접속에 관한 설명이다. 옳지 않은 것은?
① 접속 슬리브나 전선 접속기구를 사용하여 접속하거나 또는 납땜을 한다.
② 접속 부분의 전기저항을 증가시켜서는 안 된다.
③ 전선의 세기를 60[%] 이상 유지해야 한다.
④ 절연을 원래의 절연효력이 있는 테이프로 충분히 한다.

풀이
전선접속의 조건
① 전기적 저항을 증가시키지 않는다.
② 접속부위의 기계적 강도를 20[%] 이상 감소시키지 않는다.
③ 접속점의 절연이 약화되지 않도록 테이핑 또는 와이어 커넥터로 절연한다.
④ 전선의 접속은 박스 안에서 하고, 접속점에 장력이 가해지지 않도록 한다. [답] ③

04 전선의 접속원칙이 아닌 것은?
① 전선의 허용전류에 의하여 접속부분의 온도상승 값이 접속부 이외의 온도상승 값을 넘지 않도록 한다.
② 접속부분은 접속관, 기타의 기구를 사용한다.
③ 전선의 강도를 30[%] 이상 감소시키지 않는다.
④ 구리와 알루미늄 등 다른 종류의 금속 상호간을 접속할 때에는 접속부에 전기적 부식이 생기지 않도록 한다.

풀이
문제 3번 해설 참조 [답] ③

05 테이프를 감을 때 약 2배 늘여서 감을 필요가 있는 것은?
① 블랙 테이프 ② 리노 테이프
③ 자기융착 테이프 ④ 비닐 테이프
[답] ③

06 전선 6[mm²] 이하의 가는 단선을 직선 접속할 때 어느 방법으로 하여야 하는가?
① 브리타니어 접속
② 트위스트 접속
③ 슬리브 접속
④ 우산형 접속

풀이
단선의 직선 접속 방법으로
① 트위스트 접속 : 6[mm²] 이하 단선
② 브리타니어 접속 : 10[mm²] 이상의 전선
[답] ②

07 10[mm²] 이상의 굵은 단선의 분기 접속은 어떤 접속을 하여야 하는가?
① 브리타니아 접속 ② 쥐꼬리 접속
③ 트위스트 접속 ④ 슬리브 접속
[답] ①

08 접속함 안에서 가는 전선을 접속할 때에는 어떤 방법으로 접속하는가?
① 쥐꼬리 접속
② 트위스트 접속
③ 브리타니아 접속
④ 슬리브 접속

풀이
조인트박스 내 가는 전선간의 접속은 쥐꼬리 접속을 한다. (와이어 커넥터 사용)
[답] ①

09 다음 중 전선의 접속방법에 해당 되지 않는 것은?
① 슬리브 접속 ② 직접 접속
③ 트위스트 접속 ④ 커넥터 접속
[답] ②

10 다음 중 단선의 브리타니아 직선 접속에 사용되는 것은?
① 조인트선 ② 파라핀선
③ 바인드선 ④ 에나멜선

풀이
브리타니어 접속: 조인트선을 이용하여 접속한다.
[답] ①

11 다음 설명 중 옳지 못한 것은?
① 전선의 접속법에는 트위스트 접속, 슬리브 접속, 커넥터 접속 등이 있다.
② 전선의 피복을 벗기는 길이는 2.5[mm²] 전선의 경우에는 약 80[mm] 정도로 한다.
③ 전선의 피복을 벗기는 길이는 4[mm²] 전선의 경우에는 약 100[mm] 정도로 한다.
④ 단선의 직선접속과 분기접속에서 2.5[mm²] 이하의 것은 트위스트 접속, 10[mm²] 이상 되는 것은 커넥터 접속으로 한다.
[답] ④

12 구리 합금으로 만든 꺽쇠 사이에 전선을 끼우고 볼트로 죄는 접속법으로 주로 구리선의 접속에 쓰이는 것은?
① 신연 접속
② PG 그램프 접속
③ 압축 접속
④ 매킹타이어 접속
[답] ②

13 저압 옥내 배선공사에 부득이한 경우, 전선 접속이 되는 것은?
① 가요전선관 내
② 합성수지관 내
③ 금속관 내
④ 금속 덕트 내
[답] ④

14 연피가 없는 케이블은 습기가 많고 접속 박스가 없는 경우 케이블의 상호 접속은 어떻게 해야 하는가?
① 클리트를 써서 접속한다.
② 납땜 접속을 한다.
③ 애자를 써서 접속한다.
④ 접속함에서 접속 한다.
[답] ③

15 연피 케이블 접속법은?
① 단자 접속함 접속
② 주철 직선 접속함 접속
③ 무단자 접속함 접속
④ 애자 사용 접속
[답] ②

16 박스 내에서 절연 전선을 쥐꼬리 접속 후 접속과 절연을 완전하게 하고 작업 시간을 빠르게 하는데 쓰이는 것은?
① 링형 슬리브   ② S형 슬리브
③ 와이어 커넥터   ④ 터미널 러그
풀이
조인트박스 내 가는 전선간의 접속 후 와이어 커넥터 사용

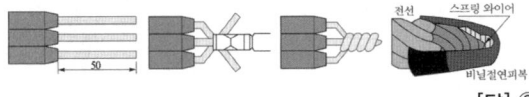

[답] ③

17 평형 비닐 외장 케이블 서로 간을 노출한 곳에서 접속할 때에는 어떤 방법이 좋은가?
① 슬리브   ② 조인트 박스
③ 와이어 커넥터   ④ 박스용 커넥터
[답] ④

18 연피 케이블의 접속에 반드시 사용되는 테이프는?
① 고무테이프   ② 비닐테이프
③ 리노테이프   ④ 자기 융착 테이프

풀이
리노 테이프(lino tape) : 바이어스 테이프(bias tape)에 절연성 바니시(니스)를 몇 차례 바르고 다시 건조시킨 것으로 점착성이 없으나 절연성, 내온성 및 내유성이 있으므로 연피 케이블 접속에는 반드시 사용된다.
[답] ③

19 비닐 외장 케이블 및 클로로프렌 외장 케이블 접속에 이용되고 내수성, 내약품성, 내온성이 우수한 테이프는 다음 중 어느 것인가?
① 고무 테이프   ② 비닐 테이프
③ 리노 테이프   ④ 자기 융착 테이프
풀이
자기융착 테이프: 내오존성·내수성·내약품성·내온성·내열화성이 우수하고 테이프를 감을 때 약 2배 늘려서 감는다.
[답] ④

20 전선을 접속하는 재료로서 납땜을 하는 것은?
① 박스형 커넥터   ② S형 슬리브
③ 와이어 커넥터   ④ 동관단자
[답] ④

21 박스 내에서 절연전선을 쥐꼬리 접속하면 다음의 어느 처리 방법이 옳은가?
① 납땜만 하면 된다.
② 납땜하고 테이프를 감아야 한다.
③ 테이프만 감으면 된다.
④ 납땜과 테이프 감기가 필요 없다.
[답] ②

22 전선의 접속 방법에서 납땜과 테이프 감기가 다 같이 필요 없는 것은?
① 트위스트 접속
② 브리타니아 접속
③ 와이어 커넥터 접속
④ 슬리브 접속
[답] ③

23 금속관 공사의 박스 내에서 전선을 접속하는 경우에 사용하는 것은?
① 단자판
② 슬리브 커플링
③ 매입 콘센트
④ 와이어 커넥터
[답] ④

24 땜납은 주석과 납이 각각 몇 [%]씩 된 것을 사용하는가?
① 30 ② 50
③ 80 ④ 90
[답] ②

25 옥내배선에 있어서 전선 굵기 결정에 고려하지 않아도 되는 것은?
① 전압강하
② 허용전류
③ 전력손실
④ 기계적 강도
풀이
전선의 굵기 선정은 허용전류, 전압강하, 기계적강도를 고려하여야 한다. [답] ③

26 다음 중 전선의 접속에 대해서 바른 것은?
① 박스 내에서 전선과 기구의 코드를 접속하는데 코드의 심선을 6회 전선에 감아 그 위에 테이프를 감았다.
② 저압 가공 전선 상호를 규정의 방법으로 접속하였으나 납땜을 하지 않고 테이프를 감았다.
③ 나전선과 600[V] 절연전선을 접속해서 전선의 인장 하중을 조사했더니 70[%] 감소했다.
④ 코드와 코드를 서로 꼬아서 납땜하고 정규의 테이프를 감았다.
[답] ①

27 다음 중 동전선의 접속에서 직선 접속에 해당하는 것은?
① 직선맞대기용슬리브(B형)에 의한 압착 접속
② 비틀어 꽂은 형의 직선접속기에 의한 접속
③ 종단겹침용슬리브(E형)에 의한 접속
④ 동선압착단자에 의한 접속
풀이
직선 맞대기용 슬리브에 의한 압착접속동전선의 직선접속에서 단선 및 연선에 적용하는 방법이다. [답] ①

28 굵기가 같은 두 단선의 쥐꼬리 접속에서 와이어 커넥터를 사용하는 경우에는 심선을 몇 회 정도 꼰 다음 끝을 잘라내야 하는가?
① 2~3회 ② 4~5회
③ 6~7회 ④ 8~9회
[답] ①

29 진동이 있는 기계 기구의 단자에 전선을 접속할 때 사용하는 것은?
① 압착 단자
② 스프링 와셔
③ 코드 패스너
④ +자머리 볼트
[답] ②

30 구리 전선과 전기 기계 기구 단자를 접속하는 경우에 진동 등으로 인하여 헐거워질 염려가 있는 곳에는 어떤 것을 사용하여 접속하여야 하는가?
① 평와샤 2개를 끼운다.
② 스프링 와셔를 끼운다.
③ 코드 패스너를 끼운다.
④ 정 슬리브를 끼운다.
풀이
진동이 있는 기계기구의 접속 시 : 2중 너트 또는 스프링 와셔 사용 [답] ②

31 다음의 그림의 (a)와 (b)의 전선의 접속법은?

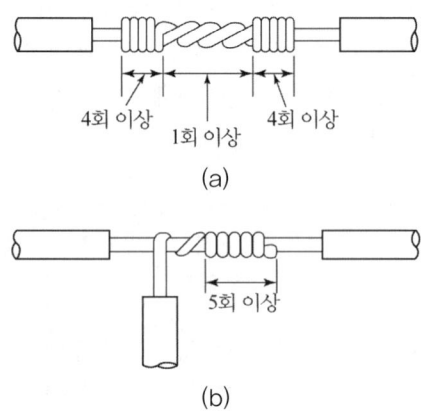

① 직선 접속, 분기 접속
② 직선 접속, 종단 접속
③ 종단 접속, 슬리브에 의한 접속
④ 분기 접속, 분기 접속

풀이
(a), (b)의 해설의 접속법은 각각 직선 접속과 분기 접속이 된다. **[답]** ①

제2장

배관·배선공사

설치방법	배선공사방법
전선관 시스템	합성수지관 공사, 금속관 공사, 가요전선관 공사
케이블트렁킹 시스템	합성수지몰드 공사, 금속몰드 공사, 금속덕트 공사ᵃ
케이블덕트 시스템	플로어덕트 공사, 셀룰러덕트 공사, 금속덕트 공사ᵇ
애자 사용방법	애자사용 공사
케이블트레이 시스템 (래더, 브래킷 포함)	케이블트레이 공사
케이블 공사	고정하지 않는 방법, 직접 고정하는 방법, 지지선 방법

ᵃ 금속본체와 커버가 별도로 구성되어 커버를 개폐할 수 있는 금속덕트를 사용한 배선방법.
ᵇ 본체와 커버 구분없이 하나로 구성된 금속덕트를 사용한 배선방법.

※ 참고 (버스바트렁킹시스템-버스덕트공사, 파워트랙시스템-라이팅덕트공사)

2.1 전선관시스템(합성수지관 공사)

1. 합성수지관의 특징

합성수지관은 경질 비닐제가 대부분을 차지하고 있으며, 경질 비닐관은 기계적 충격이나 중량물에 의한 압력 등 외력에 대한 기계적 강도는 금속관에 비해 떨어지나 가볍고 녹슬지 않는 점과 가격이 저렴한 장점 때문에 최근 많이 보급되고 있다. 경질 비닐관을 접속할 때는 경질 비닐관용의 커플링, 커넥터 등을 사용하고 박스, 웨더 캡(weather cap), 기타 부속품은 강제 전선관과 동일 명칭을 사용한다. 합성수지관의 특성은 다음과 같다.

① 염화비닐수지로 만든 것으로, 금속관에 비하여 가격이 싸다.
② 절연성과 내부식성이 우수하고, 재료가 가볍기 때문에 시공이 편리하다.
③ 관 자체가 비자체성이므로 접지할 필요가 없다.
④ 열에 약할 뿐 아니라, 충격 강도가 떨어지는 결점이 있다.

2. 경질비닐 전선관(PVC PIPE)

경질 비닐관 공사는 금속관보다 가격이 싸고 시공이 용이하며 절연성, 내약품성이 뛰어나고 경량, 녹슬지 않으며 대량 공급이 가능해 많이 보급되고 있다. 그러나 열에 약하기 때문에 기계적 충격이나 중량물에 의한 압력 등 외력을 받을 우려가 없도록 시설해야 한다.

① 관의 굵기를 안지름의 크기에 가까운 짝수로써 표시
② 지름 14~82[mm]로 9종(14C, 16C, 22C, 28C, 36C, 42C, 54C, 70C, 82C)
③ 한 본의 길이는 4[m]로 제작

경질 비닐 전선관의 규격

규 격(호칭)	표준길이 (1본당)	SIZE [mm] 외 경	SIZE [mm] 내 경	구 조
14C	4.0[m]	18±0.2	14	
16C	4.0[m]	22±0.20	16	
22C	4.0[m]	26±0.25	22	
28C	4.0[m]	34±0.30	28	
36C	4.0[m]	42±0.35	35	
42C	4.0[m]	48±0.40	40	
54C	4.0[m]	60±0.50	52	
70C	4.0[m]	76±0.50	67	
82C	4.0[m]	89±0.50	78	

3. 합성수지 전선관의 부속품

① 1호 커플링, TS 커플링, 2호 커플링 : 관 상호간의 접속용으로 사용한다.
② 박스 커넥터 : 2호 커넥터관과 박스의 접속에 사용한다.
③ 노멀 벤드 : 직각으로 구부러지는 곳에서 관 상호간의 접속에 사용한다.
원형 노출박스, 아우트렛박스, 엔트런스캡, 새들, 콘크리트 박스 등은 금속관의 부속품과 같다.

(a) 콘넥터　　　(b) 커플링　　　(c) 노말 밴드

합성수지제 전선관의 부속품

4. 합성수지제 가요전선관(PE 및 CD관)

롤(Roll)의 형태로 되어있고 무게가 가벼워 운반 및 취급이 용이하고 금속전선관에 비해 결로현상이 적어 영하의 온도에서도 사용할 수 있으며, PE 및 난연성 PVC로 되어있기 때문에 내약품성이 우수하다. 가요성이 뛰어나므로 굴곡 된 배관 작업에 적합하며, 관의 내부가 파부형이므로 마찰계수가 적어 전선 입선이 용이하다. 색상은 흑, 적, 청, 황, 녹색 5가지 종류가 있다.

(1) 합성수지제 가요전선관(PE전선관)

1) 특징
① 경질에 비해 연한 성질이 있어 배관작업에 토치램프로 가열할 필요가 없다.
② 경질에 비해 외부 압력에 견디는 성질이 약한 편이다.

2) 호칭
① 관의 굵기를 안지름의 크기에 가까운 짝수로써 표시
(14C, 16C, 22C, 28C, 36C, 42C)

② 한 가닥의 길이가 100~6[m]로서 롤(Roll) 형태로 제작

(2) 합성수지제 가요전선관(CD전선관)

1) 특징
① 무게가 가벼워 어려운 현장 여건에서도 운반 및 취급이 용이
② 금속관에 비해 결로현상이 적어 영하의 온도에서도 사용 가능
③ PE 및 난연성 PVC로 되어 있기 때문에 내약품성이 우수하고 내후, 내식성도 우수
④ 가요성이 뛰어나므로 굴곡된 배관작업에 공구가 불필요하며 배관작업이 용이
⑤ 관의 내면이 파부형이므로 마찰계수가 적어 굴곡이 많은 배관 시에도 전선의 인입이 용이

2) 호칭
① 관의 굵기를 안지름의 크기에 가까운 짝수로써 표시
   (14C, 16C, 22C, 28C, 36C, 42C)
② 한 가닥 길이가 100~50[m]로써 롤(Roll) 형태 제작

5. 합성수지관의 시공
(1) 합성수지관은 전개된 장소나 은폐된 장소 등 어느 곳에서나 시공할 수 있지만, 중량물의 압력 또는 심한 기계적 충격을 받는 장소에서 시설해서는 안 된다.(콘크리트 매입은 제외)
(2) 관의 지지점 간의 거리는 1.5[m] 이하로 하고, 관과 박스의 접속점 및 관 상호 간의 접속점 등에 서는 가까운 곳(0.3[m] 이내)에 지지점을 시설하여야 한다.
(3) 스위치 접속 및 전선 접속을 위한 박스와 전선관의 접속방법을 그림과 같다.

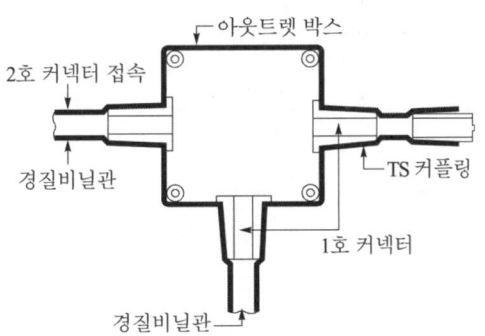

[박스와 전선관(커넥터) 접속]

(4) 관 상호 접속은 커플링을 이용하여 다음과 같다.

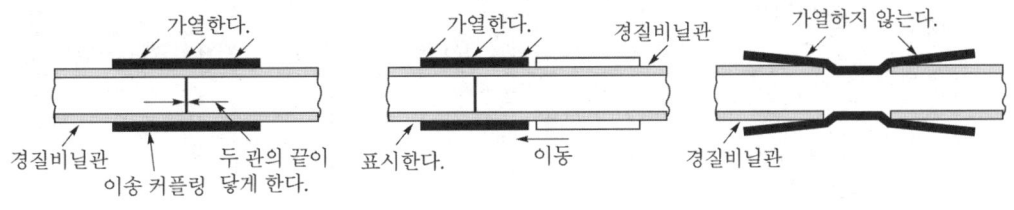

[꽂임 접속]   [이송 접속]   [TS 커플링 접속]

이송 커플링	양쪽 관이 같은 길이로 맞닿게 하여 연결한다.
TS 커플링	커플링 양쪽 입구 지름이 중앙부보다 크게 되어 있다.

① 커플링에 들어가는 관의 길이는 관 바깥지름의 1.2배 이상으로 한다. 단, 접착제를 사용할 때는 0.8배 이상으로 한다.

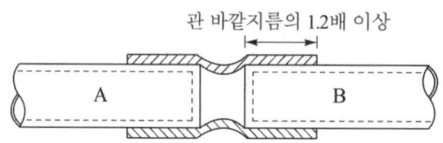

② 관 상호 접속점의 양쪽 관과 박스 접속개소의 가까운 곳(0.3[m] 이내)에 관을 고정해야 한다.

6. 합성수지관의 굵기 선정

(1) 합성수지관의 배선에는 절연전선(옥외용절연전선 제외)을 사용해야 한다.

(2) 절연전선은 단면적 $10[mm^2]$(알루미늄선 $16[mm^2]$) 이하의 단선을 사용하며, 그 이상일 경우는 연선을 사용하고, 전선에 접속점이 없도록 해야 한다.

(3) 합성수지관의 굵기는 전선의 피복절연물을 포함한 단면적의 총합계가 관 내단면적의 $\frac{1}{3}$ 이하가 되도록 선정한다.

① 전선의 절연피복을 포함한 단면적은 아래 표와 같다.

도체 단면적 $[mm^2]$	절연물 두께 [mm]	전선의 단면적 $[mm^2]$	도체 단면적 $[mm^2]$	절연물 두께 [mm]	전선의 단면적 $[mm^2]$
1.5	0.7	9	10	1.0	35
2.5	0.8	13	16	1.0	48
4	0.8	17	25	1.2	74
6	0.8	21	35	1.2	93

② 안정성을 고려하여, 전선의 굵기와 가닥 수에 구해진 전선의 전체 단면적에 보정계수를 곱하여 절연전선의 단면적을 정하여 전선관을 선정한다.

도체 단면적 $[mm^2]$	보정계수	
	경질비닐전선관	합성수지제가요관 (PE관, CD관)
2.5, 4.0	2.0	1.3
6, 10	1.2	1.0
16 이상	1.0	1.0

2.2 전선관시스템(금속관 공사)

1. 금속전선관의 특징

(1) 금속관 공사(Steel Conduit Wiring)

노출된 장소, 은폐 장소, 습기, 물기 있는 곳, 먼지가 있는 곳 등 어느 장소에서나 시설할 수 있고, 가장 완전한 공사방법으로 공장이나 빌딩에서 주로 사용된다.

(2) 금속관 공사
① 전선이 기계적으로 완전히 보호된다.
② 단락사고, 접지사고 등에 있어서 화재의 우려가 적다.
③ 접지공사를 완전히 하면 감전의 우려가 없다.
④ 방습장치를 할 수 있으므로, 전선을 내수적으로 시설할 수 있다.
⑤ 전선이 노후되었을 경우나 배선방법을 변경할 경우에 전선의 교환이 쉽다.

(3) 금속관 공사의 시설방법
① 매입배관공사 : 콘크리트 또는 흙벽 속에 시설
② 노출배관공사 : 벽면, 천장면 등을 따라 시설하거나 천장 등에 매달아 시설

2. 금속전선관의 종류

(1) 후강 및 박강전선관

구 분	후강 전선관	박강 전선관
관의 호칭	안지름의 크기에 가까운 짝수	바깥지름의 크기에 가까운 홀수
관의 종류 [mm]	16, 22, 28, 36, 42, 54, 70, 82, 92, 104 (10종류)	19, 25, 31, 39, 51, 63, 75 (7종류)
관의 두께	2.3~3.5[mm]	1.2~2.0[mm]
한 본의 길이	3.66[m]	3.66[m]

(2) 관의 두께와 공사
① 콘크리트에 매설하는 경우 : 1.2[mm] 이상
② 기타의 경우 : 1[mm] 이상

3. 금속전선관의 시공

(1) 관의 절단과 나사내기
① 금속관의 절단 : 파이프 바이스에 고정시키고 파이프 커터 또는 쇠톱으로 절단하고, 절단한 내면을 리머로 다듬어 전선의 피복이 손상되지 않도록 한다.
② 나사내기 : 오스터로 필요한 길이만큼 나사를 낸다.

(2) 금속전선관 구부리기
① 히키(벤더)를 사용하여 관이 심하게 변형되지 않도록 구부려야 하며, 구부러지는 관의 안쪽 반지름은 관 안지름의 6배 이상으로 구부려야 한다.
② 금속관의 굵기가 36[mm] 이상이 되면, 노멀 벤드와 커플링을 이용하여 시설한다.

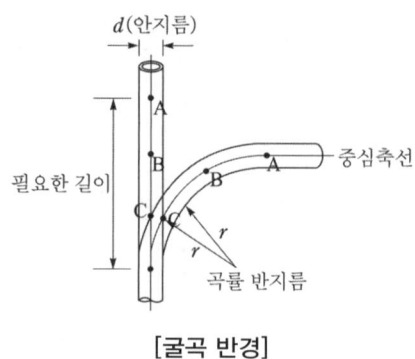

[굴곡 반경]

(3) 금속전선관으로 연결되는 박스 상호 간이나 전기기구와 박스 사이의 전선관에는 3개소를 초과하는 굴곡 개소를 만들면 안 되며, 굴곡 개소가 많은 경우 또는 관의 길이가 30[m]를 초과하는 경우에는 전선의 입선을 쉽게 하기 위하여 배관 도중에 박스를 시설한다.
(4) 관 상호 접속은 커플링을 이용하여 접속한다.

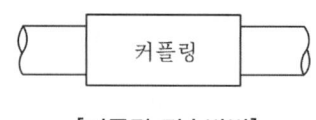

[커플링 접속방법]

(5) 전선관과 박스접속
    금속관을 박스에 접속하려면 나사가 내어져 있는 관 끝을 구멍(녹아웃)에 끼우고, 부싱과 로크너트를 써서 전기적, 기계적으로 완전히 접속한다. 녹아웃 크기가 클 때는 링리듀서를 사용한다.

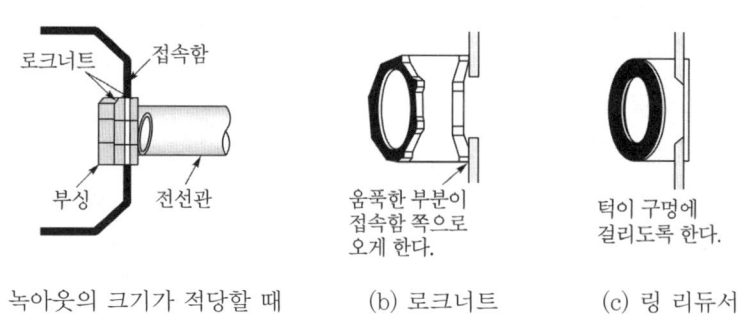

[접속방법]

4. 금속전선관 굵기 선정
(1) 금속전선관의 배선에는 절연전선을 사용해야 한다.
(2) 절연전선은 10[mm^2](알루미늄 선은 16[mm^2]) 이하의 단선을 사용하며, 그 이상일 경우는 연선을 사용하며, 전선에 접속점이 없도록 해야 한다.
(3) 교류회로에서는 1회로의 전선 모두를 동일관 내에 넣는 것을 원칙으로 한다.

(4) 교류회로에서 전선을 병렬로 여러 가닥 입선하는 경우 관내에 왕복전류의 합계가 "0"(평형)이 되도록 하여야 한다.

(5) 금속전선관의 굵기는 전선의 피복절연물을 포함한 단면적의 총합계가 관 내단면적의 $\frac{1}{3}$ 이하가 되도록 선정한다.

5. 금속전선관의 접지
금속전선관은 누전에 의한 사고를 방지하기 위하여 접지공사를 해야 한다. 다만, 사용전압이 400[V] 미만으로서 다음 중 하나에 해당하는 경우에는 그러하지 아니하다.
(1) 관의 길이(2개 이상의 관을 접속하여 사용하는 경우에는 그 전체의 길이를 말한다. 이하 같다)가 4[m] 이하인 것을 건조한 장소에 시설하는 경우
(2) 옥내배선의 사용전압이 직류 300[V] 또는 교류 대지 전압 150[V] 이하로서 그 전선을 넣는 관의 길이가 8[m] 이하인 것을 사람이 쉽게 접촉할 우려가 없도록 시설하는 경우 또는 건조한 장소에 시설하는 경우

6. 금속전선관의 부속품
(1) 콘크리트 박스 : 콘크리트내의 매입 배선용으로 아웃트렛 박스와 같은 목적으로 사용되나 밑판을 뗄 수 있으므로 슬라브 배관의 경우 천장면에 박스나 관을 취부하기가 용이하다. 중형 4각, 대형 4각, 8각 등 사용목적에 맞출 수 있는 여러 종류가 있다.
(2) 아웃틀렛 박스 : 전선 접속, 조명기구, 콘센트 등의 취부에 사용하고 중형 4각(얕은 형, 깊은 형), 대형 4각(얕은 형, 깊은 형)등 사용목적에 따라 여러 종류가 있다.
(3) 로크 너트 : 박스에 금속관을 고정할 때, 커플링으로 관 상호간을 접속할 때 커플링이 도는 것을 방지하기 위해서 사용하고 6각형과 톱니형 두 가지가 있다.
(4) 절연 부싱 : 전선의 절연피복을 보호하기 위해서 금속관의 관 끝에 취부하고, 절연부싱은 강제부싱의 안쪽을 절연물로 피복하였기 때문에 안전성이 높다. 합성수지제 부싱도 많이 사용된다.
(5) 유니버설 엘보우(C형 엘보우) : 노출 배관 공사에서 관을 직각으로 굽히는 곳에 사용하고 3방향으로 분기할 수 있는 T형과, 4방향으로 분기할 수 있는 크로스(cross)형이 있다.
(6) 터미널 캡, 엔트런스 캡 : 저압 가공 인입선에서 금속관 공사로 옮겨지는 곳 또는 금속관으로부터 전선을 인출하여 전동기 단자 부분에 접속할 때 전선을 보호하기 위해서 관 끝에 취부한다.
(7) 픽스쳐 스터트(노 볼트형) : 무거운 조명기구를 박스에 취부할 때 사용하는 것이며 박스 밑면 중심에 있는 녹아웃 구멍에 꽂고 로그너트로 죈다.
(8) 픽스쳐 히키 : 기구를 파이프로 매달 때 스탠드와 기구 파이프 사이에 취부하고 옆 구멍으로부터 전선을 파이프 속에 넣을 수 있게 되어 있다.
(9) 접지 클램프 : 금속관과 접지선 사이의 접속에 사용한다.
(10) 커플링(유니온 커플링) : 금속관 사이를 접속할 때 사용한다. 전선관에 나사를 내고 접속하는 것과 나사를 내지 않고 접속하는 커플링이 있다.
(11) 플로어 박스 : 바닥 밑으로 매입 배선을 할 때 콘센트 기타 바닥에 취부하는 기구를 취부할

때, 또는 배선을 인출할 때 사용한다.
(12) 패널 박스 : 패널을 벽에 고정할 때 사용한다.
(13) 새들 : 새들은 전선과 바깥지름에 맞추어 반원형으로 굽혀져 있어 관 고정작업에 사용된다.
(14) 노멀 벤드 : 배관이 직각으로 굽는 곳에서 사용한다. 박강 전선관은 25[mm] 이상, 후강 전선관은 16[mm] 이상의 크기가 시판되고 있다.
(15) 링레듀서 : 금속관을 아웃트렛 박스 등의 녹아웃(knock out)에 취부할 때 녹아우트의 지름이 관의 지름보다 큰 관계로 로그너트만으로는 고정할 수 없을 때 보조적으로 사용한다.

금속전선관 부속품

재료명	용 도	재료명	용 도
정션박스	방수 및 방폭용 자재로 노출된 장소에서 전선의 분기 또는 접속 시에 사용된다.	노출 스위치박스(1개용)	전선관 배관 설비시에 전선관의 관끝에 사용하며, 매입용 스위치 또는 콘센트 부착용으로 사용한다.
노크넛트와 붓싱	아웃트렛 박스 및 배·분전반에서 전선관(강관)의 인입 인출시 전선관을 고정시킬 경우와 전선을 입선할 경우 전선의 피복이 손상 방지를 위해 사용한다.	노출 스위치박스(2개용)	스위치 또는 콘센트를 취부하는 배관자재로 스위치나 콘센트를 2개 취부할 경우 노출공사용으로 사용된다.
노말 밴드	전선관 배관 설비시에 직각으로 구부러지는 부분에 연결 배관용으로 사용한다.	환형박스	노출전선관 배관 설비시 분기되는 T형, +형, 또는 L형 부분에 사용하며 조명기구의 부착용일 때와 전선접속 등에 사용한다.
커플링	전선관(강관) 상호간에 연결 부분에 사용된다.	유니온 커플링	금속관 상호간 접속용으로 관의 양쪽이 고정이 되어 있는 경우 사용된다.

7. 기타사항

(1) 피시 테이프(fish tape) : 관로가 길고, 구부러진 곳이 많은 경우 피시 테이프를 이용 전선을 넣는다.
(2) 관의 두께가 1.2[mm] 이상 되어야 콘크리트에 매입할 수 있다.
(3) 금속관 공사에서 전선의 접속은 반드시 박스(joint box)내에서 시설하고 금속관 내 전선의 접속 을 하여서는 안된다.
(4) 지지점간의 거리 : 2[m]이하 마다 고정

3 기출 & 예상문제
제 2 장 배관·배선공사(1)

01 다음은 합성수지관 공사의 장점에 대한 설명이다. 이 중 틀린 것은?
① 무게가 가볍고 시공이 쉽다.
② 누전의 우려가 없다.
③ 고온 및 저온의 곳에서 사용하기 좋다.
④ 부식성의 가스 또는 용액이 발산되는 곳에서 적당하다.

풀이
합성수지관의 특징
① 염화비닐수지로 만든 것으로, 금속관에 비하여 가격이 싸다.
② 절연성과 내부식성이 우수하고, 재료가 가볍기 때문에 시공이 편리하다.
③ 관 자체가 비자체성이므로 접지할 필요가 없다.
④ 열에 약할 뿐 아니라, 충격 강도가 떨어지는 결점이 있다.
⑤ 관의 굵기를 안지름의 크기에 가까운 짝수로써 표시 (근사내경)
⑥ 한 본의 길이는 4[m]로 제작
⑦ 절연전선은 지름 10[mm²](알루미늄선 16[mm²]) 이하의 단선을 사용하며, 그 이상일 경우는 연선을 사용하고, 전선에 접속점이 없도록 해야 한다.   [답] ③

02 보통 금속관 구부리기에 있어서 안쪽 반지름은 금속관 안지름의 몇 배 이상으로 구부려야 하는가?
① 4배   ② 6배
③ 8배   ④ 10배

풀이
금속관의 가공 : 구부러진(off-set) 금속관 안쪽 반지름은 금속관 안지름의 6배 이상   [답] ②

03 링 리듀서의 용도는?
① 박스 내의 전선 접속에 사용
② 노크아웃 경이 접속하는 금속관보다 큰 경우에 사용
③ 노크아웃 구멍을 막는데 사용
④ 록크 너트를 고정하는데 사용

풀이
링 리듀서(ring reducer) : 금속관을 아웃렛 박스 등의 녹아웃에 취부할 때 관보다 지름이 큰 관계로 로크 너트 만으로는 고정할 수 없을 때 보조적으로 사용한다.

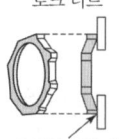
로크 너트
움푹한 부분이 접속함쪽으로 오게 한다.

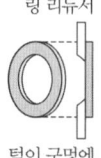
링 리듀서
턱이 구멍에 걸리도록 한다.
[답] ②

04 금속관 공사에서 다음 중 옳지 않은 것은?
① 22[mm] 금속관의 나사의 유효길이는 19~20[mm]가 적당하다.
② 콘크리트에 매설하는 관의 두께는 1[mm] 이상일 것
③ 16[mm] 금속관에 2.5[mm²] 비닐전선 최대 4가닥을 넣을 수 있다.
④ 관의 굵기 선정은 절연전선의 피복을 포함한 총 단면적이 관내 단면적의 40[%] 이하가 되어야 한다.

풀이
금속관 공사 시 관의 두께
① 콘크리트에 매설시 : 1.2[mm] 이상
② 기타의 경우 : 1[mm] 이상   [답] ②

05 다음 중 합성수지관의 굵기를 부르는 호칭은 무엇인가?
① 반지름   ② 단면적
③ 근사 안지름 ④ 근사 바깥지름

풀이
합성수지관의 관 굵기는 안지름의 크기에 가까운 짝수로써 표시한다. **[답] ③**

06 합성수지관 상호 및 관과 박스와의 접속 시에 삽입하는 깊이는 관 바깥지름의 몇 배 이상으로 하여야 하는가?(접착제 사용하지 않음)
① 0.8 ② 1.2
③ 2.0 ④ 2.5

풀이
커플링에 들어가는 관의 길이는 관 바깥지름의 1.2배 이상으로 한다. 단, 접착제를 사용할 때는 0.8배 이상으로 한다. **[답] ②**

07 합성수지관 공사 시 반드시 연선으로 시공해야 하는 전선의 굵기는 몇 [mm²] 초과하는 것이어야 하는가?
① 2.5 ② 4
③ 6   ④ 10

풀이
절연선 10[mm²] 이하의 것을 제외하고 연선을 사용한다. **[답] ④**

08 유니온 커플링의 사용 목적은 무엇인가?
① 내경이 틀린 금속관 상호의 접속
② 돌려 끼울 수 없는 금속관 상호의 접속
③ 금속관과 박스와의 접속
④ 금속관 상호를 나사로 연결하는 접속

풀이
• 유니온 커플링 : 금속관 상호 접속용으로 관이 고정되어 있을 때 또는 관 자체를 돌릴 수 없을 때 사용 **[답] ②**

09 합성수지관을 새들 등으로 지지하는 경우에는 그 지지점간의 거리를 몇 [m] 이하로 하여야 하는가?
① 1.5[m] 이하 ② 2.0[m] 이하
③ 2.5[m] 이하 ④ 3.0[m] 이하

풀이
합성수지관의 지지점간 거리는 1.5[m]로 한다. **[답] ①**

10 PVC PIPE의 부속자재 중 커넥터(또는 PIPE 커넥터)의 사용 시 용도는 다음 중 어느 것인가?
① 관과 노멀밴드의 접속에 사용된다.
② 관과 관 또는 관과 BOX와의 접속에 공히 사용된다.
③ 관과 BOX와의 접속에 사용된다.
④ 관과 관의 접속에 사용된다.
[답] ③

11 합성수지관 규격품의 길이[m]는?
① 3   ② 3.6
③ 4   ④ 6

풀이
1본의 길이는 4[m]가 표준이고, 굵기는 관 안지름의 크기에 가까운 짝수의 [mm]로 나타낸다. **[답] ③**

12 합성수지관 공사에 대한 설명으로 틀린 것은?
① 합성수지관은 절연전선을 사용하여야 한다.
② 합성수지관 내에서 전선의 접속점을 만들어서는 안 된다.
③ 합성수지관 공사는 중량물의 압력 또는 심한 기계적 충격을 받는 장소에 시설하여서는 안 된다.
④ 합성수지관의 공사에 사용되는 관 및 박스, 기타 부속품은 온도변화에 따른 신축을 고려할 필요가 없다.

풀이
합성수지관은 가요성이 풍부하고, 누전위험과 부식우려가 없지만 열에 약한 단점이 있다. **[답] ④**

13 금속관 공사는 다른 공사 방법에 비해 특징을 가지고 있는데 속하지 않는 것은?
① 전선이 기계적으로 완전히 보호된다.
② 단락 사고, 접지 사고 때 있어서 화재의 우려가 적다.

③ 방수 장치로 할 수 있으므로 전선을 내수적으로 시설할 수 있다.
④ 접지공사를 하지 않아도 정전의 우려가 없다.
[답] ④

14 금속관이 후강일 때 그 길이는 몇 [m]인가?
① 3.4
② 3.6
③ 3.8
④ 4

풀이
- 후강 전선관은 안지름의 크기에 가까운 짝수로 정하여 16~104[mm]까지 10종류가 있으며, 관의 두께는 2.3[mm] 이상, 1본당 길이는 3.6[m]이다.
- 박강 전선관은 바깥지름의 크기에 가까운 홀수로 정하여 19~75[mm]까지 7종으로 구분하며, 두께는 1.2[mm] 이상, 1본의 길이는 3.66[m]로 되어 있다.
[답] ②

15 금속관의 굵기[mm]를 부르는 방법으로 옳은 것은?
① 후강관으로서는 외경에 가까운 홀수
② 후강관으로서는 내경에 가까운 짝수
③ 박강관으로서는 외경에 가까운 짝수
④ 박강관으로서는 내경에 가까운 홀수

풀이
- 후강 전선관은 안지름의 크기에 가까운 짝수로 정하여 16~104[mm]까지 10종
- 박강 전선관은 바깥지름의 크기에 가까운 홀수로 정하여 19~75[mm]까지 7종
[답] ②

16 강제 전선관의 굵기를 표시하는 방법 설명 중 옳은 것은 어느 것인가?
① 후강은 내경, 박강은 외경을 [mm]로 표시한다.
② 후강, 박강의 외경을 [mm]로 표시한다.
③ 후강은 외경, 박강은 내경을 [mm]로 표시한다.
④ 후강, 박강의 내경을 [mm]로 표시한다.
[답] ①

17 금속관 공사에서 400[V]이하에서 접지공사를 생략할 수 있는 사항이 아닌 것은?
① 금속관을 건조한 장소에 시설하는 경우
② 교류 대지 전압 300[V] 이하로서 그 전선을 넣는 관의 길이가 8[m] 이하인 것을 사람이 쉽게 접촉할 우려가 없도록 시설하는 경우
③ 관옥내배선의 사용전압이 직류 300[V] 이하로서 그 전선을 넣는 관의 길이가 8[m] 이하인 것을 사람이 쉽게 접촉할 우려가 없도록 시설하는 경우
④ 관의 길이가 4[m] 이하인 것을 건조한 장소에 시설하는 경우

풀이
관의 길이가 4[m] 이하인 것을 건조한 장소에 시설하는 경우 옥내배선의 사용전압이 직류 300[V] 또는 교류 대지 전압 150[V] 이하로서 그 전선을 넣는 관의 길이가 8[m] 이하인 것을 사람이 쉽게 접촉할 우려가 없도록 시설하는 경우 또는 건조한 장소에 시설하는 경우
[답] ②

18 금속전선관을 콘크리트에 매설할 경우 관 두께가 몇 [mm] 이상이어야 하는가?
① 1.0
② 1.2
③ 1.6
④ 2.3

풀이
① 콘크리트에 매설하는 경우 : 1.2[mm] 이상
② 기타의 경우 : 1 [mm] 이상
[답] ②

19 교류회로의 왕복회선을 동일관 내에 넣어 전자적으로 평형을 유지시켜야 하는 공사방법은?
① 경질비닐전선관
② 연질전선관
③ 합성수지 몰드공사
④ 금속전선관 공사

풀이
내선규정 제2225절 2호 전자적 평형
교류회로는 1회로의 전선 전부를 동일 관내에 넣는 것을 원칙으로 한다. 다만, 동극 왕복선을 동일 관내에 넣는 경우와 같이 전자적 평형상태로 시설하는 것은 적용하지 않는다.
[답] ④

20 박스에 금속관을 고정할 때 사용하는 것은?
① 새들 ② 부싱
③ 커플링 ④ 로그너트
[풀이]
① 부싱 : 전선관에 전선을 배선할 때 전선의 손상 방지
② 로크너트 : 전선관과 박스를 전기적, 기계적으로 접속
③ 새들 : 전선관을 조영재에 지지
④ 커플링 : 전선관 상호 접속 **[답] ④**

21 아웃렛 박스에서 녹아웃 지름이 전선관의 지름보다 클 때 관을 박스에 고정시키기 위해 쓰는 재료는?
① 링리듀서 ② 절연부싱
③ 노멀밴드 ④ 새들
[풀이]
① 링리듀서 : 관과 박스(Box)를 접속하는 경우 파이프 나사를 죄어 고정시키는데 사용
② 절연부싱 : 전선관 단에 끼우고 전선을 넣거나 빼는 데 있어서 전선의 피복을 보호하여 전선이 손상되지 않게 하는 것
③ 노멀밴드 : 배관의 직각 굴곡에 사용
④ 새들 : 전선관을 조영재에 지지 **[답] ①**

22 동일한 굵기의 전선을 동일관 내에 넣는 금속관의 굵기를 선정할 때 전선의 피복을 포함한 단면적의 총합계가 관내 단면적의 최대 몇 [%] 이하가 되도록 선정해야 하는가?
① 32 ② 40
③ 48 ④ 5
[풀이]
• 동일 굵기의 절연전선을 동일 관 내에 넣을 경우 : 관내 단면적의 48[%] 이하가 되도록 선정
• 굵기가 다른 절연전선을 동일 관 내에 넣는 경우 : 관내 단면적의 32[%] 이하가 되도록 선정 **[답] ③**

23 금속전선관을 조영재에 따라서 시설하는 경우에는 새들 또는 행거(hanger) 등으로 견고하게 지지하고, 그 간격을 최대 몇 [m] 이하로 하는 것이 바람직한가?
① 1.0 ② 1.5
③ 2.0 ④ 2.5
[풀이]
금속관공사 지지점간의 거리 : 2[m] 이하마다 고정 **[답] ③**

24 엔트런스 캡의 주된 사용장소는 다음 중 어느 것인가?
① 부스 덕트의 끝 부분의 마감재
② 저압 인입선 공사 시 전선관 공사로 넘어갈 때 전선관의 끝부분
③ 케이블 트레이의 끝부분의 마감재
④ 케이블 헤드를 시공할 때 케이블 헤드의 끝부분
[풀이]
엔트런스 캡(우에사 캡) : 인입구, 인출구의 관단에 설치하여 금속관에 접속하여 옥외의 빗물을 막는 데 사용한다. **[답] ②**

25 콘크리트에 매입하는 금속관 공사에서 직각으로 배관할 때 사용하는 것은?
① 노멀밴드 ② 뚜껑이 있는 엘보
③ 서비스 엘보 ④ 유니버설 엘보 **[답] ①**

26 금속관 공사 시 관을 접지하는 데 사용하는 것은?
① 노출배관용 박스 ② 엘보
③ 접지 클램프 ④ 터미널 캡
[풀이]
접지 클램프 또는 접지 부싱을 사용하여 분전반, 배전반 등의 인입 개폐기에 가까운 곳에서 각 관로마다 접속한다. **[답] ③**

27 절연 부싱을 사용하는 이유는?
① 관의 끝이 퍼지는 것을 방지
② 박스 내에서 전선의 접촉을 방지
③ 관의 입구에서 조영재의 접속을 방지
④ 관 안에서 전선의 손상 방지
[풀이]
• 부싱 : 금속관의 마지막부분에 사용해주며 전선의 인입에 있어서 절연 파괴를 막기 위하여 사용된다. **[답] ④**

28 경질 비닐관 공사에서 접착제를 사용하여 관상호를 접속할 때 커플링의 관 삽입 깊이는?
① 경질 비닐관 내경의 0.8배
② 경질 비닐관 외경의 0.8배
③ 경질 비닐관 내경의 1.2배
④ 경질 비닐관 외경의 1.2배

풀이
커플링에 들어가는 관의 길이는 관 바깥지름의 1.2배 이상으로 한다. 단, 접착제를 사용할 때는 0.8배 이상으로 한다. [답] ②

29 금속관 공사에 의한 저압 옥내배선을 점검하였더니 다음과 같은 개소가 있었다. 올바르지 못한 것은?
① 관금속관에 대하여 접지공사를 시행했다.
② 지름이 10[mm²]인 비닐절연선을 사용
③ 지름이 6[mm²]인 600[V] 비닐절연선을 사용
④ 애자사용 공사로 전환하는 곳에 강제 부싱을 사용

풀이
관의 끝 부분에는 전선의 피복을 손상하지 아니하도록 적당한 구조의 부싱을 사용할 것. 다만, 금속관공사로부터 애자사용 공사로 옮기는 경우에는 그 부분의 관의 끝부분에는 **절연부싱** 또는 이와 유사한 것을 사용하여야 한다. [답] ④

30 안지름 16[mm]의 경질비닐관을 90도 구부리고자 할 때 가열부분의 길이[cm]는? 단, 곡률반지름은 안지름의 7배로 하여 계산할 것.
① 15.5
② 17.5
③ 18.5
④ 20.5

풀이
$2\pi r \times \dfrac{1}{4} = (2 \times 3.14 \times 16 \times 7 \times \dfrac{1}{4}) = 175[mm]$ [답] ②

31 피시 테이프(fish tape)의 용도는?
① 전선을 테이핑하기 위해서
② 전선관의 끝마무리를 위해서
③ 배관에 전선을 넣을 때
④ 합성수지관을 구부릴 때

풀이
피시테이프(fish tape) : 전선관에 전선을 넣을 때 사용하는 평각 강철선 [답] ③

32 합성수지관 공사에 의한 저압 옥내 배선 공사에서 잘못된 것은?
① 단구 및 내면은 전선의 피복을 손상하지 아니하도록 매끈할 것
② NR선(450/750[V] 일반용 단심 비닐절연전선) 10[mm²]를 사용
③ 관의 지지점간의 거리를 2[m]로 함
④ 관상호를 접속할 때 삽입 깊이를 관외경의 1.2배로 함

풀이
관의 지지점 간의 거리는 1.5[m] 이하로 하고, 관과 박스의 접속점 및 관 상호 간의 접속점 등에 서는 가까운 곳(0.3[m] 이내)에 지지점을 시설하여야 한다. [답] ③

33 다음의 재료를 필요로 하는 공사방법은 어느 것인가? (엔트런스캡, 링리듀스, 유니온커플링, 새들, 방출형 노출박스)
① 후렉시블 전선관공사
② 합성수지관공사
③ 금속전선관공사
④ 버스덕트공사

[답] ③

34 금속관 공사에 의한 저압 옥내 배선에서 잘못된 것은?
① 전선은 절연 전선일 것
② 금속관 안에는 전선에 접속점이 없도록 할 것
③ 전선은 연선일 것
④ 저압 옥내 배선의 사용전압이 400[V] 이하인 경우에는 특별 제3종 접지공사를 할 것

풀이
금속관공사 시 사용전압이 400[V] 미만인 경우의 전선관은 누전에 의한 사고를 방지하기 위하여 제 3종 접지공사를 해야 한다. 또한 사용전압이 400[V] 이상 전압인 경우

에는 특별 제3종 접지공사를 하여야 하며, 사람이 접촉할 우려가 없는 경우에는 제3종 접지공사를 할 수 있다.

[답] ④

35 합성수지관 공사에 대한 설명 중 옳지 않은 것은?
① 전선은 인입용 비닐 절연전선을 사용한다.
② 관상호의 접속에 접착제를 사용하였기 때문에 관의 삽입 길이는 관 바깥지름의 0.6배로 한다.
③ 관의 지지점 간의 거리는 1.5[m] 이하로 한다.
④ 단구를 윤활하게 한다.

풀이
관상호 접속시 삽입깊이는 접착제 사용시 외경의 0.8배, 접착제 미사용시 외경의 1.2배

[답] ②

2.3 전선관시스템(가요전선관공사)

1. 금속제 가요전선관의 특징
(1) 가요전선관은 두께 0.8[mm] 이상의 연강대에 아연도금을 하고, 이것을 약 반 폭씩 겹쳐서 나선 모양으로 만들어 가요성이 풍부하고, 길게 만들어져서 관에 상호 접속하는 일이 적고 자유롭게 배선할 수 있는 전선관이다.
(2) 가요전선관공사는 작은 증설 배선, 안전함과 전동기 사이의 배선, 기차나 전차 안의 배선 등의 시설에 적당하다.

2. 금속제 가요전선관의 종류
(1) 제 1종 금속제 가요전선관
플렉시블 콘딧(Flexible Conduit)이라고 하며, 전면을 아연도금한 파상 연강대가 빈틈없이 나선형으로 감겨져 있으므로 유연성이 풍부하다. 방수형과 비방수형, 고장력형이 있다.

(2) 제 2종 금속제 가요전선관
플리커 튜브(Flicker Tube)라고 하며, 아연도금한 강대와 강대 사이에 별개의 파이버를 조합하여 감아서 만든 것으로 내면과 외면이 매끈하고 기밀성, 내열성, 내습성, 내진성, 기계적 강도가 우수하며, 절단이 용이하다. 방수형과 비방수형이 있다.

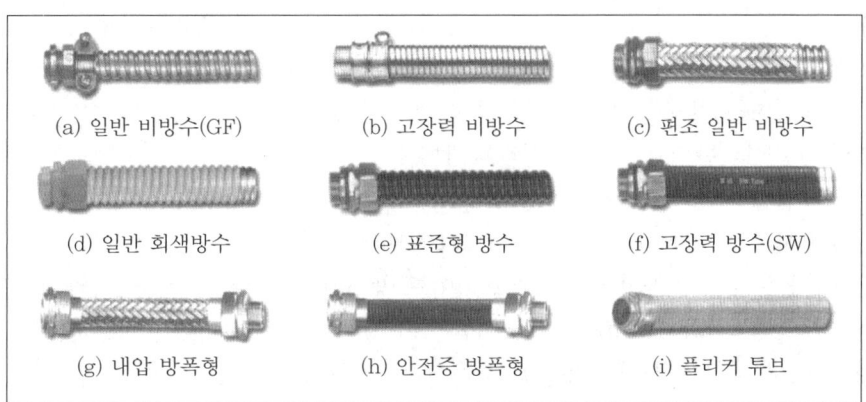

금속제 가요전선관

(3) 금속제 가요전선관의 호칭
금속 가요전선관의 크기는 안지름에 가까운 홀수로 정하는데 15, 19, 25[mm] 등이 있으며 길이는 10, 15, 30[m]로 되어 있다.

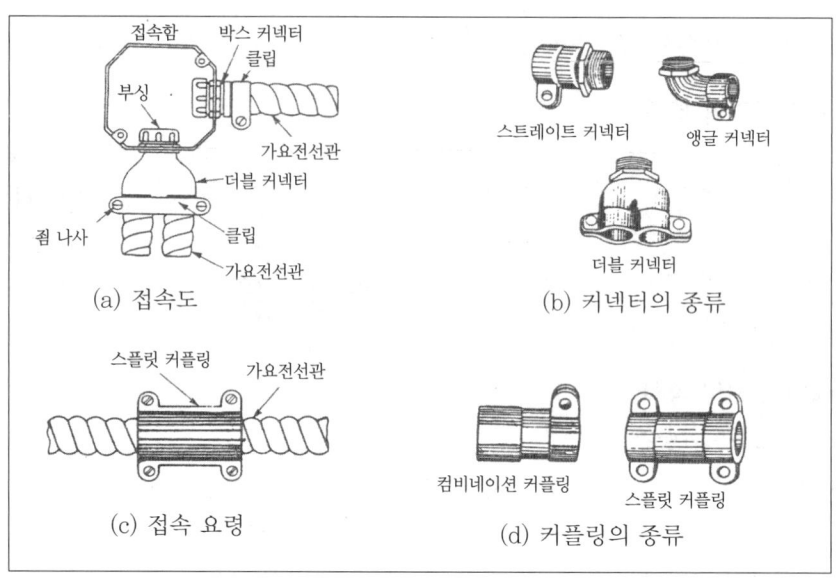

금속제 가요전선관의 부속품

3. 금속제 가요전선관의 시공
(1) 건조하고 전개된 장소와 점검할 수 있는 은폐장소에 한하여 시설할 수 있다. 그러나 무게의 압력 또는 심한 기계적 충격을 받을 우려가 있는 장소는 피해야 한다.
(2) 관의 지지점 간의 거리는 1[m] 이하마다 새들을 써서 고정시키고, 구부러지는 쪽의 안쪽 반지름은 가요전선관 안지름의 6배 이상으로 하여야 한다.
(3) 금속제 가요전선관의 부속품은 아래와 같다.
   ① 가요전선관 상호의 접속 : 스플릿(split) 커플링
   ② 가요전선관 + 금속관의 접속 : 콤비네이션 커플링
   ③ 가요전선관 + 박스와의 접속 : 스트레이트 박스커넥터, 앵글 박스커넥터, 더블 박스커넥터
(4) 전선은 절연전선으로 10[mm^2](알루미늄선은 16[mm^2]를 초과하는 것은 연선을 사용해야 되고, 관내에서는 전선의 접속점을 만들어서는 안된다.
   ① 전선은 절연전선(옥외용 제외)으로 연선일 것(단면적 10[mm^2] 이하의 것은 단선 사용가능)
   ② 1종 금속제 가요전선관은 두께 0.8[mm] 이상
   ③ 1종 금속제 가요전선관은 두께 0.8[mm] 이상으로 4[m]를 넘는 것은 단면적 2.5[mm^2] 이상의 나연동선을 전장에 걸쳐 삽입 또는 첨가하여 양단에서 관과 전기적으로 완전하게 접속해야 한다.

4. 금속제 가요전선관의 접지
(1) 금속제 가요전선관 및 부속품은 접지공사 해야 한다. 다만, 전개된 장소 또는 점검할 수 있는 은폐된 장소(옥내배선의 사용전압이 400[V] 이상인 경우에는 전동기에 접속하는 부분으로서 가요성을 필요로 하는 부분에 사용하는 것에 한한다)에는 1종 가요전선관(습기가 많은 장소 또는 물기가 있는 장소에는 비닐 피복 1종 가요전선관에 한한다)을 사용할 수 있다.

(2) 금속제 가요전선관은 금속전선관에 비해 전기저항이 크고 굴곡으로 인하여 전기저항의 변화가 심하므로 접지효과를 충분하게 하기 위하여 나연동선을 접지선으로 하여 배관의 안쪽에 삽입 또는 첨가한다.

2.4 애자사용공사

1. 애자사용공사의 특징
(1) 전선을 지지하여 전선이 조영재(벽면이나 천장면) 및 기타 접촉할 우려가 없도록 배선하는 것이다.
(2) 애자는 절연성, 난연성 및 내수성이 있어야 한다.

2. 애자의 종류
애자의 높이와 크기에 따라 소놉, 중놉, 대놉, 특대놉과 재질로는 사기, PVC, 에폭시 등이 있다.

3. 애자사용공사 시공
(1) 전선은 절연전선을 사용해야 한다. 다만, 아래의 경우에는 노출장소에 한해 나전선을 사용할 수 있다.
 ① 열로 인한 영향을 받는 장소
 ② 전선의 피복 절연물이 부식하는 장소
 ③ 취급자 이외의 사람이 출입할 수 없도록 설비한 장소
(2) 절연전선과 애자를 묶기 위한 바인드선은 0.9~1.6[mm]의 구리 또는 철의 심선에 절연 혼합물을 피폭한 선을 사용한다.
(3) 애자 사용 공사는 시공 전선을 조영재의 아래 면이나 옆면에 시설.
 전선은 절연전선(옥외용 비닐 절연전선 및 인입용 비닐 절연전선은 제외)일 것.

거리 \ 사용전압	400[V] 이하인 경우	400[V] 초과인 경우	고압
전선 상호간의 거리	0.06[m] 이상		0.08[m] 이상
전선과 조영재간의 거리	25[mm] 이상	45[mm] 이상 (건조한 장소 25[mm] 이상)	50[mm] 이상
지지점간 거리	조영재의 윗면 또는 옆면에 따라 붙일 경우 2[m] 이하	조영재의 윗면 또는 옆면에 따라 붙일 경우 6[m]이하	6[m] 조영재의 면에 따라 붙일 경우 2[m]이하

2.5 케이블 배선 및 케이블트레이 시스템 배선공사

1. 케이블 공사
(1) 케이블 공사는 절연전선보다 안전성이 뛰어나므로 빌딩, 공장, 변전소, 주택 등 다방면으로 많이 사용되고 있다.
(2) 다른 배선방식에 비하여 시공이 간단하여, 전력 수요가 증대되는 곳에서 주로 사용된다.

2. 케이블 배선의 종류
(1) 비닐 외장 케이블, 클로로프렌 외장 케이블 및 폴리에틸렌 외장 케이블
(2) 콘크리트 직매용 케이블
(3) 연피 또는 알루미늄 피 케이블
(4) 캡타이어 케이블
(5) MI 케이블
(6) CD 케이블

3. 케이블 공사의 시공
(1) 중량물의 압력 또는 심한 기계적 충격을 받을 우려가 있는 장소에서는 사용해서는 안된다. 단, 케이블을 금속관 또는 합성수지관 등으로 방호하는 경우에는 사용 가능하다.
(2) 옥측 및 옥외에 케이블을 설치할 때는 구내는 지표상 1.5[m], 구외는 2[m] 이상 높이로 한다.
(3) 케이블을 마루바닥, 벽, 천장, 기둥 등에 직접 매입하지 않도록 한다.
(4) 케이블을 구부리는 경우 피복이 손상되지 않도록 하고, 그 굴곡부의 곡률 반지름은 원칙적으로 케이블의 바깥 지름의 6배(단심의 경우 8배) 이상으로 하여야 한다.
(5) 케이블 지지점 간의 거리
  ① 조영재의 수직방향으로 시설할 경우 : 6[m] 이하
  ② 조영재의 수평방향(아래면 및 옆면)으로 시설할 경우 : 2[m] 이하(단, 캡타이어 케이블 1[m])
(6) 콘크리트 직매용 포설 시
  ① 전선은 미네럴인슈레이션케이블(MI)·콘크리트 직매용(直埋用) 케이블일 것 의하여 접속 부분의 온도 상승 값이 접속부 이외의 온도 상승 값을 넘지 않도록 할 것
  ② 전선을 박스 또는 풀박스 안에 인입하는 경우는 물이 박스 또는 풀박스 안으로 침입하지 아니하도록 할 것.
  ③ 콘크리트 안에는 전선에 접속점을 만들지 아니할 것.
(7) 케이블을 관내에 시설하는 경우 동일관내를 통과하는 전선의 전자적 평형을 유지하도록 할 것(유지하기 어려운 곳에서는 비자성관을 사용한다)
(8) 필요 부분(금속관, 함, 금속제 보호 장치 등)에는 접지 공사를 할 것. 다만, 사용전압이 400[V] 미만으로서 다음 중 하나에 해당할 경우에는 관 기타의 전선을 넣는 방호 장치의 금속제 부분에 대하여는 그러하지 아니하다.
  ① 방호 장치의 금속제 부분의 길이가 4[m] 이하인 것을 건조한 곳에 시설하는 경우
  ② 옥내배선의 사용전압이 직류 300[V] 또는 교류 대지 전압이 150[V] 이하로서 방호 장치의 금속제 부분의 길이가 8[m] 이하인 것을 사람이 쉽게 접촉할 우려가 없도록 시설하는 경우 또는 건조한 것에 시설하는 경우
(9) 케이블을 건조물의 전기 배선용 샤프트(shaft)내에 시설할 것(수직 케이블 시설)
  ① 비닐외장케이블 또는 클로로프렌외장케이블(구리 25[mm^2] 이상, 알루미늄 35[mm^2] 이상), 강심알루미늄 도체 케이「전기용품 및 생활용품 안전관리법」에 적합할 것.

② 수직조가용선 부(付) 케이블로서 다음에 적합할 것.
　㉮ 케이블은 인장강도 5.93[kN] 이상의 금속선 또는 단면적이 22[mm²] 아연도강연선으로서 단면적 5.3[mm²] 이상의 조가용선을 비닐외장케이블 또는 클로로프렌외장케이블의 외장에 견고하게 붙인 것일 것.
　㉯ 조가용선은 케이블의 중량의 4배의 인장강도에 견디도록 것일 것.
③ 비닐외장케이블 또는 클로로프렌외장케이블의 외장 위에 그 외장을 손상하지 아니하도록 좌상(座床)을 시설하고 또 그 위에 아연도금을 한 철선으로서 인장강도 294[N] 이상의 것 또는 지름 1[mm] 이상의 금속선을 조밀하게 연합한 철선 개장 케이블
　㉮ 전선 및 그 외 지지물의 안전율 : 4이상
　㉯ 전선과의 분기부분에 시설하는 분기선은 케이블일 것
　㉰ 분기선은 장력이 가해지지 않도록 시설하고 진동방지장치 시설
(10) 중량물의 압력 또는 심한 기계적 충동을 받을 우려가 있는 곳에서는 케이블을 사용하지 말 것(캡타이어 케이블은 가능, 다만 그 부분의 케이블을 금속관, 합성수지관 등 적당한 방호 시설을 할 때에는 사용 가능하다. 이 때 관의 안지름은 케이블 바깥지름의 1.5배 이상을 유지할 것)
(11) 케이블을 수용 장소의 구내에 매설할 경우에는 직접 매설식 또는 관로 인입식으로 시설할 것
(12) 케이블의 지지는 해당 케이블에 적합한 클리트, 새들, 스테이플 등으로 외상을 손상하지 않도록 견고하게 고정할 것(저압용)

4. 케이블 트레이 공사

케이블트레이배선은 케이블을 지지하기 위하여 사용하는 금속재 또는 불연성 재료로 제작된 유닛 또는 유닛의 집합체 및 그에 부속하는 부속재 등으로 구성된 견고한 구조물을 말하며 사다리형, 펀칭형, 메시형, 바닥밀폐형, 기타 이와 유사한 구조물을 포함하여 적용한다

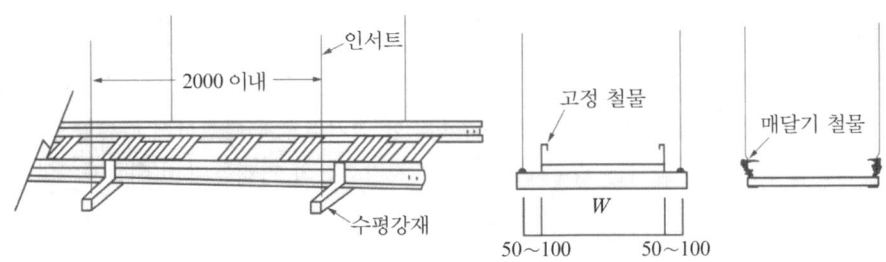

케이블 트레이 배관

(1) 금속제 케이블트레이의 사용전선 및 케이블
① 전선은 연피 케이블, 알루미늄피 케이블 등 난연성 케이블 또는 금속관 혹은 합성수지관 등에 넣은 절연 전선을 사용한다.
② 케이블 트레이 내에서 전선을 접속하는 경우에는 그 부분을 절연 처리해야 한다.
③ 동일 케이블 트레이에 시설할 수 있는 다심 케이블은 다음에 따른다.

- 케이블의 단면적이 120[mm²] 이상의 케이블인 경우에는 이들 케이블의 지름의 합계는 케이블 트레이 내측 폭 이하로 하고, 단층으로 시설한다.
- 내부 깊이 150[mm] 이하의 사다리형 또는 통풍 트러프형(Trough Type) 케이블 트레이 내에 다심 제어용 케이블 또는 다심 신호용 케이블만을 넣는 경우 혹은 이들 케이블을 함께 넣는 경우에는 모든 케이블의 단면적의 합계는 케이블 트레이의 내부 단면적의 50[%] 이하로 하여야 한다.

(2) 케이블트레이의 사용전선 및 케이블
① 전선은 연피(鉛皮)케이블, 알루미늄피케이블 등 난연성케이블, 기타케이블(적당한 간격으로 연소(燃燒)방지조치) 또는 금속관 혹은 합성수지관등에 넣은 절연전선을 사용하여야 한다.
② 케이블트레이 내에서 전선을 접속하는 경우에는 전선접속 부분에 사람이 접근할 수 있고 또한 그 부분이 옆면 레일위로 나오지 않도록 하고 그 부분을 절연처리하여야 한다.
③ 케이블의 경우 모든 케이블의 단면적 100[mm²] 이상인 경우에는 단면적의 합계가 트레이 내부 단면적 40[%] 이하로서 내부 측의 폭 이내에 케이블끼리 겹치지 않도록 단층으로 시설한다.

(3) 케이블트레이 시설방법
① 케이블 트레이의 안전율은 1.5 이상이어야 한다.
② 전선의 피복 등을 손상시킬 수 있는 돌기 등이 없이 매끈해야 한다.
③ 금속제 케이블 트레이는 방식처리한 내식성재료, 비금속제 케이블트레이는 난연성 재료
④ 금속제 케이블 트레이 계통은 기계적 또는 전기적으로 완전하게 접속하여야 하며, 접지공사를 하여야 한다.

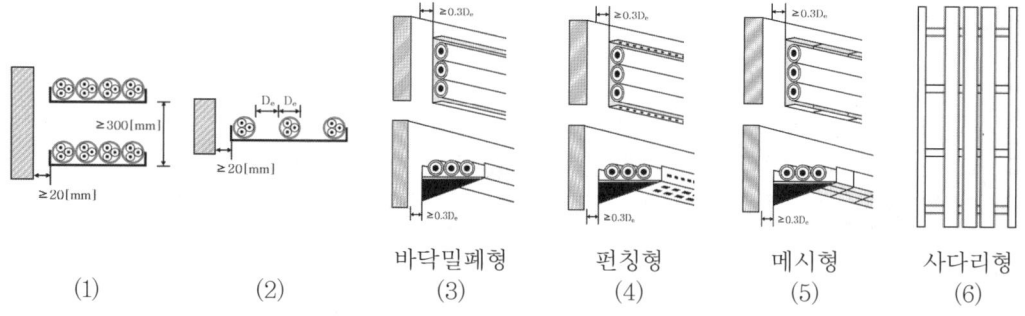

〈수평트레이의 다심케이블 공사방법〉

2.6 케이블덕트 시스템 배선공사

강판제를 이용하여 사각 틀을 만들고, 그 안에 절연전선, 케이블, 동바 등을 넣어서 배선하는 것이다.

1. 금속덕트 공사
(1) 강판재의 덕트 내에 다수의 전선을 정리하여 사용하는 것으로, 주로 공장, 빌딩 등에서 다수의 전선을 수용하는 부분에 사용되며, 다른 전선관 공사에 비해 경제적이고 외관도 좋으며 배선의 증설 및 변경 등이 용이하다.
(2) 금속 덕트는 폭 40[mm]를 넘고 두께 1.2[mm] 이상인 철판으로 견고하게 제작하고, 내면은 아연도금 또는 에나멜 등으로 피복한다.

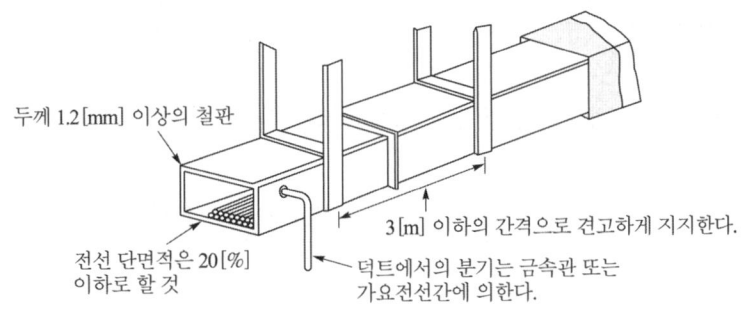

(3) 금속 덕트 배선의 시공
① 옥내에서 건조한 노출장소와 점검 가능한 은폐장소에 시설할 수 있다.
② 지지점 간의 거리는 3[m](수직일 경우 6[m]) 이하로 견고하게 지지하고, 뚜껑이 쉽게 열리지 않도록 하며, 덕트의 끝 부분을 막는다.
③ 절연 전선을 사용하고, 덕트 내에서는 전선이 접속점을 만들어서는 안 된다.
④ 금속 덕트는 접지공사를 하여야 한다.
⑤ 금속 덕트에 수용하는 전선은 절연물을 포함하는 단면적의 총합이 금속 덕트 내 단면적의 20[%] 이하가 되도록 한다.
　단, 전광사인 장치, 출퇴 표시등, 기타 이와 유사한 장치 또는 제어회로 등의 배선에 사용하는 전선만을 넣는 경우에는 50[%] 이하로 할 수 있다.

2. 버스덕트 공사(버스바트렁킹시스템)
(1) 버스 덕트는 절연 모선을 금속제 함에 넣는 것으로 빌딩, 공장 등의 저압 대용량의 배선설비 또는 이동 부하에 전원을 공급하는 수단으로 사용된다.
(2) 구리 또는 알루미늄으로 된 나도체를 난연성, 내열성, 내습성이 풍부한 절연물로 지지하고, 절연한 도체를 강판 또는 알루미늄으로 만든 덕트 내에 수용한 것이다.
(3) 버스 덕트는 대전류 용량을 수용할 수 있고, 신뢰도가 높으며, 배선이 간단하여 보수가 쉽고,

시공이 용이하다.

(4) 버스 덕트 배선 시공
① 덕트 상호 간 및 전선 상호 간은 견고하고 또한 전기적으로 완전하게 접속할 것.
② 덕트를 조영재에 붙이는 경우에는 덕트의 지지점 간의 거리를 3[m](취급자 이외의 자가 출입할 수 없는 곳에서 수직으로 붙이는 경우 6[m]) 이하로 할 것.
③ 덕트(환기형의 것을 제외)의 끝부분은 막을 것.
④ 덕트(환기형의 것을 제외)의 내부에 먼지가 침입하지 아니하도록 할 것.
⑤ 습기 · 물기가 많은 장소에는 옥외용 버스덕트를 사용하고 내부에 물이 고이지 아니하도록 할 것.

(5) 버스덕트 종류
① 피더버스 덕트 : 도중에 부하를 접속하지 않는 것
② 플러그인 버스덕트 : 도중에 접속용 플러그를 접속할 수 있는 구조
③ 트롤리 버스덕트 : 이동부하 접속시 사용
④ 로우임피던스 버스덕트 : 전압강하 보상목적으로 사용

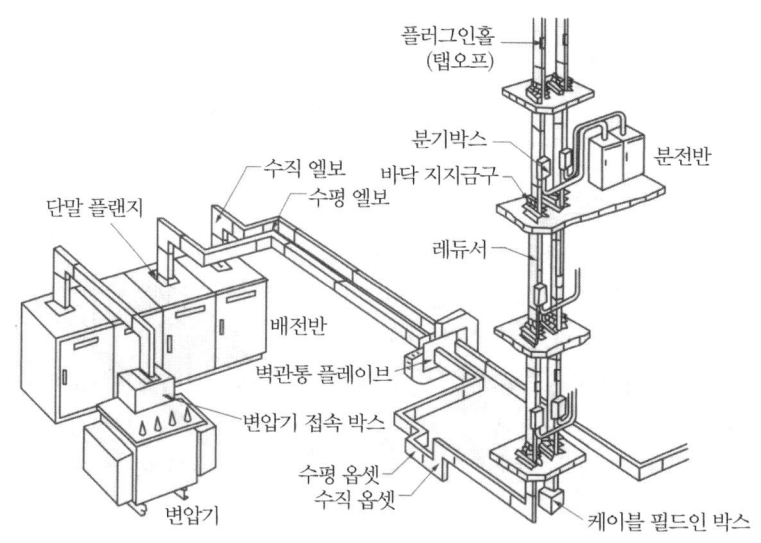

(6) 버스덕트의 부속품 등 명칭과 용도
① 엘보(Elbow) : 버스덕트의 경로를 직각으로 바꿀 때 사용
② 오프셋(Off-Set) : 경로 도중의 장해물을 피하거나 경로의 고저차를 바꿀때 사용
③ 티-이(Tee) : 경로에서 어떤 직각 1방향으로 버스덕트를 분기할 때 사용
④ 크로스(Cross) : 경로에서 3방향으로 버스덕트를 분기할 때 사용
⑤ 레듀서(Reducer) : 버스덕트 회로의 도중에 정격전류를 저감할 때 사용
⑥ 익스팬션 버스 덕트(Expansion Bus Duct) : 직선부분이 30[m]를 초과할 경우에 그 도중에 익스팬션 버스덕트를 삽입하여 온도변화 또는 진동 등으로 인한 버스덕트의 신축

작용 등을 흡수하기 위하여 사용
⑦ 플랜지 버스덕트 : 버스덕트를 배전반에 접속할 때 사용
⑧ 앤드클로저(End Closer) : 버스덕트의 끝 부분을 폐쇄할 때 사용
⑨ 트랜스포지션 버스덕트(Trans Position Bus Duct) : 각 상의 임피던스 평균을 측정하기 위해 도체 상호간의 위치를 바꾼 것

(7) 버스덕트의 선정
① 도체는 단면적 20[mm^2] 이상의 띠 모양, 지름 5[mm] 이상의 관모양이나 둥글고 긴 막대 모양의 동 또는 단면적 30[mm^2] 이상의 띠 모양의 알루미늄을 사용한 것일 것.
② 도체 지지물은 절연성·난연성 및 내수성이 있는 견고한 것일 것.
③ 덕트는 다음표의 두께 이상의 강판 또는 알루미늄판으로 견고히 제작한 것일 것.

〈버스덕트의 선정〉

덕트의 최대 폭 [mm]	덕트의 판 두께 [mm]		
	강 판	알루미늄판	합성수지판
150 이하	1.0	1.6	2.5
150 초과 300 이하	1.4	2.0	5.0
300 초과 500 이하	1.6	2.3	-
500 초과 700 이하	2.0	2.9	-
700 초과하는 것	2.3	3.2	-

3. 플로어덕트 공사

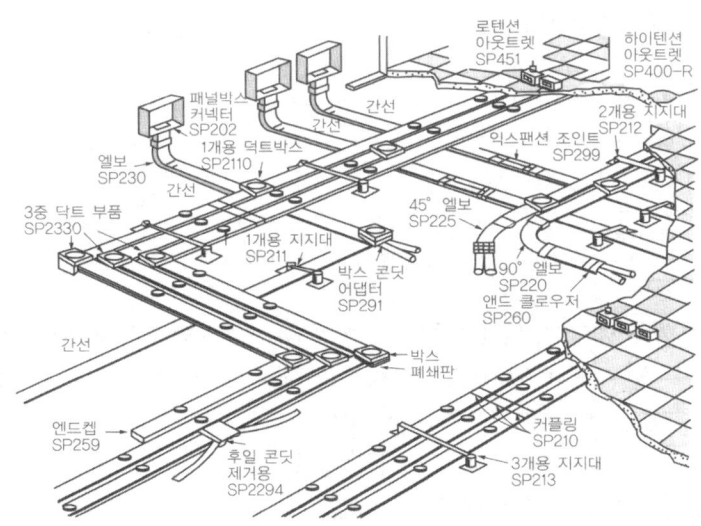

(1) 마루 밑에 매입하는 배선용의 덕트로 마루 위로 전선인출을 목적으로 하는 것
(2) 사무용 빌딩에서 전화 및 전기배선 시설을 위해 사용하며, 사무기기의 위치가 변경될 때 쉽게 전기를 끌어 쓸 수 있는 융통성이 있으므로 사무실, 은행, 백화점 등의 실내공간이 크고 조명, 콘센트, 전화 등의 배선이 분산된 장소에 적합하다.

(3) 플로어 덕트 배선의 시공
① 옥내의 건조한 콘크리트 바닥에 매입할 경우에 한하여 시설한다.
② 플로어 덕트 배선에 사용되는 전선은 절연전선으로 10[mm^2](알루미늄선은 16[mm^2]) 이하를 사용하고 초과하는 경우에는 연선을 사용해야 되고, 관내에서는 전선의 접속점을 만들어서는 안 된다.
③ 플로어 덕트에 수용하는 전선은 절연물을 포함하는 단면적의 총합이 덕트 내 단면적의 32[%] 이하가 되도록 한다.
④ 플로어 덕트 및 박스 등 기타 부속품은 두께 2[mm] 이상의 강판으로 제작하고 아연도금 또는 에나멜로 피복한다.
⑤ 덕트 및 박스 기타의 부속품은 물이 고이는 부분이 없도록 시설하여야 하며 덕트의 끝부분은 폐쇄 및 접지공사 할 것

4. 셀룰러덕트 공사

(1) 셀룰러덕트의 특징

건물의 바닥 콘크리트 가설틀 또는 바닥 구조재의 일부로서 사용되는 데크 플레이트 등의 홈을 폐쇄하여 전기 배선용 덕트로 사용하는 것이고, 고층건물, 넓은공간 구조의 건물 등에 이용된다.

(2) 셀룰러덕트 배선의 시공
① 옥내의 건조한 곳으로 점검할 수 있는 은폐장소이거나, 점검할 수 없는 은폐장소로서 콘크리트바닥 내에 매설하는 부분에 한하여 시설할 수 있다.
② 전선은 절연전선으로 10[mm^2](알루미늄선은 16[mm^2] 이상은 연선을 사용해야 되고, 관내에서는 전선의 접속점을 만들지 말아야 한다.

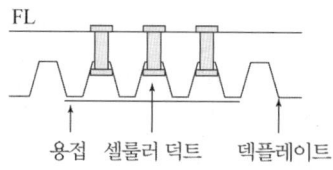
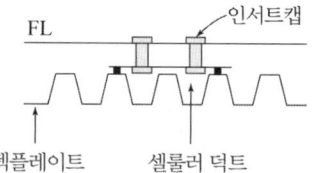

③ 셀룰러덕트에 수용하는 전선은 절연물을 포함하는 단면적의 총합이 금속 덕트 내 단면적의 20[%] 이하가 되도록 한다. 단, 전광사인 장치, 출퇴 표시등, 기타 이와 유사한 장치 또는 제어회로 등의 배선에 사용하는 전선만을 넣는 경우에는 50[%] 이하로 할 수 있다.
④ 셀룰러덕트 및 부속품에 물이 고이지 않도록 시설하고, 덕트의 종단부는 폐쇄한다.
⑤ 덕트 끝과 안쪽 면은 전선의 피복이 손상하지 아니하도록 매끈한 것이고 접지공사 할 것
⑥ 부속품의 판두께는 1.6[mm] 이상이어야 한다.

〈셀룰러덕트의 판 두께〉

덕트의 최대 폭 [mm]	덕트의 판 두께 [mm]
150 이하	1.2
150 초과 200 이하	1.4
200 초과	1.6

5. 라이팅덕트(lighting duck) 공사(파워트랙시스템)

라이팅덕트는 절연체로 지지한 도체를 덕트에 수납하여 조명 기구나 소형 전기 기기에 플러그를 통해서 전원을 공급하는 장치이며 플러그를 라이팅덕트의 임의 개소에 이동할 수 있는 구조로 되어 있다.

이 배선은 주로 분기 회로에 사용되며 모양을 자주 바꾸는 점포나 백화점, 칸막이의 변경이 잦은 사무실 빌딩, 소형기기를 많이 쓰는 공장 등에서 그 성능이 인정되어 수요가 급증하고 있다.

① 라이팅덕트 공사의 사용전압은 400[V] 이하으로 한다.
② 라이팅덕트는 옥내의 건조한 장소로서 노출장소, 점검할 수 있는 은폐장소에 한하여 시설할 수 있다.

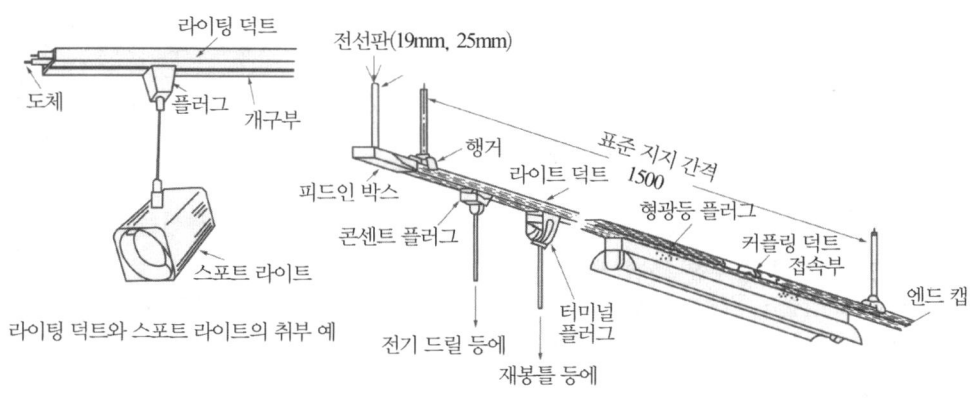

라이팅덕트의 구성도

(1) 시설방법

① 라이팅덕트는 건축구조물에 견고하게 붙이고, 건축구조물을 관통하지 않도록 한다.
② 라이팅덕트에 접속하는 부분의 배선은 금속관배선, 합성수지관배선, 금속제가요 전선관배선, 금속몰드배선, 합성수지몰드배선 또는 케이블배선에 의하여 전선에 손상을 받을 우려가 없도록 시설한다.
③ 라이팅덕트 상호 및 도체상호는 견고하고 전기적 및 기계적으로 완전하게 접속한다.
④ 라이팅덕트를 건축구조물에 부착할 경우는 라이팅덕트의 지지점은 매 덕트마다 2개소 이상 및 지지점간의 거리는 2[m] 이하로 하고 또한 견고하게 부착한다.
⑤ 라이팅덕트의 개구부는 아래로 향하여 시설한다. 단, 사람이 쉽게 접촉할 우려가 없는 장소에는 덕트의 내부에 먼지가 들어가지 않도록 시설하는 경우에는 옆으로 향하게 할 수 있다.
⑥ 라이팅덕트의 끝부분은 폐쇄하고 접지공사 할 것. 다만, 대지 전압이 150[V] 이하이고 또한 덕트의 길이(2본 이상의 덕트를 접속하여 사용할 경우에는 그 전체 길이)가 4[m] 이하인 때는 그러하지 아니하다.
⑦ 사람이 접촉할 우려가 있는 장소에 시설하여 지락이 생겼을 경우 자동차단장치를 시설하여야 한다.

2.7 케이블트렁킹시스템 배선공사

1. 합성수지 몰드 공사

(1) 합성수지 몰드 공사의 특징

매립 배선이 곤란한 경우의 노출 배선이며, 접착테이프와 나사못 등으로 고정시키고 절연전선 등을 넣어 배선하는 방법이다.

(2) 합성수지 몰드 공사 시공

① 옥내의 건조한 노출장소와 점검할 수 있는 은폐장소에 한하여 시공할 수 있다.
② 전선은 절연전선을 사용하며 몰드 내에서는 접속점을 만들지 않는다.
③ 홈의 폭과 깊이가 3.5[cm] 이하, 두께는 2[mm] 이상의 것이어야 한다. 단, 사람이 쉽게 접촉될 우려가 없도록 시설한 경우에는 폭 5[cm] 이하, 두께 1[mm] 이상인 것을 사용할 수 있다.
④ 합성수지 몰드의 베이스를 조영재에 부착할 경우 40~50[cm] 간격마다 나사못 또는 접착제를 이용하여 견고하게 부착해야 한다.

2. 금속몰드 공사

(1) 금속몰드 공사의 특징

콘크리트 건물 등의 노출 공사용으로 쓰이며, 금속전선관 공사와 병용하여 점멸 스위치, 콘센트 등의 배선기구의 인하용으로 사용된다.

(2) 금속몰드 공사의 시공

① 사용전압 400[V] 이하로 옥내의 외상을 받을 우려가 없는 건조한 노출장소와 점검할 수 있는 은폐장소에 한하여 시공할 수 있다.
② 전선은 절연전선을 사용하며 몰드 내에서는 접속점을 만들지 않는다.
③ 조영재에 부착할 경우 1.5[m] 이하마다 고정하고, 금속몰드 및 기타 부속품에는 제3종 접지공사를 하여야 한다.
　다만, 다음 중 하나에 해당하는 경우에는 그러하지 아니하다.
　㉮ 몰드의 길이(2개 이상의 몰드를 접속하여 사용하는 경우에는 그 전체의 길이)가 4[m] 이하인 것을 시설하는 경우
　㉯ 옥내배선의 사용전압이 직류 300[V] 또는 교류 대지 전압이 150[V] 이하로서 그 전선을 넣는 관의 길이가 8[m] 이하인 것을 사람이 쉽게 접촉할 우려가 없도록 시설하는 경우 또는 건조한 장소에 시설하는 경우

3. 레이스웨이 공사(2종 금속몰드)

(1) 배선용 덕트와 조합하여 사용하는 배선 및 기구 설치용으로 사무실, 주차장, 기계실, 전시장, 생산 공장 등의 조명이나 콘센트 설치, 통신용 배선 등에 사용된다.

(2) 레이스 웨이의 시공

① 조립식 공법을 채택하여 조명기구, 리셉터클, 박스 등의 동시 설치작업이 가능하다.
② 다양한 조립식으로 증설, 변경, 철거 및 이설 등이 용이하다.

③ 외관이 미려하고 내구성이 뛰어나며, 현장 여건에 따라서 전로의 형태를 자유롭게 설계 시공할 수 있다.
④ 해체 및 조립이 용이하고 재활용이 가능하여 경제적이다.
⑤ 레이스 웨이는 접지공사를 하여야 한다.

3 기출 & 예상문제
제2장 배관·배선공사(2)

01 다음 중 가요전선관 공사로 적당하지 않은 것은?
① 엘리베이터   ② 천장내의 배선
③ 콘크리트 매입   ④ 금속관 말단
[답] ③

02 가요전선관의 크기를 호칭하는 방법은 어느 것인가?
① 안지름에 가까운 홀수
② 안지름에 가까운 짝수
③ 금속 두께에 가까운 홀수
④ 금속 두께에 가까운 짝수

풀이
안지름에 가까운 홀수로 15, 19, 25[mm]로 표시하며, 길이는 10, 15, 30[m]가 있다.
[답] ①

03 가요전선관의 상호 접속은 무엇을 사용하는가?
① 콤비네이션 커플링
② 스플릿 커플링
③ 더블 커넥터
④ 앵글 커넥터

풀이
① 가요전선관 상호의 접속 : 스플리트 커플링
② 가요전선관과 금속관의 접속 : 콤비네이션 커플링
③ 가요전선관과 박스와의 접속 : 스트레이트 박스 커넥터, 앵글 박스 커넥터
[답] ②

04 가요전선관 공사에 사용되는 부품 중 전선관 상호 간에 접속되는 연결구로 사용되는 부품의 명칭은?
① 스플릿 커플링
② 콤비네이션 커플링
③ 콤비네이션 유니온 커플링
④ 앵글 박스 커넥터

풀이
① 가요전선관 상호의 접속 : 스플리트 커플링
② 가요전선관과 금속관의 접속 : 콤비네이션 커플링
③ 가요전선관과 박스와의 접속 : 스트레이트 박스 커넥터, 앵글 박스 커넥터
[답] ①

05 제2종 가요전선관을 구부릴 경우 안쪽 반지름은 내경의 몇 배 이상으로 해야 하는가?
① 2   ② 3
③ 5   ④ 6

풀이
구부러지는 쪽의 안쪽 반지름은 가요전선관 안지름의 6배 이상으로 하여야 한다.
[답] ④

06 2중 천장 내 옥내배선에서 분기하여 조명기구에 접속하는 시공방법 중 바르게 된 것은?
① NR 또는 합성수지관공사
② NR 또는 가요전선관공사
③ 케이블 또는 합성수지관공사
④ 케이블 또는 금속제 가요전선관공사
[답] ④

07 가요전선관과 금속관을 접속하는데 사용하는 것은?
① 컴비네이션 커플링
② 앵글박스 커넥터
③ 플렉시블 커플링
④ 스트레이트 박스 커넥터

풀이
• 가요전선관 상호의 접속 : 플렉시블 커플링, 스플리트 커플링

- 가요전선관과 금속관의 접속 : 컴비네이션 커플링
- 가요전선관과 박스와 접속 : 스트레이트 박스 커넥터, 앵글 박스 커넥터 [답] ①

08 버스덕트 공사 중 도중에서 부하를 접속할 수 있도록 꽂음 구멍이 있는 덕트는?
① Feeder Bus Way
② Plug-in Way
③ Trolley Bus Way
④ Floor Bus Way

풀이
① 피더버스덕트 : 옥내의 변압기와 배전반, 배전반과 분전반 간의 간선에서 분기 접속이 없는 전로에 사용
② 플러그인버스덕트 : 피더버스덕트의 측면에 적당한 간격으로 분기장치를 할 수 있도록 한 것
③ 트롤리버스덕트 : 덕트의 하면에 홈을 만들어 모선에 따라 접촉자가 이동할 수 있도록 한 것 [답] ②

09 애자 공사에 있어서 사용전압이 400[V] 넘는 경우 전선 상호간의 이격 거리는 몇 [mm] 이상인가? (단, 점검할 수 있는 은폐장소인 경우)
① 25
② 60
③ 45
④ 120

풀이

거리 \ 사용전압	400[V] 이하인 경우	400[V] 초과인 경우	고압
전선 상호간의 거리	0.06[m] 이상		0.08[m] 이상
전선과 조영재 간의 거리	25[mm] 이상	45[mm] 이상 (건조한 장소 25[mm]이상)	50[mm] 이상
지지점간 거리	조영재의 윗면 또는 옆면에 따라 붙일 경우 2[m] 이하	조영재의 윗면 또는 옆면에 따라 붙일 경우 6[m] 이하	6[m] 조영재의 면에 따라 붙일 경우 2[m] 이하

[답] ②

10 애자 사용공사에서 사용전압이 220[V]인 경우 전선 상호 간의 이격거리는 몇 [mm] 이상이어야 하는가?
① 25
② 60
③ 45
④ 120

[답] ②

11 네온관등 회로의 배선공사 방법은?
① 금속몰드공사
② 가요전선관공사
③ 애자사용공사
④ 합성수지몰드공사

[답] ③

12 다음 중 노브애자사용 공사에서 전선 교차 시 사용하는 것은?
① 애관
② 부목
③ 동관
④ 테이프

풀이
저압 옥내배선공사
애관, 노브애자나 클리트 배선공사 시, 전선 교차장소에 절연 목적으로 애관이 사용된다. [답] ①

13 케이블 공사 시 단심 비닐 외장 케이블의 굴곡 반지름은 바깥지름의 몇 배 이상이 되어야 하는가?
① 6
② 8
③ 10
④ 12

풀이
케이블을 구부리는 경우 피복의 손상이 되지 않도록 하여 그 굴곡 반지름이 케이블의 완성품 지름의 6배(단심의 경우 8배) 이상 [답] ②

14 케이블 공사에서 비닐외장 캡타이어케이블을 조영재의 측면에 따라 붙이는 경우 지지점 간 거리의 최대값[m]은 얼마로 규정되어 있는가?
① 1.0
② 1.5
③ 2.0
④ 2.5

[답] ①

15 케이블을 고층건물에 수직으로 배선하는 경우에는 다음 중 어떤 방법으로 지지하는 것이 가장 적당 한가?
① 3층마다
② 2층마다
③ 매 층마다
④ 4층마다

풀이
고층건물에 수직으로 배선하는 경우에는 매 층마다 2개소를 지지한다. [답] ③

16 바닥 통풍형과 바닥 밀폐형의 복합채널 부품으로 구성된 조립 금속구조로 폭이 (150mm) 이하이며, 주 케이블 트레이로부터 말단까지 연결되어 단일 케이블을 설치하는 데 사용하는 tray는?

① 통풍채널형 케이블 트레이
② 사다리형 케이블 트레이
③ 바닥 밀폐형 케이블 트레이
④ 메시형 케이블 트레이

풀이
채널형 케이블트레이(Channel Cable-Tray) : 바닥 통풍형, 바닥 밀폐형 복합 채널 단면으로 구성된 조립금속구조로서 폭이 150[mm] 이하인 케이블트레이를 말한다. [답] ①

17 다음 중 금속덕트 배선공사의 시설방법 중 틀린 것은?

① 덕트 상호 간의 견고하고 또한 전기적으로 완전하게 접속할 것
② 덕트 지지점 간의 거리는 3[m] 이하로 할 것
③ 덕트 종단부는 열어둘 것
④ 금속덕트공사시에 접지공사를 할 것

풀이
금속덕트의 종단부는 폐쇄하여야 한다. [답] ③

18 금속덕트 안에 넣는 전선의 고무절연전선, 비닐절연전선 또는 케이블로서 그 피복을 포함한 총 단면적은 덕트 내 단면적을 몇 [%] 이내로 하여야 가장 적당한가?

① 10   ② 20
③ 30   ④ 40

풀이
금속덕트 : 건조하고 전개된 장소에 시설. 주로 빌딩 공장 등의 전기실에서 많은 간선이 출입하는데 사용
㉠ 금속덕트는 두께 1.2[mm] 이상의 철판을 사용한다.
㉡ 금속덕트는 천장 또는 벽에 3[m]이하마다 지지한다.
㉢ 금속덕트에 넣는 전선이나 케이블은 그 피복을 포함한 총 단면적이 덕트내 단면적의 20[%] 이내 (제어회로는 50[%] 이내)로 하여야 한다.
㉣ 길이와 시설장소에 관계없이 접지공사를 실시한다. [답] ②

19 다음 중 플로어 덕트의 전선 접속은 어디에서 하는가?

① 전선 입출구에서 한다.
② 접속함 내에서 한다.
③ 플로어 덕트 내에서 한다.
④ 덕트 끝단부에서 한다. [답] ②

20 보호도체의 종류에 해당되지 않는 것은?

① 다심케이블의 도체
② 충전도체와 같은 트렁킹에 수납된 절연도체 또는 나도체
③ 가요성 금속전선관
④ 금속케이블 외장, 케이블 차폐, 케이블 외장, 전선 묶음, 동심도체, 금속관

풀이
• 보호도체의 종류
- 다심케이블의 도체
- 충전도체와 같은 트렁킹에 수납된 절연도체 또는 나도체
- 고정된 절연도체 또는 나도체
- 금속케이블 외장, 케이블 차폐, 케이블 외장, 전선 묶음(편조전선), 동심도체, 금속관(기계적, 화학적, 전기화학적 열화에 대하여 보호할 수 있으며 전기적 연속성을 유지한 경우) [답] ③

21 셀룰러덕트 배선공사 시 부속품의 판 두께는 몇 [mm] 이상이어야 하는가?

① 1.0   ② 1.2
③ 1.4   ④ 1.6

풀이
판 두께는 1.6[mm] 이상 [답] ④

22 합성수지몰드 공사에 사용하는 몰드 홈의 폭과 깊이는 몇 [cm] 이하가 되어야 하는가?

① 1.5   ② 2.5
③ 3.5   ④ 4.5

풀이
홈의 폭과 깊이가 3.5[cm] 이하, 두께는 2[mm] 이상의 것이어야 한다. 단, 사람이 쉽게 접촉될 우려가 없도록 시설한 경우에는 폭 5[cm] 이하, 두께 1[mm] 이상인 것을 사용할 수 있다. [답] ③

23 몰드의 길이가 3.5[m]인 금속몰드 공사 시 금속몰드는 어떤 접지공사를 하여야 되는가?
① 계통접지공사   ② 보호접지공사
③ 접지하지 않는다 ④ 등전위본딩접지

[풀이]
금속몰드 공사 접지생략가능 경우
- 몰드의 길이(2개 이상의 몰드를 접속하여 사용하는 경우에는 그 전체의 길이)가 4[m] 이하인 것을 시설하는 경우
- 옥내배선의 사용전압이 직류 300[V] 또는 교류 대지전압이 150[V] 이하로서 그 전선을 넣는 관의 길이가 8[m] 이하인 것을 사람이 쉽게 접촉할 우려가 없도록 시설하는 경우 또는 건조한 장소에 시설하는 경우

[답] ③

24 가요전선관 공사에 사용하는 가요전선관의 최소 두께는?
① 0.6[mm]   ② 0.8[mm]
③ 1.0[mm]   ④ 1.2[mm]

[답] ②

25 금속덕트 공사에서 금속관과의 접속부는 전기적, 기계적으로 완전히 접속하여야 하며, 그 지지점 간의 거리는 몇 [m] 이하로 하여야 하는가?
① 2[m]   ② 4[m]
③ 3[m]   ④ 5[m]

[답] ③

26 옥내 배선에 사용하여도 되는 전선의 최소 굵기는?
① 1.5[mm^2]   ② 2.5[mm^2]
③ 4[mm^2]   ④ 6[mm^2]

[답] ②

27 다음은 가요전선관을 설명한 것이다. 옳은 것은?
① 가요전선관의 크기는 바깥지름에 가까운 홀수로 만든다.
② 가요전선관은 건조하고 점검할 수 없는 은폐장소에 한하여 시설한다.
③ 작은 증설공사 안전함과 전동기 사이의 공사 등에 적합하다.
④ 가요전선관을 고정할 때에는 조영재에 2[m] 이하마다 새들로 고정한다.

[풀이]
- 가요전선관의 크기는 안지름에 가까운 홀수로 만든다.
- 가요전선관은 건조하고 점검할 수 있는 은폐장소에 한하여 시설한다.
- 가요전선관을 고정할 때에는 조영재에 1[m] 이하마다 새들로 고정한다.

[답] ③

28 다음에 열거한 것은 금속 몰드공사를 할 수 있는 방법이다. 여기서 금속 몰드공사로 적합지 않는 것은?
① 금속몰드 안에는 전선에 접속점이 없도록 할 것
② 몰드안의 전선을 외부로 인출하는 부분은 몰드의 관통부분에서 전선이 손상될 우려가 없도록 시설할 것
③ 전선은 절연전선
④ 몰드에는 접지공사를 하지 않을 것

[풀이]
금속 몰드 및 기타 부속품에 접지공사를 한다.   [답] ④

29 철판제의 덕트 안에 평각 구리선 또는 평각 알루미늄선을 자기제 절연물로 간격 50[cm] 이내로 지지하여 만든 것을 다음 중 무엇이라고 하는가?
① 금속덕트   ② 플로어덕트
③ 버스덕트   ④ 덕트서포트

[답] ③

30 금속 몰드 공사 요령 설명 중 틀린 것은?
① 분기점에는 엑스터널 엘보 사용
② 연강판제 베이스와 뚜껑으로 구성
③ 기계적 전기적으로 완전 접속할 것
④ 쇠톱과 줄로 홈을 파서 절단함

[답] ①

31 저압옥내 배선에서 애자사용공사를 할 경우 전선의 지지점간의 거리는 몇 [m] 이하인가?
① 6 ② 4
③ 3 ④ 2

풀이
애자의 지지점 간의 거리는 2[m] 이하이다. **[답]** ④

32 금속덕트배선 공사에 관한 사항이다. 다음 중 금속덕트의 시설로서 옳지 않은 것은?
① 덕트의 끝부분은 열어 놓을 것
② 덕트를 조영재에 붙이는 경우에는 덕트의 지지점 간의 거리를 3[m] 이하로 하고 견고하게 붙일 것
③ 덕트의 뚜껑은 쉽게 열리지 않도록 시설할 것
④ 덕트 상호간은 견고하고 또한 전기적으로 완전하게 접속할 것

풀이
- 3[m] 이하의 간격으로 견고하게 지지할 것
- 뚜껑은 쉽게 열리지 않도록 시설할 것
- 금속덕트 상호는 견고하고 또한 전기적으로 완전하게 접속할 것
- 내부는 먼지가 침입하지 않도록 할 것
- 끝부분은 막을 것
- 콘크리트 바닥에 매설하는 경우 물이 고일 수 있는 낮은 부분이 없도록 시설할 것
- 내부에 물이 고이지 않도록 시설할 것 **[답]** ①

2.8 특수 장소의 배선

1. 먼지가 많은 장소의 공사

(1) 폭연성 분진 또는 화약류 분말이 존재하는 곳

① 폭연성(먼지가 쌓여진 상태에서 착화된 때에 폭발할 우려가 있는 것) 또는 화약류 분말이 존재하는 곳의 전기 설비가 발화원이 되어 폭발할 우려가 있는 곳에 시설하는 저압 옥내 배선은 금속관공사(박강) 또는 케이블공사에 의하여 시설하여야 한다.
② 금속관공사는 관상호 및 관과 박스 등과는 5턱 이상 나사 조임으로 접속
③ 전선은 케이블 및 MI케이블 사용, 이동 전선은 0.6/1 kV EP 고무절연 클로로프렌 캡타이어 케이블 또는 0.6/1 kV 비닐절연 비닐 캡타이어 케이블을 사용
④ 전기기계기구의 방폭구조는 분진방폭 특수방진구조

(2) 가연성 분진이 존재하는 곳

① 소맥분, 전분, 유황 기타의 가연성 먼지로서 공중에 떠다니는 상태에서 착화하였을 때, 폭발의 우려가 있는 곳의 저압 옥내 배선은 합성수지관(2[mm] 이상 두께) 배선, 금속관 배선, 케이블 배선에 의하여 시설한다.
② 전선은 케이블 및 MI케이블 사용, 이동 전선은 이동 전선은 0.6/1 kV EP 고무절연 클로로프렌 캡타이어 케이블 또는 0.6/1 kV 비닐절연 비닐 캡타이어 케이블을 사용
③ 금속관공사는 관상호 및 관과 박스 등과는 5턱 이상 나사 조임으로 접속
④ 합성수지관 공사는 관과 전기기계기구는 관 상호간 및 박스와는 관을 삽입하는 깊이를 관의 바깥지름의 1.2배(접착제를 사용하는 경우에는 0.8배) 이상으로 하고 또한 꽂음 접속에 의하여 견고하게 접속할 것.
⑤ 전기기계기구의 방폭구조는 분진방폭 일반방진구조

(3) 먼지가 많은 그 밖의 장소

① 정미소, 제분소, 시멘트 공장 등과 같은 먼지가 많아서 전기 공작물의 열방산을 방해하거나, 절연성을 열화시키거나, 개폐 기구의 기능을 떨어뜨릴 우려가 있는 곳의 저압옥내 배선은 애자 사용 공사, 합성 수지관 공사, 금속관공사, 금속제 가요전선관 공사, 금속덕트 공사, 버스덕트 공사 또는 케이블공사에 의하여 시설한다.
② 전기기계기구로서 먼지가 부착함으로서 온도가 비정상적으로 상승하거나 절연성능 또는 개폐 기구의 성능이 나빠질 우려가 있는 것에는 방진장치를 할 것.
③ 전선과 전기기계기구는 진동에 의하여 헐거워지지 아니하도록 견고하고 또한 전기적으로 완전하게 접속할 것.

2. 가연성 가스가 존재하는 곳의 공사

(1) 가연성 가스 또는 인화성 물질의 증기가 새거나 체류하여 전기설비가 발화원이 되어 폭발할 우려가 있는 곳(프로판 가스 등의 가연성 액화 가스를 다른 용기에 옮기거나 나누는 등의 작업을 하는 곳, 에탄올, 등의 인화성 액체를 옮기는 곳)의 장소에서는 금속관 공사 또는 케이블 공사에 의하여 시설하여야 한다.
(2) 전선은 케이블 및 MI케이블 사용, 이동 전선은 0.6/1 kV EP 고무절연 클로로프렌 캡타이어

케이블
(3) 전기기계기구는 설치한 장소에 존재할 우려가 있는 폭발성 가스에 대하여 충분한 방폭성능를 가지는 것을 사용하고 금속관 상호 및 관과 박스 등과는 5턱 이상 나사 조임으로 접속.
(4) 전선과 전기기계 기구의 접속은 진동에 풀리지 않도록, 2중너트와 스프링 와셔 등을 사용하여 전기적으로 완전하게 접속하여야 한다.

3. 위험물 등이 존재하는 장소
(1) 셀룰로이드, 성냥, 석유 등 타기 쉬운 위험한 물질을 제조하거나 저장하는 곳은 합성수지관 공사, 금속관 공사(박강) 또는 케이블 공사에 의하여 시설한다.
(2) 전선은 케이블 및 MI케이블 사용, 이동 전선은 0.6/1 kV EP 고무절연 클로로프렌 캡타이어 케이블
(3) 불꽃 또는 아크가 발생될 우려가 있는 개폐기, 과전류 차단기, 콘센트, 코드접속기, 전동기 또는 온도가 현저하게 상승될 우려가 있는 가열장치, 저항기 등의 전기기계기구는 전폐구조로 하여 위험물에 착화될 우려가 없도록 시설하여야 한다.

4. 화학류 저장소 등의 위험장소
(1) 화약류 저장소 안에는 전기설비를 시설하지 아니하는 것이 원칙으로 되어 있다. 다만, 백열전등, 형광등 또는 이들에 전기를 공급하기 위한 전기설비만을 금속관 공사 또는 케이블 공사에 의하여 다음과 같이 시설할 수 있다.
① 전로의 대지 전압은 300[V] 이하로 한다.
② 전기기계기구는 전폐형으로 한다.
③ 화약류 저장소 이외의 곳에 전용 개폐기 및 과전류 차단기를 시설하여 취급자 이외의 사람이 조작할 수 없도록 시설하고, 또한 지락 차단 장치 또는 지락 경보 장치를 시설한다.
④ 전용 개폐기 또는 과전류 차단기에서 화약류 저장소의 인입구까지는 케이블을 사용하여 지중 전로를 사용한다.

5. 전시회, 쇼 및 공연장의 전기설비
(1) 전시회, 쇼 및 공연장 기타 이들과 유사한 장소에 시설하는 저압전기설비에 적용
① 저압 옥내배선, 전구선 또는 이동전선은 사용전압이 400[V] 미만일 것.
② 전선은 구리 도체로 최소 단면적이 1.5[mm^2]이며, 450/750[V] 이하 염화비닐 절연 케이블, 450/750[V] 이하 고무 절연케이블
③ 무대마루 밑 전구선은 300/300[V] 편조 고무코드 또는 0.6/1 kV EP고무절연 클로로프렌 캡타이어 케이블일 것.
④ 이동전선은 0.6/1 kV EP 고무 절연 클로로프렌 캡타이어 케이블 또는 0.6/1 kV 비닐 절연 비닐캡타이어 케이블
⑤ 보더라이트에 부속된 이동 전선은 0.6/1 kV EP 고무 절연 클로로프렌 캡타이어 케이블.
(2) 플라이덕트를 시설하는 경우
① 전선은 절연전선(옥외용 비닐절연전선을 제외한다) 또는 이와 동등 이상의 절연효력이 있는 것

② 덕트는 두께 0.8[mm] 이상의 철판
③ 덕트의 안쪽 면과 외면은 녹이 슬지 않게 하기 위하여 도금 또는 도장을 하고 덕트의 끝부분은 막을 것.
④ 플라이덕트 안의 전선을 외부로 인출할 경우는 0.6/1 kV 비닐절연 비닐캡타이어 케이블을 사용하고 플라이덕트의 관통 부분에서 전선이 손상될 우려가 없도록 시설할 것.
⑤ 플라이덕트는 조영재 등에 견고하게 시설할 것.
(3) 비상 조명을 제외한 조명용 분기회로 및 정격 32[A] 이하의 콘센트용 분기회로는 정격 감도전류 30[mA] 이하의 누전차단기로 보호하여야 한다.

6. 터널, 갱도 기타 이와 유사한 장소

(1) 사람이 상시 통행하는 터널 등 안의 배선의 시설
  ① 사용 전압 : 저압에 한함
  ② 전선 굵기 : 공칭단면적 2.5[mm^2] 이상 연동선 또는 절연전선(옥외용 및 인입용 제외)
  ③ 전선 높이 : 애자사용공사, 노면상 2.5[m] 이상
  ④ 전로에는 터널의 입구에 가까운 곳에 전용 개폐기를 시설
(2) 광산 기타 갱도안의 배선은 사용전압이 저압 또는 고압의 것에 한한다.
  ① 저압 배선은 케이블배선에 의하여 시설
      사용전압이 400[V] 미만인 저압 배선에 공칭단면적 2.5[mm^2] 애자사용공사 가능
  ② 고압배선은 케이블을 사용하고 또한 관 기타의 케이블을 넣는 방호장치의 금속제 부분·금속제의 전선 접속함 및 케이블의 피복에 사용하는 금속체에는 접지공사
(3) 터널 등의 전구선 또는 이동전선 등의 시설
  ① 0.75[mm^2] 300/300V 편조(編造) 고무코드 또는 0.6/1 kV EP 고무절연 클로로프렌 캡타이어 케이블(사람접촉우려 없을 경우 0.75[mm^2] 이상인 450/750[V] 내열성에틸렌아세테이트 고무 절연전선 또는 450/750[V] 일반용 단심 비닐 절연전선 가능)
  ② 사용전압이 400[V] 이상인 저압의 이동전선은 0.6/1 kV EP 고무 절연 클로로프렌 캡타이어 케이블로서 단면적이 0.75[mm^2] 이상 (열 미사용 기계기구 : 0.75[mm^2] 이상인 0.6/1 kV 비닐절연 비닐 캡타이어 케이블 가능)
(4) 특고압의 이동전선은 터널 등에 시설 불가

[특수장소에서 시설 가능한 공사방법]

구 분		금속관	케이블	합성수지관	금속제 가요전선관	덕트	애자	비고
먼지	폭연성	○	○	×	×	×	×	캡타이어제외
	가연성	○	○	○	×	×	×	
	그 외	○	○	○	○	○	○	
가연성 가스		○	○	×	×	×	×	
위험물		○	○	○	×	×	×	
화약류		○	○	×	×	×	×	300[V] 미만 조명배선만 가능
전시회, 공연장		○	○	○	×	×	×	400[V] 미만
광산, 터널		○	○	○	×	×	○	

7. 이동식 숙박차량 정박지, 야영지 및 이와 유사한 장소

레저용 숙박차량·텐트 또는 이동식 숙박차량 정박지의 이동식 주택, 야영장 및 이와 유사한 장소에 적용한다.

① 표준전압은 220/380[V]를 초과해서는 아니 된다.
② 이동식 숙박차량 정박지의 배선은 지중케이블 및 가공케이블 또는 가공절연전선을 사용하여야 한다.
③ 지중배전회로는 중량물의 압력을 받을 우려가 있는 곳에는 매설 깊이를 1.0[m] 이상, 기타 장소에는 0.6[m] 이상으로 하여야 한다.
④ 가공전선은 차량이 이동하는 모든 곳에서 지표상 6[m], 다른 모든 곳은 4[m] 이상의 높이로 시설하여야 한다.

8. 마리나 및 이와 유사한 장소

마리나(Marina/ 유람선을 위한 정박지 혹은 중계항)의 놀이용 수상 기계기구 또는 선상가옥에 전원을 공급하는 회로에만 적용한다.

① 표준전압은 220/380[V]를 초과해서는 아니 된다.
② 놀이용 수상 기계기구용 전원은 고정된 절연변압기를 통하여 공급되어야 한다.
③ 배선은 지중케이블, 가공케이블, 가공절연전선 또는 PVC 보호피복의 무기질 절연케이블을 사용해야 한다.
④ 절연변압기로 전원을 공급하는 보호도체는 놀이용 수상 기계기구에 공급하는 콘센트의 접지극에 연결되어서는 아니 된다.
⑤ 접지는 TN 계통의 사용 시 TN-S 계통만을 사용하여야 한다.
⑥ 놀이용 수상 기계기구의 등전위본딩은 육상 공급전원의 보호도체에 접속해서는 안 된다.
⑦ 놀이용 수상 기계기구 또는 선상가옥에 전원을 공급하는 최종회로는 PEN 도체를 포함해서는 아니 된다.
⑧ 가공전선은 수송매체가 이동하는 모든 지역에서 지표상 6[m], 다른 모든 지역에서는 4[m] 이상의 높이로 시설하여야 한다.

9. 의료장소

(1) 의료장소 및 접지계통

구분	의료장소	접지계통
그룹 0	일반병실, 진찰실, 검사실, 처치실, 재활치료실 등 장착부를 사용하지 않는 의료장소	TT 계통 또는 TN 계통 전원자동차단에 의한 보호가 의료행위에 중대한 지장을 초래할 우려가 있는 의료용 전기기기를 사용하는 회로에는 의료 IT 계통을 적용
그룹 1	분만실, MRI실, X선 검사실, 회복실, 구급처치실, 인공투석실, 내시경실 등 장착부를 환자의 신체 외부 또는 심장 부위를 제외한 환자의 신체 내부에 삽입시켜 사용하는 의료장소	

구분	의료장소	접지계통
그룹 2	관상동맥질환 처치실(심장카테터실), 심혈관조영실, 중환자실(집중치료실), 마취실, 수술실, 회복실 등 장착부를 환자의 심장 부위에 삽입 또는 접촉시켜 사용하는 의료장소	의료 IT 계통 이동식 X-레이 장치, 정격출력이 5[kVA] 이상인 대형 기기용 회로, 생명유지 장치가 아닌 일반 의료용 전기기기에 전력을 공급하는 회로 등에는 TT 계통 또는 TN 계통을 적용

(2) 의료장소의 안전을 위한 보호설비(그룹 1 및 그룹 2의 의료 IT 계통)
  ① 전원측에 이중 또는 강화절연을 한 비단락보증 절연변압기를 설치하고 그 2차측 전로는 접지하지 말 것.
  ② 비단락보증 절연변압기는 함 속에 설치하여 충전부가 노출되지 않도록 하고 의료장소의 내부 또는 가까운 외부에 설치할 것.
  ③ 비단락보증 절연변압기의 2차측 정격전압은 교류 250[V] 이하로 하며 공급방식은 단상 2선식, 정격출력은 10[kVA] 이하로 할 것.
  ④ 3상 부하에 대한 전력공급이 요구되는 경우 비단락보증 3상 절연변압기를 사용할 것.
  ⑤ 비단락보증 절연변압기의 과부하전류 및 초과온도를 지속적으로 감시하는 장치를 적절한 장소에 설치할 것.
  ⑥ 의료 IT 계통의 절연상태를 지속적으로 계측, 감시하는 장치를 다음과 같이 설치할 것.
    ㉮ 의료 IT 계통의 절연저항을 계측, 지시하는 절연 감시장치를 설치하여 절연저항이 50[kΩ]까지 감소하면 음향 및 시각신호로 경보를 발하도록 할 것.
    ㉯ 표시설비는 의료 IT 계통이 정상일 때에는 녹색으로 표시되고 의료 IT 계통의 절연저항이 조건에 도달할 때에는 황색으로 표시되도록 할 것. 또한 각 표시들은 정지시키거나 차단시키는 것이 불가능한 구조일 것.
    ㉰ 수술실 등의 내부에 설치되는 음향설비가 의료행위에 지장을 줄 우려가 있는 경우에는 기능을 정지시킬 수 있는 구조일 것.
  ⑦ 의료 IT 계통에 접속되는 콘센트는 TT 계통 또는 TN 계통에 접속되는 콘센트와 혼용됨을 방지하기 위하여 적절하게 구분 표시할 것.
  ⑧ 그룹 1과 그룹 2의 의료장소에 무영등 등을 위한 특별저압(SELV 또는 PELV)회로를 시설하는 경우에는 사용전압은 교류 실효값 25[V] 또는 리플프리(ripple-free)직류 60[V] 이하로 할 것.
  ⑨ 의료장소의 전로에는 정격 감도전류 30[mA] 이하, 동작시간 0.03초 이내의 누전차단기를 설치할 것. 다만, 다음의 경우는 그러하지 아니하다.
    ㉮ 의료 IT 계통의 전로
    ㉯ TT 계통 또는 TN 계통에서 전원자동차단에 의한 보호가 의료행위에 중대한 지장을 초래할 우려가 있는 회로에 누전경보기를 시설하는 경우
    ㉰ 의료장소의 바닥으로부터 2.5[m]를 초과하는 높이에 설치된 조명기구의 전원회로
    ㉱ 건조한 장소에 설치하는 의료용 전기기기의 전원회로

(3) 의료장소 내의 접지 설비

의료장소와 의료장소 내의 전기설비 및 의료용 전기기기의 노출도전부, 그리고 계통외도전부에 대하여 다음과 같이 접지설비를 시설하여야 한다.

① 접지설비란 접지극, 접지도체, 기준접지 바, 보호도체, 등전위본딩도체를 말한다.

② 의료장소마다 그 내부 또는 근처에 기준접지 바를 설치할 것. 다만, 인접하는 의료장소와의 바닥 면적 합계가 50[m^2] 이하인 경우에는 기준접지 바를 공용할 수 있다.

③ 의료장소 내에서 사용하는 모든 전기설비 및 의료용 전기기기의 노출도전부는 보호도체에 의하여 기준접지 바에 각각 접속되도록 할 것.

④ 그룹 2의 의료장소에서 환자환경(환자가 점유하는 장소로부터 수평방향 2.5[m], 의료장소의 바닥으로부터 2.5[m] 높이 이내의 범위) 내에 있는 계통외 도전부와 전기설비 및 의료용 전기기기의 노출도전부, 전자기장해(EMI) 차폐선, 도전성 바닥 등은 등전위본딩을 시행할 것.

㉮ 계통외도전부와 전기설비 및 의료용 전기기기의 노출도전부 상호 간을 접속한 후 이를 기준접지 바에 각각 접속할 것.

㉯ 한 명의 환자에게는 동일한 기준접지 바를 사용하여 등전위본딩을 시행할 것.

㉰ 등전위 본딩도체는 보호도체와 동일 규격 이상의 것으로 선정할 것.

⑤ 접지도체는 다음과 같이 시설할 것.

㉮ 접지도체의 공칭단면적은 기준접지 바에 접속된 보호도체 중 가장 큰 것 이상으로 할 것

㉯ 철골, 철근 콘크리트 건물에서는 철골 또는 2조 이상의 주철근을 접지도체의 일부분으로 활용할 수 있다.

⑥ 보호도체, 등전위 본딩도체 및 접지도체의 종류는 450/750[V] 일반용 단심 비닐절연전선으로서 절연체의 색이 녹/황의 줄무늬이거나 녹색인 것을 사용할 것.

(4) 의료장소 내의 비상전원

① 절환시간 0.5초 이내에 비상전원을 공급하는 장치 또는 기기

㉮ 0.5초 이내에 전력공급이 필요한 생명유지장치

㉯ 그룹 1 또는 그룹 2의 의료장소의 수술등, 내시경, 수술실 테이블, 기타 필수 조명

② 절환시간 15초 이내에 비상전원을 공급하는 장치 또는 기기

㉮ 15초 이내에 전력공급이 필요한 생명유지장치

㉯ 그룹 2의 의료장소에 최소 50[%]의 조명, 그룹 1의 의료장소에 최소 1개의 조명

③ 절환시간 15초를 초과하여 비상전원을 공급하는 장치 또는 기기

㉮ 병원기능을 유지하기 위한 기본 작업에 필요한 조명

㉯ 그 밖의 병원 기능을 유지하기 위하여 중요한 기기 또는 설비

10. 저압 옥내 직류전기설비

(1) 저압 옥내 직류전로에 교류를 직류로 변환하여 공급하는 경우에 직류는 리플프리 직류이어야 한다.

(2) 저압 직류전로에 과전류차단장치를 시설하는 경우 직류단락전류를 차단하는 능력을 가지는 것이어야 하고 "직류용" 표시를 하여야 한다.

① 다중전원전로의 과전류차단기는 모든 전원을 차단할 수 있도록 시설하여야 한다.
(3) 축전지실 등의 시설
① 30[V]를 초과하는 축전지는 비접지측 도체에 쉽게 차단할 수 있는 곳에 개폐기를 시설하여야 한다.
② 옥내전로에 연계되는 축전지는 비접지측 도체에 과전류보호장치를 시설하여야 한다.
③ 축전지실 등은 폭발성의 가스가 축적되지 않도록 환기장치 등을 시설하여야 한다.
(4) 저압 옥내 직류전기설비는 전로 보호장치의 확실한 동작의 확보, 이상전압 및 대지전압의 억제를 위하여 직류 2선식의 임의의 한 점 또는 변환장치의 직류측 중간점, 태양전지의 중간점 등을 접지하여야 한다. 다만, 직류 2선식을 다음에 따라 시설하는 경우는 그러하지 아니하다.
① 사용전압이 60[V] 이하인 경우
② 접지검출기를 설치하고 특정구역내의 산업용 기계기구에만 공급하는 경우
③ 교류전로로부터 공급을 받는 정류기에서 인출되는 직류계통
④ 최대전류 30[mA] 이하의 직류화재경보회로
⑤ 절연감시장치 또는 절연고장점검출장치를 설치하여 관리자가 확인할 수 있도록 경보장치를 시설하는 경우

11. 농사용 저압 가공전선로의 시설
① 사용전압은 저압일 것
② 저압 가공전선은 인장강도 1.38[kN] 이상의 것 또는 지름 2[mm] 이상의 경동선일 것
③ 저압 가공전선의 지표상의 높이는 3.5[m] 이상일 것. 다만, 저압 가공전선을 사람이 쉽게 출입하지 아니하는 곳에 시설하는 경우에는 3[m]까지로 감할 수 있다.
④ 목주의 굵기는 말구 지름이 9[cm] 이상일 것
⑤ 전선로의 경간은 30[m] 이하일 것
⑥ 다른 전선로에 접속하는 곳 가까이에 그 저압 가공전선로 전용의 개폐기 및 과전류 차단기를 각 극(과전류 차단기는 중성극을 제외한다)에 시설할 것

2.9 전기응용 시설공사

1. 옥내 배선용 심벌

천장은폐배선	바닥은폐배선	노출배선	바닥노출배선	지중매설배선
———	-----	-·-·-·-	-··-··-	-···-···-

전력량계	전동기	전열기	룸 에어콘	배선용차단기	발전기
(WH)	(M)	(H)	RC	B	(G)
실링라이트	샹들리에	리셉터클	형광등 (1등용)	형광등 (2등용)	스위치
(CL)	(CH)	(R)	F40	F40×2	●

유도등	콘센트 (벽붙이)	콘센트 (천장형)	(제어반, 분전반, 배전반 공용)	(동력용)	(분전반)	(제어반)
⊗	⦁	⸭	▭	⊠	◣	▶◀
벽등	콘센트 (바닥형)	옥외등	일반 조명	벽붙이 조명	환기팬	누전차단기	피뢰기
⊙─	⦂⦂	⊗	○	◐	∞	E	⏚

2. 조명설비

(1) 등기구의 시설

① 설치 요구사항

등기구는 제조사의 지침과 KS C IEC 60598(등기구) 및 아래 항목을 고려하여 설치하여야 한다.
- 기동 전류
- 고조파 전류
- 보상
- 누설 전류
- 최초 점화 전류
- 전압강하

② 열 영향에 대한 주변의 보호

등기구의 주변에 발광과 대류 에너지의 열영향은 다음을 고려하여 선정 및 설치해야 한다.

㉮ 가연성 재료로부터 적절한 간격을 유지하여야 하며, 제작자에 의해 다른 정보가 주어지지 않으면, 스포트라이트나 프로젝터는 모든 방향에서 가연성 재료로부터 다음의 최소 거리를 두고 설치하여야 한다.

가연성재료와 등기구간의 이격거리

구 분	100W 이하	100W 초과 300W 이하	300W 초과 500W 이하	500W 초과
이격거리	0.5 m	0.8 m	1.0 m	1.0 m 초과

③ 전구선 및 이동전선

㉮ 전구선 또는 이동전선은 단면적 0.75[mm^2] 이상의 코드 또는 캡타이어케이블을 용도에 따라서 선정하여야 한다.

㉯ 전구선을 비나 이슬에 맞지 않도록 시설하고(옥측에 시설하는 경우) 사람이 쉽게 접촉되지 않도록 시설할 경우에는 단면적이 0.75[mm^2] 이상인 450/750[V] 내열성 에틸렌 아세테이트 고무절연전선을 사용할 수 있다. 이 경우 전구수구의 리드인출부의 전선간격이 10[mm] 이상인 전구소켓을 사용하는 것은 0.75[mm^2] 이상인 450/750[V] 일반용 단심 비닐절연전선을 사용할 수 있다.

㉰ 옥내에서 전구선 또는 이동전선을 습기가 많은 장소 또는 수분이 있는 장소에 시설할 경우에는 고무코드(사용전압이 400[V] 미만인 경우에 한함) 또는 0.6/1 kV EP 고무 절연 클로로프렌캡타이어케이블로서 단면적이 0.75[mm^2] 이상인 것이어야 한다.

코드 또는 캡타이어 케이블의 선정

종류	용도	옥내 전구선	옥내 이동전선	옥외·옥측 전구선	옥외·옥측 이동전선
코드	비닐	×	△○	×	×
	고무	○	○	×	×
	편조 고무			●	□
	금사	×	▲	×	×
	실내장식전등기구용		○	×	×
캡타이어 케이블	고무	◎	◎	◎	◎
	비닐	×	△◎	×	△◎

○, □, ● : 300/300[V] 이하에 사용한다.
◎ : 0.6/1 kV 이하에 사용한다.
× : 사용될 수 없다.
△ : 다음 조건에 적합한 것에 한하여 사용할 수 있다.
 – 방전등, 라디오, 텔레비전, 선풍기, 전기이발기 등 전기를 열로 사용하지 않는 소형기계기구에 사용할 경우
 – 전기모포, 전기온수기 등 고온부가 노출되지 않은 것으로 이에 전선이 접촉될 우려가 없는 구조의 가열장치 (가열장치와 전선과의 접속부 온도가 80[℃] 이하이고 또한 전열기 외면의 온도가 100[℃]를 초과할 우려가 없는 것) 에 사용할 경우
▲ : 전기면도기, 전기이발기 등과 같은 소형 가정용 전기기계기구에 부속되고 또한 길이가 2.5[m] 이하이며 건조한 장소에서 사용될 경우에 한한다.
● : 사람이 쉽게 접촉할 우려가 없도록 시설하는 경우
□ : 옥측에 비나 이슬에 맞지 아니하도록 시공한 경우 사용할 수 있다.

(2) 코드 또는 캡타이어 케이블과 전기사용 기계기구와의 접속

1) 동(銅)전선과 전기기계기구 단자의 접속은 접촉이 완전하고 헐거워질 우려가 없도록 다음에 의하여야 한다.
  ㉮ 전선을 나사로 고정할 경우에 나사가 진동 등으로 헐거워질 우려가 있는 장소는 2중 너트, 스프링와셔 및 나사풀림 방지기구가 있는 것을 사용할 것.
  ㉯ 전선을 1본만 접속할 수 있는 구조의 단자는 2본 이상의 전선을 접속하지 말 것.
  ㉰ 기구단자가 누름나사형, 크램프형이거나 이와 유사한 구조가 아닌 경우는 단면적 10[mm^2]를 초과하는 단선 또는 단면적 6[mm^2]를 초과하는 연선(撚線)에 터미널러그를 부착할 것. 다만, 기구의 용량이 30[A] 이하이고, 기구단자에 접속하는 전선이 연선인 경우는 적당히 연선의 소선수를 감소하여 터미널러그를 생략할 수 있다.
  ㉱ 연선에 터미널러그를 부착하지 않는 경우는 연선의 소선이 흩어지지 않도록 할 것. 다만, 누름나사형(와셔가 있는 것에 한한다), 크램프형이거나 이와 유사한 구조의 단자에 접속하는 경우 또는 전선에 연동 관을 사용하는 경우는 적용하지 않는다.
  ㉲ 터미널러그는(압착형 등은 제외한다) 납땜으로 전선을 부착할 것.
  ㉳ 접속점에 장력이 걸리지 않도록 시설할 것.
  ㉴ 누름나사형 단자 등에 전선을 접속하는 경우는 전선을 정해진 위치까지 확실하게 삽입할 것.

2) 알루미늄전선과 전기기계기구 단자의 접속은 접촉이 완전하고 헐거워질 우려가 없도록 하고 제1의 "㉮", "㉯", "㉶"에 의하는 외에 다음에 따라야 한다.
   ㉮ 전기기계기구 단자는 알루미늄전선용 또는 알루미늄전선, 동전선 공용의 표시가 있는 것을 사용할 것. 다만, 장식(Stud)단자 등의 경우 및 터미널러그 또는 터미널플러그 등을 사용하여 접속하는 경우는 적용하지 않는다.
   ㉯ 전선에 터미널러그 등을 부착하는 경우는 도체에 손상을 주지 않도록 피복을 벗기고 접속작업 직전에 도체의 표면을 잘 닦을 것.
   ㉰ 나사단자에 전선을 접속하는 경우는 전선을 나사의 홈에 가능한 한 밀착하여 3/4 바퀴 이상 1 바퀴이하로 감을 것.
   ㉱ 누름나사단자 등에 전선을 접속하는 경우는 전선을 정해진 위치까지 확실하게 삽입할 것.
   ㉲ 장식(stud)단자 등에 전선을 접속하는 경우는 터미널러그 등을 부착할 것. 다만, 단선을 "다"에 따라 접속하는 경우는 예외이다.
3) 제1 및 제2에 의하는 외에 다음에 따라야 한다.
   ㉮ 충전부분이 노출되지 않는 구조의 단자금구에 나사로 고정하거나 또는 기구용 플러그 등을 사용할 것.
   ㉯ 기구단자가 누름나사형, 크램프형 또는 이와 유사한 구조로 된 것을 제외하고 단면적 $6\,[\text{mm}^2]$를 초과하는 코드 및 캡타이어 케이블에는 터미널러그를 부착할 것.
   ㉰ 코드와 형광등기구의 리드선과 접속은 전선접속기로 접속할 것.

3. 콘센트의 시설

(1) 콘센트의 정격전압은 사용전압과 동등 이상의 KS C 8305(배선용 꽂음 접속기)에 적합한 제품을 사용하고 다음에 의하여 시설하여야 한다.
   ㉮ 노출형 콘센트는 기둥과 같은 내구성이 있는 조영재에 견고하게 부착할 것.
   ㉯ 콘센트를 조영재에 매입할 경우는 매입형의 것을 견고한 금속제 또는 난연성 절연물로 된 박스 속에 시설할 것. 다만, 콘센트 자체에 그 단자 등의 충전부가 노출되지 않도록 견고한 난연성절연물의 외함을 가지는 것은 벽에 견고하게 부착할 때에 한하여 박스 사용을 생략할 수 있다.
   ㉰ 콘센트를 바닥에 시설하는 경우는 방수구조의 플로어박스에 설치하거나 또는 이들 박스의 표면 플레이트에 틀어서 부착할 수 있도록 된 콘센트를 사용할 것.
   ㉱ 욕조나 샤워시설이 있는 욕실 또는 화장실 등 인체가 물에 젖어있는 상태에서 전기를 사용하는 장소에 콘센트를 시설하는 경우에는 다음에 따라 시설하여야한다.
   • 「전기용품 및 생활용품 안전관리법」의 적용을 받는 인체감전보호용 누전차단기(정격감도전류 15[mA] 이하, 동작시간 0.03초 이하의 전류동작형의 것에 한한다) 또는 절연변압기(정격용량 3[kVA] 이하인 것에 한한다)로 보호된 전로에 접속하거나, 인체감전보호용 누전차단기가 부착된 콘센트를 시설하여야 한다.
   • 콘센트는 접지극이 있는 방적형 콘센트를 사용하여 접지하여야 한다.

(2) 병원, 진료소 등에서 의료용 전기기계기구를 사용하는 방에 시설하는 콘센트는 기준접지 바

에 직접 접속할 것.
(3) 주택의 옥내전로에는 접지극이 있는 콘센트를 사용하여 접지하여야 한다.

4. 점멸기의 시설

점멸기는 다음에 의하여 설치하여야 한다.

(1) 점멸기는 전로의 비접지측에 시설하고 분기개폐기에 배선용차단기를 사용하는 경우는 이것을 점멸기로 대용할 수 있다
(2) 욕실 내는 점멸기를 시설하지 말 것. 다만 소세력 회로(小勢力回路)의 규정에 따라 시설하는 경우에는 적용하지 않는다.
(3) 가정용전등은 매 등기구마다 점멸이 가능하도록 할 것. 다만, 장식용 등기구(샹들리에, 스포트라이트, 간접조명등, 보조등기구 등) 및 발코니 등기구는 예외로 할 수 있다.
(4) 공장·사무실·학교·상점 및 기타 이와 유사한 장소의 옥내에 시설하는 전체 조명용 전등은 부분조명이 가능하도록 전등군으로 구분하여 전등군마다 점멸이 가능하도록 하되, 태양광선이 들어오는 창과 가장 가까운 전등은 따로 점멸이 가능하도록 할 것. 다만, 다음의 경우는 적용하지 않는다.
　㉮ 자동조명제어장치가 설치된 장소
　㉯ 극장, 영화관, 강당, 대합실, 주차장 기타 이와 유사한 장소로 동시에 많은 인원을 수용하여야 하는 특수장소
　㉰ 등기구수가 1열로 되어 있고 그 열이 창의 면과 평행이 되는 경우에 창과 가장 가까운 전등
　㉱ 광 천장 조명 또는 간접조명을 위하여 전등을 격등 회로로 시설하는 경우
　㉲ 건물구조가 창문(태양광선이 들어오는 창문을 말한다)이 없거나 공장의 경우 제품의 생산공정이 연속으로 되는 곳에 설치되어 있는 전등
(5) 여인숙을 제외한 객실 수가 30실 이상(「관광 진흥법」 또는 「공중위생법」에 의한 관광숙박업 또는 숙박업)인 호텔이나 여관의 각 객실의 조명용 전원에는 출입문 개폐용 기구 또는 집중제어방식을 이용한 자동 또는 반자동의 점멸이 가능한 장치를 할 것. 다만, 센서등(타임스위치 포함)를 설치한 입구등의 조명용전원은 적용받지 않는다.
(6) 조명용 전등을 설치할 때에는 다음에 의하여 센서등(타임스위치 포함)를 시설하여야 한다.
　㉮ 「관광 진흥법」과 「공중위생법」에 의한 관광숙박업 또는 숙박업(여인숙업을 제외한다)에 이용되는 객실의 입구등은 1분 이내에 소등되는 것.
　㉯ 일반주택 및 아파트 각 호실의 현관등은 3분 이내에 소등되는 것.
(7) 가로등, 보안등 또는 옥외에 시설하는 공중전화기를 위한 조명등용 분기회로에는 주광센서를 설치하여 주광에 의하여 자동점멸 하도록 시설할 것. 다만, 타이머를 설치하거나 집중제어방식을 이용하여 점멸하는 경우는 적용하지 않는다.
(8) 국부 조명설비는 그 조명대상에 따라 점멸할 수 있도록 시설할 것.
(9) 가로등, 경기장, 공장, 아파트 단지 등의 일반조명을 위하여 시설하는 고압방전등은 그 효율이 70[lm/W] 이상의 것이어야 한다.
(10) 자동조명제어장치의 제어반은 쉽게 조작 및 점검이 가능한 장소에 시설하고, 자동조명제어장치에 내장된 전자회로는 다른 전기설비 기능에 전기적 또는 자기적인 장애를 주지 않도록

시설하여야 한다.

5. 진열장 또는 이와 유사한 것의 내부 배선
(1) 건조한 장소에 시설하고 또한 내부를 건조한 상태로 사용하는 진열장 또는 이와 유사한 것의 내부에 사용전압이 400[V] 미만의 배선을 외부에서 잘 보이는 장소에 한하여 코드 또는 캡타이어케이블로 직접 조영재에 밀착하여 배선할 수 있다.
(2) 배선은 단면적 $0.75[mm^2]$ 이상의 코드 또는 캡타이어케이블일 것.
(3) 규정한 배선 또는 이것에 접속하는 이동전선과 다른 사용전압이 400[V] 미만인 배선과의 접속은 꽂음 플러그 접속기 기타 이와 유사한 기구를 사용하여 시공하여야 한다.

6. 옥외등
(1) 옥외등에 전기를 공급하는 전로의 사용전압은 대지전압을 300[V] 이하로 하여야 한다.
(2) 옥외등과 옥내등을 병용하는 분기회로는 20[A] 과전류 차단기(배선용 차단기 포함) 분기회로로 할 것.
(3) 옥내등 분기회로에서 옥외등 배선을 인출할 경우는 인출점 부근에 개폐기 및 과전류차단기를 시설할 것. 다만, 옥외등 배선의 인출구 이후의 전선길이가 8[m] 이하일 경우는 개폐기 및 과전류차단기를 생략할 수 있다.
(4) 옥외등 또는 그의 점멸기에 이르는 인하선의 배선
　㉮ 애자사용배선(지표상 2[m] 이상의 높이에서 노출된 장소에 한한다)
　㉯ 금속관배선
　㉰ 합성수지관배선
　㉱ 케이블배선(알루미늄피 등 금속제 외피가 있는 것은 목조 이외의 조영물에 시설하는 경우에 한한다)
(5) 옥외등 공사에 사용하는 기구는 다음에 의하여 시설하여야 한다.
　㉮ 개폐기, 과전류차단기, 기타 이와 유사한 기구는 옥내에 시설할 것. 다만, 견고한 방수함속에 설치하거나 또는 방수형의 것은 적용하지 않는다.
　㉯ 노출하여 사용하는 소켓 등은 선이 부착된 방수소켓 또는 방수형 리셉터클을 사용하고 하향으로 시설할 것.
　㉰ 부라켓 등을 부착하는 목대에 삽입하는 절연관은 하향으로 하고 전선을 따라 빗물이 새어 들어가지 않도록 할 것.
　㉱ 파이프펜던트 및 직부기구는 하향으로 부착하지 말 것. 다만, 처마 밑에 부착하는 것 또는 방수장치가 되어 플렌지 내에 빗물이 스며들 우려가 없는 것은 적용하지 않는다.
　㉲ 파이프펜던트 및 직부기구를 상향으로 부착할 경우는 홀더의 최하부에 지름 3[mm] 이상의 물 빼는 구멍을 2개소 이상 만들거나 또는 방수형으로 할 것.

7. 전주외등
(1) 대지전압 300[V] 이하의 백열전등, 형광등, 수은등, LED등 등을 배전선로의 지지물 등에 시설하는 경우에 적용한다.
(2) 조명기구(이하 "기구"라 한다) 및 부착금구는 다음에 적합하여야 한다.

㉮ 기구는 광원의 손상을 방지하기 위하여 원칙적으로 갓 또는 글로브가 붙은 것.
㉯ 기구는 전구를 쉽게 갈아 끼울 수 있는 구조일 것.
㉰ 기구의 인출선은 도체단면적이 $0.75[mm^2]$ 이상일 것.
㉱ 기구의 부착밴드 및 부착용 부속금구류는 아연도금하여 방식 처리한 강판제 또는 스테인레스제이고, 또한 쉽게 부착할 수도 있고 뗄 수도 있는 것일 것.

(3) 배선은 단면적 $2.5[mm^2]$ 이상의 절연전선 또는 이와 동등 이상의 절연효력이 있는 것으로써 케이블배선·합성수지관배선·금속관배선 중 하나를 시설하여야 한다.
(4) 배선이 전주에 연한 부분은 1.5[m] 이내마다 새들(Saddle) 또는 밴드로 지지할 것.
(5) 등주 안에서 전선의 접속은 절연 및 방수성능이 있는 방수형 접속재[레진충전식, 실리콘수밀식(젤타입) 또는 자기융착테이프의 이중절연 등]를 사용하거나 적절한 방수함 안에서 접속할 것.

8. 1[kV] 이하 방전등

(1) 방전등에 전기를 공급하는 전로의 대지전압은 300[V] 이하로 하여야 한다.
(2) 방전등용 안정기는 원칙적으로 조명기구에 내장하여야 한다.
(3) 형광등 전선 또는 공칭단면적 $2.5[mm^2]$ 이상의 연동선과 이와 동등 이상의 세기 및 굵기의 절연전선(옥외용 비닐절연전선 및 인입용 비닐절연전선은 제외한다), 캡타이어 케이블 또는 케이블을 사용하여 시설하여야 한다.
(4) 관등회로의 사용전압이 400[V] 이상 1[kV] 이하인 배선은 그 시설장소에 따라 합성수지관배선·금속관배선·가요전선관배선이나 케이블배선 등에 의하여야 한다.
(5) 금속관이나 금속몰드배선에 의한 관등회로의 배선은 규정에 따른 접지공사를 해야 한다. 그러나 관의 길이가 4[m] 이하인 것을 건조한 곳에 사람이 쉽게 접촉할 우려가 없도록 시설하는 경우에는 접지공사를 하지 아니하여도 된다.

〈관등회로의 배선방식〉

시설장소의 구분		배선방법
전개된 장소	건조한 장소	애자사용배선·합성수지몰드배선 또는 금속몰드배선
	기타의 장소	애자사용배선
점검할 수 있는 은폐된 장소	건조한 장소	애자사용배선·합성수지몰드배선 또는 금속몰드배선
	기타의 장소	애자사용배선

〈애자사용배선의 시설〉

배선방식	전선 상호 간의 거리	전선과 조영재의 거리	전선 지지점간의 거리	
			관등회로의 전압이 400[V] 이상 600[V] 이하의 것	관등회로의 전압이 600[V] 초과 1[kV] 이하의 것
애자사용 배선	60[mm] 이상	25[mm] 이상 (습기가 많은 장소는 45[mm] 이상)	2[m] 이하	1[m] 이하

9. 네온방전등

네온방전등에 공급하는 전로의 대지전압은 300[V] 이하로 하여야 하며, 다음에 의하여 시설하여야 한다.(대지전압이 150[V] 이하는 적용안됨)
- 네온관은 사람이 접촉될 우려가 없도록 시설할 것.
- 네온변압기는 옥내배선과 직접 접촉하여 시설할 것.
- 네온변압기는 2차측을 직렬 또는 병렬로 접속하여 사용하지 말 것.
- 네온변압기를 우선 외에 시설할 경우는 옥외형의 것을 사용할 것.

(1) 관등회로의 배선은 애자사용 배선으로 다음에 따라 해야 한다.
  ㉮ 전선은 네온전선을 사용할 것.
  ㉯ 배선은 외상을 받을 우려가 없고 사람이 접촉될 우려가 없는 노출장소 또는 점검할 수 있는 은폐장소(보통 천장안·다락·선반 등은 포함 안됨)에 시설할 것.
  ㉰ 전선은 자기 또는 유리제 등의 애자로 견고하게 지지하여 조영재의 아랫면 또는 옆면에 부착하고 또한 다음과 같이 시설할 것.
    - 전선 상호간의 이격거리는 60[mm] 이상일 것.
    - 전선과 조영재 이격거리는 노출장소에서 다음표에 따르고 점검할 수 있는 은폐장소에서 60[mm] 이상으로 할 것.

〈전선과 조영재의 이격거리〉

전압 구분	이격 거리
6[kV] 이하	20[mm] 이상
6[kV] 초과 9[kV] 이하	30[mm] 이상
9[kV] 초과	40[mm] 이상

    - 전선지지점간의 거리는 1[m] 이하로 할 것.
    - 애자는 절연성·난연성 및 내수성이 있는 것일 것.

(2) 관등회로의 배선 중 방전관의 관극 사이를 접속하는 부분, 방전관 붙임틀 안에 시설하는 부분 또는 조영재에 따라 시설하는 부분(방전관에서 길이가 2[m] 이하의 부분에 한한다)을 다음에 따라 시설할 경우는 제1("다"(2)를 제외한다)의 규정을 적용하지 않아도 된다.
  ㉮ 전선은 두께 1[mm] 이상의 유리관 속에 넣을 것. 다만, 전선의 길이가 0.1[m] 이하인 경우는 적용하지 않는다.
  ㉯ 유리관의 지지점간 거리는 0.5[m] 이하일 것.
  ㉰ 유리관의 지지점 중 관의 끝에 가까운 것은 관의 끝에서 0.08[m] 이상, 0.12[m] 이하의 부분에 설치할 것.
  ㉱ 유리관은 조영재에 견고하게 부착할 것.

(3) 염해로 인하여 애자 등이 오손될 우려가 많은 장소에 설치하는 관등회로의 배선은 애자, 애관을 접지된 금속판에 부착하는 등 가연재에 누설전류가 흐르는 일이 없도록 시설하여야 한다.

(4) 접지
  네온변압기의 외함, 네온변압기를 넣는 금속함 및 관등을 지지(支持)하는 금속제 프레임 등은 접지공사를 한다.

10. 수중조명등

(1) 수영장 기타 이와 유사한 장소에 사용하는 수중조명등에 전기를 공급하기 위해서는 절연변압기를 사용하고, 다음에 적합한 것이어야 한다.
   ㉮ 절연변압기의 1차측 전로의 사용전압은 400[V] 미만일 것.
   ㉯ 절연변압기의 2차측 전로의 사용전압은 150[V] 이하일 것.
   ㉰ 절연변압기의 2차 측 전로는 접지하지 말 것.
   ㉱ 절연변압기는 교류 5[kV]의 시험전압으로 하나의 권선과 다른 권선, 철심 및 외함 사이에 계속적으로 1분간 가하여 절연내력을 시험할 경우, 이에 견디는 것이어야 한다.
   ㉲ 절연변압기의 2차측 배선은 금속관배선에 의하여 시설할 것.
   ㉳ 수중조명등의 절연변압기의 2차측 전로에는 개폐기 및 과전류차단기를 각 극에 시설하여야 한다.
   ㉴ 수중조명등의 절연변압기는 그 2차측 전로의 사용전압이 30[V] 이하인 경우는 1차권선과 2차권선 사이에 금속제의 혼촉방지판을 설치하고 규정에 준하여 접지공사를 하여야 한다.
   ㉵ 수중조명등의 절연변압기의 2차측 전로의 사용전압이 30[V]를 초과하는 경우에는 그 전로에 지락이 생겼을 때에 자동적으로 전로를 차단하는 정격감도전류 30[mA] 이하의 누전차단기를 시설하여야 한다.

(2) 수중조명등에 전기를 공급하기 위하여 사용하는 이동전선은 다음에 의하여 시설하여야 한다.
   ㉮ 접속점이 없는 단면적 2.5[mm^2] 이상의 0.6/1 kV EP 고무절연 클로프렌 캡타이어 케이블일 것.
   ㉯ 이동전선은 유영자가 접촉될 우려가 없도록 시설할 것. 또한 외상을 받을 우려가 있는 곳에 시설하는 경우는 금속관에 넣는 등 적당한 외상 보호장치를 할 것.
   ㉰ 이동전선과 배선과의 접속은 꽂음 접속기를 사용하고 물이 스며들지 않고 또한 물이 고이지 않는 구조의 금속제 외함에 넣어 수중 또는 이에 준하는 장소 이외의 곳에 시설할 것.
   ㉱ 수중조명등의 용기, 각종방호장치와 금속제부분, 금속제외함 및 배선에 사용하는 금속관과 접지도체와의 접속에 사용하는 꽂음 접속기의 1극은 전기적으로 서로 완전하게 접속할 것.

(3) 수중조명등의 용기는 다음에 적합한 것이어야 한다.
   ㉮ 조사용 창으로는 유리 또는 렌즈, 기타의 부분은 녹이 잘 슬지 아니하는 금속 또는 카드뮴도금, 아연도금, 도장 등으로 방청을 한 금속으로 견고하게 제작한 것일 것.
   ㉯ 내부의 적당한 곳에 접지용 단자를 설치할 것. 이 경우에 접지단자의 나사는 그 지름이 4[mm] 이상의 것이어야 한다.
   ㉰ 조명등을 나사접속기 및 소켓(형광등용 소켓은 제외한다)은 자기제(磁器製)일 것.
   ㉱ 완성품은 도전부분 이외의 부분과의 사이에 2[kV]의 교류전압을 연속하여 1분간 가하여 절연내력을 시험하였을 때에 이에 견디는 것일 것.
   ㉲ 완성품은 최대적용 전등 와트 수의 전구를 끼워 정격최대수심이 0.15[m]를 초과하는 것은 그 정격최대수심 이상, 정격최대수심이 0.15[m] 이하 것은 0.15[m] 이상 깊이의 수중에 넣어 해당 전등의 정격전압에 상당하는 전압으로 30분간 전기를 공급하고, 다음에 30분간 전기의 공급을 중단하는 조작을 6회 반복할 때 용기 내에 물이 스며드는 등 이상이 없는

것일 것.
- ㈕ 최대적용 전등의 와트 수 및 정격최대수심의 표시를 보기 쉬운 곳에 표시한 것.

11. 교통신호등
(1) 교통신호등 제어장치의 2차측 배선의 최대사용전압은 300[V] 이하이어야 한다.
(2) 전선은 케이블인 경우 이외에는 공칭단면적 2.5[mm^2] 연동선과 동등 이상의 세기 및 굵기의 450/750[V] 일반용 단심 비닐절연전선 또는 450/750[V] 내열성에틸렌아세테이트 고무절연 전선일 것.
(3) 제어장치의 2차측 배선 중 전선(케이블은 제외)을 조가하는 경우 조가용선은 인장강도 3.7[kN]의 금속선 또는 지름 4[mm] 이상의 아연도철선을 2가닥 이상 꼰 금속선을 사용할 것.
(4) 교통신호등 회로의 배선이 건조물·도로·횡단보도교·철도·궤도·삭도·가공 약전류 전선 등·안테나·가공전선 및 전차선 또는 다른 교통신호등 회로의 배선과 접근하거나 교차하는 경우에는 저압 가공전선의 규정에 준하여 시설하고, 이외의 시설물과 접근하거나 교차하는 경우에는 교통신호등 회로의 배선과 이들 사이의 이격거리는 0.6[m](교통신호등 회로의 배선이 케이블인 경우에는 0.3[m]) 이상이어야 한다.
(5) 교통신호등의 전구에 접속하는 인하선은 지표상의 높이는 2.5[m] 이상일 것
(6) 전선을 애자사용배선에 의하여 시설하는 경우에는 전선을 적당한 간격마다 묶을 것.

12. 전기 응용 시설
(1) **농사용 저압 가공 전선로의 시설**
  농사용의 전동기, 전등에 공급하는 저압 가공 전선이 건조물, 도로, 철도가공 약전선 등과 근접하지 않을 시는 다음과 같이 시설한다.
  - ㉮ 사용 전압은 저압으로 전용의 개폐기 및 과전류 차단기를 각 극에 시설할 것
  - ㉯ 전선은 2[mm]의 경동선 이상일 것
  - ㉰ 경간은 30[m] 이하이고, 높이는 3.5[m] 이상일 것

(2) **전기온상(溫床/ Hot Bed) 등**
  전기온상 등은 식물의 재배 또는 양잠·부화·육추 등의 용도로 사용하는 전열장치로서 전기온상에 전기를 공급하는 전로의 대지전압은 300[V] 이하일 것.
  - ㉮ 전기온상의 발열선의 시설
    - 발열선 및 발열선에 직접 접속하는 전선은 전기온상선(電氣溫床線)일 것.
    - 발열선은 그 온도가 80[℃]를 넘지 않도록 시설 할 것.
    - 발열선 및 발열선에 직접 접속하는 전선은 손상을 받을 우려가 있는 경우에는 적당한 방호장치를 할 것.
    - 발열선은 다른 전기설비·약전류전선 등 또는 수관·가스관이나 이와 유사한 것에 전기적 ·자기적 또는 열적인 장해를 주지 않도록 시설할 것.
    - 발열선 혹은 발열선에 직접 접속하는 전선의 피복에 사용하는 금속체 또는 방호장치의 금속제 부분에는 규정에 준하여 접지공사를 하여야 한다.
    - 전기온상 등에 전기를 공급하는 전로에는 전용 개폐기 및 과전류 차단기를 각 극(과전류

차단기에서 다선식전로의 중성극을 제외한다)에 시설하여야 한다. 다만, 전기온상 등에 과전류 차단기를 시설하고 또한 전기온상 등에 부속하는 이동전선과 옥내배선·옥측배선 또는 옥외배선을 꽂음접속기 기타 이와 유사한 기구를 사용하여 접속하는 경우는 그러하지 아니하다.

㉯ 발열선을 공중에 시설하는 전기온상 등 시설.

발열선을 애자로 지지하고 또한 다음에 의하여 시설할 것.

- 발열선은 사람이 쉽게 접촉할 우려가 없도록 시설할 것. 다만, 취급자 이외의 사람이 출입할 수 없도록 설비된 곳에 시설하는 경우에는 그러하지 아니하다.
- 발열선은 노출장소에 시설할 것. 다만, 목재 또는 금속제의 견고한 구조의 함(이하 여기에서 "함"이라 한다)에 시설하고 또한 그 금속제 부분에 규정에 준하여 접지공사를 할 경우는 그러하지 아니하다.
- 발열선 상호 간의 간격은 0.03[m](함 내에 시설하는 경우는 0.02[m]) 이상일 것. 다만, 발열선을 함 내에 시설하는 경우로서 발열선 상호 간의 사이에 0.4[m] 이하마다 절연성·난연성 및 내수성이 있는 격벽을 설치하는 경우는 그 간격을 0.015[m]까지 감할 수 있다.
- 발열선과 조영재 사이의 이격거리는 0.025[m] 이상으로 할 것.
- 발열선을 함 내에 시설하는 경우는 발열선과 함의 구성재(構成材) 사이의 이격거리를 0.01[m] 이상으로 할 것.
- 발열선의 지지점 간의 거리는 1[m] 이하일 것. 다만, 발열선 상호 간의 간격이 0.06[m] 이상인 경우에는 2[m] 이하로 할 수 있다.
- 애자는 절연성·난연성 및 내수성이 있는 것일 것.

㉰ 제1 및 제2에서 규정하는 전기온상 등 이외의 시설.

- 발열선 상호는 접촉되지 않도록 시설할 것.
- 발열선을 시설하는 곳에는 발열선이 시설되어 있다는 표시를 할 것.
- 발열선에 전기를 공급하는 전로에는 전로에 지락이 생겼을 때에 자동적으로 전로를 차단하는 장치를 시설하여야 한다. 다만, 대지전압이 150[V] 이하의 발열선을 지중에 시설하는 경우로서 발열선을 시설한 곳에 취급자 이외의 자가 들어가지 못하도록 주위에 적당한 울타리를 설치할 때에는 그러하지 아니하다.

(3) 전기울타리

㉮ 전기울타리는 목장·논밭 등 옥외에서 가축의 탈출 또는 야생짐승의 침입을 방지하기 위하여 시설하는 경우를 제외하고는 시설해서는 안 된다.
㉯ 전기울타리용 전원장치에 전원을 공급하는 전로의 사용전압은 250[V] 이하이어야 한다.
㉰ 전선은 인장강도 1.38[kN] 이상의 것 또는 지름 2[mm] 이상의 경동선일 것.
㉱ 전선과 이를 지지하는 기둥 사이의 이격거리는 25[mm] 이상일 것.
㉲ 전선과 다른 시설물(가공 전선을 제외한다) 또는 수목과의 이격거리는 0.3[m] 이상일 것.
㉳ 전기울타리에 전기를 공급하는 전로에는 쉽게 개폐할 수 있는 곳에 전용 개폐기를 시설하여야 한다.

㉾ 사람의 접근이 가능한 모든 곳에 보기 쉽도록 적당한 간격으로 위험표시를 하여야 한다.
- 크기는 100[mm] × 200[mm] 이상일 것.
- 경고판 양쪽면의 배경색은 노란색일 것.
- 경고판 위에 있는 글자색은 검은색이어야 하고, 글자는 "감전주의 : 전기울타리" 일 것.
- 글자는 지워지지 않아야 하고 경고판 양쪽에 새겨져야 하며, 크기는 25[mm] 이상일 것.

㉾ 전기울타리 전원장치의 외함 및 변압기의 철심은 접지공사를 하여야 한다.
- 전기울타리의 접지전극과 다른 접지 계통의 접지전극의 거리는 2[m] 이상이어야 한다. 다만, 충분한 접지망을 가진 경우에는 그러하지 아니한다.
- 가공전선로의 아래를 통과하는 전기울타리의 금속부분은 교차지점의 양쪽으로부터 5[m] 이상의 간격을 두고 접지하여야 한다.

(4) 전격살충기

㉠ 전격 살충기는 조명부분과 전격격자의 구조로 되어 있으며, 전격 격자(電擊格子)는 지표상 또는 마루 위 3.5[m] 이상이어야 한다.

㉡ 다만, 2차측 개방 전압이 7[kV] 이하의 절연변압기를 사용한 경우(보호격자의 내부에 사람의 손이 들어갈 경우 또는 보호격자에 사람이 접촉될 경우 1차측전로 차단하는 시설)에는 1.8[m] 이상

㉢ 전격 격자와 다른 공작물 또는 식물과의 이격 거리를 0.3[m] 이상이어야 한다.

㉣ 전파 또는 고주파전류가 무선설비의 기능에 계속적이고 또한 중대한 장해를 줄 우려가 있는 장소에 시설해서는 안 된다.

㉤ 전용의 개폐기를 전격살충기에 가까운 장소에서 쉽게 개폐할 수 있도록 시설하여야 한다.

㉥ 전격살충기를 시설한 장소는 위험표시를 하여야 한다.

(5) 유희용 전차

㉠ 전로의 사용전압은 직류 60[V], 교류 40[V]이하
㉡ 접촉전선은 제 3레일 방식일 것
㉢ 전기를 공급하는 변압기는 절연변압기이며 1차 전압은 400[V]미만일 것
㉣ 절연저항은 사용전압에 대한 누설전류가 레일 연장 1[km]마다 100[mA] 이하일 것
㉤ 절연저항은 사용전압에 대한 누설전류가 규정전류의 1/5000을 넘지 않아야 한다.

(6) 소세력 회로(小勢力回路)

전자 개폐기 조작 회로 또는 차임 벨, 경보 벨 등에 접속하는 60[V] 이하의 소세력 회로
㉠ 1차 대지 전압 300[V] 이하, 2차 대지 전압 60[V] 이하의 절연 변압기를 사용할 것
㉡ 전선은 공칭단면적 1[mm^2] 이상의 연동선 혹은 코드 · 캡타이어 케이블 또는 케이블일 것
㉢ 절연 변압기의 2차 단락 전류는 다음과 같다. 다만, 표의 우측 란에 있는 값 이하의 과전류 차단기를 시설하는 경우는 제한을 받지 않는다.

최대 사용 전압의 구분	2차 단락 전류	비고(자동 차단기 정격 전류)
15[V] 이하	8[A] 이하	5[A] 이하
15[V]를 넘어 30[V] 이하	5[A] 이하	3[A] 이하
30[V]를 넘어 60[V] 이하	3[A] 이하	1.5[A] 이하

㉔ 소세력 회로의 전선을 지중에 시설하는 경우
- 전선은 450/750[V] 일반용 단심 비닐절연전선, 캡타이어 케이블 또는 케이블을 것
- 매설깊이 : 0.3[m](차량 기타 중량물의 압력을 받을 우려가 있는 장소에 시설하는 경우는 1.0[m]) 이상)

㉕ 소세력 회로의 전선을 가공으로 시설하는 경우에는 다음에 의하여 시설하여야 한다.
- 전선은 인장강도 508[N/mm^2] 이상의 것 또는 지름 1.2[mm]의 경동선일 것. 다만, 인장강도 2.36[kN/mm^2] 이상의 금속선 또는 지름 3.2[mm]의 아연도금철선으로 매달아 시설하는 경우에는 그러하지 아니하다.
- 전선은 절연전선 및 캡타이어 케이블 또는 케이블을 사용할 것. 다만, 인장강도 2.30[kN/mm^2] 이상의 것 또는 지름 2.6[mm] 경동선을 사용하는 경우에는 그러하지 아니하다.
- 전선이 케이블인 경우에는 지름 3.2[mm]의 아연도금 철선 또는 이와 동등 이상의 세기의 금속선으로 매달아 시설할 것. 다만, 전선에 금속피복 이외의 피복을 가진 케이블을 사용하는 경우로서 전선의 지지점간의 거리가 10[m] 이하인 경우에는 그러하지 아니하다.
- 전선의 높이는 다음에 의할 것.
  - 도로를 횡단하는 경우는 지표면상 6[m] 이상
  - 철도 또는 궤도를 횡단하는 경우는 레일면상 6.5[m] 이상
  - (1) 및 (2) 이외의 경우는 지표상 4[m] 이상. 다만, 전선을 도로 이외의 곳에 시설하는 경우로서 위험의 우려가 없는 경우는 지표상 2.5[m]까지 감할 수 있다.
- 전선의 지지점간의 거리는 15[m] 이하일 것.
- 전선에 나전선을 사용하는 경우는 전선과 식물과의 이격거리를 0.3[m] 이상 유지할 것.

13. 전기부식방지 시설

지중 또는 수중에 시설하는 금속체의 부식을 방지하기 위해 지중 또는 수중에 시설하는 양극과 피방식체간에 방식 전류를 통하는 시설.

① 변압기는 절연변압기이고, 또한 교류 1[kV]의 시험전압을 하나의 권선과 다른 권선·철심 및 외함과의 사이에 연속적으로 1분간 가하여 절연내력을 시험하였을 때 이에 견디는 것
② 전기부식방지 회로의 전선중 가공으로 시설하는 부분
  ㉠ 전선은 케이블인 경우 이외에는 지름 2[mm]의 경동선 또는 이와 동등 이상의세기 및 굵기의 옥외용 비닐절연전선 이상의 절연성능이 있는 것일 것.
  ㉡ 전기부식방지 회로의 전선과 저압 가공전선을 동일 지지물에 시설하는 경우는 전기부식방지 회로의 전선을 하단에 별개의 완금류에 의하여 시설하고, 또한 저압 가공전선과의 이격거리는 0.3[m] 이상으로 할 것. (케이블인 경우 예외)
  ㉢ 전기부식방지 회로의 전선과 고압 가공전선 또는 가공약전류전선 등을 동일 지지물에 시설하는 경우에는 전기부식방지 회로의 전선이 450/750[V] 일반용 단심 비닐절연전선 또는 케이블인 경우에는 전기부식방지 회로의 전선을 가공약전류전선 등의 밑으로 하고 또한 가공약전류전선 등과의 이격거리를 0.3[m] 이상으로 하여 시설할 수 있다.

③ 전기부식방지 회로의 전선중 지중에 시설
　㉠ 전선은 공칭단면적 4.0[mm²]의 연동선 또는 이와 동등 이상의 세기 및 굵기의 것일 것. 다만, 양극에 부속하는 전선은 공칭단면적 2.5[mm²] 이상의 연동선 또는 이와 동등 이상의 세기 및 굵기의 것을 사용할 수 있다.
　㉡ 전선은 450/750[V] 일반용 단심 비닐절연전선·클로로프렌외장 케이블·비닐외장 케이블 또는 폴리에틸렌외장 케이블일 것.
　㉢ 전선을 직접 매설식에 의하여 시설하는 경우에는 전선을 피방식체의 아랫면에 밀착하여 시설하는 경우 이외에는 매설깊이를 차량 기타의 중량물의 압력을 받을 우려가 있는 곳에서는 1.0[m] 이상, 기타의 곳에서는 0.3[m] 이상으로 하고 또한 전선을 돌·콘크리트 등의 판이나 몰드로 전선의 위와 옆을 덮거나 합성수지관이나 이와 동등 이상의 절연성능 및 강도를 가지는 관에 넣어 시설할 것. 다만, 차량 기타의 중량물의 압력을 받을 우려가 없는 것에 매설깊이를 0.6[m] 이상으로 하고 또한 전선의 위를 견고한 판이나 몰드로 덮어 시설하는 경우에는 그러하지 아니하다.
　㉣ 입상(立上)부분의 전선 중 깊이 0.6[m] 미만인 부분은 사람이 접촉할 우려가 없고 또한 손상을 받을 우려가 없도록 적당한 방호장치를 할 것.
④ 전기부식방지 회로의 전선 중 지상의 입상부분에는 지표상 2.5[m] 미만의 부분에는 사람이 접촉할 우려가 없고 또한 손상을 받을 우려가 없도록 적당한 방호장치를 할 것.
⑤ 전기부식방지 회로(전기부식방지용 전원장치로부터 양극 및 피방식체까지의 전로)의 사용전압은 직류 60[V] 이하일 것.
⑥ 양극(陽極)은 지중에 매설하거나 수중에서 쉽게 접촉할 우려가 없는 곳에 시설할 것.
⑦ 지중에 매설하는 양극(양극의 주위에 도전 물질을 채우는 경우 이를 포함)의 매설깊이는 0.75[m] 이상일 것.
⑧ 수중에 시설하는 양극과 그 주위 1[m] 이내의 거리에 있는 임의점과의 사이의 전위차는 10[V]를 넘지 아니할 것.
⑨ 지표 또는 수중에서 1[m] 간격의 임의의 2점간의 전위차가 5[V]를 넘지 아니할 것.

14. 전기자동차 전원설비
전기자동차의 전원공급설비에 사용하는 저압으로 한다.
① 전용의 개폐기 및 과전류 차단기를 각 극(과전류 차단기는 다선식 전로의 중성극을 제외)에 시설하고 또한 전로에 지락이 생겼을 때 자동적으로 그 전로를 차단하는 장치를 시설.
② 극과 극 사이에는 개폐하였을 때 또는 퓨즈가 용단되었을 때 생기는 아크가 다른 극에 미치지 않도록 절연성의 격벽을 시설한 것.
③ 커버는 내(耐)아크성의 합성수지로 제작한 것이어야 하며 또한 진동에 의하여 떨어지지 않는 것일 것.
④ 저압 콘센트는 접지극이 있는 콘센트를 사용하여 접지.
⑤ 전기자동차의 충전장치 시설.
　㉠ 충전부분이 노출되지 않도록 시설하고, 외함의 접지는 접지공사를 할 것.
　㉡ 외부 기계적 충격에 대한 충분한 기계적 강도(IK07 이상)를 갖는 구조일 것.

ⓒ 침수 등의 위험이 있는 곳에 시설하지 말아야 하며, 옥외에 설치 시 강우·강설에 대하여 충분한 방수 보호등급(IPX4 이상)을 갖는 것일 것.

ⓔ 분진이 많은 장소, 가연성 가스나 부식성 가스 또는 위험물 등이 있는 장소에 시설하는 경우에는 통상의 사용 상태에서 부식이나 감전·화재·폭발의 위험이 없도록 시설할 것.

ⓜ 충전장치에는 전기자동차 전용임을 나타내는 표지를 쉽게 보이는 곳에 설치할 것.

ⓗ 전기자동차의 충전장치는 쉽게 열 수 없는 구조일 것.

ⓢ 전기자동차의 충전장치 또는 충전장치를 시설한 장소에는 위험표시를 쉽게 보이는 곳에 표지할 것.

ⓞ 전기자동차의 충전장치는 부착된 충전 케이블을 거치할 수 있는 거치대 또는 충분한 수납공간(옥내 0.45[m] 이상, 옥외 0.6[m] 이상)을 갖는 구조이며, 충전 케이블은 반드시 거치할 것.

ⓩ 충전장치의 충전 케이블 인출부는 옥내용의 경우 지면으로부터 0.45[m] 이상 1.2[m] 이내에, 옥외용의 경우 지면으로부터 0.6[m] 이상에 위치할 것.

기출 & 예상문제
제 2 장 배관·배선공사(3)

01 전동기를 그림 기호로 표시하면?
① Ⓗ   ② Ⓣ
③ Ⓜ   ④ Ⓟ
[답] ③

02 계전기에 관한 기호 중 과부하 계전기의 기호는?
① OC   ② OL
③ RC   ④ V

풀이
과부하 계전기(OverLoad relay; OL)
[답] ②

03 폭연성 분진이 존재하는 곳의 금속관 공사에 있어서 관상호 및 관과 박스의 접속은 몇 턱 이상의 죔나사로 시공하여야 하는가?
① 3턱   ② 4턱
③ 5턱   ④ 6턱

풀이
폭연성 분진, 화약류 분말이 존재하는 곳, 가연성의 가스 또는 인화성 물질의 증기가 새거나 체류하는 곳의 전기 공작물은 금속관 공사, 또는 케이블 공사에 의하여야 하며 금속관 공사를 하는 경우 관 상호 간 및 관과 박스 등은 5턱 이상의 나사 조임으로 접속하여야 한다. [답] ③

04 가연성 분진이 존재하는 곳에 저압 옥내배선을 할 때 다음 중 공사방법이 옳지 못한 것은?
① 합성수지관공사
② 금속관공사
③ 캡타이어 케이블공사
④ 애자사용공사

풀이
가연성 분진이 존재하는 곳(소맥분, 전분, 유황 기타)의 가연성 먼지로서 공중에 떠다니는 상태에서 착화하였을 때, 폭발의 우려가 있는 곳의 저압 옥내 배선은 합성수지관 공사, 금속관 공사, 케이블 공사에 의하여 시설한다. 이동전선은 0.6/1 kV 비닐절연 비닐캡타이어케이블 또는 0.6/1 kV EP 고무절연 클로로프렌 캡타이어케이블을 사용 [답] ④

05 전력용 콘덴서의 약호는?
① SC   ② PC
③ CT   ④ LA

풀이
② PC : 프라이머리 컷아웃스위치
③ CT : 계기용변류기
④ LA : 피뢰기
[답] ①

06 ☐☐☐의 심벌은?
① 전등용 분전반
② 분전반 및 제어반
③ 직류용 분전반
④ 전업용 분전반
[답] ②

07 고전압 측정에 이용되는 방전현상은?
① 불꽃방전   ② 코로나 방전
③ 아크 방전   ④ 글로우 방전
[답] ②

08 제분공장 등 가연성분진으로 항상 가득 찰 우려가 있는 장소에 있어서 저압옥내배선을 시설할 때 할 수 없는 공사는?
① 금속덕트배선공사
② 금속관배선공사
③ 합성수지관배선공사
④ 케이블배선공사

[풀이]
가연성 분진이 존재하는 곳(소맥분, 전분, 유황 기타)의 가연성 먼지로서 공중에 떠다니는 상태에서 착화하였을 때, 폭발의 우려가 있는 곳의 저압 옥내 배선은 합성 수지관 공사, 금속관 공사, 케이블 공사에 의하여 시설한다. 그 밖에 일반적 먼지가 많은 장소일 경우는 금속관, 케이블, 합성수지관, 애자사용, 금속제가요전선관, 금속덕트, 버스덕트 가능하다. [답] ①

09 화약류를 제조하는 건물 안이나 화학류를 보관하는 곳의 저압 전기공사에 해당되지 않는 것은?
① 전열기구 이외의 전기기계, 기구는 전폐형을 사용할 것
② 비닐 캡타이어 케이블로서 단면적이 0.75 [mm^2] 이상일 것
③ 온도가 현저히 올라가는 등 위험이 생긴 경우 자동 차단장치를 할 것
④ 전열기구는 실드선 등의 충전부가 노출되지 아니한 발열체를 사용할 것
[답] ④

10 극장의 무대 영사실 등에 공급하는 전로의 최고 사용전압은?
① 100[V]　　② 200[V]
③ 400[V]　　④ 1000[V]
[풀이]
무대·무대마루 밑·오케스트라박스·영사실 기타 사람이나 무대 도구가 접촉 할 우려가 있는 곳에 시설하는 저압 옥내배선·전구선 또는 이동전선은 사용전압이 400[V] 미만일 것.
[답] ③

11 셀룰로이드, 성냥, 석유 등 위험한 물질을 제조하거나 저장하는 곳의 전기배선 방법이 옳지 못한 것은?
① 금속덕트공사　② MI 케이블공사
③ 박강 전선관공사　④ 케이블공사
[풀이]
위험물 등이 존재하는 장소
① 배선은 금속관공사(박강)·케이블공사·합성수지관 공사에 의한다.

② 케이블 및 MI케이블 사용, 이동 전선은 0.6/1 kV EP 고무절연 클로로프렌 캡타이어 케이블
③ 금속관 상호 및 관과 박스 등과는 5턱 이상 나사 조임으로 접속
[답] ①

12 광산이나 갱도내 가스 또는 먼지의 발생에 의해서 폭발 우려가 있는 장소의 전기공사 방법 중 바르지 못한 것은?
① 전선은 외장 연피케이블 공사가 가장 안전함
② 금속제의 전선 접속함 및 케이블의 피복에 사용하는 금속체에는 접지공사 시행.
③ 이동 전선은 1종 캡타이어 케이블을 사용할 것
④ 백열등은 진동 없게 고정된 키 없는 소켓에 끼워 외장 글로우브를 끼울 것
[풀이]
이동 전선은 용접용 케이블을 사용하는 경우를 제외하고는 300/300[V] 편조고무코드·비닐코드 또는 0.6/1 kV EP 고무절연 클로로프렌 캡타이어케이블을 사용할 것
[답] ③

13 폭연성 분진이 떠돌아다녀 분진 폭발이 발생될 우려가 있는 장소에 사용하는 전동기는 어떤 구조이어야 하는가?
① 분진방폭 특수방진 구조
② 내압 방폭 구조
③ 안전중 방폭 구조
④ 분진 방폭 보통방진 구조
[풀이]
먼지가 많은 장소에서의 저압의 시설
전기기계기구는 적합한 분진 방폭 특수 방진 구조로 되어 있을 것.
[답] ①

14 성냥을 제조하는 공장의 내선 공사 방법으로서 적당하지 않은 공사는?
① 케이블공사
② 방습형플렉시블공사
③ 합성 수지관공사
④ 금속관공사

풀이
위험물이 있는 곳의 공사
- 금속전선관공사(박강전선관)
- 합성수지관공사(두께 2[mm] 이상)
- 케이블공사   [답] ②

15 전기 배선의 그림 중 —··—··—··— 의 배선은 무슨 배선인가?
① 천장 은폐 배선
② 바닥면노출배선
③ 지중 매설선
④ 벽면 은폐 배선

풀이
- 천장은폐배선   ————————
- 바닥은폐배선   — — — — — —
- 노출배선   - - - - - - - - - -
- 바닥노출배선   ------------
- 지중매설배선   —··—··—··—   [답] ②

16 ———————— 심벌의 명칭은?
① 지중 매설배선   ② 바닥면 노출배선
③ 천장 은폐배선   ④ 노출배선
                                                [답] ③

17 석유류를 저장하는 장소에 시설해서는 안될 저압 옥내배선은?
① 애자사용공사   ② 케이블공사
③ 합성수지관공사 ④ 금속관공사

풀이
위험물이 있는 곳의 공사
- 금속전선관공사(박강전선관)
- 합성수지관공사(두께 2[mm] 이상)
- 케이블공사   [답] ①

18 교통 신호등의 제어 장치로부터 신호등까지의 전로는 몇 [V] 이하이어야 하는가?
① 150   ② 300
③ 400   ④ 600

풀이
교통 신호등의 시설
- 사용전압은 300[V]이하   [답] ②

19 분수 등 물속에 시설하는 조명등에 전기를 공급하기위한 절연변압기를 사용할 때 그 2차측전로에는 어떤 조치를 하여야 하는가?
① 접지공사를 한다.
② 계통접지공사를 한다.
③ 접지하지 않는다.
④ 30[mA] 이하의 누전차단기를 시설한다.

풀이
절연변압기의 2차 측 전로는 접지하지 말 것
절연변압기의 2차측 전로의 사용전압이 30[V]를 초과하는 경우에는 그 전로에 지락이 생겼을 때에 자동적으로 전로를 차단하는 정격감도전류 30[mA] 이하의 누전차단기를 시설   [답] ③

20 분수 등 물속에 시설하는 조명등에 전기를 공급하기 위한 이동전선의 굵기는 얼마이상의 케이블이어야 하는가?
① 0.75[mm^2]   ② 2.5[mm^2]
③ 1.5[mm^2]   ④ 4.0[mm^2]

풀이
접속점이 없는 단면적 2.5[mm^2] 이상의 0.6/1 kV EP 고무절연 클로프렌 캡타이어 케이블 일 것.   [답] ②

21 소세력회로이란 사용전압이 몇 [V] 이하인 전압을 말하는가?
① 40   ② 60
③ 80   ④ 100

풀이
전자 개폐기의 조작회로 또는 초인벨, 경보벨 등에 접속하는 전로로서 최대 사용전압이 60[V] 이하인 것   [답] ②

22 소세력회로에서 사용되는 전선은 아닌 것은?
① 1.5[mm^2] 단심 비닐절연전선
② 0.75[mm^2] 캡타이어 케이블
③ 2.5[mm^2] 비닐절연 케이블
④ 1.5[mm^2] 에틸렌아세테이트 고무절연전선

풀이
- 1차 대지 전압 300[V] 이하, 2차 대지 전압 60[V] 이하의 절연 변압기를 사용할 것

- 전선은 공칭단면적 1[mm²] 이상의 연동선 혹은 코드·캡타이어 케이블 또는 케이블일 것 [답] ②

23 폭연성 분진이 있는 곳의 금속관 공사이다. 박스 기타의 부속품 및 풀박스 등이 쉽게 마모, 부식, 기타 손상을 일으킬 우려가 없도록 하기 위해 쓰이는 재료는?
① 새들 ② 커플링
③ 노멀벤드 ④ 패킹
[답] ④

24 소맥분, 전분 기타 가연성의 분진이 존재하는 곳의 저압 옥내 배선공사 방법 중 적당하지 않은 것은?
① 애자사용공사 ② 합성수지관공사
③ 케이블공사 ④ 금속관공사
[답] ①

25 흥행장의 저압공사에서 잘못된 것은?
① 무대용의 콘센트 박스 플라이 덕트 및 보더 라이트의 금속제 외함에는 접지공사를 하여야 한다.
② 무대 마루 밑 오케스트라 박스 및 영사실의 전로에는 전용 개폐기 및 과전류 차단기를 시설할 필요가 없다.
③ 플라이덕트는 조영재 등에 견고하게 시설할 것
④ 플라이 덕트 내의 전선을 외부로 인출할 경우는 캡타이어 케이블을 사용한다.
풀이
무대 마루 밑 오케스트라 박스 및 영사실의 전로에는 전용 개폐기 및 과전류 차단기를 시설할 것 [답] ②

26 인화성 유기용제를 사용하는 도색 공장 내에 시설해서는 안되는 저압 옥내 배선공사 방법은 어느 것인가?
① 합성수지관공사
② 연피 케이블공사
③ 금속관공사
④ 캡타이어 케이블공사
[답] ②

27 가연성 가스가 존재하는 장소의 저압시설공사 방법으로 옳은 것은?
① 가요전선관공사 ② 합성수지관공사
③ 금속관공사 ④ 금속몰드공사
풀이
금속전선관공사, 케이블공사가 가능하다. [답] ③

28 화약고 등 위험장소의 배선공사에서 전로의 대지전압은 몇 [V] 이하로 하도록 되어있는가?
① 300 ② 400
③ 500 ④ 600
풀이
화약고 등의 위험장소에는 원칙적으로 전기설비를 시설해서는 안되지만 다음의 경우에 시설할 수 있다.
① 전로의 대지전압이 300[V] 이하로 전기기계기구(개폐기, 차단기 제외)는 전폐형으로 사용하여야 한다.
② 금속전선관 또는 케이블 공사에 의하여 시설한다.
[답] ①

29 소세력회로를 지중으로 매설하는 경우 매설깊이는 몇 [m]인가? (단, 중량물의 압력이 없는 경우)
① 0.3 ② 0.6
③ 1 ④ 1.2
풀이
매설깊이 : 0.3[m](차량 기타 중량물의 압력을 받을 우려가 있는 장소에 시설하는 경우는 1.2[m] 이상) [답] ①

30 농사용 저압 가공 전선로의 시설시 전선은 몇 [mm] 이상의 경동선 이어야 하는가?
① 2.0 ② 2.6
③ 3.2 ④ 4.0
풀이
• 사용전압은 저압일 것
• 저압 가공전선은 인장강도 1.38[kN] 이상의 것 또는 지

- 름 2[mm] 이상의 경동선일 것.
- 저압 가공전선의 지표상의 높이는 3.5[m] 이상일 것. 다만, 저압 가공전선을 사람이 쉽게 출입하지 아니하는 곳에 시설하는 경우에는 3[m]까지로 감할 수 있다.
- 목주의 굵기는 말구 지름이 9[cm] 이상일 것.
- 전선로의 경간은 30[m] 이하일 것.
- 다른 전선로에 접속하는 곳 가까이에 그 저압 가공전선로 전용의 개폐기 및 과전류 차단기를 각 극(과전류 차단기는 중성극을 제외한다)에 시설할 것. [답] ①

31 40W 형광등 기구와 가연성 재료와의 간격은 최소 몇 [m]를 두고 설치하여야 하는가?
① 0.5
② 0.8
③ 1.0
④ 1.2

풀이

가연성재료와 등기구간의 이격거리

구분	100W 이하	100W 초과 300W 이하	300W 초과 500W 이하	500W 초과
이격거리	0.5[m]	0.8[m]	1.0[m]	1.0[m] 초과

[답] ①

제 3 장
배선방식과 수변전 및 조명설비

3.1 전압

1. 전압의 종류

(1) 전압은 저압, 고압, 특고압으로 구분

	교 류	직 류
저 압	1[kV]이하	1.5[kV]이하
고 압	1[kV]초과 7[kV]이하	1.5[kV]초과 7[kV]이하
특고압	7[kV]초과	

(2) 전압을 표현하는 용어
① 공칭전압 : 전선로를 대표하는 선간 전압
② 정격전압 : 실제로 사용하는 전압 또는 전기기구 등에 사용되는 전압
③ 대지전압 : 측정점과 대지 사이의 전압

2. 옥내배선선로의 대지전압의 제한

(1) 주택의 옥내전로

옥내전로의 대지전압은 300[V] 이하로 하며, 다음 각 호의 의하여 시설하여야 한다. (단, 대지전압 150[V] 이하인 경우 제외)
① 사용전압은 400[V] 미만일 것
② 사람이 쉽게 접촉할 우려가 없도록 할 것
③ 주택의 전로 인입구에는 인체 보호용 누전 차단기를 시설할 것
④ 백열전등 및 형광등 안정기는 옥내배선과 직접 접속하여 시설할 것
⑤ 전구소켓은 키나 점멸기구가 없는 것일 것
⑥ 정격소비전력이 2[kW] 이상의 전기장치는 옥내배선과 직접 시설하고, 전용의 개폐기 및 과전류 차단기를 시설할 것
⑦ 주택 이외의 장소에서는 은폐된 장소에 합성수지 전선관, 금속전선관, 케이블 공사로 시설할 것

(2) 주택 이외의 옥내전로

옥내전로의 대지전압은 300[V] 이하로 하며,(단, 대지전압 150[V] 이하인 경우 제외) "주택의 옥내전로"항의 ①, ②,⑤, ⑥항에 따라 시설하거나, 취급자 이외의 사람이 쉽게 접촉할 우려가 없도록 시설할 것

3. 전기방식

전력을 적절하게 전송하기 위한 여러 가지 방식의 종류와 특징은 다음과 같다.

전기방식	결선도	장점 및 단점	부하전류계산식
단상 2선식		① 구성이 간단하다. ② 부하의 불평형이 없다. ③ 소요 동량이 크다. ④ 전력손실이 크다. ⑤ 대용량부하에 부적합하다. 주택 등 소규모 수용가에 적합하며, 220[V]를 사용한다.	유효전력 : $P = VI\cos\theta [W]$ 피상전력 : $P_a = \dfrac{P}{\cos\theta} [VA]$ 부하전류 : $I = \dfrac{P_a}{V} [A]$
단상 3선식		① 부하를 110/200[V] 동시 사용. ② 부하의 불평형이 있다. ③ 소요 동량이 2선식의 37.5[%]이다. ④ 중성선 단선 시 이상전압이 발생한다. 공장의 전등, 전열용으로 사용	유효전력 : $P = 2VI\cos\theta [W]$ 피상전력 : $P_a = \dfrac{P}{\cos\theta} [VA]$ 부하전류 : $I = \dfrac{P_a}{2V} [A]$
3상 3선식		① 2선식에 비해 동량이 적고, 전압강하 등이 개선된다. ② 동력부하에 적합하다. ③ 소요 동량이 2선식의 75[%]이다. 빌딩에서는 거의 사용되지 않고 있으며 주로 공장 동력용으로 사용된다.	유효전력 : $P = \sqrt{3} VI\cos\theta [W]$ 피상전력 : $P_a = \dfrac{P}{\cos\theta} [VA]$ 부하전류 : $I = \dfrac{P_a}{\sqrt{3} V} [A]$
3상 4선식		① 경제적인 방식이다. ② 중성선 단선 시 이상전압이 발생한다. ③ 단상과 3상 부하를 동시 사용할 수 있다. ④ 부하의 불평형이 발생한다. ⑤ 소요 동량이 2선식의 33.3[%] 이다. 대용량의 상가, 빌딩은 물론 공장 등에서 가장 많이 사용된다.	유효전력 : $P = \sqrt{3} VI\cos\theta [W]$ 피상전력 : $P_a = \dfrac{P}{\cos\theta} [VA]$ 부하전류 : $I = \dfrac{P_a}{\sqrt{3} V} [A]$

4. 불평형 부하의 제한

(1) 설비불평형률

중성선과 전압 측 전선 간에 부하설비 용량의 차이와 총 부하설비용량의 평균값의 비를 나타낸 것

구 분	설비불평형률
단상 3선식	$\dfrac{\text{중성선과 각 전압측 전선간에 접속되는 부하설비 용량의 차}}{\text{총 부하 설비용량의 1/2}}$
3상 3선식 또는 3상 4선식	$\dfrac{\text{각 전선간에 접속되는 단상부하 총 설비 용량의 최대와 최소의 차}}{\text{총 부하 설비용량의 1/3}}$

(2) 불평형 부하의 문제점

비율이 커지게 되면, 변압기의 온도상승과 절연물의 열화가 발생하고 전력손실이 증가하여 설비이용률이 저하하는 등 많은 문제 발생

(3) 불평형 부하의 제한
　① 단상 3선식 : 40[%] 이하
　② 3상 3선식 또는 3상 4선식 : 30[%] 이하

5. 수용가설비의 전압강하

(1) 수용가설비의 전압강하

설비의 유형	조명 (%)	기타 (%)
A - 저압으로 수전하는 경우	3	5
B - 고압 이상으로 수전하는 경우[a]	6	8

[a] 가능한 한 최종회로 내의 전압강하가 A 유형의 값을 넘지 않도록 하는 것이 바람직하다. 사용자의 배선설비가 100[m]를 넘는 부분의 전압강하는 미터 당 0.005[%] 증가할 수 있으나 이러한 증가분은 0.5[%]를 넘지 않아야 한다.
※ 예외적 허용(기동시간 중의 전동기, 돌입전류가 큰 기타 기기)

(2) 전압강하의 계산식

전기방식	전압강하	전선 단면적	비 고
단상 2선식 직류 2선식	$e = \dfrac{35.6LI}{1000A}$	$A = \dfrac{35.6LI}{1000e}$	단, e : 각 선식의 전압강하[V] e' : 외측선 또는 각상의 1선과 중성선 사이의 전압강하[V] L : 전선 1본의 길이[m] A : 전선의 단면적[mm^2] I : 전류
3상 3선식	$e = \dfrac{30.8LI}{1000A}$	$A = \dfrac{30.8LI}{1000e}$	
단상 3선식 직류 3선식 3상 4선식	$e' = \dfrac{17.8LI}{1000A}$	$A = \dfrac{17.8LI}{1000e'}$	

3 기출 & 예상문제
제3장 배선방식과 수변전 및 조명설비(1)

01 정격전압 13.2 [kV]의 전원 3개를 Y결선하여 3상 전원으로 할 때 이 전원의 정격 전압[kV]은?
① 22.9
② 13.2
③ 7.6
④ 30

풀이
3상 전원방식에서는 선간전압을 정격으로 표시하므로
$13.2[kV] \times \sqrt{3} = 22.9[kV]$ 이다. **[답]** ①

02 우리나라에서 저압은 교류일 경우 몇 [V]까지 인가?
① 330
② 600
③ 1,000
④ 1,500

풀이

	교류	직류
저압	1[kV] 이하	1.5[kV] 이하
고압	1[kV] 초과 7[kV] 이하	1.5[kV] 초과 7[kV] 이하
특고압	7[kV] 초과	

[답] ③

03 다음 중 3상3선식 방식에 대한 전압강하 식으로 바른 것은?
① $e = \dfrac{30.8LI}{1,000A}[V]$
② $e = \dfrac{35.6LI}{1,000A}[V]$
③ $e = \dfrac{17.8LI}{1,000A}[V]$
④ $e = \dfrac{23.4LI}{1,000A}[V]$

풀이

구 분	전압강하 계산식
단상 2선식	$e = \dfrac{35.6LI}{1,000A}[V]$
3상 3선식	$e = \dfrac{30.8LI}{1,000A}[V]$
3상 4선식 또는 단상 3선식	$e = \dfrac{17.8LI}{1,000A}[V]$

[답] ①

04 저압 단상 3선식 회로의 중성선에는?
① 다른 선의 퓨즈와 같은 용량의 퓨즈를 넣는다.
② 다른 선의 퓨즈의 2배 용량의 퓨즈를 넣는다.
③ 다른 선의 퓨즈의 1/2배 용량의 퓨즈를 넣는다.
④ 퓨즈를 넣지 않고 직결한다.

풀이
저압 단상 3선식 회로의 중성선에는 퓨즈를 사용하지 않는다. **[답]** ④

05 옥내전로의 대지전압의 제한에서 잘못된 설명은?
① 백열전등 또는 방전등 및 이에 부속하는 전선은 사람이 접촉할 우려가 없도록 한다.
② 백열전등 및 방전등용 안정기는 옥내 배선에 직접 접속하여 시설한다.
③ 백열전등의 전구 소켓은 키나 그 밖에 점멸기구 있는 것으로 한다.
④ 사용 전압은 400[V] 미만일 것

풀이
옥내전로의 대지전압은 300[V] 이하로 하며, 다음 각 호의 의하여 시설하여야 한다. (단, 대지전압 150[V] 이하인 경우 제외)
(1) 사용전압은 400[V] 미만일 것
(2) 사람이 쉽게 접촉할 우려가 없도록 할 것
(3) 주택의 전로 인입구에는 인체 보호용 누전 차단기를 시설할 것
(4) 백열전등 및 형광등 안정기는 옥내배선과 직접 접속하여 시설할 것
(5) 전구소켓은 키나 점멸기구가 없는 것일 것
(6) 정격소비전력이 2[kW] 이상의 전기장치는 옥내배선과 직접 시설하고, 전용의 개폐기 및 과전류 차단기를 시설할 것
(7) 주택 이외의 장소에서는 은폐된 장소에 합성수지 전선관, 금속전선관, 케이블 공사로 시설할 것 **[답]** ③

06 우리나라의 공칭전압에 해당되는 것은?
① 330　　② 6,900
③ 2,300　　④ 154,000

풀이
- 공칭전압 : 765[kV], 345[kV], 154[kV], 22.9[kV], 380[V], 220[V]　　[답] ④

07 저압, 고압 및 특별 고압수전의 3상 3선식 또는 3상 4선식에서 설비 불평형을 몇 [%] 이하로 하는 것을 원칙으로 하는가?
① 10　　② 20
③ 30　　④ 40

풀이
불평형 부하의 제한
① 단상 3선식 : 40[%] 이하
② 3상 3선식 또는 3상 4선식 : 30[%] 이하　　[답] ③

08 단상3선식 선로에 그림과 같이 부하가 접속되어 있을 경우 설비불평형률은 약 몇 [%]인가?

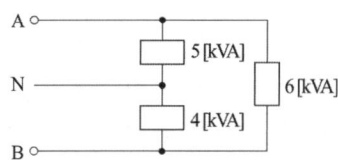

① 13.33　　② 14.33
③ 15.33　　④ 16.33

풀이

설비불평형률 = $\dfrac{\text{중성선과 각 전압측 전선간에 접속되는 부하설비 용량의 차}}{\text{총 부하설비 용량의 평균값}}$ 이므로

설비불평형률 = $\dfrac{5-4}{(5+4+6)/2} \times 100[\%] = 13.33[\%]$　　[답] ①

09 단상 3선식 선로에 그림과 같이 부하가 접속되어 있을 경우 설비불평형률은 약 몇 [%]인가?

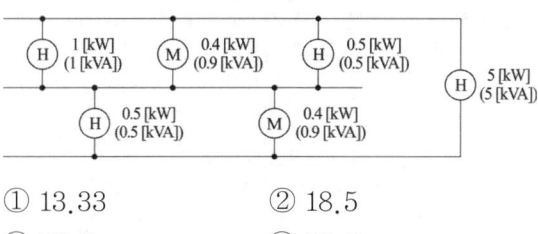

① 13.33　　② 18.5
③ 22.7　　④ 36.3

풀이

설비불평형률 = $\dfrac{\text{중성선과 각 전압측 전선간에 접속되는 부하설비 용량의 차}}{\text{총 부하설비 용량의 평균값}}$ 이므로

설비불평형률 = $\dfrac{2.4-1.4}{\dfrac{(1+0.9+0.5+0.5+0.9+5)}{2}} \times 100[\%]$

$= 22.7[\%]$　　[답] ③

10 3상3선식 선로에 그림과 같이 부하가 접속되어 있을 경우 설비불평형률은 약 몇 [%]인가?

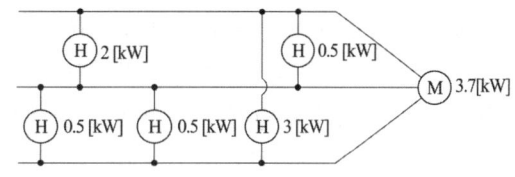

① 58.8　　② 34.33
③ 45.29　　④ 16.33

풀이

설비불평형률 = $\dfrac{\text{각 전선간에 접속하는 단상부하설비의 최대와 최소의 차}}{\text{총 부하설비 용량} \times 1/3}$ 이므로

설비불평형률 = $\dfrac{3-1}{\dfrac{(0.5\times 3+3+2+3.7)}{3}} \times 100[\%] = 58.8[\%]$

[답] ①

11 저압으로 수전하는 조명 설비의 경우 수용가 설비의 인입구로부터 기기까지의 전압강하 값은 몇[%] 이하이어야 하는가?
① 3　　② 5
③ 6　　④ 8

풀이

설비의 유형	조명(%)	기타(%)
저압으로 수전하는 경우	3	5
고압 이상으로 수전하는 경우	6	8

사용자의 배선설비가 100[m]를 넘는 부분의 전압강하는 미터당 0.005[%] 증가할 수 있으나 이러한 증가분은 0.5[%]를 넘지 않아야 한다.
예외적 허용(기동시간 중의 전동기, 돌입전류가 큰 기타 기기)

[답] ①

3.2 간선

1. 간선의 개요

전등, 콘센트, 전동기 등의 설비에 전기를 공급하기 위하여 일정한 구역으로 묶어 큰 용량의 배선으로 배전하고 이 큰 용량의 배전선을 간선(幹線 : Feeder)이라고 한다.

일반적으로 인입점, 수변전 설비 등의 전원측에서 전등분전반, 동력제어반까지의 전로를 간선이라고 부르며 간선설비로는 조명기구, 사무기기, 공기 조화기, 펌프 등의 부하에 전기를 공급하는 전력 간선과 통신·정보 등을 전송하는 통신간선이 있으며 보통 간선설비라 하는 경우는 전력 간선을 말한다.

전력공급 신뢰도의 면에서 간선은 전원설비 다음으로 중요한 위치를 차지하므로 간선을 결정할 때는 다음 사항을 고려하여야 한다.

① 전선의 허용전류
② 전선의 허용전압강하
③ 전선의 기계적 강도

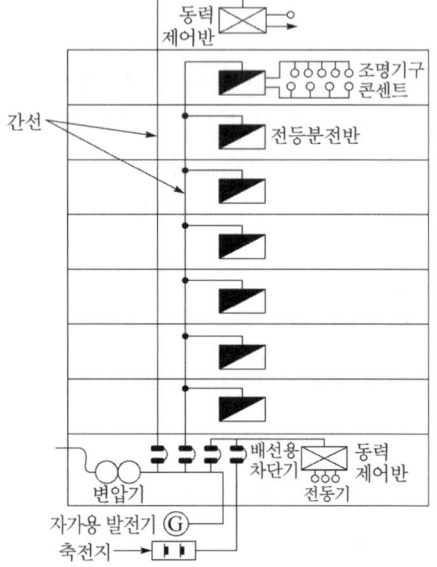

2. 간선의 종류

(1) 사용목적에 따른 분류

① 전등 간선 : 일반전등, 조명기구, 화재시, 정전시 점등되는 전등 등에 전력을 공급하는 간선
② 동력 간선 : 에어컨, 공기조화기, 급·배수 펌프, 엘리베이터 등의 동력설비에 전력을 공급하는 간선
③ 특수용 간선 : 중요도가 높은 특수기기 및 장비(전산기기)에 전력을 공급하는 간선

(2) 전기방식에 의한 분류

간선의 종류		적용 장소	사용 도체
저압 간선	단상 2선식(220[V]) 전등간선 단상 3선식(200[V]) 전등간선 3상 4선식(220/380[V]) 동력간선 3상 4선식(220/380[V]) 동력 및 전등간선	일반적인 건축물에 전등이나 동력용 간선	나전선 비닐 절연 전선 케이블 버스덕트
고압 간선	3상 3선식 (3,300, 6,600[V])	고압용 전동기 등을 사용하는 수용가 혹은 대용량 부하등이 광범위하게 분포되어있는 장소나 한 건물 내에 2개소이상 변전소를 시설하는 1차측 간선	케이블 버스덕트
특고압 간선	3상 4선식 (22.9[kV]) 다중접지	대용량 부하 등이 광범위하게 분포되어 있는 장소나 한 구간내에 2개소이상 변전소를 시설하는 1차측 간선	케이블 버스덕트

3. 간선의 시공
(1) 간선 계통 결정

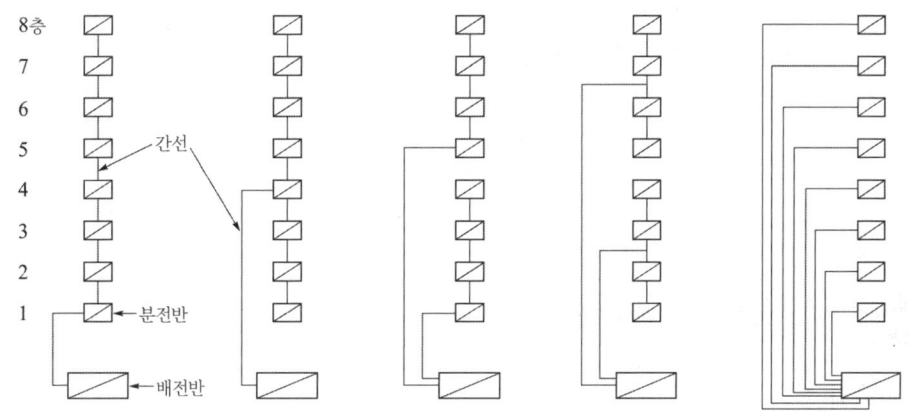

(a) 나무가지식   (b) 나뭇가지식   (c) 나뭇가지평행식   (d) 나뭇가지평행식   (e) 평행식

구 분	특 징
나뭇가지식 (분기형)	1개의 간선이 각각의 분전반을 거치며 부하가 감소됨에 따라서 간선의 굵기도 변경되므로 접속점에는 보안장치가 필요하고 각 분전반 사이의 단자 전압이 차이가 생기므로 규모가 작은 경우에 이용 된다.
평행식 (단독형)	큰용량의 부하 또는 분산되어 있는 부하에 대하여 단독회선으로 배선, 각 분전반마다 전용간선을 설치하므로 각 분전반마다 전압을 균일하게 할 수 있고 사고 시 영향을 적게 할 수 있는 이점과 비용이 많이 드는 단점도 있지만 가장 이상적인 방법이다.
병용식 (횡접속형)	위의 두 가지 방식의 중간 방식으로 일반적으로 많이 쓰이고 있고, 각 층마다 부하 규모가 비교적 적은 경우에 사용되며, 여러 층을 묶어 간선의 회선 수를 줄일 수 있는 점이 특징이다.

(2) 간선의 굵기 결정
전선의 굵기 선정은 허용전류, 전압강하, 기계적 강도를 고려하여야 한다.
1) 선정순서
① 간선의 분기회로별 최대전류를 산출

$$최대사용전류 = \frac{최대사용전력 \times 부하율}{전압 \times 역률}$$

② 간선의 분기회로별 전압강하 한도를 결정 → 설정[%] 이내
③ 전선의 굵기 계산 공식

배전 방식	전선 단면적		비 고
단상 2선식	$S = \dfrac{2IL}{Ke}$	$A = \dfrac{35.6IL}{1000e}$	K : 도전율 e : 전압강하 L : 전선길이 I : 전류 e' : 대지간 전압강하
3상 3선식	$S = \dfrac{\sqrt{3}IL}{Ke'}$	$A = \dfrac{30.8IL}{1000e'}$	
3상 4선식	$S = \dfrac{IL}{Ke}$	$A = \dfrac{17.8IL}{1000e}$	

④ 경제적 굵기를 고려

2) 전선의 최소 굵기
   ① 저압간선 : 2.5[mm²] 이상 연동선 사용
   ② 고압간선 : 38[mm²] 이상(6.6[kV]), 100[mm²] 이상(22.9[kV] 이상)
3) 전기사용 장치의 정격전류의 합계의 값에 수용률과 역률을 고려하여 수정된 부하 전류값 이상의 허용전류를 갖는 전선을 선정한다.

$$간선 허용전류 = \frac{정격전류}{역률 \times 수용율}$$

3.3 분기회로

1. 분기회로의 정의
(1) 간선으로부터 분기하여 과전류 차단기를 거쳐 각 부하에 전력을 공급하는 배선을 말한다. 즉 모든 부하는 분기회로에 의하여 전력을 공급받고 있는 것이다.
(2) 사용목적 : 고장발생 시 고장범위를 될 수 있는 한 줄여 신속한 복귀와 경제적 손실을 줄이기 위해 분기 회로를 시설한다.

2. 분기회로의 시설
(1) 분기 개폐기는 각 극에 시설할 것.
(2) 분기회로의 과전류 차단기에 플러그 퓨즈를 사용하는 등 절연저항의 측정 등을 할 때에 그 저압 전로를 개폐할 수 있도록 하는 경우에는 분기 개폐기의 시설을 하지 아니하여도 된다.
(3) 분기회로의 과전류 차단기는 각 극에 시설할 것.

3. 과부하 보호장치의 설치 위치
분기회로(S_2)의 과부하 보호장치(P_2)의 전원 측에 다른 분기회로 또는 콘센트의 접속이 없고, 분기회로에 대한 단락보호가 이루어지고 있는 경우, P_2는 분기회로의 분기점(O)으로부터 부하 측으로 거리에 구애 받지 않고 이동하여 설치

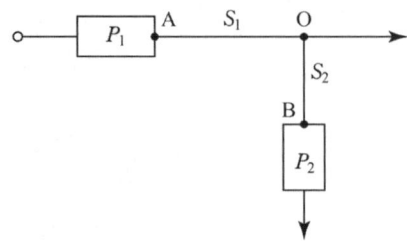

분기회로(S_2)의 분기점(O)에 설치되지 않은 분기회로 과부하보호장치(P_2)

분기회로 (S_2)의 보호장치 (P_2)는 (P_2)의 전원측에서 분기점(O) 사이에 다른 분기회로 또는 콘센트의 접속이 없고, 단락의 위험과 화재 및 인체에 대한 위험성이 최소화 되도록 시설된 경우, 분기

회로의 보호장치 (P_2)는 분기회로의 분기점(O)으로부터 3[m]까지 이동하여 설치

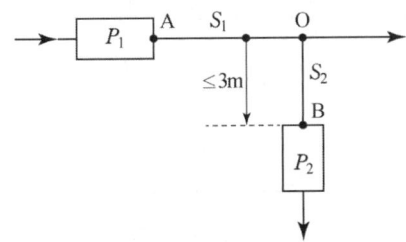

분기회로(S_2)의 분기점(O)에서 3[m] 이내에 설치된 과부하 보호장치(P_2)

4. 과부하전류에 대한 보호(도체와 과부하 보호장치 사이의 협조)

$$I_B \leq I_n \leq I_Z$$
$$I_2 \leq 1.45 \times I_Z$$

$\begin{cases} I_B : \text{회로의 설계전류} \\ I_n : \text{보호장치의 정격전류} \\ I_Z : \text{케이블의 허용전류} \\ I_2 : \text{보호장치가 규약시간 이내에 유효하게 동작하는 것을 보장하는 전류} \end{cases}$

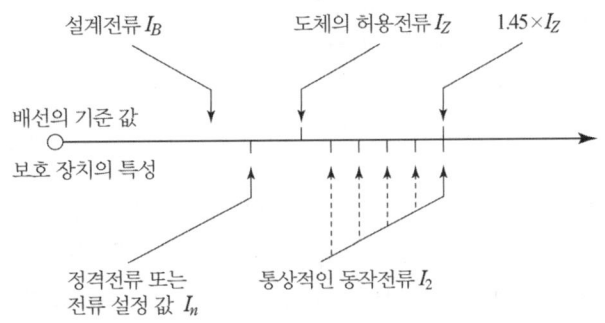

〈과부하 보호 설계 조건도〉

5. 부하의 상정

배선을 설계하기 위한 전등 및 소형 전기 기계기구의 부하용량 산정은 아래 표에 표시하는 건물의 종류 및 그 부분에 해당하는 표준부하에 바닥 면적을 곱한 값을 구하고 여기에 가산하여야 할 VA 수를 더한 값으로 계산한다.

$$\text{부하설비용량} = \{\text{표준부하밀도}\} \times \{\text{바닥면적}\}$$
$$+ \{\text{부분부하밀도}\} \times \{\text{바닥면적}\} + \{\text{가산부하}\}[VA]$$

표준 부하 [A]

건 물 종 류	부하 밀도
공장, 공회당, 사원, 교회, 극장, 영화관	10[VA/m^2]
기숙사, 여관, 호텔, 병원, 음식점, 다방	20[VA/m^2]
사무실, 은행, 백화점, 상점	30[VA/m^2]
주택, 아파트	40[VA/m^2]

부분 부하 [B]

건 물 부 분	부하 밀도
계단, 복도, 세면장, 창고, 다락	5[VA/m^2]
강당, 관람석	10[VA/m^2]

가산 부하 [C]

건 물 부 분	가산 부하
주택, 아파트	세대 당 500~1000[VA]
상점 진열장	길이 1[m]마다 300[VA]
옥외 광고등, 전광사인, 무대 조명, 특수전등 등	실(VA)수

수구종류에 의한 예상부하

수구의 종류	예상부하 [VA/개]	비 고
소형전등 수구, 콘센트	150	소형 : 공칭지름 26[mm]의 베이스
대형 전등수구	300	대형 : 공칭지름 39[mm]의 베이스

6. 분기회로수의 결정

분기회로수는 부하상정에 따라 상정한 부하설비용량을 사용전압 110[V]인 경우에는 1,650[VA], 사용전압이 220[V]인 경우에는 3,300[VA]로 나눈 값을 원칙으로 한다.
(1회로당 16[A] 기준이나 주어진 정격으로 계산. 예, 15[A] 혹은 15[A]의 80% 등을 적용)

※ 분기 회로수 계산 방법

$$\text{분기 회로수}[N] = \frac{\text{부하상정 용량}[VA]}{\text{전압}[V] \times \text{분기회로전류}[A]}$$

3 기출 & 예상문제
제 3 장 배선방식과 수변전 및 조명설비(2)

01 간선에서 분기하여 분기 과전류 차단기를 거쳐서 부하에 이르는 사이의 배선을 무엇이라 하는가?
① 간선 ② 인입선
③ 중성선 ④ 분기회로

풀이
급전선 → 간선 → 분기회로 → 부하 [답] ④

02 배전방식에서 간선계통의 종류가 아닌 것은?
① 단독형 간선
② 분기형 간선
③ 방사형 간선
④ 횡접속형 간선

풀이
간선계통의 종류
- 나뭇가지식(분기형)
- 평행식(단독형)
- 병용식(횡접속형) [답] ③

03 전동기의 정격전류가 10[A]이다. 이때 전선의 굵기를 결정시 전동기의 기동전류를 결정하여야 한다. 직입기동일 경우 기동전류는 정격전류의 몇 배정도로 계산 되어지는가?
① 1 ② 3
③ 5~6 ④ 8~10

풀이
전동기의 전전압기동시 정격전류의 5~8배정도의 기동전류가 발생한다. [답] ③

04 220[V] 저압옥내전로의 인입구 가까운 곳에 반드시 시설하여야 하는 인입구 장치는 어느 것인가?
① 계량기 및 배선용 차단기
② 계량기 및 누전 차단기
③ 분전반 및 배선용 차단기
④ 개폐기 및 과전류 차단기

풀이
옥내간선과의 분기점에서 전선의 길이가 3[m] 이하의 장소에 개폐기 및 과전류 차단기를 시설하는 것이 원칙이다. [답] ④

05 전원 측 전로에 시설한 배선용 차단기의 정격전류가 몇 [A] 이하의 것이면 이 선로에 접속하는 단상 전동기에는 과부하 보호장치를 생략할 수 있는가?
① 15 ② 20
③ 30 ④ 50

풀이
옥내에 시설하는 전동기에는 과전류 경보장치나 차단기를 설치하여야 한다. 다만, 다음 경우에는 예외로 한다.
① 전동기를 운전 중 상시 취급자가 감시할 수 있는 위치에 시설하는 경우
② 전동기의 구조나 부하의 성질로 보아 전동기가 소손할 수 있는 과전류가 생길 우려가 없는 경우
③ 단상 전동기로서 전원 측 전로에 시설하는 과전류 차단기의 정격전류가 15[A](배선용 차단기는 20[A]) 이하인 경우 [답] ②

06 인체 보호용 누전차단기의 정격감도전류 및 동작 시간은 각각 어떻게 되는가?
① 10[mA] 이하, 0.3초 이내
② 30[mA] 이하, 0.3초 이내
③ 10[mA] 이하, 0.03초 이내
④ 30[mA] 이하, 0.03초 이내

풀이
누전차단기의 시설
전로에 누설전류가 흐르는 경우 화재 및 인체의 감전사고

를 유발할 수 있으므로 정격감도전류 30[mA] 이하, 동작시간 0.03초 이하에서 동작할 수 있는 전류동작형 누전차단기를 설치하여야 한다. 만약 욕실 등 인체가 물에 젖어 있는 상태에서 물을 사용하는 장소에서 전기기구를 사용하는 경우에는 정격감도전류 15[mA] 이하, 동작시간 0.03초 이하에서 동작할 수 있는 전류동작형 누전차단기를 설치하여야 한다. [답] ④

07 누전경보기는 전압 몇 [V] 이하의 전로의 누전을 검출하는 것인가?
① 100 ② 200
③ 600 ④ 7,000

풀이
누전경보기는 600[V] 이하인 경계전로의 누설전류를 검출하여 당해 소방대상물의 관계자에게 통보하는 설비이다. [답] ③

08 저압옥내 전로에서 분기회로의 종류가 아닌 것은?
① 10[A] 분기회로
② 15[A] 분기회로
③ 20[A] 분기회로
④ 50[A] 분기회로
[답] ①

09 옥내저압 배전선의 전선 굵기를 결정하는 3대 요소가 아닌 것은?
① 허용전류 ② 절연종류
③ 기계적 강도 ④ 전압강하

풀이
전선의 굵기는 허용전류, 전압강하 및 기계적 강도 [답] ②

10 분기회로시설 중 다른 분기회로 또는 콘센트의 접속이 없고 단락, 화재 및 인체에 대한 위험이 최소화될 경우 저압 옥내간선과의 분기점에서 전선의 길이가 몇 [m] 이하인 곳에 개폐기 및 과전류 차단기를 시설하여야 하는가?
① 3 ② 4
③ 5 ④ 6

풀이
옥내간선과의 분기점에서 전선의 길이가 3[m] 이하의 장소에 개폐기 및 과전류 차단기를 시설하는 것이 원칙
[답] ①

11 분기회로시설 중 도체의 단면적이 줄어들거나 다른 변경이 이루어진 분기회로의 시작점(O)과 이 분기회로의 단락보호장치(P_2) 사이에 있는 도체가 전원측에 설치되는 보호장치(P_1)에 의해 단락보호가 되는 경우 저압 옥내간선과의 분기점에서 전선의 길이가 몇 [m] 이하인 곳에 개폐기 및 과전류 차단기를 시설하여야 하는가?
① 3 ② 5
③ 8 ④ 거리제한 없다.

풀이

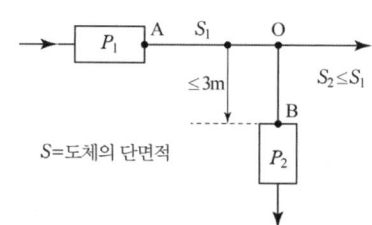

〈분기회로 단락보호장치(P_2)의 제한된 위치 변경〉

분기회로의 단락보호장치 설치점(B)과 분기점(O) 사이에 다른 분기회로 또는 콘센트의 접속이 없고 단락, 화재 및 인체에 대한 위험이 최소화될 경우, 분기회로의 단락보호장치 P_2는 분기점(O)으로 부터 3[m]까지 이동하여 설치할 수 있다.

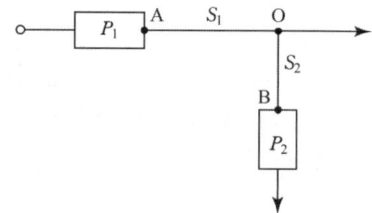

〈분기회로 단락보호장치(P_2)의 설치 위치〉

도체의 단면적이 줄어들거나 다른 변경이 이루어진 분기회로의 시작점(O)과 이 분기회로의 단락보호장치(P_2) 사이에 있는 도체가 전원측에 설치되는 보호장치(P_1)에 의해 단락보호가 되는 경우에, P_2의 설치위치는 분기점(O)로부터 거리제한이 없이 설치할 수 있다. [답] ④

12 관등회로에 대한 설명으로 옳은 것은?
① 방전등용 안정기로부터 방전관까지의 선로
② 전선 지지점의 거리가 2[m] 이하인 전로
③ 전선 상호 간의 간격이 0.8[m] 이상인 전로
④ 금속관 공사로서 콘크리트에 매설하는 깊이가 0.2[m] 이상인 전로

[답] ①

13 건물의 종류에 따른 표준 부하에서 창고, 복도, 계단 등의 부하 [VA/m²] 값은?
① 5   ② 10
③ 30   ④ 40

[풀이]

건물 종류	부하 밀도
공장, 공회장, 사원, 교회, 극장, 영화관	10[VA/m²]
기숙사, 여관, 호텔, 병원, 음식점, 다방	20[VA/m²]
사무실, 은행, 백화점, 상점	30[VA/m²]
주택, 아파트	40[VA/m²]

[답] ①

14 사무실, 은행, 상점, 미용원 등의 건축물 종류에서 표준부하[VA/m²] 값은 얼마로 규정하고 있는가?
① 5   ② 10
③ 20   ④ 30

[풀이]

건물 종류	부하 밀도
공장, 공회장, 사원, 교회, 극장, 영화관	10[VA/m²]
기숙사, 여관, 호텔, 병원, 음식점, 다방	20[VA/m²]
사무실, 은행, 백화점, 상점	30[VA/m²]
주택, 아파트	40[VA/m²]

[답] ④

15 전등 및 소형 전기기계 기구의 부하 선정에 있어 배선 도면에 대형 전등 수구만 표시되고, 부하의 종류, 용량 등의 표시가 없을 경우 이 수구의 예상부하[VA]는?
① 150   ② 300
③ 500   ④ 600

[풀이]
수구종류에 의한 예상부하

수구의 종류	예상부하 [VA/개]	비고
소형전등 수구, 콘센트	150	공칭지름 26[mm] 베이스
대형전등 수구	300	공칭지름 39[mm] 베이스

[답] ②

16 그림과 같은 건물을 표준부하를 적용하여 분기회로수를 구하고자 한다. 회로수는?(단, 전원전압은 100[V]로 하고, 분기회로는 16A, 분기회로로 80[%]의 정격이 되도록 하며, 주거부분에 가산부하는 1,000[VA]로 한다.)

건물평면도

사무실 66[m²]	주거 80[m²]
창고, 복도, 계단 화장실 26[m²]	

표준부하

건물의 종류	표준부하[VA/m²]
주택, 아파트	40
사무실, 은행, 백화점, 상점	30
창고, 복도, 계단, 화장실	5

① 1   ② 2
③ 4   ④ 5

[풀이]
부하설비용량 =(표준부하밀도)×(바닥면적)+(부분부하밀도)×(바닥면적)+(가산부하)[VA]
이므로
$$= 30 \times 66 + 40 \times 80 + 5 \times 26 + 1,000$$
$$= 6,310[VA]$$
간선전류$= \frac{6,310}{100} = 63.1[A]$

분기회로수$= \frac{63.1}{16 \times 0.8} = 4.93$(분기회로 80[%] 정격 고려)

∴ 소수점 절상하여 5분기 회로가 된다. [답] ④

17 주택, 아파트 등의 옥내배선 설계에서 표준부하밀도를 표준부하는 몇 [VA/m²]으로 산정하는가?

① 10 ② 20
③ 30 ④ 40

풀이

부하구분	건물종류 및 부분	표준부하밀도 [VA/m²]
표준부하	공장, 공회장, 사원 교회, 극장, 영화관	10
	기숙사, 여관, 호텔, 병원, 음식점, 다방	20
	사무실, 은행, 백화점, 상점	30
	주택, 아파트	40

[답] ④

18 전기설비의 절연 열화 정도를 판정하는 측정방법이 아닌 것은?

① Corona 진동법
② Megger법
③ tan δ 법
④ 보이스 Camera

풀이

절연열화 진단기술
① 직류고압법 : 직류고전압을 인가하여 흡수전류를 측정하여 진단
② 부분방전 측정법 : 고전압을 인가하면 부분방전이 발생하기 시작하는 인가전압으로 진단
③ 유전정접(tanδ) 측정법 : 상용주파교류전압을 인가하여 온도특성, 전압특성을 측정하여 절연상태를 판정하는 방법
④ 절연저항계법 : 직류전압을 인가하여 이때의 누설전류로부터 절연저항을 측정

[답] ④

3.4 조명의 개요

1. 조명의 목적
모든 건축물에 필요한 전등설비는 명시조건을 만족하여야 함은 물론 건물내 각 작업장의 환경과 조화를 이루고 사용하기 쉽고 안전하며 경제적이어야 한다. 전등설비에 콘센트 설비까지 합친 것을 보통 조명설비라고 한다.
(1) 물체를 보기 쉬운 밝은 상태(명시)를 중요시하는 것
(2) 안락한 분위기를 이루게 하는 것

2. 조명의 용어 및 공식

용어	기호[단위]	정 의
광속	F [lm] 루멘	• 광원으로 나오는 복사속을 눈으로 보아 빛으로 느끼는 크기를 나타낸 것
광도	I [cd] 칸델라	• 광원이 가지고 있는 빛의 세기
조도	E [lx] 럭스	• 어떤 물체에 광속이 입사하여 그 면은 밝게 빛나는 정도 • 조명조건에서 중요한 요소로 조도는 밝음을 의미함
휘도	B [sb] 스틸브	• 광원이 빛나는 정도
광속 발산도	R [rlx] 래드럭스	• 물체의 어느 면에서 반사되어 발산하는 광속
광색	켈빈 [K]	• 점등 중에 있는 램프의 겉보기 색상을 말하며 그 정도를 색온도로 표시 • 색온도가 높으면 빛은 청색을 띠고 낮을수록 적색을 띤 빛으로 나타낸다.
연색성		• 조명된 피사체의 색 재현 충실도를 나타내는 광원의 성질 　(빛이 색에 미치는 효과)

• **삼파장 형광램프** : 파장폭이 좁은 청색, 녹색, 적색의 3가지 색의 빛을 조합하여 높은 백색 빛을 얻는 램프. 최근 백화점이나 고급 의상실 등에서 많이 사용하고 있다.
• **조명의 4대 요소** : 물체의 보임에 큰 영향을 미치는 요소로서
　① 밝기 : 보이기 위한 최소한의 조도
　② 크기 : 물체의 크기
　③ 속도 : 물체가 움직이는 속도[m/sec]
　④ 대비 : 주변과의 색깔 대비

3. 광원의 종류와 용도

종류		크기[W]	구조	특징	적합장소
전구	일반 백열전구	10~200	온도복사의 발광원리를 이용한 것	가격이 싸고, 취급이 간단	국부조명, 보안용
	반사용 전구	40~500		취급이 간단하고 고광도	국부조명, 먼지 많은 곳
	할로겐 전구	100~150		소형, 고효율	전반, 국부조명

종류		크기[W]	구조	특징	적합장소
형광등	형광등	4~40	방전에 의하여생긴 자외선이 형광 방전관 내벽에 칠한 형광물질을 자극해서 빛을 발생시키는 것	고효율, 저휘도, 긴수명	낮은 천장 전반조명, 국부조명
	고연색 형광등	20~40		연색성 좋고, 고효율	연색성이 중시되는 장소
고압 수은등		40~2,000	유리구 내에 들어있는 수증기의 방전현상을 이용한 것	고효율, 광속이 크고, 수명이 길다	높은 천장의 전반 조명용
메탈 할라이드등		250~2,000	고압 수은등의 발광관 내에 할로겐 화합물을 넣은 것	고효율, 광속이 크다	연색성이 중요한 장소 전반조명 (높은 천장)
고압 나트륨등		70~1,000	발광관 내에 금속나트륨 증기가 봉인된것	고효율, 광속이 크다	연색성이 필요치 않는 장소, 투시성이 우수하여 도로, 터널, 안개지역

4. 조명방식

(1) 기구의 배치에 의한 분류

조명방식	특징
전반조명	작업 면 전반에 균등한 조도를 가지게 하는 방식, 광원을 일정한 높이와 간격으로 배치하며, 일반적으로 사무실, 학교, 공장 등에 채용된다. 이 방식은 설치가 쉽고, 작업대의 위치가 변해도 균등한 조도를 얻을 수 있다.
국부조명	작업 면이 필요한 장소만 고조도로 하기 위한 방식으로 그 장소에 조명기구를 밀집하여 설치하든가 또는 스탠드 등을 사용한다. 이 방식은 국부만을 조명하기 때문에 밝고 어둠의 차이가 커서 눈부심을 일으키고 눈이 피로하기 쉬운 결점이 있다.
전반 국부 병용 조명	전반조명에 의하여 시각 환경을 좋게 하고, 국부조명을 병용해서 필요한 장소에 고조도를 경제적으로 얻는 방식으로 병원 수술실, 공부방, 기계공작실 등에 채용된다.

(2) 조명기구의 배광에 의한 분류

조명방식	조명기구	상향광속	하향광속	특징
직접 조명		10[%] 정도	90~100[%]	빛의 손실이 적고, 효율은 높지만, 천장이 어두워지고 강한 그늘이 생기며 눈부심이 생기기 쉽다.
반직접 조명		10~40[%]	90~60[%]	밝음의 분포가 크게 개선된 방식으로 일반사무실, 학교, 상점 등에 적용된다.
전반확산 조명		40~60[%]	40~60[%]	고급사무실, 상점, 주택, 공장 등에 적용한다.
반간접 조명		60~90[%]	10~40[%]	부드러운 빛을 얻을 수 있으나 효율은 나빠진다. 세밀한 작업을 오랫동안 하는 장소, 분위기 조명 등에 적용된다.
간접 조명		90~100[%]	10[%] 정도	전체적으로 부드러우며, 눈부심과 그늘이 적은 조명을 얻을 수 있다. 그러나 효율이 매우 나쁘고, 설비비가 많이 든다. 대합실, 회의실, 입원실 등에 적용한다.

(3) 건축화 조명

건축구조나 표면마감이 조명기구의 일부가 되는 것으로 건축디자인과 조명과의 조화를 도모하는 조명방식을 말하며, 다음과 같은 방식이 있다.

조명방식	특 징
광 량 조 명	연속열 등기구를 천장에 반 매입하는 방식으로 일반화된 방식
광 천 장 조 명	천장 내부에 광원을 배치하는 방식으로 고조도가 필요한 장소에 적용
코 니 스 조 명	천장과 벽면의 경계구역에 건축적으로 턱을 만들어 그 내부에 조명기구를 설치하는 방식
코 퍼 조 명	천장 면에 환형, 사각형 등의 형상으로 기구를 취부한 방식
루 버 조 명	천장 면에 루버 판을, 천장 내부에 광원을 배치한 방식으로 높은 조도로 인하여 낮과 같은 조명환경을 얻을 수 있다.
밸 런 스 조 명	벽면조명으로 벽면에 나누어 금속판을 시설하여 그 내부에 램프를 설치하는 방식
다운라이트조명	천장에 작은 구멍을 뚫어 그 속에 등기구를 매입시키는 방식
코 브 조 명	벽이나 천장면에 플라스틱, 목재 등을 이용하여 광원을 감추는 방식

천정 매입	천정면을 광원으로 사용	벽면을 광원으로 사용
광량 조명(반매입 라인라이트)	광천장 조명	코니스 조명(벽면 조명)
코퍼(Coffer) 조명(천정매입)	루버(Louver) 조명	밸런스(Balance) 조명
다운라이트(Down-Light) 조명	코브(Cove) 조명	광벽 조명

3.5 조명설계

1. 우수한 조명의 조건
(1) 조도가 적당할 것 : 장소마다 필요한 만큼의 밝음의 정도
(2) 시야 내의 조도차가 없을 것 : 잘 보이지 않을 뿐만 아니라 눈이 피로를 초래
(3) 눈부심이 일어나지 않도록 할 것 : 불쾌하거나 대상이 보기 힘들어짐
(4) 적당한 그림자가 있을 것 : 인공조명을 자연광에 가까운 광색으로 선정하는 것

2. 옥내 조명설계
(1) 조명기구의 배치 결정(위치설계)
    1) 광원의 높이 : 광원의 높이가 너무 높으면 조명률이 나빠지고, 너무 낮으면 조도의 분포가 불균일하게 됨
      ① 직접 조명일 때 : $H = \dfrac{2}{3}H_0$ (천장과 조명 사이의 거리는 $\dfrac{H_0}{3}$)
      ② 간접 조명일 때 : $H = H_0$ (천장과 조명 사이의 거리는 $\dfrac{H_0}{5}$)
    2) 광원의 간격 : 실내 전체의 명도차가 없는 조명이 되도록 기구 배치한다.
      ① 광원 상호 간 간격 : $S \leq 1.5H$
      ② 벽과 광원 사이의 간격 : $S_0 \leq \dfrac{H}{2}$ (벽측 사용안 할 때)
      ③ 벽과 광원 사이의 간격 : $S_0 \leq \dfrac{H}{3}$ (벽측 사용할 때)

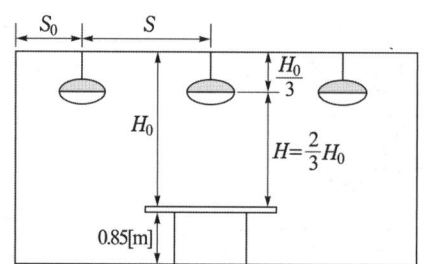 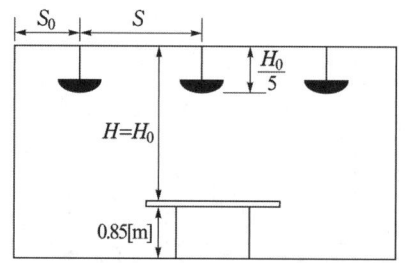

[직접 조명방식에서 전등의 높이와 간격]   [간접 조명방식에서 전등의 높이와 간격]

(2) 조명의 계산
    1) 광속의 결정
$$FUN = EAD$$
여기서, F : 광속[lm], U : 조명률, N : 전등수[개]
           E : 조도[lx], A : 바닥면적[m²]
           D : 감광보상률 $= \dfrac{1}{M}$ M : 보수율

    2) 조명률 결정(U) : 광원에서 방사된 총 광속 중 작업 면에 도달하는 광속의 비율을 말하며, 실지수, 조명기구의 종류, 실내면의 반사율, 감광보상률에 따라 결정된다.

3) 실지수의 결정

① 조명률을 구하기 위해서는 어떤 특성을 가진 방인가를 나타내는 실지수를 알아야 하는데, 실지수는 실의 크기 및 형태를 나타내는 척도로서 실의 폭, 길이, 작업면 위의 광원의 높이 등의 형태를 나타내는 수치로 다음 식으로 나타낸다.

$$실지수 = \frac{XY}{H(X+Y)}$$

여기서, X : 방의 가로 길이, Y : 방의 세로 길이
H : 작업면으로부터 광원의 높이

② 위의 식에서 구한 실지수는 아래 표에 적용하여 실지수의 기호를 결정한다.

기호	A	B	C	D	E	F	G	H	I	J
실지수	5.0	4.0	3.0	2.5	2.0	1.5	1.25	1.0	0.8	0.6

4) 반사율
조명률에 대하여 천장, 벽, 바닥의 반사율이 각각 영향을 주지만 이들 중 천장의 영향이 가장 크고, 벽면, 바닥 순서이다.

재료	반사율	재료	반사율
흰 벽	0.6~0.8	목재(노란 리스칠)	0.3~0.5
흰 진회벽	0.6	창호지	0.4~0.5
엷은색 크림벽	0.5~0.6	신문지	0.1~0.2
진한색의 벽	0.1~0.3	밝은 벽돌	0.15
목재(백목)	0.4~0.6	회색 텍스	0.40
흰 타일	0.6	콘크리트	0.25
리놀륨	0.15	엷은색 페인트	0.35~0.55
흰 페인트	0.6~0.8	진한색 페인트	0.1~0.3
투명 아크릴	0.7~0.9	검은색 페인트	0.05
반투명 아크릴	0.3~0.5		

5) 감광보상률(D)-소요 전광속의 여유
조명은 사용함에 따라 조도가 점차로 감소하여 평균 조도를 유지하지 못하게 되는데 그 이유는 광원의 조도의 저하와 주위환경의 변화(전구의 필라멘트 증발에 따르는 발산광속의 감소, 유리구 내면에서의 흑화, 조명기구 및 실내 반사면의 먼지 축척으로 인하여 반사율의 감소 등)에 기인 한 것이다.

- 직접조명(보통 장소) : $D = 1.3$
- 직접조명(먼지, 오물 많은 장소) : $D = 1.5 \sim 2.0$
- 간접조명 : $D = 1.5 \sim 2.0$

6) 보수율(M)
감광보상률의 역수로 소요되는 평균조도를 유지하기 위한 조도저하에 대한 보상계수라고 볼 수 있다.

3 기출 & 예상문제
제3장 배선방식과 수변전 및 조명설비(3)

01 직접 조명의 장점이 아닌 것은?
① 조명률이 크므로 소비전력은 간접조명의 1/2 ~ 1/3 이다.
② 설비비가 저렴하며 설계가 단순하다.
③ 그늘이 생기므로 물체의 식별이 입체적이다.
④ 등기구의 사용을 최소화하여 조명효과를 얻을 수 있다.
[답] ③

02 조명기구의 배광에 의한 분류 중 40~60[%] 정도의 빛이 위쪽과 아래쪽으로 고루 향하고 가장 일반적인 용도를 가지고 있으며 상·하 좌우로 빛이 모두 나오므로 부드러운 조명이 되는 방식은?
① 직접 조명 방식
② 반직접 조명방식
③ 전반확산 조명방식
④ 반간접 조명방식
[답] ③

03 우수한 조명의 조건이 되지 못하는 것은?
① 조도가 적당할 것
② 균등한 광속발산도 분포일 것
③ 그림자가 없을 것
④ 광색이 적당할 것
풀이
우수한 조명의 조건
① 조도가 적당할 것
② 그림자가 적당할 것(요철부 같은 곳을 명확하게 할 필요성)
③ 균등한 광속발산도 분포(얼룩이 없는 조명)일 것
④ 휘도의 대비가 적당할 것
⑤ 광색이 적당할 것
[답] ③

04 조명에서 사용되는 칸델라[cd]의 단위는?
① 광속
② 광도
③ 휘도
④ 조도
풀이
광도(I)[cd] : 광원이 가지고 있는 빛의 세기
[답] ②

05 물체의 보임에 큰 영향을 미치는 네 가지 조건을 조명의 4대 요소라 한다. 해당하지 않는 것은?
① 밝음
② 물체의 크기
③ 색온도
④ 시간
풀이
물체의 보임의 조건
① 밝기 : 보이기 위한 최소한의 조도
② 크기 : 물체의 크기
③ 속도 : 물체가 움직이는 속도
④ 대비 : 주변과의 색깔 대비
[답] ③

06 반간접조명의 설계에서 등의 높이란?
① 바닥에서 천정
② 피조면에서 천정
③ 피조면에서 등기구
④ 방바닥에서 등기구
풀이
• 직접조명 : 등~피조면
• 간접조명 : 천정~피조면
[답] ②

07 정밀작업의 공장에 적당한 조명방식은?
① 전반 조명
② 국부 조명
③ 전반 국부병용 조명
④ 코브 조명

[풀이]

조명방식	특징
국부조명	작업 면이 필요한 장소만 고조도로 하기 위한 방식으로 그 장소에 조명기구를 밀집하여 설치하든가 또는 스탠드 등을 사용한다. 이 방식은 국부만을 조명하기 때문에 밝고 어둠의 차이가 커서 눈부심을 일으키고 눈이 피로하기 쉬운 결점이 있다.
전반 국부 병용 조명	전반조명에 의하여 시각 환경을 좋게 하고, 국부조명을 병용해서 필요한 장소에 고조도를 경제적으로 얻는 방식으로 병원 수술실, 공부방, 기계공작실 등에 채용된다.
전반조명	작업 면 전반에 균등한 조도를 가지게 하는 방식, 광원을 일정한 높이와 간격으로 배치하며, 일반적으로 사무실, 학교, 공장 등에 채용된다. 이 방식은 설치가 쉽고, 작업대의 위치가 변해도 균등한 조도를 얻을 수 있다.
코니스 조명	천장과 벽면의 경계구역에 건축적으로 턱을 만들어 그 내부에 조명기구를 설치하는 방식
코퍼조명	천장 면에 환형, 사각형 등의 형상으로 기구를 취부한 방식
루버조명	천장 면에 루버 판을, 천장 내부에 광원을 배치한 방식으로 높은 조도로 인하여 낮과 같은 조명환경을 얻을 수 있다.
밸런스조명	벽면조명으로 벽면에 나누마 금속판을 시설하여 그 내부에 램프를 설치하는 방식
다운라이트 조명	천장에 작은 구멍을 뚫어 그 속에 등기구를 매입시키는 방식
코브 조명	벽이나 천장면에 플라스틱, 목재 등을 이용하여 광원을 감추는 방식

[답] ③

08 옥내배선용 심볼 ○는 무엇을 나타내는 것인가?
① 조광기 ② 형광등
③ 백열등 ④ 비상콘센트

[풀이]
⎯◯⎯ (형광등)   [답] ③

09 다음 중 가장 많은 조도가 필요한 장소는?
① 곡선도로 ② 교차로
③ 직선도로 ④ 경사도로

[답] ①

10 건축화 조명이란?
① 물체의 보임, 작업에 필요한 조명
② 건물에 필요한 조명기구의 종류
③ 상업조명과 같이 매상의 증가와 비교하여 조명비를 고려한 조명
④ 조명기구를 건축내장재의 마무리 일부로서 건축의 장과 조명기구를 일체화한 조명

[풀이]
건축구조나 표면마감이 조명기구의 일부가 되는 것으로 건축디자인과 조명과의 조화를 도모하는 조명방식
[답] ④

11 작업면에서 천장까지의 높이가 3[m]일 때 직접 조명일 경우의 광원 높이는 몇 [m]인가?
① 1 ② 2
③ 3 ④ 4

[풀이]
직접조명일 때 $H = \dfrac{2}{3} H_0$ 이므로

$\therefore H = \dfrac{2}{3} \times 3 = 2[\text{m}]$ [답] ②

12 완전 확산면에서는 어느 방향에서도?
① 광도가 같다.
② 조도가 같다.
③ 휘도가 같다.
④ 광속이 같다.

[답] ③

13 바닥면적 12[m²]인 방에 40[W] 형광등 2등(1등당의 전광속은 3,000[lm])을 점등하였을 때 바닥면에서의 광속의 이용도(조명률)를 60[%]라 하면 바닥면의 평균조도[lx]는? (단, 감광보상률은 1로 계산한다.)
① 200 ② 300
③ 400 ④ 500

[풀이]
$FUN = EAD$ 에서

$E = \dfrac{FUN}{AD} = \dfrac{3000 \times 0.6 \times 2}{12 \times 1} = 300$ [답] ②

14 바닥 면적 200[m²]의 교실에 전 광속 2500[lm]의 40[W] 형광등을 시설하여 평균조도를 150[lx]로 하자면 전등수는 얼마인가? (단, 조명률 50[%], 감광 보상률 1.25로 한다.)
① 30등　　② 26등
③ 20등　　④ 18등

풀이
$N = \dfrac{EAD}{FU} = \dfrac{150 \times 200 \times 1.25}{2500 \times 0.5} = 30$　　[답] ①

15 방의 가로가 10[m], 세로가 20[m]일 때 조명률은 0.5라 한다. 방의 평균수평면 조도를 200[lx]로 하기 위해서는 형광등(2등용 40[W])을 몇 등 사용하여야 하는가? (단, 40[W] 형광등 한 등당 전광속은 3000[lm], 감광 보상률은 1.8로 한다.)
① 18　　② 24
③ 36　　④ 50

풀이
$N = \dfrac{EAD}{FU} = \dfrac{200 \times 10 \times 20 \times 1.8}{3000 \times 0.5} = 48$

형광등 1개가 2등용이므로 ∴ $\dfrac{48}{2} = 24$[대]　　[답] ②

16 곡선 도로 조명 상 조명 기구의 배치 조건이 가장 적당한 것은?
① 양측 배치의 경우는 지그재그식으로 한다.
② 한쪽만 배치하는 경우는 커브 바깥쪽에 배치한다.
③ 직선 도로에서보다 등 간격을 조금 더 넓게 한다.
④ 곡선 도로의 곡률 반경이 클수록 등 간격을 짧게 한다.

풀이
조명 기구의 배치 조건
(1) 양측 배치의 경우는 균등하게(일렬)로 한다.
(2) 한쪽만 배치하는 경우는 커브 바깥쪽에 배치한다.
(3) 직선 도로에서보다 등 간격을 조금 좁게 한다.
(4) 곡선 도로의 곡률 반경이 클수록 등 간격을 넓게 한다.　　[답] ②

3.6 수·변전설비 분류

1. 수전방식 선정시 검토사항
(1) 건물의 용도 및 부하의 중요도를 고려한다.
(2) 예비전원설비(자가발전설비, 무정전 전원장치)의 유·무를 고려한다.
(3) 전원의 공급 신뢰도(정전의 회수 및 시간)를 고려한다.
(4) 경제성을 고려한다.

2. 수전방식에 의한 분류

명 칭		장 점	단 점
1회선 수전방식		• 간단하며 경제적이다.	• 주로 소규모 용량에 많이 쓰임 • 선로 및 수전용 차단기 사고에 대책이 없음
2회선 수전 방식	루프 수전 방식	• 임의의 배전선 또는 타 건물 사고에 의하여 Loop가 개로 될 뿐이며 정전은 되지 않는다. • 전압 변동율이 적다.	• Loop회로에 걸리는 용량은 전 부하를 고려하여야 한다. • 수전 방식이 복잡하다. • 회로상 사고복귀에 시간이 걸림
	평행 2회선 수전 방식	• 어느 한쪽의 수전선 사고에 대해 무정전 수전이 된다. • 단독 수전이 가능하다.	• 수전선 보호장치와 2회선 평행 수전 장치가 필요하다. • 1회선 분에 대한 시설비 투자비가 든다.
	예비선 수전 방식	• 선로사고에 대비할수 있다. • 단독 수전이 가능하다	• 실질적으로 1회선 수전이라 할 수 있으며 무정전 절체가 필요한 경우 절체용 차단기가 필요함. • 1회선에 대한 시설비 더 증가
스포트 네트워크 수전방식 (3회선 이상으로 수전하는 방식)		• 무정전 공급이 가능하다. • 효율 운전이 가능하다. • 전압 변동율이 적다. • 전력손실을 감소할 수 있다. • 부하증가에 적응성이 크다. • 기기의 이용율이 향상된다. • 2차변전소를 줄일 수 있다.	• 시설 투자액이 비싸다.

3. 수전전압에 의한 분류
(1) **특고압 변전설비** : 수전전압이 22[kV] 이상의 특고압으로 수전하는 변전소로 22.9[kV]와 154[kV]의 변전설비가 많이 설치된다.
(2) **고압 변전설비** : 3.3~6.6[kV]인 고압으로 수전하는 변전소로 고층 빌딩이나 규모가 큰 공장에서 중간 또는 옥상에 고압변전설비를 운영하고 있다.

3.7 수·변전설비 용량의 결정

1. 부하설비 용량 산정
모든 부하설비가 전부 상시 사용되는 것이 아니며, 사용시각이 항상 일정하지 않다. 그러므로 각 부하마다 추산한 설비용량에 수용률, 부등률, 부하율 등을 고려해서 최대수용전력을 산정한다. 여기에 장래의 부하 증설계획과 여유분 등을 감안하여 수전 변압기 용량을 결정하게 된다.

(1) **수용률** : 수용장소에 설비된 전 용량에 대하여 실제 사용하고 있는 부하의 최대 전력 비율을 말한다. 전력 소비기기가 동시에 사용되는 정도를 나타내는 척도이며, 보통 1보다 작다.

$$수용률 = \frac{최대수용전력}{총\ 부하설비용량\ 합계} \times 100[\%]$$

(2) **부등률** : 한 배전용 변압기에 접속된 수용가의 부하는 최대수용전력을 나타내는 시각이 서로 다른 것이 보통이다. 이 다른 정도를 부등률로 나타낸다. 보통 1보다 큰 값을 나타낸다.

$$부등률 = \frac{각\ 부하의\ 최대수용전력의\ 합계}{합성최대수용전력}$$

(3) **부하율** : 전기설비가 어느 정도 유효하게 사용되는가를 나타내며 부하율이 높을수록 설비가 효율적으로 사용되는 것이다.

$$부하율 = \frac{부하의\ 평균전력}{최대수용전력} \times 100[\%]$$

(4) **수용률, 부등률 및 부하율의 관계**

① 합성최대수용전력 $= \dfrac{각각의\ 최대수용전력의\ 합}{부등률}$

$= \dfrac{수용설비용량의\ 합 \times 수용률}{부등률}$

② 부하율 $= \dfrac{평균수용전력}{합성최대수용전력} = \dfrac{평균수용전력}{수용설비용량의\ 합} \times \dfrac{부등률}{수용률}$

③ 최대부하 $=$ 부하설비용량의 합계 $\times \dfrac{수용률}{부등률}$

2. 수전(변압기) 용량 산정

(1) 각 부하별로 최대수용전력을 산출하고 이에 부하역률과 부하증가를 고려하여 변압기의 총용량을 결정한다.

$$변압기\ 용량 = \frac{총\ 부하설비용량 \times 수용률}{부등률} \times 여유율$$

(2) 장래의 부하 증가에 대한 여유율은 일반적으로 10[%] 정도의 여유를 둔다.
(3) 변압기 대수 결정
   ① 변압기 총 용량이 500[kVA]를 초과하는 경우에는 조명용과 동력용으로 구분하여 설치
   ② 계절성부하가 있는 경우 별도의 Bank를 구성하여 계약전력 및 변압기 손실을 감소
   ③ 비상부하용으로 비상 발전기와의 연계에 따른 변압기 Bank를 분리
   ④ 첨두부하의 Peak-cut용으로 Bank분리 또는 상용 발전기를 도입하는 방안 등의 구성을 검토
   ⑤ 변압기의 Bank를 2 Bank이상 구성시에 Bank용량을 갖게하여 유지보수에 용이하도록 구성

3.8 수·변전설비 결선과 기기구성

1. 수변전설비 기기구성

수 · 변전 설비기기의 블록 구성

인입관련 기기	책임 분계점 및 인입 개폐기(ASS, DS intS/W, LBS, LS 등) 인입용 케이블, 피뢰기
고압 및 특고압 수전반	차단기, 조작개폐기, 계기용 변압기, 변류기, 영상변류기, 계량장치(전력계, 전압계, 전류계, 주파수계) 및 표시등 보호계전기
고압 및 특고압 개폐기	전력퓨즈(한류형 PF), 고압 및 특고압 컷 아웃 스위치(COS) 유입개폐기(OS)
변압기	단상 변압기, 3상 변압기, 유입변압기, 몰드변압기 가스절연변압기, 아몰퍼스 변압기
전력용 콘덴서	콘덴서, 방전코일, 직렬리액터, 차단기
저압 배전반	계기용 변압기, 변류기, 배선용 차단기, 기중차단기, 누전차단기(ELB)

수 · 변전 설비기기의 구성도

구 성 블 럭	구 성 기 기	비 고
인입관계	단로기(인입용, 피뢰기용) 피뢰기(보안장치) CN-CV CABLE(22.9[kVY] 계통) CV CABLE(22[kV] 계통) 자동고장 구분개폐기(ASS)	책임분계점, 재산한계점 (수급 지점)은 전력회사와 협의한다.
고압 및 특고압 수전반	차단기(반부착, 수동조작의 경우) 조작개폐기(차단기원반조작의 경우) 계량장치(계기, 변성기) 표시장치(개폐, 고장, 램프식) 보호장치(과전류, 부족전압, 접지 및 방향성) 피뢰기(이상전압 보호장치)	차단기는 변전실비의 심장부에 해당하고 회로의 단락사고, 과부하, 접지사고의 경우에 아주 짧은 시간에 차단하며 또 평상시는 부하 전류의 개폐를 한다.
고압 및 특고압 분기반	위와 같다.	차단기의 정격차단전류의 선정에 주의를 요한다.
고압 및 특고압 개폐기	전력퓨즈(한류형 PF) 고압 및 특고압 컷 아웃 스위치(COS), 유입개폐기(OS)	전력퓨즈와 COS의 사용법에 유의한다.
변압기	변압기 (단상, 3상, 유입, 몰드, 가스절연, 아몰퍼스)	변전설비의 주체를 이루고 자가용에서는 고압에서 저압으로 변성하는 장치이다.
콘덴서	콘덴서, 방전코일, 직렬리액터, 차단기	역률개선용 접지용 콘덴서
배선용 차단기	계량장치(계기, 변성기) 저압배선용 차단기(MCCB) 나이프스위치(KS) 누전차단기(ELB)	저압간선회로의 제어감시 보호를 한다.
부하(진동, 동력 외)	전등분전반 동력조작반 부하설비(전등, 전동기, 전력장치)	

2. 변압기

변압기(Transformer)는 수전 전압을 부하설비의 운전에 적합한 전압으로 변환하는 중요한 기능을 갖고 있다. 변압기의 종류는 유입변압기, 건식변압기, 몰드변압기, 아몰퍼스변압기, 가스절연변압기 등으로 분류된다.

(1) 변압기의 종류

변압기는 용도, 구조 등에 따라서 다음과 같이 분류할 수 있다.

변압기의 종류

구 분	종 류
절연방식에 의한 분류	유입변압기, 건식변압기, 몰드변압기, 가스절연변압기
절연종별에 의한 분류 (최고허용온도)	Y종(90[℃]), A종(105[℃]), E종(120[℃]), B종(130[℃]), F종(155[℃]), H종(180[℃]), C종(180[℃]초과)
냉각방식에 의한 분류	유입자냉식, 유입풍냉식, 유입수냉식, 송유자냉식, 송유풍냉식, 송유수냉식, 건식자냉식, 건식풍냉식
권선의 개수에 의한 분류	단권변압기, 2권선변압기, 다권선변압기
내부구조에 의한 분류	내철형, 외철형
사용전압에 의한 분류	A종 : 발전기전압에서 고압 또는 특고압으로 승압하는 변압기 B종 : 특고압에서 다른 특고압으로 승압하는 변압기 C종 : 특고압 또는 고압에서 다른 고압으로 강압하는 변압기 D종 : 고압에서 저압으로 강압하는 변압기 기타 저압에서 다른 저압으로 강압하는 것
상수에 의한 분류	단상변압기, 3상변압기
용도에 의한 분류	전력용변압기, 배전용변압기, 전기로용변압기, 정류기용변압기, 시험용변압기, 기타
탭절환방식에 의한 분류	무전압탭절체기, 부하시 탭절체기

1) 변압기 냉각방식 : 변압기의 냉각방식으로는 건식자냉식, 건식풍냉식, 유입자냉식, 유입풍냉식, 유입수 냉식, 송유자냉식, 송유풍냉식, 송유수냉식 등이 있다.

① 건식자냉식 : 자연 통풍으로 냉각되는 방식으로 소용량의 변압기에 많이 적용됨.

② 건식풍냉식 : 권선하부에 풍도를 설치하여 송풍기로 바람을 불어넣어 방열 효과를 향상시킨 것으로 500[kVA] 이상에 채용하면 경제적이다.

③ 유입자냉식
  ㉮ 권선 철심의 발생열은 대류에 의하여 기름에 전해지고 다시 탱크 벽에 전달되어 탱크 벽 외부표면에 방사와 공기의 대류에 의하여 방열한다.
  ㉯ 보수가 간단하여 널리 사용됨

④ 유입풍냉식
  ㉮ 유입자냉식의 방열기에 송풍기로 바람을 보내어 방열효과를 증가시킨 것.
  ㉯ 기설자냉식 변압기에 송풍기를 부착하여 풍냉식으로 개조하면 약 20~30[%] 정도의 용량 증가 가능

⑤ 유입수냉식

㉮ 냉각관을 탱크상부의 내벽을 따라 배치하고 펌프로 물을 순환시켜 기름을 냉각하는 방식

㉯ 냉각수질이 좋지 못하면 물때가 끼거나 관의 부식으로 보수하기가 어렵다.

⑥ 송유자냉식 : 방열기 탱크를 별도로 설치하여 탱크본체와 방열기 탱크 사이의 접속관로에 송유펌프로 냉각시킨다.

2) 유입변압기 : 철심에 감은 코일을 절연유로 절연한 것으로 A종 절연 변압기로서 100 [kVA] 이하의 주상 변압기에서 1,500[MVA]의 대용량까지 제작되며 신뢰성이 높고 가격이 싸며 용량과 전압의 제한이 적어 널리 사용하고 있다.

3) 건식변압기 : 코일을 유리섬유 등의 내열성이 높은 절연물을 내열 니스 처리한 변압기로 H종 절연변압기이다. 이 변압기는 절연, 열화가 적고 변압기에 사고가 생긴 경우에도 유입변압기와 달리 폭발, 화재 등의 위험이 없으나 현재는 거의 사용하지 않고 있다.

4) 몰드변압기 : 고압 및 저압권선을 모두 에폭시로 몰드한 고체절연 방식을 채택하여 난연성, 절연의 신뢰성, 보수 및 점검이 용이, 에너지 절약 등의 특징이 있어 많이 채택되고 있으나 가격이 비싸다.

몰드변압기를 채택하여 VCB와 연결하여 사용할 때에는 VCB개폐시 발생하는 서지에 대한 대책으로 서지 옵서버(SA : surge absorber)를 설치하여야 한다.

□ Mold 변압기의 특징(유입변압기와의 비교시)

① 난연성 : 에폭시 수지에 무기물의 충진제가 혼입되어 있어 자기소화성이 있으며 외부의 불꽃에 의하여 착화하지 않음

② 절연의 신뢰성 향상 : 내(耐) Corona 특성, 임펄스 특성이 좋아 신뢰도 향상

③ 소형, 경량 : 철심이 Compact화 되어 면적이 축소되고 가볍다.

④ 무부하 손실이 적어 에너지 절약효과가 있으며 운전경비가 절감된다.

⑤ 유지보수 및 점검 용이

　㉠ 절연유 여과 및 교체가 없다.

　㉡ 장기간 운전정지 후 재 사용시 건조작업 간단

　㉢ 먼지, 습기에 의한 절연내력 영향을 받지 않음

⑥ 단시간 과부하 내량이 크다.

⑦ 소음이 적고 무공해운전

⑧ Surge에 대한 대책을 수립하여야 한다.

사용장소는 건축전기설비, 병원, 지하상가나 주택이 근접하여 있는 공장이나 화학 플랜트 등의 특수 공장과 같이 재해가 인명에 직접 영향을 끼치는 장소에 좋으며, 특히 에너지 절약 측면에서 적합하다.

5) 아몰퍼스변압기 : 아몰퍼스변압기는 1978년 미국에서 최초로 시험 제작되었고 철심의 자성소재에 아몰퍼스 금속을 적용하여 그 우수한 자기특성에 의해 규소강판을 사용하고 있는 변압기에 비해서 철손을 1/3~1/4로 저감시킬 수 있다.

아몰퍼스 합금은 원자배열에 규칙성이 없으며 자속이 통과할 때 에너지 손실이 적고 판 두께는 약 0.03[mm]로 현행 규소 강판에 비하여 약 1/10로 와전류손도 절감되고 무부하손이 약 70~80[%]로 대폭 감소한다.

6) 가스절연변압기 : 가스절연변압기는 SF6 가스를 사용하여 불연성이고 안정성이 높으며 건식변압기보다 높은 절연계급까지 실용화되고 있어 22[kV]급 5,000[kVA]이상의 변압기에 적용하고 있다. 장점으로는 유입변압기와 전기적 특성이 같고 오일리스화, 방재화 등을 들 수 있다.

3. 변압기 주변의 보호장치

장 치	기 능
피뢰기(LA)	뇌(雷)서지, 개폐서지 등의 이상전압에서 변압기를 보호
차단기(CB)	과전류계전기나 지락계전기와 조합해서 과부하, 단락이나 지락사고로부터 변압기를 보호
과전류계전기(OCR)	변류기(CT)에 의하여 과전류를 검출하여 차단기를 동작시키는 릴레이
지락계전기(GR)	영상변류기(ZCT)와 영상변압기(GPT)에 의하여 지락사고를 검출하여 차단기를 동작시키는 릴레이
프라이머리·컷아웃(PC, COS)	퓨즈 스위치로서 단락사고 시 퓨즈로 차단
배선용 차단기(MCCB)	변압기의 2차측에 설치하며 과전류를 검출하여 차단
차동계전기(Df)	변압기의 1차, 2차에 CT를 설치하고, 전류 차동회로에 과전류계전기 OC를 삽입한 것으로 변압기 내부고장 시는 1차, 2차 전류의 차이가 발생하여 계전기가 동작하는 방식이다.
비율차동계전기(RDf)	차동계전기의 오동작을 방지하기 위하여 그림과 같이 억제코일을 삽입하여 통과전류로 억제력을 발생시키고, 차전류로 동작력을 발생시키도록 한 방식이다. 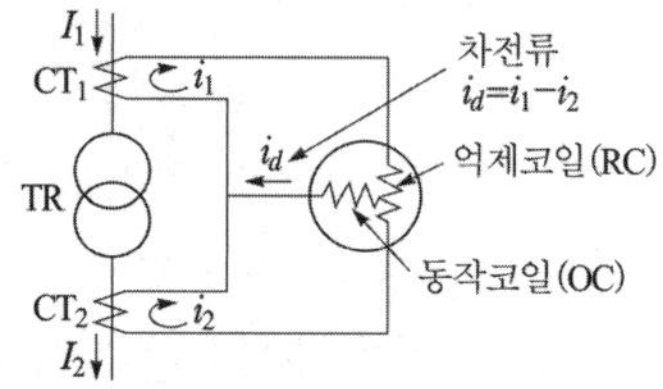
부흐홀쯔 계전기	변압기 내부 고장으로 인한 절연유의 온도 상승 시 발생하는 유증기를 검출하여 경보 및 차단하기 위한 계전기로 변압기 탱크와 컨서베이터 사이에 설치한다.

(1) 변압기 접지공사

① 변압기 외함 접지 : 절연열화 등으로 생기는 누전에 의한 감전사고 방지를 목적으로 하며 공통접지시스템으로 할 수 있다.

② 변압기 중성점 접지 : 고압전로 또는 특별 고압전로와 저압전로를 결합하는 변압기의 저압측 중성점에는 중성점접지 저항값 이하로 접지공사 한다.

㉮ 일반적으로 변압기의 고압·특고압측 전로 1선 지락전류로 150을 나눈 값과 같은 저항값 이하($\frac{150}{I_g}$)

㈐ 변압기의 고압·특고압측 전로 또는 사용전압이 35[kV] 이하의 특고압전로가 저압측 전로와 혼촉하고 저압전로의 대지전압이 150[V]를 초과하는 경우는 저항 값은 다음에 의한다.
- 1초 초과 2초 이내에 고압·특고압 전로를 자동으로 차단하는 장치를 설치할 때는 300을 나눈 값 이하 ($\frac{300}{I_g}$)
- 1초 이내에 고압·특고압 전로를 자동으로 차단하는 장치를 설치할 때는 600을 나눈 값 이하 ($\frac{600}{I_g}$)

4. 차단기(CB)

구분	구조 및 특징
유입차단기 (OCB)	전로를 차단할 때 발생한 아크를 절연유를 이용하여 소멸시키는 차단기이다. 차단성은, 보수 면에서 불리한 점이 있으나 가격이 저렴하여 소·중 용량 차단기로서 널리 쓰이고 있다.
자기차단기 (MBB)	아크와 직각으로 자계를 주어 아크를 소호실로 흡입시켜 아크전압을 증대시키고, 냉각하여 소호작용을 하도록 된 구조. 주로 고압 전로에 사용되며 화재의 염려가 없고 보수가 간단하지만 소호 능력 면에서 특고압에는 적당하지 않고 일반적으로 큐비클 내장형으로 사용된다.
공기차단기 (ABB)	개방할 때 접촉자가 떨어지면서 발생하는 아크를 압축공기를 이용하여 소호하는 방식으로 화재의 위험이 없고 차단 능력이 뛰어나며 유지 보수에도 용이하다. 대용량 차단기로서 널리 쓰이고 있다.
진공차단기 (VCB)	진공도가 높은 상태에서는 절연내력이 높아지고 아크가 분산되는 원리를 이용하여 소호하고 있는 차단기이다. 소호장치의 구조가 간단하여 소형으로 제작할 수 있으므로 차단기 전체가 다른 차단기에 비하여 소형 경량으로 된다.
가스차단기 (GCB)	절연내력이 높고, 불활성인 6불화유황(SF_6) 가스를 고압으로 압축하여 소호매질로 사용한다. SF_6(6불화유황) 가스는 절연내력과 소호특성이 좋고 물리적, 화학적으로 안정되어 있을 뿐만 아니라 절연특성의 회복이 빠르므로 고전압, 대전류용 차단기로 적합하다.
기중차단기 (ACB)	자연공기 내에서 회로를 차단할 때 접촉자가 떨어지면서 자연소호에 의한 소호방식을 가지는 차단기로 교류 600[V] 이하 또는 직류차단기로 사용된다.

5. 계기용 변성기(MOF, PCT)

교류고전압회로의 전압과 전류를 측정할 때 계기용 변성기를 통해서 전압계나 전류계를 연결하면, 계기회로를 선로전압으로부터 절연하므로 위험이 적고 비용이 절약된다.

(1) 계기용 변류기(CT)
① 전류를 측정하기 위한 변압기로 2차 전류는 5[A]가 표준이다.
② 계기용 변류기는 2차 전류를 낮게 하게 위하여 권수비가 매우 작으므로 2차 측정을 개방되면, 2차 측에 매우 높은 기전력이 유기되어 위험하므로 2차 측을 절대로 개방해서는 안된다.

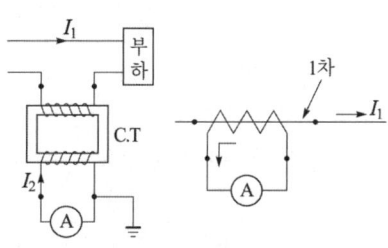

[계기용 변류기(CT)]

(2) 계기용 변압기(PT)
   ① 전압을 측정하기 위한 변압기로 2차측 정격 전압은 110[V]가 표준이다.
   ② 변성기 용량은 2차 회로의 부하를 말하며 2차 부담이라고 한다.

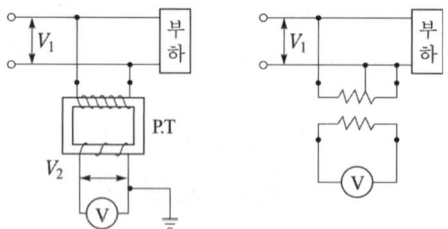

[계기용 변압기(PT)]

6. 영상변류기(ZCT)
(1) 역할
   ① 선로 전류 중에 포함되는 영상전류를 검출하여 접지계전기에 의하여 차단기를 동작시켜 사고의 파급을 방지하는 장치
   ② 3상 선로의 불평형, 왕복선의 전류차, 접지선의 전류를 검출하여 누전계전기, 접지계전기, 화재경보기를 동작
(2) 설치위치 : 지락계전기와 조합하여 고압전로에 지락이 생겼을 때 전로를 자동적으로 차단할 수 있도록 전원에 가장 가까운 위치에 시설

7. 전력 퓨즈(PF)
(1) 전력 퓨즈는 고압 및 특별 고압 기기의 단락 보호용으로 사용되고 있는 차단장치로 소호 방식에 따라 한류형과 비한류형이 있다.
(2) 한류형 퓨즈 : 높은 아크저항을 발생하여 사고 전류를 강제적으로 억제시켜 차단하는 퓨즈이다.
(3) 비한류 퓨즈 : 퓨즈가 용단된 후 발생한 아크열에 의하여 생성되는 소호성 가스를 분출구를 통하여 방출하여 전류 영점에서 극간의 절연내력을 높여 차단하는 퓨즈이다.

[한류형과 비한류형 퓨즈의 장·단점]

종류 항목	한류형(전압 영점에서 차단)	비한류형(전류 영점에서 차단)
차단 특성	단락전류 차단 시 높은 아크저항을 발생하여 사고전류를 강제로 억제 차단	전류 차단 시 소호가스를 뿜어 전류영점에서 극 간의 절연내력을 재기전압 이상으로 높여 차단
장점	·소형이며 차단용량이 큼 ·한류효과가 큼(후비보호용으로 적합)	·차단 시 과전압을 발생시키지 않음 ·용단하면서 확실한 차단(과부하 보호기능)
단점	·차단 시 과전압 발생 ·최소 차단전류가 존재	·대형 ·한류효과가 작음

8. 진상용 콘덴서
(1) 역률개선의 효과
   ① 전압강하의 저감 : 역률이 개선되면 부하전류가 감소하여 전압강하가 저감되고 전압변동률도 작아진다.
   ② 선로손실의 저감 : 선로전류를 줄이면 선로손실을 줄일 수 있다.
   ③ 동손 감소 : 동손은 부하전류의 2승에 비례하므로 동손을 줄일 수 있다.

(2) 콘덴서의 용량 계산

① 유효전력 P[kW], 역률 $\cos\theta_1$인 부하설비를 역률 $\cos\theta_2$로 개선하고자 할 때 콘덴서 용량 Q

$$Q = P(\tan\theta_1 - \tan\theta_2)[\text{kVA}]$$

② 전원전압 V, 주파수 f, 용량 C인 콘덴서를 Q로 환산

$$Q = 2\pi f C V^2 \times 10^{-9}[\text{kVA}]$$

※ 콘덴서 용량 Q[kVA]와 C[μF] 사이의 관계

㉠ 단상인 경우 : $C = \dfrac{Q}{2\pi f V^2} \times 10^9 [\mu\text{F}]$

㉡ 3상 △결선인 경우 : $C_\triangle = \dfrac{Q_\triangle}{3 \times 2\pi f V^2} \times 10^9 [\mu\text{F}]$

㉢ 3상 Y결선인 경우 : $C_Y = \dfrac{Q_Y}{2\pi f V^2} \times 10^9 [\mu\text{F}]$

(3) 콘덴서 설치위치

부하에 가까울수록 가장 효과적이다. 다만, 경제적인 면과 관리의 편리성 등을 고려하여 위치를 정한다.

(4) 콘덴서의 부속기기

① 직렬리액터 : 콘덴서의 용량이 크게 되면 투입 시의 돌입전류가 커지고, 고조파를 포함하는 경우가 많으므로 이를 억제하기 위해서 직렬리액터를 설치한다. 보통 직렬리액터는 콘덴서 임피던스의 6[%]를 설치한다.

② 방전장치 : 콘덴서는 회로에서 개방시켜도 잔류전하가 남아 있어서 장시간 단자 전압이 저하되지 않아 감전우려 등 취급하기가 위험하기 때문에 방전장치를 설치한다.

9. 개폐기

장 치	기 능
고장구분자동개폐기(A.S.S)	한 개 수용가의 사고가 다른 수용가의 피해를 최소화하기 위한 방안으로 대용량 수용가에 한하여 설치
자동부하전환개폐기(ALTS)	이중 전원을 확보하여 주전원 정전 시 예비전원으로 자동 절환하여 수용가가 항상 일정한 전원공급을 받을 수 있는 장치
라인스위치(L.S)	책임분계점에서 보수 점검 시 전로를 구분하기 위한 선로개폐기로 시설하고 반드시 무부하 상태로 개방하여야 하며 이는 단로기와 같은 용도로 사용한다.
단로기(D.S)	공칭전압 3.3[kV] 이상 전로에 사용되며 기기의 보수 점검 시 또는 회로 접속변경을 하기 위해 사용하지만 부하전류 개폐는 할 수 없는 기기이다.
컷아웃스위치(C.O.S)	변압기 1차 측 각 상마다 취부하여 변압기의 보호와 개폐를 위한 것
부하개폐기(L.B.S)	수·변전설비의 인입구 개폐기로 많이 사용되고 있으며 전력퓨즈 용단 시 결상을 방지하는 목적으로 사용하고 있다.
기중부하개폐기(I.S)	수전용량 300[kVA] 이하에서 인입개폐기로 사용한다.

10. 피뢰기

(1) 피뢰기가 구비해야 할 성능
   ① 충격방전개시 전압이 낮을 것
   ② 제한 전압이 낮을 것
   ③ 뇌전류 방전능력이 클 것
   ④ 속류차단을 확실히 할 수 있을 것
   ⑤ 반복동작이 가능하고, 구조가 견고하며 특성이 변화하지 않을 것

(2) 피뢰기의 정격
   ① 정격전압 : 전압을 선로단자와 접지단자에 인가할 상태에서 동작책무를 반복 수행할 수 있는 정격 주파수의 상용주파전압 최고한도(실효치)를 말한다.
   ② 공칭 방전전류 : 보통 수전설비에 사용하는 피뢰기의 방전전류는 154[kV] 계통에서는 10[kA]로 22.9[kV] 계통에서는 5[kA]나 10[kA]를 사용한다.
   ③ 제한전압 : 피뢰기 방전 시 단자 간에 남게 되는 충격전압의 파고치로서 방전 중에 피뢰기 단자 간에 걸리는 전압을 말한다.

개통구분	피뢰기 정격전압의 예	
	공칭전압[kV]	정격전압[kV]
유효접지계통	345	288
	154	144
	22.9	18
비유효접지계통	22	24
	6.6	7.5

(3) 피뢰기의 시설장소
   ① 발전소, 변전소 또는 이에 준하는 장소의 가공전선 인입구 및 인출구
   ② 가공전선로에 접속하는 특고압 배전용 변압기의 고압 측 및 특별고압 측
   ③ 고압 또는 특별고압 가공전선로로부터 공급을 받는 수용장소의 인입구
   ④ 가공전선로와 지중전선로가 접속되는 곳

(4) 피뢰기의 접지
   고압 및 특고압의 전로에 시설하는 피뢰기 접지저항 값은 10[Ω] 이하로 하여야 한다. 단, 고압가공전선로에 시설하는 피뢰기의 접지공사의 접지선이 전용의 것인 경우에는 접지 저항치가 30[Ω]까지 허용된다.

11. 수변전설비 결선

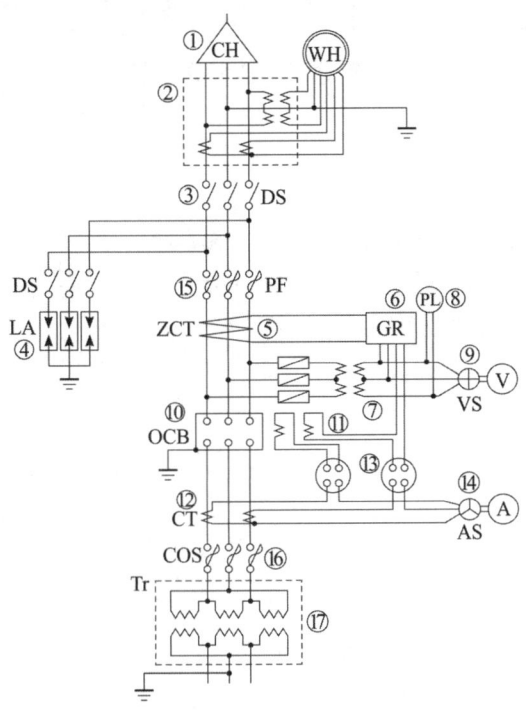

[수변전설비의 복선결선도]

①	케이블헤드(CH)	케이블 단말처리 및 접지를 용이하게 하고 절연 열화 방지
②	계기용변성기(MOF)	전력량계 산출을 위해 PT 와 CT를 하나의 함 속에 넣은 것
③	단로기(DS)	차단기와 조합하여 사용하며 전류가 통하고 있지 않은 상태에서 개폐가능
④	피뢰기(LA)	이상전압 발생 시 대지로 방전시키고 속류를 차단한다.
⑤	영상변류기(ZCT)	지락 영상전류 검출
⑥	지락계전기(GR)	전로의 지락 시 지락전류로 동작하여 트립 코일을 여자
⑦	계기용변압기(PT)	고전압을 저전압으로 변압하여 계전기나 계측기에 전원공급
⑧	표시등(PL)	전원의 정전 여부를 표시
⑨	전압계용전환 스위치(VS)	전압계 하나로 3상의 선간전압을 측정하기 위해 사용
⑩	유입차단기(OCB)	부하전류 개폐 및 고장전류 차단
⑪	트립코일(TC)	사고 시 전류가 흘러 여자되어 차단기를 개로
⑫	계기용 변류기(CT)	대전류를 소전류로 변류하여 계전기나 계측기에 전원을 공급
⑬	과전류계전기(OCR)	고장전류로 동작하여 트립코일을 여자
⑭	전류계용 전환스위치(AS)	하나의 전류계로 3상의 선간전류를 측정
⑮	전력퓨즈(PF)	전로의 단락보호용으로 사용
⑯	컷아웃스위치(COS)	변압기 및 주요기기 1차측에 시설하여 단락보호용으로 사용
⑰	변압기(Tr)	고전압을 저전압으로 변압하여 부하에 전원 공급
⑱	전력용 콘덴서(SC)	무효전력을 공급하여 부하의 역률을 개선

3 기출 & 예상문제

제3장 배선방식과 수변전 및 조명설비(4)

01 어떤 공장의 수용설비용량이 2000[kW], 수용률 60[%], 부하역률 80[%]라고 한다. 이 공장의 수전설비용량의 최저는 몇 [kVA]인가?
① 1500   ② 2000
③ 2500   ④ 3000

풀이
수전설비용량 $= \dfrac{2000 \times 0.6}{0.8} = 1500[\text{kVA}]$ [답] ①

02 수용설비용량이 320[kW]이고 수용률이 80[%]일 때 최대수용전력은 몇 [kW]인가?
① 140   ② 256
③ 320   ④ 360

풀이
최대수용전력 $= 320 \times 0.8 = 256[\text{kW}]$ [답] ②

03 최대수용전력이 40[kW]인 수용가에서 1일의 소비전력이 800[kW]라면 1일 부하율은 약 몇 [%]인가?
① 62.3   ② 83.3
③ 87.6   ④ 92.4

풀이
부하율 $= \dfrac{800/24}{40} \times 100 = 83.3[\%]$ [답] ②

04 수용 설비 용량이 2.2[kW]인 주택에서 최대 사용전력이 0.8[kW]이었다면 수용률은 몇 [%]가 되겠는가?
① 26.5   ② 36.4
③ 46.8   ④ 56.2

풀이
수용률 $= \dfrac{\text{최대수용전력}}{\text{수용설비용량}} \times 100[\%]$ 이므로
수용률 $= \dfrac{0.8}{2.2} \times 100[\%] = 36.4[\%]$ 이다.   [답] ②

05 최대 수용전력이 각각 5[kW], 8[kW], 10[kW], 15[kW], 17[kW]의 수용가에 있어서 그 합성 최대 수용 전력이 50[kW]이다. 부등률은 얼마인가?
① 0.9   ② 1
③ 1.1   ④ 1.2

풀이
부등률 $= \dfrac{\text{각 부하의 최대수용전력의 합계}}{\text{합성최대수용전력}}$ 이므로
부등률 $= \dfrac{5+8+10+15+17}{50} = 1.1$ 이다.   [답] ③

06 평균전력과 최대전력의 비를 백분율로 나타낸 것은?
① 수용률
② 부등률
③ 부하율
④ 비등률

풀이
부하율 $= \dfrac{\text{부하의 평균전력}}{\text{최대수용전력}} \times 100[\%]$ [답] ③

07 최대수용전력이 45×10^3[kW]의 공장에서 어느 하루의 소비전력이 480×10^3[kWh]라고 한다. 하루 일 부하율은 약 몇 [%]인가?
① 20.5   ② 30.4
③ 44.4   ④ 52.4

풀이

부하율 = $\dfrac{48 \times 10^3 / 24}{45 \times 10^3} \times 100 = 44.4[\%]$ 　[답] ③

08 설비용량이 2[kW]의 주택에서 최대수용전력이 600[W]였을 때 수용률[%]은?
① 20　② 30
③ 50　④ 70

풀이

수용률 = $\dfrac{600}{2 \times 10^3} \times 100 = 30[\%]$ 　[답] ②

09 최대수용전력이 각각 600[kW], 750[kW], 850[kW]의 수용가에 있어서 이것을 총괄했을 때의 최대수용전력이 1100[kW]였다. 이때의 부등률은?
① 0.8　② 1
③ 1.2　④ 2

풀이

부등률 = $\dfrac{600 + 750 + 850}{1100} = 2$ 　[답] ④

10 어느 공장의 총 설비전력이 1600[kW], 역률이 0.8, 수용률 0.5인 공장의 변전설비용량 [kVA]은?
① 900　② 1000
③ 1100　④ 1200

풀이

변전설비용량 = $\dfrac{1600 \times 0.5}{0.8} = 1000[kVA]$ 　[답] ②

11 전력 수용가의 수용률 공식으로 맞는 것은?
① $\dfrac{평균전력}{최대전력} \times 100[\%]$
② $\dfrac{최대수용전력}{설비용량} \times 100[\%]$
③ $\dfrac{최대전력}{평균전력} \times 100[\%]$
④ $\dfrac{설비용량}{최대수용전력} \times 100[\%]$

풀이

수용률 = $\dfrac{최대수용전력}{총\ 부하설비용량\ 합계} \times 100[\%]$ 　[답] ②

12 어느 건물의 총 설비용량 400[kW], 수용률 0.5라면 이 건물의 변압기 설비용량[kVA]은? (단, 부하역률은 0.4이라 한다.)
① 150　② 200
③ 250　④ 500

풀이

변전설비용량 = $\dfrac{설비용량 \times 수용률}{\cos\theta} = \dfrac{400 \times 0.5}{0.4}$
$= 500[kVA]$ 　[답] ④

13 그림에서 전압방식은 2단 강압방식을 채택하였다. 부등률은 1.2로 적용할 경우 주변압기 용량을 산정하면 몇 [KVA]인가?

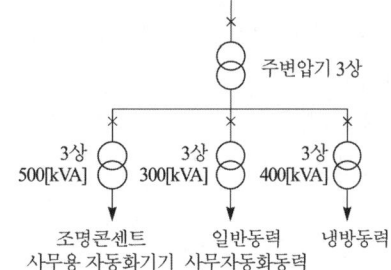

① 1,000　② 1,200
③ 1,300　④ 1,440

풀이

부등률 = $\dfrac{각\ 부하의\ 최대수용전력의\ 합계}{합성최대수용전력}$ 에서
합성최대수용전력이 주변압기 용량이므로,
∴ 합성최대수용전력 = $\dfrac{500 + 300 + 400}{1.2} = 1,000[kVA]$
　[답] ①

14 $\dfrac{부하의\ 평균전력(1시간\ 평균)}{최대\ 수용전력(1시간\ 평균)} \times 100[\%]$의 관계를 가지고 있는 것은?
① 부하율　② 부등률
③ 수용률　④ 설비율

풀이

부하율 = $\dfrac{부하의\ 평균전력}{최대수용전력} \times 100[\%]$ 이다. 　[답] ①

15 문자 기호와 계전기의 명칭이 잘못된 것은?
① DfR – 차동계전기
② DGR – 지락방향계전기
③ UVR – 부족전압계전기
④ OCR – 과부하계전기
풀이
OCR : 과전류계전기 [답] ④

16 발전기, 변압기, 선로 등의 단락보호용으로 사용되는 것으로 보호할 회로의 전류가 적정치보다 커질 때 동작하는 계전기는?
① OCR ② SGR
③ OVR ④ UCR
풀이
• OCR : 과전류 계전기
• OVR : 과전압계전기 [답] ①

17 과부하 또는 외부의 단락사고 시에 동작하는 계전기는?
① 차동계전기   ② 과전압계전기
③ 과전류계전기   ④ 부족전압계전기
[답] ③

18 계전기 중 변압기의 내부고장보호에 사용되지 않는 계전기는?
① 비율차동계전기   ② 차동전류계전기
③ 부흐홀쯔계전기   ④ 임피던스계전기
풀이
• 임피던스 거리계전기 : 선로의 단락이나 지락 시 계전기가 고장점까지의 거리를 측정하여 그 거리에 비례하여 동작하는 계전기 [답] ④

19 차동계전기의 동작요소는?
① 양쪽 전압차
② 정상전압과 역상전압의 차
③ 양쪽 전류의 차
④ 정상전류와 역상전류의 차
풀이
변압기 내부고장 시는 1차, 2차 전류의 차이가 발생하여 계전기가 동작하는 방식 [답] ③

20 발전기의 층간 단락보호를 위하여, 각 상이 2회로 혹은 2 이상의 병렬권으로 되어 있을 때는 발전기 정격 전류의 1/2 정격의 CT를 차동으로 연결하고, 그 2차에 무엇을 사용하는가?
① 비율차동계전기
② 지락보호계전기
③ 피뢰기
④ 영상변류기
풀이
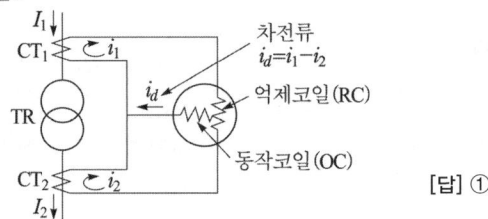
[답] ①

21 다음 심벌 Ⓛ 의 명칭은 어느 것인가?
① 전류제한기   ② 지진감지기
③ 전압제한기   ④ 역률제한기
[답] ①

22 변전소에 사용하는 주요기기로서 VCB는 무엇을 의미하는가?
① 유입차단기   ② 자기차단기
③ 진공차단기   ④ 공기차단기
풀이
유입차단기(OCB), 자기차단기(MBB), 공기차단기(ABB) [답] ③

23 변전실에서 전로차단이 6불화 유황 [SF_6]과 같은 특수한 기체를 매질로 하여 동작하는 차단기는?
① VCB   ② MBB
③ GCB   ④ OCB
풀이
가스차단기는 절연내력이 높고, 불활성인 6불화유황(SF_6) 가스를 소호매질로 사용 [답] ③

24 가스 절연 개폐기나 가스차단기에 사용되는 가스인 SF$_6$의 성질이 아닌 것은?
① 연소하지 않는 성질이다.
② 색깔, 독성, 냄새가 없다.
③ 절연유의 1/140로 가볍지만 공기보다 5배 무겁다.
④ 공기의 25배 정도로 절연내력이 낮다.

풀이
동일한 압력하에서 공기보다 2.5~3배 정도로 절연내력이 높다.
[답] ④

25 자연 공기내에서 개방할 때 접촉자가 떨어지면서 소호되는 방식을 가진 차단기로 저압의 교류 또는 직류 차단기로 많이 사용되는 것은?
① 유입차단기
② 자기차단기
③ 가스차단기
④ 기중차단기

풀이
① 유입차단기 : 절연유 이용
② 자기차단기 : 자기장 이용
③ 가스차단기 : SF$_6$ 가스 이용
[답] ④

26 고압전기회로의 전기사용량을 적산하기 위한 계기용 변압변류기의 약자는?
① ZPCT
② MOF
③ DCS
④ DSPF

풀이
계기용 변압기(PT)와 변류기(CT)를 조합한 것이다.
[답] ②

27 변전실에서 지락사고를 검출하기 위하여 이용되는 것은?
① CT
② OCR
③ ZCT
④ PT

풀이
영상변류기(ZCT) : 지락사고 시 발생되는 영상전류 검출
[답] ③

28 변성기의 저압측 부하를 무엇이라 하는가?
① 부담
② 용량
③ 리액터
④ 전력
[답] ①

29 역률 개선용 콘덴서는 부하와 어떻게 결선하는가?
① 직렬결선
② 병렬결선
③ △결선
④ V결선
[답] ②

30 부하가 P[kW]인 부하를 역률 $\cos\theta_1$에서 $\cos\theta_2$로 개선하는데 필요한 전력용 콘덴서의 용량은 몇 [kVA]인가?
① $P(\cos\theta_1 - \cos\theta_2)$
② $P(\tan\theta_1 - \tan\theta_2)$
③ $\dfrac{P}{\tan\theta_1 - \tan\theta_2}$
④ $P(\sin\theta_1 - \sin\theta_2)$
[답] ②

31 직렬 리액터는 송전선로에 어떻게 접속해야 하고, 어떤 용량을 이용한 것인가?
① 직렬, 진상
② 직렬, 지상
③ 병렬, 진상
④ 병렬, 지상
[답] ②

32 변압기유의 열화방지의 목적으로 사용되는 것은?
① 정전용량
② 콘서베이터
③ 애자형개폐기
④ 가공지선

풀이
변압기유의 열화(劣化 : aging) 방지법
① 콘서베이터(conservator) : 기름과 공기접촉 차단을 위한 설치로 콘서베이터 유면위에 불활성 질소봉입을 한다.
② 브리더(breather) : 탈수제를 넣어 습기를 흡수하는 장치
[답] ②

33 발전기나 주변압기의 내부고장에 대한 보호용으로 가장 적합한 것은?
① 비율차동계전기
② 과전류차단기
③ 열동계전기
④ 퓨즈

풀이
비율차동계전기 : 변압기나 발전기의 내부고장 시 동작하는 계전기   [답] ①

34 계전기에 관한 기호 중 지락 방향계전기의 기호로 옳은 것은?
① DS   ② OCR
③ OVR   ④ DGR

풀이
- DS(단로기)
- OCR(과전류계전기)
- OVR(과전압계전기)
- DGR(지락방향계전기)   [답] ④

35 PT의 2차측 정격전압으로 옳은 것은?
① 110[V]
② 220[V]
③ 380[V]
④ 1차측 정격 전압에 따라 변할 수 있다.
[답] ①

36 3상 3선식 수전설비에서 영상변류기와 조합하여 차단기를 동작시키는 계전기는?
① 과전류계전기   ② 과부하계전기
③ 지락계전기   ④ 거리계전기

풀이
영상변류기(ZCT)는 지락계전기와 조합하여 고압전로에 지락이 생겼을 때 전로를 자동적으로 차단할 수 있도록 전원에 가장 가까운 위치에 시설   [답] ③

37 영상변류기(ZCT)의 사용 목적은?
① 과전류검출   ② 과전압검출
③ 지락전류검출 ④ 부하전류검출

풀이
선로 전류 중에 포함되는 영상전류를 검출하여 접지계전기에 의하여 차단기를 동작시켜 사고의 파급을 방지하는 장치   [답] ③

38 역률 개선은 전동기에 적정부하의 선로에 콘덴서 삽입으로 이루어지며, 콘덴서는 삽입된 위치로부터 전원 측으로 향하여 역률이 개선된다. 다음 중 역률이 개선되었을 때 이루어지지 않는 것은?
① 변압기의 저항손실 감소
② 설비용량의 실질적 감소
③ 부하단에 전압확보
④ 선로에 저항손실 감소

풀이
역률개선의 효과
① 전압강하의 저감
② 선로손실의 저감
③ 동손 감소   [답] ②

39 3상 유도전동기기가 여러 대 설치되어 있는 공장에서 역률을 개선하기 위하여 경제성, 보수성만 유리하게 콘덴서를 설치한다면 다음 중 어떤 방법이 가장 적절한가?
① 고압 측에 설치한다.
② 저압 측에 일괄해서 설치한다.
③ 대용량 전동기에만 설치한다.
④ 저압 측에 각 전동기마다 개별적으로 설치한다.

풀이
진상용 콘덴서 설치방법
① 모선에 일괄 설치 : 가장 경제적인 방법
② 고저압 병용 설치
③ 개개의 부하에 설치   [답] ①

40 어떤 공장의 소모전력이 100[kW]이며, 이 부하의 역률이 0.6일 때, 역률을 0.9로 개선하기 위하여 필요한 전력용 콘덴서의 용량은 몇 [kVA]인가?
① 30   ② 60
③ 85   ④ 90

[풀이]
$Q = P(\tan\theta_1 - \tan\theta_2)[kVA]$ 이므로
$Q = 100(\tan\cdot\cos^{-1}0.6 - \tan\cdot\cos^{-1}0.9) = 85[kVA]$
[답] ③

41 역률 80[%], 300[kW]의 전동기를 95[%]의 역률로 개선하는 데 필요한 콘덴서의 용량은 약 몇 [kVA]가 필요한가?
① 32
② 63
③ 87
④ 126

[풀이]
$Q = P(\tan\theta_1 - \tan\theta_2)[kVA]$ 이므로
$Q = 300(\tan\cdot\cos^{-1}0.8 - \tan\cdot\cos^{-1}0.95)$
$= 126[kVA]$
[답] ④

42 지상역률 80[%]인 1,000[kVA]의 부하를 100[%]의 역률로 개선하는 데 필요한 전력용 콘덴서의 용량은 몇 [kVA]인가?
① 200
② 400
③ 600
④ 800

[풀이]
$Q = P(\tan\theta_1 - \tan\theta_2)[kVA]$ 이므로
$Q = 1,000 \times 0.8(\tan\cdot\cos^{-1}0.8 - \tan\cdot\cos^{-1}1.0)$
$= 600[kVA]$
[답] ③

43 3상 배전선로의 말단에 늦은 역률 80[%], 80[kW]의 평형 3상 부하가 있다. 부하점에 부하와 병렬로 전력용 콘덴서를 접속하여 선로 손실을 최소화하려고 할 때에 필요한 콘덴서 용량은 몇 [kVA]인가?
① 20
② 60
③ 80
④ 100

[풀이]
선로 손실을 최소화하려면, 역률을 개선하여 선로 전류를 감소시켜야 한다.
$Q = P(\tan\theta_1 - \tan\theta_2)[kVA]$ 이므로
$Q = 80(\tan\cdot\cos^{-1}0.8 - \tan\cdot\cos^{-1}1.0)$
$= 60[kVA]$
[답] ②

44 그림은 산업현장에서 많이 응용되고 잇는 회로이다. 이 회로에서 점선 부분에 가장 타당한 회로로 맞는 것은?
① 정역회로
② Y-△기동회로
③ 방전장치회로
④ 역률개선회로

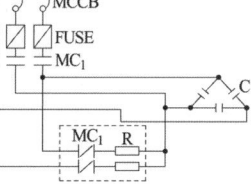

[풀이]
콘덴서의 잔류전하 방전장치
[답] ③

45 피뢰기(LA)는 일반적으로 속류를 제한하는 특성요소(Element)와 속류를 차단하는 직렬갭(Series-gap) 및 성능을 유지하는 기밀구조의 애관(Insulator)으로 되어 있으나, 최근 개발된 직렬갭이 필요 없는 피뢰기의 종류는?
① 산화아연형
② 변저항형
③ 방출형
④ 지형

[풀이]
• 갭리스 피뢰기 : 산화아연을 주성분으로 한 피뢰기로 비직선 전압, 전류 특성이 대단히 우수하기 때문에 정격전압에서도 속류는 대부분 흐르지 않고 평상시의 대지전압에서는 절연상태를 유지하므로 직렬갭이 불필요하다.
[답] ①

46 피뢰기가 동작할 때 방전 중의 단자전압의 파고값을 무엇이라 하는가?
① 특성요소의 방전 전류
② 방전개시전압
③ 속류
④ 제한전압

[풀이]
• 제한전압 : 피뢰기 방전 시 단자 간에 남게 되는 충격전압의 파고치로서 방전 중에 피뢰기 단자 간에 걸리는 전압을 말한다.
[답] ④

47 전압이 22[kV]인 변전소에 피뢰기의 정격전압은 몇 [kV]인가?
① 18
② 21
③ 24
④ 28

풀이

계통구분	피뢰기 정격전압의 예	
	공칭전압[kV]	정격전압[kV]
유효접지계통	345	288
	154	144
	22.9	18
비유효접지계통	22	24
	6.6	7.5

[답] ③

48 다음 중 피뢰기를 반드시 시설하여야 할 곳은?
① 전기 수용 장소 내의 차단기 2차 측
② 수전용 변압기의 2차 측
③ 가공 전선로와 지중 전선로가 접속되는 곳
④ 경간이 긴 가공 전선로

풀이
피뢰기의 시설장소
① 발전소, 변전소 또는 이에 준하는 장소의 가공전선 인입구 및 인출구
② 가공전선로에 접속하는 특고압 배전용 변압기의 고압 측 및 특별고압 측
③ 고압 또는 특별고압 가공전선로로부터 공급을 받는 수용장소의 인입구
④ 가공전선로와 지중전선로가 접속되는 곳 [답] ③

49 송전계통의 절연협조에 있어 절연 레벨을 가장 낮게 잡고 있는 기기는?
① 단로기　　② 피뢰기
③ 변압기　　④ 차단기

[답] ②

50 콘덴서를 회로로부터 개방하였을 때 잔류전하로 인한 사고의 방지와 재투입 시 콘덴서에 걸리는 과전압의 방지를 위하여 필요한 장치는?
① 직렬 리액터
② 방전코일
③ 단로기
④ 소호리액터

[답] ②

51 전선로나 전기기기를 수리 및 점검하는 경우 전로를 확실하게 열기(open) 위하여 사용하는 개폐기의 명칭은?
① 단로기　　② 차단기
③ PF　　　　④ PT

풀이
단로기(DS) ; 공칭전압 3.3[kV] 이상 전로에 사용되며 기기의 보수 점검 시 또는 회로 접속변경을 하기 위해 사용하지만 부하전류 개폐는 할 수 없는 기기이다. [답] ①

52 기름을 사용하지 않은 차단기로서 진공에서의 높은 절연내력과 아크 생성물의 진공 중으로 급속한 확산을 이용해 소호시키는 차단기의 이름은 무엇인가?
① VCB　　② MBB
③ OCB　　④ ACB

풀이
진공차단기(VCB): 진공도가 높은 상태에서는 절연내력이 높아지고 아크가 분산되는 원리를 이용하여 소호하고 있는 차단기이다. 소호장치의 구조가 간단하여 소형으로 제작할 수 있으므로 차단기 전체가 다른 차단기에 비하여 소형 경량으로 된다. [답] ①

53 배전전압을 3000[V]에서 6000[V]로 높이고, 수송전력을 같게 한다면 전력손실은?
① $\frac{1}{2}$배　　② 2배
③ $\frac{1}{4}$배　　④ 4배

풀이
전력손실 $P_l \propto \dfrac{1}{V^2 \cdot \cos^2\theta}$ 이므로 $\dfrac{1}{2^2} = \dfrac{1}{4}$배 [답] ③

54 변전소의 전력기기를 시험하기 위하여 회로를 분리하거나 또는 계통의 접속을 바꾸거나 하는 경우에 사용되는 것은?
① 변성기　　② 전자접촉기
③ 단로기　　④ 차단기

[답] ③

55 부하에 전력을 공급하는 상태에서 사용할 수 없는 개폐기는?
① 유입 차단기
② 자기 차단기
③ 유입 개폐기
④ 단로기

[답] ④

56 단로기의 기능은?
① 무부하 회로 개폐
② 부하 전류 개폐
③ 고장 전류 개폐
④ 사고시 자동 차단

[답] ①

57 계통에 연결되어 운전 중인 PT와 CT를 점검할 때는?
① CT는 단락시켜도 좋다.
② CT와 PT 모두 단락시켜도 좋다.
③ CT와 PT 모두 개방해도 좋다.
④ PT는 단락시켜도 좋다.

풀이
점검 시 계기용 변류기(CT)는 2차 측은 단락하고 PT는 개방한다.

[답] ①

58 피뢰기가 구비해야 할 조건 중 잘못 설명된 것은?
① 충격 방전개시 전압이 낮을 것
② 방전 내량이 작으면서 제한 전압이 높을 것
③ 상용주파 방전개시 전압이 높을 것
④ 속류의 차단능력이 충분할 것

풀이
피뢰기가 구비해야 할 성능
① 충격방전개시 전압이 낮을 것
② 제한 전압이 낮을 것
③ 뇌전류 방전능력이 클 것
④ 속류차단을 확실히 할 수 있을 것
⑤ 반복동작이 가능하고, 구조가 견고하며 특성이 변화하지 않을 것

[답] ②

59 고압회로의 전류를 저압의 전류로 변성시키기 위해 사용하며, 사용 도중 2차 코일을 개방하면 2차 단자간에 고압이 발생하여 위험을 안고 있는 기기의 이름은 어느 것인가?
① CT
② PT
③ POS
④ PCS

풀이
계기용 변류기(CT)는 계기용 변류기는 2차 전류를 낮게 하기 위하여 권수비가 매우 작으므로 2차 측정을 개방되면, 2차 측에 매우 높은 기전력이 유기되어 위험하므로 2차 측을 절대로 개방해서는 안된다.

[답] ①

60 다음 개폐기 중에서 옥내 배선의 분기 회로 보호용에 사용되는 배선용 차단기의 약호는 어느 것인가?
① OCB
② ACB
③ MCCB
④ DS

풀이
배선용 차단기(MCCB/Molded Case Circuit Breaker)

[답] ③

61 MOF란 무엇인가?
① 계기용 변압기
② 계기용 변류기
③ 변전소 내의 계기류의 총칭
④ 한 뱅크(bank)내에 계기용 변압기와 변류기를 장치한 것

풀이
• MOF : 계기용 변성기(계기용 변압·변류기)

[답] ④

62 다음 중 주로 저압 옥내배선에 주로 사용되는 차단기는?
① OCB
② MCB
③ VCB
④ ABB

[답] ②

63 수·변전 설비의 인입구 개폐기로 많이 사용되고 있으며 전력 퓨즈의 용단시 결상을 방지하는 목적으로 사용되는 개폐기는?
① 부하 개폐기
② 선로 개폐기
③ 자동 고장 구분 개폐기
④ 기중 부하 개폐기

[풀이]
개폐기의 종류
(1) 부하 개폐기 : 수변전 설비 인입구 개폐기로서 전력퓨즈 용단시 결상을 방지할 목적으로 사용하는 개폐기
(2) 선로 개폐기 : 주로 66[kV] 이상의 수전실 구내 인입구에 사용하는 개폐기
(3) 자동 고장 구분개폐기 : 22.9[kV-Y] 전기사업자 배전계통에서 부하용량 4,000[kVA] 이하의 분기점 또는 7,000[kVA] 이하의 수전실 인입구에 설치하는 개폐기
(4) 기중 부하 개폐기 : 수변전 설비 인입구 개폐기로서 부하 전류만의 개폐를 필요로 하는 장소인 구내 선로의 간선 및 분기선에 시설하는 개폐기   **[답] ①**

64 피뢰기를 시설하지 않아도 되는 곳은 어느 것인가?
① 발·변전소 또는 이에 준하는 장소의 가공전선 인입구 및 인출구
② 가공전선로에 접속하는 배전용 변압기의 저압측
③ 고압 가공전선로로부터 공급받는 수전 전력의 용량이 500[kW] 이상의 수용장소 인입구
④ 특고압 가공전선로로부터 공급받는 수용장소 인입구

[풀이]
피뢰기 설치 장소
① 발전소, 변전소 또는 이에 준하는 장소의 가공전선 인입구 및 인출구
② 가공전선로에 접속되는 배전용 변압기의 고압측 및 특별고압측
③ 고압 및 특고압 가공전선로로부터 공급을 받는 수용장소의 인입구
④ 가공전선로와 지중전선로가 접속되는 곳   **[답] ②**

65 피뢰의 정격전압이란?
① 충격 방전전류를 통하고 있을 때의 단자전압
② 충격파의 방전 개시 전압
③ 속류의 차단이 되는 최고의 교류 전압
④ 상용 주파수의 방전 개시 전압

[답] ③

66 역률 개선에 따라 역률을 1로 하는 데는 콘덴서의 용량을 크게 하면 된다. 그러나 경제적인 면을 고려한다면 적합한 역률은 몇 [%] 정도이겠는가?
① 75~80　　② 80~85
③ 85~90　　④ 90~95

[답] ④

67 역률을 개선하기 위하여 전압을 조정하는 장치로 진상이나 지상 전류를 흘릴 수 있는 것은?
① 동기 조상기　② 밸런스
③ 전력용 콘덴서　④ 유도전압조정기

[답] ①

68 대용량의 콘덴서를 설치하면 고조파 전류가 증대하여 파형이 나빠지므로 파형 개선을 위해서는 무엇을 설치하는가?
① 콘덴서 회로　② 직렬 리액터
③ 변압기　　　④ 영상 변류기

[풀이]
직렬리액터 : 콘덴서의 용량이 크게 되면 투입 시의 돌입전류가 커지고, 고조파를 포함하는 경우가 많으므로 이를 억제하기 위해서 직렬리액터를 설치한다. 보통 직렬리액터는 콘덴서 임피던스의 6[%]를 설치한다.　**[답] ②**

69 다음은 과전류계전기가 동작하여 차단기를 동작하는 순서이다. ( ) 속에 들어가야 할 것은?

　　과전류 검출 – 판단 – ( ) – 차단기 동작

① OCB 동작　② GR동작
③ UVR 동작　④ 트립코일 소자

풀이
- 상시폐로형 : CT의 2차 전류가 정해진 값보다 초과되었을 때 OCR(과전류계전기)이 동작하여 접점이 떨어져서 TC(트립코일)가 소자되고, 차단기가 동작한다.

[답] ④

70 전압이 설정값보다 내려갔을 때 동작하는 계전기는?
① 과전압계전기   ② 부족전압계전기
③ 과전류계전기   ④ 부족전류계전기

풀이

명 칭	기 능
과전류계전기(OCR)	일정값 이상의 전류가 흘렀을 때 동작
과전압계전기(OVR)	일정값 이상의 전압이 걸렸을 때 동작
부족전압계전기 (UVR)	전압이 일정값 이하로 떨어졌을 때 동작
비율차동계전기 (RFDR)	고장에 의해 생긴 불평형 전류차가 기준치 이상됐을 때 동작, 변압기 내부고장 검출용으로 주로 사용

[답] ②

71 일반적으로 특고압 전로에 시설하는 피뢰기의 접지공사시 접지저항값[Ω]은 얼마이하로 하여야 하는가?
① 3[Ω]   ② 5[Ω]
③ 10[Ω]   ④ 30[Ω]

풀이
고압 및 특고압의 전로에 시설하는 피뢰기 접지저항 값은 10[Ω] 이하

[답] ③

제4장

전선 및 기계기구의 보안

4.1 전로의 절연 및 절연내력

1. 전로의 절연의 필요성
(1) 누설전류로 인하여 화재 및 감전사고 등의 위험 방지
(2) 전력손실 방지
(3) 지락전류에 의한 통신선에 유도 장해 방지

2. 전로의 절연 원칙 및 절연생략 가능부분
전로는 원칙상 대지로부터 절연하여야 하나 다음의 경우는 절연 생략이 가능
(1) 각종 접지공사시의 접지점
(2) 전로의 중성점에 접지공사를 하는 경우의 접지점
(3) 계기용변성기의 2차측 전로에 접지공사를 하는 경우의 접지점
(4) 특고압과 저고압 가공전선의 병가에 따라 저압전선을 특고압 가공전선과 동일 지지물에 시설되는 부분에 접지공사를 하는 경우의 접지점
(5) 25[kV] 이하로서 다중 접지를 하는 경우의 접지점
(6) 저압전로와 사용전압이 300[V] 이하의 저압전로(자동제어회로·원방조작회로 등의 전로에 한함)를 결합하는 변압기의 2차측 전로에 접지공사를 하는 경우의 접지점
(7) 다음과 같이 절연할 수 없는 부분
- 시험용 변압기
- 전기울타리용 전원장치
- 전기부식방지용 양극
- 전기욕기
- 전기보일러
- 전력선 반송용 결합 리액터
- 엑스선발생장치
- 단선식 전기철도의 귀선
- 전기로
- 전해조 등

3. 전로의 절연저항 및 절연내력
(1) 저압 전로에서 절연저항 측정이 곤란한 경우 누설전류를 1[mA] 이하로 유지하여야 한다.

전로의 사용전압	DC 시험전압 [V]	절연 저항값[MΩ]
SELV 및 PELV	250	0.5
FELV, 500V 이하	500	1.0
500V초과	1,000	1.0

[주] 특별저압(Extra Low Voltage : 2차 전압이 AC 50V, DC 120V 이하)으로 SELV(비접지회로 구성) 및 PELV(접지회로구성)은 1차와 2차가 전기적으로 절연된 회로, FELV는 1차와 2차가 전기적으로 절연되지 않은 회로

(2) 고압 및 특고압은 전로와 대지 사이에 연속하여 10분간 가하여 절연내력을 시험하였을 때에 이에 견디어야 한다. (회전기, 정류기, 연료전지 및 태양전지 모듈의 전로, 변압기의 전로 등은 제외)

〈전로의 종류 및 시험전압 – 기구 등의 전로의 시험전압〉

전로의 종류	시험 전압
① 7[kV]이하	1.5배
② 7[kV] 초과 25[kV]이하인 중성점 접지(다중접지)	0.92배
③ 7[kV]초과 60[kV]이하(②란은 제외)	1.25배(10.5[kV] 미만은 10.5[kV])
④ 60[kV]초과 비접지식	1.25배
⑤ 60[kV]초과 접지식	1.1배(75[kV] 미만은 75[kV])
⑥ 60[kV]초과 직접접지식	0.72배
⑦ 170[kV] 초과 중성점 직접 접지식 전로로서 그 중성점이 직접 접지되어 있는 발전소 또는 변전소	0.64배
⑧ 60[kV]를 초과하는 정류기에 접속되고 있는 전로	교류측 및 직류 고전압측에 접속되고 있는 전로는 교류측의 최대사용전압의 1.1배의 직류전압

⑧의 직류측 중성선 또는 귀선이 되는 전로일 경우 직류 저압측 전로의 절연내력시험 전압의 계산방법

$$E = V \times \frac{1}{\sqrt{2}} \times 0.5 \times 1.2$$

E : 교류 시험 전압(V를 단위로 한다)
V : 역변환기의 전류 실패 시 중성선 또는 귀선이 되는 전로에 나타나는 교류성 이상전압의 파고 값(V를 단위로 한다). 다만, 전선에 케이블을 사용하는 경우 시험전압은 E의 2배의 직류전압으로 한다.

4. 회전기 및 정류기의 절연내력

〈회전기 및 정류기 시험전압〉

종류			시험 전압	시험 방법
회전기	발전기 전동기 조상기 등	7[kV] 이하	1.5배의 전압 (500[V] 미만은 500[V])	권선과 대지 사이에 연속하여 10분간
		7[kV] 초과	1.25배의 전압 (10.5[kV] 미만은 10.5[kV])	
	회전변류기		직류측의 최대사용전압의 1배의 교류전압 (최저 500[V])	
정류기	60[kV] 이하		직류측의 최대사용전압의 1배의 교류전압 (최저500[V])	충전부분과 외함 간에 연속하여 10분간
	60[kV] 초과		교류측의 최대사용전압의 1.1배의 교류전압 또는 직류측의 1.1배의 직류전압	교류측 및 직류고전압측 단자와 대지 사이에 연속하여 10분간

5. 변압기 전로의 절연내력

권선의 종류	시험전압	시험방법
① 7[kV] 이하	1.5배(최저 500[V]) 중성점접지 0.92배(최저500[V])	시험되는 권선과 다른 권선, 철심 및 외함 간에 연속하여 10분
② 7[kV] 초과 25[kV] 이하 중성점접지식전로	0.92배	
③ 7[kV] 초과 60[kV] 이하	1.25배(최저 10.5[kV])	
④ 60[kV] 초과 (중성점 비접지식)	1.25배	
⑤ 60[kV] 초과 (성형결선, 또는 스콧결선 중성점 접지식 전로) 피뢰기를 시설.	1.1배(최저 75[kV])	
⑥ 60[kV]를 초과 (성형결선 중성점 직접접지식전로) 170[kV] 초과시 중성점에 피뢰기를 시설	0.72배	
⑦ 170[kV] 초과 (성형결선 중성점직접접지식)	0.64배	
⑧ 60[kV] 초과하는 정류기접속하는 권선	교류측에 1.1배의 교류전압 직류측에 1.1배의 직류전압	
⑨ 기타 권선	1.1배의 전압(최저 75[kV])	

6. 연료전지 및 태양전지 모듈의 절연내력

연료전지 및 태양전지 모듈은 최대사용전압의 1.5배의 직류전압 또는 1배의 교류전압(500[V] 미만으로 되는 경우에는 500[V])을 충전부분과 대지 사이에 연속하여 10분간 가하여 절연내력을 시험하였을 때에 이에 견디는 것이어야 한다.

4.2 접지공사

1. 접지의 목적
(1) 전기 설비의 절연물이 열화 또는 손상되었을 때 흐르는 누설 전류로 인한 감전을 방지.
(2) 높은 전압과 낮은 전압이 혼촉 사고가 발생했을 때 사람에게 위험을 주는 높은 전류를 대지로 흐르게 하기 위함.
(3) 뇌해로 인한 전기설비나 전기기기 등을 보호하기 위함
(4) 전로에 지락 사고 발생 시 보호계전기를 신속하고, 확실하게 작동하도록 하기 위함.
(5) 전기기기 및 전로에서 이상전압이 발생하였을 때 대지전압을 억제하여 절연강도를 낮추기 위함.

2. 접지시스템의 구분 및 종류
(1) 접지시스템: 계통접지, 보호접지, 피뢰시스템 접지

(2) 종류 : 단독접지, 공통접지, 통합접지
　① 공통접지 : 고압 및 특고압과 저압 전기설비의 접지극이 서로 공통으로 시설
　② 통합접지 : 전기설비의 접지계통·건축물의 피뢰설비·전자통신설비 등의 접지극을 공용(통합)하는 시설
(3) 구성 : 접지극, 접지도체, 보호도체 및 기타 설비

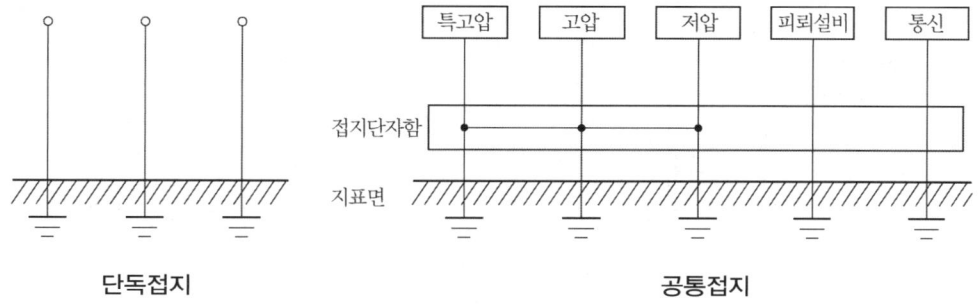

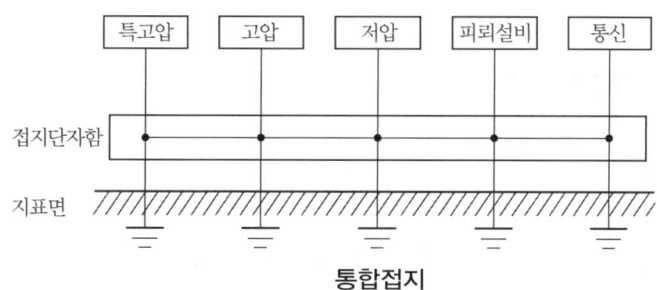

3. 접지시스템의 시설

(1) 접지극은 다음의 방법 중 하나 또는 복합하여 시설하여야 한다.
　① 콘크리트에 매입 된 기초 접지극
　② 토양에 매설된 기초 접지극
　③ 토양에 수직 또는 수평으로 직접 매설된 금속전극(봉, 전선, 테이프, 배관, 판 등)
　④ 케이블의 금속외장 및 그 밖에 금속피복
　⑤ 지중 금속구조물(배관 등)
　⑥ 대지에 매설된 철근콘크리트의 용접된 금속 보강재

(2) 접지극의 매설은 다음에 의한다.
　① 접지극은 매설하는 토양을 오염시키지 않아야 하며, 가능한 다습한 부분에 설치한다.
　② 접지극은 고압이상의 전기설비일 경우 지표면으로부터 지하 0.75[m] 이상으로 하되 동결 깊이를 감안하여 매설 깊이를 정해야 한다. (저압은 매설깊이 규정 없음.)
　③ 접지도체를 철주 기타의 금속체를 따라서 시설하는 경우에는 접지극을 철주의 밑면으로부터 0.3[m] 이상의 깊이에 매설하거나 접지극을 지중에서 그 금속체로부터 1[m] 이상 떼어 매설하여야 한다.

④ 지중에 매설된 접지저항 값이 3[Ω]이하인 금속제 수도관로는 접지극으로 사용이 가능하다. 그러나 접지도체와 금속제 수도관로의 접속은 안지름 75[mm] 이상인 부분 또는 여기에서 분기한 안지름 75[mm] 미만인 분기점으로부터 5[m] 이내의 부분에서 접지해야 한다. 다만, 금속제 수도관로와 대지 사이의 전기저항 값이 2[Ω] 이하인 경우에는 분기점으로부터의 거리는 5[m]를 넘을 수 있다.

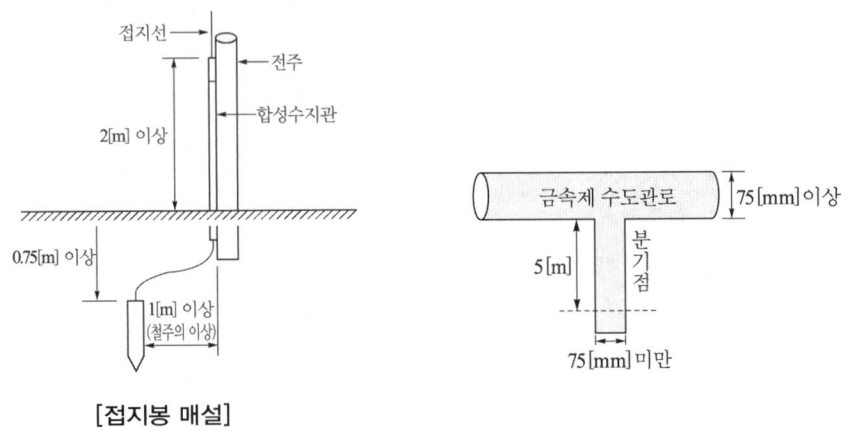

4. 접지도체·보호도체

종전에는 기기나 플러그, 콘센트에서 접지단자를 거쳐 접지극까지를 접지선이라고 했는데 접지단자를 기준으로 접지극과 연결을 [접지도체(接地導體/ Earthing Conductor)], 각종기기와 접지단자를 [보호도체(保護導體/ Protective Conductor/ PE)]로 구별한다.

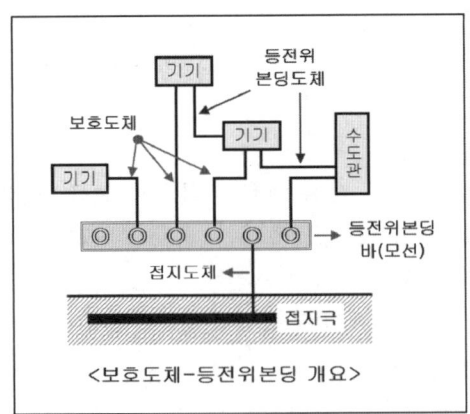

(1) 접지도체의 시설

접지도체는 지하 0.75[m]부터 지표상 2[m]까지 부분은 합성수지관(두께 2[mm] 미만의 합성수지제 전선관 및 가연성 콤바인덕트관은 제외) 또는 이와 동등 이상의 절연효과와 강도를 가지는 몰드로 덮어야 한다.

(2) 접지도체의 굵기(단면적)

유 형	구 분	접지선 굵기
접지에 피뢰시스템 접속		구리 16[mm²] 이상 철제 50[mm²] 이상
접지에 큰 전류가 흐르지 않은 경우		구리 6[mm²] 이상 철제 50[mm²] 이상
고장시 전류를 안전하게 흐를 수 있는 경우	특고압 또는 고압설비용 접지도체	6[mm²] 이상
접지에 큰 전류가 흐르지 않은 경우	중성점 접지용 도체 — 고압이하 전로 또는 25[kV] 이하 특고압가공 (중성선 다중접지식 2초이내 자동차단장치)	6[mm²] 이상
	중성점 접지용 도체 — 그 외	16[mm²] 이상
이동하여 사용하는 전기기계기구의 금속제 외함	특고압·고압 전기설비용 접지도체 및 중성점 접지용 접지도체 ① 클로로프렌캡타이어케이블(3종 및 4종) ② 클로로설포네이트폴리에틸렌캡타이어케이블(3종 및 4종) ③ 다심 캡타이어케이블의 차폐 또는 기타의 금속체	10[mm²] 이상
	저압 전기설비용 접지도체 ① 다심 코드 또는 다심 캡타이어케이블 ② 기타 유연성이 있는 연동연선	0.75[mm²] 이상 1.5[mm²] 이상

(3) 보호도체의 종류

① 보호도체는 다음 중 하나 또는 복수로 구성하여야 한다.
　㉮ 다심케이블의 도체
　㉯ 충전도체와 같은 트렁킹에 수납된 절연도체 또는 나도체
　㉰ 고정된 절연도체 또는 나도체
　㉱ 열화가 보호되는 금속케이블 외장, 케이블 차폐, 케이블 외장, 전선묶음(편조전선), 동심도체, 금속관

② 다음과 같은 금속부분은 보호도체 또는 보호본딩도체로 사용해서는 안 된다.
　㉮ 금속 수도관
　㉯ 가스·액체·분말과 같은 잠재적인 인화성 물질을 포함하는 금속관
　㉰ 상시 기계적 응력을 받는 지지 구조물 일부
　㉱ 가요성 금속배관. 다만, 보호도체의 목적으로 설계된 경우는 예외로 한다.
　㉲ 가요성 금속전선관
　㉳ 지지선, 케이블트레이 및 이와 비슷한 것

(4) 보호도체의 전기적 연속성

① 보호도체를 접속하는 나사는 다른 목적으로 겸용해서는 안 된다.
② 접속부는 납땜(soldering)으로 접속해서는 안 된다.
③ 보호도체에는 시험 등 특수목적 외에는 어떠한 개폐장치를 연결해서는 안 된다.
④ 접지에 대한 전기적 감시를 위한 전용장치(동작센서, 코일, 변류기 등)를 설치하는 경우, 보호도체 경로에 직렬로 접속하면 안 된다.

⑤ 기기·장비의 노출도전부는 다른 기기를 위한 보호도체의 부분을 구성하는데 사용할 수 없다.

(5) 보호도체의 굵기

① 보호도체의 최소 단면적은 다음에 의한다.

보호도체의 최소 단면적

선도체의 단면적 S (mm², 구리)	보호도체의 최소 단면적(mm², 구리)	
	보호도체의 재질	
	선도체와 같은 경우	선도체와 다른 경우
$S \leq 16$	S	$(k_1/k_2) \times S$
$16 < S \leq 35$	$16^{(a)}$	$(k_1/k_2) \times 16$
$S > 35$	$S^{(a)}/2$	$(k_1/k_2) \times (S/2)$

여기서, - k_1 : 선정된 선도체에 대한 k값
- k_2 : 선정된 보호도체에 대한 k값
- a : PEN 도체의 최소단면적은 중성선과 동일하게 적용.

② 차단시간이 5초 이하인 경우에만 다음 계산식을 적용한다.

$$S = \frac{\sqrt{I^2 t}}{k}$$

여기서, S : 단면적[mm²]
I : 보호장치를 통해 흐를 수 있는 예상 고장전류 실효값[A]
t : 자동차단을 위한 보호장치의 동작시간[s]
k : 보호도체, 절연, 기타 부위의 재질 및 초기온도와 최종온도에 따라 정해지는 계수

③ 보호도체가 케이블의 일부가 아니거나 상도체와 동일 외함에 설치되지 않을 경우

구 분	구리	알루미늄
기계적 손상에 대해 보호(전선관설치)	2.5[mm²] 이상	16[mm²] 이상
기계적 손상에 대해 보호가 되지 않는 경우	4[mm²] 이상	16[mm²] 이상

■ 케이블의 일부가 아니라도 전선관 및 트렁킹 내부에 설치되거나, 이와 유사한 방법으로 보호되는 경우 기계적으로 보호되는 것으로 간주

(6) 보호도체의 단면적 보강

① 보호도체는 정상 운전상태에서 전류의 전도성 경로(전기자기간섭 보호용 필터의 접속 등으로 인한)로 사용되지 않아야 한다.

② 전기설비의 정상 운전상태에서 보호도체에 10[mA]를 초과하는 전류가 흐르는 경우, 다음과 같이 보호도체를 증강하여 사용해야 한다.

㉮ 보호도체가 하나인 경우 보호도체의 단면적은 전 구간에 구리 10[mm²] 이상 또는 알루미늄 16[mm²] 이상으로 한다.

㉯ 추가로 보호도체를 위한 별도의 단자가 구비된 경우, 최소한 고장 보호에 요구되는 보호도체의 단면적은 구리 10[mm²], 알루미늄 16[mm²] 이상으로 한다.

(7) 보호도체와 계통도체 겸용

① 보호도체와 계통도체를 겸용하는 겸용도체(중성선과 겸용, 상도체와 겸용, 중간도체와 겸용 등)는 해당하는 계통의 기능에 대한 조건을 만족하여야 한다.

② 겸용도체는 고정된 전기설비에서만 사용할 수 있으며 다음에 의한다.
 ㉮ 단면적은 구리 $10[mm^2]$ 또는 알루미늄 $16[mm^2]$ 이상이어야 한다.
 ㉯ 중성선과 보호도체의 겸용도체는 전기설비의 부하 측으로 시설하여서는 안 된다.
 ㉰ 폭발성 분위기 장소는 보호도체를 전용으로 하여야 한다.

③ 겸용도체의 성능은 다음에 의한다.
 ㉮ 공칭전압과 같거나 높은 절연성능을 가져야 한다.
 ㉯ 배선설비의 금속 외함은 겸용도체로 사용해서는 안 된다.

④ 겸용도체는 다음 사항을 준수하여야 한다.
 ㉮ 중성선·중간도체·상도체를 전기설비의 다른 접지된 부분에 접속해서는 안 된다.
 ㉯ 겸용도체는 보호도체용 단자 또는 바(bar)에 접속되어야 한다.
 ㉰ 계통외 도전부는 겸용도체로 사용해서는 안 된다.

(8) 감전보호에 따른 보호도체

과전류보호장치를 감전에 대한 보호용으로 사용하는 경우, 보호도체는 충전도체와 같은 배선설비에 병합시키거나 근접한 경로로 설치하여야 한다.

(9) 주 접지단자

접지시스템은 주 접지단자를 설치하고, 다음의 도체를 접속하여야 한다.
- 등전위본딩도체
- 접지도체
- 보호도체
- 기능성 접지도체

5. 전기수용가 접지

(1) 다음의 것들은 저압수용가 인입구 부근에서 변압기 중성점 접지를 한 저압전선로의 중성선 또는 접지측 전선에 추가로 접지공사를 할 수 있다.
 ① 지중에 매설되어 있고 대지와의 전기저항 값이 $3[\Omega]$ 이하의 값을 유지하고 있는 금속제 수도관로
 ② 대지 사이의 전기저항 값이 $3[\Omega]$ 이하인 값을 유지하는 건물의 철골
 ③ 이때의 접지도체는 공칭단면적 $6[mm^2]$ 이상의 연동선이어야 한다.

(2) 저압수용장소에서 계통접지가 TN-C-S 방식인 경우에 보호도체는 다음에 따라 시설하여야 한다.
 ① 중성선 겸용 보호도체(PEN)는 고정 전기설비에만 사용할 수 있고, 그 도체의 단면적이 구리는 $10[mm^2]$ 이상, 알루미늄은 $16[mm^2]$ 이상이어야 하며, 그 계통의 최고전압에 대하여 절연되어야 한다.
 ② 감전보호용 등전위본딩을 하여야 한다. 그렇지 않으면 중성선 겸용 보호도체를 수용장소의 인입구 부근에 추가로 접지하여야 한다.

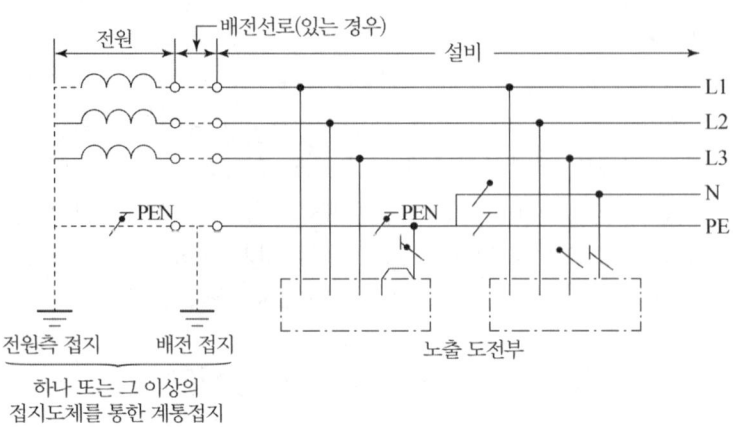

TN-C-S

6. 변압기 중성점 접지

1) 중성점 접지 저항 값

① 일반적으로 변압기의 고압·특고압측 전로 1선 지락전류로 150을 나눈 값과 같은 저항 값 이하($\frac{150}{I_g}$)

② 변압기의 고압·특고압측 전로 또는 사용전압이 35[kV] 이하의 특고압전로가 저압측 전로와 혼촉하고 저압전로의 대지전압이 150[V]를 초과하는 경우는 저항 값은 다음에 의한다.

㉮ 1초 초과 2초 이내에 고압·특고압 전로를 자동으로 차단하는 장치를 설치할 때는 300을 나눈 값 이하($\frac{300}{I_g}$)

㉯ 1초 이내에 고압·특고압 전로를 자동으로 차단하는 장치를 설치할 때는 600을 나눈 값 이하($\frac{600}{I_g}$)

(2) 공통접지 및 통합접지

고압 및 특고압과 저압 전기설비의 접지극이 서로 근접하여 시설되어 있는 변전소 또는 이와 유사한 곳에서는 공통접지시스템으로 할 수 있다. 접지시스템에서 고압 및 특고압 계통의 지락사고 시 저압계통에 가해지는 상용주파 과전압은 아래표에서 정한 값을 초과해서는 안 된다.

〈저압설비 허용 상용주파 과전압〉

고압계통에서 지락고장시간 [초]	저압설비 허용 상용주파 과전압 [V]	비 고
> 5	$U_0 + 250$	중성선 도체가 없는 계통에서 U_0는 선간 전압을 말한다.
≤ 5	$U_0 + 1,200$	

[비고] 1. 순시 상용주파 과전압에 대한 저압기기의 절연 설계기준과 관련된다.
2. 중성선이 변전소 변압기의 접지계통에 접속된 계통에서, 건축물외부에 설치한 외함이 접지되지 않은 기기의 절연에는 일시적 상용주파 과전압이 나타날 수 있다.

① 고압 및 특고압을 수전 받는 수용가의 접지계통을 수전 전원의 다중접지된 중성선과 접속하면 위 표의 요건은 충족하는 것으로 간주할 수 있다.

7. 감전보호용 등전위 본딩(等電位 Bonding)

(1) 등전위본딩의 적용

① 건축물·구조물에서 접지도체, 주 접지단자와 다음의 도전성부분은 등전위본딩 하여야 한다.
㉮ 수도관·가스관 등 외부에서 내부로 인입되는 금속배관
㉯ 건축물·구조물의 철근, 철골 등 금속보강재
㉰ 일상생활에서 접촉이 가능한 금속제 난방배관 및 공조설비 등 계통외 도전부
② 주 접지단자에 보호등전위본딩 도체, 접지도체, 보호도체, 기능성 접지도체를 접속하여야 한다.

(2) 등전위본딩 시설

① 보호등전위본딩
㉮ 건축물·구조물의 외부에서 내부로 들어오는 각종 금속제 배관은 다음과 같이 해야 한다.
- 1개소에 집중하여 인입하고, 인입구 부근에서 서로 접속하여 등전위본딩 바에 접속하여야 한다.
- 대형건축물 등으로 1개소에 집중하여 인입하기 어려운 경우에는 본딩도체를 1개의 본딩바에 연결한다.

㉯ 수도관·가스관의 경우 내부로 인입된 최초의 밸브 후단에서 등전위본딩을 하여야 한다.
㉰ 건축물·구조물의 철근, 철골 등 금속보강재는 등전위본딩을 하여야 한다.

② 비접지 국부등전위본딩
㉮ 절연성 바닥으로 된 비접지 장소에서 다음의 경우 국부등전위 본딩을 하여야 한다.
- 전기설비 상호 간이 2.5[m] 이내인 경우
- 전기설비와 이를 지지하는 금속체 사이

㉯ 전기설비 또는 계통외도전부를 통해 대지에 접촉하지 않아야 한다.

(3) 등전위본딩 도체

① 보호등전위본딩 도체
㉮ 주접지단자에 접속하기 위한 등전위본딩 도체는 설비 내에 있는 가장 큰 보호접지도체 단면적의 1/2 이상의 단면적을 가져야 하고 다음의 단면적 이상이어야 한다.
- 구리도체 6[mm^2]
- 알루미늄 도체 16[mm^2]
- 강철 도체 50[mm^2]

㉯ 주접지단자에 접속하기 위한 보호본딩도체의 단면적은 구리도체 25[mm^2] 또는 다른 재질의 동등한 단면적을 초과할 필요는 없다.

② 보조 보호등전위본딩 도체
㉮ 두 개의 노출도전부를 접속하는 경우 도전성은 노출도전부에 접속된 더 작은 보호도체의 도전성보다 커야 한다.
㉯ 노출도전부를 계통외도전부에 접속하는 경우 도전성은 같은 단면적을 갖는 보호도체의

1/2 이상이어야 한다.
㉰ 케이블의 일부가 아닌 경우 또는 선로도체와 함께 수납되지 않은 본딩도체는 다음 값 이상 이어야 한다.
- 기계적 보호가 된 것은 구리도체 2.5[mm^2], 알루미늄 도체 16[mm^2]
- 기계적 보호가 없는 것은 구리도체 4[mm^2], 알루미늄 도체 16[mm^2]

8. 계통접지

(1) 계통접지 구성
① 저압전로의 보호도체 및 중성선의 접속 방식에 따라 접지계통 분류
  ㉮ TN 계통   ㉯ TT 계통   ㉰ IT 계통

〈IEC 분류에서 접지 CODE의 정의〉

| 1 | 2 | - | 3 |

1) 제1문자 : 전력계통과 대지와의 관계
   - T(Terra) - 한 점을 대지에 직접 접속
   - I(Insulation, Insert) - 모든 충전부를 대지(접지)로부터 절연시키거나 임피던스를 삽입하여 한 점을 접속
2) 제2문자 : 설비의 노출 도전성 부분과 대지와의 관계
   - T(Terra) - 노출 도전부를 대지로 직접 접속, 전력계통의 접지와는 무관
   - N(Neutral) - 노출 도전부를 전력계통의 접지점(교류계통에서는 통상적으로 중성점 또는 중성점이 없을 경우는 선도체)에 직접 접속
3) 그 다음 문자(문자가 있을 경우) : 중성선과 보호도체의 배치
   - S(Separator) - 보호도체의 기능을 중성선 또는 접지측 도체와 분리된 도체에서 실시
   - C(Combine) - 중성선과 보호도체의 기능을 한 개의 도체로 겸용(PEN도체)

각 계통에서 나타내는 그림의 기호

기호	설명
─────/─────	중성선(N), 중간도체(M)
─────/─────	보호도체(PE)
─────/─────	중성선과 보호도체 겸용(PEN)

(2) TN 계통
전원측의 한 점을 직접접지하고 설비의 노출도전부를 보호도체로 접속시키는 방식.
중성선 및 보호도체(PE 도체)의 배치 및 접속방식에 따라 다음과 같이 분류한다.
① TN-S 계통 : 계통 전체에 대해 별도의 중성선 또는 PE 도체를 사용한다. 배전계통에서 PE 도체를 추가접지 가능.

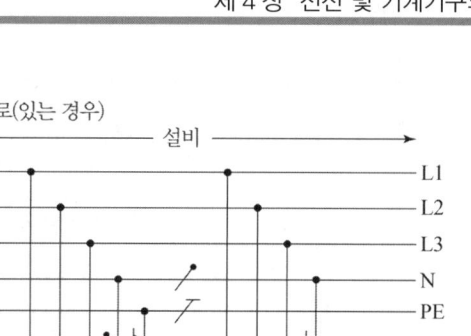

〈계통 내에서 별도의 중성선과 보호도체가 있는 TN-S 계통〉

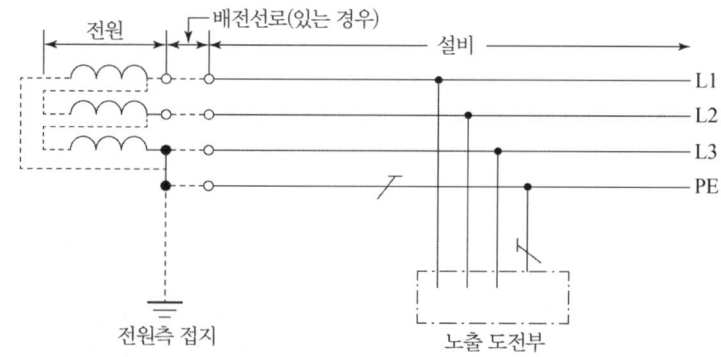

〈계통 내에서 별도 접지된 선도체와 보호도체가 있는 TN-S 계통〉

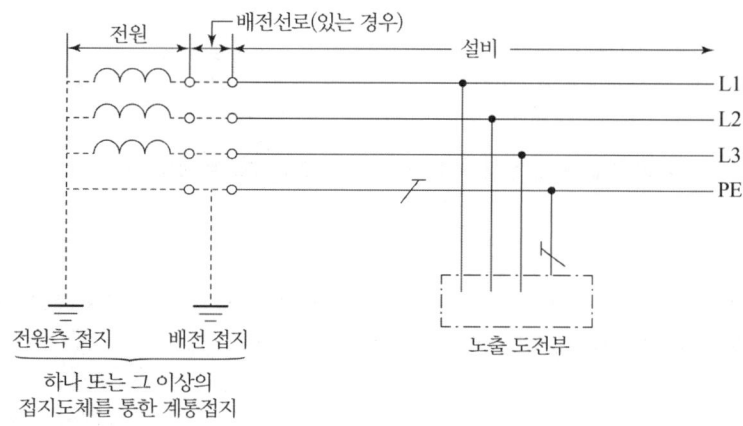

〈계통 내에서 접지된 보호도체는 있으나 중성선의 배선이 없는 TN-S 계통〉

② TN-C 계통 : 그 계통 전체에 대해 중성선과 보호도체의 기능을 동일도체로 겸용한 PEN 도체 사용하는 방식. 배전계통에서 PEN 도체를 추가접지 가능.

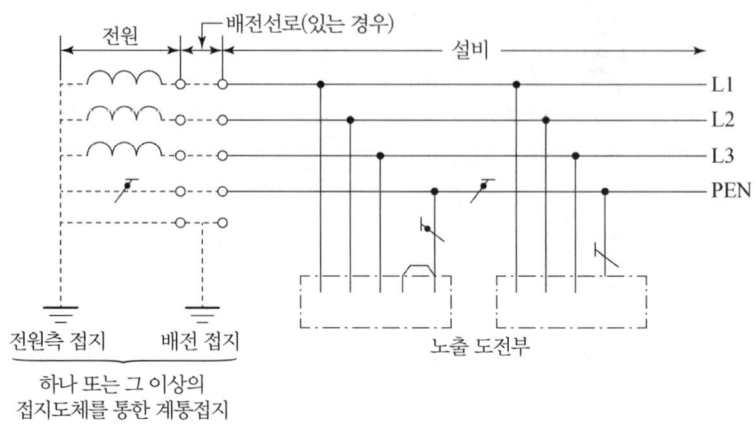

〈TN-C 계통〉

③ TN-C-S계통 : 계통의 일부분에서 PEN 도체를 사용하거나, 중성선과 별도의 PE 도체를 사용하는 방식으로 배전계통에서 PEN 도체와 PE 도체를 추가접지 가능.

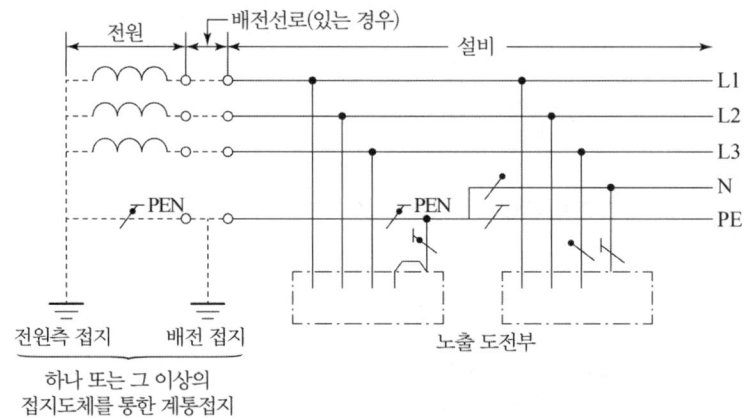

〈설비의 어느 곳에서 PEN이 PE와 N으로 분리된 3상 4선식 TN-C-S 계통〉

(3) TT 계통

전원의 한 점을 직접 접지하고 설비의 노출도전부는 전원의 접지전극과 전기적으로 독립적인 접지극에 접속시킨다. 배전계통에서 PE 도체를 추가접지 가능.

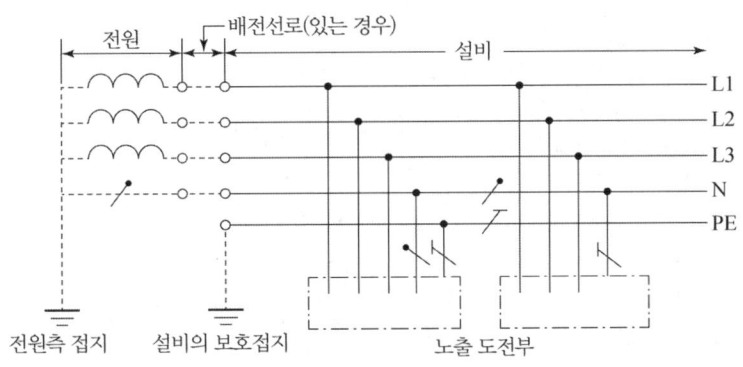

〈설비 전체에서 별도의 중성선과 보호도체가 있는 TT 계통〉

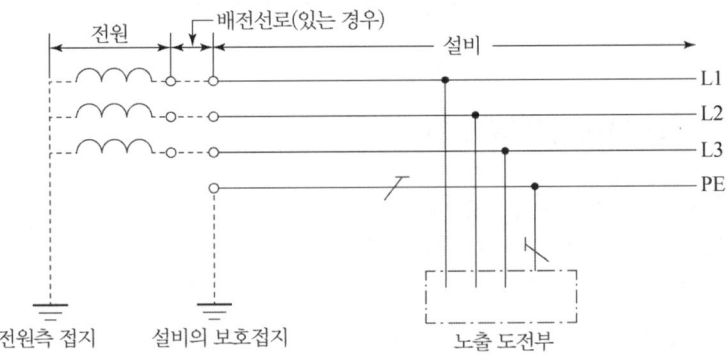

〈설비 전체에서 접지된 보호도체가 있으나 배전용 중성선이 없는 TT 계통〉

(4) IT 계통

① 충전부 전체를 대지로부터 절연시키거나, 한 점을 임피던스를 통해 대지에 접속시킨다. 전기설비의 노출도전부를 단독 또는 일괄적으로 계통의 PE 도체에 접속시킨다. 배전계통에서 추가접지가 가능하다.

② 계통은 충분히 높은 임피던스를 통하여 접지할 수 있다. 이 접속은 중성점, 인위적 중성점, 선도체 등에서 할 수 있다. 중성선은 배선할 수도 있고, 배선하지 않을 수도 있다.

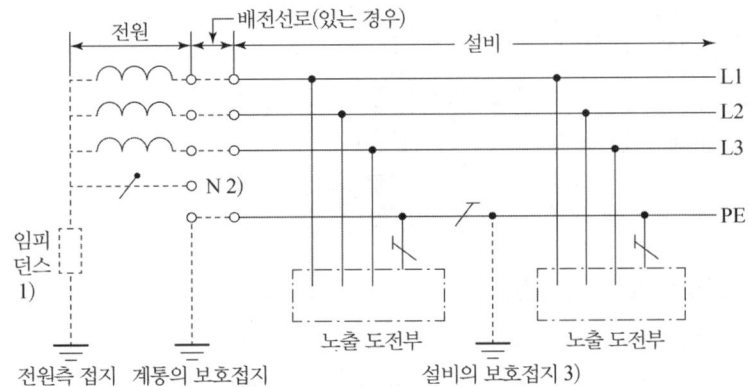

〈계통 내의 모든 노출도전부가 보호도체에 의해 접속되어 일괄 접지된 IT 계통〉

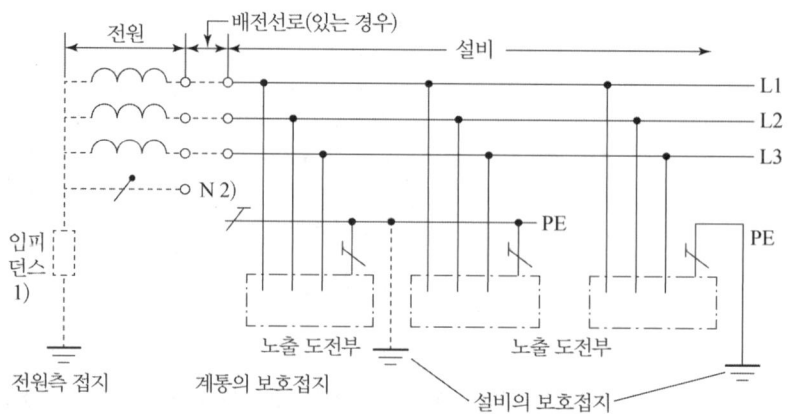

〈노출도전부가 조합으로 또는 개별로 접지된 IT 계통〉

4.3 전선 및 기계기구의 보안

1. 저압전로 중의 개폐기 및 과전류차단장치의 시설
- 과전류 차단기 : 단락 또는 접지사고에 대해 전선을 보호
- 퓨즈, 마그네트스위치, 자동차단기 : 과부하에 의한 전류가 흐를 때 전선이나 기계·기구에 대한 보호 (자동차단기 : 공기차단기, 유입차단기, 배선용 차단기 등)

(1) 저압전로 중의 개폐기의 시설
① 저압전로 중에 개폐기를 시설하는 경우에는 각 극에 설치.
② 사용전압이 다른 개폐기는 상호 식별이 용이하도록 시설.
③ 저압 옥내전로에는 인입구에 가까운 곳에서 쉽게 개폐할 수 있는 곳에 개폐기를 각 극에 시설.
④ 사용전압이 400[V] 이하인 옥내 전로로서 다른 옥내전로(정격전류가 16[A] 이하인 과전류 차단기 또는 정격전류가 16[A]를 초과하고 20[A] 이하인 배선차단기로 보호되고 있는 것에 한한다)에 접속하는 길이 15[m] 이하의 전로에서 전기의 공급을 받는 것은 개폐기 생략 가능

(2) 간선의 굵기와 수용률
전기사용 장치의 정격전류의 합계의 값에 수용률과 역률을 고려하여 수정된 부하 전류값 이상의 허용전류를 갖는 전선을 선정한다.

$$간선 허용전류 = \frac{정격전류}{역률 \times 수용율}$$

2. 간선의 보호(과부하 및 단락보호)
(1) 선도체의 보호
① 원칙적으로 모든 선도체에 대하여 과전류 검출기를 설치하여 과전류가 발생할 때 전원을

안전하게 차단해야 한다. 다만, 과전류가 검출된 도체 이외의 다른 선도체는 차단하지 않아도 된다.

② 3상 전동기 등과 같이 단상 차단이 위험을 일으킬 수 있는 경우 적절한 보호 조치를 해야 한다.

③ TT 계통 또는 TN 계통에서, 동일 회로 또는 전원 측에서 부하 불평형을 감지하고 모든 선도체를 차단하기 위한 보호장치를 갖춘 경우 과전류 검출기를 설치하지 않아도 된다.

(2) 중성선의 보호

① TT 계통 또는 TN 계통

㉮ 중성선의 단면적이 선도체보다 크고, 그 중성선의 전류가 선도체보다 크지 않을 것으로 예상될 경우, 중성선에는 과전류 차단장치를 설치하지 않아도 된다.

㉯ 중성선의 단면적이 선도체보다 작은 경우 과전류 검출기를 설치할 필요가 있다.

㉰ 검출된 과전류가 설계전류를 초과하면 선도체를 차단해야 하지만, 중성선을 차단할 필요까지는 없다.

㉱ 중성선에 관한 요구사항은 차단에 관한 것을 제외하고 중성선과 보호도체 겸용(PEN) 도체에도 적용한다.

② IT 계통

㉮ 중성선을 배선하는 경우 중성선에 과전류검출기를 설치해야 하며, 과전류가 검출되면 중성선을 포함한 해당 회로의 모든 충전도체를 차단해야 한다.

㉯ 설비의 전력 공급점과 같은 전원 측에 설치된 보호장치에 의해 그 중성선이 과전류에 대해 효과적으로 보호되는 경우 과전류검출기를 설치하지 않아도 된다.

㉰ 정격감도전류가 해당 중성선 허용전류의 0.2배 이하인 누전차단기로 그 회로를 보호하는 경우 과전류검출기를 설치하지 않아도 된다.

(3) 중성선의 차단 및 재폐로

중성선을 차단 및 재폐로하는 회로의 경우에 설치하는 개폐기 및 차단기는 차단 시에는 중성선이 선도체보다 늦게 차단되어야 하며, 재폐로 시에는 선도체와 동시 또는 그 이전에 재폐로되는 것을 설치하여야 한다.

(4) 보호장치의 종류 및 특성

① 과부하전류 및 단락전류 겸용 보호장치
② 과부하전류 전용 보호장치
③ 단락전류 전용 보호장치

과전류 보호장치는 KS C 또는 KS C IEC 관련 표준(배선차단기, 누전차단기, 퓨즈 등의 표준)의 동작특성에 적합하여야 한다.

(5) 과부하전류에 대한 보호

① 도체와 과부하 보호장치 사이의 협조

과부하에 대해 케이블(전선)을 보호하는 장치의 동작특성은 다음의 조건을 충족해야 한다.

$$I_B \leq I_n \leq I_Z \qquad I_2 \leq 1.45 \times I_Z$$

I_B : 회로의 설계전류

I_Z : 케이블의 허용전류

I_n : 보호장치의 정격전류

I_2 : 보호장치가 규약시간 이내에 유효하게 동작하는 것을 보장하는 전류

② 과부하 보호장치의 설치 위치

과부하 보호장치는 전로 중 도체의 단면적, 특성, 설치방법, 구성의 변경으로 도체의 허용 전류 값이 줄어드는 곳(이하 분기점이라 함)에 설치해야 한다.

분기회로(S_2)의 과부하 보호장치(P_2)의 전원 측에 다른 분기회로 또는 콘센트의 접속이 없고, 분기회로에 대한 단락보호가 이루어지고 있는 경우, P_2는 분기회로의 분기점(O)으로부터 부하 측으로 거리에 구애 받지 않고 이동하여 설치

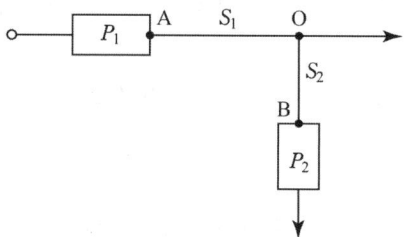

분기회로(S_2)의 분기점(O)에 설치되지 않은 분기회로 과부하보호장치(P_2)

분기회로 (S_2)의 보호장치 (P_2)는 (P_2)의 전원측에서 분기점(O) 사이에 다른 분기회로 또는 콘센트의 접속이 없고, 단락의 위험과 화재 및 인체에 대한 위험성이 최소화 되도록 시설된 경우, 분기회로의 보호장치 (P_2)는 분기회로의 분기점(O)으로부터 3[m]까지 이동하여 설치

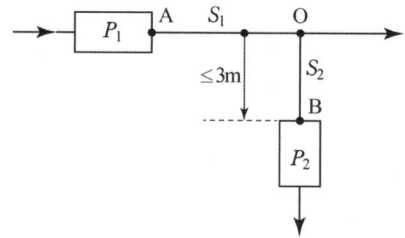

분기회로(S_2)의 분기점(O)에서 3[m] 이내에 설치된 과부하 보호장치(P_2)

③ 과부하보호장치의 생략

화재 또는 폭발 위험성이 있는 장소에 설치되는 설비 또는 특수설비 및 특수 장소의 요구사항들을 별도로 규정하는 경우외에는 과부하보호장치를 생략할 수 있다.

- 분기회로의 전원 측에 설치된 보호장치에 의하여 분기회로에서 발생하는 과부하에 대해 유효하게 보호되고 있는 분기회로

- 단락전류에 대한보호의 요구사항에 따라 단락보호가 되고 있으며, 분기점 이후의 분기회로에 다른 분기회로 및 콘센트가 접속되지 않는 분기회로 중, 부하에 설치된 과부하 보호장치가 유효하게 동작하여 과부하전류가 분기회로에 전달되지 않도록 조치를 하는 경우
- 통신회로용, 제어회로용, 신호회로용 및 이와 유사한 설비
- 이중절연에 의한 보호수단 적용(IT계통)
- 2차 고장이 발생할 때 즉시 작동하는 누전차단기로 각 회로를 보호(IT계통)
- 지속적으로 감시되는 시스템의 경우 다음 중 어느 하나의 기능을 구비한 절연 감시 장치의 사용
  ① 최초 고장이 발생한 경우 회로를 차단하는 기능
  ② 고장을 나타내는 신호를 제공하는 기능. 이 고장은 운전 요구사항 또는 2차 고장에 의한 위험을 인식하고 조치가 취해져야 한다.
- 중성선이 없는 IT 계통에서 각 회로에 누전차단기가 설치된 경우
- 사용 중 예상치 못한 회로의 개방이 위험 또는 큰 손상을 초래할 수 있는 다음과 같은 부하에 전원을 공급하는 회로에 대해서는 과부하 보호장치를 생략할 수 있다.
  ① 회전기의 여자회로
  ② 전자석 크레인의 전원회로
  ③ 전류변성기의 2차회로
  ④ 소방설비의 전원회로
  ⑤ 안전설비(주거침입경보, 가스누출경보 등)의 전원회로

(6) 단락전류에 대한 보호
  ① 단락보호장치의 설치위치
     분기회로의 단락보호장치 설치점(B)과 분기점(O) 사이에 다른 분기회로 또는 콘센트의 접속이 없고 단락, 화재 및 인체에 대한 위험이 최소화될 경우, 분기회로의 단락 보호장치 P_2는 분기점(O)으로 부터 3[m]까지 이동하여 설치할 수 있다.

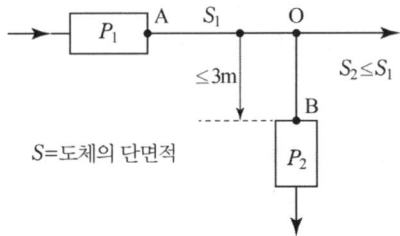

분기회로 단락보호장치(P_2)의 제한된 위치 변경

도체의 단면적이 줄어들거나 다른 변경이 이루어진 분기회로의 시작점(O)과 이 분기회로의 단락보호장치(P_2) 사이에 있는 도체가 전원측에 설치되는 보호장치(P_1)에 의해 단락보호가 되는 경우에, P_2의 설치위치는 분기점(O)로부터 거리제한이 없이 설치할 수 있다.

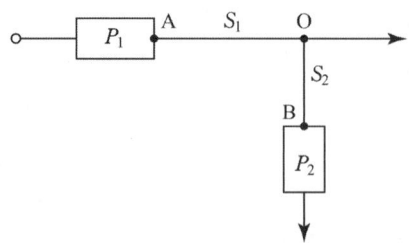

분기회로 단락보호장치(P_2)의 설치 위치

② 단락보호장치의 생략

배선을 단락위험이 최소화할 수 있는 방법과 가연성 물질 근처에 설치하지 않는 조건이 모두 충족되면 다음과 같은 경우 단락보호장치를 생략할 수 있다.
㉮ 발전기, 변압기, 정류기, 축전지와 보호장치가 설치된 제어반을 연결하는 도체
㉯ 전원차단이 설비의 운전에 위험을 가져올 수 있는 회로
㉰ 특정 측정회로

(7) 저압전로 중의 개폐기 및 과전류차단장치의 시설
① 저압전로 중의 개폐기의 시설
㉮ 저압전로 중에 개폐기를 시설하는 경우(이 규정에서 개폐기를 시설하도록 정하는 경우에 한한다)에는 그 곳의 각 극에 설치하여야 한다.
㉯ 사용전압이 다른 개폐기는 상호 식별이 용이하도록 시설하여야 한다.
㉰ 저압 옥내전로에는 인입구에 가까운 곳에서 쉽게 개폐할 수 있는 곳에 개폐기를 각 극에 시설하여야 한다.
② 저압전로 중의 과전류차단기의 시설
㉮ 과전류차단기로 저압전로에 사용하는 퓨즈(「전기용품 및 생활용품 안전관리법」에서 규정하는 것은 제외)는 다음 표에 적합한 것이어야 한다.

〈퓨즈(gG)의 용단특성〉

정격전류의 구분	시 간	정격전류의 배수	
		불용단전류	용단전류
4[A] 이하	60분	1.5배	2.1배
4[A] 초과 16[A] 미만	60분	1.5배	1.9배
16[A] 이상 63[A] 이하	60분	1.25배	1.6배
63[A] 초과 160[A] 이하	120분	1.25배	1.6배
160[A] 초과 400[A] 이하	180분	1.25배	1.6배
400[A] 초과	240분	1.25배	1.6배

구분	용도
gG	일반적으로 사용하는 차단용량이 전 범위인 퓨즈
gM	전동기 보호용으로 차단용량이 전 범위인 퓨즈
aM	전동기회로 단락보호용으로 차단용량이 일부인 퓨즈
gD	차단용량이 전 범위인 한시형 퓨즈
gN	차단용량이 전 범위인 순시형 퓨즈

㉯ 과전류차단기로 저압전로에 사용하는 산업용 배선용차단기(「전기용품 및 생활용품 안전관리법」에서 규정하는 것은 제외)는 아래표에 적합한 것이어야 한다. 다만, 일반인이 접촉할 우려가 있는 장소(세대내 분전반 및 이와 유사한 장소)에는 주택용 배선차단기를 시설하여야 하고, 주택용 배선차단기를 정방향(세로)으로 부착할 경우에는 차단기의 위쪽이 켜짐(on)으로, 차단기의 아래쪽은 꺼짐(off)으로 시설하여야 한다.

〈과전류트립 동작시간 및 특성(산업용 배선용 차단기)〉

정격전류의 구분	시 간	정격전류의 배수 (모든 극에 통전)	
		부동작 전류	동작 전류
63[A] 이하	60분	1.05배	1.3배
63[A] 초과	120분	1.05배	1.3배

〈과전류트립 동작시간 및 특성(주택용 배선용 차단기)〉

정격전류의 구분	시 간	정격전류의 배수 (모든 극에 통전)	
		부동작 전류	동작 전류
63[A] 이하	60분	1.13배	1.45배
63[A] 초과	120분	1.13배	1.45배

〈순시트립에 따른 구분(주택용 배선용 차단기)〉

형	순시트립범위
B	$3I_n$ 초과 ~ $5I_n$ 이하
C	$5I_n$ 초과 ~ $10I_n$ 이하
D	$10I_n$ 초과 ~ $20I_n$ 이하

[비고] 1. B, C, D: 순시트립전류에 따른 차단기 분류
2. I_n : 차단기 정격전류

③ 저압전로 중의 전동기 보호용 과전류보호장치의 시설

㉮ 과전류차단기로 저압전로에 시설하는 과부하보호장치(전동기가 손상될 우려가 있는 과전류가 발생했을 경우에 자동적으로 이것을 차단하는 것에 한한다)와 단락보호 전용차단기 또는 과부하보호장치와 단락보호전용퓨즈를 조합한 장치는 전동기에만 연결하는 저압전로에 사용하고 다음 각각에 적합한 것이어야 한다.

㉠ 과부하 보호장치, 단락보호전용 차단기 및 단락보호전용 퓨즈는「전기용품 및 생활용품 안전관리법」에 적용을 받는 것 이외에는 한국산업표준(이하 "KS"라 한다)에 적합하여야 하며, 다음에 따라 시설할 것.

• 과부하 보호장치로 전자접촉기를 사용할 경우에는 반드시 과부하계전기가 부착되어 있을 것.
• 단락보호전용 차단기의 단락동작설정 전류 값은 전동기의 기동방식에 따른 기동돌입전류를 고려할 것.
• 단락보호전용 퓨즈는 다음 표의 용단 특성에 적합한 것일 것.

〈단락보호전용 퓨즈(aM)의 용단특성〉

정격전류의 배수	불용단시간	용단시간
4 배	60초 이내	–
6.3 배	–	60초 이내
8 배	0.5초 이내	–
10 배	0.2초 이내	–
12.5 배	–	0.5초 이내
19 배	–	0.1초 이내

〈gD, gN 퓨즈의 용단특성〉

정격전류	시간	정격전류의 배수	
		불용단 전류	용단전류
60A 이하	60분	1.5배	2.1배
60A 초과~600A 이하	120분	1.5배	1.9배
600A 초과~6000A 이하	2400분	1.5배	1.6배

　㉯ 고압전로용 퓨즈
- 비포장 퓨즈는 정격전류 1.25배에 견디고, 2배의 전류로는 2분 안에 용단되어야 한다.
- 포장퓨즈는 정격전류 1.3배에 견디고, 2배의 전류로는 120분 안에 용단되어야 한다.

　㉰ 옥내에 시설하는 전동기(정격 출력이 0.2[kW] 이하인 것을 제외)에는 전동기가 손상될 우려가 있는 과전류가 생겼을 때에 자동적으로 이를 저지하거나 이를 경보하는 장치를 하여야 한다. 다만, 다음의 어느 하나에 해당하는 경우에는 그러하지 아니하다.
- 전동기를 운전 중 상시 취급자가 감시할 수 있는 위치에 시설하는 경우
- 전동기의 구조나 부하의 성질로 보아 전동기가 손상될 수 있는 과전류가 생길 우려가 없는 경우
- 단상전동기로서 그 전원측 전로에 시설하는 과전류 차단기의 정격전류가 16[A] (배선용 차단기는 20[A]) 이하인 경우

3. 지락 보호 장치

(1) 누전 차단기(RCD: Residual Current Protective Device)
　　　　　　　(ELB/Earth Leakage Circuit Breaker)

① 역할 : 옥내배선회로에 누전이 발생했을 때 이를 감지하고, 자동적으로 회로를 차단하는 장치로서 감전사고 및 화재를 방지할 수 있는 장치이다.

② 설치장소

　㉮ 금속제 외함을 가지는 사용전압이 50[V]를 초과하는 저압의 기계 기구로서 사람이 쉽게 접촉할 우려가 있는 곳에 시설하는 것에 전기를 공급하는 전로에는 누전차단기를 설치해야 한다.

　　※ 설치예외의 경우
- 기계기구를 발전소·변전소·개폐소 또는 이에 준하는 곳에 시설하는 경우
- 기계기구를 건조한 곳에 시설하는 경우
- 대지전압이 150[V] 이하인 기계기구를 물기가 있는 곳 이외의 곳에 시설하는 경우
- 이중 절연구조의 기계기구를 시설하는 경우
- 그 전로의 전원측에 절연변압기(2차 전압이 300[V] 이하인 경우에 한한다)를 시설하고 또한 그 절연 변압기의 부하측의 전로에 접지하지 아니하는 경우

- 기계기구가 고무·합성수지 기타 절연물로 피복된 경우
- 기계기구가 유도전동기의 2차측 전로에 접속되는 것일 경우
- 기계기구내에 누전차단기를 설치하고 또한 기계기구의 전원 연결선이 손상을 받을 우려가 없도록 시설하는 경우

㉯ 주택의 인입구 등 누전차단기 설치를 요구하는 전로

㉰ 특고압전로, 고압전로 또는 저압전로와 변압기에 의하여 결합되는 사용전압 400[V] 초과의 저압전로 또는 발전기에서 공급하는 사용전압 400[V] 초과의 저압전로(발전소 및 변전소와 이에 준하는 곳에 있는 부분의 전로를 제외한다).

㉱ 다음의 전로에는 전기용품안전기준의 적용을 받는 자동복구 기능을 갖는 누전차단기를 시설할 수 있다.
- 독립된 무인 통신중계소·기지국
- 관련법령에 의해 일반인의 출입을 금지 또는 제한하는 곳
- 옥외의 장소에 무인으로 운전하는 통신중계기 또는 단위기기 전용회로. 단, 일반인이 특정한 목적을 위해 지체하는(머물러 있는) 장소로서 버스정류장, 횡단보도 등에는 시설할 수 없다.

누전차단기의 종류 및 정격감도전류

구 분		정격 감도 전류(mA)	동 작 시 간
고감도형	고 속 형	5, 10, 15, 30	정격감도전류에서 0.1초 이내, 인체감전보호형은 0.03초 이내
	시 연 형		정격감도전류에서 0.1초를 초과하고 2초 이내
	반한시형		정격감도전류에서 0.2초를 초과하고 1초 이내 정격감도전류×1.4에서 0.1초과하고 0.5초 이내 정격감도전류×4.4에서 0.05초 이내
중감도형	고 속 형	50, 100, 200, 500, 1000	정격감도전류에서 0.1초 이내
	시 연 형		정격감도전류에서 0.1초를 초과하고 2초 이내
저감도형	고 속 형	3000, 5000, 10000, 20000	정격감도전류에서 0.1초 이내
	시 연 형		정격감도전류에서 0.1초를 초과하고 2초 이내

주) 정격 부동작 전류는 정격감도전류의 50[%] 이상으로 한다. 다만 정격감도전류가 100[mA] 이하인 것은 60[%] 이상으로 한다.

③ 저압용 비상용 조명장치·비상용승강기·유도등·철도용 신호장치, 비접지 저압전로, 기타 그 정지가 공공의 안전 확보에 지장을 줄 우려가 있는 기계기구에 전기를 공급하는 전로의 경우, 그 전로에서 지락이 생겼을 때에 이를 기술원 감시소에 경보하는 장치를 설치한 때에는 누전차단장치를 시설하지 않을 수 있다.

④ 누전차단기를 저압전로에 사용하는 경우 일반인이 접촉할 우려가 있는 장소(세대 내 분전반 및 이와 유사한 장소)에는 주택용 누전차단기를 시설하여야 한다. 주택용 누전차단기를 정방향(세로)으로 부착할 경우에는 차단기의 위쪽이 켜짐(on)으로, 차단기의 아래쪽은 꺼짐(off)으로 시설하여야 한다.

[표] 과전류보호장치 정격

구분		과전류 보호장치의 정격
주택용 배선차단기	정격전류[A]	6-8-10-13-16-20-25-32-40-50-63-80-100-125
	정격차단전류[kA]	1-1.25-1.5-1.6-2-2.5-3-3.15-4-4.5-5-6-6.3-8-10-12.5-16-20-25
산업용 배선차단기	정격전류[A]	6-8-10-13-16-20-25-32-40-50-63-80-100-125-160-200-250-320-400-500-630-800-1000-1250-1600-2000-2500-3200
	정격차단전류[kA]	1-1.25-1.6-2-2.5-3.15-4-5-6.3-8-10-12.5-16-20-25-31.5-40-50-63-80-100-125-160-200
기중차단기 (ACB)	정격전류[A]	200-400-630-800-1000-1250-1600-2000-2500-3200-4000-5000-6300
	정격차단전류[kA]	31.5-40-50-63-80-100-125-160-200-250
퓨즈	정격전류[A]	2-4-6-8-10-12-16-20-25-32-40-50-63-80-100-125-160-200-250-315-400-500-630-800-1000-1250
	정격차단전류[kA]	• 정격전압에 따라 제조자가 지정한 전류값 • 최소정격차단전류(산업용) : 교류 50 kA, 직류 25 kA • 최소정격차단전류(가정용) : 교류 50 kA, 직류 8 kA

4. 접지방식

(1) 비접지방식

변압기를 △-△결선하여 송전하는 방식이다. 주로 20~30[kV] 정도의 단거리 송전선 또는 배전선에 사용된다.

(2) 직접 접지방식

Y결선의 중성점을 직접 도선으로 접지하는 방식인데, 선로나 변압기의 절연을 낮게 할 수 있다. 그리고 접지 계전기의 동작이 용이하여 선택, 차단이 확실하다.

(3) 저항 접지방식

변압기의 중성점을 저항을 통해 접지하는 방식이다.

(4) 소호 리액터(코일) 접지식

중성점을 소호 리액터를 통해서 접지하는 방식이다.

[장점] ① 통신선에 대한 유도장해가 적다.
② 고장난 곳의 전선이나 애자의 손상이 적다.

[단점] ① 시설비가 비싸다.
② 단선 사고의 경우 이상전압 발생의 염려가 있다.

5. 중성점 접지 목적
(1) 1선 지락시에 대지 전위의 상승을 억제, 선로와 기기의 절연을 가볍게 한다.
(2) 벼락 등에 의한 아아크 접지로 발생하는 이상 전압을 억제한다.
(3) 지락사고 발생시 접지 계전기의 동작을 확실하게 하며, 신속하게 선택 차단한다.

6. 유도장해
(1) 전력측의 대책
① 전력선 연가로 평상시의 유도장해를 방지한다.
② 고장전류를 감소시킨다.
③ 고장 회선을 고속도 차단한다.
④ 가공지선에 의하여 고장전류를 분리시켜 유도 전류를 감소시킨다.
⑤ 정전유도 대책으로는 송전선의 지상높이를 높게 한다.

(2) 통신선측 대책
① 통신선에 특성이 양호한 피뢰기를 시설한다.(유도장해 방지용)
② 통신선을 연피케이블로 시설한다.
③ 배류코일을 설치한다.
④ 통신선을 케이블화 한다.

7. 보호계전기

[보호계전기의 종류 및 기능]

명 칭	기 능
과전류계전기(OCR)	일정값 이상의 전류가 흘렀을 때 동작
과전압계전기(OVR)	일정값 이상의 전압이 걸렸을 때 동작
부족전압계전기(UVR)	전압이 일정값 이하로 떨어졌을 때 동작
비율차동계전기(RFDR)	고장에 의해 생긴 불평형 전류차가 기준치 이상됐을 때 동작, 변압기 내부고장 검출용으로 주로 사용
선택계전기(SR)	병행 2회선중 한쪽의 회선에 고장이 생겼을 때 어느 회선에 고장이 생겼는지 선택
방향계전기(DR)	고장점의 방향을 아는 데 사용
거리계전기	계전기가 설치된 위치에서 고장점까지의 전기적 거리에 비례해 한시로 동작
지락과전류계전기(OCGR)	지락보호용으로 사용하기 위해 과전류 계전기의 동작을 작게 한 것
지락방향계전기(DGR)	지락과전류계전기에 방향성을 준 것
지락회선선택계전기(SGR)	지락보호용으로 사용하기 위해 선택계전기의 동작을 작게 한 것

(1) 보호계전기의 시한 특성
① 순한시 계전기 : 동작시간이 0.3초 이내의 계전기를 말하며, 0.05초 이하의 계전기를 고속도 계전기라 한다.
② 정한시 계전기 : 최소 동작값 이상의 구동 전기량이 주어지면 일정 시한으로 동작 하는 것이다.
③ 반한시 계전기 : 동작 시한이 구동 전기량으로 동작전류의 값이 커질수록 짧아지고, 동작

전류가 작을수록 시한이 길어지는 계전기이다.
④ 반한시·정한시 계전기 : 어느 한도까지의 구동 전기량에서는 반한시성이고, 그 이상의 전기량에서는 정한시성의 특성을 가진 계전기이다.
⑤ 비례한시 계전기 : 동작 시한이 동작량에 비례하는 것이다.

(2) 보호계전기의 동작원리에 따른 분류
① 전자형(유도형)
② 정지형
③ 디지털형

8. 배전선 보호와 이상전압에 대한 보호

(1) 배전선 보호
공통중성점 다중 접지계의 보호에 있어서 배전선로의 요소에 라인퓨즈, 섹셔널라이저, 리클로저 등을 배치한다.
① 리클로저(recloser) : 회로의 차단과 투입을 자동적으로 반복하는 기구를 갖춘 차단기의 일종으로서 단상용, 3상용이 있는데 주상에 설치할 수 있도록 소형, 경량화되어 있으며, 유입식과 전자식이 있다.
② 섹셔널라이저(sectionalizer) : 단극 자동유입 개폐기인데, 유중에서 동작하는 주접촉자와 사고 전류가 흐르는 것을 계산하는 카운터로 구성되어 있다. 섹셔널라이저는 리클로저와 조합하여 사용한다.

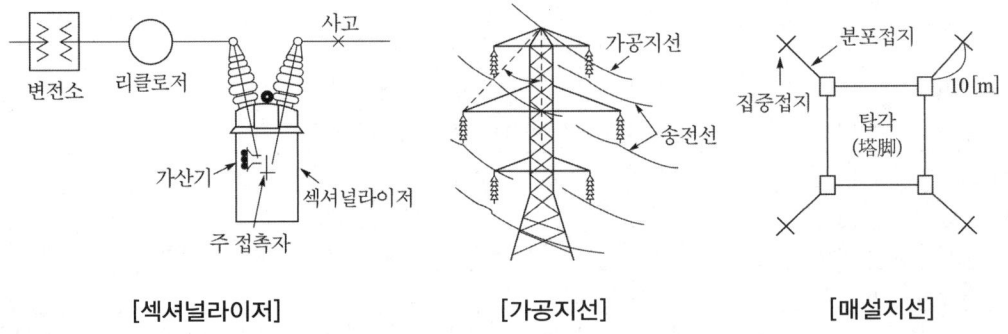

[섹셔널라이저]　　　　[가공지선]　　　　[매설지선]

(2) 이상 전압에 대한 보호
① 가공지선 : 유도뢰 및 직격뢰로부터 가공송전선을 보호할 목적으로 전선을 차폐하도록 지지물에 가설하는 도선이다.
② 매설지선 : 지지물(철탑) 하단에 매설하여 지지물의 접지저항을 저감시켜 역섬락(flash over)현상을 방지한다.

9. 피뢰기

(1) 피뢰기의 설치기준
① 발전소, 변전소 또는 이에 준하는 장소의 가공전선 인입구 및 인출구

② 가공전선로에 접속하는 배전용 변압기의 고압측 및 특별 고압측
③ 고압 및 특별고압 가공전선로로부터 공급을 받는 수용장소의 인입구
④ 가공전선로와 지중전선로가 접속하는 곳

(2) 피뢰기의 종류

① 저항형 피뢰기   ② 밸브형 피뢰기

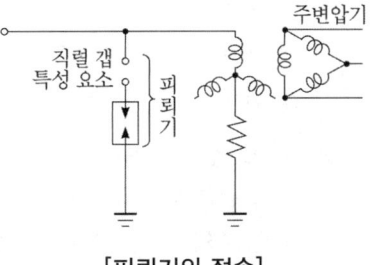

[피뢰기의 접속]

(3) 방출형 피뢰기

※ 직렬갭 : 이상전압이 내습하면 뇌전류를 방전하고
　　　　　속류(續流)를 차단
※ 특성요소 : 탄화규소(SiC)가 주성분인 저항체

(3) 피뢰기의 구비조건

① 충격방전개시전압이 낮을 것
② 방전내량이 크고 제한전압이 낮을 것
③ 상용주파 방전개시전압이 높을 것
④ 속류차단능력이 충분할 것

(4) 피뢰기의 접지

고압 및 특고압의 전로에 시설하는 피뢰기 접지저항 값은 10[Ω] 이하로 하여야 한다. 단, 고압가공전선로에 시설하는 피뢰기의 접지공사의 접지선이 전용의 것인 경우에는 접지 저항치가 30[Ω]까지 허용된다.

> ※ 피뢰설비의 방식
> ① 돌침방식 : 종래에 가장 많이 사용된 방식으로 작은 건조물에 적합하다.
> ② 용마루위 도체방식 : 건물 옥상에 거의 수평되게 피뢰도체를 설치. 비교적 큰 건조물에 적합.
> ③ 케이지(Cage) 방식 : 건축물 주위를 피뢰도선으로 감싸는 방식. 가장 안전한 방식
> ④ 이온방사형 피뢰방식 : 돌침부에서 이온 또는 펄스를 발생시켜 뇌운의 전하와 작용토록 하여 멀리 있는 뇌운의 방전을 유도. 보호범위가 넓다.

10. 피뢰시스템

(1) 적용범위

① 저압 전기전자설비
② 저압, 고압 및 특고압 전기설비
③ 전기전자설비가 설치된 건축물·구조물로서 낙뢰로부터 보호가 필요한 것 또는 지상으로부터 높이가 20[m] 이상인 것

(2) 피뢰시스템의 구성

① 직격뢰로 부터 대상물을 보호하기 위한 외부피뢰시스템
② 간접뢰 및 유도뢰로부터 대상물을 보호하기 위한 내부피뢰시스템

(3) 외부피뢰시스템
　① 수뢰부시스템
　　㉮ 돌침, 수평도체, 메시도체의 요소 중에 한 가지 또는 이를 조합한 형식으로 시설하여야 한다.
　　㉯ 보호각법, 회전구체법, 메시법 중 하나 또는 조합된 방법으로 배치하여야 한다.
　　㉰ 건축물·구조물의 뾰족한 부분, 모서리 등에 우선하여 배치한다.
　② 인하도선 시스템
　　㉮ 수뢰부시스템과 접지시스템을 연결하는 복수의 인하도선을 병렬로 구성해야 한다.
　　㉯ 경로의 길이가 최소가 되도록 한다.

회전구체 반지름 및 메시치수

피뢰시스템의 등급	보호방법	
	회전구체 반지름 r, m	메시 치수 W_m, m
I	20	5×5
II	30	10×10
III	45	15×15
IV	60	20×20

　③ 인하도선 배치방법
　　가. 건축물·구조물과 분리된 피뢰시스템인 경우
　　　㉮ 뇌전류의 경로가 보호대상물에 접촉하지 않도록 하여야 한다.
　　　㉯ 별개의 지주에 설치되어 있는 경우 각 지주마다 1조 이상의 인하도선을 시설한다.
　　　㉰ 수평도체 또는 메시도체인 경우 지지 구조물마다 1조 이상의 인하도선을 시설한다.
　　나. 건축물·구조물과 분리되지 않은 피뢰시스템인 경우
　　　㉮ 벽이 불연성 재료로 된 경우에는 벽의 표면 또는 내부에 시설할 수 있다. 다만, 벽이 가연성 재료인 경우에는 0.1[m] 이상 이격하고, 이격이 불가능 한 경우에는 도체의 단면적을 100[mm^2] 이상으로 한다.
　　　㉯ 인하도선의 수는 2조 이상으로 한다.
　　　㉰ 보호대상 건축물·구조물의 투영에 다른 둘레에 가능한 한 균등한 간격으로 배치한다. 다만, 노출된 모서리 부분에 우선하여 설치한다.
　　　㉱ 병렬 인하도선의 최대 간격

피뢰시스템의 등급	인하도선의 간격(m)
I	10
II	10
III	15
IV	20

　④ 접지극시스템
　　뇌전류를 대지로 방류하기위한 접지극 시스템은 수평 또는 수직접지극(A형) 또는 환상도체접지극 또는 기초접지극(B형) 중 하나 또는 조합한 시설을 한다.
  ㉮ 지표면에서 0.75[m] 이상 깊이로 매설 하여야 한다.
  ㉯ 대지가 암반지역으로 대지저항이 높거나 건축물·구조물이 전자통신시스템을 많이 사용하는 시설의 경우에는 환상도체접지극 또는 기초접지극으로 한다.
  ㉰ 접지극 재료는 대지에 환경오염 및 부식의 문제가 없어야 한다.
  ㉱ 철근콘크리트 기초 내부의 상호 접속된 철근 또는 금속제 지하구조물 등 자연적 구성부재는 접지극으로 사용할 수 있다.
⑤ 접속은 용접, 압착, 봉합, 나사 조임 또는 볼트 조임 등의 방법 중 현장여건에 적합한 방법으로 하여야 한다.

(4) 내부피뢰시스템
① 전기전자설비 보호용 피뢰시스템
  ㉮ 뇌서지에 대한 보호는
    • 접지 · 본딩
    • 자기차폐와 서지유입경로 차폐
    • 서지보호장치 설치
    • 절연인터페이스 구성 중 하나 이상에 의한다.
  ㉯ 접지를 환상도체접지극 또는 기초접지극으로 시설한다.
② 피뢰시스템 등전위본딩
  ㉮ 등전위본딩은 구조물과 구조물 내부의 금속부분은 다중으로 접속한다.
  ㉯ 도전성 부분의 등전위본딩은 방사형, 메시형 또는 이들의 조합형으로 한다.
  ㉰ 건축물·구조물에는 지하 0.5[m]와 높이 20[m]마다 환상도체를 설치한다.
  ㉱ 저압 접지계통이 TN계통인 경우, 보호도체(또는 중성선 겸용 보호도체)는 직접 또는 서지보호장치를 통하여 본딩 바에 접속하여야 한다. 다만, 전원선 또는 통신선이 차폐되었거나 금속관 내에 배선되어 있으면, 차폐층 또는 금속관을 본딩하여야 한다.

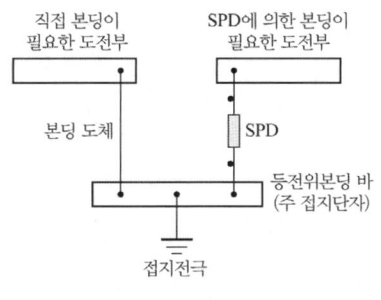

피뢰등급	본딩바상호 혹은 본딩바를 접지극에 접속시 최소단면적		내부금속설비를 본딩바에 접속시 최소단면적	
	재료	단면적	재료	단면적
I ~ IV	구리	16[mm²]	구리	6[mm²]
	알루미늄	25[mm²]	알루미늄	10[mm²]
	강철	50[mm²]	강철	16[mm²]

□ 자연적 구성부재의 본딩으로 전기적 연속성을 확보할 수 없는장소: 본딩도체로 연결
□ 본딩도체로 직접 접속할 수 없는 장소: 서지보호장치(SPD)
□ 본딩도체로 직접 접속이 허용되지 않는 장소: 절연방전캡(ISG)

③ 서지보호장치(SPD: Surge Protective Device)

설치위치 : 저압수전설비 또는 변압기 2차측 주배전반에 Ⅰ등급 혹은 Ⅱ등급 설치
누전차단기부하측에 설치시에는 임펄스부동작형 누전차단기 설치

SPD접속도체 최소 단면적

SPD등급	단면적($[mm^2]$ 구리)	비 고
Ⅰ등급 (Class Ⅰ)	16	직접뇌격에 대한 피뢰보호설비가 있는 구조물로인입하는 선로 인입구(주배전반 등)
Ⅱ등급 (Class Ⅱ)	4	보호대상기기에 근접하여 설치(배전반 등)
Ⅲ등급 (Class Ⅲ)	1	기타

SPD 연결도체 길이

① SPD 연결도체 : 상전선에서 SPD까지 (a)와 SPD에서 주 접지단자까지 (b)의 도체
② 연결도체의 길이는 0.5m 이하일 것
③ 연결도체의 길이가 0.5m를 초과할 경우 SPD 연결도체의 전압강하를 고려한 실효보호레벨이 기기에 요구되는 임펄스 내전압을 초과하지 않아야 한다.

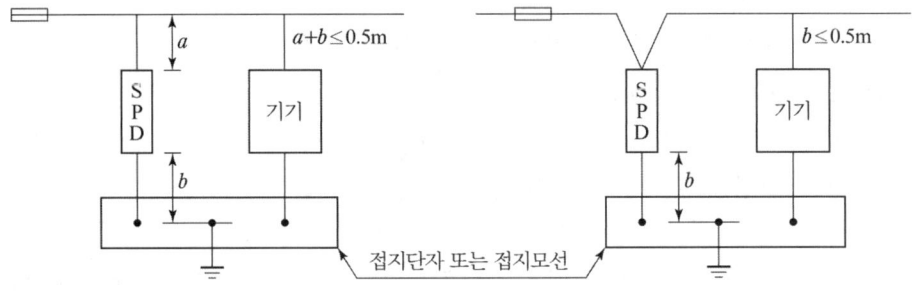

3 기출 & 예상문제
제4장 전선 및 기계기구의 보안

01 다음 중 접지공사의 목적으로 부적합한 것은 어느 것인가?
① 감전방지   ② 뇌해방지
③ 보호협조   ④ 절연강도 강화

풀이
접지의 목적
(1) 전기 설비의 절연물이 열화 또는 손상되었을 때 흐르는 누설 전류로 인한 감전을 방지.
(2) 높은 전압과 낮은 전압이 혼촉 사고가 발생했을 때 사람에게 위험을 주는 높은 전류를 대지로 흐르게 하기 위함.
(3) 뇌해로 인한 전기설비나 전기기기 등을 보호하기 위함.
(4) 전로에 지락 사고 발생 시 보호계전기를 신속하고, 확실하게 작동하도록 하기 위함.
(5) 전기기기 및 전로에서 이상전압이 발생하였을 때 대지전압을 억제하여 절연강도를 낮추기 위함. [답] ④

02 전로의 중성점을 접지하는 목적에 해당되지 않는 것은 어느 것인가?
① 보호장치의 확실한 동작의 확보
② 부하전류의 일부를 대지로 흐르게 함으로서 전선을 절약
③ 이상전압의 억제
④ 대지전압의 저하

풀이
중성점 접지 목적
(1) 1선 지락시에 대지 전위의 상승을 억제, 선로와 기기의 절연을 가볍게 한다.
(2) 벼락 등에 의한 아아크 접지로 발생하는 이상 전압을 억제한다.
(3) 지락사고 발생시 접지 계전기의 동작을 확실하게 하며, 신속하게 선택 차단한다. [답] ②

03 접지공사설비에서 시공할 장소의 상황을 확인하는 사전준비를 요하고 있다. 다음 중 이에 해당하지 않는 것은?

① 부하의 종별 분리 및 선정 검토
② 필요한 접지공사의 종류, 접지공사의 확인 및 검토
③ 건설공정표 등으로 접지공사 시공시기의 검토
④ 접지공사에 필요한 재료의 선정 및 수배
[답] ①

04 기계기구의 접지구분에서 고압용 또는 특별고압용 외함의 접지공사는?
① 계통접지   ② 보호접지
③ 피뢰시스템접지 ④ 공통접지

풀이
접지시스템구분 : 계통접지, 보호접지, 피뢰시스템 접지
피뢰침은 피뢰시스템접지
변압기중성점 등은 계통접지
기계기구 등의 외함은 보호접지 [답] ②

05 피뢰침 접지공사는 어떤 접지공사를 하여야 하는가?
① 피뢰시스템접지
② 계통접지
③ 공통접지
④ 보호접지

풀이
피뢰침은 피뢰시스템접지
변압기중성점 등은 계통접지
기계기구 등의 외함은 보호접지 [답] ①

06 특별고압 계기용 변성기의 2차 전로의 접지방법은?
① 피뢰시스템접지   ② 계통접지
③ 공통접지   ④ 보호접지

풀이
접지시스템구분 : 계통접지, 보호접지, 피뢰시스템 접지
피뢰침은 피뢰시스템접지
변압기중성점 등은 계통접지
기계기구 등의 외함은 보호접지 [답] ④

07 가공배전선로에서 고압선과 저압선의 혼촉으로 인한 위험을 방지하기 위한 어떤 접지공사를 하는가?
① 피뢰시스템접지   ② 계통접지
③ 공통접지   ④ 보호접지
[답] ②

08 부하전류가 흐르고 있는 3상도체(전선)에서 중성선은 도체수에서 제외하고 허용전류를 산정한다. 그러나 전류종합고조파왜형율(THDi)가 몇 % 이상일 경우에 별도로 고려하여야하는가?
① 5[%]   ② 15[%]
③ 20[%]   ④ 33[%]

풀이
15[%]이상의 THDi가 있는 제3고조파 또는 3홀수배수고조파가 존재하는 경우 별도 고려하며 중성선의 굵기도 선도체와 동등이상이어야 한다. [답] ④

09 외부피뢰시스템의 설치에서 회전구체법을 적용할 경우 피뢰등급 Ⅲ 의 메시치수는 얼마인가?
① 5×5   ② 10×10
③ 15×15   ④ 20×20

풀이
회전구체 반지름 및 메시치수

피뢰시스템의 등급	보호방법	
	회전구체 반지름 r, m	메시 치수 W_m, m
Ⅰ	20	5×5
Ⅱ	30	10×10
Ⅲ	45	15×15
Ⅳ	60	20×20

[답] ③

10 뇌전류를 대지로 방류하기 위한 접지극시스템을 설치할 경우 지표면에서 어느 정도의 깊이[m]로 매설하여야 하는가?
① 0.5   ② 0.75
③ 1   ④ 1.5
[답] ②

11 저압수전설비와 변압기 2차측 주 배전반에는 내부피뢰시스템의 하나인 서지보호장치를 설하여야 한다. 이때 접지단자와의 설치거리[m]는 얼마 이하로 하여야 하는가?
① 0.5   ② 0.75
③ 1   ④ 1.5

풀이
주접지단자와 상전선SPD 혹은 하전선SPD 사이의 거리는 0.5[m]이하로 하여야 한다. [답] ①

12 접지공사를 할 경우 접지선의 굵기 선정에서 고려할 요소가 아닌 것은?
① 기계적 강도   ② 가요성
③ 내식성   ④ 통신용량
[답] ②

13 25[kV] 이하의 중성점 접지식으로 전로에 지기가 생긴 경우 2[초] 이내에 차단하는 장치를 한 특별고압가공전선로와 저압이 결합된 변압기의 경우 접지공사에 접지선의 굵기는 몇 [mm²] 이상인가?
① 16   ② 10
③ 6   ④ 2.5

풀이

유형	구 분	접지선 굵기
접지에 피뢰시스템 접속		구리 16[mm²]이상 철제 50[mm²]이상
접지에 큰 전류가 흐르지 않은 경우		구리 6[mm²]이상 철제 50[mm²]이상
고장시 전류를 안전하게 흐를수 있는 경우 (특고압 또는 고압설비용 접지도체)		6[mm²]이상

유형	구 분	접지선 굵기
접지에 큰 전류가 흐르지 않는 경우	중성점 접지용 도체	고압이하 전로 또는 25[kV] 이하 특고압가공 (중성선 다중접지식 2초 이내 자동차단장치) → 6[mm²]이상
		그 외 → 16[mm²]이상
이동하여 사용하는 전기기계 기구의 금속제 외함	특고압·고압 전기설비용 접지도체 및 중성점 접지용 접지도체 ① 클로로프렌캡타이어케이블(3종 및 4종) ② 클로로설포네이트폴리에틸렌 캡타이어케이블(3종 및 4종) ③ 다심 캡타이어케이블의 차폐 또는 기타의 금속체	10[mm²]이상
	저압 전기설비용 접지도체 ① 다심 코드 또는 다심 캡타이어케이블 ② 기타 유연성이 있는 연동연선	0.75[mm²]이상 1.5[mm²]이상

[답] ③

14 피뢰기를 접지시스템에 연결할 경우 접지도체로 구리를 사용 할 경우 접지선의 최소 굵기는?
① 2.5[mm²] ② 6[mm²]
③ 16[mm²] ④ 50[mm²]

풀이

유형	구 분	접지선 굵기
접지에 피뢰시스템 접속		구리 16[mm²]이상 철제 50[mm²]이상
접지에 큰 전류가 흐르지 않는 경우		구리 6[mm²]이상 철제 50[mm²]이상
고장시 전류를 안전하게 흘릴수 있는 경우 (특고압 또는 고압설비용 접지도체)		6[mm²]이상
접지에 큰 전류가 흐르지 않는 경우	중성점 접지용 도체	고압이하 전로 또는 25[kV] 이하 특고압가공 (중성선 다중접지식 2초 이내 자동차단장치) → 6[mm²]이상
		그 외 → 16[mm²]이상
이동하여 사용하는 전기기계 기구의 금속제 외함	특고압·고압 전기설비용 접지도체 및 중성점 접지용 접지도체 ① 클로로프렌캡타이어케이블(3종 및 4종) ② 클로로설포네이트폴리에틸렌 캡타이어케이블(3종 및 4종) ③ 다심 캡타이어케이블의 차폐 또는 기타의 금속체	10[mm²]이상
	저압 전기설비용 접지도체 ① 다심 코드 또는 다심 캡타이어케이블 ② 기타 유연성이 있는 연동연선	0.75[mm²]이상 1.5[mm²]이상

[답] ③

15 KS C IEC 60364에서 충전부 전체를 대지로부터 절연시키거나 한 점에 임피던스를 삽입하여 대지에 접속시키고, 전기기기의 노출 도전성 부분 단독 또는 일괄적으로 접지하거나 또는 계통접지로 접속하는 접지 계통을 무엇이라 하는가?
① TT 계통 ② IT 계통
③ TN-C 계통 ④ TN-S 계통

풀이
① TT 계통 : 전원의 한 점을 직접접지하고 설비의 노출 도전성부분을 전원계통의 접지극과는 전기적으로 독립한 접지극에 접지하는 접지계통
② IT 계통 : 충전부 전체를 대지로부터 절연시키거나, 한 점에 임피던스를 삽입하여 대지에 접속시키고, 전기기기의 노출 도전성부분 단독 또는 일괄적으로 접지하거나 또는 계통접지로 접속하는 접지계통
③ TN 계통 : 전원의 한 점을 직접접지하고 설비의 노출 도전성부분을 보호선(PEN)을 이용하여 전원의 한 점에 접속하는 접지계통
- TN-S : 계통 전체의 중성선(또는 접지된 상전선)과 보호선을 접속하여 사용
- TN-C-S : 계통 일부의 중성선과 보호선을 동일전선으로 사용
- TN-C : 계통 전체의 중성선과 보호선을 동일전선으로 사용

[답] ②

16 계통 접지에서 전원의 한 점을 직접접지하고 설비의 노출 도전성부분을 보호선(PEN)을 이용하여 전원의 한 점에 접속하는 접지계통으로 중성선과 보호선을 동일전선으로 사용하는 방식을 무엇이라 하는가?
① TT 계통 ② IT 계통
③ TN-C 계통 ④ TN-S 계통

[답] ③

17 전원의 한 점을 직접접지하고 설비의 노출 도전성부분을 전원계통의 접지극과는 전기적으로 독립한 접지극에 접지하는 접지계통을 무엇이라 하는가?
① TT 계통 ② IT 계통
③ TN-C 계통 ④ TN-S 계통

[답] ①

18 계통접지공사의 저항값을 결정하는 가장 큰 요인은?
① 변압기의 용량
② 고압 가공 전선로의 전선연장
③ 변압기 1차 측에 넣는 퓨즈 용량
④ 변압기 고압 또는 특고압 측 전로의 1선 지락 전류의 암페어 수

풀이
계통접지공사 $E_2 = \dfrac{150 \, (300, \, 600)}{1\text{선지락전류}(I_g)}[\Omega]$ **[답] ④**

19 사람이 접촉될 우려가 있는 곳에 시설하는 경우 접지극은 지하 몇 [m] 이상의 깊이에 매설하여야 하는가?
① 1   ② 0.5
③ 0.3   ④ 0.75

풀이
접지극은 지하 0.75[m] 이상의 깊이에 매설할 것

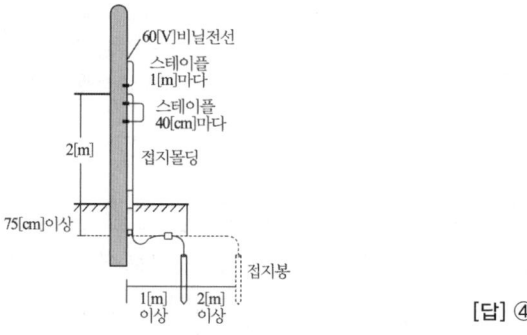

[답] ④

20 접지극에 동봉, 동피복 강봉을 사용하는 경우는 지름 몇 [mm] 이상의 것을 사용하여야 하는가?
① 0.5[mm], 0.7[m]
② 0.9[mm], 2.0[m]
③ 8[mm], 0.8[m]
④ 8[mm], 0.9[m]

풀이
접지극으로 동봉, 동복 강봉을 사용하는 경우에는 지름 8[mm] 이상, 길이 0.9[m] 이상이어야 하며, 동판을 사용하는 경우에는 두께 0.7[mm] 이상, 면적 900[cm²] 이상이어야 한다.   **[답] ④**

21 접지공사를 다음과 같이 시행하였다. 잘못된 접지공사는?
① 접지극은 동봉을 사용하였다.
② 접지극은 75cm 이상의 깊이에 매설하였다.
③ 지표, 지하 모두에 옥외용 비닐절연전선을 사용하였다.
④ 접지선과 접지극은 은납땜을 하여 접속하였다.

풀이
접지선에는 절연전선(옥외용 비닐절연전선을 제외한다.) 캡타이어 케이블 또는 케이블(통신용 케이블을 제외한다.)을 사용할 것. 다만, 철주 기타의 금속체를 따라서 시설하는 경우 이외의 경우에는 접지선의 지표상 60[cm]를 넘는 부분에 대하여는 그러하지 아니하다.   **[답] ③**

22 접지공사에서 접지극으로 사용되는 금속제 수도관의 접지 저항의 최대값은 몇 [Ω]인가?
① 2   ② 3
③ 4   ④ 5

풀이
지중에 매설되어 있고 대지와의 전기 저항치가 3[Ω] 이하의 값을 유지하고 있는 금속제 수도관은 접지공사의 접지극으로 사용할 수 있다.   **[답] ②**

23 접지공사 시공방법으로 맞지 않는 것은?
① 피뢰침, 피뢰기용 접지선은 강제 금속관에 넣어 설치
② 접지극은 일반적으로 건물바닥 밑에 매설
③ 건물에 대하여 접지극을 수직으로 매설
④ 지중매설 부분은 황동땜으로 시공

풀이
피뢰도선이 지중으로 들어가는 부분은 경질비닐관 또는 비자성체의 관에 넣어 기계적으로 보호한다.   **[답] ①**

24 1차와 2차가 전기적으로 절연되지 않은 회로의 절연저항의 최소값은 얼마인가?
① 0.1[MΩ]   ② 0.2[MΩ]
③ 0.4[MΩ]   ④ 1 [MΩ]

풀이

전로의 사용전압	DC 시험전압 [V]	절연 저항값[MΩ]
SELV 및 PELV	250	0.5
FELV, 500V 이하	500	1.0
500V 초과	1,000	1.0

[주] 특별저압(Extra Low Voltage: 2차 전압이 AC 50V, DC 120V 이하)으로 SELV(비접지회로 구성) 및 PELV(접지회로구성)은 1차와 2차가 전기적으로 절연된 회로, FELV는 1차와 2차가 전기적으로 절연되지 않은 회로

[답] ④

25 이동하여 사용하는 전기기계기구의 금속제 외함에 저압의 전기설비용 접지도체를 다심 캡타이어케이블로 시설할때의 접지선의 최소 굵기는?

① 2.5[mm²]
② 4[mm²]
③ 0.75[mm²]
④ 1.5[mm²]

풀이

유 형		구 분	접지선 굵기
접지에 피뢰시스템 접속			구리 16[mm²]이상 철제 50[mm²]이상
접지에 큰 전류가 흐르지 않은 경우			구리 6[mm²]이상 철제 50[mm²]이상
고장시 전류를 안전하게 흐를수 있는 경우 (특고압 또는 고압설비용 접지도체)			6[mm²]이상
접지에 큰 전류가 흐르지 않은 경우	중성점 접지용 도체	고압이하 전로 또는 25[kV] 이하 특고압가공 (중성선 다중접지식 2초 이내 자동차단장치)	6[mm²]이상
		그 외	16[mm²]이상
이동하여 사용하는 전기기계 기구의 금속제 외함	특고압·고압 전기설비용 접지도체 및 중성점 접지용 접지도체 ① 클로로프렌캡타이어케이블(3종 및 4종) ② 클로로설포네이트폴리에틸렌 캡타이어케이블(3종 및 4종) ③ 다심 캡타이어케이블의 차폐 또는 기타의 금속체		10[mm²]이상
	저압 전기설비용 접지도체 ① 다심 코드 또는 다심 캡타이어케이블 ② 기타 유연성이 있는 연동연선		0.75[mm²]이상 1.5[mm²]이상

[답] ③

26 고압 및 특별고압 가공전선로로부터 공급을 받는 수용 장소의 인입구에 반드시 시설하여야 하는 것은?

① 댐퍼
② 아킹혼
③ 조상기
④ 피뢰기

[답] ④

27 피뢰기를 설치하지 않아도 되는 곳은?

① 발·변전소의 가공전선 인입구 및 인출구
② 가공전선로의 말구부분
③ 가공전선로에 접속한 1차측 전압이 35[kV] 이하인 배전용 변압기의 고압측 및 특별고압측
④ 특별고압가공전선로로부터 공급을 받는 수용장소의 인입구

풀이
피뢰기의 설치기준
(1) 발전소, 변전소 또는 이에 준하는 장소의 가공전선 인입구 및 인출구
(2) 가공전선로에 접속하는 배전용 변압기의 고압측 및 특별 고압측
(3) 고압 및 특별고압 가공전선로로부터 공급을 받는 수용장소의 인입구
(4) 가공전선로와 지중전선로가 접속하는 곳

[답] ②

28 과전류차단기를 시설하면 절대로 안 되는 장소와 관계가 없는 것은 어느 것인가?

① 각종 접지공사에 있어서 접지선
② 다선식 전로의 중성선
③ 배전용 변압기의 1차측
④ 전로의 일부에 접지공사를 한 저압 가공전로의 접지측 전선

풀이
과전류 차단기의 시설제한
(1) 접지공사의 접지선
(2) 접지 공사를 한 저압 가공전선로의 접지측 전선
(3) 다선식 선로의 중성선

[답] ③

29 지락차단기시설이 제외된 사항이 아닌 것은?
① 기계 기구를 건조한 장소에 시설하는 경우
② 기계 기구를 발전소, 변전소 또는 개폐소나 이에 준하는 곳에 시설하는 경우
③ 기계기구가 유도전동기의 2차측 전로에 접속되는 경우
④ 금속제 외함으로 60[V]를 넘는 저압의 기계 기구에 사람의 접촉 우려가 있는 경우

[답] ④

30 중성점접지공사의 접지저항값을 $\frac{300}{I}[\Omega]$으로 정하고 있는데, 이때 I에 해당되는 것은?
① 변압기의 고압측 또는 특별고압측 전로의 1선 지락 전류의 암페어수
② 변압기의 고압측 또는 특별고압측 전로의 단락사고시의 고장전류의 암페어수
③ 변압기의 1차측과 2차측의 혼촉에 의한 단락 전류의 암페어수
④ 변압기의 1차와 2차에 해당되는 전류의 합

[답] ①

31 대지전압 100[V]의 옥내전선로에서 분기회로의 절연저항 측정에서 DC시험전압은 얼마로 하여야 하는가?
① 100　　② 250
③ 500　　④ 1,000

풀이

전로의 사용전압	DC 시험전압 [V]	절연 저항값[MΩ]
SELV 및 PELV	250	0.5
FELV, 500V 이하	500	1.0
500V 초과	1,000	1.0

[주] 특별저압(Extra Low Voltage : 2차 전압이 AC 50V, DC 120V 이하)으로 SELV(비접지회로 구성) 및 PELV(접지회로구성)은 1차와 2차가 전기적으로 절연된 회로, FELV는 1차와 2차가 전기적으로 절연되지 않은 회로

[답] ③

32 접지공사에 사용하는 접지선을 사람이 접촉할 우려가 있는 곳에 시설하는 접지선은 최소 어느 부분에 대하여 합성수지관 또는 이와 동등 이상의 절연효력 및 강도를 가지는 몰드로 덮게 되어 있는가?
① 지하 30[cm]로부터 지표상 1.5[m]까지의 부분
② 지하 50[cm]로부터 지표상 1.6[m]까지의 부분
③ 지하 75[cm]로부터 지표상 2[m]까지의 부분
④ 지하 90[cm]로부터 지표상 2.5[m]까지의 부분

풀이
접지선의 시설기준
(1) 접지극은 지하 75[cm] 이상의 깊이로 매설할 것
(2) 접지선을 철주 기타의 금속체를 따라서 시설하는 경우에는 접지극을 철주의 밑면으로부터 30[cm] 이상의 깊이에 매설하는 경우 이외에는 접지극을 지중에서 그 금속체로부터 1[m]이상 떼어 매설할 것
(3) 접지선은 접지극에서 지표상 60[cm]까지의 부분에는 절연전선, 캡타이어 케이블 또는 케이블을 사용할 것
(4) 접지선의 지하 75[cm]로부터 지표상 2[m]까지의 부분을 두께 2[mm] 이상의 합성수지관 또는 이와 동등 이상의 절연효력 및 강도를 가지는 것으로 덮을 것

[답] ③

33 전로의 절연원칙에 따라 대지로부터 반드시 절연하여야 하는 것은?
① 전로의 중성점에 접지공사를 하는 경우의 접지점
② 계기용 변성기의 2차측 전로에 접지공사를 하는 경우의 접지점
③ 저압가공전선로에 접속되는 변압기
④ 시험용 변압기

[답] ③

34 제2차 접근상태라는 것은 가공전선이 다른 공작물로부터 수평거리로 몇 [m] 미만인 곳에 시설되는 것을 말하는가?
① 1.5　　② 3
③ 3.5　　④ 5

풀이
제2차 접근상태 : 가공전선이 다른 시설물과 상방 또는 측방에서 수평거리로 3[m] 미만인 곳에 시설되는 상태

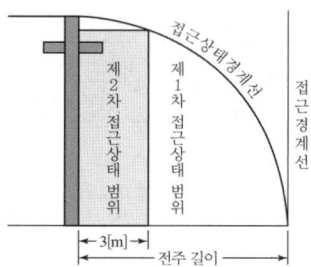

[답] ②

35 송전선로의 중성점을 접지하는 목적은?
① 전선의 절약
② 송전 용량의 증가
③ 전압 강하의 감소
④ 이상 전압의 방지

풀이
중성점 접지 목적
(1) 지락 고장시 건전상의 전위 상승 억제, 절연레벨 경감
(2) 뇌, 아크 지락, 기타에 의한 이상전압의 경감 및 발생 방지
(3) 지락 고장시 지락 계전기의 동작 확보
[답] ④

36 사용전압이 저압인 전로에서 정전이 어려운 경우 등 절연 저항 측정이 곤란한 경우에는 누설 전류를 몇 [mA] 이하로 유지하여야 하는가?
① 0.1[mA]   ② 1.0[mA]
③ 10[mA]   ④ 100[mA]

풀이
사용전압이 저압인 전로에서 정전이 어려운 경우 등 절연 저항 측정이 곤란한 경우에는 누설전류를 1[mA] 이하로 유지하여야 한다.
[답] ②

37 분기회로의 개폐기 및 과전류 차단기는 저압옥내간선과의 분기점에서 전선의 길이가 몇 [m] 이하의 곳에 시설하여야 하는가?
① 1.5   ② 3
③ 5   ④ 8

풀이
간선과의 분기점에서 전선의 길이가 3[m] 이하의 장소에 개폐기 및 과전류 차단기를 시설하여야 한다.
[답] ②

38 과전류 차단기를 시설하면 안 되는 경우는?
① 발전기 보호   ② 분기선 보호
③ 접지측 보호   ④ 송배전 보호

풀이
과전류 차단기의 시설 금지 장소
• 접지공사의 접지선
• 저압 가공선로의 접지측 전선
• 다선식 선로의 중성선
[답] ③

39 공급 점에서 30[m]의 지점에 80[A], 45[m]의 지점에 30[A]의 부하가 걸려 있을 때 부하 중심까지의 거리를 산출하여 전압 강하를 고려한 전선의 굵기를 결정하려고 한다. 부하 중심까지의 거리[m]는?
① 약 60   ② 약 34
③ 약 50   ④ 약 40

풀이
부하 중심 거리 = $\dfrac{\Sigma LI}{\Sigma I} = \dfrac{(80 \times 30 + 30 \times 45)}{(80 + 30)} = 34[m]$
[답] ②

40 저압전로에서 사용하는 과전류 차단기용 15[A] 퓨즈를 수평으로 붙인 경우 견디어야 할 전류는 정격전류의 몇 배로 정하고 있는가?
① 1.1배   ② 1.2배
③ 1.25배 ④ 1.5배

풀이
〈퓨즈(gG)의 용단특성〉

정격전류의 구분	시 간	정격전류의 배수	
		불용단전류	용단전류
4[A] 이하	60분	1.5배	2.1배
4[A]초과 16[A]미만	60분	1.5배	1.9배
16[A]이상 63[A]이하	60분	1.25배	1.6배
63[A]초과 160[A]이하	120분	1.25배	1.6배
160[A]초과 400[A]이하	180분	1.25배	1.6배
400[A] 초과	240분	1.25배	1.6배

[답] ④

41 과전류차단기로 시설하는 퓨즈 중 고압전로에 사용하는 포장퓨즈는 정격전류의 몇 배의 전류에 견디어야 하는가?

① 1배　　　　　② 1.25배
③ 1.3배　　　　④ 3배

풀이
고압전로의 퓨즈는 비포장 퓨즈의 경우 정격전류 1.25배에 견디고, 2배의 전류로는 2분 안에 용단되어야 하며, 포장퓨즈는 정격전류 1.3배에 견디고, 2배의 전류로는 120분 안에 용단되어야 한다.　　　　　　[답] ③

42 과전류 차단기로 시설하는 퓨즈 중 고압 전로에 사용하는 비포장 퓨즈는 정격전류의 1.25배에 견디고 또한 2배의 전류로 몇 분 이내에 용단되는 것이어야 하는가?
① 2분　　　　　② 10분
③ 60분　　　　④ 120분
[답] ①

43 과전류 차단기로 저압 전로에 사용하는 30[A] 이하의 배선용 차단기는 정격 전류 1.6배의 전류가 흐를 때 몇 분 내에 자동적으로 동작하여야 하는가?
① 10분　　　　② 30분
③ 60분　　　　④ 120분

풀이

〈퓨즈(gG)의 용단특성〉

정격전류의 구분	시간	정격전류의 배수	
		불용단전류	용단전류
4[A] 이하	60분	1.5배	2.1배
4[A]초과 16[A]미만	60분	1.5배	1.9배
16[A]이상 63[A]이하	60분	1.25배	1.6배
63[A]초과 160[A]이하	120분	1.25배	1.6배
160[A]초과 400[A]이하	180분	1.25배	1.6배
400[A] 초과	240분	1.25배	1.6배

〈과전류트립 동작시간 및 특성(산업용 배선용 차단기)〉

정격전류의 구분	시간	정격전류의 배수 (모든 극에 통전)	
		부동작 전류	동작 전류
63[A] 이하	60분	1.05배	1.3배
63[A] 초과	120분	1.05배	1.3배

〈과전류트립 동작시간 및 특성(주택용 배선용 차단기)〉

정격전류의 구분	시간	정격전류의 배수 (모든 극에 통전)	
		부동작 전류	동작 전류
63[A] 이하	60분	1.13배	1.45배
63[A] 초과	120분	1.13배	1.45배

[답] ③

44 옥내에 시설하는 전동기에는 전동기가 손상될 우려가 있는 과전류가 생겼을 때에 자동적으로 이를 저지하거나 이를 경보하는 장치를 하여야 한다. 그러나 그 예외조항이 아닌 경우는?
① 단상전동기로서 그 전원측 전로에 시설하는 과전류 차단기의 정격전류가 16[A](배선용 차단기는 20[A]) 이하인 경우
② 전동기를 운전 중 상시 취급자가 감시할 수 있는 위치에 시설하는 경우
③ 전동기의 구조나 부하의 성질로 보아 전동기가 손상될 수 있는 과전류가 생길 우려가 없는 경우
④ 정격 출력이 0.75[kW] 이하인 전동기

풀이
- 정격 출력이 0.2[kW] 이하 전동기
- F : 전동기를 운전 중 상시 취급자가 감시할 수 있는 위치에 시설하는 경우
- 전동기의 구조나 부하의 성질로 보아 전동기가 손상될 수 있는 과전류가 생길 우려가 없는 경우
- 단상전동기로서 그 전원측 전로에 시설하는 과전류 차단기의 정격전류가 16[A] (배선용 차단기는 20[A]) 이하인 경우
[답] ④

45 63[A]이하 주택용 배선용 차단기(MCCB)의 과전류트립 동작 시간은?
① 정격전류 105[%]에서 60분 이내
② 정격전류 113[%]에서 60분 이내
③ 정격전류 130[%]에서 60분 이내
④ 정격전류 145[%]에서 60분 이내

풀이

〈과전류트립 동작시간 및 특성(주택용 배선용 차단기)〉

정격전류의 구분	시간	정격전류의 배수	
		부동작 전류	동작 전류
63[A] 이하	60분	1.13배	1.45배
63[A] 초과	120분	1.13배	1.45배

[답] ④

46 옥내에 시설하는 단상전동기로서 그 전원측 전로에 시설하는 과전류 차단기의 정격전류가 몇 [A]이하인 것을 시설하면 별도의 차단장치를 하지 않아도 되는가?

① 10[A]이하 ② 16[A]이하
③ 20[A]이하 ④ 32[A]이하

풀이

옥내에 시설하는 전동기(정격 출력이 0.2[kW] 이하인 것을 제외)에는 전동기가 손상될 우려가 있는 과전류가 생겼을 때에 자동적으로 이를 저지하거나 이를 경보하는 장치를 하여야 한다. 다만, 다음의 어느 하나에 해당하는 경우에는 그러하지 아니하다.
- 전동기를 운전 중 상시 취급자가 감시할 수 있는 위치에 시설하는 경우
- 전동기의 구조나 부하의 성질로 보아 전동기가 손상될 수 있는 과전류가 생길 우려가 없는 경우
- 단상전동기로서 그 전원측 전로에 시설하는 과전류 차단기의 정격전류가 16[A] (배선용 차단기는 20[A]) 이하인 경우

[답] ②

47 저압 옥내 배선 공사에서 순서에 맞게 보기에서 골라 바르게 나열한 것은?

[보기]
A. 점검 B. 절연 저항 측정
C. 접지 저항 측정 D. 통전 시험

① B-A-D-C
② A-B-C-D
③ A-D-B-C
④ D-A-C-B

[답] ②

48 저압전로 중 전선상호간 및 전로와 대지 사이의 절연저항값은 사용전압이 400[V] 이상 시 어느 정도 되어야 하는가?

① 0.4[MΩ] ② 0.5[MΩ]
③ 1[MΩ]   ④ 10[MΩ]

풀이

전로의 사용전압	DC 시험전압 [V]	절연 저항값[MΩ]
SELV 및 PELV	250	0.5
FELV, 500V 이하	500	1.0
500V 초과	1,000	1.0

[주] 특별저압(Extra Low Voltage: 2차전압이 AC 50 V, DC 120V 이하)으로 SELV(비접지회로 구성) 및 PELV(접지회로구성)은 1차와 2차가 전기적으로 절연된 회로, FELV는 1차와 2차가 전기적으로 절연되지 않은 회로

[답] ③

49 대지전압 220[V]의 옥내전선로에서 분기회로의 절연저항은 최저 몇 [MΩ] 이상이어야 하는가?

① 0.1[MΩ] ② 0.2[MΩ]
③ 0.4[MΩ] ④ 1[MΩ]

풀이

전로의 사용전압	DC 시험전압 [V]	절연 저항값[MΩ]
SELV 및 PELV	250	0.5
FELV, 500V 이하	500	1.0
500V 초과	1,000	1.0

[주] 특별저압(Extra Low Voltage: 2차전압이 AC 50 V, DC 120V 이하)으로 SELV(비접지회로 구성) 및 PELV(접지회로구성)은 1차와 2차가 전기적으로 절연된 회로, FELV는 1차와 2차가 전기적으로 절연되지 않은 회로

[답] ①

50 저압의 전선로 중 절연부분의 전선과 대지 간의 절연저항은 사용전압에 대한 누설 전류가 최대공급전류의 몇 분의 1을 넘지 않도록 유지하는가?

① $\dfrac{1}{1,000}$ ② $\dfrac{1}{2,000}$
③ $\dfrac{1}{3,000}$ ④ $\dfrac{1}{4,000}$

풀이

옥외 절연부분의 전선과 대지 사이의 절연저항은 사용전압에 대한 누설전류가 최대공급전류의 1/2,000(1가닥)을 초과하지 않도록 해야 한다.

$$누설전류 \leq \frac{최대사용전류}{2,000}$$

[답] ②

풀이

시험전압 인가 장소
- 회전기 : 권선과 대지 사이
- 변압기 : 권선과 다른 권선 사이, 권선과 철심 사이, 권선과 외함 사이
- 전기기계기구 : 충전부와 대지 사이 [답] ①

51 그림과 같은 2차측 중성점을 접지한 210/105[V] 단상 3선식 회로가 있다. "개폐기2"의 부하측전로의 전선상호간 및 전로와 대지간의 절연저항은 최소 몇 [MΩ] 이상으로 유지하여야 하는가?

① 1
② 0.2
③ 0.5
④ 0.4

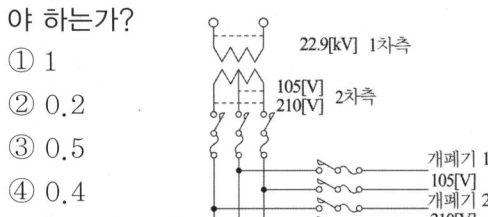

54 최대 사용전압 22,000[V]인 변압기가 비접지식으로 되어 있다. 이 변압기 절연내력시험전압은 몇 [V]인가?

① 20,240
② 24,200
③ 27,500
④ 33,000

풀이

비접지식
- 7[kV]이하 1.5배 (최저 500[V])
- 7[kV]초과 1.25배 (최저 10500[V])

$22000 \times 1.25 = 27500$ [답] ③

풀이

전로의 사용전압	DC 시험전압 [V]	절연 저항값[MΩ]
SELV 및 PELV	250	0.5
FELV, 500V 이하	500	1.0
500V 초과	1,000	1.0

[주] 특별저압(Extra Low Voltage: 2차전압이 AC 50 V, DC 120V 이하)으로 SELV(비접지회로 구성) 및 PELV(접지회로구성)은 1차와 2차가 전기적으로 절연된 회로, FELV는 1차와 2차가 전기적으로 절연되지 않은 회로

[답] ①

55 고압용 SCR의 절연내력 시험전압은 직류측 최대 사용전압의 몇 배의 교류전압인가?

① 1배
② 1.25배
③ 1.5배
④ 2배

풀이

SCR(실리콘 정류기)
- 교류전압 1배
- 충전부분과 외함간 [답] ①

52 최대사용전압 440[V]인 전동기의 절연내력시험전압[V]은?

① 330
② 440
③ 500
④ 660

풀이

7[kV] 이하는 1.5배
$440 \times 1.5 = 660$
최저시험전압 500[V] [답] ④

56 2개의 단상변압기(200/6,000[V])를 그림과 같이 연결하여 최대 사용전압 6,600[V]의 고압전동기의 권선과 대지 사이의 절연내력시험을 하는 경우에 전압계의 전압(V)과 시험전압(E)의 값으로 옳은 것은?

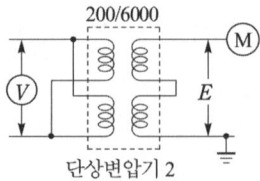

① $V = 82.5[V]$, $E = 8250[V]$
② $V = 165[V]$, $E = 13200[V]$
③ $V = 165[V]$, $E = 9900[V]$
④ $V = 200[V]$, $E = 12000[V]$

53 발전기, 전동기, 조상기, 기타 회전기(회전변류기 제외)의 절연내력시험시 시험 전압은 어느 곳에 가하면 되는가?

① 권선과 대지
② 외함과 전선
③ 외함과 대지
④ 회전자와 고정자

풀이
- 7[kV] 이하 시험전압 1.5배
- 시험전압 $E = 6600 \times 1.5 = 9900[V]$
  전압계전압 $V = V_1 = aV_2$
  $= \frac{200}{6000}(\text{권수비}) \times 9900(\text{시험전압}) \times \frac{1}{2}(\text{변압기2대중1대})$
  $= 165$ [답] ③

57
연료전지 및 태양전지 모듈의 절연내력 시험을 하는 경우 충전부분과 대지사이에는 어느 정도의 시험전압을 인가해야 하는가? (단, 연속하여 10분간 가하여 견디는 것이어야 한다.)

① 최대 사용 전압의 1.5배의 직류 전압 또는 1.25배의 교류 전압
② 최대 사용 전압의 1.25배의 직류 전압 또는 1.25배의 교류 전압
③ 최대 사용 전압의 1.5배의 직류 전압 또는 1배의 교류 전압
④ 최대 사용 전압의 1.25배의 직류 전압 또는 1배의 교류 전압

풀이
연료전지 및 태양전지 모듈의 절연내력 : 연료 전지 및 태양전지 모듈은 최대 사용전압의 1.5배의 직류 전압 또는 1배의 교류 전압(500[V] 미만으로 되는 경우에는 500[V])을 충전 부분과 대지사이에 연속하여 10분간 가하여 절연내력을 시험하였을 때에 이에 견디는 것이어야 한다. [답] ③

58
저압수용가 인입구부근에서 저압전로의 중성선 또는 접지측전선에 추가로 시설하는 접지선의 굵기[mm²]는?

① 0.75   ② 2.5
③ 6   ④ 16

[답] ③

59
계통접지공사의 저항값을 결정하는 가장 큰 요인은?
① 변압기의 용량
② 고압 가공 전선로의 전선연장
③ 변압기 1차 측에 넣는 퓨즈 용량
④ 변압기 고압 또는 특고압 측 전로의 1선 지락 전류의 암페어 수

풀이
계통접지공사 $E_2 = \frac{150 \ (300, \ 600)}{1선지락전류(I_g)}[\Omega]$ [답] ④

60
금속관공사시 과전류보호장치 용량이 100[A]이다. 접지공사시 시행해야하는 보호도체 규격[mm²]은 얼마이상이어야 하는가?

① 2.5[mm²]   ② 4[mm²]
③ 6[mm²]   ④ 16[mm²]

풀이
보호도체가 케이블의 일부가 아니거나 상도체와 동일 외함에 설치되지 않을 경우

구 분	구리	알루미늄
기계적 손상에 대해 보호(전선관설치)	2.5[mm²] 이상	16[mm²] 이상
기계적 손상에 대해 보호 되지 않는 경우	4[mm²] 이상	16[mm²] 이상

■ 케이블의 일부가 아니라도 전선관 및 트렁킹 내부에 설치되거나, 이와 유사한 방법으로 보호되는 경우 기계적으로 보호되는 것으로 간주한다. [답] ①

61
버스덕트 공사시 전압이 3φ 440[V]였다면 접지공사시 시행해야하는 보호도체 규격[mm²]은 얼마 이상이어야 하는가?

① 0.75   ② 1.5
③ 2.5   ④ 4

풀이
보호도체가 케이블의 일부가 아니거나 상도체와 동일 외함에 설치되지 않을 경우

구 분	구리	알루미늄
기계적 손상에 대해 보호(전선관설치)	2.5[mm²] 이상	16[mm²] 이상
기계적 손상에 대해 보호 되지 않는 경우	4[mm²] 이상	16[mm²] 이상

■ 케이블의 일부가 아니라도 전선관 및 트렁킹 내부에 설치되거나, 이와 유사한 방법으로 보호되는 경우 기계적으로 보호되는 것으로 간주한다. [답] ③

62 25[kV] 이하의 중성점 접지식으로 전로에 지기가 생긴 경우 2[초] 이내에 차단하는 장치를 한 특별고압가공전선로와 저압이 결합된 변압기의 경우 접지공사에 접지선의 굵기는 몇 [mm²] 이하인가?

① 16　　② 10
③ 6　　④ 2.5

[풀이]

유 형	구 분		접지선 굵기
접지에 피뢰시스템 접속			구리 16[mm²]이상 철제 50[mm²]이상
접지에 큰 전류가 흐르지 않은 경우			구리 6[mm²]이상 철제 50[mm²]이상
고장시 전류를 안전하게 흐를 수 있는 경우 (특고압 또는 고압설비용 접지도체)			6[mm²]이상
접지에 큰 전류가 흐르지 않은 경우	중성점 접지용 도체	고압이하 전로 또는 25[kV] 이하 특고압가공 (중성선 다중접지식 2초 이내 자동차단장치)	6[mm²]이상
		그 외	16[mm²]이상
이동하여 사용하는 전기기계 기구의 금속제 외함	특고압 · 고압 전기설비용 접지도체 및 중성점 접지용 접지도체 ① 클로로프렌캡타이어케이블(3종 및 4종) ② 클로로설포네이트폴리에틸렌 캡타이어케이블(3종 및 4종) ③ 다심 캡타이어케이블의 차폐 또는 기타의 금속체		10[mm²]이상
	저압 전기설비용 접지도체 ① 다심 코드 또는 다심 캡타이어케이블 ② 기타 유연성이 있는 연동연선		0.75[mm²]이상 1.5[mm²]이상

[답] ③

제 5 장

배전설비 및 배전반공사

5.1 건주, 장주 및 가선

1. 건주

(1) 지지물을 땅에 세우는 공정으로 가공 배선 선로용 전주로는 목주, 철근 콘크리트주, 철주 등이 있으며, 건주 공사는 굴착을 포함한 건주차를 이용하여, 직접 건주법 또는 조가(현수) 건주법으로 한다. 굴착 방법으로는 2~3단으로 파 내려가는 계단식과 둥글게 파 내려가는 원형 및 백호우 굴착공법이 있다.

지지물의 종류

종 류	적 용 구 분	비 고
콘크리트주	일반적인 장소에 사용하는 지지물	일반용, 중하중용
배전용 강관전주	도로가 협소하여 콘크리트주의 운반이 곤란한 장소 콘크리트 전주로서는 규정의 강도 및 시공이 어려운 장소	인입용, 저압용 (특)고압용
철 탑	산악지, 계곡, 해월, 하천지역 등 횡단개소	

(2) 전주가 땅에 묻히는 깊이
  ① 전주의 길이 15[m] 이하 : 전주 길이의 1/6 이상
  ② 전주의 길이 15[m] 초과 : 2.5[m] 이상
(3) 도로의 경사면 또는 논과 같이 지반이 약한 곳은 표준 근입(깊이)에 0.3[m]를 가산하거나 근가를 사용하여 보강한다.

2. 지선

(1) 지선의 설치

지선은 전주의 강도를 보강하고 전주가 기우는 것을 방지하며, 선로의 신뢰도를 높이기 위하여 설치해야 한다. 지형상 지선을 설치하기 곤란한 경우에는 지주를 설치한다. 시가지에서는 지선 및 지주를 설치하기 곤란할 경우가 많으므로, 전주를 튼튼한 것으로 하고 기초를 견고하게 하여 지선과 지주를 생략한다.
다음과 같은 경우에는 지선을 시설하고 전주의 강도를 보강하여야 한다.
① 전선을 끝맺는 경우 또는 불평형 장력이 작용하는 경우(장력 받이 지선)
② 선로의 방향을 바꾸는 경우(각도주 곡선 받이 지선)
③ 전주의 강도가 부족하거나 지반이 약한 경우
④ 전주가 넘어질 우려가 있는 경우
이외에도 폭풍에 견딜 수 있도록 5기 마다 1기의 비율로 선로 방향으로 전주 양측에 지선을 설치한다.

(2) 지선의 시공

① 공사상 불가피한 경우를 제외하고 특고압 도는 고압용 완철 하부에 설치하고, 장력의 합성점에 가깝게 설치한다.
② 지선은 완철의 설치, 철거에 지장이 없도록 설치한다.
③ 양종 지선은 부득이 한 경우를 제외하고 저압선 하부에 시설한다.
④ 지선밴드의 설치위치는 하중점에 가깝게 선정한다.
⑤ 지선의 근개 : 보통 지선의 근개는 전주의 총길이의 1/2 정도 유지하도록 하고, 전주와 지선의 각도는 30°~45°로 하되 60°를 넘지 않도록 시설한다.
⑥ 지선의 설치
　㉮ 전압의 종별에 관계없이 모든 지선에 지선애자를 설치한다.
　㉯ 지선애자의 설치위치는 주상 작업시 지선애자의 하부지선에 인체가 접촉될 우려가 없고, 지선이 단선된 경우를 대비하여 지표상 2.5[m]되는 곳에 설치한다.
　㉰ 지선용 철선은 4.0[mm] 아연 도금 철선 3조 이상 또는 7/2.6[선/mm] 아연 도금 철선을 사용하며, 지선의 안전율은 2.5이상, 허용 인장 하중 값은 4.31[kN] 이상이어야한다.
　㉱ 도로를 횡단하는 지선의 높이는 5[m] 이상으로 한다.
　㉲ 지선용 타입 앵커의 철봉 부분은 지표상 0.3[m]까지 노출시키고 필요시 지선용 가드를 부착한다.

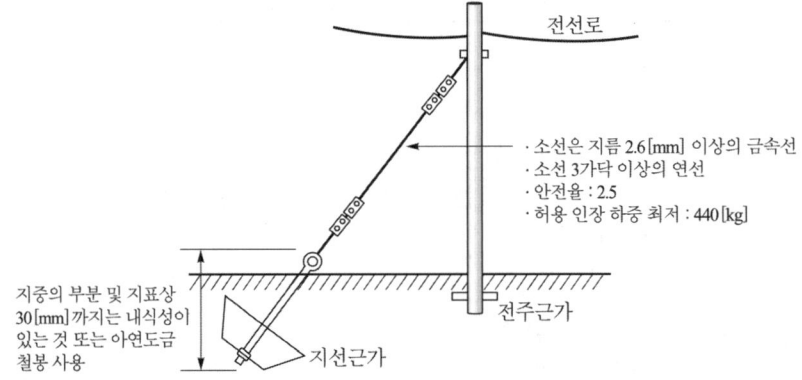

3. 장주

지지물에 배전기구를 고정시키기 위하여 완금, 완목, 애자 등의 기기(변압기, 콘덴서, 유입 개폐기, 피뢰기, PF, COS등)를 장치하는 공정

(1) 완금의 설치

① 지지물에 전선을 설치하기 위하여 완금을 사용한다.
② 완금의 길이는 다음과 같다.
　• 경(□형)완금 : 900 / 1,400 / 1,800 / 2,400[mm]
　• ㄱ형 완금 : 2,600 / 3,200 / 5,400[mm]
③ 완금 고정 : 전주의 말구에서 25[cm] 되는 곳에 I볼트, U볼트, 암 밴드를 사용하여 고정

④ 암타이 : 완금이 상하로 움직이는 것을 방지
⑤ 암타이 밴드 : 암타이를 고정

(2) 래크(Rack)배선

저압선의 경우에 완금을 설치하지 않고 전주에 수직방향으로 애자를 설치하는 배선으로 중성선을 최상단에 설치하고 애자의 색상은 녹색, 전압측 애자의 색상은 백색을 사용하며, 4선용 랙크를 설치할 때는 밴드를 3개 혹은 4개를 시설하여 휨을 방지하여야 한다.

인류 스트랍은 경간 80[m] 미만의 장소에 특고압 중성선이 ACSR인 경우 사용하며 경간이 80[m] 이상인 경우 하천, 철도 또는 고속도로를 횡단하는 경우에는 현수애자를 사용

(3) 주상 기구의 설치

1) 주상 변압기 설치
① 행거 밴드를 사용하여 고정
② 행거 밴드를 사용하기 곤란한 경우에는 변대를 만들어 변압기를 설치한다.
③ 변압기 1차 측 인하선은 고압 절연 전선 또는 클로로프렌 외장 케이블을 사용하고, 2차 측은 옥외 비닐 절연선(OW) 또는 비닐 외장 케이블을 사용한다.

2) 변압기의 보호
① 컷아웃 스위치(COS) : 변압기의 1차 측에 시설하여 변압기의 단락을 보호
② 캐치홀더 : 변압기의 2차 측에 시설하여 변압기를 보호

3) 구분개폐기 : 전력계통의 수리, 화재 등의 사고 발생 시에 구분개폐를 위해 2[km] 이하마다 설치

(4) 특별고압용 기계 기구의 시설

① 기계기구의 주위에 규정에 준하여 울타리 · 담 등을 시설하는 경우
   • 울타리 · 담 등의 높이 : 2[m] 이상
   • 지표면과 울타리 · 담 등의 하단 사이의 간격 : 15[cm] 이하
② 기계기구를 지표상 5[m] 이상의 높이에 시설하고 충전부분의 지표상의 높이를 표에서 정한 값 이상으로 하고 또한 사람이 접촉할 우려가 없도록 시설하는 경우

사용전압의 구분	울타리·담 등의 높이와 울타리·담 등으로부터 충전 부분까지의 거리의 합계
35[kV] 이하	5[m]
35[kV] 초과 160[kV] 이하	6[m]
160[kV] 초과	• 거리의 합계 = 6 + 단수 × 0.12[m] • 단수 = $\dfrac{사용전압[kV] - 160}{10}$ (단수 계산에서 소수점 이하는 무조건 절상)

(5) 고압용 기계기구의 시설

고압용 기계기구를 발전소, 변전소, 개폐소 또는 이에 준하는 곳 외에 시설하는 경우와 다음의 경우 이외에는 시설하여서는 안 된다.

① 기계기구의 주위에 규정에 준하여 울타리·담 등을 시설하는 경우
- 울타리·담 등의 높이 : 2[m] 이상
- 지표면과 울타리·담 등의 하단사이의 간격 : 15[cm] 이하

② 기계기구를 지표상 4.5[m] (시가지 외에는 4[m]) 이상의 높이에 시설하고 또한 사람이 쉽게 접촉할 우려가 없도록 시설하는 경우

③ 기계기구를 콘크리트제의 함 또는 규정에 따른 접지공사를 한 금속제 함에 넣고 또한 충전부분이 노출하지 아니하도록 시설하는 경우

4. 가선공사

(1) 전선의 종류

1) 단금속선
   ① 구리, 알루미늄, 철 등과 같은 한 종류의 금속선만으로 된 전선
   ② 종류 : 경동선, 경알루미늄선, 철선, 강선 등

2) 합금선
   ① 장경간 등 특수한 곳에 사용하기 위해 구리 또는 알루미늄에 다른 금속을 배합한 전선
   ② 종류 : 규동선, 카드뮴-구리선, 열처리 경화 구리 합금선 등

3) 쌍금속선
   ① 두 종류의 금속을 융착시켜 만든 전선으로 장경 간 배전선로용에 쓰인다.
   ② 구리복 강선, 알루미늄복 강선

4) 합성 연선
   ① 두 종류 이상의 금속선을 꼬아 만든 전선
   ② 종류 : 강심 알루미늄 연선(ACSR)

5) 중공연선
   200[kV] 이상의 초고압 송전 선로에서 코로나의 발생을 방지하기 위하여 단면적은 증가시키지 않고 전선의 바깥지름만 필요한 만큼 크게 만든 전선

6) 전선의 접속
   ① 접속부분의 전기저항은 같은 길이의 동일전선 저항보다 증가되지 않도록 할 것
   ② 장력이 걸리는 장소에서 접속시 접속부분의 기계적 강도는 접속치 않은 부분에 비해 20[%] 이상 감소시키지 말 것
   ③ 절연전선 상호 접속시에는 접속부분의 절연이 타 부분의 절연과 동등이상의 효력이 있는 방법으로 충분히 절연할 것
   ④ 철도, 궤도, 타전선로, 약전류 전선로 등을 횡단하는 장소에서 접속하여서는 안된다.
   ⑤ 점퍼선의 접속은 분기 스리브 등의 압축형금구로 압축 접속할 것

(2) 전선의 소요량

전선의 실소요량은 이도(dip)와 경간에 대하여 산출한다.
- 이도 : 전선을 지지물 사이에 가설하면 자체의 무게 때문에 밑으로 쳐져 곡선을 이루게 되는데, 이 곡선의 가장 밑으로 처진 점의 수직거리
- 이도 $D = \dfrac{WS^2}{8T}$ [m] (W : 전선무게[kg/m], S : 경간, T : 장력)
- 전선의 실제길이 $L = S + \dfrac{8D^2}{3S}$

(3) 저·고압 가공 전선의 최소 높이
① 도로를 횡단하는 경우 : 지표상 6[m] 이상
② 철도를 횡단하는 경우 : 레일면상 6.5[m] 이상
③ 횡단보도교 위에 시설하는 경우
- 저압 : 노면상 3[m] 이상(절연 전선, 케이블 사용의 경우)
- 고압 : 노면상 3.5[m] 이상
④ 그 밖의 장소 : 지표상 5[m] 이상

5.2 인입선 공사

1. 가공 인입선

(1) 가공 인입선

가공 전선로의 지지물에서 분기하여 다른 지지물을 거치지 아니하고 수용 장소의 붙임점에 이르는 가공전선을 말한다. 가공 인입선에는 저압 가공 인입선과 고압 가공 인입선이 있다.

(2) 저압 인입선
① 지름 2.6[mm](경간 15[m] 이하는 2[mm])의 경동선 또는 이와 동등 이상의 세기 및 굵기의 것일 것
② 전선은 옥외용 비닐전선(OW), 인입용 절연전선(DV) 또는 케이블일 것
③ 인입선의 길이는 50[m] 이하로 할 것
④ 전선의 높이는 다음에 의할 것
- 도로를 횡단하는 경우에는 노면상 5[m] 이상
  (기술상 부득이한 경우에 교통에 지장이 없을 때에는 2.5[m])
- 철도 궤도를 횡단하는 경우에는 레일면상 6.5[m] 이상
- 기타의 경우 : 4[m] 이상

(3) 고압 및 특고압 인입선
① 인입선의 길이는 30[m]를 표준(불가피한 경우 50[m] 이하)
② 전선의 높이는 다음에 의할 것
- 도로를 횡단하는 경우에는 노면상 6[m] 이상

- 철도 궤도를 횡단하는 경우에는 레일면상 6.5[m] 이상
- 기타의 경우 : 5[m] 이상

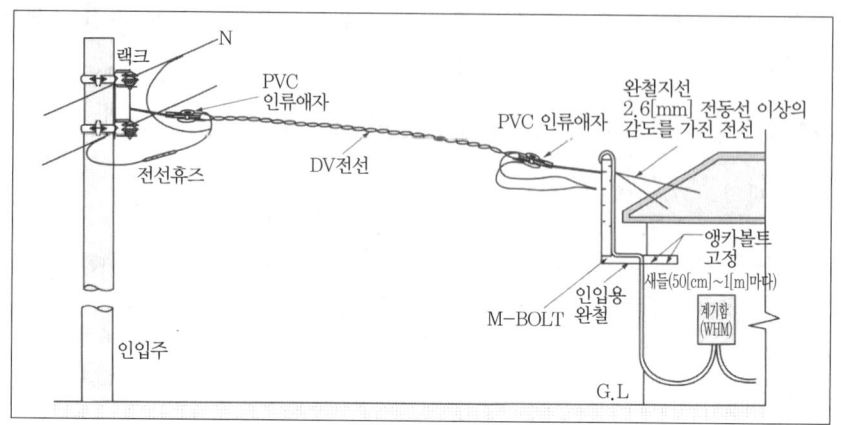

(4) 인입용 전선은 허용전류를 초과하지 않도록 굵기 선정

2. 연접 인입선

(1) 연접 인입선

한 수용 장소의 인입선에서 분기하여 다른 지지물을 거치지 아니하고 다른 수용가의 인입구에 이르는 부분의 전선.

(2) 시설 제한 규정

① 인입선에서의 분기하는 점에서 100[m]를 넘는 지역에 이르지 않아야 한다.
② 폭 5[m]를 넘는 도로를 횡단하지 않아야 한다.
③ 연접 인입선은 옥내를 관통하면 안된다.
④ 고압 연접 인입선은 시설할 수 없다.

5.3 지중 전선로

1. 지중 전선로의 특징

(1) 케이블을 사용해서 땅속에 시설하는 전선로를 말한다.
(2) 전력사용의 안정도가 향상되고, 시가지 내 전력시설 건설에 도시미관을 저해하지 않는다.
(3) 건설비가 많이 들고, 선로의 사고 복구에 많은 시간이 걸린다.

2. 시설방식

(1) 직접매설식

① 땅을 파고 케이블 방호물을 매설하고, 그 속에 케이블을 포설하는 방식

② 케이블 매설 깊이
- 차량 등 중량물의 압력을 받을 우려가 있는 장소 : 1.0[m] 이상
- 기타 장소 : 0.6[m] 이상

③ 지중 케이블의 상부에 견고한 판 또는 경질 비닐판 등으로 덮어서 매설한다.

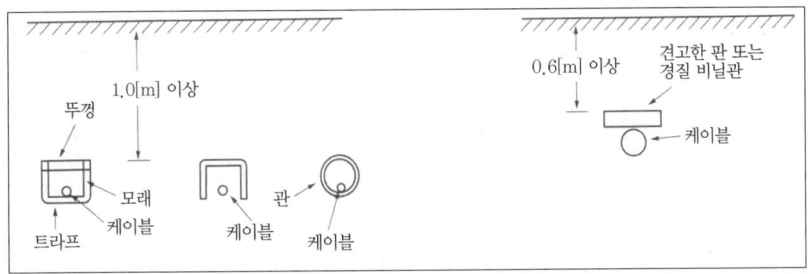

(2) 관로인입식

① 케이블을 포설할 관로를 만들어 놓고, 여기에 케이블을 포설하는 방식

② 케이블 조수가 많은 장소, 장래에 부하의 변경이 예상되는 장소에 사용

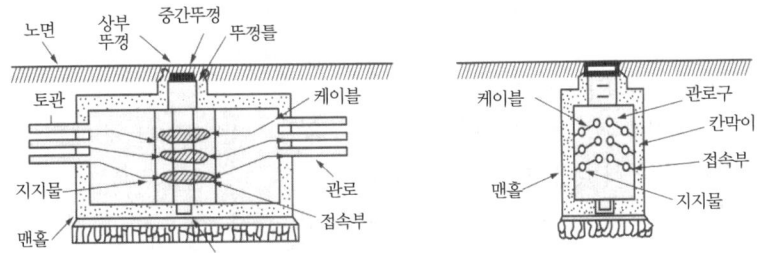

(3) 암거식

① 지중에 암거를 시설하고 그 속에 케이블을 포설하는 방식

② 케이블은 암거의 측벽에 받침대나 선반에 의해 지지하며, 작업자의 보행을 위한 통로를 확보한다.

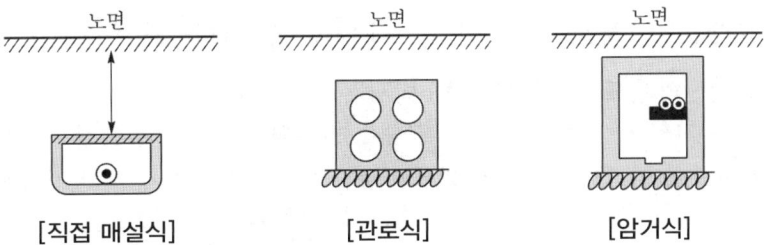

[직접 매설식]　　　　[관로식]　　　　[암거식]

구 분	장 점	단 점
직접 매설식	케이블의 부설 경로에 제약을 받지 않음 공사가 용이하며, 공사비가 저렴하다. 공기가 짧고, 열방산이 좋다. 길이가 짧은 구내에 적당	증설이나 교체 작업시 재시공이 요함 외상을 받을 우려가 있다. 보수 점검이 곤란
관로 인입식	증설이나 교체가 비교적 용이함 맨홀 등을 이용한 점검이 비교적 용이 손상 우려가 없다.	공사비용이 높다. 관로의 경로에 제약이 있다. 공기가 길어진다.
암거식	증설이나 교체가 용이함 맨홀 등을 이용한 점검이 비교적 용이 전류저감계수가 적다. 신뢰성이 필요한 개소에 적합	공기와 비용이 가장 많이 소요됨 시설의 변경이 곤6란하다. 케이블사고로 다른 회선에 지장을 준다.
개거식	공사비가 싸고 열방산이 가장 높다.	외상을 받을 우려가 가장 많다.

3. 지중함의 시설
① 견고하고 차량 기타 중량물의 압력에 견디는 구조일 것
② 그 안의 고인 물을 제거할 수 있는 구조일 것
③ 폭발성 또는 연소성 가스의 침입 우려가 있는 것에 시설하는 지중함으로서 크기가 1 [m^3] 이상인 것에는 통풍장치 기타 가스를 방산(放散)하기 위한 장치를 시설할 것
④ 지중함의 뚜껑은 시설자 이외의 자가 쉽게 열 수 없도록 시설할 것

4. 케이블 가압(加壓)장치의 시설
① 케이블 가압장치 : 최고 사용압력의 1.5배의 유압 또는 수압(1.25배의 기압)을 연속하여 10분간 가하여 시험을 하였을 때 이에 견딜 것
② 기압장치에는 압축가스 또는 유압의 압력을 계측하는 장치를 설치할 것
③ 압축가스는 가연성 및 부식성의 것이 아닐 것

5. 지중전선의 피복금속체(被覆金屬體)의 접지
관·암거·기타 지중전선을 넣은 방호장치의 금속제 부분(케이블을 지지하는 금구류는 제외한다)·금속제의 전선 접속함 및 지중전선의 피복으로 사용하는 금속체에는 규정된 접지 공사를 하여야 한다. 다만, 이에 방식조치를 한 부분에 대해서는 그러하지 아니한다.

6. 지중약전류전선의 유도장해(誘導障害) 방지
지중전선로는 기설 지중약전류전선로에 대하여 누설전류 또는 유도작용에 의하여 통신상의 장해를 주지 않도록 기설 약전류전선로로부터 충분히 이격시키거나 기타 적당한 방법으로 시설하여야 하다.

7. **지중전선과 지중약전류전선 등 또는 관과의 접근 또는 교차**

   저압 또는 고압의 지중전선과 지중약전류 전선 등 또는 관과의 접근 또는 교차 시에는 상호 간의 이격거리가 0.3[m] 이하인 때에는 견고한 내화성 격벽(隔壁)을 설치하거나 불연성(不燃性) 또는 난연성(難燃性)의 관에 넣어 그 관이 지중약전류전선 등과 직접 접촉하지 아니하도록 하여야 한다.

5.4 배전반 공사

1. **배전반의 종류**
   (1) 라이브 프런트식 (Live Front /수직형) : 저압 간선용.
   (2) 데드 프런트식 : 고압 수전반, 고압 전동기 운전반 등에 사용.
   (3) 폐쇄식 배전반 (큐비클형) : 점유면적이 좁고, 보수 및 운전이 안전하여 널리 사용

2. **배전 계통의 구성**
   (1) 급전선 : 변전소에서 수용가에 이르는 배전선로 중 분기선과 변압기가 없는 부분의 선로
   (2) 간 선 : 급전선에서 분기한 주요선로
   (3) 분기선 : 간선에서 분기된 선로
   (4) 급전점 : 급전선과 간선이 접속하는 점
   (5) 부하점 : 간선과 분기선이 접속하는 점

   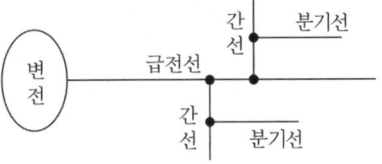

3. **고압 배전 선로의 구성형식**
   (1) 가지식(Tree system) : 수용 부하에 따라 나뭇가지와 같이 분기되어 가는 방식이다.
      [장점] ① 선로를 쉽게 연장할 수 있다.
             ② 시설비가 저렴하다.
             ③ 고장선의 분리가 쉽다.
      [단점] ① 전력손실이 많다.
             ② 전압 변동이 심하다.

   (2) 환상식(Loop system) : 한 부하점에서 좌우 두 간선으로부터 전력이 공급된다.
      [장점] ① 전력손실 선로 전압강하가 작다.
             ② 간선의 일부에 고장이 생긴 경우에 그 고장 구간을 분리하여도 다른 구간에 배전을 계속할 수 있다.
      [단점] ① 시설비가 많이 든다.

(3) 네트워크식(Network system) : 환상식 간선을 여러 곳에서 접속하여 배전망을 만들고 여러 점에 급전점을 만든 방식이다.
  ① 전압강하가 매우 적다.
  ② 사고시 정전 범위를 좁게 할 수 있다.
  ③ 대도시 수용밀집 지대에 이상적인 배전방식이다.
(4) 뱅킹식(Banking system) : 1개의 고압전선로에 2대 이상의 배전용변압기의 2차측을 연결하여 사용하는 방식이다.
  ① 부하밀집지역
  ② 전압안정, 변압기설비 감소의 이점이 있다.

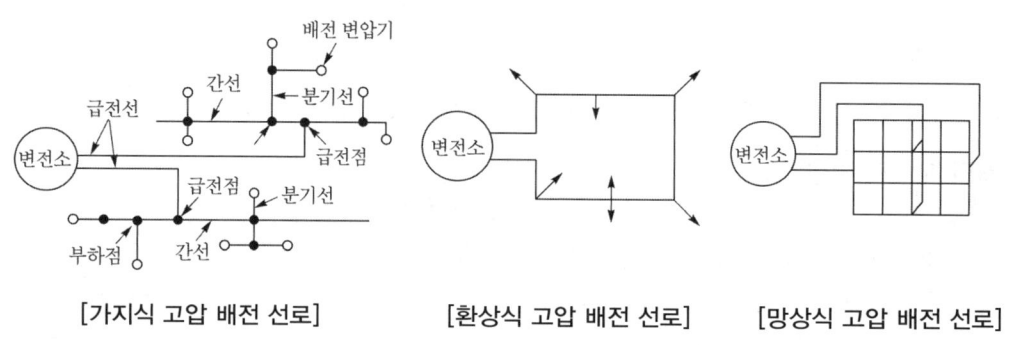

[가지식 고압 배전 선로] [환상식 고압 배전 선로] [망상식 고압 배전 선로]

5.5 분전반 공사

분전반이란 간선에서 배선을 분기시키는 분기용 개폐기나 자동 차단기(퓨즈, 배선용 차단기)를 취급상 편리하도록 한 장소에 집합시킨 장치이다. 가정용으로 1개~수개의 회로로 구성되나 빌딩, 공장 등에서는 30회로까지도 수용한다. 주택용으로는 이 분전반 내에 누전 차단기, 주 차단기, 분기 차단기, 단자반 등을 수용한다. 가정용 분기 회로에서의 자동 차단기의 정격은 1회로에 대해서 부하 용량과 배선용 전선의 굵기에 따라 결정한다.

1. 분전반의 구분

분전반에는 벽에 부착하는 상태에 따라 매입형, 반노출형, 노출형의 것이 있으며 상자의 구조는 같다. 주로 MCCB 방식의 장점은 비교하면 다음과 같다.
① 현저하게 소형·경량화 된다.
② 표면에 충전부가 노출되지 않아 다루기가 안전하다.
③ 퓨즈 용단시 교환해야 할 손질이나 비용이 필요 없고 간단하며 재투입이 쉽다.
④ 내구성이 있다.

다음 그림은 분전반 내부 결선도 이다.

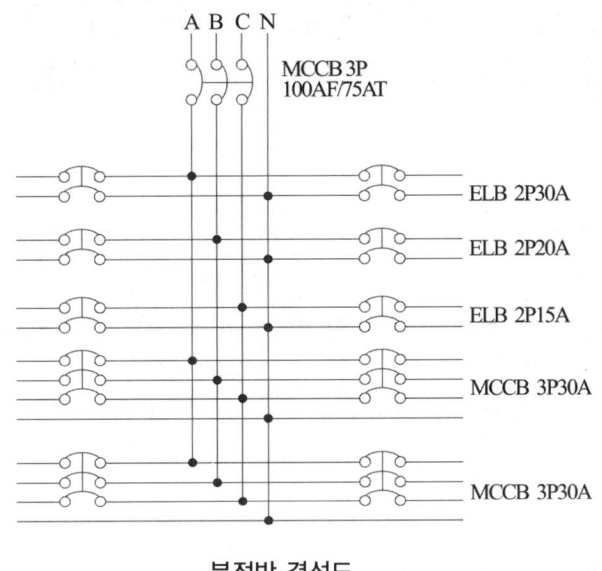

분전반 결선도

2. 분전반의 시설

(1) 분전반은 부하의 중심 부근이고 각 층마다 하나 이상을 설치하나 회로수가 6 이하인 경우에는 2개 층을 담당한다.
(2) 하나의 분전반이 담당하는 경제 면적은 750~1000[m²]로 하고 분전반에서 최종 부하까지의 거리는 30[m] 이내로 하는 것이 좋다.
(3) 분전반에서 분기 회로를 위한 배관의 상승 또는 하강이 용이해야 한다.
(4) 보수 점검에 편리한 곳이어야 한다.
(5) 분전반을 넣는 금속제의 함 및 이를 지지하는 금속 프레임 또는 구조물은 접지하여야 한다.
(6) 분전반이 여러 면일 때는 번호를 붙여 쉽게 구분할 수 있도록 한다.
예를 들면, 분전반은 L로 표시하고 지하 1층은 B1L, 지하 2층은 B2L, 5층은 5L, 1층 2호 분전반은 1L-2, 4층의 3호 분전반은 4L-3 등과 같이 표시한다.

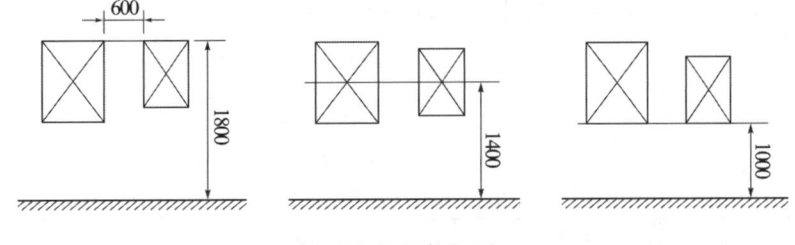

분전반의 설치 높이

① 나이프식 분전반 : 퓨즈가 붙은 나이프 스위치와 모선을 시설 철제 캐비넷에 장치
② 텀블러식 분전반 : 개폐기로 텀블러 스위치, 자동 차단기에는 퓨즈 등을 시설
③ 브레이크식 분전반 : 열동계전기 또는 전자 코일로 만든 차단기를 시설

3 기출 & 예상문제
제 5 장 배전설비 및 배전반공사

01 고층 건물의 배선방식에서 옳지 못한 것은?
① 간선의 수를 되도록 늘린다.
② 간선에 과부하가 안 되도록 하고 길게 할 것
③ 간선의 수를 되도록 적게 할 것
④ 각 분전반에 있어서는 공급전압의 차가 될수록 적게 할 것

[답] ①

02 전기의 정액 수용가가 계약용량을 초과하여 사용하면 자동적으로 회로가 차단되는 장치는?
① 전류 제한기　② 열 계전기
③ 과전류 차단기　④ 과용량 계전기

[답] ①

03 저압 단상 3선식 회로의 중성선에는?
① 다른선의 퓨즈와 같은 용량의 퓨즈를 넣는다.
② 다른선의 퓨즈의 2배 용량의 퓨즈를 넣는다.
③ 다른선의 퓨즈의 1/2배 용량의 퓨즈를 넣는다.
④ 퓨즈를 넣지 않고 직결한다.

[답] ④

04 배전반은 스위치를 조작하기 위하여 앞 벽과의 사이를 몇 [m] 이상 띄어서 설치하는 것이 좋은가?
① 0.5　② 1.0
③ 1.5　④ 2.0

풀이
수전실 등의 시설　(단위:[mm])

부위별 기기별	앞면 또는 조작·계측면	뒷면 또는 점검면	열상호간 (점검하는 면)	기타의 면
특별고압반	1700	800	1400	–
고압배전반	1500	600	1200	–
저압배전반	1500	600	1200	–
변압기등	600	600	1200	300

[답] ③

05 다음 중 급전에 사고가 생기면 고장 전류가 평상 운전 때와는 반대방향으로 흐를 때가 있다. 이런 저압 배전방식은?
① 가지식　② 직선뱅킹식
③ 환상식　④ 네트워크식

[답] ③

06 간선 일부에 고장이 생겨도 그 고장 구간을 분리시키면 다른 구간에는 배전을 계속할 수 있고 전류 통로에 융통성이 있는 배전방식은 어느 것인가?
① 가지식(tree system)
② 환상식(loop system)
③ 네트워크식(network system)
④ 뱅킹식(banking system)

[답] ②

07 뱅킹 배전방식이 적당한 경우는?
① 부하가 밀집된 지역
② 산촌
③ 바람이 많은 어촌
④ 농촌

[답] ①

08 우리나라의 저압 배전선로 구성 형식은 일반적으로 어떤 방식이 많이 쓰이는가?
① 가지식
② 환상식
③ 망상식
④ 뱅킹식

[답] ④

09 저압 배전선로에서 신뢰도가 가장 좋아 부하밀도가 높고 무정전 배전이 필요한 경우 채용되는 방식은?
① 가지식
② 환상식
③ 뱅킹식
④ 네트워크식
[답] ④

10 계전기의 성능 중 별로 중요하지 않은 것은?
① 소비전력이 적을 것
② 동작이 정확할 것
③ 가격이 저렴할 것
④ 감도가 예민할 것
[답] ③

11 전압강하가 큰 고압 배전선로의 전압 조정을 목적으로 전선로 중간에 설치하는 것은?
① 콘덴서
② 자동전압조정기
③ 밸런서
④ 승압기
[답] ②

12 수전단에 있는 무효 전력을 조정, 수전단 전압을 일정하게 유지하는 것으로 선로의 수전단이나 중간에 설치하는 것은?
① 슬라이닥스
② 조상기
③ 진상콘덴서
④ 유도전압조정기
[답] ②

13 15[m] 콘크리트주를 시설하는 경우 근입의 표준 깊이는 몇 [m]인가?
① 1.0
② 1.2
③ 2.5
④ 3.0
풀이
전주가 땅에 묻히는 깊이
• 전주의 길이 15[m] 이하 : 전주 길이의 1/6 이상
• 전주의 길이 15[m] 초과 : 2.5[m] 이상
[답] ③

14 구내에 시설하는 22.9[kV-Y] 가공 전선로의 지지물에 기기를 장치하는 경우의 콘크리트주의 최소길이는 몇 [m]인가?
① 10
② 12
③ 14
④ 16
풀이
지지물의 길이는 10[m] 이상이어야 하며, 기기를 장치하는 경우에는 12[m] 이상이어야 한다.
[답] ②

15 전주의 길이가 10[m]이고, 근가의 길이가 1.2[m]일 때 U-볼트(경×길이)[mm]의 표준은?
① 270×500
② 320×550
③ 360×590
④ 400×630
풀이
전주의 규격에 따른 U-볼트의 직경

전주규격[M]	10	12	14	16
U-볼트 직경[mm]	320	360		400

[답] ②

16 고압 가공전선로의 전선의 조수가 3조일 때 완금의 길이는?
① 1,200[mm]
② 1,400[mm]
③ 1,800[mm]
④ 2,400[mm]
풀이
완금의 길이

전선의 조수	특고압	고압	저압
2	1,800	1,400	900
3	2,400	1,800	1,400

[답] ③

17 지선의 시설 목적에 적합하지 않은 것은?
① 지지물의 강도보강
② 전선로의 안정성 증대
③ 전선로와 건조물과의 이격
④ 불평형 하중에 대한 평형
풀이
전주의 강도를 보강하고 전주가 기우는 것을 방지하며, 선로의 신뢰도를 높이기 위해서 설치
[답] ③

18 가공전선로의 지지물에 시설하는 지선에서 맞지 않는 것은?
① 지선의 안전율은 2.5 이상일 것
② 지선의 안전율이 2.5 이상일 경우에 허용 인장하중의 최저는 4.31[kN]으로 한다.
③ 소선의 지름이 1.6[mm] 이상을 동선을 사용한 것일 것
④ 지선에 연선을 사용할 경우에는 소선 3가닥 이상의 연선일 것

풀이
지선의 안전율은 2.5이상이고 지선에 연선을 사용할 경우 3가닥 이상, 지름이 2.6[mm]이상의 금속선을 사용할 것 [답] ③

19 전선로의 지선에 사용되는 애자는?
① 현수애자 ② 구형애자
③ 인류애자 ④ 핀애자

풀이
말굽애자, 옥애자, 지선애자라고도 한다. [답] ②

20 저압 전로의 접지측 전선을 식별하는 데 애자의 빛깔에 의하여 표시하는 경우 어떤 빛깔의 애자를 접지측으로 하여야 하는가?
① 백색   ② 청색
③ 갈색   ④ 황갈색

풀이
애자의 색상

애자의 종류	색별
특고압 핀애자	갈색
저압용 애자(접지측 제외)	백색
접지측 애자	녹색 또는 청색

[답] ②

21 지지물에 완금, 완목, 애자 등을 장치하는 것을 무슨 공사라 하는가?
① 근가공사 ② 지선공사
③ 장주공사 ④ 가선공사

풀이
장주 : 지지물에 전선 그 밖의 기구를 고정시키기 위하여 완금, 완목, 애자 등의 기기(변압기, 콘덴서, 유입 개폐기, 피뢰기, PF, COS 등)를 장치하는 공정 [답] ③

22 완목이나 완금을 목주에 붙이는 경우에는 볼트를 사용하고, 철근콘크리트주에 붙이는 경우에는 어느 것을 사용하는가?
① 지선밴드 ② 암타이
③ 암밴드   ④ U볼트
[답] ④

23 전선을 지지하기 위해 사용되는 자재로 애자를 부착하여 사용하는 □형으로 생긴 형강은?
① 인류스트립 ② 각암타이
③ 소켓아이   ④ 경완금
[답] ④

24 주상변압기를 철근콘크리트 전주에 설치할 때 사용되는 기구?
① 암밴드   ② 암타이밴드
③ 앵커   ④ 행거밴드
[답] ④

25 주상변압기에 시설하는 캐치 홀더는 다음 어느 부분에 직렬로 삽입하는가?
① 1차 측 양선
② 1차 측 1선
③ 2차 측 비접지 측선
④ 2차 측 접지된 선

풀이
캐치 홀더는 변압기를 보호하기 위해 변압기 2차 측에 설치 [답] ③

26 저압인입선을 설비할 경우 보호장치로 캐치홀더(Catch-holder)를 설치하고 고리 퓨즈(Fuse)를 시설할 경우 잘못 표현된 것은?
① 저압배전선에서 분기하는 저압 측 인입선에는 그 분기점 가까운 곳에 설치한다.
② 캐치홀더의 부하전류 합계 100[A]까지는 공용할 수 있다.
③ 동력 부하의 경우에는 인입개폐기의 퓨즈 용량과 동일 또는 측근 상위의 것을 사용할 수

있다.
④ 전등공용 방식의 저압배선에서 인하하는 동력인입선에는 각 상마다 시설해야 한다.
[답] ②

27 ACSR 약호의 명칭은?
① 경동연선
② 중공연선
③ 알루미늄선
④ 강심알루미늄연선

풀이
ACSR ; Aluminium Conductor Steel Reinforced
[답] ④

28 고주파 전기의 송전선으로 가장 적합한 것은?
① 강심알루미늄선
② 중공연선
③ 경동선
④ 주석도금선

풀이
• 중공연선 : 200[kV] 이상의 초고압 송전선로에서 코로나 발생을 방지하기 위하여 단면적은 증가시키지 않고, 전선의 바깥지름만 필요한 만큼 크게 만든 전선 [답] ②

29 직격뢰에 대한 방호설비로서 가장 적당한 것은?
① 서지 흡수기
② 가공지선
③ 복도체
④ 정전방전기

풀이
전주의 최상부에 설치되어 직격뢰에 대해 전선로를 보호한다.
[답] ②

30 전주 사이의 경간이 50[m]인 가공 전선로에서 전선 1[m]의 하중이 0.37[kg], 전선의 딥이 0.8 [m]라면 전선의 수평 장력은 약 몇 [kg]인가?
① 80
② 120
③ 145
④ 165

풀이
$D = \dfrac{WS^2}{8T}$ 이므로

$0.8 = \dfrac{0.37 \times 50^2}{8 \times T}$ 에서, $T = 144.5$[kg] 이다. [답] ③

31 가공인입선 중 수용장소의 인입선에서 분기하여 다른 수용장소의 인입구에 이르는 전선을 무엇이라 하는가?
① 소주인입선
② 연접인입선
③ 본주인입선
④ 인입간선

[답] ②

32 저압 연접인입선은 인입선에서 분기하는 점으로부터 100[m]를 넘지 않는 지역에 시설하고 폭 몇 [m]를 초과하는 도로를 횡단하지 않아야 하는가?
① 4
② 5
③ 6
④ 6.5

풀이
시설 제한 규정
① 인입선에서의 분기하는 점에서 100[m]를 넘는 지역에 이르지 않아야 한다.
② 폭 5[m]를 넘는 도로를 횡단하지 않아야 한다.
③ 연접 인입선은 옥내를 관통하면 안 된다.
④ 고압 연접 인입선은 시설할 수 없다. [답] ②

33 다음 중 저압 연접인입선의 시설기준으로 틀린 것은?
① 인입선에서 분기하는 점으로부터 100[m]를 넘는 지역에 미치지 아니할 것
② 폭 5[m]를 넘는 도로를 횡단하지 아니할 것
③ 옥내를 통과하지 아니할 것
④ 지름은 최소 3.2[mm] 이상의 경동선을 사용할 것

풀이
지름 2.6[mm]의 경동선 또는 이와 동등 이상의 세기 및 굵기의 것일 것 [답] ④

34 다음은 가공전선로에 비교한 지중선로의 장점이다. 이에 속하지 않는 것은?
① 선로사고 시 복구가 용이하다.
② 도시환경미화를 향상시킨다.
③ 폭풍우, 뇌(雷)의 위험이 적다.
④ 지상노출이 적어 보안상 유리하다.

풀이
① 전력사용의 안정도가 향상되고, 시가지 내 전력시설 건설에 도서미관을 저해하지 않는다.
② 건설비가 많이 들고, 선로의 사고 복구에 많은 시간이 걸린다. [답] ①

35 지중전선로 시설 방식이 아닌 것은?
① 직접 매설식 ② 관로식
③ 트라이식 ④ 암거식

풀이
지중전선로 시설방식은 직접매설식, 관로식, 암거식이 있다.

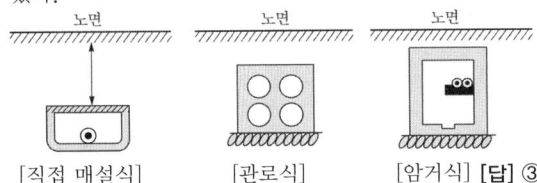

[직접 매설식] [관로식] [암거식] [답] ③

36 지중 전선로를 직접매설식에 의하여 중량물을 견디도록 시설하는 경우에는 매설 깊이를 몇 [m] 이상으로 하여야 하는가?
① 0.6 ② 1.0
③ 1.2 ④ 1.5

풀이
지중 전선로의 시설
① 지중 전선로는 전선에 케이블을 사용하고 또한 관로식·암거식 또는 직접 매설식에 의하여 시설하여야 한다.
② 관로식에 의하여 시설하는 경우에는 매설 깊이를 1.0[m] 이상으로 하며, 매설 깊이가 충분하지 못한 장소에는 견고하고 차량 기타 중량물의 압력에 견디는 것을 사용할 것
③ 지중 전선로를 직접 매설식에 의하여 시설하는 경우에는 매설 깊이를 차량 기타 중량물의 압력을 받을 우려가 있는 장소에는 1.0[m] 이상, 기타 장소에는 60[cm] 이상으로 하고 또한 지중 전선을 견고한 트라프 기타 방호물에 넣어 시설하여야 한다. [답] ②

37 지중 전선로를 관로인입식에 의하여 중량물을 견디도록 시설하는 경우에는 매설 깊이를 몇 [m] 이상으로 하여야 하는가?
① 0.6 ② 1.0
③ 1.2 ④ 1.5
[답] ②

38 지중배전에 사용되는 기기는 별도의 설치공간에 적합한 구조로 제작되어 설치되는데 이에 사용되는 일반기기를 설치형태별로 구분한 종류에 해당하지 않는 것은?
① 지상 설치형 ② 지중 설치형
③ 지하공 설치형 ④ 반가내 설치형

풀이
반가대 설치는 가공전선로에서 사용하는 방법이다. [답] ④

39 지중에 매설되어 있는 케이블의 전식(전기적인 부식)을 방지하기 위한 대책이 아닌 것은?
① 회생양극법 ② 외부전원법
③ 선택배류법 ④ 배양법

풀이
지중케이블의 전식방지법
① 금속표면 코팅
② 회생양극법(유전양극법)
③ 외부전원법
④ 배류법(직접배류법, 강제배류법, 선택배류법) : 누설전류가 흐르도록 길을 만들어 금속표면의 부식을 방지 [답] ④

40 지중전선로에 사용하는 지중함을 시설할 때 고려할 사항으로 잘못된 것은?
① 차량 기타 중량물의 압력에 견디는 튼튼한 구조로 할 것
② 물기가 스며들지 않으며, 또 고인 물은 제거할 수 있는 구조일 것
③ 지중함 뚜껑은 보통 사람이 열 수 없도록 하여 시설자만 점검하도록 할 것
④ 폭발성 가스가 침입할 우려가 있는 곳에 시설하는 최소 0.5[m³] 이상의 지중함에는 통풍장치를 할 것

풀이
지중전선로에 사용하는 지중함은 다음 각 호에 의하여 시설하여야 한다.
① 지중함은 견고하고 차량 기타 중량물의 압력에 견디는 구조일 것
② 지중함은 그 안의 고인 물을 제거할 수 있는 구조로 되어 있을 것
③ 폭발성 또는 연소성의 가스가 침입할 우려가 있는 것

에 시설하는 지중함으로써 그 크기가 1[m³] 이상인 것에는 통풍장치 기타 가스를 방산시키기 위한 적당한 장치를 시설할 것
④ 지중함의 뚜껑은 시설자 이외의 자가 쉽게 열 수 없도록 시설할 것 [답] ④

41 케이블 포설공사가 끝난 후 하여야 할 시험의 항목에 해당되지 않는 것은?
① 절연저항 시험   ② 절연내력 시험
③ 접지저항 시험   ④ 유전체손 시험

풀이
① 절연저항 시험 : 각 심선 상호 간 및 심선과 대지 간의 절연저항 시험
② 절연내력 시험 : 전로와 대지 간, 각 심선과 대지 간의 절연내력 시험
③ 접지저항 시험 : 케이블 차폐막의 접지저항 시험
④ 상시험 : 케이블 양단의 상순이 맞는지 여부 시험
[답] ④

42 고체 유전체의 파괴시험을 기름(Oil) 중에서 행하는 이유로 가장 적당한 것은?
① 선행 불꽃방전을 방지하기 위하여
② 공기 중에서의 실행에 따른 위험을 방지하기 위하여
③ 연면섬락을 방지하기 위하여
④ 매질효과를 없애기 위하여
[답] ③

43 연접 인입선의 시설 제한상 잘못된 내용은?
① 인입선에서 분기하는 점에서 50[m]를 넘지 않아야 한다.
② 폭 5[m]를 넘는 도로를 횡단하지 않아야 한다.
③ 옥내를 통과하면 안된다.
④ 전선은 절연전선, 다심형 전선 또는 케이블일 것

풀이
저압 연접 인입선의 시설
· 인입선에서 분기하는 점으로부터 100[m]을 초과하는 지역에 미치지 아니할 것.
· 폭 5[m]을 초과하는 도로를 횡단하지 아니할 것.
· 옥내를 통과하지 아니할 것 [답] ①

44 지선의 종류가 아닌 것은?
① Y지선   ② 배선지선
③ 궁지선   ④ 공동지선
[답] ②

45 보통 주상변압기의 2차 측에 설치하는 것은?
① 구분개폐기
② 캐치 홀더
③ 애자형개폐기
④ 프라이머 컷 아웃
[답] ②

46 저압가공 인입선이 일반 도로를 횡단하는 경우 지표상의 높이는 최소 몇 [m]로 하여야 하는가?
① 2.5   ② 3
③ 4   ④ 5
[답] ④

47 가공 전선로의 지지물에 지선을 사용해서 안되는 곳은?
① 목주   ② 콘크리트주
③ 철주   ④ 철탑

풀이
가공전선로의 지지물로 사용하는 철탑은 지선을 사용하여 그 강도를 분담시켜서는 아니 된다. [답] ④

48 저압 인입선 시설에서 횡단 보도교의 위에 시설하는 경우에는 노면 상에서 최소 몇 [m]이상 하여야 하는가?
① 2   ② 3
③ 4   ④ 5

풀이
저압 가공인입선의 지표상 높이
· 도로횡단 : 5[m] 이상
· 철도, 궤도 횡단 : 6.5[m] 이상
· 횡단보도교 위 : 3[m] 이상
· 일반장소 : 4[m] 이상
[답] ②

49 도로를 횡단하여 지선을 설치할 때 쓰이는 지선은?
① 공동지선 ② Y지선
③ 수평지선 ④ 보통지선

풀이
• 수평지선 : 토지의 상황이나 기타 사유로 인하여 보통 지선을 시설할 수 없는 경우
[답] ③

50 저압 인입선의 시설에서 잘못 표현된 것은?
① 전선은 절연 전선
② 전선은 다심형 전선 또는 케이블
③ 전선이 옥외용 비닐 절연 전선인 경우에는 사람이 접촉하여도 무방함
④ 전선은 케이블인 경우 이외에는 지름이 2.6 [mm]의 경동선 또는 이와 동등 이상의 세기 및 굵기의 것일 것
[답] ③

51 지선 및 지주는 전주를 보정할 필요가 있는 곳에 설치한다. 설치 시 유의할 사항이 잘못된 것은?
① 전선 수평 장력의 합성점에 가장 먼 곳에 설치한다.
② 완목을 달 때나 교환할 때 지장이 없도록 설치한다.
③ 불가피한 경우 이외에는 양측 지선은 저압선의 아래쪽에 설치한다.
④ 전주와의 각도는 약 30~40° 정도 되게 한다.

풀이
지선은 공사상 불가피한 경우를 제외하고 특고압 도는 고압용 완철 하부에 설치하고, 장력의 합성점에 가깝게 설치한다.
[답] ①

52 랙(rack) 배선은 어떤 곳에 사용하는가?
① 저압 가공 선로 ② 고압 가공 선로
③ 저압 지중 선로 ④ 고압 지중 선로
[답] ①

53 지중에서 지선의 끝을 고정시키는데 사용되는 것은?
① 앵커 ② 스트랙
③ 랙   ④ 터미널
[답] ①

54 지선이나 지주를 시설할 때에 고려하여야 할 사항으로 옳은 것은?
① 전선의 수평장력의 합성점에 가까운 곳에 시설한다.
② 가능한 한 고압선의 위쪽에 시설한다.
③ 전주와의 각도는 60~70° 정도 도로 쪽으로 시설한다.
④ 양측 지선은 저압선의 위쪽에 시설한다.
[답] ①

55 전선간에 가해지는 전압이 어떤 값 이상으로 되면 전선주위의 전장이 강하게 되어 전선표면의 공기가 국부적으로 절연이 파괴되어 빛과 낮은 소리를 내는 것은?
① 표피작용   ② 페란티효과
③ 코로나현상 ④ 혼현상
[답] ③

56 송전선에서 연가를 하는 주목적은 무엇인가?
① 도시 미관을 좋게 한다.
② 선로정수가 평형되게 한다.
③ 유도뢰를 방지한다.
④ 전력수송을 줄일 수 있다.
[답] ②

57 연가에 대한 설명으로 맞지 않는 것은?
① 3상 3선식 선로에서 선간거리가 일정하지 않을 때 실시한다.
② 통신선로에 대한 유도장애를 경감시킨다.
③ 등가선간거리는 $D = \sqrt[2]{D_{ab} \times D_{bc} \times D_{ca}}$

④ 전선로의 전구간을 3등분하여 전선의 배치를 바꾸어 각선의 인덕턴스를 같게 한다.

풀이
등가선간거리 $D = \sqrt[3]{D_{ab} \times D_{bc} \times D_{ca}}$

[답] ③

58 초고압 송전선에 사용되는 복도체방식의 전선을 단도체방식에 비교할 때 맞지 않는 것은?
① 선로리액턴스가 작아진다.
② 정전용량이 작아진다.
③ 코로나 손실을 적게 한다.
④ 송전용량을 증가시킨다.

[답] ②

59 송선선로의 선로정수에 대한 설명으로 맞는 것은?
① 저항
② 저항, 인덕턴스
③ 저항, 커패시턴스
④ 저항, 인덕턴스, 커패시턴스

풀이
송전선로의 선로정수 : 저항(R), 인덕턴스(L), 커패시턴스(C), 컨덕턴스(G)

[답] ④

60 다음에서 전선의 도약을 방지하기 위한 방법이 아닌 것은?
① 전선의 배열을 수직으로 한다.
② 애자는 내장형으로 연결하여 사용한다.
③ 빙설의 부착이 쉬운 곳은 피한다.
④ 전선의 딥을 알맞게 한다.

[답] ①

61 선로정수 중에서 그 영향이 다른 정수에 비하여 매우 적어서 보통의 계산에서는 무시하여도 실용상 지장이 없는 것은?
① 리액턴스
② 인덕턴스
③ 정전용량
④ 누설 콘덕턴스

[답] ④

62 송전로에서 매설지선의 설치 목적은 무엇인가?
① 절연증가
② 기계적 강도증가
③ 코로나 전압가감
④ 피뢰작용을 높인다.

풀이
매설지선 : 지지물(철탑) 하단에 매설하여 지지물의 접지저항을 저감시켜 역섬락(flash over)현상을 방지한다.

[답] ④

63 켈빈의 법칙이 적용되는 것은?
① 전력 손실량을 줄일 때
② 경제적인 전선의 굵기를 설정할 때
③ 부하 배분의 균형을 맞출 때
④ 전압을 승압할 때

[답] ②

64 우리나라에서 가장 많이 사용되는 배전방식은?
① 3상 4선식
② 3상 3선식
③ 단상 2선식
④ 단상 3선식

[답] ①

65 우리나라에서 사용되는 송전방식은?
① 3상 4선식
② 3상 3선식
③ 단상 2선식
④ 단상 3선식

[답] ②

실전 모의고사

전기기능사 필기 실전 모의고사 제 1 회

01 각속도 $\omega = 300[\text{rad/sec}]$인 사인파 교류의 주파수[Hz]는 얼마인가?
① $\dfrac{70}{\pi}$ ② $\dfrac{150}{\pi}$
③ $\dfrac{180}{\pi}$ ④ $\dfrac{360}{\pi}$

[풀이]
각속도 $\omega = 2\pi f[\text{rad/sec}]$
∴ $f = \dfrac{300}{2\pi} = \dfrac{150}{\pi}[\text{Hz}]$ **[답] ②**

02 R_1, R_2, R_3의 저항 3개를 직렬 접속했을 때의 합성저항 값은?

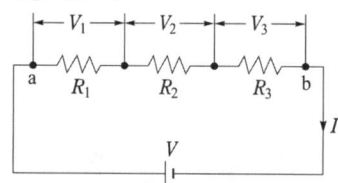

① $R = R_1 + R_2 \cdot R_3$ ② $R = R_1 \cdot R_2 + R_3$
③ $R = R_1 \cdot R_2 \cdot R_3$ ④ $R = R_1 + R_2 + R_3$

[풀이]
직렬 접속 시 합성저항 값은 모두 합한다.   **[답] ④**

03 10[A]의 전류로 6시간 방전할 수 있는 축전지의 용량은?
① 2[Ah]   ② 15[Ah]
③ 30[Ah]   ④ 60[Ah]

[풀이]
축전지 용량 $Q = It = 10[\text{A}] \times 6[\text{h}] = 60[\text{Ah}]$ **[답] ④**

04 감은 횟수 200회의 코일 P와 300회의 코일 S를 가까이 놓고 P에 1[A]의 전류를 흘릴 때 S와 쇄교하는 자속이 $4 \times 10^{-4}[\text{Wb}]$이었다면 이들 코일 사이의 상호 인덕턴스는?
① 0.12[H]   ② 0.12[mH]
③ 0.08[H]   ④ 0.08[mH]

[풀이]
$M = \dfrac{N_2 \phi_{21}}{I_1} = \dfrac{N_1 \phi_{12}}{I_2}$
∴ $M = \dfrac{300 \times 4 \times 10^{-4}}{1} = 0.12[\text{H}]$ **[답] ①**

05 그림과 같은 평형 3상 △회로를 등가 Y결선으로 환산하면 각상의 임피던스는 몇 [Ω]이 되는가? (단, $Z = 12[\Omega]$ 이다.)
① 48[Ω]
② 36[Ω]
③ 4[Ω]
④ 3[Ω]

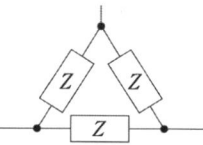

[풀이]
$Z_\Delta = 3Z_Y$, $Z_Y = \dfrac{1}{3}Z_\Delta = \dfrac{12}{3} = 4[\Omega]$ **[답] ③**

06 3상 교류를 Y결선하였을 때 선간전압과 상전압, 선전류와 상전류의 관계를 바르게 나타낸 것은?
① 상전압 = $\sqrt{3}$ 선간전압
② 선간전압 = $\sqrt{3}$ 상전압
③ 선전류 = $\sqrt{3}$ 상전류
④ 상전류 = $\sqrt{3}$ 선전류

[풀이]
Y결선 시 $V_l = \sqrt{3}\,V_p\,\underline{/30°}$, $I_l = I_p$ **[답] ②**

07 회로에 흐르는 전류의 크기는 저항에 (㉮)하고, 가해진 전압에 (㉯)한다." ( )에 알맞은 내용을 바르게 나열한 것은?
① ㉮-비례, ㉯-비례
② ㉮-비례, ㉯-반비례
③ ㉮-반비례, ㉯-비례
④ ㉮-반비례, ㉯-반비례

풀이

옴의 법칙 $I = \dfrac{V}{R}$ [답] ③

08 다음 중 파형률을 나타낸 것은?
① $\dfrac{실효값}{평균값}$ ② $\dfrac{최대값}{실효값}$
③ $\dfrac{평균값}{실효값}$ ④ $\dfrac{실효값}{최대값}$

풀이

파형율 $= \dfrac{실효값}{평균값}$

파고율 $= \dfrac{최대값}{실효값}$ [답] ①

09 다음 중 1[J]과 같은 것은?
① 1[cal] ② 1[W·s]
③ 1[kg·m] ④ 1[N·m]

풀이

전력량 $W = P \cdot t$ [J]
1[J] = 1[W] × 1[sec] [답] ②

10 자체 인덕턴스 2[H]의 코일에 25[J]의 에너지가 저장되어있다면 코일에 흐르는 전류는?
① 2[A] ② 3[A]
③ 4[A] ④ 5[A]

풀이

$W = \dfrac{1}{2}LI^2$ [J]

$\therefore I = \sqrt{\dfrac{2W}{L}} = \sqrt{\dfrac{2 \times 25}{2}} = 5$ [A] [답] ④

11 다음 중에서 자석의 일반적인 성질에 대한 설명으로 틀린 것은?
① N극과 S극이 있다.
② 자력선은 N극에서 나와 S극으로 향한다.
③ 자력이 강할수록 자기력선의 수가 많다.
④ 자석은 고온이 되면 자력이 증가한다.

풀이

자석은 고온이 되면 자력이 감소한다. [답] ④

12 브리지 회로에서 미지의 인덕턴스 L_x를 구하면?
① $L_x = \dfrac{R_2}{R_1}L_s$
② $L_x = \dfrac{R_1}{R_2}L_s$
③ $L_x = \dfrac{R_2}{R_1}L_s$
④ $L_x = \dfrac{R_1}{R_s}L_s$

풀이

$R_1(R_s + j\omega L_s) = R_2(R_x + j\omega L_x)$
$R_1 R_s + R_1 \cdot j\omega L_s = R_2 R_x + R_2 \cdot j\omega L_x$
$R_1 L_s = R_2 L_x,\ \therefore L_x = \dfrac{R_1}{R_2}L_s$ [답] ②

13 기전력 1.5[V], 내부저항 0.2[Ω]인 전지 5개를 직렬로 접속하여 단락시켰을 때의 전류[A]는?
① 1.5[A]
② 2.5[A]
③ 6.5[A]
④ 7.5[A]

풀이

$E_0 = 1.5 \times 5 = 7.5$ [V], $R_0 = 0.2 \times 5 = 1$ [Ω]

$\therefore I = \dfrac{E_0}{R_0} = \dfrac{7.5}{1} = 7.5$ [A] [답] ④

14 플레밍의 오른손 법칙에서 셋째 손가락의 방향은?
① 운동 방향
② 자속밀도의 방향
③ 유도기전력의 방향
④ 자력선의 방향

풀이

플레밍의 왼손법칙		플레밍의 오른손법칙	
엄지	힘(F)	엄지	도체의 이동방향(v)
검지	자기장의 방향(B)	검지	자기장의 방향(B)
중지	전류의 방향(I)	중지	기전력의 방향(e)

[답] ③

15 비정현파의 실효값을 나타낸 것은?

① 최대파의 실효값
② 각 고조파의 실효값의 합
③ 각 고조파의 실효값의 합의 제곱근
④ 각 고조파의 실효값의 제곱의 합의 제곱근

풀이
비정현파 교류의 실효값
각파의 실효값의 제곱의 합을 제곱근
$V = \sqrt{V_0^2 + (V_1)^2 + (V_2)^2 + \cdots + (V_n)^2}$ [V]
$I = \sqrt{I_0^2 + (I_1)^2 + (I_2)^2 + \cdots + (I_n)^2}$ [A] [답] ④

16 C_1, C_2를 직렬로 접속한 회로에 C_3를 병렬로 접속하였다. 이 회로의 합성 정전용량[F]은?

① $C_3 + \dfrac{1}{\dfrac{1}{C_1} + \dfrac{1}{C_2}}$
② $C_1 + \dfrac{1}{\dfrac{1}{C_2} + \dfrac{1}{C_3}}$
③ $\dfrac{C_1 + C_2}{C_3}$
④ $C_1 + C_2 + \dfrac{1}{C_3}$

풀이
콘덴서의 접속
- 직렬접속(= 저항의 병렬접속)
$C_0 = \dfrac{1}{\dfrac{1}{C_1} + \dfrac{1}{C_2} + \dfrac{1}{C_3}}$ [F]
- 병렬접속(= 저항의 직렬접속)
$C_0 = C_1 + C_2 + C_3$ [F] [답] ①

17 두 개의 서로 다른 금속의 접속점에 온도차를 주면 열기전력이 생기는 현상은?

① 홀 효과
② 줄 효과
③ 압전기 효과
④ 제벡 효과

풀이
열전효과
- 제어백효과 : 서로 다른 두 금속체를 접합하고 두 접합점을 다른 온도로 유지하면 열기전력이 발생하는 현상
- 펠티에효과 : 제어벡 효과의 역현상으로 서로 다른 두 종류의 금속을 접합하여 전류를 흘리면 접합부에서 열의 발생 또는 흡수가 일어나는 현상 (ex 전자 냉동기)
- 톰슨효과 : 동종의 금속접합으로 펠티에 효과와 동일 [답] ④

18 진공 중에서 같은 크기의 두 자극을 1[m] 거리에 놓았을 때, 그 작용하는 힘은?
(단, 자극의 세기는 1[Wb] 이다.)

① 6.33×10^4 [N]
② 8.33×10^4 [N]
③ 9.33×10^5 [N]
④ 9.09×10^9 [N]

풀이
$F = 6.33 \times 10^4 \times \dfrac{m_1 m_2}{r^2} = 6.33 \times 10^4 \times \dfrac{1^2}{1^2}$
$= 6.33 \times 10^4$ [N] [답] ①

19 $Z_1 = 5 + j3$ [Ω]과 $Z_2 = 7 - j3$ [Ω]이 직렬 연결된 회로에 $V = 36$ [V]를 가한 경우의 전류[A]는?

① 1[A]
② 3[A]
③ 6[A]
④ 10[A]

풀이
$\dot{I} = \dfrac{V}{Z_1 + Z_2} = \dfrac{36}{12} = 3$ [A] [답] ②

20 2[C]의 전기량이 이동을 하여 10[J]의 일을 하였다면 두 점 사이의 전위차는 몇 [V]인가?

① 0.2[V]
② 0.5[V]
③ 5[V]
④ 20[V]

풀이
$Q = CV \therefore V = \dfrac{Q}{C} = \dfrac{10}{2} = 5$ [V] [답] ③

21 회전자 입력을 P_2, 슬립을 s라 할 때 3상유도 전동기의 기계적 출력의 관계식은?

① sP_2
② $(1-s)P_2$
③ $s^2 P_2$
④ $\dfrac{P_2}{s}$

풀이
$P_2 : P_{2c} : P_k = 1 : s : (1-s)$에서
$P_0 = P_2 - P_{c2} = P_2 - sP_2 = (1-s)P_2$ [답] ②

22 농형 유도 전동기의 기동법이 아닌 것은?

① 전전압기동법
② 저저항 2차권선기동법
③ 기동보상기법
④ Y-Δ 기동법

풀이
저저항 2차권선기동법은 권선형 유도 전동기의 기동법
[답] ②

23 다음 중 SCR의 기호는?

풀이
① SCR(역저지 3단자 소자)   ② GTO
③ TRIAC   ④ IGBT   [답] ①

24 유도 전동기의 회전자에 슬립 주파수의 전압을 공급하여 속도 제어를 하는 것은?
① 2차 저항법
② 2차 여자법
③ 자극수 변환법
④ 인버터 주파수 변환법

풀이
2차 여자법 : 권선형 유도 전동기 2차 회전자에 2차 유기기전력과 같은 주파수를 갖는 슬립주파수 전압을 가하여 속도를 제어한다.   [답] ②

25 보호 계전기의 기능상 분류로 틀린 것은?
① 차동 계전기   ② 거리 계전기
③ 저항 계전기   ④ 주파수 계전기

풀이
보호계전기 기능상 분류
OCR, OVR, UVR, 거리 계전기, 방향 단락 계전기(DS), 방향 거리 계전기(DZ), 접지 계전기, 선택 접지 계전기(SGR), 방향 접지 계전기(DGR), 차동 계전기, 비율 차동 계전기, 부흐홀츠 계전기(변압기 보호), 역상 계전기 등
[답] ③

26 전력계통에 접속되어 있는 변압기나 장거리 송전시 정전용량으로 인한 충전특성 등을 보상하기 위한 기기는?
① 유도 전동기   ② 동기 발전기
③ 유도 발전기   ④ 동기 조상기

풀이
동기 조상기
전력계통의 전압조정과 역률 개선을 위해 계통에 접속한 무부하의 동기전동기   [답] ④

27 동기 발전기의 병렬 운전 조건이 아닌 것은?
① 기전력의 크기가 같을 것
② 기전력의 위상이 같을 것
③ 기전력의 주파수가 같을 것
④ 기전력의 용량이 같을 것

풀이
동기발전기 병렬운전 조건
• 기전력의 크기기 같을 것 → 무효순환전류 발생
• 기전력의 위상이 같을 것 → 동기화전류 발생
• 기전력의 파형이 같을 것 → 고조파 무효순환전류 발생
• 주파수가 같을 것 → 동기화전류가 주기적으로 흘러 난조가 발생
• 기전력의 상회전이 같을 것   [답] ④

28 동기 전동기의 전기자 전류가 최소일 때 역률은?
① 0.5   ② 0.707
③ 0.866   ④ 1.0

풀이
동기전동기의 위상특선곡선(V곡선)
V곡선에서 전기자전류 최소값일 때의 역률($\cos\theta$)은 1이고 이를 기준으로 우측이 진상, 좌측이 지상이다.

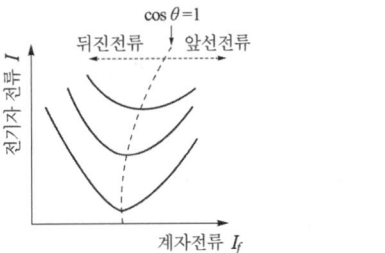

[답] ④

29 우산형 발전기의 용도는?
① 저속 대용량기   ② 저속 소용량기
③ 고속 대용량기   ④ 고속 소용량기

풀이
우산형 발전기는 저속 대용량 수차발전기라고 부르기도 한다.   [답] ①

30 그림과 같은 분상 기동형 단상 유도 전동기를 역회전시키기 위한 방법이 아닌 것은?

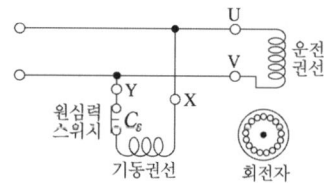

① 원심력스위치를 개로 또는 폐로 한다.
② 기동권선이나 운전권선의 어느 한 권선의 단자접속을 반대로 한다.
③ 기동권선의 단자접속을 반대로 한다.
④ 운전권선의 단자접속을 반대로 한다.

풀이
기동권선 또는 운전권선의 접속상태를 반대로 접속하여 회전방향을 변경할 수 있다. [답] ①

31 다음 중 절연저항을 측정하는 것은?
① 캘빈더블브리지법
② 전압전류계법
③ 휘이스톤 브리지법
④ 메거

풀이
• 캘빈더블브리지법 : 저저항 측정
• 휘스톤 브리지법 : 중저항 측정
• 메거 : 절연저항 측정 [답] ④

32 실리콘 제어 정류기(SCR)에 대한 설명으로서 적합하지 않은 것은?
① 정류 작용을 할 수 있다.
② P-N-P-N 구조로 되어 있다.
③ 정방향 및 역방향의 제어 특성이 있다.
④ 인버터 회로에 이용될 수 있다.

풀이
역저지(단일방향성) 3단자소자 [답] ③

33 반파 정류 회로에서 변압기 2차 전압의 실효치를 E[V]라 하면 직류 전류 평균치는? (단, 정류기의 전압강하는 무시한다.)

① $\dfrac{E}{R}$
② $\dfrac{1}{2} \cdot \dfrac{E}{R}$
③ $\dfrac{2\sqrt{2}}{\pi} \cdot \dfrac{E}{R}$
④ $\dfrac{\sqrt{2}}{\pi} \cdot \dfrac{E}{R}$

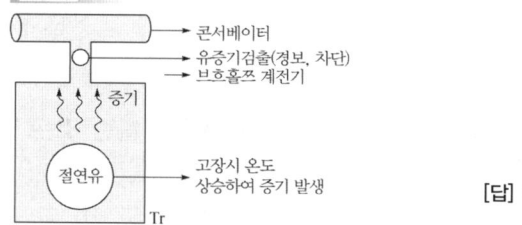

풀이
$E_d = 0.45E = \dfrac{\sqrt{2}}{\pi}E$ [V]

$\therefore I_d = \dfrac{E_d}{R} = \dfrac{\sqrt{2}}{\pi} \cdot \dfrac{E}{R}$ [A] [답] ④

34 부흐홀츠 계전기의 설치 위치는?
① 변압기 주탱크 내부
② 콘서베이터 내부
③ 변압기의 고압측 부싱
④ 변압기 본체와 콘서베이터 사이

풀이
[답] ④

35 정격전압 250[V], 정격출력 50[kW]의 외분권 복권 발전기가 있다. 분권계자 저항이 25[Ω]일 때 전기자전류는?
① 100[A] ② 210[A]
③ 2000[A] ④ 2010[A]

풀이
$I_a = \dfrac{P}{V} + \dfrac{V}{R_f} = \dfrac{50 \times 10^3}{250} + \dfrac{250}{25} = 200 + 10 = 210$ [A]

[답] ②

36 무부하에서 119[V]되는 분권 발전기의 전압변동률이 6[%]이다. 정격 전부하 전압은 약 몇 [V]인가?

① 110.2　　② 112.3
③ 122.5　　④ 125.3

풀이

전압변동율 $\varepsilon = \dfrac{V_0 - V_n}{V_n} \times 100$

$\therefore V_n = \dfrac{V_0}{1+\varepsilon} = \dfrac{119}{0.06+1} = 112.3[V]$　　**[답] ②**

37 직류기의 전기자 철심을 규소 강판으로 성층하여 만드는 이유는?

① 가공하기 쉽다.
② 가격이 염가이다.
③ 철손을 줄일 수 있다.
④ 기계손을 줄일 수 있다.

풀이

- 규소강판(규소함량 3~4[%]) : 히스테리시스손 감소
- 0.35[mm] 두께의 규소강판을 성층 : 와류손 감소

[답] ③

38 변압기의 규약 효율은?

① $\dfrac{출력}{입력} \times 100[\%]$

② $\dfrac{출력}{출력 + 손실} \times 100[\%]$

③ $\dfrac{출력}{입력 - 손실} \times 100[\%]$

④ $\dfrac{입력 + 손실}{입력} \times 100[\%]$

풀이

- 발전기(변압기) 규약효율 = $\dfrac{출력}{출력 + 손실} \times 100[\%]$; 출력기준
- 전동기 규약효율 = $\dfrac{입력 - 손실}{입력} \times 100[\%]$; 입력기준

[답] ②

39 5.5[kW], 200[V] 유도전동기의 전전압 기동시의 기동전류가 150[A]이었다. 여기에 Y-△ 기동시 기동전류는 몇 [A]가 되는가?

① 50　　② 70
③ 87　　④ 95

풀이

Y 기동시 전전압기동 기동전류의 1/3으로 감소

$\therefore \dfrac{150}{3} = 50[A]$　　**[답] ①**

40 직류 전동기의 속도제어 방법이 아닌 것은?

① 전압 제어　　② 계자 제어
③ 저항 제어　　④ 플러깅 제어

풀이

플러깅(역상제동) : 제동법　　**[답] ④**

41 저압 연접 인입선은 인입선에서 분기하는 점으로부터 몇 [m]를 넘지 않는 지역에 시설하고 폭 몇 [m]를 넘는 도로를 횡단하지 않아야 하는가?

① 50[m], 4[m]　　② 100[m], 5[m]
③ 150[m], 6[m]　　④ 200[m], 8[m]

풀이

저압 연접 인입선의 시설
① 인입선에서 분기하는 점으로부터 100[m]를 넘지 않을 것
② 폭 5[m]를 넘는 도로를 횡단하지 않을 것
③ 옥내를 통과하지 않을 것　　**[답] ②**

42 계통 접지에서 전원의 한 점을 직접접지하고 설비의 노출 도전성부분을 보호선(PEN)을 이용하여 전원의 한 점에 접속하는 접지계통으로 중성선과 보호선을 동일전선으로 사용하는방식을 무엇이라 하는가?

① TT 계통　　② IT 계통
③ TN-C 계통　　④ TN-S 계통

풀이

① TT 계통 : 전원의 한 점을 직접접지하고 설비의 노출 도전성부분을 전원계통의 접지극과는 전기적으로 독립한 접지극에 접지하는 접지계통
② IT 계통 : 충전부 전체를 대지로부터 절연시키거나, 한 점에 임피던스를 삽입하여 대지에 접속시키고, 전기기기의 노출 도전성부분 단독 또는 일괄적으로 접지하거나 또는 계통접지로 접속하는 접지계통
③ TN 계통 : 전원의 한 점을 직접접지하고 설비의 노출 도전성부분을 보호선(PEN)을 이용하여 전원의 한 점에 접속하는 접지계통
- TN-S : 계통 전체의 중성선(또는 접지된 상전선)과 보호선을 접속하여 사용

- TN-C-S : 계통 일부의 중성선과 보호선을 동일전선으로 사용
- TN-C : 계통 전체의 중성선과 보호선을 동일전선으로 사용

[답] ③

43 애자공사의 저압옥내배선에서 전선 상호간의 간격은 얼마[mm] 이상으로 하여야 하는가?
① 20 ② 40
③ 60 ④ 80

[풀이]

사용전압 거리	400[V] 이하인 경우	400[V] 초과인 경우	고압
전선상호 간의 거리	0.06[mm] 이상		0.08[m] 이상
전선과 조영재간의 거리	25[mm] 이상	45[mm]이상(건조한 장소 25[mm] 이상)	50[mm] 이상
지지점간 거리	조영재의 위면 또는 옆면에 따라 붙일 경우 2[m] 이하	조영재의 위면 또는 옆면에 따라 붙일 경우 6[m] 이하	6[m] 조영재의 면에 따라 붙일 경우 2[m]이하

[답] ③

44 풀장용 수중조명등에 사용하는 절연변압기 1차와 2차 권선과의 사이에 설치하는 금속제 혼촉방지판의 접지공사 방법은?
① 피뢰시스템접지 ② 계통접지
③ 공통접지 ④ 보호접지

[풀이]
접지시스템구분 : 계통접지, 보호접지, 피뢰시스템 접지
피뢰기, 피뢰침은 피뢰시스템접지
변압기중성점 등은 계통접지
기계기구 등의 외함 은 보호접지

[답] ④

45 절연전선을 동일 금속덕트 내에 넣을 경우 금속덕트의 크기는 전선의 피복절연물을 포함한 단면적의 총합계가 금속덕트 내 단면적의 몇 [%]이하가 되도록 선정하여야 하는가? (단, 제어회로 등의 배선에 사용하는 전선만을 넣는 경우이다.)
① 30[%] ② 40[%]
③ 50[%] ④ 60[%]

[풀이]
금속 덕트 안에 있는 전선은 고무 절연선 또는 비닐 절연선 또는 케이블로서, 그 피복을 포함한 총 단면적은 덕트 내 단면적의 20[%] 이내로 하여야 한다. (전광표시장치·출퇴 표시등 기타 이와 유사한 장치 또는 **제어 회로등의 배선만을 넣는 경우에는 50% 이하일 것)**

[답] ③

46 사람이 접촉될 우려가 있는 곳에 시설하는 경우 접지극은 지하 몇 [cm] 이상의 깊이에 매설하여야 하는가?
① 30 ② 45
③ 50 ④ 75

[풀이]
접지선의 시설기준
- 접지극은 **지하 75[cm] 이상**의 깊이로 매설할 것
- 접지선을 철주 기타의 금속체를 따라서 시설하는 경우에는 접지극을 철주의 밑면으로부터 30[cm] 이상의 깊이에 매설하는 경우 이외에는 접지극을 지중에서 그 금속체로부터 1[m]이상 떼어 매설할 것

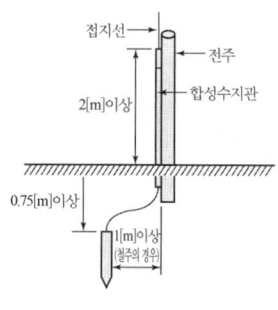

- 접지선은 접지극에서 지표상 60[cm]까지의 부분에는 절연전선, 캡타이어 케이블 또는 케이블을 사용할 것
- 접지선의 지하 75[cm]로부터 지표상 2[m]까지의 부분을 두께 2[mm] 이상의 합성수지관 또는 이와 동등 이상의 절연효력 및 강도를 가지는 것으로 덮을 것

[답] ④

47 금속관에 나사를 내기 위한 공구는?
① 오스터
② 토치램프
③ 펜치
④ 유압식 벤더

[풀이]
- 토치램프 : 전선의 납땜 접속, 합성수지관(PVC)의 가공 시 사용
- 펜치 : 전선의 절단 및 접속
  (150[mm] 소기구용, 175[mm] 옥내용, 200[mm] 옥외용)
- 유압식 벤더 : 금속관 가공시 사용

[답] ①

48 진열장 안에 400[V] 미만인 저압 옥내배선 시 외부에서 보기 쉬운 곳에 사용하는 전선은 단면적이 몇 [mm²] 이상의 코드 또는 캡타이어 케이블이어야 하는가?

① 0.75[mm²] ② 1.25[mm²]
③ 2[mm²]   ④ 3.5[mm²]

풀이
쇼윈도우 또는 쇼케이스 안의 배선공사
건조한 곳에 시설하고, 내부를 건조하게 사용하는 쇼윈도와 쇼케이스 안의 사용 전압이 400[V] 이하인 경우, 외부에서 보기 쉬운 곳은 **0.75 [mm²] 이상**의 코드 또는 캡타이어 케이블을 1[m] 이하마다 지지하여 시설할 수 있다.
[답] ①

49 경질비닐전선관 1본의 표준 길이는?

① 3[m]   ② 3.6[m]
③ 4[m]   ④ 4.6[m]

풀이
경질비닐 전선관(HI-PIPE) 한 본의 길이는 4[m]로 제작
[답] ③

50 보호도체 접지공사의 접지선은 전선관내에 설치할 경우 공칭단면적 몇 [mm²] 이상의 연동선을 사용하여야 하는가?

① 2.5   ② 4
③ 6   ④ 10

풀이
보호도체가 케이블의 일부가 아니거나 상도체와 동일 외함에 설치되지 않을 경우

구 분	구리	알루미늄
기계적 손상에 대해 보호(전선관설치)	2.5[mm²] 이상	16[mm²] 이상
기계적 손상에 대해 보호 되지 않는 경우	4[mm²] 이상	16[mm²] 이상

■ 케이블의 일부가 아니라도 전선관 및 트렁킹 내부에 설치되거나, 이와 유사한 방법으로 보호되는 경우 기계적으로 보호되는 것으로 간주한다.
[답] ①

51 변압기의 보호 및 개폐를 위해 사용되는 특고압 컷아웃 스위치는 변압기 용량의 몇 [kVA] 이하에 사용되는가?

① 100[kVA]   ② 200[kVA]
③ 300[kVA]   ④ 400[kVA]

풀이
특고압 컷아웃스위치(COS)는 변압기 용량 300[kVA]이하인 경우에 전력퓨즈(PF)대신 사용할 수 있다.
[답] ③

52 금속관을 구부릴 때 그 안쪽의 반지름은 관 안지름의 최소 몇 배 이상이 되어야 하는가?

① 4   ② 6
③ 8   ④ 10

풀이
히키(벤더)를 사용하여 관이 심하게 변형되지 않도록 구부려야 하며, 구부러지는 관의 안쪽 반지름은 관 안지름의 **6배 이상**으로 구부려야 한다.
[답] ②

53 화약류 저장소 안에는 백열전등이나 형광등 또는 이에 전기를 공급하기 위한 공작물에 한하여 전로의 대지전압은 몇 [V] 이하의 것을 사용하는가?

① 100[V]   ② 200[V]
③ 300[V]   ④ 400[V]

풀이
화약류 저장소의 전기공작물
• 원칙상 전기시설을 하지 않으나, 백열전등, 형광등의 조명설비에는 공급가능(금속관 공사, 케이블 공사)
• 전로의 **대지전압 300[V] 이하**, 전기기계 기구는 전폐형으로 시설, 전폐형 개폐기에서 화약류 저장소의 인입구까지는 케이블을 사용, 지중선로로 한다.
[답] ③

54 네온 검전기를 사용하는 목적은?

① 주파수 측정   ② 충전 유무조사
③ 전류 측정   ④ 조도를 조사

풀이
검전기는 전로의 충전유무를 확인하기 위해 사용한다.
[답] ②

55 부식성 가스 등이 있는 장소에 시설할 수 없는 배선공사은?

① 애자공사
② 제1종 금속제 가요전선관 공사
③ 케이블 공사
④ 캡타이어 케이블 공사

[풀이]
부식성 가스등의 시설 가능한 공사
- 금속관 공사
- 케이블 공사
- 합성 수지관 공사
- 금속제 가요 전선관 공사(단 2종만 가능)
- 애자 사용 공사 **[답] ②**

56 합성수지제 가요전선관으로 옳게 짝지어진 것은?
① 후강전선관과 박강전선관
② PVC전선관과 PF전선관
③ PVC전선관과 제2종 가요전선관
④ PF전선관과 CD전선관

[풀이]
합성수지제 가요전선관 : PE, CD, PF **[답] ④**

57 옥외용 비닐 절연 전선의 약호(기호)는?
① W
② DV
③ OW
④ NR

[풀이]
전선의 약호
- DV : 인입용 비닐절연 전선
- OW : 옥외용 비닐 절연 전선
- VV : 비닐절연 비닐시스 케이블
- NR : 450/750[V] 일반용 단심 비닐 절연전선 **[답] ③**

58 480[V] 가공인입선이 철도를 횡단할 때 레일면상의 최저 높이는 몇 [m]인가?
① 4[m]
② 4.5[m]
③ 5.5[m]
④ 6.5[m]

[풀이]
저압 가공인입선의 지표상 높이
- 도로횡단 : 5[m] 이상
- 철도, 궤도 횡단 : 6.5[m] 이상
- 횡단보도교 위 : 3[m] 이상
- 일반장소 : 4[m] 이상 **[답] ④**

59 케이블을 구부리는 경우는 피복이 손상되지 않도록 하고 그 굴곡부의 곡률반경은 원칙적으로 케이블이 단심인 경우 완성품 외경의 몇 배 이상이어야 하는가?
① 4
② 6
③ 8
④ 10

[풀이]
- 케이블이 단심일 경우 8배 이상
- 케이블이 다심일 경우 6배 이상 **[답] ③**

60 설비용량 600[kW], 부등률 1.2, 수용률 0.6일 때 합성최대전력[kW]은?
① 240[kW]
② 300[kW]
③ 432[kW]
④ 833[kW]

[풀이]
합성최대수용전력 = $\dfrac{\text{수용설비용량의 합} \times \text{수용률}}{\text{부등률}}$

$= \dfrac{0.6 \times 600}{1.2} = 300[kW]$ **[답] ②**

전기기능사 필기 실전 모의고사 제2회

01 100[kVA] 단상변압기 2대를 V결선하여 3상 전력을 공급할 때의 출력은?
① 17.3[kVA] ② 86.6[kVA]
③ 173.2[kVA] ④ 346.8[kVA]

풀이
$P_v = \sqrt{3} P_1 = \sqrt{3} \times 100 = 173.2 [kVA]$ [답] ③

02 어떤 정현파 교류의 최대값이 $V_m = 220$[V]이면 평균값 V_a는?
① 약 120.4[V] ② 약 125.4[V]
③ 약 127.3[V] ④ 약 140.1[V]

풀이
$V_a = \dfrac{2}{\pi} V_m = \dfrac{2}{\pi} \times 220 = 140.14 [V]$ [답] ④

03 어떤 콘덴서에 전압 20[V]를 가할 때 전하 800[μC]이 축적되었다면 이때 축적되는 에너지는?
① 0.008[J] ② 0.16[J]
③ 0.8[J]   ④ 160[J]

풀이
$W = \dfrac{1}{2} QV = \dfrac{1}{2} \times 800 \times 10^{-6} \times 20 = 0.008 [J]$ [답] ①

04 진공 중에 두 자극 m_1, m_2를 r[m]의 거리에 놓았을 때 작용하는 힘 F의 식으로 옳은 것은?
① $F = \dfrac{1}{4\pi\mu_0} \times \dfrac{m_1 m_2}{r} [N]$
② $F = \dfrac{1}{4\pi\mu_0} \times \dfrac{m_1 m_2}{r^2} [N]$
③ $F = 4\pi\mu_0 \times \dfrac{m_1 m_2}{r} [N]$
④ $F = 4\pi\mu_0 \times \dfrac{m_1 m_2}{r^2} [N]$

풀이
공기중 $\mu_s = 1$
$F = \dfrac{m_1 m_2}{4\pi\mu_0 \mu_s r^2} = \dfrac{1}{4\pi\mu_0} \dfrac{m_1 m_2}{r^2} [N]$ [답] ②

05 220[V]용 100[W] 전구와 200[W] 전구를 직렬로 연결하여 220[V]의 전원에 연결하면?
① 두 전구의 밝기가 같다.
② 100[W]의 전구가 더 밝다.
③ 200[W]의 전구가 더 밝다.
④ 두 전구 모두 안 켜진다.

풀이
$P_1 = \dfrac{V_1^2}{R_1} \Rightarrow R_1 = \dfrac{V_1^2}{P_1} = \dfrac{220^2}{100} = 484 [\Omega]$
$P_2 = \dfrac{V_2^2}{R_2} \Rightarrow R_2 = \dfrac{V_2^2}{P_2} = \dfrac{220^2}{200} = 242 [\Omega]$
$I = \dfrac{V}{R_1 + R_2} = 0.3 [A]$
$P_1' = I_1^2 R_1 = 0.3^2 \times 484 = 43.56 [W]$
$P_2' = I_2^2 R_2 = 0.3^2 \times 242 = 21.78 [W]$
∴ 직렬 연결 시 전류는 같으므로 큰 저항의 전구가 전력이 크다. 즉 100[W]의 전구가 더 밝다. [답] ②

06 2개의 코일을 서로 근접시켰을 때 한쪽 코일의 전류가 변화하면 다른 쪽 코일에 유도 기전력이 발생하는 현상을 무엇이라고 하는가?
① 상호 결합 ② 자체 유도
③ 상호 유도 ④ 자체 결합

풀이
A코일과 B코일을 감고 A코일의 전류를 변화시키면 B코일에도 전압이 발생하는 현상을 상호유도라 한다.

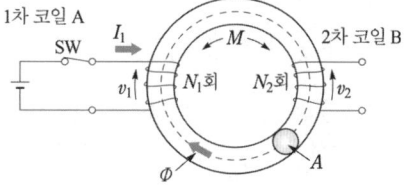

[답] ③

07 어떤 전지에서 5[A]의 전류가 10분간 흘렀다면 이 전지에서 나온 전기량은?

① 0.83[C]   ② 50[C]
③ 250[C]   ④ 3000[C]

[풀이]
$Q = It = 5 \times 10 \times 60 = 3000[C]$ **[답] ④**

08 "물질 중의 자유전자가 과잉된 상태"란?

① (−) 대전상태   ② (+) 대전상태
③ 발열상태   ④ 중성상태

[풀이]
- (+)대전 : 양전기, 물질이 전자를 잃어 자유전자가 양성자보다 적은 상태(전자의 부족)
- (−)대전 : 음전기, 물질이 전자를 얻어 자유전자가 양성자보다 많은 상태(전자의 과잉)   **[답] ①**

09 $R = 4[\Omega]$, $\omega L = 3[\Omega]$의 직렬회로에 $v = 100\sqrt{2}\sin\omega t + 30\sqrt{2}\sin 3\omega t$[V]의 전압을 가할 때 전력은 약 몇 [W]인가?

① 1170[W]   ② 1563[W]
③ 1637[W]   ④ 2116[W]

[풀이]
$I_1 = \dfrac{V_1}{Z_1} = \dfrac{V_1}{\sqrt{R^2 + (\omega L)^2}} = 20[A]$

$I_3 = \dfrac{V_3}{Z_3} = \dfrac{V_3}{\sqrt{R^2 + (3\omega L)^2}} \fallingdotseq 3.05[A]$

$\therefore P = I_1^2 R + I_3^2 R = 20^2 \times 4 + 3.05^2 \times 4$
$= 1637.21 \fallingdotseq 1637[W]$ **[답] ③**

10 그림의 브리지 회로에서 평형이 되었을 때의 C_X는?

① 0.1[μF]
② 0.2[μF]
③ 0.3[μF]
④ 0.4[μF]

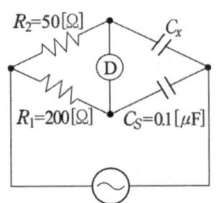

[풀이]
브리지평형조건에 의해
$R_1 \times \dfrac{1}{j\omega C_x} = R_2 \times \dfrac{1}{j\omega C_s}$ 이므로

$C_x = \dfrac{R_1}{R_2} C_s = \dfrac{200}{50} \times 0.1 = 0.4[\mu F]$ **[답] ④**

11 기전력이 V_0, 내부저항이 $r[\Omega]$인 n개의 전지를 직렬 연결하였다. 전체 내부저항은 얼마인가?

① $\dfrac{r}{n}$ ② nr
③ $\dfrac{r}{n^2}$ ④ nr^2

[풀이]
전지 n개 직렬 연결 시 전체내부저항은 내부저항의 n배가 된다. $\therefore r_0 = nr[\Omega]$ **[답] ②**

12 △결선인 3상 유도 전동기의 상전압(V_p)과 상전류(I_p)를 측정하였더니 각각 200[V], 30[A]이었다. 이 3상 유도 전동기의 선간전압(V_l)과 선전류(I_l)의 크기는 각각 얼마인가?

① $V_l = 200[V]$, $I_l = 30[A]$
② $V_l = 200\sqrt{3}[V]$, $I_l = 30\sqrt{3}[A]$
③ $V_l = 200\sqrt{3}[V]$, $I_l = 30\sqrt{3}[A]$
④ $V_l = 200[V]$, $I_l = 30\sqrt{3}[A]$

[풀이]
△결선시, $V_l = V_P = 200[V]$
$I_l = \sqrt{3} I_p = 30\sqrt{3}[A]$ **[답] ④**

13 용량을 변화 시킬 수 있는 콘덴서는?

① 바리콘   ② 전해 콘덴서
③ 마일러 콘덴서   ④ 세라믹 콘덴서

[풀이]
바리콘 콘덴서는 정전용량의 값을 바꿀 수 있는 콘덴서로 가변콘덴서라고 한다.   **[답] ①**

14 자기 인덕턴스 200[mH], 450[mH]인 두 코일의 상호 인덕턴스는 60[mH]이다. 두 코일의 결합계수는 ?

① 0.1   ② 0.2
③ 0.3   ④ 0.4

[풀이]
$k = \dfrac{M}{\sqrt{L_1 L_2}} = \dfrac{60}{\sqrt{200 \times 450}} = 0.2$ **[답] ②**

15 그림의 병렬 공진회로에서 공진 임피던스 $Z_0[\Omega]$은?

① $\dfrac{L}{CR}$

② $\dfrac{CL}{R}$

③ $\dfrac{R}{CL}$

④ $\dfrac{CR}{L}$

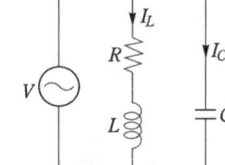

풀이

$Y = Y_1 + Y_2 = \dfrac{1}{R+j\omega L} + j\omega C$

$= \dfrac{R-j\omega L}{(R+j\omega L)(R-j\omega L)} + j\omega C = \dfrac{R-j\omega L}{R^2+(\omega L)^2} + j\omega C$

$= \dfrac{R}{R^2+(\omega L)^2} + j\left(\omega C - \dfrac{\omega L}{R^2+(\omega L)^2}\right)$

$\omega C = \dfrac{\omega L}{R^2+(\omega L)^2} \quad \therefore R^2+(\omega L)^2 = \dfrac{L}{C}$

병렬 공진 시 허수부는 0이 되므로

$\therefore Z = \dfrac{1}{Y} = \dfrac{R^2+(\omega L)^2}{R} = \dfrac{\dfrac{L}{C}}{R} = \dfrac{L}{CR}$ [답] ①

16 자기력선에 대한 설명으로 옳지 않은 것은?

① 자석의 N극에서 시작하여 S극에서 끝난다.
② 자기장의 방향은 그 점을 통과하는 자기력선의 방향으로 표시한다.
③ 자기력선은 상호간에 교차한다.
④ 자기장의 크기는 그 점에 있어서의 자기력선의 밀도를 나타낸다.

풀이

자기력선의 성질
- 자력선은 N극에서 나와 S극에서 끝난다.
- 자력선 자체는 수축하려고 같은 자력선은 서로 반발.
- 한 점을 지나는 자력선의 접선 방향이 그 점에서의 자장의 방향이다.
- 자기장내 임의의 한 점에서의 자력선의 밀도는 자장의 세기와 같다.
- **자력선은 서로 교차하지 않는다.** [답] ③

17 줄의 법칙에서 발열량 계산식을 옳게 표시한 것은?

① $H = I^2R[J]$
② $H = I^2R^2t[J]$
③ $H = I^2R^2[J]$
④ $H = I^2Rt[J]$

풀이

줄의 법칙 (Joule's Law, 줄열)
도체에 흐르는 전류에 의하여 단위시간 내에 발생하는 열량은 도체의 저항과 전류의 제곱에 비례한다.
발열량 $H = 0.24I^2Rt[cal] = I^2Rt[J]$ [답] ④

18 플레밍의 왼손법칙에서 전류의 방향을 나타내는 손가락은?

① 엄지 ② 검지
③ 중지 ④ 약지

풀이

플레밍의 왼손법칙		플레밍의 오른손법칙	
엄지	힘(F)	엄지	도체의 이동방향(v)
검지	자기장의 방향(B)	검지	자기장의 방향(B)
중지	전류의 방향(I)	중지	기전력의 방향(e)

[답] ③

19 자속밀도 $B = 0.2[Wb/m^2]$의 자장 내에 길이 2[m], 폭 1[m], 권수 5회의 구형 코일이 자장과 30°의 각도로 놓여 있을 때 코일이 받는 회전력은? (단, 이 코일에 흐르는 전류는 2[A]이다.)

① $\sqrt{\dfrac{3}{2}}$ [N·m] ② $\dfrac{\sqrt{3}}{2}$ [N·m]

③ $2\sqrt{3}$ [N·m] ④ $\sqrt{3}$ [N·m]

풀이

평판코일에 의한 회전력

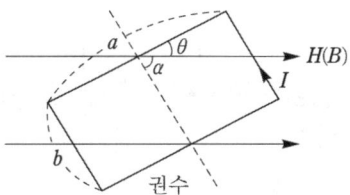

$T = NBSI\cos\theta = NBabI\cos\theta$ [N·m]
$= 5 \times 0.2 \times 2 \times 1 \times 2 \times \cos 30° = 2\sqrt{3}$ [N·m] [답] ③

20 직류 250[V]의 전압에 두 개의 150[V]용 전압계를 직렬로 접속하여 측정하면 각 계기의 지시값 V_1, V_2는 각각 몇 [V]인가? (단, 전압계의 내부 저항은 $R_1 = 15[\text{k}\Omega]$, $R_2 = 10[\text{k}\Omega]$ 이다.)
① $V_1 = 250$, $V_2 = 150$
② $V_1 = 150$, $V_2 = 100$
③ $V_1 = 100$, $V_2 = 150$
④ $V_1 = 150$, $V_2 = 250$

풀이
각 전압계의 내부 저항값에 비례하여 전압이 분배되므로
∴ $V_1 : V_2 = 15 : 10$, $V_1 = 150$ [V] 이므로
$\Rightarrow V_2 = \dfrac{10}{15} \times 150 = 100$ [V] **[답]** ②

21 직류기의 손실 중 기계손에 속하는 것은?
① 풍손 ② 와전류손
③ 히스테리시스손 ④ 표유 부하손

풀이
• 동손: 저항 중에 전류가 흘러 줄열로 발생하는 손실
• 철손 : 히스테리시스손 + 와전류손 을 나타냄
• 기계손 : 회전 시에 생기는 손실로 마찰손, 풍손
• 표유부하손 : 철손, 동손, 기계손을 제외한 손실
[답] ①

22 직류발전기를 구성하는 부분 중 정류자란?
① 전기자와 쇄교하는 자속을 만들어 주는 부분
② 자속을 끊어서 기전력을 유기하는 부분
③ 전기자 권선에서 생긴 교류를 직류로 바꾸어 주는 부분
④ 계자 권선과 외부 회로를 연결시켜 주는 부분

풀이
① 계자, ② 전기자, ④ 브러시 **[답]** ③

23 변압기 내부 고장 시 발생하는 기름의 흐름 변화를 검출하는 브흐홀츠 계전기의 설치위치로 알맞은 것은?
① 변압기 본체
② 변압기의 고압측 부싱
③ 컨서베이터 내부
④ 변압기 본체와 컨서베이터를 연결하는 파이프

풀이

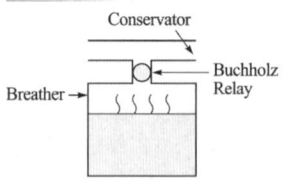

[답] ④

24 주파수 60[Hz]를 내는 발전용 원동기인 터빈 발전기의 최고 속도는 얼마인가?
① 1800[rpm] ② 2400[rpm]
③ 3600[rpm] ④ 4800[rpm]

풀이
동기 속도 $N_s = \dfrac{120f}{p} = \dfrac{120 \times 60}{2} = 3600[\text{rpm}]$
(여기서 P는 최소극수 2) **[답]** ③

25 분상기동형 단상 유도전동기 원심개폐기의 작동 시기는 회전자 속도가 동기속도의 몇 [%] 정도 인가?
① 10~30[%] ② 40~50[%]
③ 60~80[%] ④ 90~100[%]

풀이

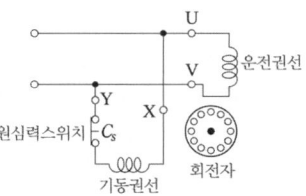

원심력 스위치는 기동 때 on 되었다가 정상 회전되면 원심력에 의하여 자동으로 off 되는 스위치로 분산기동의 형태로 시동 후 동기속도의 60~80[%]에 도달하면 기동 권선을 분리한다. **[답]** ③

26 동기 전동기를 자기 기동법으로 기동시킬 때 계자 회로는 어떻게 하여야 하는가?
① 단락시킨다.
② 개방시킨다.
③ 직류를 공급한다.
④ 단상교류를 공급한다.

풀이
계자권선을 열어 둔 채로 전기자에 전원을 가하면 고전압이 유기되어 계자회로가 소손될 우려가 있으므로 반드시 계자 회로는 저항을 통해 단락시켜 놓고 기동시킨다. **[답]** ①

27 직류 복권 발전기를 병렬 운전할 때 반드시 필요한 것은?
① 과부하 계전기
② 균압선
③ 용량이 같을 것
④ 외부특성 곡선이 일치할 것

풀이
직권과 복권 발전기의 경우 수하특성을 가지지 않아 직권 계자에 균압선을 연결, 전압상승을 같게 하여 병렬 운전을 할 수 있다. [답] ②

28 유도 전동기에 대한 설명 중 옳은 것은?
① 유도 발전기일 때의 슬립은 1보다 크다.
② 유도 전동기의 회전자 회로의 주파수는 슬립에 반비례한다.
③ 전동기 슬립은 2차 동손을 2차 입력으로 나눈 것과 같다.
④ 슬립이 크면 클수록 2차 효율은 커진다.

풀이
• 유도발전기는 슬립이 0보다 작다
• 유도 전동기의 회전자 회로의 주파수는 슬립에 비례한다. ($f_2 = sf_1$)
• 슬립이 크면 클수록 2차 효율 $\eta_2 = (1-S)$은 작아진다. [답] ③

29 동기 전동기의 특징으로 잘못된 것은?
① 일정한 속도로 운전이 가능하다.
② 난조가 발생하기 쉽다.
③ 역률을 조정하기 힘들다.
④ 공극이 넓어 기계적으로 견고하다.

풀이
1) 동기전동기의 장점
 • 부하의 변화에 속도가 일정 불변이다.
 • 역률을 항상 1로 운전 가능하다.
 • 공극이 넓으므로 기계적으로 견고하다.
 • 공급전압의 변화에 대한 토크 변화가 작다.
 • 유도 전동기에 비하여 효율이 좋다.
2) 동기전동기의 단점
 • 보통 구조의 것은 기동 토크가 적고 속도 조정을 할 수 없다.
 • 난조를 일으킬 염려가 있다.
 • 여자용의 직류 전원을 필요로 하며 설비비가 많이 든다. [답] ③

30 계자 권선이 전기자와 접속되어 있지 않은 직류기는?
① 직권기   ② 분권기
③ 복권기   ④ 타여자기

풀이
타여자기 : 계자회로와 전기자 회로 분리 [답] ④

31 동기기를 병렬운전 할 때 순환전류가 흐르는 원인은?
① 기전력의 저항이 다른 경우
② 기전력의 위상이 다른 경우
③ 기전력의 전류가 다른 경우
④ 기전력의 역률이 다른 경우

풀이
동기발전기 병렬운전 조건
• 기전력의 크기가 같을 것 → 무효순환전류 발생
• 기전력의 위상이 같을 것 → 동기화전류 발생
• 기전력의 파형이 같을 것 → 고조파 무효순환전류 발생
• 주파수가 같을 것 → 동기화전류가 주기적으로 흘러 난조가 발생
• 기전력의 상회전이 같을 것 [답] ②

32 반도체 정류 소자로 사용할 수 없는 것은?
① 게르마늄   ② 비스무트
③ 실리콘   ④ 산화구리

풀이
반도체의 재료로 게르마늄, 실리콘, 산화구리, 황화카드륨등이 있다. [답] ②

33 단상 전파 사이리스터 정류회로에서 부하가 큰 인덕턴스가 있는 경우, 점호각이 60°일 때의 정류 전압은 몇 [V] 인가? (단, 전원측 전압의 실효값은 100[V]이고 직류측 전류는 연속이다.)
① 141   ② 100
③ 85   ④ 45

풀이
단상 전파 시 유도성 부하에 전류가 연속이라면
$E_d = 0.9 E_a \cos\alpha = 0.9 \times 100 \times \cos 60° = 45[V]$ [답] ④

34 변압기 철심에는 철손을 적게 하기 위하여 철이 몇 [%]인 강판을 사용하는가?
① 약 50~55[%]
② 약 60~70[%]
③ 약 76~86[%]
④ 약 96~97[%]

풀이
철손 감소를 위해 규소강판을 성층하여 사용한다.
• 규소강판(규소함량 3~4[%]) : 히스테리시스손 감소
• 0.35[mm] 두께의 규소강판을 성층 : 와류손 감소
[답] ④

35 전기자 반작용이란 전기자 전류에 의해 발생한 기자력이 주자속에 영향을 주는 현상으로 다음 중 전기자반작용의 영향이 아닌 것은?
① 전기적 중성축 이동에 의한 정류의 악화
② 기전력의 불균일에 의한 정류자편간 전압의 상승
③ 주 자속 감소에 의한 기전력감소
④ 자기 포화 현상에 의한 자속의 평균치 증가

풀이
전기자 반작용의 영향
• 전기적 중성축 이동(편자작용)
• 주자속 감소
• 브러시에 불꽃섬락 발생
[답] ④

36 2대의 동기 발전기가 병렬운전하고 있을 때 동기화 전류가 흐르는 경우는?
① 기전력의 크기에 차가 있을 때
② 기전력의 위상에 차가 있을 때
③ 부하분담에 차가 있을 때
④ 기전력의 파형에 차가 있을 때

풀이
동기발전기 병렬운전 조건
• 기전력의 크기가 같을 것 → 무효순환전류 발생
• 기전력의 위상이 같을 것 → 동기화전류 발생
• 기전력의 파형이 같을 것 → 고조파 무효순환전류 발생
• 주파수가 같을 것 → 동기화전류가 주기적으로 흘러 난조가 발생
• 기전력의 상회전이 같을 것
[답] ②

37 직류 전동기에서 전부하 속도가 1500[rpm], 속도변동률이 3[%]일 때 무부하 회전 속도는 몇 [rpm]인가?
① 1455   ② 1410
③ 1545   ④ 1590

풀이
속도변동률 $\varepsilon = \dfrac{N_0 - N_n}{N_n} \times 100[\%]$
$\Rightarrow N_0 = (1+\varepsilon)N_n = (1+0.03) \times 1500 = 1545[V]$ **[답] ③**

38 3상 유도전동기 슬립의 범위는?
① $0 < s < 1$ ② $-1 < s < 0$
③ $1 < s < 2$ ④ $0 < s < 2$

풀이
유도전동기의 슬립은 $0 < s < 1$
• 정지시 슬립 : $s = 1$
• 동기속도로 회전시 슬립 : $s = 0$
• 정회전시 슬립 : $0 < s < 1$
• 역회전시 슬립 : $1 < s < 2$
• 유도 발전기의 슬립 : $s < 0$
[답] ①

39 단상 전파 정류회로에서 직류 전압의 평균값으로 가장 적당한 것은? (단, E는 교류 전압의 실효값)
① $1.35E[V]$ ② $1.17E[V]$
③ $0.9E[V]$ ④ $0.45E[v]$

풀이
• 단상 반파 : $E_d = \dfrac{\sqrt{2}}{\pi} E_a = 0.45 E_a [V]$
• 단상 전파 : $E_d = \dfrac{2\sqrt{2}}{\pi} E_a = 0.9 E_a [V]$
• 3상 반파 : $E_d = \dfrac{3\sqrt{6}}{2\pi} E_a = 1.17 E_a [V]$
• 3상 전파 : $E_d = \dfrac{3\sqrt{2}}{\pi} E_a = 1.35 E_a [V]$ **[답] ③**

40 직류 발전기 전기자의 구성으로 옳은 것은?
① 전기자 철심, 정류자
② 전기자 권선, 전기자 철심
③ 전기자 권선, 계자
④ 전기자 철심, 브러시

풀이
전기자(Armature)는 계자에서 만든 자속을 끊어 기전력을 유도하는 부분으로 전기자철심과 권선으로 이루어져 있다. **[답] ②**

41 도로를 횡단하여 시설하는 지선의 높이는 지표상 몇 [m] 이상이어야 하는가?
① 5[m] ② 6[m]
③ 8[m] ④ 10[m]

풀이
지선의 시설
도로를 횡단하여 시설하는 지선의 높이는 지표상 5[m]이상으로 하여야 한다. 다만, 기술상 부득이한 경우로서 교통에 지장을 초래할 우려가 없는 경우에는 지표상 4.5[m]이상, 보도의 경우에는 2.5[m]이상으로 할 수 있다.
[답] ①

42 전선 약호가 CNCV-W인 케이블의 품명은?
① 동심중성선 수밀형 전력케이블
② 동심중성선 차수형 전력케이블
③ 동심중성선 수밀형 저독성 난연 전력케이블
④ 동심중성선 차수형 저독성 난연 전력케이블

풀이
• CN-CV : 동심중성선 차수형 전력케이블
• CN-CV-W : 동심중성선 수밀형 전력케이블 **[답] ①**

43 제1종 금속제 가요전선관의 두께는 최소 몇 [mm] 이상이어야 하는가?
① 0.8 ② 1.2
③ 1.6 ④ 2.0

풀이
가요전선관은 두께 0.8[mm] 이상의 연강대에 아연도금을 하고, 이것을 약 반 폭씩 겹쳐서 나선 모양으로 만들어 가요성이 풍부하고, 길게 만들어져서 관에 상호 접속하는 일이 적고 자유롭게 배선할 수 있는 전선관이다. **[답] ①**

44 플로어 덕트 공사의 설명 중 옳지 않은 것은?
① 덕트 상호간 접속은 견고하고 전기적으로 완전하게 접속하여야 한다.
② 덕트의 끝 부분은 막는다.
③ 덕트 및 박스 기타 부속품은 물이 고이는 부분이 없도록 시설하여야 한다.
④ 플로어덕트는 접지공사가 불필요하다.

풀이
플로어 덕트는 접지공사로 하여야 한다. **[답] ④**

45 500[kW]의 설비용량을 갖춘 공장에서 정격전압 3상 24[kV], 역률 80[%]일 때의 차단기 정격 전류는 약 몇 [A]인가?
① 8[A] ② 15[A]
③ 25[A] ④ 30[A]

풀이
차단기의 정격 차단전류
$$I_n = \frac{P}{\sqrt{3}\,V\cos\theta} = \frac{500 \times 10^3}{\sqrt{3} \times 24 \times 10^3 \times 0.8} = 15.04[A]$$ **[답] ②**

46 전선을 접속하는 방법으로 틀린 것은?
① 전기 저항이 증가되지 않아야 한다.
② 전선의 세기는 30[%] 이상 감소시키지 않아야 한다.
③ 접속 부분은 와이어 커넥터 등 접속 기구를 사용하거나 납땜을 한다.
④ 알루미늄을 접속할 때는 고시된 규격에 맞는 접속관 등의 접속 기구를 사용한다.

풀이
전선의 세기는 20[%]이상 감소시키지 않아야 한다.
[답] ②

47 굵은 전선을 절단할 때 사용하는 전기공사용 공구는?
① 프레셔 툴 ② 녹 아웃 펀치
③ 파이프 커터 ④ 클리퍼

풀이
• 녹아웃 펀치(knockout punch): 배전반, 분전반등의 배관을 변경하거나 이미 설치된 캐비넷에 구멍을 뚫을 때 필요한 공구
• 프레셔툴(pressure tool): 커넥터 또는 터미널 접속 시 사용
• 파이프 커터(pipe cutter) : 금속관 절단에 사용
• 클리퍼(Clipper): 펜치로 절단하기 힘든 굵은 전선 절단할 때 사용 **[답] ④**

48 무대, 무대 밑, 오케스트라 박스, 영사실, 기타 사람이나 무대 도구가 접촉할 우려가 있는 장소에 시설하는 저압옥내배선, 전구선 또는 이동 전선은 사용 전압이 몇 [V] 미만이어야 하는가?
① 60[V]　② 110[V]
③ 220[V]　④ 400[V]

풀이
전시회, 공연장의 전기설비
- 무대, 무대마루 밑, 오케스트라 박스, 영사실 기타의 사람이나 무대 도구가 접촉할 우려가 있는 곳에 시설하는 저압옥내배선, 전구선 또는 이동 전선은 사용 전압이 **400[V] 미만**
- 전선은 구리 도체로 최소 단면적이 1.5[mm²]이며, 450/750[V] 이하 염화비닐 절연 케이블, 450/750[V] 이하 고무 절연케이블
- 무대, 무대마루 밑, 오케스트라 박스 및 영사실의 전로에는 전용 개폐기 및 과전류 차단기를 시설할 것
- 무대용의 콘센트 박스, 플로어 덕트 및 보더라이트의 금속제 외함은 보호도체 **접지공사**
- 비상 조명을 제외한 조명용 분기회로 및 정격 32[A] 이하의 콘센트용 분기회로는 정격 감도전류 30[mA] 이하의 누전차단기로 보호

[답] ④

49 실내전체를 균일하게 조명하는 방식으로 광원을 일정한 간격으로 배치하며 공장, 학교, 사무실 등에서 채용되는 조명방식은?
① 국부조명　② 전반조명
③ 직접조명　④ 간접조명

풀이

방식	특징
전반 조명	작업 면 전반에 균등한 조도를 가지게 하는 방식, 광원을 일정한 높이와 간격으로 배치하며, 일반적으로 사무실, 학교, 공장 등에 채용된다. 이 방식은 설치가 쉽고, 작업대의 위치가 변해도 균등한 조도를 얻을 수 있다.
국부 조명	작업 면이 필요한 장소만 고조도로 하기 위한 방식으로 그 장소에 조명기구를 밀집하여 설치하든가 또는 스탠드 등을 사용한다. 이 방식은 국부만을 조명하기 때문에 밝고 어둠의 차이가 커서 눈부심을 일으키고 눈이 피로하기 쉬운 결점이 있다.
전반 국부 병용 조명	전반조명에 의하여 시각 환경을 좋게 하고, 국부조명을 병용해서 필요한 장소에 고조도를 경제적으로 얻는 방식으로 병원 수술실, 공부방, 기계공작실 등에 채용된다.

[답] ②

50 다음의 심벌 명칭은 무엇인가?
① 파워퓨즈
② 단로기
③ 피뢰기
④ 고압 컷아웃 스위치

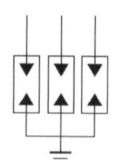

풀이
①, ④ : ─o⟋o─
② : ─o⟋o─

[답] ③

51 400V 금속몰드공사에서 연결된 회로의 절연저항의 최소값은 얼마인가?
① 0.1[MΩ]　② 0.2[MΩ]
③ 0.4[MΩ]　④ 1[MΩ]

풀이

전로의 사용전압	DC시험전압[V]	절연 저항값[MΩ]
SELV 및 PELV	250	0.5
FELV, 500V 이하	500	1.0
500V 초과	1,000	1.0

[주] 특별저압(Extra Low Voltage : 2차전압이 AC 50V, DC 120V 이하)으로 SELV(비접지회로 구성) 및 PELV(접지회로구성)은 1차와 2차가 전기적으로 절연된 회로, FELV는 1차와 2차가 전기적으로 절연되지 않은 회로

[답] ④

52 네온변압기의 외함, 네온변압기를 넣는 금속함 및 관 등을 지지하는 금속제 프레임 등은 몇 종 접지를 하여야 하는가?
① 피뢰시스템접지
② 계통접지
③ 공통접지
④ 보호접지

풀이
네온변압기를 넣은 외함의 금속제 부분 : 보호도체접지공사

[답] ④

53 캡타이어 케이블을 조영재의 옆면에 따라 시설하는 경우 지지점 간의 거리는 얼마이하로 하는가?
① 2[m]　② 3[m]
③ 1[m]　④ 1.5[m]

[풀이]
지지점간의 거리(조영재 옆면에 따라 시설하는 경우)
- 캡타이어케이블 : 1[m]
- 케이블 : 2[m] 　　　　　　　　　　　　　　[답] ③

54 전로이외를 흐르는 전류로서 전로의 절연체 내부 및 표면과 공간을 통하여 선간 또는 대지 사이를 흐르는 전류를 무엇이라 하는가?
① 지락전류　　② 누설전류
③ 정격전류　　④ 영상전류

[풀이]
누설전류(leakage current) : 전로 이외에 흐르는 전류. 일반적으로 절연물은 전류를 흘리기 어려운 성질을 이용하여 전류를 차폐하는 목적으로 사용되나 절연물을 전극 사이에 삽입하고 고전압을 가하면 약하기는 하나 전류가 흐르게 된다. 이 전류를 누설전류라 한다.
cf. 단락전류: 합선 시, 접촉전류: 도체가 접할 때　[답] ②

55 배전용 전기기계기구인 COS(컷아웃스위치)의 용도로 알맞은 것은?
① 배전용 변압기의 1차측에 시설하여 변압기의 단락보호용으로 쓰인다.
② 배전용 변압기의 2차측에 시설하여 변압기의 단락보호용으로 쓰인다.
③ 배전용 변압기의 1차측에 시설하여 배전 구역 전환용으로 쓰인다.
④ 배전용 변압기의 2차측에 시설하여 배전 구역 전환용으로 쓰인다.

[풀이]
배전용 변압기는 단락보호용으로 1차 측을 COS로 보호하고 2차 측은 케치홀더로 보호한다.　[답] ①

56 금속관 공사에 사용되는 부품이 아닌 것은?
① 새들　　② 덕트
③ 로크 너트　　④ 링 리듀서

[풀이]
- 새들 : 금속관의 지지용
- 로크너트 : 금속관과 접속함을 접속시 금속관 고정용
- 링 리듀서(ring reducer) : 금속관을 아웃렛 박스 등의 녹아웃에 취부할 때 관보다 지름이 큰 관계로 로크 너트만으로는 고정할 수 없을 때 보조적으로 사용한다.

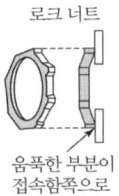 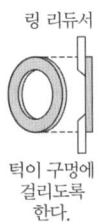

- 부싱 : 금속관과 접속함에 전선 인입시 전선의 피복 절연 파괴 방지 [답] ②

57 구리 전선과 전기 기계기구 단자를 접속하는 경우에 진동 등으로 인하여 헐거워질 염려가 있는 곳에는 어떤 것을 사용하여 접속하여야 하는가?
① 평와셔 2개를 끼운다.
② 스프링 와셔를 끼운다.
③ 코드 패스너를 끼운다.
④ 정 슬리브를 끼운다.

[풀이]
스프링 와셔 또는 이중너트를 사용한다.　　[답] ②

58 화약류 저장장소의 배선공사에서 전용 개폐기에서 화약류 저장소의 인입구까지는 어떤 공사를 하여야 하는가?
① 케이블을 사용한 옥측 전선로
② 금속관을 사용한 지중 전선로
③ 케이블을 사용한 지중 전선로
④ 금속관을 사용한 옥측 전선로

[풀이]
화약류 저장소의 전기공작물
- 원칙상 전기시설을 하지 않으나, 백열전등, 형광등의 조명설비에는 공급가능(금속관 공사, 케이블 공사)
- 전로의 **대지전압 300[V] 이하**, 전기기계 기구는 전폐형으로 시설, 전폐형 개폐기에서 화약류 저장소의 인입구까지는 **케이블을 사용, 지중선로**로 한다.　[답] ③

59 수·변전 설비에서 전력퓨즈의 용단 시 결상을 방지하는 목적으로 사용하는 것은?
① 자동 고장 구분 개폐기
② 선로 개폐기
③ 부하 개폐기
④ 기중 부하 개폐기

[풀이]
부하개폐기(LBS)는 수·변전설비의 인입구 개폐기로 많이 사용되고 있으며 전력퓨즈 용단 시 결상을 방지하는 목적으로 사용하고 있다. **[답] ③**

60 합성수지관 상호 및 관과 박스는 접속 시에 삽입하는 깊이를 관 바깥지름의 몇 배 이상으로 하여야 하는가? (단, 접착제를 사용하지 않은 경우이다.)
① 0.2 ② 0.5
③ 1 ④ 1.2

[풀이]
합성수지관 커플링 접속시 들어가는 관의 길이
- 접착제 사용시 : 외경의 0.8배 이상
- 접속 접착제 미사용시 : 외경의 1.2배 이상 **[답] ④**

국가기술자격 검정 필기시험문제 시험시간 : 1시간

전기기능사 필기 실전 모의고사 제 3 회

01 정전용량 C_1, C_2가 병렬 접속되어 있을 때의 합성 정전용량은?

① $C_1 + C_2$　　② $\dfrac{1}{C_1} + \dfrac{1}{C_2}$

③ $\dfrac{C_1 C_2}{C_1 + C_2}$　　④ $\dfrac{1}{C_1 + C_2}$

풀이
정전용량 병렬접속(=저항의 직렬접속)
∴ $C_0 = C_1 + C_2$　　[답] ①

02 전압계의 측정 범위를 넓히는데 사용되는 기기는?

① 배율기　　② 분류기
③ 정압기　　④ 정류기

풀이
- 배율기(Multiplier) $R_m[\Omega]$: 전압의 측정 범위를 넓히기 위하여 전압계에 직렬로 접속하는 저항
- 분류기(Shunt) $R_s[\Omega]$: 전류의 측정 범위를 넓히기 위하여 전류계에 병렬로 접속하는 저항　　[답] ①

03 $L = 0.05[H]$의 코일에 흐르는 전류가 0.05[sec] 동안에 2[A]가 변했다. 코일에 유도되는 기전력[V]는?

① 0.5[V]　　② 2[V]
③ 10[V]　　④ 25[V]

풀이
$e = L\dfrac{di}{dt} = 0.05 \times \dfrac{2}{0.05} = 2[V]$　　[답] ②

04 어떤 도체의 길이를 n배로 하고 단면적을 $1/n$로 하였을 때의 저항은 원래 저항보다 어떻게 되는가?

① n배로 된다.　　② n^2배로 된다.
③ $\sqrt{n}$ 배로 된다.　　④ $\dfrac{1}{n}$로 된다.

풀이
$R = \rho\dfrac{l}{A}[\Omega]$에서 $l' = nl[m]$로 길어지면 단면적은
$A' = \dfrac{1}{n}A[m^2]$가 된다.
$R' = \rho\dfrac{nl}{\frac{1}{n}A} = n^2\rho\dfrac{l}{A} = n^2 R[\Omega]$　　[답] ②

05 5[mH]의 코일에 220[V], 60[Hz]의 교류를 가할 때 전류는 약 몇 [A]인가?

① 43[A]　　② 58[A]
③ 87[A]　　④ 117[A]

풀이
$I = \dfrac{V}{X_L} = \dfrac{V}{2\pi f L} = \dfrac{220}{2\pi \times 60 \times 5 \times 10^{-3}} = 116.7[A]$　　[답] ④

06 1상의 $R = 12[\Omega]$, $X_L = 16[\Omega]$을 직렬로 접속하여 선간전압 200[V]의 대칭 3상 교류 전압을 가할 때의 역률은?

① 60[%]　　② 70[%]
③ 80[%]　　④ 90[%]

풀이
$\cos\theta = \dfrac{R}{Z} = \dfrac{12}{\sqrt{12^2 + 16^2}} = 0.6 = 60[\%]$　　[답] ①

07 전류에 의해 만들어지는 자기장의 자기력선 방향을 간단하게 알아내는 방법은?
① 플레밍의 왼손 법칙
② 렌츠의 자기유도 법칙
③ 앙페르의 오른나사 법칙
④ 패러데이의 전자유도 법칙

풀이
앙페르의 오른나사 법칙 : 전류가 흐르는 도체의 주위에는 원형의 자력선이 생기고, 그 자기력선의 방향을 알 수 있는 법칙

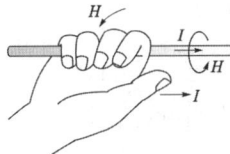

- 엄지손가락 : 전류의 방향
- 나머지손가락 : 자기력선의 방향 [답] ③

08 다음 중 1차 건전지에 해당하는 것은?
① 망간건전지 ② 납축전지
③ 니켈·카드뮴전시 ④ 리듐이온전지

[풀이]
- 1차 건전지 : 재사용이 불가능한 전지
  (망간건전지 = 르클랑셰전지) [답] ①

09 자기회로의 길이 l[m], 단면적 A[m²], 투자율 μ[H/m]일 때 자기저항 R[AT/Wb]을 나타낸 것은?

① $R = \dfrac{\mu l}{A}$ [AT/Wb] ② $R = \dfrac{A}{\mu l}$ [AT/Wb]

③ $R = \dfrac{\mu A}{l}$ [AT/Wb] ④ $R = \dfrac{l}{\mu A}$ [AT/Wb]

[풀이]
자기저항 $R_m = \dfrac{\ell}{\mu A} = \dfrac{\ell}{\mu_0 \mu_s A}$ [AT/Wb]

투자율과 단면적 A[m²]에 반비례하고 자로의 길이 ℓ[m]에 비례한다. [답] ④

10 2[Ω]의 저항에서 3[A]의 전류를 1분간 흘릴 때 이 저항에서 발생하는 열량은?
① 약 4[cal] ② 약 86[cal]
③ 약 259[cal] ④ 약 1080[cal]

[풀이]
줄의 법칙 (Joule's Law, 줄열)
도체에 흐르는 전류에 의하여 단위시간 내에 발생하는 열량은 도체의 저항과 전류의 제곱에 비례한다.
발열량 $H = 0.24 I^2 Rt$[cal] $= I^2 Rt$[J]
$H = 0.24 I^2 Rt = 0.24 \times 3^2 \times 2 \times 60 = 259.2$[cal] [답] ③

11 2개의 자극 사이에 작용하는 힘의 세기는 무엇에 반비례하는가?
① 전류의 세기
② 자극 간의 거리의 제곱
③ 자극의 세기
④ 전압의 크기

[풀이]
쿨롱의 법칙 : 임의의 공간 내에서 두 자극 m_1, m_2[Wb] 사이에 작용하는 힘의 크기는 두 자극 세기의 곱에 비례하고 두 자극 사이 거리의 제곱에 반비례한다.

$F = \dfrac{1}{4\pi\mu} \times \dfrac{m_1 m_2}{r^2} = 6.33 \times 10^4 \times \dfrac{m_1 m_2}{\mu_s r^2}$ [N] [답] ②

12 그림과 같이 I[A]의 전류가 흐르고 있는 도체의 미소부분 Δl의 전류에 의해 이 부분이 r[m] 떨어진 점 P의 자기장 ΔH[A/m]는?

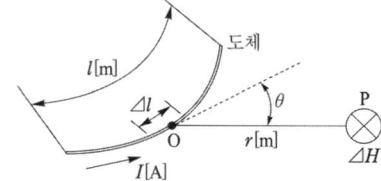

① $\Delta H = \dfrac{I^2 \Delta l \sin\theta}{4\pi r^2}$ ② $\Delta H = \dfrac{I \Delta l^2 \sin\theta}{4\pi r}$

③ $\Delta H = \dfrac{I^2 \Delta l \sin\theta}{4\pi r}$ ④ $\Delta H = \dfrac{I \Delta l \sin\theta}{4\pi r^2}$

[풀이]
비오-사바르의 법칙으로 전류에 의한 자기장의 세기를 구할 수 있다. [답] ④

13 회로에서 검류계의 지시가 0일 때 저항 X는 몇 [Ω]인가?

① 10[Ω]
② 40[Ω]
③ 100[Ω]
④ 400[Ω]

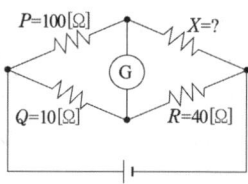

[풀이]
브리지회로 평형(∵검류계의 지시가 0)이면
$PR = XQ$
$X = \dfrac{P}{Q} R = \dfrac{100}{10} \times 40 = 400$[Ω] [답] ④

14 $e = 100\sqrt{2} \sin\left(100\pi t - \dfrac{\pi}{3}\right)$[V]인 정현파 교류전압의 주파수는 얼마인가?
① 50[Hz] ② 60[Hz]
③ 100[Hz] ④ 314[Hz]

풀이

$\omega = 2\pi f = 100\pi$에서 $f = \dfrac{100\pi}{2\pi} = 50[\text{Hz}]$ 　　　**[답]** ①

15 그림은 실리콘 제어소자인 SCR을 통전시키기 위한 회로도이다. 바르게 된 회로는?

①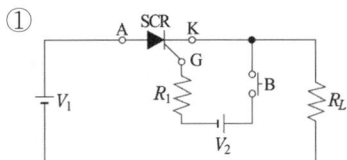

②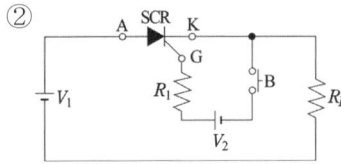

③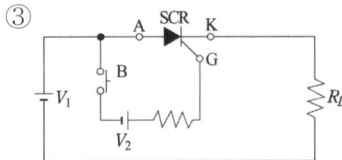

④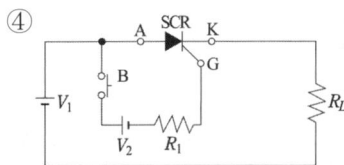

풀이

SCR ON 조건은 래칭전류 이상의 전류가 흐르고 게이트(G)에 입력이 주어질 때 ON 된다. SCR을 통전시키기 위해 게이트(G)에 캐소드(K)보다 높은 순방향 전압이 인가되도록 해야 한다. 　　　**[답]** ②

16 5[Ω], 10[Ω], 15[Ω]의 저항을 직렬로 접속하고 전압을 가하였더니 10[Ω]의 저항 양단에 30[V]의 전압이 측정 되었다. 이 회로에 공급되는 전전압은 몇 [V]인가?

① 30[V]　　② 60[V]
③ 90[V]　　④ 120[V]

풀이

직렬회로에서 $I_1 = I_2 = I_3 = I$,
합성저항 $R_0 = R_1 + R_2 + R_3 [\Omega]$ 이므로

$$I = \dfrac{V}{R_2} = \dfrac{30}{10} = 3[\text{A}]$$

$\therefore V = IR = I(R_1 + R_2 + R_3) = 3(5+10+15) = 90[\text{V}]$
　　　[답] ③

17 전계의 세기 50[V/m], 전속밀도 100[C/m²]인 유전체의 단위 체적에 축적되는 에너지는?

① $2[\text{J}/\text{m}^3]$
② $250[\text{J}/\text{m}^3]$
③ $2500[\text{J}/\text{m}^3]$
④ $5000[\text{J}/\text{m}^3]$

풀이

$W = \dfrac{1}{2}DE = \dfrac{1}{2} \times 50 \times 100 = 2500[\text{J}/\text{m}^3]$ 　　**[답]** ③

18 자화력(자기장의 세기)을 표시하는 식과 관계가 되는 것은?

① NI　　　　② μIl
③ $\dfrac{NI}{\mu}$　　　④ $\dfrac{NI}{l}$

풀이

기자력 $F = NI = Hl$에서 $H = \dfrac{NI}{l}[\text{AT/m}]$ 　　**[답]** ④

19 평형 3상 Δ결선에서 선간전압 V_l과 상전압 V_p와의 관계가 옳은 것은?

① $V_l = \dfrac{1}{\sqrt{3}} V_p$　　② $V_l = \dfrac{1}{3} V_p$
③ $V_l = V_p$　　　④ $V_l = \sqrt{3} V_p$

풀이

Δ결선에서 $\begin{cases} V_l = V_p \\ I_l = \sqrt{3} I_p \end{cases}$ 　　**[답]** ③

20 PN 접합의 순방향 저항은(㉠), 역방향 저항은 매우(㉡). 따라서 (㉢)작용을 한다. ( )안에 들어갈 말로 옳은 것은?

① ㉠ 크고, ㉡ 크다, ㉢ 정류
② ㉠ 작고, ㉡ 크다, ㉢ 정류
③ ㉠ 작고, ㉡ 작다, ㉢ 검파
④ ㉠ 작고, ㉡ 크다, ㉢ 검파

풀이

PN접합 정류소자(다이오드)는 한 쪽 방향(순방향)으로만 전류가 흐를 수 있도록 만들어진 소자로 순방향인 경우 저항이 작고 역방향일 때는 매우 크다. 　　**[답]** ②

21 단상 반파 정류 회로의 전원전압 200[V], 부하저항이 20[Ω]이면 부하 전류는 약 몇 [A]인가?
① 4　　　　　② 4.5
③ 6　　　　　④ 6.5

풀이
단상 반파 정류시 $E_d = 0.45 E_a$[V]
$\therefore I_d = \dfrac{E_d}{R} = 0.45 \dfrac{E_a}{R} = 0.45 \times \dfrac{200}{20} = 4.5$[A]　　**[답] ②**

22 동기 전동기의 특징과 용도에 대한 설명으로 잘못된 것은?
① 진상, 지상의 역률 조정이 된다.
② 속도 제어가 원활하다.
③ 시멘트 공장의 분쇄기 등에 사용된다.
④ 난조가 발생하기 쉽다.

풀이
(1) 동기 전동기의 장점
　① 역률양호($\cos\theta = 1$로 운전 가능)
　② 동기속도로 운전(속도 불변)
　③ 부하의 역률 개선 가능
　④ 저속도 대용량기에 적합
(2) 동기전동기의 단점
　① 기동토크=0
　② 동기속도 외의 속도에서는 운전 불가능(동기이탈)
　③ 직류 여자장치 필요　　**[답] ②**

23 직류 전동기의 최저 절연저항 값은?
① $\dfrac{\text{정격전압[V]}}{1000 + \text{정격출력[kW]}}$
② $\dfrac{\text{정격출력[kW]}}{1000 + \text{정격입력[kW]}}$
③ $\dfrac{\text{정격입력[kW]}}{1000 + \text{정격전압[kW]}}$
④ $\dfrac{\text{정격전압[V]}}{1000 + \text{정격입력[kW]}}$

풀이
절연저항의 최저값
$R = \dfrac{\text{정격전압[V]}}{1000 + \text{정격출력[kW]}}$ [MΩ]　　**[답] ①**

24 직류 직권 전동기의 공급전압의 극성을 반대로 하면 회전방향은 어떻게 되는가?
① 변하지 않는다.
② 반대로 된다.
③ 회전하지 않는다.
④ 발전기로 된다.

풀이
전동기의 회전 방향을 바꾸려면, 계자 권선이나 전기자 권선 중 어느 한 쪽의 접속을 반대로 하면 된다.　　**[답] ①**

25 인견 공업에 사용되는 포트 전동기의 속도 제어는?
① 극수 변환에 의한 제어
② 1차 회전에 의한 제어
③ 주파수 변환에 의한 제어
④ 저항에 의한 제어

풀이
속도제어법
• 극수변환법 : 2~4단 불연속 제어
　(고정자 권선의 접속변경)
• 주파수변환법 : 연속제어(전용전원필요)
　선박 추진모터, 포터모터에서 많이 사용
• 전압제어법 - 전원전압 변화 (리액터, 사이리스터 이용)　　**[답] ③**

26 직류 발전기에서 브러시와 접촉하여 전기자권선에 유도되는 교류기전력을 정류해서 직류로 만드는 부분은?
① 계자　　　　② 정류자
③ 슬립링　　　④ 전기자

풀이
직류기 4대 구성요소
• 계자(field) : 전기를 통과하여 자속을 만드는 부분
• 전기자(armature) : 계자에서 만든 자속을 끊어서 기전력을 유도하는 부분
• 정류자(commutator) : 전기자 권선에서 유도된 교류를 직류로 바꾸어 주는 부분
• 브러시(brush) : 정류자면에 접촉하여 전기자 권선과 외부 회로를 연결하는 것　　**[답] ②**

27 권선형 유도전동기의 회전자에 저항을 삽입하였을 경우 틀린 사항은?
① 기동전류가 감소한다.
② 기동전압은 증가한다.
③ 역률이 개선된다.
④ 기동 토크는 증가한다.

풀이
유도전동기의 비례추이
권선형 유도 전동기와 같이 2차회로의 저항을 가감시킬 수 있는 경우에는 2차 저항 r_2를 조절함으로써 비례 추이에 따라 큰 기동 토크를 얻고 기동전류를 억제할 수 있다.
[답] ②

28 보호 계전기의 배선 시험으로 옳지 않은 것은?
① 극성이 바르게 결선 되었는가를 확인한다.
② 내부 단자와 각부 나사 조임 상태를 점검한다.
③ 회로의 배선이 정확하게 결선 되었는지 확인한다.
④ 입력 배선 검사는 직류 전압으로 시험한다.
[답] ②

29 농형 회전자에 비뚤어진 홈을 쓰는 이유는?
① 출력을 높인다.
② 회전수를 증가시킨다.
③ 소음을 줄인다.
④ 미관상 좋다.

풀이
회전자 둘레의 홈을 축방향에 평행하지 않고 비뚤어져 있는데, 이것은 소음발생을 억제, 기동특성 개선, 파형개선 등의 효과가 있다.
[답] ③

30 변압기 V결선의 특징으로 틀린 것은?
① 고장시 응급처치 방법으로 쓰인다.
② 단상변압기 2대로 3상 전력을 공급한다.
③ 부하증가가 예상되는 지역에 시설한다.
④ V결선시 출력은 △결선시 출력과 그 크기가 같다.

풀이
$$\text{V결선의 출력비} = \frac{\text{변압기 출력}}{\text{변압기 3대 용량}}$$
$$= \frac{\sqrt{3}\,VI}{3\,VI} = 0.577 = 57.7[\%]$$
[답] ④

31 직류 전동기의 속도 제어 방법 중 속도 제어가 원활하고 정 토크 제어가 되며 운전 효율이 좋은 것은?
① 계자제어
② 병렬 저항제어
③ 직렬 저항제어
④ 전압제어

풀이
전압제어 : 계자전류를 일정하게 유지하고 전기자 인가전압 V를 변화시켜 속도를 제어하는 방법(타여자에 적당)
[답] ④

32 단상 전파정류 회로에서 교류 입력이 100[V]이면 직류 출력은 약 몇 [V]인가?
① 45
② 67.5
③ 90
④ 135

풀이
단상 전파 정류시 $E_d = 0.9 E_a[V]$
∴ $E_d = 0.9 \times 100 = 90[V]$
[답] ③

33 전기자저항 0.1[Ω], 전기자전류 104[A], 유도기전력 110.4[V]인 직류 분권 발전기의 단자전압[V]은?
① 110
② 106
③ 102
④ 100

풀이
분권 발전기 유기기전력 $E = V + I_a R_a[V]$
∴ $V = E - I_a R_a = 110.4 - (104 \times 0.1) = 100[V]$
[답] ④

34 동기발전기의 전기자 반작용 현상이 아닌 것은?
① 포화 작용
② 증자 작용
③ 감자 작용
④ 교차자화 작용

풀이
동기발전기의 전기자 반작용 현상 : 발전기에 부하전류에 의한 기자력이 주자속에 영향을 주는 작용

- **교차자화작용** (R만의 부하) : 동기 발전기에 저항 부하를 연결하면, 기전력과 전류가 동위상이 된다. 이때 전기자전류에 의한 기자력과 주자속이 직각이 되는 현상
- **감자작용** (L만의 부하) : 동기발전기에 리액터 부하를 연결하면, 전류가 기전력보다 90° 늦은 위상이 된다. 전기자 전류에 의한 자속이 주자속을 감소시키는 방향으로 작용하여 유도기전력이 작아지는 현상
- **증자작용** (C만의 부하) : 동기발전기에 콘덴서 부하를 연결하면, 전류가 기전력보다 90° 앞선 위상이 된다. 전기자 전류에 의한 자속이 주자속을 증가시키는 방향으로 작용한다. [답] ①

35 회전계자형인 동기 전동기에 고정자인 전기자 부분도 회전자의 주위를 회전할 수 있도록 2중 베어링 구조로 되어 있는 전동기로 부하를 건 상태에서 운전하는 전동기는?
① 초 동기 전동기
② 반작용 전동기
③ 동기형 교류 서보전동기
④ 교류 동기 전동기

풀이
초 동기 전동기는 특수 동기 전동기로, 고정자를 지지하는 축받이와 회전자를 지지하는 축받이의 두 축받이를 가지며, 고정자도 회전하는 구조이다. 부하를 연결한 그대로 기동이 되는 것이 특징이며, 이것은 동기전동기의 탈출 토크가 기동 토크보다도 크기 때문에 이용되는 것이다. [답] ①

36 무부하 전압과 전부하 전압이 같은 값을 가지는 특성의 발전기는?
① 직권 발전기 ② 차동복권 발전기
③ 평복권 발전기 ④ 과복권 발전기

풀이
- 평복권 : 직권계자권선을 적당히 하여 무부하시와 전부하시 단자전압을 같게 한 것 ($V_o = V_n$)
- 직권 발전기 : 무부하 상태에서는 ($I = 0$) 전압의 확립이 일어나지 않으므로 발전불가능하다.
- 차동복권 발전기 : 분권 계자 권선의 기자력과 직권 계자권선의 기자력이 서로 반대방향으로 가해져서 유도기 전력이 감소하는 발전기
- 과복권 발전기 : 직권계자권선을 더 크게 하여 전부하시 단자전압을 무부하시 보다 더 크게 한 것 ($V_o < V_n$) [답] ③

37 동기 발전기의 병렬 운전 조건이 아닌 것은?
① 기전력의 주파수가 같은 것
② 기전력의 크기가 같을 것
③ 기전력의 위상이 같을 것
④ 발전기의 회전수가 같을 것

풀이
동기발전기 병렬운전 조건
- 기전력의 크기가 같을 것 → 무효순환전류 발생
- 기전력의 위상이 같을 것 → 동기화전류 발생
- 기전력의 파형이 같을 것 → 고조파 무효순환전류 발생
- 파수가 같을 것 → 동기화전류가 주기적으로 흘러 난조가 발생
- 기전력의 상회전이 같을 것 [답] ④

38 60[Hz] 3상 반파 정류 회로의 맥동 주파수는?
① 60[Hz]
② 120[Hz]
③ 180[Hz]
④ 366[Hz]

풀이
맥동주파수(f): 단상반파(f), 단상전파($2f$), 3상반파($3f$), 3상전파($6f$)
- 단상 반파 정류 $f_0 = f = 60[Hz]$
- 단상 전파 정류 $f_0 = 2f = 120[Hz]$
- 3상 반파 정류 $f_0 = 3f = 180[Hz]$
- 3상 전파 정류 $f_0 = 6f = 360[Hz]$ [답] ③

39 그림은 전력제어 소자를 이용한 위상제어 회로이다. 전동기의 속도를 제어하기 위해서 '가'부분에 사용되는 소자는?
① 전력용 트랜지스터
② 제너 다이오드
③ 트라이액
④ 레귤레이터 78XX 시리즈

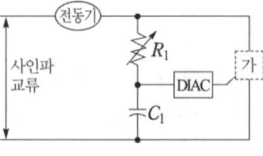

풀이
전파위상제어회로 : C_1 콘덴서 충전전압이 다이액의 임계 전압을 넘어서면 다이액을 통해 트라이액의 게이트를 통과하여 충전전압이 인가되고 트라이액이 도통됨. [답] ③

40 기동 토크가 대단히 작고 역률과 효율이 낮으면 전축, 선풍기 등 수 10[kW] 이하의 소형 전동기에 널리 사용되는 단상 유도 전동기는?
① 반발 기동형　　② 세이딩 코일형
③ 모노사이클릭형　④ 콘덴서형

[풀이]
단상유도전동기의 특징
- 반발 기동형 : 다른 단상 유도전동기에 비하여 기동토크를 크게 할 수 있기 때문에 전에는 펌프용, 공기압축기용으로 사용하였으나 값이 비싸고 정류자의 보수가 어려워 최근에는 콘덴서기동형을 사용하는 경향이 있다. 기동토크는 전부하 토크의 300~500[%]이고 기동전류는 전부하 전류의 약 350[%] 이다.
- 모노 사이클릭형 : 기동토크가 대단히 적으며 손실이 크고 효율이 나빠서 50[W] 이하의 선풍기에 많이 사용된다.
- 콘덴서형 : 종류로는 2가 콘덴서형과 영구 콘덴서형이 있고 2가 콘덴서는 기동토크가 크고 운전시 역률이 좋다. 영구 콘덴서는 기동토크는 적고 운전시의 특성도 양호하지 않지만, 원심력스위치가 필요 없고 가격도 싸므로 큰 기동토크를 요구하지 않는 선풍기, 전기냉장고, 전기세탁기 등에 널리 사용되며 기동토크는 20~100[%]이다. **[답] ②**

41 권상기, 기중기 등으로 물건을 내릴 때와 같이 전동기가 가지는 운동에너지를 발전기로 동작시켜 발생한 전력을 반환시켜서 제동하는 방식은?
① 역전제동　　② 발전제동
③ 회생제동　　④ 와류제동

[풀이]
- 플러깅(역전)제동 : 급제동시 사용하는 방법으로 역전제동이라 하며, 전기자의 접속을 반대로 바꾸어 회전방향과 반대의 토크를 발생시켜 제동
- 발전제동 : 제동 시에 전원을 개방하여 발전기로 이용하여 발전된 전력을 제동용 저항에 열로 소비시키는 방법이다.
- 회생제동 : 제동 시에 전원을 개방하지 않고 발전기로 이용하여 발전된 전력을 다시 전원으로 돌려보내는 방식이다. **[답] ③**

42 터널·갱도 기타 이와 유사한 장소에서 사람이 상시 통행하는 터널내의 배선방법으로 적절하지 않은 것은? (단, 사용전압은 저압이다.)
① 라이팅덕트 공사
② 금속제 가요전선관 공사
③ 합성수지관 공사
④ 애자사용 공사

[풀이]
사람이 상시 통행하는 터널 내의 배선은 저압에서는 애자사용, 금속관, 합성 수지관, 금속제 가요전선관, 케이블 공사로 시공하여야 한다. 고압은 애자,케이블공사 가능 **[답] ①**

43 다음 중 방수형 콘센트의 심벌은?
① ⊕_E　　② ●
③ ⊕_WP　④ ⊕

[풀이]
① 접지극붙이형　② 점멸기　④ 일반콘센트　**[답] ③**

44 금속 전선관공사와 비교한 합성수지전선관 공사의 특징으로 거리가 먼 것은?
① 내식성이 우수하다.
② 배관 작업이 용이하다.
③ 열에 강하다.
④ 절연성이 우수하다.

[풀이]
합성수지관배선 공사
- 염화 비닐수지로 만든 것으로 내부식성, 내절연성 우수, 경량이며 시공이 용이
- 열에 약하고 기계적 강도가 떨어진다.
- 접지할 필요가 없고 피뢰기, 피뢰침의 접지선보호에 적당하다. **[답] ③**

45 폭발성 분진이 있는 위험장소의 금속관 공사에 있어서 관상호 및 관과 박스 기타의 부속품이나 풀박스 또는 전기기계기구는 몇 턱 이상의 나사 조임으로 시공하여야 하는가?
① 2턱　　② 3턱
③ 4턱　　④ 5턱

[풀이]
폭연성 분진, 화약류 분말이 존재하는 곳, 가연성의 가스 또는 인화성 물질의 증기가 새거나 체류하는 곳의 전기 공작물은 금속관 공사, 또는 케이블 공사(캡타이어 케이블을 제외한다)에 의하여야 하며 금속관 공사를 하는 경우

관 상호 간 및 관과 박스 등은 5턱 이상의 나사 조임으로 접속하여야 한다.

〈5턱 이상 나사 조임〉

[답] ④

46 옥내에 시설하는 사용전압이 400[V] 이상인 저압의 이동 전선은 0.6/1kV EP 고무 절연 클로로프렌 캡타이어 케이블로서 단면적이 몇 [mm²] 이상이어야 하는가?

① 0.75[mm²]   ② 2[mm²]
③ 5.5[mm²]   ④ 8[mm²]

풀이

옥내 저압용 이동전선의 시설
옥내에 시설하는 사용 전압이 400[V] 미만인 이동 전선은 고무코드 또는 0.6/1[kV] EP 고무 절연 클로로프렌 캡타이어케이블로서 단면적이 0.75[mm²] 이상인 것일 것
옥내에 시설하는 사용 전압이 400[V] 이상인 저압의 이동 전선은 0.6/1[kV] EP 고무 절연 클로로프렌 캡타이어케이블로서 단면적이 0.75[mm²] 이상인 것일 것   [답] ①

47 400[V]이하 옥내배선의 절연저항 측정에 가장 알맞은 절연저항계는?

① 250[V] 메거   ② 500[V] 메거
③ 1000[V] 메거   ④ 1500[V] 메거

풀이

전로의사용전압	DC시험전압[V]	절연 저항값[MΩ]
SELV 및 PELV	250	0.5
FELV, 500V이하	500	1.0
500V초과	1,000	1.0

[주] 특별저압(Extra Low Voltage: 2차전압이 AC 50V, DC 120V 이하)으로 SELV(비접지회로 구성) 및 PELV (접지회로구성)은 1차와 2차가 전기적으로 절연된 회로, FELV는 1차와 2차가 전기적으로 절연되지 않은 회로
[답] ②

48 고압 가공 인입선이 일반적인 도로 횡단 시 설치 높이는?

① 3[m] 이상   ② 3.5[m] 이상
③ 5[m] 이상   ④ 6[m] 이상

풀이

고압 및 특고압 인입선
• 도로를 횡단하는 경우에는 노면상 6[m] 이상
• 철도 궤도를 횡단하는 경우에는 레일면상 6.5[m] 이상
• 기타의 경우 : 5[m] 이상   [답] ④

49 가연성 가스가 새거나 체류하여 전기설비가 발화원이 되어 폭발할 우려가 있는 곳에 있는 저압 옥내전기설비의 시설 방법으로 가장 적합한 것은?

① 애자사용공사   ② 가요전선관공사
③ 셀룰러덕트공사   ④ 금속관공사

풀이

가연성 가스 등이 있는 곳의 저압의 시설
가연성 가스 또는 인화성 물질의 증기가 새거나 체류하여 전기설비가 발화원이 되어 폭발할 우려가 있는 곳에 있는 저압 옥내전기설비는 **금속관공사** 또는 케이블공사에 의하고 위험의 우려가 없도록 시설하여야 한다.   [답] ④

50 가공전선에 케이블을 사용하는 경우에는 케이블을 조가용선에 행거를 사용하여 조가 한다. 사용전압이 고압일 경우 그 행거의 간격은?

① 50[cm] 이하
② 50[cm] 이상
③ 75[cm] 이하
④ 75[cm] 이상

풀이

케이블은 조가용선에 행거로 시설할 것. 이 경우에는 사용전압이 고압인 때에는 그 행거의 간격을 **50[cm] 이하**로 시설하여야 한다.   [답] ①

51 분전반에 대한 설명으로 틀린 것은?

① 배선과 기구는 모두 전면에 배치하였다.
② 두께 1.5[mm] 이상의 난연성 합성수지로 제작하였다.
③ 강판제의 분전함은 두께 1.2[mm] 이상의 강판으로 제작하였다.
④ 배선은 모두 분전반 이면으로 하였다.

풀이

배전반 및 분전반을 넣은 함은 반의 뒷면에는 배선 및 기구를 배치하지 아니한다.   [답] ④

52 가요 전선관 공사에서 가요 전선관의 상호 접속에 사용하는 것은?
① 유니언 커플링
② 2호 커플링
③ 콤비네이션 커플링
④ 스플릿 커플링

풀이
- 가요 전선관 상호의 접속 : 플렉시블 커플링, 스플릿 커플링
- 가요 전선관과 금속관의 접속 : 컴비네이션 커플링
- 가요 전선관과 박스와 접속 : 스트레이트 박스 커넥터, 앵글 박스 커넥터 [답] ④

53 폭연성 분진이 존재하는 곳의 금속관 공사 시 전동기에 접속하는 부분에서 가요성을 필요로 하는 부분의 배선에는 방폭형의 부속품 중 어떤 것을 사용하여야 하는가?
① 플렉시블 피팅
② 분진 플렉시블 피팅
③ 분진 방폭형 플렉시블 피팅
④ 안전 증가 플렉시블 피팅

풀이
먼지가 많은 장소에서의 저압의 시설
전동기에 접속하는 부분에서 가요성을 필요로 하는 부분의 배선에는 방폭형의 부속품 중 **분진 방폭형 플렉시블 피팅**을 사용할 것. [답] ③

54 전선 접속 방법 중 트위스트 직선 접속의 설명으로 옳은 것은?
① $6[mm^2]$ 이하의 가는 단선인 경우에 적용된다.
② $6[mm^2]$ 이상의 굵은 단선인 경우에 적용된다.
③ 연선의 직선 접속에 적용된다.
④ 연선의 분기 접속에 적용된다.

풀이
단선의 직선접속 방법
- 트위스트 접속 : 단면적 $6[mm^2]$ 이하의 가는 단선
- 브리타니아 접속 : 단면적 $10[mm^2]$ 이상의 굵은 단선 [답] ①

55 저압 케이블의 종류가 아닌 것은?
① 0.6/1[kV] 연피케이블
② 클로로플렌 외장 케이블
③ 폴리에틸렌 외장 케이블
④ 콤바인 덕트 케이블

풀이
- 저압 케이블 종류
 - 0.6/1[kV] 연피(鉛皮)케이블
 - 클로로플렌 외장(外裝) 케이블
 - 비닐 외장 케이블
 - 폴리에틸렌 외장 케이블
 - 무기물 절연 케이블
 - 금속 외장 케이블
 - 유선텔레비전용 급전겸용 동축 케이블 [답] ④

56 합성수지관배선 공사에서 관의 지지점간 거리는 최대 몇[m]인가?
① 1   ② 1.2
③ 1.5   ④ 2

풀이
합성수지관배선 공사
관의 지지점 간의 거리는 **1.5[m] 이하**로 하고, 또한 그 지지점은 관의 끝·관과 박스의 접속점 및 관 상호 간의 접속점 등에 가까운 곳에 시설할 것. [답] ③

57 폴리에틸렌 절연 비닐 시스 케이블의 약호는?
① DV   ② EE
③ EV   ④ OW

풀이
- DV : 인입용 비닐절연전선.
- EE : 폴리에틸렌 절연 폴리에틸렌 시스 케이블
- OW : 옥외용 비닐 절연 전선 [답] ③

58 비교적 장력이 적고 다른 종류의 지선을 시설할 수 없는 경우에 적용하며 지선용 근가를 지지물 근원 가까이 매설하여 시설하는 지선은?
① Y지선
② 궁지선
③ 공동지선
④ 수평지선

풀이
- Y지선 : 다단의 완금이 설치되거나 또한 장력이 큰 경우에 시설한다.
- 공동지선 : 지지물 상호간의 거리가 비교적 접근하여 있을 경우에 시설한다.
- 수평지선 : 토지의 상황이나 기타 사유로 인하여 보통 지선을 시설할 수 없는 경우

[답] ②

59 절연전선을 동일 금속 덕트내에 넣을 경우 금속 덕트의 크기는 전선의 피복절연물을 포함한 단면적의 총합계가 금속 덕트 내 단면적의 몇 [%]이하로 하여야 하는가?
① 10 ② 20
③ 32 ④ 48

풀이
금속 덕트 안에 있는 전선은 고무 절연선 또는 비닐 절연선 또는 케이블로서, 그 피복을 포함한 총 단면적은 덕트 내 단면적의 20[%] 이내로 하여야 한다. (전광표시장치·출퇴 표시등 기타 이와 유사한 장치 또는 **제어 회로등의 배선만을 넣는 경우에는 50[%] 이하일 것**)

[답] ②

60 일반적으로 특고압 전로에 시설하는 피뢰기의 접지공사시 접지저항값[Ω]은 얼마이하로 하여야 하는가?
① 3[Ω] ② 5[Ω]
③ 10[Ω] ④ 30[Ω]

풀이
고압 및 특고압의 전로에 시설하는 피뢰기 접지저항 값은 10[Ω] 이하

[답] ③

국가기술자격 검정 필기시험문제   시험시간 : 1시간

전기기능사 필기 실전 모의고사 제4회

01 $R=6[\Omega]$, $X_c=8[\Omega]$이 직렬로 접속된 회로에 $I=10[A]$의 전류가 흐른다면 전압[V]은?
① $60+j80$ ② $60-j80$
③ $100+j150$ ④ $100-j150$

[풀이]
RC 직렬회로에서 임피던스 $Z=R-jX_c=6-j8[\Omega]$
$V=IZ=10(6-j8)=60-j80$ [답] ②

02 다음 중 전동기의 원리에 적용되는 법칙은?
① 렌츠의 법칙
② 플레밍의 오른손법칙
③ 플레밍의 왼손법칙
④ 옴의 법칙

[풀이]
플레밍의 왼손법칙(전동기의 원리)
자장내에 놓인 도선에 전류가 흐를 때 도체가 힘을 받는 방향을 알 수 있는 법칙
• 엄지 : 힘의 방향(F)
• 검지 : 자기장의 방향(B)
• 중지 : 전류의 방향(I) [답] ③

03 자체 인덕턴스가 각각 L_1, L_2[H]인 두 원통 코일이 서로 직교하고 있다. 두 코일 사이의 상호 인덕턴스[H]는?
① L_1+L_2 ② L_1L_2
③ 0 ④ $\sqrt{L_1L_2}$

[풀이]
두 코일이 직교할 경우 결합계수 $k=0$이 되어 상호인덕턴스도 $M=k\sqrt{L_1L_2}=0$이 된다. [답] ③

04 1[cm]당 권선수가 10인 무한 길이 솔레노이드에 1[A]의 전류가 흐르고 있을 때 솔레노이드 외부 자계의 세기[AT/m]는?
① 0 ② 10
③ 100 ④ 1000

[풀이]
솔레노이드 외부에는 자기장이 존재하지 않기 때문에 외부 자계의 세기는 0이다. [답] ①

05 열의 전달 방법이 아닌 것은?
① 복사 ② 대류
③ 확산 ④ 전도

[풀이]
열이 전달되는 방식
• 복사 : 열이 빛의 형태로 전달되는 현상
• 대류 : 물질이 이동하여 열을 전달하는 현상
• 전도 : 고체를 통해 열이 전달되는 현상 [답] ③

06 전기장(電氣場)에 대한 설명으로 옳지 않은 것은?
① 대전된 무한 원통의 내부 전기장은 0이다.
② 대전된 구(球)의 내부 전기장은 0이다.
③ 대전된 도체 내부의 전하 및 전기장은 모두 0이다.
④ 도체 표면의 전기장은 그 표면에 평행이다.

[풀이]
도체 표면의 전기장은 그 표면에 수직이다. [답] ④

07 그림과 같은 회로에서 a, b간에 E[V]의 전압을 가하여 일정하게 하고, 스위치 S를 닫았을 때 전전류 I[A]가 닫기 전 전류의 3배가 되었다면 저항 R_x의 값은 약 몇 [Ω]인가?
① 0.73
② 1.44
③ 2.16
④ 2.88

[풀이]
닫기전 전류 $I_1=\dfrac{E}{8+3}[A]$

스위치 닫은 후 전류 $I_2=\dfrac{E}{\dfrac{8R_x}{8+R_x}+3}[A]$

$3I_1 = I_2$의 조건에 따라

$3\left(\dfrac{8R_x}{8+R_x}+3\right)=11$, $\dfrac{8R_x}{8+R_x}=0.67$

$\therefore R_x = 0.73[\Omega]$ [답] ①

08 내부 저항이 0.1[Ω]인 전지 10개를 병렬 연결하면, 전체 내부 저항은?

① 0.01[Ω] ② 0.05[Ω]
③ 0.1[Ω]   ④ 1[Ω]

풀이
전지를 병렬 접속 시 합성내부저항
$r_0 = \dfrac{r}{n} = \dfrac{0.1}{10} = 0.01[\Omega]$ [답] ①

09 다음 설명 중 틀린 것은?

① 앙페르의 오른 나사 법칙 : 전류의 방향을 오른나사가 진행하는 방향으로 하면, 이 때 발생되는 자기장의 방향은 오른나사의 회전 방향이 된다.
② 렌츠의 법칙 : 유도 기전력은 자신의 발생 원인 되는 자속의 변화를 방해하려는 방향으로 발생한다.
③ 페러데이의 전자 유도 법칙 : 유도 기전력의 크기는 코일을 지나는 자속의 매초 변화량과 코일의 권수에 비례한다.
④ 쿨롱의 법칙 : 두 자극 사이에 작용하는 자력의 크기는 양 자극의 세기에 비례하며, 자극 간의 거리의 제곱에 비례한다.

풀이
쿨롱의 법칙 $F = \dfrac{m_1 m_2}{4\pi\mu r^2}[\text{N}]$에서 $F \propto m_1 m_2$이고,
$F \propto \dfrac{1}{r^2}$이다. [답] ④

10 그림과 같이 $C = 2[\mu F]$의 콘덴서가 연결되어 있다. A점과 B점 사이의 합성 정전용량은 얼마인가?

① 1 [μF]
② 2 [μF]
③ 4 [μF]
④ 8 [μF]

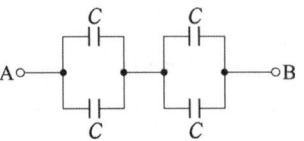

풀이
C가 병렬 접속 시 $2C$가 되고 따라서 합성정전용량은
$C_{AB} = \dfrac{2C \times 2C}{2C + 2C} = \dfrac{4 \times 4}{4+4} = \dfrac{16}{8} = 2[\mu F]$이 된다. [답] ②

11 저항 R_1, R_2의 병렬회로에서 R_2에 흐르는 전류가 I일 때 전 전류는?

① $\dfrac{R_1+R_2}{R_1}I$ ② $\dfrac{R_1+R_2}{R_2}I$
③ $\dfrac{R_1}{R_1+R_2}I$ ④ $\dfrac{R_2}{R_1+R_2}I$

풀이
전 전류를 I_0를 구하면
$I = \dfrac{R_1}{R_1+R_2}I_0$에서 $I_0 = \dfrac{R_1+R_2}{R_2}\times I [\text{A}]$ [답] ①

12 200[V], 40[W]의 형광등에 정격 전압이 가해졌을 때 흐르는 전류는 0.42[A]이다. 이 형광등의 역률[%]은?

① 37.5   ② 47.6
③ 57.5   ④ 67.5

풀이
$\cos\theta = \dfrac{P}{P_a} = \dfrac{P}{VI} = \dfrac{40}{200 \times 0.42} = 0.476$ [답] ②

13 어떤 도체에 5초간 4[C]의 전하가 이동했다면 이 도체에 흐르는 전류는?

① 0.12×10^3 [mA]   ② 0.8×10^3 [mA]
③ 1.25×10^3 [mA]   ④ 8×10^3 [mA]

풀이
$I = \dfrac{Q}{t} = \dfrac{4}{5} = 0.8[\text{A}] = 0.8 \times 10^3 [\text{mA}]$ [답] ②

14 그림의 회로에서 모든 저항값이 2[Ω]이고, 전체전류 I는 6[A]이다. I_1에 흐르는 전류는?

① 1[A]
② 2[A]
③ 3[A]
④ 4[A]

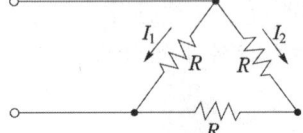

풀이

전류 분배법칙을 이용해

$I_1 = \dfrac{2+2}{2+(2+2)} \times 6 = 4[A]$ 　　　[답] ④

15 1[kWh]는 몇 [J]인가?

① 3.6×10^6 　　② 860
③ 10^3 　　④ 10^6

풀이

$1[kWh] = 1000[Wh] = 3.6 \times 10^6[W \cdot s] = 3.6 \times 10^6[J]$
　　　[답] ①

16 다음 전압과 전류의 위상차는 어떻게 되는가?

$$v = \sqrt{2}\,V \sin\left(\omega t - \dfrac{\pi}{3}\right)[V]$$
$$i = \sqrt{2}\,I \sin\left(\omega t - \dfrac{\pi}{6}\right)[A]$$

① 전류가 $\dfrac{\pi}{3}$ 만큼 앞선다.
② 전압이 $\dfrac{\pi}{3}$ 만큼 앞선다.
③ 전압이 $\dfrac{\pi}{6}$ 만큼 앞선다.
④ 전류가 $\dfrac{\pi}{6}$ 만큼 앞선다.

풀이

전압의 위상 $\theta_1 = -\dfrac{\pi}{3}$ 이고 전류의 위상 $\theta_2 = -\dfrac{\pi}{6}$ 이므로 $\theta_1 - \theta_2 = -\dfrac{\pi}{3}$ 이므로 전압이 $\dfrac{\pi}{6}$ 만큼 뒤진다. 따라서 전류를 기준으로 하면 전류가 $\dfrac{\pi}{6}$ 만큼 앞선다. 　　　[답] ④

17 비정현파의 종류에 속하는 직사각형파의 전개식에서 기본파의 진폭[V]은?
(단, $V_m = 20[V]$, $T = 10[ms]$)

① 23.47[V] 　　② 24.47[V]
③ 25.47[V] 　　④ 26.47[V]

풀이

직사각형파의 진폭

$V = \dfrac{4V_m}{\pi} = \dfrac{4 \times 20}{\pi} = 25.47[V]$ 　　　[답] ③

18 평형 3상 Y결선에서 상전류 I_p와 선전류 I_ℓ과의 관계는?

① $I_\ell = 3I_p$ 　　② $I_\ell = \sqrt{3}\,I_p$
③ $I_\ell = I_p$ 　　④ $I_\ell = \dfrac{1}{3}I_p$

풀이

Y결선일 때 $V_\ell = \sqrt{3}\,V_p$ 이고, $I_\ell = I_p$ 이다. 　　　[답] ③

19 다음은 정전 흡인력에 대한 설명이다. 옳은 것은?

① 정전 흡인력은 전압의 제곱에 비례한다.
② 정전 흡인력은 극판 간격에 비례한다.
③ 정전 흡인력은 극판 면적의 제곱에 비례한다.
④ 정전 흡인력은 쿨롱의 법칙으로 계산한다.

풀이

정전응력 $f = \dfrac{1}{2}\varepsilon E^2 = \dfrac{1}{2}\varepsilon\left(\dfrac{V}{d}\right)^2 [N/m^2]$

따라서 단위 면적당 정전 흡인력은 전압에 제곱에 비례한다. 　　　[답] ①

20 다음 중 복소수의 값이 다른 것은?

① $-1+j$
② $-j(1+j)$
③ $(-1-j)/j$
④ $j(1+j)$

풀이

② $-j(1+j) = -j+1 = 1-j$
③ $\dfrac{(-1-j) \times j}{j \times j} = -1+j$
④ $j(1+j) = -1+j$ 　　　[답] ②

21 직류 발전기의 무부하 특성곡선은?

① 부하전류와 무부하 단자전압과의 관계이다.
② 계자전류와 부하전류와의 관계이다.
③ 계자전류와 무부하 단자전압과의 관계이다.
④ 계자전류와 회전력과의 관계이다.

풀이

직류발전기의 각종 특성 곡선
• 무부하 특성곡선 : 무부하시 계자전류 I_f와 유도기전력 E(또는 단자전압)의 관계를 나타낸 곡선

- 부하 포화곡선 : 정격 부하시 계자전류 I_f와 단자전압 V의 관계를 나타낸 곡선
- 외부 특성곡선 : 정격 부하시 부하전류 I와 단자전압 V의 관계를 나타낸 곡선

[답] ③

22 계자 권선이 전기자에 병렬로만 접속된 직류기는?
① 타여자기 ② 직권기
③ 분권기 ④ 복권기

풀이
계자권선과 전기자를 병렬로 연결한 것

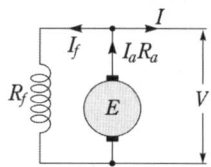

[답] ③

23 동기발전기의 병렬운전에 필요한 조건이 아닌 것은?
① 유기기전력의 주파수
② 유기기전력의 위상
③ 유기기전력의 역률
④ 유기기전력의 크기

풀이
동기발전기 병렬운전 조건
- 기전력의 크기 같을 것 → 무효순환전류 발생
- 기전력의 위상이 같을 것 → 동기화전류 발생
- 기전력의 파형이 같을 것 → 고조파 무효순환전류 발생
- 주파수가 같을 것 → 동기화전류가 주기적으로 흘러 난조가 발생
- 기전력의 상회전이 같을 것

[답] ③

24 다음 중 특수 직류기가 아닌 것은?
① 고주파 발전기 ② 단극 발전기
③ 승압기 ④ 전기 동력계

풀이
고주파 발전기는 특수 동기기에 해당한다. [답] ①

25 애벌런치 항복 전압은 온도 증가에 따라 어떻게 변화하는가?
① 감소한다.
② 증가한다.
③ 증가했다 감소한다.
④ 무관하다.

풀이
애벌런치(Avalanche) 항복전압(Breakdown Voltage)
전자에서 항복이란 말은 역전압을 가했을 때 처음에는 전류가 거의 흐르지 않다가 어느 정도의 고전압에서 갑자기 전류가 흐르기 시작하는 것을 말하며 이때의 전압을 항복전압이라고 한다. 애벌런치는 '눈사태'란 의미로 눈사태처럼 급격하게 다이오드 접합의 항복을 일으키게 하는 현상. 애벌런치 항복은 온도가 증가하면 전압도 증가한다.

[답] ②

26 변압기의 2차 저항이 0.1[Ω]일 때 1차로 환산하면 360[Ω]이 된다. 이 변압기의 권수비는?
① 30 ② 40
③ 50 ④ 60

풀이
권수비 $a = \sqrt{\dfrac{R_1}{R_2}}$ ∴ $a = \sqrt{\dfrac{360}{0.1}} = 60$ [답] ④

27 농형 유도전동기의 기동법이 아닌 것은?
① Y-△ 기동법
② 기동보상기에 의한 기동법
③ 2차 저항기동법
④ 전전압 기동법

풀이
농형 유도전동기 기동법
- 전전압기동 : 5[kW] 이하
- Y-△ 기동 : 10~15[kW] 이하
- 기동보상기법 : 15[kW] 이상
- 리액터기동 : 중대형전동기

2차 저항기동법은 권선형 유도전동기의 기동법 [답] ③

28 반파 정류 회로에서 변압기 2차 전압의 실효치를 E[V]라 하면 직류 전류 평균치는?
(단, 정류기의 전압강하는 무시한다.)

① $\dfrac{E}{R}$

② $\dfrac{1}{2} \cdot \dfrac{E}{R}$

③ $\dfrac{2\sqrt{2}}{\pi} \cdot \dfrac{E}{R}$

④ $\dfrac{\sqrt{2}}{\pi} \cdot \dfrac{E}{R}$

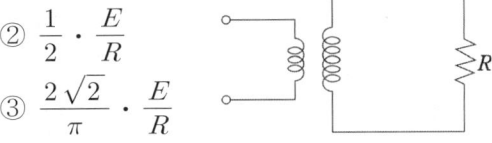

풀이

· 단상 반파 : $E_d = \dfrac{\sqrt{2}}{\pi} E_a$

· 단상 전파 : $E_d = \dfrac{2\sqrt{2}}{\pi} E_a$

· 3상 반파 : $E_d = \dfrac{3\sqrt{6}}{2\pi} E_a$

· 3상 전파 : $E_d = \dfrac{3\sqrt{2}}{\pi} E_a$

∴ $I_d = \dfrac{\sqrt{2}}{\pi} \cdot \dfrac{E_a}{R}$ [답] ④

29 출력 12[kW], 회전수 1140[rpm]인 유도전동기의 동기 와트는 약 몇 [kW]인가?
(단, 동기 속도 N_s는 1200[rpm] 이다.)

① 10.4   ② 11.5
③ 12.6   ④ 13.2

풀이

유도전동기에서 토크값을 2차입력(P_2)으로 표현 시 2차 입력을 동기와트라 한다.
비례식 $P_2 : P_{2c} : P_k = 1 : s : 1-s$ 에서
$P_2 : P_k = 1 : 1-s \Rightarrow P_2 = \dfrac{P_k}{1-s}$
유도기의 회전속도 $N = (1-s)N_s$이므로
∴ $P_2 = \dfrac{P}{\dfrac{N}{N_s}} = \dfrac{N_s}{N}P = \dfrac{1200}{1140} \times 12 = 12.6[kW]$ [답] ③

30 변압기의 절연내력 시험 중 유도시험에서의 시험시간은? (단, 유도시험의 계속시간은 시험전압 주파수가 정격주파수의 2배를 넘는 경우이다.)

① $60 \times \dfrac{2 \times 정격주파수}{시험주파수}$

② $120 - \dfrac{정격주파수}{시험주파수}$

③ $60 \times \dfrac{2 \times 시험주파수}{정격주파수}$

④ $120 + \dfrac{정격주파수}{시험주파수}$

풀이

유도 시험은 변압기나 그 외의 기기는 층간절연을 시험하는 것으로 $60 \times \dfrac{2 \times 정격주파수}{시험주파수}$ [답] ①

31 극수 10, 동기속도 600[rpm]인 동기 발전기에서 나오는 전압의 주파수는 몇 [Hz]인가?

① 50   ② 60
③ 80   ④ 120

풀이

동기기의 회전수 $N_s = \dfrac{120f}{p}$

∴ $f = \dfrac{N_s p}{120} = \dfrac{600 \times 10}{120} = 50[Hz]$ [답] ①

32 직류 전동기의 회전 방향을 바꾸는 방법으로 옳은 것은?

① 전기자 회로의 저항을 바꾼다.
② 전기자 권선의 접속을 바꾼다.
③ 정류자의 접속을 바꾼다.
④ 브러시의 위치를 조정한다.

풀이

전동기의 회전 방향을 바꾸려면, 계자 권선이나 전기자 권선 중 어느 한 쪽의 접속을 반대로 하면 된다.   [답] ②

33 용량이 작은 변압기의 단락 보호용으로 주 보호방식으로 사용되는 계전기는?

① 차동전류 계전 방식
② 과전류 계전 방식
③ 비율차동 계전 방식
④ 기계적 계전 방식

풀이

용량이 큰 변압기는 비율차동 방식이 용량이 작은 변압기의 단락보호용은 과전류 계전기가 쓰인다.   [답] ②

34 부흐홀츠 계전기의 설치 위치는?
① 변압기 본체와 콘서베이터 사이
② 콘서베이터 내부
③ 변압기의 고압측 부싱
④ 변압기 주탱크 내부

풀이

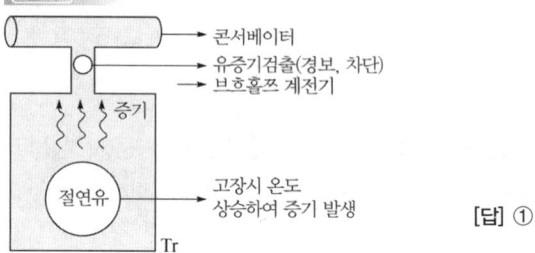

[답] ①

35 유도전동기의 슬립을 측정하는 방법으로 옳은 것은?
① 전압계법   ② 전류계법
③ 평형 브리지법   ④ 스트로보법

풀이
슬립측정법 : 스트로보스코프법, 수화기법, 직류밀리볼트계법, 회전계법   [답] ④

36 단락비가 큰 동기기에 대한 설명으로 옳은 것은?
① 기계가 소형이다.
② 안정도가 높다.
③ 전압변동률이 크다.
④ 전기자반작용이 크다.

풀이
단락비가 큰 동기기(철기계)
• 전기자 반작용이 작다.
• 전압변동률이 작다.
• 동기임피던스가 작다.
• 공극이 넓고 단락전류가 커지며 과부하내량이 커진다.
• 중량이 커지게 되고 효율이 낮아진다.   [답] ②

37 속도를 광범위하게 조정할 수 있으므로 압연기나 엘리베이터 등에 사용되는 직류 전동기는?
① 직권 전동기   ② 분권 전동기
③ 타여자 전동기   ④ 가동 복권 전동기

풀이
타여자 전동기는 속도를 광범위하게 조정할 수 있으므로 압연기나 엘리베이터 등에 사용된다.   [답] ③

38 5.5[kW], 200[V] 유도전동기의 전전압 기동시의 기동전류가 150[A]이었다. 여기에 Y-△ 기동시 기동전류는 몇 [A]가 되는가?
① 50   ② 70
③ 87   ④ 95

풀이
Y-△ 기동법 : 10~15[kW] 이하의 중용량 전동기에 쓰이며, 기동시 고정자권선을 Y로 하여 기동함으로써 기동전류를 감소시키고 운전속도에 가까워지면 △로 하여 운전하는 방식이다. 기동전류는 정격전류의 1/3로 줄어들지만, 기동토크도 1/3로 감소한다.
$$\therefore I_Y = \frac{150}{3} = 50[A]$$ [답] ①

39 단상 전파정류 회로에서 $\alpha = 60°$일 때 정류전압은? (단, 전원측 실효값 전압은 100[V]이며, 유도성 부하를 가지는 제어정류기이다.)
① 약 15[V]   ② 약 22[V]
③ 약 35[V]   ④ 약 45[V]

풀이
단상 전파시 $E_d = 0.9 E_a \cos\alpha [V]$
$\therefore E_d = 0.9 \times 100 \times \cos 60 = 45[V]$ [답] ④

40 3상 동기 전동기의 특징이 아닌 것은?
① 부하의 변화로 속도가 변하지 않는다.
② 부하의 역률을 개선 할 수 있다.
③ 전부하 효율이 양호하다.
④ 공극이 좁으므로 기계적으로 견고하다.

풀이
동기 전동기의 장점
• 역률양호($\cos\theta = 1$로 운전 가능)
• 동기속도로 운전(속도 불변)
• 부하의 역률 개선 가능
• 저속도 대용량기에 적합
• 공극이 넓으므로 기계적으로 견고하다.
동기전동기의 단점
• 기동토크 = 0
• 동기속도 외의 속도에서는 운전 불가능(동기이탈)
• 직류 여자장치 필요   [답] ④

41 합성수지몰드배선 공사의 시공에서 잘못된 것은?
① 사용 전압이 400[V] 이하에 사용
② 점검할 수 있고 전개된 장소에 사용
③ 베이스를 조영재에 부착하는 경우 1[m] 간격마다 나사 등으로 견고하게 부착한다.
④ 베이스와 캡이 완전하게 결합하여 충격으로 이탈되지 않을 것

풀이
합성수지몰드배선 공사는 베이스를 조영재에 부착할 경우는 40~50[cm]간격마다 나사나 접착제를 이용하여 견고하게 부착할 것 [답] ③

42 저압 인입선의 접속점 선정으로 잘못된 것은?
① 인입선이 옥상을 가급적 통과하지 않도록 시설할 것
② 인입선은 약전류 전선로와 가까이 시설할 것
③ 인입선은 장력에 충분히 견딜 것
④ 가공배전선로에서 최단거리로 인입선이 시설될 수 있을 것

풀이
저압 인입선과 약전류 전선의 이격거리는 60[cm] 이상이다. [답] ②

43 고압을 저압으로 변성하는 변압기의 중성점 접지용 동선의 최소 굵기는 몇 [mm²]이상 인가?
① 4 ② 6
③ 10 ④ 16

풀이

유형	구분	접지선 굵기
접지에 피뢰시스템 접속		구리 16[mm²] 이상 철제 50[mm²] 이상
접지에 큰 전류가 흐르지 않은 경우		구리 6[mm²] 이상 철제 50[mm²] 이상
고장시 전류를 안전하게 흐를수 있는 경우 (특고압 또는 고압설비용 접지도체)		6[mm²] 이상
접지에 큰 전류가 흐르지 않은 경우	중성점 접지용 도체	고압이하 전로 또는 25[kV] 이하 특고압가공 (중성선 다중접지식 2초 이내 자동자단장치)	6[mm²] 이상
		그 외	16[mm²] 이상

유형	구분	접지선 굵기
이동하여 사용하는 전기기계 기구의 금속제 외함	특고압·고압 전기설비용 접지도체 및 중성점 접지용 접지도체 ① 클로로프렌캡타이어케이블(3종 및 4종) ② 클로로설포네이트폴리에틸렌 캡타이어케이블(3종 및 4종) ③ 다심 캡타이어케이블의 차폐 또는 기타의 금속체	10[mm²]이상
	저압 전기설비용 접지도체 ① 다심 코드 또는 다심 캡타이어케이블 ② 기타 유연성이 있는 연동연선	0.75[mm²]이상 1.5[mm²]이상

[답] ②

44 저압 가공전선 또는 고압 가공전선이 도로를 횡단하는 경우 전선의 지표상 최소 높이는?
① 2[m] ② 3[m]
③ 5[m] ④ 6[m]

풀이
저·고압 가공 전선의 최소 높이
• 도로를 횡단하는 경우 : 지표상 6[m] 이상
• 철도를 횡단하는 경우 : 레일면상 6.5[m] 이상
• 횡단보도교 위에 시설하는 경우
  저압 : 노면상 3[m] 이상(절연 전선, 케이블 사용의 경우)
  고압 : 노면상 3.5[m] 이상
• 그 밖의 장소 : 지표상 5[m] 이상 [답] ④

45 손작업 쇠톱날의 크기(치수 : mm)가 아닌 것은?
① 200 ② 250
③ 300 ④ 550

풀이
손작업 쇠톱날 : 200[mm], 250[mm], 300[mm] [답] ④

46 금속관을 구부리는 경우 굴곡의 안측 반지름은?
① 전선관 안지름의 3배 이상
② 전선관 안지름의 6배 이상
③ 전선관 안지름의 8배 이상
④ 전선관 안지름의 12배 이상

풀이
금속관의 가공 : 구부러진(off-set) 금속관 안쪽 반지름은 금속관 안지름의 6배 이상 [답] ②

47 가연성 가스가 존재하는 저압 옥내전기설비 공사 방법으로 옳은 것은?
① 가요전선관공사
② 애자사용공사
③ 금속관공사
④ 금속 몰드공사

풀이
가연성 가스 등이 있는 곳의 저압의 시설
: 금속관공사, 3종 및 4종 캡타이어 케이블공사 [답] ③

48 금속전선관 공사 시 노크아웃 구멍이 금속관보다 클 때 사용되는 접속 기구는?
① 부싱
② 링 리듀서
③ 로크너트
④ 엔트런스 캡

풀이
• 링 리듀서(ring reducer) : 금속관을 아웃렛 박스 등의 녹아웃에 취부할 때 관보다 지름이 큰 관계로 로크 너트만으로는 고정할 수 없을 때 보조적으로 사용한다.

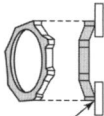
로크 너트
움푹한 부분이 접속함쪽으로 오게 한다.

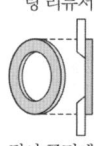
링 리듀서
턱이 구멍에 걸리도록 한다.

[답] ②

49 다음 중 차단기를 시설해야 하는 곳으로 가장 적당한 것은?
① 고압에서 저압으로 변성하는 2차측의 저압측 전선
② 제2종 접지 공사를 한 저압 가공 전로의 접지측 전선
③ 다선식 전로의 중성선
④ 접지공사의 접지선

풀이
과전류 차단기의 시설제한
• 접지공사의 접지선
• 접지 공사를 한 저압 가공전선로의 접지측 전선
• 다선식 선로의 중성선 [답] ①

50 전등 한 개를 2개소에서 점멸하고자 할 때 옳은 배선은?

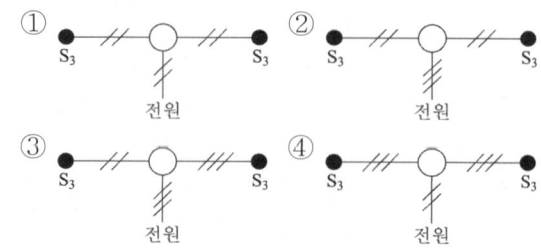

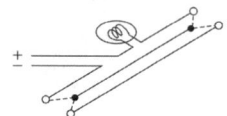

[답] ④

51 케이블을 조영재에 지지하는 경우에 이용되는 것이 아닌 것은?
① 터미널 캡
② 클리트(Cleat)
③ 스테이플
④ 새들

풀이
전선과 터미널(압착단자/동관단자)을 체결한 후 씌우는 캡 [답] ①

52 배전반을 나타내는 그림 기호는?

풀이
① : 분전반, ③ : 제어반 [답] ②

53 A종 철근 콘크리트주의 전장이 15[m]인 경우에 땅에 묻히는 깊이는 최소 몇 [m] 이상으로 해야 하는가? (단, 설계하중은 6.8[kN] 이하이다.)
① 2.5
② 3.0
③ 3.5
④ 4.0

풀이
전주가 땅에 묻히는 깊이
• 전주의 길이 15[m] 이하 : 1/6 이상
• 전주의 길이 15[m] 이상 : 2.5[m] 이상
• 철근 콘크리트 전주로서 길이가 14[m] 이상 20[m] 이

하이고, 설계하중이 6.8[kN] 초과 9.8[kN] 이하인 것은 30[cm]을 가산한다.

$$\therefore 15 \times \frac{1}{6} = 2.5[m]$$

[답] ①

54 정션 박스 내에서 전선을 접속할 수 있는 것은?
① S형 슬리브 ② 꽂음형 커넥터
③ 와이어 커넥터 ④ 매킹타이어

풀이

조인트박스내 전선간의 쥐꼬리 접속 후 와이어커넥터 사용

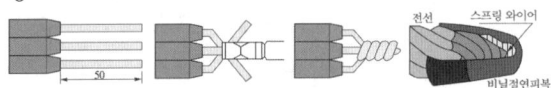

[답] ③

55 흥행장의 저압 공사에서 잘못된 것은?
① 무대, 무대 밑, 오케스트라 박스 및 영사실의 전로에는 전용 개폐기 및 과전류 차단기를 시설할 필요가 없다.
② 무대용의 콘센트, 박스, 플라이 덕트 및 보더라이트의 금속제 외함에는 접지공사를 하여야 한다.
③ 플라이 덕트는 조영재 등에 견고하게 시설하여야 한다.
④ 사용전압 400[V] 이하의 이동전선은 0.6/1[kV] EP 고무 절연 클로로프렌 캡타이어케이블을 사용한다.

풀이

전시회,공연장의 전기설비
- 무대, 무대마루 밑, 오케스트라 박스, 영사실 기타의 사람이나 무대 도구가 접촉할 우려가 있는 곳에 시설하는 저압옥내배선, 전구선 또는 이동 전선은 사용 전압이 **400[V] 이하**
- 전선은 구리 도체로 최소 단면적이 1.5[mm²]이며, 450/750[V] 이하 염화비닐 절연 케이블, 450/750[V] 이하 고무 절연케이블
- 이동전선은 0.6/1 kV EP 고무 절연 클로로프렌 캡타이어 케이블 또는 0.6/1 kV 비닐 절연 비닐캡타이어 케이블
- 무대, 무대마루 밑, 오케스트라 박스 및 영사실의 전로에는 전용 개폐기 및 과전류 차단기를 시설할 것
- 무대용의 콘센트 박스, 플로어 덕트 및 보더라이트의 금속제 외함은 보호도체 **접지공사**

- 비상 조명을 제외한 조명용 분기회로 및 정격 32[A] 이하의 콘센트용 분기회로는 정격 감도전류 30[mA] 이하의 누전차단기로 보호

[답] ①

56 티탄을 제조하는 공장으로 먼지가 쌓여진 상태에서 착화된 때에 폭발할 우려가 있는 곳에 저압 옥내배선을 설치하고자 한다. 알맞은 배선 공사 방법은?
① 합성수지 몰드공사
② 라이팅 덕트공사
③ 금속몰드공사
④ 금속관공사

풀이

폭연성 분진 또는 화약류 분말이 존재하는 곳
- 폭연성(먼지가 쌓여진 상태에서 착화된 때에 폭발할 우려가 있는 것) 또는 화약류 분말이 존재하는 곳의 전기설비가 발화원이 되어 폭발할 우려가 있는 곳에 시설하는 저압 옥내 배선은 **금속관공사** 또는 **케이블공사**에 의하여 시설하여야 한다.
- 이동 전선은 제3종 또는 제4종 캡타이어 케이블을 사용하고, 콘센트 및 플러그를 사용해서는 안된다. **[답]** ④

57 전원의 한 점을 직접접지하고 설비의 노출 도전성부분을 전원계통의 접지극과는 전기적으로 독립한 접지극에 접지하는 접지계통을 무엇이라 하는가?
① TT 계통
② IT 계통
③ TN-C 계통
④ TN-S 계통

풀이

① TT 계통 : 전원의 한 점을 직접접지하고 설비의 노출 도전성부분을 전원계통의 접지극과는 전기적으로 독립한 접지극에 접지하는 접지계통
② IT 계통 : 충전부 전체를 대지로부터 절연시키거나, 한 점에 임피던스를 삽입하여 대지에 접속시키고, 전기기기의 노출 도전성부분 단독 또는 일괄적으로 접지하거나 또는 계통접지로 접속하는 접지계통
③ TN 계통 : 전원의 한 점을 직접접지하고 설비의 노출 도전성부분을 보호선(PEN)을 이용하여 전원의 한 점에 접속하는 접지계통
 - TN-S : 계통 전체의 중성선(또는 접지된 상전선)과 보호선을 접속하여 사용

- TN-C-S : 계통 일부의 중성선과 보호선을 동일전선으로 사용
- TN-C : 계통 전체의 중성선과 보호선을 동일전선으로 사용

[답] ①

58 가요전선관에 대한 설명으로 잘못된 것은?

① 가요전선관 상호접속은 커플링으로 하여야 한다.
② 가요전선관과 금속관 배선 등과 연결하는 경우 적당한 구조의 커플링으로 완벽하게 접속하여야 한다.
③ 가요전선관을 조영재의 측면에 새들로 지지하는 경우 지지점간 거리는 1[m] 이하이어야 한다.
④ 1종 가요전선관을 구부리는 경우의 곡률 반지름은 관안지름의 10배 이상으로 하여야 한다.

풀이

1종금속제 가요전선관	6배
2종금속제 가요전선관	관 시설, 제거 자유로운 경우 3배
	관, 시설, 제거 부자유한 경우 6배

[답] ④

59 고압 보안공사 시 고압 가공전선로의 경간은 철탑의 경우 얼마 이하이어야 하는가?

① 100[m]   ② 150[m]
③ 400[m]   ④ 600[m]

풀이

제78조(고압 보안공사)

지지물의 종류	경간
목주·A종 철주 또는 A종 철근 콘크리트주	100[m]
B종 철주 또는 B종 철근 콘크리트주	150[m]
철탑	400[m]

[답] ③

60 기구 단자에 전선 접속 시 진동 등으로 헐거워지는 염려가 있는 곳에 사용되는 것은?

① 스프링와셔   ② 2중 볼트
③ 삼각 볼트   ④ 접속기

풀이

스프링 와셔 또는 이중너트를 사용한다.

[답] ①

국가기술자격 검정 필기시험문제   시험시간 : 1시간

전기기능사 필기 실전 모의고사 제5회

01 14[C]의 전기량이 이동해서 560[J]의 일을 했을 때 기전력은 얼마인가?
① 40[V]   ② 140[V]
③ 200[V]   ④ 240[V]

풀이
$W = QV$ [J]에서 $V = \dfrac{W}{Q} = \dfrac{560}{14} = 40$[V]   [답] ①

02 1개의 전자 질량은 약 몇 [kg]인가?
① 1.679×10^{-31}
② 9.109×10^{-31}
③ 1.67×10^{-27}
④ 9.109×10^{-27}

풀이
전자 1개의 전기량 : $e = 1.602 \times 10^{-19}$[C]
전자의 질량 : $m = 9.109 \times 10^{-31}$[kg]   [답] ②

03 100[V], 300[W]의 전열선의 저항값은?
① 약 0.33[Ω]   ② 약 3.33[Ω]
③ 약 33.3[Ω]   ④ 약 333[Ω]

풀이
$P = \dfrac{V^2}{R}$에서 $R = \dfrac{V^2}{P} = \dfrac{100^2}{300} ≒ 33.3$[Ω]   [답] ③

04 저항과 코일이 직렬 연결된 회로에서 직류 220[V]를 인가하면 20[A]의 전류가 흐르고, 교류 220[V]를 인가하면 10[A]의 전류가 흐른다. 이 코일의 리액턴스[Ω]는?
① 약 19.05[Ω]   ② 약 16.06[Ω]
③ 약 13.06[Ω]   ④ 약 11.04[Ω]

풀이
직류 인가 시 저항 $R = \dfrac{V}{I} = \dfrac{220}{20} = 11$[Ω]
교류 인가 시 임피던스 $Z = \dfrac{V}{I} = \dfrac{220}{10} = 22$[Ω]
∴ $X_L = \sqrt{Z^2 - R^2} = \sqrt{22^2 - 11^2} = 19.05$[Ω]   [답] ①

05 다음 중 자장의 세기에 대한 설명으로 잘못된 것은?
① 자속밀도에 투자율을 곱한 것과 같다.
② 단위자극에 작용하는 힘과 같다.
③ 단위 길이당 기자력과 같다.
④ 수직 단면의 자력선 밀도와 같다.

풀이
$B = \mu H$ [Wb/m²]이므로 자기장의 세기 H는 자속밀도 B에 투자율 μ를 나눈 것과 같다.   [답] ①

06 그림의 회로에서 전압 100[V]의 교류전압을 가했을 때 전력은?
① 10[W]
② 60[W]
③ 100[W]
④ 600[W]

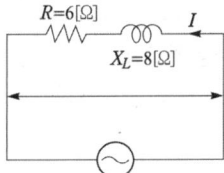

풀이
$I = \dfrac{V}{Z} = \dfrac{100}{\sqrt{6^2 + 8^2}} = 10$[A]
∴ $P = I^2 R = 10^2 \times 6 = 600$[W]   [답] ④

07 100[V]의 교류 전원에 선풍기를 접속하고 입력과 전류를 측정하였더니 500[W], 7[A]였다. 이 선풍기의 역률은?
① 0.61   ② 0.71
③ 0.81   ④ 0.91

풀이
$\cos\theta = \dfrac{P}{P_a} = \dfrac{P}{VI} = \dfrac{500}{100 \times 7} = 0.71$ [답] ②

08 Y-Y 결선 회로에서 선간 전압이 200[V]일 때 상전압은 약 몇 [V]인가?
① 100[V]   ② 115[V]
③ 120[V]   ④ 135[V]

풀이

$V_p = \dfrac{V_\ell}{\sqrt{3}} = \dfrac{200}{\sqrt{3}} = 115.47[\text{V}]$ **[답] ②**

09 절연체 중에서 플라스틱, 고무, 종이, 운모 등과 같이 전기적으로 분극 현상이 일어나는 물체를 특히 무엇이라 하는가?
① 도체 ② 유전체
③ 도전체 ④ 반도체

풀이
- 도체, 도전체 : 전기가 잘 통하는 물질
- 반도체 : 상온에서 전기를 잘 통하는 금속과 잘 통하지 않는 절연체와의 중간 정도의 전기저항을 가지는 물질

[답] ②

10 다음이 설명하는 것은?

"금속 A와 B로 만든 열전쌍과 접점 사이에 임의의 금속 C를 연결해도 C의 양 끝의 접점의 온도를 똑같이 유지하면 회로의 열기전력은 변화하지 않는다."

① 제벡 효과 ② 톰슨 효과
③ 제3금속의 법칙 ④ 펠티에 법칙

풀이
제 3금속의 법칙(중앙 금속 삽입의 법칙, law of intermediate metal) 2종의 금속으로 열전쌍을 만들 때 그 중간에 다른 금속이 있어도 회로 전체의 열기전력의 크기는 달라지지 않는다는 법칙 **[답] ③**

11 $V = 200[\text{V}]$, $C_1 = 10[\mu\text{F}]$, $C_2 = 5[\mu\text{F}]$인 2개의 콘덴서가 병렬로 접속되어 있다. 콘덴서 C_1에 축적되는 전하$[\mu\text{C}]$는?
① $100[\mu\text{C}]$
② $200[\mu\text{C}]$
③ $1000[\mu\text{C}]$
④ $2000[\mu\text{C}]$

풀이
$Q = C_1 V = 10 \times 10^{-6} \times 200 = 2000[\mu\text{F}]$ **[답] ④**

12 환상철심의 평균자로길이 $\ell[\text{m}]$, 단면적 $A[\text{m}^2]$, 비투자율 μ_s, 권수 N_1, N_2인 두 코일의 상호 인덕턴스는?

① $\dfrac{2\pi\mu_s \ell N_1 N_2}{A} \times 10^{-7}[\text{H}]$

② $\dfrac{A N_1 N_2}{2\pi\mu_s \ell} \times 10^{-7}[\text{H}]$

③ $\dfrac{4\pi\mu_s A N_1 N_2}{\ell} \times 10^{-7}[\text{H}]$

④ $\dfrac{4\pi^2 \mu_s N_1 N_2}{A\ell} \times 10^{-7}[\text{H}]$

풀이
$M = \dfrac{\mu A N_1 N_2}{\ell} = \dfrac{\mu_0 \mu_s A N_1 N_2}{\ell}$

$= \dfrac{4\pi \times 10^{-7} \times \mu_s A N_1 N_2}{\ell}[\text{H/m}]$ **[답] ③**

13 1차 전지로 가장 많이 사용되는 것은?
① 니켈-카드뮴전지 ② 연료전지
③ 망간건전지 ④ 납축전지

풀이
- 1차 전지 : 1회용으로 휴대와 사용에 편리한 것. (르클랑셰 전지≒망간, 알카라인, 탄소아연)
- 2차 전지 : 축전지와 같이 외부 전원으로 충전하여 여러 번 사용이 가능한 전지 **[답] ③**

14 키르히호프의 법칙을 이용하여 방정식을 세우는 방법으로 잘못된 것은?
① 키르히호프의 제1법칙을 회로망의 임의이 한 점에 적용한다.
② 각 폐회로에서 키르히호프의 제2법칙을 적용한다.
③ 각 폐회로의 전류를 문자로 나타내고 방향을 가정한다.
④ 계산결과 전류가 +로 표시된 것은 처음에 정한 방향과 반대방향임을 나타낸다.

풀이
키르히호프의 법칙(Kirchhoff's law)
- 제 1법칙(전류 법칙): 유입전류의 합 = 유출전류의 합
- 제 2법칙(전압 법칙): 기전력의 합 = 전압강하의 합
  처음 정한 방향과 동일방향 : (+)표시
  처음 정한 방향과 반대방향 : (−)표시 **[답] ④**

15 정전용량이 같은 콘덴서 10개가 있다. 이것을 병렬 접속할 때의 값은 직렬 접속할 때의 값보다 어떻게 되는가?

① $\frac{1}{10}$로 감소한다.　② $\frac{1}{100}$로 감소한다.
③ 10배로 증가한다.　④ 100배로 증가한다.

풀이
직병렬 접속 시 합성정전용량은
$C_{병렬} = 10C$, $C_{직렬} = \frac{C}{10}$ 이므로
∴ $\frac{C_{병렬}}{C_{직렬}} = 100$　　　　　**[답] ④**

16 평등자장 내에 있는 도선에 전류가 흐를 때 자장의 방향과 어떤 각도로 되어있으면 작용하는 힘이 최대가 되는가?

① 30°　② 45°
③ 60°　④ 90°

풀이
전자력 $F = BIl\sin\theta$[N]에서 $\sin\theta = 1$일 때 즉, $\theta = 90°$일 때 작용하는 힘이 최대가 된다.　**[답] ④**

17 자석에 대한 성질을 설명한 것으로 옳지 못한 것은?

① 자극은 자석의 양 끝에서 가장 강하다.
② 자극이 가지는 자기량은 항상 N극이 강하다.
③ 자석에는 언제나 두 종류의 극성이 있다.
④ 같은 극성의 자석은 서로 반발하고, 다른 극성은 서로 흡인한다.

풀이
자기량은 N극과 S극이 항상 동일하다.　**[답] ②**

18 반도체로 만든 PN 접합은 무슨 작용을 하는가?

① 정류 작용　② 발진 작용
③ 증폭 작용　④ 변조 작용

풀이
PN접합 정류소자(다이오드)는 한 쪽 방향(순방향)으로만 전류가 흐를 수 있도록 만들어진 소자로 순방향인 경우 저항이 작고 역방향일 때는 매우 크다.　**[답] ①**

19 RLC 직렬회로에서 전압과 전류가 동상이 되기 위한 조건은?

① $L = C$　② $\omega LC = 1$
③ $\omega^2 LC = 1$　④ $(\omega LC)^2 = 1$

풀이
공진조건에서 $\omega L = \frac{1}{\omega C}$ 이므로 $\omega^2 LC = 1$이다.　**[답] ③**

20 전류에 의해 발생되는 자기장에서 자력선의 방향을 간단하게 알아내는 법칙은?

① 오른나사의 법칙
② 플레밍의 왼손법칙
③ 주회적분의 법칙
④ 줄의 법칙

풀이
앙페르의 오른나사 법칙
전류가 흐르는 도체의 주위에는 원형의 자력선이 생기고, 그 자기력선의 방향을 알 수 있는 법칙

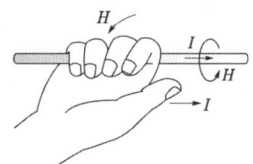

• 엄지손가락 : 전류의 방향
• 나머지손가락 : 자기력선의 방향　**[답] ①**

21 직류 전동기의 전기적 제동법이 아닌 것은?

① 발전 제동　② 회생 제동
③ 역전 제동　④ 저항 제동

풀이
• 플러깅(역전)제동 : 급제동시 사용하는 방법으로 역전제동이라 하며, 전기자의 접속을 반대로 바꾸어 회전방향과 반대의 토크를 발생시켜 제동
• 발전제동 : 제동 시에 전원을 개방하여 발전기로 이용하여 발전된 전력을 제동용 저항에 열로 소비시키는 방법이다.
• 회생제동 : 제동 시에 전원을 개방하지 않고 발전기로 이용하여 발전된 전력을 다시 전원으로 돌려보내는 방식이다.　**[답] ④**

22 출력 10[kW], 슬립 4[%]로 운전되고 있는 3상 유도전동기의 2차 동손은 약 몇 [W]인가?

① 250　② 315
③ 417　④ 620

풀이
비례식 $P_2 : P_{2c} : P_k = 1 : s : 1-s$에서 $P_{2c} = \frac{s}{1-s} P_k$

$$\therefore P_{2c} = \frac{0.04}{1-0.04} \times 10 \times 10^3 = 416.67[\text{W}]$$ [답] ③

23 3상 유도전동기의 1차 입력 60[kW], 1차 손실 1[kW], 슬립 3[%]일 때 기계적 출력[kW]은?
① 62　　　　② 60
③ 59　　　　④ 57

풀이
2차 입력 $P_2 = P_1 - P_{1c} = 60 - 1 = 59[\text{kW}]$
비례식 $P_2 : P_{2c} : P_k = 1 : s : 1-s$ 에서
$\Rightarrow P_2 : P_k = 1 : 1-s$
$\therefore P_k = (1-s)P_2 = (1-0.03) \times 59 = 57.23[\text{kW}]$ [답] ④

24 전기 기기의 철심 재료로 규소 강판을 많이 사용하는 이유로 가장 적당한 것은?
① 와류손을 줄이기 위해
② 맴돌이 전류를 없애기 위해
③ 히스테리시스손을 줄이기 위해
④ 구리손을 줄이기 위해

풀이
- 히스테리시스손 P_h를 줄이기 위하여 규소가 함유된 강판을 사용
- 와류손(맴돌이전류손) P_e를 줄이기 위하여 성층을 하여 사용 [답] ③

25 브흐홀쯔 계전기로 보호되는 기기는?
① 발전기　　　　② 변압기
③ 전동기　　　　④ 회전 변류기

풀이
변압기 내부고장 보호용 계전기
브흐홀쯔 계전기, 비율차동 계전기, 차동계전기 [답] ②

26 동기속도 30[rps]인 교류 발전기 기전력의 주파수가 60[Hz]가 되려면 극수는?
① 2　　　　② 4
③ 6　　　　④ 8

풀이
동기속도 $N_s = \frac{120f}{P}[\text{rpm}]$
$\therefore P = \frac{120f}{N_s} = \frac{120 \times 60}{30 \times 60} = 4[\text{극}]$ [답] ②

27 ON, OFF를 고속도로 변환할 수 있는 스위치이고 직류 변압기 등에 사용되는 회로는 무엇인가?
① 초퍼 회로　　　　② 인버터 회로
③ 컨버터 회로　　　　④ 정류기 회로

풀이
초퍼 회로(Chopper)
ON/OFF를 고속도로 반복할 수 있는 스위치
직류변압기로 쓸 수 있고 직류전력의 제어가 행하여지는 것으로 직류 전동기등의 제어에 널리 응용 [답] ①

28 권선 저항과 온도와의 관계는?
① 온도와는 무관하다.
② 온도가 상승함에 따라 권선 저항은 감소한다.
③ 온도가 상승함에 따라 권선 저항은 증가한다.
④ 온도가 상승함에 따라 권선의 저항은 증가와 감소를 반복한다.

풀이
권선저항(금속도체)는 온도계수가 정(+)의 특성을 가지므로 온도가 상승하면 저항값도 상승한다. [답] ③

29 직류기에서 전압변동률이 (-)값으로 표시되는 발전기는?
① 분권 발전기　　　　② 과복권 발전기
③ 타여자 발전기　　　　④ 평복권 발전기

풀이
직류발전기 전압변동률
[+] : 타여자, 분권, 부족(차동)복권
[0] : 평복권
[-] : 과(가동)복권 [답] ②

30 동기기에서 전기자 전류가 기전력보다 90° 만큼 위상이 앞설 때의 전기자 반작용은?
① 교차 자화 작용　　　　② 감자 작용
③ 편자 작용　　　　④ 증자 작용

풀이
동기기의 전기자 반작용
- 감자작용: 뒤진 전기자전류
- 증자작용: 앞선 전기자전류
- 교차자화작용: 동상 전기자전류 [답] ④

31 직류 발전기 전기자의 주된 역할은?
① 기전력을 유도한다.
② 자속을 만든다.
③ 정류작용을 한다.
④ 회전자와 외부회로를 접속한다.

[풀이]
직류기 4대 구성요소
- 계자(field) : 전기를 통과하여 자속을 만드는 부분
- 전기자(armature) : 계자에서 만든 자속을 끊어서 기전력을 유도하는 부분
- 정류자(commutator) : 전기자 권선에서 유도된 교류를 직류로 바꾸어 주는 부분
- 브러시(brush) : 정류자면에 접촉하여 전기자 권선과 외부 회로를 연결하는 것 **[답] ①**

32 그림은 교류전동기 속도제어 회로이다. 전동기 M의 종류로 알맞은 것은?

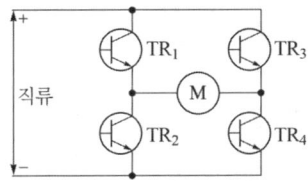

① 단상 유도전동기 ② 3상 유도전동기
③ 3상 동기전동기 ④ 4상 스텝전동기

[풀이]
입력측의 직류를 TR₁, TR₄와 TR₂, TR₃ 조합으로 번갈아 On/Off 시키면 단상의 교류전원을 전동기에 공급하는 회로이다. **[답] ①**

33 병렬 운전 중인 동기 발전기의 난조를 방지하기 위하여 자극 면에 유도전동기의 농형권선과 같은 권선을 설치하는데 이 권선의 명칭은?
① 계자권선   ② 제동권선
③ 전기자권선 ④ 보상권선

[풀이]
동기기의 난조 방지 대책
- 제동권선을 설치(가장 유효한 대책)
- 조속기의 감도를 적당히 조정
- 플라이 휠 효과를 높일 것 **[답] ②**

34 직류를 교류로 변환하는 장치는?
① 정류기
② 충전기
③ 순변환 장치
④ 역변환 장치

[풀이]
- DC → AC로 변환 : 인버터(inverter, 역변환 장치)
- AC → DC로 변환 : 컨버터(converter, 순변환 장치)
- DC → DC로 변환 : 초퍼
- AC → AC로 변환 : 사이클로 컨버터 **[답] ④**

35 직류 발전기의 전기자 반작용에 의하여 나타나는 현상은?
① 코일이 자극의 중성축에 있을 때도 브러시 사이에 전압을 유기시켜 불꽃을 발생한다.
② 주자속 분포를 찌그러뜨려 중성축을 고정시킨다.
③ 주자속을 감소시켜 유도전압을 증가 시킨다.
④ 직류 전압이 증가한다.

[풀이]
전기자 반작용의 영향
- 전기적 중성축 이동(편자작용)
- 주자속 감소
- 브러시에서 불꽃섬락 발생 **[답] ①**

36 동기발전기의 병렬운전 중에 기전력의 위상차가 생기면 어떤 현상이 나타나는가?
① 위상이 일치하는 경우보다 출력이 감소한다.
② 부하분담이 변한다.
③ 무효 순환전류가 흘러 전기자의 권선이 과열된다.
④ 동기화력이 생겨 두 기전력의 위상이 동상이 되도록 작용한다.

[풀이]
동기발전기 병렬운전 조건
① 기전력의 크기가 같을 것 → 무효순환전류 발생
② 기전력의 위상이 같을 것 → 동기화전류 발생
③ 기전력의 파형이 같을 것 → 고조파 무효순환전류 발생
④ 기전력의 주파수가 같을 것 → 동기화전류가 주기적으로 흘러 난조가 발생
⑤ 기전력의 상회전이 같을 것 **[답] ②**

37 복권 발전기의 병렬 운전을 안전하게 하기 위해서 두 발전기의 전기자와 직권 권선의 접촉점에 연결하여야 하는 것은?
① 집전환 ② 균압선
③ 안정저항 ④ 브러시

풀이
직권과 복권 발전기의 경우 수하특성을 가지지 않아 직권계자에 균압선을 연결, 전압상승을 같게 하여 병렬 운전을 할 수 있다.
[답] ②

38 단상 유도전동기 기동장치에 의한 분류가 아닌 것은?
① 분상 기동형 ② 콘덴서 기동형
③ 세이딩 코일형 ④ 회전계자형

풀이
단상유도전동기의 종류
• 반발 기동형 • 반발 유도형 • 콘덴서 기동형
• 분상 기동형 • 세이딩 코일형 • 모노 사이클릭형
[답] ④

39 2차 전압 200[V], 2차 권선저항 0.03[Ω], 2차 리액턴스 0.04[Ω]인 유도전동기가 3[%]의 슬립으로 운전 중이라면 2차 전류[A]는?
① 20 ② 100
③ 200 ④ 254

풀이
유도전동기의 2차 전류 I_2
$$I_2 = \frac{sE_2}{\sqrt{r_2^2 + (sx_2)^2}} = \frac{0.03 \times 200}{\sqrt{0.03^2 + (0.03 \times 0.04)^2}} = 199.84[A]$$
[답] ③

40 변압기 기름의 구비조건이 아닌 것은?
① 절연내력이 클 것
② 인화점과 응고점이 높을 것
③ 냉각 효과가 클 것
④ 산화현상이 없을 것

풀이
변압기유의 구비조건
• 절연저항 및 절연내력이 클 것
• 점도가 낮아 유동성이 풍부할 것
• 인화점이 높고 응고점이 낮을 것
• 화학작용 및 석출물이 없을 것
• 비열이 커 냉각효과가 클 것
[답] ②

41 아래 그림기호가 나타내는 것은? 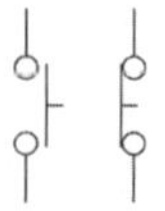
① 한시 계전기 접점
② 진자 집촉기 접점
③ 수동 조작 접점
④ 조작 개폐기 잔류 접점

풀이
수동조작 자동복귀형 접점기호
• 한시 계전기 접점 : 
• 전자 접촉기 접점 : 
[답] ③

42 수·변전 설비의 고압회로에 걸리는 전압을 표시하기 위해 전압계를 시설할 때 고압회로와 전압계 사이에 시설하는 것은?
① 관통형 변압기
② 계기용 변류기
③ 계기용 변압기
④ 권선형 변류기

풀이
• 계기용 변압기(PT) : 고전압을 저전압으로 변성하여 계기나 계전기에 공급하기 위한 목적으로 사용
• 계기용 변류기(CT) : 회로의 대전류를 소전류로 변성하여 계기나 계전기에 공급하기 위한 목적으로 사용
[답] ③

43 단선의 굵기가 6[mm²] 이하인 전선을 직선 접속할 때 주로 사용하는 접속법은?
① 트위스트 접속
② 브리타니아 접속
③ 쥐꼬리 접속
④ T형 커넥터 접속

풀이
전선의 접속
① 트위스트 접속 : 단면적 6[mm²] 이하의 가는 단선
② 브리타니아 접속 : 단면적 10[mm²] 이상의 굵은 단선
③ 쥐꼬리 접속 : 조인트박스 내 가는 전선간의 접속 (와이어커넥터를 이용)
[답] ①

44 금속관 공사에 대한 설명으로 잘못된 것은?
① 금속관 두께는 콘크리트에 매입하는 경우 1.2[mm] 이상일 것
② 교류회로에서 전선을 병렬로 사용하는 경우 관내에 전자적 불평형이 생기지 않도록 시설할 것
③ 굵기가 다른 절연전선을 동일 관내에 넣은 경우 피복절연물을 포함한 단면적이 관내단면적의 48[%] 이하일 것
④ 관의 호칭에서 후강전선관은 짝수, 박강전선관은 홀수로 표시할 것

풀이
금속관배선공사
- 관의 굵기와 전선의 수용량은 전선의 피복을 포함한 단면적이 관 단면적의 40[%] 이하(**굵기가 다른 절연 전선을** 동일 관내에 넣을 경우, 전선의 피복 절연물을 포함한 단면적의 총합이 관내부 단면적의 **32[%] 이하**이어야 하며, 같은 굵기의 전선을 넣을 경우는 48[%] 이하이어야 한다.)
- 관의 두께가 1.2[mm] 이상 되어야 콘크리트에 매입할 수 있다.
- 금속관배선 공사에서 전선의 접속은 반드시 박스(Joint box)내에서 시설. 금속관 내 전선의 접속 불가 **[답]** ③

45 주위온도가 일정 상승률 이상이 되는 경우에 작동하는 것으로서 일정한 장소의 열에 의하여 작동하는 화재 감지기는?
① 차동식 스포트형 감지기
② 차동식 분포형 감지기
③ 광전식 연기 감지기
④ 이온화식 연기 감지기

풀이
감지기의 종류
① **차동식 스포트형 감지기** : 주위 온도가 **일정 상승률 이상**이 되는 경우에 작동하는 것으로서 일국 소에서의 열효과에 의하여 작동하는 것
② 차동식 분포형 감지기 : 주위 온도가 일정 상승률 이상이 되는 경우에 작동하는 것으로서 넓은 범위내에서의 열효과에 의하여 작동하는 것
③ 광전식 연기 감지기 : 주위의 공기가 일정한 농도의 연기를 포함하게 되는 경우에 작동하는 것으로서 일국소의 연기에 의하여 광전 소자에 접하는 광량의 변화로 작동하는 것
④ 이온화식 연기 감지기 : 주위의 공기가 일정한 농도의 연기를 포함하게 되는 경우에 작동하는 것으로서 일국소의 연기에 의하여 이온 전류가 변화하여 작동하는 것 **[답]** ①

46 폭발성 분진이 존재하는 곳의 금속관공사에 있어서 관상호 및 관과 박스 기타의 부속품이나 풀박스 또는 전기기계기구와의 접속은 몇 턱 이상의 나사 조임으로 접속하여야 하는가?
① 2턱 ② 3턱
③ 4턱 ④ 5턱

풀이
폭연성 분진, 화약류 분말이 존재하는 곳, 가연성의 가스 또는 인화성 물질의 증기가 새거나 체류하는 곳의 전기 공작물은 금속관공사, 또는 케이블공사(캡타이어 케이블을 제외한다)에 의하여야 하며 금속관 공사를 하는 경우 관상호 간 및 관과 박스 등은 5턱 이상의 나사 조임으로 접속하여야 한다.

〈5턱 이상 나사 조임〉

[답] ④

47 저압 연접인입선의 시설 방법으로 틀린 것은?
① 인입선에서 분기되는 점에서 150[m]를 넘지 않도록 할 것
② 일반적으로 인입선 접속점에서 인입구장치까지의 배선은 중도에 접속점을 두지 않도록 할 것
③ 폭 5[m]를 넘는 도로를 횡단하지 않도록 할 것
④ 옥내를 통과하지 않도록 할 것

풀이
저압 연접 인입선의 시설
- 인입선에서 분기하는 점으로부터 100[m]을 초과하는 지역에 미치지 아니할 것.
- 폭 5[m]을 초과하는 도로를 횡단하지 아니할 것.
- 옥내를 통과하지 아니할 것. **[답]** ①

48 금속덕트 공사에 사용하는 금속덕트의 철판 두께는 몇 [mm] 이상이어야 하는가?
① 0.8 ② 1.2
③ 1.5 ④ 1.8

풀이
금속 덕트 공사
폭이 5[cm]를 초과하고 또한 **두께가 1.2[mm] 이상**인 철판 또는 동등 이상의 세기를 가지는 금속제의 것으로 견고하게 제작한 것일 것 　　　　　　　　　　　　[답] ②

49 논이나 기타 지반이 약한 곳에 건주 공사시 전주의 넘어짐을 방지하기 위해 시설하는 것은?
① 완금　　　　　② 근가
③ 완목　　　　　④ 행거밴드

풀이
도로의 경사면 또는 논과 같이 지반이 약한 곳은 표준 근입(깊이)에 0.3[m]를 가산하거나 근가를 사용하여 보강한다. 　　　　　　　　　　　　　　　[답] ②

50 60[cd]의 점광원으로부터 2[m]의 거리에서 그 방향과 직각인 면과 30° 기울어진 평면위의 조도[lx]는?
① 11　　　　　② 13
③ 15　　　　　④ 19

풀이
수평면 조도 E_h
- $E_h = \dfrac{I}{r^2}\cos\theta = \dfrac{60}{2^2}\cos 30° = 12.99[\text{lx}]$ 　　[답] ②

51 합성수지관공사의 특징 중 옳은 것은?
① 내열성　　　　② 내한성
③ 내부식성　　　④ 내충격성

풀이
합성 수지관 공사
- 염화 비닐수지로 만든 것으로 **내부식성**, 내절연성 우수, 경량이며 시공이 용이
- 열에 약하고 기계적 강도가 떨어진다.
- 접지할 필요가 없고 피뢰기, 피뢰침의 접지선보호에 적당하다. 　　　　　　　　　　　　　[답] ③

52 절연 전선을 서로 접속할 때 사용하는 방법이 아닌 것은?
① 커플링에 의한 접속
② 와이어 커넥터에 의한 접속
③ 슬리브에 의한 접속
④ 압축 슬리브에 의한 접속

풀이
커플링은 전선관끼리의 접속에 사용 　　　[답] ①

53 가공 전선로의 지지물이 아닌 것은?
① 목주　　　　　② 지선
③ 철근 콘크리트주　④ 철탑

풀이
지지물: 목주, 철근 콘크리트주(CP주), 철주 　[답] ②

54 사용전압이 35[kV] 이하인 특고압 가공전선과 220[V] 가공전선을 병가할 때, 가공선로간의 이격거리는 몇 [m] 이상 이어야 하는가?
① 0.5　　　　　② 0.75
③ 1.2　　　　　④ 1.5

풀이
특고압 가공전선과 저고압 가공전선의 병가
특고압 가공전선과 저압 또는 고압 가공전선사이의 이격거리는 **1.2[m] 이상**일 것. 　　　　　[답] ③

55 애자사용공사에 대한 설명 중 틀린 것은?
① 사용전압이 400[V] 이하이면 전선과 조영재의 간격은 25[mm] 이상일 것
② 사용전압이 400[V] 이하이면 전선 상호간의 간격은 0.06[m] 이상일 것
③ 사용전압이 220[V] 이면 전선과 조영재의 이격거리는 25[mm] 이상일 것
④ 전선을 조영재의 옆면을 따라 붙일 경우 전선지지점간의 거리는 3[m] 이하일 것

풀이

사용전압 거리	400[V] 이하인 경우	400[V] 초과인 경우	고압
전선상호 간의 거리	6[mm] 이상		0.08[m] 이상
전선과 조영 재간의 거리	25[mm] 이상	45[mm]이상(건조한 장소 25[mm] 이상)	50[mm] 이상
지지점간 거리	조영재의 위면 또는 옆면에 따라 붙일 경우 2[m] 이하	조영재의 위면 또는 옆면에 따라 붙일 경우 6[m] 이하	6[m] 조영재의 면에 따라 붙일 경우 2[m]이하

[답] ④

56 합성수지제 가요전선관의 규격이 아닌 것은?

① 14   ② 22
③ 36   ④ 52

풀이
합성수지제 가요전선관 규격(PE, PF, CD관)
: 14, 16, 22, 28, 36, 42[mm]   [답] ④

57 배전설계를 위한 전등 및 소형 전기기계기구의 부하용량 산정시 건축물의 종류에 대응한 표준부하에서 원칙적으로 표준부하를 40 [VA/m²]으로 적용하여야 하는 건축물은?

① 교회, 극장   ② 학교, 음식점
③ 은행, 상점   ④ 주택, 아파트

풀이

건물종류 및 부분	표준부하밀도 [VA/m²]
공장, 공회장, 교회, 극장, 영화관	10
기숙사, 여관, 호텔, 병원, 학교, 음식점	20
사무실, 은행, 상점, 이발소	30
주택, 아파트	**40**
복도, 계단, 세면장, 창고	5
강당, 관람석	10

[답] ④

58 400[V] 이상인 저압 옥내배선 공사를 케이블 공사로 할 경우 케이블을 넣는 방호 장치의 금속제 부분은 어떤 접지공사를 하는가?

① 피뢰시스템접지   ② 계통접지
③ 공통접지   ④ 보호접지

풀이
접지시스템구분 : 계통접지, 보호접지, 피뢰시스템 접지
피뢰침은 피뢰시스템접지
변압기중성점 등은 계통접지
기계기구 등의 외함 은 보호접지   [답] ④

59 저압 가공전선로의 지지물이 목주인 경우 풍압하중의 몇 배에 견디는 강도를 가져야 하는가?

① 2.5   ② 2.0
③ 1.5   ④ 1.2

풀이
저고압 가공전선로의 지지물의 강도 등
저압 가공전선로의 지지물은 목주인 경우에는 **풍압하중의 1.2배의 하중**, 기타의 경우에는 풍압하중에 견디는 강도를 가지는 것이어야 한다.   [답] ④

60 220[V] 옥내 배선에서 백열전구를 노출로 설치할 때 사용하는 기구는?

① 리셉터클   ② 테이블 탭
③ 콘센트   ④ 코드 커넥터

풀이
리셉터클(receptacle)
배선 기구의 한 종류로, 벽이나 천장에 설치하여 전구를 끼워 사용

[답] ①

전기기능사 필기 실전 모의고사 제6회

01 히스테리시스 곡선에서 가로축과 만나는 점과 관계있는 것은?
① 보자력   ② 잔류자기
③ 자속밀도   ④ 기자력

풀이
히스테리시스곡선(Hysteresis Loop)
종축(자속밀도 B)과의 교점은 잔류자기 B_r이라 하며, 횡축(자장의 세기 H)과의 교점은 보자력 H_c라 한다.

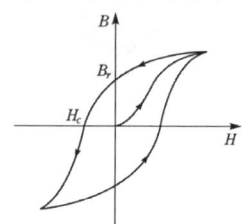

[답] ①

02 1[Ah]는 몇 [C]인가?
① 1200   ② 2400
③ 3600   ④ 4800

풀이
$1[Ah] = 1 \times 3600[A \cdot sec] = 3600[C]$

[답] ③

03 [VA]는 무엇의 단위인가?
① 피상전력   ② 무효전력
③ 유효전력   ④ 역률

풀이
① 피상전력 P_a[VA]
② 무효전력 P_r[Var]
③ 유효전력 P[W]
④ 역률 $\cos\theta$

[답] ①

04 정전용량이 10[μF]인 콘덴서 2개를 병렬로 했을 때의 합성 정전용량은 직렬로 했을 때의 합성 정전용량 보다 어떻게 되는가?
① 1/4로 줄어든다.   ② 1/2로 줄어든다.
③ 2배로 늘어난다.   ④ 4배로 늘어난다.

풀이
$C_{병렬} = 20[\mu F]$, $C_{직렬} = 5[\mu F]$
$\therefore \dfrac{C_{병렬}}{C_{직렬}} = 4$

[답] ④

05 납축전지의 전해액으로 사용되는 것은?
① H_2SO_4 ② $2H_2O$
③ PbO_2 ④ $PbSO_4$

풀이
납 축전지
• 양극 : 이산화납(PbO_2)   음극 : 납(Pb)
• 전해액 : 묽은 황산(H_2SO_4), 비중 1.23~1.26
• 화학식
  $PbO_2 + 2H_2SO_4 + Pb \Leftrightarrow PbSO_4 + 2H_2O + PbSO_4$
• 용량 : $Q = I \cdot t$[A·h] (I : 방전전류, t : 방전시간)

[답] ①

06 그림과 같이 공기 중에 놓인 2×10^{-8}[C]의 전하에서 2[m] 떨어진 점 P와 1[m] 떨어진 점 Q와의 전위차는?
① 80[V]
② 90[V]
③ 100[V]
④ 110[V]

풀이
전위차 $V = V_Q - V_P = \dfrac{Q}{4\pi\varepsilon_0}\left(\dfrac{1}{r_1} - \dfrac{1}{r_2}\right)$
$= 9 \times 10^9 \times 2 \times 10^{-8} \left(\dfrac{1}{1} - \dfrac{1}{2}\right) = 90[V]$

[답] ②

07 어떤 사인파 교류전압의 평균값이 191[V]이면 최대값은?
① 150[V]   ② 250[V]
③ 300[V]   ④ 400[V]

풀이
$V_m = \dfrac{\pi}{2} V_a = 300.02[V]$

[답] ③

08 △결선시 V_ℓ(선간전압), V_p(상전압), I_ℓ(선전류), I_p(상전류)의 관계식으로 옳은 것은?

① $V_\ell = \sqrt{3}\,V_p,\ I_\ell = I_p$
② $V_\ell = V_p,\ I_\ell = \sqrt{3}\,I_p$
③ $V_\ell = \dfrac{1}{\sqrt{3}}V_p,\ I_\ell = I_p$
④ $V_\ell = V_p,\ I_\ell = \dfrac{1}{\sqrt{3}}I_p$

풀이

△결선에서 $\begin{cases} V_\ell = V_p \\ I_\ell = \sqrt{3}\,I_p \end{cases}$

Y결선에서 $\begin{cases} V_\ell = \sqrt{3}\,V_p \\ I_\ell = I_p \end{cases}$ [답] ②

09 변압기 2대를 V결선 했을 때의 이용률은 몇 [%]인가?

① 57.7[%] ② 70.7[%]
③ 86.6[%] ④ 100[%]

풀이

V 결선 : △-△ 결선 방식으로 운전 중 변압기의 고장발생시 두 대의 변압기로 3상 전압을 공급하는 방식
· 출력 : $P = \sqrt{3}\,VI\cos\theta = \sqrt{3}\,P_1$[W]
· 이용률 : 86.6[%]

$\dfrac{\text{V결선시 용량}}{\text{변압기 2대 용량}} = \dfrac{\sqrt{3}\,VI}{2VI} = 0.867$

· 출력비 : 57.7[%]

$\dfrac{\text{V결선시 출력(고장 후)}}{\text{△결선시 출력(고장 전)}} = \dfrac{\sqrt{3}\,VI}{3VI} = 0.577$ [답] ③

10 50회 감은 코일과 쇄교하는 자속이 0.5[sec] 동안 0.1[Wb]에서 0.2[Wb]로 변화하였다면 기전력의 크기는?

① 5[V] ② 10[V]
③ 8[V] ④ 15[V]

풀이

유도기전력 $e = -N\dfrac{d\phi}{dt} = -50 \times \dfrac{0.2 - 0.1}{0.5} = 10$[V] [답] ②

11 $i_1 = 8\sqrt{2}\sin\omega t$[A], $i_2 = 4\sqrt{2}\sin(\omega t + 180°)$[A]과의 차에 상당한 전류의 실효값은?

① 4[A] ② 6[A]
③ 8[A] ④ 12[A]

풀이

$I_1 = 8\angle 0° = 8 + j0$[A]
$I_2 = 4\angle 180° = -4 + j0$[A]
$\therefore I_1 - I_2 = 8 - (-4) = 12$[A] [답] ④

12 제벡 효과에 대한 설명으로 틀린 것은?

① 두 종류의 금속을 접속하여 폐회로를 만들고, 두 접속점에 온도의 차이를 주면 기전력이 발생하여 전류가 흐른다.
② 열기전력의 크기와 방향은 두 금속 점의 온도차에 따라서 정해진다.
③ 열전쌍(열전대)은 두 종류의 금속을 조합한 장치이다.
④ 전자 냉동기, 전자 온풍기에 응용된다.

풀이

제어벡 효과(Seebeck effect)
서로 다른 두 금속체를 접합하고 두 접합점을 다른 온도로 유지하면 열기전력이 발생하는 현상. 전자냉동기는 펠티에 효과(Peltier effect)의 예이다. [답] ④

13 그림과 같은 비사인파의 제3고조파 주파수는? (단, $V = 20$[V], $T = 10$[ms] 이다.)

① 100[Hz]
② 200[Hz]
③ 300[Hz]
④ 400[Hz]

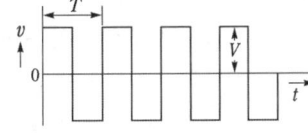

풀이

주기 $T = 10$[ms] 이므로 주파수 $f = \dfrac{1}{T} = 100$[Hz]가 된다. 제3고조파의 주파수는 기본파의 3배이므로 $f_3 = 3f_1 = 300$[Hz] 이다. [답] ③

14 Q_1으로 대전된 용량 C_1의 콘덴서에 용량 C_2를 병렬 연결할 경우 C_2가 분배 받는 전기량은?

① $\dfrac{C_1 + C_2}{C_2}Q_1$ ② $\dfrac{C_1}{C_1 + C_2}Q_1$
③ $\dfrac{C_1 + C_2}{C_1}Q_1$ ④ $\dfrac{C_2}{C_1 + C_2}Q_1$

풀이
$Q=CV$에서 $Q \propto C$ 이므로
C_2가 분배받는 전기량은 $\dfrac{C_2}{C_1+C_2} \times Q_1$ **[답]** ④

15 반지름 50[cm], 권수 10[회]인 원형 코일에 0.1[A]의 전류가 흐를 때, 이 코일 중심의 자계의 세기 H?
① 1[AT/m] ② 2[AT/m]
③ 3[AT/m] ④ 4[AT/m]

풀이
원형코일 중심 자계의 세기
$H = \dfrac{NI}{2r} = \dfrac{10 \times 0.1}{2 \times 0.5} = 1[AT/m]$ **[답]** ①

16 리액턴스가 10[Ω]인 코일에 직류전압 100[V]를 하였더니 전력 500[W]를 소비하였다. 이 코일의 저항은 얼마인가?
① 5[Ω] ② 10[Ω]
③ 20[Ω] ④ 25[Ω]

풀이
$P = \dfrac{V^2}{R}, \quad \therefore R = \dfrac{V^2}{P} = \dfrac{100^2}{500} = 20[\Omega]$ **[답]** ③

17 도체가 자기장에서 받는 힘의 관계 중 틀린 것은?
① 자기력선속 밀도에 비례
② 도체의 길이에 반비례
③ 흐르는 전류에 비례
④ 도체가 자기장과 이루는 각도에 비례(0°~90°)

풀이
전자력 $F = B\ell I \sin\theta [N]$에서 F는 도체길이 ℓ에 비례한다. **[답]** ②

18 자력선의 성질을 설명한 것이다. 옳지 않은 것은?
① 자력선은 서로 교차하지 않는다.
② 자력선은 N극에서 나와 S극으로 향한다.
③ 진공 중에서 나오는 자력선의 수는 m개이다.
④ 한 점의 자력선 밀도는 그 점의 자장의 세기를 나타낸다.

풀이
진공중의 자력선의 수 $N = \dfrac{m}{\mu_0}$[개] **[답]** ③

19 임피던스 $Z_1 = 12 + j16[\Omega]$, $Z_2 = 8 + j24[\Omega]$이 직렬로 접속된 회로에 전압 $V = 200$[V]를 가할 때 이 회로에 흐르는 전류[A]는?
① 2.35[A] ② 4.47[A]
③ 6.02[A] ④ 10.25[A]

풀이
$I = \dfrac{V}{Z_1+Z_2} = \dfrac{200}{20+j40} = \dfrac{200(20-j40)}{(20+j40)(20-j40)}$
$= 2 - j4[A]$
$\therefore |I| = \sqrt{2^2+4^2} = 4.47[A]$ **[답]** ②

20 100[V]의 전위차로 가속된 전자의 운동 에너지는 몇 [J]인가?
① $1.6 \times 10^{-20}[J]$ ② $1.6 \times 10^{-19}[J]$
③ $1.6 \times 10^{-18}[J]$ ④ $1.6 \times 10^{-17}[J]$

풀이
$W = QV = eV$
$= 1.602 \times 10^{-19} \times 100 = 1.602 \times 10^{-17}[J]$ **[답]** ④

21 동기 전동기를 송전선의 전압 조정 및 역률 개선에 사용한 것을 무엇이라 하는가?
① 동기 이탈 ② 동기 조상기
③ 댐퍼 ④ 제동권선

풀이
동기조상기 : 전력계통의 전압조정과 역률 개선을 위해 계통에 접속한 무부하의 동기전동기 **[답]** ②

22 변압기의 자속에 관한 설명으로 옳은 것은?
① 전압과 주파수에 반비례한다.
② 전압과 주파수에 비례한다.
③ 전압에 반비례하고 주파수에 비례한다.
④ 전압에 비례하고 주파수에 반비례한다.

풀이
변압기의 전압
$E_1 = 4.44 \cdot K \cdot f \cdot N \cdot \phi$
$\therefore \phi = \dfrac{E_1}{4.44 \cdot K \cdot f \cdot N}$ **[답]** ④

23 직류전동기 운전 중에 있는 기동 저항기에서 정전이 되거나 전원 전압이 저하되었을 때 핸들을 기동 위치에 두어 전압이 회복될 때 재 기동할 수 있도록 역할을 하는 것은?
① 무전압계전기   ② 계자제어기
③ 기동저항기   ④ 과부하개방기

[풀이]
무전압(저전압) 개방용 계전기
정전 및 저전압일 때 전자석이 복구되어 스프링의 힘으로 기동저항을 최대 위치로 이동시켜, 전기자 권선의 소손을 방지하는 계전기 **[답]** ①

24 직류전동기의 전기자에 가해지는 단자전압을 변화하여 속도를 조정하는 제어법이 아닌 것은?
① 워드 레오나드 방식
② 일그너 방식
③ 직·병렬 제어
④ 계자 제어

[풀이]
- 계자 제어법 : 계자 전류를 조정하여 계자자속 ϕ를 변화시켜 속도를 제어하는 방법
- 전압제어의 종류 : 워드 레오나드(M-G-M 법), 일그너, 정지레오나드, 초퍼 제어, 직·병렬 제어 등이 있다. **[답]** ④

25 다음 중 거리 계전기의 설명으로 틀린 것은?
① 전압과 전류의 크기 및 위상차를 이용한다.
② 154 [kV] 계통 이상의 송전선로 후비 보호를 한다.
③ 345 [kV] 변압기의 후비 보호를 한다.
④ 154 [kV] 및 345 [kV] 모선 보호에 주로 사용한다.

[풀이]
거리 계전기
- 계전기가 설치된 위치로부터 고장점까지의 전기적 거리에 비례하여 한시 동작하는 것으로 복잡한 계통의 단락보호에 과전류 계전기의 대용으로 쓰인다.
- 전압, 전류 양자가 관여하고 그 동작력은 전류에 비례하며 전압에 반비례하는 구조로 되었다.
- 변압기의 후비보호용으로 많이 사용이 되며 송전선로의 후비보호의 한 방식으로서도 많이 이용되고 있다. **[답]** ④

26 전압을 일정하게 유지하기 위해서 이용되는 다이오드는?
① 발광 다이오드
② 포토 다이오드
③ 제너 다이오드
④ 바리스터 다이오드

[풀이]
제너 다이오드(Zener diode)는 제너항복을 응용한 정전압소자이며 pn 접합 다이오드로서 정전압(전압 안정회로) 다이오드라 한다. **[답]** ③

27 동기 임피던스 5[Ω]인 2대의 3상 동기 발전기의 유도 기전력에 100[V]의 전압 차이가 있다면 무효순환전류[A]는?
① 10   ② 15
③ 20   ④ 25

[풀이]
동기발전기 병렬운전
유도기전력의 크기 같지 않을 때 발생하는 무효순환 전류(I_c)를 구하면
$$I_c = \frac{|E_1 - E_2|}{2Z_s} = \frac{100}{2 \times 5} = 10[A]$$가 된다. **[답]** ①

28 3상 66000[kVA], 22900[V] 터빈 발전기의 정격전류는 약 몇 [A]인가?
① 8764   ② 3367
③ 2882   ④ 1664

[풀이]
발전기의 용량 $P = \sqrt{3}\,VI$ [VA]
$$\therefore I = \frac{P}{\sqrt{3}\,V} = \frac{66000 \times 10^3}{\sqrt{3} \times 22900} \fallingdotseq 1664[A]$$ **[답]** ④

29 변압기의 권선 배치에서 저압 권선을 철심에 가까운 쪽에 배치하는 이유는?
① 전류 용량   ② 절연 문제
③ 냉각 문제   ④ 구조상 편의

[풀이]
권선의 배치
철심 가까운 쪽에 저압권선을 감고 이 후 고압권선을 감는다. 고압권선을 가까이에 배치 시 절연을 강화해야하는 문제가 발생한다. **[답]** ②

30 6극 36슬롯 3상 동기 발전기의 매극 매상당 슬롯수는?
① 2 ② 3
③ 4 ④ 5

풀이
매극 매상당 슬롯수 (S 슬롯수, p 극수, ϕ 상수)
$q = \dfrac{S}{p \cdot \phi} = \dfrac{36}{6 \times 3} = 2$ [답] ①

31 동기속도 3600[rpm], 주파수 60[Hz]의 동기 발전기의 극수는?
① 2극 ② 4극
③ 6극 ④ 8극

풀이
동기속도 $N_s = \dfrac{120f}{p}$ [rpm]
$\therefore p = \dfrac{120f}{N_s} = \dfrac{120 \times 60}{3600} = 2$ [극] [답] ①

32 다음 중 2단자 사이리스터가 아닌 것은?
① SCR ② DIAC
③ SSS ④ Diode

풀이
- SCR : 3단자 단방향
- DIAC : 2단자 양방향
- SSS : 2단자 양방향
- Diode : 2단자 단방향 [답] ①

33 유도 전동기에 기계적 부하를 걸었을 때 출력에 따라 속도, 토크, 효율, 슬립 등이 변화를 나타낸 출력특성곡선에서 슬립을 나타내는 곡선은?
① 1
② 2
③ 3
④ 4

풀이
① 속도, ② 효율, ③ 토크, ④ 슬립 [답] ④

34 변압기를 운전하는 경우 특성의 악화, 온도 상승에 수반되는 수명의 저하, 기기의 소손 등의 이유 때문에 지켜야 할 정격이 아닌 것은?
① 정격전류 ② 정격전압
③ 정격저항 ④ 정격용량

풀이
변압기의 정격이란 지정된 조건하에 사용할 수 있도록 보장된 사용한도로써, 정격용량, 정격전압, 정격 전류 등으로 나타내게 된다. [답] ③

35 직류 직권 전동기의 회전수(N)와 토크(τ)와의 관계는?
① $\tau \propto \dfrac{1}{N}$ ② $\tau \propto \dfrac{1}{N^2}$
③ $\tau \propto N$ ④ $\tau \propto N^{\frac{3}{2}}$

풀이
직권전동기 $T \propto I_a^2 \propto \dfrac{1}{N^2}$ [답] ②

36 변압기 절연내력 시험 중 권선의 층간 절연 시험은?
① 충격 전압 시험 ② 무부하 시험
③ 가압 시험 ④ 유도 시험

풀이
절연내력 시험법의 종류
- 변압기유의 절연파괴 전압시험 : 변압기유의 절연내력을 시험
- 가압 시험 : 온도시험 직후 변압기의 절연저항과 절연내력을 시험
- 유도 시험 : 변압기나 그 외의 기기는 층간절연을 시험
- 충격 전압 시험 : 변압기에 번개와 같은 충격전압이 가해 견딜 수 있는 정도를 확인하는 시험 [답] ④

37 직류발전기에서 전압 정류의 역할을 하는 것은?
① 보극 ② 탄소 브러시
③ 전기자 ④ 리액턴스 코일

풀이
정류 개선 대책
- 저항정류 : 접촉저항이 큰 브러시를 사용(탄소브러시)
- 전압정류 : 보극 설치
- 정류주기를 길게 조정하여 리액턴스 전압을 줄인다.

$(e_L = L \dfrac{2 \cdot I_c}{T_c})$ [답] ①

38 직류 복권 발전기의 직권 계자권선은 어디에 설치되어 있는가?
① 주자극 사이에 설치
② 분권 계자권선과 같은 철심에 설치
③ 주자극 표면에 홈을 파고 설치
④ 보극 표면에 홈을 파고 설치

[풀이]
직권 계자권선과 분권 계자권선은 같은 철심에 설치된다.
[답] ②

39 가정용 선풍기나 세탁기 등에 많이 사용되는 단상 유도 전동기는?
① 분상 기동형
② 콘덴서 기동형
③ 영구 콘덴서 전동기
④ 반발 기동형

[풀이]
영구 콘덴서 전동기
콘덴서 전동기의 일종으로써 일정한 값의 콘덴서를 항상 접속해 두는 것으로, 기동토크는 적고 운전시의 특성도 양호하지 않지만, 원심력스위치가 필요 없고 가격도 싸므로 큰 기동토크를 요구하지 않는 **선풍기, 전기냉장고, 전기세탁기** 등에 널리 사용되며 기동토크는 20~100[%] 이다.
[답] ③

40 변압기 내부고장에 대한 보호용으로 가장 많이 사용되는 것은?
① 과전류 계전기
② 차동 임피던스
③ 비율차동 계전기
④ 임피던스 계전기

[풀이]
변압기 내부고장 보호용 계전기
브흐홀쯔 계전기, 비율차동 계전기, 차동계전기 [답] ③

41 금속덕트배선 공사에 있어서 전광표시장치, 출퇴표시장치 등 제어회로용 배선만을 공사할 때 절연전선의 단면적은 금속 덕트내 몇 [%] 이하이어야 하는가?

① 80
② 70
③ 60
④ 50

[풀이]
금속덕트공사
금속 덕트에 넣은 전선의 단면적(절연피복의 단면적을 포함한다)의 합계는 덕트의 내부 단면적의 20[%](전광표시장치·출퇴표시등 기타 이와 유사한 장치 또는 제어회로 등의 배선만을 넣는 경우에는 50[%]) 이하일 것. [답] ④

42 접지공사를 할 경우 접지선의 굵기 선정에서 고려할 요소가 아닌 것은?
① 기계적 강도
② 가요성
③ 내식성
④ 통신용량

[답] ②

43 저압 가공 인입선의 인입구에 사용하며 금속관 공사에서 끝 부분의 빗물 침입을 방지하는데 적당한 것은?
① 플로어 박스
② 엔트런스 캡
③ 부싱
④ 터미널 캡

[풀이]
• 플로어 박스 : 바닥 밑으로 매입 배선을 할 때 콘센트 기타 바닥에 취부하는 기구를 취부할 때, 또는 배선을 인출할 때 사용한다.
• 엔트런스 캡 : 인입구, 인출구의 관단에 설치하여 금속관에 옥외의 빗물을 막는데 사용
• 부싱 : 전선관 단에 끼우고 전선을 넣거나 빼는 데 있어서 전선의 피복을 보호하여 전선이 손상되지 않게 하는 것
• 터미널 캡 : 저압 가공인입선에서 금속관공사로 옮겨지는 곳 또는 금속관으로부터 전선을 뽑아 전동기 단자 부분에 접속할 때 사용
[답] ②

44 옥내 분전반의 설치에 관한 내용 중 틀린 것은?
① 분전반에서 분기회로를 위한 배관의 상승 또는 하강이 용이한 곳에 설치한다.
② 분전반에 넣는 금속제의 함 및 이를 지지하는 구조물을 접지를 하여야 한다.
③ 각 층마다 하나 이상을 설치하나, 회로수가 6 이하인 경우 2개층을 담당할 수 있다.
④ 분전반에서 최종 부하까지의 거리는 40[m] 이내로 하는 것이 좋다.

[풀이]
하나의 분전반이 담당하는 경제 면적은 750~1000[m²]로 하고 분전반에서 최종부하까지의 거리는 30[m] 이내로 하는 것이 좋다.   [답] ④

45 합성수지제 전선관이 호칭은 관 굵기의 무엇으로 표시하는가?
① 홀수인 안지름
② 짝수인 바깥지름
③ 짝수인 안지름
④ 홀수인 바깥지름

[풀이]
합성수지제 전선관의 호칭은 관의 굵기를 안지름의 크기에 가까운 짝수로써 표시   [답] ③

46 단면적 6[mm²]의 가는 단선의 직선 접속 방법은?
① 트위스트 접속
② 종단 접속
③ 종단 겹침용 슬리브 접속
④ 꽂음형 커넥터 접속

[풀이]
단선의 직선접속 방법
• 트위스트 접속 : 단면적 6[mm²] 이하의 가는 단선
• 브리타니아 접속 : 단면적 10[mm²] 이상의 굵은 단선   [답] ①

47 전선 단면적 2.5[mm²], 접지선 1본을 포함한 전선가닥수 6본을 동일 관내에 넣는 경우의 제2종 가요전선관의 최소 굵기로 적당한 것은?
① 10[mm]
② 15[mm]
③ 17[mm]
④ 24[mm]

[풀이]
2종 가요전선관의 굵기선정(내선규정 2235-4)

도체 단면적 [mm²]	전선 본 수					
	1	2	3	4	5	6
	전선관의 최소 굵기[mm]					
2.5	10	15	15	17	24	24
4	10	17	17	24	24	24
6	10	17	24	24	24	30
10	12	24	24	24	30	30

[답] ④

48 지선의 시설에서 가공 전선로의 직선부분이란 수평각도 몇도 까지 인가?
① 2
② 3
③ 5
④ 6

[풀이]
지선의 시설 기준에서 가공전선로의 직선부분은 5° 이하의 수평각도를 이루는 곳을 포함한다.   [답] ③

49 접착력은 떨어지나 절연성, 내온성, 내유성이 좋아 연피 케이블의 접속에 사용되는 테이프는?
① 고무 테이프
② 리노 테이프
③ 비닐 테이프
④ 자기 융착 테이프

[풀이]
리노 테이프(lino tape)
바이어스 테이프(bias tape)에 절연성 바니시(니스)를 몇 차례 바르고 다시 건조시킨 것으로 점착성이 없으나 절연성, 내온성 및 내유성이 있으므로 연피 케이블 접속에는 반드시 사용된다.   [답] ②

50 사용전압 415[V]의 3상 3선식 전선로의 1선과 대지간에 필요한 절연 저항값의 최소값은?
① 0.1[MΩ]
② 0.2[MΩ]
③ 0.4[MΩ]
④ 1 [MΩ]

[풀이]

전로의사용전압	DC시험전압[V]	절연 저항값[MΩ]
SELV 및 PELV	250	0.5
FELV, 500V이하	500	1.0
500V초과	1,000	1.0

[주] 특별저압(Extra Low Voltage: 2차전압이 AC 50V, DC 120V 이하)으로 SELV(비접지회로 구성) 및 PELV(접지회로구성)은 1차와 2차가 전기적으로 절연된 회로, FELV는 1차와 2차가 전기적으로 절연되지 않은 회로
[답] ④

51 간선에서 분기하여 분기 과전류차단기를 거쳐서 부하에 이르는 사이의 배선을 무엇이라 하는가?
① 간선
② 인입선
③ 중성선
④ 분기회로

[풀이]
- 간선 : 인입 개폐기 또는 변전실 배전반에서 분기 개폐기까지의 전선
- 인입선 : 가공 전선로의 지지물 또는 수용장소의 인입선에서 분기하여 다른 지지물을 거치지 않고 수용장소의 지지점에 이르는 가공전선 또는 다른 수용장소의 인입구에 이르는 전선 [답] ④

52 저압 옥내 간선으로부터 분기하는 곳에 설치하여야 하는 것은?
① 지락 차단기
② 과전류 차단기
③ 누전 차단기
④ 과전압 차단기

[풀이]
간선에서 분기하여 전기 사용기계 기구에 이르는 부분을 분기회로라 하고 간선에서 분기하여 3[m] 이하의 곳에 개폐기 및 과전류 차단기를 시설하여야 한다. [답] ②

53 금속관을 절단할 때 사용되는 공구는?
① 오스터
② 녹 아웃 펀치
③ 파이프 커터
④ 파이프 렌치

[풀이]
- 오스터 : 금속관에 나사 낼 때 사용
- 녹 아웃 펀치 : 배전반, 분전반 등의 캐비넷에 구멍 뚫을 때 사용
- 파이프 커터 : 금속관 절단할 때 사용
- 파이프 렌치 : 금속관 커플링을 물고 죄어 접속할 때 사용
[답] ③

54 흥행장의 저압 배선 공사 방법으로 잘못된 것은?
① 전선 보호를 위해 적당한 방호장치를 할 것
② 무대나 영사실 등의 사용전압은 400[V] 미만일 것
③ 무대용 콘센트, 박스의 금속제 외함은 접지공사를 하지 말고 사용할 것
④ 전구 등의 온도 상승 우려가 있는 기구류는 무대막, 목조의 마루 등과 접촉하지 않도록 할 것

[풀이]
전시회, 공연장의 전기설비
- 무대, 무대마루 밑, 오케스트라 박스, 영사실 기타의 사람이나 무대 도구가 접촉할 우려가 있는 곳에 시설하는 저압옥내배선, 전구선 또는 이동 전선은 사용전압이 400[V] 이하
- 전선은 구리 도체로 최소 단면적이 1.5[mm²]이며, 450/750[V] 이하 염화비닐 절연 케이블, 450/750[V] 이하 고무 절연케이블
- 이동전선은 0.6/1 kV EP 고무 절연 클로로프렌 캡타이어 케이블 또는 0.6/1 kV 비닐 절연 비닐캡타이어 케이블
- 무대, 무대마루 밑, 오케스트라 박스 및 영사실의 전로에는 전용 개폐기 및 과전류 차단기를 시설할 것
- 무대용의 콘센트 박스, 플로어 덕트 및 보더라이트의 금속제 외함은 보호도체 **접지공사**
- 비상 조명을 제외한 조명용 분기회로 및 정격 32[A] 이하의 콘센트용 분기회로는 정격 감도전류 30[mA] 이하의 누전차단기로 보호 [답] ③

55 전등 1개를 2개소에서 점멸하고자 할 때 필요한 3로 스위치는 최소 몇 개인가?
① 1개
② 2개
③ 3개
④ 4개

[풀이]
3로 스위치 결선도

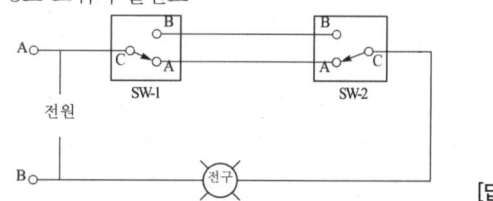

[답] ②

56 그림의 전자계전기 구조는 어떤 형의 계전기인가?
① 힌지형
② 플런저형
③ 가동코일형
④ 스프링형

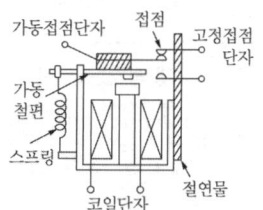

[풀이]
힌지형은 경첩과 같은 형태로 전자석에 의한 가동접점부의 스프링이 구동하여 접점을 개폐하는 계전기이다.
[답] ①

57 해안지방의 송전용 나전선에 가장 적당한 것은?
① 철선
② 강심알루미늄선
③ 동선
④ 알루미늄합금선

풀이
해안지방에 사용되는 나전선의 경우 철선이나 알루미늄보다는 염해에 강한 동선이 적당하다. [답] ③

58 접지공사에 사용하는 접지선을 사람이 접촉할 우려가 있는 곳에 시설하는 접지선은 최소 어느 부분에 대하여 합성수지관 또는 이와 동등 이상의 절연효력 및 강도를 가지는 몰드로 덮게 되어 있는가?
① 지하 30[cm]로부터 지표상 1.5[m]까지의 부분
② 지하 50[cm]로부터 지표상 1.6[m]까지의 부분
③ 지하 75[cm]로부터 지표상 2[m]까지의 부분
④ 지하 90[cm]로부터 지표상 2.5[m]까지의 부분

[답] ③

59 배전설계를 위한 전등 및 소형 전기기계기구의 부하용량 산정시 건축물의 종류에 대응한 표준부하에서 원칙적으로 표준부하를 20[VA/m²]으로 적용하여야 하는 건축물은?
① 교회, 극장
② 학교, 음식점
③ 은행, 상점
④ 아파트, 미용원

풀이

건물종류 및 부분	표준부하밀도 [VA/m²]
공장, 공회장, 교회, 극장, 영화관	10
기숙사, 여관, 호텔, 병원, 학교, 음식점	20
사무실, 은행, 상점	30
주택, 아파트	40
계단, 복도, 세면장, 창고	5
강당, 관람석	10

[답] ②

60 성냥을 제조하는 공장의 공사 방법으로 적당하지 않는 것은?
① 케이블공사
② 방습형플렉시블공사
③ 합성 수지관공사
④ 금속관공사

풀이
위험물이 있는 곳의 공사
• 금속전선관공사(박강전선관)
• 합성수지관공사(두께 2[mm] 이상)
• 케이블공사 [답] ②

전기기능사 필기 실전 모의고사 제 7 회

01 저항의 병렬접속에서 합성저항을 구하는 설명으로 옳은 것은?
① 연결된 저항을 모두 합하면 된다.
② 각 저항값의 역수에 대한 합을 구하면 된다.
③ 저항값의 역수에 대한 합을 구하고 다시 그 역수를 취하면 된다.
④ 각 저항값을 모두 합하고 저항 숫자로 나누면 된다.

풀이
저항의 병렬접속
$$R_0 = \frac{1}{\frac{1}{R_1}+\frac{1}{R_2}+\cdots+\frac{1}{R_n}}[\Omega]$$
[답] ③

02 2분간에 876000[J]의 일을 하였다. 그 전력은 얼마인가?
① 7.3[kW]
② 29.2[kW]
③ 73[kW]
④ 438[kW]

풀이
전력 $P = \dfrac{W}{t} = \dfrac{876000}{2\times 60} = 7300[W] = 7.3[kW]$ [답] ①

03 정전용량 C_1, C_2를 병렬로 접속하였을 때의 합성정전 용량은?
① C_1+C_2
② $\dfrac{1}{C_1+C_2}$
③ $\dfrac{1}{C_1}+\dfrac{1}{C_2}$
④ $\dfrac{C_1C_2}{C_1+C_2}$

풀이
합성정전용량
• 병렬접속: $C_0 = C_1+C_2[F]$
• 직렬접속: $C_0 = \dfrac{C_1\times C_2}{C_1+C_2}[F]$
[답] ①

04 $R[\Omega]$인 저항 3개가 △결선으로 되어 있는 것을 Y 결선으로 환산하면 1상의 저항[Ω]은?
① $\dfrac{1}{3}R$
② $\dfrac{1}{3R}$
③ $3R$
④ R

풀이
Y-△ 등가변환
$R_Y = \dfrac{1}{3}R_\Delta$
[답] ①

05 다음 중 상자성체는 어느 것인가?
① 철
② 코발트
③ 니켈
④ 텅스텐

풀이
• 강자성체: 철(Fe), 니켈(Ni), 코발트(Co), 망간(Mn)
• 반자성체: 구리(Cu), 아연(Zn), 비스무트(Bi), 납(Pb), 안티몬(Sb)
• 상자성체: 알루미늄(Al), 산소(O), 백금(Pt)
[답] ④

06 (㉮), (㉯)에 들어갈 내용으로 알맞은 것은?

"2차 전지의 대표적인 것으로 납축전지가 있다. 전해액으로 비중 약 (㉮)정도의 (㉯)을 사용한다."

① ㉮ 1.15~1.21, ㉯ 묽은 황산
② ㉮ 1.26~1.36, ㉯ 질산
③ ㉮ 1.15~1.01, ㉯ 질산
④ ㉮ 1.23~1.26, ㉯ 묽은 황산

풀이
납 축전지
• 양극: 이산화납(PbO_2) 음극: 납(Pb)
• 전해액: 묽은 황산(H_2SO_4), 비중 1.23~1.26
• 화학식: $PbO_2+2H_2SO_4+Pb \Leftrightarrow PbSO_4+2H_2O+PbSO_4$
• 용량: $Q = I\cdot t[A\cdot h]$ (I: 방전전류, t: 방전시간)
[답] ④

07 어느 회로의 전류가 다음과 같을 때, 이 회로에 대한 전류의 실효값은?

$$i = 3 + 10\sqrt{2}\sin\left(\omega t - \frac{\pi}{6}\right) + 5\sqrt{2}\sin\left(3\omega t - \frac{\pi}{3}\right)[A]$$

① 11.6[A]   ② 23.2[A]
③ 32.2[A]   ④ 48.3[A]

풀이

비정현파 교류의 실효값

$$I = \sqrt{I_0^2 + \left(\frac{I_{m1}}{\sqrt{2}}\right)^2 + \left(\frac{I_{m2}}{\sqrt{2}}\right)^2 + \cdots + \left(\frac{I_{mn}}{\sqrt{2}}\right)^2}$$
$$= \sqrt{I_0^2 + (I_1)^2 + (I_2)^2 + \cdots + (I_n)^2}$$
$$= \sqrt{3^2 + 10^2 + 5^2} = 11.58[A]$$
[답] ①

08 100[V]의 전압계가 있다. 이 전압계를 써서 200[V]의 전압을 측정하려면 최소 몇 [Ω]의 저항을 외부에 접속해야 하는가? (단, 전압계의 내부저항은 5000[Ω]이다.)

① 10000   ② 5000
③ 2500   ④ 1000

풀이

배율기(Multiplier) $R_m[\Omega]$
전압의 측정 범위를 넓히기 위하여 전압계에 직렬로 접속하는 저항으로 전압계의 내부저항에서 100[V]를 배율기 저항에서 나머지 100[V]를 분배받기 위해서는 두 저항이 1 : 1로 같아야 한다.
∴ $R_m = r_v = 5000[\Omega]$
cf) $R_m = (m-1)r_v$ 이므로
∴ $R_m = \left(\frac{200}{100} - 1\right) \times 5000 = 5000[\Omega]$
[답] ②

09 최대값이 110[V]인 사인파 교류 전압이 있다. 평균값은 약 몇 [V]인가?

① 30[V]   ② 70[V]
③ 100[V]   ④ 110[V]

풀이

정현파 교류의 평균값
$V_a = \frac{2}{\pi} V_m = 0.637 V_m = 70.07[V]$
[답] ②

10 단위 길이당 권수 100회인 무한장 솔레노이드에 10[A]의 전류가 흐를 때 솔레노이드 내부의 자장[AT/m]은?

① 10   ② 100
③ 1000   ④ 10000

풀이

무한장 솔레노이드의 내부 자기장 세기
$H = n_0 I = 100 \times 10 = 1000[AT/m]$
(단, 여기서 n_0는 단위 길이당 권수이다.)
[답] ③

11 정전기 발생 방지대책으로 틀린 것은?
① 대전 방지제의 사용
② 접지 및 보호구의 착용
③ 배관 내 액체의 흐름 속도 제한
④ 대기의 습도를 30[%] 이하로 하여 건조함을 유지

풀이

정전기 재해 방지
정전기가 계속적으로 발생하여 많은 전하가 축적되면 여러사고, 재해를 초래하게 된다. 이러한 정전기를 방지하는 방법으로는 인체보호구 사용, 대전방지제, 전도성향상, 배관 내 유속을 제한, **상대습도를 60~70[%] 이상 유지**하는 것 등이 있다.
[답] ④

12 $R = 4[\Omega]$, $X_L = 15[\Omega]$, $X_C = 12[\Omega]$의 RLC 직렬 회로에 100[V]의 교류 전압을 가할 때 전류와 전압의 위상차는 약 얼마인가?

① 0°   ② 37°
③ 53°   ④ 90°

풀이

위상차
$\theta = \tan^{-1}\frac{X}{R} = \tan^{-1}\frac{|X_L - X_C|}{R} = \tan^{-1}\frac{|15-12|}{4}$
$= 36.87°$
[답] ②

13 비오-사바르(Biot-Savart)의 법칙과 가장 관계가 깊은 것은?
① 전류가 만드는 자장의 세기
② 전류와 전압의 관계
③ 기전력과 자계의 세기
④ 기전력과 자속의 변화

풀이

비오-사바르법칙 : 도선에 흘린 전류에 의해서 발생되는 자장의 세기를 구할 수 있는 공식
$\Delta H = \frac{I \cdot \Delta l}{4\pi r^2} \cdot \sin\theta[AT/m]$
[답] ①

14 2전력계법에 의해 평형 3상 전력을 측정하였더니 전력계가 각각 800[W], 400[W]를 지시하였다면, 이 부하의 전력은 몇 [W]인가?

① 600[W] ② 800[W]
③ 1200[W] ④ 1600[W]

풀이
2전력계법
- 유효전력 $P = P_1 + P_2$ [W]
- 무효전력 $P_r = \sqrt{3}(P_1 - P_2)$ [Var]
- 피상전력
  $P_a = \sqrt{P^2 + P_r^2} = 2\sqrt{P_1^2 + P_2^2 - P_1 \cdot P_2}$ [VA]
- 역률 $\cos\theta = \dfrac{P}{P_a} = \dfrac{P_1 + P_2}{2\sqrt{P_1^2 + P_2^2 - P_1 \cdot P_2}}$

유효전력 $P = P_1 + P_2 = 800 + 400 = 1200$ [W]   [답] ③

15 20[Ω], 30[Ω], 60[Ω]의 저항 3개를 병렬로 접속하고 여기에 60[V]의 전압을 가했을 때, 이 회로에 흐르는 전체 전류는 몇 [A]인가?

① 3[A] ② 6[A]
③ 30[A] ④ 60[A]

풀이
- $R_0 = \dfrac{1}{\dfrac{1}{20} + \dfrac{1}{30} + \dfrac{1}{60}} = 10$ [Ω]
- $I = \dfrac{V}{R_0} = \dfrac{60}{10} = 6$ [A]   [답] ②

16 자석의 성질로 옳은 것은?
① 자석은 고온이 되면 자력이 증가한다.
② 자기력선에는 고무줄과 같은 장력이 존재한다.
③ 자력선은 자석 내부에서도 N극에서 S극으로 이동한다.
④ 자력선은 자성체는 투과하고, 비자성체는 투과하지 못한다.

풀이
① 고온이 되면 자력은 감소하고 저온이 되면 자력은 증가한다.
③ 자력선은 자석 내부에 존재하지 않는다.
④ 자력선은 자성체뿐만 아니라 비자성체도 통과할 수 있다.   [답] ②

17 N형 반도체의 주반송자는 어느 것인가?
① 억셉터 ② 전자
③ 도우너 ④ 정공

풀이

구 분	첨가 불순물		반송자
P형 반도체	3가 원자 인듐(In), 알루미늄(Al), 갈륨(Ga), 붕소(B)	억셉터 (Acceptor)	정공
N형 반도체	5가 원자 (인P, 비소As, 안티몬Sb)	도너 (Donor)	과잉 전자

[답] ②

18 자속밀도 B[Wb/m²]되는 균등한 자계 내에 길이 ℓ[m]의 도선을 자계에 수직인 방향으로 운동시킬 때 도선에 e[V]의 기전력이 발생한다면 이 도선의 속도[m/s]는?

① $B\ell e \sin\theta$ ② $B\ell e \cos\theta$
③ $\dfrac{B\ell \sin\theta}{e}$ ④ $\dfrac{e}{B\ell \sin\theta}$

풀이
유도기전력 $e = B\ell v \sin\theta$ [V]에서
속도 $v = \dfrac{e}{B\ell \sin\theta}$ [m/s] 이다.   [답] ④

19 전선에 일정량 이상의 전류가 흘러서 온도가 높아지면 절연물을 열화하여 절연성을 극도로 악화시킨다. 그러므로 도체에는 안전하게 흘릴 수 있는 최대 전류가 있다. 이 전류를 무엇이라 하는가?

① 줄 전류
② 불평형 전류
③ 평형 전류
④ 허용 전류

풀이
허용-전류(allowable current)
도체에는 안전하게 흐를 수 있는 최대 전류가 각각 정해져 있다. 이 최대 전류를 허용 전류라고 한다. 전선에 전류를 흐르게 하면 줄(joule) 열이 발생하고, 허용 전류를 넘어 흘렀을 경우 온도 상승에 의한 강도나 절연의 탄화를 초래한다.   [답] ④

20 코일이 접속되어 있을 때, 누설 자속이 없는 이상적인 코일간의 상호 인덕턴스는?

① $M = \sqrt{L_1 + L_2}$
② $M = \sqrt{L_1 - L_2}$
③ $M = \sqrt{L_1 L_2}$
④ $M = \sqrt{\dfrac{L_1}{L_2}}$

풀이
상호인덕턴스
$M = k\sqrt{L_1 L_2}$ [H]에서 누설자속이 없으므로 $k = 1$
∴ $M = \sqrt{L_1 L_2}$ [H] [답] ③

21 상전압 300[V]의 3상 반파 정류 회로의 직류 전압은 약 몇 [V] 인가?

① 520[V] ② 350[V]
③ 260[V] ④ 50[V]

풀이
3상 반파
$E_d = \dfrac{3\sqrt{6}}{2\pi} E_a ≒ 1.17 E_a = 1.17 \times 300 = 351$[V] [답] ②

22 전기기기의 냉각 매체로 활용하지 않는 것은?

① 물   ② 수소
③ 공기 ④ 탄소

풀이
일반적인 냉각매체로 공랭식의 공기, 수냉식의 물 등이 있으며 높은 열전도율과 용량을 가지는 수소를 이용하기도 한다. [답] ④

23 아크 용접용 변압기가 일반 전력용 변압기와 다른 점은?

① 권선의 저항이 크다.
② 누설 리액턴스가 크다.
③ 효율이 높다.
④ 역률이 좋다.

풀이
누설변압기 : 네온관 점등용 변압기나 아크 용접용 변압기에 이용되는 변압기로 **누설자속을 크게** 한 변압기로 정전류 변압기라고도 한다. [답] ②

24 용량이 작은 전동기로 직류와 교류를 겸용할 수 있는 전동기는?

① 셰이딩 전동기
② 단상반발전동기
③ 단상 직권 정류자 전동기
④ 리니어전동기

풀이
교류에서나 직류에서나 모두 동작하도록 만든 직권 전동기를 만능전동기 혹은 단상 직권 정류자 전동기라 한다. [답] ③

25 그림과 같은 전동기 제어회로에서 전동기 M의 전류 방향으로 올바른 것은? (단, 전동기의 역률은 100[%]이고, 사이리스터의 점호각은 0°)라고 본다.

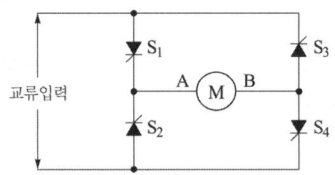

① 항상 "A"에서 "B"의 방향
② 항상 "B"에서 "A"의 방향
③ 입력의 반주기 마다 "A"에서 "B"의 방향, "B"에서 "A"의 방향
④ S_1과 S_4, S_2와 S_3의 동작 상태에 따라 "A"에서 "B"의 방향, "B"에서 "A"의 방향

풀이
입력의 반주기(+)에 S_1과 S_4가 동작하여 "A"에서 "B"의 방향으로 전류가 유입이 되고 다음 입력의 반주기(−)에 S_2와 S_3가 동작하여 "A"에서 "B"의 방향으로 전류가 유입이 되게 된다. [답] ①

26 P형 반도체의 전기 전도의 주된 역할을 하는 반송자는?

① 전자   ② 정공
③ 가전자 ④ 5가 불순물

풀이

구 분	첨가 불순물		반송자
P형 반도체	3가 원자 인듐(In), 알루미늄(Al), 갈륨(Ga), 붕소(B)	억셉터 (Acceptor)	정공

구 분	첨가 불순물		반송자
N형 반도체	5가 원자 (인P, 비소As, 안티몬Sb)	도너 (Donor)	과잉 전자

[답] ②

27 단상 유도전동기에 보조권선을 사용하는 주된 이유는?
① 역률개선을 한다.   ② 회전자장을 얻는다.
③ 속도제어를 한다.   ④ 기동 전류를 줄인다.

풀이
단상 유도전동기는 고정자 자속이 정지되어 있어 스스로 회전할 수 없다. 고정자 권선에 **보조권선**을 감아 정지된 자속을 회전하게 하여 회전자를 회전시키는 기동장치가 필요하다.
[답] ②

28 동기 전동기의 부하각(load angle)은?
① 공급전압 V와 역기전압 E와의 위상각
② 역기전압 E와 부하전류 I와의 위상각
③ 공급전압 V와 부하전류 I와의 위상각
④ 3상 전압의 상전압과 선간 전압과의 위상각

풀이
동기전동기의 출력
$P = \dfrac{EV}{X_s} \sin\delta$[W] 로써, 여기서 δ는 공급전압 V와 역기전압 E의 위상의 차이를 나타낸다.
[답] ①

29 동기 전동기의 계자 전류를 가로축에, 전기자 전류를 세로축으로 하여 나타낸 V곡선에 관한 설명으로 옳지 않은 것은?
① 위상 특성 곡선이라 한다.
② 부하가 클수록 V 곡선은 아래쪽으로 향한다.
③ 곡선의 최저점은 역률 1에 해당한다.
④ 계자 전류를 조정하여 역률을 조정할 수 있다.

풀이
동기전동기의 V 곡선

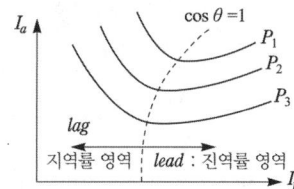

[답] ②

30 진성반도체를 P형 반도체로 만들기 위하여 첨가하는 것은?
① 인   ② 인듐
③ 비소   ④ 안티몬

풀이
• P형 반도체 첨가 원소 : 붕소(B), 갈륨(Ga), 인듐(In)
• N형 반도체 첨가 원소 : 인(P), 비소(As), 안티몬(Sb)
[답] ②

31 다음 중 전력 제어용 반도체 소자가 아닌 것은?
① LED   ② TRIAC
③ GTO   ④ IGBT

풀이
LED(Light Emitting Diode)
발광다이오드(LED)란 갈륨비소 등의 화합물에 전류를 흘려 빛을 발산하는 반도체소자로, m 반도체의 p-n 접합구조를 이용하여 소수캐리어(전자 또는 정공)를 주입하고 이들의 재결합에 의하여 발광시킨다.
[답] ①

32 수전단 발전소용 변압기 결선에 주로 사용하고 있으며 한쪽은 중성점을 접지할 수 있고 다른 한쪽은 제3고조파에 의한 영향을 없애주는 장점을 가지고 있는 3상 결선 방식은?
① Y-Y   ② △-△
③ Y-△   ④ V

풀이
Y-△ 결선
• 변압기 1차 권선에 선간전압의 $\dfrac{1}{\sqrt{3}}$ 배의 전압이 유도되고, 2차 권선에는 1차 전압에 $\dfrac{1}{a}$ 배의 전압이 유도된다.
• 수전단 변전소의 변압기와 같이 강압용 변압기에 주로 사용한다.
[답] ③

33 동기 발전기의 병렬운전 시 원동기에 필요한 조건으로 구성된 것은?
① 균일한 각속도와 기전력의 파형이 같을 것
② 균일한 각속도와 적당한 속도조정률을 가질 것
③ 균일한 주파수와 적당한 속도조정률을 가질 것
④ 균일한 주파수와 적당한 파형이 같을 것

풀이

원동기에 필요한 조건
- 균일한 각속도를 가질 것 : 각속도가 균일하지 않으면 순시적으로 기전력의 크기와 위상에 차이가 생기므로 고조파 횡류가 발생할 수도 있다.
- 당한 속도 조정률을 가질 것 : 부하 변동에 대한 속도 조정률이 작은 것이 바람직하나 부하의 분담을 원활히 하기 위해서는 적당한 속도 조정률이 필요하다. [답] ②

34 단락비가 1.2인 동기발전기의 % 동기 임피던스는 약 몇 [%] 인가?
① 68   ② 83
③ 100 ④ 120

풀이

단락비 K_s

$K_s = \dfrac{100}{\%Z} \Rightarrow \%Z = \dfrac{100}{K_s} = \dfrac{100}{1.2} = 83.3[\%]$ [답] ②

35 직류 전동기에서 무부하가 되면 속도가 대단히 높아져서 위험하기 때문에 무부하운전이나 벨트를 연결한 운전을 해서는 안 되는 전동기는?
① 직권전동기   ② 복권전동기
③ 타여자전동기 ④ 분권전동기

풀이

직류직권전동기는 벨트가 벗겨져 무부하가 되면, 회전속도가 급격히 상승하여 위험하게 되므로 벨트 사용을 금한다. [답] ①

36 권선형 유도전동기 기동시 회전자 측에 저항을 넣는 이유는?
① 기동 전류 증가
② 기동 토크 감소
③ 회전수 감소
④ 기동 전류 억제와 토크 증대

풀이

유도전동기의 비례추이

토크의 비례추이는 농형 유도 전동기와 같이 2차 회로의 저항을 바꿀수 없는 것에는 응용할 수 없으나 권선형 유도 전동기와 같이 2차 회로의 저항을 가감시킬 수 있는 경우에는 2차 저항 r_2를 조절함으로써 비례 추이에 따라 **기동 토크를 크게 할 수 있으며 기동 전류는 억제**할 수 있다.

[답] ④

37 15[kW], 60[Hz], 4극의 3상 유도 전동기가 있다. 전부하가 걸렸을 때의 슬립이 4[%]라면 이때의 2차(회전자)측 동손은 약 [kW]인가?
① 1.2   ② 1.0
③ 0.8   ④ 0.6

풀이

유도기의 비례식 $P_2 : P_{2c} : P_k = 1 : S : 1-S$

$P_{2c} : P_k = S : 1-S$

$\therefore P_{2c} = \dfrac{S}{1-S} P_k = \dfrac{0.04}{1-0.04} \times 15 = 0.625[kW]$ [답] ④

38 보호를 요하는 회로의 전류가 어떤 일정한 값(정정값) 이상으로 흘렀을 때 동작하는 계전기는?
① 과전류 계전기   ② 과전압 계전기
③ 차동 계전기   ④ 비율 차동 계전기

풀이
- 과전압 계전기 : 회로의 전압이 일정값 이상이 되었을 때 동작
- 차동 계전기 : 1차 전류와 2차 전류의 차에 의하여 동작
- 비율 차동 계전기 : 1차 전류와 2차 전류의 차에 비율에 의해 동작 [답] ①

39 변압기유가 구비해야 할 조건으로 틀린 것은?
① 점도가 낮을 것   ② 인화점이 높을 것
③ 응고점이 높을 것 ④ 절연내력이 클 것

풀이

변압기유의 구비조건
- 절연저항 및 절연내력이 클 것
- 점도가 낮을 것
- 인화점이 높고 응고점이 낮을 것
- 화학작용 및 석출물이 없을 것
- 비열이 커 냉각효과가 클 것 [답] ③

40 직류 분권 발전기의 병렬운전의 조건에 해당되지 않는 것은?
① 극성이 같을 것
② 단자전압이 같을 것
③ 외부특성곡선이 수하특성일 것
④ 균압모선을 접속할 것

풀이

병렬운전 조건
- 전압 및 극성이 같을 것
- 외부 특성 곡선이 어느 정도 수하 특성일 것
  (**직권, 평복권, 과복권 발전기**는 수하특성존재하지 않아 안정운전을 위하여 **균압선** 연결)
- 각 발전기의 외부 특성 곡선이 같을 것
- 용량이 다를 경우 [%] 부하 전류로 나타낸 외부 특성 곡선이 거의 일치할 것   [답] ④

41 금속 전선관 공사에서 사용되는 후강 전선관의 규격이 아닌 것은?
① 16   ② 28
③ 36   ④ 50

풀이
후강 전선관의 규격[mm]
16, 22, 28, 36, 42, 54, 70, 82, 92, 104   [답] ④

42 금속관 공사를 노출로 시공할 때 직각으로 구부러지는 곳에는 어떤 배선기구를 사용하는가?
① 유니온 커플링   ② 아웃렛 박스
③ 픽스쳐 히키   ④ 유니버셜 엘보우

풀이
- 유니언 커플링 : 금속전선관을 돌려서 접속할 수 없을 때 사용하여 접속한다.
- 아웃렛 박스 : 전선 접속, 조명기구, 콘센트 등의 취부에 사용하고 중형 4각, 대형 4각등 사용목적에 따라 여러 종류가 있다.
- 픽스쳐 히키 : 기구를 파이프로 매달 때 스탠드와 기구 파이프 사이에 취부하고 옆 구멍으로부터 전선을 파이프 속에 넣을 수 있게 되어 있다.   [답] ④

43 일반적으로 과전류 차단기를 설치하여야 할 곳은?
① 접지공사의 접지선
② 다선식 전로의 중성선
③ 송배전선의 보호용, 인입선 등 분기선을 보호하는 곳
④ 저압 가공 전로의 접지측 전선

풀이
과전류 차단기의 시설 금지 장소
- 접지공사의 접지선
- 다선식 전로의 중성선
- 제2종 접지공사를 한 저압 가공 전로의 접지측 전선   [답] ③

44 다음 중 금속 전선관 부속품이 아닌 것은?
① 록너트   ② 노말 밴드
③ 커플링   ④ 앵글 커넥터

풀이
금속 전선관 부속품
- 록너트 : 금속관과 박스와의 접속에 사용
- 노말 밴드 : 배관이 직각으로 굽는 곳에서 사용
- 커플링 : 금속관 사이를 접속할 때 사용
앵글 커넥터는 금속제 가요전선관과 박스 접속 시 직각개소 부분에 사용   [답] ④

45 단상 2선식 옥내배전반 회로에서 접지측 전선의 색깔로 옳은 것은?
① 검은색   ② 갈색
③ 파란색   ④ 녹색-황색

풀이

상(문자)	색상
L1	갈색
L2	검은색
L3	회색
N	파란색
보호도체	녹색-노란색

[답] ④

46 저압옥내 분기회로에 다른 분기회로 또는 콘센트의 접속이 없고 단락, 화재 및 인체에 대한 위험이 최소화될 경우 개폐기 및 과전류 차단기를 시설은 분기점에서 몇 [m] 이하에 시설하여야 하는가?
① 3   ② 5
③ 8   ④ 12

풀이

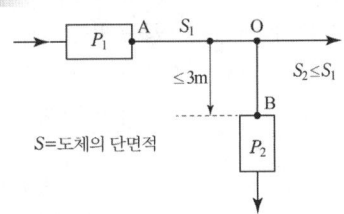

〈분기회로 단락보호장치(P_2)의 제한된 위치 변경〉

분기회로의 단락보호장치 설치점(B)과 분기점(O) 사이에 다른 분기회로 또는 콘센트의 접속이 없고 단락, 화재 및 인체에 대한 위험이 최소화될 경우, 분기회로의 단락 보호장치 P_2는 분기점(O)으로 부터 3[m]까지 이동하여 설치할 수 있다. [답] ①

47 옥내 배선에서 주로 사용하는 직선 접속 및 분기 접속방법은 어떤 것을 사용하여 접속하는가?
① 동선압착단자 ② 슬리브
③ 와이어 커넥터 ④ 꽂음형 커넥터

풀이
① 동선압착단자 : 기구 단자와 전선의 접속시 전선 끝부분에 달아주는 단자
③ 와이어 커넥터 : 여러 가닥의 전선을 묶을 때(분기접속) 사용
④ 꽂음형 커넥터 : 일반적으로 전등 등의 전선과 전선을 이을 경우 사용 [답] ②

48 가스차단기에 사용되는 가스인 SF₆의 성질이 아닌 것은?
① 같은 압력에서 공기의 2.5~3.5배의 절연내력이 있다.
② 무색, 무취, 무해 가스이다.
③ 가스 압력 3~4[kgf/cm²]에서 절연내력은 절연유 이상이다.
④ 소호능력은 공기보다 2.5배 정도 낮다.

풀이
SF₆ 가스의 특징
• 무색, 무취, 무해한 가스로 소형 경량화 할 수 있다.
• 소호능력은 공기의 약 100~200배
• 불연, 불활성 가스
• 절연내력이 크다(공기의 2.5~3.5배)
• 저전압 소용량에서 초고압 대용량까지 사용 [답] ④

49 물체의 두께, 깊이, 안지름 및 바깥지름 등을 모두 측정할 수 있는 공구의 명칭은?
① 버니어 캘리퍼스 ② 마이크로미터
③ 다이얼 게이지 ④ 와이어 게이지

풀이
① 버니어캘리퍼스(VernierCalipers) : 어미자와 아들자의 눈금을 이용하여 두께, 깊이, 안지름 및 바깥지름 측정

② 마이크로미터 : 나사의 피치를 응용해서 보다 정밀하게 측정할 수 있는 길이의 측정기
③ 다이얼 게이지 : 기어장치로 극소 변위를 확대하여 길이나 변위를 정밀하게 측정하는 계기. 평면의 요철, 공작물 장착의 양부, 축 중심의 흔들림, 각각의 흔들림 등 소량의 오차를 검사하는데 사용된다.
④ 와이어 게이지 : 둘레에 전선의 지름에 해당하는 다수의 노치가 있는 원형 또는 직사각형으로 된 판. 전선을 노치부에 넣어 보고, 그 중 맞는 위치에 기록된 숫자로 전선의 지름 등을 확인한다. [답] ①

50 저압 가공인입선이 횡단보도교 위에 시설되는 경우 노면상 몇 [m] 이상의 높이에 설치되어야 하는가?
① 3 ② 4
③ 5 ④ 6

풀이
저·고압 가공 전선의 최소 높이
• 도로를 횡단하는 경우 : 지표상 6[m] 이상
• 철도를 횡단하는 경우 : 레일면상 6.5[m] 이상
• 횡단보도교 위에 시설하는 경우
  저압 : 노면상 3[m] 이상(절연 전선, 케이블 사용의 경우)
  고압 : 노면상 3.5[m] 이상
• 그 밖의 장소 : 지표상 5[m] 이상 [답] ①

51 사용전압이 저압인 전로에서 정전이 어려운 경우 등 절연 저항 측정이 곤란한 경우에는 누설전류를 몇 [mA] 이하로 유지하여야 하는가?
① 0.1[mA] ② 1.0[mA]
③ 10[mA] ④ 100[mA]

풀이
**전로의 절연저항 및 절연내력 (판단기준 제13조) : 사용전압이 저압인 전로에서 정전이 어려운 경우 등 절연저항 측정이 곤란한 경우에는 누설전류를 1[mA] 이하로 유지하여야 한다. [답] ②

52 설계하중 6.8[kN] 이하인 철근 콘크리트 전주의 길이가 7[m]인 지지물을 건주하는 경우 땅에 묻히는 깊이로 가장 옳은 것은?
① 1.2[m] ② 1.0[m]
③ 0.8[m] ④ 0.6[m]

풀이

전주가 땅에 묻히는 깊이
- 전주의 길이 15[m] 이하 : 1/6 이상
- 전주의 길이 15[m] 이상 : 2.5[m] 이상
- 철근 콘크리트 전주로서 길이가 14[m] 이상 20[m] 이하이고, 설계하중이 6.8[kN] 초과 9.8[kN] 이하인 것은 30[cm]을 가산한다. **[답] ①**

53 60[cd]의 점광원으로부터 2[m]의 거리에서 그 방향과 직각인 면과 30° 기울어진 평면위의 조도[lx]는?

① 7.5 ② 10.8
③ 13.0 ④ 13.8

풀이

수평면 조도 E_h
- $E_h = \dfrac{I}{r^2}\cos\theta = \dfrac{60}{2^2}\cos 30° = 12.99[\text{lx}]$ **[답] ③**

54 한 개의 전등을 두 곳에서 점멸할 수 있는 배선으로 옳은 것은?

①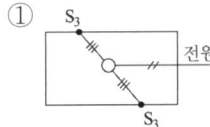
②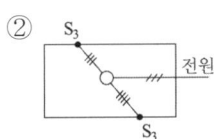
③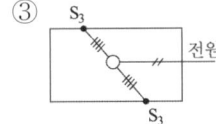
④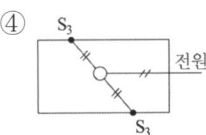

풀이

실제 결선도
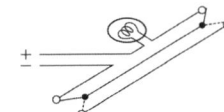
[답] ①

55 주로 저압 가공전선로 또는 인입선에 사용되는 애자로서 주로 앵글베이스 스트랩과 스트랩볼트 인류바인드선(비닐절연 바인드선)과 함께 사용하는 애자는?

① 고압 핀 애자
② 저압 인류 애자
③ 저압 핀 애자
④ 라인포스트 애자

풀이

저·고압 핀 애자, 라인포스트 애자는 저·고압 배전선로에 사용 **[답] ②**

56 다음 [보기] 중 금속관, 애자, 합성수지 및 케이블공사가 모두 가능한 특수 장소를 옳게 나열한 것은?

[보기]
㉠ 화약고 등의 위험 장소
㉡ 부식성 가스가 있는 장소
㉢ 위험물 등이 존재하는 장소
㉣ 불연성 먼지가 많은 장소
㉤ 습기가 많은 장소

① ㉠, ㉡, ㉢
② ㉡, ㉢, ㉣
③ ㉡, ㉣, ㉤
④ ㉠, ㉣, ㉤

풀이

- 화약고 등의 위험 장소 : 원칙상 전기시설을 하지 않으나 백열전등, 형광등의 조명설비에는 공급가능 - 금속관, 케이블 공사
- 위험물 등이 존재하는 장소 : 성냥, 석유등 인화성이 높은 위험한 물질을 제조하거나 보관하는 곳의 공사는 합성수지관, 금속관, 케이블 공사를 시행(단, 케이블 공사 시 개장된 케이블 또는 MI 케이블 사용) **[답] ③**

57 정격전류가 60[A]일 때, 주택용 배선차단기의 동작 시간은 얼마 이내인가?

① 30분 ② 60분
③ 120분 ④ 180분

풀이

과전류 트립 동작 시간(주택용 배선차단기)

정격전류의 구분	시간	정격전류의 배수 (모든 극에 통전)	
		부동작 전류	동작 전류
63[A] 이하	60분	1.13배	1.45배
63[A] 이하	120분	1.13배	1.45배

[답] ②

58 전선의 공칭단면적에 대한 설명으로 옳지 않은 것은?
① 소선 수와 소선의 지름으로 나타낸다.
② 단위는 [mm²]로 표시한다.
③ 전선의 실제단면적과 같다.
④ 연선의 굵기를 나타내는 것이다.

풀이
공칭 단면적은 전선의 연소선의 각 단면적의 합계치에 가까운 정수치나 소수치를 나타낸 값으로 실제단면적과는 차이가 있다. [답] ③

59 하향광속으로 직접 작업면에 직사하고 상부방향으로 향한 빛이 천장과 상부의 벽을 부분 반사하여 작업면에 조도를 증가시키는 조명방식은?
① 직접조명   ② 반직접조명
③ 반간접조명   ④ 전반확산조명

풀이
- 직접조명 : 발산광속 중 90~100[%]가 작업면을 직접 조명하는 방식
- 반직접조명 : 상향광속은 10~40[%], 하향광속은 60~90[%] 정도가 되며 상향광속이 천장, 벽면 등을 반사하여 작업면의 조도를 증가시키는 방식
- 반간접조명 : 상향광속이 60~90[%], 하향광속은 10~40[%] 정도로 천장을 주광원으로 이용한다.
- 전반확산조명 : 상향광속이 40~60[%], 하향광속은 60~40[%] 정도로 급사무실, 상점, 주택, 공장 등에 적용한다. [답] ②, ④

60 코드 상호간 또는 캡타이어 케이블 상호간을 접속하는 경우 가장 많이 사용되는 기구는?
① T형 접속기   ② 코드 접속기
③ 와이어 커넥터 ④ 박스용 커넥터

풀이
코드 상호, 캡타이어케이블 상호, 케이블 상호 또는 이들 상호를 접속하는 경우에는 코드 **접속기**, 접속함 기타의 기구를 사용할 것. [답] ②

전기기능사 필기 실전 모의고사 제 8 회

01 대칭 3상 전압에 △결선으로 부하가 구성되어 있다. 3상 중 한 선이 단선되는 경우, 소비되는 전력은 끊어지기 전과 비교하여 어떻게 되는가?

① $\frac{3}{2}$으로 증가한다. ② $\frac{2}{3}$로 줄어든다.
③ $\frac{1}{3}$로 줄어든다. ④ $\frac{1}{2}$로 줄어든다.

풀이

• 단선되기 전 소비전력 P

$$P=3I^2R=3\left(\frac{V}{R}\right)^2R=\frac{3V^2}{R}$$

• 한선 단선 후 소비전력 P'

$$P_1=I^2R=\left(\frac{V}{R}\right)^2R=\frac{V^2}{R}$$

$$P_2=I^2\cdot 2R=\left(\frac{V}{2R}\right)^2\cdot 2R=\frac{V^2}{2R}$$

$$P'=P_1+P_2=\frac{3V^2}{2R}$$

$$\therefore \frac{P'}{P}=\frac{\frac{3V^2}{2R}}{\frac{3V^2}{R}}=\frac{1}{2}$$

[답] ④

02 전류계의 측정범위를 확대시키기 위하여 전류계와 병렬로 접속하는 것은?

① 분류기
② 배율기
③ 검류계
④ 전위차계

풀이

• **배율기(Multiplier)** $R_m[\Omega]$: 전압의 측정 범위를 넓히기 위하여 전압계에 직렬로 접속하는 저항
• **분류기(Shunt)** $R_s[\Omega]$: 전류의 측정 범위를 넓히기 위하여 전류계에 병렬로 접속하는 저항 [답] ①

03 전기장의 세기와 관한 단위는?

① H/m ② F/m
③ AT/m ④ V/m

풀이

① 투자율 μ[H/m]
② 유전율 ϵ[F/m]
③ 자기장의 세기 H[AT/m]
④ 전기장의 세기 E[V/m] [답] ④

04 같은 저항 4개를 그림과 같이 연결하여 a-b간에 일정전압을 가했을 때 소비전력이 가장 큰 것은 어느 것인가?

①
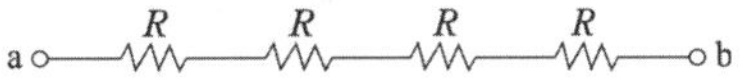

②
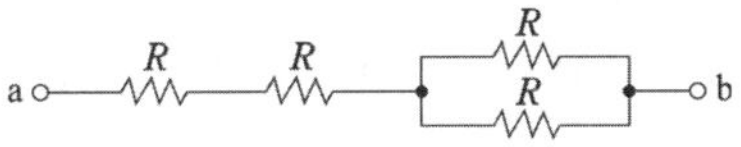

③
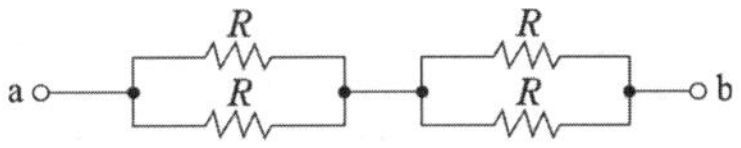

④
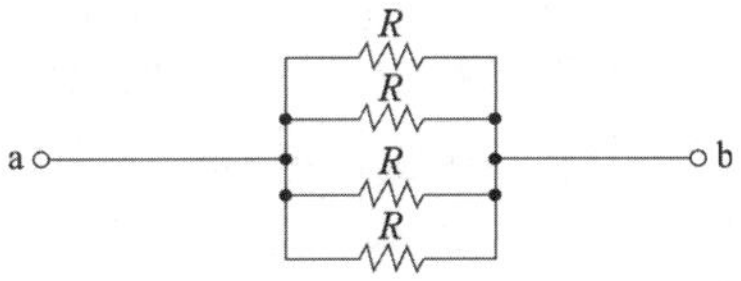

풀이

소비전력이 가장 큰 조합은 합성저항이 가장 작은 경우이다.

① $R_0=R+R+R+R=4R$

② $R_0=R+R+\frac{R\times R}{R+R}=\frac{3}{2}R$

③ $R_0=\frac{R\times R}{R+R}+\frac{R\times R}{R+R}=R$

④ $R_0=\frac{1}{\frac{1}{R}+\frac{1}{R}+\frac{1}{R}+\frac{1}{R}}=\frac{1}{4}R$ [답] ④

05 그림에서 a-b 간의 합성 정전용량은?

① C
② $2C$
③ $3C$
④ $4C$

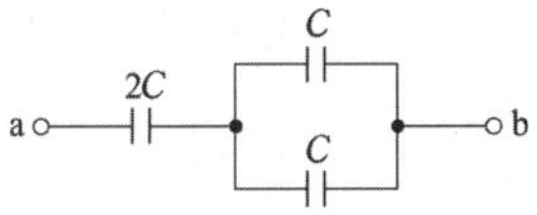

풀이

합성정전용량

$$C_0=\frac{2C\times(C+C)}{2C+(C+C)}=C$$

[답] ①

06 $i = I_m \sin\omega t$[A]인 정현파 교류에서 ωt가 몇 °일 때 순시값과 실효값이 같게 되는가?

① 90°   ② 60°
③ 45°   ④ 0°

풀이
순시값 = 실효값 조건에서
$I_m \sin\omega t = \frac{1}{\sqrt{2}} I_m$ 이므로 $\sin\omega t = \frac{1}{\sqrt{2}}$ 이다.
∴ $\omega t = 45°$ [답] ③

07 저항이 9[Ω]이고, 용량 리액턴스가 12[Ω]인 직렬회로의 임피던스[Ω]는?

① 3[Ω]   ② 15[Ω]
③ 21[Ω] ④ 108[Ω]

풀이
임피던스 $Z = \sqrt{R^2 + X_c^2} = \sqrt{9^2 + 12^2} = 15[\Omega]$ [답] ②

08 10[℃], 5000[g]의 물을 40[℃]로 올리기 위하여 1[kW]의 전열기를 쓰면 몇 분이 걸리게 되는가? (단, 여기서 효율은 80[%]라고 한다.)

① 약 13분   ② 약 15분
③ 약 25분   ④ 약 50분

풀이
열량 $Q = mc\Delta T = 5000 \times 1 \times (40-10) = 1.5 \times 10^5$[cal]
(m : 질량[g], C : 비열[1 kcal/kg·℃](물의 비열 1)
ΔT : 온도변화[℃])
전열기의 전력량 $H = 0.24 I^2 Rt\eta = 0.24 Pt\eta$[cal]
($I^2 R$: 전력[W], t : 시간[sec], η : 효율)
물의 열량 = 전열기의 전력량 이므로
∴ $t = \frac{Q}{0.24 I^2 R\eta} = \frac{1.5 \times 10^5}{0.24 \times 10^3 \times 0.8} = 781.25$[sec]
   $= 13.02$[min]   [답] ①

09 발전기의 유도 전압의 방향을 나타내는 법칙은?

① 패러데이의 법칙
② 렌츠의 법칙
③ 오른나사의 법칙
④ 플레밍의 오른손 법칙

풀이
① 유도기전력의 크기
② 유도기전력의 방향
③ 전류에 의한 자기장의 방향   [답] ④

10 전기력선의 성질 중 맞지 않는 것은?

① 전기력선은 양(+)전하에서 나와 음(-)전하에서 끝난다.
② 전기력선의 접선방향이 전장의 방향이다.
③ 전기력선은 도중에 만나거나 끊어지지 않는다.
④ 전기력선은 등전위면과 교차하지 않는다.

풀이
전기력선의 성질
• 전기력선방향(밀도)은 그 점의 전계 방향(크기)과 같다.
• 전기력선은 정(+)전하에서 시작하여 부(-)전하에서 끝난다.
• 전기력선은 전위가 높은 곳에서 낮은 곳으로 향한다.
• 전기력선은 서로 교차하지 않으며, 전하가 없는 곳에서는 전기력선의 발생, 소멸이 없다. 즉, 연속적이다
• 단위 전하에선 $1/\epsilon_0$개의 전기력선이 출입한다.
• 전기력선은 그 자신만으로 폐곡선을 만들지 않는다.
• 전기력선은 등전위면(도체표면)과 직교한다. 도체는 전체가 등전위이다.
• 도체 내부에는 전기력선이 존재하지 않는다. 즉, 도체 내부에서 전계 $E = 0$ 이다.   [답] ④

11 교류에서 파형률은?

① 파형률 = $\frac{최대값}{실효값}$ ② 파형률 = $\frac{실효값}{평균값}$

③ 파형률 = $\frac{평균값}{실효값}$ ④ 파형률 = $\frac{최대값}{평균값}$

풀이
파형율 = $\frac{실효값}{평균값}$, 파고율 = $\frac{최대값}{실효값}$ [답] ②

12 묽은 황산(H_2SO_4) 용액에 구리(Cu)와 아연(Zn)판을 넣으면 전지가 된다. 이때 양극(+)에 대한 설명으로 옳은 것은?

① 구리판이며 수소 기체가 발생한다.
② 구리판이며 산소 기체가 발생한다.
③ 아연판이며 산소 기체가 발생한다.
④ 아연판이며 수소 기체가 발생한다.

풀이

볼타 전지(Volta Cell)
- 화학 전지의 가장 기본이 되는 전지
- 아연판과 구리판을 두 극으로 사용한 간단한 전지
  - $(-)$극 : 아연판 $Zn \rightarrow Zn^{2+} + 2e^-$ …… 산화
  - $(+)$극 : 구리판 $2H^+ + 2e^- \rightarrow H_2$ ……… 환원

[답] ①

13 다음 중 가장 무거운 것은?
① 양성자의 질량과 중성자의 질량의 합
② 양성자의 질량과 전자의 질량의 합
③ 원자핵의 질량과 전자의 질량의 합
④ 중성자의 질량과 전자의 질량의 합

풀이

모든 물질은 분자 또는 원자의 집합으로 구성되며, 원자는 양(+)전기를 가진 원자핵(양성자 + 중성자)과 그 주위를 일정한 궤도를 따라 맴도는 음(-)전기를 가진 몇 개의 전자(electron)로 구성

원자 $\begin{cases} \text{원자핵} \begin{cases} \text{양성자} \\ \text{중성자} \end{cases} \\ \text{전자} \end{cases}$

[답] ③

14 $R = 15[\Omega]$인 RC 직렬 회로에 60[Hz], 100[V]의 전압을 가하니 4[A]의 전류가 흘렀다면 용량 리액턴스$[\Omega]$는?
① 10 ② 15 ③ 20 ④ 25

풀이

$Z = \dfrac{V}{I} = \dfrac{100}{4} = 25[\Omega]$

$Z = \sqrt{R^2 + X_c^2}$ 에서

$X_c = \sqrt{Z^2 - R^2} = \sqrt{25^2 - 15^2} = 20[\Omega]$

[답] ③

15 Y-Y 평형 회로에서 상전압 V_p가 100[V], 부하 $Z = 8 + j6[\Omega]$이면 선전류 I_ℓ의 크기는 몇 [A]인가?
① 2 ② 5
③ 7 ④ 10

풀이

Y결선
$V_\ell = \sqrt{3}\,V_p, \quad I_\ell = I_p$

$I_\ell = I_p = \dfrac{V_p}{Z} = \dfrac{100}{\sqrt{8^2 + 6^2}} = 10[A]$

[답] ④

16 반지름 0.2[m], 권수 50회의 원형 코일이 있다. 코일 중심의 자기장의 세기가 850[AT/m] 이었다면 코일에 흐르는 전류의 크기는?
① 0.68[A] ② 6.8[A]
③ 10[A] ④ 20[A]

풀이

원형코일의 자기장 세기

$H = \dfrac{NI}{2r}[AT/m]$ 에서

전류 $I = \dfrac{2rH}{N} = \dfrac{2 \times 0.2 \times 850}{50} = 6.8[A]$

[답] ②

17 역률 0.8, 유효전력 4000[kW]인 부하의 역률을 100[%]로 하기 위한 콘덴서의 용량[kVA]은?
① 3200 ② 3000
③ 2800 ④ 2400

풀이

역률개선 시 콘덴서의 용량

$Q_c = P(\tan\theta_1 - \tan\theta_2) = P\left(\dfrac{\sin\theta_1}{\cos\theta_1} - \dfrac{\sin\theta_2}{\cos\theta_2}\right)$

$= 4000\left(\dfrac{0.6}{0.8} - \dfrac{0}{1}\right) = 3000[kVA]$

[답] ②

18 전선의 길이를 4배로 늘렸을 때, 처음의 저항값을 유지하기 위해서는 도선의 반지름을 어떻게 해야 하는가?
① 1/4로 줄인다. ② 1/2로 줄인다.
③ 2배로 늘인다. ④ 4배로 늘인다.

풀이

저항 $R = \rho \dfrac{\ell}{A}[\Omega]$ 에서 길이 ℓ을 4배로 늘리면 면적 A도 4배로 늘려야 저항값이 일정하게 유지된다. 면적 $A = \pi r^2$ 식에서 반지름 r을 2배로 늘이면 면적 A가 4배가 된다.

[답] ③

19 자체 인덕턴스 L_1, L_2, 상호인덕턴스 M인 두 코일을 같은 방향으로 직렬 연결한 경우 합성 인덕턴스는?
① $L_1 + L_2 + M$ ② $L_1 + L_2 - M$
③ $L_1 + L_2 + 2M$ ④ $L_1 + L_2 - 2M$

풀이

직렬 접속 시 합성 인덕턴스
- 가동접속(같은 방향, 가극성) $L_0 = L_1 + L_2 + 2M$ [H]
- 차동접속(반대 방향, 감극성) $L_0 = L_1 + L_2 - 2M$ [H]

[답] ③

20 자기저항의 단위는?
① AT/m   ② Wb/AT
③ AT/Wb   ④ Ω/AT

풀이

① 자기장 세기 H [AT/m]
③ 자기저항 R_m [AT/Wb]

[답] ③

21 직류 전동기의 속도 제어에서 자속을 2배로 하면 회전수는?
① 1/2로 줄어든다.   ② 변함이 없다.
③ 2배로 증가한다.   ④ 4배로 증가한다.

풀이

직류전동기 속도 $N = K\dfrac{V - I_a R_a}{\phi}$ [rpm]

$\therefore N \propto \dfrac{1}{\phi}$

[답] ①

22 전기자 저항이 0.2[Ω], 전류 100[A], 전압 120[V]일 때 분권전동기의 발생 동력[kW]은?
① 5   ② 10   ③ 14   ④ 20

풀이

전동기의 출력
$P = EI_a = (V - I_a R_a) \cdot I_a = (120 - 100 \times 0.2) \times 100$
$= 10000$ [W] $= 10$ [kW]

[답] ②

23 직류 발전기 중 무부하 전압과 전부하 전압이 같도록 설계된 직류 발전기는?
① 분권 발전기
② 직권 발전기
③ 평복권 발전기
④ 차동복권 발전기

풀이

평복권 : 직권계자권선을 적당히 하여 무부하시와 전부하시 단자전압을 같게 한 것 ($V_o = V_n$)

[답] ③

24 다음 중 기동 토크가 가장 큰 전동기는?
① 분상기동형
② 콘덴서모터형
③ 세이딩코일형
④ 반발기동형

풀이

기동 토크가 큰 순서 : 반발 기동형 > 반발 유도형 > 콘덴서 기동형 > 분상 기동형

[답] ④

25 슬립 4[%]인 3상 유도전동기의 2차 동손이 0.4[kW]일 때 회전자 입력[kW]은?
① 6   ② 8
③ 10   ④ 12

풀이

유도기의 비례식
$P_2 : P_{2c} : P_k = 1 : s : 1-s$ 에서 $P_{2c} = sP_2$

$\therefore P_2 = \dfrac{P_{2c}}{s} = \dfrac{0.4}{0.04} = 10$ [kW]

[답] ③

26 3상 유도전동기의 회전방향을 바꾸기 위한 방법으로 가장 옳은 것은?
① Δ-Y 결선으로 주파수를 바꾸어 준다.
② 전원의 전압과 주파수를 바꾸어 준다.
③ 전동기의 1차 권선에 있는 3개의 단자 중 어느 2개의 단자를 서로 바꾸어 준다.
④ 기동보상기를 사용하여 권선을 바꾸어 준다.

풀이

3상 유도전동기를 역회전시키기 위해서는 3상 중 2상의 결선을 바꾸어주면 역회전 한다.

[답] ③

27 직류 전동기의 제어에 널리 응용되는 직류-직류-전압 제어장치는?
① 인버터   ② 컨버터
③ 초퍼   ④ 전파정류

풀이

- DC → AC로 변환 : 인버터(inverter, 역변환 장치)
- AC → DC로 변환 : 컨버터(converter, 순변환 장치)
- DC → DC로 변환 : 초퍼
- AC → AC로 변환 : 사이클로 컨버터

[답] ③

28 직류발전기의 정류를 개선하는 방법 중 틀린 것은?

① 코일의 자기 인덕턴스가 원인이므로 접촉저항이 작은 브러시를 사용한다.
② 보극을 설치하여 리액턴스 전압을 감소시킨다.
③ 보극 권선은 전기자 권선과 직렬로 접속한다.
④ 브러시를 전기적 중성축을 지나서 회전방향으로 약간 이동시킨다.

풀이

정류 개선 대책
- 저항정류 : 접촉저항이 큰 브러시를 사용(탄소브러시)
- 전압정류 : 보극 설치
- 정류주기를 길게 조정하여 리액턴스 전압을 줄인다.

$(e_L = L \dfrac{2 \cdot I_c}{T_c})$ [답] ①

29 세이딩코일형 유도전동기의 특징을 나타낸 것으로 틀린 것은?

① 역률과 효율이 좋고 구조가 간단하여 세탁기 등 가정용 기기에 많이 쓰인다.
② 회전자는 농형이고 고정자의 성층철심은 몇 개의 돌극으로 되어있다.
③ 기동 토크가 작고 출력이 수 10[W] 이하의 소형 전동기에 주로 사용된다.
④ 운전 중에도 세이딩코일에 전류가 흐르고 속도변동률이 크다.

풀이

콘덴서형 전동기(영구 콘덴서 전동기)
기동토크는 적고 운전시의 특성도 양호하지 않지만, 원심력 스위치가 필요 없고 가격도 싸므로 큰 기동토크를 요구하지 않는 선풍기, 전기냉장고, 전기세탁기 등에 널리 사용되면 기동토크는 20~100[%] 이다. [답] ①

30 동기 발전기의 병렬운전 중에 기전력의 위상차가 생기면?

① 위상이 일치하는 경우보다 출력이 감소한다.
② 부하 분담이 변한다.
③ 무효 순환전류가 흘러 전기자 권선이 과열된다.
④ 동기화력이 생겨 두 기전력의 위상이 동상이 되도록 작용한다.

풀이

동기발전기 병렬운전 조건
- 기전력의 크기가 같을 것 → 무효순환전류 발생
- 기전력의 위상이 같을 것 → 동기화전류 발생
- 기전력의 파형이 같을 것 → 고조파 무효순환전류 발생
- 주파수가 같을 것 → 동기화전류가 주기적으로 흘러 난조 발생
- 기전력의 상회전이 같을 것 [답] ④

31 동기 전동기에 대한 설명으로 옳지 않은 것은?

① 정속도 전동기로 비교적 회전수가 낮고 큰 출력이 요구되는 부하에 이용된다.
② 난조가 발생하기 쉽고 속도제어가 간단하다.
③ 전력계통의 전류세기, 역률 등을 조정할 수 있는 동기 조상기로 사용된다.
④ 가변 주파수에 의해 정밀속도 제어 전동기로 사용된다.

풀이

동기전동기는 난조를 일으킬 염려가 있고 속도 조정을 할 수 없다. [답] ②

32 변압기에서 철손은 부하전류와 어떤 관계인가?

① 부하전류에 비례한다.
② 부하전류의 자승에 비례한다.
③ 부하전류에 반비례한다.
④ 부하전류와 관계없다.

풀이

철손($P_i = P_h + P_e$)은 무부하손으로 부하전류와 관계 없다. 그러나 동손은 부하손으로 부하전류의 제곱에 비례한다. ($P_\ell = I^2 R$) 그러므로 역률 개선으로 부하전류를 감소시키면 동손은 부하전류의 제곱에 비례하여 감소하게 된다. [답] ④

33 6600/220[V]인 변압기의 1차에 2850[V]를 가하면 2차 전압[V]은?

① 90 　　　　② 95
③ 120 　　　④ 105

[풀이]
변압기의 변압비

$$a = \frac{E_1}{E_2} \quad \therefore E_2 = \frac{E_1}{a} = \frac{2850}{\frac{6600}{220}} = 95[V]$$

[답] ②

34 3상 변압기 병렬운전이 불가능한 결선 방식으로 짝지은 것은?
① △-△와 Y-Y
② △-Y와 △-Y
③ Y-Y와 Y-Y
④ △-△와 △-Y

[풀이]
변압기의 병렬 운전 불가능 : 홀수 조합은 불가능
• △-△와 △-Y, △-Y와 △-△, Y-Y와 Y-△ 등

[답] ④

35 유도전동기의 동기속도 n_s, 회전속도 n일 때 슬립은?
① $s = \dfrac{n_s - n}{n}$
② $s = \dfrac{n - n_s}{n}$
③ $s = \dfrac{n_s - n}{n_s}$
④ $s = \dfrac{n_s + n}{n_s}$

[풀이]
슬립 $S = \dfrac{동기속도 - 회전자속도}{동기속도} = \dfrac{N_s - N}{N_s} = 1 - \dfrac{N}{N_s}$

[답] ③

36 다음 중 제동권선에 의한 기동토크를 이용하여 동기전동기를 기동시키는 방법은?
① 저주파 기동법
② 고주파 기동법
③ 기동 전동기법
④ 자기 기동법

[풀이]
동기 전동기의 기동법
• **자기 기동법** : 회전자 자극표면에 권선을 감아 만든 기동용 권선(**제동권선**)을 이용하여 기동
• 타 시동법(=기동 전동기법) : 유도 전동기나 직류 전동기로 동기 속도까지 회전시켜 주전원에 투입하는 방식으로 유도 전동기를 사용할 경우 극수가 2극 적은 것을 사용한다.
• 저주파 시동법 : 낮은 주파수에서 시동하여 서서히 높여가면서 동기 속도가 되면 주전원에 동기 투입하는 방식

[답] ④

37 변압기의 백분율저항강하가 2[%], 백분율 리액턴스강하가 3[%]일 때 부하역률이 80[%]인 변압기의 전압변동률[%]은?
① 1.2
② 2.4
③ 3.4
④ 3.6

[풀이]
변압기의 전압변동률
$\varepsilon = p\cos\theta + q\sin\theta [\%]$
$\therefore \varepsilon = 2 \times 0.8 + 3 \times 0.6 = 3.4[\%]$

[답] ③

38 동기발전기의 공극이 넓을 때의 설명으로 잘못된 것은?
① 안정도 증대
② 단락비가 크다.
③ 여자전류가 크다.
④ 전압변동이 크다.

[풀이]
단락비가 큰 동기기(철기계)
• 전기자 반작용이 작다.
• 전압변동률이 작다.
• 동기임피던스가 작다.
• 공극이 넓고 단락전류가 커지며 과부하내량이 커진다.
• 중량이 커지게 되고 효율이 낮아진다.

[답] ④

39 보호구간에 유입하는 전류와 유출하는 전류의 차에 의해 동작하는 계전기는?
① 비율차동 계전기
② 거리계전기
③ 방향계전기
④ 부족전압계전기

[풀이]
각종 계전기
① 비율차동계전기 : 변압기 내부 고장발생 시 1·2차 측에 설치한 CT 2차 측의 억제 코일에 흐르는 전류차가 일정비율 이상이 되었을 때 계전기가 동작하는 방식으로 주로 변압기 단락보호용으로 사용
② 거리계전기 : 고장점까지의 리액턴스를 측정하는 요소를 갖추고 있어, 동작시간이 고장점까지의 거리에 따라 변화하는 계전기
③ 방향계전기 : 조류가 있는 전력계통에서 보호하고자 하는 쪽만의 사고를 감지하고자 사용하는 계전기
④ 부족전압계전기 : 일정한 값 이하의 값으로 전압이 떨어지는 것을 감지 동작하는 계전기

[답] ①

40 $e = \sqrt{2}\sin\omega t$[V]의 정현파 전압을 가했을 때 직류 평균값 $E_{ab} = 0.45E$[V]인 회로는?

① 단상 반파 정류회로
② 단상 전파 정류회로
③ 3상 반파 정류회로
④ 3상 전파 정류회로

풀이
각 정류회로의 정류전압의 크기

- 단상 반파 : $E_d = \dfrac{\sqrt{2}}{\pi}E_a ≒ 0.45E_a$[V]
- 단상 전파 : $E_d = \dfrac{2\sqrt{2}}{\pi}E_a ≒ 0.9E_a$[V]
- 3상 반파 : $E_d = \dfrac{3\sqrt{6}}{2\pi}E_a ≒ 1.17E_a$[V]
- 3상 전파 : $E_d = \dfrac{3\sqrt{2}}{\pi}E_a ≒ 1.35E_a$[V]

[답] ①

41 가로등, 경기장, 공장, 아파트 단지 등의 일반조명을 위하여 시설하는 고압방전등의 효율은 몇 [lm/W] 이상의 것이어야 하는가?

① 30 ② 70
③ 90 ④ 120

풀이
가로등, 경기장, 공장, 아파트 단지 등의 일반조명을 위하여 시설하는 고압방전등은 그 효율이 70[lm/W] 이상의 것이어야 한다.

[답] ②

42 전주의 길이가 16[m]인 지지물을 건주하는 경우에 땅에 묻히는 최소 깊이는 몇 [m]인가? (단, 설계하중 6.8[kN] 이하이다.)

① 1.5
② 2.0
③ 2.5
④ 3.5

풀이
전주가 땅에 묻히는 깊이
- 전주의 길이 15[m] 이하 : 1/6 이상
- 전주의 길이 15[m] 이상 : 2.5[m] 이상
- 철근 콘크리트 전주로서 길이가 14[m] 이상 20[m] 이하이고, 설계하중이 6.8[kN] 초과 9.8[kN] 이하인 것은 30[cm]을 가산한다.

[답] ③

43 금속몰드를 8m 이하로서 건조한곳에 배선 시공시 대지전압이 교류 몇 [V] 이하일 경우 접지공사를 생략할 수 있는가?

① 400 ② 300
③ 220 ④ 150

풀이
금속몰드 공사
몰드 상호 간 및 몰드 박스 기타의 부속품과는 견고하고 또한 전기적으로 완전하게 접속하고 규정에 준하여 접지공사를 할 것. 다만, 다음 중 하나에 해당하는 경우에는 그러하지 아니하다.
가. 몰드의 길이(2개 이상의 몰드를 접속하여 사용하는 경우에는 그 전체의 길이)가 4[m] 이하인 것을 시설하는 경우
나. 옥내배선의 사용전압이 직류 300[V] 또는 교류 대지전압이 150[V] 이하로서 그 전선을 넣는 관의 길이가 8[m] 이하인 것을 사람이 쉽게 접촉할 우려가 없도록 시설하는 경우 또는 건조한 장소에 시설하는 경우

[답] ④

44 단선의 직선접속 방법 중에서 트위스트 직선접속을 할 수 있는 최대 단면적은 몇 [mm²] 이하인가?

① 2.5 ② 4
③ 6   ④ 10

풀이
단선의 직선접속 방법
- 트위스트 접속 : 단면적 6[mm²] 이하의 가는 단선
- 브리타니아 접속 : 단면적 10[mm²] 이상의 굵은 단선

[답] ③

45 셀룰라덕트배선 공사 시 덕트 상호간을 접속하는 것과 셀룰라덕트 끝에 접속하는 부속품에 대한 설명으로 적합하지 않은 것은?

① 알루미늄 판으로 특수 제작할 것
② 부속품의 판 두께는 1.6[mm] 이상일 것
③ 덕트 끝과 내면은 전선의 피복이 손상하지 않도록 매끈한 것일 것
④ 덕트의 내면과 외면은 녹을 방지하기 위하여 도금 또는 도장을 한 것일 것

풀이

셀룰라덕트배선 공사
덱 플레이트 하단에 철판을 깔고 만들어진 공간을 배선 덕트로 사용되는 것. 사무자동화를 위한 바닥배선 방식으로서 쓰인다.

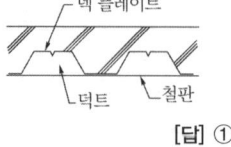

[답] ①

46 석유류를 저장하는 장소의 공사 방법 중 틀린 것은?
① 케이블공사
② 애자사용공사
③ 금속관공사
④ 합성수지관공사

풀이
위험물이 있는 곳의 배선공사
• 금속전선관공사
• 합성수지관공사(두께 2[mm] 이상)
• 케이블공사 **[답] ②**

47 OW 전선을 사용하는 저압 구내 가공인입전선으로 전선의 길이가 15[m]를 초과하는 경우 그 전선의 지름은 몇 [mm] 이상을 사용하여야 하는가?
① 1.6
② 2.0
③ 2.6
④ 3.2

풀이
인입선(OW 및 DV 전선)
저압 인입선의 굵기는 2.6[mm]의 경동선 또는 이와 동등 이상의 세기와 굵기의 절연 전선이어야 한다. 단, 인입선의 경간이 15[m] 이하인 경우에는 2.0[mm]의 경동선 또는 이와 동등 이상의 세기 및 굵기의 절연 전선을 사용할 수 있다. **[답] ③**

48 다음 중 가요전선관배선 공사로 적당하지 않은 것은?
① 옥내의 천장 은폐배선으로 8각 박스에서 형광 등기구에 이르는 짧은 부분의 전선관 공사
② 프레스 공작기계 등의 굴곡개소가 많아 금속관 공사가 어려운 부분의 전선관 공사
③ 금속관에서 전동기부하에 이르는 짧은 부분의 전선관 공사
④ 수변전실에서 배전반에 이르는 부분의 전선관공사

풀이
가요전선관배선 공사
일반 전선관과는 달리 가요성이 풍부하고 긴 것으로, 관을 접속하는 일이 적고 자유롭게 배선할 수 있으므로, 굴곡개소가 많은 장소나 작은 증설 배선, 안전함과 전동기 사이의 배선, 엘리베이터 배선, 기차나 전차 안의 배선 등 비교적 거리가 짧은 부분에 많이 사용된다. **[답] ④**

49 교통신호등의 제어장치로부터 신호등의 전구까지의 전로에 사용하는 전압은 몇 [V] 이하인가?
① 60
② 100
③ 300
④ 400

풀이
교통 신호등의 시설
• 사용전압은 300[V] 이하
• 사용전선 : 공칭단면적 2.5[mm²] 연동선과 이와 동등 이상의 세기 및 굵기의 450/750[V] 일반용 단심 비닐절연전선 또는 450/750[V] 내열성 에틸렌아세테이트 고무절연전선
• 인하선의 지표상 높이 : 2.5[m] 이상
• 사용전압 150[V] 초과 시 전로에 지락 발생 시 자동차단 장치를 시설
• 제어장치의 금속제 외함에는 보호도체접지공사 **[답] ③**

50 25[kV] 이하의 중성점 접지식으로 전로에 지기가 생긴 경우 2[초] 이내에 차단하는 장치를 한 특별고압가공전선로와 저압이 결합된 변압기의 경우 접지공사에 접지선의 굵기는 몇 [mm²] 이하인가?
① 16
② 10
③ 6
④ 2.5

풀이

유 형	구 분	접지선 굵기
접지에 피뢰시스템 접속		구리 16[mm²]이상 철제 50[mm²]이상
접지에 큰 전류가 흐르지 않은 경우		구리 6[mm²]이상 철제 50[mm²]이상
고장시 전류를 안전하게 흐를 수 있는 경우 (특고압 또는 고압설비용 접지도체)		6[mm²]이상

유형	구분	접지선 굵기
접지에 큰 전류가 흐르지 않은 경우	중성점 접지용 도체	고압이하 전로 또는 25[kV] 이하 특고압가공 (중성선 다중접지식 2초 이내 자동자단장치)	6[mm²]이상
		그 외	16[mm²]이상
이동하여 사용하는 전기기계 기구의 금속제 외함	특고압·고압 전기설비용 접지도체 및 중성점 접지용 접지도체 ① 클로로프렌캡타이어케이블(3종 및 4종) ② 클로로설포네이트폴리에틸렌 캡타이어케이블(3종 및 4종) ③ 다심 캡타이어케이블의 차폐 또는 기타의 금속체	10[mm²]이상
	저압 전기설비용 접지도체 ① 다심 코드 또는 다심 캡타이어케이블 ② 기타 유연성이 있는 연동연선	0.75[mm²]이상 1.5[mm²]이상

[답] ③

51 무대·무대밑·오케스트라 박스·영사실 기타 사람이나 무대 도구가 접촉될 우려가 있는 장소에 시설하는 저압 옥내배선·전구선 또는 이동전선은 사용전압이 몇 [V] 이하 이어야 하는가?

① 400 ② 500
③ 600 ④ 700

풀이
전시회,공연장의 전기설비
- 무대, 무대마루 밑, 오케스트라 박스, 영사실 기타의 사람이나 무대 도구가 접촉할 우려가 있는 곳에 시설하는 저압옥내배선, 전구선 또는 이동 전선은 사용 전압이 **400[V] 이하**
- 전선은 구리 도체로 최소 단면적이 1.5[mm²]이며, 450/750[V] 이하 염화비닐 절연 케이블, 450/750[V] 이하 고무 절연케이블
- 이동전선은 0.6/1 kV EP 고무 절연 클로로프렌 캡타이어 케이블 또는 0.6/1 kV 비닐 절연 비닐캡타이어 케이블
- 무대, 무대마루 밑, 오케스트라 박스 및 영사실의 전로에는 전용 개폐기 및 과전류 차단기를 시설할 것
- 무대용의 콘센트 박스, 플로어 덕트 및 보더라이트의 금속제 외함은 보호도체 **접지공사**
- 비상 조명을 제외한 조명용 분기회로 및 정격 32[A] 이하의 콘센트용 분기회로는 정격 감도전류 30[mA] 이하의 누전차단기로 보호

[답] ①

52 아래 심벌이 나타내는 것은?

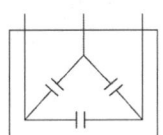

① 저항 ② 진상용 콘덴서
③ 유입 개폐기 ④ 변압기

[답] ②

53 지중전선로에 사용되는 케이블이 아닌것은?

① 콤바인덕트(CD) 케이블
② 폴리에틸렌 외장케이블
③ 클로로프렌 외장케이블
④ 비닐외장 캡타이어케이블

풀이
고압용 지중케이블의 종류로는 알루미늄피케이블, 클로로프렌 외장케이블, 비닐외장케이블, 폴리에틸렌외장케이블, 폴리에틸렌외장케이블, 콤바인덕트(CD) 케이블 등이 있다.

[답] ④

54 전압의 구분에서 저압 직류전압은 몇 [V] 이하인가?

① 600 ② 1000
③ 750 ④ 1500

풀이
전압의 구분

	교류	직류
저 압	1[kV] 이하	1.5[kV] 이하
고 압	7[kV] 이하	7[kV] 이하
특고압	7[kV] 초과	

[답] ④

55 금속관 내의 같은 굵기의 전선을 넣을 때는 절연전선의 피복을 포함한 총 단면적의 몇 [%]이하 이어야 하는가?

① 16 ② 24
③ 32 ④ 48

풀이

금속관공사
관의 굵기와 전선의 수용량은 전선의 피복을 포함한 단면적이 관 단면적의 40[%]이하이어야 한다.(굵기가 다른 절연 전선을 동일 관내에 넣을 경우, 전선의 피복 절연물을 포함한 단면적의 총 합이 관내부 단면적의 32[%] 이하이어야 하며, **같은 굵기**의 전선을 넣을 경우는 **48[%] 이하**이어야 한다.) **[답] ④**

56 접지공사의 접지선에 대한 설명으로 옳은 것은?
① 고장시 흐르는 전류를 안전하게 통할 수 있는 것을 사용하여야 한다.
② 연동선만을 사용하여야 한다.
③ 피뢰기의 접지선으로는 캡타이어 케이블을 사용한다.
④ 접지선의 굵기는 지름 2.5[mm²] 이상이어야 한다.

[답] ①

57 16[mm] 합성수지 전선관을 직각 구부리기를 할 경우 구부림 부분의 길이는 약 몇 [mm]인가? (단, 16[mm] 합성수지관의 안지름은 18[mm], 바깥지름은 22[mm] 이다.)
① 119 ② 132
③ 187 ④ 220

풀이
합성수지전선관 공사(굽힘)
• 원의 곡률 반지름 $r = 6d + \dfrac{D}{2} = 6 \times 18 + \dfrac{22}{2} = 119[mm]$
• 원주의 길이 $l = 2\pi r = 2\pi \times 119 = 747.7[mm]$
• 구부리는데 필요한 길이 $l' = \dfrac{l}{4} = \dfrac{747.7}{4} = 186.9[mm]$

[답] ③

58 다음 중 배전반 및 분전반의 설치 장소로 적합하지 않은 곳은?
① 전기 회로를 쉽게 조작할 수 있는 장소
② 개폐기를 쉽게 개폐할 수 있는 장소
③ 노출된 장소
④ 사람이 쉽게 조작할 수 없는 장소

풀이
배전반 및 분전반은 수시로 점검하고 조작해야 하는 곳이므로 접근이 용이한 장소여야 한다. **[답] ④**

59 옥내배선공사 중 금속관 공사에 사용되는 공구의 설명 중 잘못된 것은?
① 전선관의 굽힘 작업에 사용하는 공구는 토치램프나 스프링 벤더를 사용한다.
② 전선관의 나사를 내는 작업에 오스터를 사용한다.
③ 전선관을 절단하는 공구에는 쇠톱 또는 파이프 커터를 사용한다.
④ 아우트렛 박스의 천공작업에 사용되는 공구는 녹아웃 펀치를 사용한다.

풀이
금속관 공사의 굽힘 작업에 사용하는 공구는 히키, 파이프벤더 등이 사용된다. **[답] ①**

60 부식성 가스 등이 있는 장소에 전기설비를 시설하는 방법으로 적합하지 않은 것은?
① 애자사용공사시 부식성 가스의 종류에 따라 절연전선인 DV전선을 사용한다.
② 애자사용공사에 의한 경우에는 사람이 쉽게 접촉될 우려가 없는 노출장소에 한 한다.
③ 애자사용공사시 부득이 나전선을 사용하는 경우에는 전선과 조영재와의 거리를 4.5[cm] 이상으로 한다.
④ 애자사용공사시 전선의 절연물이 상해를 받는 장소는 나전선을 사용할 수 있으며, 이 경우는 바닥 위 2.5[m] 이상 높이에 시설한다.

풀이
부식성의 가스등이 있는 곳의 공사에서 애자사용공사 시 DV전선을 제외한 절연전선을 사용한다. **[답] ①**

전기기능사 필기 실전 모의고사 제9회

01 30[μF]과 40[μF]의 콘덴서를 병렬로 접속한 후 100[V]의 전압을 가했을 때 전 전하량은 몇 [C]인가?

① 17×10^{-4} ② 34×10^{-14}
③ 56×10^{-4} ④ 70×10^{-4}

풀이
콘덴서 병렬접속 시 합성정전용량 $C = C_1 + C_2 = 70[\mu F]$
전 전하량 $Q = CV = 70 \times 10^{-6} \times 100 = 70 \times 10^{-4}[C]$
[답] ④

02 자체 인덕턴스가 L_1, L_2인 두 코일을 직렬로 접속하였을 때 합성 인덕턴스를 나타낸 식은? (단, 두 코일간의 상호 인덕턴스는 M 이다.)

① $L_1 + L_2 \pm M$ ② $L_1 - L_2 \pm M$
③ $L_1 + L_2 \pm 2M$ ④ $L_1 - L_2 \pm 2M$

풀이
직렬 접속 시 합성 인덕턴스
• 가동접속(같은 방향, 가극성) $L_0 = L_1 + L_2 + 2M[H]$
• 차동접속(반대 방향, 감극성) $L_0 = L_1 + L_2 - 2M[H]$
[답] ③

03 24[C]의 전기량이 이동해서 144[J]의 일을 했을 때 기전력은?

① 2[V] ② 4[V]
③ 6[V] ④ 8[V]

풀이
$W = QV[J]$, $V = \dfrac{W}{Q} = \dfrac{144}{24} = 6[V]$
[답] ③

04 전류의 발열작용과 관계가 있는 것은?

① 줄의 법칙
② 키르히호프의 법칙
③ 옴의 법칙
④ 플레밍의 법칙

풀이
줄의 법칙 (Joule's Law, 줄열)
도체에 흐르는 전류에 의하여 단위시간 내에 발생하는 열량은 도체의 저항과 전류의 제곱에 비례한다.
발열량 $H = 0.24I^2Rt[cal] = I^2Rt[J]$
[답] ①

05 단상전력계 2대를 사용하여 2전력계법으로 3상 전력을 측정하고자 한다. 두 전력계의 지시값이 각각 P_1, P_2[W]이었다. 3상 전력 P[W]를 구하는 식으로 옳은 것은?

① $P = \sqrt{3}(P_1 \times P_2)$
② $P = P_1 - P_2$
③ $P = P_1 \times P_2$
④ $P = P_1 + P_2$

풀이
2전력계법
• 유효전력 $P = P_1 + P_2[W]$
• 무효전력 $P_r = \sqrt{3}(P_1 - P_2)[Var]$
• 피상전력
$P_a = \sqrt{P^2 + P_r^2} = 2\sqrt{P_1^2 + P_2^2 - P_1 \cdot P_2}[VA]$
• 역률 $\cos\theta = \dfrac{P}{P_a} = \dfrac{P_1 + P_2}{2\sqrt{P_1^2 + P_2^2 - P_1 \cdot P_2}}$
[답] ④

06 출력 P[kVA]의 단상변압기 2대를 V결선한 때의 3상 출력[kVA]은?

① P ② $\sqrt{3}P$
③ $2P$ ④ $3P$

풀이
V 결선 : △−△ 결선 방식으로 운전 중 변압기의 고장발생시 두 대의 변압기로 3상 전압을 공급하는 방식
• 출력 : $P = \sqrt{3}\,VI\cos\theta = \sqrt{3}P_1[W]$
• 이용률 : 86.6[%]
$\dfrac{\text{V결선시 용량}}{\text{변압기 2대 용량}} = \dfrac{\sqrt{3}\,VI}{2VI} = 0.867$
• 출력비 : 57.7[%]
$\dfrac{\text{V결선시 출력(고장 후)}}{\text{△결선시 출력(고장 전)}} = \dfrac{\sqrt{3}\,VI}{3VI} = 0.577$
[답] ②

07 $i = 3\sin\omega t + 4\sin(3\omega t - \theta)$[A]로 표시되는 전류의 등가 사인파 최대값은?
① 2[A] ② 3[A]
③ 4[A] ④ 5[A]

풀이
$I_m = \sqrt{I_{m1}^2 + I_{m3}^2} = \sqrt{3^2 + 4^2} = 5$[A] 【답】④

08 4×10^{-5}[C]과 6×10^{-5}[C]의 두 전하가 자유공간에 2[m]의 거리에 있을 때 그 사이에 작용하는 힘은?
① 5.4[N], 흡인력이 작용한다.
② 5.4[N], 반발력이 작용한다.
③ $\frac{7}{9}$[N], 흡인력이 작용한다.
④ $\frac{7}{9}$[N], 반발력이 작용한다.

풀이
• 쿨롱의 법칙 $F = \frac{1}{4\pi\varepsilon} \times \frac{Q_1 Q_2}{r^2} = 9 \times 10^9 \times \frac{Q_1 Q_2}{\varepsilon_s r^2}$
$= 9 \times 10^9 \times \frac{(4 \times 10^{-5}) \times (6 \times 10^{-5})}{2^2}$
$= 5.4$[N] (∵ 자유공간에서 $\varepsilon_s = 1$)
• 같은 종류의 전하사이엔 반발력 발생 【답】②

09 그림에서 평형조건이 맞는 식은?
① $C_1 R_1 = C_2 R_2$
② $C_1 R_2 = C_2 R_1$
③ $C_1 C_2 = R_1 R_2$
④ $\frac{1}{C_1 C_2} = R_1 R_2$

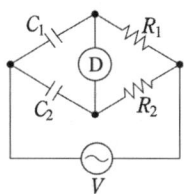

풀이
휘스톤브리지의 평형조건
$R_2 \cdot \frac{1}{j\omega C_1} = R_1 \cdot \frac{1}{j\omega C_2}$ 에서 $\frac{R_1}{C_2} = \frac{R_2}{C_1}$
∴ $C_1 R_1 = C_2 R_2$ 【답】①

10 공기 중에서 $+m$[Wb]의 자극으로부터 나오는 자기력선의 총 수를 나타낸 것은?
① m ② $\frac{\mu_0}{m}$
③ $\frac{m}{\mu_0}$ ④ $\mu_0 m$

풀이
가우스 정리(Gauss's law): 임의의 폐곡면 내 자하량 m[Wb]가 있을 때 이 폐곡면을 통해서 나오는 자기력선의 총수
$N = \frac{m}{\mu} = \frac{m}{\mu_s \cdot \mu_0} = \frac{m}{\mu_0}$ [개] (∵ 공기 중에서 $\mu_s = 1$)
【답】③

11 어떤 저항(R)에 전압(V)를 가하니 전류(I)가 흘렀다. 이 회로의 저항(R)을 20[%] 줄이면 전류(I)는 처음의 몇 배가 되는가?
① 0.8 ② 0.88
③ 1.25 ④ 2.04

풀이
$I = \frac{V}{R}$ 에서 전류는 저항에 반비례하므로 전류를 20[%] 감소시키면 $I = \frac{V}{0.8R} = 1.25 \frac{V}{R}$ 가 된다. 【답】③

12 코일의 자체 인덕턴스(L)와 권수(N)의 관계로 옳은 것은?
① $L \propto N$ ② $L \propto N^2$
③ $L \propto N^3$ ④ $L \propto \frac{1}{N}$

풀이
자체인덕턴스 $L = \frac{\mu A N^2}{\ell}$[H] 【답】②

13 다음 중 비유전율이 가장 큰 것은?
① 종이 ② 염화비닐
③ 운모 ④ 산화티탄 자기

풀이

유전체	진공	공기	종이	운모	염화비닐	산화티탄자기
유전율	1	1.00059	2~2.5	5~9	5~9	60~100

【답】④

14 전자석의 특징으로 옳지 않은 것은?
① 전류의 방향이 바뀌면 전자석의 극도 바뀐다.
② 코일을 감은 횟수가 많을수록 강한 전자석이 된다.
③ 전류를 많이 공급하면 무한정 자력이 강해진다.
④ 같은 전류라도 코일 속에 철심을 넣으면 더 강한 전자석이 된다.

풀이

철심의 자기 포화로 인해 전류가 증가하면 커지던 자력이 어느 순간부터 더 이상 증가하지 않게 된다. **[답] ③**

15 기전력 1.5[V], 내부 저항 0.2[Ω]인 전지 5개를 직렬로 연결하고 이를 단락하였을 때의 단락전류[A]는?

① 1.5 ② 4.5
③ 7.5 ④ 15

풀이

전지의 직렬접속
회로의 기전력은 전지 1개의 n배이고 합성 내부저항은 r의 n배이므로 외부저항을 고려하면 $nE = (nr + R)I$가 된다. 여기서, 단락하였기 때문에 외부저항 $R = 0$이다.

$$\therefore I = \frac{nE}{nr+R} = \frac{5 \times 1.5}{5 \times 0.2 + 0} = 7.5[\text{A}]$$

[답] ③

16 그림과 같이 R_1, R_2, R_3의 저항 3개가 직병렬 접속되었을 때 합성저항은?

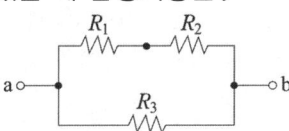

① $R = \dfrac{(R_1 + R_2)R_3}{R_1 + R_2 + R_3}$

② $R = \dfrac{(R_2 + R_3)R_1}{R_1 + R_2 + R_3}$

③ $R = \dfrac{(R_1 + R_3)R_2}{R_1 + R_2 + R_3}$

④ $R = \dfrac{R_1 R_2 R_3}{R_1 + R_2 + R_3}$

풀이

합성저항 $R_0 = \dfrac{(R_1 + R_2) \times R_3}{(R_1 + R_2) + R_3}[\Omega]$ **[답] ①**

17 $\dfrac{\pi}{6}$[rad]는 몇 도 인가?

① 30° ② 45°
③ 60° ④ 90°

풀이

도수법	0°	30°	45°	60°	90°	180°	360°
호도법	0	$\dfrac{\pi}{6}$	$\dfrac{\pi}{4}$	$\dfrac{\pi}{3}$	$\dfrac{\pi}{2}$	π	2π

[답] ①

18 2[F], 4[F], 6[F]의 콘덴서 3개를 병렬로 접속했을 때의 합성 정전용량은 몇 [F]인가?

① 1.5 ② 4
③ 8 ④ 12

풀이

병렬 합성정전용량
$C_0 = C_1 + C_2 + C_3 = 2 + 4 + 6 = 12[\text{F}]$ **[답] ④**

19 200[V], 500[W]의 전열기를 220[V] 전원에 사용하였다면 이때의 전력은?

① 400[W] ② 500[W]
③ 550[W] ④ 605[W]

풀이

• 비례관계를 이용한 풀이
$P = \dfrac{V^2}{R}$[W]에서 저항이 일정하기 때문에 $P \propto V^2$
비례식을 세우면 $P_1 : P_2 = V_1^2 : V_2^2$

$$P_2 = \frac{V_2^2}{V_1^2} \times P_1 = \frac{220^2}{200^2} \times 500 = 605[\text{W}]$$

• 저항계산을 이용한 풀이
$P = \dfrac{V^2}{R}$[W]에서 $R = \dfrac{V_1^2}{P_1} = \dfrac{200^2}{500} = 80[\Omega]$

$$\therefore P_2 = \frac{V_2^2}{R} = \frac{220^2}{80} = 605[\text{W}]$$

[답] ④

20 도면과 같이 공기 중에 놓은 2×10^{-8}[C]의 전하에서 2[m] 떨어진 점 P와 1[m] 떨어진 점 Q와의 전위차는 몇 [V]인가?

① 80[V]
② 90[V]
③ 100[V]
④ 110[V]

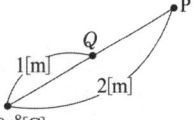

풀이

전위차 $V = V_Q - V_P = \dfrac{Q}{4\pi\varepsilon_0}\left(\dfrac{1}{r_1} - \dfrac{1}{r_2}\right)$

$$= 9 \times 10^9 \times 2 \times 10^{-8}\left(\dfrac{1}{1} - \dfrac{1}{2}\right) = 90[\text{V}]$$

[답] ②

21 전압의 구분에 대한 설명으로 옳지 않은 것은?

① 전압은 저압, 고압, 특고압의 3종으로 구분한다.
② 저압은 직류 1[kV] 이하, 교류는 1.5[kV] 이하이다.
③ 고압은 저압을 넘고 7[kV] 이하이다.
④ 특고압은 7[kV]를 넘는 것이다.

[풀이]

구분	교류	직류
저압	1[kV] 이하	1.5[kV] 이하
고압	저압 초과 7[kV] 이하	
특고압	7[kV] 초과	

[답] ②

22 전압변동률이 적고 자여자이므로 다른 전원이 필요 없으며, 계자저항기를 사용한 전압조정이 가능하므로 전기 화학용, 전지의 충전용 발전기로 가장 적합한 것은?

① 타여자 발전기 ② 직류 복권발전기
③ 직류 분권발전기 ④ 직류 직권발전기

[풀이]
분권발전기는 타여자 발전기와 같이 전압의 변화가 적어 정전압 발전기라 하고, 자여자이므로 계자저항기를 사용하여 전압조정이 가능하며 전기화학용 전원, 전지의 충전용, 동기기의 여자용으로 쓰인다. [답] ③

23 병렬운전 중인 동기 임피던스 5[Ω]인 2대의 3상 동기발전기의 유도기전력에 200[V]의 전압차가 있다면 무효순환 전류[A]는?

① 5 ② 10
③ 20 ④ 40

[풀이]
동기발전기 병렬운전 : 유도기전력의 크기 같지 않을 때 발생하는 무효순환 전류(I_c)를 구하면
$$I_c = \frac{|E_1 - E_2|}{2Z_s} = \frac{200}{2 \times 5} = 20[A]$$ 가 된다. [답] ③

24 인버터(inverter)란?

① 교류를 직류로 변환
② 직류를 교류로 변환
③ 교류를 교류로 변환
④ 직류를 직류로 변환

[풀이]
• DC → AC로 변환 : 인버터(inverter, 역변환 장치)
• AC → DC로 변환 : 컨버터(converter, 순변환 장치)
• DC → DC로 변환 : 초퍼
• AC → AC로 변환 : 사이클로 컨버터 [답] ②

25 2극의 직류발전기에서 코일변의 유효길이 ℓ[m], 공극의 평균자속밀도 B[Wb/m²], 주변속도 v[m/s]일 때 전기자도체 1개에 유도되는 기전력의 평균값 e[V]은?

① $e = B\ell v[V]$
② $e = \sin\omega t[V]$
③ $e = 2B\sin\omega t[V]$
④ $e = v^2 B\ell[V]$

[풀이]
유도기전력(e)은 B, ℓ, v에 각각 비례한다. [답] ①

26 권수비 30인 변압기의 저압측 전압이 8[V]인 경우 극성시험에서 가극성과 감극성의 전압 차이는 몇 [V]인가?

① 24 ② 16
③ 8 ④ 4

[풀이]
변압기의 가극성과 감극성
• 가극성 $V_0 = V_1 + V_2 = aV_2 + V_2 = 240 + 8 = 248[V]$
• 감극성 $V_0 = V_1 - V_2 = aV_2 - V_2 = 240 - 8 = 232[V]$
• 전압차 $248 - 232 = 16[V]$ [답] ②

27 다음 중 턴오프(소호)가 가능한 소자는?

① GTO ② TRIAC
③ SCR ④ LASCR

[풀이]
각종 다이오드 소자
• GTO(Gate Turn Off Thyristor) : 자기소호 소자 게이트에 흐르는 전류를 점호할 때의 전류와 반대로 흐르게 함으로서 GTO **소호**
• TRIAC : 양방향성 3단자, 2방향 교류제어
• SCR : 단방향성 3단자, 위상제어
• LASCR : 단방향 2단자, 빛의 입사에 의해 턴온

[답] ①

28 3상 유도전동기의 회전원리를 설명한 것 중 틀린 것은?

① 회전자의 회전속도가 증가하면 도체를 관통하는 자속수는 감소한다.
② 회전자의 회전속도가 증가하면 슬립도 증가한다.
③ 부하를 회전시키기 위해서는 회전자의 속도는 동기속도 이하로 운전되어야 한다.
④ 3상 교류전압을 고정자에 공급하면 고정자 내부에서 회전 자기장이 발생된다.

풀이

슬립 $s = \dfrac{N_s - N}{N_s}$ 이므로 회전자의 회전수 증가 시 동기속도와 점점 같아지게 되는 것을 의미하므로 슬립 s는 감소함을 알 수 있다. **[답]** ②

29 직류 분권발전기를 동일 극성의 전압을 단자에 인가하여 전동기로 사용하면?

① 동일 방향으로 회전한다.
② 반대 방향으로 회전한다.
③ 회전하지 않는다.
④ 소손된다.

풀이

발전기(플레밍의 오른손법칙)와 전동기(플레밍의 왼손법칙)의 각 힘의 방향을 적용할 때 발전기에 전원을 인가하여 전동기로 사용 시 일정한 자속의 방향과는 달리 전기자 전류의 방향이 반대가 되므로 결국 힘의 방향에 변화는 일어나지 않게 된다. **[답]** ①

30 변압기 절연물의 열화 정도를 파악하는 방법으로서 적절하지 않은 것은?

① 유전정접
② 유중가스분석
③ 접지저항측정
④ 흡수전류나 잔류전류 측정

풀이

- 유전정접(Dielectric Loss Tangent): 유전손 각 δ의 정접, 즉 $\tan\delta$를 뜻한다. 일반적으로 온도나 습도가 상승하면 이 값은 상승하고, 주파수가 높아지면 감소
- 흡수전류(Absorption Current): 유전체를 전극 사이에 끼우고 직류 전압을 가할 경우 순시에 흐르는 충전 전류 이외에 시간과 함께 점차 감소하는 전류

- 유중가스분석: 변압기의 이상현상 발생 시 수반되는 열에 의해 발생하는 가스를 분석하여 열화의 정도를 파악

[답] ③

31 변압기의 퍼센트 저항강하가 3[%], 퍼센트 리액턴스강하가 4[%]이고, 역률이 80[%] 지상이다. 이 변압기의 전압변동률[%]은?

① 3.2
② 4.8
③ 5.0
④ 5.6

풀이

변압기의 전압변동률

- $\epsilon = p\cos\theta + q\sin\theta = 3 \times 0.8 + 4 \times 0.6 = 4.8[\%]$ **[답]** ②

32 병렬 운전 중인 두 동기 발전기의 유도 기전력이 2000[V], 위상차 60°, 동기 리액턴스 100[Ω]이다. 유효순환전류[A]는?

① 5
② 10
③ 15
④ 20

풀이

동기기의 유효순환전류

$I_s = \dfrac{E}{X_s} \sin\dfrac{\delta}{2} = \dfrac{2000}{100} \sin\dfrac{60}{2} = 10[A]$ **[답]** ②

33 송배전계통에 거의 사용되지 않는 변압기 3상 결선방식은?

① Y-△
② Y-Y
③ △-Y
④ △-△

풀이

Y-Y 결선을 하지 않는 이유

- 중성점 접지로 제3고조파가 포함되어 파형의 일그러짐
- 제3고조파에 의한 인근 통신선 유도장애 발생
- 1상 고장 시 V 결선이 될 수 없음 **[답]** ②

34 3상 동기발전기에서 전기자 전류가 무부하 유도기전력보다 $\pi/2$[rad] 앞선 경우(X_c만의 부하)의 전기자반작용은?

① 횡축반작용
② 증자작용
③ 감자작용
④ 편자작용

풀이

동기발전기의 전기자 반작용의 영향
• 전압과 전류가 동상인 전류 : 교차자화작용(횡축반작용)
• 진상(앞선)인 전류 : 증자작용(직축반작용)
• 지상(뒤진)인 전류 : 감자작용(직축반작용)   [답] ②

35 직류 전동기의 특성에 대한 설명으로 틀린 것은?
① 직권전동기는 가변 속도 전동기이다.
② 분권전동기에서는 계자 회로에 퓨즈를 사용하지 않는다.
③ 분권전동기는 정속도 전동기이다.
④ 가동 복권전동기는 기동시 역회전할 염려가 있다.

풀이

가동 복권전동기는 기동 시 역회전할 염려가 없다.
[답] ④

36 3상 동기 전동기의 토크에 대한 설명으로 옳은 것은?
① 공급전압 크기에 비례한다.
② 공급전압 크기의 제곱에 비례한다.
③ 부하각 크기에 반비례한다.
④ 부하각 크기의 제곱에 비례한다.

풀이

$\tau = \dfrac{V_l E_l}{w x_s} \sin\delta [\text{N}\cdot\text{m}]$

(V_l : 선간 전압, E_l : 선간 기전력, w : 각속도, δ : 부하각)
∴ 동기기의 토크와 전압과의 관계 $\tau \propto V$ [답] ①

37 다음은 3상 유도전동기 고정자 권선의 결선도를 나타낸 것이다. 맞는 사항을 고르시오.

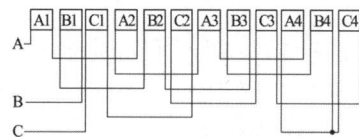

① 3상 2극, Y 결선   ② 3상 4극, Y 결선
③ 3상 2극, △ 결선   ④ 3상 4극, △ 결선

풀이

3상(A, B, C), 4극이며 각 권선의 끝(A4, B4, C4)이 접속되어 있으므로 Y결선이다.   [답] ②

38 동기 발전기의 난조를 방지하는 가장 유효한 방법은?
① 회전자의 관성을 크게 한다.
② 제동 권선을 자극면에 설치한다.
③ X_s를 작게 하고 동기화력을 크게 한다.
④ 자극 수를 적게 한다.

풀이

동기기의 **난조 방지 대책**
• 제동권선을 설치(가장 유효한 대책)
• 조속기의 감도를 적당히 조정
• 플라이 휠 효과를 높일 것   [답] ②

39 직류발전기에서 계자의 주된 역할은?
① 기전력을 유도한다.
② 자속을 만든다.
③ 정류작용을 한다.
④ 정류자면에 접촉한다.

풀이

직류기의 주요 3요소
• 계자(Field Magnet) : 자속(ϕ)을 만드는 부분
• 전기자(Armature) : 계자에서 만든 자속을 끊어 기전력을 유도
• 정류자(Commutator) : 유도된 기전력을 정류작용
이외에 브러시는 정류자면에 접촉하여 전기자 권선과 외부회로를 연결하는 역할을 한다.   [답] ②

40 계전기가 설치된 위치에서 고장점까지의 임피던스에 비례하여 동작하는 보호계전기는?
① 방향단락 계전기
② 거리계전기
③ 단락회로 선택계전기
④ 과전압계전기

풀이

각종 보호 계전기
• 거리계전기(DR): 고장점까지의 전기적 거리(임피던스)에 비례하여 한시적으로 동작
• 방향단락계전기(DS): 일정방향으로 일정치 이상의 전류가 흐를 경우 동작하는 것으로서 전류의 방향을 검사할 때 전압을 기준으로 한다.
• 선택단락계전기(SS): 병행 2회선의 단락고장회선의 선택에 사용되는 것으로서 전류의 흐름방향에 따라 동작하는 것과 2개의 전류차에 의해 작용하는 것 등 2종류가 있다.   [답] ②

41 자가용 전기설비의 보호 계전기의 종류가 아닌 것은?
① 과전류계전기
② 과전압계전기
③ 부족전압계전기
④ 부족전류계전기

[풀이]
부족전류계전기(Under Current Relay)는 보호목적보다는 제어용으로 주로 사용된다.　　　　　　**[답]** ④

42 애자사용 공사에서 400[V]이하 전선의 지지점 간의 거리는 전선을 조영재의 위면 또는 옆면에 따라 붙이는 경우에는 몇 [m] 이하인가?
① 1　　　　② 2
③ 2.5　　　④ 3

[풀이]
애자사용 공사의 전선 및 조영재, 지지점간 거리

사용전압 거리	400[V] 이하인 경우	400[V] 초과인 경우	고압
전선상호 간의 거리	6[cm] 이상		0.08[m] 이상
전선과 조영재간의 거리	25[mm] 이상	45[mm]이상(건조한 장소 25[mm] 이상)	50[mm] 이상
지지점간 거리	조영재의 위면 또는 옆면에 따라 붙일 경우 2[m] 이하	조영재의 위면 또는 옆면에 따라 붙일 경우 6[m] 이하	6[m] 조영재의 면에 따라 붙일 경우 2[m]이하

[답] ②

43 불연성 먼지가 많은 장소에서 시설할 수 없는 옥내 배선 공사 방법은?
① 금속관공사
② 금속제 가요전선관공사
③ 두께가 1.2[mm]인 합성수지관공사
④ 애자 사용공사

[풀이]
불연성 먼지가 많은 장소 가능 배선공사
- 애자 사용공사
- 합성수지관공사(두께 2[mm] 이상)
- 금속전선관공사
- 금속제 가요전선관공사
- 금속 덕트공사
- 버스덕트 공사, 케이블공사　　　**[답]** ③

44 펜치로 절단하기 힘든 굵은 전선의 절단에 사용되는 공구는?
① 파이프 렌치
② 파이프 커터
③ 클리퍼
④ 와이어 게이지

[풀이]
- 클리퍼(Clipper) : 펜치로 절단하기 힘든 굵은 전선 절단 할 때 사용

- 파이프 커터(pipe cutter) : 금속관 절단에 사용
- 파이프 렌치(pipe wrench) : 금속관과 커플링을 물고 죄어 서로 접속할 때 사용
- 와이어 게이지(Wire Guage) : 전선의 굵기를 측정　　**[답]** ③

45 연선 결정에 있어서 중심 소선을 뺀 층수가 2층이다. 소선의 총수 N은 얼마인가?
① 45　　　② 39
③ 19　　　④ 9

[풀이]
총 소선수 : $N=3n(n+1)+1$[개]

층수(n)	1	2	3	4	5
총 소선수(N)	7	19	37	61	91

$\therefore N=3n(n+1)+1=3\times 2\times(2+1)+1=19$　**[답]** ③

46 사용전압이 440[V] 인 3상 유도전동기의 외함접지 공사시 전선관내에 매입하지 않을 경우 접지선의 굵기는 공칭단면적 몇 [mm²] 이상의 연동선이어야 하는가?
① 2.5　　　② 4
③ 6　　　④ 16

[풀이]
보호도체가 케이블의 일부가 아니거나 상도체와 동일 외함에 설치되지 않을 경우

구 분	구리	알루미늄
기계적 손상에 대해 보호(전선관설치)	2.5[mm²] 이상	16[mm²] 이상
기계적 손상에 대해 보호 되지 않는 경우	4[mm²] 이상	16[mm²] 이상

[답] ②

47 교류 차단기에 포함되지 않는 것은?
① GCB   ② HSCB
③ VCB   ④ ABB

풀이
HSCB(high-speed circuit breaker): 직류 고속도 차단기
[답] ②

48 옥내배선 공사 작업 중 접속함에서 쥐꼬리 접속을 할 때 필요한 것은?
① 커플링   ② 와이어커넥터
③ 로크너트   ④ 부싱

풀이
조인트박스내 전선간의 쥐꼬리 접속 후 와이어커넥터 사용

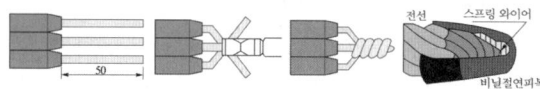

- 커플링 : 관끼리의 접속에 사용되는 재료
- 로크너트 : 금속관과 박스의 접속에 사용되는 재료
- 부싱 : 금속관의 마지막부분에 사용해주며 전선의 인입에 있어서 절연 파괴를 막기 위하여 사용된다. [답] ②

49 일반적으로 학교 건물이나 은행 건물 등의 간선의 수용률은 얼마인가?
① 50[%]   ② 60[%]
③ 70[%]   ④ 80[%]

풀이
간선의 수용률

건물 종류	수용률[%]	
	10[kVA]이하	10[kVA]초과
주택, 아파트, 기숙사, 여관, 호텔, 병원	100	50
사무실, 은행, 학교	100	70

[답] ③

50 계통접지공사의 저항값을 결정하는 가장 큰 요인은?
① 변압기의 용량
② 고압 가공 전선로의 전선연장
③ 변압기 1차 측에 넣는 퓨즈 용량
④ 변압기 고압 또는 특고압 측 전로의 1선 지락 전류의 암페어 수

풀이
계통접지공사 $E_2 = \dfrac{150\ (300,\ 600)}{1선지락전류(I_g)}[\Omega]$ [답] ④

51 저압크레인 또는 호이스트 등의 트롤리선을 애자사용 공사에 의하여 옥내의 노출장소에 시설하는 경우 트롤리선의 바닥에서의 최소 높이는 몇 [m] 이상으로 설치하는가?
① 2   ② 2.5
③ 3   ④ 3.5

풀이
옥내에 시설하는 저압 접촉전선 공사
전선의 바닥에서의 높이는 3.5[m] 이상으로 하고 접촉할 우려가 없도록 할 것 [답] ④

52 계기용 변류기의 약호는?
① CT   ② WH
③ CB   ④ DS

풀이
각종 계전기 및 차단기 약호
- WH : 전력량계
- CB : 교류차단기
- DS : 단로기 [답] ①

53 가공전선로의 지지물에서 다른 지지물을 거치지 아니하고 수용장소의 인입선 접속점에 이르는 가공 전선을 무엇이라 하는가?
① 옥외 전선
② 연접 인입선
③ 가공 인입선
④ 관등회로

풀이
가공 인입선 : 가공 전선로의 지지물에서 분기하여 다른 지지물을 거치지 아니하고 수용 장소의 붙임점에 이르는 가공전선을 말한다. 가공 인입선에는 저압 가공 인입선과 고압 가공 인입선이 있다. [답] ③

54 다음의 그림의 (a)와 (b)의 전선의 접속법은?

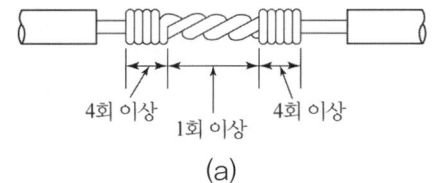
(a)

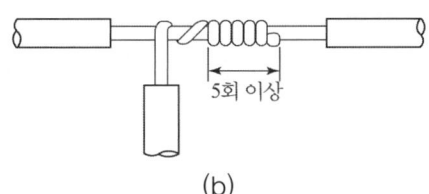
(b)

① 직선 접속, 분기 접속
② 직선 접속, 종단 접속
③ 종단 접속, 슬리브에 의한 접속
④ 분기 접속, 분기 접속

풀이
(a), (b)의 해설의 접속법은 각각 직선 접속과 분기 접속이 된다. **[답]** ①

55 동전선의 직선접속(트위스트조인트)은 몇 $[mm^2]$ 이하의 전선이어야 하는가?
① 2.5　　② 6
③ 10　　④ 16

풀이
단선의 직선 접속
• 트위스트 접속 : $6[mm^2]$ 이하 단선
• 브리타니어 접속 : $10[mm^2]$ 이상의 전선
[답] ②

56 관을 시설하고 제거하는 것이 자유롭고 점검 가능한 은폐장소에서 가요전선관을 구부리는 경우 곡률 반지름은 2종 가요전선관 안지름의 몇 배 이상으로 하여야 하는가?
① 10　　② 9
③ 6　　④ 3

풀이
가요전선관의 배선
• 노출장소 또는 점검 가능한 은폐장소에서 관을 시설하고 제거하는 것이 **자유로운 경우**는 곡률 반지름을 2종 가요전선관 안지름의 **3배 이상**으로 할 것
• 노출장소 또는 점검 가능한 은폐장소에서 관을 시설하고 제거하는 것이 **부자유하거나 또는 점검이 불가능할 경우**는 곡률 반지름을 2종 가요전선관 안지름의 **6배 이상**으로 할 것. **[답]** ④

57 옥외용 비닐절연전선의 약호는?
① OW　　② DV
③ NR　　④ FTC

풀이
전선의 약호
• DV : 인입용 비닐절연전선
• NR : 450/750[V] 일반용 단심 비닐 절연전선
• FTC : 300/300[V] 평형 금사 코드 **[답]** ①

58 경질 비닐 전선관 1본의 표준 길이[m]는?
① 3　　② 3.6
③ 4　　④ 5.5

풀이
경질비닐 전선관(HI-PIPE) 한 본의 길이는 4[m]로 제작 **[답]** ③

59 차량, 기타 중량물의 하중을 받을 우려가 있는 장소에 지중전선로를 직접 매설식으로 매설하는 경우 매설 깊이는?
① 60[cm] 미만　　② 60[cm] 이상
③ 120[cm] 미만　　④ 100[cm] 이상

풀이
지중전선로의 직접매설식 매설 깊이
• 차량, 기타 중량물의 압력을 받을 우려가 있는 장소 : 1.0[m] 이상
• 기타 장소 : 0.6[m] 이상 **[답]** ④

60 토지의 상황이나 기타 사유로 인하여 보통지선을 시설할 수 없을 때 전주와 전주간 또는 전주와 지주간에 시설할 수 있는 지선은?
① 보통지선　　② 수평지선
③ Y지선　　④ 궁지선

풀이

지선의 종류
- 보통지선 : 불평형 장력이 크지 않은 일반적 장소 시설
- **수평지선** : 토지 상황이나 기타 사유로 인해 보통지선 시설 안 될시
- 공동지선 : 지지물 상호간의 거리가 비교적 접근시
- Y지선 : 다단의 완금이 설치되거나 장력이 큰 경우
- 궁지선 : 비교적 장력이 작고 다른 종류의 지선 시설 안 될시

[답] ②

전기기능사 필기 실전 모의고사 제 10 회

01 다음 중 자기작용에 관한 설명으로 틀린 것은?
① 기자력의 단위는 AT를 사용한다.
② 자기회로의 자기저항이 작은 경우는 누설자속이 거의 발생되지 않는다.
③ 자기장 내에 있는 도체에 전류를 흘리면 힘이 작용하는데, 이 힘을 기전력이라 한다.
④ 평행한 두 도체 사이에 전류가 동일한 방향으로 흐르면 흡인력이 작용한다.

[풀이]
자계 내에 있는 도체에 전류를 흘리면 도체를 움직이는 힘이 발생하는데 이를 **전자력**[electromagnetic force, 電磁力]이라 한다. **[답]** ③

02 회로에서 a-b 단자간의 합성저항[Ω] 값은?
① 1.5
② 2
③ 2.5
④ 4

[풀이]
브리지 회로의 형태로 변형을 시켜준다. 브리지 회로는 평형조건을 만족하므로 2[Ω]으로는 전류가 흐르지 않아 생략가능하다.
따라서 5[Ω]의 저항 두 개가 병렬로 구성된 것과 같다.
$$\therefore R_0 = \frac{(1+4)\cdot(1+4)}{(1+4)+(1+4)} = 2.5[\Omega]$$
[답] ③

03 그림의 브리지 회로에서 평형이 되었을 때의 C_x 는?
① 0.1 [μF]
② 0.2 [μF]
③ 0.3 [μF]
④ 0.4 [μF]

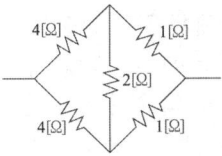

[풀이]
$$R_2 \times \frac{1}{j\omega C_s} = R_1 \times \frac{1}{j\omega C_x}$$
$$\therefore C_x = \frac{R_1}{R_2} C_s = \frac{200}{50} \times 0.1 \times 10^{-6} = 0.4 \times 10^{-6}[F]$$ **[답]** ④

04 진공중의 두 점전하 Q_1[C], Q_2[C]가 거리 r 사이에서 작용하는 정전력[N]의 크기를 옳게 나타낸 것은?
① $9 \times 10^9 \times \frac{Q_1 Q_2}{r^2}$
② $6.33 \times 10^4 \times \frac{Q_1 Q_2}{r^2}$
③ $9 \times 10^9 \times \frac{Q_1 Q_2}{r}$
④ $6.33 \times 10^4 \times \frac{Q_1 Q_2}{r}$

[풀이]
쿨롱의 법칙
$$F = \frac{1}{4\pi\varepsilon} \times \frac{Q_1 \cdot Q_2}{r^2} = 9 \times 10^9 \times \frac{Q_1 \cdot Q_2}{\varepsilon_s r^2}$$
(∵ 진공 시 비유전율 $\varepsilon_s = 1$) **[답]** ①

05 동일 전압의 전지 3개를 접속하여 각각 다른 전압을 얻고자 한다. 접속방법에 따라 몇 가지의 전압을 얻을 수 있는가? (단. 극성은 같은 방향으로 설정한다)
① 1가지 전압
② 2가지 전압
③ 3가지 전압
④ 4가지 전압

[풀이]
• 전체 직렬 접속 $V_0 = V_1 + V_2 + V_3 = 3V$
• 전체 병렬접속 $V_0 = V_1 = V_2 = V_3 = V$
• 직병렬 접속 $V_0 = V_1 + V_2' = 2V$ **[답]** ③

06 도체가 운동하여 자속을 끊을 때 기전력의 방향을 알아내는데 편리한 법칙은?
① 렌츠의 법칙
② 페러데이의 법칙
③ 플레밍의 왼손법칙
④ 플레밍의 오른손법칙

> **풀이**
>
> **플레밍의 오른손 법칙**
> 자장내의 도체를 운동시켜 자속을 끊는 경우 도체에 발생하는 기전력의 방향을 알 수 있는 법칙

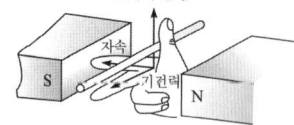

- 운동방향 : 엄지
- 자기장의 방향 : 검지
- 유도기전력의 방향 : 중지

[답] ④

07 선간전압 210[V], 선전류 10[A]의 Y결선 회로가 있다. 상전압과 상전류는 각각 약 얼마인가?
① 121[V], 5.77[A]   ② 121[V], 10[A]
③ 210[V], 5.77[A]   ④ 210[V], 10[A]

> **풀이**
>
> Y결선(성형결선)
> - 전압 $V_l = \sqrt{3}\,V_P$ ∴ $V_P = \dfrac{V_l}{\sqrt{3}} = \dfrac{210}{\sqrt{3}} = 121[V]$
> - 전류 $I_l = I_P = 10[A]$

[답] ②

08 그림과 같이 자극 사이에 있는 도체에 전류 I가 흐를 때 힘은 어느 방향으로 작용하는가?
① ㉮
② ㉯
③ ㉰
④ ㉱

> **풀이**
>
> 플레밍의 왼손 법칙에 따라
> - 엄지 : 힘의 방향
> - 검지 : 자력선의 방향
> - 중지 : 전류의 방향
>
> 따라서 도체는 ㉮방향으로 힘이 작용한다.

[답] ①

09 △결선으로 된 부하에 각 상의 전류가 10[A]이고 각상의 저항이 4[Ω], 리액턴스가 3[Ω]이라 하면 전체 소비전력은 몇 [W]인가?
① 2000   ② 1800
③ 1500   ④ 1200

> **풀이**
>
> $P = 3I_P^2 R = 3 \times 10^2 \times 4 = 1200[W]$

[답] ④

10 그림에서 폐회로에 흐르는 전류는 몇 [A]인가?
① 1
② 1.25
③ 2
④ 2.5

> **풀이**
>
> - 전전압 $V_0 = V_1 - V_2 = 15 - 5 = 10[V]$
> - 저항 $R_0 = R_1 + R_2 = 5 + 3 = 8[\Omega]$
> - 전류 $I = \dfrac{V}{R} = \dfrac{10}{8} = 1.25[A]$

[답] ②

11 어떤 회로의 소자에 일정한 크기의 전압으로 주파수를 2배로 증가시켰더니 흐르는 전류의 크기가 1/2로 되었다. 이 소자의 종류는?
① 저항   ② 코일
③ 콘덴서   ④ 다이오드

> **풀이**
>
> $X_c = \dfrac{1}{2\pi fC}[\Omega]$, $X_l = 2\pi fL[\Omega]$
>
> 주파수의 크기에 의해 저항의 크기가 영향을 받는 것은 리액턴스이고 이 중에서 f가 2배가 되면 X_L이 2배가 되어 전류가 $\dfrac{1}{2}$로 감소하는 소자는 코일이다.

[답] ②

12 서로 다른 종류의 안티몬과 비스무트의 두 금속을 접속하여 여기에 전류를 통과하면, 그 접점에서 열의 발생 또는 흡수가 일어난다. 줄열과 달리 전류의 방향에 따라 열의 흡수와 발생이 다르게 나타나는 이 현상은?
① 펠티에 효과
② 제벡 효과
③ 제3금속의 법칙
④ 열전 효과

> **풀이**
>
> **열전효과**
> ① **제어백효과** : 서로 다른 두 금속체를 접합하고 두 접합점을 다른 온도로 유지하면 열기전력이 발생하는 현상
> ② **펠티에효과** : 제어백 효과의 역현상으로 서로 다른 두 종류의 금속을 접합하여 전류를 흘리면 접합부에서 열의 발생 또는 흡수 가 일어나는 현상 (ex 전자 냉동기)
> ③ **톰슨효과** : 동종의 금속접합으로 펠티에 효과와 동일

[답] ①

13 비사인파 교류회로의 전력성분과 거리가 먼 것은?

① 맥류성분과 사인파와의 곱
② 직류성분과 사인파와의 곱
③ 직류성분
④ 주파수가 같은 두 사인파의 곱

풀이
비사인파 교류 = 직류분 + 기본파 + 고조파
맥류는 교류 성분을 포함한 직류 전압 또는 전류를 말한다. 　　　　　　　　　　　　　　　　　　[답] ①

14 반지름 r[m], 권수 N회의 환상솔레노이드에 I[A]의 전류가 흐를 때, 그 내부의 자장의 세기 H[AT/m]는 얼마인가?

① $\dfrac{N \cdot I}{r^2}$　　② $\dfrac{N \cdot I}{2\pi}$
③ $\dfrac{N \cdot I}{4\pi r^2}$　　④ $\dfrac{N \cdot I}{2\pi r}$

풀이
환상솔레노이드의 내부 자장의 세기
$H = \dfrac{N \cdot I}{2\pi r}$[AT/m]　　　　　　　　　　[답] ④

15 정전용량이 같은 콘덴서 10개가 있다. 이것을 직렬 접속할 때의 값은 병렬 접속할 때의 값보다 어떻게 되는가?

① $\dfrac{1}{10}$로 감소한다.
② $\dfrac{1}{100}$로 감소한다.
③ 10배로 증가한다.
④ 100배로 증가한다.

풀이
$\dfrac{C_{직렬}}{C_{병렬}} = \dfrac{\frac{C}{n}}{nC} = \dfrac{\frac{C}{10}}{10C} = \dfrac{C}{10 \times 10 \times C} = \dfrac{1}{100}$　　[답] ②

16 교류회로에서 무효전력의 단위는?

① W　　② VA
③ var　　④ V/m

풀이
전력의 표시단위
- 피상전력 [VA]
- 유효전력 [W]
- 무효전력 [Var]　　　　　　　　　　　　　　[답] ③

17 두 코일의 자체 인덕턴스를 L_1[H], L_2[H]라 하고 상호인덕턴스를 M이라 할 때, 두 코일을 자속이 동일한 방향과 역방향이 되도록 하여 직렬로 각각 연결하였을 경우, 합성인덕턴스의 큰 쪽과 작은 쪽의 차는?

① M　　② $2M$
③ $4M$　　④ $8M$

풀이
직렬 접속 시 합성 인덕턴스
- 가동접속(같은 방향) $L_0 = L_1 + L_2 + 2M$[H]
- 차동접속(반대 방향) $L_0 = L_1 + L_2 - 2M$[H]
두 식의 차를 계산하면 $4M$만큼 차가 난다.　　[답] ③

18 어떤 콘덴서에 V[V]의 전압을 가해서 Q[C]의 전하를 충전할 때 저장되는 에너지[J]는?

① $2QV$　　② $2QV^2$
③ $\dfrac{1}{2}QV$　　④ $\dfrac{1}{2}QV^2$

풀이
정전에너지 : 콘덴서에 전압을 인가하고, 전하가 축척되는 경우에 축적되는 에너지[J]
$W = \dfrac{1}{2}QV = \dfrac{1}{2}CV^2 = \dfrac{Q^2}{2C}$[J]　　　[답] ③

19 진공 중에서 10^{-4}[C]과 10^{-8}[C]의 두 전하가 10[m]의 거리에 놓여 있을 때, 두 전하 사이에 작용하는 힘[N]은?

① 9×10^2　　② 1×10^4
③ 9×10^{-5}　　④ 1×10^{-8}

풀이
쿨롱의 법칙
$F = \dfrac{1}{4\pi\varepsilon} \times \dfrac{Q_1 \cdot Q_2}{r^2} = 9 \times 10^9 \times \dfrac{Q_1 \cdot Q_2}{\varepsilon_s r^2}$
$= 9 \times 10^9 \times \dfrac{10^{-4} \cdot 10^{-8}}{1 \cdot 10^2} = 9 \times 10^{-5}$[N]
(진공 시 비유전율 $\varepsilon_s = 1$)　　　　　　　　[답] ③

20 묽은황산(H_2SO_4) 용액에 구리(Cu)와 아연(Zn)판을 넣었을 때 아연판은?

① 수소기체를 발생한다.
② 음극이 된다.
③ 양극이 된다.
④ 황산아연으로 변한다.

▣ 풀이

볼타 전지(Volta Cell)
- 화학 전지의 가장 기본이 되는 전지
- 아연판과 구리판을 두 극으로 사용한 간단한 전지
- $\begin{cases}(-)극: 아연판\ Zn \rightarrow Zn^{2+} + 2e^- \cdots\cdots 산화 \\ (+)극: 구리판\ 2H^+ + 2e^- \rightarrow H_2 \cdots\cdots 환원\end{cases}$ [답] ②

21 3상 유도전동기의 1차 입력 60[kW], 1차 손실 1[kW], 슬립 3[%]일 때 기계적 출력은 약 몇 [kW]인가?

① 57   ② 75
③ 95   ④ 100

▣ 풀이

3상 유도전동기의 출력
$$P_0 = P_2 - P_{2c} = P_2 - sP_2\ (s=슬립)$$
1차 입력에서 1차 손실을 빼면 2차 입력(P_2)
$$P_0 = (1-s)P_2 = (1-0.03) \times (60-1) = 57.23[kW]$$
[답] ①

22 유도전동기에서 슬립이 가장 큰 경우는?

① 무부하 운전 시
② 경부하 운전 시
③ 정격부하 운전 시
④ 기동 시

▣ 풀이

유도전동기 슬립(S)
- $S=0$: 동기속도일 때(무부하시, $N=N_s$)
- $S=1$: 회전속도가 0일 때(정지시 및 기동시, $N=0$)
- $0 < S < 1$: 정격운전 시($0 < N < N_s$) [답] ④

23 다음 사이리스터 중 3단자 형식이 아닌 것은?

① SCR   ② GTO
③ DIAC   ④ TRIAC

▣ 풀이

사이리스터 3단자형식

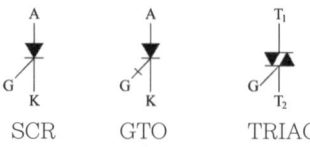

DIAC은 2단자 소자이다. [답] ③

24 3상 동기 발전기 병렬운전 조건이 아닌 것은?

① 전압의 크기가 같을 것
② 회전수가 같을 것
③ 주파수가 같을 것
④ 전압 위상이 같을 것

▣ 풀이

동기발전기 병렬운전 조건
- 기전력의 크기기 같을 것 → 무효순환전류 발생
- 기전력의 위상이 같을 것 → 동기화전류 발생
- 기전력의 파형이 같을 것 → 고조파 무효순환전류 발생
- 주파수가 같을 것 → 동기화전류가 주기적으로 흘러 난조가 발생
- 기전력의 상회전이 같을 것 [답] ②

25 그림의 전동기 제어회로에 대한 설명으로 잘못된 것은?

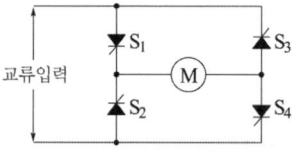

① 교류를 직류로 변환한다.
② 사이리스터 위상제어 회로이다.
③ 전파 정류회로이다.
④ 주파수를 변환하는 회로이다.

▣ 풀이

교류입력의 반주기에 S_1, S_4, 나머지 반주기에는 S_2, S_3가 동작하여 모터에 직류전류가 흐르는 SCR(위상제어가 가능한 사이리스터)을 이용한 전파 정류회로이다. 주파수변환 회로는 인버터나 트랜지스터가 필요하다. [답] ④

26 3상 100[kVA], 13200/200[V] 변압기의 저압측 선전류의 유효분은 약 몇 [A]인가? (단, 역률은 80[%]이다)

① 100　　　　　② 173
③ 230　　　　　④ 260

풀이

2차측 $P_2 = \sqrt{3}\, V_2 I_2$[VA] (V_2, I_2는 선간전압, 선전류)

저압측 선전류 $I_2 = \dfrac{P_2}{\sqrt{3}\, V_2} = \dfrac{100 \times 10^3}{\sqrt{3} \times 200} = 288.68$[A]

유효분 전류 $I = I_2 \cos\theta = 288.68 \times 0.8 = 230.94$[A]

[답] ③

27 전기기계의 철심을 규소강판으로 성층하는 이유는?

① 동손 감소　　　② 기계손 감소
③ 철손 감소　　　④ 제작이 용이

풀이

• 규소강판 사용 : 히스테리시스손을 줄이기 위해 사용
• 성층 사용 : 와류손을 줄이기 위해 사용

[답] ③

28 변압기의 규약 효율은?

① $\dfrac{출력}{입력}$　　　② $\dfrac{출력}{출력 + 손실}$

③ $\dfrac{출력}{입력 + 손실}$　　　④ $\dfrac{입력 - 손실}{입력}$

풀이

• 발전기(변압기) 규약효율 = $\dfrac{출력}{출력 + 손실} \times 100$[%] ; 출력기준

• 전동기 규약효율 = $\dfrac{입력 - 손실}{입력} \times 100$[%] ; 입력기준

[답] ②

29 동기 검정기로 알 수 있는 것은?

① 전압의 크기
② 전압의 위상
③ 전류의 크기
④ 주파수

풀이

동기검정기(synchroscope)
두 계통의 전압의 위상을 측정 또는 표시하는 계기

[답] ②

30 통전 중인 사이리스터를 턴 오프(turn off)하려면?

① 순방향 Anode 전류를 유지전류 이하로 한다.
② 순방향 Anode 전류를 증가시킨다.
③ 게이트 전압을 0 또는 −로 한다.
④ 역방향 Anode 전류를 통전한다.

풀이

유지전류 : 사이리스터가 통전을 유지하도록 하는 최소한의 전류이다.

[답] ①

31 다음 중 정속도 전동기에 속하는 것은?

① 유도 전동기
② 직권 전동기
③ 교류 정류자 전동기
④ 분권 전동기

풀이

① 유도 전동기 : 회전력이 좋고 구조가 단순하며 내구성이 강하나 정밀한 속도 제어나 낮은 속도의 가동이 필요한 기기에는 적합하지 않다.
② 직권 전동기 : 기동토크가 크고 필요에 따라 속도를 변화시킬 수 있다는 변속도 특성이 있다.
③ 교류 정류자 전동기 : 정류자를 가진 교류 전동기로서 속도제어를 직류 전동기처럼 광범위하게 할 수 있다.
④ **분권 전동기** : 속도가 일정하다는(**정속도**) 특성을 가지고 있다.

[답] ④

32 다음 설명 중 틀린 것은?

① 3상 유도 전압조정기의 회전자 권선은 분로권선이고, Y결선으로 되어 있다.
② 디프 슬롯형 전동기는 냉각효과가 좋아 기동정지가 빈번한 중·대형 저속기에 적합하다.
③ 누설 변압기가 네온사인이나 용접기의 전원으로 알맞은 이유는 수하특성 때문이다.
④ 계기용 변압기의 2차 표준은 110/220[V]로 되어 있다.

풀이

계기용 변압기(PT) : 전압을 측정하기 위한 변압기로 2차측 정격전압은 110[V]가 표준이다.

[답] ④

33 직류 전동기의 출력이 50[kW], 회전수가 1800[rpm]일 때 토크는 약 몇 [kg·m]인가?
① 12 ② 23
③ 27 ④ 31

[풀이]
직류 전동기 토크
$T = \dfrac{60}{2\pi} \cdot \dfrac{P_o}{N} = 9.55 \dfrac{P_o}{N} [N \cdot m]$

$T = \dfrac{1}{9.8} \cdot \dfrac{60}{2\pi} \cdot \dfrac{P_o}{N} = 0.975 \dfrac{P_o}{N} = 0.975 \dfrac{P_2}{N_s} [kg \cdot m]$

$\therefore T = 0.975 \dfrac{P_o}{N} = 0.975 \times \dfrac{50 \times 10^3}{1800} = 27.08 [kg \cdot m]$ [답] ③

34 전동기의 제동에서 전동기가 가지는 운동 에너지를 전기 에너지로 변화시키고 이것을 전원에 환원시켜 전력을 회생시킴과 동시에 제동하는 방법은?
① 발전 제동(dynamic braking)
② 역전 제동(plugging braking)
③ 맴돌이 전류 제동(eddy current braking)
④ 회생 제동(regenerative braking)

[풀이]
전동기 제동 방법
- 플러깅(역전)제동 : 급제동시 사용하는 방법으로 역전 제동이라 하며, 전기자의 접속을 반대로 바꾸어 회전방향과 반대의 토크를 발생시켜 제동
- 발전제동 : 제동 시에 전원을 개방하여 발전기로 이용하여 발전된 전력을 제동용 저항에 열로 소비시키는 방법이다.
- **회생제동** : 제동 시에 전원을 개방하지 않고 발전기로 이용하여 발전된 전력을 다시 전원으로 돌려보내는 방식이다.

[답] ④

35 보호계전기 시험을 하기 위한 유의사항이 아닌 것은?
① 시험회로 결선시 교류와 직류 확인
② 시험회로 결선시 교류의 극성 확인
③ 계전기 시험 장비의 오차 확인
④ 영점의 정확성 확인

[풀이]
교류는 특성상 극성이 항상 바뀌므로 확인할 필요가 없다.

[답] ②

36 복잡한 전기회로를 등가 임피던스를 사용하여 간단히 변화시킨 회로는?
① 유도회로
② 전개회로
③ 등가회로
④ 단순회로

[풀이]
등가회로(等價回路) : 변압기, 유도 전동기 등의 전기회로에서 그 성질을 바꾸지 않고 회로 계산을 쉽게 하기 위한 간이화한 회로 [답] ③

37 직류 발전기에서 자속을 만드는 부분은 어느 것인가?
① 계자철심 ② 정류자
③ 브러시 ④ 공극

[풀이]
직류기의 주요 3요소
- 계자(Field Magnet) : 자속(ϕ)을 만드는 부분
- 전기자(Armature) : 계자에서 만든 자속을 끊어 기전력을 유도
- 정류자(Commutator) : 유도된 기전력을 정류작용
이외에 브러시는 정류자면에 접촉하여 전기자 권선과 외부회로를 연결하는 역할을 한다. [답] ①

38 직류 발전기에서 급전선의 전압강하 보상용으로 사용되는 것은?
① 분권기 ② 직권기
③ 과복권기 ④ 차동복권기

[풀이]
과복권 발전기(over-compound generator)는 직류 복권 발전기의 일종으로, 전부하에서의 단자전압이 무부하 전압보다도 높아지는 특성의 발전기인데 주로 승압용으로 사용된다. [답] ③

39 동기발전기에서 비 돌극기의 출력이 최대가 되는 부하각(power angle)은?
① 0° ② 45°
③ 90° ④ 180°

[풀이]
최대출력 부하각(load angle, δ)
- 원통형(비돌극형) : $\delta = 90°$
- 돌극형(철극형) : $\delta = 60°$

[답] ③

40 변압기 명판에 표시된 정격에 대한 설명으로 틀린 것은?
① 변압기의 정격출력 단위는 [kW]이다.
② 변압기 정격은 2차측을 기준으로 한다.
③ 변압기의 정격은 용량, 전류, 전압, 주파수 등으로 결정된다.
④ 정격이란 정해진 규정에 적합한 범위 내에서 사용할 수 있는 한도이다.

풀이
변압기의 정격출력은 2차측 기준으로 단위는 [kVA]이다.
[답] ①

41 가공 케이블 시설시 조가용선에 금속 테이프 등을 사용하여 케이블 외장을 견고하게 붙여 조가하는 경우 나선형으로 금속 테이프를 감는 간격은 몇 [cm]이하를 확보하여 감아야 하는가?
① 50
② 30
③ 20
④ 10

풀이
가공케이블의 시설
조가용선의 케이블에 접촉시켜 그 위에 쉽게 부식하지 아니하는 금속 테이프 등을 **20[cm] 이하**의 간격을 유지해야 한다.
[답] ③

42 다음 ( )안에 들어갈 내용으로 알맞은 것은?

> "사람의 접촉 우려가 있는 합성수지제 몰드는 홈의 폭 및 깊이가 (㉠)[cm] 이하로 두께는 (㉡)[mm] 이상의 것이어야 한다."

① ㉠ 3.5, ㉡ 1
② ㉠ 5, ㉡ 1
③ ㉠ 3.5, ㉡ 2
④ ㉠ 5, ㉡ 2

풀이
합성수지 몰드 공사 시공
홈의 폭과 깊이가 3.5[cm] 이하, 두께는 2[mm] 이상의 것이어야 한다. 단, 사람이 쉽게 접촉될 우려가 없도록 시설한 경우에는 폭 5[cm] 이하, 두께 1[mm] 이상인 것을 사용할 수 있다.
[답] ③

43 전선 접속 시 사용되는 슬리브(sleeve)의 종류가 아닌 것은?
① D형
② S형
③ E형
④ P형

풀이
슬리브의 종류는 B형, C형, E형, S형, P형 등이 있다.
[답] ①

44 가공 배전선로 시설에는 전선을 지지하고 각종 기기를 설치하기 위한 지지물이 필요하다. 이 지지물 중 가장 많이 사용되는 것은?
① 철주
② 철탑
③ 강관전주
④ 철근 콘크리트주

풀이
전주로는 목주, 철근 콘크리트주, 철주 등이 있으며 일반적인 장소에 사용하는 지지물은 철근 콘크리트주이다.
[답] ④

45 인입 개폐기가 아닌 것은?
① ASS
② LBS
③ LS
④ UPS

풀이
- ASS : 고장구간 자동개폐기(Automation Section Switch)
- LBS : 부하개폐기(Load Break Switch)
- LS : 라인 스위치(Line Switch)
- UPS : 무정전 전원 장치(Uninterruptible Power Supply)
[답] ④

46 일반적으로 저압가공 인입선이 도로를 횡단하는 경우 노면상 시설하여야 할 높이는?
① 4[m] 이상
② 5[m] 이상
③ 6[m] 이상
④ 6.5[m] 이상

풀이
저압 가공인입선의 지표상 높이
- 도로횡단 : 5[m] 이상
- 철도, 궤도 횡단 : 6.5[m] 이상
- 횡단보도교 위 : 3[m] 이상
- 일반장소 : 4[m] 이상
[답] ②

47 폭연성 분진이 존재하는 곳의 금속관 공사에 있어서 관 상호 및 관과 박스의 접속은 몇 턱 이사의 죔 나사로 시공하여야 하는가?

① 6턱　　② 5턱
③ 4턱　　④ 3턱

풀이
폭연성 분진, 화약류 분말이 존재하는 곳, 가연성의 가스 또는 인화성 물질의 증기가 새거나 체류하는 곳의 전기 공작물은 금속관공사 또는 케이블공사(캡타이어 케이블을 제외한다)에 의하여야 하며 금속관 공사를 하는 경우 관 상호 간 및 관과 박스 등은 5턱 이상의 나사 조임으로 접속하여야 한다.

〈5턱 이상 나사 조임〉

[답] ②

48 저압 옥내배선 시설시 캡타이어 케이블을 조영재의 아랫면 또는 옆면에 따라 붙이는 경우 전선의 지지점 간의 거리는 몇 [m] 이하로 하여야 하는가?

① 1　　② 1.5
③ 2　　④ 2.5

풀이
전선을 조영재의 아랫면 또는 옆면에 따라 붙이는 경우에는 전선의 지지점 간의 거리를 케이블은 2 [m](사람이 접촉할 우려가 없는 곳에서 수직으로 붙이는 경우에는 6[m]) 이하 **캡타이어 케이블은 1[m] 이하**로 하고 또한 그 피복을 손상하지 아니하도록 붙일 것.

[답] ③

49 전기 배선용 도면을 작성할 때 사용하는 콘센트 도면 기호는?

① ⊙　　② ●
③ ○　　④ ▣

풀이
① 벽붙이 콘센트
② 비상용조명
③ 일반 조명
④ 점검구

[답] ①

50 저압 옥내배선에서 애자공사를 할 때 올바른 것은?

① 전선 상호간의 간격은 60[mm] 이상
② 400[V] 이상인 경우 전선과 조영재 사이의 이격거리는 25[mm] 미만
③ 전선의 지지점 간의 거리는 조영재의 위면 또는 옆면에 따라 붙이는 경우에는 3[m] 이상
④ 애자 사용배선공사에 사용되는 애자는 절연성·난연성 및 내수성과 무관

풀이

사용전압 거리	400[V] 이하인 경우	400[V] 초과인 경우	고압
전선상호 간의 거리	0.06[m] 이상	0.08[m] 이상	
전선과 조영 재간의 거리	25[mm] 이상	45[mm]이상(건조한 장소 25[mm] 이상)	50[mm] 이상
지지점간 거리	조영재의 위면 또는 옆면에 따라 붙일 경우 2[m] 이하	조영재의 위면 또는 옆면에 따라 붙일 경우 6[m] 이하	6[m] 조영재의 면에 따라 붙일 경우 2[m]이하

[답] ①

51 조명설계시 고려해야할 사항 중 틀린 것은?

① 적당한 조도일 것
② 휘도 대비가 높을 것
③ 균등한 광속 발산도 분포일 것
④ 적당한 그림자가 있을 것

풀이
우수한 조명의 조건
• 조도가 적당할 것
• 그림자가 적당할 것
• 균등한 광속발산도 분포(얼룩이 없는 조명)
• 휘도의 대비가 적당할 것
• 광색이 적당할 것

[답] ②

52 금속 전선관의 종류에서 후강전선관 규격[mm]이 아닌 것은?

① 16　　② 19
③ 28　　④ 36

풀이
후강전선관의 호칭(안지름에 가까운 짝수)
(16, 22, 28, 36, 42, 54, 70, 82, 92, 104)[mm] 10종

[답] ②

53 수변전 설비 중에서 동력설비 회로의 역률을 개선할 목적으로 사용되는 것은?
① 전력퓨즈
② MOF
③ 지락 계전기
④ 진상용 콘덴서

풀이
- 전력퓨즈, 지락 계전기 : 과전류 및 지락전류 차단
- MOF : 계기용 변성기(계기용 변압·변류기)
- 진상용 콘덴서 : 동기 조상기와 함께 역률 개선

[답] ④

54 접지저항 저감 대책이 아닌 것은?
① 접지봉의 연결 개수를 증가시킨다.
② 접지판의 면적을 감소시킨다.
③ 접지극을 깊게 매설한다.
④ 토양의 고유저항을 화학적으로 저감시킨다.

풀이
접지저항을 낮추기 위해서는 대지와의 접촉면적을 크게 하여야 한다. 반대로 접지판의 면적이 작아지면 접지저항이 커지게 된다.

[답] ②

55 다음 중 금속덕트 공사의 시설방법 중 틀린 것은?
① 덕트 상호간은 견고하고 또한 전기적으로 완전하게 접속할 것
② 덕트 지지점 간의 거리는 3[m] 이하로 할 것
③ 덕트의 끝부분은 열어 둘 것
④ 저압 옥내배선의 사용전압이 400[V] 이하인 경우는 덕트에 접지공사를 할 것

풀이
덕트의 끝부분은 막을 것. 끝부분을 열어 두면 먼지나 빗물이 들어가서 곤란 하다.

[답] ③

56 산업용 배선차단기의 정격전류가 50[A]일 때, 65[A]의 동작전류가 흘렀다면 몇 분 이내에 차단되어야 하는가?
① 30분   ② 60분
③ 90분   ④ 120분

풀이
과전류 트립 동작 시간(산업용 배선차단기)

정격전류의 구분	시간	정격전류의 배수 (모든 극에 통전)	
		부동작 전류	동작 전류
63[A] 이하	60분	1.05배	1.3배
63[A] 이하	120분	1.05배	1.3배

[답] ②

57 가공 전선로의 지지물에 시설하는 지선은 지표상 몇 [cm]까지의 부분에 내식성이 있는 것 또는 아연도금을 한 철봉을 사용하여야 하는가?
① 15   ② 20
③ 30   ④ 50

풀이
지선의 설치

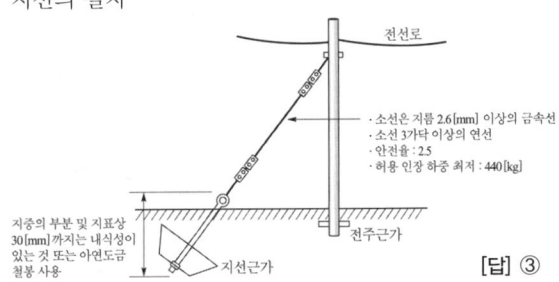

[답] ③

58 제1종 가요전선관을 구부릴 경우의 곡률 반지름은 관 안지름의 몇 배 이상으로 하여야 하는가?
① 3배   ② 4배
③ 6배   ④ 8배

풀이

1종금속제 가요전선관	6배
2종금속제 가요전선관	관 시설, 제거 자유로운 경우 3배
	관, 시설, 제거 부자유한 경우 6배

[답] ③

59 지중에 매설되어 있는 금속제 수도관로는 대지와의 전기 저항값이 얼마 이하로 유지되어야 접지극으로 사용할 수 있는가?
① 1[Ω]   ② 3[Ω]
③ 4[Ω]   ④ 5[Ω]

[풀이]

지중에 매설되어 있고 대지와의 전기 저항치가 3[Ω] 이하의 값을 유지하고 있는 금속제 수도관은 접지공사의 접지극으로 사용할 수 있다. **[답] ②**

60 다음 중 300/500[V] 기기 배선용 유연성 단심 비닐절연 전선을 나타내는 약호는?
① NFR ② NFI
③ NR ④ NRC

[풀이]

전선 약호
- NFR : 0.6/1[kV] 소방용 저독성 난연 폴리올레핀 내열(NFR-3) 내화(NFR-8) 케이블
- NFI : 300/500[V] 기기 배선용 유연성 단심 비닐절연전선
- NR : 450/750[V] 일반용 단심 비닐절연전선
- NRC : 고무 절연 크롤로프렌 외장 네온 전선 **[답] ②**

전기기능사 필기 실전 모의고사 제 11 회

01 기전력 1.5[V], 내부저항이 0.1[Ω]인 전지 4개를 직렬로 연결하고 이를 단락했을 때의 단락전류[A]는?
① 10 ② 12.5
③ 15 ④ 17.5

[풀이]
전류 $I = \dfrac{V}{R} = \dfrac{nE}{nr} = \dfrac{4 \times 1.5}{4 \times 0.1} = 15[A]$ **[답] ③**

02 다음 중 도전율을 나타내는 단위는?
① Ω ② Ω·m
③ ℧·m ④ ℧/m

[풀이]
고유저항의 역수 = 도전율
$\dfrac{1}{\rho[\Omega \cdot m]} = \sigma[\mho/m]$ **[답] ④**

03 $\omega L = 5[\Omega]$, $\dfrac{1}{\omega C} = 25[\Omega]$의 LC 직렬회로에 100[V]의 교류를 가할 때 전류[A]는?
① 3.3[A], 유도성
② 5[A], 유도성
③ 3.3[A], 용량성
④ 5[A], 용량성

[풀이]
LC직렬회로
- $I = \dfrac{V}{Z} = \dfrac{V}{|X_L - X_C|} = \dfrac{100}{25-5} = 5[A]$
- $X_L < X_C$ 이므로 용량성이다.   **[답] ④**

04 단면적 5[cm²], 길이 1[m], 비투자율 10³ 인 환상철심에 600회의 권선을 감고 이것에 0.5[A]의 전류를 흐르게 한 경우 기자력은?
① 100[AT] ② 200[AT]
③ 300[AT] ④ 400[AT]

[풀이]
기자력 $F = N \cdot I = 600 \times 0.5 = 300[AT]$ **[답] ③**

05 그림에서 $C_1 = 1[\mu F]$, $C_2 = 2[\mu F]$, $C_3 = 2[\mu F]$일 때 합성 정전용량은 몇 [μF]인가?

① $\dfrac{1}{2}$ ② $\dfrac{1}{5}$
③ 2 ④ 5

[풀이]
C의 합성정전용량
$C_0 = \dfrac{1}{\dfrac{1}{C_1} + \dfrac{1}{C_2} + \dfrac{1}{C_3}} = \dfrac{1}{\dfrac{1}{1} + \dfrac{1}{2} + \dfrac{1}{2}} = \dfrac{1}{2}[\mu F]$ **[답] ①**

06 정전용량이 같은 콘덴서 2개를 병렬로 연결하였을 때의 합성 정전용량은 직렬로 접속하였을 때의 몇 배인가?
① $\dfrac{1}{4}$ ② $\dfrac{1}{2}$
③ 2 ④ 4

[풀이]
각 합성정전용량의 비는 $\dfrac{C_{병렬}}{C_{직렬}} = \dfrac{2C}{\dfrac{C}{2}} = 4[배]$ **[답] ④**

07 어떤 물질이 정상 상태보다 전자수가 많아져 전기를 띠게 되는 현상을 무엇이라 하는가?
① 충전 ② 방전
③ 대전 ④ 분극

[풀이]
- (+)대전 : 양전기, 물질이 전자를 잃어 자유전자가 양성자보다 적은 상태(전자의 부족)
- (−)대전 : 음전기, 물질이 전자를 얻어 자유전자가 양성자보다 많은 상태(전자의 과잉)   **[답] ③**

08 Y결선에서 V_ℓ과 상전압 V_p의 관계는?

① $V_\ell = V_p$
② $V_\ell = \dfrac{1}{3} V_p$
③ $V_\ell = \sqrt{3}\, V_p$
④ $V_\ell = 3 V_p$

풀이

Y 결선 $V_\ell = \sqrt{3}\, V_P,\quad I_\ell = I_P$ **[답]** ③

09 자기회로에 기자력을 주면 자로에 자속이 흐른다. 그러나 기자력에 의해 발생되는 자속 전부가 자기회로 내를 통과하는 것이 아니라, 자로 이외의 부분을 통과하는 자속도 있다. 이와 같이 자기회로 이외 부분을 통과하는 자속을 무엇이라 하는가?

① 종속자속
② 누설자속
③ 주자속
④ 반사자속

풀이

누설자속은 자속 중에서 코일을 관통하는 자기통로 밖으로 새어 나온 부분을 말한다. 자기회로의 자기저항이 작은 경우는 누설자속이 거의 발생되지 않는다. **[답]** ②

10 자체 인덕턴스가 100[H]가 되는 코일에 전류를 1초 동안 0.1[A] 만큼 변화시켰다면 유도기전력[V]은?

① 1
② 10
③ 100
④ 1000

풀이

유도기전력

$e = -L\dfrac{di}{dt} = -100\dfrac{0.1}{1} = -10[\text{V}]$ **[답]** ②

11 전기장 중에 단위 전하를 놓았을 때 그것에 작용하는 힘은 어느 값과 같은가?

① 전장의 세기
② 전하
③ 전위
④ 전위차

풀이

전기장의 세기 : $E[\text{V/m}]$(전장의 세기, 전계)
전기장 내의 한 점에 단위양전하(+1[C])를 놓았을 때 그 전하가 받는 전기력의 크기로 정한다. **[답]** ①

12 정격전압에서 1[kW]의 전력을 소비하는 저항에 정격의 90[%] 전압을 가했을 때, 전력은 몇 [W]가 되는가?

① 630[W]
② 780[W]
③ 810[W]
④ 900[W]

풀이

$P = \dfrac{V^2}{R}$ 이므로 $P \propto V^2$ 이다.

$\therefore P' = 0.9^2 \times 1000 = 810[\text{W}]$ **[답]** ③

13 $R[\Omega]$인 저항 3개가 △결선으로 되어 있는 것을 Y결선으로 환산하면 1상의 저항[Ω]은?

① $\dfrac{1}{3}R$
② R
③ $3R$
④ $\dfrac{1}{R}$

풀이

Y-△ 등가변환 $Z_\triangle = 3Z_Y$
여기서 $R_\triangle = 3R_Y$이므로 $R_Y = \dfrac{1}{3}R_\triangle$ **[답]** ①

14 공기 중에서 5[cm] 간격을 유지하고 있는 2개의 평행도선에 각각 10[A]의 전류가 동일한 방향으로 흐를 때 도선 1[m]당 발생하는 힘의 크기[N]는?

① 4×10^{-4}
② 2×10^{-5}
③ 4×10^{-5}
④ 2×10^{-4}

풀이

2개의 평행도선에 전류가 흐를 때 발생하는 힘

$F = \dfrac{2I_1 I_2}{r} \times 10^{-7} = \dfrac{2 \times 10 \times 10}{0.05} \times 10^{-7} = 4 \times 10^{-4}[\text{N/m}]$ **[답]** ①

15 단상 100[V], 800[W], 역률 80[%]인 회로의 리액턴스는 몇 [Ω]인가?

① 10
② 8
③ 6
④ 2

풀이

$P = P_a \cos\theta = VI \cos\theta [\text{W}]$

$I = \dfrac{P}{V\cos\theta} = \dfrac{800}{100 \times 0.8} = 10[\text{A}],\quad Z = \dfrac{V}{I} = \dfrac{100}{10} = 10[\Omega]$

$\therefore X_L = Z \times \sin\theta = 10 \times 0.6 = 6[\Omega]$ **[답]** ③

16 비사인파의 일반적인 구성이 아닌 것은?
① 순시파 ② 고조파
③ 기본파 ④ 직류분

풀이
비사인파 교류 = 직류분 + 기본파 + 고조파 **[답] ①**

17 다음 물질 중 강자성체로만 짝지어진 것은?
① 철, 니켈, 아연, 망간
② 구리, 비스무트, 코발트, 망간
③ 철, 구리, 니켈, 아연
④ 철, 니켈, 코발트

풀이
- 강자성체 : 철(Fe), 니켈(Ni), 코발트(Co), 망간(Mn)
- 반자성체 : 구리(Cu), 아연(Zn), 비스무트(Bi), 납(Pb), 안티몬(Sb)
- 상자성체 : 알루미늄(Al), 산소(O), 백금(Pt) **[답] ④**

18 자기력선에 대한 설명으로 옳지 않은 것은?
① 자기장의 모양을 나타낸 선이다.
② 자기력선이 조밀 할수록 자기력이 세다.
③ 자석의 N극에서 나와 S극으로 들어간다.
④ 자기력선이 교차된 곳에서 자기력이 세다.

풀이
자기력선의 성질
- 자력선은 N극에서 나와 S극에서 끝난다.
- 자력선 자체는 수축하려하고 같은 자력선은 서로 반발.
- 한 점을 지나는 자력선의 접선 방향이 그 점에서의 자장의 방향이다.
- 자기장내 임의의 한 점에서의 자력선의 밀도는 자장의 세기와 같다.
- **자력선은 서로 교차하지 않는다.** **[답] ④**

19 RL 직렬회로에서 임피던스(Z)의 크기를 나타내는 식은?
① $R^2 + X_L^2$ ② $R^2 - X_L^2$
③ $\sqrt{R^2 + X_L^2}$ ④ $\sqrt{R^2 - X_L^2}$

풀이
$R-L$ 직렬회로 임피던스
$|Z| = \sqrt{R^2 + X_L^2}$ **[답] ③**

20 $e = 200\sin(100\pi t)[V]$ 의 교류 전압에서 $t = \dfrac{1}{600}$ 초 일 때, 순시값은?
① 100[V] ② 173[V]
③ 200[V] ④ 346[V]

풀이
순시값 $e = 200\sin(100\pi t) = 200\sin\left(100\pi \times \dfrac{1}{600}\right)$
$= 200\sin\dfrac{\pi}{6} = 200\sin 30° = 100[V]$ **[답] ①**

21 전기 철도에 사용하는 직류전동기로 가장 적합한 것은?
① 분권전동기
② 직권전동기
③ 가동 복권전동기
④ 차동 복권전동기

풀이
- **직권 전동기** : 크레인, **전기철도** 등
- 분권 전동기 : 컨베이어 벨트, 송풍기 등
- 가동복권 전동기 : 권양기, 왕복펌프 등(부하토크 변화 심할 경우에 널리 사용)
- 차동복권 전동기 : 용접기 등 (부하변화에 대해 정속도 특성) **[답] ②**

22 슬립이 0.05이고 전원 주파수가 60[Hz]인 유도전동기의 회전자 회로의 주파수[Hz]는?
① 1 ② 2
③ 3 ④ 4

풀이
유도전동기 2차 주파수(회전자 주파수)
$f_2 = sf_1$ 이므로 $f_2 = 0.05 \times 60[Hz] = 3[Hz]$ **[답] ③**

23 다음 중 유도전동기에서 비례추이를 할 수 있는 것은?
① 출력 ② 2차 동손
③ 효율 ④ 역률

풀이
- 비례추이 가능 : 1,2차 전류, 동기와트, 역률
- 비례추이 불가능 : 효율, 2차 동손, 출력 **[답] ④**

24 변압기 내부고장 시 급격한 유류 또는 gas의 이동이 생기면 동작하는 브흐홀쯔 계전기의 설치 위치는?
① 변압기 본체
② 변압기의 고압측 부싱
③ 컨서베이터 내부
④ 변압기 본체와 컨서베이터를 연결하는 파이프

풀이

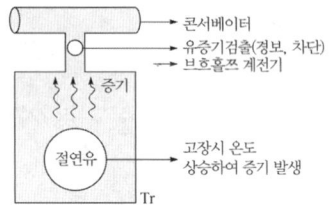

[답] ④

25 변압기의 1차 권회수 80회, 2차 권회수 320회 일 때 2차측의 전압이 100[V]이면 1차 전압은 몇 [V]인가?
① 15 ② 25
③ 50 ④ 100

풀이

권수비 = $\dfrac{N_1}{N_2} = \dfrac{V_1}{V_2} = \dfrac{I_2}{I_1} = \sqrt{\dfrac{Z_1}{Z_2}}$ 에서 $\dfrac{80}{320} = \dfrac{V_1}{100}$

∴ $V_1 = \dfrac{80 \times 100}{320} = 25[V]$ [답] ②

26 전기기계에 있어 와전류손(eddy current loss)을 감소하기 위한 적합한 방법은?
① 규소강판에 성층철심을 사용한다.
② 보상권선을 설치한다.
③ 교류전원을 사용한다.
④ 냉각 압연한다.

풀이
• 규소강판(규소함량 3~4[%]) : 히스테리시스손 감소
• 0.35[mm] 두께의 규소강판을 성층 : 와류손 감소
[답] ①

27 직류 발전기에서 전기자 반작용을 없애는 방법으로 옳은 것은?
① 브러시 위치를 전기적 중성점이 아닌 곳으로 이동시킨다.
② 보극과 보상 권선을 설치한다.
③ 브러시의 압력을 조정한다.
④ 보극은 설치하되 보상권선은 설치하지 않는다.

풀이
전기자 반작용 방지대책
• 보상권선 설치   • 보극 설치
• 브러시 위치를 전기적 중성점으로 이동   [답] ②

28 3권선 변압기에 대한 설명으로 옳은 것은?
① 한 개의 전기회로에 3개의 자기회로로 구성되어 있다.
② 3차 권선에 조상기를 접속하여 송전선의 전압조정과 역률개선에 사용된다.
③ 3차 권선에 단권변압기를 접속하여 송전선의 전압조정에 사용된다.
④ 고압배전선의 전압을 10[%] 정도 올리는 승압용이다.

풀이
3권선 변압기
• 1대의 변압기 철심에 3개의 권선이 감겨진 변압기
• 1차 권선은 전원 측(1차측), 2차권선은 부하 측, 3차권선은 역률개선용(선로조상기로 사용) 내지 부하 측
[답] ②

29 동기기에서 사용되는 절연재료로 B종 절연물의 온도상승 한도는 약 몇 [℃]인가
(단, 기준온도는 공기 중에서 40[℃] 이다.)
① 65 ② 75
③ 90 ④ 120

풀이
절연물 허용온도

Y종	A종	E종	B종	F종	H종	C종
90℃	105℃	120℃	130℃	155℃	180℃	180℃초과

온도상승한도 = 최고허용온도−기준온도
= 130−40 = 90[℃]   [답] ③

30 동기 전동기의 자기 기동법에서 계자권선을 단락하는 이유는?
① 기동이 쉽다.
② 기동권선으로 이용
③ 고전압 유도에 의한 절연파괴 위험방지
④ 전기자 반작용을 방지한다.

풀이
계자권선을 열어 둔 채로 전기자에 전원을 가하면 고전압이 유기되어 계자회로가 소손될 우려가 있으므로 반드시 계자 회로는 저항을 통해 단락시켜 놓고 기동시킨다.
[답] ③

31 어떤 변압기에서 임피던스 강하가 5[%]인 변압기가 운전 중 단락되었을 때 그 단락전류는 정격전류의 몇 배인가?
① 5
② 20
③ 50
④ 200

풀이
단락비 $K_s = \dfrac{I_s}{I_n} = \dfrac{100}{\%Z}$ 이므로

$\therefore I_s = \dfrac{100}{5}I_n = 20I_n$
[답] ②

32 주상변압기의 고압측에 탭을 여러 개 만든 이유는?
① 역률 개선
② 단자 고장 대비
③ 선로 전류 조정
④ 선로 전압 조정

풀이
주상변압기의 1차측 탭 조정을 통해 2차측 선로전압을 일정하게 조정
[답] ④

33 동기 발전기를 회전계자형으로 하는 이유가 아닌 것은?
① 고전압에 견딜 수 있게 전기자 권선을 절연하기가 쉽다.
② 전기자 단자에 발생한 고전압을 슬립링 없이 간단하게 외부회로에 인가할 수 있다.
③ 기계적으로 튼튼하게 만드는데 용이하다.
④ 전기자가 고정되어 있지 않아 제작비용이 저렴하다.

풀이
회전계자형을 쓰는 이유
• 전기자 고정으로 고전압에 유리
• 전기자 고정으로 절연이 용이
• 구조가 간단하여 기계적으로 유리
[답] ④

34 직권 발전기의 설명 중 틀린 것은?
① 계자권선과 전기자 권선이 직렬로 접속되어 있다.
② 승압기로 사용되며 수전 전압을 일정하게 유지하고자 할 때 사용 된다.
③ 단자전압을 V, 유기기전력을 E, 부하전류를 I, 전기자 저항 및 직권 계자정항을 각각 r_a, r_s라 할 때 $V = E + I(r_a + r_s)$ [V] 이다.
④ 부하전류에 의해 여자 되므로 무부하시 자기여자에 의한 전압확립은 일어나지 않는다.

풀이
직권 발전기의 단자전압 $E = V + I(r_a + r_s)$ [V]
[답] ③

35 3상 동기전동기의 출력(P)을 부하각으로 나타낸 것은? (단, V는 1상의 단자전압, E는 역기전력, X_s는 동기 리액턴스, δ는 부하각이다.)
① $P = 3VE\sin\delta$ [W]
② $P = \dfrac{3VE\sin\delta}{X_s}$ [W]
③ $P = \dfrac{3VE\cos\delta}{X_s}$ [W]
④ $P = 3VE\cos\delta$ [W]

풀이
동기발전기 1상당 출력 $P = \dfrac{VE}{X_s}\sin\delta$ [W] 이므로
3상 출력은 1상당 출력의 3배이다.
[답] ②

36 동기전동기의 여자전류를 변화시켜도 변하지 않는 것은? (단, 공급전압과 부하는 일정하다.)
① 동기속도
② 역기전력
③ 역률
④ 전기자 전류

풀이
동기전동기는 동기속도 $\left(N_s = \dfrac{120f}{p}\right)$로 일정하게 회전
[답] ①

37 회전수 1728[rpm]인 유도전동기의 슬립[%]은? (단, 동기속도는 1800[rpm] 이다.)
① 2 ② 3
③ 4 ④ 5

풀이
유도전동기 슬립
$s = \dfrac{N_s - N}{N_s} \times 100 = \dfrac{1800 - 1728}{1800} \times 100 = 4[\%]$ **[답] ③**

38 다음 그림에 대한 설명으로 틀린 것은?

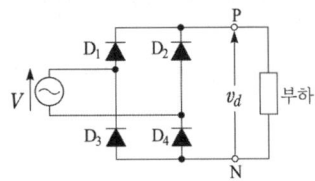

① 브리지(bridge) 회로라고도 한다.
② 실제의 정류기로 널리 사용된다.
③ 반파 정류회로라고도 한다.
④ 전파 정류회로라고도 한다.

풀이
브리지 형태의 전파정류회로이다. **[답] ③**

39 50[Hz], 6극인 3상 유도전동기의 전부하에서 회전수가 955[rpm]일 때 슬립[%]은?
① 4   ② 4.5
③ 5   ④ 5.5

풀이
동기속도 $N_s = \dfrac{120f}{p} = \dfrac{120 \times 50}{6} = 1000[rpm]$
슬립 $s = \dfrac{N_s - N}{N_s} \times 100 = \dfrac{1000 - 955}{1000} \times 100 = 4.5[\%]$ **[답] ②**

40 3상 380[V], 60[Hz], 4P, 슬립 5[%], 55[kW] 유도전동기가 있다. 회전자 속도는 몇 [rpm]인가?
① 120   ② 1526
③ 1710 ④ 2280

풀이
동기속도 $N_s = \dfrac{120f}{p} = \dfrac{120 \times 60}{4} = 1800[rpm]$

유도전동기 회전자 속도
$N = (1-s)N_s = (1-0.05) \times 1800 = 1710[rpm]$ **[답] ③**

41 전기공사 시공에 필요한 공구사용법 설명 중 잘못된 것은?
① 콘크리트의 구멍을 뚫기 위한 공구로 타격용 임팩트기 드릴을 사용한다.
② 스위치 박스에 전선관용 구멍을 뚫기 위해 녹아웃 펀치를 사용한다.
③ 합성수지 가요전선관의 굽힘 작업을 위해 토치램프를 사용한다.
④ 금속 전선관의 굽힘 작업을 위해 파이프 벤더를 사용한다.

풀이
합성수지 가요전선관은 가요성이 커 쉽게 굽힘작업이 가능하므로 토치램프를 사용할 필요가 없다. **[답] ③**

42 금속 전선관 작업에서 나사를 낼 때 필요한 공구는 어느 것인가?
① 파이프 벤더   ② 볼트 클리퍼
③ 오스터   ④ 파이프 렌치

풀이
· 파이프 벤더 : 금속관을 구부리는 데 사용.
· 볼트 클리퍼 : 볼트를 자르는 데 사용
· 오스터 : 금속관에 나사 내는 공구

· 파이프 렌치 : 금속관과 커플링을 물고 죄어 서로 접속할 때 사용 **[답] ③**

43 전로의 절연원칙에 따라 대지로부터 반드시 절연하여야 하는 것은?
① 전로의 중성점에 접지공사를 하는 경우의 접지점
② 계기용 변성기의 2차측 전로에 접지공사를 하는 경우의 접지점
③ 저압가공전선로에 접속되는 변압기
④ 시험용 변압기

[답] ③

44 특고압(22.9kV-Y) 가공전선로의 완금 접지 시 접지선은 어느 곳에 연결하여야 하는가?
① 변압기   ② 전주
③ 지선   ④ 중성선

풀이
Y결선에서 하는 접지는 완금, 가공지선 등 모두 중성선을 통해 접지선으로 연결된다. [답] ④

45 단선의 직선 접속 시 트위스트 접속을 할 경우 적합하지 않은 전선 규격은[mm²]?
① 2.5   ② 4.0
③ 6.0   ④ 10

풀이
단선의 직선 접속
• 트위스트 접속 : 6[mm²] 이하 단선

• 브리타니어 접속 : 10[mm²] 이상의 전선

[답] ④

46 사용전압이 저압인 전로에서 정전이 어려운 경우 등 절연 저항 측정이 곤란한 경우에는 누설전류를 몇 [mA]이하로 유지하여야 하는가?
① 0.1[mA]   ② 1.0[mA]
③ 10[mA]   ④ 100[mA]

풀이
**전로의 절연저항 및 절연내력 (판단기준 제13조) : 사용전압이 저압인 전로에서 정전이 어려운 경우 등 절연저항 측정이 곤란한 경우에는 누설전류를 1[mA] 이하로 유지하여야 한다. [답] ②

47 배전반 및 분전반의 설치 장소로 적합하지 않은 곳은?
① 접근이 어려운 장소
② 전기회로를 쉽게 조작할 수 있는 장소
③ 개폐기를 쉽게 개폐할 수 있는 장소
④ 안정된 장소

풀이
배전반 및 분전반은 수시로 점검하고 조작해야 하는 곳이므로 접근이 용이한 장소여야 한다. [답] ①

48 알루미늄 전선과 전기기계기구 단자의 접속 방법으로 틀린 것은?
① 전선을 나사로 고정하는 경우 나사가 진동 등으로 헐거워질 우려가 있는 장소는 2중 너트 등을 사용할 것.
② 전선에 터미널 러그 등을 부착하는 경우는 도체에 손상을 주지 않도록 피복을 벗길 것.
③ 나사 단자에 전선을 접속하는 경우는 전선을 나사의 홈에 가능한 한 밀착하여 3/4 바퀴 이상 1바퀴 이하로 감을 것.
④ 누름나사단자 등에 전선을 접속하는 경우는 전선을 단자 깊이의 2/3 위치까지만 삽입할 것.

풀이
누름나사단자에 알루미늄전선을 접속하는 경우 단자깊이를 충분히 삽입한다. [답] ④

49 배선시스템에 따른 배선공사방법의 분류에서 전선관시스템의 종류가 아닌 공사방법은?
① 합성수지관공사
② 금속관공사
③ 케이블공사
④ 가요전선관공사

풀이
〈설치방법에 해당하는 공사방법의 종류〉

설치방법	공사방법
전선관 시스템	합성수지관 공사, 금속관 공사, 가요전선관 공사
케이블트렁킹 시스템	합성수지몰드 공사, 금속몰드 공사, 금속덕트 공사(커버분리)
케이블덕트 시스템	플로어덕트 공사, 셀룰러덕트 공사, 금속덕트 공사(커버일체형)
애자 사용방법	애자사용 공사
케이블트레이 시스템	케이블트레이 공사
케이블 공사	고정하지 않는 방법, 직접 고정하는 방법.

[답] ③

50 저압 연접인입선의 시설과 관련된 설명으로 잘못된 것은?
① 옥내를 통과하지 아니할 것
② 전선의 굵기는 1.5[mm²] 이하일 것
③ 폭 5[m]를 넘는 도로를 횡단하지 아니할 것
④ 인입선에서 분기하는 점으로부터 100[m]를 넘는 지역에 미치지 아니할 것.

[풀이]
저압 연접 인입선의 시설
- 인입선에서 분기하는 점으로부터 100[m]을 초과하는 지역에 미치지 아니할 것.
- 폭 5[m]을 초과하는 도로를 횡단하지 아니할 것.
- 옥내를 통과하지 아니할 것 　　　　　　[답] ②

51 라이팅덕트를 조영재에 따라 부착할 경우 지지점간의 거리는 몇 [m] 이하로 하여야 하는가?
① 1.0　　　　② 1.2
③ 1.5　　　　④ 2.0

[풀이]
라이팅덕트(lighting duck) 공사
라이팅덕트를 건축구조물에 부착할 경우는 라이팅덕트의 지지점은 매 덕트마다 2개소 이상 및 지지점간의 거리는 2[m] 이하로 하고 또한 견고하게 부착한다. 　　[답] ④

52 화약고 등 위험장소에서 전기설비에 관한 내용으로 옳은 것은?
① 전로의 대지전압은 400[V] 이하일 것
② 전기기계기구는 전폐형을 사용할 것
③ 화약고내의 전기설비는 화약고 장소에 전용 개폐기 및 과전류차단기를 시설할 것
④ 개폐기 및 과전류차단기에서 화약고 인입구까지의 배선은 케이블 공사로 노출로 시설할 것

[풀이]
화약류 저장소 전기시설
- 전로의 대지전압은 300[V] 이하일 것
- 전기 기계 기구는 전폐형으로 할 것
- 화약류 저장소 이외의 곳에 전용 개폐기 및 과전류 차단기 시설
- 개폐기 및 과전류 차단기에서 화약고 인입구까지 배선은 케이블을 사용, 지중으로 할 것　　[답] ②

53 고압전로에 지락사고가 생겼을 때 지락전류를 검출하는데 사용하는 것은?
① CT　　　　② ZCT
③ MOF　　　④ PT

[풀이]
- ZCT : 영상변류기(선로 전류 중에 포함되는 영상전류를 검출하여 접지계전기에 의하여 차단기를 동작시켜 사고의 파급을 방지하는 장치)
- CT : 계기용 변류기
- MOF : 계기용 변성기
- PT : 계기용 변압기 　　　　　　　　　　[답] ②

54 인입용 비닐절연전선의 공칭단면적 8[mm²] 되는 연선의 구성은 소선의 지름이 1.2[mm]일 때 소선수는 몇 가닥으로 되어 있는가?
① 3　　　　② 4
③ 6　　　　④ 7

[풀이]
연선의 총 단면적 $A = aN$ 에서
총 소선수 $N = \dfrac{A}{a} = \dfrac{A}{\pi r^2} = \dfrac{8}{3.14 \times 0.6^2} = 7.07 ≒ 7$[가닥]　　[답] ④

55 저압 옥내용 기기에 접지공사는 하는 주된 목적은?
① 이상 전류에 의한 기기의 손상 방지
② 과전류에 의한 감전 방지
③ 누전에 의한 감전 방지
④ 누전에 의한 기기의 손상 방지

[풀이]
접지의 목적
감전이나 화재방지, 고장전류나 뇌전류로 부터 기기의 손상방지, 보호계전기의 동작성 확보를 하기 위함이며 옥내 접지의 경우 누전에 의한 감전 방지가 주된 목적이다.
　　　　　　　　　　　　　　　　　　　　[답] ③

56 무대, 오케스트라박스 등 흥행장의 저압 옥내배선 공사의 사용전압은 몇 [V] 이하인가?
① 200
② 300
③ 400
④ 600

풀이

전시회, 공연장의 전기설비
- 무대, 무대마루 밑, 오케스트라 박스, 영사실 기타의 사람이나 무대 도구가 접촉할 우려가 있는 곳에 시설하는 저압옥내배선, 전구선 또는 이동 전선은 사용 전압이 **400[V] 이하**
- 전선은 구리 도체로 최소 단면적이 1.5[mm²]이며, 450/750[V] 이하 염화비닐 절연 케이블, 450/750[V] 이하 고무 절연케이블
- 이동전선은 0.6/1 kV EP 고무 절연 클로로프렌 캡타이어 케이블 또는 0.6/1 kV 비닐 절연 비닐캡타이어 케이블
- 무대, 무대마루 밑, 오케스트라 박스 및 영사실의 전로에는 전용 개폐기 및 과전류 차단기를 시설할 것
- 무대용의 콘센트 박스, 플로어 덕트 및 보더라이트의 금속제 외함은 보호도체 **접지공사**
- 비상 조명을 제외한 조명용 분기회로 및 정격 32[A] 이하의 콘센트용 분기회로는 정격 감도전류 30[mA] 이하의 누전차단기로 보호

[답] ③

57 25[kV] 이하의 중성점 접지식으로 전로에 지기가 생긴 경우 2[초] 이내에 차단하는 장치를 한 특별고압가공전선로와 저압이 결합된 변압기의 경우 접지공사에 접지선의 굵기는 몇 [mm²] 이상인가?

① 16
② 10
③ 6
④ 2.5

풀이

유형	구분	접지선 굵기
접지에 피뢰시스템 접속		구리 16[mm²]이상 철제 50[mm²]이상
접지에 큰 전류가 흐르지 않은 경우		구리 6[mm²]이상 철제 50[mm²]이상
고장시 전류를 안전하게 흐를수 있는 경우 (특고압 또는 고압설비용 접지도체)		6[mm²]이상
접지에 큰 전류가 흐르지 않은 경우	중성점 접지용 도체	고압이하 전로 또는 25[kV] 이하 특고압가공 (중성선 다중접지식 2초 이내 자동자단장치)	6[mm²]이상
		그 외	16[mm²]이상
이동하여 사용하는 전기기계기구의 금속제 외함	특고압·고압 전기설비용 접지도체 및 중성점 접지용 접지도체 ① 클로로프렌캡타이어케이블(3종 및 4종) ② 클로로설포네이트폴리에틸렌 캡타이어케이블(3종 및 4종) ③ 다심 캡타이어케이블의 차폐 또는 기타의 금속체	10[mm²]이상

유형	구분	접지선 굵기
이동하여 사용하는 전기기계기구의 금속제외함	저압 전기설비용 접지도체 ① 다심 코드 또는 다심 캡타이어케이블 ② 기타 유연성이 있는 연동연선	0.75[mm²]이상 1.5[mm²]이상

[답] ③

58 고압 가공전선로의 지지물 중 지선을 사용해서는 안 되는 것은?

① 목주
② 철탑
③ A종 철주
④ A종 철근콘크리트주

풀이
가공전선로의 지지물로 사용하는 철탑은 지선을 사용하여 그 강도를 분담시켜서는 아니 된다.

[답] ②

59 지지물의 지선에 연선을 사용하는 경우 소선 몇 가닥 이상의 연선을 사용하는 가?

① 1
② 2
③ 3
④ 4

풀이
지선의 안전율은 2.5이상이고 지선에 연선을 사용할 경우 3가닥 이상, 지름이 2.6[mm]이상의 금속선을 사용할 것

[답] ③

60 전선접속시 S형 슬리브 사용에 대한 설명으로 틀린 것은?

① 전선의 끝은 슬리브의 끝에서 조금 나오는 것이 바람직하다.
② 슬리브는 전선의 굵기에 적합한 것을 선정한다.
③ 열린 쪽 홈의 측면을 고르게 눌러서 밀착시킨다.
④ 단선은 사용 가능하나 연선접속 시에는 사용 않는다.

풀이
S형 슬리브

S형 슬리브 접속에는 단선만이 아니라 연선도 가능하다.

[답] ④

전기기능사 필기 실전 모의고사 제 12 회

01 △결선에서 선전류가 $10\sqrt{3}$ [A]이면 상전류는?

① 5[A] ② 10[A]
③ $10\sqrt{3}$ [A] ④ 30[A]

풀이
△결선
전압 $V_l = V_p$, 전류 $I_l = \sqrt{3} I_p$
$10\sqrt{3} = \sqrt{3} I_p$, $I_p = \dfrac{10\sqrt{3}}{\sqrt{3}} = 10$[A]   [답] ②

02 인덕턴스 0.5[H]에 주파수가 60[Hz]이고 전압이 220[V]인 교류 전압이 가해질 때 흐르는 전류는 약 몇 [A]인가?

① 0.59 ② 0.87
③ 0.97 ④ 1.17

풀이
$I = \dfrac{V}{Z} = \dfrac{V}{\omega L} = \dfrac{V}{2\pi f L} = \dfrac{220}{2\pi \times 60 \times 0.5} = 1.17$[A]   [답] ④

03 교류 전력에서 일반적으로 전기기기의 용량을 표시하는데 쓰이는 전력은?

① 피상전력 ② 유효전력
③ 무효전력 ④ 기전력

풀이
피상전력 P_a[VA]은 전기기기에 있어서 전압이 몇 볼트 기준으로 몇 암페어의 전류가 흐르는가를 아는 데에 편리하며, 전기기기의 용량을 나타내는 의미로 이용된다.   [답] ①

04 전류에 의한 자기장의 세기를 구하는 비오-사바르의 법칙을 옳게 나타낸 것은?

① $\Delta H = \dfrac{I \Delta l \sin\theta}{4\pi r^2}$ [AT/m]

② $\Delta H = \dfrac{I \Delta l \sin\theta}{4\pi r}$ [AT/m]

③ $\Delta H = \dfrac{I \Delta l \cos\theta}{4\pi r}$ [AT/m]

④ $\Delta H = \dfrac{I \Delta l \cos\theta}{4\pi r^2}$ [AT/m]

풀이
비오-사바르법칙 : 도선에 흘린 전류에 의해서 발생되는 자장의 세기를 구할 수 있는 공식
$\Delta H = \dfrac{I \cdot \Delta l}{4\pi r^2} \cdot \sin\theta$ [AT/m]   [답] ①

05 일반적으로 온도가 높아지게 되면 전도율이 커져서 온도계수가 부(-)의 값을 가지는 것이 아닌 것은?

① 구리 ② 반도체
③ 탄소 ④ 전해액

풀이
온도에 따른 저항
- 정특성(온도가 상승하면 저항도 증가) : 금속
- 부특성(온도가 상승하면 저항이 감소) : 반도체, 전해액, 탄소   [답] ①

06 평행한 두 도선 간의 전자력은?

① 거리 r에 비례한다.
② 거리 r에 반비례한다.
③ 거리 r^2에 비례한다.
④ 거리 r^2에 반비례한다.

풀이
평행도선 간 작용력 : 두 전류의 방향이 같으면 흡인력, 방향이 다른 경우 반발력이 작용한다.
$F = \dfrac{2I_1 \cdot I_2}{r} \times 10^{-7}$ [N/m]   [답] ②

07 권선수 100회 감은 코일에 2[A]의 전류가 흘렀을 때 50×10^{-3} [Wb]의 자속이 코일에 쇄교되었다면 자기인덕턴스는 몇 [H]인가?

① 1.0 ② 1.5
③ 2.0 ④ 2.5

풀이

$LI = N\phi$ 이므로

$\therefore L = \dfrac{N\phi}{I} = \dfrac{100 \times 50 \times 10^{-3}}{2} = 2.5[\text{H}]$ **[답] ④**

08 코일의 성질에 대한 설명으로 틀린 것은?
① 공진하는 성질이 있다.
② 상호유도작용이 있다.
③ 전원 노이즈 차단기능이 있다.
④ 전류의 변화를 확대시키려는 성질이 있다.

풀이

렌츠의 법칙 : 코일은 코일 내의 **전류의 변화를 억제**하려는 특성을 가지고 있다. 전류가 흐르려고 하면 코일은 전류를 흘리지 않으려고 하며, 전류가 감소하면 계속 흘리려고 하는 성질이 있다. 이것을 렌츠의 법칙(전자유도작용에 의해 회로에 발생하는 유도전류는 항상 유도작용을 일으키는 자속의 변화를 방해하는 방향으로 흐른다.)이라 한다. **[답] ④**

09 200[V]의 교류전원에 선풍기를 접속하고 전력과 전류를 측정하였더니 600[W], 5[A] 이였다. 이 선풍기의 역률은?
① 0.5   ② 0.6
③ 0.7   ④ 0.8

풀이

$P = P_a \cos\theta = VI\cos\theta[\text{W}]$

$\therefore \cos\theta = \dfrac{P}{VI} = \dfrac{600}{200 \times 5} = 0.6$ **[답] ②**

10 임의의 폐회로에서 키르히호프의 제2법칙을 가장 잘 나타낸 것은?
① 기전력의 합 = 합성 저항의 합
② 기전력의 합 = 전압 강하의 합
③ 전압 강하의 합 = 합성 저항의 합
④ 합성 저항의 합 = 회로 전류의 합

풀이

키르히호프의 법칙(Kirchhoff's law) 제 2법칙: 전압 법칙 회로망 내의 임의의 폐회로에 인가해주는 기전력의 대수 합은 그 회로의 전압강하의 대수합과 같다. **[답] ②**

11 5[Wh]는 몇 [J]인가?
① 720
② 1800
③ 7200
④ 18000

풀이

전력량 $W = Pt = 5 \times 3600 = 18000[\text{J}]$ **[답] ④**

12 자속밀도 0.5[Wb/m²]의 자장 안에 자장과 직각으로 20[cm]의 도체를 놓고 이것에 10[A]의 전류를 흘릴 때 도체가 50[cm] 운동한 경우의 한 일은 몇 [J]인가?
① 0.5   ② 1
③ 1.5   ④ 5

풀이

$F = B\ell I \sin\theta = 0.5 \times 0.2 \times 10 \times \sin 90° = 1[\text{N}]$

$\therefore W = F \times \ell = 1 \times 0.5 = 0.5[\text{J}]$ **[답] ①**

13 일반적으로 절연체를 서로 마찰시키면 이들 물체는 전기를 띠게 된다. 이와 같은 현상은?
① 분극   ② 정전
③ 대전   ④ 코로나

풀이

- (+)대전 : 양전기, 물질이 전자를 잃어 자유전자가 양성자보다 적은 상태(전자의 부족)
- (−)대전 : 음전기, 물질이 전자를 얻어 자유전자가 양성자보다 많은 상태(전자의 과잉) **[답] ③**

14 공기 중에서 m[Wb]의 자극으로부터 나오는 자력선의 총수는 얼마인가? (단, μ는 물체의 투자율이다.)
① m ② μm
③ $\dfrac{m}{\mu}$ ④ $\dfrac{\mu}{m}$

풀이

가우스 정리 : 임의의 폐곡면 내 자하량 m[Wb]가 있을 때 이 폐곡면을 통해서 나오는 자기력선의 총수

$N = \dfrac{m}{\mu} = \dfrac{m}{\mu_s \cdot \mu_0}[\text{개}]$ **[답] ③**

15 그림에서 단자 A–B 사이의 전압은 몇 [V]인가?

① 1.5
② 2.5
③ 6.5
④ 9.5

풀이
$V_{AB} = 1.5 + 3 + 1.5 - 1.5 - 2 = 2.5[V]$ [답] ②

16 전구를 점등하기 전의 저항과 점등한 후의 저항을 비교하면 어떻게 되는가?
① 점등 후의 저항이 크다.
② 점등 전의 저항이 크다.
③ 변동 없다.
④ 경우에 따라 다르다.

풀이
일반적으로 전구의 필라멘트는 온도에 따른 저항의 변화가 정특성(+ 온도계수)을 가지므로 점등 후 온도상승에 따라 저항이 증가하게 된다. [답] ①

17 진공 중에서 같은 크기의 두 자극을 1[m] 거리에 놓았을 때 작용하는 힘이 6.33×10^4[N]이 되는 자극의 단위는?
① 1[N]   ② 1[J]
③ 1[Wb]   ④ 1[C]

풀이
$F = 6.33 \times 10^4 \times \dfrac{m_1 m_2}{r^2}[N]$
$\therefore m^2 = 1[Wb]$ [답] ③

18 2개의 저항 R_1, R_2를 병렬 접속하면 합성저항은?

① $\dfrac{1}{R_1 + R_2}$ ② $\dfrac{R_1}{R_1 + R_2}$

③ $\dfrac{R_1 R_2}{R_1 + R_2}$ ④ $\dfrac{R_2}{R_1 + R_2}$

풀이
병렬 합성저항
$R_0 = \dfrac{1}{\dfrac{1}{R_1} + \dfrac{1}{R_2}} = \dfrac{R_1 \cdot R_2}{R_1 + R_2}[\Omega]$ [답] ③

19 다음 전압 파형의 주파수는 약 몇 [Hz]인가?
$$e = 100\sin\left(377t - \dfrac{\pi}{5}\right)[V]$$
① 50   ② 60
③ 80   ④ 100

풀이
$\omega = 2\pi f = 377[\text{rad/sec}]$
$\therefore f = \dfrac{377}{2\pi} = 60[Hz]$ [답] ②

20 납축전지가 완전히 방전되면 음극과 양극은 무엇으로 변하는가?
① $PbSO_4$ ② PbO_2
③ H_2SO_4 ④ Pb

풀이
납 축전지
• 양극 : 이산화납(PbO_2) 음극 : 납(Pb)
• 전해액 : 묽은 황산(H_2SO_4), 비중 1.23~1.26
• 화학식
$PbO_2 + 2H_2SO_4 + Pb \Leftrightarrow PbSO_4 + 2H_2O + PbSO_4$
• 용량 : $Q = I \cdot t[A \cdot h]$ (I : 방전전류, t : 방전시간) [답] ①

21 동기기의 전기자 권선법이 아닌 것은?
① 전절권   ② 분포권
③ 2층권   ④ 중권

풀이
동기기는 중권(2층권), 단절권, 분포권이 동시에 채용된다. [답] ①

22 변압기의 정격출력으로 맞는 것은?
① 정격 1차 전압×정격 1차 전류
② 정격 1차 전압×정격 2차 전류
③ 정격 2차 전압×정격 1차 전류
④ 정격 2차 전압×정격 2차 전류

풀이
정격은 정해진 규정에 적합한 범위 내에서 사용할 수 있는 한도의 의미이고 변압기의 정격출력은 2차측 기준으로 단위는 [kVA]이다. [답] ④

23 직류기에서 정류를 좋게 하는 방법 중 전압 정류의 역할은?
① 보극
② 탄소
③ 보상권선
④ 리액턴스 전압

풀이
정류 개선 대책
• 저항정류 : 접촉저항이 큰 브러시를 사용(탄소브러시)
• 전압정류 : 보극 설치
• 정류주기를 길게 조정하여 리액턴스 전압을 줄인다.
$(e_L = L \dfrac{2 \cdot I_c}{T_c})$
[답] ①

24 역률이 좋아 가정용 선풍기, 세탁기, 냉장고 등에 주로 사용되는 것은?
① 분상 기동형
② 콘덴서 기동형
③ 반발 기동형
④ 셰이딩 코일형

풀이
기동토크는 반발기동 – 콘덴서 기동 – 분상 기동 – 셰이딩 코일형의 순서로 크기를 가지지만, 특히 이 중 콘덴서 기동형 단상 유도전동기가 역률과 효율이 가장 좋다.
[답] ②

25 기중기, 전기 자동차, 전기철도와 같은 곳에 가장 많이 사용되는 전동기는?
① 가동 복권 전동기
② 차동 복권 전동기
③ 분권 전동기
④ 직권 전동기

풀이
토크 변동이 심하고 큰 기동토크가 요구되는 기중기, 전동차, 크레인, 전기철도 등에 직권전동기가 시용된다.
[답] ④

26 동기전동기의 공급전압이 앞선 전류는 어떤 작용을 하는가?
① 역률작용
② 교차자화작용
③ 증자작용
④ 감자작용

풀이

구분	발전기		전동기
R(저항, 역률 1)	교차자화작용	횡축반작용 ($I\cos\theta$)	교차자화작용
L(유도성, 지상전류)	감자작용	직축반작용 ($I\sin\theta$)	증자작용
C(용량성, 진상전류)	증자작용		자화작용	감자작용

[답] ④

27 농형 유도전동기의 기동법이 아닌 것은?
① 전전압 기동
② △-△ 기동
③ 기동보상기에 의한 기동
④ 리액터 기동

풀이
농형 유도전동기 기동법
• 전전압기동 : 5[kW] 이하
• Y-△ 기동 : 10~15[kW] 이하
• 기동보상기법 : 15[kW] 이상
• 리액터기동 : 중대형전동기
[답] ②

28 동기조상기를 과여자로 사용하면?
① 리액터로 작용
② 저항손의 보상
③ 일반부하의 뒤진 전류 보상
④ 콘덴서로 작용

풀이
동기조상기의 운전
• 과여자 : 용량성 부하로 동작 → 콘덴서로 동작
• 부족여자 : 유도성 부하로 동작 → 리액터로 동작
[답] ④

29 직류를 교류로 변환하는 기기는?
① 변류기
② 정류기
③ 초퍼
④ 인버터

풀이
• DC → AC로 변환 : 인버터(inverter, 역변환 장치)
• AC → DC로 변환 : 컨버터(converter, 순변환 장치)
• DC → DC로 변환 : 초퍼
• AC → AC로 변환 : 사이클로 컨버터
[답] ④

30 그림의 정류회로에서 다이오드의 전압강하를 무시할 때 콘덴서 양단의 최대전압은 약 몇 [V]까지 충전 되는가?

① 70
② 141
③ 280
④ 352

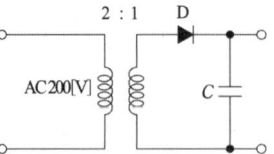

풀이
단상반파 정류 최대값(맥동률 121[%]) : $\sqrt{2} \cdot E$
변압비 2 : 1에 의해 2차측 $E = 100[V]$
$\sqrt{2} \times 100 = 141[V]$ [답] ②

31 회전수 540[rpm], 12극, 3상 유도전동기의 슬립[%]은? (단, 주파수는 60[Hz] 이다.)

① 1
② 4
③ 6
④ 10

풀이
동기속도 $N_s = \dfrac{120f}{p} = \dfrac{120 \times 60}{12} = 600[rpm]$
유도전동기 슬립
$s = \dfrac{N_s - N}{N_s} \times 100[\%] = \dfrac{600-540}{600} \times 100 = 10[\%]$ [답] ④

32 직류 분권전동기의 회전방향을 바꾸기 위해 일반적으로 무엇의 방향을 바꾸어야 하는가?

① 전원
② 주파수
③ 계자저항
④ 전기자전류

풀이
전동기의 회전 방향을 바꾸려면, 계자 권선이나 전기자 권선 중 어느 한 쪽의 접속을 반대로 하면 된다. 일반적으로 전기자권선의 방향을 바꿔준다.   [답] ④

33 다음 중 변압기의 원리와 관계있는 것은?

① 전기자 반작용
② 전자 유도 작용
③ 플레밍의 오른손 법칙
④ 플레밍의 왼손 법칙

풀이
전자유도 : 1차 측에 교류 전압 V_1을 공급하면 무부하 전류 I_0가 흐르면서 자속이 발생하여, 철심 속을 지나 2차 코일과 쇄교하면서 2차 측에 전압 E_2를 유기한다. 이러한 현상을 전자유도라 하는데, 변압기는 이 현상을 이용한 것이다. [답] ②

34 동기기 운전 시 안정도 증진법이 아닌 것은?

① 단락비를 크게 한다.
② 회전부의 관성을 크게 한다.
③ 속응여자방식을 채용한다.
④ 역상 및 영상임피던스를 작게 한다.

풀이
동기기 안정도 증진법
• 리액턴스 작게 한다.
• 단락비 크게 한다.
• 속응여자방식 채택한다.
• 회전자의 관성을 크게 한다.(플라이휠 설치)
• 동기임피던스 작게 한다.   [답] ④

35 다음 중 변압기의 1차측이란?

① 고압측
② 저압측
③ 전원측
④ 부하측

풀이
변압기의 1차측은 전원전압을 인가시켜 주는 전원측이 되고, 2차측은 출력이 나오는 출력측 또는 부하측이 된다.   [답] ③

36 3상 유도전동기의 토크는?

① 2차 유도기전력의 2승에 비례한다.
② 2차 유도기전력에 비례한다.
③ 2차 유도기전력과 무관하다.
④ 2차 유도기전력의 0.5승에 비례한다.

풀이
3상유도전동기 토크($T \propto V^2$)
$\tau = K \dfrac{m_2 V^2 \dfrac{r_2}{S}}{\left(r_1 + \dfrac{r_2}{S}\right)^2 + (x_1 + x_2')^2} [N \cdot m]$ [답] ①

37 50[kW]의 농형 유도전동기를 기동하려고 할 때, 다음 중 가장 적당한 기동 방법은?

① 분상기동법
② 기동보상기법
③ 권선형기동법
④ 2차저항기동법

풀이
- 전전압기동 : 5[kW] 이하
- Y-△ 기동 : 10~15[kW] 이하
- 기동보상기법 : 15[kW] 이상
- 리액터기동 : 중대형전동기 [답] ②

38 보극이 없는 직류기 운전 중 중성점의 위치가 변하지 않는 경우는?
① 과부하   ② 전부하
③ 중부하   ④ 무부하

풀이
전기자 반작용은 부하 연결시 전기자 전류에 의한 기자력이 주자속에 영향을 주는 것으로 무부하시에는 전기자 전류가 없으므로 중성점의 위치가 변하지 않는다. [답] ④

39 1차 전압 13200[V], 2차 전압 220[V]인 단상 변압기의 1차에 6000[V]의 전압을 가하면 2차 전압은 몇 [V]인가?
① 100   ② 200
③ 50   ④ 250

풀이
$a(권수비) = \dfrac{V_1}{V_2} = \dfrac{13200}{220} = 60$ 이므로

$\therefore V_2' = \dfrac{6000}{60} = 100[V]$ [답] ①

40 자속밀도 0.8[Wb/m²]인 자계에서 길이 50[cm]인 도체가 30[m/s]로 회전할 때 유기되는 기전력[V]은?
① 8   ② 12
③ 15   ④ 24

풀이
$e = B \cdot l \cdot v[V] = 0.8 \times 0.5 \times 30 = 12[V]$ [답] ②

41 수·변전 설비의 고압회로에 걸리는 전압을 표시하기 위해 전압계를 시설할 때 고압회로와 전압계 사이에 시설하는 것은?
① 수전용 변압기
② 계기용 변류기
③ 계기용 변압기
④ 권선형 변류기

풀이
계기용 변압기(PT)
- 고전압을 저전압으로 변압하여 계측기에 공급하기 위한 변압기로 2차측 정격전압은 110[V]가 표준이다.
- 변성기 용량은 2차 회로의 부하를 말하며 2차 부담이라고 한다.   [답] ③

42 가연성 분진에 전기설비가 발화원이 되어 폭발의 우려가 있는 곳에 시설하는 저압 옥내배선 공사방법이 아닌 것은?
① 금속관공사   ② 케이블공사
③ 애자사용공사 ④ 합성수지관공사

풀이
가연성 분진이 존재하는 곳
소맥분, 전분, 유황 기타의 가연성 먼지로서 공중에 떠다니는 상태에서 착화하였을 때, 폭발의 우려가 있는 곳의 저압 옥내 배선은 **합성 수지관 공사, 금속관 공사, 케이블 공사**(단 CD케이블, 제1종 캡타이어 케이블 공사 제외)에 의하여 시설한다. [답] ③

43 전선의 접속이 불완전하여 발생할 수 있는 사고로 볼 수 없는 것은?
① 감전   ② 누전
③ 화재   ④ 절전

풀이
전선접속이 불완전하면 전기저항이 증가하여 화재의 위험이 있고 누전되거나 감전사고로 이어질 수 있다.
  [답] ④

44 저압 구내 가공인입선으로 DV 전선을 사용시 전선의 길이가 15[m] 이하인 경우 사용할 수 있는 최소 굵기는 몇 [mm] 이상인가?
① 1.5   ② 2.0
③ 2.6   ④ 4.0

풀이
저압 가공인입선 : 지름 2.6[mm](**경간 15[m]** 이하는 2[mm])의 경동선 또는 이와 동등 이상의 세기 및 굵기의 것일 것   [답] ②

45 나전선 등의 금속선에 속하지 않는 것은?
① 경동선(지름 12[mm] 이하의 것)
② 연동선
③ 동합금선(단면적 35[mm^2] 이하의 것)
④ 경알루미늄선(단면적 35[mm^2] 이하의 것)

풀이
나전선 등의 금속선 중 동합금선은 단면적 25[mm^2] 이하의 것이다. [답] ③

46 배선용 차단기의 심벌은?
① B ② E
③ BE ④ S

풀이
① 배선용 차단기 ② 누전 차단기
③ 과전류 겸용 누전차단기 ④ 개폐기   [답] ①

47 아래의 그림기호가 나타내는 것은? 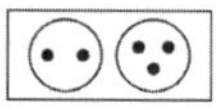
① 비상콘센트
② 형광등
③ 점멸기
④ 접지저항 측정용 단자

풀이
비상콘센트 : 소방활동 시에 사용하는 조명, 연기 배출기 등에 전원을 공급하는 설비로 3상, 단상 콘센트를 설비한다. [답] ①

48 무대·오케스트라 박스·영사실 기타 사람이나 무대 도구가 접촉할 우려가 있는 장소에 시설하는 저압 옥내배선의 사용전압은?
① 400[V] 이하   ② 500[V] 초과
③ 600[V] 이하   ④ 700[V] 초과

풀이
전시회,공연장의 전기설비
• 무대, 무대마루 밑, 오케스트라 박스, 영사실 기타의 사람이나 무대 도구가 접촉할 우려가 있는 곳에 시설하는 저압옥내배선, 전구선 또는 이동 전선은 사용 전압이 **400[V] 이하**
• 전선은 구리 도체로 최소 단면적이 1.5[mm^2]이며, 450/750[V] 이하 염화비닐 절연 케이블, 450/750[V] 이하 고무 절연케이블

• 이동전선은 0.6/1 kV EP 고무 절연 클로로프렌 캡타이어 케이블 또는 0.6/1 kV 비닐 절연 비닐캡타이어 케이블
• 무대, 무대마루 밑, 오케스트라 박스 및 영사실의 전로에는 전용 개폐기 및 과전류 차단기를 시설할 것
• 무대용의 콘센트 박스, 플로어 덕트 및 보더라이트의 금속제 외함은 보호도체 **접지공사**
• 비상 조명을 제외한 조명용 분기회로 및 정격 32[A] 이하의 콘센트용 분기회로는 정격 감도전류 30[mA] 이하의 누전차단기로 보호   [답] ①

49 금속관배선 공사에 의한 저압 옥내배선에서 잘못된 것은?
① 전선은 절연전선일 것
② 금속관 안에서는 전선의 접속점이 없도록 할 것
③ 알루미늄 전선은 단면적 16[mm^2] 초과 시 연선을 사용할 것
④ 옥외용 비닐절연전선을 사용할 것

풀이
금속관 공사의 전선은 절연전선(**옥외용 비닐절연전선을 제외**한다)일 것. [답] ④

50 배선시스템에 따른 배선공사방법의 분류에서 전선관시스템의 종류가 아닌 공사방법은?
① 합성수지몰드공사 ② 금속관공사
③ 케이블공사   ④ 가요전선관공사

풀이
〈설치방법에 해당하는 공사방법의 종류〉

설치방법	공사방법
전선관 시스템	합성수지관 공사, 금속관 공사, 가요전선관 공사
케이블트렁킹 시스템	합성수지몰드 공사, 금속몰드 공사, 금속덕트 공사(커버분리)
케이블덕트 시스템	플로어덕트 공사, 셀룰러덕트 공사, 금속덕트 공사(커버일체형)
애자 사용방법	애자사용 공사
케이블트레이 시스템	케이블트레이 공사
케이블 공사	고정하지 않는 방법, 직접 고정하는 방법,

[답] ③

51 조명기구를 반간접 조명방식으로 설치하였을 때 위(상방향)로 향하는 광속의 양[%]은?
① 0~10 ② 10~40
③ 40~60 ④ 60~90

풀이
조명종류별 배광

	직접조명	반직접조명	전반확산조명	반간접조명
상향	0~10[%]	10~40[%]	40~60[%]	60~90[%]
하향	90~100[%]	60~90[%]	40~60[%]	10~40[%]

[답] ④

52 하나의 콘센트에 두 개 이상의 플러그를 꽂아 사용할 수 있는 기구는?
① 코드접속기 ② 멀티 탭
③ 테이블 탭 ④ 아이언 플러그

풀이
- 멀티 탭(multi-tap): 하나의 콘센트에 둘 또는 세 가지의 기구를 사용할 때 끼우는 것
- 테이블 탭 : 전선이 짧을 때 연장해서 사용하는 기구. 익션텐션 코드라고도 한다. [답] ②

53 접지시스템의 구분의 종류가 아닌 것은?
① 피뢰시스템접지 ② 계통접지
③ 공통접지 ④ 보호접지

풀이
접지시스템구분 : 계통접지, 보호접지, 피뢰시스템 접지
피뢰침은 피뢰시스템접지
변압기중성점 등은 계통접지
기계기구 등의 외함 은 보호접지. [답] ③

54 다음 ( ) 안에 알맞은 내용은?

"고압 및 특고압용 기계기구의 시설에 있어 고압은 지표상 (㉠)이상(시가지에 시설하는 경우), 특고압은 지표상 (㉡)이상의 높이에 설치하고 사람이 접촉할 우려가 없도록 시설하여야 한다."

① ㉠ 3.5[m], ㉡ 4[m]
② ㉠ 4.5[m], ㉡ 5[m]
③ ㉠ 5.5[m], ㉡ 6[m]
④ ㉠ 5.5[m], ㉡ 7[m]

풀이
고압용 기계기구를 지표상 4.5[m](시가지 외에는 4[m]) 이상의 높이에 시설하고 특고압용 기계기구는 지표상 5[m] 이상의 높이에 시설한다. [답] ②

55 전주의 길이가 16[m]이고, 설계하중이 6.8[kN] 이하의 철근 콘크리트주를 시설할 때 땅에 묻히는 깊이는 몇 [m] 이상이어야 하는가?
① 1.2 ② 1.4
③ 2.0 ④ 2.5

풀이
전주가 땅에 묻히는 깊이
- 전주의 길이 15[m] 이하 : 1/6 이상
- 전주의 길이 15[m] 이상 : 2.5[m] 이상
- 철근 콘크리트 전주로서 길이가 14[m] 이상 20[m] 이하이고, 설계하중이 6.8[kN] 초과 9.8[kN] 이하인 것은 30[cm]을 가산한다. [답] ④

56 알루미늄 전선의 접속방법으로 적합하지 않은 것은?
① 직선접속 ② 분기접속
③ 종단접속 ④ 트위스트접속

풀이
트위스트 접속은 동전선의 단선 직선접속방법이다. [답] ④

57 배전반 및 분전반과 연결된 배관을 변경하거나 이미 설치되어 있는 캐비넷에 구멍을 뚫을 때 필요한 공구는?
① 오스터 ② 클리퍼
③ 토치램프 ④ 녹아웃펀치

풀이
- 오스터 : 금속관에 나사를 낼 때 사용
- 클리퍼 : 펜치로 절단하기 힘든 굵은 전선 절단할 때 사용
- 토치램프 : 전선의 납땜 접속 때나 합성수지관(PVC)의 가공시 사용
- 녹아웃펀치 : 배전반, 분전반등의 배관을 변경하거나 이미 설치된 캐비넷에 구멍을 뚫을 때 필요한 공구

[답] ④

58 전선을 접속하는 경우 전선의 강도는 몇 % 이상 감소시키지 않아야 하는가?
① 10　　② 20
③ 40　　④ 80

풀이
전선접속 시 전선의 강도를 20[%] 이상 감소시키지 않아야 된다. 즉 강도를 80[%] 이상 유지해야 한다. **[답]** ②

59 저압인입선 공사 시 저압 가공인입선이 철도 또는 궤도를 횡단하는 경우 레일면상에서 몇 m 이상 시설하여야 하는가?
① 3　　② 4
③ 5.5　　④ 6.5

풀이
저압 가공인입선의 지표상 높이
- 도로횡단 : 5[m] 이상
- 철도, 궤도 횡단 : 6.5[m] 이상
- 횡단보도교 위 : 3[m] 이상
- 일반장소 : 4[m] 이상　　**[답]** ④

60 150[kW]의 수전설비에서 역률을 80%에서 95%로 개선하려고 한다. 이때 전력용 콘덴서의 용량은 약 몇 [kVA]인가?
① 63.2　　② 126.4
③ 133.5　　④ 157.6

풀이
$$Q_c = P(\tan\theta_1 - \tan\theta_2) = P\left(\frac{\sin\theta_1}{\cos\theta_1} - \frac{\sin\theta_2}{\cos\theta_2}\right)$$
$$= 150 \times \left(\frac{0.6}{0.8} - \frac{\sqrt{1-0.95^2}}{0.95}\right) = 63.19$$
[답] ①

전기기능사 필기 실전 모의고사 제 13회

01 그림의 단자 1-2에서 본 노튼 등가회로의 개방단 컨덕턴스는 몇 [℧]인가?

① 0.5
② 1
③ 2
④ 5.8

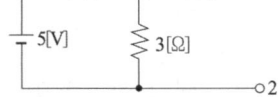

풀이
노튼의 정리에서 등가회로는 전압원은 단락하고 전류원은 개방하여 회로망을 보았을 때 어드미턴스 Y를 구하여 계산한다. 전압원 단락 시 $R = 0.8 + \frac{2 \cdot 3}{2+3} = 2[\Omega]$이 되고 컨덕턴스 $G = \frac{1}{R} = \frac{1}{2} = 0.5[℧]$가 된다. **[답]** ①

02 $e = 100\sin\left(314t - \frac{\pi}{6}\right)$[V]인 파형의 주파수는 약 몇 [Hz]인가?

① 40 ② 50 ③ 60 ④ 80

풀이
$\omega = 2\pi f = 314[\text{rad/sec}]$
$\therefore f = \frac{\omega}{2\pi} = \frac{314}{2\pi} = 50[\text{Hz}]$ **[답]** ②

03 비정현파의 실효값을 나타낸 것은?
① 최대파의 실효값
② 각 고조파의 실효값의 합
③ 각 고조파의 실효값의 합의 제곱근
④ 각 고조파의 실효값의 제곱의 합의 제곱근

풀이
비정현파 교류의 실효값
각파의 실효값의 제곱의 합을 제곱근
$V = \sqrt{V_0^2 + (V_1)^2 + (V_2)^2 + \cdots + (V_n)^2}$ [V]
$I = \sqrt{I_0^2 + (I_1)^2 + (I_2)^2 + \cdots + (I_n)^2}$ [A] **[답]** ④

04 평균 반지름이 r[m]이고, 감은 횟수가 N인 환상 솔레노이드에 전류 I[A]가 흐를 때 내부의 자기장의 세기 H[AT/m]는?

① $H = \frac{NI}{2\pi r}$ ② $H = \frac{NI}{2r}$
③ $H = \frac{2\pi r}{NI}$ ④ $H = \frac{2r}{NI}$

풀이
환상 솔레노이드에 의한 자장의 세기
$H = \frac{NI}{2\pi r}$[AT/m] **[답]** ①

05 어떤 도체의 길이를 2배로 하고 단면적을 1/3로 했을 때의 저항은 원래 저항의 몇 배가 되는가?

① 3배 ② 4배
③ 6배 ④ 9배

풀이
저항의 크기 $R = \rho \frac{l}{A}[\Omega]$ 이므로
$R' = \rho \frac{2l}{\frac{1}{3}A} = 6 \times \rho \frac{l}{A}$ $\therefore$ 6배 **[답]** ③

06 기전력이 V_0[V], 내부저항이 $r[\Omega]$인 n개의 전지를 직렬 연결하였다. 전체 내부저항을 옳게 나타낸 것은?

① $\frac{r}{n}$ ② nr
③ $\frac{r}{n^2}$ ④ nr^2

풀이
전지의 직렬접속
• 회로의 기전력 : 전지 1개의 n배
• 합성 내부저항 : 내부저항의 n배 = nr **[답]** ②

07 공기 중에서 자속밀도 3[Wb/m²]의 평등 자장 속에 길이 10[cm]의 직선 도선을 자장의 방향과 직각으로 놓고 여기에 4[A]의 전류를 흐르게 하면 이 도선이 받는 힘은 몇 [N]인가?

① 0.5 ② 1.2
③ 2.8 ④ 4.2

풀이
$F = B\ell I \sin\theta = 3 \times 0.1 \times 4 \times \sin 90° = 1.2[\text{N}]$ [답] ②

08 정전용량 $C[\mu F]$의 콘덴서에 충전된 전하가 $q = \sqrt{2}\,Q\sin\omega t[C]$와 같이 변화 하도록 하였다면 이때 콘덴서에 흘러들어가는 전류의 값은?

① $i = \sqrt{2}\,\omega Q\sin\omega t$
② $i = \sqrt{2}\,\omega Q\cos\omega t$
③ $i = \sqrt{2}\,\omega Q\sin(\omega t - 60°)$
④ $i = \sqrt{2}\,\omega Q\cos(\omega t - 60°)$

풀이
$i = \dfrac{dq}{dt} = \dfrac{d}{dt}(\sqrt{2}\,Q\sin\omega t) = \sqrt{2}\,\omega Q\cos\omega t[V]$ [답] ②

09 4[F]와 6[F]의 콘덴서를 병렬접속하고 10[V]의 전압을 가했을 때 축적되는 전하량 $Q[C]$는?

① 19 ② 50
③ 80 ④ 100

풀이
합성정전용량 $C_0 = C_1 + C_2 = 4 + 6 = 10[F]$
전하량 $Q = C_0 V = 10 \times 10 = 100[C]$ [답] ④

10 회로망의 임의의 접속점에 유입되는 전류는 $\sum I = 0$라는 법칙은?

① 쿨롱의 법칙
② 패러데이의 법칙
③ 키르히호프의 제1법칙
④ 키르히호프의 제2법칙

풀이
키르히호프의 법칙(Kirchhoff's law)
제 1법칙(전류 법칙) : 회로망 내 임의의 한 접속점을 기준으로 유입되는 전류와 유출되는 전류의 대수합은 0이다.
유입전류의 합 = 유출전류의 합
$I_1 + I_2 + I_3 - I_4 = 0$ ∴ $\sum I = 0$ [답] ③

11 자체 인덕턴스가 각각 160[mH], 250[mH]의 두 코일이 있다. 두 코일 사이의 상호 인덕턴스가 150[mH]이면 결합계수는?

① 0.5 ② 0.62
③ 0.75 ④ 0.86

풀이
$K = \dfrac{M}{\sqrt{L_1 L_2}} = \dfrac{150}{\sqrt{160 \times 250}} = 0.75$ [답] ③

12 저항이 10[Ω]인 도체에 1[A]의 전류를 10분간 흘렸다면 발생하는 열량은 몇 [kcal]인가?

① 0.62 ② 1.44
③ 4.46 ④ 6.24

풀이
줄의 법칙
$H = 0.24 I^2 Rt = 0.24 \times 1^2 \times 10 \times 10 \times 60 \times 10^{-3}$
$= 1.44[\text{kcal}]$ [답] ②

13 히스테리시스손은 최대 자속밀도 및 주파수의 각각 몇 승에 비례하는가?

① 최대자속밀도 : 1.6, 주파수 : 1.0
② 최대자속밀도 : 1.0, 주파수 : 1.0
③ 최대자속밀도 : 1.0, 주파수 : 1.0
④ 최대자속밀도 : 1.6, 주파수 : 1.6

풀이
히스테리시스손 $P_h = \eta f B_m^{1.6}[\text{W/m}^3]$ 이므로 P_h는 최대자속밀도 B_m의 1.6승, 주파수 f의 1.0승에 비례한다.   [답] ①

14 유효전력의 식으로 옳은 것은?
(단, E는 전압, I는 전류, θ는 위상각이다.)

① $EI\cos\theta$ ② $EI\sin\theta$
③ $EI\tan\theta$ ④ EI

풀이
① 유효전력 : $EI\cos\theta$ [W]
② 무효전력 : $EI\sin\theta$ [var]
④ 피상전력 : EI [VA]   [답] ①

15 전원과 부하가 다같이 △결선된 3상 평형회로가 있다. 상전압이 200[V], 부하 임피던스가 $Z = 6 + j8[\Omega]$인 경우 선 전류는 몇 [A]인가?

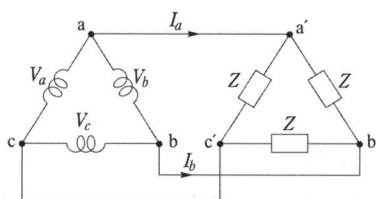

① 20
② $\dfrac{20}{\sqrt{3}}$
③ $20\sqrt{3}$
④ $10\sqrt{3}$

풀이

△결선 시 $I_l = \sqrt{3} I_p$

$\therefore I_l = \sqrt{3} I_p = \sqrt{3}\dfrac{V_p}{Z} = \sqrt{3} \times \dfrac{200}{\sqrt{6^2+8^2}} = 20\sqrt{3}\,[\text{A}]$

[답] ③

16 다음 회로의 합성 정전용량[μF]은?

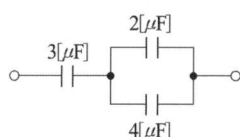

① 5
② 4
③ 3
④ 2

풀이

합성정전용량 $C_0 = \dfrac{3 \times (2+4)}{3+(2+4)} = 2\,[\mu\text{F}]$

[답] ④

17 물질에 따라 자석에 반발하는 물체를 무엇이라 하는가?

① 비자성체
② 상자성체
③ 반자성체
④ 가역성체

풀이

반자성체
약자성체 중에서 강자성체와는 반대의 극성으로 자화되는 물질로 구리(Cu), 아연(Zn), 비스무트(Bi), 납(Pb) 등이 있다.

[답] ③

18 그림의 병렬 공진 회로에서 공진 주파수 f_0[Hz]는?

① $f_0 = \dfrac{1}{2\pi}\sqrt{\dfrac{R}{L} - \dfrac{1}{LC}}$

② $f_0 = \dfrac{1}{2\pi}\sqrt{\dfrac{L^2}{R^2} - \dfrac{1}{LC}}$

③ $f_0 = \dfrac{1}{2\pi}\sqrt{\dfrac{1}{LC} - \dfrac{L}{R}}$

④ $f_0 = \dfrac{1}{2\pi}\sqrt{\dfrac{1}{LC} - \dfrac{R^2}{L^2}}$

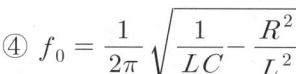

풀이

일반적인 병렬 공진

$Y = Y_1 + Y_2 = \dfrac{1}{R+j\omega L} + j\omega C$

$= \dfrac{R-j\omega L}{(R+j\omega L)(R-j\omega L)} + j\omega C = \dfrac{R-j\omega L}{R^2+(\omega L)^2} + j\omega C$

$= \dfrac{R}{R^2+(\omega L)^2} + j\left(\omega C - \dfrac{\omega L}{R^2+(\omega L)^2}\right)$

공진 시 $\omega C - \dfrac{\omega L}{R^2+(\omega L)^2}$ 가 0이 되므로

공진 주파수는 $f_0 = \dfrac{1}{2\pi}\sqrt{\dfrac{1}{LC} - \dfrac{R^2}{L^2}}$ 가 된다.

[답] ④

19 전기장의 세기 단위로 옳은 것은?

① H/m
② F/m
③ AT/m
④ V/m

풀이

전기장의 세기(전장의 세기, 전계) E[V/m]
Q[C] 전하에서 임의의 거리 r[m]만큼 떨어진 점에 단위 전하당 작용하는 힘

$E = \dfrac{F}{Q} = \dfrac{1}{4\pi\varepsilon} \times \dfrac{Q}{r^2}\,[\text{V/m}]$

① 투자율 μ[H/m]
② 유전율 ε[F/m]
③ 자기장의 세기 H[AT/m]
④ 전기장의 세기 E[V/m]

[답] ④

20 전기 전도도가 좋은 순서대로 도체를 나열한 것은?

① 은 → 구리 → 금 → 알루미늄
② 구리 → 금 → 은 → 알루미늄
③ 금 → 구리 → 알루미늄 → 은
④ 알루미늄 → 금 → 은 → 구리

풀이
은(Ag), 구리(Cu), 금(Au), 알루미늄(Al) 순으로 전기가 잘 통하는 전도율이 높다. **[답]** ①

21 3상 농형유도전동기의 Y-△ 기동시의 기동전류를 전전압 기동시와 비교하면?
① 전전압 기동전류의 1/3로 된다.
② 전전압 기동전류의 √3 배로 된다.
③ 전전압 기동전류의 3배로 된다.
④ 전전압 기동전류의 9배로 된다.

풀이
Y-△ 기동법
기동 전류가 전부하 전류의 1/3으로 줄어든다. **[답]** ①

22 선풍기, 가정용 펌프, 헤어 드라이기 등에 주로 사용되는 전동기는?
① 단상유도전동기
② 권선형 유도전동기
③ 동기전동기
④ 직류 직권전동기

풀이
단상유도 전동기는 기동토크가 발생하지 않아 기동할 수 없으므로 별도의 기동용 장치를 설치하여 기동한다. 동일한 정격의 3상 유도전동기에 비해 역률과 효율이 매우 나쁘고, 중량이 무거워서 0.75[kW] 이하의 가정용과 소동력용으로 많이 사용되고 있다. **[답]** ①

23 3상 전파 정류회로에서 전원 250[V]일 때 부하에 나타나는 전압[V]의 최대값은?
① 약 177   ② 약 292
③ 약 354   ④ 약 433

풀이
$E_{max} = \sqrt{2} E = \sqrt{2} \times 250 = 353.55[V]$ **[답]** ③

24 3단자 사이리스터가 아닌 것은?
① SCS   ② SCR
③ TRIAC   ④ GTO

풀이
SCS(Silicon Controlled Switch)
역저지 4단자(P게이트 SCR, N게이트 SCR) 겸용

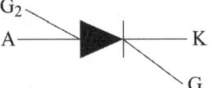

[답] ①

25 직류 직권전동기의 특징에 대한 설명으로 틀린 것은?
① 부하전류가 증가하면 속도가 크게 감소된다.
② 기동토크가 작다.
③ 무부하 운전이나 벨트를 연결한 운전은 위험하다.
④ 계자권선과 전기자권선이 직렬로 접속되어 있다.

풀이
일반적 토크식 $T = K_2 \Phi I_a [N \cdot m]$으로부터 전기자와 계자권선이 직렬로 접속되어 있어서 자속이 전기자 전류에 비례하므로 $T \propto I_a^2$가 된다. 즉 기동토크가 크다. **[답]** ②

26 3상 유도전동기의 회전 방향을 바꾸려면?
① 전원의 극수를 바꾼다.
② 전원의 주파수를 바꾼다.
③ 3상 전원 3선 중 두선의 접속을 바꾼다.
④ 기동보상기를 이용한다.

풀이
3상 유도전동기를 역회전시키기 위해서는 3상 중 2상의 결선을 바꾸어주면 역회전 한다. **[답]** ③

27 동기전동기의 직류 여자전류가 증가될 때의 현상으로 옳은 것은?
① 진상 역률을 만든다.
② 지상 역률을 만든다.
③ 동상 역률을 만든다.
④ 진상·지상 역률을 만든다.

풀이
• 여자전류 증가 : 역률보상용으로 사용(C), 진상역률
• 여자전류 감소 : 전압강하 방지로 사용(L), 지상역률
[답] ①

28 슬립이 4[%]인 유도전동기에서 동기속도가 1200[rpm]일 때 전동기의 회전속도[rpm]는?
① 697   ② 1051
③ 1152   ④ 1321

풀이
유도전동기의 회전속도
$N = (1-s)N_s = (1-0.04) \times 1200 = 1152[rpm]$ **[답] ③**

29 브흐홀쯔 계전기로 보호되는 기기는?
① 변압기　　　② 유도 전동기
③ 직류 발전기　④ 교류 발전기

풀이
변압기 내부고장 보호용 계전기로서 브흐홀쯔 계전기와 비율차동 계전기가 사용된다. **[답] ①**

30 3상 4극 60[MVA], 역률 0.8, 60[Hz], 22.9[kV] 수차발전기의 전부하 손실이 1600[kW]이면 전부하 효율[%]은?
① 90　　② 95
③ 97　　④ 99

풀이
전부하 효율 $= \dfrac{출력}{출력+손실} \times 100 = \dfrac{60 \times 0.8}{60 \times 0.8 + 1.6} \times 100$
$≒ 97[\%]$ **[답] ③**

31 주상변압기의 고압측에 여러 개의 탭을 설치하는 이유는?
① 선로고장대비
② 선로 전압조정
③ 선로 역률개선
④ 선로 과부하 방지

풀이
주상변압기의 1차측 탭 조정을 통해 2차측 선로전압을 일정하게 조정 **[답] ②**

32 낮은 전압을 높은 전압으로 승압할 때 일반적으로 사용되는 변압기의 3상 결선방식은?
① △-△　　② △-Y
③ Y-Y　　④ Y-△

풀이
△-Y 결선법은 2차 측의 선간 전압이 권선 전압 $\sqrt{3}$ 배가 되므로 발전소용 변압기와 같이 승압용 변압기에 주로 사용된다.
• △-Y : 승압용
• Y-△ : 강압용 **[답] ②**

33 정류자와 접촉하여 전기자 권선과 외부 회로를 연결하는 역할을 하는 것은?
① 계자　　　② 전기자
③ 브러시　　④ 계자철심

풀이
직류기의 주요 3요소
• 계자(Field Magnet) : 자속(ϕ)을 만드는 부분
• 전기자(Armature) : 계자에서 만든 자속을 끊어 기전력을 유도
• 정류자(Commutator) : 유도된 기전력을 정류작용
이외에 브러시는 정류자면에 접촉하여 전기자 권선과 외부회로를 연결하는 역할을 한다. **[답] ③**

34 사용 중인 변류기의 2차를 개방하면?
① 1차 전류가 감소한다.
② 2차 권선에 110[V]가 걸린다.
③ 개방단의 전압은 불변하고 안전하다.
④ 2차 권선에 고압이 유도된다.

풀이
계기용 변류기(CT)는 2차측 개방 시 고전압이 유기된다. **[답] ④**

35 변압기유의 구비 조건으로 옳은 것은?
① 절연내력이 클 것
② 인화점이 낮을 것
③ 응고점이 높을 것
④ 비열이 작을 것

풀이
변압기유의 구비조건
• 절연저항 및 절연내력이 클 것
• 점도가 낮을 것
• 인화점이 높고 응고점이 낮을 것
• 화학작용 및 석출물이 없을 것
• 비열이 커 냉각효과가 클 것 **[답] ①**

36 동기기에 제동권선을 설치하는 이유로 옳은 것은?
① 역률 개선　　② 출력 증가
③ 전압 조정　　④ 난조 방지

풀이
동기기의 난조 방지 대책
• 제동권선을 설치(가장 유효한 대책)

- 조속기의 감도를 적당히 조정
- 플라이 휠 효과를 높일 것 [답] ④

37 동기전동기에 관한 내용으로 틀린 것은?
① 기동토크가 작다.
② 역률을 조정할 수 없다.
③ 난조가 발생하기 쉽다.
④ 여자기가 필요하다.

풀이
동기전동기는 동기조상기로 사용 시 계자전류를 조정하여 역률을 항상 1로 할 수 있다. [답] ②

38 유도전동기의 무부하시 슬립은?
① 4
② 3
③ 1
④ 0

풀이
유도전동기 슬립(S)
- $S=0$: 동기속도일 때(무부하시, $N=N_s$)
- $S=1$: 회전속도가 0 일 때(정지시 및 기동시, $N=0$)
- $0<S<1$: 정격운전 시($0<N<N_s$) [답] ④

39 직류 발전기의 정격전압 100[V], 무부하 전압 109[V] 이다. 이 발전기의 전압변동률 ε[%]은?
① 1
② 3
③ 6
④ 9

풀이
전압변동률
$\varepsilon = \dfrac{V_o - V_n}{V_n} \times 100 = \dfrac{109-100}{100} \times 100 = 9[\%]$ [답] ④

40 직류 스테핑 모터(DC stepping motor)의 특징이다. 다음 중 가장 옳은 것은?
① 교류 동기 서보 모터에 비하여 효율이 나쁘고 토크 발생도 작다.
② 입력되는 전기 신호에 따라 계속하여 회전한다.
③ 일반적인 공작 기계에 많이 사용된다.
④ 출력을 이용하여 특수기계의 속도, 거리, 방향 등을 정확하게 제어할 수 있다.

풀이
스테핑(Stepping) 전동기 : 입력 펄스 수에 대응하여 일정 각도씩 움직이는 전동기. 펄스 수와 전동기 회전각도가 비례하므로 회전각도를 정확하게 제어할 수 있다. [답] ④

41 S형 슬리브를 사용하여 전선을 접속하는 경우의 유의사항이 아닌 것은?
① 전선은 연선만 사용이 가능하다.
② 전선의 끝은 슬리브의 끝에서 조금 나오는 것이 좋다.
③ 슬리브는 전선의 굵기에 적합한 것을 사용한다.
④ 도체는 샌드페이퍼 등으로 닦아서 사용한다.

풀이
S형 슬리브

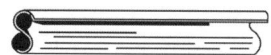

S형 슬리브 접속에는 연선만이 아니라 단선도 가능하다. [답] ①

42 가공전선의 지지물에 승탑 또는 승강용으로 사용하는 발판 볼트 등은 지표상 몇 [m] 미만에 시설하여서는 안 되는가?
① 1.2
② 1.5
③ 1.6
④ 1.8

풀이
가공전선로 지지물의 승탑 및 승주방지
가공전선로의 지지물에 취급자가 오르고 내리는데 사용하는 발판 볼트 등을 **지표상 1.8[m] 미만**에 시설하여서는 아니 된다. [답] ④

43 조명기구를 배광에 따라 분류 하는 경우 특정한 장소만을 고조도로 하기 위한 조명 기구는?
① 직접 조명기구
② 전반확산 조명기구
③ 광천장 조명기구
④ 반직접 조명기구

풀이
- 조명기구의 배광에 따른 분류

조명방식	하향 광속[%]	상향 광속[%]	조명률[%]
직접조명	100~90	0~10	약 75
반직접조명	90~60	10~40	약 60
전반확산조명	60~40	40~60	약 50

조명방식	하향 광속[%]	상향 광속[%]	조명률[%]
반갑접조명	40~10	60~90	약 40
간접조명	10~0	90~100	약 30

[답] ①

44 정격전류가 20A 인 저압 전로 중에 과전류 보호를 위하여 주택용 배선용 차단기를 설치할 때 60분안에 몇 배의 전류에 동작해야 하는가?
① 1.25
② 1.3
③ 1.45
④ 1.5

풀이

과전류트립 동작시간

정격전류의 구분	시간	정격전류의 배수(모든 극에 통전)	
		부동작 전류	동작 전류
63A 이하	60분	1.13배	1.45배
63A 초과	120분	1.13배	1.45배

[답] ③

45 고압 이상에서 기기의 점검, 수리 시 무전압, 무전류 상태로 전로에서 단독으로 전로의 접속 또는 분리하는 것을 주목적으로 사용되는 수변전기기는?
① 기중부하 개폐기
② 단로기
③ 전력퓨즈
④ 컷아웃 스위치

풀이
- 기중부하 개폐기(IS/ Interrupter Switch) : 수전용량 300[kVA] 이하에서 인입개폐기로 사용한다.
- 단로기(DS) : 공칭전압 3.3[kV] 이상 전로에 사용되며 기기의 보수 점검 시 또는 회로 접속변경을 하기 위해 사용하지만 부하전류 개폐는 할 수 없는 기기이다.
- 전력퓨즈(PF), 컷아웃 스위치(COS) : 사고시 과전류 차단

[답] ②

46 지중전선로 시설 방식이 아닌 것은?
① 직접 매설식
② 관로식
③ 트라이식
④ 암거식

풀이
지중전선로 시설방식은 직접매설식, 관로식, 암거식이 있다.

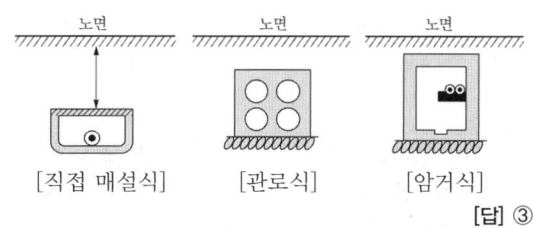

[답] ③

47 화약류의 분말이 전기설비가 발화원이 되어 폭발할 우려가 있는 곳에 시설하는 저압 옥내 배선의 공사 방법으로 가장 알맞은 것은?
① 금속관공사
② 애자 사용공사
③ 버스덕트공사
④ 합성수지몰드공사

풀이

화약류 저장소의 전기공작물
- 원칙상 전기시설을 하지 않으나, 백열전등, 형광등의 조명설비에는 공급가능(**금속관공사, 케이블공사**)
- 전로의 대지전압 300[V] 이하, 전기기계 기구는 전폐형으로 시설, 전폐형 개폐기에서 화약류 저장소의 인입구까지는 케이블을 사용, 지중선로로 한다.

[답] ①

48 금속관을 절단할 때 사용되는 공구는?
① 오스터
② 녹 아웃 펀치
③ 파이프 커터
④ 파이프 렌치

풀이
- 오스터 : 금속관에 나사 낼 때 사용
- 녹 아웃 펀치 : 배전반, 분전반 등의 캐비넷에 구멍 뚫을 때 사용
- 파이프 커터 : 금속관 절단할 때 사용
- 파이프 렌치 : 금속관 커플링을 물고 죄어 접속할 때 사용

[답] ③

49 합성수지몰드배선 공사에서 틀린 것은?
① 전선은 절연 전선일 것
② 합성수지 몰드 안에는 접속점이 없도록 할 것
③ 합성수지 몰드는 홈의 폭 및 깊이가 6.5[cm] 이하일 것
④ 합성수지 몰드와 박스 기타의 부속품과는 전선이 노출되지 않도록 할 것

풀이

합성수지 몰드 공사
홈의 폭과 깊이가 3.5[cm] 이하, 두께는 2[mm] 이상의 것이어야 한다. 단, 사람이 쉽게 접촉될 우려가 없도록 시

설한 경우에는 폭 5[cm] 이하, 두께 1[mm] 이상인 것을 사용할 수 있다. [답] ③

50 배전반 및 분전반을 넣은 강판제로 만든 함의 두께는 몇 [mm] 이상인가? (단, 가로 세로의 길이가 30[cm] 초과한 경우이다.)
① 0.8   ② 1.2
③ 1.5   ④ 2.0

풀이
배전반 및 분전반을 넣은 함
- 강판제: **두께 1.2[mm] 이상**(30cm이하는 1.0[mm] 이상)
- 난연성 합성수지제: 두께 1.5[mm] 이상으로 내아크성
[답] ②

51 실링 직접부착등을 시설하고자 한다. 배선도에 표기할 그림기호로 옳은 것은?
① ⊢(N)   ② ◯
③ (CL)   ④ (R)

풀이
① 벽등, N은 나트륨   ② 옥외보안등
③ 실링라이트   ④ 리셉터클   [답] ③

52 저압가공전선이 철도 또는 궤도를 횡단하는 경우에는 레일면상 몇 [m] 이상이어야 하는가?
① 3.5   ② 4.5
③ 5.5   ④ 6.5

풀이
저·고압 가공 전선의 최소 높이
- 도로를 횡단하는 경우 : 지표상 6[m] 이상
- 철도를 횡단하는 경우 : 레일면상 6.5[m] 이상
- 횡단보도교 위에 시설하는 경우
  저압 : 노면상 3[m] 이상(절연 전선, 케이블 사용의 경우)
  고압 : 노면상 3.5[m] 이상
- 그 밖의 장소 : 지표상 5[m] 이상   [답] ④

53 인입용 비닐절연전선을 나타내는 약호는?
① OW   ② EV
③ DV   ④ NV

풀이
① OW : 옥외용 비닐절연 전선
② EV : 폴리에틸렌 절연 비닐시스 케이블
③ DV : 인입용 비닐절연 전선(D는 Drop)
④ NV : 비닐절연 네온전선   [답] ③

54 애자공사에서 전선 상호 간의 간격은 몇 [cm] 이상이어야 하는가?
① 4   ② 5
③ 6   ④ 8

풀이

사용전압 거리	400[V] 이하인 경우	400[V] 초과인 경우	고압
전선상호 간의 거리	0.06[m] 이상		0.08[m] 이상
전선과 조영재간의 거리	25[mm] 이상	45[mm]이상(건조한 장소 25[mm] 이상)	50[mm] 이상
지지점간 거리	조영재의 위면 또는 옆면에 따라 붙일 경우 2[m] 이하	조영재의 위면 또는 옆면에 따라 붙일 경우 6[m] 이하	6[m] 조영재의 면에 따라 붙일 경우 2[m]이하

[답] ③

55 옥내배선의 접속함이나 박스 내에서 접속할 때 주로 사용하는 접속법은?
① 슬리브 접속   ② 쥐꼬리 접속
③ 트위스트 접속   ④ 브리타니아 접속

풀이
쥐꼬리 접속 : 조인트박스 내 가는 전선간의 접속(와이어 커넥터 사용)

[답] ②

56 위험물 등이 있는 곳에서의 저압 옥내배선 공사 방법이 아닌 것은?
① 케이블 공사   ② 합성수지관 공사
③ 금속관 공사   ④ 애자사용 공사

풀이
위험물이 있는 곳의 공사
셀룰로이드, 성냥, 석유 등 타기 쉬운 위험한 물질을 제조하거나 저장하는 곳은 **합성수지관공사, 금속관공사 또는 케이블공사**에 의하여 시설한다.   [답] ④

57 금속몰드의 지지점간의 거리는 몇 [m] 이하로 하는 것이 가장 바람직한가?
① 1   ② 1.5
③ 2   ④ 3

풀이
금속몰드 지지점간 거리는 1.5[m]이다.   **[답]** ②

58 계통 접지에서 전원의 한 점을 직접접지하고 설비의 노출 도전성부분을 보호선(PEN)을 이용하여 전원의 한 점에 접속하는 접지계통으로 중성선과 보호선을 동일전선으로 사용하는방식을 무엇이라 하는가?
① TT 계통
② IT 계통
③ TN-C 계통
④ TN-S 계통

풀이
① TT 계통 : 전원의 한 점을 직접접지하고 설비의 노출 도전성부분을 전원계통의 접지극과는 전기적으로 독립한 접지극에 접지하는 접지계통
② IT 계통 : 충전부 전체를 대지로부터 절연시키거나, 한 점에 임피던스를 삽입하여 대지에 접속시키고, 전기기기의 노출 도전성부분 단독 또는 일괄적으로 접지하거나 또는 계통접지로 접속하는 접지계통
③ TN 계통 : 전원의 한 점을 직접접지하고 설비의 노출 도전성부분을 보호선(PEN)을 이용하여 전원의 한 점에 접속하는 접지계통
 • TN-S : 계통 전체의 중성선(또는 접지된 상전선)과 보호선을 접속하여 사용
 • TN-C-S : 계통 일부의 중성선과 보호선을 동일전선으로 사용
 • TN-C : 계통 전체의 중성선과 보호선을 동일전선으로 사용   **[답]** ③

59 정격전압 3상 24[kV], 정격차단전류 300[A]인 수전설비의 차단용량은 몇 [MVA]인가?
① 17.26   ② 28.34
③ 12.47   ④ 24.94

풀이
$P_s = \sqrt{3}\, V_n I_n = \sqrt{3} \times 24 \times 10^3 \times 300 = 12.47 [\text{MVA}]$
   [답] ③

60 합성수지관 상호 및 관과 박스는 접속 시에 삽입하는 깊이를 관 바깥지름의 몇 배 이상으로 하여야 하는가? (단, 접착제를 사용하지 않는 경우이다.)
① 0.2   ② 0.5
③ 1   ④ 1.2

풀이
합성수지관 커플링 접속시 들어가는 관의 길이

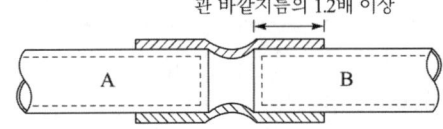

• 접속 접착제 미사용시 : 외경의 1.2배 이상
• 접착제 사용시 : 외경의 0.8배 이상   **[답]** ④

전기기능사 필기 실전 모의고사 제 14 회

01 다음( ) 안에 들어갈 알맞은 내용은?

"자기 인덕턴스 1[H]는 전류의 변화율이 1 [A/s]일 때, ( )가(이) 발생할 때의 값이다."

① 1[N]의 힘
② 1[J]의 에너지
③ 1[V]의 기전력
④ 1[Hz]의 주파수

[풀이]
$e = -L\dfrac{di}{dt}$ 에서 기전력의 크기 $e = 1 \times 1 = 1$[V] **[답]** ③

02 Q[C]의 전기량이 도체를 이동하면서 한 일을 W[J]이라 했을 때 전위차 V[V]를 나타내는 관계식으로 옳은 것은?

① $V = QW$
② $V = \dfrac{W}{Q}$
③ $V = \dfrac{Q}{W}$
④ $V = \dfrac{1}{QW}$

[풀이]
전위차 $V = \dfrac{W}{Q}$[V] **[답]** ②

03 단면적 A[m²], 자로의 길이 ℓ[m], 투자율 μ, 권수 N회인 환상 철심의 자체 인덕턴스[H]는?

① $\dfrac{\mu A N^2}{\ell}$
② $\dfrac{A\ell N^2}{4\pi\mu}$
③ $\dfrac{4\pi A N^2}{\ell}$
④ $\dfrac{\mu \ell N^2}{A}$

[풀이]
환상 코일의 자체 인덕턴스
$L = \dfrac{N\phi}{I}$ ($\phi = BA = \mu HA = \mu A \cdot \dfrac{NI}{\ell}$) $= \dfrac{\mu A N^2}{\ell}$[H] **[답]** ①

04 자기회로에 강자성체를 사용하는 이유는?
① 자기저항을 감소시키기 위하여
② 자기저항을 증가시키기 위하여
③ 공극을 크게 하기위하여
④ 주자속을 감소시키기 위하여

[풀이]
$R_m = \dfrac{\ell}{\mu A} = \dfrac{\ell}{\mu_0 \mu_s A}$[AT/Wb]에서 $\mu_s \gg 1$인 강자성체를 사용하면 R_m을 감소시킬 수 있다. **[답]** ①

05 4[Ω]의 저항에 200[V]의 전압을 인가할 때 소비되는 전력은?
① 20[W]
② 400[W]
③ 2.5[kW]
④ 10[kW]

[풀이]
전력 $P = \dfrac{V^2}{R} = \dfrac{200^2}{4} = 10000$[W] $= 10$[kW] **[답]** ④

06 6[Ω]의 저항과, 8[Ω]의 용량성 리액턴스의 병렬회로가 있다. 이 병렬회로의 임피던스는 몇 [Ω]인가?
① 1.5
② 2.6
③ 3.8
④ 4.8

[풀이]
$Z = \dfrac{1}{Y} = \dfrac{1}{\sqrt{\left(\dfrac{1}{R}\right)^2 + \left(\dfrac{1}{X_C}\right)^2}} = \dfrac{1}{\sqrt{\left(\dfrac{1}{6}\right)^2 + \left(\dfrac{1}{8}\right)^2}} = 4.8$[Ω] **[답]** ④

07 평형 3상 교류 회로에서 △부하의 한 상의 임피던스가 $Z_\triangle$일 때, 등가 변환한 Y부하의 한상의 임피던스?
① $Z_Y = \sqrt{3} Z_\triangle$
② $Z_Y = 3 Z_\triangle$
③ $Z_Y = \dfrac{1}{\sqrt{3}} Z_\triangle$
④ $Z_Y = \dfrac{1}{3} Z_\triangle$

풀이

Y-△ 등가변환

$Z_Y = \dfrac{1}{3} Z_△$, $Z_△ = 3Z_Y$ [답] ④

08 다음 중 전동기의 원리에 적용되는 법칙은?
① 렌츠의 법칙
② 플레밍의 오른손 법칙
③ 플레밍의 왼손 법칙
④ 옴의 법칙

풀이

플레밍의 왼손 법칙 : 자장 내에 놓인 도선에 전류가 흐를 때 도체가 힘을 받는 방향을 알 수 있는 법칙   [답] ③

09 1[eV]는 몇 [J]인가?
① 1
② 1×10^{-10}
③ 1.16×10^4
④ 1.602×10^{-19}

풀이

전자볼트는 전위차가 1[V]일 때 하나의 기본전하를 옮기는데 필요한 일을 1[eV]라 한다. 즉, 1[eV]는 1.602×10^{-19}[C]×1[V]=1.602×10^{-19}[J]이 된다.   [답] ④

10 평행한 왕복 도체에 흐르는 전류에 의한 작용력은?
① 흡인력
② 반발력
③ 회전력
④ 작용력이 없다.

풀이

평형 도체 사이에 작용하는 힘
두 전류의 방향이 같으면 흡인력, 방향이 다른 경우 반발력이 작용한다. 왕복도체의 경우 전류의 방향이 반대이다.

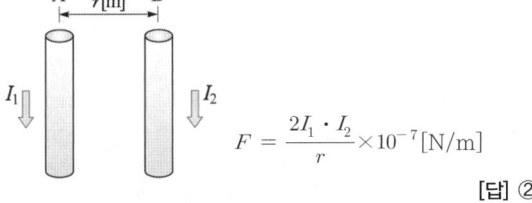

$F = \dfrac{2I_1 \cdot I_2}{r} \times 10^{-7}$[N/m]

[답] ②

11 저항 50[Ω]인 전구에 $e = 100\sqrt{2}\sin\omega t$ [V]의 전압을 가할 때 순시전류[A]의 값은?
① $\sqrt{2}\sin\omega t$
② $2\sqrt{2}\sin\omega t$
③ $5\sqrt{2}\sin\omega t$
④ $10\sqrt{2}\sin\omega t$

풀이

$i = \dfrac{e}{R} = \dfrac{100\sqrt{2}\sin\omega t}{50} = 2\sqrt{2}\sin\omega t$[A]   [답] ②

12 진공 중에서 같은 크기의 두 자극을 1[m] 거리에 놓았을 때, 그 작용하는 힘이 6.33×10^4[N]이 되는 자극 세기의 단위는?
① 1[Wb]
② 1[C]
③ 1[A]
④ 1[W]

풀이

$F = 6.33 \times 10^4 \times \dfrac{m \cdot m}{1^2}$[N]   ∴ $m = 1$[Wb]   [답] ①

13 사인파 교류전압을 표시한 것으로 잘못된 것은? (단, θ는 회전각이며, ω는 각속도이다.)
① $v = V_m \sin\theta$
② $v = V_m \sin\omega t$
③ $v = V_m \sin 2\pi t$
④ $v = V_m \sin\dfrac{2\pi}{T}t$

풀이

$v = V_m\sin\theta = V_m\sin\omega t = V_m\sin 2\pi f t = V_m\sin\dfrac{2\pi}{T}t$[V]

$\left(\because \omega = 2\pi f = \dfrac{2\pi}{T}, f = \dfrac{1}{T}\right)$ [답] ③

14 공기 중 자장의 세기가 20[AT/m]인 곳에 8×10^{-3}[Wb]의 자극을 놓으면 작용하는 힘[N]은?
① 0.16
② 0.32
③ 0.43
④ 0.56

풀이

$F = mH = 8 \times 10^{-3} \times 20 = 0.16$[N]   [답] ①

15 평등자계 B[Wb/m²] 속을 V[m/s]의 속도를 가진 전자가 움직일 때 받는 힘[N]은?
① $B^2 eV$
② $\dfrac{eV}{B}$
③ BeV
④ $\dfrac{BV}{e}$

풀이

자계 내에서 전하가 받는 힘(LORENTZ의 힘)
전자에 작용하는 힘

$F = Q(\vec{v} \times \vec{B})[N]$, $F = BQv\sin\theta[N]$
수직인 경우 $F = Bev[N]$ [답] ③

16 $R = 8[\Omega]$, $L = 19.1[mH]$의 직렬회로에 5[A]가 흐르고 있을 때 인덕턴스(L)에 걸리는 단자 전압의 크기는 약 몇 [V]인가? (단, 주파수는 60[Hz] 이다.)
① 12 ② 25
③ 29 ④ 36

풀이
$V_L = I \times X_L = I \times \omega L = I \times 2\pi f L$
$= 5 \times 2\pi \times 60 \times 19.1 \times 10^{-3} ≒ 36[V]$ [답] ④

17 무효전력에 대한 설명으로 틀린 것은?
① $P = VI\cos\theta$로 계산된다.
② 부하에서 소모되지 않는다.
③ 단위로는 Var를 사용한다.
④ 전원과 부하 사이를 왕복하기만 하고 부하 에 유효하게 사용되지 않는 에너지이다.

풀이
무효전력 $P_r = VI \cdot \sin\theta = P_a \sin\theta [Var]$ [답] ①

18 두 금속을 접속하여 여기에 전류를 흘리면, 줄열 외에 그 접점에서 열의 발생 또는 흡수가 일어나는 현상은?
① 줄 효과 ② 홀 효과
③ 제벡 효과 ④ 펠티에 효과

풀이
열전효과
- 제어백효과 : 서로 다른 두 금속체를 접합하고 두 접합점을 다른 온도로 유지하면 열기전력이 발생하는 현상
- 펠티에효과 : 제어벡 효과의 역현상으로 서로 다른 두 종류의 금속을 접합하여 전류를 흘리면 접합부에서 열의 발생 또는 흡수 가 일어나는 현상 (ex 전자 냉동기)
- 톰슨효과 : 동종의 금속접합으로 펠티에 효과와 동일   [답] ④

19 전지의 전압강하 원인으로 틀린 것은?
① 국부작용 ② 산화작용
③ 성극작용 ④ 자기방전

풀이
- 국부작용 : 전극의 불순물로 인하여 기전력이 감소하는 현상
- 성극작용 : 전지에 전류가 흐르면(부하를 걸면) 양극에 수소가스가 생겨 전류의 흐름을 방해(기전력이 감소)하는 현상
- 자기방전 : 충전한 2차 전지도 방치한 시간과 더불어 용량이 감소   [답] ②

20 실효값 5[A], 주파수 f[Hz], 위상 60°인 전류의 순시값 i[A]를 수식으로 옳게 표현한 것은?
① $i = 5\sqrt{2} \sin\left(2\pi ft + \dfrac{\pi}{2}\right)$
② $i = 5\sqrt{2} \sin\left(2\pi ft + \dfrac{\pi}{3}\right)$
③ $i = 5 \sin\left(2\pi ft + \dfrac{\pi}{2}\right)$
④ $i = 5 \sin\left(2\pi ft + \dfrac{\pi}{3}\right)$

풀이
전류위 순시값 $i = I_m \sin\omega t [A]$
(여기서 최대값 = 실효값 $\times \sqrt{2}$,
각주파수 $\omega = 2\pi f[rad/sec]$, 위상 $\theta = \dfrac{\pi}{3}$)   [답] ②

21 직류 전동기의 규약 효율을 표시하는 식은?
① $\dfrac{출력}{출력+손실} \times 100[\%]$
② $\dfrac{출력}{입력} \times 100[\%]$
③ $\dfrac{입력-손실}{입력} \times 100[\%]$
④ $\dfrac{입력}{출력+손실} \times 100[\%]$

풀이
- 발전기 규약효율 = $\dfrac{출력}{출력+손실} \times 100[\%]$
  ; 발전기 및 변압기 규약효율은 출력기준
- 전동기 규약효율 = $\dfrac{입력-손실}{입력} \times 100[\%]$
  ; 전동기 규약효율은 입력기준   [답] ③

22 부하의 변동에 대하여 단자전압의 변화가 가장 적은 직류 발전기는?

① 직권 ② 분권
③ 평복권 ④ 과복권

풀이
외부특성곡선

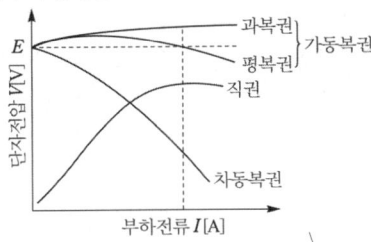

부하의 변동에 따른 단자전압의 변화는 평복권이 가장 작다는 것을 알 수 있다. [답] ③

23 부하의 저항을 어느 정도 감소시켜도 전류는 일정하게 되는 수하특성을 이용하여 정전류를 만드는 곳이나 아크용접 등에 사용되는 직류 발전기는?

① 직권발전기 ② 분권발전기
③ 가동복권발전기 ④ 차동복권발전기

풀이
차동복권발전기는 외부특성곡선이 수하특성을 가지며 용접기용 전원에 적합 [답] ④

24 변압기유가 구비해야 할 조건 중 맞는 것은?

① 절연 내력이 작고 산화하지 않을 것
② 비열이 작아서 냉각 효과가 클 것
③ 인화점이 높고 응고점이 낮을 것
④ 절연재료나 금속에 접촉할 때 화학작용을 일으킬 것

풀이
변압기유의 구비조건
- 절연저항 및 절연내력이 클 것
- 점도가 낮아 유동성이 풍부할 것
- 인화점이 높고 응고점이 낮을 것
- 화학작용 및 석출물이 없을 것
- 비열이 커 냉각효과가 클 것 [답] ③

25 다음 단상 유도 전동기 중 기동토크가 큰 것부터 옳게 나열한 것은?

┌─────────────────────────────┐
│ ㉠ 반발 기동형   ㉡ 콘덴서 기동형 │
│ ㉢ 분상 기동형   ㉣ 셰이딩 코일형 │
└─────────────────────────────┘

① ㉠ > ㉡ > ㉢ > ㉣
② ㉠ > ㉣ > ㉡ > ㉢
③ ㉠ > ㉢ > ㉣ > ㉡
④ ㉠ > ㉡ > ㉣ > ㉢

풀이
기동 토크가 큰 순서
반발 기동형 > 반발 유도형 > 콘덴서 기동형 > 분상 기동형 [답] ①

26 유도전동기의 제동법이 아닌 것은?

① 3상제동 ② 발전제동
③ 회생제동 ④ 역상제동

풀이
유도전동기 제동법
- 발전제동 : 제동시 전원으로 분리한 직류전원을 연결하면 계자에 고정자속이 생기고 회전자에 교류기전력이 발생하여 제동력이 발생
- 회생제동 : 유도 전동기를 유도 발전기로 동작시켜 그 발생전력을 전원에 반환하면서 제동하는 방법
- 역상제동 : 운전 중인 유도전동기에 회전방향과 반대방향 토크를 발생시켜서 급속 정지시키는 방법이다. [답] ①

27 변압기, 동기기 등의 층간 단락 등의 내부 고장보호에 사용되는 계전기는?

① 차동 계전기 ② 접지 계전기
③ 과전압 계전기 ④ 역상 계전기

풀이
차동계전기 : 전기자 권선의 상간단락, 층간단락이 발생한 경우에 동작하는 계전기 [답] ①

28 단상 전파 정류회로에서 전원이 220[V]이면 부하에 나타나는 전압의 평균값은 약 몇 [V]인가?

① 99 ② 198
③ 257.4 ④ 297

풀이
단상 전파정류 출력전압
$E_d = \dfrac{2\sqrt{2}}{\pi}E = 0.9E = 0.9 \times 220 = 198[V]$ **[답] ②**

29 PN 접합 정류소자의 설명 중 틀린 것은? (단, 실리콘 정류소자인 경우이다.)
① 온도가 높아지면 순방향 및 역방향 전류가 모두 감소한다.
② 순방향 전압은 P형에 (+), N형에 (−) 전압을 가함을 말한다.
③ 정류비가 클수록 정류특성은 좋다.
④ 역방향 전압에서는 극히 작은 전류만이 흐른다.

풀이
PN접합 정류소자의 특성
온도가 증가하면 순방향 및 역방향의 전류가 증가한다.
[답] ①

30 회전자 입력 10[kW], 슬립 3[%]인 3상 유도전동기의 2차 동손 [W]은?
① 300 ② 400
③ 500 ④ 700

풀이
회전자 입력(P_2) : 2차 동손(P_{2c}) = 1 : s 이므로
$P_{2c} = sP_2 = 0.03 \times 10 = 0.3[kW] = 300[W]$ **[답] ①**

31 변압기의 효율이 가장 좋을 때의 조건은?
① 철손 = 동손 ② 철손 = 1/2동손
③ 동손 = 1/2철손 ④ 동손 = 2철손

풀이
변압기 최대 효율 조건
무부하손(철손) = 부하손(동손) **[답] ①**

32 동기 발전기의 전기자 권선을 단절권으로 하면?
① 고조파를 제거한다.
② 절연이 잘 된다.
③ 역률이 좋아진다.
④ 기전력을 높인다.

풀이
단절권의 특징
• 파형개선(고조파 제거)
• 동량(코일의 양)이 감소 → 기계적인 길이 감소
• 가격이 싸다. **[답] ①**

33 전력계통에 접속되어 있는 변압기나 장거리 송전시 정전용량으로 인한 충전특성 등을 보상하기 위한 기기는?
① 유도 전동기
② 동기 발전기
③ 유도 발전기
④ 동기 조상기

풀이
동기조상기 : 전력계통의 전압조정과 역률 개선을 위해 계통에 접속한 무부하의 동기전동기 **[답] ④**

34 전력 변환 기기가 아닌 것은?
① 변압기 ② 정류기
③ 유도 전동기 ④ 인버터

풀이
유도전동기는 전기에너지를 운동(기계)에너지로 전환하는 기기이다. **[답] ③**

35 직류전동기의 속도제어법이 아닌 것은?
① 전압제어법 ② 계자제어법
③ 저항제어법 ④ 주파수제어법

풀이
직류전동기의 속도제어
$N = K_1 \dfrac{V - I_a R_a}{\phi}$ [rpm]의 식에서 속도 N을 제어하기 위해 **계자제어**(ϕ), **저항제어**(R_a), **전압제어**(V) 세 가지 방법이 있다. **[답] ④**

36 동기 발전기의 병렬운전에서 기전력의 크기가 다를 경우 나타나는 현상은?
① 주파수가 변한다.
② 동기화 전류가 흐른다.
③ 난조 현상이 발생한다.
④ 무효순환전류가 흐른다.

풀이
동기발전기 병렬운전 조건
- 기전력의 크기가 같을 것 → 무효순환전류 발생
- 기전력의 위상이 같을 것 → 동기화전류 발생
- 기전력의 파형이 같을 것 → 고조파 무효순환전류 발생
- 주파수가 같을 것 → 동기화전류가 주기적으로 흘러 난조가 발생
- 기전력의 상회전이 같을 것

[답] ④

37 변압기에서 2차측이란?
① 부하측 ② 고압측
③ 전원측 ④ 저압측

풀이
변압기 1차측을 전원측, 2차측을 부하측이라 한다.
[답] ①

38 8극 파권 직류발전기의 전기자 권선의 병렬회로수 a는 얼마로 하고 있는가?
① 1 ② 2
③ 6 ④ 8

풀이
파권은 직렬형식이라 병렬회로수는 극수에 상관없이 항상 '2'이다.
[답] ②

39 변압기의 절연내력 시험법이 아닌 것은?
① 유도시험 ② 가압시험
③ 단락시험 ④ 충격전압시험

풀이
변압기 절연내력 시험법 : 유도시험, 가압시험, 충격전압시험
[답] ③

40 동기전동기 중 안정도 증진법으로 틀린 것은?
① 전기자 저항 감소
② 관성 효과 증대
③ 동기 임피던스 증대
④ 속응 여자 채용

풀이
동기전동기 안정도 증진법
- 정상리액턴스 작게, 단락비 크게 한다.
- 영상 및 역상 임피던스를 크게 한다.
- 동기임피던스 작게 한다.
- 회전자의 관성을 크게 한다.
- 속응 여자방식 채택한다.

[답] ③

41 금속관을 구부릴 때 금속관의 단면이 심하게 변형되지 아니하도록 구부려야 하며, 그 안쪽의 반지름은 관 안지름의 몇 배 이상이 되어야 하는가?
① 6 ② 8
③ 10 ④ 12

풀이
금속관을 구부릴 때 구부려지는 관의 안쪽 반지름은 관 안지름의 **6배 이상**으로 구부려야 한다.
[답] ①

42 금속관 배관공사를 할 때 금속관을 구부리는데 사용하는 공구는?
① 히키(hickey)
② 파이프렌치(pipe wrench)
③ 오스터(oster)
④ 파이프 커터(pipe cutter)

풀이
금속관을 구부리는 경우 히키(벤더)를 사용하여 관이 심하게 변형되지 않도록 구부려야 한다.
[답] ①

43 접지 저항값에 가장 큰 영향을 주는 것은?
① 접지선 굵기 ② 접지전극 크기
③ 온도 ④ 대지저항

풀이
접지저항에 영향을 주는 요인
- 접지전극 주위의 토양성분의 저항(대지저항)
- 접지선과 접지전극의 도체저항
- 접지전극의 표면과 이것에 접하는 토양사이의 접촉저항

[답] ④

44 접지공사에서 접지선을 철주, 기타 금속체를 따라 시설하는 경우 접지극은 지중에서 그 금속체로부터 몇 [cm] 이상 떼어 매설하나?
① 30 ② 60
③ 75 ④ 100

[풀이]
접지선을 철주 기타의 금속체를 따라서 시설하는 경우에는 접지극을 철주의 밑면으로부터 30[cm] 이상의 깊이에 매설하는 경우 이외에는 접지극을 지중에서 그 금속체로부터 **1[m] 이상** 떼어 매설할 것   [답] ④

45 금속관 공사에서 노크아웃의 지름이 금속관의 지름보다 큰 경우에 사용하는 재료는?
① 로크너트 ② 부싱
③ 콘넥터   ④ 링 리듀서

[풀이]
- **링 리듀서(ring reducer)** : 금속관을 아웃렛 박스 등의 녹아웃에 취부할 때 관보다 지름이 큰 관계로 로크 너트만으로는 고정할 수 없을 때 보조적으로 사용한다.

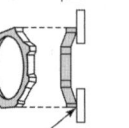
로크 너트
움푹한 부분이 접속함쪽으로 오게 한다.

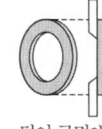
링 리듀서
턱이 구멍에 걸리도록 한다.

[답] ④

46 애자 사용 배선공사 시 사용할 수 없는 전선은?
① 고무 절연전선
② 폴리에틸렌 절연전선
③ 플루오르 수지 절연전선
④ 인입용 비닐 절연전선

[풀이]
애자사용 배선공사에는 절연전선을 사용하며 DV전선은 제외한다.   [답] ④

47 전선의 재료로서 구비해야할 조건이 아닌 것은?
① 기계적 강도가 클 것
② 가요성이 풍부할 것
③ 고유저항이 클 것
④ 비중이 작을 것

[풀이]
전선의 구비조건
- 도전율이 높을 것
- 기계적 강도 및 가요성이 풍부할 것
- 내구성이 클 것
- 비중이 작을 것
- 가격이 저렴할 것
- 시공 및 보수의 취급이 용이할 것   [답] ③

48 전로의 중성점을 접지하는 목적에 해당되지 않는 것은 어느 것인가?
① 보호장치의 확실한 동작의 확보
② 부하전류의 일부를 대지로 흐르게 함으로서 전선을 절약
③ 이상전압의 억제
④ 대지전압의 저하

[답] ②

49 화재 시 소방대가 조명 기구나 파괴용 기구, 배연기 등 소화 활동 및 인명 구조 활동에 필요한 전원으로 사용하기 위해 설치하는 것은?
① 상용전원장치
② 유도등
③ 비상용 콘센트
④ 비상등

[풀이]
비상용 콘센트 : 화재시 소방대가 보유하고 있는 조명장치, 파괴기구 등을 접속하여 사용하는 전원설비로서 소화활동이 곤란한 11층 이상의 건물에 설치하여 소화활동을 용이하게 하기 위한 설비이다.   [답] ③

50 가공 전선 지지물의 기초 강도는 주체(主體)에 가하여지는 곡하중(曲荷重)에 대하여 안전율은 얼마 이상으로 하여야 하는가?
① 1.0   ② 1.5
③ 1.8   ④ 2.0

[풀이]
가공전선로 지지물의 기초의 안전율
가공전선로의 지지물에 하중이 가하여지는 경우에 그 하중을 받는 지지물의 기초의 **안전율은 2**(제117조제1항에 규정하는 이상 시 상정하중이 가하여지는 경우의 그 이상 시 상정하중에 대한 철탑의 기초에 대하여는 **1.33**) 이상이어야 한다.   [답] ④

51 전선의 접속에 대한 설명으로 틀린 것은?
① 접속 부분의 전기저항을 20[%] 이상 증가되도록 한다.
② 접속 부분의 인장강도를 80[%] 이상 유지되도록 한다.
③ 접속 부분에 전선 접속 기구를 사용한다.
④ 알루미늄전선과 구리선의 접속 시 전기적인 부식이 생기지 않도록 한다.

[풀이]
전선접속 시 전선의 강도를 20[%] 이상 감소시키지 않아야 된다. 즉 강도를 80[%] 이상 유지해야 한다. **[답] ①**

52 전주 외등 설치 시 백열전등 및 형광등의 조명기구를 전주에 부착하는 경우 부착한 점으로부터 돌출되는 수평거리는 몇 [m] 이내로 하여야 하는가?
① 0.5 ② 0.8
③ 1.0 ④ 1.2

[풀이]
전주 외등의 부착 높이는 지표상 4.5[m]이고 돌출 수평거리는 1[m] 이내이다. **[답] ③**

53 낙뢰, 수목 접촉, 일시적인 섬락 등 순간적인 사고로 계통에서 분리된 구간을 신속히 계통에 투입시킴으로써 계통의 안정도를 향상시키고 정전 시간을 단축시키기 위해 사용되는 계전기는?
① 차동 계전기 ② 과전류 계전기
③ 거리 계전기 ④ 재폐로 계전기

[풀이]
재폐로 계전기를 이용하여 신속한 전원 재투입을 한다. **[답] ④**

54 전선 약호가 VV인 케이블의 종류로 옳은 것은?
① 0.6/1 kV 비닐절연 비닐시스 케이블
② 0.6/1 kV EP 고무절연 클로로프렌시스 케이블
③ 0.6/1 kV EP 고무절연 비닐시스 케이블
④ 0.6/1 kV 비닐절연 비닐캡타이어 케이블

[풀이]

명 칭	약호
0.6/1[kV] 비닐절연 비닐시스 케이블	VV
0.6/1[kV] 비닐절연 비닐 캡타이어 케이블	VCT
0.6/1[kV] 가교 폴리에틸렌 절연 비닐시스 케이블	CV1
0.6/1[kV] 가교 폴리에틸렌 절연 저독성 난연 폴리올레핀시스 전력케이블	HFCO
6/10[kV] 가교 폴리에틸렌 절연 비닐시스 케이블	CV10
동심중성선 차수형 전력케이블	CN-CV
폴리에틸렌절연 비닐 시스케이블	EV
콘크리트 직매용 폴리에틸렌절연 비닐시스케이블(환형)	CB-EV
미네랄 인슈레이션 케이블	MI
고무 시스 용접용 케이블	AWR

[답] ①

55 저압 2조의 전선을 설치 시, 크로스 완금의 표준 길이[mm]는?
① 900 ② 1400
③ 1800 ④ 2400

[풀이]
크로스 암(완금)의 표준길이

전선조수	특고압 (7[kV] 초과)	고압 (600 초과 [kV] 이하)	저압 (600[V] 이하)
2	1800	1400	900
3	2400	1800	1400

[답] ①

56 전등 1개를 2개소에서 점멸하고자 할 때 3로 스위치는 최소 몇 개 필요한가?
① 4개 ② 3개
③ 2개 ④ 1개

[풀이]
2개소 점등 3로 스위치 결선도

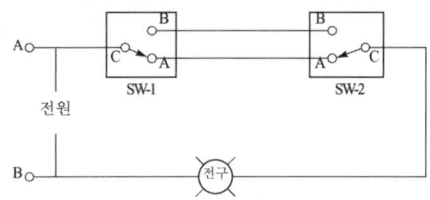

[답] ③

57 수변전설비 구성기기의 계기용 변압기(PT) 설명으로 맞는 것은?
① 높은 전압을 낮은 전압으로 변성하는 기기이다.
② 높은 전류를 낮은 전류로 변성하는 기기이다.
③ 회로에 병렬로 접속하여 사용하는 기기이다.
④ 부족전압 트립코일의 전원으로 사용된다.

[풀이]

계기용 변압기(PT)
- 고전압을 저전압으로 변압하여 계측기에 공급하기 위한 변압기로 2차측 정격전압은 110[V]가 표준이다.
- 변성기 용량은 2차 회로의 부하를 말하며 2차 부담이라고 한다. **[답] ①**

58 폭연성 분진이 존재하는 곳의 저압 옥내배선 공사 시 공사 방법으로 짝지어진 것은?
① 금속관공사, MI 케이블공사, 개장된 케이블공사
② CD 케이블공사, MI 케이블공사, 금속관공사
③ CD 케이블공사, MI 케이블공사, 제1종 캡타이어 케이블공사
④ 개장된 케이블공사, CD 케이블공사, 제1종 캡타이어 케이블공사

[풀이]

폭연성(먼지가 쌓여진 상태에서 착화된 때에 폭발할 우려가 있는 것) 또는 화약류 분말이 존재하는 곳의 전기 설비가 발화원이 되어 폭발할 우려가 있는 곳에 시설하는 저압 옥내 배선은 금속관공사 또는 케이블공사에 의하여 시설하여야 한다. 단, CD케이블이나 제1종 캡타이어 케이블은 사용할 수 없다. **[답] ①**

59 22.9 kV-y 가공전선의 굵기는 단면적이 몇 [mm²] 이상 이어야 하는가? (단, 동선의 경우이다.)
① 22   ② 32
③ 40   ④ 50

[풀이]

특고압 가공전선의 굵기는 케이블을 제외한 경우에는 경동연선 22[mm²]을 사용한다. **[답] ①**

60 화약고의 배선공사시 개폐기 및 과전류차단기에서 화약고 인입구까지는 어떤 배선공사에 의하여 시설하여야 하는가?
① 합성수지관공사로 지중선로
② 금속관공사로 지중선로
③ 합성수지몰드 지중선로
④ 케이블사용 지중선로

[풀이]

화약류 저장소의 전기공작물
- 원칙상 전기시설을 하지 않으나, 백열전등, 형광등의 조명설비에는 공급가능(금속관 공사, 케이블 공사)
- 전로의 **대지전압 300[V] 이하**, 전기기계 기구는 전폐형으로 시설, 전폐형 개폐기에서 화약류 저장소의 인입구까지는 **케이블을 사용**, **지중선로**로 한다. **[답] ④**

전기기능사 필기 실전 모의고사 제 15 회

01 콘덴서의 정전용량에 대한 설명으로 틀린 것은?
① 전압에 반비례한다.
② 이동 전하량에 비례한다.
③ 극판의 넓이에 비례한다.
④ 극판의 간격에 비례한다.

풀이
평행판 콘덴서의 정전용량
두 전극의 면적에 비례하고, 유전율에 비례하며, 전극의 간격에 반비례한다.
$C = \varepsilon \dfrac{S}{d}[\text{F}]$ ($C \propto \dfrac{1}{d}$, $C \propto S$) [답] ④

02 정전에너지 $W[\text{J}]$를 구하는 식으로 옳은 것은? (단, C는 콘덴서용량$[\mu\text{F}]$, V는 공급전압 $[\text{V}]$ 이다.)
① $W = \dfrac{1}{2}CV^2$ ② $W = \dfrac{1}{2}CV$
③ $W = \dfrac{1}{2}C^2V$ ④ $W = 2CV^2$

풀이
정전에너지 : 콘덴서에 전압을 인가하고, 전하가 축적되는 경우에 축적되는 에너지[J]
$W = \dfrac{1}{2}QV = \dfrac{1}{2}CV^2 = \dfrac{Q^2}{2C}[\text{J}]$ [답] ①

03 등전위면과 전기력선의 교차 관계는?
① 직각으로 교차한다.
② 30°로 교차한다.
③ 45°로 교차한다.
④ 교차하지 않는다.

풀이
전기력선의 성질
• 전기력선방향(밀도)은 그 점의 전계 방향(크기)과 같다.
• 전기력선은 정(+)전하에서 시작하여 부(−)전하에서 끝난다.
• 전기력선은 전위가 높은 곳에서 낮은 곳으로 향한다.
• 전기력선은 서로 교차하지 않으며, 전하가 없는 곳에서는 전기력선의 발생, 소멸이 없다. 즉, 연속적이다
• 단위 전하에선 $1/\varepsilon_0$개의 전기력선이 출입한다.
• 전기력선은 그 자신만으로 폐곡선을 만들지 않는다.
• **전기력선은 등전위면(도체표면)과 직교한다.** 도체는 전체가 등전위이다.
• 도체 내부에는 전기력선이 존재하지 않는다. 즉, 도체 내부에서 전계 $E = 0$ 이다. [답] ①

04 전기분해를 통하여 석출된 물질의 양은 통과한 전기량 및 화학당량과 어떤 관계인가?
① 전기량과 화학당량에 비례한다.
② 전기량과 화학당량에 반비례한다.
③ 전기량에 비례하고 화학당량에 반비례한다.
④ 전기량에 반비례하고 화학당량에 비례한다.

풀이
페러데이의 법칙 : 전극에서 석출되는 물질의 양은 물질의 전기 화학 당량에 비례한다.
$W = kIt = kQ[\text{g}]$ (k : 전기 화학 당량, I : 전류, t : 시간)
화학당량 $= \dfrac{원자량}{원자가}[\text{g/c}]$ [답] ①

05 평형3상 교류회로에서 Y결선할 때 선간전압(V_l)과 상전압(V_p)의 관계는?
① $V_l = V_P$ ② $V_l = \sqrt{2}\,V_P$
③ $V_l = \sqrt{3}\,V_P$ ④ $V_l = \dfrac{1}{2}V_P$

풀이
Y 결선 $V_l = \sqrt{3}\,V_P$, $I_l = I_P$ [답] ③

06 2전력계법으로 3상 전력을 측정할 때 지시값이 $P_1 = 200[\text{W}]$, $P_2 = 200[\text{W}]$일 때 부하전력[W]은?
① 200 ② 400
③ 600 ④ 800

풀이
2전력계법
• 유효전력 $P = P_1 + P_2 = 200 + 200 = 400[\text{W}]$

- 무효전력 $P_r = \sqrt{3}(P_1-P_2)[\text{Var}]$
- 피상전력
$P_a = \sqrt{P^2+P_r^2} = 2\sqrt{P_1^2+P_2^2-P_1 \cdot P_2}[\text{VA}]$ 【답】②

07 20분간에 876000[J]의 일을 할 때 전력은 몇 [kW]인가?
① 0.73 ② 7.3
③ 73   ④ 730

풀이
전력 $P = \dfrac{W}{t} = \dfrac{876000}{20 \times 60} = 730 \times 10^{-3} = 0.73[\text{kW}]$ 【답】①

08 전류에 의해 만들어지는 자기장의 자기력선 방향을 간단하게 알아내는 방법은?
① 플레밍의 왼손 법칙
② 렌츠의 자기유도 법칙
③ 앙페르의 오른나사 법칙
④ 패러데이의 전자유도 법칙

풀이
앙페르의 오른나사 법칙 : 전류가 흐르는 도체의 주위에는 원형의 자력선이 생기고, 그 자기력선의 방향을 알 수 있는 법칙
- 엄지손가락 : 전류의 방향
- 나머지손가락 : 자기력선의 방향 【답】③

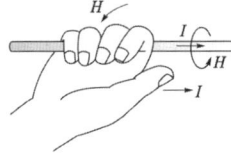

09 $R = 5[\Omega]$, $L = 30[\text{mH}]$의 RL직렬회로에 $V = 200[\text{V}]$, $f = 60[\text{Hz}]$의 교류전압을 가할 때 전류의 크기는 약 몇 [A]인가?
① 8.67   ② 11.42
③ 16.17 ④ 21.25

풀이
$I = \dfrac{V}{Z} = \dfrac{V}{\sqrt{R^2+X_L^2}} = \dfrac{V}{\sqrt{R^2+(2\pi fL)^2}}$
$= \dfrac{200}{\sqrt{5^2+(2\pi \times 60 \times 30 \times 10^{-3})^2}} = 16.17[\text{A}]$ 【답】③

10 1[cm]당 권선수가 10인 무한 길이 솔레노이드에 1[A]의 전류가 흐르고 있을 때 솔레노이드 외부 자계의 세기[AT/m]는?
① 0   ② 5
③ 10   ④ 20

풀이
솔레노이드 외부 자계의 세기는 0이다. 【답】①

11 그림과 같은 RL 병렬회로 $R = 25[\Omega]$, $\omega L = 100/3[\Omega]$일 때 200[V]의 전압을 가하면 코일에 흐르는 전류 $I_L[\text{A}]$은?
① 3.0
② 4.8
③ 6.0
④ 8.2

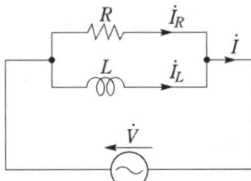

풀이
$I_L = \dfrac{V}{X_L} = \dfrac{V}{\omega L} = \dfrac{200}{\dfrac{100}{3}} = 6[\text{A}]$ 【답】③

12 다음 중 1[V]와 같은 값을 갖는 것은?
① 1[J/C]   ② 1[Wb/m]
③ 1[Ω/m]   ④ 1[A·sec]

풀이
전위 $V = \dfrac{W}{Q}[\text{J/C}]$ 【답】①

13 그림과 같은 회로의 저항값이 $R_1 > R_2 > R_3 > R_4$일 때 전류가 최소로 흐르는 저항은?
① R_1
② R_2
③ R_3
④ R_4

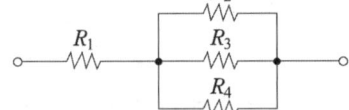

풀이
각 저항 R_1, R_2, R_3, R_4에 흐르는 전류를 I_1, I_2, I_3, I_4라 하면, $I_1 = I_2+I_3+I_4$ 이므로 I_1이 가장 크며, 전류 I는 저항 R에 반비례하므로 R_2에 흐르는 전류가 최소이다. 【답】②

14 원자핵의 구속력을 벗어나서 물질 내에서 자유로이 이동할 수 있는 것은?
① 중성자   ② 양자
③ 분자   ④ 자유전자

[풀이]
자유전자는 원자핵과의 결합력이 약해 외부의 자극에 의하여 쉽게 원자핵의 구속력을 이탈할 수 있는 전자이다.
[답] ④

15 권수가 150인 코일에서 2초간에 1[Wb] 자속이 변화 한다면, 코일에 발생 되는 유도 기전력의 크기는 몇 [V]인가?
① 50 ② 75
③ 100 ④ 150

[풀이]
$e = -N\dfrac{d\phi}{dt}[V] = -150 \times \dfrac{1}{2} = -75[V]$
[답] ②

16 복소수에 대한 설명으로 틀린 것은?
① 실수부와 허수부로 구성된다.
② 허수를 제곱하면 음수가 된다.
③ 복소수는 $A = a + jb$의 형태로 표시한다.
④ 거리와 방향을 나타내는 스칼라 양으로 표시한다.

[풀이]
- 스칼라(SCALAR) : 단지 그 크기만으로 나타낼 수 있는 숫자 또는 문자
- 벡터(VECTOR) : 크기뿐만 아니라 방향까지 고려하여 결정되는 숫자 또는 문자이고 복소수는 크기와 방향을 가지는 벡터량이다.
[답] ④

17 자기인덕턴스가 각각 L_1 과 L_2인 2개의 코일이 직렬로 가동접속 되었을 때, 합성 인덕턴스는? (단, 자기력선에 의한 영향을 서로 받는 경우이다)
① $L = L_1 + L_2 - M$
② $L = L_1 + L_2 - 2M$
③ $L = L_1 + L_2 + M$
④ $L = L_1 + L_2 + 2M$

[풀이]
직렬 접속 시 합성 인덕턴스
- 가동접속(같은 방향, 가극성) $L_0 = L_1 + L_2 + 2M[H]$
- 차동접속(반대 방향, 감극성) $L_0 = L_1 + L_2 - 2M[H]$
[답] ④

18 저항이 있는 도선에 전류가 흐르면 열이 발생한다. 이와 같은 전류의 열작용과 가장 관계가 깊은 법칙은?
① 페러데이 법칙 ② 키르히호프의 법칙
③ 줄의 법칙 ④ 옴의 법칙

[풀이]
줄의 법칙 (Joule's Law, 줄열)
도체에 흐르는 전류에 의하여 단위시간 내에 발생하는 열량은 도체의 저항과 전류의 제곱에 비례한다.
발열량 $H = 0.24I^2Rt[cal] = I^2Rt[J]$
[답] ③

19 RL 직렬회로에 교류전압 $v = V_m\sin\theta[V]$를 가했을 때 회로의 위상각 θ를 나타낸 것은?
① $\theta = \tan^{-1}\dfrac{R}{\omega L}$
② $\theta = \tan^{-1}\dfrac{\omega L}{R}$
③ $\theta = \tan^{-1}\dfrac{1}{R\omega L}$
④ $\theta = \tan^{-1}\dfrac{R}{\sqrt{R^2 + (\omega L)^2}}$

[풀이]
위상각 $\theta = \tan^{-1}\dfrac{X_L}{R} = \tan^{-1}\dfrac{\omega L}{R}$
[답] ②

20 그림에서 a-b간의 합성저항은 c-d간의 합성저항 보다 몇 배인가?
① 1배
② 2배
③ 3배
④ 4배

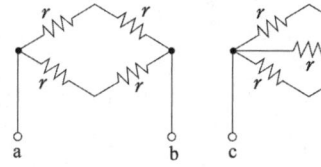

[풀이]

a-b의 합성저항(브리지평형) c-d의 합성저항

$R_{ab} = \dfrac{2r \times 2r}{2r + 2r} = \dfrac{4r^2}{4r} = r$ $R_{cd} = \dfrac{1}{\dfrac{1}{2r} + \dfrac{1}{r} + \dfrac{1}{2r}} = \dfrac{r}{2}$

$\therefore \dfrac{R_{ab}}{R_{cd}} = \dfrac{r}{\dfrac{r}{2}} = 2[배]$
[답] ②

21 변압기의 임피던스 전압이란?
① 정격전류가 흐를 때의 변압기 내의 전압강하
② 여자전류가 흐를 때의 2차측 단자전압
③ 정격전류가 흐를 때의 2차측 단자전압
④ 2차 단락전류가 흐를 때의 변압기 내의 전압강하

풀이
임피던스 전압(V_s) : 2차측을 단락했을 때 1차측에 정격전류가 흐르게 하기 위한 1차측 인가전압(변압기 내의 임피던스 전압강하) **[답]** ①

22 그림은 전력제어 소자를 이용한 위상제어 회로이다. 전동기의 속도를 제어하기 위해서 '가'부분에 사용되는 소자는?
① 전력용 트랜지스터
② 제너 다이오드
③ 트라이액
④ 레귤레이터 78XX 시리즈

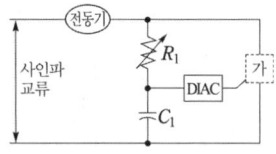

풀이
전파위상제어회로 : C_1 콘덴서 충전전압이 다이액의 임계전압을 넘어서면 다이액을 통해 트라이액의 게이트를 통과하여 충전전압이 인가되고 트라이액이 도통됨. **[답]** ③

23 정격이 10000[V], 500[A], 역률 90[%]의 3상 동기발전기의 단락전류 I_s[A]는? (단, 단락비는 1.3으로 하고, 전기자 저항은 무시한다.)
① 450
② 550
③ 650
④ 750

풀이
동기발전기 단락비
$K_s = \dfrac{I_s}{I_n} = \dfrac{100}{\%Z}$ 이므로
$I_s = \dfrac{100}{\%Z} \times I_n = K_s \times 500 = 1.3 \times 500 = 650[A]$ **[답]** ③

24 2대의 동기 발전기 A, B가 병렬운전하고 있을 때 A기의 여자전류를 증가시키면 어떻게 되는가?
① A기의 역률은 낮아지고 B기의 역률은 높아진다.
② A기의 역률은 높아지고 B기의 역률은 낮아진다.
③ A, B 양 발전기의 역률이 높아진다.
④ A, B 양 발전기의 역률이 낮아진다.

풀이
동기 발전기 병렬운전 중 여자전류를 증가시키면 여자를 강하게 한 쪽에는 지상분 무효 순환 전류가 흐르게 된다. 즉 해당 발전기 역률이 저하하고 상대적으로 다른 발전기 역률은 높아진다. **[답]** ①

25 다음의 정류곡선 중 브러시의 후단에서 불꽃이 발생하기 쉬운 것은?
① 직선정류
② 정현파 정류
③ 과정류
④ 부족정류

풀이
• 과정류 : 브러시 전단에 불꽃 발생
• 부족정류 : 브러시 후단에 불꽃 발생 **[답]** ④

26 슬립이 일정한 경우 유도전동기의 공급 전압이 1/2로 감소되면 토크는 처음에 비해 어떻게 되는가?
① 2배가 된다.
② 1배가 된다.
③ 1/2로 줄어든다.
④ 1/4로 줄어든다.

풀이
유도기 인가전압(V_1) 및 토크(T) 특성
$T \propto V_1^2$ **[답]** ④

27 권선형에서 비례추이를 이용한 기동법은?
① 리액터 기동법
② 기동 보상기법
③ 2차저항 기동법
④ Y-△ 기동법

풀이
권선형은 회전자에 저항을 삽입하면 기동 전류는 제한되고, 기동 토크는 증가되고, 역률은 개선되는 좋은 점이 있어서 대형 다상 유도 전동기는 권선형으로 만들어지고 있다. **[답]** ③

28 동기 발전기에서 역률각이 90도 늦을 때의 전기자 반작용은?
① 증자작용
② 편자작용
③ 교차작용
④ 감자작용

풀이

구분	발전기		전동기
R(저항, 역률 1)	교차자화작용	횡축반작용 ($I\cos\theta$)	교차자화작용
L(유도성, 지상전류)	감자작용	직축반작용 ($I\sin\theta$)	증자작용
C(용량성, 진상전류)	증자작용	자화작용	감자작용

[답] ④

29 유도전동기가 회전하고 있을 때 생기는 손실 중에서 구리손이란?

① 브러시의 마찰손
② 베어링의 마찰손
③ 표유 부하손
④ 1차, 2차 권선의 저항손

풀이

①, ②는 기계손중 마찰손이며 ③은 기타손이다. 구리손(동손)은 저항손이라고도 한다. [답] ④

30 그림에서와 같이 ①, ②의 양 자극 사이에 정류자를 가진 코일을 두고 ③, ④에 직류를 공급하여 X, X'를 축으로 하여 코일을 시계방향으로 회전시키고자 한다. ①, ②의 자극극성과 ③, ④의 전원극성을 어떻게 해야 되는가?

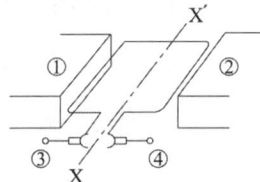

① ① N ② S ③ + ④ -
② ① N ② S ③ - ④ +
③ ① S ② N ③ + ④ -
④ ① S ② N ③ - ④ 극성에 무관

풀이

플레밍의 왼손법칙을 적용하면 시계방향으로 코일이 회전하기 위해서는 ① N극, ② S극이 되어 ①코일변에서 위로 향하는 힘이 작용해야 하며 전류는 ③에서 ④의 방향으

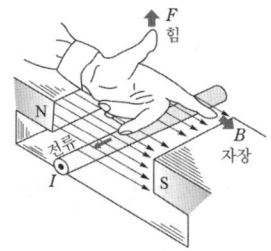

로 흐르기에 각각 -, +의 전원극성을 이룬다.
또한 시계방향 회전이 가능한 반대 조합의 자극과 전원극성도 가능하다.

[답] ②, ③ 복수정답

31 그림과 같은 분상기동형 단상 유도전동기를 역회전시키기 위한 방법이 아닌 것은?

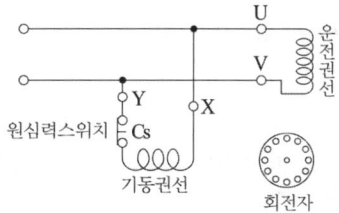

① 원심력 스위치를 개로 또는 폐로한다.
② 기동권선이나 운전권선의 어느 한 권선의 단자접속을 반대로 한다.
③ 기동권선의 단자접속을 반대로 한다.
④ 운전권선의 단자접속을 반대로 한다.

풀이

주권선과 보조권선 중 어느 한쪽의 접속을 전원에 대해서 반대로 함. 원심력 스위치는 기동 때 on 되었다가 정상 회전되면 원심력에 의하여 자동으로 off 되는 스위치이다.

[답] ①

32 다음 그림은 단상변압기 결선도이다. 1, 2차는 각각 어떤 결선인가?

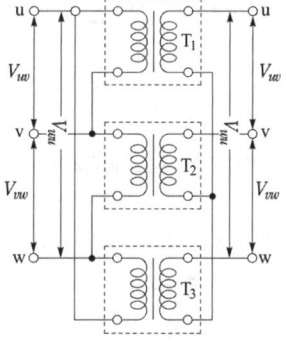

① Y-Y 결선
② △-Y 결선
③ △-△ 결선
④ Y-△ 결선

풀이

1차측에서 T_1변압기의 U단자에서 T_3변압기의 W단자까지 폐회로를 이루고 있으므로 △결선이고, 2차측에서는 세변압기의 한 점이 만나고 있으므로 Y결선이 된다.

[답] ②

33 다음 그림의 직류전동기는 어떤 전동기인가?
① 직권 전동기
② 타여자 전동기
③ 분권 전동기
④ 복권 전동기

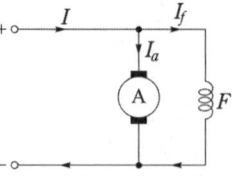

풀이
전기자와 계자가 병렬로 접속되어 있으므로 분권에 해당한다. [답] ③

34 전력용 변압기의 내부고장 보호용 계전방식은?
① 역상 계전기
② 차동 계전기
③ 접지 계전기
④ 과전류 계전기

풀이
변압기 내부고장 보호용 계전기
브흐홀쯔 계전기, 비율차동 계전기, 차동계전기 [답] ②

35 다음 중 병렬운전시 균압선을 설치해야 하는 직류 발전기는?
① 분권
② 차동복권
③ 평복권
④ 부족복권

풀이
수하특성을 가지지 않아 **균압모선**이 필요한 발전기는 **직권, 평복권, 과복권** 발전기이다. [답] ③

36 다음의 변압기 극성에 관한 설명에서 틀린 것은?
① 우리나라는 감극성이 표준이다.
② 1차와 2차 권선에 유기되는 전압의 극성이 서로 반대이면 감극성이다.
③ 3상 결선시 극성을 고려해야 한다.
④ 병렬 운전시 극성을 고려해야 한다.

풀이
변압기의 극성에는 감극성과 가극성의 두 가지가 있으며, 우리나라에서는 감극성을 표준으로 하고 있다. 감극성은 1,2차측 유기되는 전압의 극성이 서로 동일하다. [답] ②

37 애벌런치 항복 전압은 온도 증가에 따라 어떻게 변화하는가?
① 감소한다.
② 증가한다.
③ 증가했다 감소한다.
④ 무관하다.

풀이
애벌런치(Avalanche) 항복전압(Breakdown Voltage)
전자에서 항복이란 말은 역전압을 가했을 때 처음에는 전류가 거의 흐르지 않다가 어느 정도의 고전압에서 갑자기 전류가 흐르기 시작하는 것을 말하며 이때의 전압을 항복전압이라고 한다. 애벌런치는 '눈사태'란 의미로 눈사태처럼 급격하게 다이오드 접합의 항복을 일으키게 하는 현상. 애벌런치 항복은 온도가 증가하면 전압도 증가한다. [답] ②

38 용량이 작은 유도 전동기의 경우 전부하에서의 슬립[%]은?
① 1~2.5
② 2.5~4
③ 5~10
④ 10~20

풀이
용량이 작은 소형 유도전동기의 경우 전부하에서 슬립이 5~10[%], 중대형의 경우 2.5~5[%]가 된다. [답] ③

39 60[Hz], 20000[kVA] 발전기의 회전수가 1200[rpm]이라면 이 발전기의 극수는 얼마인가?
① 6극
② 8극
③ 12극
④ 14극

풀이
$N = \dfrac{120f}{P} = 1200[\text{rpm}]$에서

$P = \dfrac{120 \times 60}{1200} = 6[\text{극}]$ [답] ①

40 변압기를 △-Y로 연결할 때 1, 2차간의 위상차는?
① 30°
② 45°
③ 60°
④ 90°

풀이
변압기 △-Y, Y-△ 결선은 위상차 30° 발생 [답] ①

41 저압 연접 인입선의 시설규정으로 적합한 것은?
① 분기점으로부터 90[m] 지점에 시설
② 6[m] 도로를 횡단하여 시설
③ 수용가 옥내를 관통하여 시설
④ 지름 1.5[mm] 인입용 비닐절연전선을 사용

[풀이]
저압 연접 인입선의 시설
- 인입선에서 분기하는 점으로부터 100[m]을 초과하는 지역에 미치지 아니할 것.
- 폭 5[m]을 초과하는 도로를 횡단하지 아니할 것.
- 옥내를 통과하지 아니할 것.   **[답] ①**

42 사람이 쉽게 접촉하는 장소에 설치하는 누전차단기의 사용전압 기준은 몇 [V] 초과인가?
① 50   ② 110
③ 150   ④ 220

[풀이]
누전차단기 설치장소
- 주택의 옥내에 시설하는 것으로 대지전압 150[V] 초과 300[V] 이하의 저압전로 인입구
- 사람이 쉽게 접촉할 우려가 있는 장소에 시설하는 사용전압 50[V]를 초과하는 저압의 금속제 외함을 가지는 기계 기구에 전기를 공급하는 전로   **[답] ①**

43 전선을 접속할 경우의 설명으로 틀린 것은?
① 접속 부분의 전기저항이 증가되지 않아야 한다.
② 전선의 세기를 80[%] 이상 감소시키지 않아야 한다.
③ 접속 부분은 접속기구를 사용하거나 납땜을 하여야 한다.
④ 알루미늄 전선과 동선을 접속하는 경우, 전기적 부식이 생기지 않도록 해야 한다.

[풀이]
전선 접속 시 조건
- 전선의 세기를 **20[%] 이상 감소**시키지 말 것. (**80[%] 이상 유지**할 것)
- 접속 부분은 접속관 기타의 기구를 사용하거나 납땜을 할 것
- 접속부의 절연은 전선 자체의 절연레벨과 동일하게 한다.
- 접속점 부위의 전기저항을 증가시키지 말 것.   **[답] ②**

44 전로의 중성점을 접지하는 목적에 해당되지 않는 것은 어느 것인가?
① 보호장치의 확실한 동작의 확보
② 부하전류의 일부를 대지로 흐르게 함으로서 전선을 절약
③ 이상전압의 억제
④ 대지전압의 저하
   [답] ②

45 화약류 저장소에서 백열전등이나 형광등 또는 이들에 전기를 공급하기 위한 전기설비를 시설하는 경우 전로의 대지전압[V]은?
① 100[V] 이하   ② 150[V] 이하
③ 220[V] 이하   ④ 300[V] 이하

[풀이]
화약류 저장소의 전기설비
- 전로에 대지전압은 300[V] 이하일 것.
- 전기기계기구는 전폐형의 것일 것.
- 케이블을 전기기계기구에 인입할 때에는 인입구에서 케이블이 손상될 우려가 없도록 시설할 것.   **[답] ④**

46 연피없는 케이블을 배선할 때 직각 구부리기(L형)는 대략 굴곡 반지름을 케이블의 바깥지름의 몇 배 이상으로 하는가?
① 3   ② 4
③ 6   ④ 10

[풀이]
연피가 없는 케이블을 구부리는 경우 피복이 손상되지 않도록 하여 그 굴곡 반지름이 케이블의 완성품 지름의 6배(단심의 경우 8배)이상으로 구부려야 한다.   **[답] ③**

47 소세력회로에서 사용되는 전선은 아닌 것은?
① 1.5[mm^2] 단심 비닐절연전선
② 0.75[mm^2] 캡타이어 케이블
③ 2.5[mm^2] 비닐절연 케이블
④ 1.5[mm^2] 에틸렌아세테이트 고무절연전선

[풀이]
- 1차 대지 전압 300[V] 이하, 2차 대지 전압 60[V] 이하의 절연 변압기를 사용할 것
- 전선은 공칭단면적 1[mm^2] 이상의 연동선 혹은 코드·캡타이어 케이블 또는 케이블일 것   **[답] ②**

48 접지저항 측정방법으로 가장 적당한 것은?
① 절연저항계
② 전력계
③ 교류의 전압, 전류계
④ 콜라우시 브리지

풀이
접지저항 측정: 어스 테스터, 콜라우시 브리지 　[답] ④

49 큰 건물의 공사에서 콘크리트에 구멍을 뚫어 드라이브 핀을 경제적으로 고정하는 공구는?
① 스패너　　　② 드라이브이트 툴
③ 오스터　　　④ 록 아웃 펀지

풀이
드라이브 이트(Drive-it): 새들 등을 고정시키기 위해 콘크리트 벽에 화약의 폭발력을 이용하여 구멍을 뚫는 공구
　[답] ②

50 전자접촉기 2개를 이용하여 유도전동기 1대를 정역운전하고 있는 시설에서 전자접촉기 2개가 동시에 여자되어 상간 단락되는 것을 방지하기 위하여 구성하는 회로는?
① 자기유지 회로
② 순차제어 회로
③ Y-△기동회로
④ 인터록 회로

풀이
인터록회로(Interlock circuit)
2개 이상의 회로에서 한 쪽이 동작하고 있는 경우에 다른 쪽의 회로에 입력이 있어도 동작하지 않도록 하는 회로
　[답] ④

51 전원 측 전로에 시설한 배선용 차단기의 정격전류가 몇 [A] 이하의 것이면 이 선로에 접속하는 단상 전동기에는 과부하 보호장치를 생략할 수 있는가?
① 15　　　　　② 20
③ 30　　　　　④ 50

풀이
옥내에 시설하는 전동기에는 과전류 경보장치나 차단기를 설치하여야 한다. 다만, 다음 경우에는 예외로 한다.

① 전동기를 운전 중 상시 취급자가 감시할 수 있는 위치에 시설하는 경우
② 전동기의 구조나 부하의 성질로 보아 전동기가 소손할 수 있는 과전류가 생길 우려가 없는 경우
③ 단상 전동기로서 전원 측 전로에 시설하는 과전류 차단기의 정격전류가 15[A](배선용 차단기는 20[A]) 이하인 경우
　[답] ②

52 다음 중 버스덕트가 아닌 것은?
① 플로어 버스 덕트
② 피더 버스 덕트
③ 트롤리 버스 덕트
④ 플러그 인 버스 덕트

풀이
버스덕트 종류
- 피더버스 덕트 : 도중에 부하를 접속하지 않는 것
- 플러그인 버스덕트 : 도중에 접속용 플러그를 접속할 수 있는 구조
- 트롤리 버스덕트 : 이동부하 접속시 사용
- 로우임피던스 버스덕트 : 전압강하 보상목적으로 사용
　[답] ①

53 과전류 차단기로 저압 전로에 사용하는 30[A] 이하의 배선용 차단기는 정격 전류 1.3배의 전류가 흐를 때 몇 분 내에 자동적으로 동작하여야 하는가?
① 10분　　　　② 30분
③ 60분　　　　④ 120분

풀이
〈과전류트립 동작시간 및 특성(산업용 배선용 차단기)〉

정격전류의 구분	시간	정격전류의 배수(모든 극에 통전)	
		부동작 전류	동작 전류
63[A] 이하	60분	1.05배	1.3배
63[A] 초과	120분	1.05배	1.3배

〈과전류트립 동작시간 및 특성(주택용 배선용 차단기)〉

정격전류의 구분	시간	정격전류의 배수(모든 극에 통전)	
		부동작 전류	동작 전류
63[A] 이하	60분	1.13배	1.45배
63[A] 초과	120분	1.13배	1.45배

　[답] ③

54 가공전선로의 지지물에서 다른 지지물을 거치지 아니하고 수용장소의 인입선 접속점에 이르는 가공전선을 무엇이라 하는가?
① 연접인입선 ② 가공인입선
③ 구내전선로 ④ 구내인입선

풀이
가공 전선로의 지지물에서 분기하여 다른 지지물을 거치지 아니하고 수용 장소의 붙임점에 이르는 가공전선을 말한다. 가공 인입선에는 저압 가공 인입선과 고압 가공 인입선이 있다. [답] ②

55 합성수지관배선 공사의 설명 중 틀린 것은?
① 관의 지지점 간의 거리는 1.5[m] 이하로 할 것
② 합성수지관 안에는 전선에 접속점이 없게 할 것
③ 전선은 절연전선(옥외용 비닐 절연전선을 제외한다)일 것
④ 관 상호간 및 박스와는 관을 삽입하는 깊이를 관의 바깥 지름의 1.5배 이상으로 할 것

풀이
커플링에 들어가는 관의 길이는 관 바깥지름의 **1.2배 이상**으로 한다. 단, 접착제를 사용할 때는 0.8배 이상으로 한다.

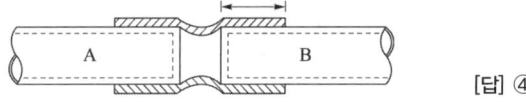

관 바깥지름의 1.2배 이상

[답] ④

56 배선설계를 위한 전등 및 소형 전기기계기구의 부하용량 산정시 건축물의 종류에 대응한 표준부하에서 원칙적으로 표준부하를 20[VA/m²]으로 적용하여야 하는 건축물은?
① 교회, 극장 ② 호텔, 병원
③ 은행, 상점 ④ 아파트, 미용원

풀이

건물종류 및 부분	표준부하밀도 [VA/m²]
공장, 공회장, 교회, 극장, 영화관	10
기숙사, 여관, **호텔**, **병원**, 학교, 음식점	**20**
사무실, 은행, 상점	30
주택, 아파트	40
계단, 복도, 세면장, 창고	5
강당, 관람석	10

[답] ②

57 지중전선로를 직접매설식에 의하여 시설하는 경우 차량, 기타 중량물의 압력을 받을 우려가 있는 장소의 매설 깊이[m]는?
① 0.6[m] 이상 ② 1.0[m] 이상
③ 1.5[m] 이상 ④ 2.0[m] 이상

풀이
지중전선로의 직접매설식 매설 깊이
• 차량, 기타 중량물의 압력을 받을 우려가 있는 장소 : **1.0[m] 이상**
• 기타 장소 : 0.6[m] 이상 [답] ②

58 동전선의 직선접속에서 단선 및 연선에 적용되는 접속 방법은?
① 직선 맞대기용 슬리브에 의한 압착접속
② 가는 단선(2.6[mm] 이상)의 분기접속
③ S형 슬리브에 의한 분기접속
④ 터미널 러그에 의한 접속

풀이
① 동전선의 직선접속에서 단선 및 연선
② 동전선의 분기접속에서 단선
③ 동전선의 분기접속에서 단선 및 연선
④ 알루미늄선의 종단접속 [답] ①

59 금속관공사에 관하여 설명한 것으로 바르지 못한 것은?
① 습기가 많은 장소 또는 물기가 있는 장소에 시설하는 경우에는 방습장치를 할 것
② 저압 옥내배선의 사용전압이 400[V] 이하로서 관길이가 4[m]미만으로 건조한 장소일 경우 접지공사를 생략하였다.
③ 콘크리트에 매설하는 것은 전선관의 두께를 1.2[mm] 이상으로 한다.
④ 전선은 옥외용 비닐절연전선을 사용한다.

풀이
전선은 절연전선일 것. 단, 옥외용 비닐절연전선을 제외한다. [답] ④

60 전기 난방 기구인 전기담요나 전기장판의 보호용으로 사용되는 퓨즈는?
① 플러그 퓨즈 ② 온도퓨즈
③ 절연퓨즈 ④ 유리관퓨즈

[풀이]

온도퓨즈(thermal fuse) : 어떤 특정한 온도에서 변형, 혹은 용융하여 전기회로를 여는 일종의 과열 보호용 스위치로서, 전기기기의 과열방지를 목적으로 사용되고 있다.

[답] ②

전기기능사 필기 실전 모의고사 제 16 회

01 3[kW]의 전열기를 정격 상태에서 20분간 사용하였을 때의 열량은 몇 [kcal]인가?
① 430
② 520
③ 610
④ 860

풀이
줄의 법칙 (Joule's Law, 줄열)
도체에 흐르는 전류에 의하여 단위시간 내에 발생하는 열량은 도체의 저항과 전류의 제곱에 비례한다.
발열량 $H = 0.24I^2Rt = 0.24Pt$[cal]
$= 0.24 \times 3 \times 10^3 \times 20 \times 60 ≒ 860$[kcal]   [답] ④

02 가정용 전등 전압이 200[V]이다. 이 교류의 최대값은 몇 [V]인가?
① 70.7
② 86.7
③ 141.4
④ 282.8

풀이
실효값 $V = 200$[V]이므로
최대값 $V_m = \sqrt{2} V = \sqrt{2} \times 200 = 282.8$[V]   [답] ④

03 Y결선의 전원에서 각 상전압이 100[V]일 때 선간전압은 약 몇 [V] 인가?
① 100
② 150
③ 173
④ 195

풀이
Y결선에서 $V_l = \sqrt{3} V_P$, $I_l = I_P$ 이므로
∴ $V_l = \sqrt{3} \times 100 = 173$[V]   [답] ③

04 전류의 방향과 자장의 방향은 각각 나사의 진행 방향과 회전 방향에 일치 한다와 관계가 있는 법칙은?
① 플레밍의 오른손법칙
② 앙페르의 오른나사법칙
③ 플레밍의 왼손법칙
④ 키르히호프의 법칙

풀이
앙페르의 오른나사법칙
전류가 흐르는 도체의 주위에는 원형의 자력선이 생기고, 그 **자기력선의 방향**을 알 수 있는 법칙
• 엄지손가락 : 전류의 방향
• 나머지손가락 : 자기력선의 방향

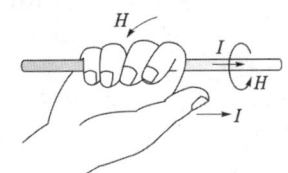

[답] ②

05 $I = 8 + j6$[A]로 표시되는 전류의 크기 I 는 몇 [A]인가?
① 6
② 8
③ 10
④ 12

풀이
$|I| = \sqrt{8^2 + 6^2} = 10$[A]   [답] ③

06 삼각파 전압의 최대값이 V_m일 때 실효값은?
① V_m
② $\dfrac{V_m}{\sqrt{2}}$
③ $\dfrac{2V_m}{\pi}$
④ $\dfrac{V_m}{\sqrt{3}}$

풀이

파 형		최대값	실효값	평균값	파고율	파형율
삼각파 (톱니파)		A	$\dfrac{A}{\sqrt{3}}$	$\dfrac{A}{2}$	1.732	1.15

[답] ④

07 L_1, L_2 두 코일이 접속되어 있을 때, 누설자속이 없는 이상적인 코일 간의 상호 인덕턴스는?

① $M = \sqrt{L_1 + L_2}$ ② $M = \sqrt{L_1 - L_2}$
③ $M = \sqrt{L_1 \cdot L_2}$ ④ $M = \sqrt{\dfrac{L_1}{L_2}}$

풀이
상호인덕턴스 : $M = k\sqrt{L_1 L_2}$ [H]에서 누설자속이 없으므로 결합계수 $k = 1$이 된다.
∴ $M = \sqrt{L_1 L_2}$ [H] **[답]** ③

08 10[Ω]의 저항과 R[Ω]의 저항이 병렬로 접속되고 10[Ω]의 전류가 5[A], R[Ω]의 전류가 2[A]이면 저항 R[Ω]은?

① 10 ② 20
③ 25 ④ 30

풀이
병렬 접속된 각 저항의 전압이 같으므로
10[Ω] 저항의 전압강하 $V_{10\Omega} = 5 \times 10 = 50$[V]
∴ $R = \dfrac{V}{I} = \dfrac{50}{2} = 25$[Ω] **[답]** ③

09 비유전율이 큰 산화티탄 등을 유전체로 사용한 것으로 극성이 없으며 가격에 비해 성능이 우수하여 널리 사용되고 있는 콘덴서의 종류는?

① 전해 콘덴서 ② 세라믹 콘덴서
③ 마일러 콘덴서 ④ 마이카 콘덴서

풀이
콘덴서의 종류
- 전해 콘덴서 : 전기 분해로 금속의 표면에 얇은 산화피막을 만들어 유전체로 사용하고 극성을 가지고 있어 교류 회로에는 사용할 수 없다.
- 세라믹 콘덴서 : 전극사이의 유전체로 티탄산바륨과 같은 비유전율이 큰 재료가 사용되며 가격에 비해 성능이 우수하여 가장 많이 사용된다.
- 마일러 콘덴서 : 얇은 폴리에스테르필름을 유전체로 하여 양면에 금속막을 대고 원통형으로 감은 것으로 내열성과 절연저항이 양호
- 마이카 콘덴서 : 온도 변화에 따른 용량 변화가 작고 절연 저항이 높은 특성을 갖고 있으므로 표준 콘덴서로도 사용된다. **[답]** ②

10 저항 8[Ω]과 코일이 직렬로 접속된 회로에 200[V]의 교류 전압을 가하면 20[A]의 전류가 흐른다. 코일의 리액턴스는 몇 [Ω]인가?

① 2 ② 4
③ 6 ④ 8

풀이
$Z = \dfrac{V}{I} = \dfrac{200}{20} = 10$[Ω]
$Z = \sqrt{R^2 + X_L^2}$ 에서 $10 = \sqrt{8^2 + X_L^2}$
∴ $X_L = 6$[Ω] **[답]** ③

11 쿨롱의 법칙에서 2개의 점전하 사이에 작용하는 정전력의 크기는?

① 두 전하의 곱에 비례하고 거리에 반비례한다.
② 두 전하의 곱에 반비례하고 거리에 비례한다.
③ 두 전하의 곱에 비례하고 거리의 제곱에 비례한다.
④ 두 전하의 곱에 비례하고 거리의 제곱에 반비례 한다.

풀이
쿨롱의 법칙 : 임의의 공간내에서 두 점전하 Q_1, Q_2 사이에 작용하는 정전기력의 크기는 두 전하량의 곱에 비례하고, 전하사이의 거리의 제곱에 반비례한다.
$F = 9 \times 10^9 \times \dfrac{Q_1 \times Q_2}{r^2}$ [N] ($F \propto Q_1 \cdot Q_2$, $F \propto \dfrac{1}{r^2}$) **[답]** ④

12 대칭 3상 △ 결선에서 선전류와 상전류와의 위상관계는?

① 상전류가 $\pi/3$[rad] 앞선다.
② 상전류가 $\pi/3$[rad] 뒤진다.
③ 상전류가 $\pi/6$[rad] 앞선다.
④ 상전류가 $\pi/6$[rad] 뒤진다.

풀이

	삼각결선 (△결선)
결선도	선간전압=상전압
V_l (선간전압)	$V_l = V_P$
I_l (선전류)	$I_l = \sqrt{3} I_P \left\lfloor -\dfrac{\pi}{6} \right.$

[답] ③

13 $m_1 = 4 \times 10^{-5}$[Wb], $m_2 = 6 \times 10^{-3}$[Wb], $r = 10$[cm]이면, 두 자극 m_1, m_2 사이에 작용하는 힘은 약 몇 [N]인가?
① 1.52　　　　　② 2.4
③ 24　　　　　　④ 152

풀이
쿨롱의 법칙
$$F = 6.33 \times 10^4 \times \frac{m_1 \times m_2}{r^2}$$
$$= 6.33 \times 10^4 \times \frac{4 \times 10^{-5} \times 6 \times 10^{-3}}{(10 \times 10^{-2})^2} = 1.52[\text{N}]$$
[답] ①

14 다음 중 큰 값일수록 좋은 것은?
① 접지저항　　　② 절연저항
③ 도체저항　　　④ 접촉저항

풀이
절연저항(Insulation Resistance)
절연된 도체 상호 간에 전압을 인가하면 절연 물질의 표면과 내부를 통하는 누설 전류가 흐른다. 이 경우 전압을 전류로 나눈 값을 절연 저항이라 하며 통상 MEGGER에 의해 측정한다. 이러한 절연저항은 클수록 누설전류가 작다.
[답] ②

15 $R = 6[\Omega]$, $X_C = 8[\Omega]$일 때 임피던스 $Z = 6 - j8[\Omega]$으로 표시되는 것은 일반적으로 어떤 회로인가?
① RC 직렬회로　　② RL 직렬회로
③ RC 병렬회로　　④ RL 병렬회로

풀이
직렬회로의 임피던스 표현
- RL 직렬회로 : $Z = R + jX_L[\Omega]$
- RC 직렬회로 : $Z = R - jX_C[\Omega]$
- RLC 직렬회로 : $Z = R + j(X_L - X_C)[\Omega]$
[답] ①

16 다음 설명 중에서 틀린 것은?
① 리액턴스는 주파수의 함수이다.
② 콘덴서는 직렬로 연결할수록 용량이 커진다.
③ 저항은 병렬로 연결할수록 저항값이 작아진다.
④ 코일은 직렬로 연결할수록 인덕턴스가 커진다.

풀이
C의 직렬접속(=저항의 병렬접속)

합성 정전용량 $C_0 = \dfrac{1}{\dfrac{1}{C_1} + \dfrac{1}{C_2} + \dfrac{1}{C_3}}$[F] 이므로 콘덴서를 직렬로 연결할수록 용량이 작아진다. **[답] ②**

17 자체 인덕턴스 40[mH]의 코일에 10[A]의 전류가 흐를 때 저장되는 에너지는 몇 [J]인가?
① 2　　　　　② 3
③ 4　　　　　④ 8

풀이
전자에너지
$$W_L = \frac{1}{2}LI^2 = \frac{1}{2} \times 40 \times 10^{-3} \times 10^2 = 2[\text{J}]$$
[답] ①

18 RLC 병렬공진회로에서 공진주파수는?
① $\dfrac{1}{\pi\sqrt{LC}}$　　　　② $\dfrac{1}{\sqrt{LC}}$
③ $\dfrac{2\pi}{\sqrt{LC}}$　　　　④ $\dfrac{1}{2\pi\sqrt{LC}}$

풀이
RLC 병렬공진회로
$Y = \dfrac{1}{R} + j\left(\omega C - \dfrac{1}{\omega L}\right)$[℧]에서 병렬공진 시 어드미턴스의 허수부가 0이 되는 $\omega C = \dfrac{1}{\omega L}$의 공진 조건에 따라 공진주파수는 $f = \dfrac{1}{2\pi\sqrt{LC}}$[Hz] 이다. **[답] ④**

19 $i = I_m \sin\omega t$[A]인 사인파 교류에서 ωt가 몇 도일 때 순시값과 실효값이 같게 되는가?
① 30°　　　　② 45°
③ 60°　　　　④ 90°

풀이
실효값 $= I_m \times \dfrac{1}{\sqrt{2}}$, 순시값 $= I_m \times \sin\omega t$ 에서
실효값이 순시값과 같다면
$\sin\omega t = \dfrac{1}{\sqrt{2}}$　∴ $\omega t = 45°$
[답] ②

20 전기분해를 하면 석출되는 물질의 양은 통과한 전기량에 관계가 있다. 이것을 나타낸 법칙은?
① 옴의 법칙　　　② 쿨롱의 법칙
③ 앙페르의 법칙　④ 패러데이의 법칙

풀이

페러데이의 법칙 : 전극에서 석출되는 물질의 양은 물질의 전기 화학 당량에 비례한다.

$$W = kIt = kQ[g]$$

(k : 전기 화학 당량, I : 전류, t : 시간)

화학당량 = $\frac{원자량}{원자가}$ [g/c] [답] ④

21 3상 유도 전동기의 2차 저항을 2배로 하면 그 값이 2배로 되는 것은?
① 슬립 ② 토크
③ 전류 ④ 역률

풀이

3상 권선형 유도 전동기의 경우 비례추이의 원리에 의하여 2차 저항이 2배가 되면 슬립도 2배가 된다.
즉, 저항과 슬립비는 불변

$$\frac{r_2}{s} = \frac{r_2 + R}{s'}$$ [답] ①

22 다음 제동 방법 중 급정지하는 데 가장 좋은 제동법은?
① 발전제동 ② 회생제동
③ 역상제동 ④ 단상제동

풀이

플러깅(역전)제동 : 급제동시 사용하는 방법으로 역전제동이라 하며, 전기자의 접속을 반대로 바꾸어 회전방향과 반대의 토크를 발생시켜 제동 [답] ③

23 슬립 $s = 5[\%]$, 2차 저항 $r_2 = 0.1[\Omega]$인 유도 전동기의 등가 저항 $R[\Omega]$은 얼마인가?
① 0.4 ② 0.5
③ 1.9 ④ 2.0

풀이

$R = \left(\frac{1-s}{s}\right) \cdot r_2 = \left(\frac{1-0.05}{0.05}\right) \times 0.1 = 1.9[\Omega]$ [답] ③

24 동기 전동기의 장점이 아닌 것은?
① 직류 여자가 필요하다.
② 전부하 효율이 양호하다.
③ 역률 1로 운전할 수 있다.
④ 동기 속도를 얻을 수 있다.

풀이

동기전동기의 장점
• 부하의 변화에 속도가 일정 불변이다.
• 역률을 항상 1로 운전 가능하다.
• 공극이 넓으므로 기계적으로 견고하다.
• 공급전압의 변화에 대한 토크 변화가 작다.
• 유도 전동기에 비하여 효율이 좋다.

동기전동기의 단점
• 보통 구조의 것은 기동 토크가 적고 속도 조정을 할 수 없다.
• 난조를 일으킬 염려가 있다.
• 여자용의 직류 전원을 필요로 하며 설비비가 많이 든다.

[답] ①

25 부흐홀츠 계전기의 설치 위치는?
① 콘서베이터 내부
② 변압기 주탱크 내부
③ 변압기의 고압측 부싱
④ 변압기 본체와 콘서베이터 사이

풀이

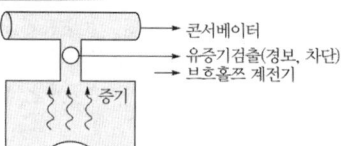

[답] ④

26 고압전동기 철심의 강판 홈(slot)의 모양은?
① 반폐형 ② 개방형
③ 반구형 ④ 밀폐형

풀이

• 저압전동기 : 반폐홈
• 고압전동기 : 개방홈 [답] ②

27 다음 그림은 직류발전기의 분류 중 어느 것에 해당되는가?
① 분권발전기
② 직권발전기
③ 자석발전기
④ 복권발전기

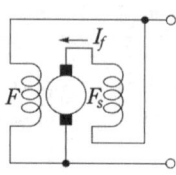

풀이
전기자권선과 직렬 접속인 직권 계좌권선과 병렬 접속인 분권 계자권선이 설치되어 있는 복권발전기 중에서 외분권에 해당한다. **[답]** ④

28 100[V], 10[A], 전기자저항 1[Ω], 회전수 1800[rpm]인 전동기의 역기전력은 몇 [V]인가?
① 90
② 100
③ 110
④ 186

풀이
역기전력 = 리액턴스 전압
$V = E_c + I_a R_a [V]$
$\therefore E_c = V - I_a R_a = 100 - (10 \times 1) = 90[V]$
여기서, V : 직류전동기 단자전압[V]
E_c : 역기전력[V]
I_a : 전기자 전류[A]
R_a : 전기자 저항[Ω]
[답] ①

29 유도전동기가 많이 사용되는 이유가 아닌 것은?
① 값이 저렴
② 취급이 어려움
③ 전원을 쉽게 얻음
④ 구조가 간단하고 튼튼함

풀이
유도 전동기가 산업 및 가정용으로 널리 이용되고 있는 것은 교류전원을 생활 주변에서 쉽게 얻을 수 있고, 구조가 튼튼하고, 가격이 싸며, **취급과 운전이 쉬우므로** 다른 전동기에 비해 편리하게 사용할 수 있기 때문이다. **[답]** ②

30 정격속도로 운전하는 무부하 분권발전기의 계자 저항이 60[Ω], 계자 전류가 1[A], 전기자 저항이 0.5[Ω]라 하면 유도 기전력은 약 몇 [V]인가?
① 30.5
② 50.5
③ 60.5
④ 80.5

풀이
$E = V + I_a R_a [V]$ 에서 $I_a = I_f$ (∵ 무부하)이고,
무부하 단자전압 $V = I_f R_f = 60[V]$ 이므로
$\therefore E = 60 + 1 \times 0.5 = 60.5[V]$ **[답]** ③

31 변압기의 2차측을 개방하였을 경우 1차측에 흐르는 전류는 무엇에 의하여 결정 되는가?
① 저항
② 임피던스
③ 누설 리액턴스
④ 여자 어드미턴스

풀이
변압기의 2차측을 개방하였을 경우 1차측에 흐르는 전류를 무부하전류 즉, 여자전류라 하며 이 여자전류는 여자 어드미턴스에 따라서 결정된다. ($I = YV$) **[답]** ④

32 입력으로 펄스신호를 가해주고 속도를 입력펄스의 주파수에 의해 조절하는 전동기는?
① 전기동력계
② 서보전동기
③ 스테핑전동기
④ 권선형유도전동기

풀이
스테핑(Stepping) 전동기 : 입력 펄스 수에 대응하여 일정 각도씩 움직이는 전동기. 펄스 수와 전동기 회전각도가 비례하므로 회전각도를 정확하게 제어할 수 있다. **[답]** ③

33 농형 유도전동기의 기동법이 아닌 것은?
① 2차 저항기법
② Y-△ 기동법
③ 전전압 기동법
④ 기동보상기에 의한 기동법

풀이
농형 유도전동기 기동법
• 전전압기동 : 5[kW] 이하
• Y-△ 기동 : 10~15[kW] 이하
• 기동보상기법 : 15[kW] 이상
• 리액터기동 : 중대형전동기
[답] ①

34 변압기 V결선의 특징으로 틀린 것은?
① 고장 시 응급처치 방법으로 쓰인다.
② 단상변압기 2대로 3상 전력을 공급한다.
③ 부하 증가가 예상되는 지역에 시설한다.
④ V결선 시 출력은 △결선 시 출력과 그 크기가 같다.

풀이
출력비 = $\dfrac{\text{V결선 출력}}{\text{△결선 출력}} = \dfrac{\sqrt{3}}{3} ≒ 0.577$ **[답]** ④

35 직류 분권전동기에서 운전 중 계자권선의 저항을 증가하면 회전속도의 값은?
① 감소한다. ② 증가한다.
③ 일정하다. ④ 관계없다.

풀이
계자제어란 $N = K_1 \dfrac{V - I_a R_a}{\phi}$ [rpm] 식에서 $N \propto \dfrac{1}{\phi}$ 이고 ϕ를 변화시켜 속도 제어($\phi \propto I_f \propto \dfrac{1}{R_f}$)
즉, 계자저항을 증가시키면 계자전류가 감소하여 자속이 줄어들고 회전수는 증가하게 된다. **[답] ②**

36 직류 발전기 전기자 반작용의 영향에 대한 설명으로 틀린 것은?
① 브러시 사이에 불꽃을 발생 시킨다.
② 주 자속이 찌그러지거나 감소된다.
③ 전기자 전류에 의한 자속이 주 자속에 영향을 준다.
④ 회전방향과 반대방향으로 자기적 중성축이 이동된다.

풀이
전기자 반작용에 의한 자기적 중성축 이동방향
• 직류발전기 → 회전방향과 동일
• 직류전동기 → 회전방향과 반대 **[답] ④**

37 반도체 사이리스터에 의한 전동기의 속도 제어중 주파수 제어는?
① 초퍼제어 ② 인버터 제어
③ 컨버터 제어 ④ 브리지 정류 제어

풀이
인버터 : 직류를 교류로 변환하는 장치로서 주파수를 변환시켜 전동기 속도제어와 형광등의 고주파 점등이 가능하다. **[답] ②**

38 변압기의 용도가 아닌 것은?
① 교류 전압의 변환
② 주파수의 변환
③ 임피던스의 변환
④ 교류 전류의 변환

풀이
주파수의 변환은 인버터에 해당한다. **[답] ②**

39 변압기에 대한 설명 중 틀린 것은?
① 전압을 변성한다.
② 전력을 발생하지 않는다.
③ 정격출력은 1차측 단자를 기준으로 한다.
④ 변압기의 정격용량은 피상전력으로 표시한다.

풀이
정격은 정해진 규정에 적합한 범위 내에서 사용할 수 있는 한도의 의미이고 변압기의 정격출력은 **2차측 기준**으로 단위는 [kVA]이다. **[답] ③**

40 동기 발전기의 병렬 운전 중 주파수가 틀리면 어떤 현상이 나타나는가?
① 무효 전력이 생긴다.
② 무효 순환전류가 흐른다.
③ 유효 순환전류가 흐른다.
④ 출력이 요동치고 권선이 가열된다.

풀이
주파수가 틀리면 기전력의 크기가 달라지는 순간이 반복되고, 그에 따른 무효횡류가 양 발전기 상호간에 주기적으로 흘러 난조가 발생한다. **[답] ④**

41 연피케이블을 직접 매설식에 의하여 차량 기타 중량물의 압력을 받을 우려가 있는 장소에 시설하는 경우 매설 깊이는 몇 [m] 이상이어야 하는가?
① 0.6 ② 1.0
③ 1.2 ④ 1.6

풀이
지중전선로의 직접매설식 매설 깊이
• 차량, 기타 중량물의 압력을 받을 우려가 있는 장소 : **1.0[m] 이상**
• 기타 장소 : 0.6[m] 이상 **[답] ②**

42 하나의 콘센트에 둘 또는 세 가지의 기계기구를 끼워서 사용할 때 사용되는 것은?
① 노출형콘센트 ② 키이리스 소켓
③ 멀티 탭 ④ 아이언 플러그

풀이
• 노출형 콘센트 • 키이리스 소켓

- 멀티 탭(multi-tap) • 아이언 플러그

 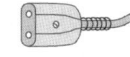

[답] ③

43 다음 중 특별고압은?
① 1000[V] 이하
② 1500[V] 이하
③ 1000[V] 초과 7000[V] 이하
④ 7000[V] 초과

풀이

	직류	교류
저 압	1.5[kV] 이하	1[kV] 이하
고 압		7[kV] 이하
특고압		7[kV] 초과

[답] ④

44 배전반 및 분전반의 설치장소로 적합하지 않는 곳은?
① 안정된 장소
② 밀폐된 장소
③ 개폐기를 쉽게 개폐할 수 있는 장소
④ 전기회로를 쉽게 조작할 수 있는 장소

풀이

옥내에 시설하는 저압용 배분전반 등의 시설
• 옥내에 시설하는 저압용 배·분전반의 기구 및 전선은 쉽게 점검할 수 있도록 할 것.
• 노출된 충전부가 있는 배전반 및 분전반은 취급자 이외의 사람이 쉽게 출입할 수 없도록 설치하여야 한다.
• 한 개의 분전반에는 한 가지 전원(1회선의 간선)만 공급하여야 한다.
• 다중이 이용하는 시설에 설치하는 배전반 및 분전반은 불연성 또는 난연성의 것이거나, 불연성 물질을 바른 것을 시설할 것.

[답] ②

45 주상 변압기의 1차측 보호 장치로 사용하는 것은?
① 컷아웃 스위치 ② 자동구분개폐기
③ 캐치홀더 ④ 리클로저

풀이

주상변압기 보호장치는 1차측에 컷아웃 스위치, 2차측은 캐치홀더를 사용한다.

[답] ①

46 화약류 저장장소의 배선공사에서 전용개폐기에서 화약류 저장소의 인입구까지는 어떤 공사를 하여야 하는가?
① 케이블을 사용한 옥측 전선로
② 금속관을 사용한 지중 전선로
③ 케이블을 사용한 지중 전선로
④ 금속관을 사용한 옥측 전선로

풀이

화약류 저장소에서 전기설비의 시설
• 전로에 대지전압은 300[V] 이하일 것.
• 전기기계기구는 전폐형의 것일 것.
• 전폐형 개폐기에서 화약류 저장소의 인입구 까지는 **케이블**을 사용 **지중선로**로 한다.

[답] ③

47 일반적으로 정크션 박스 내에서 사용되는 전선 접속방식은?
① 슬리이브 ② 코오트놋트
③ 코오드파아스너 ④ 와이어커넥터

풀이

와이어커넥터 사용

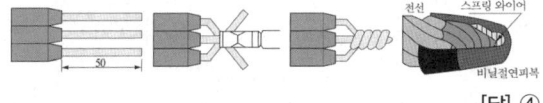

[답] ④

48 합성수지관 공사에서 경질비닐전선관의 굵기에 해당되지 않는 것은? (단, 관의 호칭을 말한다.)
① 14 ② 16
③ 18 ④ 22

풀이

경질 비닐관의 호칭은 관의 굵기를 짝수인 안지름으로 표시하며 지름 14~82[mm] (14, 16, 22, 28, 36, 42, 54, 70, 82)의 것이 있고 길이는 4[m] 이다.

[답] ③

49 저압 옥내 간선으로부터 분기하는 곳에 설치하여야 하는 것은?
① 과전압 차단기 ② 과전류 차단기
③ 누전 차단기 ④ 지락 차단기

풀이

옥내 저압 간선의 시설
간선에서 분기하여 3[m] 이하의 곳에 개폐기 및 과전류 차단기를 시설해야 한다.

[답] ②

50
전주를 건주할 경우에 A종 철근콘크리트주의 길이가 10[m]이면 땅에 묻는 표준 깊이는 최저 약 몇 [m]인가? (단, 설계하중이 6.8[kN] 이하이다.)

① 2.5　　② 3.0
③ 1.7　　④ 2.4

풀이

전주가 땅에 묻히는 깊이
- 전주의 길이 15[m] 이하 : 1/6 이상
- 전주의 길이 15[m] 이상 : 2.5[m] 이상
- 철근 콘크리트 전주로서 길이가 14[m] 이상 20[m] 이하이고, 설계하중이 6.8[kN] 초과 9.8[kN] 이하인 것은 30[cm]을 가산한다

∴ $10 \times \dfrac{1}{6} = 1.66 \fallingdotseq 1.7[m]$

[답] ③

51
전로에 지락이 생겼을 경우에 부하 기기, 금속제 외함 등에 발생하는 고장전압 또는 지락전류를 검출하는 부분과 차단기 부분을 조합하여 자동적으로 전로를 차단하는 장치는?

① 누전차단장치　　② 과전류차단기
③ 누전경보장치　　④ 배선용차단기

풀이

누전차단기 : 전로에 지락이 생겼을 때 부하기기, 금속제 외함 등에 발생하는 고장 전압 또는 지락 전류를 검출하는 부분과 차단기 부분을 일체로 조합하여 자동적으로 전로를 차단하는 장치로 감전사고 및 화재를 방지할 수 있는 장치이다.

[답] ①

52
소맥분, 전분 기타 가연성의 분진이 존재하는 곳의 저압 옥내 배선 공사 방법에 해당되는 것으로 짝지어진 것은?

① 케이블 공사, 애자 사용 공사
② 금속관 공사, 콤바인 덕트관, 애자 사용 공사
③ 케이블 공사, 금속관 공사, 애자 사용 공사
④ 케이블 공사, 금속관 공사, 합성수지관 공사

풀이

가연성 분진이 존재하는 곳
소맥분, 전분, 유황 기타의 가연성 먼지로서 공중에 떠다니는 상태에서 착화하였을 때, 폭발의 우려가 있는 곳의 저압 옥내 배선은 **합성 수지관 공사, 금속관 공사, 케이블 공사**에 의하여 시설한다.

[답] ④

53
가로 20[m], 세로 18[m], 천정의 높이 3.85[m], 작업면의 높이 0.85[m], 간접조명 방식인 호텔연회장의 실지수는 약 얼마인가?

① 1.16　　② 2.16
③ 3.16　　④ 4.16

풀이

실지수조명률을 구하기 위해서는 어떤 특성을 가진 방인가를 나타내는 실지수를 알아야 하는데, 실지수는 실의 크기 및 형태를 나타내는 척도로서 실의 폭, 길이, 작업면 위의 광원의 높이 등의 형태를 나타내는 수치

실지수 $= \dfrac{XY}{H(X+Y)} = \dfrac{20 \times 18}{(3.85-0.85)(20+18)} \fallingdotseq 3.16$

X : 방의 가로길이
Y : 방의 세로길이
H : 작업면으로부터 광원의 높이

[답] ③

54
전선의 도체 단면적이 2.5[mm²]인 전선 3본을 동일 관내에 넣는 경우의 2종 가요전선관의 최소 굵기[mm]는?

① 10　　② 15
③ 17　　④ 24

풀이

2종 가요전선관의 굵기 선정

2종 금속제 가요전선관의 굵기 선정										
전선굵기 (IEC 규격)		전선 본수(가닥)								
단선 [mm]	연선 [mm²]	1	2	3	4	5	6	7	8	9	10
		전선관의 최소 굵기 [mm]								
1.38	1.5	10	15	15	17	24	24	24	30	30
1.78	2.5	10	15	**15**	17	24	24	24	30	30
2.26	4.0	10	17	17	24	24	24	30	30	30
2.76	6.0	10	17	24	24	30	30	30	38	38
		10	12	24	24	24	30	30	38	38	38

[답] ②

55
굵은 전선이나 케이블을 절단할 때 사용되는 공구는?

① 클리퍼　　② 펜치
③ 나이프　　④ 플라이어

풀이

케이블 등 굵은 전선을 자를 때는 클리퍼(Clipper)를 사용

[답] ①

56 ACSR 약호의 품명은?
① 경동연선
② 중공연선
③ 알루미늄선
④ 강심알루미늄 연선

풀이
- ACSR은 (Aluminum Conductor Steel Reinforced)의 약자로 강심 알루미늄 연선이다.
- 중공연선은 코로나 손실을 방지하기 위해 직경을 크게 한 전선으로 가운데가 비고 도체는 가장자리에 있는 전선이다. [답] ④

57 물탱크의 물의 양에 따라 동작하는 자동스위치는?
① 부동스위치　② 압력스위치
③ 타임스위치　④ 3로스위치

풀이
부동(浮動/Float)스위치 : 부력의 압력에 의해서 떠서 물탱크의 수위에 따라 움직이면서 스위치 역할을 하는 수위 플로트스위치를 의미한다. [답] ①

58 후강 전선관의 호칭은 (㉠)크기로 정하여 (㉡)로 표시하는데, ㉠과 ㉡에 들어갈 내용으로 옳은 것은?
① ㉠ 안지름　㉡ 홀수
② ㉠ 안지름　㉡ 짝수
③ ㉠ 바깥지름　㉡ 홀수
④ ㉠ 바깥지름　㉡ 짝수

풀이
후강전선관의 호칭은 근사내경으로 관의 안지름에 가까운 짝수로 하고, 박강전선관은 관의 바깥지름에 가까운 홀수로 한다. [답] ②

59 노출장소 또는 점검 가능한 은폐장소에서 제2종 가요전선관을 시설하고 제거한 것이 부자유하거나 점검 불가능한 경우의 곡률 반지름은 안지름의 몇 배 이상으로 하여야 하는가?
① 2　② 3
③ 5　④ 6

풀이
구부러지는 쪽의 안쪽 반지름은 가요전선관 안지름의 6배 이상으로 하여야 한다. [답] ④

60 저고압 가공전선이 철도 또는 궤도를 횡단하는 경우 높이는 궤조면상 몇 [m] 이상이어야 하는가?
① 10　② 8.5
③ 7.5　④ 6.5

풀이
저·고압 가공 전선의 최소 높이
- 도로를 횡단하는 경우 : 지표상 6[m] 이상
- 철도를 횡단하는 경우 : 레일면상 6.5[m] 이상
- 횡단보도교 위에 시설하는 경우
  저압 : 노면상 3[m] 이상(절연전선, 케이블 사용의 경우)
  고압 : 노면상 3.5[m] 이상
- 그 밖의 장소 : 지표상 5[m] 이상 [답] ④

국가기술자격 검정 필기시험문제   시험시간 : 1시간

전기기능사 필기 실전 모의고사 제 17 회

01 기전력 120[V], 내부저항(r)이 15[Ω]인 전원이 있다. 여기에 부하저항(R)을 연결하여 얻을 수 있는 최대 전력(W)은? (단, 최대 전력 전달조건은 $r = R$ 이다.)
① 100   ② 140
③ 200   ④ 240

풀이
최대 전력 전달 조건
- 내부 임피던스[Ω]=부하 임피던스[Ω]
- 최대 공급 전력

$P_{max} = \left(\dfrac{E}{R_g + R_L}\right)^2 \times R_L = \dfrac{E^2}{4R} = \dfrac{120^2}{4 \times 15} = 240[W]$

[답] ④

02 자기 인덕턴스에 축적되는 에너지에 대한 설명으로 가장 옳은 것은?
① 자기 인덕턴스 및 전류에 비례한다.
② 자기 인덕턴스 및 전류에 반비례한다.
③ 자기 인덕턴스와 전류의 제곱에 반비례한다.
④ 자기 인덕턴스에 비례하고 전류의 제곱에 비례한다.

풀이
코일에 축적되는 에너지 $W_L = \dfrac{1}{2}LI^2[J]$ [답] ④

03 권수 300회의 코일에 6[A]의 전류가 흘러서 0.05[Wb]의 자속이 코일을 지난다고 하면, 이 코일의 자체 인덕턴스는 몇 [H]인가?
① 0.25   ② 0.35
③ 2.5   ④ 3.5

풀이
$LI = N\Phi$ 에서 $L = \dfrac{N\Phi}{I} = \dfrac{300 \times 0.05}{6} = 2.5[H]$ [답] ③

04 RL 직렬회로에서 서셉턴스는?
① $\dfrac{R}{R^2 + X_L^2}$ ② $\dfrac{X_L}{R^2 + X_L^2}$
③ $\dfrac{-R}{R^2 + X_L^2}$ ④ $\dfrac{-X_L}{R^2 + X_L^2}$

풀이
어드미턴스 $Y = \dfrac{1}{Z} = G + jB[℧]$
(G : 컨덕턴스, B : 서셉턴스)

$Y = \dfrac{1}{Z} = \dfrac{1}{R + jX_L} = \dfrac{R - jX_L}{R^2 + X_L^2}$

$= \dfrac{R}{R^2 + X_L^2} + j\dfrac{-X_L}{R^2 + X_L^2}[℧]$

∴ 서셉턴스 $B = \dfrac{-X_L}{R^2 + X_L^2}[℧]$ [답] ④

05 전류에 의한 자기장과 직접적으로 관련이 없는 것은?
① 줄의 법칙
② 플레밍의 왼손법칙
③ 비오-사바르의 법칙
④ 앙페르의 오른나사의 법칙

풀이
줄의 법칙 (Joule's Law, 줄열)
도체에 흐르는 전류에 의하여 단위시간 내에 발생하는 열량은 도체의 저항과 전류의 제곱에 비례한다.
발열량 $H = 0.24I^2Rt[cal] = I^2Rt[J]$ [답] ①

06 $C_1 = 5[\mu F]$, $C_2 = 10[\mu F]$의 콘덴서를 직렬로 접속하고 직류 30[V]를 가했을 때 C_1의 양단의 전압[V]은?
① 5   ② 10
③ 20   ④ 30

풀이
$Q = CV[C]$
∴ $V \propto \dfrac{1}{C}$ 이므로 C_1에 걸리는 전압은

$$V_1 = \frac{C_2}{C_1+C_2}V = \frac{10}{5+10} \times 30 = 20[V]$$

[답] ③

07 3상 교류회로의 선간전압 13200[V], 선전류가 800[A], 역률 80[%] 부하의 소비전력은 약 몇 [MW]인가?
① 4.88   ② 8.45
③ 14.63   ④ 25.34

풀이
$P = \sqrt{3}\,V_l I_l \cos\theta$
$= \sqrt{3} \times 13200 \times 800 \times 0.8 = 14.63[MW]$

[답] ③

08 1[Ω·m]는 몇 [Ω·cm]인가?
① 10^2 ② 10^{-2}
③ 10^6 ④ 10^{-6}

풀이
$1[Ω·cm] = 10^{-2}[Ω·m]$
$1[Ω·m] = 10^2[Ω·cm]$

[답] ①

09 자체인덕턴스가 1[H]인 코일에 200[V], 60[Hz]의 사인파 교류 전압을 가했을 때 전류와 전압의 위상차는? (단, 저항성분은 무시한다.)

① 전류는 전압보다 위상이 $\frac{\pi}{2}$[rad]만큼 뒤진다.
② 전류는 전압보다 위상이 π[rad]만큼 뒤진다.
③ 전류는 전압보다 위상이 $\frac{\pi}{2}$[rad]만큼 앞선다.
④ 전류는 전압보다 위상이 π[rad]만큼 앞선다.

풀이
인덕턴스(L)만의 회로
$I_L = -j\frac{V}{\omega L} = -j\frac{V}{X_L}[A]$ ($-j : \frac{\pi}{2}$ 뒤진다.)
코일에서는 전류 I가 전압 V보다 90° 뒤진다.
(지상전류)

[답] ①

10 알칼리 축전지의 대표적인 축전지로 널리 사용되고 있는 2차 전지는?
① 망간전지
② 산화은 전지
③ 페이퍼 전지
④ 니켈 카드뮴 전지

풀이
2차 전지는 축전지와 같이 외부 전원으로 충전하여 여러 번 사용이 가능한 전지를 말하며 양극에 니켈의 수산화물을, 음극에 카드뮴을 사용한 알칼리 축전지로 **니켈 카드뮴 전지**가 있다.

[답] ④

11 파고율과, 파형률이 모두 1인 파형은?
① 사인파   ② 고조파
③ 구형파   ④ 삼각파

풀이
파형율 = $\frac{실효값}{평균값}$, 파고율 = $\frac{최대값}{실효값}$

	파고율	파형율
정현파	1.414	1.11
전파정류파	1.414	1.11
반파정류파	2	1.57
삼각파(톱니파)	1.732	1.15
반파구형파	1.414	1.414
구형파	1	1

[답] ③

12 황산구리($CuSO_4$) 전해액에 2개의 구리판을 넣고 전원을 연결하였을 때 음극에서 나타나는 현상으로 옳은 것은?
① 변화가 없다.
② 구리판이 두터워진다.
③ 구리판이 얇아진다.
④ 수소 가스가 발생한다.

풀이
(+)극에서는 산화반응이 일어나 얇아지고 (−)극에서는 환원반응이 일어나 두꺼워진다.

[답] ②

13 두 종류의 금속 접합부에 전류를 흘리면 전류의 방향에 따라 줄열 이외의 열의 흡수 또는 발생현상이 생긴다. 이러한 현상을 무엇이라 하는가?
① 제벡 효과   ② 페란티 효과
③ 펠티에 효과   ④ 초전도 효과

풀이
열전효과
• 제어백효과 : 서로 다른 두 금속체를 접합하고 두 접합점을 다른 온도로 유지하면 열기전력이 발생하는 현상

- **펠티에효과** : 제어벡 효과의 역현상으로 서로 다른 두 종류의 금속을 접합하여 전류를 흘리면 접합부에서 열의 발생 또는 흡수가 일어나는 현상 (ex 전자 냉동기)
- **톰슨효과** : 동종의 금속접합으로 펠티에 효과와 동일

[답] ③

14 자극 가까이에 물체를 두었을 때 자화되는 물체와 자석이 그림과 같은 방향으로 자화되는 자성체는?

① 상자성체
② 반자성체
③ 강자성체
④ 비자성체

풀이

반자성체 : 약자성체 중에서 강자성체와는 반대의 극성으로 자화되는 물질로 구리(Cu), 아연(Zn), 비스무트(Bi), 납(Pb) 등이 있다.

[답] ②

15 다이오드의 정특성이란 무엇을 말하는가?
① PN 접합면에서의 반송자 이동 특성
② 소신호로 동작할 때의 전압과 전류의 관계
③ 다이오드를 움직이지 않고 저항률을 측정한 것
④ 직류전압을 걸었을 때 다이오드에 걸리는 전압과 전류의 관계

풀이

다이오드에는 애노드와 캐소드라는 2가지 단자가 있는데 애노드를 (+), 캐소드를 (−) 로 하여, 애노드에서 캐소드로 전류가 흐를 때의 특성을 정방향 특성이라고 하며 직류전압 인가시의 V_f와 I_f와의 관계를 의미한다.

[답] ④

16 공기 중에 10[μC]과 20[μC]를 1[m] 간격으로 놓을 때 발생되는 정전력[N]은?
① 1.8
② 2.2
③ 4.4
④ 6.3

풀이

$$F = \frac{1}{4\pi\varepsilon_0} \times \frac{Q_1 Q_2}{r^2}$$

$$= 9 \times 10^9 \times \frac{10 \times 10^{-6} \times 20 \times 10^{-6}}{1^2}$$

$$= 1.8[N]$$

[답] ①

17 200[V], 2[kW]의 전열선 2개를 같은 전압에서 직렬로 접속한 경우의 전력은 병렬로 접속한 경우의 전력보다 어떻게 되는가?
① $\frac{1}{2}$ 로 줄어든다.
② $\frac{1}{4}$ 로 줄어든다.
③ 2배로 증가된다.
④ 4배로 증가된다.

풀이

전열선의 저항 R을 구하면
$P = \frac{V^2}{R}$[W] 이므로 $R = \frac{V^2}{P} = \frac{200^2}{2000} = 20[\Omega]$이 된다.
직렬연결 시 전체저항 40[Ω], 병렬연결 시 전체저항 10[Ω]
$P \propto \frac{1}{R}$ 이므로 직렬로 접속한 경우의 전력은 병렬로 접속한 경우의 $\frac{1}{4}$이 된다.

[답] ②

18 "회로의 접속점에서 볼 때, 접속점에 흘러 들어오는 전류의 합은 흘러 나가는 전류의 합과 같다."라고 정의되는 법칙은?
① 키르히호프의 제1법칙
② 키르히호프의 제2법칙
③ 플레밍의 오른손법칙
④ 앙페르의 오른나사 법칙

풀이

키르히호프의 법칙(Kirchhoff's law) 제 1법칙(전류 법칙)

회로망 내 임의의 한 접속점을 기준으로 유입되는 전류와 유출되는 전류의 대수합은 0이다.

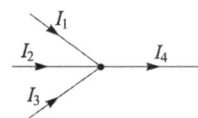

유입전류의 합 = 유출전류의 합
$I_1 + I_2 + I_3 - I_4 = 0$ ∴ $\Sigma I = 0$

[답] ①

19 그림과 같은 회로에서 저항 R_1에 흐르는 전류는?

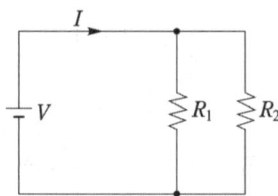

① $(R_1 + R_2)I$
② $\frac{R_2}{R_1 + R_2}I$
③ $\frac{R_1}{R_1 + R_2}I$
④ $\frac{R_1 R_2}{R_1 + R_2}I$

풀이

R_1과 R_2에 흐르는 전류를 각각 I_1, I_2라 하면 전전류 $I = I_1 + I_2$[A]가 된다. 병렬접속 시 전류분배에 따라 R_1에 흐르는 전류 $I_1 = \dfrac{R_2}{R_1+R_2}I$[A] 이다. **[답] ②**

20 동일한 저항 4개를 접속하여 얻을 수 있는 최대저항 값은 최소저항 값의 몇 배인가?

① 2 ② 4
③ 8 ④ 16

풀이

• 최대저항 : 직렬연결 → $4R$
• 최소저항 : 병렬연결 → $\dfrac{R}{4}$

$\therefore \dfrac{\text{최대저항}}{\text{최소저항}} = \dfrac{4R}{\frac{R}{4}} = 16$

[답] ④

21 3상 교류 발전기의 기전력에 대하여 90° 늦은 전류가 통할 때의 반작용 기자력은?
① 자극축과 일치하고 감자작용
② 자극축보다 90° 빠른 증자작용
③ 자극축보다 90° 늦은 감자작용
④ 자극축과 직교하는 교차자화작용

풀이

구 분	발전기		전동기
R(저항, 역률 1)	교차자화작용	횡축반작용 ($I\cos\theta$)	교차자화작용
L(유도성, 지상전류)	감자작용	직축반작용 ($I\sin\theta$)	증자작용
C(용량성, 진상전류)	증자작용	자화작용	감자작용

발전기에서 기전력에 대하여 90° 뒤진 전류(지상전류)가 통할 때는 감자작용(자극축의 변화없음) **[답] ①**

22 반파 정류 회로에서 변압기 2차 전압의 실효치를 E[V]라 하면 직류 전류 평균치는? (단, 정류기의 전압강하는 무시한다.)

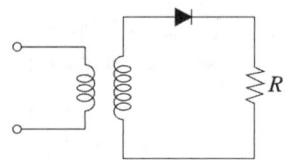

① $\dfrac{E}{R}$ ② $\dfrac{1}{2} \cdot \dfrac{E}{R}$
③ $\dfrac{2\sqrt{2}}{\pi} \cdot \dfrac{E}{R}$ ④ $\dfrac{\sqrt{2}}{\pi} \cdot \dfrac{E}{R}$

풀이

단상반파 정류회로

$E_d = \dfrac{1}{2\pi}\int_0^\pi \sqrt{2}E\sin\theta\, d\theta = \dfrac{\sqrt{2}}{\pi}E = 0.45E$[V]

$\therefore I = \dfrac{E_d}{R} = \dfrac{\sqrt{2}}{\pi} \cdot \dfrac{E}{R}$[A] **[답] ④**

23 1차 전압 6300[V], 2차 전압 210[V], 주파수 60[Hz]의 변압기가 있다. 이 변압기의 권수비는?
① 30 ② 40
③ 50 ④ 60

풀이

권수비 $a = \dfrac{N_1}{N_2} = \dfrac{V_1}{V_2} = \dfrac{I_2}{I_1}$ 이므로 $a = \dfrac{V_1}{V_2} = \dfrac{6300}{210} = 30$

[답] ①

24 동기전동기를 송전선의 전압 조정 및 역률 개선에 사용한 것을 무엇이라 하는가?
① 댐퍼 ② 동기이탈
③ 제동권선 ④ 동기조상기

풀이

동기조상기 : 전력계통의 전압조정과 역률 개선을 위해 계통에 접속한 무부하의 동기전동기 **[답] ④**

25 3상 동기 발전기의 상간 접속을 Y결선으로 하는 이유 중 틀린 것은?
① 중성점을 이용할 수 있다.
② 선간전압이 상전압의 $\sqrt{3}$배가 된다.
③ 선간전압에 제3고조파가 나타나지 않는다.
④ 같은 선간전압의 결선에 비하여 절연이 어렵다.

풀이

동기발전기는 대부분 3상인데, 상간의 결선 방식은 주로 Y결선법이 쓰인다.
• 권선의 불평형 및 제3고조파에 의한 순환전류가 흐르지 않는다.
• △결선에 비해 상전압이 $1/\sqrt{3}$ 배이므로 권선의 절연이 쉬워진다.

- 중성점을 접지하여 지락사고 시 보호계전방식이 간단해진다.
- 코로나 발생률이 적다.
- $V_l = \sqrt{3} V_p$ [답] ④

26 동기기의 손실에서 고정손에 해당되는 것은?
① 계자철심의 철손
② 브러시의 전기손
③ 계자 권선의 저항손
④ 전자가 권선의 저항손

풀이
- 동기기의 손실 = 무부하손(고정손) + 부하손
- 대표 무부하손 : 철손
- 대표 부하손 : 동손 [답] ①

27 60[Hz], 4극 유도 전동기가 1700[rpm]으로 회전하고 있다. 이 전동기의 슬립은 약 얼마인가?
① 3.42[%]   ② 4.56[%]
③ 5.56[%]   ④ 6.64[%]

풀이
동기속도 $N_s = \dfrac{120f}{p} = \dfrac{120 \times 60}{4} = 1800$ [rpm]

슬립 $s = \dfrac{N_s - N}{N_s} \times 100 = \dfrac{1800 - 1700}{1800} \times 100 = 5.56$ [%]

[답] ③

28 발전기 권선의 층간단락보호에 가장 적합한 계전기는?
① 차동 계전기   ② 방향 계전기
③ 온도 계전기   ④ 접지 계전기

풀이
차동계전기 : 전기자 권선의 상간단락, 층간단락이 발생한 경우에 동작하는 계전기 [답] ①

29 다음 중 ( ) 속에 들어갈 내용은?

> 유입변압기에 사용되는 목면, 명주, 종이 등의 절연재료는 내열등급 ( )으로 분류되고, 장시간 지속하여 최고 허용온도 ( )[℃]를 넘어서는 안 된다.

① Y종 − 90   ② A종 − 105
③ E종 − 120   ④ B종 − 130

풀이

절연의 종류	최고허용온도[℃]	절연재료
Y	90	물, 면, 비단, 종이 등의 재료에 유중에 담그지 않은 절연.
A	105	**목면, 비단, 종이** 등의 재료에 **유중**에 담근 절연.
E	120	에나멜선용 폴리우레탄 수지, 에폭시 수지, 면적층품, 종이 적층품.
B	130	마이카, 석면, 유리섬유 등의 재료와 접착재료 같이 사용한 절연.
F	155	B종과 같은 재료를 실리콘 알키드 수지 등의 접착재료를 이용하여 절연.
H	180	B종,F종과 같은 재료를 규소수지 또는 동등의 접착재료를 이용하여 절연.
C	180초과	생마이카, 석면, 자기등의 단독적으로 구성된 것 또는 접착재료와 함께 사용한 것.

[답] ②

30 퍼센트 저항강하 3[%], 리액턴스 강하 4[%]인 변압기의 최대 전압변동률[%]은?
① 1   ② 5
③ 7   ④ 12

풀이
변압기의 최대전압변동률
최대전압변동률 $\varepsilon_m = \sqrt{p^2 + q^2} = \sqrt{3^2 + 4^2} = 5$[%]

[답] ②

31 다음 중 자기소호 기능이 가장 좋은 소자는?
① SCR   ② GTO
③ TRIAC   ④ LASCR

풀이
GTO(Gate Turn Off Thyristor)
자기소호 소자로 게이트에 흐르는 전류를 점호할 때의 전류와 반대로 흐르게 함으로서 GTO 소호 [답] ②

32 3상 유도전동기의 속도제어 방법 중 인버터(inverter)를 이용한 속도 제어법은?
① 극수 변환법   ② 전압 제어법
③ 초퍼 제어법   ④ 주파수 제어법

풀이

주파수 제어법
• 인버터 시스템을 이용하여 $N_s = \dfrac{120f}{p}$ 에서 주파수 f를 변환시켜 속도를 제어하는 방법이다.
• VVVF 제어 : 주파수를 가변하면 $\Phi \propto \dfrac{V}{f}$ 와 같이 자속이 변화기 때문에 자속을 일정하게 유지하기 위해 전압과 주파수를 비례하게 가변시키는 제어법을 말한다. **[답] ④**

33 회전 변류기의 직류측 전압을 조정하려는 방법이 아닌 것은?
① 직렬 리액턴스에 의한 방법
② 여자 전류를 조정하는 방법
③ 동기 승압기를 사용하는 방법
④ 부하시 전압 조정 변압기를 사용하는 방법

풀이

회전변류기 전압조정법
• 직렬 리액턴스에 의한 방법
• 유도 전압 조정기를 사용하는 방법
• 부하시 전압 조정 변압기를 사용하는 방법
• 동기 승압기에 의한 방법 **[답] ②**

34 변압기의 규약 효율은?
① $\dfrac{출력}{입력}$
② $\dfrac{출력}{입력 - 손실}$
③ $\dfrac{출력}{출력 + 손실}$
④ $\dfrac{입력 + 손실}{입력}$

풀이

• 발전기(변압기) 규약효율 $= \dfrac{출력}{출력+손실} \times 100[\%]$
• 전동기 규약효율 $= \dfrac{입력-손실}{입력} \times 100[\%]$ **[답] ③**

35 다음 중 권선저항 측정 방법은?
① 메거
② 전압 전류계법
③ 켈빈 더블 브리지법
④ 휘이스톤브리지법

풀이

• 메거 : 절연저항 측정
• 전압 전류계법 : 간접 전력 측정
• 켈빈 더블 브리지법 : 권선의 저항 측정 **[답] ③**

36 직류 발전기의 병렬 운전 중 한쪽 발전기의 여자를 늘리면 그 발전기는?
① 부하 전류는 불변, 전압은 증가
② 부하 전류는 줄고, 전압은 증가
③ 부하 전류는 늘고, 전압은 증가
④ 부하 전류는 늘고, 전압은 불변

풀이

직류발전기의 병렬 운전 중 한쪽의 여자를 늘리면 자속이 증가하여 유도 기전력이 증가하면서 부하분담이 늘어난다. **[답] ③**

37 직류 전압을 직접 제어하는 것은?
① 브리지형 인버터
② 단상 인버터
③ 3상 인버터
④ 초퍼형 인버터

풀이

초퍼(Chopper)는 직류를 다른 크기의 직류로 변환하는 장치이다. **[답] ④**

38 전동기에 접지공사를 하는 주된 이유는?
① 보안상
② 미관상
③ 역률 증가
④ 감전사고 방지
[답] ④

39 동기기를 병렬운전 할 때 순환전류가 흐르는 원인은?
① 기전력의 저항이 다른 경우
② 기전력의 위상이 다른 경우
③ 기전력의 전류가 다른 경우
④ 기전력의 역률이 다른 경우

풀이

동기기 병렬운전 시 기전력의 크기, 위상, 파형이 다를 시 순환전류 발생 **[답] ②**

40 역률과 효율이 좋아서 가정용 선풍기, 전기 세탁기, 냉장고 등에 주로 사용되는 것은?
① 분상 기동형 전동기
② 반발 기동형 전동기
③ 콘덴서 기동형 전동기
④ 셰이딩 코일형 전동기

풀이

기동토크는 반발기동-콘덴서 기동-분상 기동-셰이딩 코일형의 순서로 크기를 가지지만, 특히 이 중 콘덴서 기동형 단상 유도전동기가 역률과 효율이 가장 좋다. **[답]** ③

41 3상 4선식 380/220[V] 전로에서 전원의 중성극에 접속된 전선을 무엇이라 하는가?
① 접지선   ② 중성선
③ 전원선   ④ 접지측선

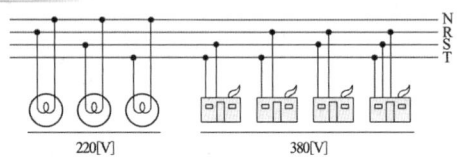

380/220[V]처럼 2가지 전압이 나올 수 있는 것은 Y결선으로 중성선(N상)이 있어야 한다.

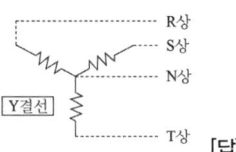

[답] ②

42 사람이 상시 통행하는 터널 등 안의 배선의 시설시 사용전압은 몇 [V] 이하로 제한되어 지는가?
① 220   ② 400
③ 600   ④ 1000

풀이
저압 1[kV] 이하에서는 사용할 수 있다. **[답]** ④

43 자동화재탐지설비의 구성 요소가 아닌 것은?
① 비상콘센트   ② 발신기
③ 수신기   ④ 감지기

풀이
자동화재탐지설비에 있어 ① 감지기, ② 수신기, ③ 중계기, ④ 발신기, ⑤ 표시등 및 음향 장치발신기는 필수 구성장비이지만 비상콘센트는 아니다. **[답]** ①

44 셀룰로이드, 성냥, 석유류 등 기타 가연성 위험물질을 제조 또는 저장하는 장소의 배선으로 틀린 것은?

① 금속관 공사
② 케이블 공사
③ 플로어덕트 공사
④ 합성수지관(CD관 제외) 공사

풀이
[특수장소에서 시설 가능한 공사방법]

구 분		금속관	케이블	합성수지관	금속제 가요전선관	덕트	애자	비고
먼지	폭연성	○	○	×	×	×	×	캡타이어제외
	가연성	○	○	○	○	×	×	
	그 외	○	○	○	○	○	○	
가연성 가스		○	○	×	×	×	×	
위험물		○	○	○	×	×	×	
화약류		○	○	×	×	×	×	300[V] 미만 조명배선만 가능
전시회, 공연장		○	○	○	×	×	×	400[V] 미만
광산, 터널		○	○	○	×	×	○	

[답] ③

45 합성수지관을 새들 등으로 지지하는 경우 지지점간의 거리는 몇 [m] 이하인가?
① 1.5   ② 2.0
③ 2.5   ④ 3.0

풀이

공사의 종류	지지점간 거리[이하]
합성수지관공사	1.5[m]
금속관공사	2[m]
가요전선관공사	1[m]
금속몰드	1.5[m]
금속덕트	3[m]
라이팅덕트	2[m]

[답] ①

46 가요전선관 공사에서 접지공사 방법으로 틀린 것은?
① 전선은 옥외용 비닐절연전선을 제외한 절연전선을 사용한다.
② 가요전선관 끝부분은 피복을 손상하지 아니하는 구조로 되어 있어야 한다.
③ 1종 금속제 가요전선관을 사용하는 경우에 습기 많은 장소 또는 물기가 있는 장소에 시설하

는 때에는 비닐 피복 1종 가요전선관일 것.
④ 1종 가요전선관은 단면적 2.5[mm²] 이상의 나연동선을 접지선으로 하여 배관의 전체의 길이에 삽입 또는 첨가한다.

풀이
2종 금속제 가요전선관을 사용하는 경우에 습기 많은 장소 또는 물기가 있는 장소에 시설하는 때에는 비닐 피복 2종 가요전선관일 것. [답] ③

47 금속관 공사를 할 경우 케이블 손상방지용으로 사용하는 부품은?
① 부싱   ② 엘보
③ 커플링   ④ 로크너트

풀이
- 부싱 : 금속관의 마지막부분에 사용해주며 전선의 인입에 있어서 절연 파괴를 막기 위하여 사용된다.
- 커플링 : 관끼리의 접속에 사용되는 재료
- 로크너트 : 금속관과 박스의 접속에 사용되는 재료
  [답] ①

48 부하의 역률이 규정 값 이하인 경우 역률 개선을 위하여 설치하는 것은?
① 저항
② 리액터
③ 컨덕턴스
④ 진상용 콘덴서

풀이
진상용 콘덴서의 역률개선의 효과
- 전압강하의 저감 : 역률이 개선되면 부하전류가 감소하여 전압강하가 저감되고 전압변동률도 작아진다.
- 선로손실의 저감 : 선로전류를 줄이면 선로손실을 줄일 수 있다.
- 동손 감소 : 동손은 부하전류의 2승에 비례하므로 동손을 줄일 수 있다.
  [답] ④

49 전선을 종단겹침용 슬리브에 의해 종단 접속할 경우 소정의 압축공구를 사용하여 보통 몇 개소를 압착 하는가?
① 1   ② 2
③ 3   ④ 4

풀이
종단접속을 할 경우 보통 슬리브의 양끝 부분을 2개소를 압착공구로 압착한다.

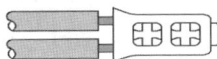

[답] ②

50 사람이 상시 통행하는 터널 내 배선의 사용전압이 저압일 때 공사 방법으로 틀린 것은?
① 금속관 공사
② 금속덕트 공사
③ 합성수지관 공사
④ 금속제 가요전선관 공사

풀이
사람이 상시 통행하는 터널 내의 배선은 저압에 한하여 애자 사용, 금속관, 합성 수지관, 금속제 가요전선관, 케이블 공사로 시공하여야 한다. [답] ②

51 변압기 중성점에 중성점접지공사를 하는 이유는?
① 전류 변동의 방지
② 전압 변동의 방지
③ 전력 변동의 방지
④ 고저압 혼촉 방지

풀이
변압기의 중성점에 접지를 하는 것은 1차측의 고전압이 2차측에 유입되어 인체나 전기사용 기기에 위험을 주는 것을 막기 위함이다. 고전압인 1차측 전선이 2차측에 접촉되는 것을 **혼촉**이라고 한다. [답] ④

52 어느 가정집 40[W] LED등 10개, 1[kW] 전자레인지 1개, 100[W] 컴퓨터 세트 2대, 1[kW] 세탁기 1대를 사용하고, 하루에 평균 사용 시간이 LED등은 5시간, 전자레인지 30분, 컴퓨터 5시간, 세탁기 1시간이라면 1개월(30일)간의 사용 전력량[kWh]은?
① 115   ② 135
③ 155   ④ 175

풀이

종류	소비전력 [kW]	대수	하루 사용시간	하루 소비전력
LED등	0.04	10	5	2
전자레인지	1	1	0.5	0.5
컴퓨터	0.1	2	5	1
세탁기	1	1	1	1
전체기기의 하루 사용전력[kWh]				4.5
1개월(30일) 사용총량(하루사용량 × 30)				135

[답] ②

53 고압 가공전선로의 지지물로 철탑을 사용하는 경우 경간은 몇 [m] 이하로 제한하는가?
① 150 ② 300
③ 500 ④ 600

풀이
철탑의 표준경간은 600[m] 이하이고 각종 보안공사를 할 경우 400[m]로 줄여야 한다.

지지물	표준경간	장경간	저고압 보안공사	1종특고 보안공사	2·3종 특고 보안공사	특고 시가지
목주,A종	150	300	100	-	100	75(A종)
B종	250	500	150	150	200	150
철탑	600	-	400	400	400	400

[답] ④

54 금속관 구부리기에 있어서 관의 굴곡이 3개소가 넘거나 관의 길이가 30[m]를 초과하는 경우 적용하는 것은?
① 커플링 ② 풀박스
③ 로크너트 ④ 링 리듀서

풀이
금속관의 굴곡이 많거나 관의 길이가 길어 전선을 관속에 넣기 곤란할 때 사용하는 것이 풀박스이다. 풀박스(Pull Box)란 전선을 당겨서 넣기 위한 박스

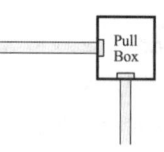

[답] ②

55 옥내배선공사할 때 연동선을 사용할 경우 전선의 최소 굵기[mm²]는?
① 1.5 ② 2.5
③ 4 ④ 6

풀이
옥내배선공사 때 전선의 최소 굵기
• 연동선 2.5[mm²]   [답] ②

56 연선 결정에 있어서 중심 소선을 뺀 층수가 3층이다. 전체 소선수는?
① 91 ② 61
③ 37 ④ 19

풀이
총 소선수 : $N = 3n(n+1) + 1$[개]
$N = 3 \times 3 \times (3+1) + 1 = 37$ [답] ③

57 접지전극의 매설 깊이는 몇 [m] 이상인가?
① 0.6 ② 0.65
③ 0.7 ④ 0.75

풀이

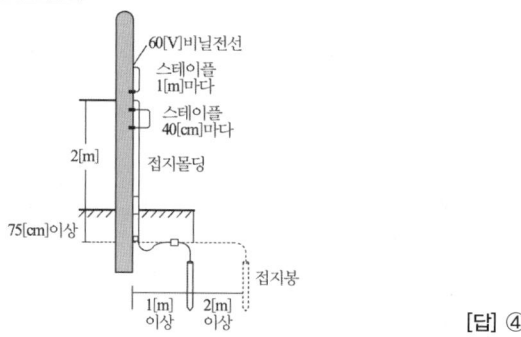

[답] ④

58 금속관 절단구에 대한 다듬기에 쓰이는 공구는?
① 리이머 ② 홀소우
③ 프레셔 툴 ④ 파이프 렌치

풀이

리이머		금속관 절단부분의 다듬기
홀소우		강철판에 구멍을 원형으로 뚫을 때 사용.
프레셔 툴		커넥터 또는 터미널 접속시 사용
파이프 렌치		금속관과 커플링을 물고 죄어 접속할 때 사용

[답] ①

59 동전선의 종단접속 방법이 아닌 것은?
① 동선압착단자에 의한 접속
② 종단겹침용 슬리브에 의한 접속
③ C형 전선접속기 등에 의한 접속
④ 비틀어 꽂는 형의 전선접속기에 의한 접속

풀이
C형 접속기에 의한 접속은 굵은 알루미늄전선을 박스 안에서 접속하는 방법이다. [답] ③

60 합성수지관 상호 접속 시에 관을 삽입하는 깊이는 관 바깥지름의 몇 배 이상으로 하여야 하는가?
① 0.60 ② 0.8
③ 1.0 ④ 1.2

풀이
합성수지관 커플링 접속시 들어가는 관의 길이
• 접착제 사용시 : 외경의 0.8배 이상
• 접속 접착제 미사용시 : 외경의 1.2배 이상 [답] ④

전기기능사 필기 실전 모의고사 제 18 회

01 다음 ( ) 안의 알맞은 내용으로 옳은 것은?
"회로에 흐르는 전류의 크기는 저항에 (㉮)하고, 가해진 전압에 (㉯)한다."
① ㉮ 비례, ㉯ 비례
② ㉮ 비례, ㉯ 반비례
③ ㉮ 반비례, ㉯ 비례
④ ㉮ 반비례, ㉯ 반비례

풀이
옴의 법칙(Ohm's law)
저항에 흐르는 전류의 크기는 저항에 인가한 전압에 비례하고, 전기저항에 반비례한다.
$I = \dfrac{V}{R}[A]$, $V = I \cdot R[V]$, $R = \dfrac{V}{I}[\Omega]$

[답] ③

02 초산은(AgNO₃) 용액에 1[A]의 전류를 2시간 동안 흘렸다. 이때 은의 석출량[g]은?
(단, 은의 전기 화학당량은 1.1×10^{-3}[g/C]이다)
① 5.44   ② 6.08
③ 7.92   ④ 9.84

풀이
페러데이의 법칙 : 전극에서 석출되는 물질의 양은 물질의 전기 화학 당량에 비례한다.
$W = kIt = kQ[g]$
(k : 전기 화학 당량, I : 전류, t : 시간)
은의 석출량 $W = 1.1 \times 10^{-3} \times 1 \times 2 \times 3600 = 7.92[g]$

[답] ③

03 평균 반지름이 10[cm]이고 감은 횟수 10회의 원형 코일에 5[A]의 전류를 흐르게 하면 코일 중심의 자장의 세기[AT/m]는?
① 250   ② 500
③ 750   ④ 1000

풀이
원형코일의 중심에서 자장의 세기
$H = \dfrac{NI}{2r} = \dfrac{10 \times 5}{2 \times 0.1} = 250[AT/m]$

[답] ①

04 3[V]의 기전력으로 300[C]의 전기량이 이동할 때 몇 [J]의 일을 하게 되는가?
① 1200   ② 900
③ 600   ④ 100

풀이
$W = QV = 300 \times 3 = 900[J]$

[답] ②

05 충전된 대전체를 대지(大地)에 연결하면 대전체는 어떻게 되는가?
① 방전한다.
② 반발한다.
③ 충전이 계속된다.
④ 반발과 흡인을 반복한다.

풀이
방전(discharge) : 대전체가 전하를 잃는 것으로 대전체에서 전기가 방출되는 현상을 말하며, 충전의 반대 과정이다.

[답] ①

06 반자성체 물질의 특색을 나타낸 것은?
(단, μ_s는 비투자율이다.)
① $\mu_s > 1$ ② $\mu_s \gg 1$
③ $\mu_s = 1$ ④ $\mu_s < 1$

풀이
반자성체 : 약자성체 중에서 강자성체와는 반대의 극성으로 자화되는 물질로 비투자율 μ_s가 1보다 작으며 구리(Cu), 아연(Zn), 비스무트(Bi), 납(Pb)등이 있다.

[답] ④

07 비사인파 교류회로의 전력에 대한 설명으로 옳은 것은?
① 전압의 제3고조파와 전류의 제3고조파 성분 사이에서 소비전력이 발생한다.
② 전압의 제2고조파와 전류의 제3고조파 성분 사이에서 소비전력이 발생한다.
③ 전압의 제3고조파와 전류의 제5고조파 성분 사이에서 소비전력이 발생한다.

④ 전압의 제5고조파와 전류의 제7고조파 성분 사이에서 소비전력이 발생한다.

풀이
비사인파의 전력계산은 동일한 각파의 전압과 전류의 곱의 합으로 이루어진다. [답] ①

08 $2[\mu F]$, $3[\mu F]$, $5[\mu F]$인 3개의 콘덴서가 병렬로 접속되었을 때의 합성 정전용량$[\mu F]$은?
① 0.97　② 3
③ 5　④ 10

풀이
병렬 합성정전용량 $C_0 = 2+3+5 = 10[\mu F]$ [답] ④

09 PN 접합 다이오드의 대표적인 작용으로 옳은 것은?
① 정류작용　② 변조작용
③ 증폭작용　④ 발진작용

풀이
PN 접합 다이오드는 교류를 직류로 바꾸는 정류작용을 한다. [답] ①

10 $R=2[\Omega]$, $L=10[mH]$, $C=4[\mu F]$으로 구성되는 직렬 공진회로의 L과 C에서의 전압 확대율은?
① 3　② 6
③ 16　④ 25

풀이
직렬공진회로의 선택도(첨예도, 양호도)
$Q = \frac{1}{R}\sqrt{\frac{L}{C}} = \frac{1}{2}\sqrt{\frac{10 \times 10^{-3}}{4 \times 10^{-6}}} = 25$ [답] ④

11 최대눈금 1[A], 내부저항 10[Ω]의 전류계로 최대 101[A]까지 측정하려면 몇 [Ω]의 분류기가 필요한가?
① 0.01　② 0.02
③ 0.05　④ 0.1

풀이
분류기(Shunt) $R_s[\Omega]$: 전류의 측정 범위를 넓히기 위하여 전류계에 병렬로 접속하는 저항

$I = I_0\left(1 + \frac{r_a}{R_s}\right)$[A]에서

분류기 저항 $R_S = \frac{r_a}{n-1} = \frac{10}{101-1} = 0.1[\Omega]$ [답] ④

12 전력과 전력량에 관한 설명으로 틀린 것은?
① 전력은 전력량과 다르다.
② 전력량은 와트로 환산된다.
③ 전력량은 칼로리 단위로 환산된다.
④ 전력은 칼로리 단위로 환산할 수 없다.

풀이
전력량의 단위는 [Wh] 이다.
- 전력 ⇌ 마력(1[HP]=746[W])
- 전력량 ⇌ 열량(1[J]=0.24[cal]) [답] ②

13 전자 냉동기는 어떤 효과를 응용한 것인가?
① 제벡효과　② 톰슨효과
③ 펠티에효과　④ 주울효과

풀이
열전효과
- **제어백효과** : 서로 다른 두 금속체를 접합하고 두 접합점을 다른 온도로 유지하면 열기전력이 발생하는 현상
- **펠티에효과** : 제어백 효과의 역현상으로 서로 다른 두 종류의 금속을 접합하여 전류를 흘리면 접합부에서 열의 발생 또는 흡수 가 일어나는 현상 (ex 전자 냉동기)
- **톰슨효과** : 동종의 금속접합으로 펠티에 효과와 동일 [답] ③

14 자속밀도가 2[Wb/m²]인 평등 자기장 중에 자기장과 30°의 방향으로 길이 0.5[m]인 도체에 8[A]의 전류가 흐르는 경우 전자력[N]은?
① 8　② 4
③ 2　④ 1

풀이
전자력 $F = B\ell I \sin\theta = 2 \times 0.5 \times 8 \times \sin 30° = 4[N]$ [답] ②

15 어떤 3상 회로에서 선간전압 200[V], 선전류 25[A], 3상 전력이 7[kW]이었다. 이때의 역률은 약 얼마인가?
① 0.65　② 0.73
③ 0.81　④ 0.97

풀이

$P = \sqrt{3}\,VI\cos\theta$ [W]이므로

역률 $\cos\theta = \dfrac{P}{\sqrt{3}\,VI} = \dfrac{7 \times 10^3}{\sqrt{3} \times 200 \times 25} = 0.81$ [답] ③

16 3상 220[V], △결선에서 1상의 부하가 $Z = 8 + j6[\Omega]$이면 선전류[A]는?

① 11   ② $22\sqrt{3}$
③ 22   ④ $\dfrac{22}{\sqrt{3}}$

풀이

선전류 $I_l = \sqrt{3} \times I_p = \sqrt{3} \times \dfrac{V_p}{Z} = \sqrt{3} \times \dfrac{220}{10}$
$= 22\sqrt{3}$ [A]   [답] ②

17 환상솔레노이드에 감겨진 코일의 권회수를 3배로 늘리면 자체 인덕턴스는 몇 배로 되는가?

① 3   ② 9
③ $\dfrac{1}{3}$ ④ $\dfrac{1}{9}$

풀이

$L = \dfrac{\mu A N^2}{l}$ 에서 $L \propto N^2$ 이므로 9배   [답] ②

18 $+Q_1$[C]과 $-Q_2$[C]의 전하가 진공 중에서 r[m]의 거리에 있을 때 이들 사이에 작용하는 정전기력 F[N]는?

① $F = 9 \times 10^{-7} \times \dfrac{Q_1 Q_2}{r^2}$

② $F = 9 \times 10^{-9} \times \dfrac{Q_1 Q_2}{r^2}$

③ $F = 9 \times 10^9 \times \dfrac{Q_1 Q_2}{r^2}$

④ $F = 9 \times 10^{10} \times \dfrac{Q_1 Q_2}{r^2}$

풀이

쿨롱의 법칙

임의의 공간내에서 두 점전하 Q_1, Q_2 사이에 작용하는 정전기력의 크기는 두 전하량의 곱에 비례하고, 전하사이의 거리의 제곱에 반비례한다.

$F = \dfrac{1}{4\pi\varepsilon} \times \dfrac{Q_1 \cdot Q_2}{r^2}$ [N]이고 진공시 $\varepsilon_s = 1$이므로

$F_0 = \dfrac{1}{4\pi\varepsilon_0} \times \dfrac{Q_1 \cdot Q_2}{r^2} = 9 \times 10^9 \times \dfrac{Q_1 \cdot Q_2}{r^2}$ [N]   [답] ③

19 다음에서 나타내는 법칙은?

"유도 기전력은 자신이 발생 원인이 되는 자속의 변화를 방해하려는 방향으로 발생한다."

① 줄의 법칙   ② 렌츠의 법칙
③ 플레밍의 법칙   ④ 페러데이의 법칙

풀이

렌츠의 법칙(유도기전력의 방향)

전자유도에 의해 발생되는 유도 기전력의 방향은 (유도기전력에 의해서 발생한 유도전류) 유도 전류가 만들 자속이 항상 원래 자속의 증가 또는 감소를 방해하는 방향   [답] ②

20 임피던스 $Z = 6 + j8[\Omega]$에서 서셉턴스 [℧]는?

① 0.06   ② 0.08
③ 0.6   ④ 0.8

풀이

어드미턴스 $Y = \dfrac{1}{Z} = G + jB$ [℧]

(G : 컨덕턴스, B : 서셉턴스)

$Y = \dfrac{1}{Z} = \dfrac{1}{6+j8} = \dfrac{6-j8}{(6+j8)(6-j8)} = \dfrac{6-j8}{6^2+8^2}$
$= 0.06 - j0.08$ [℧]   [답] ②

21 3상 유도전동기의 회전방향을 바꾸기 위한 방법으로 옳은 것은?

① 전원의 전압과 주파수를 바꾸어 준다.
② △-Y 결선으로 결선법을 바꾸어 준다.
③ 기동보상기를 사용하여 권선을 바꾸어 준다.
④ 전동기의 1차 권선에 있는 3개의 단자 중 어느 2개의 단자를 서로 바꾸어 준다.

풀이

3상 유도전동기를 역회전시키기 위해서는 3상 중 2상의 결선을 바꾸어주면 역회전 한다.   [답] ④

22 발전기를 정격전압 220[V]로 전부하 운전하다가 무부하로 운전 하였더니 단자전압이 242[V]가 되었다. 이 발전기의 전압변동률[%]은?
① 10　　② 14
③ 20　　④ 25

풀이
전압변동률 $\varepsilon = \dfrac{V_o - V_n}{V_n} \times 100 = \dfrac{242-220}{220} \times 100 = 10[\%]$

[답] ①

23 6극 직렬권 발전기의 전기자 도체 수 300, 매극 자속 0.02[Wb], 회전수 900[rpm]일 때 유도기전력[V]은?
① 90　　② 110
③ 220　　④ 270

풀이
유도기전력 $E = \dfrac{PZ}{60a}\phi N = \dfrac{6 \times 300}{60 \times 2} \times 0.02 \times 900 = 270[V]$
직렬권(= 파권, $a = 2$)

[답] ④

24 동기조상기의 계자를 부족여자로 하여 운전하면?
① 콘덴서로 작용　　② 뒤진역률 보상
③ 리액터로 작용　　④ 저항손의 보상

풀이
동기조상기의 운전
- 과여자 : 용량성 부하로 동작 → 콘덴서로 동작
- 부족여자 : 유도성 부하로 동작 → 리액터로 동작

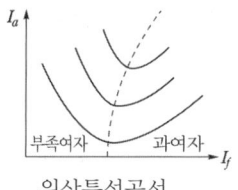

위상특성곡선

[답] ③

25 3상 교류 발전기의 기전력에 대하여 $\pi/2$[rad] 뒤진 전기자 전류가 흐르면 전기자 반작용은?
① 횡축 반작용으로 기전력을 증가시킨다.
② 증자 작용을 하여 기전력을 증가시킨다.
③ 감자 작용을 하여 기전력을 감소시킨다.
④ 교차 자화작용으로 기전력을 감소시킨다.

풀이
전기자 반작용
- 저항 부하에 의한 교차자화작용 : 기전력과 전류는 동위상으로써 횡축반작용이라고도 한다.
- 유도성 부하에 의한 감자작용 : 전류가 기전력보다 $\pi/2$만큼 뒤지는 경우이며 직축 반작용이라고도 한다.
- 용량성 부하에 의한 증자작용 : 전류가 기전력보다 $\pi/2$만큼 앞서는 경우이며 자화 작용이라고도 한다.

[답] ③

26 전기기기의 철심 재료로 규소 강판을 많이 사용하는 이유로 가장 적당한 것은?
① 와류손을 줄이기 위해
② 구리손을 줄이기 위해
③ 맴돌이 전류를 없애기 위해
④ 히스테리시스손을 줄이기 위해

풀이
철손(히스테리시스손+와류손)을 줄이기 위해 규소 강판을 겹쳐 쌓아서 만든 성층 철심을 사용한다. 성층 철심을 사용하여, 와전류 손실을 줄이며, 규소강판을 사용하여 히스테리시스손실을 줄인다.

[답] ④

27 역병렬 결합의 SCR의 특성과 같은 반도체 소자는?
① PUT　　② UJT
③ Diac　　④ Triac

풀이
SCR 역 병렬 결합 시 쌍방향 3단자 트라이액(Triac)과 동작특성이 같아진다.

[답] ④

28 전기기계의 효율 중 발전기의 규약 효율 η_G는 몇 [%]인가? (단, P는 입력, Q는 출력, L은 손실이다.)

① $\eta_G = \dfrac{P-L}{P} \times 100$

② $\eta_G = \dfrac{P-L}{P+L} \times 100$

③ $\eta_G = \dfrac{Q}{P} \times 100$

④ $\eta_G = \dfrac{Q}{Q+L} \times 100$

풀이
- 발전기(변압기) 규약효율 = $\frac{출력}{출력+손실}\times 100[\%]$; 출력기준
- 전동기 규약효율 = $\frac{입력-손실}{입력}\times 100[\%]$; 입력기준

[답] ④

29 20[kVA]의 단상 변압기 2대를 사용하여 V-V결선으로 하고 3상 전원을 얻고자 한다. 이 때 여기에 접속시킬 수 있는 3상 부하의 용량은 약 몇 [kVA]인가?
① 34.6 ② 44.6
③ 54.6 ④ 66.6

풀이
V결선 출력 $P_V = \sqrt{3}P_a[VA]$
(P_a : 단상변압기 1대의 용량)
∴ $P = \sqrt{3}\times 20 ≒ 34.6[kVA]$

[답] ①

30 동기 발전기의 병렬운전 조건이 아닌 것은?
① 유도 기전력의 크기가 같을 것
② 동기 발전기의 용량이 같을 것
③ 유도 기전력의 위상이 같을 것
④ 유도 기전력의 주파수가 같을 것

풀이
동기발전기 병렬운전 조건
- 기전력의 크기가 같을 것 → 무효순환전류 발생
- 기전력의 위상이 같을 것 → 동기화전류 발생
- 기전력의 파형이 같을 것 → 고조파 무효순환전류 발생
- 주파수가 같을 것 → 동기화전류가 주기적으로 흘러 난조가 발생
- 기전력의 상회전이 같을 것

[답] ②

31 직류 분권전동기의 기동방법 중 가장 적당한 것은?
① 기동 토크를 작게 한다.
② 계자 저항기의 저항값을 크게 한다.
③ 계자 저항기의 저항값을 0 으로 한다.
④ 기동저항기를 전기자와 병렬접속 한다.

풀이
분권 전동기 기동시 계자저항기는 최소, 기동(시동기)저항기는 최대로 맞추고 기동

[답] ③

32 극수 10, 동기속도 600[rpm]인 동기 발전기에서 나오는 전압의 주파수는 몇 [Hz]인가?
① 50 ② 60
③ 80 ④ 120

풀이
$N_s = \frac{120f}{p}[\text{rpm}]$에서
∴ $f = \frac{N_s\times p}{120} = \frac{600\times 10}{120} = 50[\text{Hz}]$

[답] ①

33 변압기유의 구비조건으로 틀린 것은?
① 냉각효과가 클 것
② 응고점이 높을 것
③ 절연내력이 클 것
④ 고온에서 화학반응이 없을 것

풀이
변압기유의 구비조건
- 절연저항 및 절연내력이 클 것
- 점도가 낮아 유동성이 풍부할 것
- 인화점이 높고 응고점이 낮을 것
- 화학작용 및 석출물이 없을 것
- 비열이 커 냉각효과가 클 것

[답] ②

34 동기기 손실 중 무부하손(no load loss)이 아닌 것은?
① 풍손 ② 와류손
③ 전기자 동손 ④ 베어링 마찰손

풀이
무부하손 = 철손(히스테리시스손 + 맴돌이 전류손) + 기계손(풍손 + 마찰손)

[답] ③

35 직류 전동기의 제어에 널리 응용되는 직류-직류 전압 제어장치는?
① 초퍼
② 인버터
③ 전파정류회로
④ 사이크로 컨버터

풀이
- DC → AC로 변환 : 인버터(inverter, 역변환 장치)
- AC → DC로 변환 : 컨버터(converter, 순변환 장치)
- DC → DC로 변환 : 초퍼
- AC → AC로 변환 : 사이크로 컨버터

[답] ①

36 동기 와트 P_2, 출력 P_0, 슬립 s, 동기속도 N_S, 회전속도 N, 2차 동손 P_{2c} 일 때 2차 효율 표기로 틀린 것은?
① $1-s$
② P_{2c}/P_2
③ P_0/P_2
④ N/N_s

풀이
$$\eta_2 = \frac{P_o}{P_2} = \frac{(1-s)P_2}{P_2} = (1-s) = \frac{N}{N_s} = \frac{\omega}{\omega_s}$$ [답] ②

37 변압기의 결선에서 제3고조파를 발생시켜 통신선에 유도장해를 일으키는 3상 결선은?
① Y-Y
② △-△
③ Y-△
④ △-Y

풀이
Y-Y결선
• 중성점을 접지할 수 있어서 보호계전방식의 채용이 가능
• 권선전압이 선간전압의 $\frac{1}{\sqrt{3}}$ 이므로 절연이 용이
• 제3고조파를 포함한 전류가 흘러 통신장애 발생
• 이 결선법은 3권선 변압기에서 Y-Y-△의 송전 전용
[답] ①

38 부흐홀츠 계전기의 설치 위치로 가장 적당한 곳은?
① 콘서베이터 내부
② 변압기 고압측 부싱
③ 변압기 주 탱크 내부
④ 변압기 주 탱크와 콘서베이터 사이

풀이
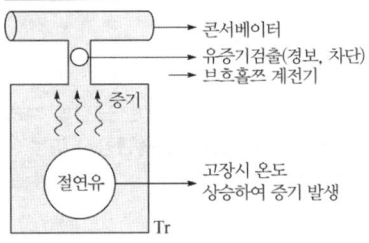
[답] ④

39 3상 유도전동기의 운전 중 급속 정지가 필요할 때 사용하는 제동방식은?
① 단상 제동
② 회생 제동
③ 발전 제동
④ 역상 제동

풀이
역상제동(플러킹) : 운전 중인 유도전동기에 회전방향과 반대방향의 토크를 발생시켜서 급속하게 정지시키는 방법이다. [답] ④

40 슬립 4[%]인 유도 전동기의 등가 부하 저항은 2차 저항의 몇 배인가?
① 5
② 19
③ 20
④ 24

풀이
비례추이의 특징에 따라
$$\frac{r_2}{s} = \frac{r_2 + R}{s'}, \quad s' = 1$$
의 식을 이용하여 2차의 외부(등가)저항 크기 결정
$$R = \left(\frac{1}{s} - 1\right)r_2 = \left(\frac{1}{0.04} - 1\right)r_2 = 24r_2$$ [답] ④

41 역률개선의 효과로 볼 수 없는 것은?
① 전력손실 감소
② 전압강하 감소
③ 감전사고 감소
④ 설비 용량의 이용률 증가

풀이
역률개선의 효과
• 동일설비로 계통의 용량 증대
• 전압강하
• 전압변동 감소
• 전력손실 감소 [답] ③

42 옥내배선 공사에서 절연전선의 피복을 벗길 때 사용하면 편리한 공구는?
① 드라이버
② 플라이어
③ 압착펜치
④ 와이어스트리퍼

풀이
와이어스트리퍼(wire striper)
절연전선 피복의 절연물을 벗기는 공구

[답] ④

43 전기설비기술기준의 판단기준에 의하여 애자사용 공사를 건조한 장소에 시설하고자 한다. 사용 전압이 400[V] 이하인 경우 전선과 조영재 사이의 이격거리는 최소 몇 [cm] 이상이어야 하는가?
① 2.5   ② 4.5
③ 6.0   ④ 12

풀이

사용전압 거리	400[V] 이하인 경우	400[V] 초과인 경우	고압
전선상호 간의 거리	0.06[m] 이상		0.08[m] 이상
전선과 조영 재간의 거리	25[mm] 이상	45[mm]이상(건조한 장소 25[mm] 이상)	50[mm] 이상
지지점간 거리	조영재의 윗면 또는 옆면에 따라 붙일 경우 2[m] 이하	조영재의 윗면 또는 옆면에 따라 붙일 경우 6[m] 이하	6[m] 조영재의 면에 따라 붙일 경우 2[m]이하

[답] ①

44 전선 접속 방법 중 트위스트 직선 접속의 설명으로 옳은 것은?
① 연선의 직선 접속에 적용된다.
② 연선의 분기 접속에 적용된다.
③ 6[mm²] 이하의 가는 단선인 경우에 적용된다.
④ 6[mm²] 이상의 굵은 단선인 경우에 적용된다.

풀이

단선의 직선 접속
- 트위스트 접속 : 6[mm²] 이하 단선
- 브리타니어 접속 : 10[mm²] 이상의 전선

[답] ③

45 건축물에 고정되는 본체부와 제거할 수 있거나 개폐할 수 있는 커버로 이루어지며 절연전선, 케이블 및 코드를 완전하게 수용할 수 있는 구조의 배선설비의 명칭은?
① 케이블 래더   ② 케이블 트레이
③ 케이블 트렁킹 ④ 케이블 브라킷

풀이

[답] ③

46 금속 전선관 공사에서 금속관에 나사를 내기 위해 사용하는 공구는?
① 리머   ② 오스터
③ 프레서 툴   ④ 파이프 벤더

풀이
- 리머 : 금속관 자른 면 정리
- 오스터 : 금속관 나사내는 공구
- 프레서 툴 : 전선의 터미널 작업용
- 파이프 벤더 : 전선관을 굽히는 공구

[답] ②

47 성냥을 제조하는 공장의 배선공사 방법으로 틀린 것은?
① 금속관공사
② 케이블공사
③ 금속 몰드공사
④ 합성수지관공사(두께 2[mm] 미만 및 난연성이 없는 것은 제외)

풀이

위험물이 있는 곳의 공사
셀룰로이드, 성냥, 석유 등 타기 쉬운 위험한 물질을 제조하거나 저장하는 곳은 **합성수지관공사, 금속관공사 또는 케이블공사**에 의하여 시설한다.

[답] ③

48 콘크리트 조영재에 볼트를 시설할 때 필요한 공구는?
① 파이프 렌치
② 볼트 클리퍼
③ 노크아웃 펀치
④ 드라이브 이트

> **풀이**
>
> 드라이브 이트(Drive-it)
> 새들 등을 고정시키기 위해 콘크리트 벽에 화약의 폭발력을 이용하여 구멍을 뚫는 공구 [답] ④

49 실내 면적 100[m²]인 교실에 전광속이 2500[lm]인 40[W] 형광등을 설치하여 평균조도를 150[lx]로 하려면 몇 개의 등을 설치하면 되겠는가? (단, 조명률은 50[%], 감광 보상률은 1.25로 한다.)
① 15개
② 20개
③ 25개
④ 30개

> **풀이**
>
> $FUN = EAD$ 에서
> $N = \dfrac{EAD}{FU} = \dfrac{150 \times 100 \times 1.25}{2500 \times 0.5} = 15$[등] [답] ①

50 교류 배전반에서 전류가 많이 흘러 전류계를 직접 주 회로에 연결할 수 없을 때 사용하는 기기는?
① 전류 제한기
② 계기용 변압기
③ 계기용 변류기
④ 전류계용 절환 개폐기

> **풀이**
>
> 계기용 변류기(CT)
> - 전류를 측정하기 위한 변압기로 2차 전류는 5[A]가 표준이다.
> - 계기용 변류기는 2차 전류를 낮게 하기 위하여 권수비가 매우 작으므로 2차 측정을 개방하면, 2차 측에 매우 높은 기전력이 유기되어 위험하므로 2차 측을 절대로 개방해서는 안된다. [답] ③

51 플로어 덕트 공사의 설명 중 틀린 것은?
① 덕트의 끝 부분은 막는다.
② 플로어덕트는 접지공사를 할 필요가 없다.
③ 덕트 상호 간 접속은 견고하고 전기적으로 완전하게 접속 하여야 한다.
④ 덕트 및 박스 기타 부속품은 물이 고이는 부분이 없도록 시설하여야 한다.
[답] ②

52 진동이 심한 전기 기계·기구의 단자에 전선을 접속할 때 사용되는 것은?
① 커플링
② 압착단자
③ 링 슬리브
④ 스프링 와셔

> **풀이**
>
> 스프링 와셔 또는 이중너트를 사용한다. [답] ④

53 전기설비기술기준에 의하여 가공전선에 케이블을 사용하는 경우 케이블은 조가용 선에 행거로 시설하여야 한다. 이 경우 사용전압이 고압인 때에는 그 행거의 간격은 몇 [cm] 이하로 시설하여야 하는가?
① 50
② 60
③ 70
④ 80

> **풀이**
>
> 케이블은 조가용선에 행거로 시설할 것. 이 경우에는 사용전압이 고압인 때에는 그 행거의 간격을 **50[cm] 이하**로 시설하여야 한다. [답] ①

54 라이팅 덕트 공사에 의한 저압 옥내배선의 시설 기준으로 틀린 것은?
① 덕트의 끝부분은 막을 것
② 덕트는 조영재에 견고하게 붙일 것
③ 덕트의 개구부는 위로 향하여 시설할 것
④ 덕트는 조영재를 관통하여 시설하지 아니할 것

> **풀이**
>
> 라이팅덕트(lighting duck) 공사
> 라이팅덕트의 개구부는 아래로 향하여 시설한다. 단, 사람이 쉽게 접촉할 우려가 없는 장소에는 덕트의 내부에 먼지가 들어가지 않도록 시설하는 경우에는 옆으로 향하게 할 수 있다. [답] ③

55 전기설비기술기준 및 KEC에 의한 고압 가공전선로의 철탑의 경간은 몇 [m] 이하로 제한하고 있는가?
① 150
② 250
③ 500
④ 600

풀이

가공전선로 경간의 제한

지지물		목주, A종 철주 또는 A종 CP주	B종 철주 또는 B종 CP주	철탑
경간의 한도	표준경간	150	250	600
	장경간	300	500	600
	저고압 보안공사	100	150	400
	제1종 특고 보안공사	–	150	400
	제2·3종 특고 보안공사	100	200	400
	특고 시가지 시설 시	75(A종)	150	400
	농사용·구내용 (저압)		30	
	철도	60	120	–

[답] ④

56 A종 철근 콘크리트주의 길이가 9[m] 이고, 설계하중이 6.8[kN]인 경우 땅에 묻히는 깊이는 최소 몇 [m] 이상이어야 하는가?
① 1.2
② 1.5
③ 1.8
④ 2.0

풀이
전주가 땅에 묻히는 깊이
• 전주의 길이 15[m] 이하 : 1/6 이상
• 전주의 길이 15[m] 이상 : 2.5[m] 이상
• 철근 콘크리트 전주로서 길이가 14[m] 이상 20[m] 이하이고, 설계하중이 6.8[kN] 초과 9.8[kN] 이하인 것은 30[cm]을 가산한다. [답] ②

57 전선의 접속법에서 두 개 이상의 전선을 병렬로 사용하는 경우의 시설기준으로 틀린 것은?
① 각 전선의 굵기는 구리인 경우 50[mm^2] 이상이어야 한다.
② 각 전선의 굵기는 알루미늄인 경우 70[mm^2] 이상이어야 한다.
③ 병렬로 사용하는 전선은 각각에 퓨즈를 설치할 것
④ 동극의 각 전선은 동일한 터미널러그에 완전히 접속할 것

풀이
두 개 이상의 전선을 병렬로 사용하는 경우에는 다음 각 목에 의하여 시설할 것.

• 병렬로 사용하는 각 전선의 굵기는 동선 50[mm^2] 이상 또는 알루미늄 70[mm^2] 이상으로 하고, 전선은 같은 도체, 같은 재료, 같은 길이 및 같은 굵기의 것을 사용할 것.
• 같은 극의 각 전선은 동일한 터미널러그에 완전히 접속할 것.
• 같은 극인 각 전선의 터미널러그는 동일한 도체에 2개 이상의 리벳 또는 2개 이상의 나사로 접속할 것.
• 병렬로 사용하는 전선에는 각각에 퓨즈를 설치하지 말 것.
• 교류회로에서 병렬로 사용하는 전선은 금속관 안에 전자적 불평형이 생기지 않도록 시설할 것. [답] ③

58 저압전로에서 사용하는 과전류 차단기용 50[A] 퓨즈를 수평으로 붙인 경우 견디어야 할 전류는 정격전류의 몇 배로 정하고 있는가?
① 1.1배
② 1.2배
③ 1.25배
④ 1.5배

풀이
〈퓨즈의 용단특성〉

정격전류의 구분	시간	정격전류의 배수	
		불용단전류	용단전류
4[A] 이하	60분	1.5배	2.1배
4[A]초과 16[A]미만	60분	1.5배	1.9배
16[A]이상 63[A]이하	60분	1.25배	1.6배
63[A]초과 160[A]이하	120분	1.25배	1.6배
160[A]초과 400[A]이하	180분	1.25배	1.6배
400[A] 초과	240분	1.25배	1.6배

[답] ③

59 피뢰기의 구성요소는?
① 특성요소와 콘덴서
② 특성요소와 소호리액터
③ 소호리액터와 콘덴서
④ 특성요소와 직렬갭

풀이
피뢰기의 주요 구성요소 : 직렬갭 + 특성요소 [답] ④

60 접지공사를 시설하는 주된 목적은?
① 기기의 효율을 좋게 한다.
② 기기의 절연을 좋게 한다.
③ 기기의 누전에 의한 감전을 방지한다.
④ 기기의 누전에 의한 역률을 좋게 한다.

풀이

전기 설비의 절연물이 열화 또는 손상되었을 때 흐르는 누설 전류로 인한 감전을 방지한다. **[답]** ③

국가기술자격 검정 필기시험문제 시험시간 : 1시간

전기기능사 필기 실전 모의고사 제 19 회

01 $R_1[\Omega]$, $R_2[\Omega]$, $R_3[\Omega]$의 저항 3개를 직렬 접속했을 때의 합성저항$[\Omega]$은?

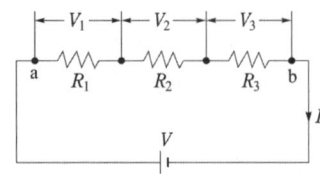

① $R = \dfrac{R_1 \cdot R_2 \cdot R_3}{R_1 + R_2 + R_3}$

② $R = \dfrac{R_1 + R_2 + R_3}{R_1 \cdot R_2 \cdot R_3}$

③ $R = R_1 \cdot R_2 \cdot R_3$

④ $R = R_1 + R_2 + R_3$

풀이
직렬접속에서 합성저항 $R_0 = R_1 + R_2 + R_3 [\Omega]$ **[답]** ④

02 정상상태에서의 원자를 설명한 것으로 틀린 것은?
① 양성자와 전자의 극성은 같다.
② 원자는 전체적으로 보면 전기적으로 중성이다.
③ 원자를 이루고 있는 양성자의 수는 전자의 수와 같다.
④ 양성자 1개가 지니는 전기량은 전자 1개가 지니는 전기량과 크기가 같다.

풀이
원자는 양(+)전기를 가진 원자핵(양성자 + 중성자)과 그 주위를 일정한 궤도를 따라 맴도는 음(-)전기를 가진 몇 개의 전자(electron)로 구성 **[답]** ①

03 2전력계법으로 3상 전력을 측정할 때 지시값이 $P_1 = 200[W]$, $P_2 = 200[W]$ 이었다. 부하 전력[W]은?
① 600 ② 500
③ 400 ④ 300

풀이
2전력계법
- 유효전력 $P = P_1 + P_2 [W]$
- 무효전력 $P_r = \sqrt{3}(P_1 - P_2)[Var]$
- 피상전력
$P_a = \sqrt{P^2 + P_r^2} = 2\sqrt{P_1^2 + P_2^2 - P_1 \cdot P_2}[VA]$
∴ 유효전력 $P = P_1 + P_2 = 200 + 200 = 400[W]$ **[답]** ③

04 $0.2[\mho]$의 컨덕턴스 2개를 직렬로 접속하여 3[A]의 전류를 흘리려면 몇 [V]의 전압을 공급하면 되는가?
① 12 ② 15
③ 30 ④ 45

풀이
컨덕턴스는 저항의 역수이므로 $R = \dfrac{1}{G} = \dfrac{1}{0.2} = 5[\Omega]$
직렬 접속 시 $R_0 = R_1 + R_2 = 5 + 5 = 10[\Omega]$
∴ $V = I \times R_0 = 3 \times 10 = 30[V]$ **[답]** ③

05 어떤 교류회로의 순시값이 $v = \sqrt{2}\,V\sin\omega t[V]$인 전압에서 $\omega t = \dfrac{\pi}{6}[rad]$일 때 $100\sqrt{2}[V]$이면 이 전압의 실효값[V]은?
① 100 ② $100\sqrt{2}$
③ 200 ④ $200\sqrt{2}$

풀이
순시값 $v = \sqrt{2}\,V\sin\omega t = \sqrt{2} \times V \times \sin\dfrac{\pi}{6} = 100\sqrt{2}[V]$
이므로 $V = 200[V]$이다. **[답]** ③

06 다음은 어떤 법칙을 설명한 것인가?

> 전류가 흐르려고 하면 코일은 전류의 흐름을 방해한다. 또, 전류가 감소하면 이를 계속 유지하려고 하는 성질이 있다.

① 쿨롱의 법칙 ② 렌츠의 법칙
③ 페러데이의 법칙 ④ 플레밍의 왼손법칙

풀이

렌츠의 법칙(유도기전력의 방향)
전자유도에 의해 발생되는 유도 기전력의 방향은 (유도 기전력에 의해서 발생한 유도전류) 유도 전류가 만들 자속이 항상 원래 자속의 증가 또는 감소를 방해하는 방향

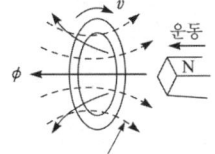 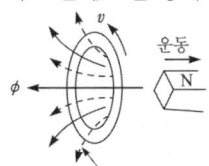

[답] ②

07 그림과 같은 RC 병렬회로의 위상각 θ는?

① $\tan^{-1}\dfrac{\omega C}{R}$

② $\tan^{-1}\omega CR$

③ $\tan^{-1}\dfrac{R}{\omega C}$

④ $\tan^{-1}\dfrac{1}{\omega CR}$

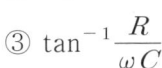
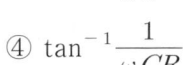

풀이

$\tan\theta = \dfrac{I_C}{I_R} = \dfrac{\frac{V}{\omega C}}{\frac{V}{R}} = \omega CR$ 이므로 $\theta = \tan^{-1}\omega CR$

[답] ②

08 진공 중에 10[μC]과 20[μC]의 점전하를 1[m]의 거리로 놓았을 때 작용하는 힘[N]은?

① 18×10^{-1}
② 2×10^{-2}
③ 9.8×10^{-9}
④ 98×10^{-9}

풀이

$F = 9 \times 10^9 \times \dfrac{Q_1 Q_2}{r} = 9 \times 10^9 \times \dfrac{10 \times 10^{-6} \times 20 \times 10^{-6}}{1^2}$
$= 18 \times 10^{-1}$[N]

[답] ①

09 그림과 같은 회로에서 a-b간에 E[V]의 전압을 가하여 일정하게 하고, 스위치 S를 닫았을 때의 전전류 I[A]가 닫기 전 전류의 3배가 되었다면 저항 R_X의 값은 약 몇 [Ω]인가?

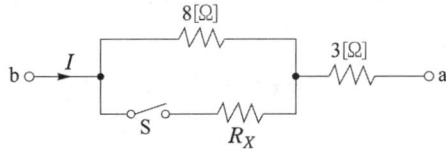

① 0.73
② 1.44
③ 2.16
④ 2.88

풀이

• 닫기 전 전류 : $I_1 = \dfrac{V}{R} = \dfrac{V}{8+3} = \dfrac{V}{11}$

• 닫은 후 전류 : $I_2 = \dfrac{V}{R} = \dfrac{V}{\frac{8 \times R_x}{8+R_x}+3}$

$I_2 = 3 \times I_1$ 에서 $\dfrac{V}{\frac{8 \times R_x}{8+R_x}+3} = \dfrac{3V}{11}$

$\therefore R_X = 0.73$

[답] ①

10 공기 중에서 m[Wb]의 자극으로부터 나오는 자속수는?

① m
② $\mu_0 m$
③ $\dfrac{1}{m}$
④ $\dfrac{m}{\mu_0}$

풀이

가우스 정리 : 임의의 폐곡면 내 자하량 m[Wb]가 있을 때 이 폐곡면을 통해서 나오는 자기력선의 총수

$N = \dfrac{m}{\mu} = \dfrac{m}{\mu_s \cdot \mu_0} = \dfrac{m}{\mu_0}$[개]

(∵ 공기 중에서 $\mu_s = 1$)

[답] ④

11 평형3상 회로에서 1상의 소비전력이 P[W]라면, 3상 회로 전체 소비전력[W]은?

① $2P$
② $\sqrt{2}P$
③ $3P$
④ $\sqrt{3}P$

풀이

1상에서 소비전력이 P이면, 3상에서 소비전력은 $3P$

[답] ③

12 영구자석의 재료로서 적당한 것은?
① 잔류자기가 적고 보자력이 큰 것
② 잔류자기와 보자력이 모두 큰 것
③ 잔류자기와 보자력이 모두 작은 것
④ 잔류자기가 크고 보자력이 작은 것

풀이	
영구자석용	전자석용
• 면적(손실)이 크다. • B_r과 H_c 모두 크다. • 단단한(hard) 재료	• 면적(손실)이 작다. • B_r은 크지만 H_c는 작다. • 부드러운(soft) 재료

[답] ②

13 1차 전지로 가장 많이 사용되는 것은?
① 니켈·카드뮴전지
② 연료전지
③ 망간건전지
④ 납축전지

풀이
• 1차 전지 : 1회용으로 휴대와 사용에 편리한 것. (르클랑셰 전지≒망간, 알카라인, 탄소아연)
• 2차 전지 : 축전지와 같이 외부 전원으로 충전하여 여러 번 사용이 가능한 전지

[답] ③

14 플레밍의 왼손법칙에서 전류의 방향을 나타내는 손가락은?
① 엄지 ② 검지
③ 중지 ④ 약지

풀이

플레밍의 왼손법칙	
엄지	힘(F)
검지	자기장의 방향(B)
중지	전류의 방향(I)

플레밍의 오른손법칙	
엄지	도체의 이동방향(v)
검지	자기장의 방향(B)
중지	기전력의 방향(e)

[답] ③

15 3[kW]의 전열기를 1시간 동안 사용할 때 발생하는 열량[kcal]은?
① 3   ② 180
③ 860   ④ 2580

풀이
줄의 법칙 (Joule's Law, 줄열)
도체에 흐르는 전류에 의하여 단위시간 내에 발생하는 열량은 도체의 저항과 전류의 제곱에 비례한다.
$H = 0.24I^2Rt = 0.24Pt = 0.24 \times 3 \times 60 \times 60 = 2580 [\text{kcal}]$

[답] ④

16 어느 회로의 전류가 다음과 같을 때, 이 회로에 대한 전류의 실효값[A]은?
$i = 3 + 10\sqrt{2}\sin\left(\omega t - \frac{\pi}{6}\right) + 5\sqrt{2}\sin\left(3\omega t - \frac{\pi}{3}\right)$[A]
① 11.6   ② 23.2
③ 32.2   ④ 48.3

풀이
비정현파 교류의 실효값
$I = \sqrt{I_0^2 + \left(\frac{I_{m1}}{\sqrt{2}}\right)^2 + \left(\frac{I_{m2}}{\sqrt{2}}\right)^2 + \cdots + \left(\frac{I_{mn}}{\sqrt{2}}\right)^2}$
$= \sqrt{3^2 + 10^2 + 5^2} = 11.6 [\text{A}]$

[답] ①

17 다음 설명 중 틀린 것은?
① 같은 부호의 전하끼리는 반발력이 생긴다.
② 정전유도에 의하여 작용하는 힘은 반발력이다.
③ 정전용량이란 콘덴서가 전하를 축적하는 능력을 말한다.
④ 콘덴서에 전압을 가하는 순간은 콘덴서는 단락상태가 된다.

풀이
정전유도 현상에 의해 생성된 가까운 쪽에 전하가 다른 종류의 전하이므로 흡인력이 발생한다.

[답] ②

18 비유전율 2.5의 유전체 내부의 전속밀도가 2×10^{-6}[C/m²]되는 점의 전기장의 세기는 약 몇 [V/m]인가?
① 18×10^4 ② 9×10^4
③ 6×10^4 ④ 3.6×10^4

풀이
$D = \epsilon_0 \epsilon_s E$ 이므로
$E = \frac{D}{\epsilon_0 \epsilon_s} = \frac{2 \times 10^{-6}}{8.855 \times 10^{-12} \times 2.5} = 90344 [\text{V/m}]$

[답] ②

19 전력량 1[Wh]와 그 의미가 같은 것은?
① 1[C]   ② 1[J]
③ 3600[C]   ④ 3600[J]

풀이
1[Wh] = 1[W] × 3600[sec] = 3600[J]

[답] ④

20 전기력선에 대한 설명으로 틀린 것은?
① 같은 전기력선은 흡인한다.
② 전기력선은 서로 교차하지 않는다.
③ 전기력선은 도체의 표면에 수직으로 출입한다.
④ 전기력선은 양전하의 표면에서 나와서 음전하의 표면에서 끝난다.

풀이
전기력선의 성질
- 양전하의 표면에서 나와 음전하의 표면에서 끝난다.
- 언제나 수축하려하며, 같은 성질은 서로 반발한다.
- 접선 방향은 그 접점에서 전장의 방향을 의미한다.
- 밀도는 전장의 세기를 의미한다.
- 도체의 표면에 수직으로 출입하며 도체 내부에는 전기력선이 없다.
- 서로 교차하지 않는다.
- 등전위면과 직교한다. [답] ①

21 3상 유도 전동기의 정격 전압을 V_n[V], 출력을 P[kW], 1차 전류를 I_1[A], 역률을 $\cos\theta$라 하면 효율을 나타내는 식은?

① $\dfrac{P \times 10^3}{3 V_n I_1 \cos\theta} \times 100[\%]$

② $\dfrac{3 V_n I_1 \cos\theta}{P \times 10^3} \times 100[\%]$

③ $\dfrac{P \times 10^3}{\sqrt{3} V_n I_1 \cos\theta} \times 100[\%]$

④ $\dfrac{\sqrt{3} V_n I_1 \cos\theta}{P \times 10^3} \times 100[\%]$

풀이
$\eta = \dfrac{출력}{입력} \times 100[\%]$
전동기의 출력 : P[kW], 입력(3상) : $\sqrt{3} V_n I_1 \cos\theta$ [답] ③

22 6극 36슬롯 3상 동기 발전기의 매극 매상당 슬롯수는?
① 2 ② 3
③ 4 ④ 5

풀이
매극 매상당 슬롯수 (S 슬롯수, p 극수, ϕ 상수)
$q = \dfrac{S}{p \cdot \phi} = \dfrac{36}{6 \times 3} = 2$ [답] ①

23 주파수 60[Hz]의 회로에 접속되어 슬립 3[%], 회전수 1164[rpm]으로 회전하고 있는 유도 전동기의 극수는?
① 4 ② 6
③ 8 ④ 10

풀이
$N = (1-s) \dfrac{120f}{p}$ 에서
$p = \dfrac{(1-s) \times 120f}{N} = \dfrac{(1-0.03) \times 120 \times 60}{1164} = 6$[극] [답] ②

24 그림은 트랜지스터의 스위칭 작용에 의한 직류 전동기의 속도제어 회로이다. 전동기의 속도가 $N = K\dfrac{V - I_a R_a}{\Phi}$[rpm]이라고 할때, 이 회로에서 사용한 전동기의 속도 제어법은?
① 전압제어법
② 계자제어법
③ 저항제어법
④ 주파수제어법

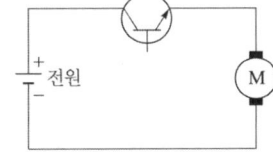

풀이
전압제어 : 직류전압 V를 조정하여 속도를 조정한다. [답] ①

25 직류 전동기의 최저 절연 저항값[MΩ]은?

① $\dfrac{정격전압[V]}{1000 + 정격출력[kW]}$

② $\dfrac{정격출력[kW]}{1000 + 정격입력[kW]}$

③ $\dfrac{정격입력[kW]}{1000 + 정격출력[kW]}$

④ $\dfrac{정격전압[V]}{1000 + 정격입력[kW]}$

풀이
전동기의 절연저항값 $= \dfrac{사용전압[V]}{1000 + 정격출력[kW]}$ [답] ①

26 동기 발전기의 병렬 운전 중 기전력의 크기가 다를 경우 나타나는 현상이 아닌 것은?
① 권선이 가열된다.
② 동기화 전력이 생긴다.
③ 무효 순환 전류가 흐른다.
④ 고압 측에 감자 작용이 생긴다.

> 풀이

동기발전기 병렬운전 조건
- 기전력의 크기가 같을 것 → 무효순환전류 발생
- 기전력의 위상이 같을 것 → 동기화전류 발생
- 기전력의 파형이 같을 것 → 고조파 무효순환전류 발생
- 주파수가 같을 것 → 동기화전류가 주기적으로 흘러 난조가 발생
- 기전력의 상회전이 같을 것

②은 병렬운전시 위상이 다를 경우 발생되는 현상 [답] ②

27 전압을 일정하게 유지하기 위해서 이용되는 다이오드는?
① 발광 다이오드
② 포토 다이오드
③ 제너 다이오드
④ 바리스터 다이오드

> 풀이

- 발광다이오드 : LED
- 포토다이오드 : 빛에너지를 전기에너지로 바꾸는 소자
- 바리스터다이오드 : 특정 전압인가 시 도통되는 소자
- 제너 다이오드(Zener diode)는 제너항복을 응용한 정전압소자이며 pn 접합 다이오드로서 정전압(전압 안정회로) 다이오드라 한다. [답] ③

28 변압기의 무부하 시험, 단락 시험에서 구할 수 없는 것은?
① 동손
② 철손
③ 절연 내력
④ 전압변동률

> 풀이

무부하시험으로 철손(히스테리시스손 + 와류손)을 구할 수 있으며, 단락시험(부하시험)으로 동손을 구할수 있다.
[답] ③

29 대전류·고전압의 전기량을 제어할 수 있는 자기소호형 소자는?
① FET
② Diode
③ Triac
④ IGBT

> 풀이

IGBT(insulated gate bipolar transister)
FET + TR 의 장점만 이용, 고압, 대전류 제어, 자기소호형 소자 [답] ④

30 1차 권수 6000, 2차 권수 200인 변압기의 전압비는?
① 10
② 30
③ 60
④ 90

> 풀이

권수비 $a = \dfrac{N_1}{N_2} = \dfrac{V_1}{V_2} = \dfrac{I_2}{I_1} = \sqrt{\dfrac{R_1}{R_2}} = \sqrt{\dfrac{L_1}{L_2}} = \sqrt{\dfrac{Z_1}{Z_2}}$

전압비 $= \dfrac{V_1}{V_2} = \dfrac{N_1}{N_2} = \dfrac{6000}{200} = 30$ [답] ②

31 주파수 60[Hz]를 내는 발전용 원동기인 터빈 발전기의 최고 속도[rpm]는?
① 1800
② 2400
③ 3600
④ 4800

> 풀이

$N = \dfrac{120f}{p}$, 최고속도가 되기 위해서는 최저극수 $p = 2$

∴ $N = \dfrac{120 \times 60}{2} = 3600$[rpm] [답] ③

32 변압기의 권수비가 60일 때 2차측 저항이 0.1[Ω]이다. 이것을 1차로 환산하면 몇 [Ω]인가?
① 310
② 360
③ 390
④ 410

> 풀이

권수비 $a = \dfrac{V_1}{V_2} = \dfrac{N_1}{N_2} = \sqrt{\dfrac{Z_1}{Z_2}} = \sqrt{\dfrac{R_1}{R_2}} = \sqrt{\dfrac{x_1}{x_2}}$

$60 = \sqrt{\dfrac{R_1}{0.1}}$ 이므로 $R_1 = 360[\Omega]$ [답] ②

33 직류기의 파권에서 극수에 관계없이 병렬회로수 a는 얼마인가?
① 1
② 2
③ 4
④ 6

> 풀이

파권 : 극수와 관계없이 병렬회로수를 항상 **2개**($a = 2$)로 하면, 전지의 직렬접속과 같이 되므로 대전압, 소전류가 얻어진다.

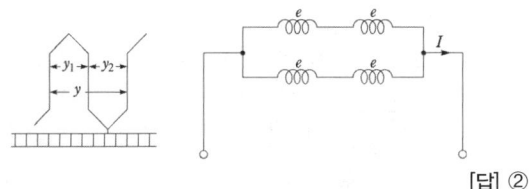

[답] ②

34 단락비가 큰 동기 발전기에 대한 설명으로 틀린 것은?
① 단락 전류가 크다.
② 동기 임피던스가 작다.
③ 전기자 반작용이 크다.
④ 공극이 크고 전압변동률이 작다.

풀이
단락비가 큰 동기기(철기계)
- 전기자 반작용이 작다.
- 전압변동률이 작다.
- 동기임피던스가 작다.
- 공극이 넓고 단락전류가 커지며 과부하내량이 커진다.
- 중량이 커지게 되고 효율이 낮아진다. [답] ③

35 변압기의 철심에서 실제 철의 단면적과 철심의 유효 면적과의 비를 무엇이라고 하는가?
① 권수비   ② 변류비
③ 변동률   ④ 점적률

풀이
점적률(space factor) : 어느 정해진 공간 면적 중 유효한 부분의 면적이 차지하는 비율을 말한다. 슬롯 안에 도선을 배열할 경우에는 슬롯 전 면적에 대한 그 도선이 차지하는 면적의 비율을 이른다.
코일점적율은 코일을 만들고 있는 도체의 단면적과 코일 전체의 단면적의 비. [답] ④

36 교류 전동기를 기동할 때 그림과 같은 기동 특성을 가지는 전동기는? (단, 곡선 (1)~(5)는 기동 단계에 대한 토크 특성 곡선이다.)

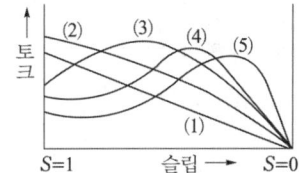

① 반발 유도 전동기
② 2중 농형 유도 전동기
③ 3상 분권 정류자 전동기
④ 3상 권선형 유도 전동기

풀이
비례추이란 2차 회로 저항의 크기를 조정함으로써 그 크기를 제어할 수 있는 요소이다. 2차 회로의 저항을 변화시킬 수 있는 권선형 유도전동기의 경우에는 이러한 성질을 속도 제어에 이용할 수 있다. [답] ④

37 고장 시의 불평형 차전류가 평형 전류의 어떤 비율 이상으로 되었을 때 동작하는 계전기는?
① 과전압 계전기   ② 과전류 계전기
③ 전압 차동 계전기   ④ 비율 차동 계전기

풀이
비율차동계전기(전기적고장)
변압기 내부 고장발생 시 1·2차 측에 설치한 CT 2차 측의 억제 코일에 흐르는 전류차가 일정비율 이상이 되었을 때 계전기가 동작하는 방식으로 주로 변압기 단락보호용으로 사용된다. [답] ④

38 단상 유도 전동기의 기동 방법 중 기동 토크가 가장 큰 것은?
① 반발 기동형   ② 분상 기동형
③ 반발 유도형   ④ 콘덴서 기동형

풀이
기동 토크가 큰 순서
반발 기동형 > 반발 유도형 > 콘덴서 기동형 > 분상 기동형 [답] ①

39 전압변동률 ϵ의 식은? (단, 정격 전압 $V_n(V)$, 무부하 전압 $V_0(V)$이다.)
① $\epsilon = \dfrac{V_0 - V_n}{V_n} \times 100[\%]$
② $\epsilon = \dfrac{V_n - V_0}{V_n} \times 100[\%]$
③ $\epsilon = \dfrac{V_n - V_0}{V_0} \times 100[\%]$
④ $\epsilon = \dfrac{V_0 - V_n}{V_0} \times 100[\%]$

풀이
전압변동률 : 발전기 정격부하일 때의 전압(V_n)과 무부하일 때의 전압(V_0)이 변동하는 비율

$\epsilon = \dfrac{V_0 - V_n}{V_n} \times 100[\%]$ 　　　　　　　[답] ①

40 계자 권선이 전기자와 접속되어 있지 않은 직류기는?
① 직권기　　② 분권기
③ 복권기　　④ 타여자기

풀이
타여자는 계자회로와 전기자 회로가 분리

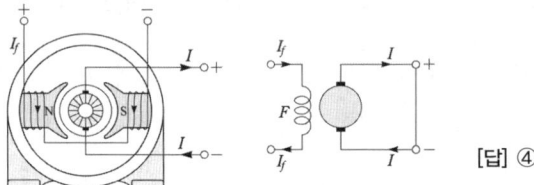

[답] ④

41 450/750[V] 일반용 단심 비닐절연전선의 약호는?
① NRI　　② NF
③ NFI　　④ NR

풀이

명　　칭	약호
450/750[V] 일반용 단심 비닐 절연전선	NR
450/750[V] 일반용 유연성 비닐절연전선	NF
300/500[V] 기기 배선용 단심 비닐절연전선(70[℃])	NRI(70)
300/500[V] 기기 배선용 유연성 단심 비닐절연전선(70[℃])	NFI(70)
300/500[V] 기기 배선용 단심 비닐절연전선(90[℃])	NRI(90)
300/500[V] 기기 배선용 유연성 단심 비닐절연전선(90[℃])	NFI(90)
750[V] 내열성 고무 절연전선(110[℃])	HR(0.75)
300/500[V] 내열 실리콘 고무 절연전선(180[℃])	HRS
옥외용 비닐 절연전선	OW
인입용 비닐 절연전선	DV
형광방전등용 비닐전선	FL
비닐절연 네온전선	NV
6/10[kV] 고압 인하용 가교 폴리에틸렌 절연전선	PDC
6/10[kV] 고압 인하용 가교 EP 고무절연전선	PDP

[답] ④

42 최대 사용 전압이 220[V]인 3상 유도 전동기가 있다. 이것의 절연 내력 시험 전압은 몇 [V]로 하여야 하는가?
① 330　　② 500
③ 750　　④ 1050

풀이
절연 내력시험 : 전기기기 및 기계의 절연효력을 시험하는 것으로 시험전압으로 10분간 견딜 수 있어야한다.

종　류		시험전압
회전전기	발전기, 전동기, 조상기 등 7[kV]이하	최대사용전압 × 1.5 (최저 500[V])
	7[kV]초과	최대사용전압 × 1.25 (최저 10,500[V])
	회전변류기	직류측 최대사용전압 × 1 (최저 500[V])

$220 \times 1.5 = 300[V]$ 이지만 최저 시험전압이 500[V]이다.
[답] ②

43 저압으로 수전하는 조명 설비의 경우 수용가 설비의 인입구로부터 기기까지의 전압강하 값은 몇 [%] 이하이어야 하는가?
① 3　　② 5
③ 6　　④ 8

풀이

설비의 유형	조명(%)	기타(%)
저압으로 수전하는 경우	3	5
고압 이상으로 수전하는 경우	6	8

사용자의 배선설비가 100[m]를 넘는 부분의 전압강하는 미터당 0.005[%] 증가할 수 있으나 이러한 증가분은 0.5[%]를 넘지 않아야 한다.
예외적 허용(기동시간 중의 전동기, 돌입전류가 큰 기타 기기)
[답] ①

44 금속관을 구부릴 때 그 안쪽의 반지름은 관 안지름의 최소 몇 배 이상이 되어야 하는가?
① 4　　② 6
③ 8　　④ 10

풀이
히키(벤더)를 사용하여 관이 심하게 변형되지 않도록 구부려야 하며, 구부러지는 관의 안쪽 반지름은 관 안지름의 **6배 이상**으로 구부려야 한다.
[답] ②

45 피뢰기의 약호는?
① LA　　② PF
③ SA　　④ COS

풀이
피뢰기(LA) : 뇌(雷)서지, 개폐서지 등의 이상전압에서 변압기를 보호
[답] ①

46 차단기 문자 기호 중 "OCB"는?
① 진공 차단기
② 기중 차단기
③ 자기 차단기
④ 유입 차단기

[풀이]
- 유입차단기(OCB) : 전로를 차단할 때 발생한 아크를 절연유를 이용하여 소멸시키는 차단기이다. 차단성은, 보수 면에서 불리한 점이 있으나 가격이 저렴하여 소·중용량 차단기로서 널리 쓰이고 있다.
- 진공차단기 : VCB
- 기중차단기 : ACB
- 자기차단기 : MBB
[답] ④

47 전기설비기술기준의 판단기준에서 교통신호등 회로의 사용전압이 몇 [V]를 초과하는 경우에는 지락 발생시 자동적으로 전로를 차단하는 장치를 시설하여야 하는가?
① 50   ② 100
③ 150   ④ 200

[풀이]
교통 신호등의 시설
- 사용전압은 300[V]이하
- 사용전선 : 공칭단면적 2.5[mm²] 연동선과 이와 동등이상의 세기 및 굵기의 450/750[V] 일반용 단심 비닐절연전선 또는 450/750[V] 내열성 에틸렌아세테이트 고무절연전선
- 인하선의 지표상 높이 : 2.5[m] 이상
- 사용전압 150[V] 초과 시 전로에 지락 발생 시 자동차단장치를 시설
- 제어장치의 금속제 외함에는 접지공사
[답] ③

48 케이블 공사에서 비닐 외장 케이블을 조영재의 옆면에 따라 붙이는 경우 전선의 지지점 간의 거리는 최대 몇 [m]인가?
① 1.0   ② 1.5
③ 2.0   ④ 2.5

[풀이]
케이블은 조영재의 옆면 또는 아랫면에 따라 붙일 경우에는 케이블의 지지점간의 거리를 2[m](수직으로 붙일 경우에는 6[m])이하로 하고 또한 피복을 손상하지 아니하도록 붙일 것
[답] ③

49 누전차단기의 설치목적은 무엇인가?
① 단락   ② 단선
③ 지락   ④ 과부하

[풀이]
- 단락사고 방지 : 배선용 차단기
- 지락사고 방지 : 누전차단기
- 과부하 보호 : 과부하 계전기
[답] ③

50 금속덕트를 조영재에 붙이는 경우에는 지지점 간의 거리는 최대 몇 [m] 이하로 하여야 하는가?
① 1.5   ② 2.0
③ 3.0   ④ 3.5

[풀이]
공사별 지지점간 거리

합성수지 몰드	40~50[cm]
가요전선관	1[m]
합성수지관	1.5[m]
금속몰드	1.5[m]
케이블	수평 1[m], 수직 2[m]
금속관, 라이팅 덕트, 애자	2[m]
금속덕트, 버스덕트	3[m]

[답] ③

51 절연물 중에서 가교폴리에틸렌(XLPE)과 에틸렌프로필렌고무혼합물(EPR)의 허용온도[℃]는?
① 70(전선)   ② 90(전선)
③ 95(전선)   ④ 105(전선)

[풀이]
절연물의 최대 허용온도

절연물 종류	허용온도[℃]	비고
• 염화비닐(PVC)	70	도체
• 가교폴리에틸렌(XLPE)과 에틸렌프로필렌고무혼합물(EPR)	90	
• 무기물(PVC 피복 또는 나도체가 인체에 접촉할 우려가 없는 것	70	시스
• 무기물(접촉하지 않고 가연성 물질과 접촉할 우려가 없는 나도체)	105	

[답] ②

52 완전 확산면은 어느 방향에서 보아도 무엇이 동일한가?
① 광속 ② 휘도
③ 조도 ④ 광도

풀이
어느 방향에서 관측하여도 휘도가 동일한 표면을 완전확산면이라고 한다. [답] ②

53 합성수지 전선관 공사에서 관 상호간 접속에 필요한 부속품은?
① 커플링 ② 커넥터
③ 리이머 ④ 노멀 밴드

풀이
합성수지관의 시공에서 관 상호 접속은 커플링을 사용하며 커플링, 리머, 노멀밴드는 금속관 공사용이다.

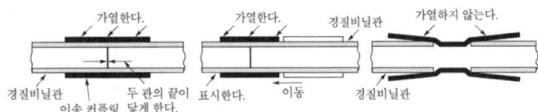

[답] ①

54 배전반을 나타내는 그림 기호는?

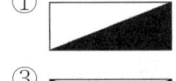

풀이
① 분전반 ② 배전반 ③ 제어반 ④ 개폐기
[답] ②

55 조명공학에서 사용되는 칸델라(cd)는 무엇의 단위인가?
① 광도 ② 조도
③ 광속 ④ 휘도

풀이
- 광도(Luminous Intensity)[cd] : 어떤 방향의 발산광속의 입체각 밀도
- 조도(Illumination)[lx] : 피조면의 단위면적당 입사광속
- 광속(光束〈Luminous Flux〉)[lm] : 광원으로부터 단위시간당 방사되는 빛의 양
- 휘도(Brightness)[sb] : 눈부심의 정도(광원의 빛나는 정도)
[답] ①

56 옥내 배선을 합성수지관 공사에 의하여 실시 할 때 사용할 수 있는 단선의 최대 굵기[mm²]는?
① 4 ② 6
③ 10 ④ 16

풀이
전선관에 넣어서 할 수 있는 옥내배선 공사용 단선은 10[mm²]이며 이를 넘는 경우 연선을 사용해야 한다. [답] ③

57 다음 중 배선기구가 아닌 것은?
① 배전반 ② 개폐기
③ 접속기 ④ 배선용차단기

풀이
옥내 배선에서 전기 기구와 접속하거나 전기 공급을 차단하는데 필요한 기구를 배선기구라 하고 배선용차단기, 개폐기, 접속기등 이 이에 해당한다. [답] ①

58 전기설비기술기준에서 가공전선로의 지지물에 하중이 가하여지는 경우에 그 하중을 받는 지지물의 기초의 안전율은 얼마 이상인가?
① 0.5 ② 1
③ 1.5 ④ 2

풀이
가공전선로 지지물의 기초의 안전율
가공전선로의 지지물에 하중이 가하여지는 경우에 그 하중을 받는 지지물의 기초의 안전율은 2(제117조제1항에 규정하는 이상 시 상정하중이 가하여지는 경우의 그 이상 시 상정하중에 대한 철탑의 기초에 대하여는 1.33) 이상이어야 한다. [답] ④

59 전시회, 쇼 및 공연장에 시설하는 저압 옥내배선, 전구선 또는 이동전선의 사용전압은 최대 몇 [V] 이하인가?
① 400 ② 440
③ 450 ④ 750

풀이
전시회, 쇼 및 공연장의 전기설비
- 저압 옥내배선, 전구선 또는 이동전선은 사용전압이 400[V] 이하일 것.
- 전선은 구리 도체로 최소 단면적이 1.5[mm²]이며, 450/750[V] 이하 염화비닐 절연 케이블, 450/750[V]

이하 고무 절연케이블
- 무대마루 밑 전구선은 300/300[V] 편조 고무코드 또는 0.6/1[kV] EP고무절연 클로로프렌 캡타이어 케이블
- 이동전선은 0.6/1[kV] EP 고무 절연 클로로프렌 캡타이어 케이블 또는 0.6/1[kV] 비닐 절연 비닐캡타이어 케이블
- 보더라이트에 부속된 이동 전선은 0.6/1[kV] EP 고무 절연 클로로프렌 캡타이어 케이블

[답] ①

60 구리 전선과 전기 기계기구 단자를 접속하는 경우에 진동 등으로 인하여 헐거워질 염려가 있는 곳에는 어떤 것을 사용하여 접속하여야 하는가?

① 정 슬리브를 끼운다.
② 평와셔 2개를 끼운다.
③ 코드 패스너를 끼운다.
④ 스프링 와셔를 끼운다.

풀이
스프링 와셔 또는 이중너트를 사용한다. [답] ④

국가기술자격 검정 필기시험문제 시험시간 : 1시간

전기기능사 필기 실전 모의고사 제 **20** 회

01 그림과 같은 평형 3상 △회로를 등가 Y결선으로 환산하면 각상의 임피던스는 몇 [Ω]이 되는가? (단, $Z=12[\Omega]$ 이다.)
① 48[Ω]
② 36[Ω]
③ 4[Ω]
④ 3[Ω]

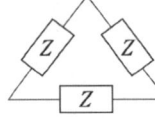

풀이
$Z_\triangle = 3Z_Y$
$\therefore Z_Y = \frac{1}{3}Z_\triangle = \frac{1}{3}\times 12 = 4[\Omega]$ [답] ③

02 다음 중 파형률을 나타내는 것은?
① $\frac{실효값}{평균값}$
② $\frac{최대값}{실효값}$
③ $\frac{평균값}{실효값}$
④ $\frac{실효값}{최대값}$

풀이
파고율 = $\frac{최대값}{실효값}$, 파형률 = $\frac{실효값}{평균값}$ [답] ①

03 두 개의 서로 다른 금속의 접속점에 온도차를 주면 열기전력이 생기는 현상은?
① 홀 효과
② 줄 효과
③ 압전기 효과
④ 제벡 효과

풀이
열전효과
• 제어백효과 : 서로 다른 두 금속체를 접합하고 두 접합점을 다른 온도로 유지하면 열기전력이 발생하는 현상
• 펠티에효과 : 제어백 효과의 역현상으로 서로 다른 두 종류의 금속을 접합하여 전류를 흘리면 접합부에서 열의 발생 또는 흡수가 일어나는 현상 (ex 전자 냉동기)
• 톰슨효과 : 동종의 금속접합으로 펠티에 효과와 동일 [답] ④

04 2[C]의 전기량이 이동을 하여 10[J]의 일을 하였다면 두 점 사이의 전위차는 몇 [V]인가?
① 0.2[V]
② 0.5[V]
③ 5[V]
④ 20[V]

풀이
$W=QV$, $\therefore V = \frac{W}{Q} = \frac{10}{2} = 5[V]$ [답] ③

05 용량을 변화시킬 수 있는 콘덴서는?
① 바리콘
② 전해 콘덴서
③ 마일러 콘덴서
④ 세라믹 콘덴서

풀이
varicon (variable condenser) 콘덴서는 정전용량의 값을 바꿀 수 있는 콘덴서로 가변콘덴서라고 한다. [답] ①

06 $R-L-C$ 직렬회로에서 전압과 전류가 동위상이 되기 위한 조건은?
① $\omega L^2 C^2 = 1$
② $\omega^2 LC = 1$
③ $\omega LC = 1$
④ $\omega = LC$

풀이
RLC 직렬회로에서 전압과 전류가 동위상이 되기 위해서는 임피던스가 순저항성분(직렬공진시 $X_L - X_C = 0$)이 되어야 하므로 $\omega L = \frac{1}{\omega C}$ 이다. 즉, $\omega^2 LC = 1$ [답] ②

07 Y-Y 결선 회로에서 선간 전압이 200[V]일 때 상전압은 약 몇 [V] 인가?
① 100[V]
② 115[V]
③ 120[V]
④ 135[V]

풀이
$V_\ell = \sqrt{3} V_p$
$V_p = \frac{V_\ell}{\sqrt{3}} = \frac{200}{\sqrt{3}} = 115.47[V]$ [답] ②

08 정전용량이 같은 콘덴서 10개가 있다. 이것을 병렬 접속할 때의 값은 직렬 접속할 때의 값보다 어떻게 되는가?
① $\frac{1}{10}$로 감소한다.
② $\frac{1}{100}$로 감소한다.
③ 10배로 증가한다.
④ 100배로 증가한다.

풀이

$\dfrac{R_{병렬}}{R_{직렬}} = \dfrac{10C}{\dfrac{C}{10}} = 100[배]$ [답] ④

09 기전력이 V_0, 내부저항이 $r[\Omega]$인 n개의 전지를 직렬 연결하였다. 전체 내부저항은 얼마인가?

① $\dfrac{r}{n}$ ② nr

③ $\dfrac{r}{n^2}$ ④ nr^2

풀이

전지 n개 직렬 연결 시 전체내부저항은 내부저항의 n배가 된다. ∴ $r_0 = nr[\Omega]$ [답] ②

10 그림과 같은 비사인파의 제3고조파 주파수는? (단, $V = 20[V]$, $T = 10[ms]$ 이다.)

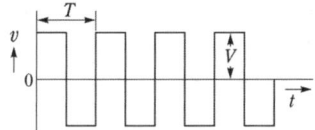

① 100[Hz]   ② 200[Hz]
③ 300[Hz]   ④ 400[Hz]

풀이

주기 $T = 10[ms]$ 이므로 주파수 $f = \dfrac{1}{T} = 100[Hz]$가 된다. 제3고조파의 주파수는 기본파의 3배 이므로 $f_3 = 3f_1 = 300[Hz]$ 이다. [답] ③

11 Q_1으로 대전된 용량 C_1의 콘덴서에 용량 C_2를 병렬 연결할 경우 C_2가 분배 받는 전기량은?

① $\dfrac{C_1 + C_2}{C_2} Q_1$ ② $\dfrac{C_1}{C_1 + C_2} Q_1$

③ $\dfrac{C_1 + C_2}{C_1} Q_1$ ④ $\dfrac{C_2}{C_1 + C_2} Q_1$

풀이

$Q = CV$에서 $Q \propto C$ 이므로
C_2가 분배받는 전기량은 $\dfrac{C_2}{C_1 + C_2} \times Q_1$ [답] ④

12 반지름 50[cm], 권수 10[회]인 원형 코일에 0.1[A]의 전류가 흐를 때, 이 코일 중심의 자계의 세기 H 는?

① 1[AT/m]   ② 2[AT/m]
③ 3[AT/m]   ④ 4[AT/m]

풀이

원형코일의 중심에서 자장의 세기
$H = \dfrac{NI}{2r} = \dfrac{10 \times 0.1}{2 \times 0.5} = 1[AT/m]$ [답] ①

13 2전력계법에 의해 평형 3상 전력을 측정하였더니 전력계가 각각 800[W], 400[W]를 지시하였다면, 이 부하의 전력은 몇 [W]인가?

① 600[W]   ② 800[W]
③ 1200[W]   ④ 1600[W]

풀이

- 2전력계법
 유효전력 $P = P_1 + P_2 = 800 + 400 = 1200[W]$ [답] ③

14 코일이 접속되어 있을 때, 누설 자속이 없는 이상적인 코일간의 상호 인덕턴스는?

① $M = \sqrt{L_1 + L_2}$

② $M = \sqrt{L_1 - L_2}$

③ $M = \sqrt{L_1 \cdot L_2}$

④ $M = \sqrt{\dfrac{L_1}{L_2}}$

풀이

상호 인덕턴스 $M = k\sqrt{L_1 \cdot L_2}$ 에서 누설자속이 없다는 것은 완전결합의 형태로 결합계수 $k = 1$ 이므로 $M = \sqrt{L_1 \cdot L_2}$ 이다. [답] ③

15 $i = I_m \sin \omega t [A]$인 정현파 교류에서 ωt가 몇 °일 때 순시값과 실효값이 같게 되는가?

① 90°   ② 60°
③ 45°   ④ 0°

풀이

순시값 = 실효값 조건에서
$I_m \sin \omega t = \dfrac{1}{\sqrt{2}} I_m$ 이므로 $\sin \omega t = \dfrac{1}{\sqrt{2}}$ 이다.
∴ $\omega t = 45°$ [답] ③

16 전선의 길이를 4배로 늘렸을 때, 처음의 저항값을 유지하기 위해서는 도선의 반지름을 어떻게 해야 하는가?
① 1/4로 줄인다. ② 1/2로 줄인다.
③ 2배로 늘인다. ④ 4배로 늘인다.

풀이
저항 $R = \rho\dfrac{\ell}{A}[\Omega]$ 에서 길이 ℓ을 4배로 늘리면 면적 A도 4배로 늘려야 저항값이 일정하게 유지된다. 면적 $A = \pi r^2$ 식에서 반지름 r을 2배로 늘이면 면적 A가 4배가 된다.
[답] ③

17 전류에 의해 만들어지는 자기장의 자기력선 방향을 간단하게 알아내는 방법은?
① 플레밍의 왼손 법칙
② 렌츠의 자기유도 법칙
③ 앙페르의 오른나사 법칙
④ 패러데이의 전자유도 법칙

풀이

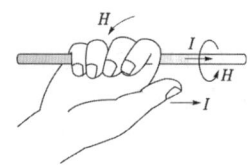

앙페르의 오른나사 법칙 : 전류가 흐르는 도체의 주위에는 원형의 자력선이 생기고, 그 자기력선의 방향을 알 수 있는 법칙
• 엄지손가락 : 전류의 방향
• 나머지손가락 : 자기력선의 방향
[답] ③

18 자기인덕턴스가 각각 L_1과 L_2인 2개의 코일이 직렬로 가동접속 되었을 때, 합성 인덕턴스는? (단, 자기력선에 의한 영향을 서로 받는 경우이다)
① $L = L_1 + L_2 - M$
② $L = L_1 + L_2 - 2M$
③ $L = L_1 + L_2 + M$
④ $L = L_1 + L_2 + 2M$

풀이
직렬 접속 시 합성 인덕턴스
• 가동접속(같은 방향, 가극성) $L_0 = L_1 + L_2 + 2M$[H]
• 차동접속(반대 방향, 감극성) $L_0 = L_1 + L_2 - 2M$[H]
[답] ④

19 Y결선의 전원에서 각 상전압이 100[V]일 때 선간전압은 약 몇 [V] 인가?
① 100 ② 150
③ 173 ④ 195

풀이
Y결선에서 $V_l = \sqrt{3}\,V_P$, $I_l = I_P$ 이므로
∴ $V_l = \sqrt{3} \times 100 = 173[\mathrm{V}]$
[답] ③

20 그림에서 a-b간의 합성저항은 c-d간의 합성저항 보다 몇 배인가?
① 1배
② 2배
③ 3배
④ 4배

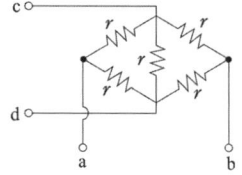

풀이
a-b간 합성저항은

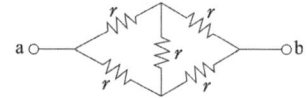

휘스톤 브리지 평형조건을 만족하므로 $R_{ab} = r[\Omega]$ 이고

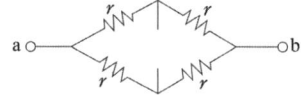

c-d 간 합성저항은 다음 그림과 같이 병렬관계로 해석하여 $R_{cd} = \dfrac{1}{\dfrac{1}{2r} + \dfrac{1}{r} + \dfrac{1}{2r}} = \dfrac{r}{2}[\Omega]$이 된다.

∴ $\dfrac{R_{ab}}{R_{cd}} = \dfrac{r}{\dfrac{r}{2}} = 2$
[답] ②

21 전력계통에 접속되어 있는 변압기나 장거리 송전시 정전용량으로 인한 충전특성 등을 보상하기 위한 기기는?
① 유도 전동기 ② 동기 발전기
③ 유도 발전기 ④ 동기 조상기

풀이
동기조상기는 리액터 및 콘덴서 역할이 모두 가능해 빠른 전류 및 늦은 전류를 모두 보상할 수 있다.
[답] ④

22 유도전동기의 제동법이 아닌 것은?
① 3상제동 ② 발전제동
③ 회생제동 ④ 역상제동

풀이
유도전동기 제동법
- 발전제동 : 제동시 전원으로 분리한 직류전원을 연결하면 계자에 고정자속이 생기고 회전자에 교류기전력이 발생하여 제동력이 발생
- 회생제동 : 유도 전동기를 유도 발전기로 동작시켜 그 발생전력을 전원에 반환하면서 제동하는 방법
- 역상제동 : 운전 중인 유도전동기에 회전방향과 반대방향 토크를 발생시켜서 급속 정지시키는 방법이다. **[답]** ①

23 다음 단상 유도 전동기 중 기동토크가 큰 것부터 옳게 나열한 것은?

| ㉠ 반발 기동형 | ㉡ 콘덴서 기동형 |
| ㉢ 분상 기동형 | ㉣ 셰이딩 코일형 |

① ㉠ > ㉡ > ㉢ > ㉣
② ㉠ > ㉣ > ㉡ > ㉢
③ ㉠ > ㉢ > ㉣ > ㉡
④ ㉠ > ㉡ > ㉣ > ㉢

풀이
기동 토크가 큰 순서
반발 기동형 > 반발 유도형 > 콘덴서 기동형 > 분상 기동형 **[답]** ①

24 전력용 변압기의 내부고장 보호용 계전방식은?
① 역상 계전기 ② 차동 계전기
③ 접지 계전기 ④ 과전류 계전기

풀이
변압기 내부고장 보호용 계전기
브흐홀쯔 계전기, 비율차동 계전기, 차동계전기 **[답]** ②

25 애벌런치 항복 전압은 온도 증가에 따라 어떻게 변화하는가?
① 감소한다.
② 증가한다.
③ 증가했다 감소한다.
④ 무관하다.

풀이
애벌런치(Avalanche) 항복전압(Breakdown Voltage)
전자에서 항복이란 말은 역전압을 가했을 때 처음에는 전류가 거의 흐르지 않다가 어느 정도의 고전압에서 갑자기 전류가 흐르기 시작하는 것을 말하며 이때의 전압을 항복전압이라고 한다. 애벌런치는 '눈사태'란 의미로 눈사태처럼 급격하게 다이오드 접합의 항복을 일으키게 하는 현상. 애벌런치 항복은 온도가 증가하면 전압도 증가한다.
[답] ②

26 3상 유도전동기의 1차 입력 60[kW], 1차 손실 1[kW], 슬립 3[%]일 때 기계적 출력[kW]은?
① 62 ② 60
③ 59 ④ 57

풀이
2차 입력 $P_2 = P_1 - P_{1c} = 60 - 1 = 59[\text{kW}]$
비례식 $P_2 : P_{2c} : P_k = 1 : s : 1-s$ 에서
$\Rightarrow P_2 : P_k = 1 : 1-s$
$\therefore P_k = (1-s)P_2 = (1-0.03) \times 59 = 57.23[\text{kW}]$ **[답]** ④

27 동기 발전기의 병렬운전 조건이 아닌 것은?
① 기전력의 크기가 같을 것
② 기전력의 위상이 같을 것
③ 기전력의 주파수가 같을 것
④ 기전력의 용량이 같을 것

풀이
동기발전기 병렬운전 조건
- 기전력의 크기가 같을 것 → 무효순환전류
- 위상이 같을 것 → 동기화전류(유효횡류)
- 상회전이 같을 것 → 고조파 무효순환 전류
- 주파수가 같을 것 → 동기화전류가 주기적으로 흘러 난조가 발생
- 기전력의 파형이 같을 것 **[답]** ④

28 동기조상기를 과여자로 사용하면?
① 리액터로 작용
② 저항손의 보상
③ 일반부하의 뒤진 전류 보상
④ 콘덴서로 작용

풀이
동기조상기의 운전
- 과여자 : 용량성 부하로 동작 → 콘덴서로 동작
- 부족여자 : 유도성 부하로 동작 → 리액터로 동작
[답] ④

29 회전수 540[rpm], 12극, 3상 유도전동기의 슬립[%]은? (단, 주파수는 60[Hz] 이다.)
① 1   ② 4
③ 6   ④ 10

풀이
동기속도 $N_s = \dfrac{120f}{p} = \dfrac{120 \times 60}{12} = 600[\text{rpm}]$

유도전동기 슬립
$s = \dfrac{N_s - N}{N_s} \times 100[\%] = \dfrac{600 - 540}{600} \times 100 = 10[\%]$ **[답]** ④

30 변압기 V결선의 특징으로 틀린 것은?
① 고장 시 응급처치 방법으로 쓰인다.
② 단상변압기 2대로 3상 전력을 공급한다.
③ 부하 증가가 예상되는 지역에 시설한다.
④ V결선 시 출력은 △결선 시 출력과 그 크기가 같다.

풀이
출력비 = $\dfrac{\text{V결선 출력}}{\triangle\text{결선 출력}} = \dfrac{\sqrt{3}}{3} ≒ 0.577$ **[답]** ④

31 보호구간에 유입하는 전류와 유출하는 전류의 차에 의해 동작하는 계전기는?
① 비율차동 계전기   ② 거리 계전기
③ 방향 계전기   ④ 부족전압 계전기

풀이
각종 계전기
① 비율차동계전기 : 변압기 내부 고장발생 시 1·2차 측에 설치한 CT 2차 측의 억제 코일에 흐르는 전류차가 일정비율 이상이 되었을 때 계전기가 동작하는 방식으로 주로 변압기 단락보호용으로 사용
② 거리 계전기 : 고장점까지의 리액턴스를 측정하는 요소를 갖추고 있어, 동작시간이 고장점까지의 거리에 따라 변화하는 계전기
③ 방향 계전기 : 조류가 있는 전력계통에서 보호하고자 하는 쪽만의 사고를 감지하고자 사용하는 계전기
④ 부족전압 계전기 : 일정한 값 이하의 값으로 전압이 떨어지는 것을 감지 동작하는 계전기 **[답]** ①

32 정류자와 접촉하여 전기자 권선과 외부 회로를 연결하는 역할을 하는 것은?
① 계자   ② 전기자
③ 브러시   ④ 계자철심

풀이
직류기의 주요 3요소
• 계자(Field Magnet) : 자속(ϕ)을 만드는 부분
• 전기자(Armature) : 계자에서 만든 자속을 끊어 기전력을 유도
• 정류자(Commutator) : 유도된 기전력을 정류작용
이외에 브러시는 정류자면에 접촉하여 전기자 권선과 외부회로를 연결하는 역할을 한다. **[답]** ③

33 반파 정류 회로에서 변압기 2차 전압의 실효치를 $E[\text{V}]$라 하면 직류 전류 평균치는? (단, 정류기의 전압강하는 무시한다.)
① $\dfrac{E}{R}$

② $\dfrac{1}{2} \cdot \dfrac{E}{R}$

③ $\dfrac{2\sqrt{2}}{\pi} \cdot \dfrac{E}{R}$

④ $\dfrac{\sqrt{2}}{\pi} \cdot \dfrac{E}{R}$

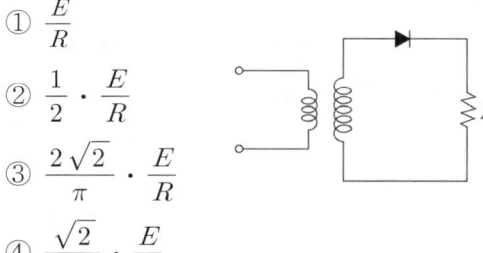

풀이
단상반파 $E_d = \dfrac{\sqrt{2}}{\pi} E = 0.45E[\text{V}]$

단상전파 $E_d = \dfrac{2\sqrt{2}}{\pi} E = 0.9E[\text{V}]$

∴ 단상반파 전류 $I_d = \dfrac{\sqrt{2}}{\pi} \cdot \dfrac{E}{R} = 0.45\dfrac{E}{R}[\text{A}]$ **[답]** ④

34 변압기 내부고장 시 급격한 유류 또는 gas의 이동이 생기면 동작하는 브흐홀쯔 계전기의 설치 위치는?
① 변압기 본체
② 변압기의 고압측 부싱
③ 컨서베이터 내부
④ 변압기 본체와 콘서베이터를 연결하는 파이프

풀이

[답] ④

35 변압기의 백분율저항강하가 2[%], 백분율리액턴스강하가 3[%]일 때 부하역률이 80[%]인 변압기의 전압변동률[%]은?

① 1.2 ② 2.4
③ 3.4 ④ 3.6

풀이
변압기의 전압변동률
$\varepsilon = p\cos\theta + q\sin\theta [\%]$
$\therefore \varepsilon = 2 \times 0.8 + 3 \times 0.6 = 3.4[\%]$ [답] ③

36 부하의 저항을 어느 정도 감소시켜도 전류는 일정하게 되는 수하특성을 이용하여 정전류를 만드는 곳이나 아크용접 등에 사용되는 직류 발전기는?

① 직권발전기 ② 분권발전기
③ 가동복권발전기 ④ 차동복권발전기

풀이
차동복권발전기는 외부특성곡선이 수하특성을 가지며 용접기용 전원에 적합 [답] ④

37 극수 10, 동기속도 600[rpm]인 동기 발전기에서 나오는 전압의 주파수는 몇 [Hz]인가?

① 50 ② 60
③ 80 ④ 120

풀이
동기기의 회전수 $N_s = \dfrac{120f}{p}$
$\therefore f = \dfrac{N_s p}{120} = \dfrac{600 \times 10}{120} = 50[Hz]$ [답] ①

38 직류 전동기의 규약 효율을 표시하는 식은?

① $\dfrac{출력}{출력+손실} \times 100[\%]$
② $\dfrac{출력}{입력} \times 100[\%]$
③ $\dfrac{입력-손실}{입력} \times 100[\%]$
④ $\dfrac{입력}{출력+손실} \times 100[\%]$

풀이
- 발전기 규약효율 = $\dfrac{출력}{출력+손실} \times 100[\%]$
  ; 발전기 및 변압기 규약효율은 출력기준

- 전동기 규약효율 = $\dfrac{입력-손실}{입력} \times 100[\%]$
  ; 전동기 규약효율은 입력기준 [답] ③

39 그림은 전력제어 소자를 이용한 위상제어 회로이다. 전동기의 속도를 제어하기 위해서 '가'부분에 사용되는 소자는?

① 전력용 트랜지스터
② 제너 다이오드
③ 트라이액
④ 레귤레이터 78XX 시리즈

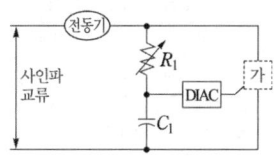

풀이
전파위상제어회로 : C_1 콘덴서 충전전압이 다이액의 임계전압을 넘어서면 다이액을 통해 트라이액의 게이트를 통과하여 충전전압이 인가되고 트라이액이 도통됨. [답] ③

40 가정용 선풍기나 세탁기 등에 많이 사용되는 단상 유도 전동기는?

① 분상 기동형 ② 콘덴서 기동형
③ 영구 콘덴서 전동기 ④ 반발 기동형

풀이
영구 콘덴서 전동기
콘덴서 전동기의 일종으로써 일정한 값의 콘덴서를 항상 접속해 두는 것으로, 기동토크는 적고 운전시의 특성도 양호하지 않지만, 원심력스위치가 필요 없고 가격도 싸므로 큰 기동토크를 요구하지 않는 **선풍기, 전기냉장고, 전기세탁기** 등에 널리 사용되며 기동토크는 20~100[%] 이다. [답] ③

41 저압 연접 인입선은 인입선에서 분기하는 점으로부터 몇 [m]를 넘지 않는 지역에 시설하고 폭 몇 [m]를 넘는 도로를 횡단하지 않아야 하는가?

① 50[m], 4[m] ② 100[m], 5[m]
③ 150[m], 6[m] ④ 200[m], 8[m]

풀이
연접인입선 조건
- 옥내통과 말 것
- 5[m]도로 횡단말 것
- 100[m] 넘지 말 것 [답] ②

42 전주를 건주할 경우에 A종 철근콘크리트주의 길이가 10[m]이면 땅에 묻는 표준 깊이는 최저 약 몇 [m]인가? (단, 설계하중이 6.8[kN] 이하이다.)

① 2.5　　② 3.0
③ 1.7　　④ 2.4

풀이
전주가 땅에 묻히는 깊이
- 전주의 길이 15[m] 이하 : 1/6 이상
- 전주의 길이 15[m] 이상 : 2.5[m] 이상
- 철근 콘크리트 전주로서 길이가 14[m] 이상 20[m] 이하이고, 설계하중이 6.8[kN] 초과 9.8[kN] 이하인 것은 30[cm]을 가산한다

$\therefore 10 \times \frac{1}{6} = 1.66 ≒ 1.7[m]$　　[답] ③

43 옥측 또는 옥외에 시설하는 배전반 및 분전반을 시설하는 경우에 사용하는 케이블로 옳은 것은?

① 난연성 케이블
② 광섬유 케이블
③ 차폐 케이블
④ 수밀형 케이블

풀이
배전반 및 분전반(캐비닛을 포함한다.)을 옥측 또는 옥외에 시설하는 경우는 방수형의 것을 사용하여야한다.
[답] ④

44 일반적으로 학교 건물이나 은행 건물 등의 간선의 수용률은 얼마인가?

① 50[%]　　② 60[%]
③ 70[%]　　④ 80[%]

풀이
간선의 수용률

건물 종류	수용률[%]	
	10[kVA]이하	10[kVA]초과
주택, 아파트, 기숙사, 여관, 호텔, 병원	100	50
사무실, 은행, 학교	100	70

[답] ③

45 연선 결정에 있어서 중심 소선을 뺀 층수가 2층이다. 소선의 총수 N은 얼마인가?

① 45　　② 39
③ 19　　④ 9

풀이
총 소선수 : $N = 3n(n+1) + 1$[개]

층수(n)	1	2	3	4	5
총 소선수(N)	7	19	37	61	91

$\therefore N = 3n(n+1) + 1 = 3 \times 2 \times (2+1) + 1 = 19$　　[답] ③

46 사람이 접촉될 우려가 있는 곳에 시설하는 경우 접지극은 지하 몇 [cm]이상의 깊이에 매설하여야 하는가?

① 30　　② 45
③ 50　　④ 75

풀이
접지선의 시설기준
- 접지극은 **지하 75[cm] 이상**의 깊이로 매설할 것
- 접지선을 철주 기타의 금속체를 따라서 시설하는 경우에는 접지극을 철주의 밑면으로부터 30[cm] 이상의 깊이에 매설하는 경우 이외에는 접지극을 지중에서 그 금속체로부터 1[m]이상 떼어 매설할 것
- 접지선은 접지극에서 지표상 60[cm]까지의 부분에는 절연전선, 캡타이어 케이블 또는 케이블을 사용할 것
- 접지선의 지하 75[cm]로부터 지표상 2[m]까지의 부분을 두께 2[mm] 이상의 합성수지관 또는 이와 동등 이상의 절연효력 및 강도를 가지는 것으로 덮을 것　[답] ④

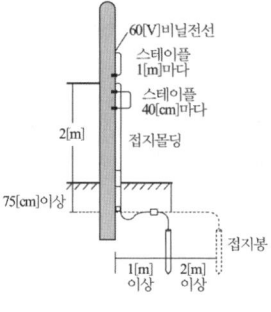

47 금속관배선 공사에 의한 저압 옥내배선에서 잘못된 것은?

① 전선은 절연전선일 것
② 금속관 안에서는 전선의 접속점이 없도록 할 것
③ 알루미늄 전선은 단면적 16[mm^2] 초과 시 연선을 사용할 것
④ 옥외용 비닐절연전선을 사용할 것

[풀이]
금속관배선 공사의 전선은 절연전선(옥외용 비닐절연전선을 제외한다)일 것. **[답] ④**

48 일반적으로 저압가공 인입선이 도로를 횡단하는 경우 노면상 시설하여야 할 높이는?
① 4[m] 이상   ② 5[m] 이상
③ 6[m] 이상   ④ 6.5[m] 이상

[풀이]
저압 가공인입선의 지표상 높이
• 도로횡단 : 5[m] 이상
• 철도, 궤도 횡단 : 6.5[m] 이상
• 횡단보도교 위 : 3[m] 이상
• 일반장소 : 4[m] 이상 **[답] ②**

49 전동기에 접지공사를 하는 주된 이유는?
① 보안상   ② 미관상
③ 역률 증가   ④ 감전사고 방지
[답] ④

50 금속관공사시 과전류보호장치 용량이 100[A]이다. 접지공사시 시행해야하는 보호도체 규격[mm²]은 얼마이상이어야 하는가?
① 2.5[mm²]   ② 4[mm²]
③ 6[mm²]   ④ 16[mm²]

[풀이]
보호도체가 케이블의 일부가 아니거나 상도체와 동일 외함에 설치되지 않을 경우

구 분	구리	알루미늄
기계적 손상에 대해 보호(전선관설치)	2.5[mm²] 이상	16[mm²] 이상
기계적 손상에 대해 보호 되지 않는 경우	4[mm²] 이상	16[mm²] 이상

■ 케이블의 일부가 아니라도 전선관 및 트렁킹 내부에 설치되거나, 이와 유사한 방법으로 보호되는 경우 기계적으로 보호되는 것으로 간주한다. **[답] ①**

51 교류회로의 왕복회선을 동일관 내에 넣어 전자적으로 평형을 유지시켜야 하는 공사방법은?

① 경질비닐전선관공사
② 연질전선관공사
③ 합성수지 몰드공사
④ 금속전선관공사

[풀이]
전자적 평형
교류회로는 1회로의 전선 전부를 동일 관내에 넣는 것을 원칙으로 한다. 다만, 동극 왕복선을 동일 관내에 넣는 경우와 같이 전자적 평형상태로 시설하는 것은 적용하지 않는다. **[답] ④**

52 전선 접속 방법 중 트위스트 직선 접속의 설명으로 옳은 것은?
① 연선의 직선 접속에 적용된다.
② 연선의 분기 접속에 적용된다.
③ 6[mm²] 이하의 가는 단선인 경우에 적용된다.
④ 6[mm²] 이상의 굵은 단선인 경우에 적용된다.

[풀이]
단선의 직선 접속
• 트위스트 접속 : 6[mm²] 이하 단선

• 브리타니어 접속 : 10[mm²] 이상의 전선

[답] ③

53 변전소의 전력기기를 시험하기 위해 회로를 분리하거나 계통의 접속을 바꾸는 경우에 사용하는 것은?
① 나이프 스위치   ② 차단기
③ 퓨즈   ④ 단로기

[풀이]
단로기는 계통의 접속을 바꾸거나 무부하 회로를 분리하는 데 쓰이게 된다. **[답] ④**

54 불연성 먼지가 많은 장소에서 시설할 수 없는 옥내 배선 공사 방법은?
① 금속관공사
② 금속제 가요전선관공사
③ 두께가 1.2[mm]인 합성수지관공사
④ 애자 사용공사

[풀이]

불연성 먼지가 많은 장소 가능 배선공사
- 애자 사용공사
- 합성수지관공사(두께 2[mm] 이상)
- 금속전선관공사 • 금속제 가요전선관공사
- 금속 덕트공사 • 버스덕트공사, 케이블공사 [답] ③

55 애자사용배선공사에서 전선의 지지점 간의 거리는 전선을 조영재의 위면 또는 옆면에 따라 붙이는 경우에는 몇 [m] 이하인가?(400V 이하)
① 1 ② 2
③ 2.5 ④ 3

[풀이]

사용전압 거리	400[V] 이하인 경우	400[V] 초과인 경우	고압
전선상호 간의 거리	0.06[m] 이상		0.08[m] 이상
전선과 조영 재간의 거리	25[mm] 이상	45[mm]이상(건조한 장소 25[mm] 이상)	50[mm] 이상
지지점간 거리	조영재의 위면 또는 옆면에 따라 붙일 경우 2[m] 이하	조영재의 위면 또는 옆면에 따라 붙일 경우 6[m] 이하	6[m] 조영재의 면에 따라 붙일 경우 2[m]이하

[답] ②

56 저압크레인 또는 호이스트 등의 트롤리선을 애자 공사에 의하여 옥내의 노출장소에 시설하는 경우 트롤리선의 바닥에서의 최소 높이는 몇 [m] 이상으로 설치하는가?
① 2 ② 2.5
③ 3 ④ 3.5

[풀이]
옥내에 시설하는 저압 접촉전선 공사
전선의 바닥에서의 높이는 **3.5[m]이상**으로 하고 접촉할 우려가 없도록 할 것 [답] ④

57 제분공장 등 먼지가 항상 가득 찰 우려가 있는 장소에 있어서 저압옥내배선을 시설할 때 할 수 없는 공사는?
① 금속 덕트공사 ② 금속관공사
③ 합성수지관공사 ④ 케이블공사

[풀이]
가연성 분진이 존재하는 곳(소맥분, 전분, 유황 기타)의 가연성 먼지로서 공중에 떠다니는 상태에서 착화하였을 때, 폭발의 우려가 있는 곳의 저압 옥내 배선은 합성 수지관 공사, 금속관 공사, 케이블 공사에 의하여 시설한다.
[답] ①

58 굵은 전선이나 케이블을 절단할 때 사용되는 공구는?
① 클리퍼 ② 펜치
③ 나이프 ④ 플라이어

[풀이]
케이블 등 굵은 전선을 자를 때는 클리퍼(Clipper)를 사용

[답] ①

59 설비용량 600[kW], 부등률 1.2, 수용률 0.6일 때 합성최대 전력은?
① 240[kW] ② 300[kW]
③ 432[kW] ④ 833[kW]

[풀이]
$$부등률 = \frac{각각의\ 최대전력의\ 합}{합성최대수용전력}$$
$$= \frac{\Sigma(수용설비용량 \times 수용률)}{합성최대수용전력}$$
$$합성최대수용전력 = \frac{\Sigma(수용설비용량 \times 수용률)}{부등률}$$
$$= \frac{600 \times 0.6}{1.2} = 300[kW]$$ [답] ②

60 저압전로에서 사용하는 과전류 차단용 50[A] 퓨즈를 수평으로 붙인 경우 용단되어야 할 전류는 정격전류의 몇 배로 정하고 있는가?
① 2.1배 ② 1.9배
③ 1.6배 ④ 1.25배

[풀이]
〈퓨즈(gG)의 용단특성〉

정격전류의 구분	시간	정격전류의 배수	
		불용단전류	용단전류
4[A] 이하	60분	1.5배	2.1배
4[A]초과 16[A]미만	60분	1.5배	1.9배
16[A]이상 63[A]이하	60분	1.25배	1.6배
63[A]초과 160[A]이하	120분	1.25배	1.6배
160[A]초과 400[A]이하	180분	1.25배	1.6배
400[A] 초과	240분	1.25배	1.6배

[답] ③

전기기능사 필기 실전 모의고사 제21회

01 표준 연동선의 고유저항 값은 몇 [Ω·mm²/m]인가?
① 1/55 ② 1/56
③ 1/57 ④ 1/58

풀이
연동선[annealed copper wire]의 고유저항
$\frac{1}{58}[\Omega \cdot mm^2/m]$
경동선[Hard-drown copper wire]의 고유저항
$\frac{1}{56}[\Omega \cdot mm^2/m]$ **[답]** ④

02 각속도 $\omega=300$[rad/sec]인 사인파 교류의 주파수[Hz]는 얼마인가?
① $\frac{70}{\pi}$ ② $\frac{150}{\pi}$
③ $\frac{180}{\pi}$ ④ $\frac{360}{\pi}$

풀이
각속도 $\omega=2\pi f$[rad/sec]
$\therefore f=\frac{300}{2\pi}=\frac{150}{\pi}$[Hz] **[답]** ②

03 그림과 같이 I[A]의 전류가 흐르고 있는 도체의 미소부분 Δl의 전류에 의해 이 부분이 r[m] 떨어진 점 P의 자기장 ΔH[A/m]는?

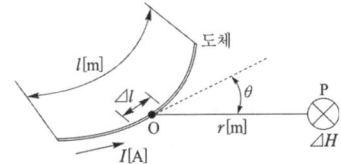

① $\Delta H=\frac{I^2 \Delta l \sin\theta}{4\pi r^2}$

② $\Delta H=\frac{I \Delta l^2 \sin\theta}{4\pi r}$

③ $\Delta H=\frac{I^2 \Delta l \sin\theta}{4\pi r}$

④ $\Delta H=\frac{I \Delta l \sin\theta}{4\pi r^2}$

풀이
비오-사바르의 법칙으로 전류에 의한 자기장의 세기를 구할 수 있다. **[답]** ④

04 유효전력의 식으로 옳은 것은?
(단, E는 전압, I는 전류, θ는 위상각이다.)
① $EI\cos\theta$ ② $EI\sin\theta$
③ $EI\tan\theta$ ④ EI

풀이
① 유효전력 : $EI\cos\theta$[W]
② 무효전력 : $EI\sin\theta$[var]
④ 피상전력 : EI[VA] **[답]** ①

05 비유전율이 큰 산화티탄 등을 유전체로 사용한 것으로 극성이 없으며 가격에 비해 성능이 우수하여 널리 사용되고 있는 콘덴서의 종류는?
① 전해 콘덴서 ② 세라믹 콘덴서
③ 마일러 콘덴서 ④ 마이카 콘덴서

풀이
콘덴서의 종류
- 전해 콘덴서 : 전기 분해로 금속의 표면에 얇은 산화피막을 만들어 유전체로 사용하고 극성을 가지고 있어 교류 회로에는 사용할 수 없다.
- 세라믹 콘덴서 : 전극사이의 유전체로 티탄산바륨과 같은 비유전율이 큰 재료가 사용되며 가격에 비해 성능이 우수하여 가장 많이 사용된다.
- 마일러 콘덴서 : 얇은 폴리에스테르필름을 유전체로 하여 양면에 금속막을 대고 원통형으로 감은 것으로 내열성과 절연저항이 양호
- 마이카 콘덴서 : 온도 변화에 따른 용량 변화가 작고 절연 저항이 높은 특성을 갖고 있으므로 표준 콘덴서로도 사용된다. **[답]** ②

06 공기 중에서 m[Wb]의 자극으로부터 나오는 자력선의 총수는 얼마인가? (단, μ는 물체의 투자율이다.)
① m ② μm
③ $\frac{m}{\mu}$ ④ $\frac{\mu}{m}$

> **풀이**

가우스 정리 : 임의의 폐곡면 내 자하량 m[Wb]가 있을 때 이 폐곡면을 통해서 나오는 자기력선의 총수

$$N = \frac{m}{\mu} = \frac{m}{\mu_s \cdot \mu_0} [\text{개}]$$

[답] ③

07 히스테리시스 곡선에서 가로축과 만나는 점과 관계있는 것은?
① 보자력
② 잔류자기
③ 자속밀도
④ 기자력

> **풀이**

히스테리시스곡선(Hysteresis Loop)
종축(자속밀도 B)과의 교점은 잔류자기 B_r이라 하며, 횡축(자장의 세기 H)과의 교점은 보자력 H_c라 한다.

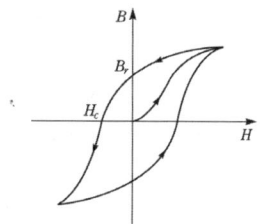

[답] ①

08 전류의 방향과 자장의 방향은 각각 나사의 진행 방향과 회전 방향에 일치 한다와 관계가 있는 법칙은?
① 플레밍의 오른손 법칙
② 앙페르의 오른나사법칙
③ 플레밍의 왼손법칙
④ 키르히호프의 법칙

> **풀이**

앙페르의 오른나사 법칙
전류가 흐르는 도체의 주위에는 원형의 자력선이 생기고, 그 **자기력선의 방향**을 알 수 있는 법칙
• 엄지손가락 : 전류의 방향
• 나머지손가락 : 자기력선의 방향

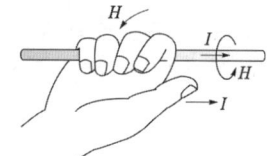

[답] ②

09 정전에너지 W[J]를 구하는 식으로 옳은 것은? (단, C는 콘덴서용량[μF], V는 공급전압 [V] 이다.)
① $W = \frac{1}{2}CV^2$
② $W = \frac{1}{2}CV$
③ $W = \frac{1}{2}C^2V$
④ $W = 2CV^2$

> **풀이**

정전에너지 : 콘덴서에 전압을 인가하고, 전하가 축적되는 경우에 축적되는 에너지[J]

$$W = \frac{1}{2}QV = \frac{1}{2}CV^2 = \frac{Q^2}{2C} [\text{J}]$$

[답] ①

10 어떤 물질이 정상 상태보다 전자수가 많아져 전기를 띠게 되는 현상을 무엇이라 하는가?
① 충전
② 방전
③ 대전
④ 분극

> **풀이**

• (+)대전 : 양전기, 물질이 전자를 잃어 자유전자가 양성자보다 적은 상태(전자의 부족)
• (−)대전 : 음전기, 물질이 전자를 얻어 자유전자가 양성자보다 많은 상태(전자의 과잉)

[답] ③

11 교류에서 파형률은?
① 파형률 = $\frac{\text{최대값}}{\text{실효값}}$
② 파형률 = $\frac{\text{실효값}}{\text{평균값}}$
③ 파형률 = $\frac{\text{평균값}}{\text{실효값}}$
④ 파형률 = $\frac{\text{최대값}}{\text{평균값}}$

> **풀이**

파형율 = $\frac{\text{실효값}}{\text{평균값}}$, 파고율 = $\frac{\text{최대값}}{\text{실효값}}$

[답] ②

12 RL 직렬회로에 교류전압 $v = V_m \sin\theta$[V]를 가했을 때 회로의 위상각 θ를 나타낸 것은?
① $\theta = \tan^{-1}\frac{R}{\omega L}$
② $\theta = \tan^{-1}\frac{\omega L}{R}$
③ $\theta = \tan^{-1}\frac{1}{R\omega L}$
④ $\theta = \tan^{-1}\frac{R}{\sqrt{R^2 + (\omega L)^2}}$

풀이

위상각 $\theta = \tan^{-1}\dfrac{X_L}{R} = \tan^{-1}\dfrac{\omega L}{R}$ [답] ②

13 정격전압에서 1[kW]의 전력을 소비하는 저항에 정격의 90[%] 전압을 가했을 때, 전력은 몇 [W]가 되는가?

① 630[W]   ② 780[W]
③ 810[W]   ④ 900[W]

풀이

$P=\dfrac{V^2}{R}$ 이므로 $P \propto V^2$이다.

$\therefore P' = 0.9^2 \times 1000 = 810[W]$ [답] ③

14 $+Q_1[C]$과 $-Q_2[C]$의 전하가 진공 중에서 $r[m]$의 거리에 있을 때 이들 사이에 작용하는 정전기력 $F[N]$는?

① $F = 9 \times 10^{-7} \times \dfrac{Q_1 Q_2}{r^2}$

② $F = 9 \times 10^{-9} \times \dfrac{Q_1 Q_2}{r^2}$

③ $F = 9 \times 10^{9} \times \dfrac{Q_1 Q_2}{r^2}$

④ $F = 9 \times 10^{10} \times \dfrac{Q_1 Q_2}{r^2}$

풀이

쿨롱의 법칙

임의의 공간내에서 두 점전하 Q_1, Q_2 사이에 작용하는 정전기력의 크기는 두 전하량의 곱에 비례하고, 전하사이의 거리의 제곱에 반비례한다.

$F = \dfrac{1}{4\pi\varepsilon} \times \dfrac{Q_1 \cdot Q_2}{r^2}$[N]이고 진공시 $\varepsilon_s = 1$이므로

$F_0 = \dfrac{1}{4\pi\varepsilon_0} \times \dfrac{Q_1 \cdot Q_2}{r^2} = 9 \times 10^9 \times \dfrac{Q_1 \cdot Q_2}{r^2}$[N] [답] ③

15 3상 220[V], △결선에서 1상의 부하가 $Z = 8 + j6[\Omega]$이면 선전류[A]는?

① 11   ② $22\sqrt{3}$
③ 22   ④ $\dfrac{22}{\sqrt{3}}$

풀이

선전류 $I_l = \sqrt{3} \times I_p = \sqrt{3} \times \dfrac{V_p}{Z} = \sqrt{3} \times \dfrac{220}{10}$
$= 22\sqrt{3}$[A] [답] ②

16 같은 저항 4개를 그림과 같이 연결하여 a-b간에 일정전압을 가했을 때 소비전력이 가장 큰 것은 어느 것인가?

①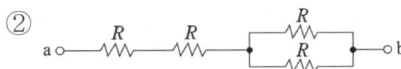

②

③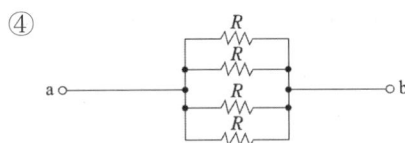

④
```
a ○─┬─┬─┬─○ b
    R R R R
```

풀이

소비전력이 가장 큰 조합은 합성저항이 가장 작은 경우이다.

① $R_0 = R + R + R + R = 4R$

② $R_0 = R + R + \dfrac{R \times R}{R + R} = \dfrac{3}{2}R$

③ $R_0 = \dfrac{R \times R}{R + R} + \dfrac{R \times R}{R + R} = R$

④ $R_0 = \dfrac{1}{\dfrac{1}{R} + \dfrac{1}{R} + \dfrac{1}{R} + \dfrac{1}{R}} = \dfrac{1}{4}R$ [답] ④

17 전원과 부하가 다같이 △결선된 3상 평형회로가 있다. 상전압이 200[V], 부하 임피던스가 $Z = 6 + j8[\Omega]$인 경우 선 전류는 몇 [A]인가?

① 20
② $\dfrac{20}{\sqrt{3}}$
③ $20\sqrt{3}$
④ $10\sqrt{3}$

풀이

△결선 시 $I_l = \sqrt{3} I_p$

$\therefore I_l = \sqrt{3} I_p = \sqrt{3} \times \dfrac{V_p}{Z} = \sqrt{3} \times \dfrac{200}{\sqrt{6^2 + 8^2}} = 20\sqrt{3}$[A]

[답] ③

18 자속밀도 $B[\text{Wb/m}^2]$되는 균등한 자계 내에 길이 $\ell[\text{m}]$의 도선을 자계에 수직인 방향으로 운동시킬 때 도선에 $e[\text{V}]$의 기전력이 발생한다면 이 도선의 속도[m/s]는?

① $B\ell e \sin\theta$ ② $B\ell e \cos\theta$
③ $\dfrac{B\ell \sin\theta}{e}$ ④ $\dfrac{e}{B\ell \sin\theta}$

풀이
유도기전력 $e = B\ell v \sin\theta[\text{V}]$에서
속도 $v = \dfrac{e}{B\ell \sin\theta}[\text{m/s}]$ 이다.   **[답] ④**

19 자기회로의 길이 $l[\text{m}]$, 단면적 $A[\text{m}^2]$, 투자율 $\mu[\text{H/m}]$일 때 자기저항 $R[\text{AT/Wb}]$을 나타낸 것은?

① $R = \dfrac{\mu l}{A}[\text{AT/Wb}]$ ② $R = \dfrac{A}{\mu l}[\text{AT/Wb}]$
③ $R = \dfrac{\mu A}{l}[\text{AT/Wb}]$ ④ $R = \dfrac{l}{\mu A}[\text{AT/Wb}]$

풀이
자기저항 $R_m = \dfrac{\ell}{\mu A} = \dfrac{\ell}{\mu_0 \mu_s A}[\text{AT/Wb}]$
투자율과 단면적 $A[\text{m}^2]$에 반비례하고 자로의 길이 $\ell[\text{m}]$에 비례한다.   **[답] ④**

20 실효값 5[A], 주파수 f[Hz], 위상 60°인 전류의 순시값 i[A]를 수식으로 옳게 표현한 것은?

① $i = 5\sqrt{2} \sin\left(2\pi ft + \dfrac{\pi}{2}\right)$
② $i = 5\sqrt{2} \sin\left(2\pi ft + \dfrac{\pi}{3}\right)$
③ $i = 5 \sin\left(2\pi ft + \dfrac{\pi}{2}\right)$
④ $i = 5 \sin\left(2\pi ft + \dfrac{\pi}{3}\right)$

풀이
전류의 순시값 $i = I_m \sin\omega t[\text{A}]$
(여기서 최대값 = 실효값 $\times \sqrt{2}$,
각주파수 $\omega = 2\pi f[\text{rad/sec}]$, 위상 $\theta = \dfrac{\pi}{3}$)   **[답] ②**

21 주파수 60[Hz]를 내는 발전용 원동기인 터빈 발전기의 최고 속도는 얼마인가?
① 1800[rpm]   ② 2400[rpm]
③ 3600[rpm]   ④ 4800[rpm]

풀이
동기 속도 $N_s = \dfrac{120f}{p} = \dfrac{120 \times 60}{2} = 3600[\text{rpm}]$
(여기서 P는 최소극수 2)   **[답] ③**

22 유도전동기의 슬립을 측정하는 방법으로 옳은 것은?
① 전압계법
② 전류계법
③ 평형 브리지법
④ 스트로보법

풀이
슬립측정법 : 스트로보스코프법, 수화기법, 직류밀리볼트계법, 회전계법   **[답] ④**

23 다음 중 자기소호 기능이 가장 좋은 소자는?
① SCR   ② GTO
③ TRIAC   ④ LASCR

풀이
GTO(Gate Turn Off Thyristor)
자기소호 소자로 게이트에 흐르는 전류를 점호할 때의 전류와 반대로 흐르게 함으로서 GTO 소호   **[답] ②**

24 속도를 광범위하게 조정할 수 있으므로 압연기나 엘리베이터 등에 사용되는 직류 전동기는?
① 직권 전동기
② 분권 전동기
③ 타여자 전동기
④ 가동 복권 전동기

풀이
타여자 전동기는 속도를 광범위하게 조정할 수 있으므로 압연기나 엘리베이터 등에 사용된다.   **[답] ③**

25 다음 제동 방법 중 급정지하는 데 가장 좋은 제동법은?
① 발전제동   ② 회생제동
③ 역상제동   ④ 단상제동

풀이
플러깅(역전)제동 : 급제동시 사용하는 방법으로 역전제동이라 하며, 전기자의 접속을 반대로 바꾸어 회전방향과 반대의 토크를 발생시켜 제동   **[답]** ③

26 변압기를 △-Y로 연결할 때 1, 2차간의 위상차는?
① 30°   ② 45°
③ 60°   ④ 90°

풀이
변압기 △-Y, Y-△ 결선은 위상차 30° 발생   **[답]** ①

27 3상 동기발전기에서 전기자 전류가 무부하 유도기전력보다 π/2[rad] 앞선 경우(X_c만의 부하)의 전기자반작용은?
① 횡축반작용   ② 증자작용
③ 감자작용   ④ 편자작용

풀이
동기발전기의 전기자 반작용의 영향
• 전압과 전류가 동상인 전류 : 교차자화작용(횡축반작용)
• 진상(앞선)인 전류 : 증자작용(직축반작용)
• 지상(뒤진)인 전류 : 감자작용(직축반작용)   **[답]** ②

28 변압기의 효율이 가장 좋을 때의 조건은?
① 철손 = 동손   ② 철손 = 1/2동손
③ 동손 = 1/2철손   ④ 동손 = 2철손

풀이
변압기 최대 효율 조건
무부하손(철손) = 부하손(동손)   **[답]** ①

29 3상 변압기 병렬운전이 불가능한 결선 방식으로 짝지은 것은?
① △-△와 Y-Y
② △-Y와 △-Y
③ Y-Y와 Y-Y
④ △-△와 △-Y

풀이
변압기의 병렬 운전 불가능 : 홀수 조합은 불가능
• △-△와 △-Y, △-Y와 △-△, Y-Y와 Y-△ 등   **[답]** ④

30 다음 중 기동 토크가 가장 큰 전동기는?
① 분상기동형   ② 콘덴서모터형
③ 세이딩코일형   ④ 반발기동형

풀이
기동 토크가 큰 순서 : 반발 기동형 > 반발 유도형 > 콘덴서 기동형 > 분상 기동형   **[답]** ④

31 슬립 4[%]인 3상 유도전동기의 2차 동손이 0.4[kW]일 때 회전자 입력[kW]은?
① 6   ② 8
③ 10   ④ 12

풀이
유도기의 비례식
$P_2 : P_{2c} : P_k = 1 : s : 1-s$ 에서 $P_{2c} = sP_2$
∴ $P_2 = \dfrac{P_{2c}}{s} = \dfrac{0.4}{0.04} = 10[\text{kW}]$ **[답]** ③

32 다음은 3상 유도전동기 고정자 권선의 결선도를 나타낸 것이다. 맞는 사항을 고르시오.

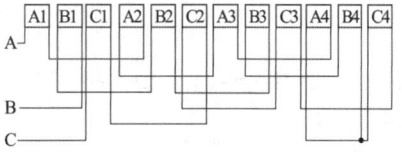

① 3상 2극, Y 결선   ② 3상 4극, Y 결선
③ 3상 2극, △ 결선   ④ 3상 4극, △ 결선

풀이
3상(A, B, C), 4극이며 각 권선의 끝(A4, B4, C4)이 접속되어 있으므로 Y결선이다.   **[답]** ②

33 3상 동기 전동기의 토크에 대한 설명으로 옳은 것은?
① 공급전압 크기에 비례한다.
② 공급전압 크기의 제곱에 비례한다.
③ 부하각 크기에 반비례한다.
④ 부하각 크기의 제곱에 비례한다.

풀이

$\tau = \dfrac{V_l E_l}{w x_s}\sin\delta\,[\text{N}\cdot\text{m}]$

(V_l : 선간 전압, E_l : 선간 기전력, w : 각속도, δ : 부하각)

∴ 동기기의 토크와 전압과의 관계 $\tau \propto V$ 　　【답】①

34 변압기의 퍼센트 저항강하가 3[%], 퍼센트 리액턴스강하가 4[%] 이고, 역률이 80[%] 지상이다. 이 변압기의 전압변동률[%]은?

① 3.2　　② 4.8
③ 5.0　　④ 5.6

풀이

변압기의 전압변동률
- $\epsilon = p\cos\theta + q\sin\theta = 3\times 0.8 + 4\times 0.6 = 4.8[\%]$ 　【답】②

35 낮은 전압을 높은 전압으로 승압할 때 일반적으로 사용되는 변압기의 3상 결선방식은?

① △-△　　② △-Y
③ Y-Y　　④ Y-△

풀이

△-Y 결선법은 2차 측의 선간 전압이 권선 전압 $\sqrt{3}$ 배가 되므로 발전소용 변압기와 같이 승압용 변압기에 주로 사용된다.
- △-Y : 승압용
- Y-△ : 강압용　　【답】②

36 동기기에 제동권선을 설치하는 이유로 옳은 것은?

① 역률 개선
② 출력 증가
③ 전압 조정
④ 난조 방지

풀이

동기기의 난조 방지 대책
- 제동권선을 설치(가장 유효한 대책)
- 조속기의 감도를 적당히 조정
- 플라이 휠 효과를 높일 것　　【답】④

37 직류를 교류로 변환하는 기기는?

① 변류기　　② 정류기
③ 초퍼　　④ 인버터

풀이

- DC → AC로 변환 : 인버터(inverter, 역변환 장치)
- AC → DC로 변환 : 컨버터(converter, 순변환 장치)
- DC → DC로 변환 : 초퍼
- AC → AC로 변환 : 사이클로 컨버터　　【답】④

38 복권 발전기의 병렬 운전을 안전하게 하기 위해서 두 발전기의 전기자와 직권 권선의 접촉점에 연결하여야 하는 것은?

① 집전환　　② 균압선
③ 안정저항　　④ 브러시

풀이

직권과 복권 발전기의 경우 수하특성을 가지지 않아 직권 계자에 균압선을 연결, 전압상승을 같게 하여 병렬 운전을 할 수 있다.　　【답】②

39 동기 전동기에 대한 설명으로 옳지 않은 것은?

① 정속도 전동기로 비교적 회전수가 낮고 큰 출력이 요구되는 부하에 이용된다.
② 난조가 발생하기 쉽고 속도제어가 간단하다.
③ 전력계통의 전류세기, 역률 등을 조정할 수 있는 동기 조상기로 사용된다.
④ 가변 주파수에 의해 정밀속도 제어 전동기로 사용된다.

풀이

동기전동기는 난조를 일으킬 염려가 있고 속도 조정을 할 수 없다.　　【답】②

40 변압기의 규약 효율은?

① $\dfrac{\text{출력}}{\text{입력}}$　　② $\dfrac{\text{출력}}{\text{출력} + \text{손실}}$

③ $\dfrac{\text{출력}}{\text{입력} + \text{손실}}$　　④ $\dfrac{\text{입력} - \text{손실}}{\text{입력}}$

풀이

- 발전기(변압기) 규약효율 = $\dfrac{\text{출력}}{\text{출력}+\text{손실}}\times 100[\%]$; 출력기준
- 전동기 규약효율 = $\dfrac{\text{입력}-\text{손실}}{\text{입력}}\times 100[\%]$; 입력기준

【답】②

41 가요 전선관 공사에서 가요 전선관의 상호 접속에 사용하는 것은?
① 유니언 커플링
② 2호 커플링
③ 콤비네이션 커플링
④ 스플릿 커플링

풀이
- 가요 전선관 상호의 접속 : 플렉시블 커플링, 스플릿 커플링
- 가요 전선관과 금속관의 접속 : 컴비네이션 커플링
- 가요 전선관과 박스와 접속 : 스트레이트 박스 커넥터, 앵글 박스 커넥터 [답] ④

42 자동화재탐지설비의 구성 요소가 아닌 것은?
① 비상콘센트   ② 발신기
③ 수신기   ④ 감지기

풀이
자동화재탐지설비에 있어 ① 감지기, ② 수신기, ③ 중계기, ④ 발신기, ⑤ 표시등 및 음향 장치발신기는 필수 구성장비이지만 비상콘센트는 아니다. [답] ①

43 OW 전선을 사용하는 저압 구내 가공인입전선으로 전선의 길이가 15[m]를 초과하는 경우 그 전선의 지름은 몇 [mm] 이상을 사용하여야 하는가?
① 1.6   ② 2.0
③ 2.6   ④ 3.2

풀이
인입선(OW 및 DV 전선)
저압 인입선의 굵기는 2.6[mm]의 경동선 또는 이와 동등 이상의 세기와 굵기의 절연 전선이어야 한다. 단, 인입선의 경간이 15[m] 이하인 경우에는 2.0[mm]의 경동선 또는 이와 동등 이상의 세기 및 굵기의 절연 전선을 사용할 수 있다. [답] ③

44 16[mm] 합성수지 전선관을 직각 구부리기를 할 경우 구부림 부분의 길이는 약 몇 [mm]인가? (단, 16[mm] 합성수지관의 안지름은 18[mm], 바깥지름은 22[mm] 이다.)
① 119   ② 132
③ 187   ④ 220

풀이
합성수지전선관 공사(굽힘)
- 원의 곡률 반지름 $r = 6d + \dfrac{D}{2} = 6 \times 18 + \dfrac{22}{2} = 119$[mm]
- 원주의 길이 $l = 2\pi r = 2\pi \times 119 = 747.7$[mm]
- 구부리는데 필요한 길이 $l' = \dfrac{l}{4} = \dfrac{747.7}{4} = 186.9$[mm] [답] ③

45 화약류 저장소에서 백열전등이나 형광등 또는 이들에 전기를 공급하기 위한 전기설비를 시설하는 경우 전로의 대지전압[V]은?
① 100[V] 이하   ② 150[V] 이하
③ 220[V] 이하   ④ 300[V] 이하

풀이
화약류 저장소의 전기설비
- 전로에 대지전압은 300[V] 이하일 것.
- 전기기계기구는 전폐형의 것일 것.
- 케이블을 전기기계기구에 인입할 때에는 인입구에서 케이블이 손상될 우려가 없도록 시설할 것. [답] ④

46 배전반을 나타내는 그림 기호는?

①    ②
③ 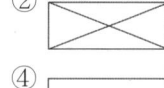   ④ S

풀이
① 분전반   ② 배전반
③ 제어반   ④ 개폐기 [답] ②

47 1차 전지로 가장 많이 사용되는 것은?
① 니켈·카드뮴전지
② 연료전지
③ 망간건전지
④ 납축전지

풀이
- 1차 전지 : 1회용으로 휴대와 사용에 편리한 것. (르클랑셰 전지≒망간, 알카라인, 탄소아연)
- 2차 전지 : 축전지와 같이 외부 전원으로 충전하여 여러 번 사용이 가능한 전지 [답] ③

48 전주를 건주할 경우에 A종 철근콘크리트주의 길이가 10[m]이면 땅에 묻는 표준 깊이는 최저 약 몇 [m]인가? (단, 설계하중이 6.8[kN] 이하이다.)
① 2.5　② 3.0
③ 1.7　④ 2.4

풀이
전주가 땅에 묻히는 깊이
- 전주의 길이 15[m] 이하 : 1/6 이상
- 전주의 길이 15[m] 이상 : 2.5[m] 이상
- 철근 콘크리트 전주로서 길이가 14[m] 이상 20[m] 이하이고, 설계하중이 6.8[kN] 초과 9.8[kN] 이하인 것은 30[cm]을 가산한다.

∴ $10 \times \dfrac{1}{6} = 1.66 ≒ 1.7[m]$　　　[답] ③

49 3상 4선식 380/220[V] 전로에서 전원의 중성극에 접속된 전선을 무엇이라 하는가?
① 접지선
② 중성선
③ 전원선
④ 접지측선

풀이
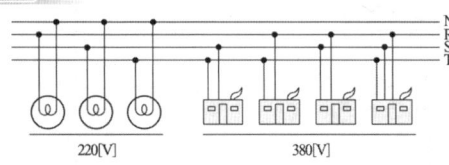
380/220[V]처럼 2가지 전압이 나올 수 있는 것은 Y결선으로 중성선(N상)이 있어야 한다.　　[답] ②

50 실내 면적 100[m²]인 교실에 전광속이 2500[lm]인 40[W] 형광등을 설치하여 평균조도를 150[lx]로 하려면 몇 개의 등을 설치하면 되겠는가? (단, 조명률은 50[%], 감광 보상률은 1.25로 한다.)
① 15개　② 20개
③ 25개　④ 30개

풀이
$FUN = EAD$ 에서
$N = \dfrac{EAD}{FU} = \dfrac{150 \times 100 \times 1.25}{2500 \times 0.5} = 15[등]$　　[답] ①

51 금속 덕트 공사에 있어서 전광표시장치, 출퇴표시장치 등 제어회로용 배선만을 공사할 때 절연전선의 단면적은 금속 덕트내 몇 [%] 이하이어야 하는가?
① 80　② 70
③ 60　④ 50

풀이
제187조(금속 덕트 공사)
금속 덕트에 넣은 전선의 단면적(절연피복의 단면적을 포함한다)의 합계는 덕트의 내부 단면적의 20[%](전광표시장치·출퇴표시등 기타 이와 유사한 장치 또는 제어회로 등의 배선만을 넣는 경우에는 50[%]) 이하일 것.　[답] ④

52 금속관 공사에서 노크아웃의 지름이 금속관의 지름보다 큰 경우에 사용하는 재료는?
① 로크너트　② 부싱
③ 콘넥터　④ 링 리듀서

풀이
- 링 리듀서(ring reducer) : 금속관을 아웃렛 박스 등의 녹아웃에 취부할 때 관보다 지름이 큰 관계로 로크 너트만으로는 고정할 수 없을 때 보조적으로 사용한다.

로크 너트　　링 리듀서
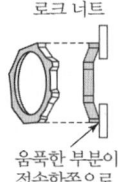　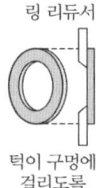

움푹한 부분이　턱이 구멍에
접속함쪽으로　걸리도록
오게 한다.　한다.　　[답] ④

53 물체의 두께, 깊이, 안지름 및 바깥지름 등을 모두 측정할 수 있는 공구의 명칭은?
① 버니어 캘리퍼스　② 마이크로미터
③ 다이얼 게이지　④ 와이어 게이지

풀이
① 버니어캘리퍼스(VernierCalipers) : 어미자와 아들자의 눈금을 이용하여 두께, 깊이, 안지름 및 바깥지름 측정

② 마이크로미터 : 나사의 피치를 응용해서 보다 정밀하게 측정할 수 있는 길이의 측정기
③ 다이얼 게이지 : 기어장치로 극소 변위를 확대하여 길이나 변위를 정밀하게 측정하는 계기. 평면의 요철, 공

작물 장착의 양부, 축 중심의 흔들림, 각각의 흔들림 등 소량의 오차를 검사하는데 사용된다.
④ 와이어 게이지 : 둘레에 전선의 지름에 해당하는 다수의 노치가 있는 원형 또는 직사각형으로 된 판. 전선을 노치부에 넣어 보고, 그 중 맞는 위치에 기록된 숫자로 전선의 지름 등을 확인한다. **[답] ①**

54 사람이 쉽게 접촉하는 장소에 설치하는 누전차단기의 사용전압 기준은 몇 [V] 초과인가?

① 50　　② 60
③ 150　　④ 220

풀이

누전차단기 설치장소
- 주택의 옥내에 시설하는 것으로 대지전압 150[V] 초과 300[V] 이하의 저압전로 인입구
- 사람이 쉽게 접촉할 우려가 있는 장소에 시설하는 사용전압 50[V]를 초과하는 저압의 금속제 외함을 가지는 기계 기구에 전기를 공급하는 전로 **[답] ①**

55 기구 단자에 전선 접속 시 진동 등으로 헐거워지는 염려가 있는 곳에 사용되는 것은?

① 스프링와셔
② 2중 볼트
③ 삼각 볼트
④ 접속기

풀이

스프링와셔 또는 이중너트를 사용한다. **[답] ①**

56 저고압 가공전선이 철도 또는 궤도를 횡단하는 경우 높이는 궤조면상 몇 [m] 이상이어야 하는가?

① 10　　② 8.5
③ 7.5　　④ 6.5

풀이

저·고압 가공 전선의 최소 높이
- 도로를 횡단하는 경우 : 지표상 6[m] 이상
- 철도를 횡단하는 경우 : 레일면상 6.5[m] 이상
- 횡단보도교 위에 시설하는 경우
  저압 : 노면상 3[m] 이상(절연전선, 케이블 사용의 경우)
  고압 : 노면상 3.5[m] 이상
- 그 밖의 장소 : 지표상 5[m] 이상 **[답] ④**

57 폭발성 분진이 있는 위험장소의 금속관 공사에 있어서 관상호 및 관과 박스 기타의 부속품이나 풀박스 또는 전기기계기구는 몇 턱 이상의 나사 조임으로 시공하여야 하는가?

① 2턱　　② 3턱
③ 4턱　　④ 5턱

풀이

폭연성 분진, 화약류 분말이 존재하는 곳, 가연성의 가스 또는 인화성 물질의 증기가 새거나 체류하는 곳의 전기 공작물은 금속관 공사, 또는 케이블 공사(캡타이어 케이블을 제외한다)에 의하여야 하며 금속관 공사를 하는 경우 관 상호 간 및 관과 박스 등은 5턱 이상의 나사 조임으로 접속하여야 한다.

〈5턱 이상 나사 조임〉

[답] ④

58 최대 사용 전압이 220[V]인 3상 유도 전동기가 있다. 이것의 절연 내력 시험 전압은 몇 [V]로 하여야 하는가?

① 330　　② 500
③ 750　　④ 1050

풀이

절연 내력시험 : 전기기기 및 기계의 절연효력을 시험하는 것으로 시험전압으로 10분간 견딜 수 있어야한다.

종 류		시험전압
회전기	발전기, 전동기, 조상기 등　7[kV]이하	최대사용전압×1.5 (최저 500[V])
	7[kV]초과	최대사용전압×1.25 (최저 10,500[V])
	회전변류기	직류측 최대사용전압×1 (최저 500[V])

220×1.5 = 300[V]이지만 최저 시험전압이 500[V]이다.
[답] ②

59 스포트라이트나 프로젝터와 같은 등기구의 시설에 있어 150[W]급 등기구의 경우 가연성 재료와의 간격은 최소 몇 [m]의 이격거리를 두고 설치하여야 하는가?

① 0.5　　② 0.8
③ 1.0　　④ 1.2

[풀이]
가연성재료와 등기구간의 이격거리

구분	100W 이하	100W 초과 300W 이하	300W 초과 500W 이하	500W 초과
이격거리	0.5[m]	0.8[m]	1.0[m]	1.0[m] 초과

[답] ②

60 셀룰러덕트의 최대 폭이 180[mm]일 때 판의 두께는?

① 1.0[mm]이상 ② 1.2[mm]이상
③ 1.4[mm]이상 ④ 1.6[mm]이상

[풀이]
셀룰러 덕트의 판 두께

덕트의 최대 폭	덕트의 판 두께
150[mm] 이하	1.2[mm]
150[mm] 초과 200[mm] 이하	1.4[mm]
200[mm] 초과	1.6[mm]

[답] ③

전기기능사 필기 실전 모의고사 제22회

01 다음 중 자기 회로와 전기회로의 대응관계로 옳지 않은 것은?
① 자속 – 전속
② 자계 – 전계
③ 투자율 – 도전율
④ 기자력 – 기전력

풀이

전기 회로		자기 회로	
기전력	E [V]	기자력	F [AT]
전류	I [A]	자속	ϕ [Wb]
전계	E [V/m]	자계	H [AT/m]
전기저항	R [Ω]	자기저항	R_m [AT/Wb]
콘덕턴스	G [℧]	퍼미언스	$\dfrac{1}{R_m}$ [Wb/AT]
도전율	σ [℧/m]	투자율	μ [H/m]
옴의 법칙	$E = IR$ [V] $\therefore I = \dfrac{E}{R}$ [A]	옴의 법칙	$F_m = \phi R_m$ [AT] $\therefore \phi = \dfrac{NI}{R_m}$ [Wb]

[답] ①

02 $R = 20[\Omega]$, $L = 0.25[mH]$, $C = 281.4[\mu F]$인 직렬회로에서 공진 주파수 [Hz]는 얼마인가?
① 400
② 500
③ 600
④ 700

풀이

$f_r = \dfrac{1}{2\pi\sqrt{LC}} = \dfrac{1}{2\pi\sqrt{0.25 \times 10^{-3} \times 281.4 \times 10^{-6}}}$
$= 600[Hz]$

[답] ③

03 어떤 교류 전압의 실효값이 314[V]일 때 평균값은 약 몇 [V]인가?
① 122
② 141
③ 253
④ 283

풀이

$V_m = \sqrt{2}\,V$
$\therefore V_a = \dfrac{2V_m}{\pi} = \dfrac{2 \times \sqrt{2} \times 314}{\pi} = 283[V]$

[답] ④

04 반지름 50[cm], 권수 10[회]인 원형 코일에 0.1[A]의 전류가 흐를 때, 이 코일 중심의 자계의 세기 H?
① 1[AT/m]
② 2[AT/m]
③ 3[AT/m]
④ 4[AT/m]

풀이

원형코일 중심 자계의 세기
$H = \dfrac{NI}{2r} = \dfrac{10 \times 0.1}{2 \times 0.5} = 1[AT/m]$

[답] ①

05 반지름 r[m], 권수 N회의 환상솔레노이드에 I[A]의 전류가 흐를 때, 그 내부의 자장의 세기 H[AT/m]는 얼마인가?
① $\dfrac{N \cdot I}{r^2}$
② $\dfrac{N \cdot I}{2\pi}$
③ $\dfrac{N \cdot I}{4\pi r^2}$
④ $\dfrac{N \cdot I}{2\pi r}$

풀이

환상솔레노이드의 내부 자장의 세기
$H = \dfrac{N \cdot I}{2\pi r}$ [AT/m]

[답] ④

06 $C_1 = 5[\mu F]$, $C_2 = 10[\mu F]$의 콘덴서를 직렬로 접속하고 직류 30[V]를 가했을 때 C_1의 양단의 전압[V]은?
① 5
② 10
③ 20
④ 30

풀이

$Q = CV$ [C]
$\therefore V \propto \dfrac{1}{C}$ 이므로 C_1에 걸리는 전압은
$V_1 = \dfrac{C_2}{C_1 + C_2}V = \dfrac{10}{5 + 10} \times 30 = 20[V]$

[답] ③

07 1[Ah]는 몇 [C]인가?
① 1200 ② 2400
③ 3600 ④ 4800

풀이
$1[Ah] = 1 \times 3600 [A \cdot sec] = 3600[C]$ [답] ③

08 자기력선에 대한 설명으로 옳지 않은 것은?
① 자석의 N극에서 시작하여 S극에서 끝난다.
② 자기장의 방향은 그 점을 통과하는 자기력선의 방향으로 표시한다.
③ 자기력선은 상호간에 교차한다.
④ 자기장의 크기는 그 점에 있어서의 자기력선의 밀도를 나타낸다.

풀이
자기력선의 성질
• 자력선은 N극에서 나와 S극에서 끝난다.
• 자력선 자체는 수축하려하고 같은 자력선은 서로 반발.
• 한 점을 지나는 자력선의 접선 방향이 그 점에서의 자장의 방향이다.
• 자기장내 임의의 한 점에서의 자력선의 밀도는 자장의 세기와 같다.
• 자력선은 서로 교차하지 않는다. [답] ③

09 도체가 운동하여 자속을 끊을 때 기전력의 방향을 알아내는데 편리한 법칙은?
① 렌츠의 법칙
② 페러데이의 법칙
③ 플레밍의 왼손법칙
④ 플레밍의 오른손법칙

풀이
플레밍의 오른손 법칙
자장내의 도체를 운동시켜 자속을 끊는 경우 도체에 발생하는 기전력의 방향을 알 수 있는 법칙

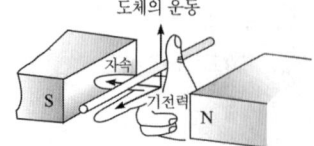

• 운동방향 : 엄지
• 자기장의 방향 : 검지
• 유도기전력의 방향 : 중지 [답] ④

10 그림과 같이 공기 중에 놓인 2×10^{-8}[C]의 전하에서 2[m] 떨어진 점 P와 1[m] 떨어진 점 Q와의 전위차는?
① 80[V]
② 90[V]
③ 100[V]
④ 110[V]

풀이
전위차 $V = V_Q - V_P = \dfrac{Q}{4\pi\varepsilon_0}\left(\dfrac{1}{r_1} - \dfrac{1}{r_2}\right)$
$= 9 \times 10^9 \times 2 \times 10^{-8}\left(\dfrac{1}{1} - \dfrac{1}{2}\right) = 90[V]$ [답] ②

11 두 개의 서로 다른 금속의 접속점에 온도차를 주면 열기전력이 생기는 현상은?
① 홀 효과
② 줄 효과
③ 압전기 효과
④ 제벡 효과

풀이
열전효과
• 제어백효과 : 서로 다른 두 금속체를 접합하고 두 접합점을 다른 온도로 유지하면 열기전력이 발생하는 현상
• 펠티에효과 : 제어벡 효과의 역현상으로 서로 다른 두 종류의 금속을 접합하여 전류를 흘리면 접합부에서 열의 발생 또는 흡수 가 일어나는 현상 (ex 전자 냉동기)
• 톰슨효과 : 동종의 금속접합으로 펠티에 효과와 동일 [답] ④

12 $L = 0.05$[H]의 코일에 흐르는 전류가 0.05[sec] 동안에 2[A]가 변했다. 코일에 유도되는 기전력[V]는?
① 0.5[V] ② 2[V]
③ 10[V] ④ 25[V]

풀이
$e = L\dfrac{di}{dt} = 0.05 \times \dfrac{2}{0.05} = 2[V]$ [답] ②

13 그림과 같이 $C=2[\mu F]$의 콘덴서가 연결되어 있다. A점과 B점 사이의 합성 정전용량은 얼마인가?

① $1[\mu F]$
② $2[\mu F]$
③ $4[\mu F]$
④ $8[\mu F]$

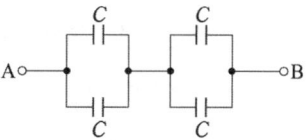

풀이
C가 병렬 접속 시 $2C$가 되고 따라서 합성정전용량은
$C_{AB} = \dfrac{2C \times 2C}{2C + 2C} = \dfrac{4 \times 4}{4+4} = \dfrac{16}{8} = 2[\mu F]$이 된다. **[답]** ②

14 공기 중에서 5[cm] 간격을 유지하고 있는 2개의 평행도선에 각각 10[A]의 전류가 동일한 방향으로 흐를 때 도선 1[m]당 발생하는 힘의 크기[N]는?

① 4×10^{-4}
② 2×10^{-5}
③ 4×10^{-5}
④ 2×10^{-4}

풀이
2개의 평행도선에 전류가 흐를 때 발생하는 힘
$F = \dfrac{2I_1 I_2}{r} \times 10^{-7} = \dfrac{2 \times 10 \times 10}{0.05} \times 10^{-7} = 4 \times 10^{-4} [N/m]$

[답] ①

15 자기저항의 단위는?

① AT/m
② Wb/AT
③ AT/Wb
④ Ω/AT

풀이
① 자기장 세기 H [AT/m]
③ 자기저항 R_m [AT/Wb] **[답]** ③

16 C_1, C_2를 직렬로 접속한 회로에 C_3를 병렬로 접속하였다. 이 회로의 합성 정전용량[F]은?

① $C_3 + \dfrac{1}{\dfrac{1}{C_1} + \dfrac{1}{C_2}}$
② $C_1 + \dfrac{1}{\dfrac{1}{C_2} + \dfrac{1}{C_3}}$
③ $\dfrac{C_1 + C_2}{C_3}$
④ $C_1 + C_2 + \dfrac{1}{C_3}$

풀이
콘덴서의 접속
• 직렬접속(= 저항의 병렬접속)

$C_0 = \dfrac{1}{\dfrac{1}{C_1} + \dfrac{1}{C_2} + \dfrac{1}{C_3}} [F]$

• 병렬접속(= 저항의 직렬접속)
$C_0 = C_1 + C_2 + C_3 [F]$ **[답]** ①

17 $4 \times 10^{-5}[C]$과 $6 \times 10^{-5}[C]$의 두 전하가 자유공간에 2[m]의 거리에 있을 때 그 사이에 작용하는 힘은?

① 5.4[N], 흡인력이 작용한다.
② 5.4[N], 반발력이 작용한다.
③ $\dfrac{7}{9}$[N], 흡인력이 작용한다.
④ $\dfrac{7}{9}$[N], 반발력이 작용한다.

풀이
• 쿨롱의 법칙 $F = \dfrac{1}{4\pi\varepsilon} \times \dfrac{Q_1 Q_2}{r^2} = 9 \times 10^9 \times \dfrac{Q_1 Q_2}{\varepsilon_s r^2}$
$= 9 \times 10^9 \times \dfrac{(4 \times 10^{-5}) \times (6 \times 10^{-5})}{2^2}$
$= 5.4[N]$ (∵ 자유공간에서 $\varepsilon_s = 1$)
• 같은 종류의 전하사이엔 반발력 발생 **[답]** ②

18 기전력 1.5[V], 내부저항 0.2[Ω]인 전지 5개를 직렬로 접속하여 단락시켰을 때의 전류[A]는?

① 1.5[A]
② 2.5[A]
③ 6.5[A]
④ 7.5[A]

풀이
$E_0 = 1.5 \times 5 = 7.5[V]$
$R_0 = 0.2 \times 5 = 1[\Omega]$
$\therefore I = \dfrac{E_0}{R_0} = \dfrac{7.5}{1} = 7.5[A]$ **[답]** ④

19 3[kW]의 전열기를 정격 상태에서 20분간 사용하였을 때의 열량은 몇 [kcal]인가?

① 430
② 520
③ 610
④ 860

풀이
줄의 법칙 (Joule's Law, 줄열)
도체에 흐르는 전류에 의하여 단위시간 내에 발생하는 열량은 도체의 저항과 전류의 제곱에 비례한다.
발열량 $H = 0.24 I^2 Rt = 0.24 Pt [cal]$
$= 0.24 \times 3 \times 10^3 \times 20 \times 60 ≒ 860 [kcal]$ **[답]** ④

20 전기분해를 통하여 석출된 물질의 양은 통과한 전기량 및 화학당량과 어떤 관계인가?
① 전기량과 화학당량에 비례한다.
② 전기량과 화학당량에 반비례한다.
③ 전기량에 비례하고 화학당량에 반비례한다.
④ 전기량에 반비례하고 화학당량에 비례한다.

[풀이]
페러데이의 법칙 : 전극에서 석출되는 물질의 양은 물질의 전기 화학 당량에 비례한다.
$$W = kIt = kQ \text{ [g]}$$
(k : 전기 화학 당량, I : 전류, t : 시간)
화학당량 = $\dfrac{\text{원자량}}{\text{원자가}}$ [g/c] **[답]** ①

21 슬립 4[%]인 유도 전동기의 등가 부하 저항은 2차 저항의 몇 배인가?
① 5   ② 19
③ 20 ④ 24

[풀이]
비례추이의 특징에 따라 $\dfrac{r_2}{s} = \dfrac{r_2 + R}{s'}$, $s' = 1$ 의 식을 이용하여 2차의 외부(등가)저항 크기 결정
$R = \left(\dfrac{1}{s} - 1\right)r_2 = \left(\dfrac{1}{0.04} - 1\right)r_2 = 24r_2$ **[답]** ④

22 다음 사이리스터 중 3단자 형식이 아닌 것은?
① SCR   ② GTO
③ DIAC ④ TRIAC

[풀이]
사이리스터 3단자형식

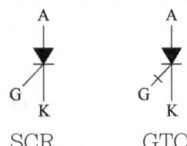
SCR   GTO   TRIAC

DIAC은 2단자 소자이다. **[답]** ③

23 3상 동기발전기에서 전기자 전류가 무부하 유도기전력보다 $\pi/2$[rad] 앞선 경우(X_c만의 부하)의 전기자반작용은?
① 횡축반작용 ② 증자작용
③ 감자작용   ④ 편자작용

[풀이]
동기발전기의 전기자 반작용의 영향
• 전압과 전류가 동상인 전류 : 교차자화작용(횡축반작용)
• 진상(앞선)인 전류 : 증자작용(직축반작용)
• 지상(뒤진)인 전류 : 감자작용(직축반작용) **[답]** ②

24 농형 유도전동기의 기동법이 아닌 것은?
① 전전압 기동
② △-△ 기동
③ 기동보상기에 의한 기동
④ 리액터 기동

[풀이]
농형 유도전동기 기동법
• 전전압기동 : 5[kW] 이하
• Y-△ 기동 : 10~15[kW] 이하
• 기동보상기법 : 15[kW] 이상
• 리액터기동 : 중대형전동기 **[답]** ②

25 그림과 같은 분상 기동형 단상 유도 전동기를 역회전시키기 위한 방법이 아닌 것은?

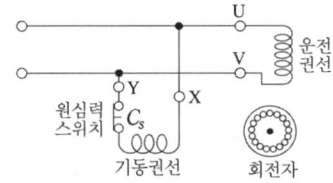

① 원심력스위치를 개로 또는 폐로 한다.
② 기동권선이나 운전권선의 어느 한 권선의 단자접속을 반대로 한다.
③ 기동권선의 단자접속을 반대로 한다.
④ 운전권선의 단자접속을 반대로 한다.

[풀이]
기동권선 또는 운전권선의 접속상태를 반대로 접속하여 회전방향을 변경할 수 있다. **[답]** ①

26 6극 직렬권 발전기의 전기자 도체 수 300, 매극 자속 0.02[Wb], 회전수 900[rpm]일 때 유도기전력[V]은?
① 90   ② 110
③ 220 ④ 270

풀이

유도기전력 $E = \dfrac{PZ}{60a}\phi N = \dfrac{6 \times 300}{60 \times 2} \times 0.02 \times 900 = 270[\text{V}]$

직렬권(= 파권, $a=2$) 　　　　　　　　　　【답】④

27 직류기의 전기자 철심을 규소 강판으로 성층하여 만드는 이유는?
① 가공하기 쉽다.
② 가격이 염가이다.
③ 철손을 줄일 수 있다.
④ 기계손을 줄일 수 있다.

풀이
- 규소강판(규소함량 3~4[%]) : 히스테리시스손 감소
- 0.35[mm] 두께의 규소강판을 성층 : 와류손 감소
　　　　　　　　　　　　　　　　　　　　【답】③

28 극수 10, 동기속도 600[rpm]인 동기 발전기에서 나오는 전압의 주파수는 몇 [Hz]인가?
① 50　　　　　　② 60
③ 80　　　　　　④ 120

풀이

동기기의 회전수 $N_s = \dfrac{120f}{p}$

$\therefore f = \dfrac{N_s p}{120} = \dfrac{600 \times 10}{120} = 50[\text{Hz}]$ 　【답】①

29 2대의 동기 발전기가 병렬운전하고 있을 때 동기화 전류가 흐르는 경우는?
① 기전력의 크기에 차가 있을 때
② 기전력의 위상에 차가 있을 때
③ 부하분담에 차가 있을 때
④ 기전력의 파형에 차가 있을 때

풀이
동기발전기 병렬운전 조건
- 기전력의 크기기 같을 것 → 무효순환전류 발생
- 기전력의 위상이 같을 것 → 동기화전류 발생
- 기전력의 파형이 같을 것 → 고조파 무효순환전류 발생
- 주파수가 같을 것 → 동기화전류가 주기적으로 흘러 난조가 발생
- 기전력의 상회전이 같을 것 　　　　　　【답】②

30 직류 발전기의 정격전압 100[V], 무부하 전압 109[V] 이다. 이 발전기의 전압변동률 ϵ[%]은?
① 1　　　　　　② 3
③ 6　　　　　　④ 9

풀이
전압변동률

$\varepsilon = \dfrac{V_o - V_n}{V_n} \times 100 = \dfrac{109 - 100}{100} \times 100 = 9[\%]$ 　【답】④

31 변압기 기름의 구비조건이 아닌 것은?
① 절연내력이 클 것
② 인화점과 응고점이 높을 것
③ 냉각 효과가 클 것
④ 산화현상이 없을 것

풀이
변압기유의 구비조건
- 절연저항 및 절연내력이 클 것
- 점도가 낮아 유동성이 풍부할 것
- 인화점이 높고 응고점이 낮을 것
- 화학작용 및 석출물이 없을 것
- 비열이 커 냉각효과가 클 것 　　　　　【답】②

32 동기 발전기의 난조를 방지하는 가장 유효한 방법은?
① 회전자의 관성을 크게 한다.
② 제동 권선을 자극면에 설치한다.
③ X_s를 작게 하고 동기화력을 크게 한다.
④ 자극 수를 적게 한다.

풀이
동기기의 **난조 방지 대책**
- 제동권선을 설치(가장 유효한 대책)
- 조속기의 감도를 적당히 조정
- 플라이 휠 효과를 높일 것 　　　　　　【답】②

33 회전수 1728[rpm]인 유도전동기의 슬립[%]은? (단, 동기속도는 1800[rpm] 이다.)
① 2　　　　　　② 3
③ 4　　　　　　④ 5

풀이
유도전동기 슬립

$s = \dfrac{N_s - N}{N_s} \times 100 = \dfrac{1800 - 1728}{1800} \times 100 = 4[\%]$ 　【답】③

34 다음 중 SCR의 기호는?

풀이
① SCR(역저지 3단자 소자)
② GTO ③ TRIAC ④ IGBT   [답] ①

35 1차 권수 6000, 2차 권수 200인 변압기의 전압비는?
① 10   ② 30
③ 60   ④ 90

풀이
권수비 $a = \dfrac{N_1}{N_2} = \dfrac{V_1}{V_2} = \dfrac{I_2}{I_1} = \sqrt{\dfrac{R_1}{R_2}} = \sqrt{\dfrac{L_1}{L_2}} = \sqrt{\dfrac{Z_1}{Z_2}}$

전압비 $= \dfrac{V_1}{V_2} = \dfrac{N_1}{N_2} = \dfrac{6000}{200} = 30$ [답] ②

36 3상 유도전동기의 토크는?
① 2차 유도기전력의 2승에 비례한다.
② 2차 유도기전력에 비례한다.
③ 2차 유도기전력과 무관하다.
④ 2차 유도기전력의 0.5승에 비례한다.

풀이
3상유도전동기 토크($T \propto V^2$)
$\tau = K \dfrac{m_2 V^2 \dfrac{r_2}{S}}{\left(r_1 + \dfrac{r_2}{S}\right)^2 + (x_1 + x'_2)^2}$ [N·m]   [답] ①

37 직류발전기를 구성하는 부분 중 정류자란?
① 전기자와 쇄교하는 자속을 만들어 주는 부분
② 자속을 끊어서 기전력을 유기하는 부분
③ 전기자 권선에서 생긴 교류를 직류로 바꾸어 주는 부분
④ 계자 권선과 외부 회로를 연결시켜 주는 부분

풀이
① 계자, ② 전기자, ④ 브러시   [답] ③

38 3상 동기전동기의 출력(P)을 부하각으로 나타낸 것은? (단, V는 1상의 단자전압, E는 역기전력, X_s는 동기 리액턴스, δ는 부하각이다.)
① $P = 3VE\sin\delta$ [W]
② $P = \dfrac{3VE\sin\delta}{X_s}$ [W]
③ $P = \dfrac{3VE\cos\delta}{X_s}$ [W]
④ $P = 3VE\cos\delta$ [W]

풀이
동기발전기 1상당 출력 $P = \dfrac{VE}{X_s}\sin\delta$ [W] 이므로
3상 출력은 1상당 출력의 3배이다.   [답] ②

39 회전자 입력 10[kW], 슬립 3[%]인 3상 유도전동기의 2차 동손 [W]은?
① 300   ② 400
③ 500   ④ 700

풀이
회전자 입력(P_2) : 2차 동손(P_{2c}) = 1 : s 이므로
$P_{2c} = sP_2 = 0.03 \times 10 = 0.3$[kW] = 300[W]   [답] ①

40 다음 중 유도전동기에서 비례추이를 할 수 있는 것은?
① 출력   ② 2차 동손
③ 효율   ④ 역률

풀이
• 비례추이 가능 : 1,2차 전류, 동기와트, 역률
• 비례추이 불가능 : 효율, 2차 동손, 출력   [답] ④

41 접지공사에 사용하는 접지선을 사람이 접촉할 우려가 있는 곳에 시설하는 접지선은 최소 어느 부분에 대하여 합성수지관 또는 이와 동등 이상의 절연효력 및 강도를 가지는 몰드로 덮게 되어 있는가?
① 지하 30[cm]로부터 지표상 1.5[m]까지의 부분
② 지하 50[cm]로부터 지표상 1.6[m]까지의 부분
③ 지하 75[cm]로부터 지표상 2[m]까지의 부분
④ 지하 90[cm]로부터 지표상 2.5[m]까지의 부분

[답] ③

42 금속몰드의 지지점간의 거리는 몇 [m] 이하로 하는 것이 가장 바람직한가?

① 1 ② 1.5
③ 2 ④ 3

풀이
금속몰드 지지점간 거리는 1.5[m]이다. [답] ②

43 금속관공사에서 접지공사시 시행해야하는 보호도체 규격[mm²]은 얼마 이상이어야 하는가?

① 2.5[mm²] ② 4[mm²]
③ 6[mm²] ④ 16[mm²]

풀이
보호도체가 케이블의 일부가 아니거나 상도체와 동일 외함에 설치되지 않을 경우

구 분	구리	알루미늄
기계적 손상에 대해 보호(전선관설치)	2.5[mm²] 이상	16[mm²] 이상
기계적 손상에 대해 보호 되지 않는 경우	4[mm²] 이상	16[mm²] 이상

- 케이블의 일부가 아니라도 전선관 및 트렁킹 내부에 설치되거나, 이와 유사한 방법으로 보호되는 경우 기계적으로 보호되는 것으로 간주한다. [답] ①

44 무대·무대밑·오케스트라 박스·영사실 기타 사람이나 무대 도구가 접촉될 우려가 있는 장소에 시설하는 저압 옥내배선·전구선 또는 이동전선은 사용전압이 몇 [V] 이하 이어야 하는가?

① 400 ② 500
③ 600 ④ 700

풀이
전시회,공연장의 전기설비
- 무대, 무대마루 밑, 오케스트라 박스, 영사실 기타의 사람이나 무대 도구가 접촉할 우려가 있는 곳에 시설하는 저압옥내배선, 전구선 또는 이동 전선은 사용 전압이 **400[V] 이하**
- 전선은 구리 도체로 최소 단면적이 1.5[mm²]이며, 450/750[V] 이하 염화비닐 절연 케이블, 450/750[V] 이하 고무 절연케이블
- 이동전선은 0.6/1 kV EP 고무 절연 클로로프렌 캡타이어 케이블 또는 0.6/1 kV 비닐 절연 비닐캡타이어 케이블
- 무대, 무대마루 밑, 오케스트라 박스 및 영사실의 전로에는 전용 개폐기 및 과전류 차단기를 시설할 것
- 무대용의 콘센트 박스, 플로어 덕트 및 보더라이트의 금속제 외함은 보호도체 **접지공사**

- 비상 조명을 제외한 조명용 분기회로 및 정격 32[A] 이하의 콘센트용 분기회로는 정격 감도전류 30[mA] 이하의 누전차단기로 보호 [답] ①

45 제1종 가요전선관을 구부릴 경우의 곡률 반지름은 관 안지름의 몇 배 이상으로 하여야 하는가?

① 3배 ② 4배
③ 6배 ④ 8배

풀이

1종금속제 가요전선관	6배
2종금속제 가요전선관	관 시설, 제거 자유로운 경우 3배
	관, 시설, 제거 부자유한 경우 6배

[답] ③

46 다음의 (EQ) 기호가 뜻하는 것은?

① 접지단자 ② 누전차단기
③ 누전경보기 ④ 지진감지기

풀이
① 접지단자기호 : ⏚
② 누전차단기 : E
③ 누전경보기 : ⊖ [답] ④

47 굵은 전선을 절단할 때 사용하는 전기공사용 공구는?

① 프레셔 툴 ② 놋 아웃 펀치
③ 파이프 커터 ④ 클리퍼

풀이
- 녹아웃 펀치(knockout punch): 배전반, 분전반등의 배관을 변경하거나 이미 설치된 캐비넷에 구멍을 뚫을 때 필요한 공구
- 프레셔툴(pressure tool): 커넥터 또는 터미널 접속 시 사용
- 파이프 커터(pipe cutter) : 금속관 절단에 사용
- 클리퍼(Clipper): 펜치로 절단하기 힘든 굵은 전선 절단 할 때 사용 [답] ④

48 접지전극의 매설 깊이는 몇 [m] 이상인가?

① 0.6 ② 0.65
③ 0.7 ④ 0.75

[풀이]

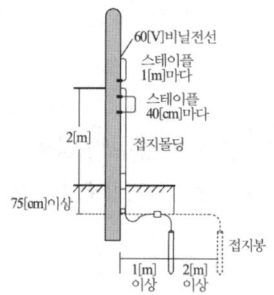

[답] ④

49 고압 가공 인입선이 일반적인 도로 횡단 시 설치 높이는?

① 3[m] 이상　　② 3.5[m] 이상
③ 5[m] 이상　　④ 6[m] 이상

[풀이]
고압 및 특고압 인입선
- 도로를 횡단하는 경우에는 노면상 6[m] 이상
- 철도 궤도를 횡단하는 경우에는 레일면상 6.5[m] 이상
- 기타의 경우 : 5[m] 이상

[답] ④

50 비교적 장력이 적고 다른 종류의 지선을 시설할 수 없는 경우에 적용하며 지선용 근가를 지지물 근원 가까이 매설하여 시설하는 지선은?

① Y지선　　② 궁지선
③ 공동지선　　④ 수평지선

[풀이]
- Y지선 : 다단의 완금이 설치되거나 또한 장력이 큰 경우에 시설한다.
- 공동지선 : 지지물 상호간의 거리가 비교적 접근하여 있을 경우에 시설한다.
- 수평지선 : 토지의 상황이나 기타 사유로 인하여 보통 지선을 시설할 수 없는 경우

[답] ②

51 캡타이어 케이블을 조영재의 옆면에 따라 시설하는 경우 지지점 간의 거리는 얼마이하로 하는가?

① 2[m]　　② 3[m]
③ 1[m]　　④ 1.5[m]

[풀이]
지지점간의 거리(조영재 옆면에 따라 시설하는 경우)
- 캡타이어케이블 : 1[m]
- 케이블 : 2[m]

[답] ③

52 하향광속으로 직접 작업면에 직사하고 상부방향으로 향한 빛이 천장과 상부의 벽을 부분 반사하여 작업면에 조도를 증가시키는 조명방식은?

① 직접조명　　② 반직접조명
③ 반간접조명　　④ 전반확산조명

[풀이]
- 직접조명 : 발산광속 중 90~100[%]가 작업면을 직접 조명하는 방식
- 반직접조명 : 상향광속은 10~40[%], 하향광속은 60~90[%] 정도가 되며 상향광속이 천장, 벽면 등을 반사하여 작업면의 조도를 증가시키는 방식
- 반간접조명 : 상향광속이 60~90[%], 하향광속은 10~40[%] 정도로 천장을 주광원으로 이용한다.
- 전반확산조명 : 상향광속이 40~60[%], 하향광속은 60~40[%]정도로 급사무실, 상점, 주택, 공장 등에 적용한다.

[답] ②, ④

53 고압 보안공사 시 고압 가공전선로의 경간은 철탑의 경우 얼마 이하이어야 하는가?

① 100[m]　　② 150[m]
③ 400[m]　　④ 600[m]

[풀이]
제78조(고압 보안공사)

지지물의 종류	경간
목주·A종 철주 또는 A종 철근 콘크리트주	100[m]
B종 철주 또는 B종 철근 콘크리트주	150[m]
철탑	400[m]

[답] ③

54 접착력은 떨어지나 절연성, 내온성, 내유성이 좋아 연피 케이블의 접속에 사용되는 테이프는?

① 고무 테이프
② 리노 테이프
③ 비닐 테이프
④ 자기 융착 테이프

[풀이]
리노 테이프(lino tape)
바이어스 테이프(bias tape)에 절연성 바니시(니스)를 몇 차례 바르고 다시 건조시킨 것으로 점착성이 없으나 절연성, 내온성 및 내유성이 있으므로 연피 케이블 접속에는 반드시 사용된다.

[답] ②

55 계기용 변류기의 약호는?
① CT ② WH
③ CB ④ DS

풀이
각종 계전기 및 차단기 약호
- WH : 전력량계
- CB : 교류차단기
- DS : 단로기 [답] ①

56 전선의 접속에 대한 설명으로 틀린 것은?
① 접속 부분의 전기저항을 20[%] 이상 증가되도록 한다.
② 접속 부분의 인장강도를 80[%] 이상 유지되도록 한다.
③ 접속 부분에 전선 접속 기구를 사용한다.
④ 알루미늄전선과 구리선의 접속 시 전기적인 부식이 생기지 않도록 한다.

풀이
전선접속 시 전선의 강도를 20[%] 이상 감소시키지 않아야 된다. 즉 강도를 80[%] 이상 유지해야 한다. [답] ①

57 애자공사의 저압옥내배선에서 전선 상호간의 간격은 얼마 이상으로 하여야 하는가?
① 2[cm] ② 4[cm]
③ 6[cm] ④ 8[cm]

풀이

거리 \ 사용전압	400[V] 이하인 경우	400[V] 초과인 경우
전선 상호간의 거리	6[cm] 이상	
전선과 조영재간의 거리	2.5[cm] 이상	4.5[cm]이상(건조한 장소 2.5[cm]이상)
지지점간 거리	조영재의 위면 또는 옆면에 따라 붙일 경우 2[m]이하	조영재의 위면 또는 옆면에 따라 붙일 경우 6[m]이하

[답] ③

58 물탱크의 물의 양에 따라 동작하는 자동스위치는?
① 부동스위치 ② 압력스위치
③ 타임스위치 ④ 3로스위치

풀이
부동(浮動/Float)스위치 : 부력의 압력에 의해서 떠서 물탱크의 수위에 따라 움직이면서 스위치 역할을 하는 수위 플로트스위치를 의미한다. [답] ①

59 전등 1개를 2개소에서 점멸하고자 할 때 필요한 3로 스위치는 최소 몇 개인가?
① 1개 ② 2개
③ 3개 ④ 4개

풀이
3로 스위치 결선도

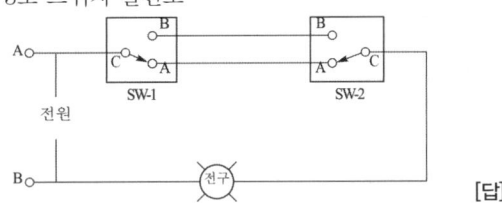

[답] ②

60 고압 이상에서 기기의 점검, 수리 시 무전압, 무전류 상태로 전로에서 단독으로 전로의 접속 또는 분리하는 것을 주목적으로 사용되는 수변전기기는?
① 기중부하 개폐기 ② 단로기
③ 전력퓨즈 ④ 컷아웃 스위치

풀이
- 기중부하 개폐기(IS/ Interrupter Switch) : 수전용량 300[kVA] 이하에서 인입개폐기로 사용한다.
- 단로기(DS) : 공칭전압 3.3[kV] 이상 전로에 사용되며 기기의 보수 점검 시 또는 회로 접속변경을 하기 위해 사용하지만 부하전류 개폐는 할 수 없는 기기이다.
- 전력퓨즈(PF), 컷아웃 스위치(COS) : 사고 시 과전류 차단 [답] ②

국가기술자격 검정 필기시험문제 시험시간 : 1시간

전기기능사 필기 실전 모의고사 제23회

01 그림의 회로에서 3[Ω]에 흐르는 전류 I[A]는?

① 0.3
② 0.6
③ 1.2
④ 2.4

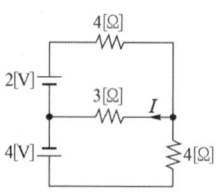

풀이

중첩의 원리에 의해
- 2[V]에 의한 전류

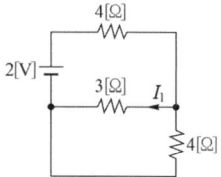

$$I_1 = \frac{4}{3+4} \times \frac{2}{\frac{40}{7}} = 0.2[A]$$

- 4[V]에 의한 전류

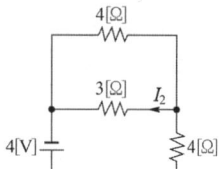

$$I_2 = \frac{4}{3+4} \times \frac{4}{\frac{40}{7}} = 0.4[A]$$

$$\therefore I = I_1 + I_2 = 0.2 + 0.4 = 0.6[A]$$

[답] ②

02 2전력계법으로 3상 전력을 측정할 때 지시값이 $P_1 = 200$[W], $P_2 = 200$[W] 이었다. 부하 전력[W]은?

① 600
② 500
③ 400
④ 300

풀이

2전력계법
- 유효전력 $P = P_1 + P_2$ [W]
- 무효전력 $P_r = \sqrt{3}(P_1 - P_2)$ [Var]
- 피상전력
$$P_a = \sqrt{P^2 + P_r^2} = 2\sqrt{P_1^2 + P_2^2 - P_1 \cdot P_2} \text{ [VA]}$$

∴ 유효전력 $P = P_1 + P_2 = 200 + 200 = 400$[W]

[답] ③

03 10[℃], 5000[g]의 물을 40[℃]로 올리기 위하여 1[kW]의 전열기를 쓰면 몇 분이 걸리게 되는가? (단, 여기서 효율은 80[%]라고 한다.)

① 약 13분
② 약 15분
③ 약 25분
④ 약 50분

풀이

열량 $Q = mc\Delta T = 5000 \times 1 \times (40-10) = 1.5 \times 10^5$[cal]
(m : 질량[g], C : 비열[1 kcal/kg·℃](물의 비열 1)
ΔT : 온도변화[℃])
전열기의 전력량 $H = 0.24I^2Rt\eta = 0.24Pt\eta$[cal]
(I^2R : 전력[W], t : 시간[sec], η : 효율)
물의 열량 = 전열기의 전력량 이므로

$$\therefore t = \frac{Q}{0.24I^2R\eta} = \frac{1.5 \times 10^5}{0.24 \times 10^3 \times 0.8} = 781.25[sec]$$
$$= 13.02[min]$$

[답] ①

04 다음 중 비유전율이 가장 큰 것은?

① 종이
② 염화비닐
③ 운모
④ 산화티탄 자기

풀이

유전체	진공	공기	종이	운모	염화비닐	산화티탄자기
유전율	1	1.00059	2~2.5	5~9	5~9	60~100

[답] ④

05 비유전율 2.5의 유전체 내부의 전속밀도가 2×10^{-6}[C/m²]되는 점의 전기장의 세기는 약 몇 [V/m]인가?

① 18×10^4
② 9×10^4
③ 6×10^4
④ 3.6×10^4

풀이

$D = \epsilon_0 \epsilon_s E$ 이므로

$$E = \frac{D}{\epsilon_0 \epsilon_s} = \frac{2 \times 10^{-6}}{8.855 \times 10^{-12} \times 2.5} = 90344[V/m]$$

[답] ②

06 평형 3상 Y결선에서 상전류 I_p와 선전류 I_ℓ과의 관계는?

① $I_\ell = 3I_p$
② $I_\ell = \sqrt{3}\,I_p$
③ $I_\ell = I_p$
④ $I_\ell = \dfrac{1}{3}I_p$

풀이
Y결선일 때 $V_\ell = \sqrt{3}\,V_p$이고, $I_\ell = I_p$이다. **[답] ③**

07 자속밀도가 2[Wb/m²]인 평등 자기장 중에 자기장과 30°의 방향으로 길이 0.5[m]인 도체에 8[A]의 전류가 흐르는 경우 전자력[N]은?

① 8 ② 4
③ 2 ④ 1

풀이
전자력 $F = B\ell I \sin\theta = 2 \times 0.5 \times 8 \times \sin 30° = 4[N]$ **[답] ②**

08 다음 물질 중 강자성체로만 짝지어진 것은?
① 철, 니켈, 아연, 망간
② 구리, 비스무트, 코발트, 망간
③ 철, 구리, 니켈, 아연
④ 철, 니켈, 코발트

풀이
• 강자성체 : 철(Fe), 니켈(Ni), 코발트(Co), 망간(Mn)
• 반자성체 : 구리(Cu), 아연(Zn), 비스무트(Bi), 납(Pb), 안티몬(Sb)
• 상자성체 : 알루미늄(Al), 산소(O), 백금(Pt) **[답] ④**

09 공기 중에서 m[Wb]의 자극으로부터 나오는 자력선의 총수는 얼마인가? (단, μ는 물체의 투자율이다.)

① m ② μm
③ $\dfrac{m}{\mu}$ ④ $\dfrac{\mu}{m}$

풀이
가우스 정리 : 임의의 폐곡면 내 자하량 m[Wb]가 있을 때 이 폐곡면을 통해서 나오는 자기력선의 총수
$$N = \dfrac{m}{\mu} = \dfrac{m}{\mu_s \cdot \mu_0}[개]$$ **[답] ③**

10 다음 회로의 합성 정전용량[μF]은?
① 5 ② 4
③ 3 ④ 2

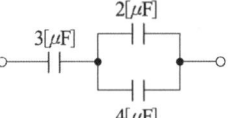

풀이
합성정전용량 $C_0 = \dfrac{3 \times (2+4)}{3+(2+4)} = 2[\mu F]$ **[답] ④**

11 자극 가까이에 물체를 두었을 때 자화되는 물체와 자석이 그림과 같은 방향으로 자화되는 자성체는?
① 상자성체
② 반자성체
③ 강자성체
④ 비자성체

풀이
반자성체 : 약자성체 중에서 강자성체와는 반대의 극성으로 자화되는 물질로 구리(Cu), 아연(Zn), 비스무트(Bi), 납(Pb) 등이 있다. **[답] ②**

12 100[V]의 교류 전원에 선풍기를 접속하고 입력과 전류를 측정하였더니 500[W], 7[A]였다. 이 선풍기의 역률은?
① 0.61 ② 0.71
③ 0.81 ④ 0.91

풀이
$\cos\theta = \dfrac{P}{P_a} = \dfrac{P}{VI} = \dfrac{500}{100 \times 7} = 0.71$ **[답] ②**

13 인덕턴스 0.5[H]에 주파수가 60[Hz]이고 전압이 220[V]인 교류 전압이 가해질 때 흐르는 전류는 약 몇 [A]인가?
① 0.59 ② 0.87
③ 0.97 ④ 1.17

풀이
$I = \dfrac{V}{Z} = \dfrac{V}{\omega L} = \dfrac{V}{2\pi f L} = \dfrac{220}{2\pi \times 60 \times 0.5} = 1.17[A]$ **[답] ④**

14 권선수 100회 감은 코일에 2[A]의 전류가 흘렀을 때 50×10^{-3}[Wb]의 자속이 코일에 쇄교 되었다면 자기인덕턴스는 몇 [H]인가?

① 1.0 ② 1.5
③ 2.0 ④ 2.5

풀이

$LI = N\phi$ 이므로

$\therefore L = \dfrac{N\phi}{I} = \dfrac{100 \times 50 \times 10^{-3}}{2} = 2.5[H]$ 【답】 ④

15 출력 P[kVA]의 단상변압기 2 대를 V결선 한 때의 3상 출력[kVA]은?

① P ② $\sqrt{3}\,P$
③ $2P$ ④ $3P$

풀이

V 결선 : △-△ 결선 방식으로 운전 중 변압기의 고장발생시 두 대의 변압기로 3상 전압을 공급하는 방식

· 출력 : $P = \sqrt{3}\,VI\cos\theta = \sqrt{3}\,P_1$[W]

· 이용률 : 86.6[%]

$\dfrac{\text{V결선시 용량}}{\text{변압기 2대 용량}} = \dfrac{\sqrt{3}\,VI}{2\,VI} = 0.867$

· 출력비 : 57.7[%]

$\dfrac{\text{V결선시 출력(고장 후)}}{\text{△결선시 출력(고장 전)}} = \dfrac{\sqrt{3}\,VI}{3\,VI} = 0.577$ 【답】 ②

16 정전용량 C[μF]의 콘덴서에 충전된 전하가 $q = \sqrt{2}\,Q\sin\omega t$[C]와 같이 변화 하도록 하였다면 이때 콘덴서에 흘러들어가는 전류의 값은?

① $i = \sqrt{2}\,\omega Q\sin\omega t$
② $i = \sqrt{2}\,\omega Q\cos\omega t$
③ $i = \sqrt{2}\,\omega Q\sin(\omega t - 60°)$
④ $i = \sqrt{2}\,\omega Q\cos(\omega t - 60°)$

풀이

$i = \dfrac{dq}{dt} = \dfrac{d}{dt}(\sqrt{2}\,Q\sin\omega t) = \sqrt{2}\,\omega Q\cos\omega t$ [V] 【답】 ②

17 $\omega L = 5[\Omega]$, $\dfrac{1}{\omega C} = 25[\Omega]$의 LC 직렬회로에 100[V]의 교류를 가할 때 전류[A]는?

① 3.3[A], 유도성 ② 5[A], 유도성
③ 3.3[A], 용량성 ④ 5[A], 용량성

풀이

LC 직렬회로

· $I = \dfrac{V}{Z} = \dfrac{V}{|X_L - X_C|} = \dfrac{100}{25-5} = 5[A]$

· $X_L < X_C$ 이므로 용량성이다. 【답】 ④

18 자기인덕턴스가 각각 L_1 과 L_2인 2개의 코일이 직렬로 가동접속 되었을 때, 합성 인덕턴스는? (단, 자기력선에 의한 영향을 서로 받는 경우이다)

① $L = L_1 + L_2 - M$
② $L = L_1 + L_2 - 2M$
③ $L = L_1 + L_2 + M$
④ $L = L_1 + L_2 + 2M$

풀이

직렬 접속 시 합성 인덕턴스

· 가동접속(같은 방향, 가극성) $L_0 = L_1 + L_2 + 2M$[H]
· 차동접속(반대 방향, 감극성) $L_0 = L_1 + L_2 - 2M$[H]

【답】 ④

19 그림에서 a-b간의 합성저항은 c-d간의 합성저항 보다 몇 배인가?

① 1배
② 2배
③ 3배
④ 4배

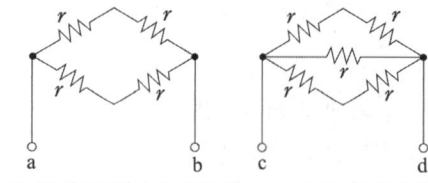

풀이

a-b의 합성저항(브리지평형)   c-d의 합성저항

$R_{ab} = \dfrac{2r \times 2r}{2r + 2r} = \dfrac{4r^2}{4r} = r$ $R_{cd} = \dfrac{1}{\dfrac{1}{2r} + \dfrac{1}{r} + \dfrac{1}{2r}} = \dfrac{r}{2}$

$\therefore \dfrac{R_{ab}}{R_{cd}} = \dfrac{r}{\dfrac{r}{2}} = 2$[배] 【답】 ②

20 납축전지가 완전히 방전되면 음극과 양극은 무엇으로 변하는가?

① PbSO₄ ② PbO₂
③ H₂SO₄ ④ Pb

풀이
납 축전지
- 양극 : 이산화납(PbO₂) 음극 : 납(Pb)
- 전해액 : 묽은 황산(H₂SO₄), 비중 1.23~1.26
- 화학식 : PbO₂ + 2H₂SO₄ + Pb ⇔ PbSO₄ + 2H₂O + PbSO₄
- 용량 : $Q = I \cdot t$ [A·h] (I : 방전전류, t : 방전시간)

[답] ①

21 전기자저항 0.1[Ω], 전기자전류 104[A], 유도기전력 110.4[V]인 직류 분권 발전기의 단자전압[V]은?

① 110 ② 106
③ 102 ④ 100

풀이
분권 발전기 유기기전력 $E = V + I_a R_a$ [V]
∴ $V = E - I_a R_a = 110.4 - (104 \times 0.1) = 100$ [V]

[답] ④

22 동기전동기의 공급전압이 앞선 전류는 어떤 작용을 하는가?

① 역률작용 ② 교차자화작용
③ 증자작용 ④ 감자작용

풀이

구분	발전기		전동기
R(저항, 역률 1)	교차자화작용	횡축반작용 ($I\cos\theta$)	교차자화작용
L(유도성, 지상전류)	감자작용	직축반작용 ($I\sin\theta$)	증자작용
C(용량성, 진상전류)	증자작용	자화작용	감자작용

[답] ④

23 변압기의 권수비가 60일 때 2차측 저항이 0.1[Ω]이다. 이것을 1차로 환산하면 몇 [Ω]인가?

① 310 ② 360
③ 390 ④ 410

풀이
권수비 $a = \dfrac{V_1}{V_2} = \dfrac{N_1}{N_2} = \sqrt{\dfrac{Z_1}{Z_2}} = \sqrt{\dfrac{R_1}{R_2}} = \sqrt{\dfrac{x_1}{x_2}}$

$60 = \sqrt{\dfrac{R_1}{0.1}}$ 이므로 $R_1 = 360$[Ω]

[답] ②

24 권상기, 기중기 등으로 물건을 내릴 때와 같이 전동기가 가지는 운동에너지를 발전기로 동작시켜 발생한 전력을 반환시켜서 제동하는 방식은?

① 역전제동 ② 발전제동
③ 회생제동 ④ 와류제동

풀이
- 플러깅(역전)제동 : 급제동시 사용하는 방법으로 역전제동이라 하며, 전기자의 접속을 반대로 바꾸어 회전방향과 반대의 토크를 발생시켜 제동
- 발전제동 : 제동 시에 전원을 개방하여 발전기로 이용하여 발전된 전력을 제동용 저항에 열로 소비시키는 방법이다.
- 회생제동 : 제동 시에 전원을 개방하지 않고 발전기로 이용하여 발전된 전력을 다시 전원으로 돌려보내는 방식이다.

[답] ③

25 송배전계통에 거의 사용되지 않는 변압기 3상 결선방식은?

① Y-△ ② Y-Y
③ △-Y ④ △-△

풀이
Y-Y 결선을 하지 않는 이유
- 중성점 접지로 제3고조파가 포함되어 파형의 일그러짐
- 제3고조파에 의한 인근 통신선 유도장애 발생
- 1상 고장 시 V 결선이 될 수 없음

[답] ②

26 전기기계에 있어 와전류손(eddy current loss)을 감소하기 위한 적합한 방법은?

① 규소강판에 성층철심을 사용한다.
② 보상권선을 설치한다.
③ 교류전원을 사용한다.
④ 냉각 압연한다.

풀이
- 규소강판(규소함량 3~4[%]) : 히스테리시스손 감소
- 0.35[mm] 두께의 규소강판을 성층 : 와류손 감소

[답] ①

27 동기 발전기를 회전계자형으로 하는 이유가 아닌 것은?
① 고전압에 견딜 수 있게 전기자 권선을 절연하기가 쉽다.
② 전기자 단자에 발생한 고전압을 슬립링 없이 간단하게 외부회로에 인가할 수 있다.
③ 기계적으로 튼튼하게 만드는데 용이하다.
④ 전기자가 고정되어 있지 않아 제작비용이 저렴하다.

풀이
회전계자형을 쓰는 이유
• 전기자 고정으로 고전압에 유리
• 전기자 고정으로 절연이 용이
• 구조가 간단하여 기계적으로 유리 [답] ④

28 부하의 변동에 대하여 단자전압의 변화가 가장 적은 직류 발전기는?
① 직권 ② 분권
③ 평복권 ④ 과복권

풀이
외부특성곡선

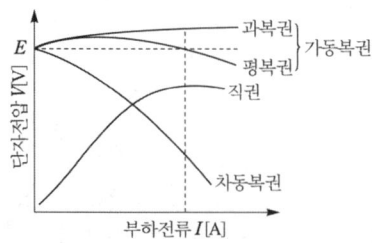

부하의 변동에 따른 단자전압의 변화는 평복권이 가장 작다는 것을 알 수 있다. [답] ③

29 유도전동기가 회전하고 있을 때 생기는 손실 중에서 구리손이란?
① 브러시의 마찰손
② 베어링의 마찰손
③ 표유 부하손
④ 1차, 2차 권선의 저항손

풀이
①②는 기계손중 마찰손이며 ③은 기타손이다. 구리손(동손)은 저항손이라고도 한다. [답] ④

30 34극 60[MVA], 역률 0.8, 60[Hz], 22.9[kV] 수차발전기의 전부하 손실이 1600[kW]이면 전부하 효율[%]은?
① 90 ② 95
③ 97 ④ 99

풀이
전부하 효율 $= \dfrac{출력}{출력+손실} \times 100 = \dfrac{60 \times 0.8}{60 \times 0.8 + 1.6} \times 100$
$\fallingdotseq 97[\%]$ [답] ③

31 동기 전동기의 장점이 아닌 것은?
① 직류 여자가 필요하다.
② 전부하 효율이 양호하다.
③ 역률 1로 운전할 수 있다.
④ 동기 속도를 얻을 수 있다.

풀이
동기전동기의 장점
• 부하의 변화에 속도가 일정 불변이다.
• 역률을 항상 1로 운전 가능하다.
• 공극이 넓으므로 기계적으로 견고하다.
• 공급전압의 변화에 대한 토크 변화가 작다.
• 유도 전동기에 비하여 효율이 좋다.
동기전동기의 단점
• 보통 구조의 것은 기동 토크가 적고 속도 조정을 할 수 없다.
• 난조를 일으킬 염려가 있다.
• 여자용의 직류 전원을 필요로 하며 설비비가 많이 든다. [답] ①

32 6극 36슬롯 3상 동기 발전기의 매극 매상당 슬롯수는?
① 2 ② 3
③ 4 ④ 5

풀이
매극 매상당 슬롯수 (S 슬롯수, p 극수, ϕ 상수)
$q = \dfrac{S}{p \cdot \phi} = \dfrac{36}{6 \times 3} = 2$ [답] ①

33 직류 직권 전동기의 회전수(N)와 토크(τ)와의 관계는?
① $\tau \propto \dfrac{1}{N}$ ② $\tau \propto \dfrac{1}{N^2}$
③ $\tau \propto N$ ④ $\tau \propto N^{\frac{3}{2}}$

[풀이]

직권전동기 $T \propto I_a^2 \propto \dfrac{1}{N^2}$ **[답] ②**

34 병렬운전 중인 동기 임피던스 5[Ω]인 2대의 3상 동기발전기의 유도기전력에 200[V]의 전압차이가 있다면 무효순환 전류[A]는?
① 5 ② 10
③ 20 ④ 40

[풀이]

동기발전기 병렬운전 : 유도기전력의 크기 같지 않을 때 발생하는 무효순환 전류(I_c)를 구하면

$I_c = \dfrac{|E_1 - E_2|}{2Z_s} = \dfrac{200}{2 \times 5} = 20[A]$ 가 된다. **[답] ③**

35 직류전동기의 속도제어법이 아닌 것은?
① 전압제어법 ② 계자제어법
③ 저항제어법 ④ 주파수제어법

[풀이]

직류전동기의 속도제어

$N = K_1 \dfrac{V - I_a R_a}{\phi}$ [rpm]의 식에서 속도 N을 제어하기 위해 **계자제어**(ϕ), **저항제어**(R_a), **전압제어**(V) 세 가지 방법이 있다. **[답] ④**

36 동기기 운전 시 안정도 증진법이 아닌 것은?
① 단락비를 크게 한다.
② 회전부의 관성을 크게 한다.
③ 속응여자방식을 채용한다.
④ 역상 및 영상임피던스를 작게 한다.

[풀이]

동기기 안정도 증진법
- 리액턴스 작게 한다.
- 단락비 크게 한다.
- 속응여자방식 채택한다.
- 회전자의 관성을 크게 한다.(플라이휠 설치)
- 동기임피던스 작게 한다. **[답] ④**

37 동기기의 전기자 권선법이 아닌 것은?
① 전절권 ② 분포권
③ 2층권 ④ 중권

[풀이]

동기기는 중권(2층권), 단절권, 분포권이 동시에 채용된다. **[답] ①**

38 직류기의 전기자 철심을 규소 강판으로 성층하여 만드는 이유는?
① 가공하기 쉽다.
② 가격이 염가이다.
③ 철손을 줄일 수 있다.
④ 기계손을 줄일 수 있다.

[풀이]

- 규소강판(규소함량 3~4[%]) : 히스테리시스손 감소
- 0.35[mm] 두께의 규소강판을 성층 : 와류손 감소

[답] ③

39 계전기가 설치된 위치에서 고장점까지의 임피던스에 비례하여 동작하는 보호계전기는?
① 방향단락 계전기
② 거리 계전기
③ 단락회로 선택 계전기
④ 과전압 계전기

[풀이]

각종 보호 계전기
- 거리계전기(DR): 고장점까지의 전기적 거리(임피던스)에 비례하여 한시적으로 동작
- 방향단락계전기(DS): 일정방향으로 일정치 이상의 전류가 흐를 경우 동작하는 것으로서 전류의 방향을 검사할 때 전압을 기준으로 한다.
- 선택단락계전기(SS): 병행 2회선의 단락고장회선의 선택에 사용되는 것으로서 전류의 흐름방향에 따라 동작하는 것과 2개의 전류차에 의해 작용하는 것 등 2종류가 있다. **[답] ②**

40 다음 그림은 직류발전기의 분류 중 어느 것에 해당되는가?
① 분권발전기
② 직권발전기
③ 자석발전기
④ 복권발전기

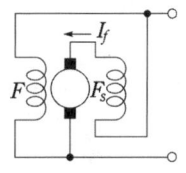

[풀이]

전기자권선과 직렬 접속인 직권 계좌권선과 병렬 접속인 분권 계자권선이 설치되어 있는 복권발전기 중에서 외분권에 해당한다. **[답] ④**

41 다음 ( )안에 들어갈 내용으로 알맞은 것은?

> "사람의 접촉 우려가 있는 합성수지제 몰드는 홈의 폭 및 깊이가 (㉠)[cm] 이하로 두께는 (㉡)[mm] 이상의 것이어야 한다."

① ㉠ 3.5, ㉡ 1
② ㉠ 5, ㉡ 1
③ ㉠ 3.5, ㉡ 2
④ ㉠ 5, ㉡ 2

풀이

합성수지 몰드 공사 시공
홈의 폭과 깊이가 3.5[cm] 이하, 두께는 2[mm] 이상의 것이어야 한다. 단, 사람이 쉽게 접촉될 우려가 없도록 시설한 경우에는 폭 5[cm] 이하, 두께 1[mm] 이상인 것을 사용할 수 있다.
[답] ③

42 고압으로 수전하는 조명 설비의 경우 수용가 설비의 인입구로부터 기기까지의 전압강하 값은 몇[%] 이하 이어야 하는가?
① 3
② 5
③ 6
④ 8

풀이

설비의 유형	조명(%)	기타(%)
저압으로 수전하는 경우	3	5
고압 이상으로 수전하는 경우	6	8

사용자의 배선설비가 100[m]를 넘는 부분의 전압강하는 미터당 0.005[%] 증가할 수 있으나 이러한 증가분은 0.5[%]를 넘지 않아야 한다.
예외적 허용(기동시간 중의 전동기, 돌입전류가 큰 기타 기기)
[답] ③

43 가공전선로의 지지물에서 다른 지지물을 거치지 아니하고 수용장소의 인입선 접속점에 이르는 가공전선을 무엇이라 하는가?
① 연접인입선
② 가공인입선
③ 구내전선로
④ 구내인입선

풀이

가공 전선로의 지지물에서 분기하여 다른 지지물을 거치지 아니하고 수용 장소의 붙임점에 이르는 가공전선을 말한다. 가공 인입선에는 저압 가공 인입선과 고압 가공 인입선이 있다.
[답] ②

44 일반적으로 학교 건물이나 은행 건물 등의 간선의 수용률은 얼마인가?
① 50[%]
② 60[%]
③ 70[%]
④ 80[%]

풀이

간선의 수용률

건물 종류	수용률[%]	
	10[kVA]이하	10[kVA]초과
주택, 아파트, 기숙사, 여관, 호텔, 병원	100	50
사무실, 은행, 학교	100	70

[답] ③

45 셀룰로이드, 성냥, 석유류 등 기타 가연성 위험물질을 제조 또는 저장하는 장소의 배선으로 틀린 것은?
① 금속관 공사
② 케이블 공사
③ 플로어덕트 공사
④ 합성수지관(CD관 제외) 공사

풀이

[특수장소에서 시설 가능한 공사방법]

구 분		금속관	케이블	합성수지관	금속제 가요전선관	덕트	애자	비고
먼지	폭연성	○	○	×	×	×	×	켑타이어제외
	가연성	○	○	○	×	×	×	
	그 외	○	○	○	○	○	○	
가연성 가스		○	○	×	×	×	×	
위험물		○	○	○	×	×	×	
화약류		○	○	×	×	×	×	300[V] 이하 조명배선만 가능
전시회, 공연장		○	○	○	○	×	×	400[V] 이하
광산, 터널		○	○	×	×	○		

[답] ③

46 가공전선의 지지물에 승탑 또는 승강용으로 사용하는 발판 볼트 등은 지표상 몇 [m] 미만에 시설하여서는 안 되는가?
① 1.2
② 1.5
③ 1.6
④ 1.8

풀이

가공전선로 지지물의 승탑 및 승주방지
가공전선로의 지지물에 취급자가 오르고 내리는데 사용하는 발판 볼트 등을 **지표상 1.8[m] 미만**에 시설하여서는 아니 된다. [답] ④

47 옥내배선의 접속함이나 박스 내에서 접속할 때 주로 사용하는 접속법은?
① 슬리브 접속 ② 쥐꼬리 접속
③ 트위스트 접속 ④ 브리타니아 접속

풀이

쥐꼬리 접속 : 조인트박스 내 가는 전선간의 접속(와이어 커넥터 사용)

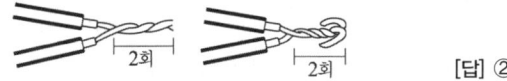

[답] ②

48 접지저항 측정방법으로 가장 적당한 것은?
① 절연저항계
② 전력계
③ 교류의 전압, 전류계
④ 콜라우시 브리지

풀이

접지저항 측정: 어스 테스터, 콜라우시 브리지 [답] ④

49 물탱크의 물의 양에 따라 동작하는 자동스위치는?
① 부동스위치
② 압력스위치
③ 타임스위치
④ 3로스위치

풀이

부동(浮動/Float)스위치 : 부력의 압력에 의해서 떠서 물탱크의 수위에 따라 움직이면서 스위치 역할을 하는 수위 플로트스위치를 의미한다. [답] ①

50 동전선의 직선접속(트위스트조인트)은 몇 [mm²] 이하의 전선이어야 하는가?
① 2.5 ② 6
③ 10 ④ 16

풀이

단선의 직선 접속
- 트위스트 접속 : 6[mm²] 이하 단선

- 브리타니어 접속 : 10[mm²] 이상의 전선

[답] ②

51 하나의 콘센트에 두 개 이상의 플러그를 꽂아 사용할 수 있는 기구는?
① 코드접속기 ② 멀티 탭
③ 테이블 탭 ④ 아이언 플러그

풀이

- 멀티 탭(multi-tap): 하나의 콘센트에 둘 또는 세 가지의 기구를 사용할 때 끼우는 것
- 테이블 탭 : 전선이 짧을 때 연장해서 사용하는 기구. 익션텐션 코드라고도 한다. [답] ②

52 합성수지관 배선 공사의 설명 중 틀린 것은?
① 관의 지지점 간의 거리는 1.5[m] 이하로 할 것
② 합성수지관 안에는 전선에 접속점이 없게 할 것
③ 전선은 절연전선(옥외용 비닐 절연전선을 제외한다)일 것
④ 관 상호간 및 박스와는 관을 삽입하는 깊이를 관의 바깥 지름의 1.5배 이상으로 할 것

풀이

커플링에 들어가는 관의 길이는 관 바깥지름의 **1.2배 이상**으로 한다. 단, 접착제를 사용할 때는 0.8배 이상으로 한다.

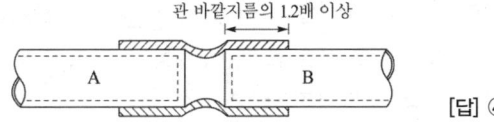

[답] ④

53 관을 시설하고 제거하는 것이 자유롭고 점검 가능한 은폐장소에서 가요전선관을 구부리는 경우 곡률 반지름은 2종 가요전선관 안지름의 몇 배 이상으로 하여야 하는가?
① 10 ② 9
③ 6 ④ 3

[풀이]
가요전선관의 배선
- 노출장소 또는 점검 가능한 은폐장소에서 관을 시설하고 제거하는 것이 **자유로운 경우**는 곡률 반지름을 2종 가요전선관 안지름의 **3배 이상**으로 할 것
- 노출장소 또는 점검 가능한 은폐장소에서 관을 시설하고 제거하는 것이 **부자유하거나 또는 점검이 불가능할 경우**는 곡률 반지름을 2종 가요전선관 안지름의 **6배 이상**으로 할 것.
[답] ④

54 자가용 전기설비의 보호 계전기의 종류가 아닌 것은?
① 과전류계전기
② 과전압계전기
③ 부족전압계전기
④ 부족전류계전기

[풀이]
부족전류계전기(Under Current Relay)는 보호목적보다는 제어용으로 주로 사용된다.
[답] ④

55 가로등, 경기장, 공장, 아파트 단지 등의 일반조명을 위하여 시설하는 고압방전등의 효율은 몇 [lm/W] 이상의 것이어야 하는가?
① 30
② 70
③ 90
④ 120

[풀이]
가로등, 경기장, 공장, 아파트 단지 등의 일반조명을 위하여 시설하는 고압방전등은 그 효율이 70[lm/W] 이상의 것이어야 한다.
[답] ②

56 셀룰라덕트 공사 시 덕트 상호간을 접속하는 것과 셀룰라덕트 끝에 접속하는 부속품에 대한 설명으로 적합하지 않은 것은?
① 알루미늄 판으로 특수 제작할 것
② 부속품의 판 두께는 1.6[mm] 이상일 것
③ 덕트 끝과 내면은 전선의 피복이 손상하지 않도록 매끈한 것일 것
④ 덕트의 내면과 외면은 녹을 방지하기 위하여 도금 또는 도장을 한 것일 것

[풀이]
셀룰라덕트 공사
덱 플레이트 하단에 철판을 깔고 만들어진 공간을 배선 덕트로 사용되는 것. 사무자동화를 위한 바닥배선 방식으로서 쓰인다.

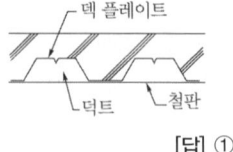

[답] ①

57 사람이 쉽게 접촉하는 장소에 설치하는 누전차단기의 사용전압 기준은 몇 [V] 초과인가?
① 50
② 60
③ 150
④ 220

[풀이]
누전차단기 설치장소
- 주택의 옥내에 시설하는 것으로 대지전압 150[V] 초과 300[V] 이하의 저압전로 인입구
- 사람이 쉽게 접촉할 우려가 있는 장소에 시설하는 사용전압 50[V]를 초과하는 저압의 금속제 외함을 가지는 기계 기구에 전기를 공급하는 전로
[답] ①

58 저압 가공 인입선의 인입구에 사용하며 금속관 공사에서 끝 부분의 빗물 침입을 방지하는데 적당한 것은?
① 플로어 박스
② 엔트런스 캡
③ 부싱
④ 터미널 캡

[풀이]
- 플로어 박스 : 바닥 밑으로 매입 배선을 할 때 콘센트 기타 바닥에 취부하는 기구를 취부할 때, 또는 배선을 인출할 때 사용한다.
- 엔트런스 캡 : 인입구, 인출구의 관단에 설치하여 금속관에 옥외의 빗물을 막는데 사용
- 부싱 : 전선관 단에 끼우고 전선을 넣거나 빼는 데 있어서 전선의 피복을 보호하여 전선이 손상되지 않게 하는 것
- 터미널 캡 : 저압 가공인입선에서 금속관공사로 옮기는 곳 또는 금속관으로부터 전선을 뽑아 전동기 단자 부분에 접속할 때 사용
[답] ②

59 조명기구를 배광에 따라 분류 하는 경우 특정한 장소만을 고조도로 하기 위한 조명 기구는?
① 직접 조명기구
② 전반확산 조명기구
③ 광천장 조명기구
④ 반직접 조명기구

풀이

- 조명기구의 배광에 따른 분류

조명방식	하향 광속[%]	상향 광속[%]	조명률[%]
직접조명	100~90	0~10	약 75
반직접조명	90~60	10~40	약 60
전반확산조명	60~40	40~60	약 50
반간접조명	40~10	60~90	약 40
간접조명	10~0	90~100	약 30

[답] ①

60 저압전로에서 사용하는 과전류 차단기용 15[A] 퓨즈를 수평으로 붙인 경우 견디어야 할 전류는 정격전류의 몇 배로 정하고 있는가?
① 1.1배 ② 1.2배
③ 1.25배 ④ 1.5배

풀이

〈퓨즈(gG)의 용단특성〉

정격전류의 구분	시간	정격전류의 배수	
		불용단전류	용단전류
4[A] 이하	60분	1.5배	2.1배
4[A]초과 16[A]미만	60분	1.5배	1.9배
16[A]이상 63[A]이하	60분	1.25배	1.6배
63[A]초과 160[A]이하	120분	1.25배	1.6배
160[A]초과 400[A]이하	180분	1.25배	1.6배
400[A] 초과	240분	1.25배	1.6배

[답] ④

전기기능사 필기 실전 모의고사 제24회

01 전하의 성질에 대한 설명 중 옳지 못한 것은?
① 전하는 가장 안정한 상태를 유지하려는 성질이 있다.
② 같은 종류의 전하끼리는 흡인하고, 다른 종류의 전하끼리는 반발한다.
③ 낙뢰는 구름과 지면 사이에 모인 전기가 한꺼번에 방전되는 현상이다.
④ 대전체의 영향으로 비대전체에 전기가 유도된다.

풀이
전하의 성질
같은 종류의 전하끼리는 서로 반발하고, 서로 다른 종류의 전하끼리는 서로 흡인한다. **[답] ②**

02 $R=4[\Omega]$, $X_L=8[\Omega]$, $X_C=5[\Omega]$가 직렬로 연결된 회로에 100[V]의 교류를 가했을 때 흐르는 ㉠전류와 ㉡역률은?

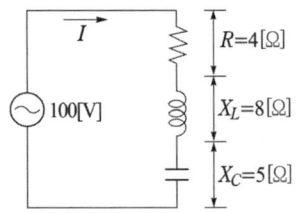

① ㉠ 5.9[A], ㉡ 0.6
② ㉠ 5.9[A], ㉡ 0.8
③ ㉠ 20[A], ㉡ 0.6
④ ㉠ 20[A], ㉡ 0.8

풀이
$X_L > X_C$ 이므로 유도성회로이고
$Z = 4+j(8-5) = 4+j3[\Omega]$ 이므로
$|Z| = \sqrt{4^2+3^2} = 5[\Omega]$
$\therefore I = \dfrac{V}{Z} = \dfrac{100}{\sqrt{4^2+3^2}} = 20[A]$
역률은 $\cos\theta = \dfrac{R}{Z}$ 이므로 0.8이 된다. **[답] ④**

03 여러 개의 기전력을 포함하는 선형 회로망 내의 전류 분포는 각 기전력이 단독으로 그 위치에 있을 때 흐르는 전류 분포의 합과 같다는 것은?
① 키르히호프(Kirchhoff) 법칙이다.
② 중첩의 원리이다.
③ 테브난(Thevenin)의 정리이다.
④ 노오튼(Norton)의 정리이다.

풀이
중첩의 원리란 선형 회로에서만 적용가능한 중첩의 원리는 여러 개의 전원을 이용하는 하나의 회로망에서 임의의 지로에 흐르는 전류를 구하기 위해서 전원 각각 단독으로 존재하는 경우의 회로를 해석하여 계산된 전류의 대수합을 의미한다. **[답] ②**

04 무한장 솔레노이드에 전류가 흐를 때 발생하는 자장에 관한 설명 중 옳은 것은?
① 내부 자장은 평등 자장이다.
② 외부와 내부 자장의 세기는 같다.
③ 외부 자장은 평등 자장이다.
④ 내부 자장의 세기는 0이다.

풀이
솔레노이드 내부 자장의 세기는 평등자장으로 그 크기는 $H=n_0 \cdot I$ [AT/m] 이고, 외부 자계의 세기는 누설 자속이 있을 수 없으므로 0이 된다. **[답] ①**

05 10[℃], 5,000[g]의 물을 40[℃]로 올리기 위하여 1[kW]의 전열기를 쓰면 몇 분이 걸리게 되는가? (단, 여기서 효율은 80[%]라고 한다.)
① 약 13분   ② 약 15분
③ 약 25분   ④ 약 50분

풀이
$H = 860P \cdot t \cdot \eta = C \cdot m \cdot T$
$t = \dfrac{Cmt}{860P\eta} = \dfrac{1 \times 5 \times 30}{860 \times 1 \times 0.8} = 0.22$[h] 이다.
$\therefore t = 0.22 \times 60[분] \fallingdotseq 13[분]$ **[답] ①**

06 자체 인덕턴스 L_1, L_2, 상호 인덕턴스 M인 두 코일의 결합 계수가 1이면 어떤 관계가 되는가?

① $M = L_1 \times L_2$
② $M = \sqrt{L_1 \times L_2}$
③ $M = L_1 \sqrt{L_2}$
④ $M > \sqrt{L_1 \times L_2}$

풀이
- 상호 인덕턴스 (M)
$M = k\sqrt{L_1 L_2}$ [H]식에서 결합계수(k)가 1이므로
∴ $M = k\sqrt{L_1 L_2}$ [H]   **[답]** ②

07 서로 다른 종류의 안티몬과 비스무트의 두 금속을 접속하여 여기에 전류를 통하면, 그 접점에서 열의 발생 또는 흡수가 일어난다. 줄열과 달리 전류의 방향에 따라 열의 흡수와 발생이 다르게 나타나는 이 현상은?

① 펠티에 효과
② 지벡 효과
③ 제 3금속의 법칙
④ 열전효과

풀이
- 펠티에 효과 (Peltier effect) : 제어벡 효과의 역현상으로 서로 다른 두 종류의 금속을 접합하여 전류를 흘리면 접합부에서 열의 발생 또는 흡수가 일어나는 현상
 (예 : 전자 냉동기)   **[답]** ①

08 금속 긴 직선 도선에 I의 전류가 흐를 때 이 도선으로부터 r만큼 떨어진 곳의 자장의 세기는?

① 전류 I에 반비례하고 r에 비례한다.
② 전류 I에 비례하고 r에 반비례한다.
③ 전류 I의 제곱에 반비례하고 r에 반비례한다.
④ 전류 I에 반비례하고 r에 반비례한다.

풀이
직선도체에 의한 자장의 세기(H)
$H = \dfrac{I}{2\pi r}$ [AT/m]에서 자장의 세기는 전류에 비례하고 거리에 반비례한다.   **[답]** ②

09 교류 기기나 교류 전원의 용량을 나타낼 때 사용되는 것과 그 단위가 바르게 나열된 것은?

① 유효전력 – [VAh]   ② 무효전력 – [W]
③ 피상전력 – [VA]   ④ 최대전력 – [Wh]

풀이
피상전력은 전기기기에 있어서 전압이 몇 볼트 기준으로 몇 암페어의 전류가 흐르는가를 아는 데에 편리하며, 전기기기의 용량을 나타내는 의미로 이용된다.   **[답]** ③

10 어느 회로의 전류가 다음과 같을 때 이 회로에 대한 전류의 실효값은?

$$i = 3 + 10\sqrt{2}\sin\left(\omega t - \frac{\pi}{6}\right)$$
$$+ 5\sqrt{2}\sin\left(3\omega t - \frac{\pi}{3}\right) [\text{A}]$$

① 11.6[A]   ② 23.2[A]
③ 32.2[A]   ④ 48.3[A]

풀이
비정현파의 실효값은 각 고조파의 실효값의 제곱의 합의 제곱근이므로

$I = \sqrt{I_0^2 + \left(\dfrac{I_{m1}}{\sqrt{2}}\right)^2 + \left(\dfrac{I_{m3}}{\sqrt{2}}\right)^2}$
$= \sqrt{3^2 + (10)^2 + (5)^2} = 11.6$ [A]   **[답]** ①

11 다음과 같은 회로에서 합성 저항은?

① 30[Ω]
② 40[Ω]
③ 50[Ω]
④ 60[Ω]

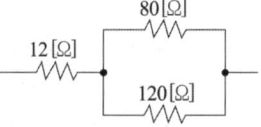

풀이
$R_0 = 12 + \dfrac{80 \times 120}{80 + 120} = 60$ [Ω]   **[답]** ④

12 자기력선에 대한 설명으로 옳지 않은 것은?
① 자석의 N극에서 시작하여 S극에서 끝난다.
② 자기장의 방향은 그 점을 통과하는 자기력선의 방향으로 표시한다.
③ 자기력선은 상호간에 교차한다.
④ 자기장의 크기는 그 점에 있어서의 자기력선의 밀도를 나타낸다.

풀이

자기력선의 성질
- 자력선은 N극에서 나와 S극에서 끝난다.
- 자력선 자체는 수축하려하고 같은 자력선은 서로 반발.
- 한 점을 지나는 자력선의 접선 방향이 그 점에서의 자장의 방향이다.
- 자기장내 임의의 한 점에서의 자력선의 밀도는 자장의 세기와 같다.
- 자력선은 서로 교차하지 않는다.   [답] ③

13 저항 $\frac{1}{3}[\Omega]$, 유도 리액턴스 $\frac{1}{4}[\Omega]$인 $R-L$ 병렬 회로에서 합성 어드미턴스를 구하면 얼마인가?

① $\dot{Y} = \frac{1}{3} + j\frac{1}{4}$
② $\dot{Y} = \frac{1}{3} - j\frac{1}{4}$
③ $\dot{Y} = 3 - j4$
④ $\dot{Y} = 3 + j4$

풀이

$R = \frac{1}{3}[\Omega]$, $X_L = \frac{1}{4}[\Omega]$이므로

$Y_1 = \frac{1}{R} = 3[\mho]$, $Y_2 = -j\frac{1}{X_L} = -j4[\mho]$라 하면

$\therefore \dot{Y}_0 = \dot{Y}_1 + \dot{Y}_2 = 3 - j4[\mho]$ [답] ③

14 $R = 100[\Omega]$, $C = 318[\mu F]$의 병렬 회로에 주파수 $f = 60[Hz]$, 크기 $V = 200[V]$의 사인파 전압을 가할 때 콘덴서에 흐르는 전류 I_c값은 약 얼마인가?

① 24   ② 31
③ 41   ④ 55

풀이

$R-C$ 병렬회로
병렬회로에서 전압은 일정하며 콘덴서의 리액턴스 X_c는

$X_c = \frac{1}{\omega C}[\Omega]$ 이므로

$I_c = \frac{V}{X_c} = \omega CV = 2\pi f CV[A]$ 임을 알 수 있다.

$\therefore I_c = \omega CV = 2\pi \times 60 \times 318 \times 10^{-6} \times 200 = 24[A]$ [답] ①

15 평균 반지름이 5[cm], 감은 회수 10회의 원형 코일 중심의 자기장의 세기가 200[AT/m]일 때 코일에 흐르는 전류는?

① 1[A]   ② 2[A]
③ 4[A]   ④ 8[A]

풀이

$H = \frac{NI}{2r}[AT/m]$

$\therefore I = \frac{H \times 2r}{N} = \frac{2 \times 0.05 \times 200}{10} = 2[A]$ [답] ②

16 다음 중 저항 값이 클수록 좋은 것은?
① 접지저항   ② 절연저항
③ 도체저항   ④ 접촉저항

풀이

절연저항 [絕緣抵抗, insulation resistance]
가압전압과 누설전류의 비로써 절연 저항이 저하하면 감전이나 과열에 의한 화재 및 쇼크 등의 사고가 뒤따르므로 그 크기가 클수록 좋다.   [답] ②

17 은 전량계에 1시간 동안 전류를 통과시켜 8.054[g]의 은이 석출되면 이때 흐른 전류의 세기는 약 얼마인가? 단, 은의 전기 화학 당량 $k = 0.001118[g/c]$ 이다.

① 2[A]   ② 4[A]
③ 6[A]   ④ 8[A]

풀이

$W = kIt[g]$에서

$I = \frac{W}{kt} = \frac{8.054}{0.001118 \times 3600} = 2[A]$ [답] ①

18 전선의 체적을 일정하게 하고 길이를 2배로 늘리면 저항은 몇 배가 되는가?
① 1/2   ② 2
③ 4   ④ 1/4

풀이

체적 일정시 단면적과 길이는 반비례

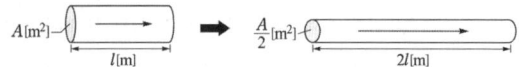

$$\therefore R' = \rho \frac{2l}{\frac{A}{2}} = 4 \cdot \rho \frac{l}{A} = R_0 [\Omega]$$ 　　　　　[답] ③

19 비유전율이 큰 산화티탄 등을 유전체로 사용한 것으로 극성이 없으며 가격에 비해 성능이 우수하여 널리 사용되고 있는 콘덴서의 종류는?
① 마일러 콘덴서
② 마이카 콘덴서
③ 전해 콘덴서
④ 세라믹 콘덴서

[풀이]
콘덴서의 종류
- 전해 콘덴서 : 전기 분해로 금속의 표면에 얇은 산화피막을 만들어 유전체로 사용하고 극성을 가지고 있어 교류 회로에는 사용할 수 없다.
- 세라믹 콘덴서 : 전극사이의 유전체로 티탄산바륨과 같은 비유전율이 큰 재료가 사용되며가격에 비해 성능이 우수하여 가장 많이 사용된다.
- 마이카 콘덴서 : 온도 변화에 따른 용량 변화가 작고 절연 저항이 높은 특성을 갖고 있으므로 표준 콘덴서로도 사용된다.　　　　　　　　　　　　　　　　[답] ④

20 그림과 같이 대전 된 애보나이트 막대를 박검전기의 금속판에 닿지 않도록 가깝게 가져갔을 때 금박이 열렸다면 다음 중 옳은 것은? (단, A는 원판, B는 박, C는 애보나이트 막대이다.)

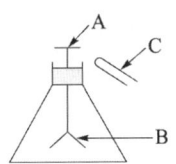

① A : 양전기, B : 양전기, C : 음전기
② A : 음전기, B : 음전기, C : 음전기
③ A : 양전기, B : 음전기, C : 음전기
④ A : 양전기, B : 양전기, C : 양전기

[풀이]
- 정전기유도(靜電氣誘導, electrostatic induction) : 대전체와 가까운 쪽에는 대전체와 다른 종류의 전하가, 반대쪽에는 같은 종류의 전하가 나타나는 현상　　[답] ③

21 직류 직권전동기의 회전수를 1/3로 줄이면 토크는 어떻게 되는가?
① 변화가 없다.　　② 1/3배 작아진다.
③ 3배 커진다.　　④ 9배 커진다.

[풀이]
직권전동기의 속도 $N \propto \frac{1}{I_a}$ 이며,
$\tau \propto I_a^2$ 이므로 $\tau \propto \frac{1}{N^2}$ 이 된다.　　　　[답] ④

22 직류기의 전기자 철심을 규소 강판으로 성층하는 가장 큰 이유는?
① 기계손을 줄이기 위해서
② 철손을 줄이기 위해서
③ 제작이 간편하기 때문에
④ 가격이 싸기 때문에

[풀이]
철손(히스테리시스손+와류손)을 줄이기 위해 규소 강판을 겹쳐 쌓아서 만든 성층 철심을 사용한다. 성층 철심을 사용하여, 와전류 손실을 줄이며, 규소강판을 사용하여 히스테리시스손실을 줄인다.　　　　　　　　[답] ②

23 2극의 직류발전기에서 코일변의 유효길이 l[m], 공극의 평균자속밀도 B[Wb/m^2], 주변속도 v[m/s]일 때 전기자 도체 1개에 유도되는 기전력의 평균값 e[V]은?
① $e = Blv$[V]　　② $e = \sin \omega t$[V]
③ $e = 2B\sin \omega t$[V]　　④ $e = v^2 Bl$[V]
　　　　　　　　　　　　　　　　　　[답] ①

24 자극수 6, 전기자 총 도체수 400, 단중파권을 한 직류발전기가 있다. 각 자극의 자속이 0.01[Wb]이고 회전속도가 600[rpm]이면 무부하로 운전하고 있을 때의 기전력은 몇 [V]인가?
① 110　　② 115
③ 120　　④ 150

[풀이]
파권일 때는 $a = 2$이므로
$E = \frac{P}{a} Z\phi \frac{N}{60} = \frac{6}{2} \times 400 \times 0.01 \times \frac{600}{60} = 120$[V]　　[답] ③

25 가스 절연 개폐기나 가스차단기에 사용되는 가스인 SF₆의 성질이 아닌 것은?
① 같은 압력에서 공기의 2.5~3.5배의 절연내력이 있다.
② 무색, 무취, 무해 가스이다.
③ 가스압력 3~4[kgf/cm²]에서는 절연내력은 절연유 이상이다.
④ 소호능력은 공기보다 2.5배 정도 낮다.

풀이
소호능력은 공기보다 우수하다. [답] ④

26 다음 그림은 직류발전기의 분류 중 어느 것에 해당되는가?

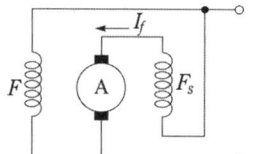

① 분권발전기
② 직권발전기
③ 자석발전기
④ 복권발전기

풀이
전기자권선과 직렬 접속인 직권 계좌권선과 병렬 접속인 분권 계자권선이 설치되어 있는 복권발전기 중에서 외분권에 해당한다. [답] ④

27 전기자 저항이 0.2[Ω], 전류 100[A], 전압 120[V]일 때 분권 전동기의 발생 동력[kW]은?
① 5
② 10
③ 14
④ 20

풀이
$E = V - I_a R_a = 120 - (0.2 \times 100) = 100[V]$
$P = EI_a = 100 \times 100 \times 10^{-3} = 10[kW]$
직권은 $E = V - I_a(R_a + R_s)$ [답] ②

28 워드 레오너드(Ward Leonard)방식은 직류기의 무엇을 목적으로 하는 것인가?
① 정류개선
② 속도제어
③ 계자자속 조정
④ 병렬운전

풀이
• 전압제어의 종류 : 워드 레오나드(M-G-M 법), 일그너, 정지레오나드, 초퍼 제어, 직·병렬 제어 등이 있다. [답] ②

29 코일 주위에 전기적 특성이 큰 에폭시 수지를 고진공으로 침투시키고, 다시 그 주위를 기계적 강도가 큰 에폭시 수지로 몰딩한 변압기는?
① 건식 변압기
② 유입 변압기
③ 몰드 변압기
④ 타이 변압기

풀이
몰드 변압기 : 종래의 유입식 및 건식 변압기의 문제점을 해결하기 위해 코일을 에폭시 수지로 몰드한 고체절연방식의 변압기 [답] ③

30 직류 발전기의 정격전압 100[V], 무부하 전압 109[V]이다. 이 발전기의 전압변동률 ε[%]은?
① 1
② 3
③ 6
④ 9

풀이
전압변동률
$\epsilon[\%] = \dfrac{V_o - V_n}{V_n} \times 100 = \dfrac{109 - 100}{100} \times 100 = 9[\%]$ [답] ④

31 동기속도 1,800[rpm], 주파수 60[Hz]인 동기발전기의 극수는 몇 극인가?
① 2
② 4
③ 8
④ 10

풀이
$N_s = \dfrac{120f}{p}$
$\therefore p = \dfrac{120f}{N_s} = \dfrac{120 \times 60}{1800} = 4[극]$ [답] ②

32 3상 동기기에 제동권선을 설치하는 주된 목적은?
① 출력 증가
② 효율 증가
③ 역률 개선
④ 난조 방지

풀이
제동권선의 효능
• 동기 전동기 기동장치로 이용 : 기동 토크 발생
• 동기 전동기 난조 방지
• 송전선 불평형 부하시 전압, 전류의 파형 개선
[답] ④

33 정격이 10,000[V], 500[A], 역률 90[%]의 3상 동기발전기의 단락전류 I_s[A]는? (단, 단락비는 1.3으로 하고, 전기자저항은 무시한다.)
① 450 ② 550
③ 650 ④ 750

풀이
$k_s = \dfrac{I_s}{I_n} = \dfrac{100}{\%Z} = \dfrac{1}{\%Z[\text{p.u}]}$ 식에서
$\therefore I_s = k_s I_n = 1.3 \times 500 = 650[\text{A}]$ [답] ③

34 다음 괄호 안에 들어갈 알맞은 말은?
"(㉠)는 고압 회로의 전압을 이에 비례하는 낮은 전압으로 변성해주는 기기로서, 회로에 (㉡) 접속하여 사용된다."
① ㉠ CT ㉡ 직렬   ② ㉠ PT ㉡ 직렬
③ ㉠ CT ㉡ 병렬   ④ ㉠ PT ㉡ 병렬

풀이
계기용 변압기(PT): 고전압을 저전압으로 변성, 병렬연결
계기용 변류기(CT): 대전류를 소전류로 변성, 직렬연결
[답] ④

35 절연유를 충만 시킨 외함 내에 변압기를 수용하고, 오일의 대류작용 때문에 철심 및 권선에 발생한 열을 외함에 전달하며, 외함의 방산이나 대류에 의하여 열을 대기로 방산시키는 변압기의 냉각방식은?
① 유입 송유식   ② 유입 수냉식
③ 유입 풍냉식   ④ 유입 자냉식

풀이
변압기의 본체를 절연유로 채워진 외함 내에 넣어 대류 작용에 의해 발생된 열을 외기중으로 방산시키는 방식을 유입자냉식이라 한다.   [답] ④

36 용량 P[kVA]인 동일 정격의 단상 변압기 4대로 낼 수 있는 3상 최대 출력 용량은?
① $3P$ ② $\sqrt{3}P$
③ $4P$ ④ $2\sqrt{3}P$

풀이
단상 변압기 4대로 3상 전력을 보내기 위해 Y결선이나 델타 결선 시 전력 $P = 3P$가 되어 3대를 사용하지만, V결선 시에는 2군으로 사용할 때 $P = 2\text{군} \times \sqrt{3}P = 2\sqrt{3}P$이 되어 최대가 된다.   [답] ④

37 동기와트 P_2, 출력 P_o, 슬립 s, 동기속도 N_s, 회전속도 N, 2차 동손 P_{2c}일 때 2차 효율 표기로 틀린 것은? 의 온도 상승에 대한 보호는?
① $1-s$ ② P_{2c}/P_2
③ P_o/P_2 ④ N/N_s

풀이
$s = \dfrac{P_{2c}}{P_2}$ [답] ②

38 유도전동기에서 슬립이 1이면 전동기의 속도 N은?
① 동기속도보다 빠르다.
② 정지이다.
③ 불변이다.
④ 동기속도와 같다.

풀이
$S = \dfrac{N_s - N}{N_s}$ 이므로 슬립이 1은 $N = 0$이다.
회전자속도 $N = (1-s)N_s$에서 슬립이 1이라면 회전자속도도 0이므로 정지 상태를 나타내고 있다.   [답] ②

39 60[Hz]로 제작된 3상 유도전동기를 동일한 전압의 50[Hz] 전원으로 사용할 때 나타나는 현상은?
① 자속이 감소한다.
② 속도가 증가한다.
③ 온도상승이 감소한다.
④ 무부하 전류가 증가한다.

풀이
① 철손 중 히스테리시스손 $P_h \propto \dfrac{E^2}{f}$의 관계로 주파수 감소시 철손의 증가로 인한 온도가 상승하게 된다.
② 동기속도 $N_s = \dfrac{120f}{p}$의 관계식에서 주파수는 비례관계이므로 감소하게 된다.
③ 철손의 증가로 인하여 철손전류와 자화전류의 합인 무부하 전류는 증가하게 된다.   [답] ④

40 직류기의 전기자 철심을 규소 강판으로 성층하여 만드는 이유는?
① 가공하기 쉽다.
② 가격이 염가이다.
③ 철손을 줄일 수 있다.
④ 기계손을 줄일 수 있다.

풀이
• 규소강판(규소함량 3~4[%]) : 히스테리시스손 감소
• 0.35[mm] 두께의 규소강판을 성층 : 와류손 감소
[답] ③

41 수·변전 설비의 인입구 개폐기로 많이 사용되고 있으며 전력 퓨즈의 용단시 결상을 방지하는 목적으로 사용되는 개폐기는?
① 부하 개폐기
② 선로 개폐기
③ 자동 고장 구분 개폐기
④ 기중부하 개폐기

풀이
개폐기의 종류
(1) 부하개폐기 : 수변전 설비 인입구 개폐기로서 전력퓨즈 용단시 결상을 방지할 목적으로 사용하는 개폐기
(2) 선로개폐기 : 주로 66[kV] 이상의 수전실 구내 인입구에 사용하는 개폐기
(3) 자동고장 구분개폐기 : 22.9[kV-Y] 전기사업자 배전계통에서 부하용량 4,000[kVA] 이하의 분기점 또는 7,000[kVA] 이하의 수전실 인입구에 설치하는 개폐기
(4) 기중 부하 개폐기 : 수변전 설비 인입구 개폐기로서 부하 전류만의 개폐를 필요로 하는 장소인 구내 선로의 간선 및 분기선에 시설하는 개폐기
[답] ①

42 절연전선의 피복에 "15[kV] NRV"라고 표기되어 있다. 여기서 "NRV"는 무엇을 나타내는 약호인가?
① 형광등 전선
② 고무절연 폴리에틸렌 시스 네온 전선
③ 고무절연 비닐 시스 네온 전선
④ 폴리에틸렌 절연 비닐 시스 네온 전선

풀이
• N(Neon) : 네온
• R(Rubber) : 고무
• V(Vinyl) : 비닐
[답] ③

43 고압 옥내 배선에서 애자공사를 할 경우 전선의 지지점간의 거리는 몇 [m] 이하인가?
① 6   ② 4
③ 3   ④ 2

풀이
애자의 지지점 간의 거리는 2[m] 이하이다.   [답] ④

44 고압전로의 중성점을 접지할 때 접지선으로 연동선을 사용하는 경우의 굵기는 최소 몇 [mm²]인가?
① 2.5   ② 4.0
③ 16   ④ 25

풀이
* 중성점 접지선 : 공칭단면적 16[mm²] 이상의 연동선 또는 이와 동등이상의 세기 및 굵기 (저압전로의 중성점은 6[mm²] 이상의 연동선 또는 이와 동등이상의 세기 및 굵기)
[답] ③

45 피시 테이프(fish tape)의 용도로 옳은 것은?
① 전선을 테이핑하기 위하여 사용된다.
② 전선관의 끝마무리를 위해서 사용된다.
③ 배관에 전선을 넣을 때 사용된다.
④ 합성 수지관을 구부릴 때 사용된다.

풀이
전선관에 전선을 넣을 때 사용하는 평각 강철선
[답] ③

46 380V 옥내 배선에 연결된 전동기 회로의 절연저항의 최소값은 얼마인가?
① 0.1[MΩ]   ② 0.2[MΩ]
③ 0.4[MΩ]   ④ 1[MΩ]

풀이

전로의사용전압	DC시험전압[V]	절연 저항값[MΩ]
SELV 및 PELV	250	0.5
FELV, 500V이하	500	1.0
500V초과	1,000	1.0

[주]특별저압(Extra Low Voltage: 2차전압이 AC50V, DC 120V이하)으로 SELV(비접지회로 구성) 및 PELV(접지회로구성)은 1차와 2차가 전기적으로 절연된 회로, FELV는 1차와 2차가 전기적으로 절연되지 않은 회로
[답] ④

47 저압 전로의 접지측 전선을 식별하는 데 애자의 빛깔에 의하여 표시하는 경우 어떤 빛깔의 애자를 접지측으로 하여야 하는가?
① 백색   ② 청색
③ 갈색   ④ 황갈색

풀이
애자의 색상

애자의 종류	색별
특고압 핀애자	갈색
저압용 애자(접지측 제외)	백색
접지측 애자	녹색 또는 청색

[답] ②

48 코드 상호간 또는 캡타이어 케이블 상호간을 접속하는 경우 가장 많이 사용되는 기구는?
① T형 접속기   ② 코드 접속기
③ 와이어 커넥터   ④ 박스용 커넥터

풀이
• 코드 상호, 캡타이어 케이블 상호, 케이블 상호, 또는 이들 상호를 접속하는 경우에는 코드 접속기, 접속함 기타의 기구를 사용할 것   [답] ②

49 연접 인입선의 시설 제한상 잘못된 내용은?
① 인입선에서 분기하는 점에서 50[m]를 넘지 않아야 한다.
② 폭 5[m]를 넘는 도로를 횡단하지 않아야 한다.
③ 옥내를 통과하면 안된다.
④ 전선은 절연전선, 다심형 전선 또는 케이블일 것

풀이
저압 연접 인입선의 시설
• 인입선에서 분기하는 점으로부터 100[m]을 초과하는 지역에 미치지 아니할 것.
• 폭 5[m]을 초과하는 도로를 횡단하지 아니할 것.
• 옥내를 통과하지 아니할 것   [답] ①

50 배전반에서 교류의 상에 따른 기호는?
① 제1상(L3), 제2상(L2), 제3상(L1)
② 제1상(L3), 제2상(L1), 제3상(L2)
③ 제1상(L1), 제2상(L2), 제3상(L3)
④ 제1상(L1), 제2상(N), 제3상(L2)

풀이

상(문자)	색상
L1	갈색
L2	검은색
L3	회색
N	파란색
보호도체	녹색-노란색

[답] ③

51 전선로의 지선에 사용되는 애자는?
① 현수애자   ② 구형애자
③ 인류애자   ④ 핀애자

풀이
말굽애자, 옥애자, 지선애자라고도 한다.   [답] ②

52 구리 전선과 전기 기계기구 단자를 접속하는 경우에 진동 등으로 인하여 헐거워질 염려가 있는 곳에는 어떤 것을 사용하여 접속하여야 하는가?
① 평와셔 2개를 끼운다.
② 스프링 와셔를 끼운다.
③ 코드 패스너를 끼운다.
④ 정 슬리브를 끼운다.

풀이
스프링 와셔 또는 이중너트를 사용한다.   [답] ②

53 지중전선로 시설 방식이 아닌 것은?
① 직접 매설식   ② 관로식
③ 트라이식   ④ 암거식

풀이
지중전선로 시설방식은 직접매설식, 관로식, 암거식이 있다.

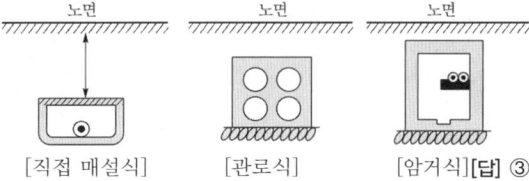

[직접 매설식] [관로식] [암거식] [답] ③

54 저압으로 수전하는 조명 설비의 경우 수용가 설비의 인입구로부터 기기까지의 전압강하 값은 몇 [%] 이하이어야 하는가?
① 3   ② 5
③ 6   ④ 8

풀이

설비의 유형	조명(%)	기타(%)
저압으로 수전하는 경우	3	5
고압 이상으로 수전하는 경우	6	8

사용자의 배선설비가 100[m]를 넘는 부분의 전압강하는 미터당 0.005[%] 증가할 수 있으나 이러한 증가분은 0.5[%]를 넘지 않아야 한다. 예외적 허용(기동시간 중의 전동기, 돌입전류가 큰 기타 기기)

[답] ①

55 ─────── 심벌의 명칭은?
① 지중 매설배선 ② 바닥면 노출배선
③ 천장 은폐배선 ④ 노출배선

[답] ③

56 굵은 전선을 절단할 때 사용하는 전기공사용 공구는?
① 프레셔 툴 ② 녹 아웃 펀치
③ 파이프 커터 ④ 클리퍼

풀이
- 녹아웃 펀치(knockout punch): 배전반, 분전반등의 배관을 변경하거나 이미 설치된 캐비넷에 구멍을 뚫을 때 필요한 공구
- 프레셔툴(pressure tool): 커넥터 또는 터미널 접속 시 사용
- 파이프 커터(pipe cutter): 금속관 절단에 사용
- 클리퍼(Clipper): 펜치로 절단하기 힘든 굵은 전선 절단할 때 사용

[답] ④

57 금속관 공사를 노출로 시공할 때 직각으로 구부러지는 곳에는 어떤 배선기구를 사용하는가?
① 유니온 커플링 ② 아웃렛 박스
③ 픽스쳐 히키 ④ 유니버셜 엘보우

풀이
- 유니언 커플링: 금속전선관을 돌려서 접속할 수 없을 때 사용하여 접속한다.
- 아웃렛 박스: 전선 접속, 조명기구, 콘센트 등의 취부에 사용하고 중형 4각, 대형 4각등 사용목적에 따라 여러 종류가 있다.
- 픽스쳐 히키: 기구를 파이프로 매달 때 스탠드와 기구 파이프 사이에 취부하고 옆 구멍으로부터 전선을 파이프 속에 넣을 수 있게 되어 있다.

[답] ④

58 석유류를 저장하는 장소에 시설해서는 안 되는 저압 옥내배선은?
① 애자사용공사 ② 케이블공사
③ 합성수지관공사 ④ 금속관공사

풀이
위험물이 있는 곳의 공사
- 금속전선관공사(박강전선관)
- 합성수지관공사(두께 2[mm] 이상)
- 케이블공사

[답] ①

59 금속덕트 안에 넣는 전선의 고무절연전선, 비닐절연전선 또는 케이블로서 그 피복을 포함한 총 단면적은 덕트 내 단면적의 몇 [%] 이내로 하여야 가장 적당한가?
① 10 ② 20
③ 30 ④ 40

풀이
금속덕트: 건조하고 전개된 장소에 시설. 주로 빌딩 공장 등의 전기실에서 많은 간선이 출입하는데 사용
㉠ 금속덕트는 두께 1.2[mm] 이상의 철판을 사용한다.
㉡ 금속덕트는 천장 또는 벽에 3[m]이하마다 지지한다.
㉢ 금속덕트에 넣는 전선이나 케이블은 그 피복을 포함한 총 단면적이 덕트내 단면적의 20[%] 이내 (제어회로는 50[%] 이내)로 하여야 한다.
㉣ 길이와 시설장소에 관계없이 접지공사를 실시한다.

[답] ②

60 지중전선로를 관로인입식에 의하여 시설하는 경우 차량, 기타 중량물의 압력을 받을 우려가 있는 장소의 매설 깊이[m]는?
① 0.6[m] 이상 ② 1.0[m] 이상
③ 1.2[m] 이상 ④ 1.5[m] 이상

풀이
지중전선로의 관로인입식 매설 깊이
- 차량, 기타 중량물의 압력을 받을 우려가 있는 장소: 1[m] 이상
- 기타 장소: 0.6[m] 이상

지중전선로의 직접매설식 매설 깊이
- 차량, 기타 중량물의 압력을 받을 우려가 있는 장소: 1[m] 이상
- 기타 장소: 0.6[m] 이상

[답] ②

전기기능사 필기 실전 모의고사 제25회

01 다음 중 정전기가 발생하는 원인이 아닌 것은?
① 관의 수로에 물이 흐를 때
② +, -극에 전선을 접속할 때
③ 붙어있는 물체를 떼어낼 때
④ 마찰이 일어날 때

[풀이]
정전기 발생 원인
• 마찰과 접촉 및 분리에 의한 발생
• 물체의 용량 변화에 의한 발생
• 대전된 물체에 의한 발생　　　　　　**[답]** ②

02 유전체 중 유전율이 가장 작은 것은?
① 광유　　　② 규소수지
③ 공기　　　④ 운모

[풀이]
각종 유전체의 유전율

유전체	진공	공기	고무	종이	수정	유리	운모	산화티탄
유전율	1	1.00059	2~3	2~2.5	3.6	3.8~10	5~9	88~183

[답] ③

03 다음 소자 중 선형 소자가 아닌 것은?
① 코일　　　② 콘덴서
③ 저항　　　④ 진공관

[풀이]
전압, 전류의 특성이 비례 관계를 가지는 것이 선형회로이며, 저항기, 콘덴서, 인덕터 등의 수동(Passive)소자는 선형 해석이 가능하다. 진공관은 능동(Active)소자로 비선형적인 특성을 지닌다.　　**[답]** ④

04 진공 중에서 1[Wb]의 자극으로부터 발상되는 자력선의 총수는 얼마인가?
① 8×10^3　　　② 8×10^4
③ 8×10^5　　　④ 8×10^6

[풀이]
가우스 정리 : 임의의 폐곡면 내 자하량 m[Wb]가 있을 때, 이 폐곡면을 통해서 나오는 자기력선의 총수
$N = \dfrac{m}{\mu_0} = \dfrac{1}{4\pi \times 10^{-7}} \fallingdotseq 8 \times 10^5$ [개]　　**[답]** ③

05 공기 중에서 5[cm] 간격을 유지하고 있는 2개의 평행도선에 각각 10[A]의 전류가 동일한 방향으로 흐를 때 도선 1[m]당 발생하는 힘의 크기[N]는?
① 4×10^{-4}　　　② 2×10^{-5}
③ 4×10^{-5}　　　④ 2×10^{-4}

[풀이]
2개의 평행도선에 전류가 흐를 때 발생하는 힘
$F = \dfrac{2I_1 I_2}{r} \times 10^{-7} = \dfrac{2 \times 10 \times 10}{0.05} \times 10^{-7} = 4 \times 10^{-4}$ [N/m]　　**[답]** ①

06 다음 중 자기 회로와 전기회로의 대응관계로 옳지 않은 것은?
① 자속 - 전속　　　② 자계 - 전계
③ 투자율 - 도전율　　　④ 기자력 - 기전력

[풀이]

전기 회로		자기 회로	
기전력	E[V]	기자력	F[AT]
전류	I[A]	자속	ϕ[Wb]
전계	E[V/m]	자계	H[AT/m]
전기저항	R[Ω]	자기저항	R_m[AT/Wb]
콘덕턴스	G[℧]	퍼미언스	$\dfrac{1}{R_m}$[Wb/AT]
도전율	σ[℧/m]	투자율	μ[H/m]
옴의 법칙	$E = IR$[V] $\therefore I = \dfrac{E}{R}$[A]	옴의 법칙	$F_m = \phi R_m$[AT] $\therefore \phi = \dfrac{NI}{R_m}$[Wb]

[답] ①

07 다음 중 자기회로의 누설계수를 나타낸 식은?

① $\dfrac{\text{누설자속} \times \text{유효자속}}{\text{전자속}}$

② $\dfrac{\text{누설자속}}{\text{전자속}}$

③ $\dfrac{\text{누설자속}}{\text{유효자속}}$

④ $\dfrac{\text{누설자속} + \text{유효자속}}{\text{유효자속}}$

풀이

누설계수 $= \dfrac{\text{전자속}}{\text{유효자속}} = \dfrac{\text{유효자속} + \text{누설자속}}{\text{유효자속}}$ [답] ④

08 직렬공진 시 최대가 되는 것은?

① 전류　② 임피던스　③ 리액턴스　④ 저항

풀이

직렬공진 시 : 임피던스가 최소(허수부=0),

전류 최대 $\left(I = \dfrac{V}{Z}\right)$ [답] ①

09 진공 중의 투자율 μ_0[H/m]는 얼마인가?

① 8.855×10^{-12}　② 9×10^9

③ 6.33×10^4　④ $4\pi \times 10^{-7}$

풀이

① 진공 중의 유전율 $\epsilon_0 = 8.855 \times 10^{-12}$[F/m]

② $\dfrac{1}{4\pi\epsilon_0} = 9 \times 10^9$

③ $\dfrac{1}{4\pi\mu_0} = 6.33 \times 10^4$

④ 진공 중의 투자율 $\mu_0 = 4\pi \times 10^{-7}$[H/m] [답] ④

10 기전력 1.5[V], 내부 저항 0.2[Ω]인 전지 5개를 직렬로 연결하고 이를 단락하였을 때의 단락전류[A]는?

① 1.5　② 4.5　③ 7.5　④ 15

풀이

전지의 직렬접속

회로의 기전력은 전지 1개의 n배이고 합성 내부저항은 r의 n배이므로 외부저항을 고려하면 $nE = (nr + R)I$가 된다. 여기서, 단락하였기 때문에 외부저항 $R=0$이다.

$\therefore I = \dfrac{nE}{nr + R} = \dfrac{5 \times 1.5}{5 \times 0.2 + 0} = 7.5$[A] [답] ③

11 비사인파의 일반적인 구성이 아닌 것은?

① 순시파　② 고조파　③ 기본파　④ 직류분

풀이

비사인파 교류 = 직류분 + 기본파 + 고조파 [답] ①

12 전기장 중에 단위 전하를 놓았을 때 그것에 작용하는 힘은 어느 값과 같은가?

① 전장의 세기　② 전하　③ 전위　④ 전위차

풀이

전기장의 세기 : E[V/m](전장의 세기, 전계)

전기장 내의 한 점에 단위양전하(+1[C])를 놓았을 때 그 전하가 받는 전기력의 크기로 정한다. [답] ①

13 왜형파를 발생시키는 요인이 아닌 것은?

① 철심의 자기 포화

② 히스테리시스 현상

③ 전기자 반작용

④ 옴의 법칙

풀이

정현파로부터 일그러진 파형을 비정현파(non-sinuisoidal wave)라 하며 발생 원인은 다음과 같다.

- 교류 발전기에서의 전기자 반작용에 의한 일그러짐
- 변압기에서의 철심의 자기포화
- 변압기에서의 히스테리시스 현상에 의한 여자 전류의 일그러짐
- 다이오드의 비직선성에 의한 전류의 일그러짐 [답] ④

14 콘덴서의 정전 용량을 크게 하는 방법으로 옳지 않은 것은?

① 극판의 간격을 작게 한다.

② 극판 사이에 비유전율이 큰 유전체를 삽입한다.

③ 극판의 면적을 크게 한다.

④ 극판의 면적을 작게 한다.

풀이

콘덴서의 정전용량
두 전극의 면적에 비례하고, 유전율에 비례하며, 전극의 간격에 반비례한다.

$C = \epsilon \dfrac{S}{d}$ [F] ($C \propto \dfrac{1}{d}$, $C \propto S$, $C \propto \epsilon$) **[답] ④**

15 공기 중 자속밀도가 40[Wb/m²]인 평등 자장 내에 길이 30[cm]의 도체를 자장의 방향과 30° 각도로 놓고 이 도체에 10[A]의 전류를 흘리면 이때 도체에 작용하는 힘[N]은?

① 60 ② 103.8
③ 600 ④ 1038

풀이

$F = BIl\sin\theta = 40 \times 0.3 \times 10 \times \sin 30° = 60$ [N] **[답] ①**

16 1[kWh]는 몇 [J]인가?

① 3.6×10^3[J] ② 3.6×10^6[N/m²]
③ 3.6×10^3[N/m²] ④ 3.6×10^6[J]

풀이

1[kWh] = 10^3[Wh] = 3.6×10^6[J] = 860[kcal] **[답] ④**

17 $R-L$ 직렬회로의 시정수 τ[s]는?

① $\dfrac{R}{L}$[s] ② $\dfrac{L}{R}$[s]
③ RL[s] ④ $\dfrac{1}{RL}$[s]

풀이

RL 직렬회로 $\tau = \dfrac{L}{R}$[sec] **[답] ②**

18 기전력 E, 내부저항 r인 전지 n개를 직렬로 연결하여 이것에 외부저항 R을 직렬연결 하였을 때 흐르는 전류는?

① $I = \dfrac{E}{nr+R}$ ② $I = \dfrac{nE}{r+R}$
③ $I = \dfrac{nE}{r+Rn}$ ④ $I = \dfrac{nE}{nr+R}$

풀이

$I = \dfrac{nE}{nr+R}$ [A] **[답] ④**

19 정전 용량 C[μF]의 콘덴서에 충전된 전하가 $q = \sqrt{2}Q\sin\omega t$[C]과 같이 변화하도록 하였다면 이 때 콘덴서에 흘러 들어가는 전류의 값은?

① $i = \sqrt{2}\omega Q\sin\omega t$
② $i = \sqrt{2}\omega Q\cos\omega t$
③ $i = \sqrt{2}\omega Q\sin(\omega t - 60°)$
④ $i = \sqrt{2}\omega Q\cos(\omega t - 60°)$

풀이

$\therefore i = \dfrac{dq}{dt} = \dfrac{d}{dt}\sqrt{2}\omega Q\sin\omega t = \sqrt{2}\omega Q\cos\omega t$ [A] **[답] ②**

20 콘덴서 중 극성을 가지고 있는 콘덴서로서 교류 회로에 사용할 수 없는 것은?

① 마일러 콘덴서
② 마이카 콘덴서
③ 세라믹 콘덴서
④ 전해 콘덴서

풀이

콘덴서의 종류
① 고정 콘덴서
- 전해 콘덴서 : 전기 분해로 금속의 표면에 얇은 산화피막을 만들어 유전체로 사용하고 극성을 가지고 있어 교류 회로에는 사용할 수 없다.
- 세라믹 콘덴서 : 전극사이의 유전체로 티탄산바륨과 같은 비유전율이 큰 재료가 사용되며 가격에 비해 성능이 우수하여 가장 많이 사용된다.
- 마일러 콘덴서 : 얇은 폴리에스테르 필름을 유전체로 하여 양 면에 금속박을 대고 원통형으로 감은 것으로 극성이 없으며 내열성, 절연저항이 우수하다.
- 마이카 콘덴서 : 온도 변화에 따른 용량 변화가 작고 절연 저항이 높은 특성을 갖고 있으므로 표준 콘덴서로도 사용된다.
② 가변 용량 콘덴서
- 바리콘(varicon) : 전극 사이의 면적을 조정하여 용량을 변화한다. **[답] ④**

21 전압변동률이 적고 자여자이므로 다른 전원이 필요 없으며, 계자저항기를 사용한 전압조정이 가능하므로 전기 화학용, 전지의 충전용 발전기로 가장 적합한 것은?

① 타여자 발전기 ② 직류 복권발전기
③ 직류 분권발전기 ④ 직류 직권발전기

[풀이]
분권발전기는 타여자 발전기와 같이 전압의 변화가 적어 정전압 발전기라 하고, 자여자이므로 계자저항기를 사용하여 전압조정이 가능하며 전기화학용 전원, 전지의 충전용, 동기기의 여자용으로 쓰인다. **[답] ③**

22 단상 전파 사이리스터 정류회로에서 부하가 큰 인덕턴스가 있는 경우, 점호각이 60°일 때의 정류 전압은 몇 [V] 인가? (단, 전원측 전압의 실효값은 100[V]이고 직류측 전류는 연속이다.)
① 141 ② 100
③ 85   ④ 45

[풀이]
단상 전파 시 유도성 부하에 전류가 연속이라면
$E_d = 0.9 E_a \cos\alpha = 0.9 \times 100 \times \cos 60° = 45[V]$ **[답] ④**

23 다음 중 변압기의 온도상승 시험법으로 가장 널리 사용되는 것은?
① 단락 시험법   ② 유도 시험법
③ 절연전압 시험법   ④ 고조파 억제법

[풀이]
온도 시험법의 종류
① 실부하법 : 변압기의 전부하를 연속적으로 가해서, 권선이나 오일등의 온도상승을 시험하는 방법
② 반환 부하법 : 전력을 낭비하지 않고 철손과 동손만을 공급해서 온도상승을 시험하는 방법
③ 등가 부하법(단락시험법) : 변압기의 권선 하나를 단락하고 부하 손실에 해당하는 동손을 공급, 온도상승을 시험하는 방법 **[답] ①**

24 동기조상기가 진상콘덴서에 비해 가지는 장점은 무엇인가?
① 가격이 저렴하다.
② 보수가 용이하다.
③ 진상과 지상 전류가 공급 가능하다
④ 손실이 적다

[풀이]
동기조상기는 여자전류를 조정하여 진상 전류와 지상전류 모두 얻는게 가능하다. **[답] ③**

25 다음 중 유도전동기에서 비례추이를 할 수 있는 것은?
① 출력   ② 2차 동손
③ 효율   ④ 역률

[풀이]
• 비례추이 가능 : 1,2차 전류, 동기와트, 역률
• 비례추이 불가능 : 효율, 2차 동손, 출력 **[답] ④**

26 그림은 전력제어 소자를 이용한 위상제어 회로이다. 전동기의 속도를 제어하기 위해서 '가'부분에 사용되는 소자는?
① 전력용 트랜지스터
② 제너 다이오드
③ 트라이액
④ 레귤레이터 78XX 시리즈

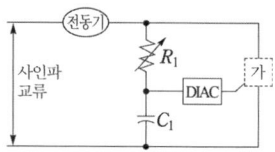

[풀이]
전파위상제어회로 : C_1 콘덴서 충전전압이 다이액의 임계전압을 넘어서면 다이액을 통해 트라이액의 게이트를 통과하여 충전전압이 인가되고 트라이액이 도통됨. **[답] ③**

27 통전 중인 사이리스터를 턴 오프(turn off) 하려면?
① 순방향 Anode 전류를 유지전류 이하로 한다.
② 순방향 Anode 전류를 증가시킨다.
③ 게이트 전압을 0 또는 −로 한다.
④ 역방향 Anode 전류를 통전한다.

[풀이]
유지전류 : 사이리스터가 통전을 유지하도록 하는 최소한의 전류이다. **[답] ①**

28 동기발전기의 돌발 단락 전류를 주로 제한하는 것은?
① 권선 저항   ② 동기 리액턴스
③ 누설 리액턴스 ④ 역상 리액턴스

[풀이]
동기 발전기의 각 단락 전류의 제한
• 지속 단락 전류 : 동기 리액턴스가 제한
• 돌발 단락 전류 : 누설 리액턴스가 제한 **[답] ③**

29 권선형 유도전동기 기동시 회전자 측에 저항을 넣는 이유는?
① 기동 전류 증가
② 기동 토크 감소
③ 회전수 감소
④ 기동 전류 억제와 토크 증대

풀이
유도전동기의 비례추이
토크의 비례추이는 농형 유도 전동기와 같이 2차 회로의 저항을 바꿀수 없는 것에는 응용할 수 없으나 권선형 유도전동기와 같이 2차 회로의 저항을 가감시킬 수 있는 경우에는 2차 저항 r_2를 조절함으로써 비례 추이에 따라 **기동 토크를 크게 할 수 있으며 기동 전류는 억제**할 수 있다.
[답] ④

30 6극이 60[Hz] 3상 유도전동기의 동기속도는 몇 [rpm]인가?
① 200
② 750
③ 1,200
④ 1,800

풀이
동기속도 $N_s = \dfrac{120f}{p} = \dfrac{120 \times 60}{6} = 1200$[rpm] [답] ③

31 다음은 3상 유도전동기 고정자 권선의 결선도를 나타낸 것이다. 맞는 사항을 고르시오.

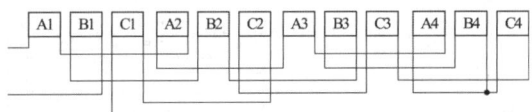

① 3상2극, Y결선
② 3상4극, Y결선
③ 3상2극, △결선
④ 3상4극, △결선

풀이
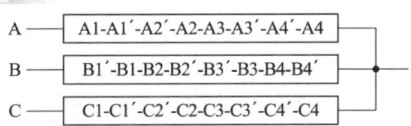

A, B, C 3상의 각상 반대편을 한데 묶어 중성점을 만들었다. 따라서 Y결선이며 A, B, C, N의 4극이다. [답] ②

32 60[Hz]로 제작된 3상 유도전동기를 동일한 전압의 50[Hz] 전원으로 사용할 때 나타나는 현상은?
① 자속이 감소한다.
② 속도가 증가한다.
③ 철손이 감소한다
④ 무부하 전류가 증가한다.

풀이
① 철손 중 히스테리시스손 $P_h \propto \dfrac{E^2}{f}$의 관계로 주파수 감소시 철손의 증가로 인한 온도가 상승하게 된다.
② 동기속도 $N_s = \dfrac{120f}{p}$의 관계식에서 주파수는 비례관계이므로 감소하게 된다.
③ 철손의 증가로 인하여 철손전류와 자화전류의 합인 무부하 전류는 증가하게 된다. [답] ④

33 분상기동형 단상유도전동기의 회전방향을 바꾸려면?
① 주권선 및 기동권선 단자의 접속을 모두 바꾼다.
② 기동권선이나 주권선 중 어느 한 권선의 단자의 접속을 바꾼다.
③ 전원의 두 선을 바꾸어 접속한다.
④ 정지 후 손으로 회전방향을 바꾼 다음에 기동시킨다.

풀이
회전방향을 반대로 할 때는 주권선과 보조권선 중 어느 한쪽의 접속을 반대로 하면 상순서가 바뀌어 회전방향이 바뀐다. [답] ②

34 그림과 같은 전동기 제어회로에서 전동기 M의 전류 방향으로 올바른 것은? (단, 전동기의 역률은 100[%]이고, 사이리스터의 점호각은 0°)라고 본다.

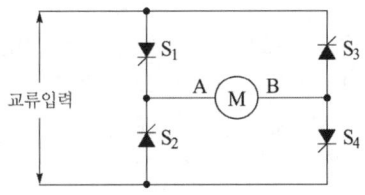

① 항상 "A"에서 "B"의 방향
② 항상 "B"에서 "A"의 방향
③ 입력의 반주기 마다 "A"에서 "B"의 방향, "B"에서 "A"의 방향
④ S_1과 S_4, S_2와 S_3의 동작 상태에 따라 "A"에서 "B"의 방향, "B"에서 "A"의 방향

풀이

입력의 반주기(+)에 S_1과 S_4가 동작하여 "A"에서 "B"의 방향으로 전류가 유입이 되고 다음 입력의 반주기(-)에 S_2와 S_3가 동작하여 "A"에서 "B"의 방향으로 전류가 유입이 되게 된다. 　　　　　　　　　　　　　　[답] ①

35 상전압 300[V]의 3상 반파 정류 회로의 직류 전압[V]은?
① 350　　　　　② 283
③ 200　　　　　④ 171

풀이

$E_d = 1.17E = 1.17 \times 300 ≒ 350[V]$

정류 종류	단상 반파	단상 전파	3상 반파	3상 전파
평균(직류)값	0.45E	0.9E	1.17E	1.35E
맥동률	121[%]	48[%]	17[%]	4[%]
맥동주파수	f	2f	3f	6f
정류효율	40.6[%]	81.2[%]	96.7[%]	99.8[%]

[답] ①

36 트라이액(Triac) 기호는?

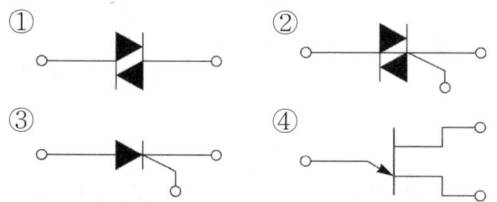

풀이

① DIAC　② TRIAC
③ SCR　　④ UJT　　　　　　　　[답] ②

37 직류기의 주요 구성요소라 할 수 있는 것은?
① 정류자, 계자, 브러시, 보상권선
② 계자, 브러시, 전기자, 보극
③ 계자, 전기자, 정류자, 브러시
④ 보극, 보상권선, 전기자, 계자

풀이

• 계자(Field Magnet) : 자속(ϕ)을 만드는 부분
• 전기자(Armature) : 계자에서 만든 자속을 끊어 기전력을 유도
• 정류자(Commutator) : AC를 DC로 변환
• 브러시 : 정류자면에 접촉하여 전기자 권선과 외부회로를 연결
　　　　　　　　　　　　　　　　[답] ③

38 수하 특성을 가지므로 용접기용 전원으로 이용되는 것은?
① 분권 발전기　　　② 직권 발전기
③ 가동복권 발전기　④ 차동복권 발전기

풀이

• 수하 특성 : 부하증가에 따라 전압이 현저하게 감소하는 특성
• 차동 복권 발전기 : 직권과 분권계자권선의 기자력이 서로 상쇄되게 설계된 것으로 스스로 수하특성을 가지고 있는 발전기 　　　　　　　　　　[답] ④

39 직류기의 전기자 권선법 중 파권 권선에 대한 설명으로 옳은 것은?
① 브러시 수가 극수과 같다.
② 균압환이 필요하다.
③ 저전압 대전류용이다.
④ 전기자 병렬회로수는 항상 2이다.

풀이

비교 항목	단중 중권(병렬권)	단중 파권(직렬권)
병렬회로 수(a)	P(극수)	2
브러시 수(B)	P(극수)	2
전압과 전류	저전압, 대전류	고전압, 소전류
균압 접속	4극이상 시 필요	필요없음

[답] ④

40 직류분권전동기의 부하로 가장 적당한 것은?
① 크레인　　　　② 권상기
③ 전동차　　　　④ 공작기계

풀이

분권전동기는 정속도 특성을 가지므로 일정 속도를 요하는 공작기계나 압연기에 적합하다. 　　　[답] ④

41 계통 접지에서 전원의 한 점을 직접접지하고 설비의 노출 도전성부분을 보호선(PEN)을 이용하여 전원의 한 점에 접속하는 접지계통으로 중성선과 보호선을 동일전선으로 사용하는방식을 무엇이라 하는가?
① TT 계통　　② IT 계통
③ TN-C 계통　　④ TN-S 계통

풀이
① TT 계통 : 전원의 한 점을 직접접지하고 설비의 노출 도전성부분을 전원계통의 접지극과는 전기적으로 독립한 접지극에 접지하는 접지계통
② IT 계통 : 충전부 전체를 대지로부터 절연시키거나, 한 점에 임피던스를 삽입하여 대지에 접속시키고, 전기기기의 노출 도전성부분 단독 또는 일괄적으로 접지하거나 또는 계통접지로 접속하는 접지계통
③ TN 계통 : 전원의 한 점을 직접접지하고 설비의 노출 도전성부분을 보호선(PEN)을 이용하여 전원의 한 점에 접속하는 접지계통
  • TN-S : 계통 전체의 중성선(또는 접지된 상전선)과 보호선을 접속하여 사용
  • TN-C-S : 계통 일부의 중성선과 보호선을 동일전선으로 사용
  • TN-C : 계통 전체의 중성선과 보호선을 동일전선으로 사용
[답] ③

42 성냥을 제조하는 공장의 내선 공사 방법으로서 적당하지 않은 공사는?
① 케이블공사
② 방습형플렉시블공사
③ 합성 수지관공사
④ 금속관공사

풀이
위험물이 있는 곳의 공사
• 금속전선관공사(박강전선관)
• 합성수지관공사(두께 2[mm] 이상)
• 케이블공사
[답] ②

43 배전반에서 교류의 상에 따른 기호는?
① 제1상(L3), 제2상(L2), 제3상(L1)
② 제1상(L3), 제2상(L1), 제3상(L2)
③ 제1상(L1), 제2상(L2), 제3상(L3)
④ 제1상(L1), 제2상(N), 제3상(L2)

풀이

상(문자)	색상
L1	갈색
L2	검은색
L3	회색
N	파란색
보호도체	녹색-노란색

[답] ③

44 점유면적이 좁고 운전, 보수에 안전하므로 공장, 빌딩 등의 전기실에 많이 사용되어 큐비클형이라고도 불리는 배전반은?
① 라이브 프론트식 배전반
② 폐쇄식 배전반
③ 포스트형 배전반
④ 데드 프런트식 배전반

풀이
배전반의 종류
• 라이브 프런트식 (Live Front /수직형) : 저압 간선용,
• 데드 프런트식 : 고압 수전반, 고압 전동기 운전반 등에 사용
• 폐쇄식 배전반 (큐비클형) : 점유면적이 좁고, 보수 및 운전이 안전하여 널리 사용
[답] ②

45 과전류차단기를 시설하면 절대로 안 되는 장소와 관계가 없는 것은 어느 것인가?
① 각종 접지공사에 있어서 접지선
② 다선식 전로의 중성선
③ 배전용 변압기의 1차측
④ 전로의 일부에 접지공사를 한 저압 가공전로의 접지측 전선

풀이
과전류 차단기의 시설제한
(1) 접지공사의 접지선
(2) 접지 공사를 한 저압 가공전선로의 접지측 전선
(3) 다선식 선로의 중성선
[답] ③

46 대지전압 100[V]의 옥내전선로에서 분기회로의 절연저항 측정에서 DC시험전압은 얼마로 하여야 하는가?
① 100　　② 250
③ 500　　④ 1,000

[풀이]

전로의사용전압	DC시험전압[V]	절연 저항값[MΩ]
SELV 및 PELV	250	0.5
FELV, 500V이하	500	1.0
500V초과	1,000	1.0

[주] 특별저압(Extra Low Voltage: 2차전압이 AC50V, DC 120V이하)으로 SELV(비접지회로 구성) 및 PELV(접지회로구성)은 1차와 2차가 전기적으로 절연된 회로, FELV는 1차와 2차가 전기적으로 절연되지 않은 회로

[답] ③

47 전자접촉기 2개를 이용하여 유도전동기 1대를 정역운전하고 있는 시설에서 전자접촉기 2개가 동시에 여자되어 상간 단락되는 것을 방지하기 위하여 구성하는 회로는?
① 자기유지 회로
② 순차제어 회로
③ Y-△기동회로
④ 인터록 회로

[풀이]
인터록회로(Interlock circuit)
2개 이상의 회로에서 한 쪽이 동작하고 있는 경우에 다른 쪽의 회로에 입력이 있어도 동작하지 않도록 하는 회로

[답] ④

48 전주 외등 설치 시 백열전등 및 형광등의 조명기구를 전주에 부착하는 경우 부착한 점으로부터 돌출되는 수평거리는 몇 [m] 이내로 하여야 하는가?
① 0.5
② 0.8
③ 1.0
④ 1.2

[풀이]
전주 외등의 부착 높이는 지표상 4.5[m]이고 돌출 수평 거리는 1[m] 이내이다.

[답] ③

49 접지 공사에서 접지극에 동봉을 사용할 때 최소 길이는 몇 [m]인가?
① 0.6
② 0.9
③ 1.0
④ 1.2

[풀이]
접지극의 종류 및 규격
동봉, 동피복 강봉을 접지극으로 사용하는 경우에는 지름 8[mm] 이상, 길이 0.9[m] 이상의 것을 사용하여야 한다.

[답] ②

50 고압 이상에서 기기의 점검, 수리 시 무전압, 무전류 상태로 전로에서 단독으로 전로의 접속 또는 분리하는 것을 주목적으로 사용되는 수변전기기는?
① 기중부하 개폐기
② 단로기
③ 전력퓨즈
④ 컷아웃 스위치

[풀이]
- 기중부하 개폐기(IS/ Interrupter Switch) : 수전용량 300[kVA] 이하에서 인입개폐기로 사용한다.
- 단로기(DS) : 공칭전압 3.3[kV] 이상 전로에 사용되며 기기의 보수 점검 시 또는 회로 접속변경을 하기 위해 사용하지만 부하전류 개폐는 할 수 없는 기기이다.
- 전력퓨즈(PF), 컷아웃 스위치(COS) : 사고시 과전류 차단

[답] ②

51 전선의 굵기를 측정하는 공구는?
① 파이프 렌치
② 파이프 커터
③ 와이어 게이지
④ 클리퍼

[풀이]
- 클리퍼(Clipper): 펜치로 절단하기 힘든 굵은 전선 절단 할 때 사용

- 파이프 커터(pipe cutter) : 금속관 절단에 사용
- 파이프 렌치(pipe wrench): 금속관과 커플링을 물고 죄어 서로 접속할 때 사용
- 와이어 게이지(Wire Guage): 전선의 굵기를 측정

[답] ③

52 절연 전선으로 가선된 배전 선로에서 활선 상태인 경우 전선의 피복을 벗기는 것은 매우 곤란한 작업이다. 이런 경우 활선 상태에서 전선의 피복을 벗기는 공구는?
① 전선피박기
② 애자 커버
③ 와이어 통
④ 데드엔드 커버

[풀이]
활선피박기: 활선 상태에서 전선의 피복 제거

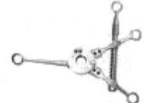

[답] ①

53 전등 한 개를 2개소에서 점멸하고자 할 때 옳은 배선은?

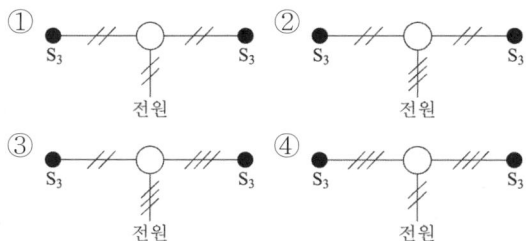

풀이

[답] ④

54 보호를 요하는 회로의 전류가 어떤 일정한 값(정정값) 이상으로 흘렀을 때 동작하는 계전기는?
① 과전류 계전기 ② 과전압 계전기
③ 차동 계전기   ④ 비율 차동 계전기

풀이
- 과전압 계전기 : 회로의 전압이 일정값 이상이 되었을 때 동작
- 차동 계전기 : 1차 전류와 2차 전류의 차에 의하여 동작
- 비율 차동 계전기 : 1차 전류와 2차 전류의 차에 비율에 의해 동작

[답] ①

55 전기이발기, 전기면도기, 헤어드라이어 등에 사용되는 코드는?
① 캡타이어 코드 ② 전열기용 코드
③ 금실 코드   ④ 극장용 코드

풀이
금사(金絲)코드는 고도의 굴곡성을 가지는 코드로 가요성이 커 이동이 잦아 굴곡을 필요로 하는 전기기구(전기 다리미 등) 전원코드로 많이 사용된다.

[답] ③

56 조명용 백열전등을 일반주택 및 아파트 각 호실에 설치할 때 현관등은 최대 몇 분 이내에 소등되는 타임스위치를 시설하여야 하는가?
① 1   ② 2
③ 3   ④ 4

풀이
호텔, 여관 객실 입구에 타임스위치를 시설하여 1분이내 소등하도록 하며, 일반주택, 아파트 각 호실의 현관은 3분 이내 소등되도록 한다.

[답] ③

57 다음 중 전선 및 케이블 접속 방법이 잘못된 것은?
① 전선의 세기를 30[%]이상 감소시키지 않을 것
② 접속 부분은 접속관 기타의 기구를 사용하거나 납땜을 할 것
③ 코드 상호, 캡타이어 케이블 상호, 케이블 상호, 또는 이들 상호를 접속하는 경우에는 코드 접속기, 접속함 기타의 기구를 사용할 것
④ 도체에 알루미늄을 사용하는 전선과 동을 사용하는 전선과 동을 사용하는 전선을 접속하는 경우에는 접속 부분에 전기적 부식이 생기지 않도록 할 것

풀이
- 전선의 세기(기계적 강도)를 20[%] 이상 감소시키지 말 것.(80[%] 이상 유지할 것)
- 접속 부분은 접속관 기타의 기구를 사용하거나 납땜을 할 것.
- 접속부의 절연은 전선 자체의 절연레벨과 동일하게 하며 접속점 부위의 전기저항을 증가시키지 말 것
- 코드 상호, 캡타이어 케이블 상호, 케이블 상호, 또는 이들 상호를 접속하는 경우에는 코드 접속기, 접속함 기타의 기구를 사용할 것
- 도체에 알루미늄을 사용하는 전선과 동을 사용하는 전선과 동을 사용하는 전선을 접속하는 경우에는 접속 부분에 전기적 부식이 생기지 않도록 할 것

[답] ①

58 애자 공사에 있어서 사용전압이 400[V] 넘는 경우 전선 상호간의 이격 거리는 몇 [mm] 이상인가? (단, 점검할 수 있는 은폐장소인 경우)
① 25   ② 60
③ 45   ④ 120

풀이

사용전압 거리	400[V] 이하인 경우	400[V] 초과인 경우	고압
전선 상호간의 거리	0.06[m] 이상		0.08[m] 이상
전선과 조영재 간의 거리	25[mm] 이상	45[mm]이상 (건조한 장소 25[mm]이상)	50[mm]이상
지지점간 거리	조영재의 위면 또는 옆면에 따라 붙일 경우 2[m] 이하	조영재의 위면 또는 옆면에 따라 붙일 경우 6[m]이하	6[m] 조영재의 면에 따라 붙일 경우 2[m] 이하

[답] ②

59 전선의 색상 구분에서 보호도체(접지도체)에 해당하는 색은?

① 갈색 ② 검은색
③ 파란색 ④ 녹색-노란색

풀이

상(문자)	색상
L1	갈색
L2	검은색
L3	회색
N	파란색
보호도체	녹색-노란색

[답] ④

60 전압의 구분에서 저압 직류전압은 몇 [V] 이하인가?

① 600 ② 1000
③ 750 ④ 1500

풀이

전압의 구분

	교류	직류
저압	1[kV] 이하	1.5[kV] 이하
고압	7[kV] 이하	7[kV] 이하
특고압	7[kV] 초과	

[답] ④

전기기능사 필기 실전 모의고사 제26회

01 자기회로의 길이 ℓ[m], 단면적 A[m²], 투자율 μ[H/m]일 때 자기저항 R[AT/Wb]을 나타낸 것은?

① $\dfrac{\ell}{\mu A}$ ② $\dfrac{\mu \ell}{A}$ ③ $\dfrac{\mu A}{\ell}$ ④ $\dfrac{A}{\mu \ell}$

풀이

자기저항 $R_m = \dfrac{\ell}{\mu A} = \dfrac{F}{\phi}$ [AT/Wb]

전기저항 $R_e = \rho \dfrac{\ell}{A} = \dfrac{V}{I}$ [Ω] **[답] ①**

02 물질에 따라서 자석에 전혀 무반응인 물질은?

① 강자성체 ② 비자성체
③ 반자성체 ④ 상자성체

풀이

비자성체 : 자계에 영향을 받지 않아 자화가 되지 않는 물질로 비투자율은 1에 가깝다. **[답] ②**

03 자기 히스테리시스 곡선의 횡축과 종축이 나타낸 것은?

① 투자율과 자속밀도
② 자기장의 세기와 자속밀도
③ 자기장의 세기와 보자력
④ 투자율과 잔류자기

풀이

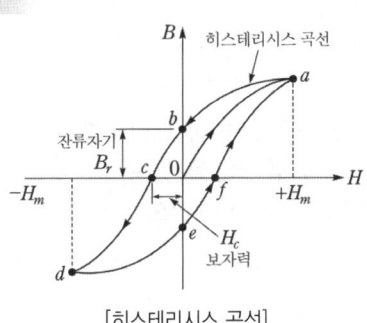

[히스테리시스 곡선]

· BH 곡선 – 가로축 : H(자기장의 세기)
　　　　　　세로축 : B(자속밀도) **[답] ②**

04 200[V], 100[W] 전구와 200[V], 200[W] 전구를 직렬로 접속하여 여기에 200[V]의 전압을 가하면 어떻게 되는가?

① 200[W] 전구가 더 밝다.
② 100[W] 전구가 더 밝다.
③ 두 전구가 모두 안 켜진다.
④ 두 전구의 밝기가 같다.

풀이

· 200[V], 100[W]의 전구 : $R_1 = \dfrac{V^2}{P_1} = \dfrac{200^2}{100} = 400$[Ω]

· 200[V], 200[W]의 전구 : $R_2 = \dfrac{V^2}{P_2} = \dfrac{200^2}{200} = 200$[Ω]

전구가 직렬 접속되어 있으므로 전류가 일정, 따라서 $P_1 = I^2 R_1 = 400I^2$, $P_2 = I^2 R_2 = 200I^2$로 100[W]의 전구가 200[W]의 전구보다 2배 밝다. **[답] ②**

05 10[V] 전위차로 가속된 전자의 운동에너지는 몇 [J]인가?

① 1.6×10^{-17} ② 1.6×10^{-19}
③ 1.6×10^{-18} ④ 1.6×10^{-20}

풀이

10[eV] $= 1.602 \times 10^{-19}$[C] $\times 10$[V] $= 1.602 \times 10^{-18}$[J] **[답] ③**

06 가우스의 정리를 이용하여 구하는 것은?

① 전장의 에너지 ② 전위
③ 전장의 세기 ④ 전하간의 힘

풀이

· 가우스 정리[Gauss's law] : 임의의 폐곡면 내 전하량 Q[C]이 있을 때 이 폐곡면을 통해서 나오는 전기력선의 수 즉, 전계의 세기를 구할 수 있다.

$$N=\frac{Q}{\epsilon}=\frac{Q}{\epsilon_s \cdot \epsilon_0}[\text{개}]$$

[답] ③

07 진공 중에 놓여 있는 2×10^3[C]의 점전하로부터 1[m] 떨어진 점 A와 2[m] 떨어진 점 B에서의 전속밀도 D_A, D_B는 각각 약 몇 [C/m²]인가?

① $D_A = 16$, $D_B = 0.4$
② $D_A = 159$, $D_B = 40$
③ $D_A = 0.4$, $D_B = 16$
④ $D_A = 40$, $D_B = 159$

풀이

전속밀도 $D_A = \frac{Q}{A} = \frac{Q}{4\pi r^2} = \frac{2 \times 10^2}{4\pi \times 1^2} = 159$

전속밀도 $D_B = \frac{Q}{A} = \frac{Q}{4\pi r^2} = \frac{2 \times 10^2}{4\pi \times 2^2} = 40$

[답] ②

08 막대모양의 철심이 있다. 단면적 0.25[m²], 길이 31.5[cm]이며 철심의 비투자율이 100 이다. 이 철심의 자기저항은 약 [AT/Wb]인가?

① 1000
② 2500
③ 3140
④ 5000

풀이

$$R_m = \frac{l}{\mu A} = \frac{l}{\mu_0 \mu_s A} = \frac{31.4 \times 10^{-2}}{4\pi \times 10^{-7} \times 1000 \times 0.25} = 1000$$

[답] ①

09 서로 다른 두 종류의 금속을 접속하고 한 쪽 금속에서 다른 쪽 금속으로 전류를 흘리면 열의 발생 또는 흡수가 일어나는 현상은?

① 톰슨 효과
② 펠티어 효과
③ 제백 효과
④ 핀치 효과

풀이

펠티어 효과 (Peltier effect) : 제어벡 효과의 역현상으로 서로 다른 두 종류의 금속을 접합하여 전류를 흘리면 접합부에서 열의 발생 또는 흡수가 일어나는 현상 (예 : 전자 냉동기)

[답] ②

10 패러데이관은 단위 전위차마다 몇 [J]의 에너지를 저장하고 있는가?

① ED
② $\frac{1}{2}ED$
③ 1
④ $\frac{1}{2}$

풀이

패러데이관 수=전속선 수(Q)
$W = QV = 1$

[답] ③

11 반지름 10[cm], 권수 100회인 원형 코일에 15[A]의 전류가 흐르면 코일 중심의 자장의 세기는 몇 [AT/m]인가?

① 750
② 3000
③ 5000
④ 7500

풀이

원형코일의 중심에서 자장의 세기
$$H = \frac{NI}{2r} = \frac{100 \times 15}{2 \times 0.1} = 7500[\text{AT/m}]$$

[답] ④

12 평형 3상 회로에서 1상의 소비전력이 P[W]라면, 3상 회로의 전체 소비전력[W]은?

① $\sqrt{2}P$
② $3P$
③ $2P$
④ $\sqrt{3}P$

[답] ②

13 어드미턴스의 실수부를 나타내는 것은?

① 컨덕턴스
② 임피던스
③ 리액턴스
④ 서셉턴스

풀이

$Y = G \mp jB$ [℧] $\begin{cases} G: \text{컨덕턴스} \\ B: \text{서셉턴스} \end{cases}$

[답] ①

14 100회 감은 코일에 0.5[A]의 전류가 0.1초 동안에 0.3[A]로 감소하였을 때 유도기전력이 2×10^{-4}[V]였다면 이 코일의 자체 인덕턴스는 몇 [μH]인가?

① 200
② 50
③ 300
④ 100

풀이

$$e = -L\frac{di}{dt}[V]$$
$$\therefore L = e[V] \times \frac{dt[S]}{di[A]} = 2 \times 10^{-4}\frac{0.1}{0.2} = 100$$ 　　[답] ④

15 자기 인덕턴스가 같은 $L_1[H]$, $L_2[H]$인 두 원통 코일이 서로 직교하고 있다. 두 코일 간의 상호 인덕턴스는 어떻게 되는가?

① 0　　　　　　② $\sqrt{L_1L_2}$
③ $L_1 + L_2$　　　　④ L_1L_2

풀이

상호 인덕턴스 (M)
$M = k\sqrt{L_1L_2}$ [H]식에서 직교 결합계수 $k = 0$ 이므로
$\therefore M = 0$ [H]　　[답] ①

16 콘덴서의 리액턴스가 1[kHz]에서 50[Ω]이었다면 50[Hz]에서는 약 몇 [Ω]인가?

① 750　　　　　② 250
③ 1000　　　　④ 500

풀이

용량성 리액턴스 $X_C[\Omega] = \frac{1}{\omega C} = \frac{1}{2\pi fC}[\Omega]$
주파수와 반비례하므로 $50 \times 20 = 1000$　　[답] ③

17 세 변의 저항 $R_a = R_b = R_c = 15[\Omega]$인 Y결선 회로가 있다. 이것과 등가인 △결선 회로의 각 변의 저항은 몇 [Ω]인가?

① $15\sqrt{3}$　　　　② 45
③ $\frac{15}{\sqrt{3}}$　　　　　④ 5

풀이

$R_\triangle = 3R_Y = 3 \times 15 = 45[\Omega]$　　[답] ②

18 무효전력의 단위는?

① W　　　　　　② Wh
③ VA　　　　　　④ Var

　　[답] ④

19 저항 8[Ω]과 유도 리액턴스 6[Ω]이 직렬로 접속된 회로에 200[V]의 교류 전압을 인가하는 경우 흐르는 전류[A]와 역률[%]은?

① 20[A], 60[%]　　② 10[A], 80[%]
③ 10[A], 60[%]　　④ 20[A], 80[%]

풀이

$$I = \frac{V}{Z} = \frac{V}{\sqrt{R^2 + X_L^2}} = \frac{200}{\sqrt{8^2 + 6^2}} = 20[A]$$
$$\cos\theta = \frac{R}{Z} = \frac{8}{10} = 0.8$$　　[답] ④

20 무한히 긴 2개의 왕복 도선을 진공 중(또는 공기 중)에 1[m]의 간격을 유지하고 전류를 흐르게 하여 전선 1[m] 당 2×10^{-7}[N]의 반발력이 될 때 전류값은 몇 [A]인가?

① 1　　　　　　　② 0.5
③ 2　　　　　　　④ 5

풀이

$$F = \frac{2I_1I_2}{r} \times 10^{-7} = \frac{2I^2}{1} \times 10^{-7} = 2 \times 10^{-7}[N]$$에서
$I = 1[A]$　　[답] ①

21 정격 출력이 0.2[kW] 초과인 옥내의 저압 단상 전동기로서 그 전원 측 저압전로에 시설하는 과전류 차단기의 정격전류가 몇 [A] 이하인 경우 전동기 보호용 과전류 보호 장치를 생략할 수 있는가?

① 12　　　　　　② 20
③ 16　　　　　　④ 8

풀이

단상 전동기로서 전원 측 전로에 시설하는 과전류 차단기의 정격전류가 16[A](배선용 차단기는 20[A]) 이하인 경우 생략가능　　[답] ③

22 15[kW], 60[Hz], 4극의 3상 유도 전동기가 있다. 전부하가 걸렸을 때의 슬립이 4[%]라면 이때의 2차(회전자)측 동손은 약 몇 [kW]인가?

① 1.2　　　　　　② 0.8
③ 1.0　　　　　　④ 0.6

풀이

비례식 $P_2 : P_{2c} : P_k = 1 : s : 1-s$ 에서 $P_{2c} = \dfrac{s}{1-s} P_k$

∴ $P_{2c} = \dfrac{0.04}{1-0.04} \times 15 = 0.625 [W]$ **[답] ④**

23 일반적으로 사용되는 SCR의 게이트는 어떤 반도체인가?
① N형 반도체   ② P형 반도체
③ PN형 반도체 ④ NP형 반도체

풀이

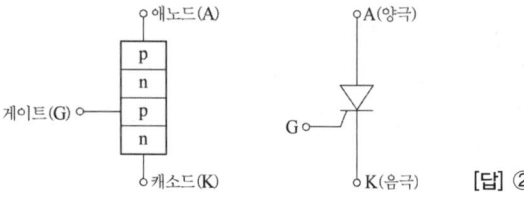

[답] ②

24 변압기 V결선의 특징으로 틀린 것은?
① 고장 시 응급처치 방법으로도 쓰인다.
② 단상변압기 2대로 3상 전력을 공급한다.
③ 변압기의 이용률이 약 86.6[%]로 줄어든다.
④ V결선 시 출력은 △결선 시 출력과 그 크기가 같다.

풀이

V결선의 출력비 = $\dfrac{\text{변압기 출력}}{\text{변압기 3대 용량}} = \dfrac{\sqrt{3}\, VI}{3VI}$
$= 0.577 = 57.7[\%]$ **[답] ④**

25 주상변압기의 1차측 개폐 및 보호 장치로 사용하는 것은?
① 리클로저   ② 캐치홀더
③ 컷아웃 스위치 ④ 자동구분개폐기

풀이

COS-주상변압기 1차측 보호
캐치홀더- 주상변압기 2차측보호 **[답] ③**

26 동기전동기의 자기동법에서 계자권선을 단락하는 이유는?

① 기동 권선으로 이용하기 위해서
② 전기자 반작용을 방지하기 위해서
③ 고전압이 유도되어 절연파괴 우려를 방지하기 위해서
④ 기동을 쉽게 하기 위해서

풀이

자기기동법 : 세자극 표면에 단락권선을 감고 회전자계와 이 권선에 유도되는 전류와의 전자력으로 기동토크를 얻어 기동하는 방식 → 기동권선(제동권선) → 기동토크 발생 → 난조방지
계자권선 단락: 고전압이 유도되어 절연파괴방지
 [답] ①

27 AC 380[V]용 전동기와 AC 220[V]용 전동 부하를 동시에 사용하고자 할 때 가장 효과적인 변압기 결선 방식은?
① 단상 2선식   ② 3상 3선식
③ 단상 3선식   ④ 3상 4선식

풀이

Y결선 가능한 3상4선식 **[답] ④**

28 자극 수 6, 파권, 전기자 도체의 수 400의 직류 발전기를 600[rpm]의 회전속도로 무부하 운전할 때 기전력이 120[V]이다. 이 때의 1극에 대한 주자속은 몇 [Wb]인가?
① 0.01   ② 0.04
③ 0.02   ④ 0.03

풀이

파권 $a = 2$ 이므로 $E = \dfrac{P}{a} Z \phi \dfrac{N}{60}$ [V]에서

$\phi = \dfrac{60a\,E}{PZN} = \dfrac{60 \times 2 \times 120}{6 \times 400 \times 600} = 0.01$ **[답] ①**

29 회전 속도가 일정하며 속도를 광범위하고 정밀하게 조종할 수 있으므로 압연기나 엘리베이터 등에 사용되는 직류 전동기는?
① 가동 복권전동기
② 타여자 전동기
③ 차동 복권전동기
④ 직권 전동기

[풀이]
타여자 전동기는 속도를 광범위하게 조정할 수 있으므로 압연기나 엘리베이터 등에 사용된다. **[답] ②**

30 농형 회전자에 비뚤어진 홈을 쓰는 이유는?
① 회전수를 증가시킨다.
② 출력을 높인다.
③ 소음을 줄인다.
④ 미관상 좋다.

[풀이]
회전자 둘레의 홈을 축방향에 평행하지 않고 비뚤어져 있는데, 이것은 소음발생을 억제, 기동특성 개선, 파형개선 등의 효과가 있다. **[답] ③**

31 무부하시 직류발전기의 단자전압을 조정하려면 다음 중 어느 저항을 가변시키는가?
① 전기자 저항
② 방전저항
③ 계자저항
④ 기동저항

[풀이]
계자저항기의 저항을 가감시켜 자속을 조정, 단자전압을 조정하게 된다. **[답] ③**

32 50[Hz]의 변압기에 60[Hz]의 같은 전압을 가했을 때 자속밀도는 50[Hz]때와 비교하여 어떻게 되는가?
① $\frac{6}{5}$로 증가한다.
② $\left(\frac{6}{5}\right)^2$로 증가한다.
③ $\frac{5}{6}$로 감소한다.
④ $\left(\frac{5}{6}\right)^{1.6}$로 감소한다.

[풀이]
전압이 일정하면 최대자속밀도 B_m은 주파수 f에 반비례하므로, 주파수가 $\frac{6}{5}$로 증가했다면 자속밀도는 $\frac{5}{6}$으로 감소하게 된다. **[답] ③**

33 다음 중 변압기의 원리와 관계있는 것은?
① 전자유도작용
② 플레밍의 왼손 법칙
③ 플레밍의 오른손 법칙
④ 전기자 반작용

[풀이]
변압기의 원리
1차 측에 교류 전압 V_1을 공급하면 무부하 전류 I_0가 흐르면서 자속이 발생하여, 철심 속을 지나 2차 코일과 쇄교하면서 2차 측에 전압 E_2를 유기한다. 이러한 현상을 전자유도라 하는데, 변압기는 이 현상을 이용한 것이다. **[답] ①**

34 브흐홀쯔 계전기의 설치 위치로 가장 적당한 곳은?
① 변압기 주 탱크와 컨서베이터 사이
② 변압기 고압측 부싱
③ 컨서베이터 내부
④ 변압기 주 탱크 내부

[풀이]
변압기 내부고장 보호용 계전기로서 브흐홀쯔 계전기(변압기 주탱크와 콘서베이터 사이 설치)와 비율차동 계전기, 차동계전기등이 사용된다. **[답] ①**

35 직류전동기에서 무부하가 되면 속도가 대단히 높아져서 위험하기 때문에 무부하 운전이나 벨트를 연결한 운전을 해서는 안되는 전동기는?
① 타여자 전동기
② 복권 전동기
③ 분권 전동기
④ 직권 전동기

[풀이]
속도 $N = K \frac{V - I_a R_a}{\phi}$ [rpm]에서 벨트가 벗겨져 무부하 상태가 되면 여자전류가 최소값이 되면서 발생 자속도 최소값이 된다. 따라서 속도는 위험 속도가 된다. **[답] ④**

36 동기발전기의 상간단락이나 층간잔락 보호에 주로 사용되는 계전기는?
① 비율차동계전기
② 지락 계전기
③ 과부하 계전기
④ 역상과전류 계전기

[풀이]
차동계전기(비율차동계전기) : 발전기 전기자 권선의 상간단락, 층간단락이 발생한 경우에 동작하는 계전기
[답] ①

37 일정한 주파수의 전원에서 운전하는 3상 유도전동기의 전원 전압이 80[%]가 되었다면 토크는 약 몇 [%]가 되는가?
① 55 ② 64
③ 76 ④ 82

풀이
유도전동기의 토크는 전압의 제곱에 반비례하므로
$\tau \propto (0.8V)^2 = 0.64V^2$ **[답]** ②

38 동기발전기의 돌발단락 전류를 주로 제한하는 것은?
① 동기 리액턴스 ② 누설 리액턴스
③ 권선저항 ④ 역상 리액턴스

풀이
동기 발전기
- 돌발 단락전류 억제 : 누설 리액턴스
- 영구(지속) 단락전류 억제 : 동기 리액턴스(동기 리액턴스=누설 리액턴스+전기자 반작용 리액턴스) **[답]** ②

39 동기발전기의 전기자 권선을 단절권으로 하면?
① 절연이 잘된다.
② 역률이 좋아진다.
③ 기전력을 높인다.
④ 고조파를 제거한다.

풀이
파형개선 : 단절권(5고조파 제거) 및 분포권을 채용 **[답]** ④

40 3상 유도전동기에서 2차측 저항을 2배로 하면 그 최대토크는 어떻게 되는가?
① 2배로 된다.
② $\sqrt{2}$ 배로 된다.
③ $\frac{1}{2}$로 감소된다.
④ 변하지 않는다.

풀이
유도기에서 최대토크(τ_m)는 항상 일정하며, 최대 토크 시 발생하는 슬립(s_t)는 2차 저항(R_2)에 비례한다. **[답]** ④

41 최대 사용 전압이 70[kV]인 중성점 직접접지식 전로의 절연내력 시험전압은 몇 [V]인가?
① 35000 ② 504000
③ 42000 ④ 44800

풀이
*60[kV]초과는 직접접지식 0.72배
70,000 × 0.72 = 50,400[V] **[답]** ②

42 굵은 전선을 절단할 때 사용하는 전기 공사용 공구는?
① 파이프 커터 ② 클리퍼
③ 놋 아웃 펀치 ④ 프레셔 툴

풀이
- 녹아웃 펀치(knockout punch): 배전반, 분전반등의 배관을 변경하거나 이미 설치된 캐비넷에 구멍을 뚫을 때 필요한 공구
- 프레셔툴(pressure tool): 커넥터 또는 터미널 접속 시 사용
- 파이프 커터(pipe cutter) : 금속관 절단에 사용
- 클리퍼(Clipper): 펜치로 절단하기 힘든 굵은 전선 절단할 때 사용 **[답]** ②

43 한국 전기설비규정에 따라 무대용의 플라이덕트를 시설하는 방법으로 틀린 것은?
① 덕의 끝부분은 환기가 될 수 있게 개방할 것
② 덕트의 안쪽 면과 외면은 녹이 슬지 않게 하기 위하여 도금 또는 도장을 한 것일 것
③ 내부 배선에 사용하는 전선은 절연전선(옥외용 비닐절연저선을 제외한다) 또는 이와 동등 이사이의 절연 성능이 있는 것일 것
④ 덕트는 두께 0.8[mm] 이상의 철판으로 견고하게 제작한 것일 것

풀이
플라이덕트시설(전시회,쇼,공연장의 전기설비)
- 전선은 절연전선(옥외용 비닐절연전선을 제외한다) 또는 이와 동등 이상의 절연효력이 있는 것
- 덕트는 두께 0.8 mm 이상의 철판
- 덕트의 안쪽 면과 외면은 녹이 슬지 않게 하기 위하여 도금 또는 도장을 하고 덕트의 끝부분은 막을 것.
- 플라이덕트 안의 전선을 외부로 인출할 경우는 0.6/1 kV 비닐절연 비닐캡타이어 케이블을 사용하고 플라이덕트의 관통 부분에서 전선이 손상될 우려가 없도록 시

설할 것.
- 플라이덕트는 조영재 등에 견고하게 시설할 것. [답] ①

44 한 수용장소의 인입선에서 분기하여 지지물을 거치지 아니하고 다른 수용장소의 인입구에 이르는 부분의 전선을 무엇이라 하는가?
① 가공인입선 ② 가공지선
③ 가공전선 ④ 연접인입선

풀이
연접인입선 : 가공 전선로의 지지물에서 분기하여 다른 지지물을 거치지 아니하고 수용 장소의 붙임점에 이르는 가공전선
시설 제한 규정
① 인입선에서의 분기하는 점에서 100[m]를 넘는 지역에 이르지 않아야 한다.
② 폭 5[m]를 넘는 도로를 횡단하지 않아야 한다.
③ 연접 인입선은 옥내를 관통하면 안 된다.
④ 고압 연접 인입선은 시설할 수 없다. [답] ④

45 금속관 공사를 노출로 시공할 때 직각으로 부러지는 곳에는 어떤 배선 기구를 사용하는가?
① 픽스처 하키 ② 아웃렛 박스
③ 유니온 커플링 ④ 유니버설 엘보우

풀이
• 유니언 커플링 : 금속전선관을 돌려서 접속할 수 없을 때 사용하여 접속한다.
• 아웃렛 박스 : 전선 접속, 조명기구, 콘센트 등의 취부에 사용하고 중형 4각, 대형 4각등 사용목적에 따라 여러 종류가 있다.
• 픽스쳐 히키 : 기구를 파이프로 매달 때 스탠드와 기구 파이프 사이에 취부하고 옆 구멍으로부터 전선을 파이프 속에 넣을 수 있게 되어 있다. [답] ④

46 한국 전기설비규정에 따라 고압 주상변압기를 시가지 외에 설치할 경우 지표상의 높이는 몇 [m] 이상인가?
① 3.5 ② 4.5
③ 5.0 ④ 4.0

풀이
고압용기계기구 시설
기계기구를 지표상 4.5[m] (시가지 외에는 4[m]) 이상의 높이에 시설 [답] ④

47 한국 전기설비규정에 따라 전선을 접속할 때의 내용으로 틀린 것은?
① 전기화학적 성질이 다른 도체를 접속하는 경우에는 접속 부분에 전기적 부식이 생기지 않도록 하여야 한다.
② 전선의 전기저항을 증가시키지 않도록 접속해야 한다.
③ 전선의 세기를 20[%] 이상 감소시켜야 한다.
④ 접속 부분은 접속관 기타의 기구를 사용하여야 한다.

풀이
전선접속의 조건
① 전기적 저항을 증가시키지 않는다.
② 접속부위의 기계적 강도를 20[%] 이상 감소시키지 않는다.
③ 접속점의 절연이 약화되지 않도록 테이핑 또는 와이어 커넥터로 절연한다.
④ 전선의 접속은 박스 안에서 하고, 접속점에 장력이 가해지지 않도록 한다. [답] ③

48 다음과 같은 그림의 기호의 명칭은?

————————

① 바닥은폐배선 ② 지중매설배선
③ 천장은폐배선 ④ 노출배선

풀이
• 천장은폐배선 ————————
• 바닥은폐배선 – – – – – – –
• 노출배선 – – – – – – – – –
• 바닥노출배선 — — — —
• 지중매설배선 — - — - — [답] ③

49 전선 접속 시 사용되는 슬리브의 종류가 아닌 것은?
① P형 ② D형
③ S형 ④ E형

풀이
슬리브종류 :
P형 : 직선겹침 E형 : 종단 B형 : 직선맞대기,
S형, C형 등 [답] ②

50 보호를 요하는 회로의 전류가 어떤 일정한 값(정정값) 이상으로 흘렀을 때 동작하는 계전기는?
① 과전류계전기
② 과전압계전기
③ 비율차동계전기
④ 차동계전기

풀이

명 칭	기 능
과전류계전기 (OCR)	일정값 이상의 전류가 흘렀을 때 동작
과전압계전기 (OVR)	일정값 이상의 전압이 걸렸을 때 동작
부족전압계전기 (UVR)	전압이 일정값 이하로 떨어졌을 때 동작
비율차동계전기 (RFDR)	고장에 의해 생긴 불평형 전류차가 기준치 이상됐을 때 동작, 변압기 내부고장 검출용으로 주로 사용

[답] ①

51 어느 가정집 40[W] LED등 10개, 1[kW] 전자레인지 1개, 100[W] 컴퓨터 세트 2대, 1[kW] 세탁기 1대를 사용하고, 하루에 평균 사용 시간이 LED등은 5시간, 전자레인지 30분, 컴퓨터 5시간, 세탁기 1시간이라면 1개월(30일)간의 사용전력량[kWh]은?
① 115 ② 135
③ 155 ④ 175

풀이

종 류	소비전력 [kW]	대 수	하루 사용시간	하루 소비전력
LED등	0.04	10	5	2
전자레인지	1	1	0.5	0.5
컴퓨터	0.1	2	5	1
세탁기	1	1	1	1
전체기기의 하루 사용전력[kWh]				4.5
1개월(30일) 사용총량(하루사용량 × 30)				135

[답] ②

52 설치 면적과 설치 비용이 많이 들지만 가장 이상적이고 효과적인 진상용 콘덴서 설치 방법은?
① 부하측에 분산하여 설치
② 수전단 모선 측에 분산하여 설치
③ 수전단 모선에 설치
④ 가장 큰 부하 측에만 설치

풀이
부하측에 분산설치가 가장 이상적. [답] ①

53 한국 전기설비규정에 따라 가연성 분진에 전기설비가 발화원이 되어 폭발할 우려가 있는 곳에 시설하는 저압 옥내 전기설비의 배선공사로 적절하지 않은 것은?
① 플로어덕트 공사
② 케이블 공사
③ 금속관 공사
④ 두께 2[mm] 이상의 합성수지관 공사(난연성이 없는 콤바인 덕트과 제외)

풀이
가연성 분진이 존재하는 곳(소맥분, 전분, 유황 기타)의 가연성 먼지로서 공중에 떠다니는 상태에서 착화하였을 때, 폭발의 우려가 있는 곳의 저압 옥내 배선은 합성수지관 배선, 금속관 배선, 케이블 배선에 의하여 시설한다.
[답] ①

54 전기저항이 적어 부드러운 성질이 있고 구부리기가 용이하여 주로 옥내 배선에 사용하는 구리전선의 전선은?
① 경동선   ② 연동선
③ 합성연선 ④ 중공연선

풀이
옥내배선 단면적 $2.5[mm^2]$ 이상의 연동선 [답] ②

55 전력제어용 반도체 소자가 아닌 것은?
① IGBT   ② LED
③ GTO   ④ TRIAC

풀이
• GTO(Gate Turn Off Thyristor) : 자기소호 소자 게이트에 흐르는 전류를 점호할 때의 전류와 반대로 흐

르게 함으로서 GTO 소호
- TRIAC : 양방향성 3단자, 2방향 교류제어
- SCR : 단방향성 3단자, 위상제어
- IGBT(insulated gate bipolar transister)
  FET + TR 의 장점만 이용, 고압, 대전류 제어, 자기소호형 소자
- LED(Light Emitting Diode)
  발광다이오드(LED)란 갈륨비소 등의 화합물에 전류를 흘려 빛을 발산하는 반도체소자로, m 반도체의 p-n 접합구조를 이용하여 소수캐리어(전자 또는 정공)를 주입하고 이들의 재결합에 의하여 발광시킨다. **[답]** ②

56 네온방전등의 관등회로 배선을 애자공사로 하는 경우 전선상호간의 이격거리[mm]는?
① 40   ② 60
③ 80   ④ 20

풀이

사용전압 거리	400[V] 이하인 경우	400[V] 초과인 경우	고압
전선 상호간의 거리	0.06[m] 이상		0.08[m] 이상
전선과 조영재 간의 거리	25[mm] 이상	45[mm]이상(건조한 장소 25[mm]이상)	50[mm]이상
지지점간 거리	조영재의 위면 또는 옆면에 따라 붙일 경우 2[m]이하	조영재의 위면 또는 옆면에 따라 붙일 경우 6[m]이하	6[m] 조영재의 면에 따라 붙일 경우 2[m]이하

[답] ②

57 금속관 끝에 나사를 내는 공구는?
① 스패너   ② 오스터
③ 리머   ④ 파이프 커터

풀이
- 파이프 벤더 : 금속관을 구부리는 데 사용.
- 볼트 클리퍼 : 볼트를 자르는 데 사용
- 오스터 : 금속관에 나사 내는 공구

- 파이프 렌치 : 금속관과 커플링을 물고 죄어 서로 접속할 때 사용 **[답]** ②

58 변압기의 중성점 접지저항값을 구하는 식에서 k는? (단, I_g는 변압기의 고압 또는 특고압측 전로의 1선 지락전류이고, 전류를 자동차단하는 장치가 없는 경우이다.) 접지저항 = $\dfrac{k}{I_g}[\Omega]$

① 600   ② 100
③ 300   ④ 150

풀이
변압기의 고압·특고압측 전로 1선 지락전류로 150을 나눈 값과 같은 저항 값 이하($\dfrac{150}{I_g}$) **[답]** ④

59 전선 약호 중 "H"는?
① 연동선   ② 경동선
③ 전열기 절연전선   ④ 내열용 절연전선

풀이
전선약호
A(연동선), H(경동선), ACSR(강심알루미늄 연선)
[답] ②

60 금속관 공사 시 박스나 캐비닛의 노크아웃의 지름이 금속관의 지름보다 클 때 사용되는 접속 기구는?
① 로크너트   ② 부싱
③ 스프링와셔   ④ 링 리듀서

풀이
링 리듀서(ring reducer) : 금속관을 아웃렛 박스 등의 녹아웃에 취부할 때 관보다 지름이 큰 관계로 로크 너트만으로는 고정할 수 없을 때 보조적으로 사용한다.

로크 너트   링 리듀서

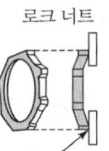 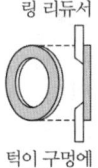

움푹한 부분이 접속함쪽으로 오게 한다.   턱이 구멍에 걸리도록 한다.

[답] ④

전기기능사 필기 실전 모의고사 제27회

01 그림과 같이 C_1, C_2의 콘덴서가 직렬로 접속된 회로의 합성 정전용량[F]은?

① $\dfrac{1}{C_1 + C_2}$ ② $\dfrac{C_1 C_2}{C_1 + C_2}$

③ $C_1 \times C_2$ ④ $C_1 + C_2$

풀이

$C_0 = \dfrac{1}{\dfrac{1}{C_1} + \dfrac{1}{C_2}} = \dfrac{C_1 C_2}{C_1 + C_2}$ [F]

[답] ②

02 공기 중 m[Wb]의 점자극 r[m] 떨어진 점의 자기장의 세기[AT/m]는?

① $\dfrac{m}{r^2}$ ② $\dfrac{m}{4\pi r}$

③ $\dfrac{\mu_0 \mu_s m}{4\pi r^2}$ ④ $\dfrac{m}{4\pi \mu_0 \mu_s r^2}$

풀이

자기장의 세기

$H = \dfrac{1}{4\pi \mu_0 \mu_s} \times \dfrac{m}{r^2} = 6.33 \times 10^4 \times \dfrac{m}{\mu_s r^2}$ [AT/m]

[답] ④

03 전류의 발열작용을 이용한 것이 아닌 것은?

① 전기도금 ② 전기다리미
③ 적외선 히터 ④ 백열전구

[답] ①

04 ㉮, ㉯에 들어갈 알맞은 내용은?

"2차 전지의 대표적인 것으로 납축전지가 있다. 전해액으로 비중 약 (㉮) 정도의 (㉯)을 사용한다."

① ㉮ 1.01~1.15 ㉯ 질산
② ㉮ 1.25~1.36 ㉯ 질산
③ ㉮ 1.23~1.26 ㉯ 묽은 황산
④ ㉮ 1.15~1.21 ㉯ 묽은 황산

[답] ③

05 전기분해를 통하여 석출된 물질의 양은 통과한 전기량 및 화학당량과 어떤 관계인가?

① 전기량과 화학당량에 비례한다.
② 전기량에 비례하고 화학당량에 반비례한다.
③ 전기량에 반비례하고 화학당량에 비례한다.
④ 전기량과 화학당량에 반비례한다.

풀이

페러데이의 법칙 : 전극에서 석출되는 물질의 양은 물질의 전기 화학 당량에 비례한다.

$W = kIt = kQ$

[답] ①

06 다음 ( )안의 알맞은 내용으로 옳은 것은?

"패러데이의 전자유도법칙에서 유도기전력의 크기는 코일을 지나는 (㉠)의 매초 변화량과 코일의 (㉡)에 비례한다."

① ㉠ 전류, ㉡ 굵기
② ㉠ 전류, ㉡ 권수
③ ㉠ 자속, ㉡ 굵기
④ ㉠ 자속, ㉡ 권수

풀이

패러데이의 전자 유도법칙(유도기전력의 크기) : 전자유도에 의해 발생되는 유도 기전력의 크기는 코일에 쇄교하는 자속의 변화율과 코일의 권수곱에 비례한다.

$e = -N\dfrac{d\phi}{dt}$ [V]

[답] ④

07 Y-Y 결선 평형 회로에서 상전압 V_p가 200[V], 한 상의 부하가 $Z = 8 + j6[\Omega]$이면 선전류 I_C의 크기는 몇 [A]인가?

① 20 ② 6
③ 14 ④ 10

풀이

Y결선 $V_\ell = \sqrt{3}\,V_p$, $I_\ell = I_p$

$I_\ell = I_p = \dfrac{V_p}{Z} = \dfrac{200}{\sqrt{8^2 + 6^2}} = 20[\text{A}]$ [답] ①

08 표준연동선의 고유저항 $[\Omega \cdot \text{mm}^2/\text{m}]$은?

① $\dfrac{1}{55}$ ② $\dfrac{1}{56}$
③ $\dfrac{1}{58}$ ④ $\dfrac{1}{57}$

풀이

- 연동선[annealed copper wire]의 고유저항
 : $\dfrac{1}{58}[\Omega \cdot \text{mm}^2/\text{m}]$
- 경동선[Hard-drown copper wire]의 고유저항
 : $\dfrac{1}{56}[\Omega \cdot \text{mm}^2/\text{m}]$ [답] ③

09 그림과 같은 비사인파의 제3고조파 주파수는? 단, $V = 20[\text{V}]$, $T = 10[\text{ms}]$ 이다.

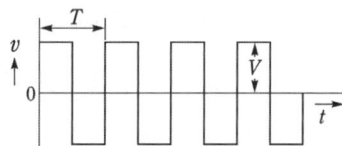

① 100[Hz] ② 200[Hz]
③ 300[Hz] ④ 400[Hz]

풀이

주기 $T = 10[\text{ms}]$ 이므로 주파수 $f = \dfrac{1}{T} = 100[\text{Hz}]$가 된다. 제3고조파의 주파수는 기본파의 3배 이므로 $f_3 = 3f_1 = 300[\text{Hz}]$ 이다. [답] ③

10 어떤 부하에 200[V] 전압을 공급하였더니 전류가 450[A], 역률이 0.9이다. 이 때의 소비전력은 몇 [kW]인가?

① 56 ② 64
③ 81 ④ 90

풀이

$P = V_l I_l \cos\theta = 200 \times 450 \times 0.9 \times 10^{-3} = 81[\text{kW}]$ [답] ③

11 그림과 같은 병렬 회로에서 a-b단자에서 본 역률값은? 단, a-b 단자간에 $E[\text{V}]$의 교류 전압을 가한다.

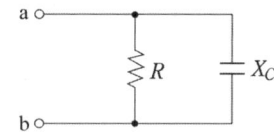

① $\dfrac{R}{\sqrt{R^2 + X_C^2}}$ ② $\dfrac{X_C}{\sqrt{R^2 + X_C^2}}$
③ $\dfrac{X_C}{R^2 + X_C^2}$ ④ $\dfrac{R}{R^2 + X_C^2}$

풀이

$\cos\theta = \dfrac{X_C}{|Z|} = \dfrac{X_C}{\sqrt{R^2 + \left(\dfrac{1}{\omega C}\right)^2}} = \dfrac{1}{\sqrt{(R\omega C)^2 + 1}}$ [답] ②

12 어떤 평등 자장 안에 시기 $1.5 \times 10^{-3}[\text{Wb}]$의 자극이 있을 때 그 자극에 3[N]의 힘이 작용한다고 한다. 자장의 세기는 몇 [AT/m]인가?

① 2×10^3 ② 4.5×10^3
③ 5×10^{-4} ④ 4.5×10^{-3}

풀이

$H = \dfrac{F}{m} = \dfrac{3}{1.5 \times 10^{-3}} = 2 \times 10^3$ [답] ①

13 1000[Hz]에서 20[Ω]인 콘덴서를 2000[Hz]에서 사용하면 리액턴스는 몇 [Ω]인가?

① 10 ② 12
③ 8 ④ 15

풀이

용량성 리액턴스 $X_C[\Omega] = \dfrac{1}{\omega C} = \dfrac{1}{2\pi f C}[\Omega]$

주파수와 반비례하므로 $20 \times \dfrac{1}{2} = 10$ [답] ①

14 2[μF], 3[μF], 5[μF]의 콘덴서 3개를 병렬로 연결하였을 때 합성 정전용량은 몇 [μF]인가?
① 15　　② 3
③ 5　　④ 10

풀이

병렬 합성정전용량
$C_0 = C_1 + C_2 + C_3 = 2 + 3 + 5 = 10$ [F] [답] ④

15 2[Ω]과 3[Ω]의 저항 2개를 병렬 접속했을 때 흐르는 전류는 직렬 접속했을 때보다 어떻게 되는가? 단, 공급하는 전압은 일정하다.
① 6.33배 많이 흐른다.
② 3.72배 많이 흐른다.
③ 4.17배 많이 흐른다.
④ 1.5배 많이 흐른다.

풀이

직렬 $I = \dfrac{V}{2+3} = 0.2V$

병렬 $I = \dfrac{V}{\dfrac{2\times 3}{2+3}} = 0.83V$

$\dfrac{\text{병렬}I}{\text{직렬}I} = 4.15$ [답] ③

16 1[Wb/m²]은 몇 [Gauss]인가?
① 9×10^6　　② 10^4
③ $4\pi \times 10^{-7}$　　④ $\dfrac{10}{\pi}$

풀이

[Wb/m²] = 10^4[gauss] [답] ②

17 그림의 휘트스톤브리지의 평형조건은?
① $X = \dfrac{P^2}{R}Q$
② $X = \dfrac{Q}{R}P$
③ $X = \dfrac{Q}{P}R$
④ $X = \dfrac{P}{Q}R$

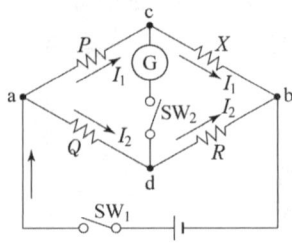

풀이

미지저항 $X = \dfrac{P}{Q}R[\Omega]$ [답] ④

18 공기 중에서 자속밀도 3[Wb/m²]의 평등 자장 속에 길이 10[cm]의 직선 도선을 자장의 방향과 직각으로 놓고 여기에 4[A]의 전류를 흐르게 하면 이 도선에 받는 힘[N]은?
① 1.2　　② 2.8
③ 0.5　　④ 4.2

풀이

$F = BlI\sin\theta = 3 \times 0.1 \times 4 \times \sin 90° = 1.2[\text{N}]$ [답] ①

19 무한히 긴 직선 도선에 30[A] 전류가 흐를 때 이 도선에서 20[cm] 떨어진 점의 자장의 세기는 약 몇 [AT/m]인가?
① 24.8　　② 23.9
③ 22.5　　④ 21.2

풀이

직선도체에 의한 자장의 세기(H)

$H = \dfrac{I}{2\pi r}[\text{AT/m}] = \dfrac{30}{2\pi \times 0.2} = 23.9$ [답] ②

20 기전력이 1.5[V], 내부 저항 0.2[Ω]인 전지 5개를 직렬로 연결하고 이를 단락하였을 때의 단락전류는 몇 [A]인가?
① 7.5　　② 15
③ 4.5　　④ 1.5

풀이

$I = \dfrac{1.5 \times 5}{0.2 \times 5} = 7.5[A]$ [답] ①

21 정격용량 100[kVA]의 단상변압기 2대를 이용하여 V-V 결선으로 3상 전원 공급을 하는 경우에 최대로 걸 수 있는 부하의 용량은 약 몇 [kVA]인가?

① 200 ② 173.2
③ 57.7 ④ 86.8

풀이
V결선 출력 $P_V = \sqrt{3} P_a$ [VA]
(P_a : 단상변압기 1대의 용량)
∴ $P = \sqrt{3} \times 100 ≒ 173.2$ [kVA] [답] ②

22 2극 3600[rpm]인 동기발전기와 병렬 운전하려는 12극 발전기의 회전수[rpm]는?

① 3600 ② 7200
③ 600 ④ 21600

풀이
$f = \dfrac{N_s P}{120} = \dfrac{3600 \times 2}{120} = 60$[Hz] 이므로
$N_s = \dfrac{120 \times 60}{12} = 600$[rpm] (병렬운전 = 주파수 같다) [답] ③

23 직류 직권전동기의 회전수가 $\dfrac{1}{3}$로 감소하면 토크는 어떻게 되는가?

① 3배 증가 ② $\dfrac{1}{3}$로 감소
③ 9배 증가 ④ $\dfrac{1}{9}$로 감소

풀이
직권전동기의 속도 $N \propto \dfrac{1}{I_a}$ 이며,
$\tau \propto I_a^2$ 이므로 $\tau \propto \dfrac{1}{N^2} = \dfrac{1}{\left(\dfrac{1}{3}\right)^2} = 9$이 된다. [답] ③

24 변압기 철심에는 철손을 적게하기 위하여 철이 약 몇 [%]인 강판을 사용하는가?

① 95~97 ② 75~86
③ 60~70 ④ 50~55

풀이
변압기철심은 규소강판(3~4(%) 규소함유)을 성층하여 사용 [답] ①

25 직류전동기의 속도제어법이 아닌 것은?
① 전압제어법 ② 저항제어법
③ 2차여자법 ④ 계자제어법

풀이
직류전동기의 속도제어
$N = K_1 \dfrac{V - I_a R_a}{\phi}$ [rpm]의 식에서 속도 N을 제어하기 위해 계자제어(ϕ), 저항제어(R_a), 전압제어(V) 세 가지 방법이 있다. [답] ③

26 동기와트 P_2, 출력 P_0, 슬립 S, 동기속도 N_s, 회전속도 N, 2차 동손 P_{2c}일 때 2차 효율 표기로 틀린 것은?

① $\dfrac{N}{N_s}$ ② $\dfrac{P_{2c}}{P_2}$
③ $\dfrac{P_0}{P_2}$ ④ $1 - s$

풀이
$\eta_2 = \dfrac{P_o}{P_2} = \dfrac{(1-s)P_2}{P_2} = (1-s) = \dfrac{N}{N_s} = \dfrac{\omega}{\omega_s}$ [답] ②

27 부흐홀츠 계전기로 보호되는 기기는?
① 직류발전기 ② 유도전동기
③ 교류발전기 ④ 변압기

풀이
변압기 내부고장 보호용 계전기
브흐홀쯔 계전기, 비율차동 계전기, 차동계전기 [답] ④

28 변압기유로 쓰이는 절연유에 요구되는 특성이 아닌 것은?
① 응고점이 낮을 것 ② 절연내력이 클 것
③ 점도가 클 것 ④ 인화점이 높을 것

풀이
변압기유의 구비조건
• 절연저항 및 절연내력이 클 것
• 점도가 낮아 유동성이 풍부할 것
• 인화점이 높고 응고점이 낮을 것
• 화학작용 및 석출물이 없을 것
• 비열이 커 냉각효과가 클 것 [답] ③

29 단락비가 큰 동기기에 대한 설명으로 옳은 것은?
① 기계가 소형이다.
② 전압변동률이 크다.
③ 안정도가 높다.
④ 전기반작용이 크다.

풀이
단락비가 큰 동기기(철기계)
• 안정도가 높다.
• 전기자 반작용 및 전압 변동률이 작다.
• 동기임피던스가 작다.
• 공극이 넓고 단락전류가 커지며 과부하내량이 커진다.
• 중량이 커지게 되고 효율이 낮아진다. [답] ③

30 직류전동기에서 전부하 속도가 1200[rpm], 속도변동률이 2[%]일 때 무부하 회전속도는 약 몇 [rpm]인가?
① 1236
② 1224
③ 1176
④ 1164

풀이
속도변동률 $\varepsilon = \dfrac{N_0 - N_n}{N_n} \times 100[\%]$
$\Rightarrow N_0 = (1+\varepsilon)N_n = (1+0.03) \times 1200 = 1224[V]$ [답] ②

31 직류 직권 전동기의 특징에 대한 설명으로 틀린 것은?
① 무부하 운전이나 벨트를 연결한 운전은 위험하다.
② 기동토크가 작다.
③ 계자권선과 전기자 권선이 직렬로 접속되어 있다.
④ 부하전류가 증가하면 속도가 크게 감소되다.

풀이
일반적 토크식 $T = K_2 \Phi I_a [N \cdot m]$ 으로부터 전기자와 계자권선이 직렬로 접속되어 있어서 자속이 전기자 전류에 비례하므로 $T \propto I_a^2$가 된다. 즉 기동토크가 크다.
[답] ②

32 4극의 3상 유도전동기가 60[Hz]의 전원에 접속되어 4[%]의 슬립으로 회전할 때 회전수 [rpm]는?
① 1800
② 1900
③ 1728
④ 1828

풀이
동기속도 $N_s = \dfrac{120f}{p} = \dfrac{120 \times 60}{4} = 1800[rpm]$
유도전동기 회전자 속도
$N = (1-s)N_s = (1-0.04) \times 1800 = 1728[rpm]$ [답] ③

33 변압기 2차 정격전압 100[V], 무부하 전압 104[V] 전압변동률[%]은?
① 6
② 1
③ 2
④ 4

풀이
전압변동율 $\varepsilon = \dfrac{V_0 - V_n}{V_n} \times 100 = \dfrac{104-100}{100} \times 100 = 4$
[답] ④

34 동기발전기를 계통에 접속하여 병렬운전하는 조건으로 같지 않아도 되는 것은?
① 위상
② 전압
③ 전류
④ 주파수

풀이
동기발전기 병렬운전 조건
• 기전력의 크기가 같을 것 → 무효순환전류 발생
• 기전력의 위상이 같을 것 → 동기화전류 발생
• 기전력의 파형이 같을 것 → 고조파 무효순환전류 발생
• 주파수가 같을 것 → 동기화전류가 주기적으로 흘러 난조가 발생
• 기전력의 상회전이 같을 것 [답] ③

35 반도체 재료로 인화칼륨(GaP)와 같은 금속 화합물이 쓰이며, 디지털 계측기나 탁상 계산기의 숫자 표시 등에 사용되는 다이오드 명칭은?
① 광 다이오드
② 터널 다이오드
③ 제너 다이오드
④ 발광 다이오드

풀이
LED(Light Emitting Diode)
발광다이오드(LED)란 갈륨비소 등의 화합물에 전류를 흘려 빛을 발산하는 반도체소자로, m 반도체의 p-n 접합구조를 이용하여 소수캐리어(전자 또는 정공)를 주입하고 이들의 재결합에 의하여 발광시킨다.   [답] ④

36 유도전동기의 속도제어에 사용되는 인버터 장치의 약호는?
① VVCF   ② VVVF
③ CVCF   ④ CVVF

풀이
주파수변환법 : 인버터시스템 이용한 f변화, VVVF제어
[답] ②

37 한 대의 모터가 운전되고 있을 때 정지된 다른 모터는 운전할 수 없도록 제어하는 회로는?
① 촌동   ② 트리팅
③ 인터록   ④ 여자
[답] ③

38 3상 100[kVA], 13200/200[V] 변압기의 저압측 선전류의 유효분은 약 몇 [A]인가? 단, 역률은 80[%]이다.
① 100   ② 173
③ 230   ④ 260

풀이
2차측 $P_2 = \sqrt{3}\, V_2 I_2$[VA] (V_2, I_2는 선간전압, 선전류)

저압측 선전류 $I_2 = \dfrac{P_2}{\sqrt{3}\, V_2} = \dfrac{100 \times 10^3}{\sqrt{3} \times 200} = 288.68$[A]

유효분 전류 $I = I_2 \cos\theta = 288.68 \times 0.8 = 230.94$[A]
[답] ③

39 동기기의 손실에서 고정손에 해당되는 것은?
① 계자 권선의 저항손
② 브러시의 전기손
③ 계자 철심의 철손
④ 전기자 권선의 저항손

풀이
• 동기기의 손실 = 무부하손(고정손) + 부하손
• 대표 무부하손 : 철손
• 대표 부하손 : 동손   [답] ③

40 유도전동기에 기계적 부하를 걸었을 때 출력에 따라 속도, 토크, 효율, 슬립 등의 변화를 나타낸 출력특성곡선에서 슬립을 나타내는 곡선은?
① 1
② 2
③ 3
④ 4

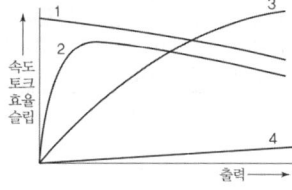

풀이
① 속도, ② 효율, ③ 토크, ④ 슬립   [답] ④

41 전선 굵기가 같은 두 전선을 쥐꼬리 접속할 때 두 심선을 몇 도로 벌리고 꼬는 것이 적합한가?
① 60°   ② 30°
③ 90°   ④ 120°

풀이
굵기가 같은 단선의 쥐꼬리 접속

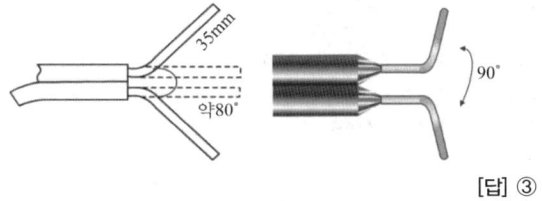

[답] ③

42 박강전선관의 표준 굵기[mm]가 아닌 것은?
① 25   ② 16
③ 39   ④ 19

풀이
• 후강 전선관은 안지름의 크기에 가까운 짝수로 정하여 16~104[mm]까지 10종류가 있으며, 관의 구께는 2.3[mm] 이상, 1본당 길이는 3.6[m]이다.
• 박강 전선관은 바깥지름의 크기에 가까운 홀수로 정하여 19~75[mm]까지 7종으로 구분하며, 두께는 1.2[mm] 이상, 1본의 길이는 3.66[m]로 되어 있다.
[답] ②

43 한국전기설비규정에 따라 과전류 차단기로 저압 전로에 사용하는 정격전류 100[A]의 산업용 배선 차단기에 130[A]의 전류를 통했을 때 과전류 트립 동작시간은 몇 분인가?
① 30   ② 60
③ 120   ④ 90

[풀이]
과전류트립 동작시간 및 특성(산업용 배선용 차단기)

정격전류의 구분	시 간	정격전류의 배수	
		부동작 전류	동작 전류
63[A] 이하	60분	1.05배	1.3배
63[A] 초과	120분	1.05배	1.3배

[답] ③

44 가연성 가스 또는 인화성 물질의 증가가 누출되거나 체류하여 전기설비가 발화원이 되어 폭발할 우려가 있는 곳에 저압 옥내 전기설비의 공사 방법으로 가장 적합한 것은?
① 금속관 공사
② 셀룰러덕트 공사
③ 애자 공사
④ 가요전선관 공사

[풀이]
가연성 가스 또는 인화성 물질의 증기가 새거나 체류하여 전기설비가 발화원이 되어 폭발할 우려가 있는 곳(프로판 가스 등의 가연성 액화 가스를 다른 용기에 옮기거나 나누는 등의 작업을 하는 곳, 에탄올, 등의 인화성 액체를 옮기는 곳)의 장소에서는 금속관 공사 또는 케이블 공사에 의하여 시설하여야 한다. [답] ①

45 한국전기설비규정에 따라 400[V] 이상의 전로에 시설하는 기계기구의 철대 및 금속제 외함의 접지공사를 하지 않아도 되는 경우로 틀린 것은?
① 전기용품 및 생활용품 안전관리법의 적용을 받는 이중절연구조로 되어 있는 기계기구를 시설하는 경우
② 저압용이나 고압용의 기계기구를 사람이 쉽게 접촉할 우려가 없도록 목주 기타 이와 유사한 것의 위에 시설하는 경우
③ 철대 또는 외함의 주위에 적당한 피뢰기를 설치하는 경우
④ 저압용의 기계 기구를 건조한 목재의 마루 기타 이와 유사한 절연성 물건 위에서 취급하도록 시설하는 경우

[답] ③

46 자연 공기 내에서 전로를 개방할 때 접촉자가 떨어지면서 자연 소호되는 방식을 가진 차단기로 저압의 교류 또는 직류 차단기로 많이 사용되는 것은?
① 유입 차단기   ② 가스 차단기
③ 기중 차단기   ④ 자기 차단기

[풀이]
• 유입차단기(OCB) : 전로를 차단할 때 발생한 아크를 절연유를 이용하여 소멸시키는 차단기이다. 차단성은, 보수 면에서 불리한 점이 있으나 가격이 저렴하여 소·중용량 차단기
• 진공차단기 : VCB
• 기중차단기 : ACB
• 자기차단기 : MBB [답] ③

47 전선과 기구단자 접속 시 나사를 덜 죄었을 경우 발생할 수 있는 위험과 거리가 먼 것은?
① 화재   ② 과열
③ 저항감소   ④ 누전

[답] ③

48 지선의 중간에 넣는 애자의 종류는?
① 저압 핀 애자   ② 인류 애자
③ 구형 애자   ④ 내장 애자

[풀이]
옥애자, 지선애자라고도 한다. [답] ③

49 전주와 수용가인 집 사이를 연결하는 인입용 비닐절연전선은?
① IV 전선   ② DV 전선
③ OW 전선   ④ GV 전선

풀이

전선의 약호
- DV : 인입용 비닐절연 전선
- OW : 옥외용 비닐 절연 전선
- VV : 비닐절연 비닐시스 케이블
- NR : 450/750[V] 일반용 단심 비닐 절연전선 [답] ②

50 연피케이블의 접속 시 반드시 사용하는 테이프는?
① 비닐테이프 ② 자기 융착 테이프
③ 면 테이프 ④ 리노 테이프

풀이

리노 테이프(lino tape)
바이어스 테이프(bias tape)에 절연성 바니시(니스)를 몇 차례 바르고 다시 건조시킨 것으로 점착성이 없으나 절연성, 내온성 및 내유성이 있으므로 연피 케이블 접속에는 반드시 사용된다. [답] ④

51 연선의 분기 접속방법이 아닌 것은?
① 분할 권선 분기 접속
② 단권 분기 접속
③ 트위스트 접속 프
④ 분할 복권 분기 접속

풀이

단선의 직선접속 방법
- 트위스트 접속 : 단면적 6[mm²] 이하의 가는 단선
- 브리타니아 접속 : 단면적 10[mm²] 이상의 굵은 단선 [답] ③

52 자기 소호 기능이 가장 우수한 소자는?
① SCR ② GTO
③ DIODE ④ TRIAC

풀이

전력제어소자
- GTO(Gate Turn Off Thyristor) : 자기소호 소자 게이트에 흐르는 전류를 점호할 때의 전류와 반대로 흐르게 함으로서 GTO 소호
- TRIAC : 양방향성 3단자, 2방향 교류제어
- SCR : 단방향성 3단자, 위상제어
- LASCR : 단방향 2단자, 빛의 입사에 의해 턴온 [답] ②

53 케이블 또는 절연도체의 내부 단면적이 금속관 단면적의 얼마를 초과하지 않도록 하는 것이 바람직한가?
① $\dfrac{1}{5}$ ② $\dfrac{1}{2}$ ③ $\dfrac{1}{3}$ ④ $\dfrac{1}{4}$

풀이

전선관 내단면적의 $\dfrac{1}{3}$ 이하로 전선관크기 선정 [답] ③

54 가공인입선 공사에서 철근 콘크리트주의 길이가 12[m]인 전주를 건주하는 경우 땅에 묻히는 전주의 최소 길이[m]는? (단, 설계하중이 6.8[kN] 이하이다.)
① 1.8 ② 2.2
③ 2.0 ④ 1.2

풀이

전주가 땅에 묻히는 깊이
길이 15[m] 이하 : 전주 길이의 1/6 이상

$$12 \times \dfrac{1}{6} = 2[m]$$ [답] ③

55 양방향으로 전류를 흘릴 수 있는 양방향 소자는?
① GTO ② SCR
③ MOSFET ④ TRIAC

풀이

- GTO(Gate Turn Off Thyristor) : 자기소호 소자 게이트에 흐르는 전류를 점호할 때의 전류와 반대로 흐르게 함으로서 GTO 소호
- TRIAC : 양방향성 3단자, 2방향 교류제어
- SCR : 단방향성 3단자, 위상제어 [답] ④

56 고압 옥측전선로의 전선이 수관, 가스관 또는 이와 유사한 것과 접근하거나 교차하는 경우에는 고압 옥측전선로의 전선과 이들 사이의 이격거리는 몇 [cm] 이상인가?
① 10[cm] ② 15[cm]
③ 20[cm] ④ 25[cm]

풀이

고압 옥측전선로의 전선이 그 고압 옥측전선로를 시설하는 조영물에 시설하는 특고압 옥측전선·저압 옥측전선·

관등회로의 배선·약전류 전선 등이나 수관·가스관 또는 이와 유사한 것과 접근하거나 교차하는 경우에는 고압 옥측전선로의 전선과 이들 사이의 이격거리는 0.15[m] 이상이어야 한다. [답] ②

57 한국전기설비규정에서 정하는 저압 연접인입선의 시설 기준으로 틀린 것은?
① 경간이 15[m] 이하인 경우 2.6[mm] 이상의 인입용 비닐절연전선을 사용하여야 한다.
② 폭 5[m]를 초과하는 도로를 횡단하지 않아야 한다.
③ 옥내를 통과하지 않아야 한다.
④ 인입선에서 분기하는 점으로부터 100[m]를 초과하는 지역에 미치지 않아야 한다.

풀이
연접인입선 : 가공 전선로의 지지물에서 분기하여 다른 지지물을 거치지 아니하고 수용 장소의 붙임점에 이르는 가공전선
시설 제한 규정
① 인입선에서의 분기하는 점에서 100[m]를 넘는 지역에 이르지 않아야 한다.
② 폭 5[m]를 넘는 도로를 횡단하지 않아야 한다.
③ 연접 인입선은 옥내를 관통하면 안 된다.
④ 고압 연접 인입선은 시설할 수 없다. [답] ①

58 활선 공법을 하는 동안 작업자가 전선에 접촉되는 것을 방지하는 목적으로 사용되는 것은?
① 전선 피박기   ② 애자 커버
③ 와이어 통   ④ 전선 커버
[답] ④

59 한국전기설비규정에 따라 고압 가공전선이 일반적인 도로를 횡단하는 경우에 지표상 설치 높이는?
① 3.5[m] 이상
② 6[m] 이상
③ 5[m] 이상
④ 3[m] 이상

풀이

설치장소		저·고압 가공전선의 높이
도로횡단		지표상 6[m] 이상
철도 또는 궤도 횡단		레일면상 6.5[m] 이상
횡단보도교 위	저압	노면상 3.5[m] 이상, 단, 절연전선, 케이블의 경우 3[m] 이상
	고압	노면상 3.5[m] 이상
일반장소		지표상 5[m] 이상 단, 절연전선 또는 케이블을 사용하여 교통에 지장이 없도록 하여 옥외조명용에 공급하는 경우 4[m]까지 감할 수 있다.

[답] ②

60 배전반 및 분전반의 설치 장소로 적합하지 않은 곳은?
① 접근이 어려운 장소
② 개폐기를 쉽게 개폐할 수 있는 장소
③ 안정된 장소
④ 전기회로를 쉽게 조작할 수 있는 장소
[답] ①

국가기술자격 검정 필기시험문제 시험시간 : 1시간

전기기능사 필기 실전 모의고사 제 28 회

01 원자핵의 구속력을 벗어나서 물질 내에서 자유로이 이동할 수 있는 것은?
① 중성자   ② 양자
③ 분자   ④ 자유전자

풀이
자유전자는 원자핵과의 결합력이 약해 외부의 자극에 의하여 쉽게 원자핵의 구속력을 이탈할 수 있는 전자이다.

[답] ④

02 C_1, C_2를 직렬로 접속한 회로에 C_3를 병렬로 접속하였다. 이 회로의 합성 정전용량[F]은?

① $C_3 + \dfrac{1}{\dfrac{1}{C_1}+\dfrac{1}{C_2}}$ ② $C_1 + \dfrac{1}{\dfrac{1}{C_2}+\dfrac{1}{C_3}}$

③ $\dfrac{C_1+C_2}{C_3}$ ④ $C_1+C_2+\dfrac{1}{C_3}$

풀이
콘덴서의 접속
- 직렬접속(= 저항의 병렬접속)
$$C_0 = \dfrac{1}{\dfrac{1}{C_1}+\dfrac{1}{C_2}+\dfrac{1}{C_3}}[F]$$
- 병렬접속(= 저항의 직렬접속)
$$C_0 = C_1+C_2+C_3[F]$$

[답] ①

03 다음 회로에서 B점의 전위가 100[V], D점의 전위가 60[V]라면 전류 I는 몇 [A]인가?

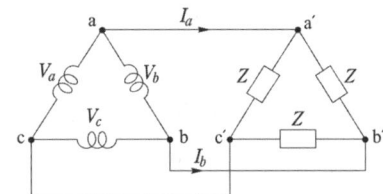

① $\dfrac{12}{7}$ ② $\dfrac{22}{7}$ ③ $\dfrac{20}{7}$ ④ $\dfrac{10}{7}$

풀이
$V_{BD} = V_B - V_D = 100-60 = 40[V]$
$I_{BD} = \dfrac{V_{BD}}{R_{BD}} = \dfrac{40}{5+3} = 5[A]$

$I = \dfrac{4}{3+4} \times I_{BD} = \dfrac{4}{3+4} \times 5 = \dfrac{20}{7}[A]$

[답] ③

04 전원과 부하가 다같이 △결선된 3상 평형회로가 있다. 상전압이 200[V], 부하 임피던스가 $Z=6+j8[\Omega]$인 경우 선 전류는 몇 [A]인가?

① 20   ② $\dfrac{20}{\sqrt{3}}$
③ $20\sqrt{3}$ ④ $10\sqrt{3}$

풀이
△결선 시 $I_l = \sqrt{3}\,I_p$
$\therefore\ I_l = \sqrt{3}\,I_p = \sqrt{3}\,\dfrac{V_p}{Z} = \sqrt{3} \times \dfrac{200}{\sqrt{6^2+8^2}} = 20\sqrt{3}[A]$

[답] ③

05 복소수에 대한 설명으로 틀린 것은?
① 실수부와 허수부로 구성된다.
② 허수를 제곱하면 음수가 된다.
③ 복소수는 $A = a + jb$의 형태로 표시한다.
④ 거리와 방향을 나타내는 스칼라 양으로 표시한다.

풀이
- 스칼라(SCALAR) : 단지 그 크기만으로 나타낼 수 있는 숫자 또는 문자
- 벡터(VECTOR) : 크기뿐만 아니라 방향까지 고려하여 결정되는 숫자 또는 문자이고 복소수는 크기와 방향을 가지는 벡터량이다.

[답] ④

06 자기 인덕턴스 200[mH], 450[mH]인 두 코일의 상호 인덕턴스는 60[mH]이다. 두 코일의 결합계수는 ?

① 0.1　　② 0.2　　③ 0.3　　④ 0.4

풀이

$k = \dfrac{M}{\sqrt{L_1 L_2}} = \dfrac{60}{\sqrt{200 \times 450}} = 0.2$ 　[답] ②

07 공기 중에서 반지름 10[cm]인 원형 도체에 1[A]의 전류가 흐르면 원의 중심에서 자기장의 크기는 몇 [AT/m]인가?

① 5　　② 10　　③ 15　　④ 20

풀이

원형코일의 중심에서 자장의 세기

$H = \dfrac{NI}{2r} = \dfrac{1}{2 \times 0.1} = 5[AT/m]$ 　[답] ①

08 줄의 법칙에 있어서 발생하는 열량의 계산으로 맞는 식은?

① $Q = 0.24I^2 Rt$　　② $Q = 0.024I^2 Rt$
③ $Q = 0.0024I^2 Rt$　　④ $Q = 2.4I^2 Rt$

풀이

줄의 법칙 (Joule's Law, 줄열)
도체에 흐르는 전류에 의하여 단위시간 내에 발생하는 열량은 도체의 저항과 전류의 제곱에 비례한다.
발열량 $H = 0.24I^2 Rt[cal] = I^2 Rt[J]$ 　[답] ①

09 (가), (나)에 들어갈 내용으로 알맞은 것은?

① (가) 1.15~1.21, (나) 묽은 황산
② (가) 1.25~1.36, (나) 질산
③ (가) 1.01~1.15, (나) 질산
④ (가) 1.23~1.26, (나) 묽은 황산

풀이

납 축전지
• 양극 : 이산화납(PbO_2)　음극 : 납(Pb)
• 전해액 : 묽은 황산(H_2SO_4), 비중 1.23~1.26
• 화학식
　$PbO_2 + 2H_2SO_4 + Pb \Leftrightarrow PbSO_4 + 2H_2O + PbSO_4$
• 용량 : $Q = I \cdot t[A \cdot h]$ (I : 방전전류, t : 방전시간)
　[답] ④

10 그림에서 같은 회로에서 합성저항은 몇 [Ω]인가?

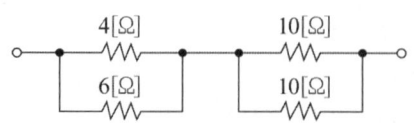

① 6.6　　② 7.4
③ 8.7　　④ 9.4

풀이

합성 저항은 $R_0 = \dfrac{4 \times 6}{4 + 6} + \dfrac{10}{2} = 7.4[\Omega]$ 　[답] ②

11 30[μF]과 40[μF]의 콘덴서를 병렬로 접속한 후 100[V]의 전압을 가했을 때 전 전하량은 몇 [C]인가?

① 17×10^{-4}　　② 34×10^{-14}
③ 56×10^{-4}　　④ 70×10^{-4}

풀이

콘덴서 병렬접속 시 합성정전용량 $C = C_1 + C_2 = 70[\mu F]$
전 전하량 $Q = CV = 70 \times 10^{-6} \times 100 = 70 \times 10^{-4}[C]$
　[답] ④

12 자장 내에 놓인 도체에 전류가 흐리면 힘(전자력)이 작용하는데, 이 힘의 방향을 알 수 있는 법칙으로 정하는가?

① 플레밍의 오른손 법칙
② 플레밍의 왼손 법칙
③ 렌츠의 법칙
④ 앙페르의 오른나사 법칙

풀이

플레밍의 왼손법칙(전동기의 원리)

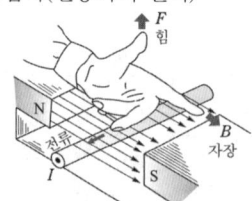

자장 내에 놓인 도선에 전류가 흐를 때 도체가 힘을 받는 방향을 알 수 있는 법칙
• 엄지 : 힘의 방향(F)
• 검지 : 자기장의 방향(B)
• 중지 : 전류의 방향(I)　[답] ②

13 같은 저항 4개를 그림과 같이 연결하여 a-b간에 일정전압을 가했을 때 소비전력이 가장 큰 것은 어느 것인가?

①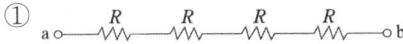
②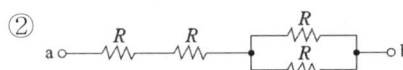
③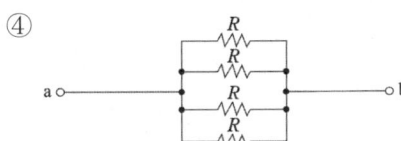
④

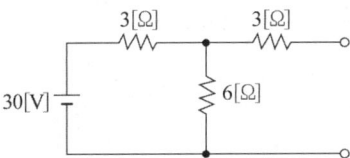

| 풀이 |

소비전력이 가장 큰 조합은 합성저항이 가장 작은 경우이다.
① $R_0 = R+R+R+R = 4R$
② $R_0 = R+R+\dfrac{R\times R}{R+R} = \dfrac{3}{2}R$
③ $R_0 = \dfrac{R\times R}{R+R}+\dfrac{R\times R}{R+R} = R$
④ $R_0 = \dfrac{1}{\dfrac{1}{R}+\dfrac{1}{R}+\dfrac{1}{R}+\dfrac{1}{R}} = \dfrac{1}{4}R$

[답] ④

14 그림과 테브낭 등가회로에 관한 개방전압 V[V]와 저항 R[Ω]은?

① 20[V], 5[Ω] ② 30[V], 8[Ω]
③ 15[V], 12[Ω] ④ 10[V], 1.2[Ω]

| 풀이 |

• 개방전압 V는 6[Ω]에 걸리는 전압과 같으므로(3[Ω]의 저항에는 전류가 흐르지 않는다.)
$$V = \dfrac{6}{3+6}\times 30 = 20[V]$$
• 등가저항 R은
$$R = \dfrac{3\times 6}{3+6}+3 = 5[Ω]$$

[답] ①

15 정전용량 $C[\mu F]$의 콘덴서에 충전된 전하가 $q = \sqrt{2}\,Q\sin\omega t[C]$와 같이 변화 하도록 하였다면 이때 콘덴서에 흘러들어가는 전류의 값은?

① $i = \sqrt{2}\,\omega Q\sin\omega t$
② $i = \sqrt{2}\,\omega Q\cos\omega t$
③ $i = \sqrt{2}\,\omega Q\sin(\omega t - 60°)$
④ $i = \sqrt{2}\,\omega Q\cos(\omega t - 60°)$

| 풀이 |

$i = \dfrac{dq}{dt} = \dfrac{d}{dt}(\sqrt{2}\,Q\sin\omega t) = \sqrt{2}\,\omega Q\cos\omega t[V]$

[답] ②

16 다음 ( )안에 말을 찾으시오.

두 자극 사이에 작용하는 자기력의 크기는 양 자극의 세기의 곱에 (㉠)하며, 자극 간의 거리에 제곱에 (㉡)한다.

① ㉠ 반비례, ㉡ 비례
② ㉠ 비례, ㉡ 반비례
③ ㉠ 반비례, ㉡ 반비례
④ ㉠ 비례, ㉡ 비례

| 풀이 |

공기중 $\mu_s = 1$
$$F = \dfrac{m_1 m_2}{4\pi\mu_0\mu_s r^2} = \dfrac{1}{4\pi\mu_0}\dfrac{m_1 m_2}{r^2}[N]$$

[답] ②

17 그림과 같이 공기 중에 놓인 $4\times 10^{-8}[C]$의 전하에서 4[m] 떨어진 점 P와 2[m] 떨어진 점 Q와의 전위차는?

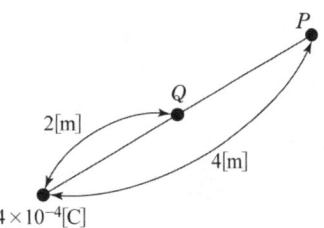

① 80[V]   ② 90[V]
③ 100[V]   ④ 180[V]

[풀이]

전위차 $V = V_Q - V_P = \dfrac{Q}{4\pi\varepsilon_0}\left(\dfrac{1}{r_1} - \dfrac{1}{r_2}\right)$

$= 9\times 10^9 \times 4\times 10^{-8}\left(\dfrac{1}{2} - \dfrac{1}{4}\right) = 90[\text{V}]$ [답] ②

18 환상 솔레노이드에 감겨진 코일의 권회수를 3배로 늘리면 자체 인덕턴스는 몇 배로 되는가?

① 3
② 9
③ $\dfrac{1}{3}$
④ $\dfrac{1}{9}$

[풀이]

자체인덕턴스 $L = \dfrac{\mu A N^2}{\ell}[\text{H}]$ [답] ②

19 비정현파를 여러 개의 정현파의 합으로 표시하는 방법은?

① 중첩의 원리
② 노튼의 정리
③ 푸리에 분석
④ 테일러의 분석

[풀이]

- 푸리에 급수 : 주파수와 진폭을 달리하는 무수히 많은 성분을 갖는 비정현파를 무수히 많은 정현항과 여현항의 합으로 표현

$v = V_0 + \sum\limits_{n=1}^{\infty} V_{mn}\sin(n\omega t + \theta_n)[\text{V}]$ [답] ③

20 황산구리 용액에 10[A]의 전류를 60분간 흘린 경우 이때 석출되는 구리의 양[g]은? (단, 구리의 전기 화학 당량은 0.3293×10^{-3}[g/c]이다.)

① 11.86
② 7.82
③ 5.93
④ 1.67

[풀이]

페러데이의 법칙 : 전극에서 석출되는 물질의 양은 물질의 전기 화학 당량에 비례한다.

$W = kIt = kQ[\text{g}]$
(k : 전기 화학 당량, I : 전류, t : 시간)
은의 석출량
$W = kIt[\text{g}] = 0.3293\times 10^{-3}\times 10\times 60\times 60$
$\fallingdotseq 11.86[\text{g}]$ [답] ①

21 다음 그림은 단상변압기 결선도이다. 1, 2차는 각각 어떤 결선인가?

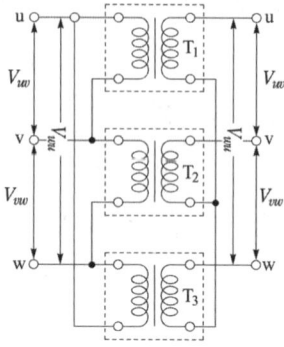

① Y-Y 결선
② △-Y 결선
③ △-△ 결선
④ Y-△ 결선

[풀이]

1차측에서 T_1변압기의 U단자에서 T_3변압기의 W단자까지 폐회로를 이루고 있으므로 △결선이고, 2차측에서는 세변압기의 한 점이 만나고 있으므로 Y결선이 된다.

[답] ②

22 직류 전동기의 규약 효율을 표시하는 식은?

① $\dfrac{\text{출력}}{\text{출력} + \text{손실}} \times 100[\%]$
② $\dfrac{\text{출력}}{\text{입력}} \times 100[\%]$
③ $\dfrac{\text{입력} - \text{손실}}{\text{입력}} \times 100[\%]$
④ $\dfrac{\text{입력}}{\text{출력} + \text{손실}} \times 100[\%]$

[풀이]

- 발전기 규약효율 $= \dfrac{\text{출력}}{\text{출력}+\text{손실}} \times 100[\%]$
  ; 발전기 및 변압기 규약효율은 출력기준
- 전동기 규약효율 $= \dfrac{\text{입력} - \text{손실}}{\text{입력}} \times 100[\%]$
  ; 전동기 규약효율은 입력기준 [답] ③

23 동기기의 전기자 권선법이 아닌 것은?

① 2층권
② 단절권
③ 중권
④ 전층권

[풀이]

동기기는 중권(2층권), 단절권, 분포권이 동시에 채용된다. [답] ④

24 그림과 같은 전동기 제어회로에서 전동기 M의 전류 방향으로 올바른 것은? (단, 전동기의 역률은 100[%]이고, 사이리스터의 점호각은 0°)라고 본다.

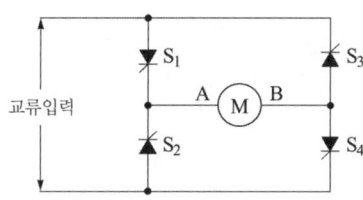

① 항상 "A"에서 "B"의 방향
② 항상 "B"에서 "A"의 방향
③ 입력의 반주기 마다 "A"에서 "B"의 방향, "B"에서 "A"의 방향
④ S_1과 S_4, S_2와 S_3의 동작 상태에 따라 "A"에서 "B"의 방향, "B"에서 "A"의 방향

풀이
입력의 반주기(+)에 S_1과 S_4가 동작하여 "A"에서 "B"의 방향으로 전류가 유입이 되고 다음 입력의 반주기(−)에 S_2와 S_3가 동작하여 "A"에서 "B"의 방향으로 전류가 유입이 되게 된다. [답] ①

25 동기발전기에서 전기자 전류가 기전력보다 90°만큼 위상이 앞설 때의 전기자 반작용은?
① 교차자화 작용 ② 감자 작용
③ 편차 작용 ④ 증자 작용

풀이
동기발전기의 전기자 반작용의 영향
• 전압과 전류가 동상인 전류 : 교차자화작용(횡축반작용)
• 진상(앞선)인 전류 : 증자작용(직축반작용)
• 지상(뒤진)인 전류 : 감자작용(직축반작용) [답] ④

26 주파수가 60[Hz]인 동기 전동기의 극수가 2극일 때, 동기속도는 몇 [rpm]인가?
① 2400 ② 3600
③ 4800 ④ 7200

풀이
동기속도 $N_s = \dfrac{120f}{p} = \dfrac{120 \times 60}{2} = 3600[\text{rpm}]$ [답] ②

27 교류 차단기에 포함되지 않는 것은?
① GCB ② HSCB
③ VCB ④ ABB

풀이
HSCB(high-speed circuit breaker): 직류 고속도 차단기 [답] ②

28 동기 발전기에서 역률각이 90도 늦을 때의 전기자 반작용은?
① 증자작용 ② 편자작용
③ 교차작용 ④ 감자작용

풀이

구분	발전기	전동기
R(저항, 역률 1)	교차자화작용	횡축반작용 ($I\cos\theta$) 교차자화작용
L(유도성, 지상전류)	감자작용	직축반작용 ($I\sin\theta$) 증자작용
C(용량성, 진상전류)	증자작용	자화작용 감자작용

[답] ④

29 슬립이 10[%], 극수 2극, 주파수 60[Hz]인 유도 전동기의 회전 속도[rpm]는?
① 3800 ② 3600
③ 3240 ④ 1800

풀이
$N_s = \dfrac{120f}{P} = \dfrac{120 \times 60}{2} = 3600[\text{rpm}]$
$N = (1-s)N_s = (1-0.1) \times 3600 = 3240[\text{rpm}]$ [답] ③

30 250[kVA]의 단상 변압기 2대를 사용하여 V-V결선으로 하고 3상 전원을 얻고자 할 때 최대로 얻을 수 있는 3상 부하의 용량은 약 몇 [kVA]인가?
① 433 ② 500
③ 200 ④ 100

풀이
V결선 용량 $P_v = \sqrt{3}P$ 이므로
$P_v = \sqrt{3} \times 250 = 433[\text{kVA}]$ [답] ①

31 3상 유도전동기의 회전 방향을 바꾸려면?
① 전원의 극수를 바꾼다.
② 전원의 주파수를 바꾼다.
③ 3상 전원 3선 중 두선의 접속을 바꾼다.
④ 기동보상기를 이용한다.

풀이
3상 유도전동기를 역회전시키기 위해서는 3상 중 2상의 결선을 바꾸어주면 역회전 한다. **[답]** ③

32 직류 직권 전동기의 특징에서 벨트를 걸고 운전하면 안되는 이유는?
① 벨트의 마멸 보수가 곤란하므로
② 벨트가 벗겨지면 위험 속도에 도달하므로
③ 직결하지 않으면 속도 제어가 곤란하므로
④ 손실이 많아지므로

풀이
직류 직권 전동기의 벨트가 벗겨져 무부하가 되면, 회전 속도가 급격히 상승하여 위험하게 되므로 벨트 사용을 금한다. **[답]** ②

33 단상 반파정류회로에서 직류전압과 교류전압의 관계로 옳은 것은 (단, 직류전압은 E_d, 교류전압은 E라 한다.)
① $E_d = 0.45E$ ② $E_d = 0.9E$
③ $E_d = 1.17E$ ④ $E_d = 1.35E$

풀이
- 단상 반파 : $E_d = \dfrac{\sqrt{2}}{\pi} E_a = 0.45 E_a [V]$
- 단상 전파 : $E_d = \dfrac{2\sqrt{2}}{\pi} E_a = 0.9 E_a [V]$
- 3상 반파 : $E_d = \dfrac{3\sqrt{6}}{2\pi} E_a = 1.17 E_a [V]$
- 3상 전파 : $E_d = \dfrac{3\sqrt{2}}{\pi} E_a = 1.35 E_a [V]$ **[답]** ①

34 다음 중 SCR의 기호는?
① 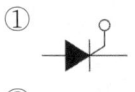   ②
③ 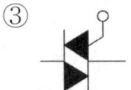   ④

풀이
① SCR(역저지 3단자 소자)
② GTO ③ TRIAC ④ IGBT   **[답]** ①

35 변압기의 권수비가 60이고 2차 저항이 0.1[Ω]일 때 1차로 환산한 저항값[Ω]은 얼마인가?
① 30   ② 360
③ 300   ④ 250

풀이
권수비 $a = \sqrt{\dfrac{R_1}{R_2}}$ 이므로
$\therefore R_2 = a^2 R_1 = 60^2 \times 0.1 = 360$ **[답]** ②

36 다음 중 자기소호 기능이 가장 좋은 소자는?
① SCR   ② GTO
③ TRIAC   ④ LASCR

풀이
GTO(Gate Turn Off Thyristor)
자기소호 소자로 게이트에 흐르는 전류를 점호할 때의 전류와 반대로 흐르게 함으로서 GTO 소호 **[답]** ②

37 반도체 내에서 정공은 어떻게 생성되는가?
① 자유 전자의 이동
② 접합 불량
③ 결합 전자의 이탈
④ 확산 용량

풀이
반도체 내에서 정공은 결합 전자의 이탈을 의미한다. **[답]** ③

38 슬립 4[%]인 3상 유도전동기의 2차 동손이 0.4[kW]일 때 회전자 입력[kW]은?
① 6   ② 8
③ 10   ④ 12

풀이
유도기의 비례식
$P_2 : P_{2c} : P_k = 1 : s : 1-s$ 에서 $P_{2c} = sP_2$
$\therefore P_2 = \dfrac{P_{2c}}{s} = \dfrac{0.4}{0.04} = 10[kW]$ **[답]** ③

39 병렬운전 중인 동기 임피던스 5[Ω] 인 2대의 3상 동기발전기의 유도기전력에 200[V]의 전압차이가 있다면 무효순환 전류[A]는?
① 5   ② 10
③ 20   ④ 40

풀이
동기발전기 병렬운전 : 유도기전력의 크기 같지 않을 때 발생하는 무효순환 전류 (I_c)를 구하면
$I_c = \frac{|E_1 - E_2|}{2Z_s} = \frac{200}{2 \times 5} = 20[A]$가 된다.   [답] ③

40 다음 괄호 안에 들어갈 알맞은 말은?
"(㉠)는 고압 회로의 전압을 이에 비례하는 낮은 전압으로 변성해주는 기기로서, 회로에 (㉡) 접속하여 사용된다."
① ㉠ CT ㉡ 직렬   ② ㉠ PT ㉡ 직렬
③ ㉠ CT ㉡ 병렬   ④ ㉠ PT ㉡ 병렬

풀이
계기용 변압기(PT): 고전압을 저전압으로 변성, 병렬연결
계기용 변류기(CT): 대전류를 소전류로 변성, 직렬연결
[답] ④

41 다음과 같은 접지시스템 중에서 무엇이라고 하는가?

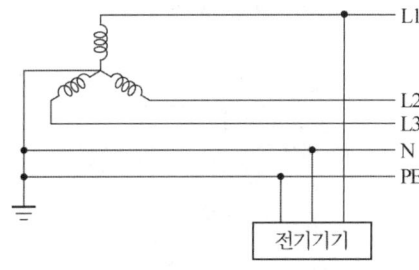

① TT 계통   ② IT 계통
③ TN-C 계통   ④ TN-S 계통

풀이
① TT 계통 : 전원의 한 점을 직접접지하고 설비의 노출 도전성부분을 전원계통의 접지극과는 전기적으로 독립한 접지극에 접지하는 접지계통
② IT 계통 : 충전부 전체를 대지로부터 절연시키거나, 한 점에 임피던스를 삽입하여 대지에 접속시키고, 전기 기기의 노출 도전성부분 단독 또는 일괄적으로 접지하거나 또는 계통접지로 접속하는 접지계통
③ TN 계통 : 전원의 한 점을 직접접지하고 설비의 노출 도전성부분을 보호선(PEN)을 이용하여 전원의 한 점에 접속하는 접지계통
 • TN-S : 계통 전체의 중성선(또는 접지된 상전선)과 보호선을 접속하여 사용
 • TN-C-S : 계통 일부의 중성선과 보호선을 동일전선으로 사용
 • TN-C : 계통 전체의 중성선과 보호선을 동일전선으로 사용
[답] ④

42 셀룰러덕트의 판의 두께는 얼마인가?(최대 폭 150[mm]일 때)
① 1.0[mm]이상   ② 1.2[mm]이상
③ 1.4[mm]이상   ④ 1.6[mm]이상

풀이
셀룰러 덕트의 판 두께

덕트의 최대 폭	덕트의 판 두께
150[mm] 이하	1.2[mm]
150[mm] 초과 200[mm] 이하	1.4[mm]
200[mm] 초과	1.6[mm]

[답] ②

43 전선의 접속이 불완전하여 발생할 수 있는 사고로 볼 수 없는 것은?
① 감전   ② 누전
③ 화재   ④ 절전

풀이
전선접속이 불완전하면 전기저항이 증가하여 화재의 위험이 있고 누전되거나 감전사고로 이어질 수 있다.
[답] ④

44 연피케이블이 구부러지는 곳은 케이블 바깥지름의 최소 몇 배 이상의 반지름으로 구부려야 하는가?
① 8   ② 12
③ 15   ④ 20

풀이
연피케이블이 구부러지는 곳은 케이블 바깥 지름의 12배 이상의 반지름으로 구부리고, 금속관에 넣는 경우에는 15배 이상으로 해야 한다.
[답] ②

45 고압 가공전선로의 지지물 중 지선을 사용해서는 안 되는 것은?
① 목주   ② 철탑
③ A종 철주   ④ A종 철근콘크리트주

[풀이]
가공전선로의 지지물로 사용하는 철탑은 지선을 사용하여 그 강도를 분담시켜서는 아니 된다.   **[답] ②**

46 1차와 2차가 전기적으로 절연되지 않은 회로의 절연저항의 최소값은 얼마인가?
① 0.1[MΩ]   ② 0.2[MΩ]
③ 0.4[MΩ]   ④ 1 [MΩ]

[풀이]

전로의 사용전압	DC 시험전압 [V]	절연 저항값[MΩ]
SELV 및 PELV	250	0.5
FELV, 500V 이하	500	1.0
500V 초과	1,000	1.0

[주] 특별저압(Extra Low Voltage: 2차 전압이 AC 50V, DC 120V 이하)으로 SELV(비접지회로 구성) 및 PELV(접지회로구성)은 1차와 2차가 전기적으로 절연된 회로, FELV는 1차와 2차가 전기적으로 절연되지 않은 회로   **[답] ④**

47 전선의 굵기를 측정하는 측정공구는?
① 와이어 게이지   ② 파이어 포트
③ 스패너   ④ 프레셔 툴

[풀이]
① 와이어 게이지(Wire Guage): 전선의 굵기를 측정
② 파이어 포트(Fire pot): 납물을 만드는 데 사용되는 일종의 화로
③ 스패너(Spanner): 너트를 죌 때 사용
④ 프레셔 툴(pressure tool): 커넥터 또는 터미널 접속시 사용   **[답] ①**

48 두께, 깊이, 안지름 및 바깥지름 측정에 사용하는 공사용 공구는?
① 캘리퍼스 및 버니어 캘리퍼스
② 마이크로미터
③ 와이어 게이지
④ 잉그리시 스패너

[풀이]
버니어캘리퍼스(VernierCalipers) : 어미자와 아들자의 눈금을 이용하여 두께, 깊이, 안지름 및 바깥지름 측정
    [답] ①

49 와이어 스트리퍼는 무엇인가?
① 송전선 가선공사용 공구
② 배전선로 시험 장비
③ 변전소 배전반 시험 장치
④ 비닐절연 전선 작업공구

[풀이]
와이어 스트리퍼(wire striper): 절연전선 피복의 절연물을 벗기는 공구로 도체의 손상없이 정확한 길이의 피복 절연물을 쉽게 처리할 수 있다.   **[답] ④**

50 합성수지전선관(PVC전선관)을 구부릴 때 사용하는 공구는?
① 토치 램프   ② 플라이어
③ 파이프 렌치   ④ 녹아웃 펀치

[풀이]
토치램프(torch lamp): 전선의 납땜 접속이나 합성수지관(PVC)의 가공에 열을 가할 때 사용   **[답] ①**

51 다음의 그림의 (a)와 (b)의 전선의 접속법은?

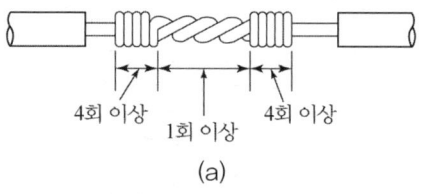
(a)

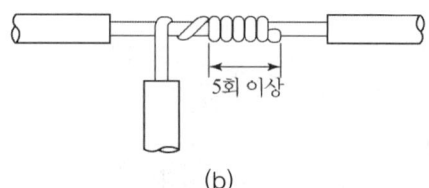
(b)

① 직선 접속, 분기 접속
② 직선 접속, 종단 접속
③ 종단 접속, 슬리브에 의한 접속
④ 분기 접속, 분기 접속

(a), (b)의 해설의 접속법은 각각 직선 접속과 분기 접속이 된다. [답] ①

52 펜치로 절단하기 힘든 굵은 전선을 절단할 때 사용하는 공구는?
① 스패너 ② 프레셔 툴
③ 파이프 바이스 ④ 클리퍼

풀이
클리퍼(cliper) : 굵은 전선을 절단할 때 사용하는 가위로 굵은 전선은 펜치로 절단하기 힘들어 글리퍼를 사용하거나 쇠톱으로 절단한다. [답] ④

53 저압옥내 분기회로에 다른 분기회로 또는 콘센트의 접속이 없고 단락, 화재 및 인체에 대한 위험이 최소화될 경우 개폐기 및 과전류 차단기를 시설은 분기점에서 몇 [m] 이하에 시설하여야 하는가?
① 3 ② 5
③ 8 ④ 12

풀이

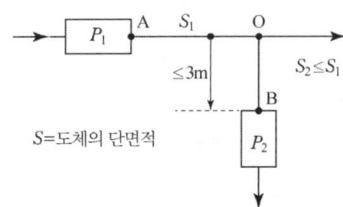

〈분기회로 단락보호장치(P_2)의 제한된 위치 변경〉

분기회로의 단락보호장치 설치점(B)과 분기점(O) 사이에 다른 분기회로 또는 콘센트의 접속이 없고 단락, 화재 및 인체에 대한 위험이 최소화될 경우, 분기회로의 단락 보호장치 P_2는 분기점(O)으로 부터 3[m]까지 이동하여 설치할 수 있다. [답] ①

54 UPS는 무엇을 의미하는가?
① 구간자동개폐기
② 단로기
③ 무정전 전원장치
④ 계기용 변성기

풀이
· UPS : 무정전 전원 장치(Uninterruptible Power Supply) [답] ④

55 실내전체를 균일하게 조명하는 방식으로 광원을 일정한 간격으로 배치하며 공장, 학교, 사무실 등에서 채용되는 조명방식은?
① 국부조명 ② 전반조명
③ 직접조명 ④ 간접조명

풀이

방식	특 징
전반 조명	작업 면 전반에 균등한 조도를 가지게 하는 방식, 광원을 일정한 높이와 간격으로 배치하며, 일반적으로 사무실, 학교, 공장 등에 채용된다. 이 방식은 설치가 쉽고, 작업대의 위치가 변해도 균등한 조도를 얻을 수 있다.
국부 조명	작업 면이 필요한 장소만 고조도로 하기 위한 방식으로 그 장소에 조명기구를 밀집하여 설치하든가 또는 스탠드 등을 사용한다. 이 방식은 국부만을 조명하기 때문에 밝고 어둠의 차이가 커서 눈부심을 일으키고 눈이 피로하기 쉬운 결점이 있다.
전반 국부 병용 조명	전반조명에 의하여 시각 환경을 좋게 하고, 국부조명을 병용해서 필요한 장소에 고조도를 경제적으로 얻는 방식으로 병원 수술실, 공부방, 기계공작실 등에 채용된다.

[답] ②

56 폭발성 분진이 있는 위험장소의 금속관 공사에 있어서 관상호 및 관과 박스 기타의 부속품이나 풀박스 또는 전기기계기구는 몇 턱 이상의 나사 조임으로 시공하여야 하는가?
① 2턱 ② 3턱
③ 4턱 ④ 5턱

풀이
폭연성 분진, 화약류 분말이 존재하는 곳, 가연성의 가스 또는 인화성 물질의 증기가 새거나 체류하는 곳의 전기 공작물은 금속관 공사, 또는 케이블 공사(캡타이어 케이블을 제외한다)에 의하여야 하며 금속관 공사를 하는 경우 관 상호 간 및 관과 박스 등은 5턱 이상의 나사 조임으로 접속하여야 한다.

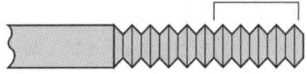

〈5턱 이상 나사 조임〉

[답] ④

57 박스에 금속관을 고정할 때 사용하는 것은?
① 새들 ② 부싱
③ 로크너트 ④ 커플링

풀이
① 새들 : 전선관을 조영재에 지지
② 부싱 : 전선관에 전선을 배선할 때 전선의 손상을 방지
③ 로크너트 : 전선관과 박스를 선시직, 기계적으로 접속
④ 커플링 : 전선관 상호 접속 [답] ③

58 고압전로에 지락사고가 생겼을 때 지락전류를 검출하는데 사용하는 것은?
① CT ② ZCT
③ MOF ④ PT

풀이
- ZCT : 영상변류기(선로 전류 중에 포함되는 영상전류를 검출하여 접지계전기에 의하여 차단기를 동작시켜 사고의 파급을 방지하는 장치)
- CT : 계기용 변류기
- MOF : 계기용 변성기
- PT : 계기용 변압기 [답] ②

59 점유면적이 좁고 운전, 보수에 안전하므로 공장, 빌딩 등의 전기실에 많이 사용되어 큐비클형이라고도 불리는 배전반은?
① 라이브 프론트식 배전반
② 폐쇄식 배전반
③ 포스트형 배전반
④ 데드 프린트식 배전반

풀이
배전반의 종류
- 라이브 프런트식 (Live Front /수직형) : 저압 간선용,
- 데드 프런트식 : 고압 수전반, 고압 전동기 운전반 등에 사용
- 폐쇄식 배전반 (큐비클형) : 점유면적이 좁고, 보수 및 운전이 안전하여 널리 사용 [답] ②

60 외부피뢰시스템의 설치에서 회전구체법을 적용할 경우 피뢰등급 III 의 메시치수는 얼마인가?
① 5×5 ② 10×10
③ 15×15 ④ 20×20

풀이
회전구체 반지름 및 메시치수

피뢰시스템의 등급	보호방법	
	회전구체 반지름 r, m	메시 치수 W_m, m
I	20	5×5
II	30	10×10
III	45	15×15
IV	60	20×20

[답] ③

[판권소유]

마스터 전기기능사 필기

발		행 / 2025년 12월 10일

∙

저		자 / 검정연구회
펴 낸 이 / 이 지 연
펴 낸 곳 / 엔트미디어
주		소 / 서울시 강서구 강서로 47-8 302호
				(화곡동 평인빌딩)
전		화 / 02) 2608-8339
팩		스 / 02) 2608-8314
등록번호 / 제839-91-00430

∙

낙장 및 파본된 책은 구입서점이나 본사에서 교환해 드립니다.

ISBN : 979-11-92810-70-6 13560

값 / 25,000원

이 책의 어느 부분도 도서출판 엔트미디어 발행인의 승인문서 없이 사진 복사 및 정보 재생 시스템을 비롯한 다른 수단을 통해 복사 및 재생하여 이용할 수 없습니다.